EUROPA LEHRMITTEL

Bibliothek des technischen Wissens

Steuern und Regeln für Maschinenbau und Mechatronik

13., überarbeitete Auflage

Die beigefügte CD enthält die Bilder des Buches und die Lösungen zu den Aufgaben und Übungen

Bearbeitet von Lehrern und Ingenieuren (s. Rückseite)

Lektorat: Prof. Dr.-Ing. Dietmar Schmid, Essingen

VERLAG EUROPA-LEHRMITTEL • Nourney, Vollmer GmbH & Co. KG
Düsselberger Straße 23 • 42781 Haan-Gruiten

Europa-Nr.: 10021

Die Verfasser des Buches

Schmid, Dietmar	Dr.-Ing., Professor	Essingen
Kaufmann, Hans	Dipl.-Ing. (FH), Studiendirektor	Aalen
Pflug, Alexander	Dipl.-Ing., Studienrat	Schwäbisch Gmünd
Zippel, Bernhard	Dipl.-Ing., Studiendirektor	Stuttgart

Lektorat und Leitung des Arbeitskreises
Prof. Dr.-Ing. Dietmar Schmid, Essingen

Bildbearbeitung
Zeichenbüro des Verlags Europa-Lehrmittel, Ostfildern

13. Auflage 2013

Druck 5 4 3 2 1

Alle Drucke derselben Auflage sind parallel einsetzbar, da sie bis auf die Korrektur von Druckfehlern untereinander unverändert sind.

ISBN 978-3-8085-1119-0

Umschlaggestaltung unter Verwendung eines Fotos der Daimler AG (links), der Robert Bosch GmbH (oben rechts) und des Lektors.

Satz: Grafische Produktionen Jürgen Neumann, 97222 Rimpar

Druck: Konrad Triltsch, Print und digitale Medien, 97199 Ochsenfurt-Hohestadt

Vorwort zur 13. Auflage

Steuern und Regeln für Maschinenbau und Mechatronik führt die Bausteine der Mechanik, der Pneumatik, der Hydraulik, der Elektrotechnik, der Elektronik und der Kommunikations- und Computertechnik zusammen zu einem aktuellen Wissensgebiet, nämlich dem der Mechatronik. Die **13. Auflage** wurde in den Kapiteln „Elektrische Antriebstechnik", „Pneumatik" und „SPS" gründlich überarbeitet. So sind insbesondere die modernen Technologien der digitalen Drehzahlsteuerung und digitalen Drehzahlregelung von Drehstromsynchronmotoren und Drehstromasynchronmotoren ausführlich dargestellt. In der Pneumatik sind den Themen „Ventilinseln" und „pneumatische Muskeln" mehr Platz eingeräumt. Im Bereich der SPS ist u. a. die Darstellung der „Zustandsautomaten" hinzugekommen. Desweiteren gibt es in allen Kapiteln Einzelverbesserungen und aktualisiertes Bildmaterial.

Das **praxisbezogene Lehrbuch** richtet sich an alle, die sich in der **Steuerungs-** und **Regelungstechnik** in Verbindung mit moderner **Informations- und Kommunikationstechnik** ausbilden und weiterbilden wollen.

Es ist geeignet sowohl für **Auszubildende** zur Vertiefung ihres Wissens als auch für **Meister-** und **Technikerschüler,** für den Unterricht im **Technischen Gymnasium** und im **Berufskolleg,** aber auch als praktische Ergänzung für **Studierende** an **Hochschulen.** Ebenso wird das Buch **Praktikern,** die sich mit Steuerungs- und Überwachungsaufgaben sowie mit Qualitätsmanagement befassen, eine wertvolle Hilfe sein.

Das Buch ist gegliedert in die Lehr- und Lernbereiche:

- **Steuern, Regeln, Leiten** (Begriffsbestimmungen),
- **Grundkenntnisse der Steuerungstechnik** (mechanische, elektrische, pneumatische, elektropneumatische, hydraulische, binäre und digitale Steuerungen, **SPS** und Antriebe),
- **Sensortechnik,**
- **Regelungstechnik,**
- **NC-Technik,**
- **Robotertechnik,**
- **Montage und Demontage,**
- **Qualitätsmanagement,**
- **Instandhaltung,**
- **Geschäftsprozesse,**
- **Arbeitsgestaltung und Arbeitsschutz,**
- **Informations- und Kommunikationstechnik,**
- **Aufgaben und Übungen,**
- **Fachwörterbuch/Professional Dictionary.**

Die einzelnen Kapitel des Buches sind weitgehend in sich abgerundet und können auch in anderer Reihenfolge, erarbeitet bzw. unterrichtet werden. Damit ergibt sich ein großer Spielraum bei der Stoffauswahl und in der inhaltlichen Schwerpunktsetzung für den Unterricht.

Die Autoren sind Ingenieure und Lehrer, die ihre fachlichen und methodischen Erfahrungen in das Buch eingebracht haben. Die Autoren und der Verlag sind für Anregungen und Verbesserungsvorschläge aus dem Kreis der Benutzer dieses Fachbuchs dankbar.

Winter 2012/2013 Dietmar Schmid

Inhaltsverzeichnis

1 Steuern, Regeln, Leiten

Damit Maschinen und Anlagen selbsttätig, also automatisch, arbeiten können, werden sie mit Steuerungs-, Regelungs- und Leittechniken ausgerüstet. Diese Einrichtungen sind mechanische, elektrische, pneumatische und hydraulische Antriebe und Steuerungselemente. Mit Computern steuert man komplexe Fertigungseinrichtungen und Produktionsanlagen. Mikroprozessoren und Mikrocomputer und Industrie-PC sind heute häufig Bestandteil auch kleinster Steuerungsbaugruppen. Die Begriffe der Leittechnik, Steuerungstechnik und Regelungstechnik sind in DIN IEC 60 050-351 „Internationales Elektrotechnisches Wörterbuch – Teil 351: Leittechnik“ festgelegt (Gesamtumfang 194 Seiten).

1.1 Steuern, Steuerung

Das Steuern ist ein Vorgang, bei dem eine Anlage oder ein Gerät durch Steuersignale beeinflusst wird. Kennzeichnend für das Steuern ist der **offene Wirkungsweg** der Signale.

Die Steuersignale wirken von dem Steuergerät auf die Anlage oder Maschine ohne ein fortlaufendes Erfassen und Korrigieren des Steuerungsvorgangs **(Bild 1)**. Bei einer Vorschubsteuerung wird der Maschinentisch über einen Antrieb bewegt. **Stellsignal** ist die Motorspannung U_M für den Vorschubmotor. Dieser bildet zusammen mit dem Maschinentisch die **Steuerstrecke. Steuergröße** ist der Vorschubweg *s*, den der Maschinentisch zurücklegt.

Der Begriff Steuerung wird auch für die Gesamtanlage verwendet, in der der Vorgang des Steuerns stattfindet. Im Wirkungsplan wird das Zusammenwirken der einzelnen Steuerungsbaugruppen mit **Blocksymbolen** und **Wirkungslinien** dargestellt. Die Wirkungsrichtung kennzeichnet man mit Pfeilen.

1.1.1 Analoge, binäre und digitale Steuerungen

Nach der Art der Signaldarstellung unterscheidet man analoge Steuerungen, binäre Steuerungen und digitale Steuerungen.

Bei **analogen Steuerungen** steuert man überwiegend mit stetig wirkenden Signalen, die ein analoges Abbild der Steuergröße sind.

Beispiel. Der Bewegungszyklus eines Maschinentisches soll über eine Kurvenscheibe gesteuert werden **(Bild 2)**. Die zu steuernde Größe ist der Weg *s* des Maschinentisches. Er wird unter Berücksichtigung des Getriebes auf den entsprechenden Radius der Kurvenscheibe umgerechnet. Der Radius der Kurvenscheibe ist analog zur Steuergröße, dem Weg *s*. Wird die Kurvenscheibe gedreht, bewegt sich der Maschinentisch zyklisch vorwärts und rückwärts.

Die wichtigsten Bauelemente analoger Steuerungen sind **Kurvenscheiben, Getriebe, Ventile, Motoren, analoge Sensoren** und **Operationsverstärker.**

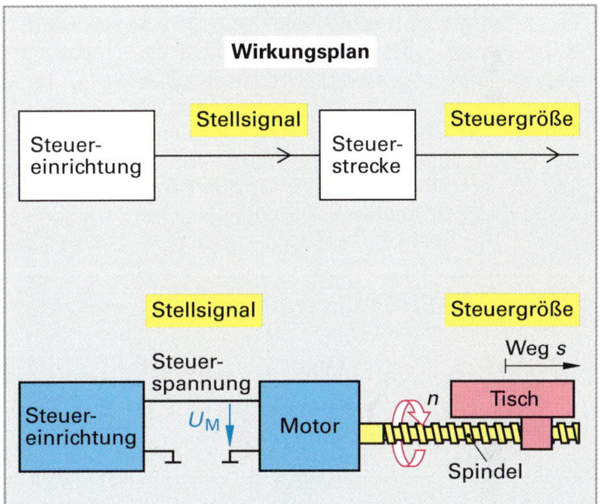

Bild 1: Prinzip einer Steuerung am Beispiel einer Vorschubeinrichtung

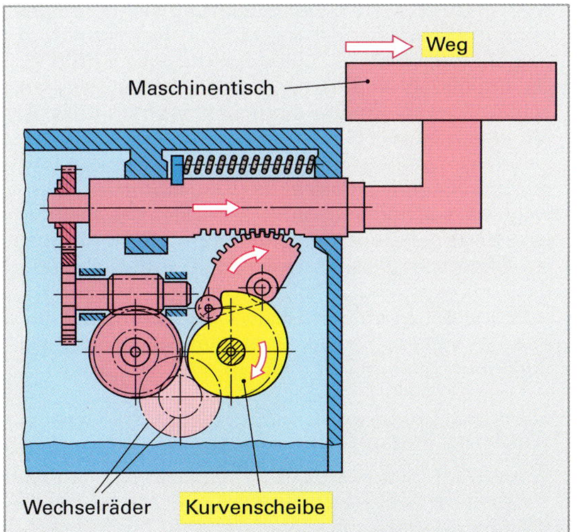

Bild 2: Analoge Steuerung eines Maschinentisches

Bei binären Steuerungen steuert man mit binären, d. h. zweiwertigen Signalen.

Binäre Signale werden durch zwei verschiedene Werte oder Zustände dargestellt, z. B. durch EIN und AUS, durch SCHWARZ und WEISS oder STROMLEITEND und STROMNICHTLEITEND oder einfach durch 0 und 1. Die meisten Steuerungen arbeiten mit Schaltsignalen und sind somit binäre Steuerungen.

Beispiel. Der Vorschubtisch einer Schleifmaschine soll ständig hin- und herfahren **(Bild 1).** Über einen Umschalter kann durch eine positive Motorspannung der Tisch nach rechts gesteuert werden. Trifft der am Tisch befestigte Nocken 2 auf den Umschalter, wird der Tisch über die negative Motorspannung nach links bewegt, bis der Nocken 1 wieder auf die Gegenbewegung umschaltet.

Die wichtigsten Bauelemente binärer Steuerungen sind **Relais, Schaltventile, Dioden** und binäre **elektronische Schaltkreise.**

Bei **digitalen Steuerungen** steuert man mit Zahlen.

Die Steuersignale sind meist binär verschlüsselt (codiert). Die einfachste Codierung ist der **Zählcode.** Dabei werden entsprechend der darzustellenden Zahl Impulse erzeugt und beim Empfänger gezählt.

Beispiel. Ein Vorschubtisch soll um einen durch Zahlen bestimmbaren Weg zyklisch vor und zurück bewegt werden. Die digitale Steuerung erzeugt abgezählt und abwechselnd Impulse zur Rechtsdrehung und zur Linksdrehung eines Schrittmotors **(Bild 2).** Die Impulszahl und damit der Verfahrweg kann an einem Vorwahlschalter eingestellt werden **(Bild 3).** Mit jedem Impuls wird der Schrittmotor genau um einen Winkelschritt (Inkrement) gedreht und damit der Maschinentisch um einen Wegschritt weiterbewegt. Ein solcher Wegschritt ist die kleinste ausführbare Bewegung und entspricht dem niederwertigsten Ziffernschritt am Vorwahlschalter. Je nach Wahl des Getriebes, des Schrittmotors und der Spindelsteigung entspricht ein solcher Wegschritt z. B. 0,1 mm. Im Unterschied zur analogen Steuerung sind Stell- und Steuergröße unstetig.

Die wichtigsten Bauelemente digitaler Steuerungen sind **Codierer, Mikroprozessoren, Computer, digitale Speicher, digitale Sensorsysteme** und **digitale Netze.**

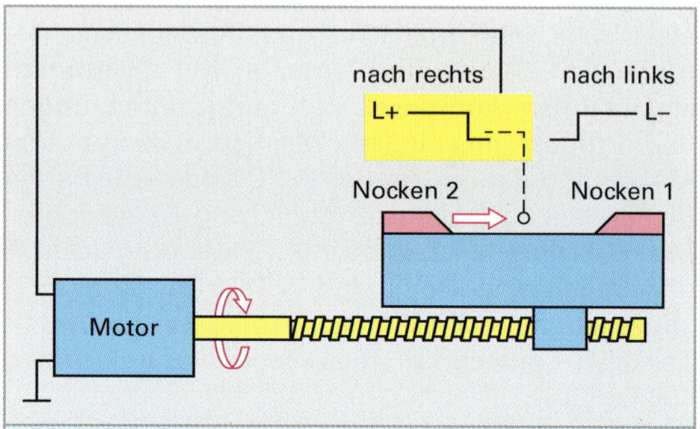

Bild 1: Binäre Steuerung eines Vorschubantriebs (Pendeln)

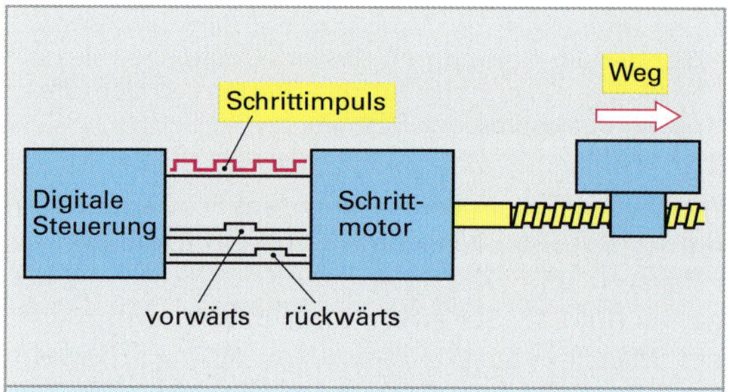

Bild 2: Digitale Vorschubsteuerung mit Schrittmotor

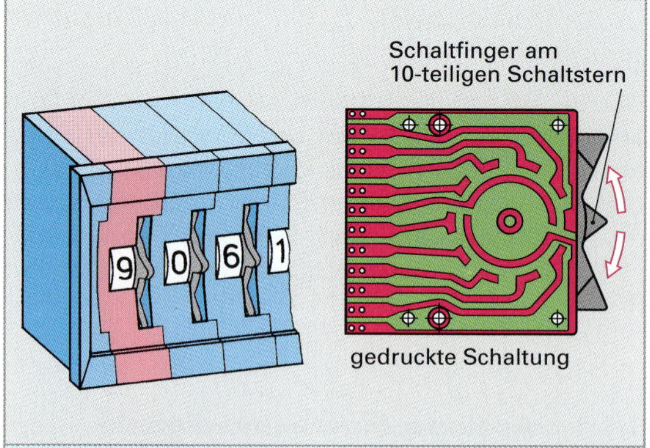

Bild 3: Vorwahlschalter

Wiederholung und Vertiefung

1. Wodurch sind analoge Steuerungen gekennzeichnet? Nennen Sie ein Beispiel für eine analoge Steuerung.
2. Welches sind die wichtigsten Bauelemente analoger Steuerungen?
3. Wodurch unterscheiden sich binäre Steuerungen von digitalen Steuerungen?
4. Welches sind die wichtigsten Bauelemente binärer Steuerungen?
5. Wofür verwendet man Vorwahlschalter?

1.1.2 Verknüpfungssteuerungen und Ablaufsteuerungen

Nach Art der Signalverarbeitung unterscheidet man Verknüpfungssteuerungen (kombinatorische Steuerungen) und Ablaufsteuerungen (sequentielle Steuerungen).

> Bei **Verknüpfungssteuerungen** entsteht die Steuergröße durch Verknüpfung (Kombination) mehrerer Signale.

Z. B. darf eine Drehmaschine nur anlaufen, wenn die Schutztüre geschlossen ist UND das Werkstück im Spannfutter gespannt ist **(Bild 1)**.

Verknüpfungssteuerungen sind binäre Steuerungen. Man entwickelt sie mit Hilfe der **Schaltalgebra.** Die Darstellung erfolgt durch schaltalgebraische Gleichungen, Kontaktpläne, Funktionstabellen und Funktionspläne.

> Bei **Ablaufsteuerungen** werden die Steuerungsvorgänge schrittweise ausgelöst. Das Weiterschalten von einem Schritt zum nächsten erfolgt entweder zeitabhängig oder prozessabhängig.

Bei **zeitabhängigen Ablaufsteuerungen** steuern Taktgeber, Zeitschaltuhren oder Zeitrelais den Ablauf. Ein einfaches Beispiel für eine zeitabhängige Ablaufsteuerung ist die Steuerung für den automatischen Anlauf von Drehstrommotoren über eine Stern-Dreieck-Anlassschaltung. Zunächst wird der Motor in Sternschaltung hochgefahren und nach Ablauf der geschätzten Hochlaufzeit zuzüglich einer Zeitreserve in Dreieckschaltung umgesteuert. Danach ist der Motor betriebsbereit **(Bild 2)**. Dargestellt werden Ablaufsteuerungen in Form von Funktionsplänen.

Bei **prozessabhängigen Ablaufsteuerungen** wird das Weiterschalten von einem Schritt zum nächsten durch den Prozess selbst ausgelöst. Im Falle einer Anlassschaltung für Drehstrommotoren benötigt man einen Sensor für den Betriebszustand „Leerlaufdrehzahl erreicht". Ist die Leerlaufdrehzahl erreicht, wird automatisch auf Dreieckschaltung umgeschaltet **(Bild 3)**. Ablaufsteuerungen stellt man mit Funktionsplänen bzw. Programmablaufplänen (GRAFCET, EN 60848) oder aber mit Zustandsdiagrammen (VDI 3260) dar, wenn das Weiterschalten von einem Weg abhängt.

Prozessabhängige Ablaufsteuerungen sind grundsätzlich zeitabhängigen Ablaufsteuerungen vorzuziehen, da bei Störungen der Ablauf unterbrochen wird oder funktionsgerecht langsamer weiterläuft.

Bei z. B. unerwartet stark belastetem Drehstrommotor wird erst dann in die Dreieckschaltung umgeschaltet, wenn eine hinreichend hohe Drehzahl erreicht ist.

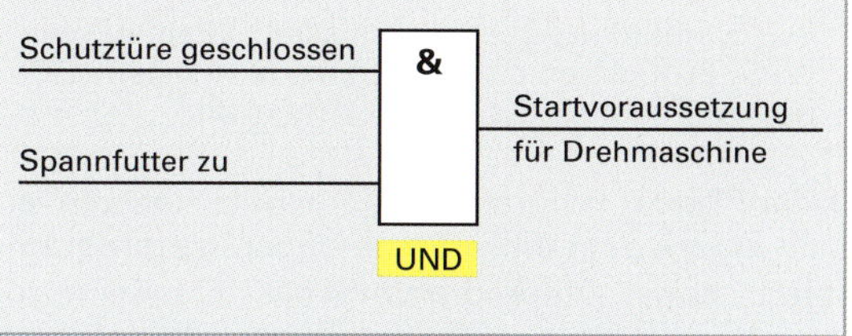

Bild 1: Beispiel einer Verknüpfungssteuerung

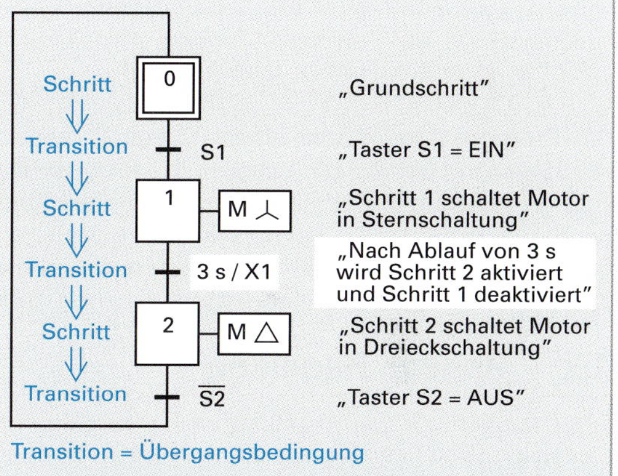

Bild 2: Funktionsplan einer zeitabhängigen Anlassschaltung

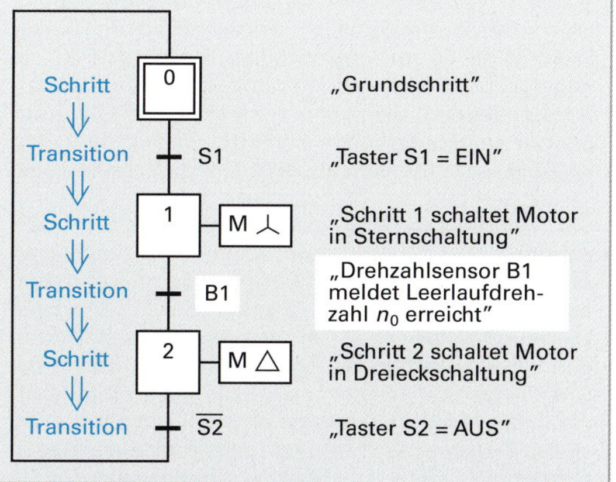

Bild 3: Funktionsplan einer prozessabhängigen Schaltung

1.1.3 Verbindungsprogrammierte Steuerungen und speicherprogrammierte Steuerungen

Steuerungen werden auch nach der Art der Programmverwirklichung eingeteilt. Man unterscheidet verbindungsprogrammierte Steuerungen (VPS) und speicherprogrammierte Steuerungen (SPS) **(Tabelle 1)**.

> Bei **verbindungsprogrammierten Steuerungen (VPS)** bestimmen die Leitungsverbindungen, z. B. die Verdrahtung, den Programmablauf.

Wenn keine Programmänderungen vorgesehen sind, nennt man diese Steuerungen **festprogrammiert,** sonst **umprogrammierbar.** Das Umprogrammieren kann z. B. durch den Tausch von Programmsteckern (mit anderer Verdrahtung) erfolgen.

> **Speicherprogrammierte Steuerungen (SPS)** enthalten einen elektronischen Programmspeicher, der frei programmiert werden kann.

Das Programm kann über einen PC erstellt und in die Steuerung übertragen werden. Die Programme sind austauschbar und können schnell geändert werden. SPS sind meist bei Maschinensteuerungen eingesetzt. Es werden z. B. bei Transferstraßen die Zustellbewegungen einzelner Maschinen mit SPS gesteuert. SPS sind als Mehrprozessorsteuerungen mit hochleistungsfähigen Mikroprozessoren aufgebaut. Über digitale Netze können SPS zusammengeschlossen werden und Daten austauschen. Über Kommunikationsschnittstellen können SPS aus der Ferne, z. B. über das Internet, beobachtet und mit neuer Software ausgestattet werden.

Tabelle 1: Programmverwirklichung

Art		Beispiel
Verbindungs-programmiert VPS	festprogrammiert	Relaissteuerung
	umprogrammierbar	Programmsteuerung mit Steckerfeld
Speicher-programmiert SPS	austauschprogrammierbar	SPS mit EPROM[1]
	freiprogrammierbar	SPS mit EEPROM[2] oder RAM[3]

[1] EPROM von Erasable Programmable Read Only Memory = löschbarer Nur-Lese-Speicher
[2] EEPROM von Eletrically EPROM = elektrisch löschbarer Nur-Lese-Speicher
[3] RAM von Random Access Memory = Speicher mit wahlfreiem Zugriff

1.2 Regeln, Regelung

> Das Regeln bzw. die Regelung ist ein Vorgang, bei dem die zu regelnde Größe **(Regelgröße)** fortlaufend erfasst und so beeinflusst wird, dass sie sich der gewünschten Größe **(Führungsgröße)** angleicht.

Man unterscheidet **Festwertregelungen** und **Folgeregelungen.**

Beispiel für eine Festwertregelung. In einem Härteofen soll die Temperatur auf einem gleichbleibenden Wert **(Festwert)** gehalten werden **(Bild 1).** Dieser Wert ist die Führungsgröße. Die Temperatur ist die Regelgröße. Zur Regelung kann ein Dehnstab verwendet werden, der sich je nach Höhe der Ofentemperatur verlängert oder verkürzt. Dieser Dehnstab ist über eine Stellschraube mit dem Schieber fest verbunden. Mit der Stellschraube kann die Stellung des Schiebers in Bezug auf den Dehnstab verändert werden. Wird der Härteofen angefahren, verlängert sich der Dehnstab mit steigender Temperatur und der Schieber drosselt die Brenngaszufuhr. Sinkt die Ofentemperatur, verkürzt sich der Dehnstab und der Schieber öffnet die Brenngaszufuhr, damit die Ofentemperatur wieder steigt. Die Ofentemperatur, die durch diese Einrichtung konstant gehalten wird, ist die **Regelgröße.** Der Ofen selbst wird als **Regelstrecke** bezeichnet. Die Schieberöffnung, mit der die Brenngasmenge beeinflusst wird, nennt man wie bei der Steuerung **Stellgröße.**

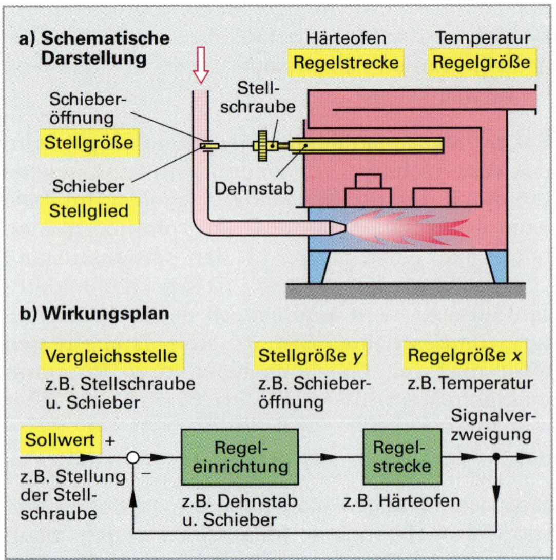

Bild 1: Historische Regelung eines Härteofens

Der Dehnstab gibt durch seine Länge die vorhandene Ofentemperatur, den Istwert der Regelgröße, an, während über die Stellschraube die gewünschte Temperatur, der Sollwert der Regelgröße, eingestellt werden kann. Bei einer Differenz des Istwertes zum Sollwert, der **Regeldifferenz,** z. B. bei einer Temperaturabsenkung öffnet der Schieber die Zuleitung und der Ofen wird beheizt, um den Sollwert wieder zu erreichen. Die Ofentemperatur sinkt immer, wenn die Ofentür zur Neubeschickung oder Entnahme der Werkstücke geöffnet wird. Die dadurch auftretende Abkühlung bezeichnet man als **Störgröße.**

Die Aufgabe der Regelung ist es, eine Größe, z. B. die Temperatur, konstant zu halten. Regelungen dieser Art nennt man **Festwertregelungen.**

Beispiel für eine Folgeregelung. Zum Härten von Stahl soll die Temperatur im Härteofen langsam bis auf etwa 700 °C erhöht und dann schnell auf Härtetemperatur gebracht werden. Die Ofentemperatur soll einem bestimmten Temperaturprofil folgen. Dabei wird die Führungsgröße für die Temperatur z. B. mit einer sich gleichmäßig drehenden, auf der Achse Dehnstab-Schieber beweglichen Kurvenscheibe vorgegeben **(Bild 1).** Schieber und Dehnstab sind mit Rollen versehen, die in der Nut der Kurvenscheibe abrollen. Durch die Form der Kurvenscheibe (Führungsgröße) wird der Werteverlauf der Härtetemperatur (Regelgröße) gesteuert. In der gezeichneten Stellung der Kurvenscheibe (maximale Härtetemperatur) ist der Schieber (Stellglied) ganz geöffnet und die Brenngaszufuhr entsprechend erhöht. Die Temperatur (Regelgröße) steigt an. Mit zunehmender Temperatur dehnt sich der Dehnstab und schließt den Schieber wieder soweit, dass die gewünschte Härtetemperatur nicht überschritten wird. Ein solches Ausregeln des jeweiligen Temperaturbereichs geschieht bei jeder Kurvenscheibenstellung.

Regelungen unterscheidet man auch nach der Art der Signalverarbeitung: Erfolgt die Signalverarbeitung in der Regeleinrichtung überwiegend durch analoge Signale, spricht man von **analoger Regelung,** bei überwiegend binären Signalen von **binärer Regelung** und bei überwiegend digitaler Signalverarbeitung von **digitaler Regelung.**

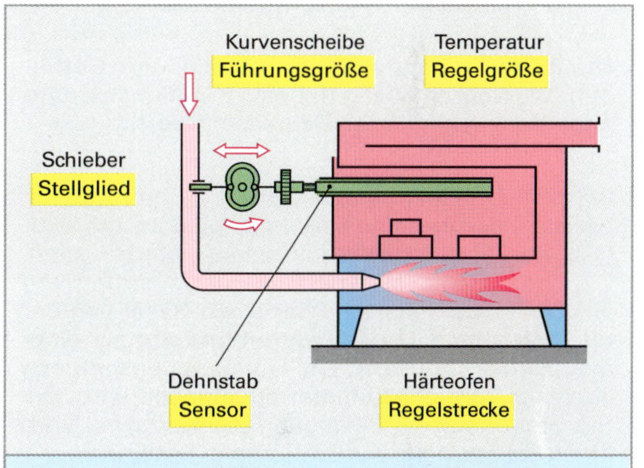

Bild 1: Historische Folgeregelung der Härtetemperatur

1.3 Leiten, Leitung

Den Steuer- und Regeleinrichtungen sind bei komplexen Anlagen, z. B. bei Kraftwerken, Transferstraßen und Verkehrsanlagen, **Leiteinrichtungen** übergeordnet.

Das **Leiten** ist die Gesamtheit aller Maßnahmen, die bewirken, dass der gewünschte Prozessverlauf erreicht wird. Dabei ist meist auch eine Mitwirkung des Menschen vorgesehen.

Neben dem Messen, Steuern und Regeln sind die wichtigsten Leitaufgaben: Überwachen, Schützen vor Gefahren, Auswerten, Anzeigen, Melden, Aufzeichnen, Eingreifen, Datenerfassen, Dateneingeben, Datenverarbeiten, Datenübertragen und Datenausgeben. Leiteinrichtungen sind Computer, Betriebsdatenerfassungsgeräte und die Datennetze zur Verbindung der Leiteinrichtung mit den dezentralen Steuerungs-, Regelungs- und Messeinrichtungen einer Anlage.

Wiederholung und Vertiefung

1. Weshalb ist eine prozessabhängige Ablaufsteuerung einer zeitabhängigen Ablaufsteuerung vorzuziehen?
2. Nennen Sie je ein Beispiel für eine Verknüpfungssteuerung und eine Ablaufsteuerung.
3. Nach Erreichen der Leerlaufdrehzahl schaltet die Steuerung den Motor von Stern- in Dreieckschaltung um. Handelt es sich dabei um eine zeitabhängige oder um eine prozessabhängige Ablaufsteuerung?
4. Wodurch unterscheiden sich verbindungsprogrammierte Steuerungen von speicherprogrammierten Steuerungen?
5. Erläutern Sie die Begriffe Regelgröße und Führungsgröße.
6. Welches sind die wichtigsten Aufgaben einer Leiteinrichtung?

2 Grundkenntnisse der Steuerungstechnik

2.1 Mechanische Steuerungen

2.1.1 Allgemeines

Mechanische Steuereinrichtungen können mit großen Stellgeschwindigkeiten genaue Verstellwege fahren. Durch Nockenwellen werden z. B. die Ventile von Motoren gesteuert. Rundschalttische werden mit Hilfe von Malteserkreuzgetrieben positioniert oder an Drehautomaten werden Vorschübe mit Kurvenscheiben gefahren. Mechanische Steuerelemente sind genau, wirken direkt ohne Verzögerung und haben eine hohe Lebensdauer. Sie sind aber nur mit großem Aufwand herzustellen.

Mechanische Steuerungen[1] bestehen aus Getrieben, Kurvenscheiben, Hebeln, Kupplungen und anderen mechanischen Bauteilen **(Bild 1).**

Beispiel. Ein Elektromotor treibt z. B. die Antriebswelle an, die über eine Kupplung mit dem Zahnradpaar der Abtriebswelle verbunden werden kann. Die Kupplung ist das Stellglied der Steuerung und erhält die Steuersignale über einen Hebel von der Kurventrommel. Die Kurventrommel sitzt auf einer Steuerwelle, die über ein Untersetzungsgetriebe ebenfalls vom Elektromotor angetrieben wird. Die Signalgabe für die Betätigung der Kupplung wird durch die Form der Kurventrommel bestimmt.

Führt die sich drehende Kurvennut in der sich drehenden Kurventrommel nach rechts, wird die Kupplung durch den Hebel geschlossen und die Abtriebswelle eingeschaltet (Start). Führt die Nut nach links, wird die Kupplung geöffnet und die Antriebswelle bleibt stehen (Stopp). Die Signalfolge für Start und Stopp wiederholt sich nach jeder Steuerwellenumdrehung und bildet in diesem Fall das Programm der Steuerung.

Die gesamte **Steuereinrichtung** besteht aus Steuerwelle, Kupplung, Kurventrommel, Hebel und Feder, während die Abtriebswelle die **Steuerstrecke** darstellt.

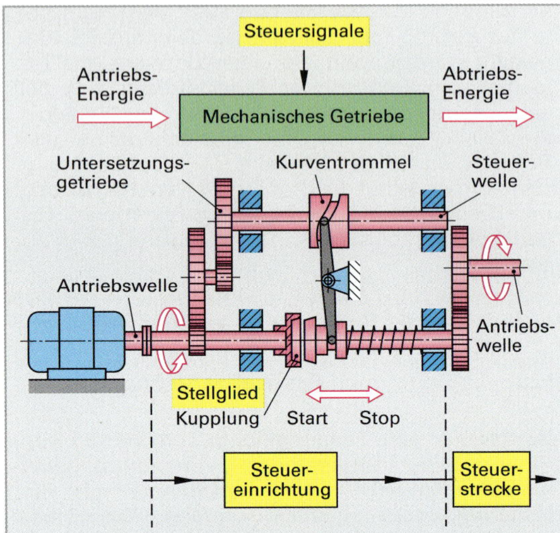

Bild 1: Beispiel einer mechanischen Steuerung

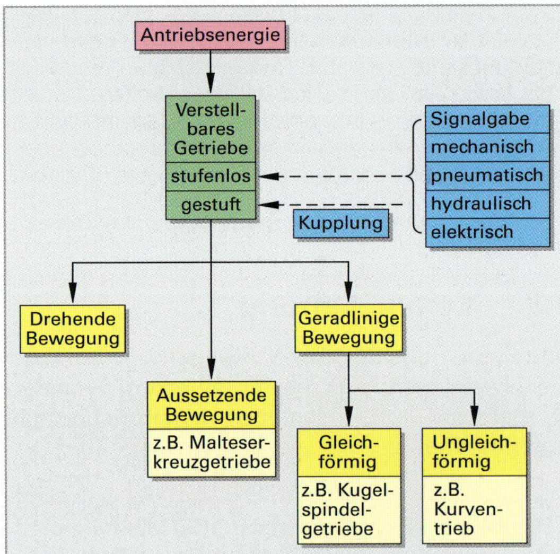

Bild 2: Aufbau mechanischer Steuerungen

Die Merkmale mechanischer Steuerungen können folgendermaßen zusammengefasst werden **(Bild 2)**: Die Antriebsenergie gelangt über einen Elektromotor in ein verstellbares Getriebe, durch das die Drehzahl, die Drehrichtung und die Drehdauer (Start-Stopp) über mechanische, pneumatische, hydraulische oder elektrische Signale verstellt werden können.

Bei Stufengetrieben erfolgt die Signalgabe über Kupplungen, bei stufenlos verstellbaren Getrieben über besondere Stelleinrichtungen. An der Abtriebswelle des verstellbaren Getriebes steht eine gesteuerte Rotationsenergie zur Verfügung. Muss die Drehbewegung jedoch in eine geradlinige Bewegung umgewandelt werden, wie z. B. beim Vorschub des Werkzeugschlittens einer Drehmaschine, kann dies mit einem Zahnrad-Zahnstangengetriebe geschehen.

[1] Mechanische Steuerungen sind „aus der Mode" gekommen. Dies gilt vor allem für Steuerungen bei Maschinen und Geräten. Es gibt aber bei vielen Aufgaben, insbesondere, wenn gleichzeitig Bewegungen zu steuern sind, mechanische Lösungen, die wegen der Einfachheit, Robustheit, Zuverlässigkeit und Schnelligkeit elektronisch nicht oder nur sehr teuer erreichbar sind. Beispiele sind: die Ventilsteuerungen durch Nocken und die Lenkungen an Kraftfahrzeugen. Für beides gibt es grundsätzlich auch elektronische Varianten.

Bei reibungsarmen Antrieben werden Kugelgewindetriebe zur Erzeugung der gleichförmigen, geradlinigen Bewegung eingesetzt. Soll die geradlinige Bewegung ungleichförmig verlaufen, um z. B. eine schnelle Zustellbewegung von einer langsamen Arbeitsbewegung zu trennen, verwendet man Kurbel- und Kurvengetriebe. Kurvengetriebe werden auch zur Signalerzeugung eingesetzt. Für Transporteinrichtungen werden oft Schrittbewegungen benötigt. Ein Rundschalttisch einer Presse muss z. B. nach jedem Arbeitshub des Presswerkzeugs um einen Teilschritt gedreht werden und dann wieder stillstehen. Dies kann durch die Unterbrechung der stetigen Drehbewegung eines verstellbaren Getriebes mit Hilfe eines nachfolgenden aussetzenden Getriebes erreicht werden.

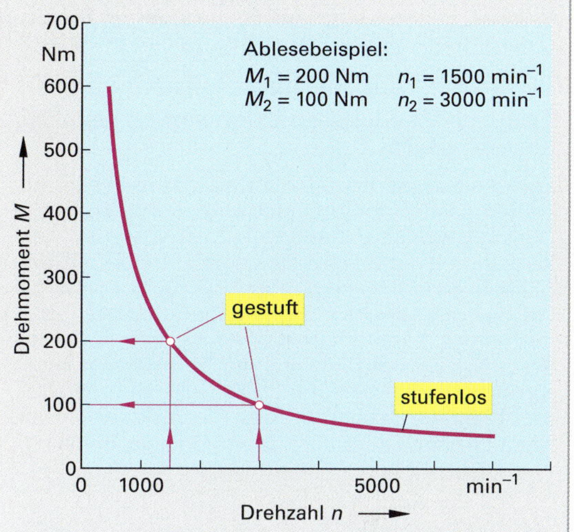

Bild 1: Kennlinie eines verstellbaren Getriebes

2.1.2 Verstellbare Getriebe

Mit verstellbaren mechanischen Getrieben werden die Drehrichtung, Drehzahlen und Drehmomente gesteuert.

Die Eingangsleistung an der Antriebswelle des Getriebes ist in vielen Fällen konstant, sodass sich mit der Änderung der Drehzahl auch das Drehmoment verändert. Bei konstanter Leistung steht das Drehmoment *M* in umgekehrtem Verhältnis zur Drehzahl *n*: $M \sim 1/n$ **(Bild 1)**. Die Kennlinie ist eine Hyperbel. Bei den schlupffreien, stufenlos verstellbaren Getrieben ist die Kennlinie ein geschlossener Kurvenzug, bei Stufengetrieben werden entsprechend der Zahl der Drehzahlstufen nur einige Punkte der Hyperbel belegt.

2.1.2.1 Stufengetriebe

Stufengetriebe teilt man in **Stufenscheibengetriebe** und **Stufenrädergetriebe** ein.

Stufenscheibengetriebe besitzen zur Kraftübertragung Riemenscheiben und Riemen. Die Kraftübertragung bei Stufenrädergetrieben erfolgt direkt über Zahnräder. Drehrichtung und Drehzahl werden bei automatischen Stufengetrieben durch Kupplungen und Bremsen verstellt.

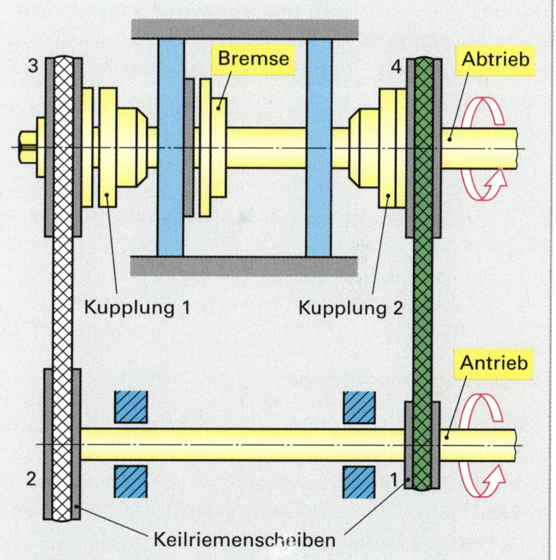

Bild 2: Drehzahlsteuerung eines Stufenscheibengetriebes

Beispiel. Mit einem **Keilriemengetriebe** können z. B. zwei Drehzahlen gesteuert werden, ohne dass die Riemenlage verändert werden muss **(Bild 2)**.

Die Signalgabe für den Drehzahlwechsel erfolgt elektrisch über zwei Elektromagnet-Kupplungen und eine Bremse. Wenn die Elektromagnet-Kupplung 2 geschaltet ist, erfolgt der Abtrieb über die Riemenscheibe 4 und der Langsamgang des Getriebes ist angesteuert. Gleichzeitig muss die Kupplung 1 offen sein, damit die Riemenscheibe 3 auf der Welle frei umlaufen kann.

Beim Umschalten auf den Schnellgang wird die Elektromagnet-Kupplung 2 geöffnet und die Bremse für die Abtriebswelle angesteuert. Dann kann die Kupplung 1 mit der Riemenscheibe verbunden werden und den Abtrieb auf den Schnellgang beschleunigen.

Beispiel. Bei dem mechanisch gesteuerten **Stufenrädergetriebe** können zwei Drehzahlen und beide Drehrichtungen gesteuert werden **(Bild 1)**. Ein Elektromotor treibt die untere Welle an. Für den Schnellgang der Arbeitsspindel wird die Kupplung K_2 geschlossen.

Für den Langsamgang wird die obere Welle, die wegen der Zahnraduntersetzung eine langsamere Drehzahl als die untere Welle ausführt, durch die Kupplung K_1 und die beiden Kettentriebe mit den Schalen K_4 und K_3 verbunden. Der Schaltzeitpunkt für die mechanische Signalgabe zur Betätigung der beiden Kupplungen K_1 und K_2 wird durch die Steuerwellendrehzahl und die Form der rechten Kurventrommel bestimmt. Die linke Kurventrommel dient zur Steuerung des Richtungswechsels. Beim Linkslauf wird die Kupplung K_4 geschlossen, beim Rechtslauf die Kupplung K_3.

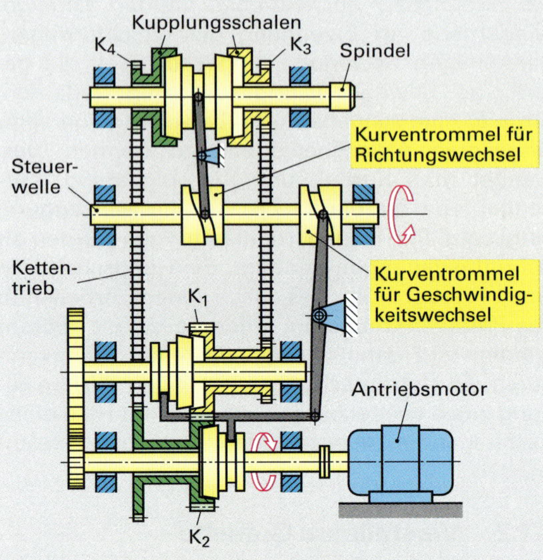

Kupplungen im Eingriff für		
	Rechtslauf	Linkslauf
schnell	K_3 UND K_2	K_4 UND K_2
langsam	K_3 UND K_1	K_4 UND K_1

Bild 1: Drehzahl- und Drehrichtungssteuerung eines Stufenrädergetriebes

Solche über Steuerwellen und Kurventrommeln gesteuerten Stufenrädergetriebe verwendet man z. B. bei Drehautomaten zum Antrieb der Arbeitsspindel. Die Formen der Kurventrommeln sind auf ein bestimmtes Werkstück abgestimmt, das bei sehr großen Stückzahlen preiswert hergestellt werden kann.

2.1.2.2 Stufenlos verstellbare Getriebe

Stufenlos verstellbare Getriebe sind Umschlingungsgetriebe, Reibradgetriebe und Wälzgetriebe.

Umschlingungsgetriebe

Umschlingungsgetriebe sind Stufenscheibengetriebe, bei denen mindestens eine Scheibe aus zwei kegelförmigen Teilen besteht. Diese kegelförmigen Teile lassen sich axial auf ihrer Welle verschieben, wodurch die Laufradien für die Keilriemen oder Stahlketten verstellt werden. So lassen sich die Abtriebsdrehzahl und das Drehmoment des Getriebes steuern **(Bild 2)**.

Für trocken laufende Umschlingungsgetriebe werden meist Breitkeilriemen als Zugmittel verwendet. Mit ihnen erreicht man einen besonders ruhigen, beinahe schlupffreien Lauf.

Für große Zugkräfte und wenn eine lange Lebensdauer des Getriebes gefordert ist, setzt man als Zugmittel Stahlketten ein. Bei Stahlketten, die in einem Ölbad laufen, unterscheidet man je nach Kettengeschwindigkeit und zu übertragender Leistung **Lamellenketten, Rollenketten** und **Wiegedruckstück-Ketten.**

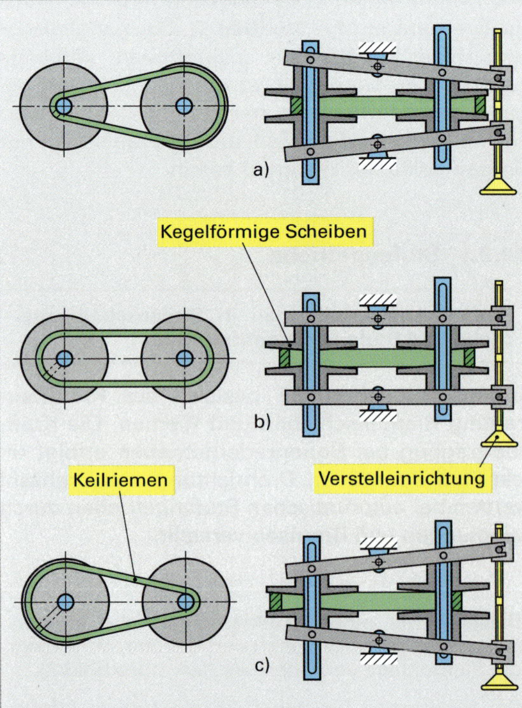

Bild 2: Umschlingungsgetriebe

Die Drehzahl der Breitkeilriemengetriebe wird entweder durch Verstellen des Achsabstands oder durch Verstellen der beiden Teile der Kegelscheiben gesteuert **(Bild 1)**.

Um die Keilriemen dabei unter Spannung zu halten, werden die beiden Hälften eines Kegelrades durch eine konstante Federkraft oder durch eine drehmomentabhängige Anpresseinrichtung zusammengedrückt. Die beiden Teile des Antriebs-Kegelrades können z. B. durch ein Handrad auseinander- oder zusammengeschoben werden **(Bild 1)**. Bei dem Abtriebs-Kegelrad sorgt eine Anpressfeder für den notwendigen Spanndruck und die Einstellung des Laufradius.

Getriebe mit Stahlketten als Zugmittel werden meist über eine Verstellspindel und ein Hebelsystem verstellt **(Bild 2, vorhergehende Seite)**.

Die Ansteuerung der Umschlingungsgetriebe erfolgt durch Handverstellung, elektrisch oder durch Pneumatik- bzw. Hydraulikzylinder. Elektrische Stelleinrichtungen oder hydraulische Servoantriebe werden besonders dann benötigt, wenn die Getriebe als Stellglieder in Regelkreisen eingesetzt werden.

Reibradgetriebe

Bei stufenlos verstellbaren Reibradgetrieben wird das Drehmoment durch ein Reibrad und eine Kegelscheibe übertragen **(Bild 2)**. Dabei wird die auf der Motorwelle sitzende Kegelscheibe während der Kraftübertragung gegen das Reibrad gedrückt. Zur Steuerung der Abtriebsdrehzahl werden Motor und Kegelrad senkrecht zur Motorachse verschoben.

Der Anpressdruck des Reibrades wird der jeweiligen Drehmomentbelastung angepasst, um den Verschleiß möglichst klein zu halten. Die Anpresseinrichtung besteht im Wesentlichen aus einer Andrückmuffe und einer Feder. Die axial auf einer Nutwelle verschiebbare Andrückmuffe hat die Form eines Doppelnockens, der in das entsprechend geformte Gegenstück am Reibring eingreift und das Drehmoment von der Antriebsseite zur Abtriebsseite hin überträgt. Wird die Abtriebswelle belastet, gleitet die Andrückmuffe auf den schrägen Nockenflächen aus dem Gegenstück und spannt dadurch die Feder. Die entstehende Federkraft presst den Reibring gegen das Kegelrad und zwar umso stärker, je größer das Drehmoment ist.

Die Kennlinie des Reibradgetriebes verläuft nahezu linear und besitzt wegen des auftretenden Schlupfes an der Reibstelle eine minimale und eine maximale Grenzdrehzahl **(Bild 3)**.

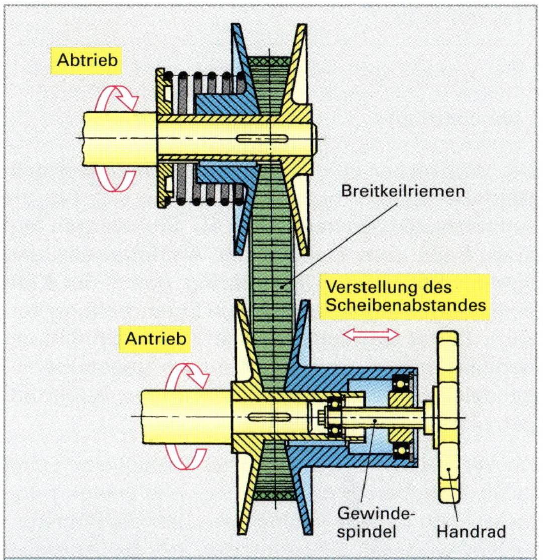

Bild 1: Drehzahlsteuerung durch Verstellen der Kegelscheiben

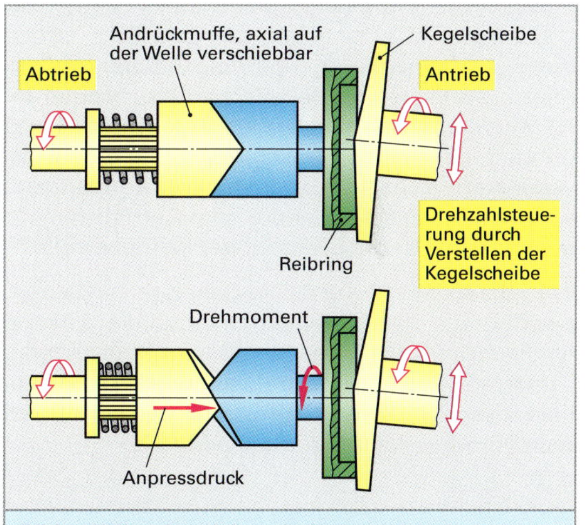

Bild 2: Reibradgetriebe mit Anpresseinrichtung

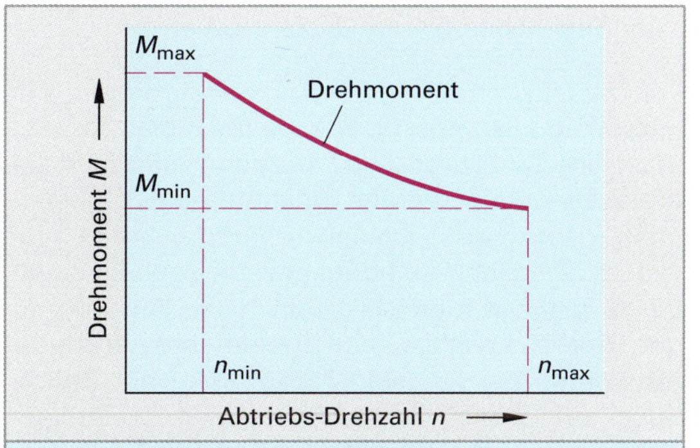

Bild 3: Kennlinie eines Reibradgetriebes

Wälzgetriebe

> Bei verstellbaren Wälzgetrieben wird das Drehmoment über kugel- oder kegelförmige Wälzkörper übertragen.

Die Wälzkörper sind z. B. beim **Planetenverstell-Getriebe** kegelförmige Scheiben, die sich um die Antriebswelle drehen **(Bild 1)**. Sie werden auf einer Seite vom Flansch der Antriebswelle und einem mitlaufenden Klemmring durch die Kraft einer Feder festgepresst und in Eigendrehung versetzt. Damit sie nicht aus der Klemmeinrichtung herauswandern, werden sie an der gegenüberliegenden Seite von zwei feststehenden Außenringen eingeklemmt.

Die Wellen der rotierenden Planetenscheiben sind in Gleitschuhen in der Abtriebswelle gelagert und lassen sich radial verschieben. Über die Planetenwellen wird das Drehmoment auf die Abtriebswelle übertragen.

Soll z. B. die Abtriebsdrehzahl erhöht werden, müssen die Planetenscheiben nach innen zur Drehachse hin verschoben werden. Dies erfolgt durch Krafteinwirkung über die beiden Außenringe. Die Planetenscheiben wandern wegen ihrer Kegelform aus den Außenringen heraus und dringen tiefer in die Flanschklemmung ein. Dabei verkleinern sich die Abwälzradien. Die Planetenscheiben rollen schneller auf dem Antriebsflansch ab und erhöhen die Drehzahl der Abtriebswelle.

Wird die Axialkraft auf die Außenringe verkleinert, wandern die Planetenscheiben durch die Wirkung der Federkraft wieder nach außen und rollen langsamer ab. Die Abtriebsdrehzahl sinkt. Die Kennlinie des Planetenverstell-Getriebes gleicht der Kennlinie des Reibradgetriebes **(Bild 2)**.

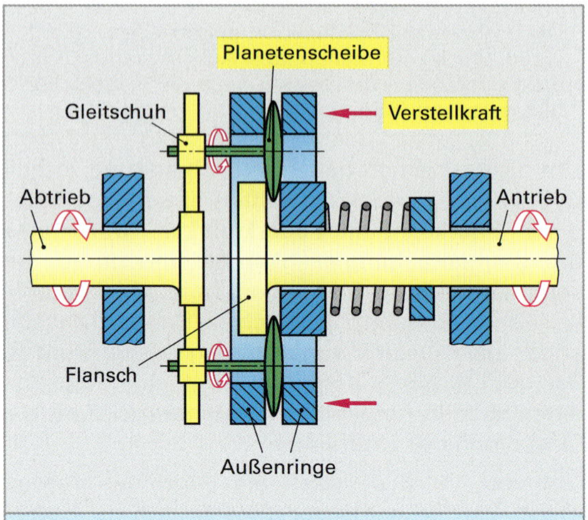

Bild 1: Planetenverstell-Getriebe

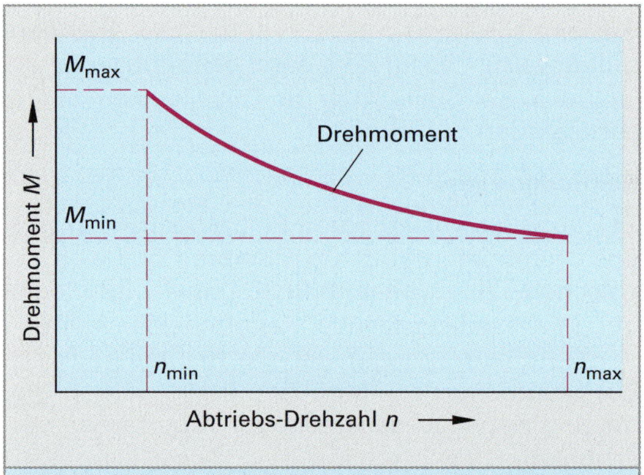

Bild 2: Kennlinie des Planetenverstell-Getriebes

Erzeugung geradliniger Bewegungen

> Mit verstellbaren Getrieben lassen sich Drehzahl und Drehrichtung mechanisch steuern.

Für die Umwandlung der Drehbewegung in eine geradlinige Bewegung, wie sie bei vielen Arbeitsmaschinen verlangt wird, müssen zusätzliche Getriebe verwendet werden. Bei automatisch gesteuerten Werkzeugmaschinen muss der geradlinige Antrieb möglichst reibungsarm und spielfrei sein. Ein **Kugelgewindetrieb** erfüllt diese Anforderungen **(Bild 3)**. Zwischen der Spindel und der Mutter tritt wegen der eingelagerten Kugeln nur Rollreibung auf. Durch Verspannen einer zweiteiligen Mutter kann ein Gewindespiel vollständig vermieden werden.

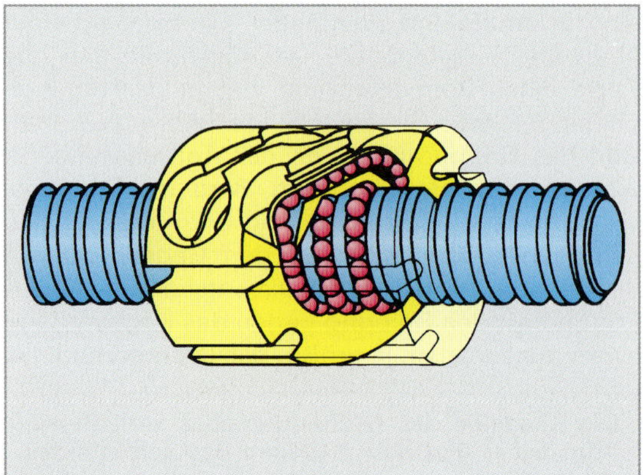

Bild 3: Kugelgewindetrieb

2.1.3 Getriebe mit ungleichförmiger Übersetzung

Zu den ungleichförmig übersetzenden Getrieben gehören die Kurbel- und Kurvengetriebe.

Kurbelgetriebe bestehen aus einer Kurbel, die angetrieben wird, einer Schwinge und einer Koppel. Die Kurbel, die am Maschinentisch befestigt ist, treibt die Koppel und damit die Schwinge an. Das einfachste Kurbelgetriebe ist die **Kurbelschwinge (Bild 1)**.

Andere Kurbelgetriebe sind ähnlich aufgebaut. Ist ein Gelenk als Schubkurbel ausgebildet, heißt das Getriebe **Kurbelschleife** oder **Schubkurbel**. Bei zwei Schubgelenken wird es **Kreuzschubkurbel** genannt. Schubkurbelgetriebe werden meist als Kraftgetriebe zur Umwandlung von Dreh- in Längsbewegungen verwendet, wie z. B. bei Senkrecht- oder Waagrechtstoßmaschinen und bei Pressen. Auch beim Verbrennungsmotor wird die geradlinige Bewegung der Kolben mit Hilfe eines Schubkurbelgetriebes in eine Drehbewegung umgewandelt.

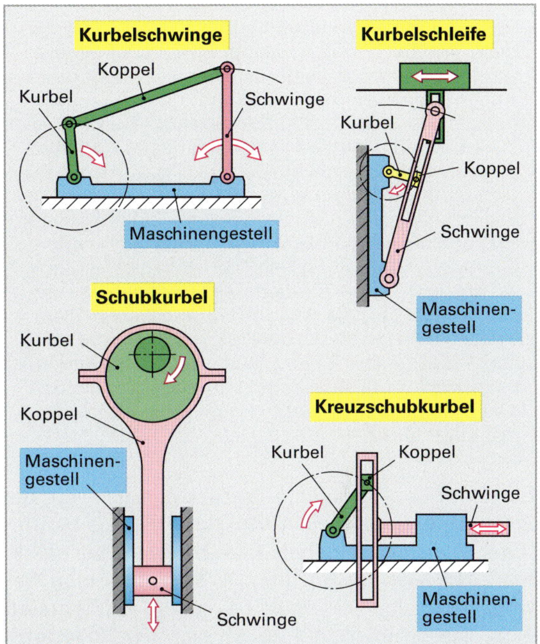

Bild 1: Kurbelgetriebe

Kurvengetriebe

Kurvengetriebe verwendet man bei ungleichförmigen Bewegungen, die bei Zustell- und Vorschubbewegungen an Werkzeugmaschinen auftreten können.

Bestehen die Getriebe aus einem sich drehenden Kurventräger und einem geradlinig geführten Abtriebsteil, spricht man von einem **Schubkurvengetriebe**. Bei einem Kurventräger mit nachfolgendem drehbarem Hebel nennt man das Getriebe eine **Kurvenschwinge**.

Schubkurvengetriebe können streckenweise eine gleichförmige Bewegung ausführen, wenn die Kurvenscheibe eine gleichmäßig ansteigende Form erhält (Archimedische[1] Spirale). Die Form der Kurven richtet sich nach den Wegen, die mit dem Getriebe gefahren werden sollen **(Bild 2)**.

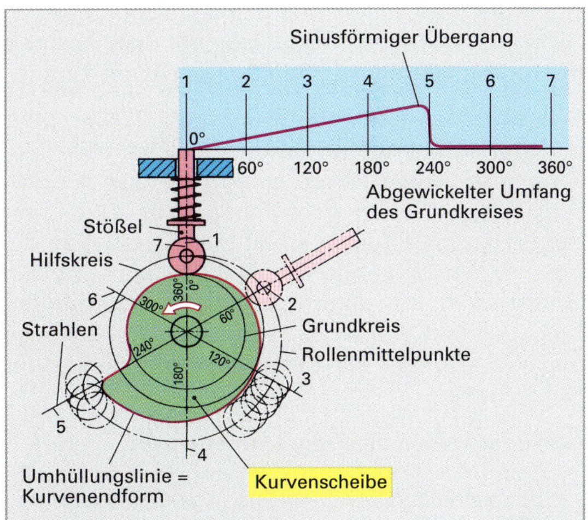

Bild 2: Schubkurvengetriebe

Zur Ermittlung der Kurvenform für einen gleichförmigen Hub wird der Grundkreis der Kurvenscheibe abgewickelt. Für den Anfang der Hubbewegung legt man den Winkel 0° am Kreis und an der Abwicklung fest. Dann trägt man den Winkel ein, bei dem der Hub seinen höchsten Punkt erreichen soll, z. B. 240°. Den Zwischenraum zwischen den beiden Winkeln 0° und 240° teilt man in beliebig viele gleiche Teile ein, z. B. in vier. Auf der Kurvenscheibe werden die Teilungsstrahlen, von 0° beginnend, entgegen der Drehrichtung der Kurvenscheibe, in gleichen Abständen eingezeichnet. Denkt man sich die Kurvenscheibe festgehalten, während der Stößel um die Scheibe herumgeführt wird, kann der jeweilige Hub aus der Abwicklung auf den Grundkreis der Kurvenscheibe übertragen werden.

[1] *Archimedes,* Mechaniker und Mathematiker des Altertums, gest. 212 v. Chr. bei der Eroberung von Syrakus durch die Römer.

Für den ersten Strahl durch den Winkel 0° ist die Hubhöhe Null. Für den zweiten Strahl wird der entsprechende Wert der Hubhöhe aus der Abwicklung entnommen und vom Hilfskreis aus angetragen. Das gleiche wird auch für die Strahlen 3 und 4 gemacht. Die auf den Strahlen gefundenen Schnittpunkte werden anschließend mit dem Kurvenlineal verbunden. Man erhält so die Linie, auf der die Rollenmittelpunkte liegen. Mit dem Zirkel können jetzt beliebig viele Rollenkreise gezeichnet werden. Die innere Umhüllungslinie der Rollenkreise stellt die gesuchte Kurve für den gleichförmigen Anstieg des Stößels dar, die dann als äußere Kurvenscheibe ausgeführt wird. Die Genauigkeit der Kurve wird durch eine feinere Teilung verbessert. Um Kurvenübergänge möglichst stoßfrei zu gestalten, werden die Ecken der abgewickelten Hublinie z. B. sinusförmig abgerundet.

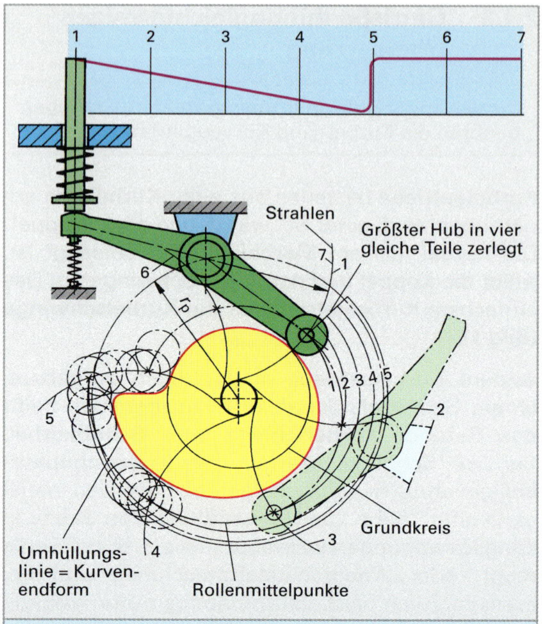

Bild 1: Kurvenschwinge

Bei der Kurvenschwinge wird die Kurve für die Erzeugung eines gleichförmigen Anstiegs in ähnlicher Weise gezeichnet **(Bild 1)**. Auch hier denkt man sich den Hebel um die Kurvenscheibe bewegt, während die Scheibe selbst festgehalten wird. Die Strahlen, auf denen sich der Rollenmittelpunkt des Hebels in jedem Moment der Bewegung befinden kann, werden jetzt durch Kreise mit der Länge des Hebelarms als Radius ersetzt. Der Drehpunkt des Hebelarms bewegt sich auf einem Hilfskreis um die Kurvenscheibe mit dem Abstand Kurvenmittelpunkt zu Hebeldrehpunkt als Radius.

Teilt man den Gesamthub und den Winkel, über den der Hub erfolgen soll, in gleiche Teile ein, kann man jedem Strahl einen Hub aus der Abwicklung zuordnen (Nummerierung). Die Bahn der Rollenmittelpunkte erhält man, wenn man die gefundenen Schnittpunkte der Strahlen und die Hubstrecken mit einem Kurvenlineal verbindet. Man zeichnet wieder beliebig viele Rollenkreise ein und ermittelt die Kurve als Umhüllende der Rollenkreise.

Kurvenscheiben als Programmspeicher

Kurvenscheiben sind mechanische Programmspeicher (Informationsspeicher).

Durch die Kurvenform ist der Bewegungsablauf des Stößels oder des Hebels festgelegt. Bei einer Umdrehung der Kurve wird dann eine bestimmte Folge von Einzelbewegungen (Programm) ausgeführt. In gleicher Weise werden Nockenscheiben oder Schalttrommeln verwendet, um mechanische, pneumatische, hydraulische oder elektrische Steuerungselemente zu betätigen.

Mechanisch gesteuerte Drehautomaten werden über Kurvenscheiben als Programmgeber gesteuert. Die Kurvenscheiben befinden sich meist auf einer Steuerwelle, die sich während des Fertigungsablaufs eines Werkstücks einmal um ihre Achse dreht **(Bild 2)**. Die wichtigste Aufgabe erfüllt dabei die Spindelstockkurve, mit der die Vorschubbewegungen in Richtung der Drehachse ausgeführt werden.

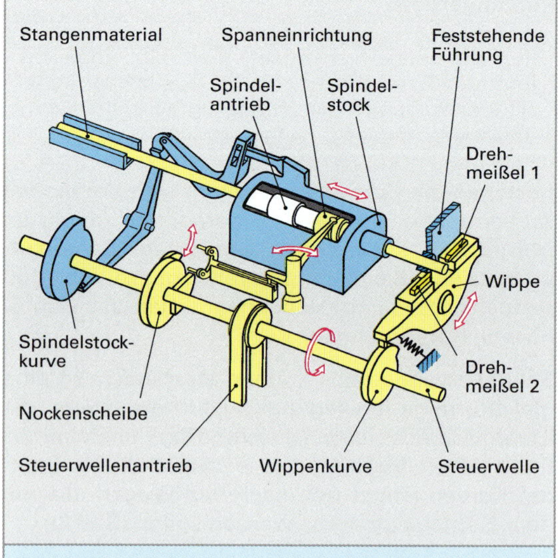

Bild 2: Mechanische Steuerung einer Drehmaschine

2.1.4 Getriebe mit aussetzender Bewegung

Getriebe mit aussetzender Bewegung werden für schrittweise Antriebe von Transportbändern, Rundschalttischen und Werkzeugrevolvern verwendet.

Das bekannteste aussetzende Getriebe ist das **Malteserkreuzgetriebe (Bild 1).**

Es besteht aus einer sich mit gleichbleibender Geschwindigkeit drehenden Scheibe und dem Malteserkreuzrad, das hier vier Haltestationen besitzt. An der treibenden Scheibe befindet sich eine Rolle, die jeweils bei einer Umdrehung in einen Schlitz des Malteserkreuzrades eingreift und das Rad eine Viertelumdrehung mitnimmt.

Für ganze oder halbe Umdrehungen mit nachfolgendem Stillstand werden **Sternradgetriebe** verwendet.

Beim Sternradgetriebe bewegt sich das größere Rad mit gleichmäßiger Geschwindigkeit, das kleinere Sternrad wird dabei in Sperrstellung gehalten **(Bild 2)**. Sobald die Rollen des treibenden Rades in die Zahnlücken des Sternrades eingreifen, wird dieses eine ganze Umdrehung mitgenommen. In der übrigen Zeit bleibt das Sternrad stehen. Durch verschiedene Anordnung der Rollen und Zähne können sehr viele Kombinationen von Umlaufzeit zu Stillstandzeit erzielt werden.

Beim **aussetzenden Getriebe mit sich kreuzenden Wellen** ist das treibende Rad eine Kurventrommel, die am Umfang eine Rippe mit trapezförmigem Querschnitt besitzt **(Bild 3)**.

Diese Rippe liegt genau senkrecht zur Drehachse des Rollenrades und verhindert damit dessen Bewegung (Sperrstellung). Über ein Drittel des Trommelumfangs gehen die beiden Rippen gewindeartig auseinander, so dass zwischen den zwei Enden der Rippen gerade soviel Platz entsteht, um eine Rolle des getriebenen Rades hindurchzulassen. Das Rollenrad dreht sich dann um einen Rollenabstand weiter.

Wiederholung und Vertiefung

1. Beschreiben Sie den Aufbau mechanischer Steuerungen.
2. Welche Arten von stufenlos verstellbaren Getrieben gibt es?
3. Wie kann mit einem Schubkurvengetriebe eine Vorschubbewegung erzeugt werden?
4. Wie unterscheidet sich ein Schubkurvengetriebe von einer Kurvenschwinge?

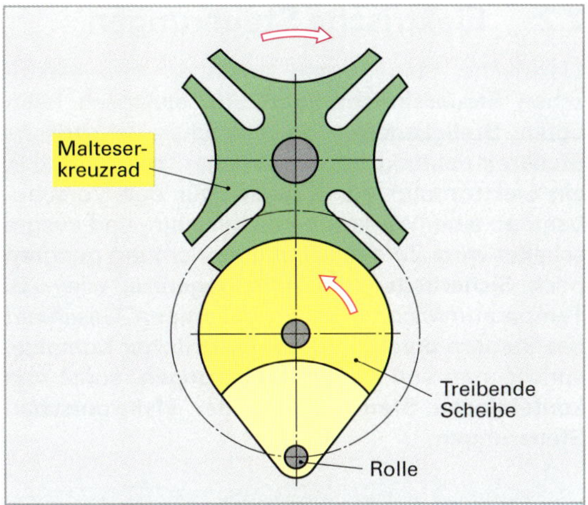

Bild 1: Malteserkreuzgetriebe mit vier Stationen

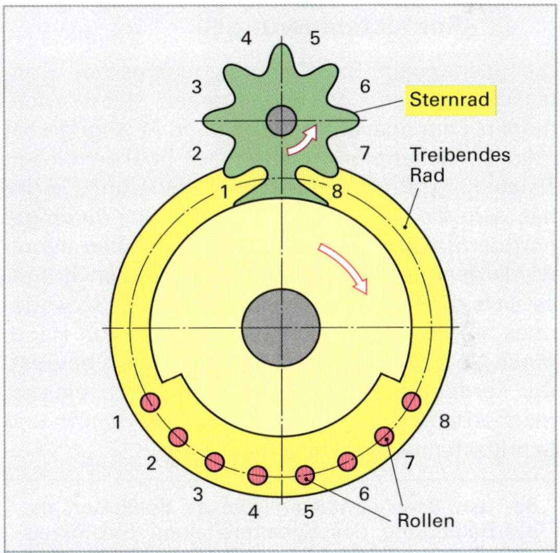

Bild 2: Sternradgetriebe

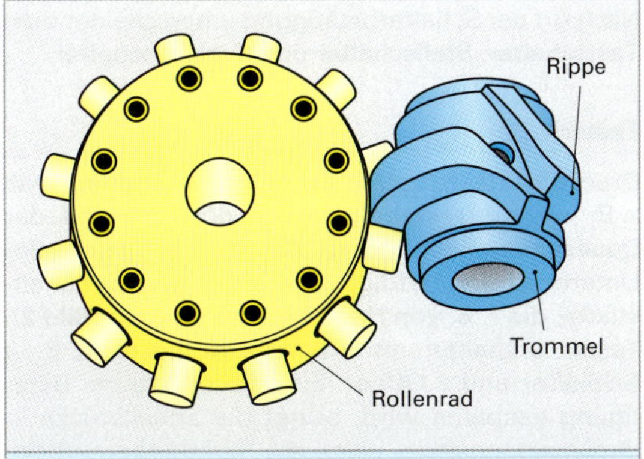

Bild 3: Aussetzendes Getriebe mit sich kreuzenden Wellen

2.2 Elektrische Steuerungen

Elektrische Steuerungen bestehen aus elektrischen **Steuereinrichtungen** und elektrisch betätigten **Stellgliedern.** Die einfachste elektrische Steuereinrichtung ist ein Schalter, mit dem z. B. ein Elektromotor als Stellglied für den Vorschubantrieb einer Werkzeugmaschine ein- und ausgeschaltet wird. Zu einer Steuereinrichtung gehören noch **Sicherheits- und Anzeigegeräte,** wie z. B. Temperaturwächter und Signallampen. Geschieht das Steuern durch Schalten elektrischer Kontakte, spricht man von **Kontaktsteuerungen,** sonst von **kontaktlosen Steuerungen** oder **elektronischen Steuerungen.**

Bild 1: Schalter

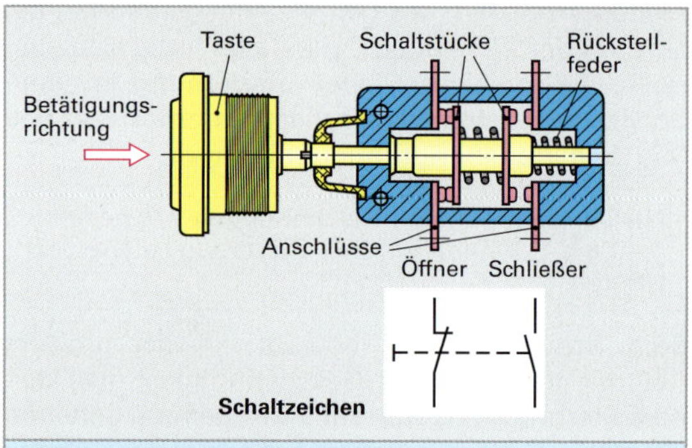

Bild 2: Druckknopftastschalter (Taster)

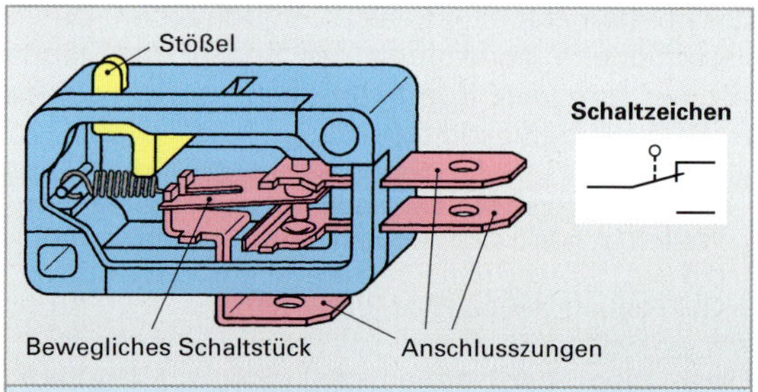

Bild 3: Sprungschalter

2.2.1 Bauelemente elektrischer Kontaktsteuerungen

Die wichtigsten Bauelemente elektrischer Kontaktsteuerungen sind: Schaltgeräte, Steckvorrichtungen, Leitungsverbindungen und Anzeigegeräte **(Bild 1). Schaltpläne** dienen der übersichtlichen Darstellung einer elektrischen Steuerung. In ihnen wird die Funktion der Bauelemente durch genormte Sinnbilder, die man **Schaltzeichen** nennt, wiedergegeben. Die Schaltzeichen geben grundsätzlich den Zustand des unbetätigten Schaltgerätes an. **Schaltkontakte** werden z. B. von Hand, durch Nocken oder durch Fernbedienung betätigt. Die Fernbedienung erfolgt meist durch elektromagnetische Kraft, wie beim Relais, Schütz und Schrittschaltwerk.

Bei den Schaltkontakten gibt es **Schließer,** die bei Betätigung des Schalters einen Stromkreis schließen, und **Öffner,** die einen Stromkreis unterbrechen.

Nach Art der Schalterbetätigung unterscheidet man **Tastschalter, Stellschalter** und **Schlossschalter.**

Tastschalter

Druckknopftastschalter, kurz **Taster** genannt, wie z. B. ein Klingelknopf, wirken nur während der Dauer ihrer Betätigung. Die Kontaktgabe oder Unterbrechung erfolgt über bewegliche Schaltstücke, die z. B. von Hand betätigt werden **(Bild 2).** Taster enthalten oft mehrere Kontakte, z. B. 3 Schließer und 3 Öffner. Eine Feder, die bei Betätigung gespannt wird, bringt die Schaltstücke in ihre Ausgangslage, wenn die Betätigung aufhört. Die Taster dienen oft gleichzeitig als Leuchtmelder (Signal-Lampe). Tastschalter mit großer, roter, pilzförmiger Kappe auf gelbem Untergrund verwendet man als **NOT-AUS-Taster.**

NOT-AUS-Taster sind immer Tastschalter mit Öffner, da man Notsituationen immer durch Ausschalten, also durch Unterbrechen des Stromkreises, begegnen muss.

Mit **Grenztastern,** die über Nocken betätigt werden, wird das Erreichen von Grenz- und Endlagen beweglicher Maschinenteile, z. B. von Werkzeugmaschinenschlitten, signalisiert. Die Grenztaster sind mit Sprungschaltern (Mikroschalter) ausgestattet, damit man auch bei sehr langsamer Betätigung eine plötzliche Kontaktgabe oder Kontaktunterbrechung erhält **(Bild 3).**

Die Betätigung erfolgt entweder direkt über einen Stößel aus gehärtetem Stahl oder über einen Rollenhebel **(Bild 1)**. Durch den Hebel vergrößert man den Betätigungsweg, verringert aber die Betätigungskraft. Die Wegdifferenz zwischen Schaltpunkt und Rückschaltpunkt bezeichnet man als **Schaltdifferenz.**

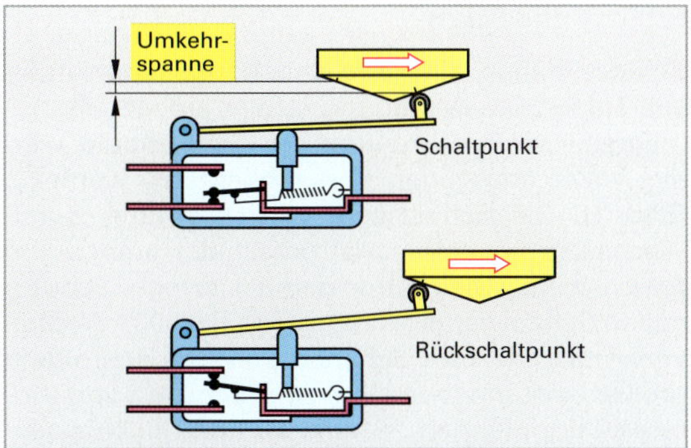

Bild 1: Schaltvorgang bei einem Grenztaster mit Rollenhebel

Berührungslose Näherungsschalter

Anstelle von Grenztastern werden häufig berührungslose Näherungsschalter verwendet **(Bild 2)**.

Induktive Näherungsschalter schalten bei Annäherung metallischer Gegenstände **(Tabelle 1)**. Man verwendet sie wie Grenztaster in Verbindung mit Nocken.

Kapazitive Näherungsschalter reagieren auf viele Stoffe, insbesondere auf Flüssigkeiten. Sie eignen sich daher zur Überwachung und Steuerung von Füllständen.

Optoelektronische Näherungsschalter reagieren auf reflektiertes Licht. Zur Unterdrückung von Fremdlicht wird meist gepulstes Laserlicht oder gepulste Infrarotstrahlung verwendet.

Näherungsschalter auf Ultraschallbasis ermitteln aus der Laufzeit für das Echo von Schallimpulsen die Entfernung zum nächstgelegenen Gegenstand und schalten bei Erreichen des eingestellten Entfernungsbereichs.

Die Signalausgänge A und $\bar{A}$ sind antivalent (gegenwärtig) und ermöglichen dadurch sowohl das EINschalten (Schließerfunktion) als auch das AUSschalten (Öffnerfunktion) eines elektrischen Betriebsmittels, z. B. eines Relais.

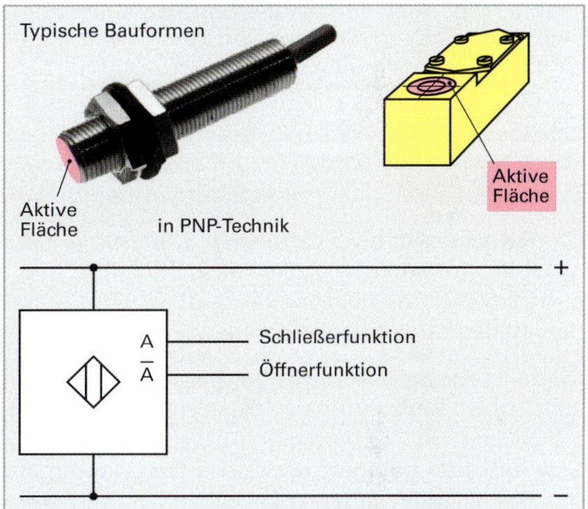

Bild 2: Berührungsloser Näherungsschalter

Tabelle 1: Berührungslose Näherungsschalter

Art	Schaltzeichen	Funktionsprinzip	Kenngrößen
induktiv	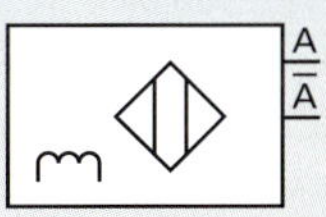	Durch Annäherung von metallischen Gegenständen werden in diesen Wirbelströme induziert und dadurch ein Schwingkreis stark gedämpft.	Schaltabstand: etwa halber Spulendurchmesser, 1 mm … 150 mm
kapazitiv	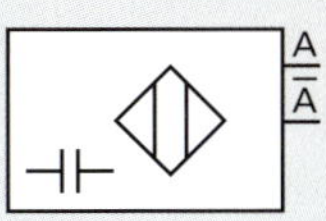	Durch Annäherung von Flüssigkeiten oder Gegenständen aus Glas, Kunststoff, Holz oder Metallen, verändert sich die Kapazität eines Schwingkreises und damit dessen Spannung.	Schaltabstand: stark abhängig vom Werkstoff des Gegenstandes, etwa 20 mm … 40 mm
opto-elektronisch	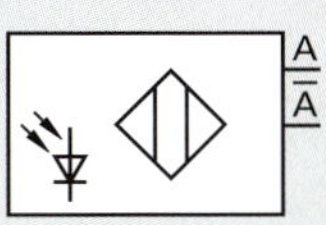	Über die Fotodiode werden Infrarotstrahlungsimpulse gesendet. Bei Annäherung eines Gegenstandes bewirkt die reflektierende Strahlung das Schalten.	Schaltabstand: mit Reflektor etwa 2 m, ohne Reflektor stark abhängig von Oberflächenbeschaffenheit
mit Ultraschall	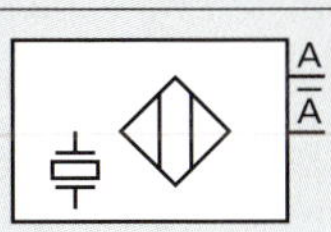	Die Laufzeit reflektierter Ultraschallimpulse wird ausgewertet. Erzeugt wird der Ultraschall mit Piezoquarz.	Schaltbereich: etwa 60 mm … 6000 mm, einstellbar auf etwa 10 mm

Schütze und Relais

Schütze haben eine ähnliche Kontaktanordnung wie Taster. Die Betätigung erfolgt jedoch elektromagnetisch. Bei Erregung der Schützspule wird ein Anker angezogen und schließt die Kontakte **(Bild 1)**. Die Schützspule wird entweder durch Wechselstrom (Wechselstromschütz) oder durch Gleichstrom (Gleichstromschütz) erregt. Schütze haben Schaltleistungen von 1 kW bis 500 kW. Man verwendet sie zum Schalten von Betriebsmitteln großer Leistung, vor allem zum Schalten von Motoren, Kupplungen, Bremsen und elektrischen Heizanlagen.

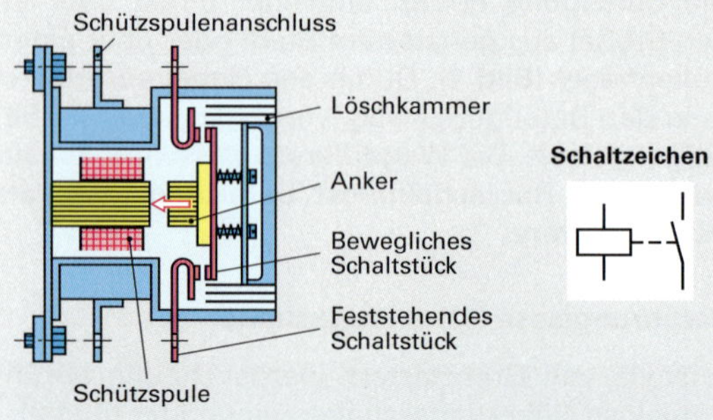

Bild 1: Schütz

Bei den Kontakten unterscheidet man **Hauptkontakte,** z. B. zum Einschalten von Motoren, und **Hilfskontakte** zum Schalten von Steuer- und Kontrolleinrichtungen **(Bild 2).**

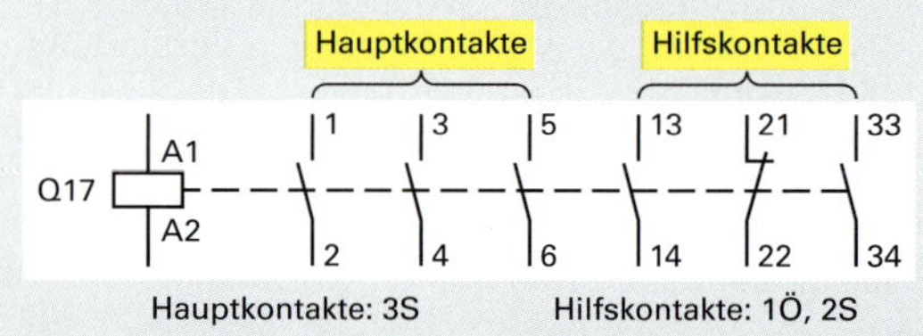

Bild 2: Schaltzeichen für ein Schütz mit Haupt- und Hilfskontakten

Schütze, die nur Hilfskontakte haben, nennt man Hilfsschütze. Die Kennzeichnung erfolgt mit einem Buchstabensymbol und einer Zählnummer **(Bild 3).**

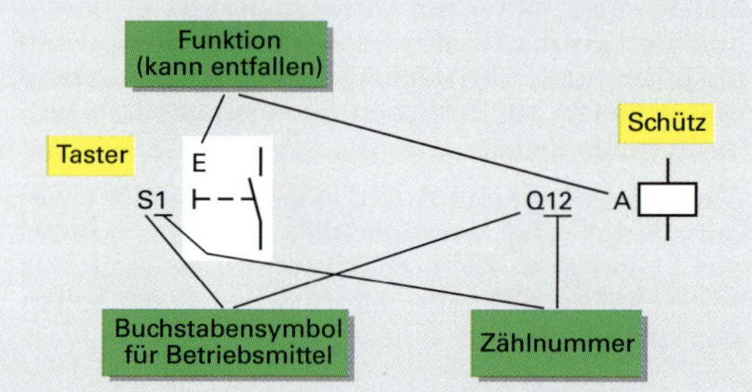

Bild 3: Kennzeichnung von Betriebsmitteln

Das **Relais** erfüllt bei elektrischen Steuerungen die gleichen Aufgaben wie das Hilfsschütz und dient als fernbetätigter Tastschalter. Aufbau, Größe und Schaltleistung unterscheiden es vom Schütz.

Kontaktgabe und Kontaktunterbrechung erfolgen stets über **Kontaktfedern** (Blattfedern) **(Bild 4).** Bei diesem Relais wird der Anker, der auf einer Schneidkante gelagert ist, durch das Magnetfeld der Relaisspule angezogen. Dabei werden über kleine Stifte die Kontaktfedern betätigt. Die Ansprechzeit, das ist die Zeit zwischen dem Einschalten der Relaisspule und der Kontaktgabe, liegt bei ca. 1 ms bis 10 ms. Sie ist wesentlich kleiner als beim Schütz. Die Schaltleistung reicht je nach Baugröße von einigen mW bis ca. 1 kW.

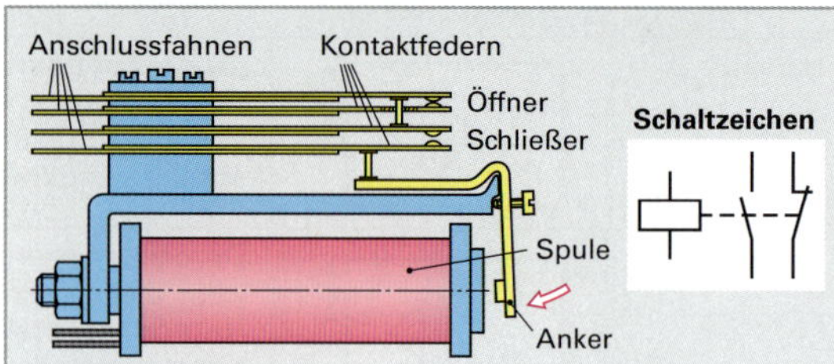

Bild 4: Relais

Relais eignen sich als sogenannte **Kartenrelais** direkt zur Montage auf elektronischen Leiterplatten. Man verwendet sie häufig in Verbindung mit elektronischen Baugruppen.

Im Unterschied zu elektronischen Schaltern kann man mit Relais Stromkreise potenzialfrei schalten, d. h. die Kontakte können in Stromkreisen mit unterschiedlichem Potenzial angeschlossen sein.

Relais mit **Schutzgaskontakten** haben eine besonders hohe Lebensdauer. Hier sind die Kontaktzungen paarweise in Glasröhrchen (in Vakuum oder Edelgas) eingeschmolzen **(Bild 5).** Das Glasröhrchen steckt in einer zylindrischen Magnetspule. Sobald diese vom Strom durchflossen wird, werden die Kontaktfedern magnetisiert, ziehen sich gegenseitig an und schließen damit den Kontakt.

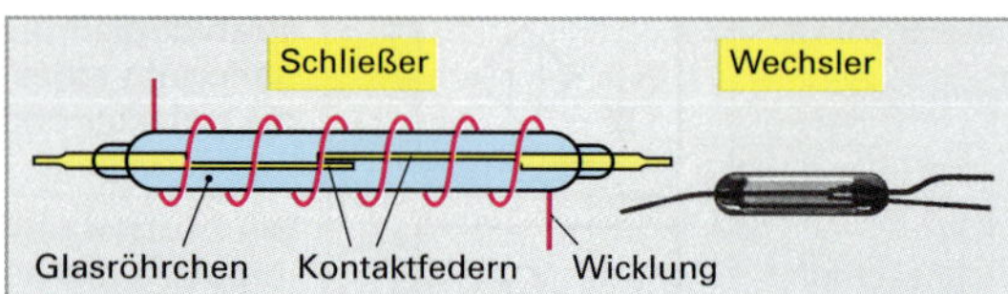

Bild 5: Relais mit Schutzgaskontakt (Foto, etwa natürliche Größe)

Zeitrelais

Eine Verzögerung zwischen dem Einschalten des Relais und dem Schalten der Kontaktfedern ist bei Steuerungen oft erwünscht, ebenso eine Verzögerung zwischen dem Abschalten des Relais und dem Abfallen der Kontaktfedern.

Relais mit diesen Eigenschaften nennt man **Relais mit Anzugverzögerung** bzw. **Relais mit Abfallverzögerung (Bild 1)**.

Die Verzögerungszeiten sind am Relais von wenigen Millisekunden bis zu einigen Sekunden einstellbar. Man erzielt diese Schaltverzögerung durch elektrische Schaltungen, in denen z. B. ein Kondensator allmählich aufgeladen oder entladen wird oder über ein elektrisches Uhrwerk. **Elektronische Zeitrelais** arbeiten mit einem Taktgeber und einem elektronischen Zähler. Solche elektronischen Zeitrelais sind über digitale Vorwahlschalter mit Ziffernanzeige einfach und exakt einzustellen.

Stellschalter

Stellschalter haben eine Raste **(Bild 2)**. Sie verharren in der zuletzt geschalteten Stellung. Bei **Drehschaltern (Bild 3)** gibt es häufig Schalter mit zwei mittleren Schaltstellungen als Stellschalter und den äußeren Schaltstellungen als Tastschalter.
In Schaltstellung 2 wird z. B. eine Vorschubbewegung vorwärts und in Schaltstellung 3 eine Vorschubbewegung rückwärts eingeschaltet, während mit den Schaltstellungen 1 und 4 der jeweilige Eilgang ausgelöst wird.

Hauptschalter

Jede Maschine und Anlage in der Industrie muss mit einem Hauptschalter ausgestattet sein **(Bild 4)**. Dieser muss die gesamte Maschine oder Anlage vom Stromversorgungsnetz abtrennen, z. B. damit Reinigungsarbeiten ohne Gefahr vorgenommen werden können.
Der Hauptschalter ist üblicherweise handbetätigt und hat eine „AUS"-Stellung und eine „EIN"-Stellung. AUS wird mit „O" gekennzeichnet (Out) und EIN mit „I" (In).
Die AUS-Stellung ist abschließbar. Die stromführenden Anschlussklemmen müssen gegen Berührung abgedeckt sein und der *Schaltzustand* muss sichtbar sein oder *zwangsläufig* angezeigt werden.

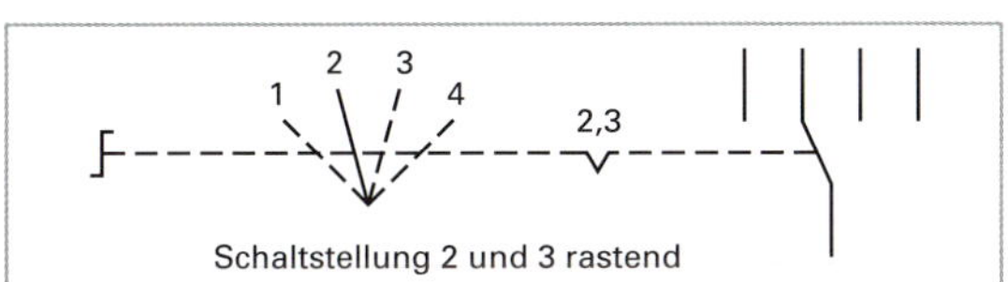

Bild 3: Drehschalter mit vier Schaltstellungen

Stellschalter verharren in der jeweiligen Schaltstellung bis diese verändert wird.

Tabelle 1: Betätigungsarten

von Hand allgemein	├----	Fußantrieb	⁄----
Drücken	E----	abnehmbarer Antrieb	()----
Ziehen	]----	Nocken-antrieb	O----
Drehen	F----		
Kippen	T----	Kraftantrieb allgemein	□----

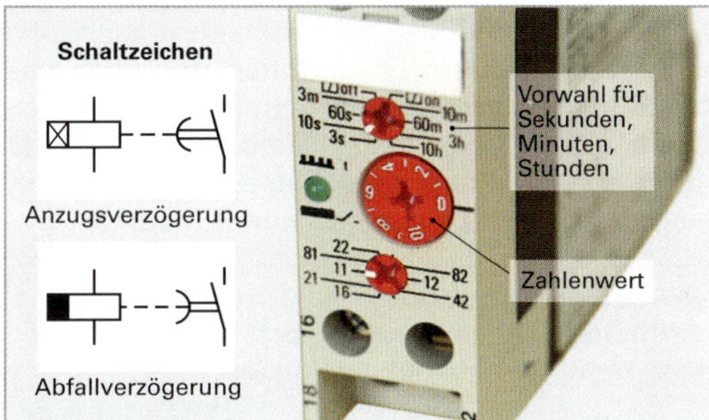

Bild 1: Zeitrelais

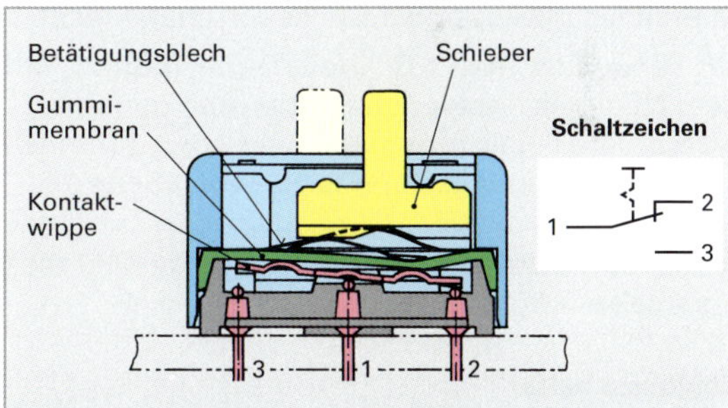

Bild 2: Stellschalter (handbetätigt)

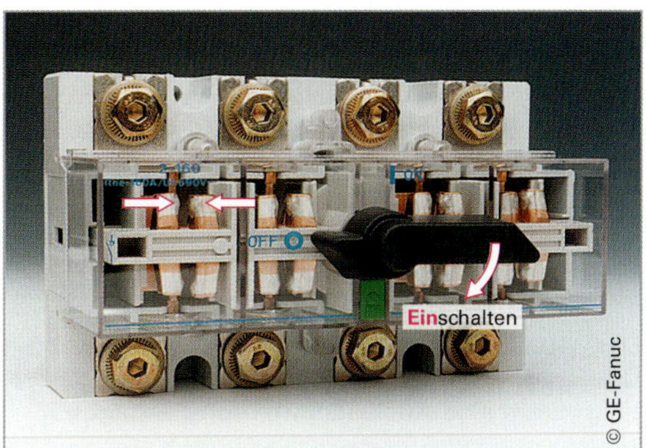

Bild 4: Hauptschalter

Elektrische Maschinen und Anlagen müssen im Gefahrenfall so schnell wie möglich stillgesetzt werden können, damit Personen und Maschinen vor Gefahren bewahrt werden.

Falls es erforderlich ist, müssen Rücklaufbewegungen unter Strom oder Öffnungs- und Schließbewegungen aber noch ausgeführt werden.

NOT-AUS-Schalter und NOT-Halt-Schalter

Der NOT-AUS-Schalter ist meist handbetätigt. Er kann auch Hauptschalter sein und unterbricht die Gefahr verursachenden Stromkreise. Die Handhabe des NOT-AUS-Schalters ist auffällig rot gekennzeichnet und die Fläche darunter ist gelb (Bild 1). Der Drehknebel eines Hauptschalters ist häufig an der Schaltschranktüre montiert und über eine Kupplungsstange mit dem Schaltergehäuse verbunden. Ein Öffnen der Schaltschranktüre und Lösen der Kupplung ist in diesen Fällen nur bei ausgeschaltetem Leistungsschalter möglich.

Bei Betätigung muss der NOT-AUS-Schalter im AUS-Zustand verharren. Er darf nur von Hand oder mit einem Schlüssel entriegelt werden.

NOT-AUS-Schalter können als Drehschalter oder Knebelschalter (Bild 1) bei einfachen Anlagen und Maschinen gleichzeitig auch Hauptschalter sein.

Oft verwendet man NOT-Halt-*Taster* **(Bild 2)**. Mit dem NOT-Halt-Taster unterbricht man den Strompfad im NOT-Halt-Stromkreis und sorgt für einen sicheren Bewegungsstopp (siehe auch Seite 28).

NOT-AUS-Schalter und NOT-Halt-Taster sind rot auf gelbem Grund.

Schlossschalter

Schlossschalter dienen dem Schutz von elektrischen Geräten und Anlagen, z. B. als *Motorschutzschalter* **(Bild 3)** oder als *Leitungsschutzschalter* (LS-Schalter).

Wie Stellschalter verharren sie in der Schaltstellung, in die sie gebracht werden. Zum Ausschalten ist eine wesentlich kleinere Betätigungskraft erforderlich als zum Einschalten; denn beim Einschalten wird eine Rückholfeder gespannt und die Schaltstellung über eine Sperrklinke (Schaltschloss) gehalten **(Bild 1, folgende Seite)**.

Das Auslösen der Klinke kann durch leichten Druck auf die AUS-Taste von Hand oder selbsttätig durch eine Auslöseeinrichtung erfolgen.

Schlossschalter können mit sehr kleiner Kraft auslösen.

Bild 1: Hauptschalter (Beispiele)

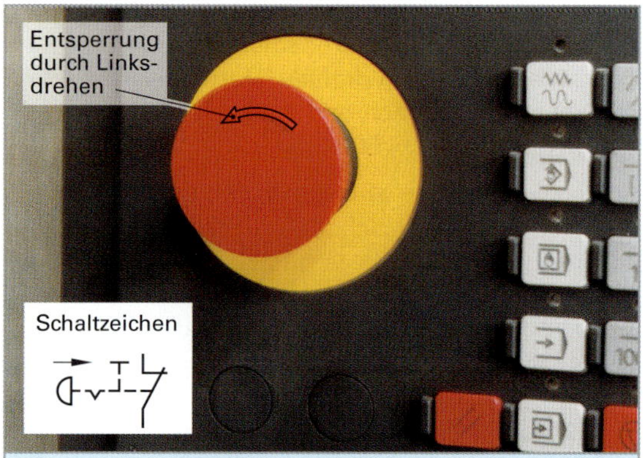

Bild 2: NOT-Halt-Taster

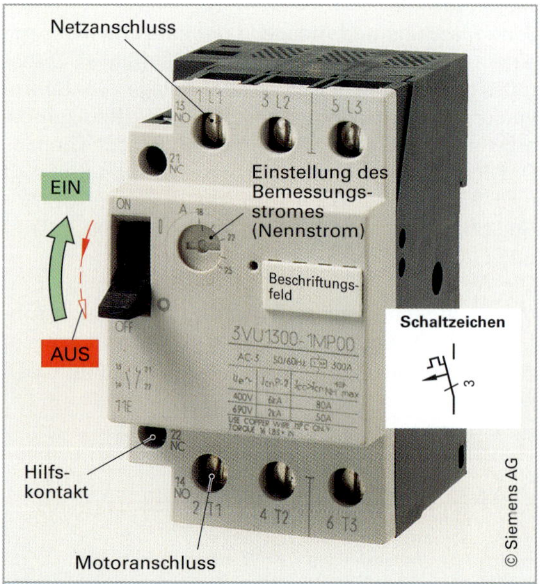

Bild 3: Motorschutzschalter

Die häufigsten Ausöseeinrichtungen sind *thermische* Auslöser, *elektromagnetische* Überstromauslöser und *Unterspannungsauslöser*.

Beim **thermischen Auslöser** erwärmt sich bei überhöhtem Stromfluss ein *Bimetallstreifen* und biegt sich soweit durch, dass er die Sperrklinke auslöst **(Bild 1)**. Thermische Auslöser schützen bei Motorschutzschaltern den Motor gegen längere Überlastung. Bei überhöhtem Strom wird das Bimetall erwärmt und löst den Schalter aus. Ein kurzzeitig überhöhter Strom, wie er z. B. beim Einschalten eines Motorsauftritt, bleibt ohne Wirkung.Die thermischen Auslöser werden auf den Motornennstrom eingestellt. Die Auslösezeit verkürzt sich mit zunehmender Überlast **(Bild 2)**.

Der thermische Auslöser dient dem Überlastschutz.

Elektromagnetische Überstromauslöser dienen vor allem zum schnellen Ausschalten bei Kurzschluss (Bild 1). Bei etwa fünffach überhöhtem Strom wird durch das Magnetfeld der Spule die Sperrklinke ausgelöst.

Der elektromagnetische Auslöser dient dem Kurzschlussschutz.

Elektromagnetische Unterspannungsauslöser dienen der Überwachung von Spannungseinbrüchen bei elektrischen Netzen. Unterschreitet die Netzspannung den Spannungsnennwert um 30 % bis 50 %, dann löst der Unterspannungsauslöser aus und schaltet ab, da bei zu geringer Netzspannung ein sicheres Arbeiten elektrischer und elektronischer Steuerungen nicht mehr gewährleistet ist.

Der Unterspannungsauslöser verhindert einen Betrieb bei zu kleiner Netzspannung.

Elektronische Motorstarter (Bild 3) sind Kompaktgeräte zum Schalten von Drehstrommotoren mit parametrierbaren Anlaufkennlinien (z. B. Sanftanlauf) und Schalten von Betriebszyklen u. v. m..

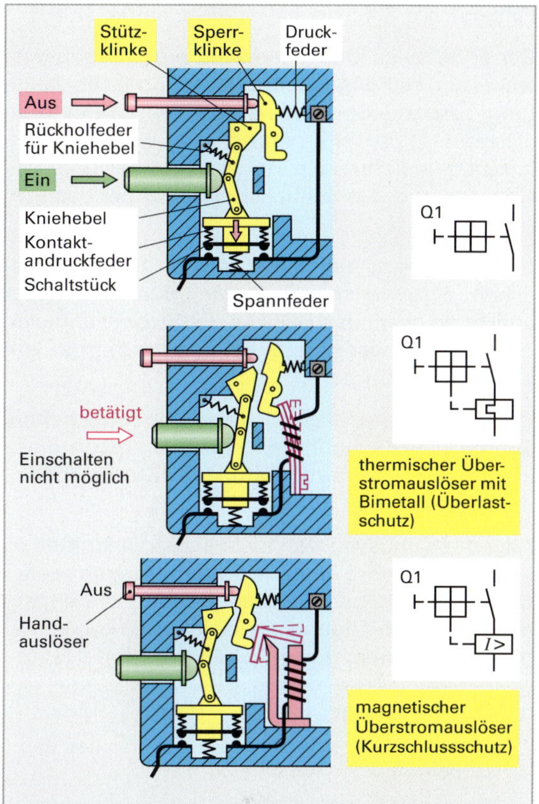

Bild 1: Schlossschalter (Historische Ausführung)

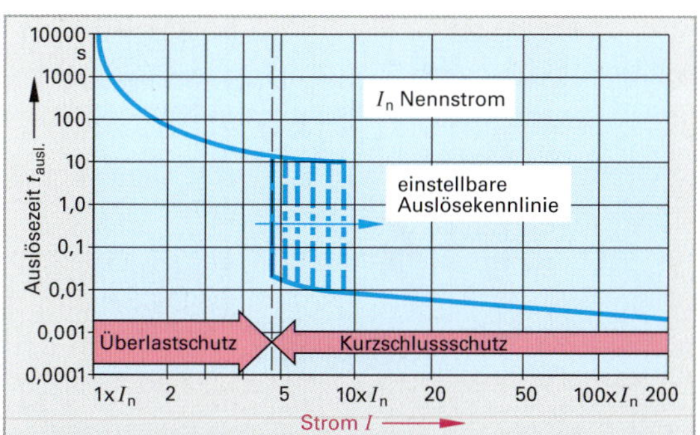

Bild 2: Auslösekennlinien

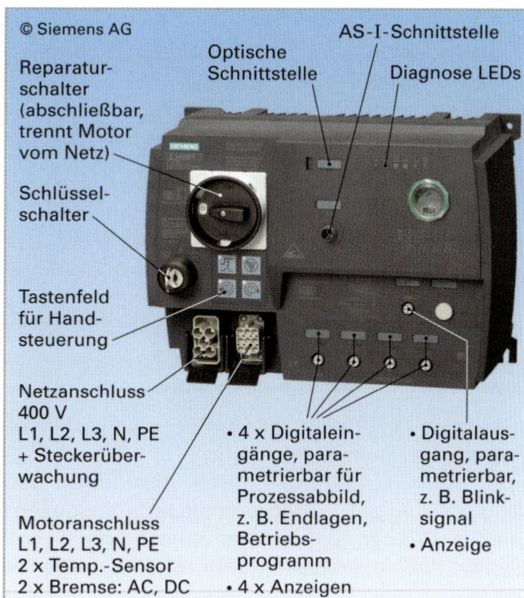

Bild 3: Elektronischer Motorstarter

Fehlerstrom-Schutzschalter (FI-Schalter, RCD[1])

Der FI-Schalter **(Bild 1)** schaltet eine Anlage aus, wenn ein Teil des Stromes nicht über die Zuleitung zurückfließt. Das ist der Fall, wenn man stromführende Teile berührt oder wenn bei fehlerhafter Isolierung ein Teil des Stromes über das Gehäuse und den Schutzleiter oder über das Erdreich abfließt.

Der FI-Schalter beinhaltet einen hochempfindlichen *Summenstromwandler* **(Bild 2)**. Dieser spricht an, wenn die Summe der Ströme ungleich Null ist und zwar bereits bei Stromsummen von wenigen Milliampere.

Die Funktionstüchtigkeit des FI-Schutzschalters überprüft man durch testweises Umleiten eines kleinen Stromes außerhalb des Stromwandlers mit der *Taste T.*

Allgemein müssen elektrische Betriebsmittel so isoliert sein, dass keinerlei Gefährdungen weder für Menschen noch für Sachen oder Tiere entstehen. Bei Beschädigung der Isolationen können jedoch Fehlerzustände entstehen.

Man unterscheidet:

- **Körperschluss,** d. h. es fließt Strom über den Körper mit der Folge eines Unfalles.
- **Kurzschluss,** d. h. es fließt Strom von einem Leiter zu einem anderen oder zum Schutzleiter, auch mit der Folge eines Lichtbogens. Dabei kann bei gleichzeitigem Berühren des an den Schutzleiter angeschlossenen Geräts auch ein Körperschluss auftreten.
- **Erdschluss,** d. h. es fließt Strom zum Erdboden oder zu geerdeten Bauteilen.

Der Körperschluss ist grundsätzlich bei Strömen von mehr als 10 mA gefährlich.

Kurzschluss und Erdschluss können leicht zu einem Brand führen.

FI-Schutzschalter schalten bei Körperschluss, Kurzschluss und Erdschluss die elektronischen Verbraucher spannungsfrei und schützen damit *vor Gefahren.*

Besonders gefährlich ist der Betrieb von elektrischen Geräten in Badezimmern, wenn Personen ohne Isolierung durch Kleidung und Schuhe einem Körperschluss ausgesetzt sind, z. B. bei Benutzung eines Föhns mit schadhafter Anschlussleitung **(Bild 1, folgende Seite)**.

[1] RCD von engl. Residual Current Device = Reststrom-Schaltung

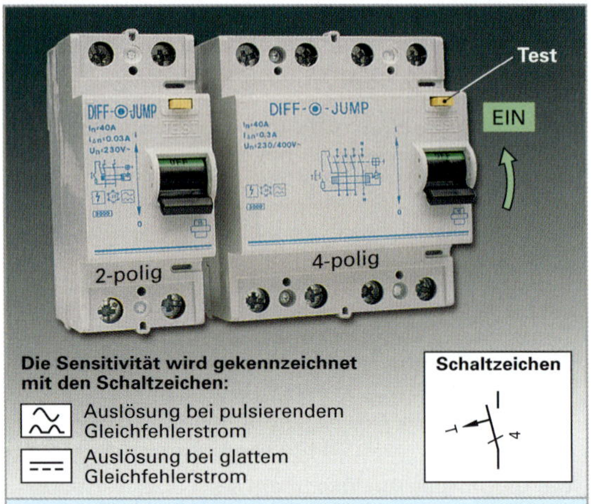

Bild 1: Zweipoliger und Vierpoliger Fehlerstromschutzschalter

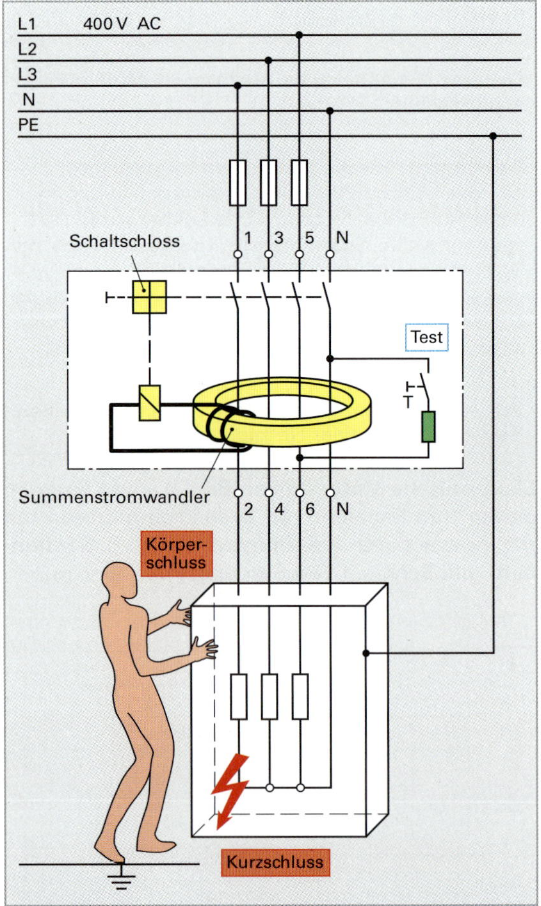

Bild 2: Aufbau und Anschluss eines FI-Schutzschalters bei Dreiphasen-Wechselstrom

Erdschlüsse können außer durch schadhafte Isolierungen auch durch Überlast von Betriebsmitteln, z. B. von Motoren entstehen, wenn Leitungen „durchschmoren" oder wenn Feuchtigkeit oder Stäube und sonstige leitfähige Ablagerungen in elektrische Betriebsmittel eindringen. Gefährlich sind da besonders Metallstäube und Metallspäne.

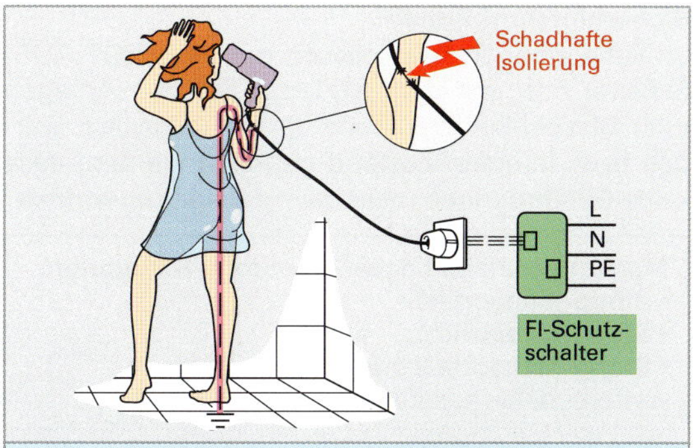

Bild 1: Besondere Gefährdung im Bad

Mit *FI-Schutzschaltern werden Steckdosen* oder elektrische Anlagen ausgestattet in: Nassräumen (Badezimmern, Schwimmbäder), Baustellen, Campingplätzen, Bootsanlegestellen, Unterrichtsräume mit Experimentierständen, Laborräume u. ä. Räume. Dabei muss der Fehlerstrom der zur Auslösung führt kleiner als 30 mA sein. Löst ein FI-Schutzschalter aus, so ist wie in **Bild 2** dargestellt zu verfahren.

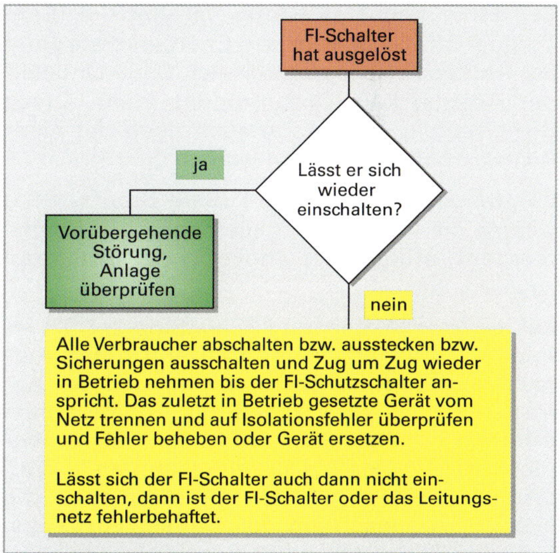

Bild 2: Vorgehensweise bei ausgelöstem FI-Schutzschalter

Elektrische Stromkreise in Nassräume und auf Baustellen werden mit FI-Schutzschaltern ausgestattet. Sie ermöglichen maximalen Schutz vor Gefahren durch elektrischen Strom.

Leistungsschalter mit elektronischer Auslösung

Moderne Leistungsschalter **(Bild 3)** sind mit umfangreicher Elektronik ausgestattet und ermöglichen:

- Überlastschutz,
- Kurzschluss-Schutz,
- Erdschluss-Schutz mit Fehlerstromauslösung,
- Überwachung auf unsymmetrische Last,
- Unterspannungsauslösung und
- Überwachung von Temperaturen, z. B. Motortemperatur.

Darüber hinaus gibt es diese Leistungsschalter mit der Anzeige von Leiterströmen, Leistung, cos φ und mit allen Auslösefunktionen.

Zur Fernüberwachung haben moderne Leistungsschalter auch *Kommunikationsschnittstellen,* z. B. RS 485, AS-I-Bus, PROFIBUS-DP.

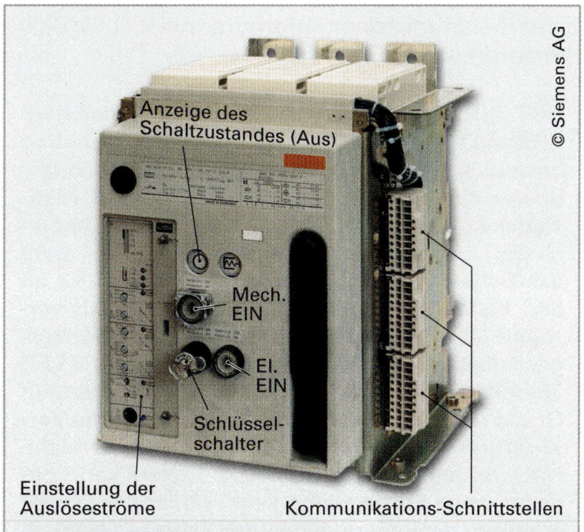

Bild 3: Leistungsschalter

Moderne Leistungsschalter enthalten alle üblichen Schutzfunktionen und melden über Datennetze aktuelle Zustände.

Sicherheitsfunktionen

Im Falle einer Gefahr müssen mit dem NOT-AUS-Schalter bzw. mit dem NOT-Halt-Schalter Anlagen oder Maschinen bzw. Teile davon stillgesetzt werden bzw. in einen Zustand gebracht werden, dass keine Gefährdungen mehr davon ausgehen können.

Man unterscheidet dabei drei Stopp-Kategorien:
- Stopp-Kategorie 0,
- Stopp-Kategorie 1,
- Stopp-Kategorie 2 und

weitere Sicherheitsfunktionen **(Tabelle 1)**.

Die Sicherheitsfunktionen werden durch programmierbare Sicherheitsmodule **(Bild 1)** realisiert.

Bei der einfachsten **Stopp-Kategorie 0** (Safe Torque Off, STO) wird die Energieversorgung der Antriebe sicher abgeschaltet. Dadurch liefert der Antrieb kein Drehmoment mehr. Diese Sicherheitsfunktion kann auch noch mit einer Kontaktschaltung realisiert werden (Bild 1).

Bei der **Stopp-Kategorie 1** (Safe Stop 1, SS1) werden die Antriebe, gesteuert durch ein Bremsmoment, stillgesetzt und erst bei Stillstand abgeschaltet.

Mit der Stopp-Kategorie 2 (Safe Stop 2, SS2) erfolgt ein Stillsetzen der Antriebe unter Aufrechterhaltung der Energiezufuhr und der Antriebsregelung. Dies ist z. B. bei Roboterarmen erforderlich, dass diese wohl stillstehen aber nicht antriebslos „zusammenklappen". Weitere Sicherheitsfunktionen ermöglichen die sichere Überwachung des Stillsetzvorgangs, z. B. das Stillsetzen unter Beachtung von Verzögerungsmomenten (SAM), das Überwachen von Geschwindigkeiten (SSM) und das Überwachen von Stillstandspositionen (SOS). Diese Sicherheitsfunktionen erfordern meist zusätzliche Sensoren.

NOT-AUS-Schaltung mit Schützsicherheitseinrichtung (Safe Stop 0). Diese NOT-AUS-Schaltung besteht aus 3 Hilfsschützen, die sich *gegenseitig überwachen* **(Bild 3)**. Bei unbetätigtem NOT-AUS-Taster zieht das Schütz K1 an und meldet über eine LED „Bereit". Bei Betätigung von „EIN" zieht das Schütz K2 und in dessen Folge auch K3 an und halten sich selbst. Das Schütz K1 fällt verzögert ab. Erst jetzt ist der Freigabestromkreis geschlossen. Die LED „EIN" leuchtet und die LED „Bereit" erlischt. Diese Schaltung funktioniert auf Grund des verzögerten Abfallens von K1. Die Verzögerung wird durch die Freilaufdiode erreicht. Nach Betätigung des NOT-AUS-Tasters kann ohne zuvorige Entriegelung kein Wiedereinschalten erfolgen, auch wenn eines der Schütze „kleben" geblieben ist.

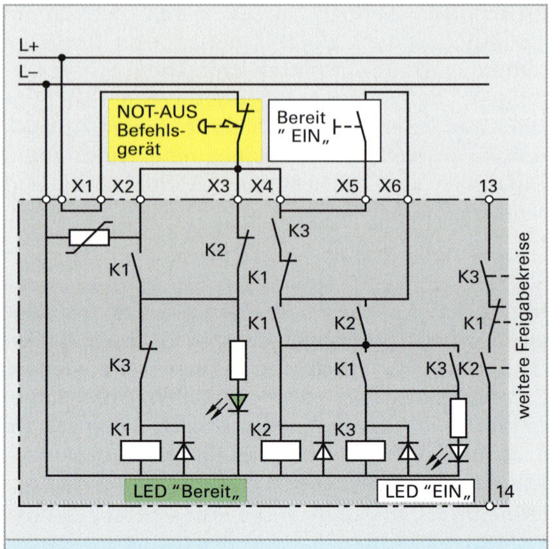

Bild 1: NOT-AUS-Schaltung mit drei Hilfsschützen

Tabelle 1: Sicherheitsfunktionen

Sicherheits-funktionen	Kurzbe-zeichnung	Beschreibung
Safe Torque Off	STO	Sicheres Abschalten nach **Stopp-Kategorie 0**[1]
Safe Stop 1	SS1	Sicheres Abschalten nach **Stopp-Kategorie 1**[2]
Safe Stop 2	SS2	Sichereres Abschalten nach **Stopp-Kategorie 2**[3]
Safe Brake Control	SBC	Sichere Ansteuerung der Bremsen
Safe Operating Stop	SOS	Sichere Überwachung der Stillstandsposition
Safely-Limited Speed	SLS	Sichere Überwachung der Maximal-geschwindigkeit
Safe Speed Monitor	SSM	Sichere Überwachung der Geschwindigkeit
Safe Acceleration Monitor	SAM	Sichere Überwachung der Beschleunigung
Safe Brake Ramp	SBR	Sicheres Abbremsen nach einer Bremsrampenfunktion

1 Stillsetzen durch Ausschalten der Energiezufuhr für die Antriebe
2 Gesteuertes Stillsetzen, wobei die Energiezufuhr zu den Maschinenantrieben erst bei Stillstand abgeschaltet wird.
3 Gesteuertes Stillsetzen, bei dem die Energiezufuhr zu den Maschinenantrieben erhalten bleibt (nicht bei NOT-AUS).

Kontaktprellen

Beim Schalten mit Kontakten entsteht immer ein **Kontaktprellen (Bild 1),** d. h. für kurze Zeit schließt und öffnet der Schalter. Diese Eigenschaft ist dann besonders störend, wenn mit Schaltern auch elektronische Steuerungen, z. B. Impulszähler durch Steuersignale angesteuert werden. Hier könnte der Zähler nicht nur die gewollten Schaltimpulse zählen, sondern auch alle ungewollten Preller. Mit elektronischen Entprellerschaltungen müssen in solchen Fällen die kurzzeitigen Signalunterbrechungen überbrückt werden.

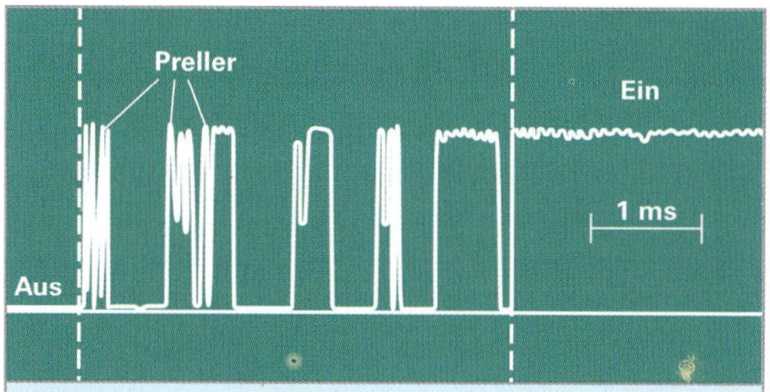

Bild 1: Kontaktprellen

> Schalter erzeugen beim Schaltvorgang ein Kontaktprellen.

Abschaltüberspannungen und Funkenlöschung

Löschglieder werden parallel zur Schützspule und anderen induktiven Lasten geschaltet, um Überspannungen von mehreren tausend Volt **(Bild 2)** und Störungen in elektronischen Stromkreisen zu vermeiden. Durch die Überspannungen entstehen Funken und diese verursachen elektromagnetische Störungen und eine erhöhte Korrosion an den Kontakten bis hin zum Abschmelzen der Kontakte.

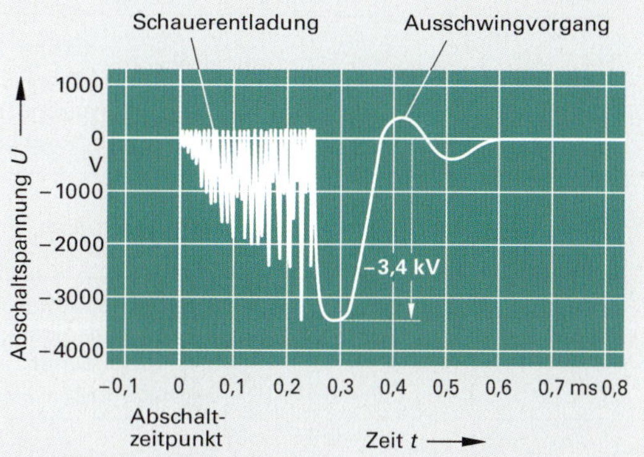

Bild 2: Abschaltüberspannung an einer Schützspule ohne Löschglied

> Beim Abschalten von Induktivitäten können hohe Überspannungen mit Funkenbildung entstehen.

Das **Varistor-Löschglied (Bild 3a)** hat im vorgesehenen Nennspannungsbereich einen hohen Widerstand, im Überspannungsbereich jedoch einen sehr kleinen Widerstand und schließt somit hohe Überspannungen, die vor allem beim Abschalten der Schützspule entstehen, kurz.

Das **RC-Löschglied (Bild 3b)** eignet sich speziell bei Schütze, die mit Wechselspannung betrieben werden. Es dämpft hochfrequente Störsignale, z. B. auch Nadelimpulse, die beim Ausschalten von Induktivitäten entstehen.

Das **Dioden-Löschglied (Bild 3c)** wird bei Gleichspannungsrelais eingesetzt. Bei eingeschalteter Relaisspule (A1 an positiver Spannung) sperrt die Diode. Beim Abschalten der Schützspule entsteht ein Spannungsimpuls zwischen A2 und A1 (an A2 positiv). Diese Spannung wird über die Diode kurzgeschlossen.

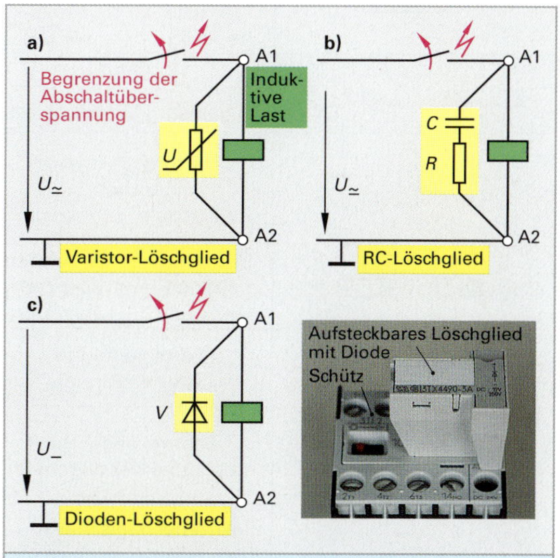

Bild 3: Abschaltüberspannungsbegrenzung mit Löschgliedern

> Löschglieder vermeiden Störungen.

In den **Tabellen** der folgenden Seiten sind die Schaltzeichen wichtiger Schaltgeräte dargestellt.

Tabelle 1: Schaltzeichen nach IEC[1], ANSI[2], BS[3], DIN[4] (Auswahl)

Schaltzeichen	Beschreibung	Schaltzeichen	Beschreibung
	Schließer voreilender Schließer		Handantrieb (allgemein)
			• Drücken • Drehen • Ziehen • Kippen
	Öffner voreilender Öffner	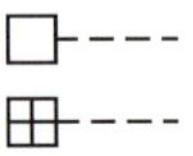	Kaftantrieb allgemein Schaltschloss mit mech. Freigabe
	Wechsler Wechsler ohne Unterbrechung	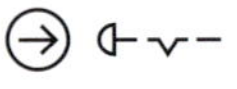	Antrieb für NOT-AUS-Schalter
	Schließer, öffnet nicht selbsttätig	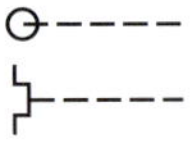	Betätigung durch Rolle durch thermischen Antrieb
	Schließer schließt verzögert Öffner schließt verzögert bei Rückfall		Kennzeichnen für zwangsläufige Betätigung
	Leistungschalter		Antrieb für Stromstoßrelais
	Motorschutzschalter (3-polig) mit thermischer und magnetischer Auslösung	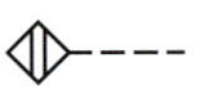	Näherungsbetätigung
	Trennschalter (Leerschalter)		Sperre nicht verklinkt Sperre, in beiden Richtungen
	Sicherung (allgemein)	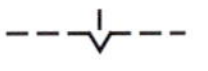	Raste, eingerastet
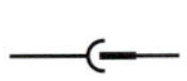	Buchse (female socket) Stecker (male socket)	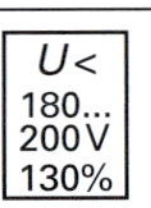	Unterspannungsrelais: • Ansprechbereich 180 V bis 200 V • Rückfall bei 130 %
	Kupplung gelöst gekuppelt	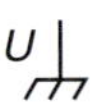	Fehlerspannung gegen Körper
	Elektromechanischer Antrieb Relaisspule, Schützspule		Fehlerstrom gegen Erde
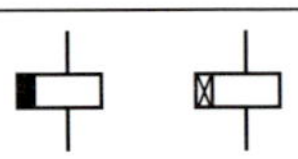	El. Antrieb rückfallverzögert El. Antrieb ansprechverzögert	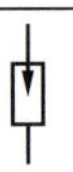	Überspannungsableiter
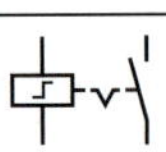	Fortschaltrelais, Stromstoßrelais	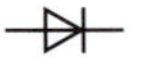	Halbleiterdiode, allgemein
	Lampe, allgemein, Leuchtmelder allgemein	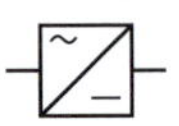	Gleichrichter
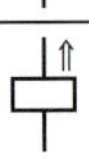	Elektromechanischer Antrieb, in erregtem Zustand	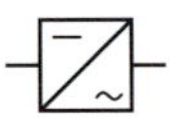	Wechselrichter
			Hupe, Horn Wecker, Klingel
		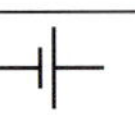	Primärzelle, Primärelement, Akkumulator

[1] International Electronical Commission, [2] American National Standards Institute, [3] British Standard, [4] Deutsches Institut für Normung e.V.

Tabelle 1: Kennbuchstaben elektrischer Betriebsmittel und Leiter

Kennbuchstabe	Zweck des Objekts (DIN EN 61346 – 2[1])
A	Zwei oder mehr Zwecke. Nur für Objekte verwenden, wenn kein Hauptzweck erkennbar ist.
B	Umwandlung einer Eingangsvariablen in ein zur Weiterverarbeitung bestimmtes Signal.
C	Speichern von Energie, Information, Material
E	Bereitstellung von Strahlung oder Wärmeenergie
F	Direkter (selbsttätiger) Schutz eines Energieflusses oder Signalflusses vor unerwünschten Zuständen, einschließlich der Ausrüstung für Schutzzwecke.
G	Erzeugen eines Energieflusses oder Materialflusses oder von Signalen, die als Informationsträger verwendet werden.
K	Verarbeitung (Empfang, Verarbeitung und Bereitstellung) von Signalen oder Informationen (aber nicht Objekte für Schutzzwecke, Kennbuchstabe F).
M	Bereitstellung von mechanischer Energie für Antriebszwecke
P	Darstellung von Informationen
Q	Kontrolliertes Schalten eines Energieflusses, Signalflusses oder Materialflusses
R	Begrenzung oder Stabilisierung von Energiefluss, Signalfluss oder Materialfluss
S	Umwandeln einer manuellen Betätigung in ein Signal zur Weiterverarbeitung
T	Umwandlung von Energie oder eines Signals unter Beibehaltung der Energieart oder der Information. Verändern der Form eines Materials.
U	Halten von Objekten in definierter Lage
V	Verarbeitung von Materialien oder Produkten
W	Leiten von Energie oder Signalen
X	Verbinden von Objekten

[1] DIN EN 61346 ist die derzeitig gültige Norm. Sie hat sich aber noch nicht überall durchgesetzt.

Kennbuchstabe	Betriebsmittel (DIN 40719) (Norm ist zurückgezogen)
A	Baugruppe
B	Umsetzer von nichtelektrischen Größen in elektrischen Größen
C	Kondensator
D	Verzögerungseinrichtung, Speicher
E	Verschiedenes
F	Schutzeinrichtung
G	Generator, Stromversorgung
H	Meldeeinrichtung
K	Relais, Schütz
L	Induktivität
M	Motor
P	Messgerät, Prüfgerät
O	Starkstrom-Schaltgerät
R	Widerstand
S	Schalter
T	Transformator
U	Modulator, Umsetzer
V	Halbleiter
X	Klemmen, Steckvorrichtung
Y	Elektrisch betätigte mech. Einrichtung
Z	Abschlusswiderstand, Begrenzer
L1	Außenleiter 1
L2	Außenleiter 2
L3	Außenleiter 3
N	Neutralleiter
L+	Plusleiter
L–	Minusleiter
M	Mittelleiter
PE	Schutzleiter (Farbe: grün-gelb)

Wiederholung und Vertiefung

1. Wodurch unterscheiden sich Stellschalter von Tastschaltern in der Funktion und im Schaltzeichen?
2. Was versteht man unter der Schaltdifferenz?
3. Auf welchen Funktionsprinzipien beruhen Näherungsschalter?
4. Zeichnen Sie das Schaltzeichen für ein Schütz.
5. Was versteht man unter Schlossschaltern, und welche Funktionen erfüllt ein Schlossschalter?
6. Welche Aufgabe haben Unterspannungsrelais in Verbindung mit Hauptschaltern?
7. Skizzieren Sie den Aufbau eines Relais mit Schutzgaskontakten.
8. Wofür verwendet man Schütze und wofür Relais?
9. Was ist ein Hilfskontakt, und wofür wird der Hilfskontakt verwendet?
10. Wofür verwendet man Überstromauslöser?
11. Wie werden Abschaltüberspannungen begrenzt?
12. Nennen Sie die Kennbuchstaben für die Leiter beim Dreiphasenwechselstrom.

2.2.2 Darstellung elektrischer Kontaktsteuerungen

Man unterscheidet Stromlaufpläne in zusammenhängender Darstellung und in aufgelöster Darstellung sowie Übersichtsschaltpläne.

Elektrische Kontaktsteuerungen werden in Schaltplänen im nichtgeschalteten Zustand dargestellt.

Stromlaufplan in zusammenhängender Darstellung. Die Stromlaufpläne in zusammenhängender Darstellung geben die Schaltung in allen Einzelheiten vollständig wieder **(Bild 1)**.

Mit dem Stellschalter S1 wird durch das Relais K1 über das Schütz Q1 der Motor M1 an das Drehstromnetz mit den Leitungen L1, L2, L3 angeschlossen. Die Signallampe P1 des Stellschalters leuchtet stets, wenn der Motor still steht, und erlischt, wenn der Motor eingeschaltet ist. Diese Signalumkehr erreicht man über einen Öffnerkontakt des Relais K1.

Stromlaufpläne in zusammenhängender Darstellung zeichnet man nur noch bei sehr einfachen Steuerungen, da sie bei umfangreichen Steuerungen zu unübersichtlich werden.

Stromlaufplan in aufgelöster Darstellung. Beim Stromlaufplan in aufgelöster Darstellung erhält jedes elektrische Betriebsmittel (Gerät) einen senkrecht gezeichneten Stromweg **(Bild 2)**. Die Stromwege sind fortlaufend nummeriert. Die Kontakte der Schütze und Relais werden nur abhängig von ihrer Schaltfunktion in die Stromwege eingezeichnet. Im Stromlaufplan in aufgelöster Darstellung berücksichtigt man also nicht die gerätemäßige Zusammengehörigkeit von z. B. Relaisspule und Relaiskontakt.

Die Stromwege zeichnet man von oben nach unten und nebeneinander.

Die Kontakte werden mit den gleichen Kennbuchstaben wie die zugehörige Relaisspule bezeichnet. Die Kontakte K1 gehören zu der Relaisspule K1.

Die Kennbuchstaben der elektrischen Betriebsmittel sind nach EN 61346-2 (Tabelle 1, vorhergehende Seite) genormt. Sie werden mit einer nachstehenden fortlaufenden Zahl gekennzeichnet.

Übersichtsschaltplan. Der Übersichtsschaltplan ist ein Anschlussplan und Übersichtsplan **(Bild 3)**. Man ersieht aus ihm, wie die einzelnen Geräte oder Gerätegruppen miteinander verdrahtet sind. Anzahl und Querschnitte der Leitungsadern werden hier angegeben.

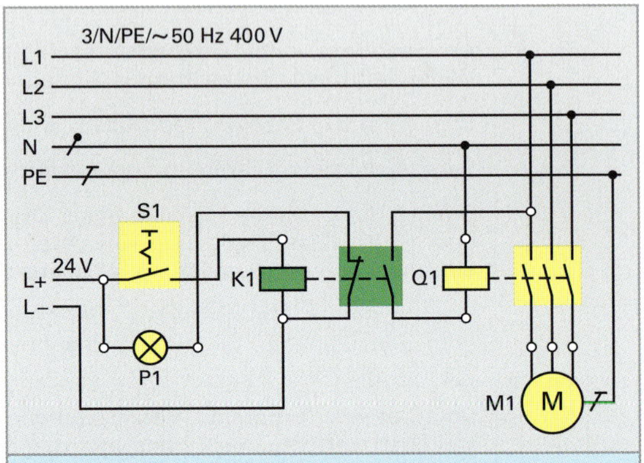

Bild 1: Stromlaufplan in zusammenhängender Darstellung für eine Motorsteuerung

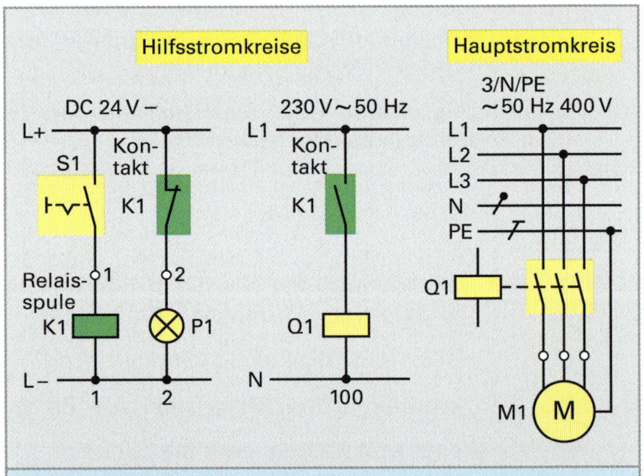

Bild 2: Stromlaufplan in aufgelöster Darstellung der Motorsteuerung

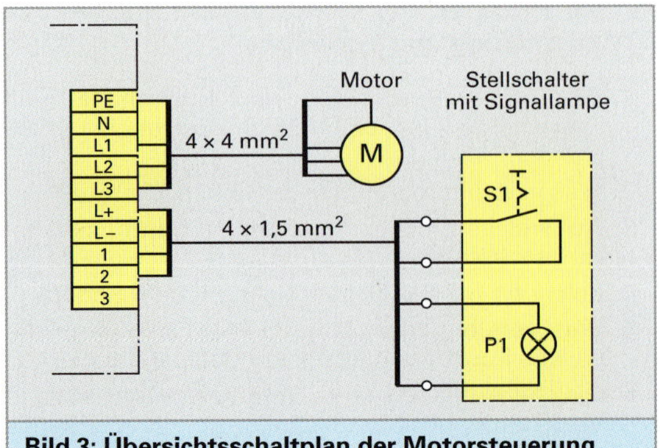

Bild 3: Übersichtsschaltplan der Motorsteuerung

2.2.3 Grundschaltungen elektrischer Kontaktsteuerungen

In elektrischen Kontaktsteuerungen werden mit einem Relais oder Schütz Schaltsignale bzw. Schaltzustände übertragen, verstärkt, vervielfacht, umgekehrt, verknüpft oder gespeichert.

Übertragen. Mit einem Relais oder Schütz kann man Schaltsignale von einem Stromkreis zu einem anderen Stromkreis **übertragen,** ohne dass dabei die Stromkreise elektrisch miteinander verbunden sind **(Bild 1).**

Um an den Bedienungselementen, z. B. dem Taster S1, nur eine gefahrlose Kleinspannung von 24 V zu haben, wird das Schütz Q1, das für 230 V Betriebsspannung ausgelegt ist, über einen Kontakt des Relais K1 und nicht direkt durch S1 geschaltet. Der Gleichstromkreis L+, L– und der Wechselstromkreis L1, N sind somit elektrisch voneinander getrennt. Etwaige Störimpulse auf den Leitungen L1, N werden durch diese Trennung weitgehend von dem Stromnetz L+, L–, mit dem z. B. auch elektronische Geräte versorgt werden, abgehalten.

Verstärken, Vervielfachen, Umkehren. Das Relais K1 benötigt zum Schalten nur eine geringe elektrische Leistung (Bild 1). Die Kontakte K1 des Relais können hingegen eine vielfach (z. B. 100-fach) größere Leistung schalten, z. B. die der Schützspule Q1. Das Schütz Q1 wiederum vermag die noch größere Leistung des Motors zu schalten. Mit Relais oder Schütz kann man also elektrische Schaltleistungen **verstärken.** Da die meisten Relais und Schütze mehrere Schaltkontakte haben, kann man mit diesen Kontakten in mehreren Stromwegen oder Stromkreisen schalten, also auch **vervielfachen.** Mit dem Schalter S1 können Geräte nur eingeschaltet werden (Bild 1). Die Signallampe P1 soll jedoch bei stillstehendem Motor (z. B. bei stillstehender Arbeitsmaschine) leuchten und bei eingeschaltetem Motor erlöschen. Diese Signalumkehr erreicht man durch einen Öffner des Relais K1. Das Relais dient so auch zur **Signalumkehr.**

Verknüpfen. Für die **UND-Verknüpfung** schaltet man die Kontakte in Reihe. Das Relais K1 schaltet nur unter der Bedingung, dass der Stellschalter S1 UND der Stellschalter S2 betätigt werden **(Bild 2).** Dieser Zusammenhang wird durch die Schaltfunktion beschrieben. Für diese UND-Verknüpfung schreibt man K1 = S1 ∧ S2. Dabei ist „∧“ das Zeichen für „UND“.

Für die **ODER-Verknüpfung** schaltet man die Kontakte parallel. Das Relais K3 schaltet, wenn die Relais mit den Kontakten K1 ODER K2 schalten **(Bild 3).** Die zugehörige Schaltfunktion lautet: K3 = K1 ∨ K2. Dabei ist „∨“ das Zeichen für „ODER“.

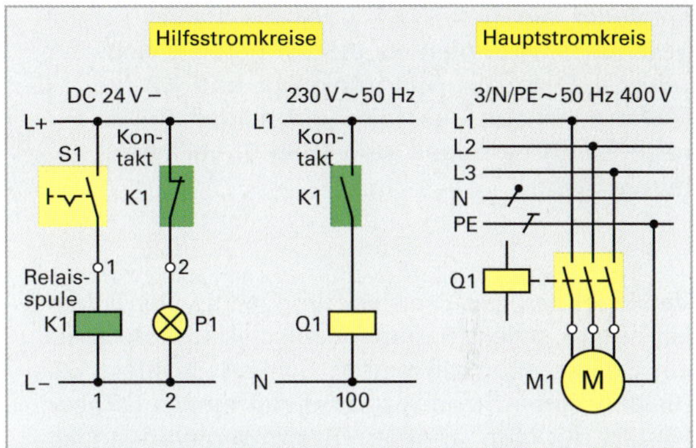

Bild 1: Schützschaltung für Motorsteuerung

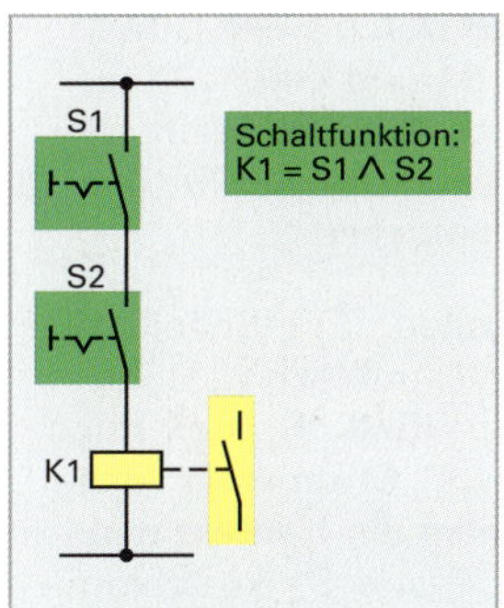

Bild 2: UND-Verknüpfung

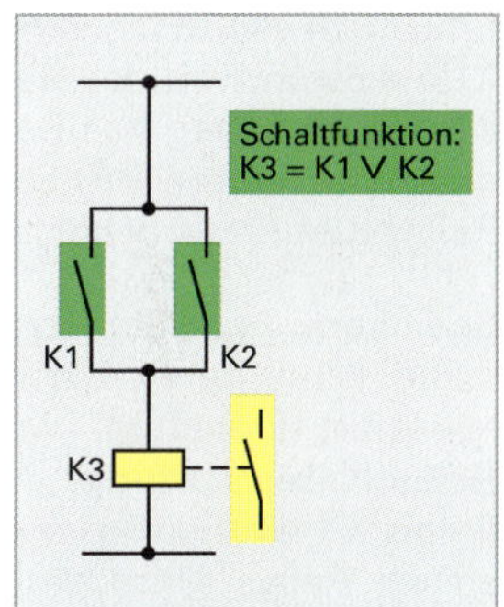

Bild 3: ODER-Verknüpfung

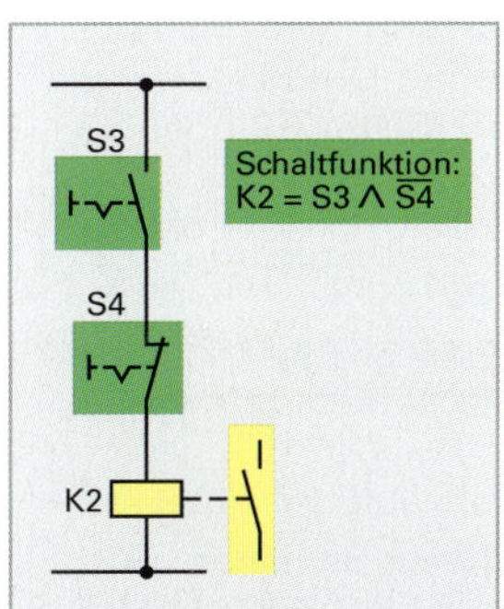

Bild 4: UND-Verknüpfung mit einer NICHT-Funktion

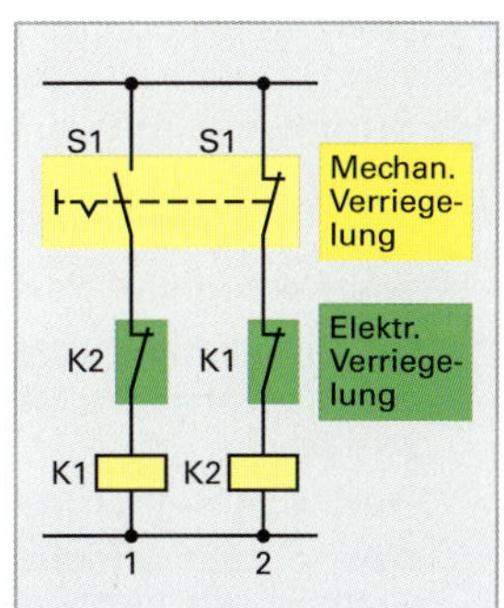

Bild 5: Verriegelung

Die **NICHT-Funktion** (Negation, Umkehrung) erhält man durch Öffner-Kontakte **(Bild 4, vorhergehende Seite)**. In der Schaltfunktion wird für die NICHT-Funktion ein Querstrich über die Kontaktbenennung geschrieben: (K2 = S3 ∧ S4).

Häufig hat man die Schaltbedingung, dass entweder ein Relais K1 oder ein Relais K2 geschaltet wird, niemals jedoch beide gleichzeitig; z. B. K1 für Motorlinkslauf und K2 für Motorrechtslauf, dass also die beiden Relais gegenseitig verriegelt sind **(Bild 5, vorhergehende Seite)**.

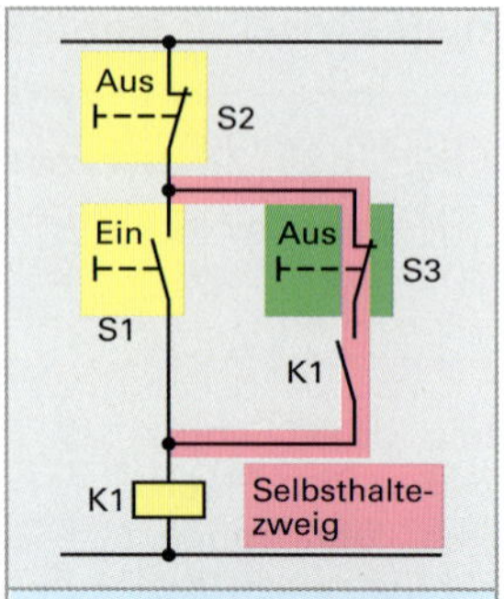

Bild 1: Speichern durch einen Selbsthaltekontakt

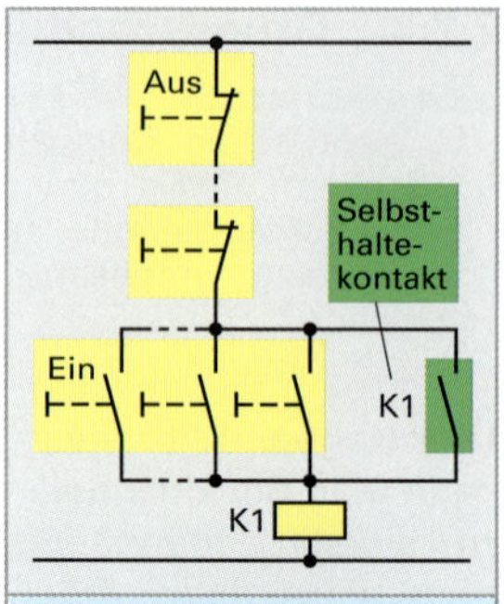

Bild 2: Speicherschaltung mit mehreren Tastern

Verriegelung. Die Verriegelung (Antivalenz-Verknüpfung) erzielt man mechanisch dadurch, dass ein Stellschalter mit einem Schließerkontakt S1 für den *einen* Stromweg und mit einem Öffnerkontakt für den *anderen* Stromweg verwendet wird. Wenn der Schließer offen ist, dann ist der Öffner geschlossen und umgekehrt. Außer dieser **mechanischen Verriegelung** wird meist die Schaltung noch **elektrisch verriegelt** durch einen Öffner K2 im Stromweg des Relais K1 und einen Öffner K1 im Stromweg des Relais K2. Ist das Relais K1 erregt, wird in jedem Fall der Stromweg für das Relais K2 unterbrochen und umgekehrt.

Speichern von Schaltzuständen. Ein Schaltzustand kann durch einen Selbsthaltekontakt gespeichert (gehalten) werden **(Bild 1)**. Bei der **Selbsthalteschaltung** liegt im Stromkreis des Relais K1 ein Schließer K1, also ein Kontakt desselben Relais. Wird der EIN-Taster S1 kurzzeitig betätigt, dann wird das Relais K1 erregt und der Schließer K1 schließt den zu S1 parallelen Stromweg. Dadurch bleibt das Relais erregt, auch wenn S1 wieder in seine Ausgangslage zurückgeht. Der Einschaltimpuls durch den Taster S1 wird also gespeichert. Durch eine kurzzeitige Unterbrechung des Stromwegs mit dem AUS-Taster S2 oder S3 wird das Relais K1 stromlos. Die Speicherung wird gelöscht. Der AUS-Taster S2 vor dem Selbsthaltezweig schaltet das Relais K1 auf jeden Fall ab, auch wenn der EIN-Taster S1 betätigt wird.

> Mit einem AUS-Taster vor dem Selbsthaltezweig wird die Speicherschaltung vorrangig gelöscht.

Mit dem AUS-Taster S3 im Selbsthaltezweig wird bei Betätigung die Selbsthalteschaltung unterbrochen. Das Relais K1 bleibt jedoch erregt, wenn ebenfalls der EIN-Taster S1 betätigt wird.

> Mit einem AUS-Taster im Selbsthaltezweig wird vorrangig gespeichert.

Elektrische Geräte, die mit Tastern und nicht mit Stellschaltern ein- und ausgeschaltet werden, schaltet man meist über Speicherschaltungen. Soll ein Gerät von mehreren, örtlich auseinanderliegenden Schalttafeln eingeschaltet werden können und/oder von mehreren Schaltstellen (z. B. durch NOT-AUS-Taster) ausgeschaltet werden können, so schaltet man die EIN-Taster (Schließer) alle parallel und die AUS-Taster (Öffner) alle in Reihe **(Bild 2)**.

Wiederholung und Vertiefung

1. Mit welchen elektrischen Bauelementen können Signale verstärkt, vervielfacht und umgekehrt werden?
2. Welche zwei Arten von Stromlaufplänen gibt es?
3. Welche Kontaktanordnung liegt bei einer UND-Verknüpfung und welche liegt bei einer ODER-Verknüpfung vor?
4. Durch welche Kontaktart erhält man eine NICHT-Funktion?
5. Was versteht man unter Verriegelung?
6. Wodurch erzielt man eine mechanische Verriegelung?
7. Wie kann man Schaltzustände speichern?
8. Wie kann man das Schalten von Bedingungen abhängig machen?
9. Wie wirkt sich ein AUS-Taster im Selbsthaltezweig im Vergleich zu einem AUS-Taster vor dem Selbsthaltezweig aus?

2.2.4 Ablaufsteuerungen

Ablaufsteuerungen werden entwickelt und dargestellt mit Wegdiagrammen nach VDI 3260 oder mit Funktionsplänen nach EN 60848 bzw. nach IEC 61131-3. Für diese Darstellungsarten gibt es in Verbindung mit einem PC Editiersoftware, die eine schnelle Programmentwicklung ermöglichen **(Bild 1).**

Ablaufsteuerungen stellt man mit Hilfe von Wegdiagrammen und Zustandsdiagrammen oder mit Funktionsplänen dar.

Unabhängig von der Darstellungsart ist beim Entwurf einer Ablaufsteuerung zuerst der zu steuernde Vorgang (Prozess) genau zu analysieren, also systematisch zu untersuchen bzw. zu klären. Dabei wird meist eine Gliederung in vier Ebenen vorgenommen:

- **Betriebsartenebene** (z. B. Einrichtebetrieb, Automatikbetrieb, Grundstellung),
- **Ablaufebene** (Schritt 1 … Schritt n),
- **Ausgabeebene** (Aktionen),
- **Meldeebene** (Anzeigen, Diagnosen).

Sodann wird der zu steuernde Prozess:

- untergliedert in einzelne Teilfunktionen,
- die Teilfunktionen werden textlich beschrieben,
- die Sicherheitsanforderungen und Notlaufeigenschaften werden definiert,
- die Anzeige- und Bedienelemente werden beschrieben,
- die Gerätekonfiguration wird festgelegt,
- das Steuerungsprogramm wird erstellt,
- das Steuerungsprogramm wird, falls möglich, im PC durch Simulation getestet und gegebenenfalls korrigiert,
- das Steuerungsprogramm wird in die Gerätekonfiguration übertragen oder als Schaltung realisiert,
- die Steuerung wird funktionell noch ohne den Prozess getestet, indem man die Schaltsignale, die vom Prozess kommen, von Hand auslöst,
- die Steuerung wird mit dem Prozess getestet.

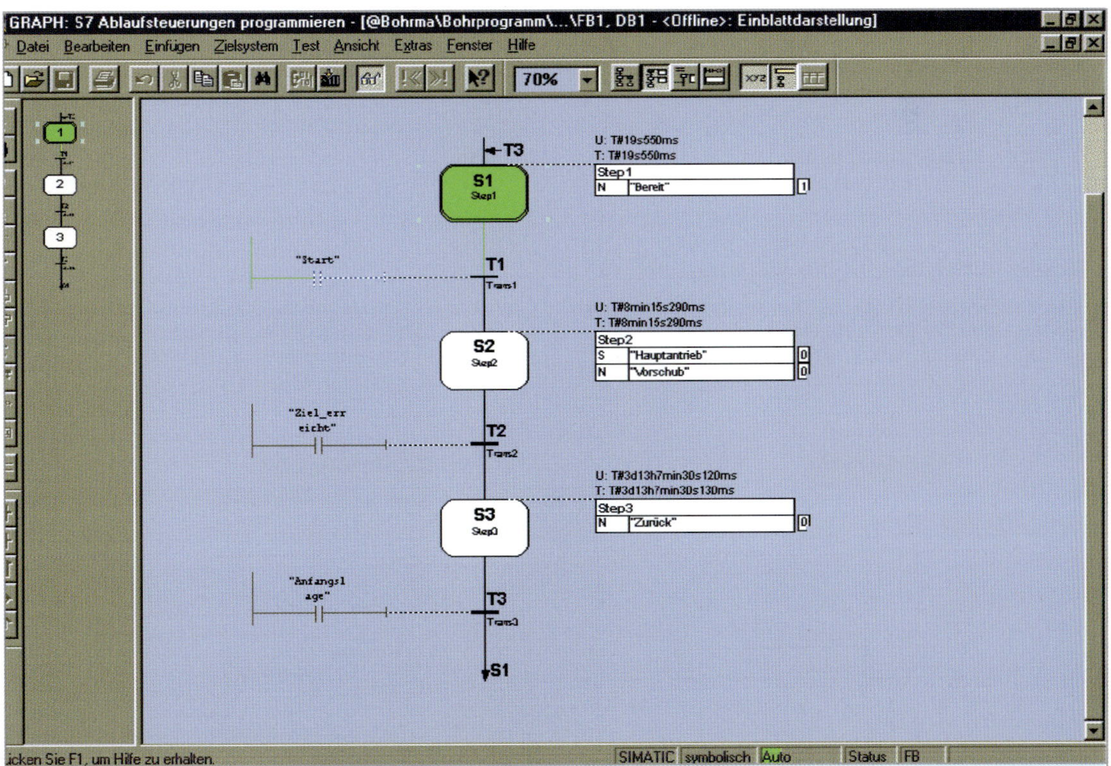

Bild 1: Editieren und Testen einer Steuerung mit PC

2.2.4.1 Wegdiagramm und Zustandsdiagramm

Wegdiagramme und Zustandsdiagramme zeigen das Zusammenwirken der einzelnen Bauglieder und Arbeitseinheiten **(Bild 1)**. Die Darstellungsmittel sind Symbole für die Signalglieder, für die Signalverknüpfungen und für die Bewegungen **(Tabelle 1)**.

Tabelle 1: Symbole für Weg- und Zustandsdiagramme (nach VDI 3260)

Bildzeichen	Erklärung	Bildzeichen	Erklärung	Bildzeichen	Erklärung
	EIN	t, 1s	Zeitglied		geradlinige Bewegung
	AUS		Leuchte		Schwenkbewegung
	EIN-AUS		Blinkleuchte		Drehbewegung
	TIPPEN		Summer		nicht geradlinige Bewegung
	AUTOMATIK EIN		Elektrische Vorgänge		Wegbegrenzung allgemein (Pfeil am Wegende)
	ZWEI-HAND-EIN		Pneumatische Vorgänge		Wegbegrenzung über Signalglied, wenn dieses durch die Bewegung betätigt wird
E A	UMSCHALTER		Hydraulische Vorgänge		Wegbegrenzung durch einstellbaren Festanschlag
1 2 3 4 5	WAHLSCHALTER		Mechanische Vorgänge		Arbeitsbewegungen
	Signalglied mech. betätigt		Signalverzweigung		Leerbewegungen
P, 5 bar	Signalglied durch Druck (5 bar) betätigt		ODER-Verknüpfung		
			UND-Verknüpfung		

Beispiel: Ablaufsteuerung für eine Bohrmaschine

Über den Schalter S1 soll der Bohrvorgang ausgelöst werden. Zunächst ist der Hauptantrieb M1 einzuschalten. Der Vorschubmotor M2 soll durch Rechtslauf dann den Maschinenschlitten vorbewegen, bis der Grenztaster S3 anspricht. Durch Linkslauf soll der Maschinenschlitten in die Ausgangsstellung zurückfahren, bis der Grenztaster S2 anspricht. Danach soll der Hauptantrieb stillgesetzt werden (Bild 1).

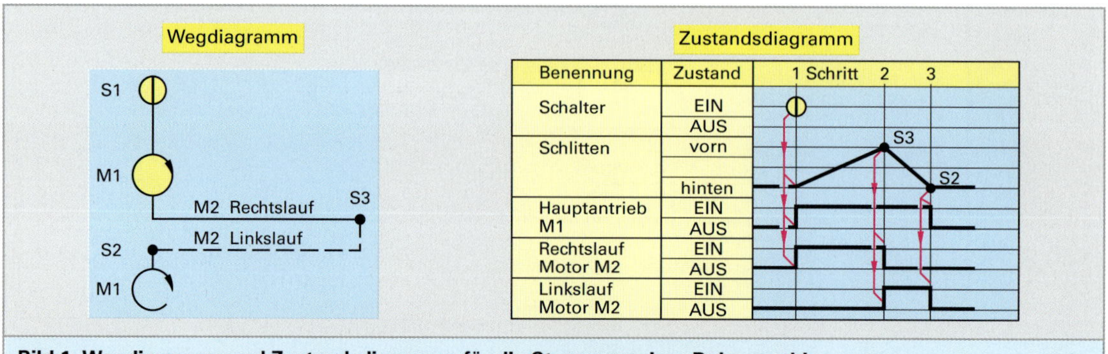

Bild 1: Wegdiagramm und Zustandsdiagramm für die Steuerung einer Bohrmaschine

2.2.4.2 GRAFCET

GRAFCET ist in EN 60848 genormt. Der Begriff kommt aus dem Französischen **GRA**phe **F**onctionnel de **C**ommande **E**tape **T**ransition. GRAFCET ist eine grafische Entwurfssprache für die funktionale Beschreibung der Ablaufvorgänge einer Steuerung. Die Ablaufvorgänge sind dabei durch boolesche Eingangsvariablen und Ausgangsvariablen, also Schaltsignale und durch die innere Gesetzmäßigkeit der Steuerung definiert **(Bild 1)**. GRAFCET ermöglicht auch die Erweiterung auf nicht-boolesche Variablen, z. B. auf Zahlen, also digitalen Variablen.

Beispiel: Ein Lüftermotor soll nach Erreichen der Prozess-Betriebstemperatur für die wählbare Zeitdauer von 3 s bis 20 s eingeschaltet sein.

Lösung: **Bild 1**

Als einen GRAFCET benennt man auch den entstehenden Ablaufplan oder Teile eines Ablaufplans **(Bild 2)**. Ein GRAFCET besteht aus GRAFCET-Elementen. Die GRAFCET-Elemente werden gegliedert nach:

- Struktur und
- Wirkungsteil.

Die GRAFCET-Struktur

Zur GRAFCET-Struktur gehören:

- die Schritte, dargestellt durch Quadrate,
- die Transitionen, dargestellt durch einen Querstrich in der Wirkverbindung,
- die Wirkverbindungen, dargestellt durch eine Linie, welche die Schritte und die Transitionen verbindet **(Bild 2)**.

Zum GRAFECT-Wirkungsteil gehören:

- Die Transitionsbedingungen. Das sind logische Ausdrücke mit dem Ergebnis wahr (1 bzw. TRUE) oder nicht-wahr (0 bzw. FALSE). Dargestellt werden die Transitionsbedingungen textlich oder durch boolesche Ausdrücke (Bild 2).
- Die Aktionen. Das sind Zuweisungen oder Zuordnungen zu Ausgangsvariablen mit der Anzeige was durch den betreffenden aktiven Schritt geschehen soll. Dargestellt werden die Aktionen textlich oder durch boolesche Ausdrücke in Rechtecken, angefügt an einen Schritt.

Einzelne GRAFCETs können als verbundene und globalisierte GRAFCETs zusammengefasst werden, sodass sich bei großen Steuerungen übersichtliche Pläne ergeben.

„Anmerkungen und Erläuterungen" in einem GRAFCET werden in Anführungszeichen geschrieben.

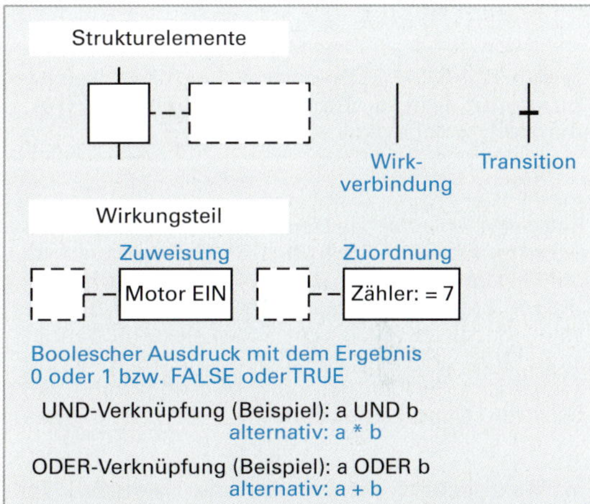

Bild 2: Strukturelemente und Wirkungsteil

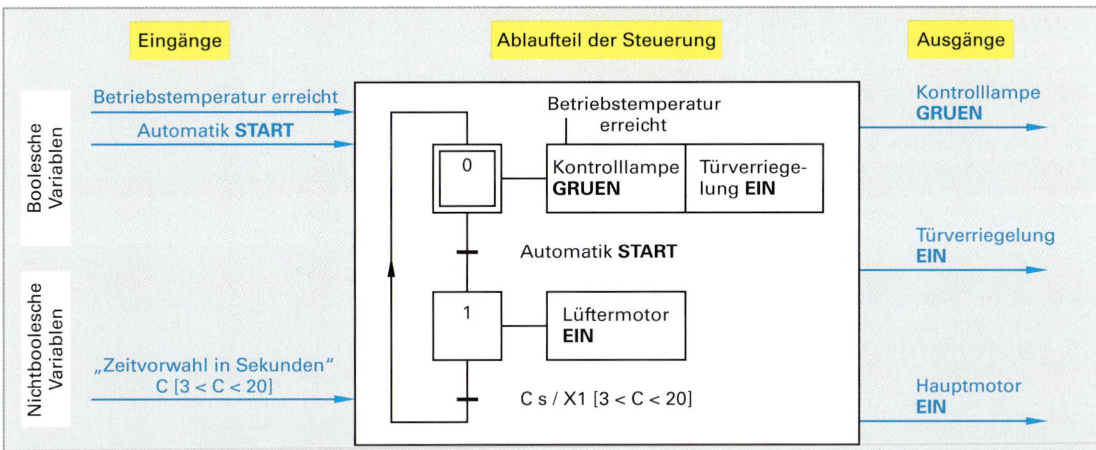

Bild 1: Darstellung einer Ablaufsteuerung (Beispiel)

Schritte

Schritte werden durch Quadrate dargestellt. Der Anfangsschritt hat einen Doppelrahmen. Schritte werden mit Nummern, z. B. 7 **(Bild 1)** gekennzeichnet. Ein Schritt ist entweder aktiv oder inaktiv. Die Schrittvariable heißt X mit abgehängter Schrittnummer.

Beispiel: Für Schritt 7 ist die Schrittvariable X7. Im Falle des aktiven Schritts 7 ist X7=1. Beim inaktiven Schritt 7 ist X7=0.

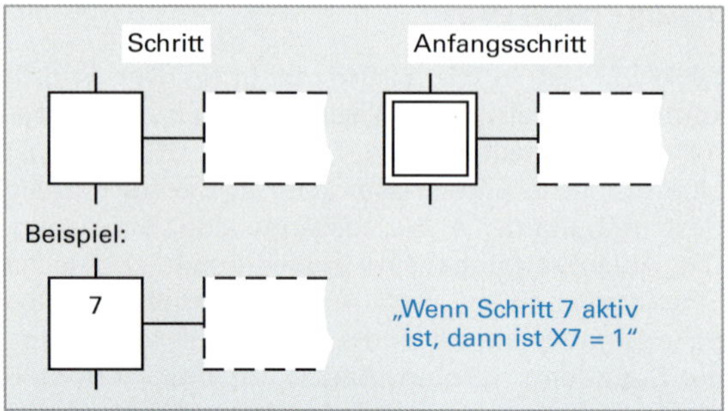

Bild 1: Der Schritt mit Beispiel

Ein *einschließender Schritt* enthält auch andere Schritte, evtl. auch weitere *einschließende Schritte*. Der einschließende Schritt kann durch ein Teil-GRAFCET näher dargestellt werden. Dabei ist in der oberen Rahmenlinie der Schrittname und in der unteren Rahmenlinie die Schrittkennung angegeben **(Bild 2)**.

In den Teil-GRAFCETs werden durch Kennzeichnung mit einem Stern diejenigen Schritte markiert, welche aktiv sind.

Beispiel: Der einschließende Schritt 8 schließt die Schritte mit G1 die Schritte 17, 18, 19 ein, sowie mit G1 die Schritte 21, 22, 23. Wird Schritt 8 aktiv (X8=1), dann werden auch die Schritte 17 und 22 aktiv, da diese mit einem Stern gekennzeichnet sind. Wird Schritt 8 deaktiviert, da die folgende Transaktion erfüllt ist, dann werden auch die Schritte 17 und 22 deaktiviert.

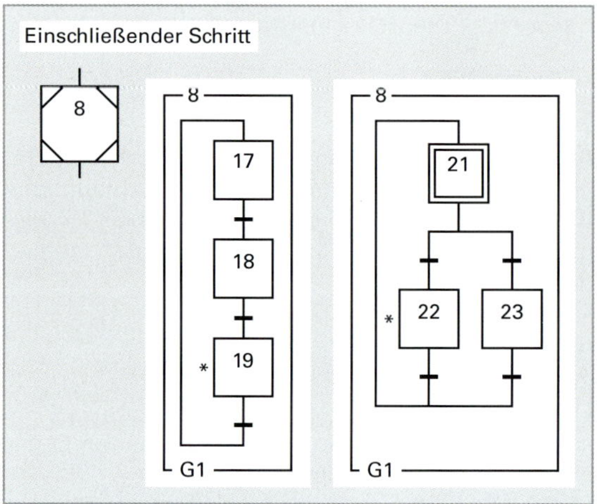

Bild 2: Einschließender Schritt

Ein Makroschritt enthält ein oder mehrere Teil-GRAFCETs. Sind diese Teil-GRAFCETs durchlaufen, so ist der Makroschritt durchlaufen und die ihm folgende Transition zur Weiterschaltung freigegeben.

Makroschritte ermöglichen eine übersichtliche Strukturierung von komplexen Steuerungsabläufen und geben den Entwicklern die Möglichkeit Teilaufgaben gleichzeitig von unterschiedlichen Personen mit unterschiedlichen Systemen zu erstellen.

Beispiel: Der Makroschritt M7 mit den Teilschritten 7.1, 7.2, 7.3 ist zur Freigabe Transition „Abpumpen" erfüllt, wenn der Schritt S7 aktiv ist **(Bild 3)**.

Mit Makroschritten fasst man Teilfunktionen zusammen und verbessert die Übersichtlichkeit eines GRAFECT.

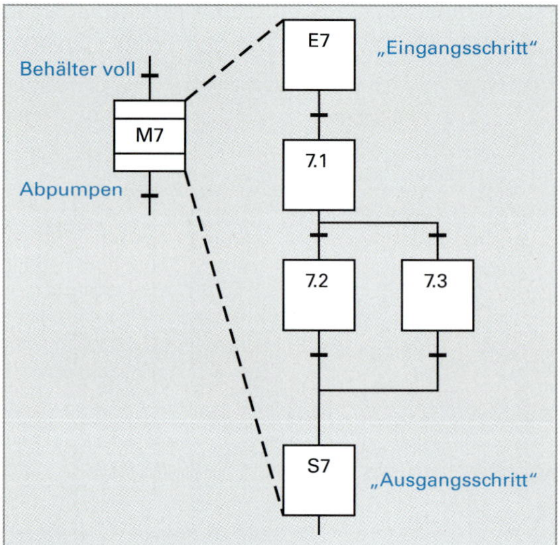

Bild 3: Makroschritt (Beispiel)

Aktionen

Die Aktionen werden in Rechteckrahmen **(Bild 1)** rechts neben den Schritten dargestellt in textlicher Form oder in boolescher Zuweisungsform eindeutig definiert und sind, soweit nicht anders angegeben nur für den zugeordneten Schritt gültig. Man nennt diese Zuordnungsform *kontinuierlich wirkende* Aktion.

Eine Aktion kann durch zusätzliche Bedingungen, angebracht an einer senkrechten Eingangslinie von Bedingungen abhängig gemacht werden. Diese Bedingungen werden durch textliche oder boolesche Ausdrücke beschrieben **(Bild 2)**. Eine solche Bedingung kann auch eine Zeitvorgabe für die Wirkungsdauer der Aktion bzw. für den zeitlichen Beginn der Aktion (Einschaltverzögerung) oder für das zeitliche Ende der Aktion (Abschaltverzögerung) sein. Ist der gesamte Schritt zeitabhängig, so können diese Zeitangaben auch in der Transitionsbedingung angegeben werden **(Bild 3)**. Dies vereinfacht den GRAFCET.

Aktionen die über mehrere Schritte hinweg gültig sein sollen, werden durch ein Aktionssymbol (Pfeil nach oben am linken Rechteckrand) und eine Zuweisung dargestellt **(Bild 4)**. Die Aktivierung beginnt mit dem Aktivwerden des Schrittes. Bei der Deaktivierung zeigt der Pfeil nach unten (Bild 4). Soll die Aktivierung mit einem Ereignis zusätzlich verknüpft sein, so wird das am oberen Symbolrand beschrieben und mit einem Dreiecksfähnchen markiert **(Bild 5)**.

Vereinfachend kann eine gespeicherte Aktion, welche bei Schrittauslösung erfolgen soll auch an die Transitionsbedingung angehängt werden **(Bild 6)**.

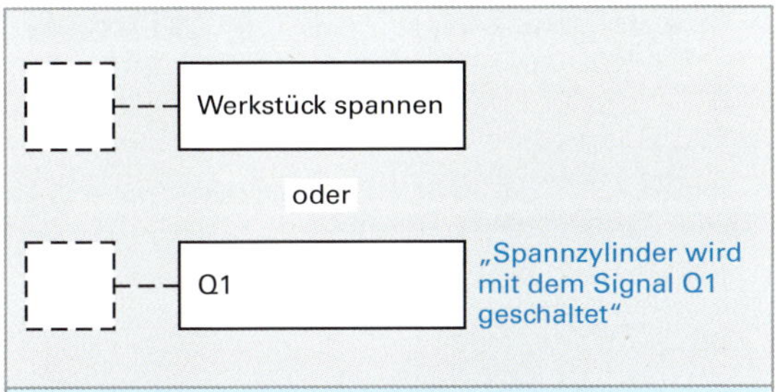

Bild 1: Aktion, kontinuierlich wirkend

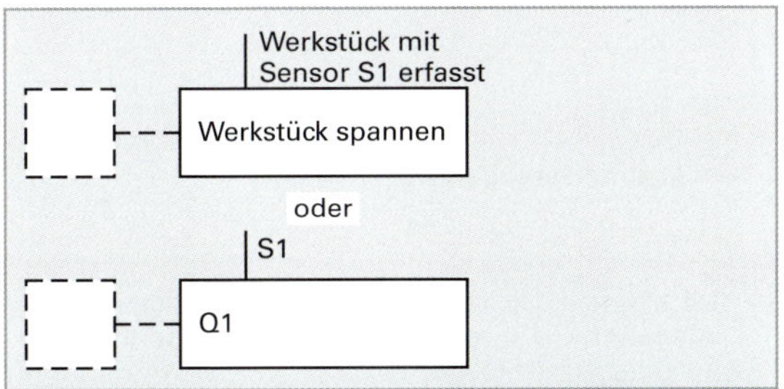

Bild 2: Aktion, kontinuierlich wirkend und von Bedingungen abhängig

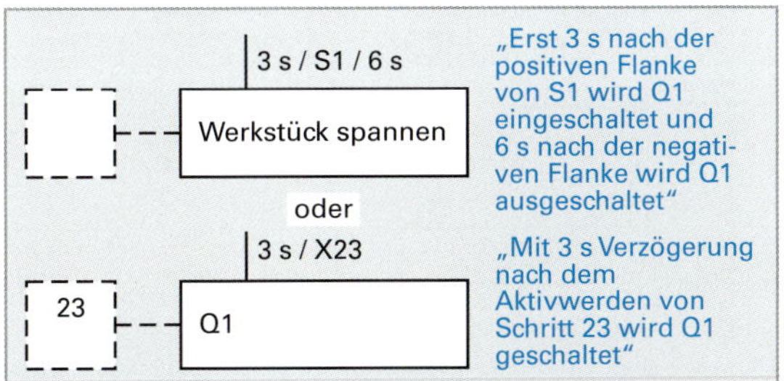

Bild 3: Zeitgesteuerte Aktion

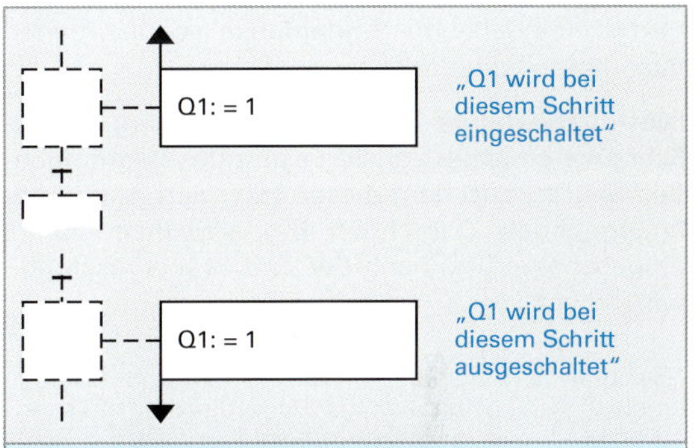

Bild 4: Gespeichert wirkende Aktion

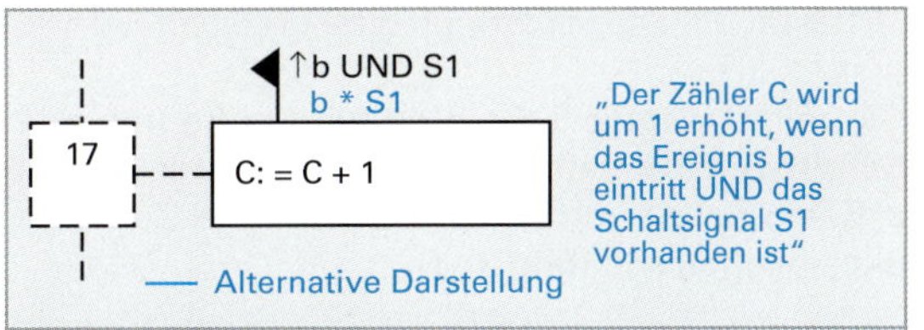

Bild 5: Aktion bei Eintritt eines Ereignisses

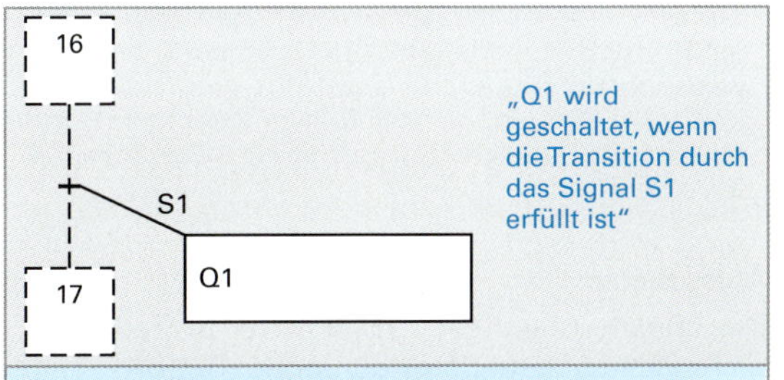

Bild 6: Vereinfachende Darstellung für eine Aktion bei Schrittauslösung

Transitionen und Ablaufstrukturen

Die Transition, d. h. der Übergang von einem Schritt zum nächsten, wird dargestellt durch eine Verbindungslinie mit Querstrich (Bild 1). Die Wirkungsrichtung ist von oben nach unten. Ist die Transitionsbedingung erfüllt also im Wert gleich 1 und ist die Transition freigegeben, d. h. ist der Vorgängerschritt 7 *(n-1)* aktiv, dann wird der Folgeschritt 8 *(n)* aktiv und der Schritt 7 *(n-1)* wird deaktiviert. Die Transition wird auf der rechten Seite der Wirkungslinie entweder textuell (a) beschrieben oder mit einem booleschen Ausdruck (b). Linksseitig kann ein Transitionsname eingetragen sein, z. B. auch eine Nummer (25).

Die *dynamische Transitionsbedingung* berücksichtigt Signalwechsel. Bei einem Signalwechsel von 0 nach 1 wird einer Signalvariablen oder dem ganzen booleschen Ausdruck ein senkrechter Pfeil nach oben vorangestellt. Bei Auslösung durch eine fallende Signalflanke wird ein Pfeil nach unten verwendet.

Die *zeitabhängige Trransitionsbedingung* ermöglicht eine einfache Zeitsteuerung des nachfolgenden Schrittes, in dem dieser erst nach Ablauf der angegebenen Zeit t1 bei Signalwechsel von a eingeschaltet und nach der Zeit t2 ausgeschaltet wird.

Beispiel: Ein Sensor mit dem Signal a **(Bild 2)** meldet durch Signalwechsel von 0 auf 1, dass ein Werkstück zum Schweißen bereit ist. Mit der Zeitangabe 0,5 s wird eine Wartezeit (t1) programmiert bis das Gasventil M1 öffnet (und das Werkstück gespannt ist). Nach einer Gesamtwartezeit von 1 s (t2) wird der Schweißvorgang freigegeben

Die zeitabhängige Transition wir häufig von dem Schrittwechsel selbst abhängig gemacht, wenn z. B. ein Schritt nur für eine bestimmte Zeitdauer aktiv bleiben soll **(Bild 3)**.

Beispiel: Realisierung einer Abfallverzögerung von 3,5 s im Schritt 7. Die Transitionsbedingung zwischen den Schritten 7 uns 8 heißt 3,5 s/X7. Wenn Schritt 7 aktiv geworden ist wird 3,5 s später Schritt 8 freigegeben (X7=1). So wird, da keine weiteren Bedingungen angeführt sind nach Ablauf von 3,5 s der Schritt 8 aktiv geschaltet und der Schritt 7 deaktiviert. Somit war der Schritt 7 3,5 s lang aktiv.

Ablaufkette

Die lineare Ablaufkette **(Bild 4)** ist in Teil-GRAFCETs die häufigste Struktur. Jedem Schritt, ausgenommen dem letzten Schritt folgt eine Transition. Die Ablaufkette ist aktiv, wenn ein Schritt aktiv ist.

Eine geschlossene Ablaufkette hat einen Anfangsschritt und stellt eine vollständige Steuerung dar. In Ablaufketten können Schritte übersprungen werden und es sind auch Rückführungen möglich.

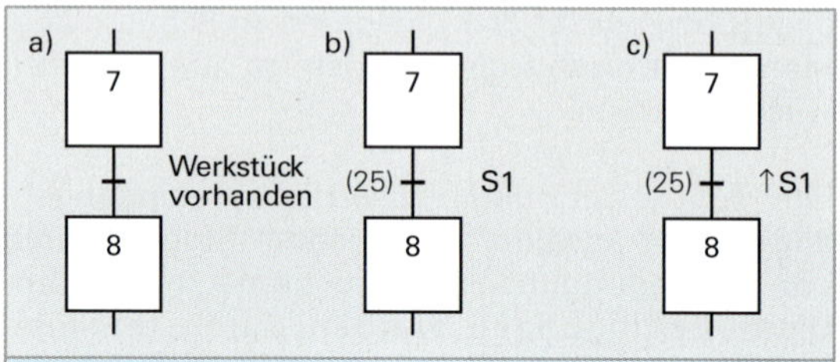

Bild 1: Transition

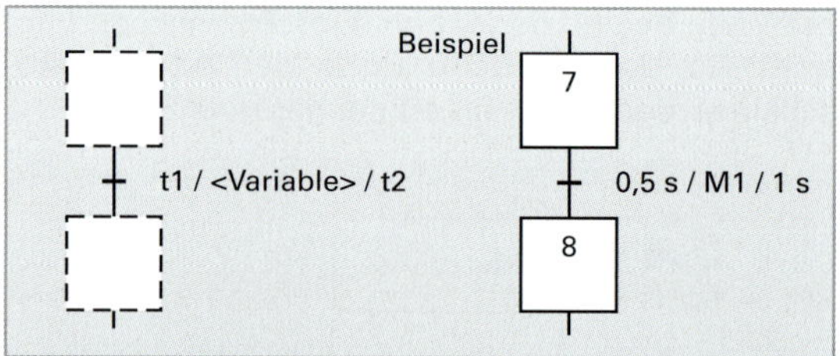

Bild 2: Zeitgesteuerte Transition

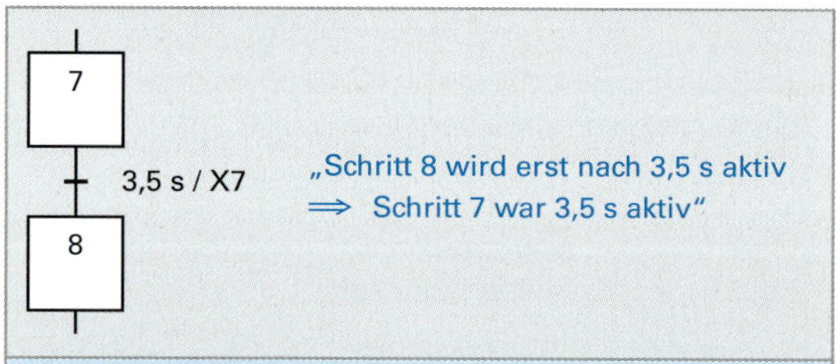

Bild 3: Abfallverzögerung

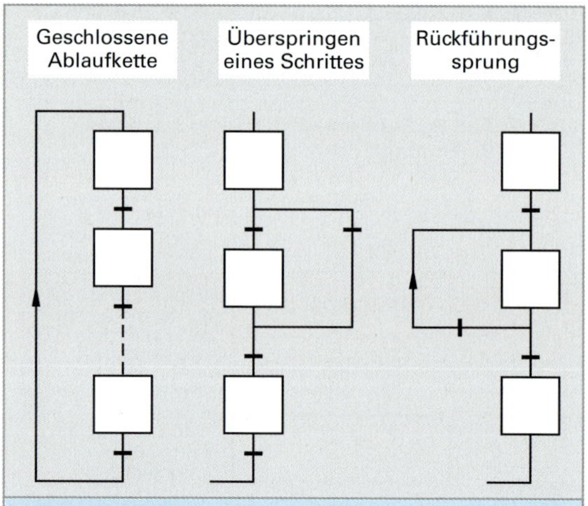

Bild 4: Ablaufketten

Ablaufauswahl (Verzweigung). Bei der Verzweigung **(Bild 1)** kann der Ablauf in der einen Ablaufkette oder in der anderen Ablaufkette oder in beiden erfolgen. Alle Ablaufketten sind freigegeben. Die erste Transition nach der Verzögerung bestimmt die Auswahl.

Beispiel:
Nach dem Programmstart **(Bild 1)** und denverbreiteten Schritten, z. B. *Zellentüre schließen* wird abgefragt, ob das Tastersignal *Automatikbetrieb* (a) oder *Schrittbetrieb* (b) oder *Einrichtebetrieb* (c) gewählt ist. Entsprechend der gewählten Betriebsart werden nun unterschiedliche Ablaufketten durchlaufen.

Parallele Ablaufketten. Bei dieser Ablaufform wird mit dem waagerechten Doppelstrich (Synchronisiersymbol, Bild 2) jede Ablaufkette durchlaufen. In jeder Kette sind aktive Schritte.

Synchronisieren von Ablaufketten. Parallelabläufe werden über das Synchronisierungssymbol (waagrechter Doppelstrich, Bild 2) zusammengeführt. Die Transition in schritt 47 wird erst freigegeben, wenn die vorangehenden Schritte (hier: 15, 26, 33) aktiv sind.

Beispiel:
Vor dem Schweißen eines Bauteils muss eine Bauteilspannprozedur (Ablaufkette 10, ... 15), eine Schutzgasspülprozedur (Abkaufkette 20, ... 26) und eine Schweißdrahtzuführprozedur (Ablaufkette 30, ... 33) durchlaufen werden (Bild 2). Der Schritt 47 *Schweißen* wartet bis alle vorangegangenen Ketten beendet sind.

Anmerkung zum Zusammenhang: GRAFCET (IEC 60848 und SFC (IEC 61131-3)
SFC (Sequential Function Chart = Ablauf-Funktionsplan) ist nach IEC 61113-3 genormt und bildet eine Programmiersprache für speicherprogrammierte Steuerungen (SPS). Die Darstellung des SFC ist rein optisch sehr ähnlich zu GRAFCET. Die Eigenschaften beider Systembeschreibungen sind aber sehr verschieden:
GRAFCET wird zur Beschreibung und zum Festlegen eines steuerungstechnischen Systems verwendet und zwar völlig unabhängig von der technischen Ausführung des Systems. So ist GRAFCET als generelle Systembeschreibung sowohl verwendbar für Relaissteuerungen wie auch für SPS und für Steuerungen über PC sowie andere Systeme, z. B. pneumatische Steuerungen. Die Umsetzung von GRAFCET in ein steuerungsspezifisches Programm ist im Allgemeinen nicht automatisiert möglich.

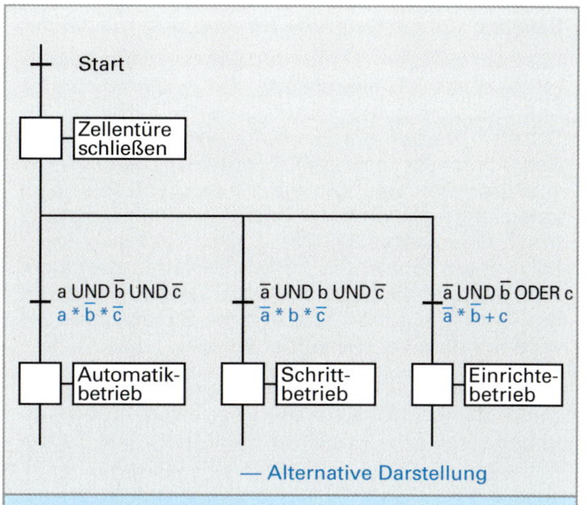

Bild 1: Verzweigung

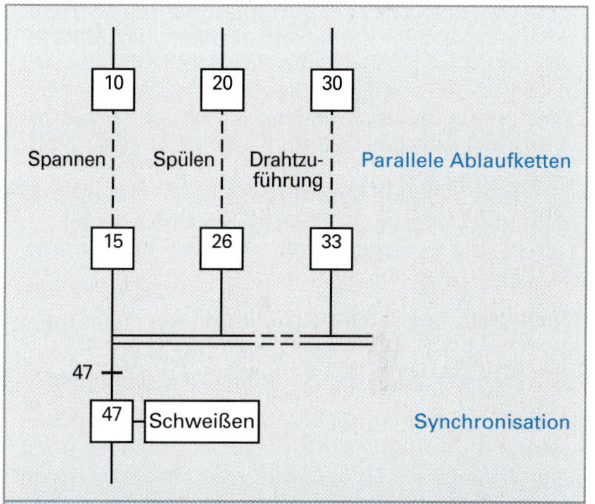

Bild 1: Parallele Ablaufkette und Synchronisation

Wiederholung und Vertiefung

1. Nach welchen Normen werden Ablaufsteuerungen dargestellt?
2. In welche ebenen gliedert man Steuerungen?
3. Wie stellt man die Schritte und die Transitionen in einem GRAFCET dar? Zeichnen Sie zwei aufeinanderfolgende Schritte und eine Transition.
4. Wie stellt man den Anfangsschritt dar?
5. Zeichnen Sie das Symbol für einen Makroschritt.
6. Wie kann man gespeichert wirkende Aktionen in GRAFCET erkennen?
7. Mit welchem Buchstabensymbol werden Schritte benannt?
8. Skizzieren Sie eine Ablaufverzweigung in drei Ablaufketten.
9. Wie zeichnet man die Synchronisierung zweier Ablaufketten?

Beispiel: Ablaufsteuerung für eine Bohrmaschine

Mit dem Schalter S1 soll der Bohrvorgang gestartet werden, vorausgesetzt, der Maschinentisch befindet sich in einer Endlage S2 = 1 **(Bild 1)**. Im Schritt 1 werden der Hauptantriebsmotor M1 und der Vorschubmotor mit Motorrechtslauf eingeschaltet. Der Hauptantriebsmotor soll bis zum Zyklusende eingeschaltet bleiben. Ist der Zielpunkt durch Grenztaster S3 erfasst, wird der Maschinentisch durch Motorlinkslauf in die Anfangslage zurückgebracht (Schritt 2). Die Anfangslage ist mit der Betätigung von Grenztaster S2 erreicht. Sie wird mit dem Leuchtmelder P1 angezeigt.

Die Schütze Q10 und Q11 steuern den Vorschubmotor in Rechtslauf für die Vorwärtsrichtung und in Linkslauf für die Rückwärtsrichtung. Der Hauptantrieb wird über das Motorschütz Q12 geschaltet.

Programmverwirklichung mit einer Schützsteuerung

Zunächst zeichnet man für jeden Schritt ein Hilfsschütz oder Relais mit Selbsthaltezweig **(Bild 2)**. Mit dem Taster S2 schaltet das Schütz K1. Es wird durch K2 gelöscht. Mit S1 schaltet K2. Mit dem Erreichen der Zielposition wird durch S3 der Schritt 1 erreicht und das Schütz K3 geschaltet. Es wird beim Erreichen der Anfangslage zurückgesetzt. Für den Fall einer Stromunterbrechung kann mithilfe des Tastschalters S4 der Maschinenschlitten von Hand zurückgefahren werden bis die Anfangslage erreicht ist.

Nachdem der Steuerstromkreis entworfen ist, zeichnet man den Hauptstromkreis mit den Schützen Q10 bis Q12. Q10 schaltet im Schritt 1, Q11 im Schritt 2, Q12 im Schritt 1 als auch im Schritt 2. Beim Zurückfahren von Hand über S4 soll der Hauptantrieb jedoch nicht laufen. So wird noch ein Öffnerkontakt von S4 in den Strompfad von Q12 gelegt.

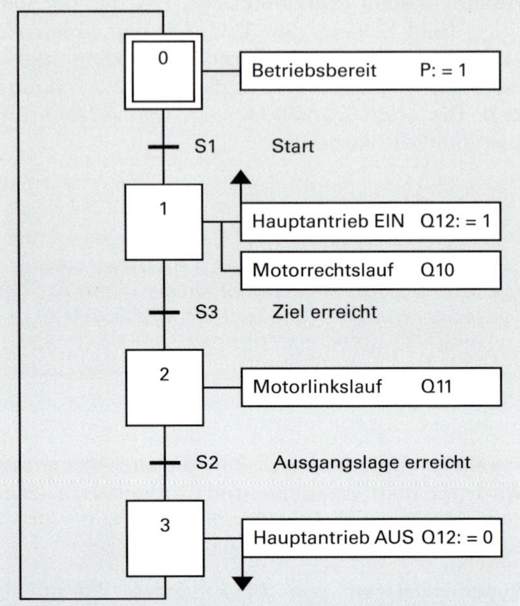

Bild 1: Funktionsplan für die Steuerung einer Bohrmaschine

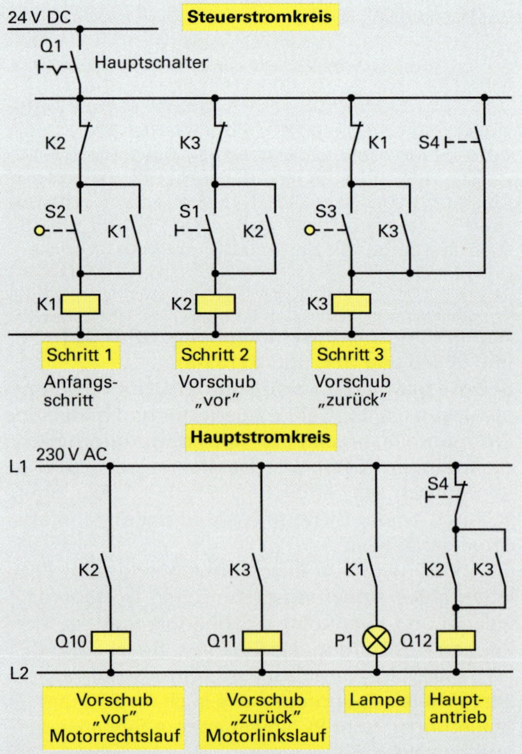

Bild 2: Programmverwirklichung mit einer Schützsteuerung

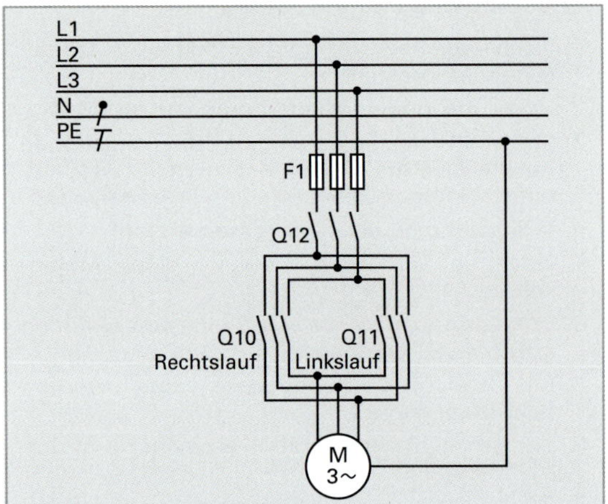

Bild 3: Hauptstromkreis

2.2.5 Elektronische Bauelemente

Die wichtigsten Bauelemente in elektronischen Schaltungen sind die Halbleiterbauelemente, wie Dioden, Transistoren, Thyristoren und integrierte Schaltkreise (IC).

Die Grundwerkstoffe elektronischer Halbleiterbauelemente sind *Silicium* und *Germanium* in kristalliner Form. Beide Stoffe sind chemisch vierwertig und weisen in reinem Zustand eine nur geringe Leitfähigkeit auf. Durch genau dosierte Verunreinigung mit dreiwertigen Elementen (P-Dotierung), z. B. mit Indium, oder fünfwertigen Elementen (N-Dotierung), z. B. Antimon, werden die Halbleitergrundwerkstoffe Silicium oder Germanium gut leitend.

Der physikalische Leitungsmechanismus beruht bei N-Dotierung auf einem Überschuss an leicht beweglichen Elektronen im Kristallgitter und bei P-Dotierung auf einem Mangel (Fehlstellen) an Elektronen. Fügt man einen P-dotierten Halbleiter an einen N-dotierten Halbleiter, dann ist diese Anordnung elektrisch leitend, wenn die Spannung so anliegt, dass durch sie die überschüssigen Elektronen des N-Halbleiters in die Fehlstellen des P-Halbleiters getrieben werden **(Bild 1a)**. Die Elektronen füllen die Fehlstellen auf und wandern auf die rechte Elektrode (Plus-Pol) zu. Man spricht von einem PN-Übergang in Durchlassrichtung.

Polt man nun die Spannung um, sodass der Minus-Pol am P-Halbleiter liegt und der Plus-Pol am N-Halbleiter, dann werden die Elektronen zur linken Elektrode getrieben **(Bild 1b)**. Aus dem Gebiet des P-Halbleiters, das einen Elektronenmangel aufweist, können keine Elektronen nachfließen, und es kommt zu keinem Stromfluss. Dieser PN-Übergang sperrt (wird in Sperrrichtung betrieben).

Ein PN-Übergang ermöglicht einen Stromdurchlass in einer Richtung (gute Leitfähigkeit) und ein Absperren des Stromes in der anderen Richtung (schlechte Leitfähigkeit). Auf dieser Rückschlagventilwirkung basieren die Halbleiterbauelemente.

Halbleiterdioden

Halbleiterdioden sind Bauelemente mit zwei Anschlüssen und meist einem PN-Übergang **(Bild 2)**. Die Diode lässt in Pfeilrichtung Strom durch und sperrt ähnlich einem Rückschlagventil den Strom in entgegengesetzter Richtung.

Überschreitet man die maximale Sperrspannung U_Z, wird die Diode zerstört. Es gibt jedoch Z-Dioden (Zener-Dioden), die speziell in *Sperrichtung* mit der Spannung U_Z betrieben werden. Eine Z-Diode liefert im Arbeitsbereich eine vom Strom I unabhängige Spannung U_Z. Diese Eigenschaft wird ausgenützt, um Spannungsquellen darzustellen, die unabhängig von der Strombelastung sind. Wird z. B. eine Z-Diode mit $U_Z = 12$ V in Sperrrichtung an eine veränderliche Spannungsquelle mit Spannungen zwischen 12 V und 15 V angeschlossen, ist der Spannungsabfall an der Z-Diode stets 12 V, also konstant.

Dioden werden zur **Gleichrichtung** von Wechselströmen, zur **Betragsbildung, Entkopplung** und **Verknüpfung** elektrischer Signale eingesetzt.

Bei **Gleichrichterschaltungen** unterscheidet man die *Einweggleichrichtung* und die *Zweiweggleichrichtung*. Die Diode in **Bild 1a, folgende Seite,** ist nur stromdurchlässig, solange die angelegte Wechselspannung positiv ist. Wird die Wechselspannung negativ, fließt kein Strom. Der Mittelwert dieses Stromes ist ein positiver Gleichstrom.

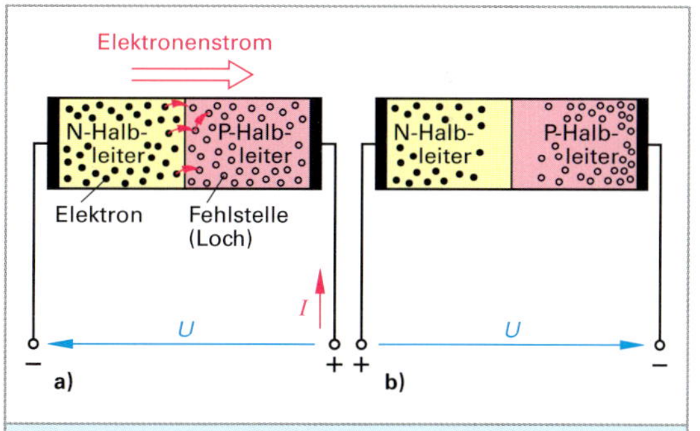

Bild 1: PN-Übergang bei einem Halbleiter

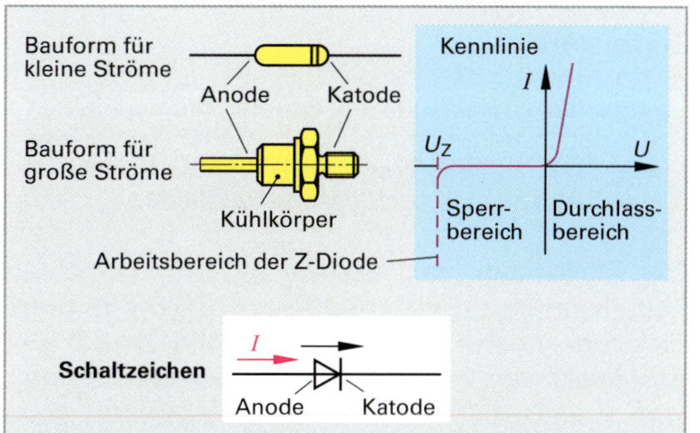

Bild 2: Halbleiterdioden

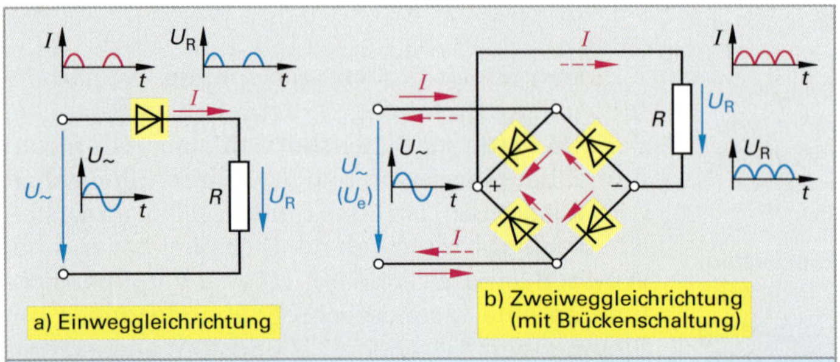

Bild 1: Gleichrichterschaltungen

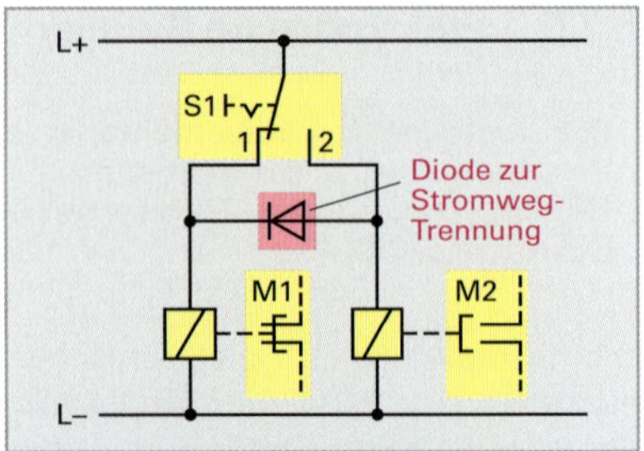

Bild 2: Kupplungssteuerung mit Entkopplungsdiode

Durch die Brückenschaltung mit vier Dioden wird erreicht, dass durch den Verbraucherwiderstand R der Strom I stets in der gleichen Richtung fließt, sowohl wenn die Wechselspannung positiv ist (Stromweg ——>), als auch wenn die Wechselspannung negativ ist (Stromweg ---->) **(Bild 1b)**.

Zur **Betragsbildung** elektrischer Signale ist diese Schaltung ebenfalls geeignet. Die Spannung am Widerstand R entspricht dem Betrag der Eingangsspannung U_e, ($U_R = |U_e|$); d. h. sie ist stets positiv, hat aber den gleichen Betrag wie die Eingangsspannung.

Mit Dioden kann man elektrische Geräte vom Stromweg trennen **(entkoppeln)** und elektrische Signale **verknüpfen.**

Beispiel: Für eine Kupplungssteuerung soll z. B. mit dem Schalter S1 in Schaltstellung 1 die Kupplung M1 geschaltet werden und in Schaltstellung 2 die beiden Kupplungen M1 UND M2 **(Bild 2).**

Damit in Schaltstellung 1 kein Strom zur Kupplung M2 fließt, wird die Kupplung M2 von der Kupplung M1 durch eine Diode entkoppelt. In Schaltstellung 2 hingegen fließt Strom zur Kupplung M2 UND M1, da nun die Diode in Durchlassrichtung betrieben wird.

Tabelle 1: Transistoren

Aufbau und Schaltzeichen	Strom-Steuerkennlinie
NPN-Transistor 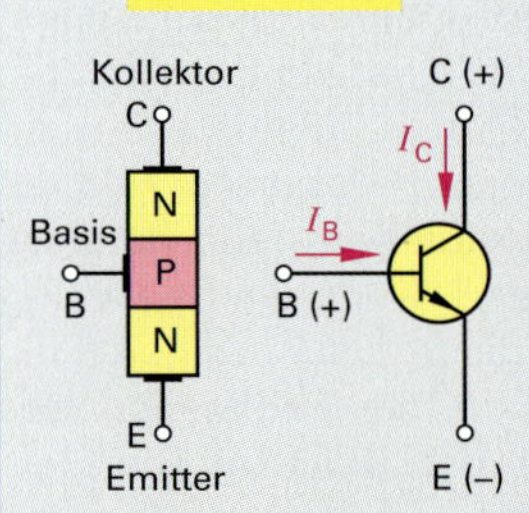	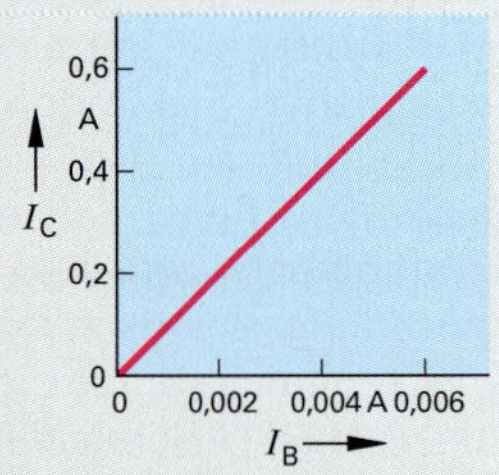 Stromverstärkung z.B. 100
PNP-Transistor 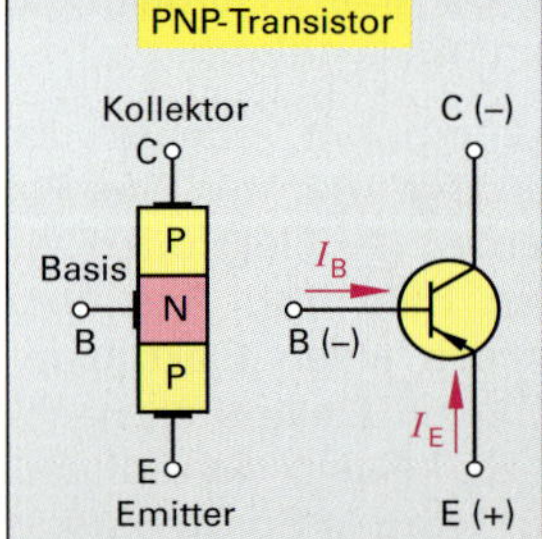	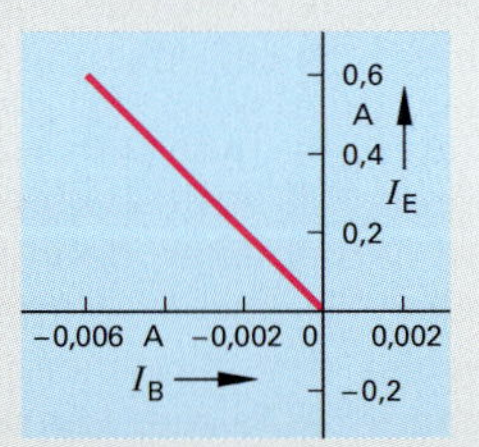 Stromverstärkung z.B. 100

Transistoren

Transistoren bestehen aus drei Halbleiterschichten mit der Dotierungsfolge P, N, P **(PNP-Transistor)** oder N, P, N **(NPN-Transistor).** An jede Schicht ist eine Elektrode angeschlossen **(Tabelle 1).**

Die Elektroden der beiden äußeren Schichten heißen Emitter (E) und Kollektor (C). Die mittlere Elektrode nennt man Basis (B) **(Bild 3).** Mit der Basiselektrode kann der Strom, der vom Emitter zum Kollektor fließt (beim PNP-Transistor) bzw. vom Kollektor zum Emitter fließt (beim NPN-Transistor), gesteuert werden.

Bild 3: PNP-Transistor im Glasgehäuse um 1960 (etwa 1,5-fach vergrößert)

Wird zwischen Basis und Emitter keine Steuerspannung angelegt, ist die Emitter-Kollektor-Strecke stromundurchlässig, da immer ein PN-Übergang in Sperrrichtung arbeitet. Durch den Basisstrom wird die Sperrwirkung dieses PN-Übergangs aufgehoben, sodass ein Strom zwischen Kollektor und Emitter fließen kann. Da der Steuerstrom I_B z. B. 100-fach kleiner ist als der gesteuerte Strom I_C (bzw. $-I_C$), kann man mit Transistoren auf einfache Weise elektronische Verstärker mit kleiner elektrischer Eingangsleistung und großer elektrischer Ausgangsleistung bauen.

Beim **Operationsverstärker** sind auf engem Raum mehrere Transistoren so geschaltet, dass sowohl kleine Gleichströme als auch kleine Wechselströme bzw. Spannungen zu vielfach verstärkten Strömen bzw. Spannungen am Ausgang führen **(Bild 1).** Die Ausgangsspannung U_2 ist stets der Eingangsspannung U_1 entgegengesetzt (Spannungsumkehr, dargestellt durch ein Minuszeichen im Schaltzeichen).

Operationsverstärker können beliebige Signalspannungen verstärken.

Der **Thyristor** ist ein steuerbarer Halbleitergleichrichter mit mehreren P- und N-Zonen **(Bild 2).** Im ungesteuerten Fall sperrt der Thyristor den Strom in beiden Richtungen. Durch einen Stromimpuls (Steuerimpuls) an der Steuerelektrode wird der Thyristor stromleitend, wenn eine positive Spannung zwischen Anode und Katode anliegt. Solange ein Strom von der Anode zur Katode fließt, bleibt der Thyristor auch leitend. Wird der Strom jedoch zu Null, sperrt der Thyristor und bleibt gesperrt, bis er erneut durch einen Steuerimpuls „gezündet" wird.

Mit Thyristoren kann man z. B. steuerbare Gleichstromquellen (Gleichstromverstärker für Antriebe) aufbauen.

Durch geeignete Wahl der Zeitpunkte (Steuerwinkel α) für die Steuerimpulse kann man mit einem an Wechselspannung angeschlossenen Thyristor verschieden große Gleichstrommittelwerte erzeugen **(Bild 3).** Die Steuerimpulse liefert eine elektronische Steuereinrichtung.

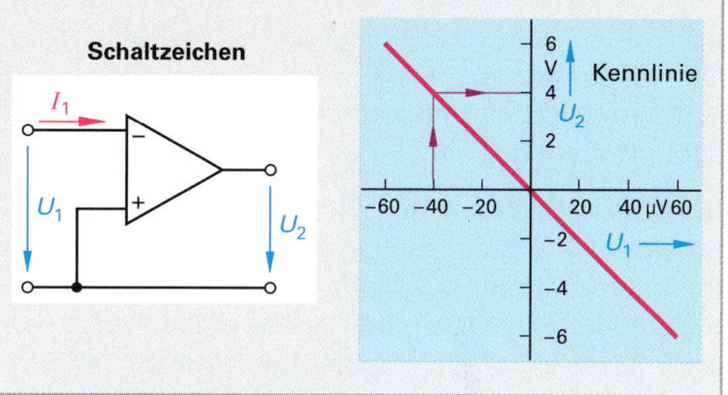

Bild 1: Operationsverstärker

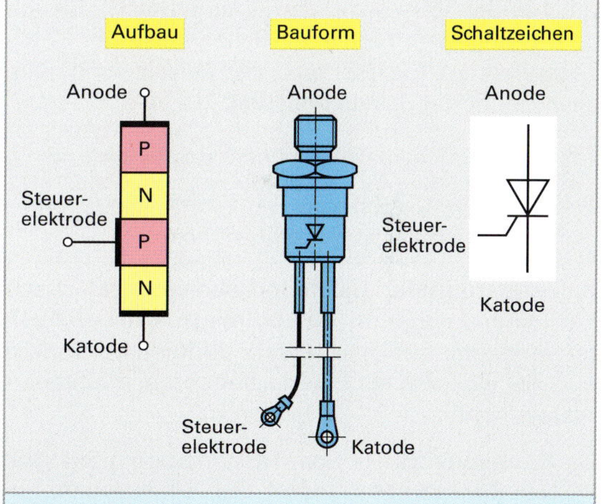

Bild 2: Thyristor

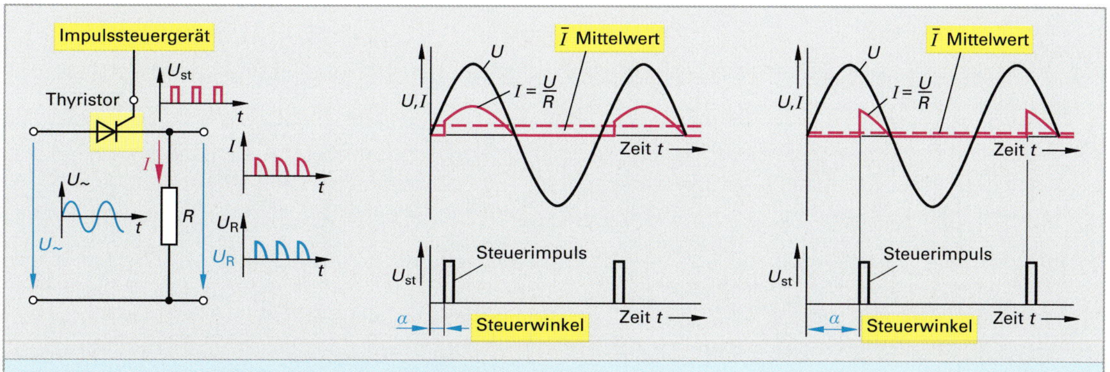

Bild 3: Stromverlauf beim gesteuerten Thyristor

Schaltet man einen zweiten Thyristor in entgegengesetzter Richtung parallel (Antiparallelschaltung), erhält man bei Betrieb des einen Thyristors einen steuerbaren Gleichstrom in der einen Richtung, bei Betrieb des anderen Thyristors einen Gleichstrom in entgegengesetzter Richtung **(Bild 1)**. Mit diesem in zwei Richtungen stellbaren Strom wird z.B. die Steuerung eines Gleichstrommotors im gesamten Drehzahlbereich links- und rechtsdrehend ermöglicht. Meist sind diese Thyristorverstärker für das Drehstromnetz ausgelegt. Sie enthalten dann in der Antiparallelschaltung entsprechend den 3 Wechselspannungen 3 · 2 = 6 Thyristoren.

Integrierte Schaltkreise (IC). Integrierte Schaltkreise (Integrated Circuit, engl. = Integrierter Schaltkreis) enthalten auf einem kleinen Siliciumplättchen eine Vielzahl von PN-Übergängen. Auf diese Weise werden mehrere Dioden, Transistoren, aber auch Widerstände und Kondensatoren, auf sehr kleinem Raum zu vollständigen Schaltungen zusammengefasst. Die integrierten Schaltkreise sind in verschieden großen Gehäusen, meist in Dualinline-Gehäusen, mit 14 oder 16 Anschlüssen untergebracht. Besonders wenig Platz benötigen Schaltkreise der SMD-Technik (engl. Surface Mounted Device = obenflächenmontierter Schaltkreis) **(Bild 2)**.

Integrierte Schaltkreise können vollständige Verstärkerschaltungen, z. B. Operationsverstärker, digitale Rechenbausteine, digitale Speicher und digitale Steuerungsbausteine enthalten.

Fotoelektronische Halbleiterbauelemente. Durch Lichteinwirkung wird die Leitfähigkeit der Halbleiterwerkstoffe stark verbessert; dadurch verändern sich die elektrischen Eigenschaften der Halbleiterbauelemente.

Die **Fotodiode** wird in Sperrrichtung betrieben **(Bild 3)**. Der Sperrstrom I ändert sich bei Beleuchtung von wenigen µA bis zu einigen 100 µA. Das **Fotoelement** entspricht im Aufbau einer Diode. Bei Beleuchtung entsteht zwischen dem N-Halbleiter und dem P-Halbleiter bei Germaniumelementen eine Spannung bis 0,3 V und bei Siliciumelementen eine Spannung bis 0,7 V. Das Fotoelement wird also durch Lichteinwirkung zu einer Spannungsquelle. Beim **Fotowiderstand** ändert sich der Widerstand in dem weiten Bereich zwischen einigen MΩ und wenigen Ω. **Fototransistor** und **Fotothyristor** werden bei Beleuchtung stromleitend. Anstelle eines Stromimpulses an einer Steuerelektrode wird mit Licht geschaltet. Verwendung finden fotoelektronische Halbleiterelemente z. B. bei Lichtschranken.

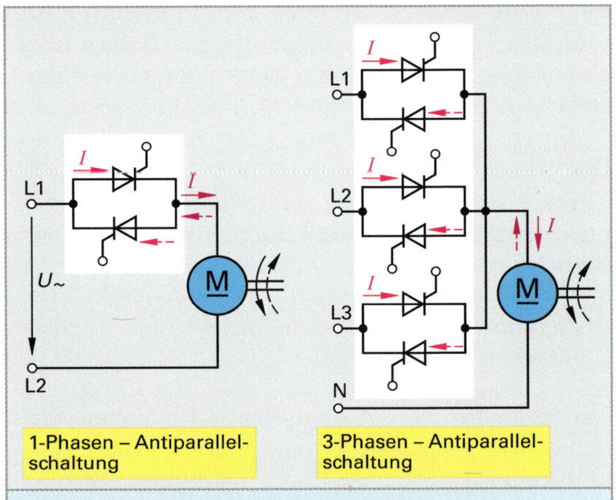

Bild 1: Antiparallelschaltung von Thyristoren

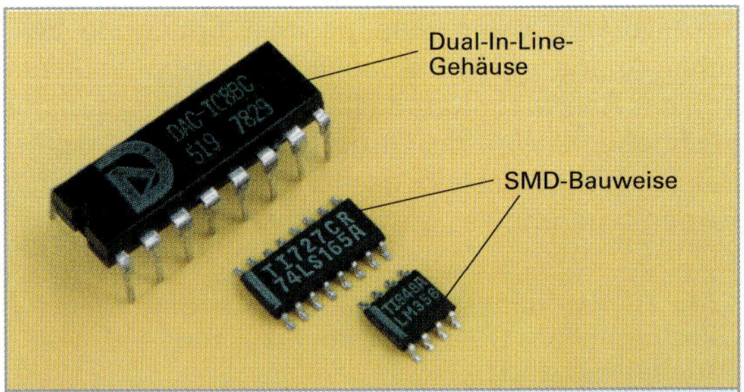

Bild 2: Bauformen integrierter Schaltkreise

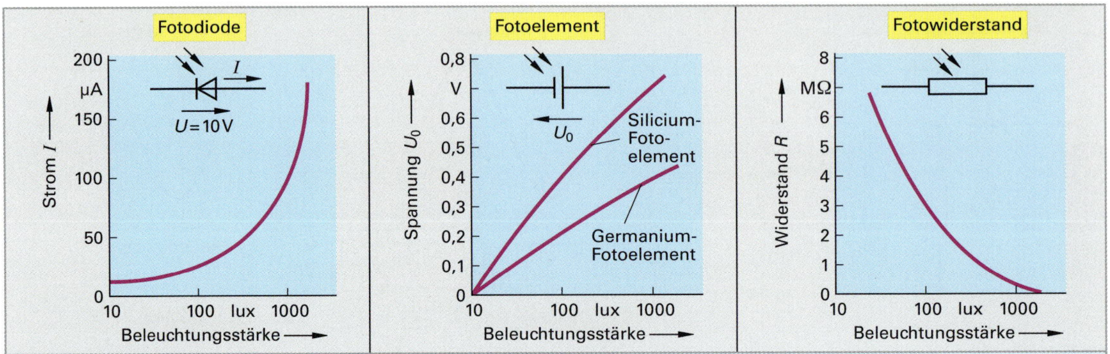

Bild 3: Fotohalbleiter

2.2.6 Elektrische Aktoren

Die wichtigsten elektrischen Aktoren, auch Aktuatoren genannt, sind Drehstrommotoren, Gleichstrommotoren und Schrittmotoren.

Sie beruhen auf dem physikalischem Effekt, dass auf einen stromdurchflossenen Leiter in einem Magnetfeld eine Kraft ausgeübt wird. Das Magnetfeld wird durch Elektromagnete oder durch Dauermagnete (Permanentmagnete) erzeugt.

Die Permanentmagnetwerkstoffe haben in den letzten Jahren eine sehr starke Entwicklung erfahren und die Elektromotoren dahingehend beeinflusst, dass diese die Elektromagnete (Feldwicklung) in den Motoren weitgehend verdrängt haben und die Motoren leistungsfähiger und leichter werden ließen. Kennzeichnend für die Leistungsfähigkeit der Permanentmagnete ist das maximale Produkt BH_{max} gebildet aus der Flussdichte B und der Feldstärke H **(Bild 1)**. Je größer die Flussdichte B ist, je stärker ist der Magnet und je größer dabei die Feldstärke H ist, umso geringer ist die Gefahr, dass der Magnet geschwächt bzw. entmagnetisiert werden kann (**Bild 2**).

Das maximale Flussdichte-Feldstärke-Produkt BH_{max} kennzeichnet die Leistungsfähigkeit der Permanentmagnete.

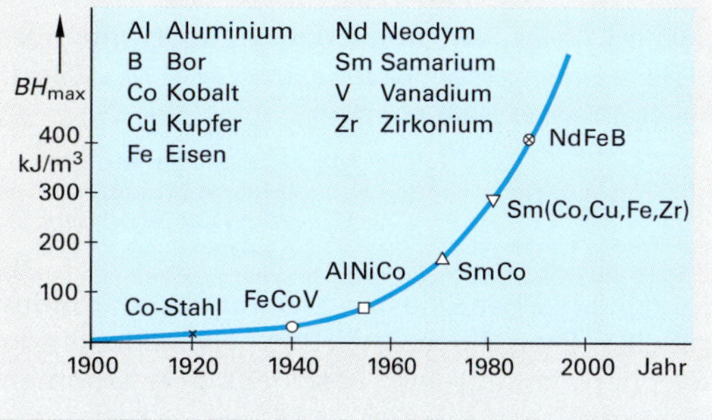

Bild 1: Entwicklung der Magnetwerkstoffe (BH_{max} als Funktion der Zeit)

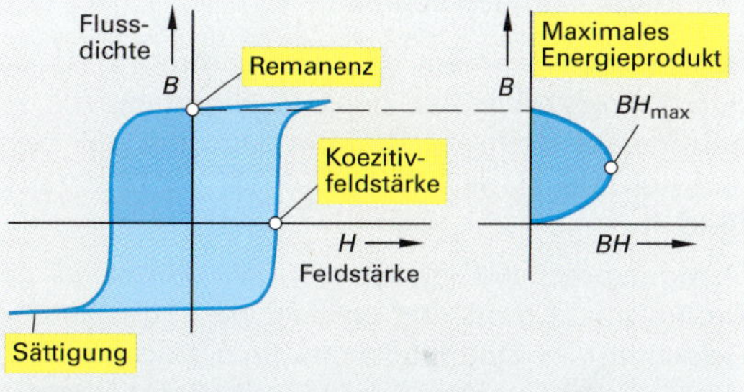

Bild 2: Die Hysterese-Kennlinie und die *BH*-Funktion bei einem Permanentmagnet

E. Werner von Siemens, geb. 13. Dezember 1816 bei Hannover; gest. 6. Dezember 1892 in Berlin. Er entdeckte (nach anderen) 1866 das dynamoelektrische Prinzip: *Bewegt man eine Spule im Magnetfeld dann entsteht elektrischer Strom.* Er baute als erster nach diesem Prinzip eine technisch brauchbare Dynamomaschine. Mit ihr konnte man mechanische Bewegungsenergie in elektrische Energie umwandeln (Generator-Prinzip) und umgekehrt aus elektrischer Energie wieder mechanische Energie erzeugen (Motor-Prinzip).

Michail von Dolivo-Dobrowolsky; geb. am 3. Januar 1862 bei Sankt Petersburg; gest. am 15. November 1919 in Heidelberg, studierte an der TH Darmstadt Elektrotechnik und war Chefkonstrukteur der AEG. Er konstruierte 1889 den ersten praktisch verwendbaren Drehstrom-Asynchronmotor und Drehstromgenerator und ermöglichte so 1891 die erste Drehstrom-Hochspannungs-Übertragung von Lauffen a. Neckar nach Frankfurt a. Main mit einer Distanz von 175 km.

2.2.6.1 Rechnerische Grundlagen

Das Antriebsdrehmoment M_m an der Motorwelle ist bei stationärer (gleichbleibender) Belastung stets im Gleichgewicht mit dem zu überwindenden Widerstandsmoment bzw. Lastmoment M_w **(Bild 1)**. Bei stationärer Belastung gilt:

$$M_m = M_w$$

M_m Antriebsdrehmoment (Motormoment)
M_w Widerstandsmoment (Lastmoment)

Bei dynamischer Belastung, wenn also der Motor mit einer Drehzahlveränderung beschleunigt oder verzögert kommt ein Beschleunigungsmoment M_a hinzu:

$$M_m = M_w + M_a$$

M_a Beschleunigungsmoment

Diese Gleichung bezeichnet man als Grundgleichung der Antriebstechnik.

Das Antriebsmoment M_m eines Motors ist dadurch gekennzeichnet, dass es allgemein mit zunehmender Drehzahl abnimmt und bei der Leerlaufdrehzahl n_0 den Wert Null ($M_w = 0$) erreicht **(Bild 2)**.

Dementsprechend ist bei geringer Drehzahl das Drehmoment groß und erreicht bei (gewaltsamer Belastung) im Motorstillstand ein Maximum (M_{st}). Wenn dieser Zusammenhang zwischen Motormoment und Drehzahl geradlinig ist, so sprechen wir von einer linearen Motorkennlinie. Eine solche Kennlinie liegt prinzipiell bei Gleichstrommotoren (fremderregter Gleichstrommotor) vor. Bei den Asynchronmotoren gibt es davon oft Abweichungen.

Das Widerstandsmoment M_w ist häufig mit zunehmender Drehzahl auch zunehmend **(Bild 3)**. Allgemein einsichtig ist: *je schneller man arbeitet umso größer ist der Stress.*

Der lineare, d. h. proportionale Zusammenhang zwischen M_w und der Drehzahl n ist nur in seltenen Fällen gegeben, z. B. beim Antrieb von fluidtechnischen Anlagen, z. B. bei Vorschubantrieben mit hydrostatischer Lagerung.

Ist trockene Reibung vorliegend, dann ist das Widerstandsmoment weitgehend drehzahlunabhängig konstant. Liegt Rollreibung vor, dann ist das Widerstandsmoment zunehmend bei relativ geringem Anfangsmoment. Wird die Belastung durch Gleitlager oder Gleitführungen verursacht, so gibt es ein großes Losreißmoment bei der Drehzahl n = 0 infolge fehlenden Schmierfilms. Das Lastmoment nimmt steil ab um dann wieder anzusteigen. Beim Antrieb von Propellern nimmt das Antriebsmoment mit zunehmender Drehzahl überproportional zu.

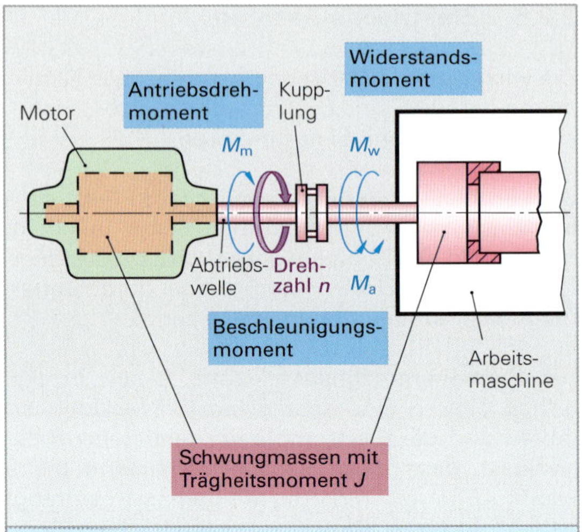

Bild 1: Drehmomente an der Motorwelle

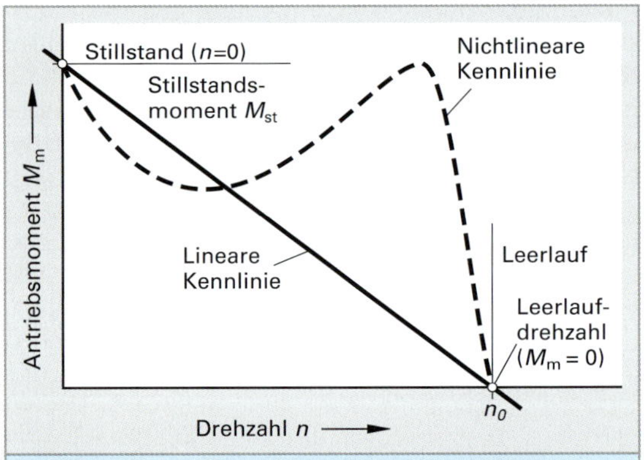

Bild 2: Kennlinie für das Antriebsdrehmoment

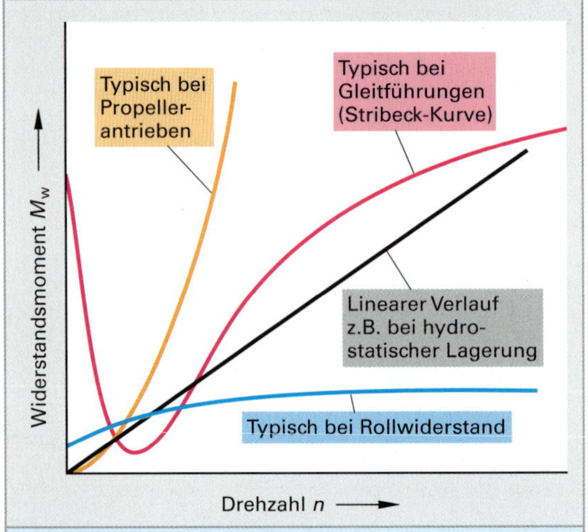

Bild 3: Widerstandsmomente

Der Betriebspunkt im stationären Betrieb

Es gilt $M_m = M_w$ ($M_a = 0$) und man ermittelt bei nichtlinearen Kennlinien den Betriebspunkt (Arbeitspunkt) grafisch in dem man die Kennlinie des Antriebsmoments und die Kennlinie des Widerstandsmoments in ein Diagramm zeichnet. Der Schnittpunkt beider Kennlinien ist der stationäre Betriebspunkt mit dem Betriebsdrehmoment M_b und der Betriebsdrehzahl n_b **(Bild 1)**.

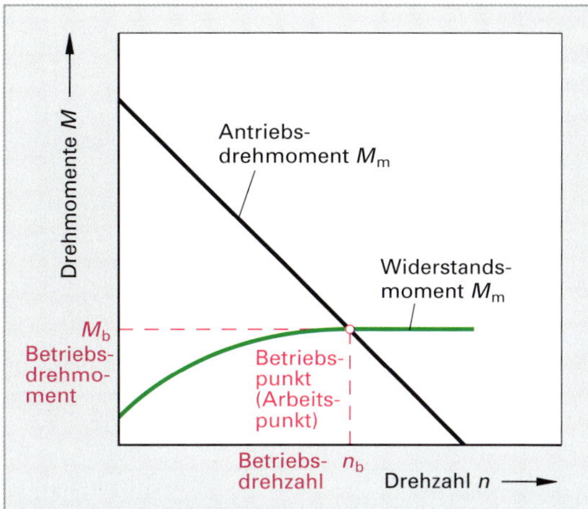

Bild 1: Der Betriebspunkt

Im stationären Dauerbetrieb darf ein Motor nur bis zu diesem Betriebsdrehmoment belastet werden. Das Bemessungsmoment (früher: Nennmoment) M_n, das den Motor kennzeichnet muss kleiner gleich dem Betriebsdrehmoment sein.

Im stationären Betrieb:

$$M_b \leqq M_n$$

M_b Betriebsdrehmoment
M_n Bemessungsmoment (Nennmoment)

Bei elektrischen Motoren ist das Bemessungsmoment durch die maximal zulässige Betriebstemperatur und durch den maximal möglichen oder zulässigen Strom begrenzt. Da die maximal zulässige Betriebstemperatur erst nach etlichen Minuten bis hin zu 30 Minuten erreicht wird, ist ein kurzzeitiges Überschreiten des Bemessungsmoments meist erlaubt und möglich.

Dynamischer Betrieb

Bei Drehzahländerungen, z. B. beim Anlauf eines Motors kommt ein Beschleunigungsmoment M_a belastend hinzu. Dieses Beschleunigungsmoment ist umso größer je größer die Drehzahländerung pro Zeit ist und je größer die zu beschleunigenden Schwungmassen sind. Die Drehzahländerung pro Zeit wird durch die Winkelbeschleunigung ausgedrückt und die Schwungmasse durch das Trägheitsmoment J.

$$M_a = J \cdot \alpha = J \cdot \frac{d\omega}{dt} = J \cdot 2\pi \frac{\Delta n}{\Delta t}$$

J Trägheitsmoment
α Winkelbeschleunigung
ω Winkelgeschwindigkeit

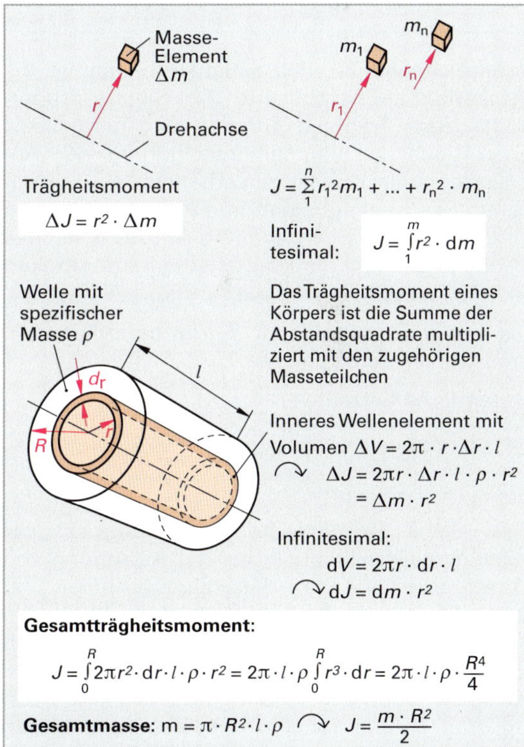

Bild 2: Das Trägheitsmoment J

Beim Trägkeitsmoment zählen Massen quadratisch stärker je weiter diese von dem Drehpunkt entfernt sind **(Bild 2)**. Da bei Wellen die Massen mit dem Quadrat des Radius zunehmen und die Trägheitsmomente sich ebenfalls mit dem Radiusquadrat erhöhen ist die Gesamtzunahme mit der 4. Potenz des Radius.

Eine Welle (aus gleichem Werkstoff und gleicher Länge) hat bei *doppeltem* Radius (bzw. Durchmesser) 2^4-faches = 16-faches Trägheitsmoment, d. h. zur Beschleunigung dieser Welle wird im Vergleich 16-faches Beschleunigungsmoment benötigt.

Bei Wellen und Vollzylindern wächst das Trägheitsmoment mit der 4. Potenz des Durchmessers, bzw. des Radius.

Der Anlaufvorgang

Es gilt (bei linearem Antriebsmoment):

$$M_m = M_w + M_a$$

M_m Motormoment
M_w Widerstandsmoment
M_a Beschleunigungsmoment

Und für den Anlauf ohne Last ($M_w = 0$) gilt:

$$M_m = M_a = J \cdot 2\pi \frac{dn}{dt}$$

J Trägheitsmoment
n Drehzahl
t Zeit

Lösung **(Bild 1):**

$$n = n_o\,(1 - e^{-t}/T_m)$$

Mit der mechanischen Zeitkonstante:

$$T_m = J \cdot \frac{2\pi n_o}{M_{st}} = J \cdot 2\pi \cdot \frac{\Delta n}{\Delta M}$$

Kennzeichnend für das Anlaufverhalten ist die mechanische Zeitkonstante T_m. Sie ist proportional zum Trägheitsmoment und umgekehrt proportional zur Kennliniensteigerung der Antriebskennlinie bzw. zum Verhältnis von verfügbarem Beschleunigungsmoment zur erreichbaren Enddrehzahl. D. h. je steiler die Antriebskennlinie ist und je geringer die Trägheitsmomente sind um so reaktionsschneller ist ein Antrieb.

Die gesamte Anlaufdauer T_{an} ist ca. dreimal so groß wie die Zeitkonstante T_m.

Gesamte Anlaufzeit:

$$T_{an} \approx 3\,T_m$$

T_{an} Anlaufzeit
T_m mechanische Zeitkonstante

Eine kleine mechanische Zeitkostante ist der wichtigste Gesichtspunkt bei der Auslegung von Vorschubantrieben bei Werkzeugmaschinen und bei Antrieben für Roboter. Die Werte liegen bei NC-Maschinen und Robotern meist im Bereich von etwa 10 ms. Der angetriebene Maschinentisch bzw. Roboterarm sollte möglichst ohne Verzug den Befehlssignalen der Steuerung folgen können.

Wie man aus der Anlauflinie ersieht, nähert sich die Drehzahl asymptotisch nach einer e-Funktion der Enddrehzahl. Bei einem Anlauf ohne Last ist die Enddrehzahl die Leerlaufdrehzahl.

Bei einem, mit konstantem Lastmoment (M_w = konst.) belasteten Antrieb ist der Anlaufvorgang prinzipiell gleich. Die Enddrehzahl ist allerdings nur so groß wie es das Drehmomentgleichgewicht, entsprechend des Betriebspunktes, zulässt **(Bild 2)**.

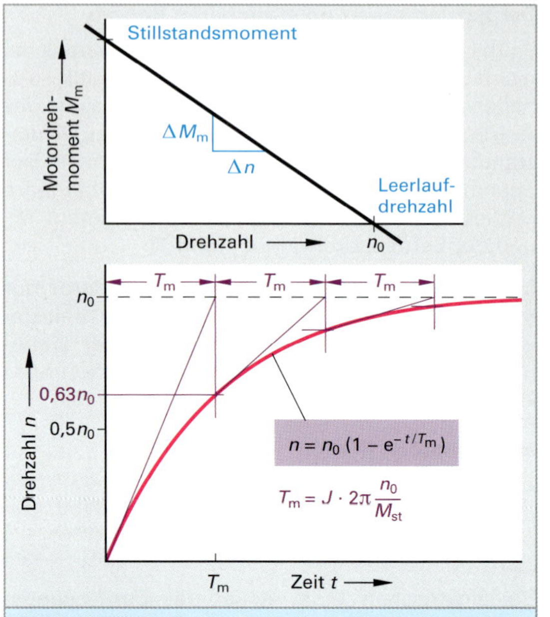

Bild 1: Leeranlauf

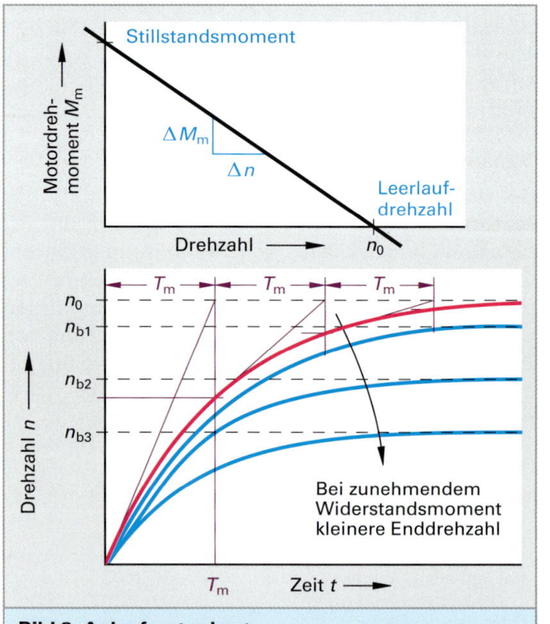

Bild 2: Anlauf unter Last

Die mechanische Zeitkostante bleibt unbeeinflusst, da weder das Trägheitsmoment noch die Steigung der Antriebslinie sich verändert.

Der Anlaufvorgang unter Belastung dauert nicht länger als der Leeranlauf!

2.2.6.2 Elektromagnete und Kupplungen

Aktoren auf der Basis von Elektromagneten bestehen aus einer Spule mit Eisenkern und einem **beweglichen Eisenkern,** dem **Anker.** Von der stromdurchflossenen Magnetspule wird der bewegliche Anker angezogen. Dabei stellt sich der Anker so ein, dass der Widerstand für die magnetischen Flusslinien möglichst klein wird. Man unterscheidet zwischen **Hubmagneten** mit verschiebbarem Anker und **Drehmagneten** mit sich drehendem Anker **(Bild 1).**

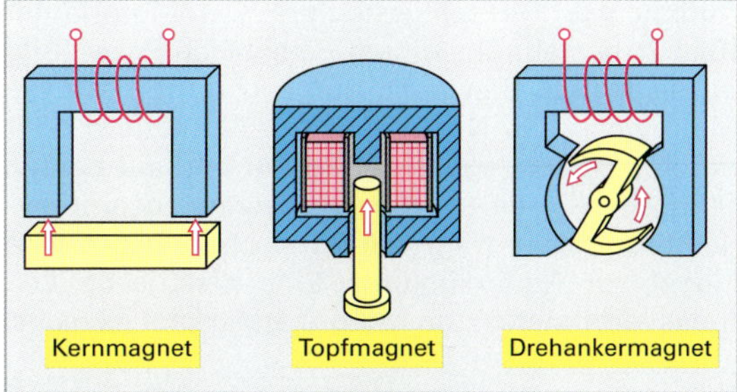

Bild 1: Hubmagnete und Drehmagnete

> Bewegliche Anker stellen sich so ein, dass der magnetische Widerstand möglichst klein ist.

Elektromagnetkupplungen verwendet man zum fernbetätigten oder selbsttätigen Schalten und Bremsen von Getrieben. Bei den Elektromagnetkupplungen unterscheidet man die Einscheibenkupplung **(Bild 2),** die Lamellenkupplung sowie die Magnetpulverkupplung und die Zahnkupplung.

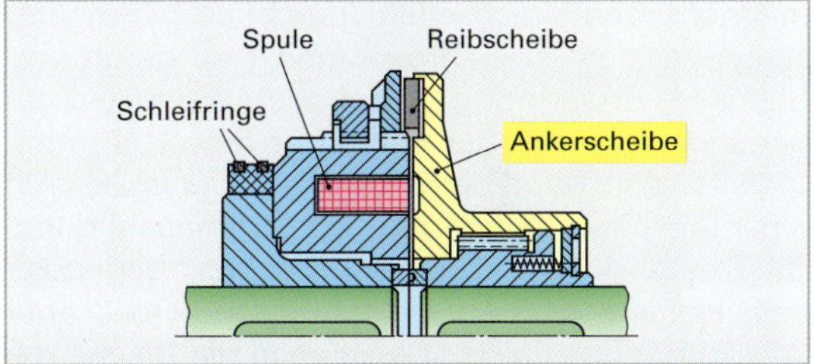

Bild 2: Einscheiben-Elektromagnetkupplung

Bei den Lamellenkupplungen sind mehrere, antriebseitig und abtriebseitig gebundene, dünne Scheiben (Lamellen) im Wechsel angeordnet, die bei magnetischer Betätigung durch Reibschluss das Drehmoment übertragen. Bei den Magnetpulverkupplungen läuft ein abtriebseitiger Anker in einem antriebseitigen Gehäuse, das Eisenpulver enthält. Durch Magnetisierung frittet das Pulver zusammen und stellt so eine mechanische Verbindung dar.

Elektromagnete verwendet man häufig als Spannelemente zur Werkstückspannung und als **Greifsysteme**, z. B. bei der Handhabung von Schrott und von Stangenmaterial aus Stahl **(Bild 3).**

Bild 3: Verladen von Stählen mit Magnetgreifer

2.2.6.3 Netzbetriebene Drehstrommotoren (AC[1]-Motor)

> Der meist verwendete Elektromotor ist der Drehstromasynchronmotor (ASM) **(Bild 4).**

Er hat einen einfacheren Aufbau als der Gleichstrommotor und bei gleicher Leistung kleinere Abmessungen und geringeres Gewicht. Er besteht aus einem Gehäuse zur Aufnahme einer dreiteiligen Ständerwicklung mit den Anschlüssen U1-U2, V1-V2, W1-W2 und einem Läufer **(Bild 1,** folgende Seite). Der Drehstrommotor kann direkt an das Dreiphasenwechselstromnetz (Drehstromnetz) angeschlossen werden.

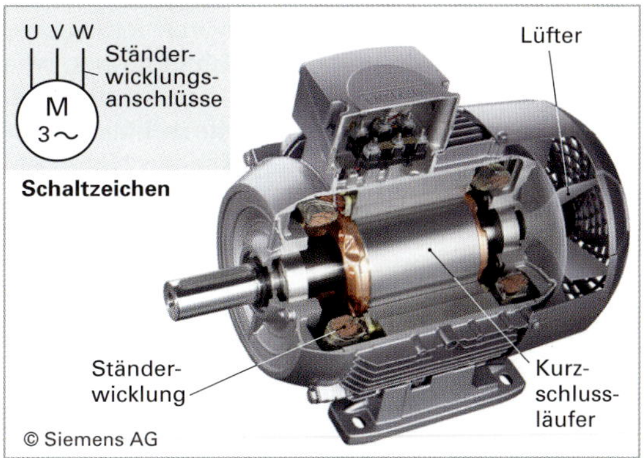

Bild 4: Drehstromasynchronmotor

[1] AC von engl. alternating current = Wechselstrom

Aufbau des Kurzschlussläufers. Der Motorläufer **(Bild 2)** besteht aus einem Eisenblech-Paket **(Bild 3)** mit Nuten. Dieses ist aufgeschrumpft auf die Motorwelle. Die Nuten sind mit Aluminium oder mit Kupfer ausgegossen[1] **(Bild 4)** und auf beiden Stirnseiten zu einem Kurzschlussring zusammengeführt. Dieser trägt häufig noch angegossene Flügel zur Motorkühlung. Eine elektrische Leitungsverbindung zum Motorständer gibt es nicht.

Da im Aluminium bzw. Kupfer in den Läufernuten bei Betrieb ein sehr starker Wechselstrom fließt wird der metallische Läufer von einem starken magnetischen Wechselfeld durchflutet. Um entstehende induzierte Ströme und eine damit verbundene Erwärmung mit hohen Verlusten zu verhindern, erfolgt die Aufnahme dieser Aluminiumleiter bzw. Kupferleiter in einem *Blechpaket* mit einer Blechanordnung quer zur Stromausbildung. Die Bleche sind durch eine Oxidschicht gegeneinaner isoliert. Sie sind schlecht stromleitend aber sehr gut magnetisierbar (wie auch die Bleche der Transformatoren). Diese Magnetisierbarkeit verstärkt die magnetische Kraftwirkung der Ströme im Läufer enorm und trägt zur Drehmomentbildung maßgeblich bei.

Die Motorausführung mit Kupfer verringert gegenüber Aluminium wegen des geringeren ohmschen Widerstandes deutlich die elektrischen Verluste. So haben Kupferläufermotoren einen höheren Wirkungsgrad und eine geringere Baugröße gegenüber den Aluminiumläufern.

Wirkungsweise. Die Aluminium- bzw. Kupferfüllung bildet eine geschlossene Leiterschleife (Läuferkreis) und wird von dem magnetischen Wechselfluss der Ständerwicklung im Sinne eines Transformators durchflutet. Dabei entsteht in diesem Läuferkreis durch Induktion (wie bei einem Transformator) eine Spannung, die Läuferspannung. Man spricht deshalb auch von Induktionsmotoren. Da der Läuferkreis geschlossen ist, was für die Läuferspannung einen Kurzschluss bedeutet (man spricht auch von Kurzschlussläufermotoren), kann in den ausgegossenen Nuten ein großer Läuferstrom fließen. Dieser bewirkt wegen stets vorhandenen Ständermagnetfeldes eine Kraft (Lorentz[2]-Kraft) und verursacht ein Drehmoment.

[1] Die Herstellung mit Kupfer gelang früher nur durch Einlegen von Kupferstäben in die Läufernuten oder durch Einbringen einer Wicklung. Das Ausgießen mit Aluminium im Druckgießverfahren hat die Kupferläufer verdrängt. Erst in jüngster Zeit ist es gelungen auch Kupfer (mit der wesentlich höheren Schmelztemperatur von ca. 1200 °C, statt 560 °C bei Al) im Druckgießverfahren zu verwenden.

[2] *Lorentz Hendrik A.*, niederländischer Physiker (1853 bis 1928)

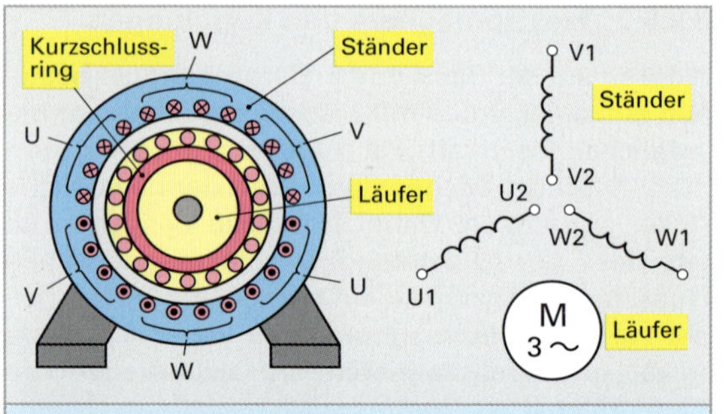

Bild 1: Drehstromasynchronmotor

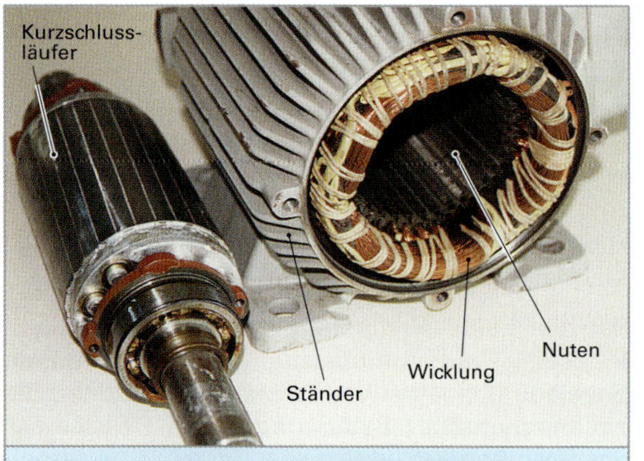

Bild 2: Kurzschlussläufer und Motorständer

Bild 3: Läuferblechpaket

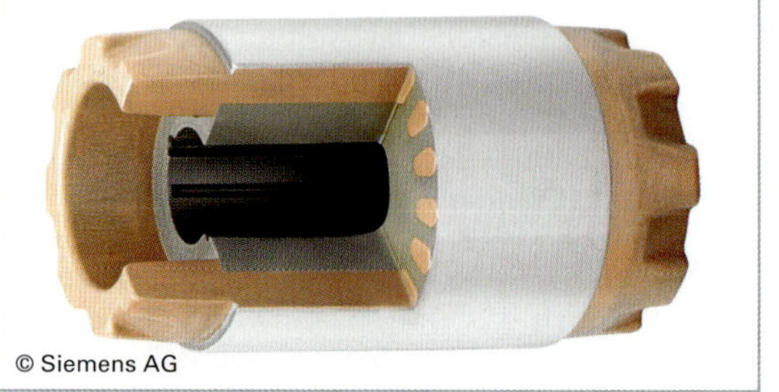

© Siemens AG

Bild 4: Kupferläufer

Das Drehfeld

Mit dem Dreiphasenwechselstrom, auch Drehstrom genannt, kann man sehr einfach ein magnetisches Drehfeld erzeugen.

Schließt man die 3-teilige Ständerwicklung an das Drehstromnetz an, so wechselt nacheinander periodisch mit der Netzfrequenz das Magnetfeld an jeder Wicklung seine Richtung, also 50-mal pro Sekunde beim 50-Hz-Drehstromnetz. Da die 3 Wicklungen U, V, W um 120° versetzt angeordnet sind und durch den Drehstromanschluss mit den Strömen I_U, I_V, I_W in den Wicklungen das Magnetfeld wechselnd reihum die Richtung ändert, entsteht im Innern des Ständers ein sich drehendes Magnetfeld (Drehfeld) **(Bild 1).**

Es besteht aus einem am Ständerumfang umlaufenden Nordpol und Südpol (2-polige Maschine). Dieses Drehfeld bewirkt (induziert) in den Läuferstäben oder Läuferwicklungen einen Strom und damit ein Läufermagnetfeld, wodurch der Läufer in Richtung des Drehfeldes mitgezogen wird. Die Drehzahl des Drehfeldes wird jedoch vom Läufer nie ganz erreicht, sondern ist, je nach Belastung, einige Prozente niedriger (asynchron, griech. = nicht gleichlaufend).

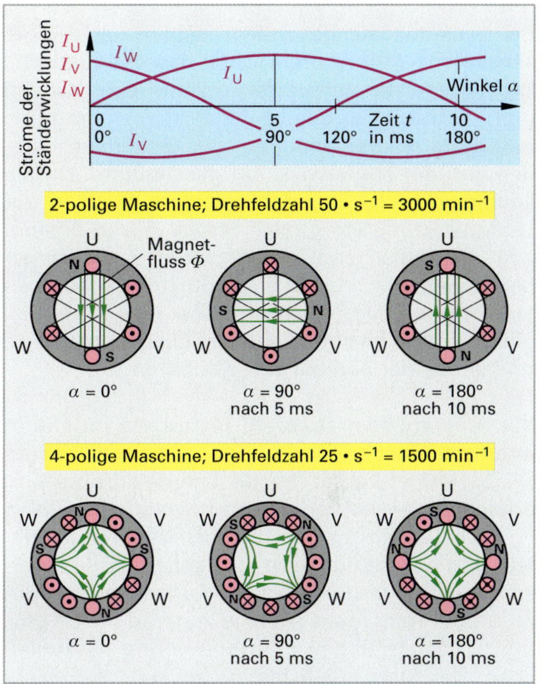

Bild 1: Entstehung des Drehfeldes

Das Drehfeld läuft, bei einer Wicklungsanordnung nach **Bild 1** und bei Betrieb am 50-Hz-Netz, 50-mal in der Sekunde, 3000-mal in der Minute oder 1-mal in 20 ms um. Teilt man jede der 3 Wicklungen in 2 Wicklungsstränge und ordnet die ersten drei in der oberen Ständerhälfte und die zweiten drei Wicklungsstränge in der unteren Hälfte an, so erhält man zwei Drehfelder (4-polige Maschine). Jedes durchläuft in 20 ms den halben Ständerumfang. Die Drehfelddrehzahl ist 1500 min^{-1}.

Der Dreiphasenwechselstrom erzeugt an 3, um 120° versetzten Ständerwicklungen ein rotierendes Magnetfeld.

Die 3-teilige Drehstromwicklung kann mehrfach aufgeteilt längs des Ständerumfangs angebracht werden. So entstehen unterschiedliche Drehfelddrehzahlen und dementsprechend unterschiedliche Motordrehzahlen **(Tabelle 1).**

Tabelle 1: Drehfelddrehzahlen beim 50-Hz-Netz

Polzahl	2	4	6	8	10	12	24
Zahl der Wicklungen	3	6	9	12	15	18	36
Drehfelddrehzahl (min^{-1})	3000	1500	1000	750	600	500	250

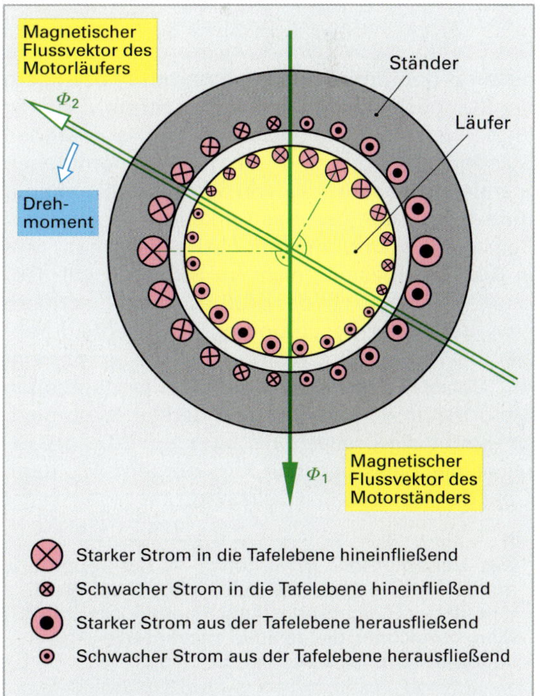

Bild 2: Magnetischer Fluss im Motorständer und im Motorläufer

Funktionsweise des Drehstromasynchronmotors

Bei zunächst stillstehendem Läufer und eingeschaltetem Motor dreht sich das magnetische Drehfeld relativ zur Läuferwicklung sehr schnell und verursacht in der Läuferwicklung eine hohe induzierte Läuferspannung U_2 (Feldlinien werden von der Läuferwicklung geschnitten). Da die Läuferwicklung kurzgeschlossen ist, fließt in der Läuferwicklung ein großer Strom I_2 und erzeugt den magnetischen Fluss Φ_2 **(Bild 2, vorhergehende Seite)**. Auf einen stromdurchflossenen Leiter in einem Magnetfeld wird aber eine Kraft ausgeübt, und so entsteht im Läufer ein Drehmoment, und der Läufer beginnt sich zu drehen.

Mit zunehmender Drehzahl nimmt die im Läufer induzierte Spannung U_2 und somit auch der Strom I_2 ab. Hat der Läufer fast die Drehfelddrehzahl n_s erreicht, dann werden nur noch wenige Feldlinien von der Läuferwicklung pro Zeiteinheit geschnitten, und es gibt nur noch eine sehr kleine Läuferspannung U_2 und einen sehr kleinen Läuferstrom I_2. Das Drehmoment reicht jetzt gerade noch aus, um die Lagerreibung und Luftreibung auszugleichen. Der Motor läuft fast so schnell, aber nicht ganz so schnell, wie das Drehfeld. Der Motor läuft nicht synchron, sondern **asynchron** zum Drehfeld und zwar immer etwas langsamer.

Das Drehmoment beim Asynchronmotor ist nicht genau proportional zum Läuferstrom I_2 bzw. dem der Ständerwicklung zugeführten Strom I, da die Phasenverschiebung zwischen der speisenden Ständerspannung und dem aufgenommenen Ständerstrom sehr stark von der Drehzahl abhängt **(Bild 1)**. Nur der jeweilige Wirkstrom leistet einen Beitrag zum Drehmoment. So erhält man, wie in **Bild 2** dargestellt, nicht im Stillstand bei dem größten Motorstrom das größte Moment, sondern etwa bei 2/3 der Synchrondrehzahl (Drehfelddrehzahl). Dieses größte Moment heißt Kippmoment M_k. Belastet man einen zunächst leerlaufenden Motor mit immer stärkerem Widerstandsmoment, so nimmt die Drehzahl bis etwa um 20% ab. Erreicht die Belastung das Kippmoment M_k, dann *kippt* der Motor in den Stillstand.

Das Nennmoment M_n ist etwa 1/3 des Kippmoments M_k. Die Nenndrehzahl liegt etwa 5% unterhalb der Synchrondrehzahl (Drehfelddrehzahl). Man bezeichnet die relative prozentuale Abweichung der Drehzahl auch als Schlupf s.

[1] Die *Nenn*größen heißen auch *Bemessungs*größen, z. B. Bemessungsmoment = Nennmoment

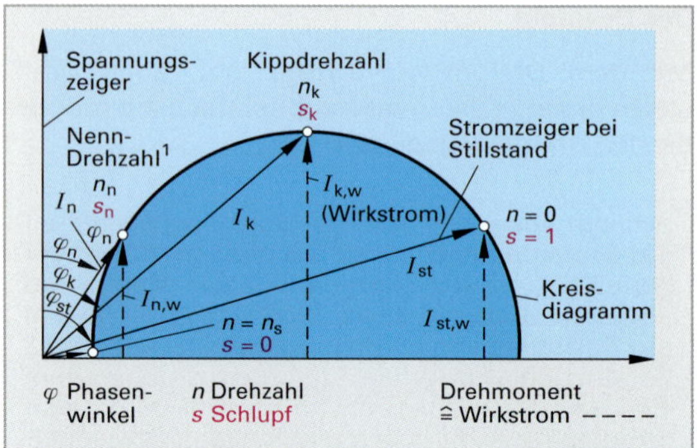

Bild 1: Stromzeiger und Spannungszeiger in Abhängigkeit von der Motordrehzahl

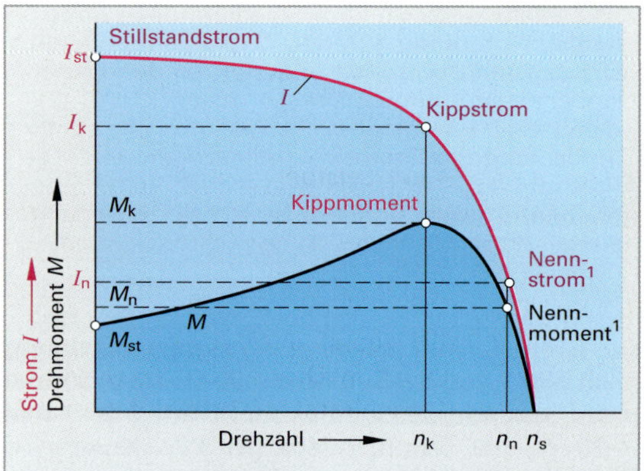

Bild 2: Strom und Drehmoment in Abhängigkeit von der Drehzahl

Typische Kenngrößen		*kleiner Motor*	*großer Motor*
Nennleistung[1]	P_n	1,1 kW	110 kW
Synchrondrehzahl	n_s	3000 min^{-1}	3000 min^{-1}
Nenndrehzahl	n_n	2850 min^{-1}	2980 min^{-1}
Nennschlupf[1]	s_n	5%	0,6%
Kippschlupf	s_k	ca. 20%	ca. 10%
Wirkungsgrad	η_n	77%	95%
Nennmoment[1]	M_n	3,7 Nm	353 Nm
Kippmoment	M_k	$2{,}3 \cdot M_n$	$2{,}8 \cdot M_n$
Trägheitsmoment	J	0,001 kgm^2	1,3 kgm^2
Gewicht (Masse)	m	9,9 kg	790 kg

Für die Drehzahl/Drehmoment-Kennlinie gilt folgende Gleichung:

M Drehmoment
M_k Kippmoment
n Drehzahl
n_k Kippdrehzahl
s Schlupf
s_k Kippschlupf

$$\frac{M}{M_k} \approx \frac{2}{\dfrac{s}{s_k} + \dfrac{s_k}{s}}$$

$$s = 1 - \frac{n}{n_s}; \; s_k = 1 - \frac{n_k}{n_s}$$

Die Ständerwicklungen können in Sternschaltung oder in Dreieckschaltung an das Drehstromnetz angeschlossen werden **(Bild 1)**.

In der Dreieckschaltung liegen bei einem 400-V-Drehstromnetz an jeder Wicklung 400 V Wechselspannung, bei der Sternschaltung dagegen nur 400 V/$\sqrt{3}$ = 230 V. Ein Drehstromasynchronmotor nimmt in der Dreieckschaltung dreimal mehr Strom auf als in der Sternschaltung und liefert daher auch ein dreimal größeres Drehmoment und damit eine dreimal höhere Leistung.

Drehstromasynchronmotoren werden meist in Dreieckschaltung betrieben.

Anlasssteuerungen

Drehstromasynchronmotoren nehmen beim direkten Einschalten einen 3-fach bis 6-fach höheren Strom auf als bei Nennbetrieb.

Motoren über 4 kW Leistung dürfen bei üblichen Stromnetzen nicht direkt eingeschaltet werden, da die hohen Ströme zu übergroßen Spannungsschwankungen im Netz führen würden. Man schaltet daher Drehstromasynchronmotoren von 4 kW bis 12 kW zuerst in Sternschaltung und nach dem Hochlauf in Dreieckschaltung um. In der Sternschaltung nimmt ein 12-kW-Motor (für Dreieckschaltung) etwa so viel Strom auf wie ein 4-kW-Motor (12 kW : 3 = 4 kW).

Stern-Dreieck-Anlassschaltung

Die Stern-Dreieck-Umschaltung geschieht meist durch eine Schützschaltung **(Bild 2)**. Für die Sternschaltung (Y) werden mit dem Schütz Q1 die 3 Wicklungsenden U1, V1, W1 an das Netz angeschlossen und die 3 anderen Enden U2, V2, W2 zum Sternpunkt durch das Schütz Q2 kurzgeschlossen. Dies geschieht durch Betätigung des Tasters S1. Ebenfalls mit dem Schütz Q1 wird durch S1 und den Selbsthaltekontakt Q1 auch das Zeitrelais K1 an Spannung gelegt. Nach einer einstellbaren Verzögerungszeit, wenn der Motor angelaufen ist, schaltet K1 und damit Q2 ab und Q3 an. Mit dem Schütz Q3 werden die Wicklungsenden U1-U2, V1-V2, W1-W2 miteinander verknüpft, also die Dreieckschaltung (Δ) hergestellt.

Das Motorschutzrelais F1 mit thermischem Auslöser schützt den Motor vor Überlastung. Sein Öffner schaltet die Schütze aus.

Die Stern-Dreieck-Anlassschaltung vermindert den Anlassstrom und das Einschaltmoment auf ein Drittel.

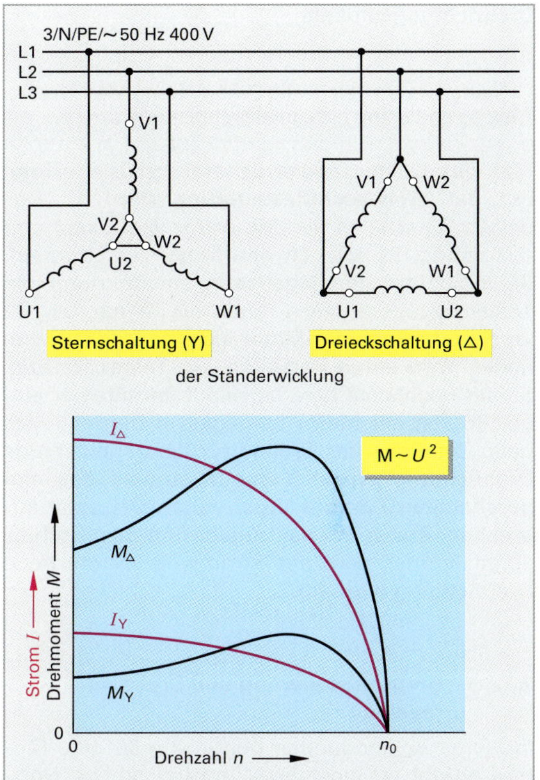

Bild 1: Sternschaltung und Dreieckschaltung

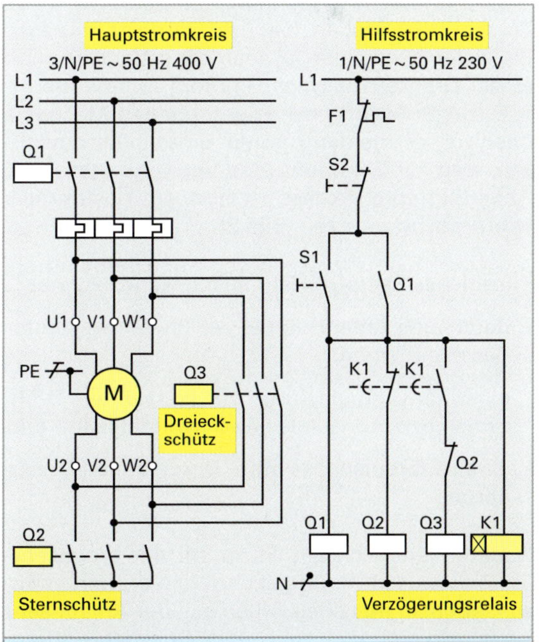

Bild 2: Schützschaltung für einen Stern-Dreieck-Anlauf

Drehrichtungsumkehr

Durch Vertauschen von zwei der drei Anschlussleitungen kehrt sich die Drehrichtung des Drehfeldes und damit die Läuferdrehrichtung um.

Das Vertauschen zweier Leiteranschlüsse erfolgt mit der **Wendeschützsteuerung (Bild 1)**. Das Schütz Q1 schaltet den Motor für Rechtslauf und das Schütz Q2 schaltet den Motor für Linkslauf. Beide Schütze sind gegenseitig sowohl durch die Taster S2, S3 als auch durch die Öffner Q1, Q2 verriegelt. Wenn der Motor sich im Stillstand befindet, wird durch Betätigen der Taster S2 bzw. S3 der Rechtslauf bzw. Linkslauf unmittelbar eingeleitet. Ist der Motor hingegen in Betrieb, wird beim Betätigen des Tasters für die gegensinnige Drehrichtung zunächst der Stromweg des eingeschalteten Zweiges durch einen Öffner unterbrochen. Erst wenn das zugehörige Stromschütz abgefallen ist, wird der Stromweg für die neue Drehrichtung wirksam.

2.2.6.4 Drehzahlsteuerung und Drehzahlregelung

In vielen Anwendungen benötigt man eine Motordrehzahl, die nicht der Motordrehzahl bei Netzbetrieb entspricht, insbesondere kann man meist sehr viel Energie einsparen, wenn man die Drehzahl, z. B. einer Pumpe, eines Lüfters oder eines Transportbandes an die Erfordernisse anpasst. Bei vielen Maschinen ist auch der schnelle Anlauf eines Drehstromasynchromotors unerwünscht, z. B. zur Schonung der angetriebenen Mechanik oder zur Vermeidung hoher Einschaltstromspitzen, also zur Schonung des Versorgungsnetzes. Abhängig vom Prozess ist also ein bestimmtes Fahrprofil einzuhalten **(Bild 2)**.

Ein solches Fahrprofil ist meist gekennzeichnet

- durch eine Anfahrrampe, der Phase konstanter Beschleunigung,
- einer Bewegungsphase mit konstanten Drehzahlen bzw. konstanter Geschwindigkeiten und
- einer Abbremsphase mit z. B. konstanter Verzögerung.

Sodann kann sich ein Fahrprofil mit umgekehrter Richtung, d. h. umgekehrtem Vorzeichen anschließen. In manchen Fällen soll der Anlauf sehr sanft erfolgen, d. h. mit einer Ruckbegrenzung. Dies erreicht man durch einen S-förmigen Übergang von einer Drehzahl zu einer anderen.

Auch wird häufig eine weit über die Nenndrehzahl hinausgehende Drehzahl (bei vermindertem Drehmoment) gefordert. Dies ist möglich durch eine Reduzierung des Magnetisierungsstroms (Feldschwächung) und einem Motorbetrieb mit einer weit erhöhten Stromfrequenz.

Die frühere Art der Drehzahlbeeinflussung über ohmsche Widerstände, z. B. Läuferwiderstände, ist sehr aufwändig und sehr unwirtschaftlich. Widerstände im Energiebereich bedeuten stets hohe Verlustwärme und zusätzliche Verlustenergie zum Abführen der Verlustwärme.

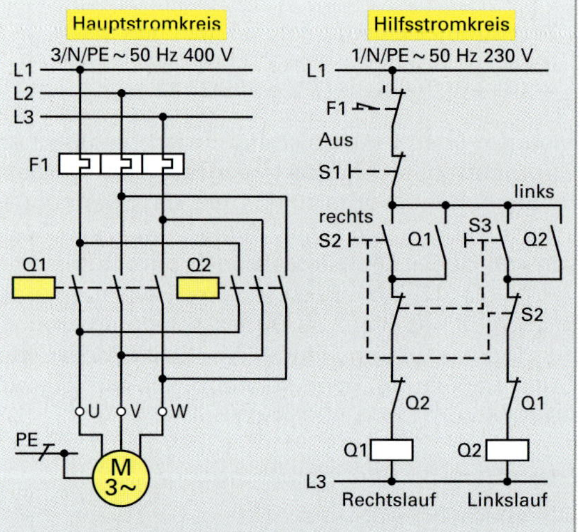

Bild 1: Wendeschützsteuerung zur Drehrichtungsumkehr

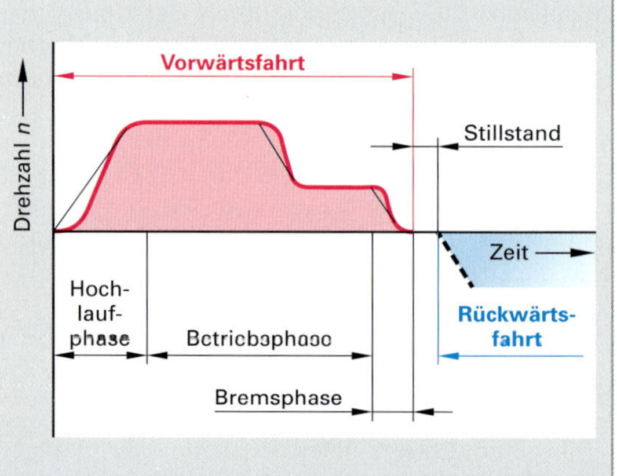

Bild 2: Fahrdiagramm

Zur Drehzahlveränderung verwendet man Umrichter **(Bild 1)** mit Leistungstransistoren, sogenannten IGBTs (Insulated Gate Bipolar Transistor, = Bipolartransistor mit isolierter Steuerelektrode). Mit diesen IGBTs wird Gleichspannung in schnellfolgenden Pulsen unterschiedlicher Länge erzeugt (Pulsweitenmodulation, PWM) und zwar so, dass die Spannungszeitfläche und damit der resultierende Motorstrom Sinusform bekommen **(Bild 2)**. Die Pulsfrequenz liegt meist bei 16 kHz bis 20 kHz und ist so außerhalb des menschlichen Hörbereichs[1].

Mit der Pulsweitenmodulation kann man sowohl die Stromamplitude als auch die Frequenz beeinflussen. Dies macht man 3-phasig und kann so Drehstromasynchronmotoren sowohl für übliche Anwendungen als auch für hochdynamische Synchronmotoren (Servoantriebe) bei NC-Maschinen und Robotern steuern. Die Gleichspannung erhält man durch Gleichrichtung der Netzspannung **(Bild 3)**.

Bei kleinen Leistungen bis etwa 3 kW ist dies die Netzwechselspannung (230 V AC). Bei großen Leistungen und in Industrieanlagen wird der Umrichter an das 400-V-Drehstromnetz angeschlossen. Die Niederspannungs-Umrichter gibt es für Leistungen von 0,5 kW bis über 250 kW. Beim elektrischen Abbremsen entsteht Bremsenergie. Diese kann teilweise im Gleichstromkreis des Umrichters zwischengespeichert werden. Überschussenergie wird in Wärme an einem Widerstand umgewandelt oder, vermehrt, als Drehstromenergie ins Drehstromnetz zurückgeführt.

Bild 1: Umrichterbaugruppe mit IGBTs

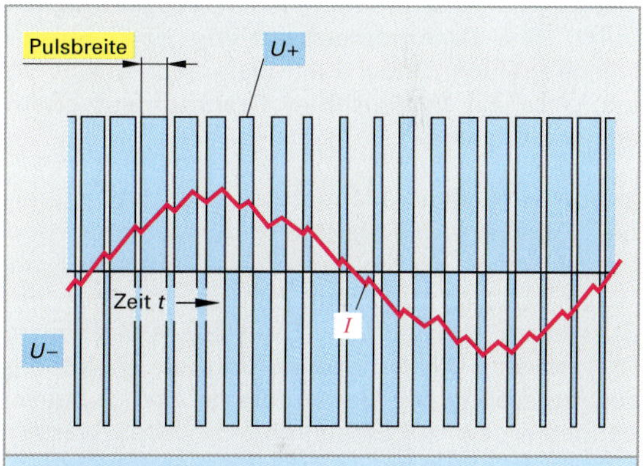

Bild 2: Pulsweitenmodulation (PWM)

[1] Elektrischen Strom kann man ja nicht direkt hören. Ein wechselnder Strom erzeugt aber stets wechselnde Magnetfelder um den Stromleiter und diese verursachen wechselnde Kräfte in den stromführenden Leitern, was wiederum zu wechselnden Leiterbewegungen bzw. Schwingbewegungen führt. Und man kann dies u. U. als hohen Pfeifton hören.

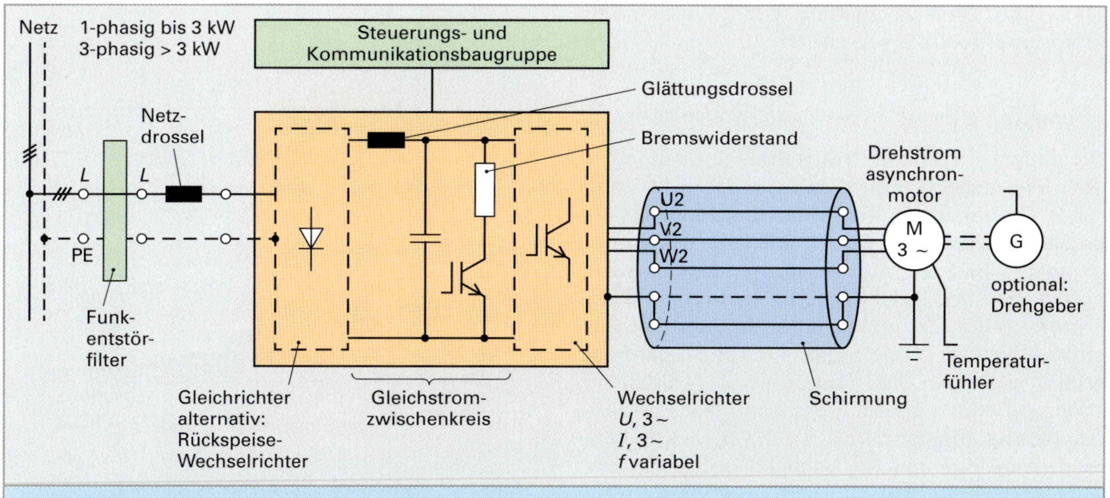

Bild 3: Struktur und Anschlüsse eines Frequenzumrichters

Zur Drehzahlveränderung von Drehstrom**asynchron**motoren unterscheidet man:

- **Drehzahlsteuerung** durch Spannungs-Frequenzsteuerung (*U*/*f*-Steuerung),
- **Drehzahlregelung** durch Vektorregelung der Motorströme **ohne Geber**,
- **Drehzahlregelung** durch *U*/*f*-Steuerung mit Geber und
- **Drehzahlregelung** durch Vektorregelung der Motorströme mit Geber **(Bild 1)**.

Bei manchen Anwendungen ist nicht die Drehzahl nach einem gewissen Fahrprofil zu steuern sondern das Drehmoment. Auch dies ist möglich durch eine **Drehmomentregelung** bzw. Stromstärkeregelung. Dabei stellt sich die Drehzahl so ein, dass ein gewünschter Drehmomentverlauf eingehalten wird.

In praktisch allen Fällen ist der Umrichter mit einer Mikroprozessorsteuerung ausgestattet und besitzt eine Kommunikationsschnittstelle zur Parametrierung und zur Steuerung über ein Bussystem sowie den Direktanschluss eines Drehgebers. Die Parametrierung ist notwendig zur Anpassung des Umrichters an den zu betreibenden Motor, zur Einstellung von Grenzwerten, von Fahrprofilen und von Sicherheitsfunktionen. Die Kommunikation über ein Bussystem, z. B. über PROFIBUS oder PROFINET ermöglicht die Antriebssteuerung im Verbund mit anderen Aggregaten und die Überwachung mit Diagnosefunktionen über ein Leitportal. Die erforderlichen Leistungsdaten des Motors, wie z. B. Motorbemessungsstrom, Motorbemessungsspannung, Stern- oder Dreieckschaltung, cos φ werden dem Motortypenschild entnommen.

U/*f*-Steuerung

Die einfachste Art der Drehzahlbeeinflussung ist die Spannungs-Frequenzsteuerung (*U*/*f*-Steuerung). Je höher die Frequenz des Motorstroms gewählt wird, desto höher wird die Spannung gemacht **(Bild 2)**. Mit zunehmender Frequenz erhöht sich der induktive Strangwiderstand des Motors. Damit der drehmomentbildende Motorstrom konstant bleibt muss auch die Spannung erhöht werden. Das Verhältnis *U*/*f* bleibt im Drehzahlbereich bis zur Bemessungsdrehzahl n_N des Motors konstant. Von $n = 0{,}1\ n_N$ bis n_N kann man den Motor mit M_N belasten und auch kurzzeitig überlasten bzw. im Aussetzbetrieb mit Lastspitzen betreiben. Für höhere Drehzahlen $n > n_N$ bzw. $f > f_N$ wird die Spannung nicht weiter erhöht (Feldschwächebereich). Das verfügbare Motormoment (Grenzdrehmoment) reduziert sich. Den Drehzahlbereich durch Feldschwächung kann man bis über die 3-fache bis 4-fache Motorbemessungsdrehzahl ausweiten. Die Stromfrequenz liegt dann für 50-Hz-Drehstromasynchronmotoren über 200 Hz.

Im Bereich des konstanten Drehmoments kann kurzzeitig über das Bemessungsdrehmoment belastet werden. Das ist wichtig für Beschleunigungsvorgänge oder bei Aussetzbetrieb.

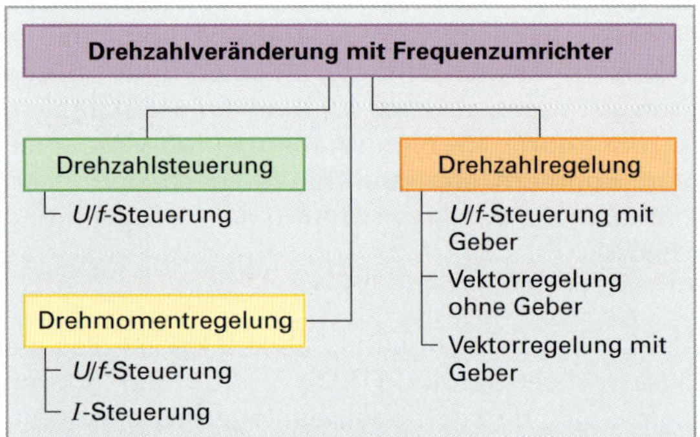

Bild 1: Varianten zum Steuern und Regeln eines Drehstromasynchronmotors

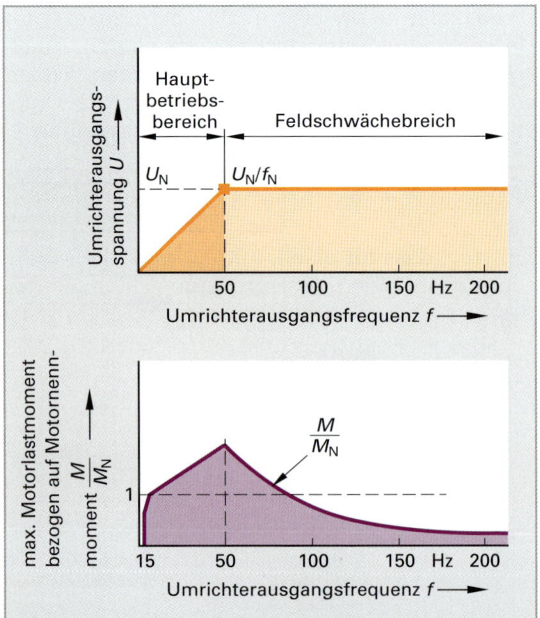

Bild 2: Spannungs-Frequenzkennlinie und Drehmoment-Frequenzkennlinie

Bei sehr kleinen Drehzahlen und entsprechend kleiner Frequenz und Spannung macht sich der ohmsche Wicklungswiderstand bemerkbar und führt zu einer Drehmomentabsenkung. Dies kann man mit einer Spannungsanhebung im unteren Drehzahlbereich (I x R- Kompensation) kompensieren **(Bild 1, oben)**. Zur Verbesserung des Anlauf- und Abbremsverhaltens kann man auch die Motorspannung im gesamten Hauptbetriebsbereich anheben **(Bild 1, unten)**. Sind die Belastungen bekannt, so kann für einen einzelnen Lastfall, z. B. M_2 in **Bild 2**, die Kennlinie um den zu erwartenden Schlupf bzw. Drehzahlabfall Δn nach rechts verschoben werden. Man bezeichnet dies als *Schlupfkompensation.*

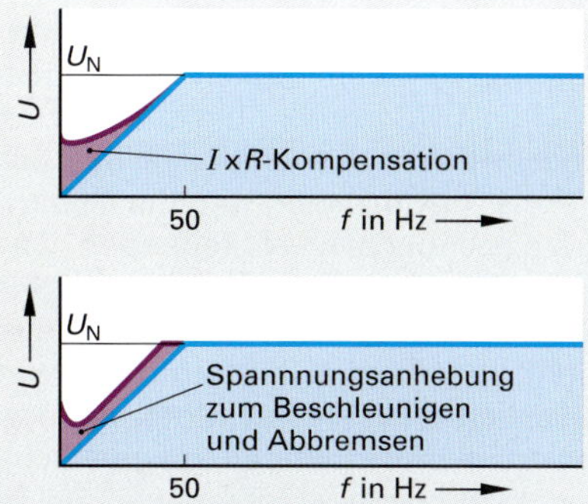

Bild 1: IxR-Kompensation und Spannungsanhebung

Die Mikroprozessorsteuerung des Umrichters erlaubt bei beliebigen Frequenzen die U/f-Kennlinie durch Stützpunktvorgaben zu verändern. So kann man z. B. dem typisch parabolischen Momentenverlauf bei Lüftern **Bild 3** auch einen parabolischen U/f-Kennlinienverlauf zuordnen. So steigt mit zunehmender Frequenz des Umrichters die Lüfterdrehzahl auch etwa proportional an.
Häufig beobachtet man in bestimmten Drehzahlbereichen bzw. Frequenzbereichen durch die wechselnde Magnetisierung Resonanzschwingungen in Verbindung starker Geräusche des Motors. Man kann nun die Kennlinie so manipulieren, dass diese Drehzahlen nicht im Dauerbetrieb eingestellt werden können.

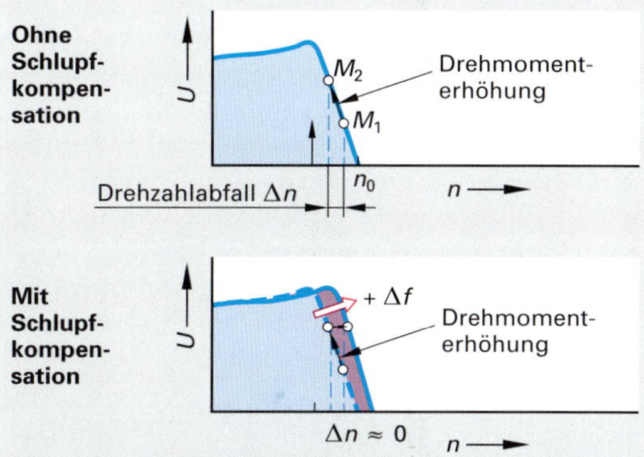

Bild 2: Schlupfkompensation

Vektorregelung

Umrichter mit vektorieller Regelung (Vektorregelung) der Dreipasenwechselströme ermöglichen bei einem Drehstromasynchronmotor die getrennte Regelung von Wirkstrom i_d und von Blindstrom (Magnetisierungsstrom) i_q und zwar dadurch, dass für einen, mit der gewollten Drehzahl umlaufenden, fiktiven Stromvektor, die fiktiven Stromvektorkomponenten i_a und i_b, für ein Motormodell berechnet werden **(Bild 4)**.

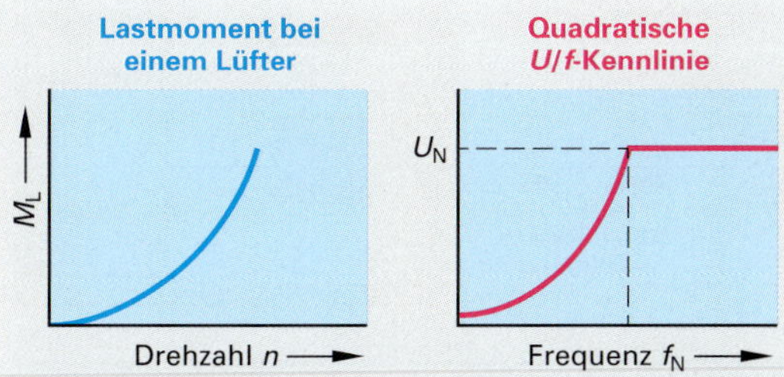

Bild 3: Quadratische *U/f*-Kennlinie

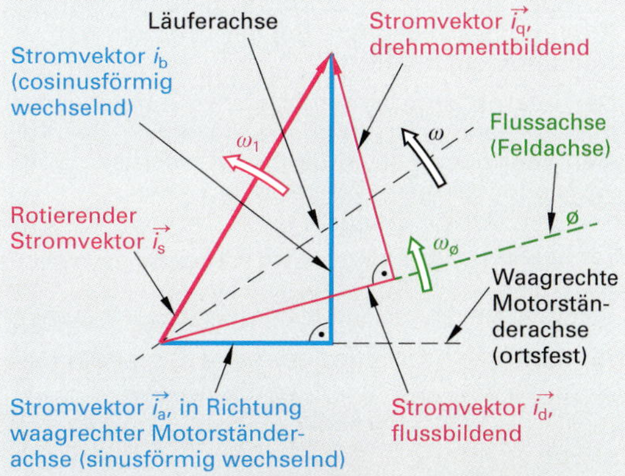

Läuferdrehzahl	Stromvektordrehzahl		Feldvektordrehzahl
$n = \frac{\omega}{2\pi}$	$n_1 = \frac{\omega_1}{2\pi}$	=	$n_ø = \frac{\omega_ø}{2\pi}$

Bild 4: Vektoren für Ströme und Magnetisierung in einem Antriebsmodell

Diese Stromvektorkomponenten i_a und i_b werden mit Software-Reglern geregelt **(Bild 1)** und zwar laufend in Abhängigkeit des momentanen tatsächlichen Läuferdrehwinkels (Vektorregelung mit Geber) oder in Abhängigkeit des gewollten Drehwinkels (Vektorregelung ohne Geber).

Diese nur rechnerisch vorliegenden Ströme i_a und i_b werden in zu verwirklichende 3-Phasen-Wechselströme umgerechnet (Koordinatentransformation) und zwar in Kenntnis der wirklichen physikalischen elektrischen Motoreigenschaften, gegeben durch Induktivitäten, magnetische Kopplungen und ohmsche Widerstände. So setzt die Vektorregelung ein genaues Motorersatzschaltbild **(Bild 2)** mit dessen Parameter voraus. Die Ersatzschaltbildparameter sind entweder durch den Motorlieferanten bekannt und können als Parameter dem Umrichter eingegeben werden oder sie werden durch den „intelligenten" Umrichter in einer ca. 20-minütigen Testprozedur automatisch bei blockiertem und kaltem Läufer ermittelt. Das Motordrehmoment entspricht dem Produkt aus Wirkstrom i_b und Magnetisierungsstrom i_q ($M \sim i_b \cdot i_q$). Da sowohl i_b als auch i_q von einander unabhängig geregelt werden können sind neben dem Normalbetrieb auch ein „Feldschwächebetrieb" möglich und damit Überdrehzahlen bis zum 5-fachen der Nenndrehzahl.

Gegenüber der U/f-Steuerung hat die Vektorregelung erhebliche Vorteile: kurze Reaktionszeiten bei Drehzahl-Sollwertänderungen und Drehzahlstabilität auch bei Laständerungen. Beschleunigen und Bremsen sind mit wählbarem Maximaldrehmoment möglich. Das Drehmoment kann unabhängig von der Drehzahl geregelt werden (Drehmomentregelung). Bei der Drehzahl null ist Nennmoment möglich.

Der interne programmtechnische Aufwand der Vektorregelung ist erheblich, bezüglich der Kosten aber unerheblich, da die erforderliche Software ohnehin meist integriert ist.

Die Vektorregelung mit Drehgeber

An einen Umrichter für Vektorregelung kann stets auch ein Drehgeber angeschlossen werden, da alle wesentlichen Komponenten ohnehin vorhanden sind. Der Drehgeber und dessen Anbau an den Motor und dessen Verkabelung ist ein zusätzlicher Aufwand. Der Drehgeber **(Bild 3)** liefert winkelgenau die Motordrehlage und korrigiert so den rechnerisch ermittelten Drehwinkel.

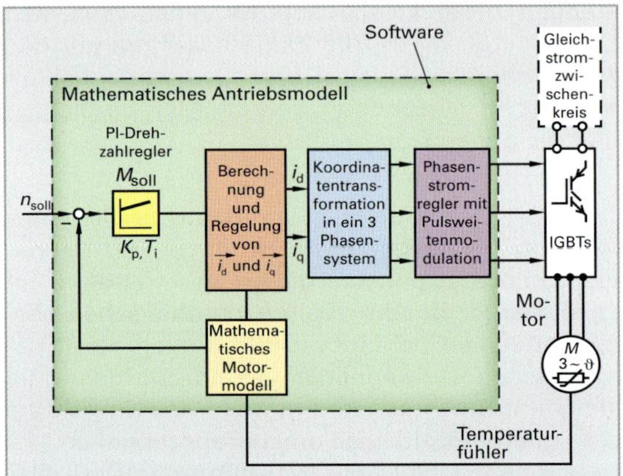

Bild 1: Blockschaltbild der Wirkstromregelung und der Magnetisierungsstromregelung

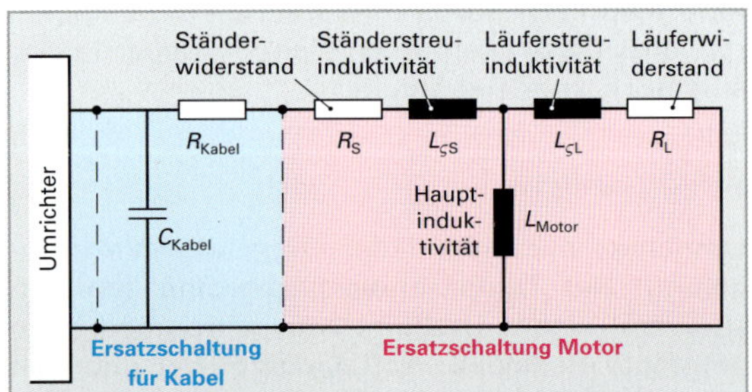

Bild 2: Motorersatzschaltbild und erforderliche Motorkenngrößen

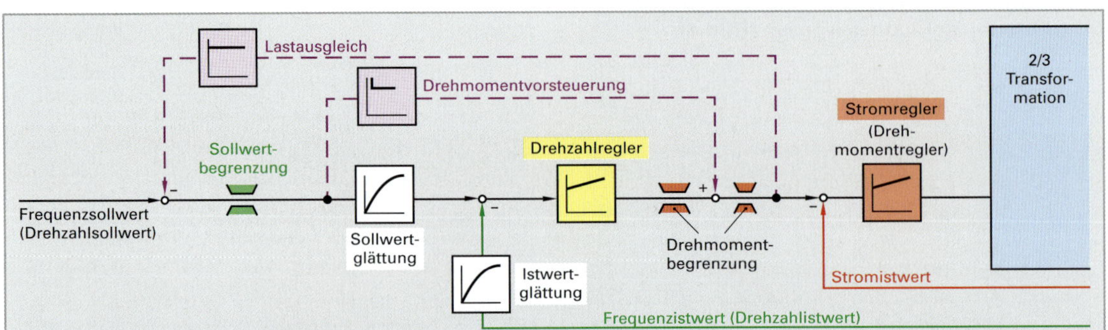

Bild 3: Blockschaltbild der Regelung

Damit wird ein genaueres, insbesondere gleichmäßigeres Drehen des Motors bei kleinen Drehzahlen erreicht. Selbst das ruhige Halten einer Last ist bei Stillstand möglich.

Bei Verwendung eines Drehgebers kann der Umrichter mit Hilfe einer automatisierten Frequenzgangmessung von Motor mit angehängter Last die Regelkreisparameter in einer *Testprozedur* messen und es können automatisch günstige Parameter (Proportionalverstärkung K_P und Nachstellzeit T_i) für den PI-Drehzahlregler bestimmt werden.

Ohne Drehgeber sind die Reglerparameter manuell nach Erfahrung einzugeben oder mit Hilfe von Einstellregeln, z. B. nach Ziegler-Nichols. Die Vorsteuerung zum Drehmomentregler stellt das zu erwartende Drehmoment sofort durch, bis dann der PI-Drehzahlregler die Feinregelung wahrnimmt. Die Tiefpassfilter im Drehzahlsollwertzugang und im Drehzahlistwertzugang mindern die Regelkreisdynamik, machen aber die Regelung unempfindlicher auf vibrierende Störungen oder Digitalisierungssprünge.

Als Drehgeber verwendet man optische oder magnetische inkrementelle Drehgeber, z. B. mit 1024 Impulsen pro Umdrehung oder auch Drehmelder.

Drehzahlregelung mit Lastausgleich

Bei mechanisch gekoppelten Mehrmotorenantrieben, z. B. bei Motoren die an einer gemeinsamen Welle arbeiten, ist ein Lastausgleich erforderlich, so dass die sich die Motorbelastungen etwa gleich auf die einzelnen Motoren verteilen. Hierzu wird mit zunehmendem Lastmoment der Drehzahlsollwert herabgesetzt (Bild 1, vorhergehende Seite). Damit verschiebt sich die Last auf die anderen Antriebe.

Drehmomentregelung

Ausgangsgröße des Drehzahlreglers ist bei der Vektorregelung der Drehmomentsollwert bzw. der Sollwert für die Wirkstromkomponente des Motorstroms. So enthält jede Vektorregelung auch eine Drehmomentregelung. Diese kann auch, abhängig vom Anwendungsfall für sich allein, d. h. ohne Drehzahlvorgabe genutzt werden oder auch zu einer Drehmomentstörgrößenaufschaltung, wenn ein Messglied für das Drehmoment vorhanden ist. Eine Drehmomentregelung ist z. B. für einen Haspelantrieb praktisch um beim Drahtziehen eine konstante Ziehkraft zu bekommen. Hier ist nicht die Drehzahl die zu steuernde Größe, sondern das Drehmoment bzw. die Zugkraft.

Servoantriebe

Servoantriebe realisiert man mit permanenterregten Drehstrom**synchron**motoren **(Bild 1)**. Sie dienen der hochgenauen und schnellen Positionierung von Maschinentischen und Werkzeugen, sowie der hochgenauen Ausführung von Lagesollwertfolgen zur Bahnerzeugung, meist im gekoppelten Verbund mit anderen Maschinenachsen. Bei CNC-Werkzeugmaschinen sind es z. B. 3 Maschinenachsen oder auch mehr. Bei Industrierobotern sind es meist 6 bis 8 Maschinenachsen.

In einer solchen Zusammengehörigkeit bestimmt die dynamisch trägste Maschinenachse die Gesamtdynamik. Bestimmend ist dabei diejenige Maschinenachse mit den größten Massenträgheitsmomenten bzw. der niedersten mechanischen Eigenfrequenz. Die Massenträgheitsmomente hängen ab von der Maschinenkonstruktion. Wesentlich sind sie abhängig von den zu bewegenden Massen in Verbindung mit den Getrieben. Getriebeuntersetzungen reduzieren im Quadrat die Massenträgheitsmomente. Für die Antriebsmotoren ist es wichtig, dass diese, sofern sie bis zu hohen Drehzahlen genutzt werden, sehr kleine Trägheitsmomente haben.

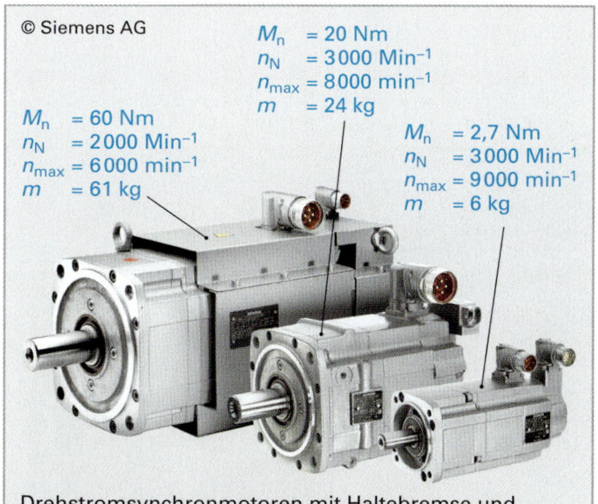

Drehstromsynchronmotoren mit Haltebremse und sin/cos-Drehgeber mit 2048 Zyklen, Schutzart IP65

Bild 1: Drehstromsynchronmotoren (Beispiele)

Die Servo-Normalmotoren sind meist 4-polig **(Bild 1)** bis 8-polig. Die Motorläufer sind z. T. hohl und damit trägheitsarm. Der Drehzahlbereich liegt für die Bemessungsdrehzahl etwa bei n_N = 3000 min^{-1} und kann genutzt werden bis über n_{max} = 9000 min^{-1}.

Als **Direktantriebe**, d. h. ohne Getriebe, direkt zum Antrieb von Rundtischen, Werkzeugspindeln und auch Vorschubspindeln gibt es sogenannte **Torque-Motoren** (engl. torque = Drehmoment Bild 2). Diese Motoren haben eine hohe Polzahl, z. B 98 und sie haben dementsprechend eine niedere Bemessungsdrehzahl, z. B. n_N = 100 min^{-1}.

Der Umrichter ist häufig baugleich zu einem *U*/*f*-Umrichter. Er bekommt nur eine andere Parametrierung. So ist der Schaltungsaufbau ähnlich zu den Antrieben mit Drehstromasychnronmotoren.

Antriebsprinzip. Aus dem Gleichstrom des Gleichstromzwischenkreises wird durch Pulsweitenmodulation (PWM) ein frequenzvariabler Drehstrom gebildet wird. Dieser erzeugt im Motorständer einen magnetischen Drehfeldvektor, welcher in weitem Rotationsgeschwindigkeitsbereich vorwärts und rückwärts gedreht werden kann **(Bild 1, folgende Seite)**. Der Permanentmagnetläufer stellt sich in Richtung des Drehfeldvektors ein. Die Steuerung verstellt den magnetischen Drehfeldvektor nur in dem Maße, wie der Läufer mit seinem Feldvektor in der Lage ist zu folgen. Die aktuelle Drehlage wird über einen Drehgeber erfasst, die Drehwinkeldifferenz von Ständerdrehfeldvektor und Läufer-Feldvektor wird als Winkelregeldifferenz (Lageregeldifferenz) ausgeregelt und beträgt im Stillstand null.

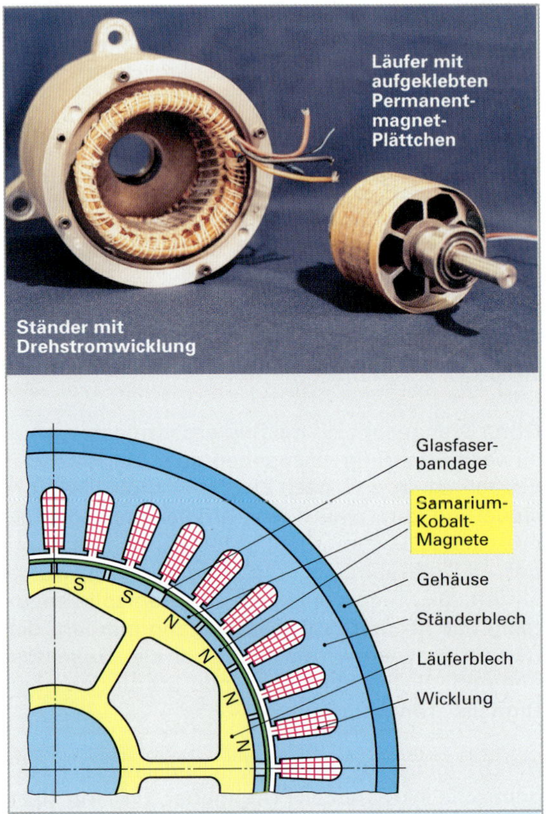

Bild 1: Drehstromsynchronmotor (Beispiel)

Bild 2: Torque-Motor

Bild 3: Torquemotor als Radantrieb für Fahrzeuge

Der Antrieb bringt auch im Stillstand ein Haltemoment auf **(Bild 2)**. Für Beschleunigungen kann der Motor etwa 4-fach erhöhtes Drehmoment abgeben.

Für Vorschubantriebe bei NC-Maschinen und Robotern werden die Servomotoren stets mit hochauflösenden Drehgebern verwendet, meist sind es optische sin/cos-Drehgeber mit bis 10000-facher Interpolation, so dass die Drehwinkelauflösung als Wegmesseinheit in den Bereich von Nanometern kommt. Damit kann man dann sehr kleine ruckfreie Geschwindigkeiten erzielen. Das ist für die Maschinengenauigkeit wichtig, wenn z. B. bei der Herstellung einer flachen Schräge 1:1000 die langsame Maschinenachse sich 1000 mal langsamer bewegen muss als die vorschubbestimmende Achse.

Die Geschwindigkeit berechnet sich aus der Impulszahl pro Zeiteinheit. Da man zur hochdynamischen Regelung etwa alle 10 µs einen Geschwindigkeitsistwert benötigt und dieser etwa 1 % genau sein sollte, ist die kleinste gut geregelte Verfahrgeschwindigkeit 100 Wegeinheiten/10 µs. Bei 10 nm als Wegeinheit erhält man 1000 nm/10 µs → 10^{-12} m/10^{-6} s → 10^{-6} m/s → 1 µm/s.

Die Motoren können *selbstgekühlt, fremdgekühlt* oder auch *wassergekühlt* sein. Bei Fremdkühlung und bei Wasserkühlung vergrößert sich der zulässige Überlastbereich bzw. Leistungsbereich bis um den Faktor 2,5 bzw. man kann bei Wasserkühlung kleinere Motoren verwenden.

Bei der Selbstkühlung wird die entstehende Verlustwärme über die Oberfläche abgeleitet. Die Motorwicklung darf bis 100 °C Übertemperatur haben. Hierbei kann die Motoroberflächentemperatur gut 140 °C erreichen (Achtung, beim Berühren kann man sich verbrennen). Die Wicklungstemperatur wird laufend erfasst und zwar meist mit einem Kaltleiter R_{20} = 500 Ω oder R_{100} = 1000 Ω.

Tabelle 1: Kenngrößen (Beispiele)

Kenngrößen		kleiner Motor	großer Motor
Bemessungsmoment	M_n	2,2 Nm	55 Nm
Impulsmoment	M_I	10 Nm	200 Nm
Bemessungsdrehzahl	n_N	3000 min^{-1}	1200 min^{-1}
Mech. Zeitkonst.	T_m	4 ms	2 ms
elektr. Zeitkonst.	T_{el}	4 ms	22 ms
Strangstrom bei M_n und U = 210 V	I_{Str}	5 A	50 A
Beschleunigung	W_{max}	3500 Umdr/s^2	1100 Umdr/s^2
Gewicht (Masse)	m	5 kg	51 kg
Trägheitsmoment	J	0,5 · 10^{-3} kgm^2	29 · 10^{-3} kgm^2
Strangstrom bei M_n und U = 600 V	I_{Str}	2,1 A	21 A
Leistung	P	0,69 kW	6,9 kW

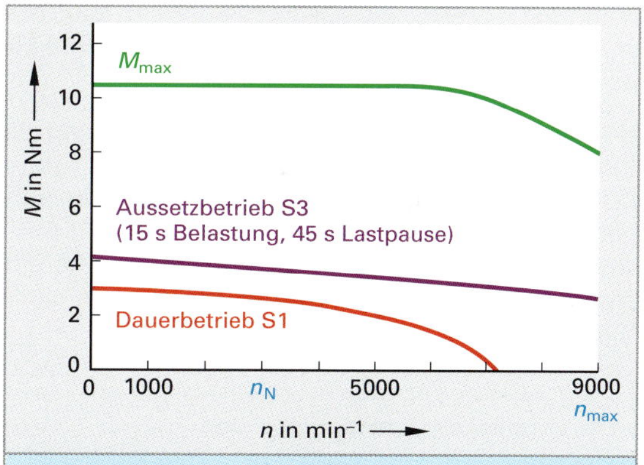

Bild 2: Motor-Grenzkennlinien

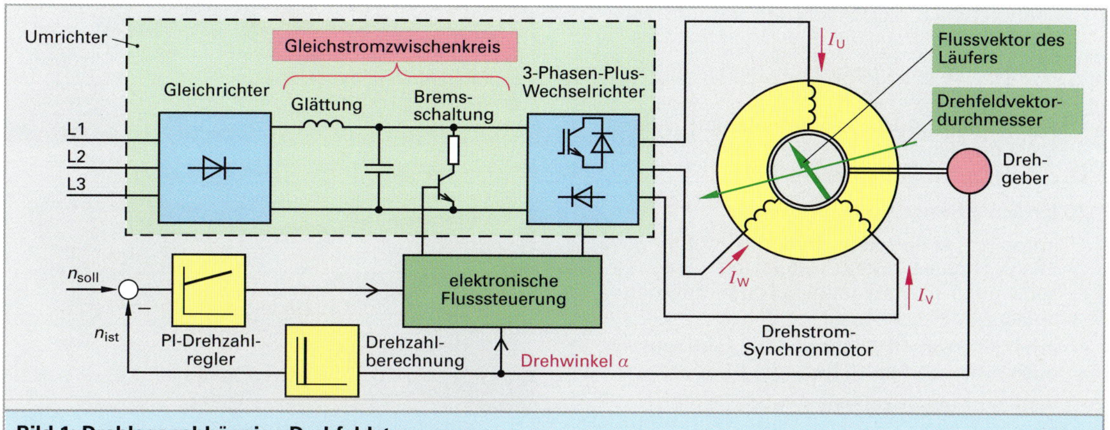

Bild 1: Drehlagenabhängige Drehfeldsteuerung

Mit **Linearmotoren** können Werkzeugmaschinenschlitten direkt, also ohne mechanische Übertragungsglieder, wie z. B. Kugelspindel/Spindelmutter, bewegt werden. Man spricht auch von *Direktantrieben.*

Linearmotoren lassen sich grundsätzlich nach den **gleichen Prinzipien wie Gleichstrommotoren, Drehstromsynchronmotoren** mit elektronischer Kommutierung und auch **Drehstromasynchronmotoren** mit elektronischer Kommutierung verwirklichen. Man *„wickelt"* dabei den Ständer und Läufer auf die Ebene ab **(Bild 1** und **Bild 2)**.

Beim Asynchron-Prinzip trägt der bewegliche Schlitten eine 3-phasige „Ständerwicklung" und das Maschinenbett hat ein Kurzschlussgitter aus Aluminiumstäben, die in ein Stahlbett eingelegt sind, entsprechend wie der Kurzschlusskäfig bei einem drehenden Motor gemacht ist.

Beim meist verwendeten Synchron-Prinzip sind anstelle des Kurzschlussgitters Permanentmagnetstäbe in das Maschinenbett eingelegt **(Bild 2 und Bild 3)**. Die Kommutierung erfolgt über einen Magnetfeldsensor der an der Stirnseite des beweglichzen Läufers angebracht ist und die Feldrichtung der Dauermagnete abtastet.

Neben Linearmotoren als Direktantriebe, gibt es für den Antrieb von Drehtischen auch rotatorische Direktantriebe. Diese sind im Prinzip gleich aufgebaut, nur dass die Wicklungen auf einem feststehenden Außenring und die Dauermagnete auf einem beweglichen Innenring angebracht sind **(Bild 3)**.

Die Vorteile der Direktantriebe sind:

- Einsparung mechanischer Übertragungsglieder, wie z. B. Spindel/Spindelmutter, Getriebe, Kupplung, Lager für Spindeln. Das bedeutet auch die Einsparung von Montagearbeiten, Fehlerquellen, Ersatzteilhaltung,
- Einsparung von Einbauraum, da mechanische Übertragungsglieder entfallen,
- Vermeidung von Geometriefehlern, durch Spiel und Elastizität der sonst benötigten mechanischen Übertragungsglieder.

Zusätzlich erbringt der Direktantrieb

- erheblich verbesserte Dynamik durch etwa 5-fach höhere Grenzfrequenzen bzw. Geschwindigkeitsverstärkungen der Lageregelkreise,
- erheblich höhere Schlittenbeschleunigungen, auch durch geringere bewegte Massen,
- weniger Konstruktionsaufwand,
- kürzere Positionierzeiten.

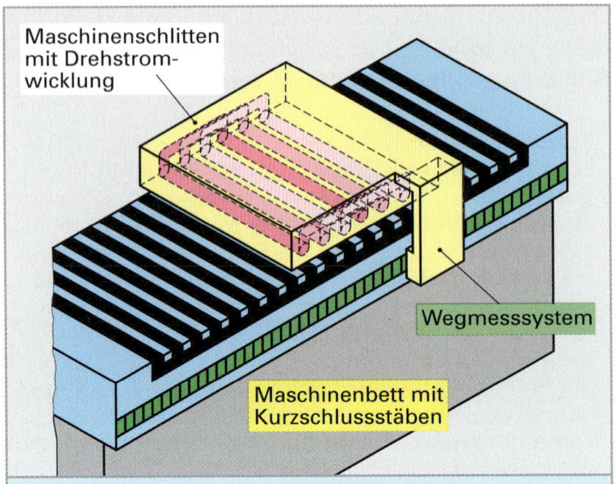

Bild 1: Linearmotor (Asynchron-Prinzip)

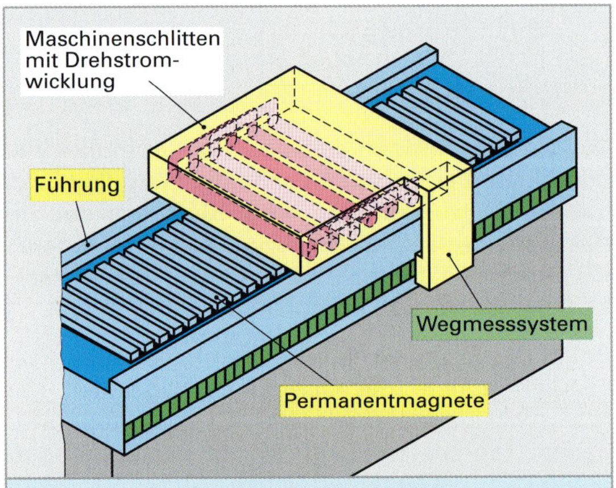

Bild 2: Linearantrieb als Synchronmotor

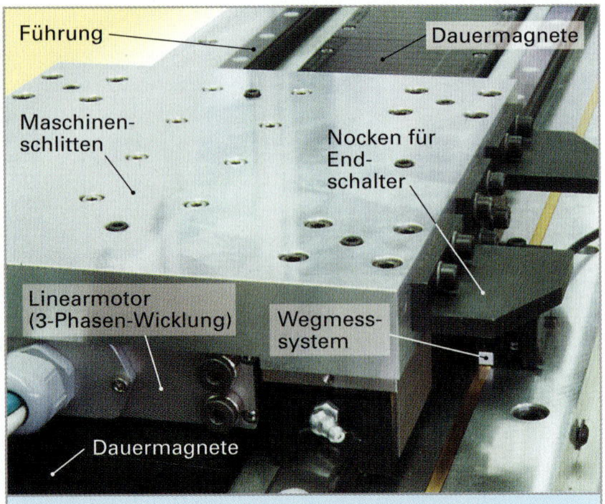

Bild 3: Werkzeugmaschinentisch mit Linearmotor

2.2.6.5 Gleichstromantriebe

Der Gleichstrommotor hat im Ständer entweder eine Elektromagnetwicklung (Erregerwicklung), die einen Magnetfluss von einem Polschuh zum anderen erzeugt, oder Polschuhe aus Dauermagneten (Permanentmagnete) **(Bild 1)**. Der Anker (Läufer) trägt eine Wicklung, die meist in Nuten eingelegt ist. Die Drahtschleifen dieser Läuferwicklung sind an einen Stromwender (Kollektor mit Kohlebürsten) so angeschlossen, dass der über Kohlebürsten zugeführte Strom, z. B. in der rechten Spulenhälfte, stets in die Bildebene hineinfließt und aus der linken Hälfte herausfließt. Dadurch entsteht, unabhängig von der Läuferstellung, ein gleichbleibendes Drehmoment.

Bei sprunghafter Änderung der Motorspannung ändert sich die Drehzahl nicht sprunghaft, sondern nach einer e-Funktion **(Bild 2)**.

Charakteristisch für dieses dynamische Verhalten ist die mechanische Zeitkonstante T_m. Diese ist umso kleiner, je kleiner die zu beschleunigende Schwungmasse (Trägheitsmoment J) und je steiler die Kennlinienneigung ($\Delta M/\Delta n$) ist (Bild 1). Bei sprunghafter Änderung der Motorspannung, z. B. beim Einschalten, erreicht der Motor nach der Zeit $t = T_m$ etwa 64 % seiner Enddrehzahl. Die Enddrehzahl selbst ist etwa nach $t \approx$ 3-mal T_m erreicht.

Drehzahlsteuerung

Die Drehzahlsteuerung von Gleichstrommotoren erfolgt durch Veränderung der Motorankerspannung U_M. Dazu ist eine steuerbare Gleichspannungsquelle (Steller) mit großer Ausgangsleistung notwendig. Solche Steller baut man mit Thyristoren oder Transistoren **(Bild 1)**. Dabei unterscheidet man den Einquadranten-, Zweiquadranten- und Vierquadrantenbetrieb.

Unter **Einquadrantenbetrieb** versteht man eine Betriebsart, in der der Motor nur in einer Drehrichtung angesteuert werden kann **(Bild 3)**. Der Steller liefert eine Motorgleichspannung mit einer Polarität.

Beim **Zweiquadrantenbetrieb** ist eine Drehzahlsteuerung in zwei Drehrichtungen ohne Umpolen möglich **(Tabelle 1)**. Der Steller liefert positive und negative Spannungen. Beim **Vierquadrantenbetrieb** kann man den Motor in beide Drehrichtungen sowohl antreiben als auch bremsen. Beim Bremsen läuft der Motor als Generator. Die induzierte Spannung an seiner Ankerwicklung ist höher als die speisende Spannung des Stellers. Der Strom fließt daher am positiven Pol des Motors jeweils vom Motor zum Steller. Der Vierquadrantenbetrieb ist nur möglich, wenn der Steller in der Lage ist, diesen vom Motor herkommenden Strom auch aufzunehmen. Ergänzt man den Vierquadranten-Steller mit einem Wechselrichter, ist im Bremsbetrieb eine Energierückspeisung möglich.

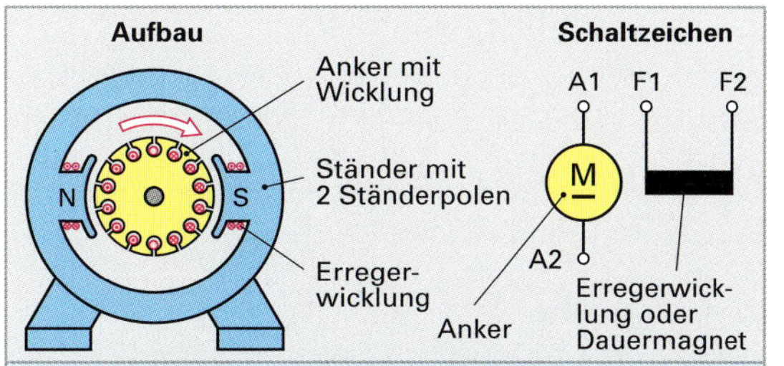

Bild 1: Gleichstrommotor, Aufbau einer 2-poligen Maschine und Schaltzeichen

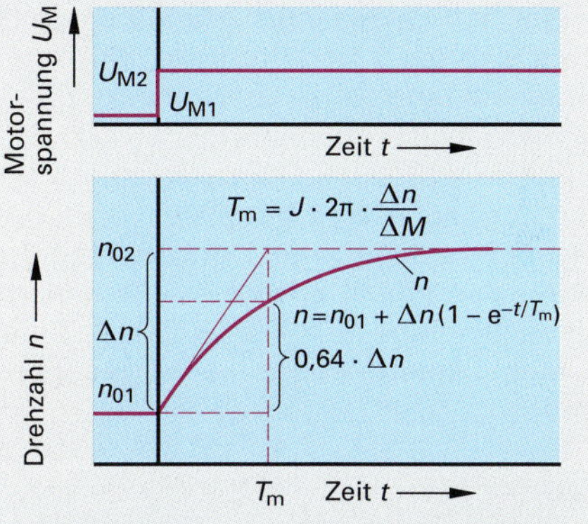

Bild 2: Dynamisches Verhalten von Gleichstrommotoren. Änderung der Drehzahl bei sprunghafter Änderung der Motorspannung

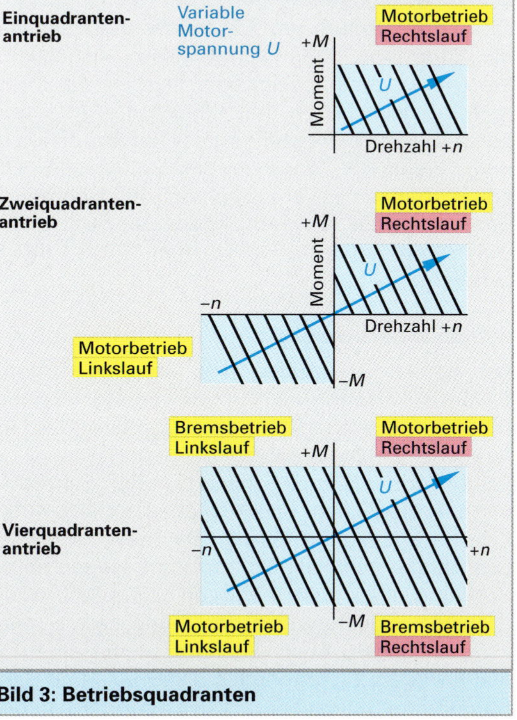

Bild 3: Betriebsquadranten

2.2.6.6 Schrittmotorantriebe

Als Stellantrieb, z. B. bei der Schreibkopfeinstellung an Druckern oder zum Papiertransport an Plottern verwendet man auch Schrittmotoren. Der Schrittmotor dreht sich mit jedem Ansteuerimpuls um einen kleinen *Winkelschritt*.

Wirkungsweise

Werden die Spulen des Schrittmotors in der Reihenfolge 1, 2, 3, 1, 2... nacheinander von einem Strom durchflossen, stellt sich der Läufer mit seinen beiden Zähnen nacheinander in Richtung des magnetischen Feldes jeder Magnetspule **(Bild 1)**. Er dreht sich bei 3 Schritten um 180° bzw. bei 6 Schritten um eine ganze Umdrehung. Erregt man die Spulen in der Reihenfolge 1, 1+2, 2, 2+3, 3 usw., dann nimmt bei Doppelerregung von je 2 Spulen der Läufer eine Mittelstellung zwischen 2 Polen ein. Es sind jetzt für 1 Umdrehung 2 · 6 = 12 Schritte erforderlich. Erfolgt die Spulenerregung in der Reihenfolge 1, 1 + 3, 3, 3 + 2, 2 usw., erfolgt eine Läuferdrehung in entgegengesetzter Richtung.

Aufbau

Beim Schrittmotor in **Bild 2** hat der Ständer 8 Wicklungen, die, jeweils gegenüberliegend erregt, 4 Phasen ergeben. Die Polschuhe sind wie der Läufer gezahnt. Der Läufer hat 50 Zähne am Umfang. Die Zahnung der Polschuhe ist von Polschuh zu Polschuh um 7,2° verdreht. Erregt man die Polschuhe durch schrittweise Ansteuerung der Wicklungen nacheinander, so dreht der Motor in 7,2°-Schritten bzw. mit 50 Schritte je Umdrehung. Durch die Zweiteilung der Polschuhe mit einem Versatz der Zähne um eine Zahnbreite (3,6°) erhält man eine Verdoppelung der Schrittzahl. Bei zusätzlicher Anwendung der Doppelerregung (Halbschrittverfahren) erhält man 200 Schritte je Umdrehung.

Betriebseigenschaften

Bei kleinen Drehzahlen (bis etwa 20 Schritte/Sekunde) erfolgt die Drehbewegung merklich schrittweise. Wegen der Schwungmasse des Läufers wird die Drehbewegung mit zunehmen- der Schrittfrequenz immer gleichförmiger. Schrittmotoren ermöglichen Schrittfrequenzen bis 40000 Schritte je Sekunde **(Bild 3)**. Bei dieser schnellen Schrittfolge kann der Schrittmotor wegen seiner Schwungmasse nicht mehr von einem Schritt zum nächsten abgestoppt werden, ohne dass Schritte verloren gehen. Auch ein Start ist mit einer hohen Frequenz nicht möglich. Die maximale Start/Stoppfrequenz liegt bei ca. 2000 Schritte/Sekunde.

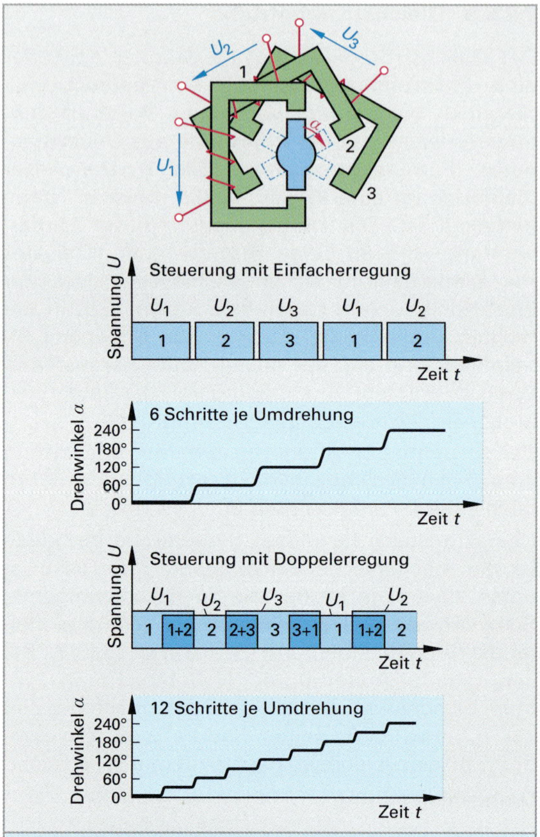

Bild 1: Prinzip des elektrischen Schrittmotors

Bild 2: Elektrischer Schrittmotor

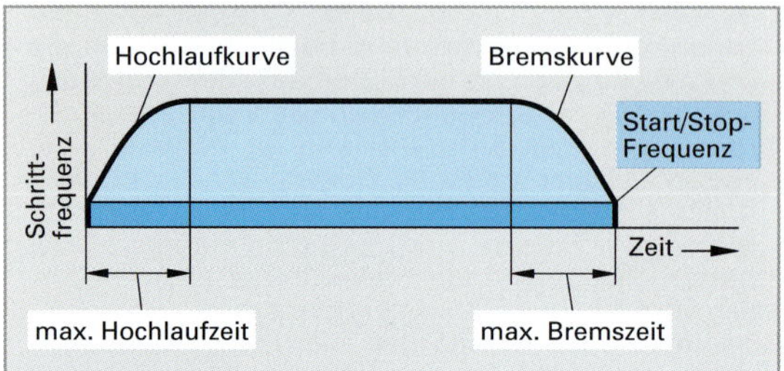

Bild 3: Schrittfrequenz-Diagramm

2.3 Pneumatische Steuerungen

Pneumatik[1] (Drucklufttechnik) ist die technische Anwendung der Druckluft. Dabei wird meist der Überdruck, manchmal auch der Unterdruck, genutzt. **Pneumatische Steuerungen** bestehen aus dem Steuerteil und dem Energieteil **(Bild 1)**.

Im **Steuerteil** werden Signale aufgenommen und verarbeitet. Im **Energieteil** werden nach einer Signalverstärkung mit Stellgliedern (Ventilen) Antriebsglieder (Zylinder, Motoren, pneumatische Muskel, **Bild 2**) gesteuert und Kräfte und Bewegungen erzeugt.

Anwendungsbereiche der Pneumatik sind:
- Linearantriebe zum Zuführen, Spannen, Verschieben und Auswerfen,
- rotierende Antriebe (Druckluftmotoren) zum Schrauben, Bohren und Schleifen,
- oszillierende Antriebe zum Meißeln, Schneiden, Pressen, Stanzen und Nieten,
- Düsen zum Aussortieren von Bauteilen und Ausblasen von Werkstücken zum Entfernen von Schmutz und Spänen,
- in der Oberflächentechnik das Sandstrahlen und Farbspritzen,
- in der Längenprüftechnik eingesetzte pneumatische Mess- und Prüfgeräte,
- in der Fördertechnik die Schüttgutförderung.

Die Einsatzmöglichkeiten pneumatischer Steuerungen werden hauptsächlich durch die **Kompressibilität** der Luft und die niedrigen Drücke beschränkt.

[1] griech. pneuma = Luft, Hauch, Atem

Die wichtigsten Eigenschaften sind:

- Druckluft kann in Leitungen transportiert und in Behältern gespeichert werden.
- Fahrbare Kompressoren ermöglichen den ortsunabhängigen Einsatz der Druckenergie.
- Druckluft ist fast unempfindlich gegen Temperaturschwankungen und kann in explosions- und feuergefährdeten Räumen eingesetzt werden.
- Die Kolbengeschwindigkeiten der Pneumatikzylinder erreichen Werte bis 3 m/s.
- Bei Motoren sind Drehzahlen bis 30 000/min, bei Kleinturbinen bis 450 000/min möglich.
- Werkzeuge und Vorrichtungen sind bis zum Stillstand belastbar, überlastsicher und haben ein hohes Anfahrmoment.
- Pneumatikgeräte haben ein geringes Leistungsgewicht, sind robust und leicht zu reparieren.
- Kompressoren und Abluftgeräusche erfordern einen hohen Lärmschutzaufwand.
- Leckverluste erhöhen die Energiekosten.
- Ölnebel in der Abluft belasten das Umfeld des Arbeitsplatzes.
- Große Kolbenkräfte sind nicht erreichbar, da der Arbeitsdruck meist unter 10 bar liegt.
- Die Bewegungen sind stark lastabhängig.
- Kleine und konstante Kolbengeschwindigkeiten bzw. Motordrehzahlen sind nicht möglich.

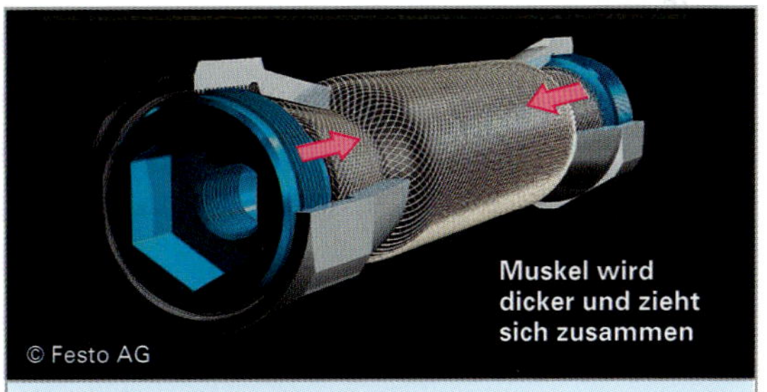

Bild 2: Pneumatischer Muskel

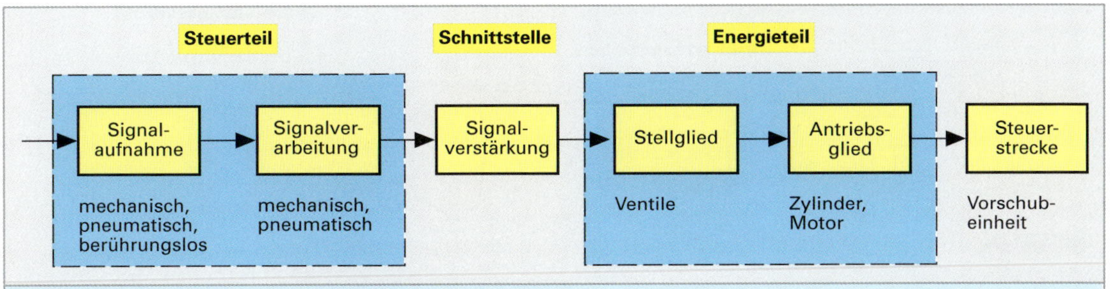

Bild 1: Blockschaltbild einer pneumatischen Schaltung

2.3.1 Aufbau einer Pneumatikanlage

Eine Pneumatikanlage besteht aus der Druckerzeugeranlage, der Aufbereitungseinheit und der Steuerung **(Bild 1)**.

In der **Druckerzeugeranlage** saugt der Verdichter aus der Atmosphäre Luft an und verdichtet sie. Die durch die Kompression erwärmte Luft wird im Nachkühler abgekühlt. Anfallendes Kondenswasser wird durch die Kondensatabscheider abgeleitet. Die Druckluft strömt weiter in den Druckluftbehälter und über das Rohrleitungsnetz zur Steuerung. Bevor die Druckluft das Hauptventil der Steuerung passiert, wird sie in der **Aufbereitungseinheit** gefiltert, auf konstanten Arbeitsdruck geregelt und oft zur Schmierung der Pneumatikgeräte mit Ölnebel angereichert.

Mit einer **Steuerung** wird z. B. ein Werkstück von einem einfach wirkenden Pneumatikzylinder gespannt und anschließend von einem doppelt wirkenden Zylinder gebogen.
Die Schaltzeichen (Symbole) des Schaltplans (sinnbildliche Darstellung in Bild 1) sind in **DIN ISO 1219** genormt (siehe auch **Tabelle 1, folgende Seite**).

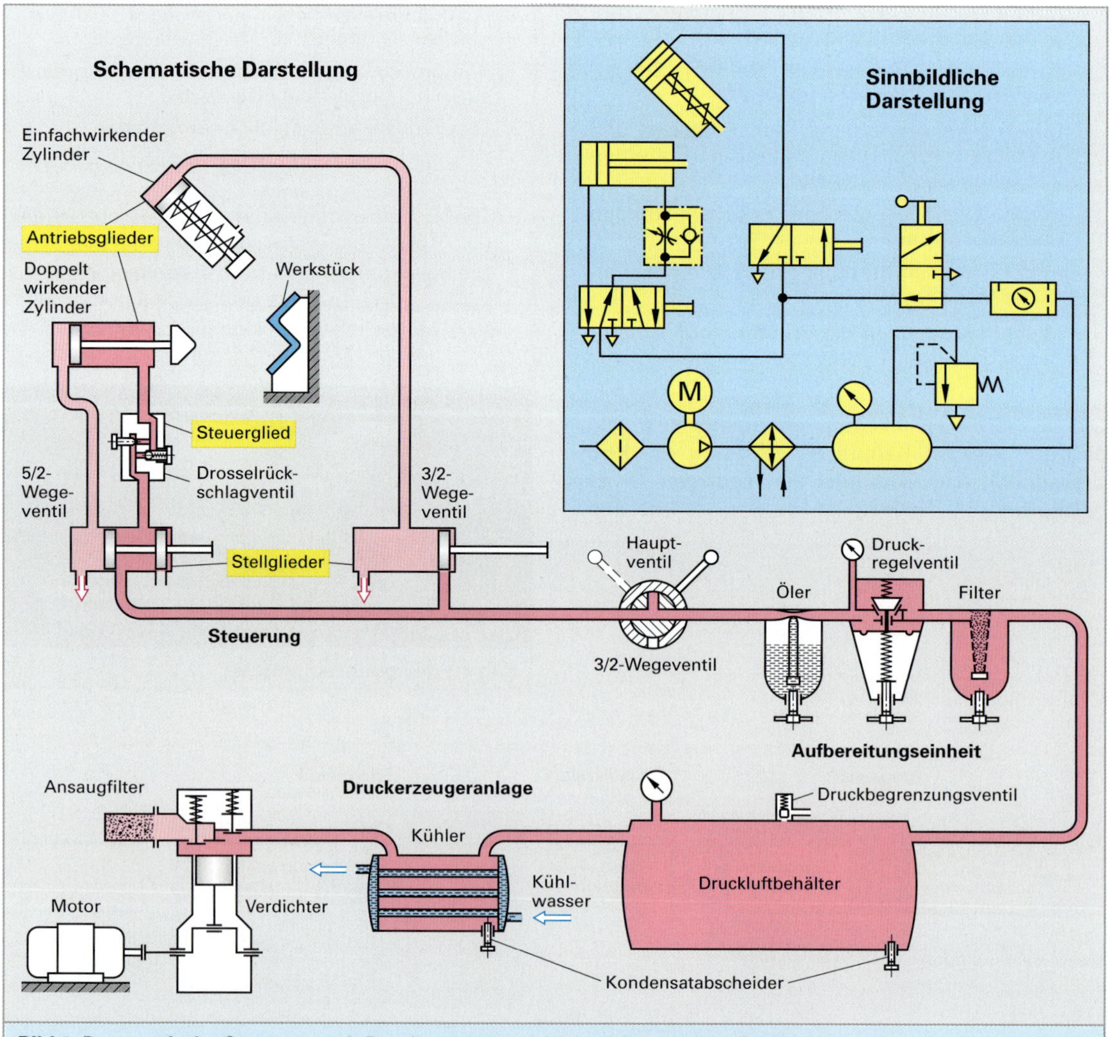

Bild 1: Pneumatische Steuerung mit Druckerzeugeranlage und Druckluftaufbereitung

Tabelle 1: Energieerzeugung, Energieübertragung, Aufbereitung (Symbole nach DIN 1219)

Benennung	Erklärung	Symbol
Funktionszeichen		
Dreieck	Strömungsrichtung: hydraulisch pneumatisch	
Pfeil	Wege und Strömungsrichtungen in Ventilen Drehbarkeit	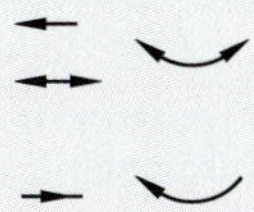
Schrägpfeil (wird durch das ganze Symbol gezogen)	Kennzeichen der Verstellbarkeit	
dünn strichpunktiert umgrenztes Feld	Umrandung mehrerer zu einem Block oder einer Baugruppe vereinigter Teile	
Energieerzeugung und Energieübertragung		
Verdichter	Gerät zur Förderung oder Verdichtung von gasförmigen Medien	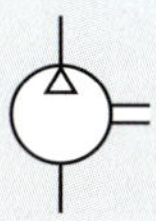
Druckquelle	Anschluss an hydraulische oder pneumatische Energiequelle	
Elektromotor		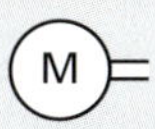
Wärmekraftmaschine		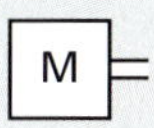
rotierende Welle	Drehbewegung in 1 Richtung in 2 Richtungen	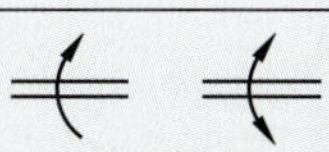
Arbeitsleitung, Rücklauf- und Speiseleitung	Leitung zur Energieübertragung	
Steuerleitung	zur Übertragung der Steuerenergie	
Abfluss- oder Leckleitung	zum Abfluss von Leckflüssigkeiten oder zur Entlüftung	
elektrische Leitung		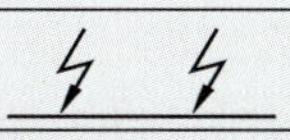
biegsame Leitung		
Leitungsverbindung	feste Verbindung: geschweißt, gelötet, geschraubt	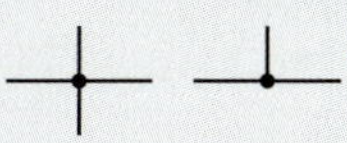
Leitungskreuzung	Leitungen sind nicht miteinander verbunden	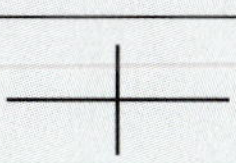

Benennung	Erklärung	Symbol
Auslass ohne Anschlussvorrichtung		
Auslass mit Gewinde für einen Anschluss		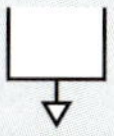
Geräuschdämpfer		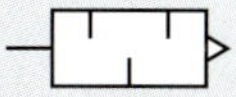
Manometer		
Druckluftspeicher		
Aufbereitung		
Filter	zum Abscheiden von Schmutzteilchen	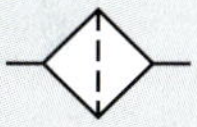
Wasserabscheider	zum Sammeln und Abscheiden von Kondenswasser aus einer Druckluftanlage; handbetätigt	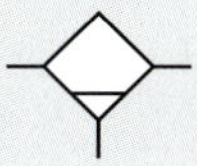
	automatisch entwässernd	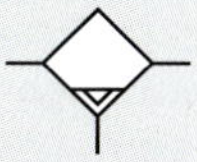
	Kombination von Filter und Wasserabscheider	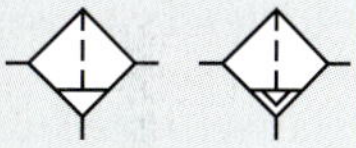
Lufttrockner	in ihm wird die Luft z. B. mittels Chemikalien getrocknet	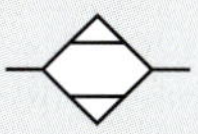
Öler	reichert durchströmende Luft zur Schmierung angeschlossener Geräte mit Öl an	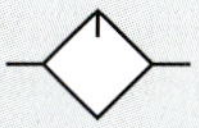
Aufbereitungseinheit	Geräteeinheit aus Filter, Druckregelventil und Öler	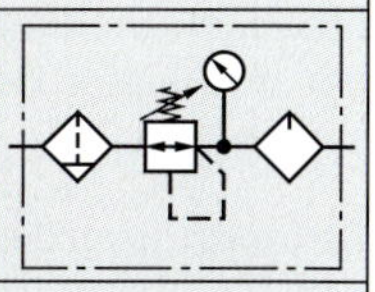
	vereinfachte Darstellung	
Kühler	zum Kühlen der Hydroflüssigkeit oder Luft ohne Darstellung der Leitungen für die Kühlflüssigkeit	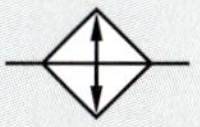
	mit Darstellung der Leitung für die Kühlfüssigkeit	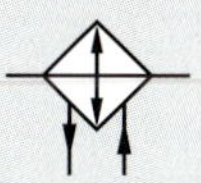

2.3.2 Drucklufterzeugung

2.3.2.1 Verdichter (Kompressoren)

Verdichter komprimieren die aus der Atmosphäre angesaugte Luft auf den gewünschten Betriebsdruck. Ansaugfilter scheiden Staub und andere Festkörper aus der Luft aus. Nach der Art der Verdichtung unterscheidet man Verdränger-Verdichter und Strömungsverdichter **(Tabelle 1)**. Verdränger-Verdichter arbeiten oszillierend oder rotierend.

Bei Verdichtern der **Verdränger-Bauart** schließt der Verdichtungsraum nach dem Ansaugen der Luft vollstandig. Unter Krafteinwirkung wird das Volumen verkleinert und die Luft komprimiert.

Strömungsverdichter bestehen aus mit Schaufeln versehenen Laufrädern, die das zu verdichtende Gas beschleunigen. Feststehende Leitkonturen wandeln Geschwindigkeitsenergie in Druckenergie um.

Hubkolbenverdichter werden einstufig bei Betriebsdrücken bis 10 bar und Liefermengen bis 120 m³/h eingesetzt. Zweistufige Hubkolben verdichter können bei Betriebsdrücken bis 35 bar und Liefermengen bis 10 m³/min verwendet werden. Bei dem üblichen Arbeitsdruck von 7...10 bar, auf den die meisten Steuerungen ausgelegt sind, verwendet man zweistufige Hubkolbenverdichter mit Zwischenkühlung. Bei der Zwischenkühlung wird die in der Niederdruckstufe durch die Verdichtung erwärmte Luft möglichst wieder auf die Ansaugtemperatur abgekühlt, bevor sie der Hochdruckstufe zugeführt wird.

Rotierende Verdrängerverdichter sind mit einer oder zwei Wellen ausgeführt. Diese Verdichter arbeiten geräuscharm und fördern die Luft kontinuierlich. Sie können Betriebsdrücke bis etwa 20 bar und Liefermengen bis zu 150 m³/min bereitstellen.

Strömungsverdichter liefern einen gleichmäßigen Volumenstrom bis etwa 3000 m³/min. Sie sind jedoch empfindlich bei Belastungsänderungen. Betriebsdrücke bis 10 bar sind möglich.

Strömungsverdichter sind bei **großen Fördermengen** und **kleinen Förderdrücken** zu bevorzugen, Verdrängerverdichter sind bei **kleinen Fördermengen** und **großen Förderdrücken** zu bevorzugen.

Ölfreie Druckluft können Strömungsverdichter, Schrauben- und Rootsverdichter erzeugen.

Tabelle 1: Verdichterbauarten

1.1 Verdrängerverdichter, oszillierend		
Tauchkolbenverdichter		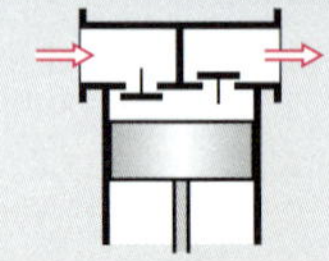
Kreuzkopfverdichter	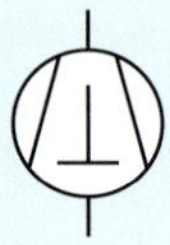	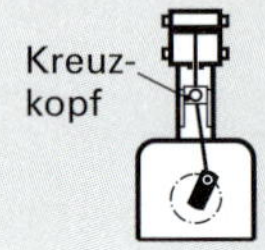
Membranverdichter	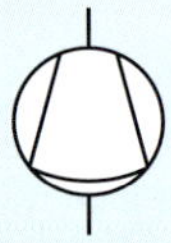	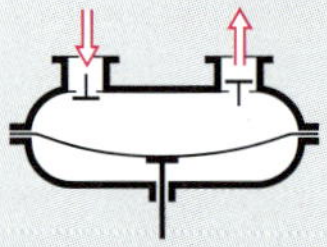
1.2 Verdrängerverdichter, rotierend		
Vielzellenrotationsverdichter	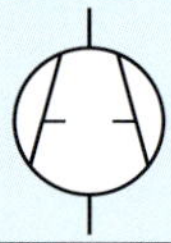	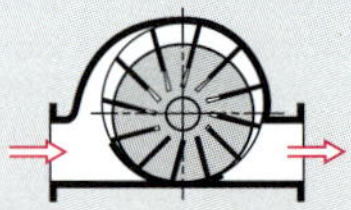
Schraubenverdichter		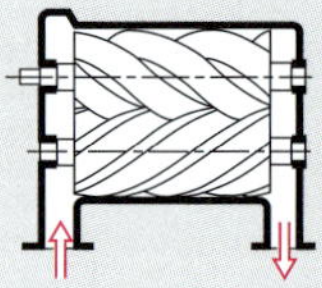
Drehzahnverdichter		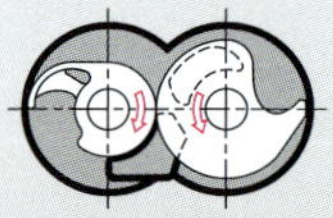
Rootsverdichter (Drehkolbenverdichter)	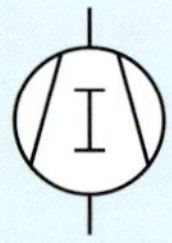	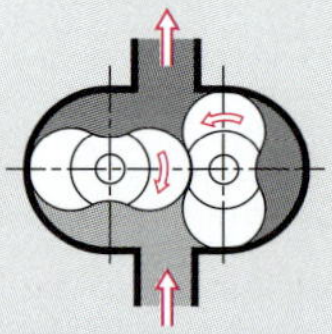
2. Strömungsverdichter (Turboverdichter)		
Axialturboverdichter	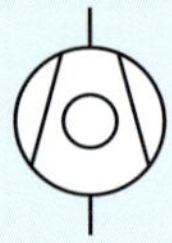	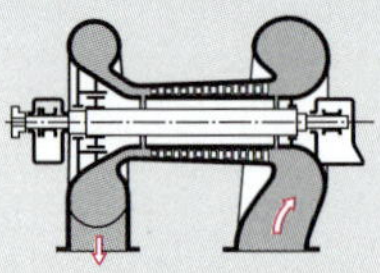
Radialturboverdichter	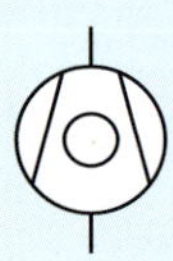	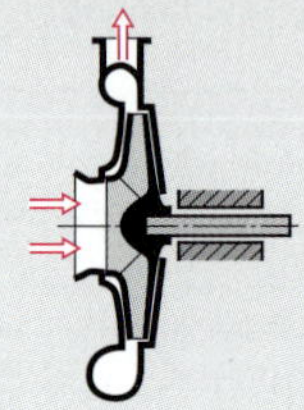

In pneumatischen Anlagen werden vorwiegend Kolbenverdichter, Schraubenverdichter und Turboverdichter eingesetzt **(Bild 1)**.

Sowohl aus wirtschaftlicher als auch aus ökologischer Sicht muss der Energieeinsatz bei der Erzeugung der Druckluft so gering wie möglich gehalten werden **(Bild 2)**. Daher ist besonders auf eine energieeffiziente Auslegung einer Druckluftanlage zu achten. Die größten Energiesparpotenziale ergeben sich durch die Verminderung der Leckageverluste, eine gezielte Gesamtanlagenauslegung, die Wärmerückge winnung für die Nutzung in anderen Anwendungen und den Einsatz drehzahlvariabler Antriebe.

Bei der **Regelung von Kompressoren** unterscheidet man zwischen internen und Drucklufterzeugung übergeordneten Regelungen. Die **interne Regelung** wird bei einzelnen Kompressoren angewendet. Bei kleinen und mittleren Kompressoren ist eine Zweipunktregelung, der **Aussetzbetrieb**, üblich. Bei Erreichen des Höchstdrucks im Luftbehälter wird dabei der Elektromotor abgestellt. Nach Absinken des Drucks auf den Wiedereinschaltdruck, etwa 20 % unter Höchstdruck, wird er Kompressor wieder in Betrieb gesetzt. Eine kleine Schaltdifferenz führt zu erhöhtem Verschleiß von Kompressor und Regelung Motor. Größere Kompressoren arbeiten wegen der großen Schwungmomente meist im **Leerlaufbetrieb**, d. h. der Kompressor wird auf Nullförderung geschaltet, wenn der Höchstdruck erreicht ist. Die gängigste Möglichkeit bei modernen Kompressoren **Drehzahländerungen** herbeizuführen, sind entweder Drehzahländerung über Frequenzumrichtung oder über Gleichstrommodulation. Die Motoren werden bei Erreichen der unteren Druckgrenze gestartet und fahren dann entlang einer Kennlinie auf eine Drehzahl, die durch das Verhältnis Ist-Druck zu Regeldruck gekennzeichnet wird **(Bild 3)**.

Für Druckluftsysteme mit hohem, stark schwankendem Verbrauch ist es ungünstig, einen einzelnen Großkompressor zu installieren. In diesen Fällen verwendet man ein Kompressorverbundsystem **(Bild 4)**, das auch aus verschiedenen Kompressoren bestehen kann. **Übergeordnete Regelungssysteme** nutzen die Möglichkeit, beliebig viele Anlagen über ein Druckband zu regeln. Dabei ist die kleinste Regeldifferenz 0,2 bar **(Bild 5)**. Der Vorteil dieser Regelung ist eine Reduzierung des maximalen Drucks im Druckluftsystem, somit Verringerung der primären Energiekosten.

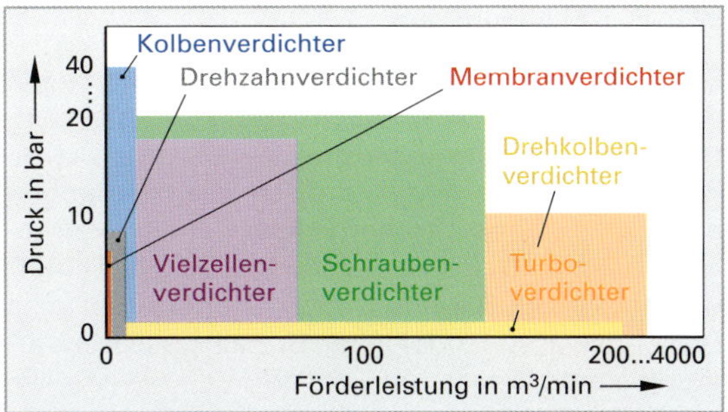

Bild 1: Leistungspotenziale von Verdichterbauarten

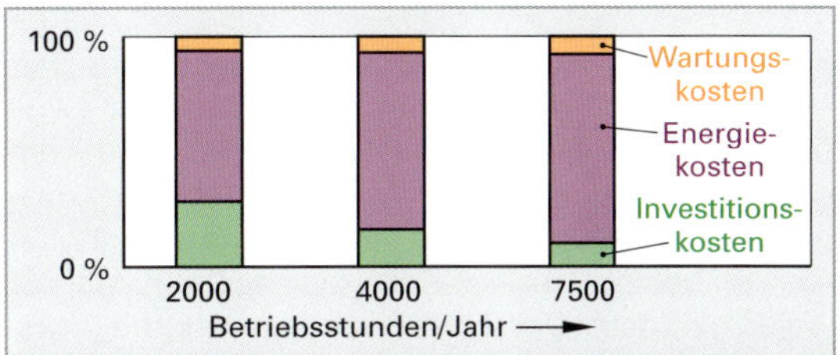

Bild 2: Kostenfaktoren bei der Drucklufterzeugung

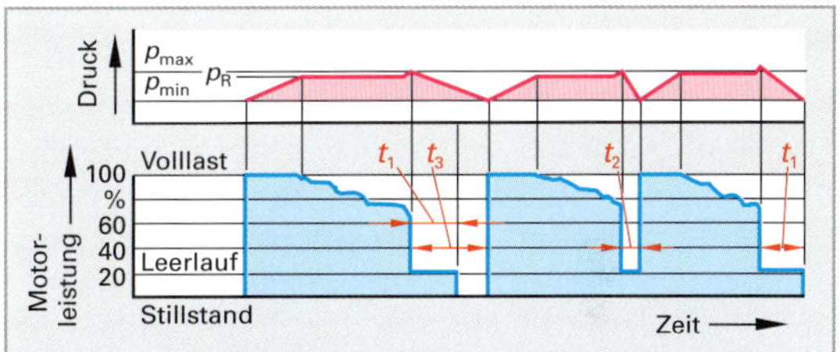

Bild 3: Spitzenlastkompressor mit kontinuerlicher Regelung

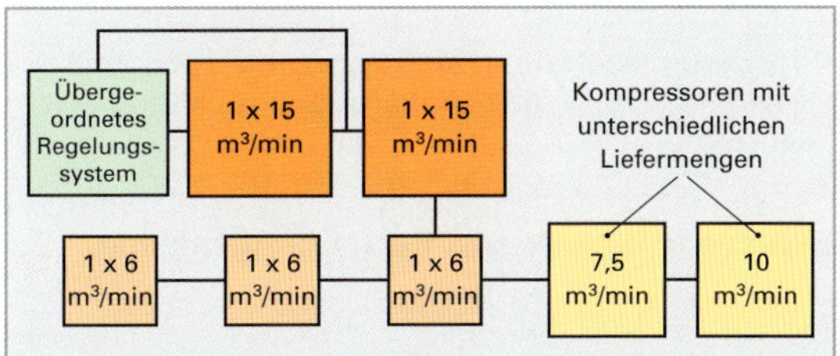

Bild 4: Aufteilung der Drucklufterzeugung

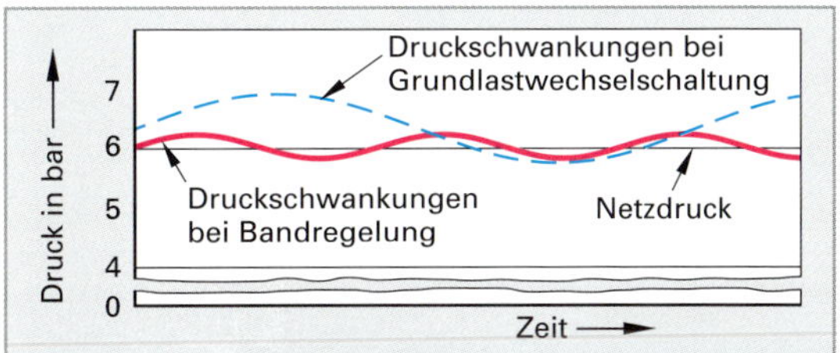

Bild 5: Druckbandregelung

Wärmerückgewinnung

Da beim Verdichten der Luft die Antriebsenergie des Verdichters nicht nur in Druckenergie, sondern auch in Wärmeenergie umgewandelt wird, ist ein Abführen dieser großen Wärmemengen erforderlich. Die wirtschaftlichste Art der Wärmerückgewinnung ist Ausnutzung der Verdichterwärme für die Raumheizung. Alternativ ist eine Heizungswasser- oder eine Brauchwassererwärmung sinnvoll.

Kondensatableitung

Im Verdichter und in den Kühlem wird die Sättigung der Druckluft mit Wasserdampf weit überschritten **(Bild 1)**. Das dabei anfallende Kondenswasser muss über Kondensatableiter ausgeschieden werden. Für die nachgeschalteten Geräte besteht große Korrosionsgefahr, da die weitergeleitete Druckluft immer noch mit Wasserdampf gesättigt ist.

Drucklufttrockner

Im Druckluftspeicher und in den Leitungen ist die Druckluft zu 100 % mit Wasserdampf gesättigt. Jeder Temperaturabfall, z. B. durch Wärmeabstrahlung, bewirkt Kondensatentstehung. Kondenswasser in der Druckluft wäscht bei Werkzeugen, Ventilen und Zylindern den Schmierfilm aus, führt zu höherem Verschleiß und bewirkt Korrosion. Daher müssen Drucknetze mit Lufttrocknern ausgerüstet werden.

Trocknungsverfahren sind das Kälte- **(Bild 2)**, das Membran- und das Adsorptionstrocknungsverfahren.

Bild 3 zeigt eine Drucklufterzeugungsanlage.

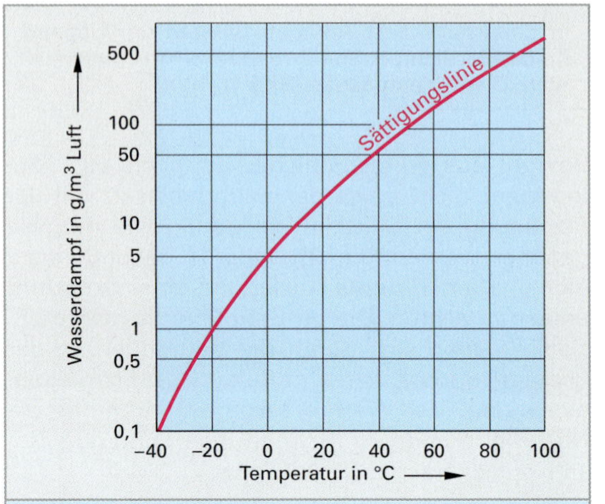

Bild 1: Wasserdampfgehalt der Luft in Abhängigkeit von der Temperatur

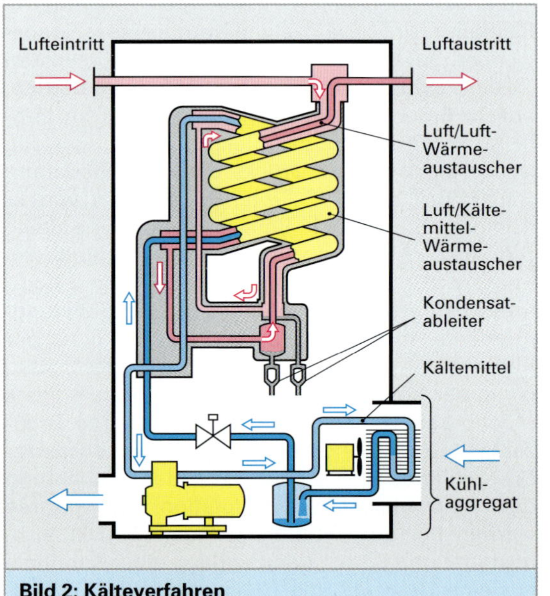

Bild 2: Kälteverfahren

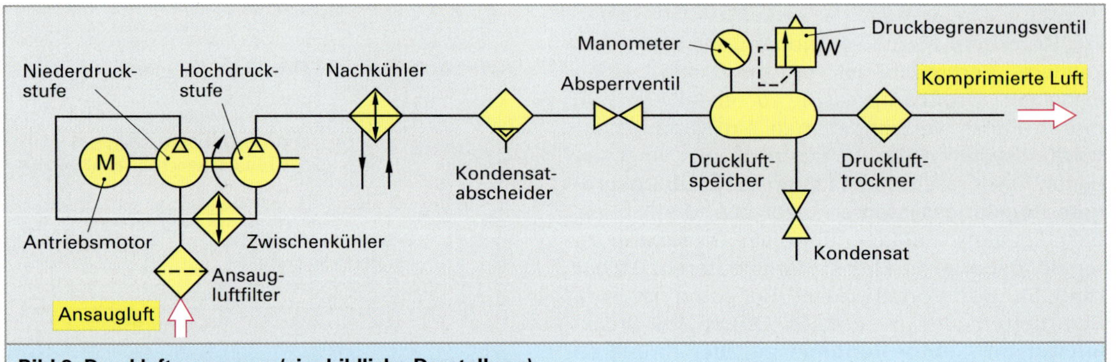

Bild 3: Drucklufterzeugung (sinnbildliche Darstellung)

2.3.2.2 Druckluftnetze

Über ein Rohrleitungsnetz strömt die Druckluft vom Druckluftspeicher zum Verbraucher. Als Rohrleitungen verwendet man vorwiegend nahtlos gezogene Stahl-, Kupfer- oder PVC Rohre. Die Hauptverteilerleitungen werden in der Regel als Ringleitungen verlegt. Die richtige Dimensionierung der Rohrleitungen eines Netzes ist auch aus wirtschaftlicher Sicht von großer Bedeutung, da Druckverluste durch Höherverdichtung wieder ausgeglichen werden müssen. Der Druckverlust in einem Rohrleitungsnetz sollte daher kleiner als 0,1 bar sein.

> Der Druckverlust in einem Druckluftnetz ist hauptsächlich von dem Rohrinnendurchmesser, der Leitungslänge und den Querschnittsänderungen abhängig **(Bild 1)**.

Der erforderliche Rohrinnendurchmesser kann mit einer Näherungsformel berechnet werden.

Bei der Wartung von Druckluftnetzen ist das Aufspüren von **Leckagen** von besonderer Bedeutung, da sie 20 % bis 40 % des verbrauchten Volumens ausmachen können. Durch ein Loch von nur 1 mm Durchmesser strömen 1,2 l/s Luft bei einem Druck von 6 bar. Dadurch entstehen pro Jahr Kosten von etwa 110 € bei 6000 Betriebsstunden. Bei einem Lochdurchmesser von 3 mm entweichen 11,1 l/s und die jährlichen Kosten betragen etwa 1.100 €. Die aus Leckagen strömende Luft erzeugt Ultraschall, der mit Hilfe eines Detektors **(Bild 2)** geortet werden. Die Leckagemenge wird in dBµV gemessen. Wegen des Kondensats sind die Abzweigungen von Versorgungsleitungen **(Bild 3)** grundsätzlich von der Oberseite, Abzweigungen Kondensat von der Unterseite der Rohre abzuführen. Beim Verlegen erhalten die Hauptleitungen **(Bild 4)** in Strömungsrichtung ein Gefälle von etwa 1 %, damit anfallendes Kondensat an den tiefsten Stellen gesammelt und ausgeschieden werden kann.

Rechnerische Ermittlung des Leistungsdurchmessers:

$$d \approx \sqrt[5]{\frac{1{,}6 \cdot 10^3 \cdot Q^{1{,}85} \cdot L}{10^{10} \cdot \Delta p \cdot p_{max}}}$$

d Innendurchmesser der Rohrleitung in m
Q Gesamtvolumenstrom in m^3/s
L Strömungstechnische Länge in m
Δp angesdtrebter Druckabfall in bar
p_{max} Kompressorausschaltdruck in bar_{abs}

Beispiel:

$Q = 2\ m^3/s = 0{,}033\ m^3/s$

$L = 200$ m

$\Delta p = 0{,}1$ bar

$p_{max} = 8\ bar_{abs}$

$$d \approx \sqrt[5]{\frac{1{,}6 \cdot 10^3 \cdot 0{,}033^{1{,}85} \cdot 200}{10^{10} \cdot 0{,}1 \cdot 8}}$$

$d \approx 0{,}037$ m = 37 mm

Gewählte Nennweite: DN40

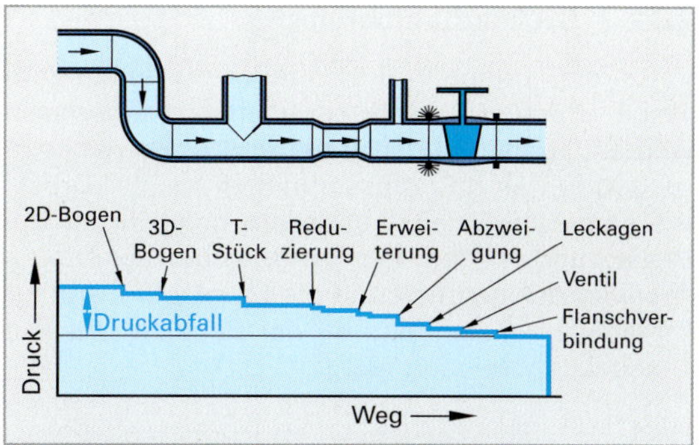

Bild 1: Druckabfall in einer Rohrleitung

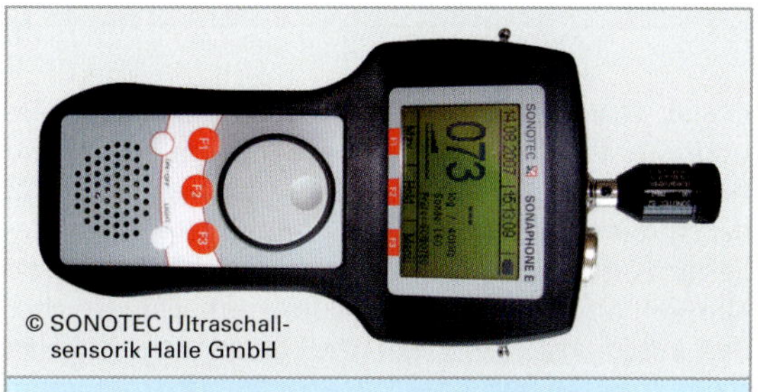

Bild 2: Leckagedetektor

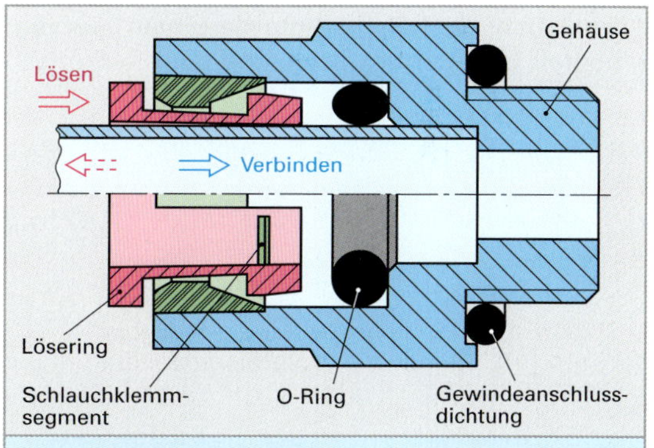

Bild 3: Steckverschraubung

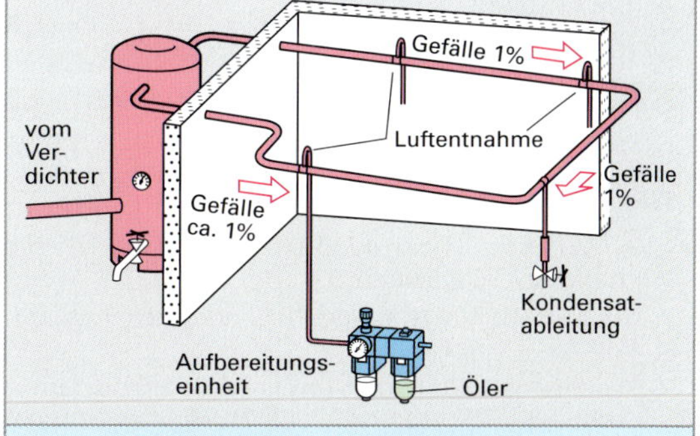

Bild 4: Leitungsführung von Hauptleitungen

2.3.2.3 Druckluftaufbereitung

Verunreinigungen, z. B. Rostteilchen, die auf dem Wege durch das Rohrleitungsnetz mitgerissen werden, können in der Steuerung zu Betriebsstörungen führen und müssen daher aus der Druckluft gefiltert werden. Außerdem müssen der Betriebsdruck auf den vom Verbraucher benötigten Arbeitsdruck geregelt und die Druckluft, wenn erforderlich, zur Schmierung der Bauelemente mit Ölnebel angereichert werden.

Die **Aufbereitungseinheit,** besteht meist aus den Geräten Druckluftfilter, Druckregelventil und Druckluftöler **(Bild 1).**

In das **Druckluftfilter** strömt die Luft seitlich cin und verwirbelt. Grobe Verunreinigungen wie Rostteilchen, Wasser- oder Öltropfen, werden durch die Einwirkung der Fliehkraft an die Behälterwand und die Prallplatte geschleudert und können durch das Ablassventil am Behälterboden ausgelassen werden. Im Filtereinsatz bleiben dann entsprechend der Porengröße die restlichen Verunreinigungen zurück. Die auswechselbaren Filterkörper bestehen aus Bronze-, Messing- oder Stahlsieben, für höhere Anforderungen aus Sintermetall, gesintertem Kunststoff oder Keramik.

Das **Druckregelventil** hat die Aufgabe, den Verbraucher mit konstantem Arbeitsdruck zu versorgen. Die Regelung erfolgt über den größeren Ventilteller, dessen eine Seite vom Arbeitsdruck beaufschlagt wird. Auf die andere Seite wirkt eine einstellbare Federkraft. Sinkt der Arbeitsdruck unter den eingestellten Wert, drückt die Feder den oberen Ventilteller nach unten und senkt über den Stift den kleinen Ventilteller. Durch den geöffneten Ringspalt strömt so lange Druckluft, bis der Arbeitsdruck wieder erreicht ist. Eine installierte Aufbereitungseinheit kann durch ein Handeinschaltventil vom Druckluftnetz getrennt werden. Ein Sicherheitseinschaltventil belüftet eine pneumatische Anlage nach einem Energieausfall langsam, um einen schlagartigen Druckaufbau zu verhindern.

Druckluftöler versorgen die Luft mit Schmiermittel. Sie arbeiten nach dem Venturiprinzip, d. h. durch eine Verkleinerung des Leitungsquerschnittes wird an der Engstelle die Geschwindigkeit des Luftstroms erhöht, wobei in der Strömung ein Unterdruck entsteht. Dieser Effekt wird genutzt, um Öl aus dem Behälter in ein Steigrohr zu saugen, aus dem es in die Strömung tropft und dabei vernebelt. Mit einer Drossel als Dosiereinrichtung lässt sich die Anzahl der Öltropfen, die in den Luftstrom fallen, einstellen.

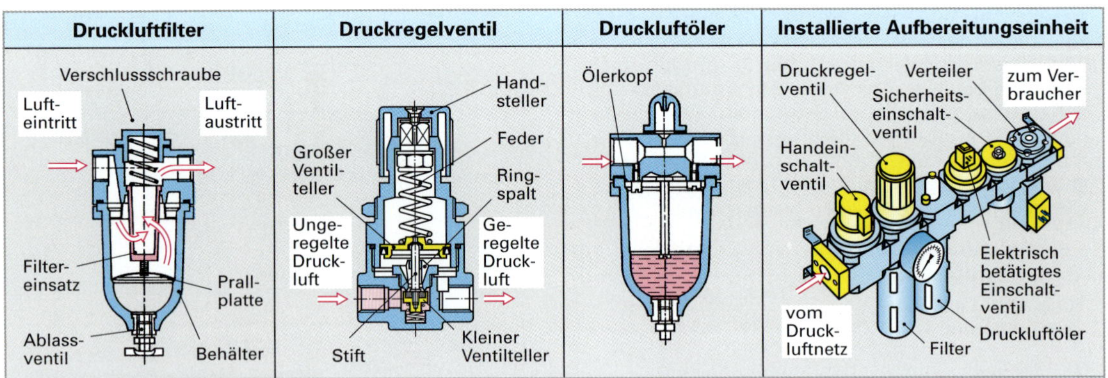

Bild 1: Druckluftaufbereitung

Wiederholung und Vertiefung

1. In welchen Anwendungsbereichen wird die Pneumatik eingesetzt?
2. Nennen Sie Vorteile und Nachteile der Pneumatik.
3. Beschreiben Sie das Verdichtungsprinzip eines Kolbenverdichters und eines Strömungsverdichters.
4. Wie unterscheiden sich die Verdichterregelung im Aussetzbetrieb und im Leerlaufbetrieb?
5. Welche Aufgaben hat der Druckluftbehälter zu erfüllen?
6. Nennen Sie drei Lufttrocknungsverfahren.
7. Aus welchen Geräten besteht eine Aufbereitungseinheit?

2.3.3 Antriebsglieder

Pneumatische Antriebsglieder wandeln pneumatische Energie (Druckenergie) in mechanische Energie (Bewegungsenergie) um. Man unterscheidet drehend arbeitende Antriebe ohne begrenzten Schwenkbereich **(Druckluftmotoren)** und mit begrenztem Schwenkbereich (**Schwenkmotoren, Drehzylinder**), außerdem geradlinig arbeitende Antriebe **(Druckluftzylinder)**. Die genormten Symbole sind in **Tabelle 1, folgende Seite,** erfasst.

2.3.3.1 Druckluftmotoren

Druckluftmotoren werden wegen des geringen Leistungsgewichts und der leichten Handhabung als Antriebe der verschiedensten Werkzeuge und Hebezeuge eingesetzt.

> Leistung, Drehzahl und Drehmoment sind durch Absenken des Arbeitsdruckes und Drosseln der Luftmenge stufenlos verstellbar.

Die Motoren haben ein hohes Anfahrmoment, sind überlastsicher, explosionssicher, robust, wartungs- und reparaturfreundlich. Die Drehrichtung ist einfach und schnell umsteuerbar. Die Drehzahlen sind aber sehr lastabhängig. Am häufigsten werden Kolben-, Lamellen- und Turbinenmotoren verwendet.

Kolbenmotoren werden als Axial- oder Radialkolbenmotoren gebaut. Für den Antrieb von Werkzeugen wurden sie weitgehend vom Lamellenmotor verdrängt. Bedeutung haben sie noch als Antriebe für Hebezeuge, Winden und Krananlagen.

Der **Axialkolbenmotor** hat 4 oder 5 in Achsrichtung angebrachte Zylinder, die über eine Taumelscheibe die Kolbenbewegungen in eine Drehbewegung umwandeln **(Bild 1)**. Die Drehrichtung ist umsteuerbar. Ein Steuerschieber sorgt dafür, dass immer 2 Kolben unter Druck stehen, und so ein ausgeglichenes Schwungmoment für Laufruhe und Drehzahlkonstanz sorgt. Die Abtriebsdrehzahlen reichen bis 6000/min. Niedrigere Drehzahlen werden durch Planetengetriebe stufig und durch zusätzliche Luftdrosselung stufenlos erreicht.

Beim **Radialkolbenmotor** sind 4 bis 6 Zylinder sternförmig angeordnet und treiben über Pleuelstangen die Kurbelwelle an **(Bild 2)**. Ein Steuerschieber dreht sich mit der Kurbelwelle mit und verteilt in der richtigen Folge die Druckluft, sodass immer 2 Kolben den Krafthub ausführen. Radialkolbenmotoren drehen langsamer als Axialkolbenmotoren, bringen aber höhere Leistungen (bis ca. 10 kW). Sie sind sehr laut. Ihr Einsatz ist rückläufig.

Der **Lamellenmotor** ist Werkzeugantrieb für Bohrer, Gewindeschneider, Schleifer und Schrauber. Bei automatischen Bohr- und Gewindeschneideeinheiten sorgt er für die Drehbewegung, während eine pneumatisch-hydraulische Vorschubeinheit z. B. die lineare Vorschubbewegung ausführt.

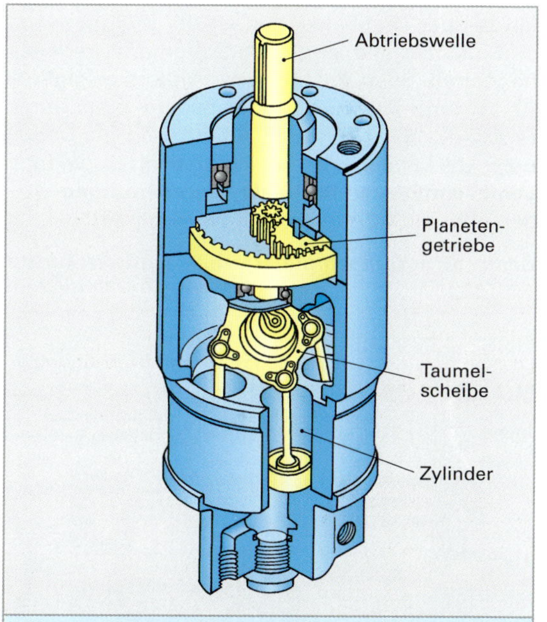

Bild 1: Axialkolbenmotor

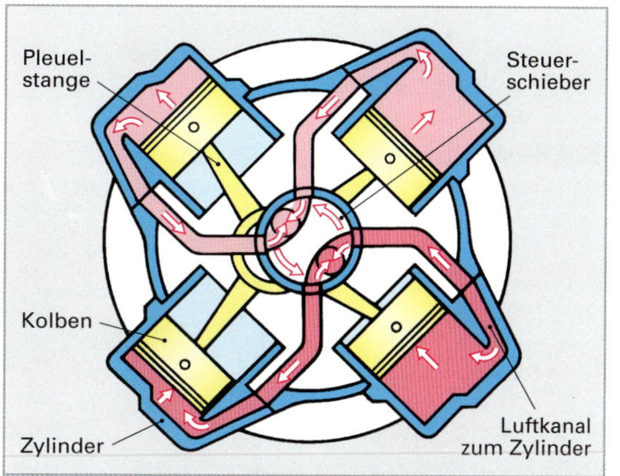

Bild 2: Radialkolbenmotor

Lamellenmotoren bestehen aus dem Zylinder, dem Rotor und den beiden Rotordeckeln **(Bild 1)**. Der Rotor hat radiale Längsschlitze zur Aufnahme von Kunststofflamellen. Durch die exzentrische Anordnung des Rotors zur Zylinderachse entsteht ein sichelförmiger Arbeitsraum, der von den Lamellen in mehrere Druckluftkammern unterteilt wird. Durch die Sichelform werden die Lamellen, die eine Druckkammer begrenzen, verschieden tief in die Schlitze gedrückt. So entstehen verschieden große Lamellenflächen, wobei die größere Fläche in Drehrichtung liegt. Auf ihr erzeugt der Druck eine Umfangskraft, die den Rotor antreibt. Wegen der Fliehkraft schleifen die Lamellen bei der Drehbewegung an der Zylinderwand und dichten die einzelnen Kammern gegeneinander ab. Beim Anfahren des Motors erfolgt die Abdichtung entweder durch Fcdcrn oder durch Druckluft, die durch eine Ausfräsung im Deckel unter die Lamellen in den Rotorschlitzen gelangt. **Lamellenmotoren für beide Drehrichtungen** werden über ein 4/2-Wegeventil umgesteuert.

Beim **Druckluftschrauber mit Lamellenmotor** wird der Motor mit einem 2/2-Wegeventil gesteuert **(Bild 2)**. Die Drehzahl wird über ein Planetengetriebe untersetzt. Eine Rutschkupplung begrenzt das Drehmoment. Die Schaltkupplung ist eine Klauenkupplung.

Lamellenmotoren erreichen Drehzahlen von 30 000/min und werden meist durch ein Planetengetriebe untersetzt. Ein Fliehkraftregler, der den Lufteinlass schließt, kann die Drehzahl begrenzen.

Im **Turbinenmotor** treibt die Druckluft über Luftdüsen ein Turbinenrad an. Es gibt Axial-, Radial-, Tangential- und Freistrahlturbinen. Wegen ihres sehr geringen Leistungsgewichtes und ihrer sehr hohen Drehzahlen (350 000/min bis 450 000/min), werden Turbinenmotoren nur zum Antrieb von sehr hochtourigen Spezialwerkzeugen verwendet. Bei Kleinschleifmaschinen (z. B. Werkzeugschleifern) mit Lamellenmotorantrieb liegen die Drehzahlen zwischen 17 000/min und 30 000/min; sind sie mit Turbinenmotorantrieb ausgerüstet, werden Drehzahlen über 75 000/min erreicht.

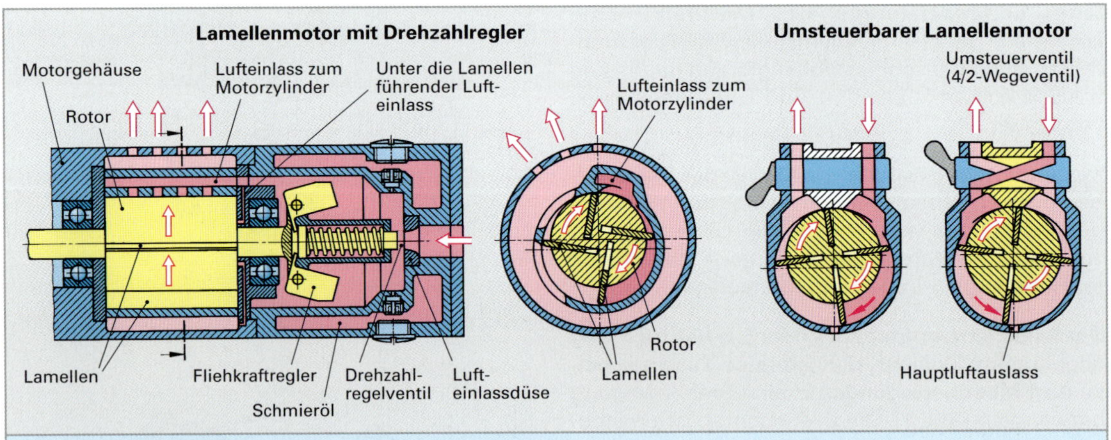

Bild 1: Druckluftlamellenmotoren

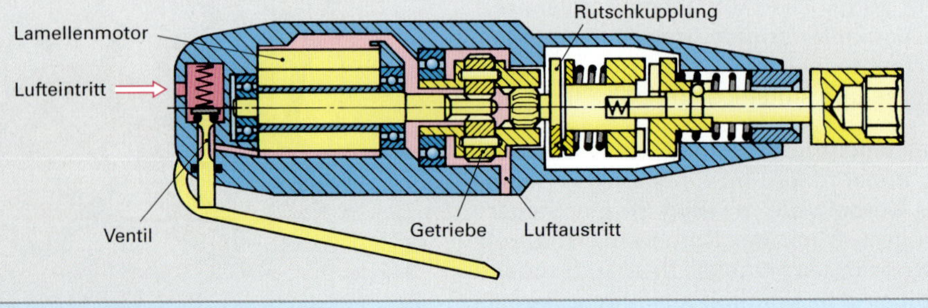

Bild 2: Druckluftschrauber mit Lamellenmotor

2.3.3.2 Pneumatischer Muskel

Der **pneumatische Muskel (Bild 2, Seite 67)** ist ein Zugaktuator, der dem biologischen Muskel nachempfunden ist. Er besteht aus einem Kontraktionsschlauch und den passenden Anbindungsstücken. Der Kontraktionsschlauch ist aufgebaut aus einem druckdichten Gummischlauch und einer Umspinnung aus hochfesten Fasern **(Bild 1)**. Die Fasern bilden ein Rautenmuster in Form einer dreidimensionalen Gitterstruktur. Durch Anlegen eines Innendrucks dehnt sich der Schlauch in Umfangsrichtung aus, daraus entsteht eine Zugkraft und eine Kontraktionsbewegung in Längsrichtung des Muskels. Die nutzbare Zugkraft hat ihr Maximum zu Beginn der Kontraktion und fällt nahezu linear mit dem Hub ab. Mit dem pneumatischen Muskel können nutzbare Arbeitshübe von bis zu 25 % der Nennlänge des Muskels erreicht werden **(Bild 2)**.

Bei Änderung einer äußeren Kraft verhält sich der Muskel wie eine Zugfeder.

> Pneumatische Muskeln arbeiten Stick-slip-frei und zeichnen sich aus durch hohe Arbeitshubfrequenzen bis 100 Hz, Beschleunigungswerte bis 100 m/s² und Geschwindigkeiten bis 3 m/s.

Beispiel: Palettengreifer (Bild 3)
In einem Lager sollen Paletten auf ein Rollenband gehoben werden. Mit einem Greifer, der durch einen pneumatischen Muskel geschlossen und mit einer Druckfeder wieder geöffnet wird, werden die Paletten positioniert. Das geringe Gewicht des pneumatischen Muskels von maximal etwa 1000 Gramm, ermöglicht es die Bewegungsgeschwindigkeit des Greifers zu erhöhen und damit die Zykluszeit zu verkürzen. Der Betrieb ist auch in rauher und schmutziger Umgebung möglich, da keine empfindlichen Führungen am pneumatischen Muskel vorhanden sind.

2.3.3.3 Balgantrieb

Balgantriebe (Bild 4) wirken durch Be- und Entlüften als Antriebselement. Mit zunehmendem Hub wird die erzeugte Kraft abhängig von der Einschnürung des Balgs geringer. Werden Balgzylinder mit einem permanenten Druck beaufschlagt, wirken sie als Dämpfungselement.

Ein Balgantrieb besteht aus zwei Metallplatten und einem einrollierten Gummibalg. Es gibt keine Dichtungselemente und mechanisch bewegten Teile. Balgantriebe sind einfachwirkende Antriebe, deren Rückstellung durch äußere Krafteinwirkung erfolgt. Der maximale Hub des Antriebs beträgt etwa 200 mm und die maximale Kraft etwa 35 kN.

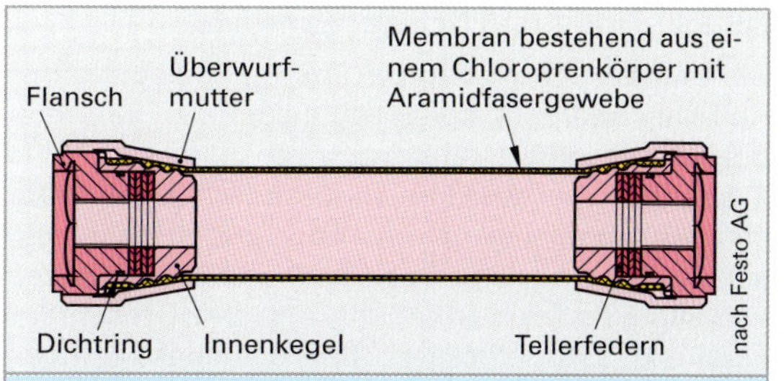

Bild 1: Pneumatischer Muskel

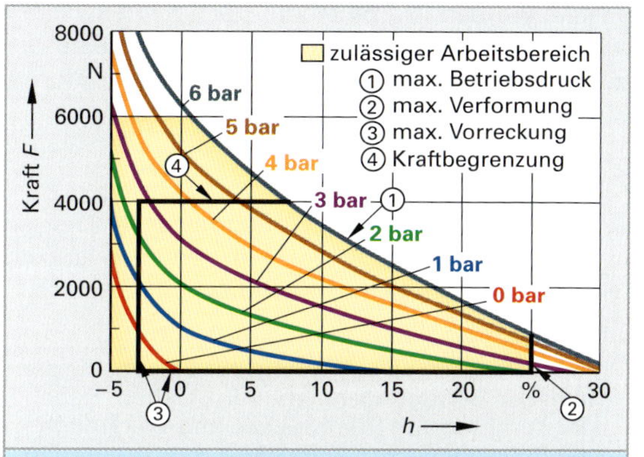

Bild 2: Arbeitsbereich eines pneumatischen Muskels

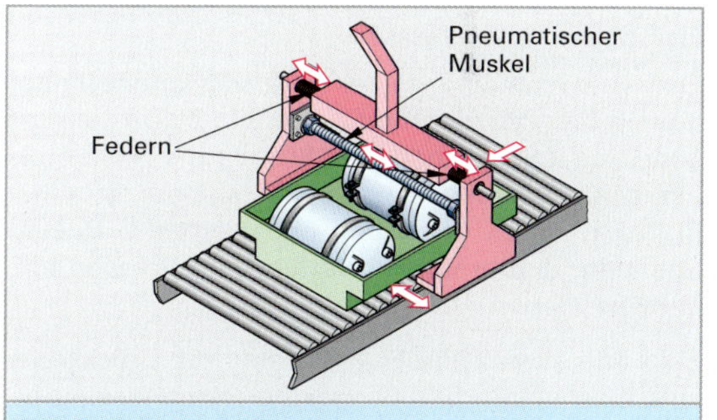

Bild 3: Palettengreifer

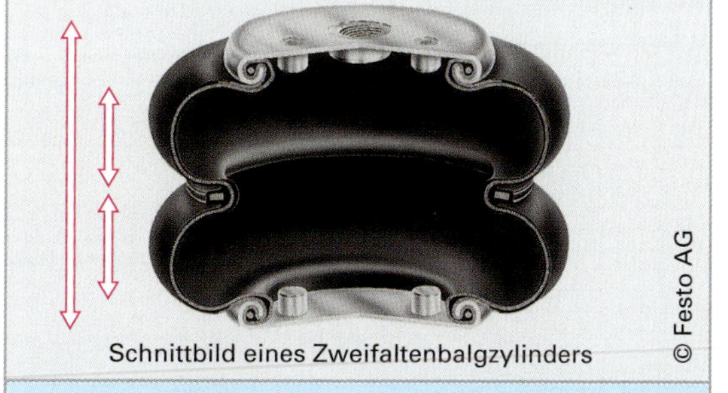

Bild 4: Balgantrieb

2.3.3.4 Dreh- und Schwenkantriebe

Bei Drehantrieben wird die lineare Bewegung des Kolbens über ein spielausgleichendes Zahnradgetriebe in eine Drehbewegung umgesetzt **(Bild 1 oben)**. Dabei werden pneumatisch zwei Zahnstangen parallel gegeneinander angetrieben und setzen damit die Linearbewegung über eine Ritzelwelle in eine Drehbewegung um. Der Drehwinkel kann bis 360° betragen. Bei Schwenkantrieben wird die Kraft über einen Schwenkflügel direkt auf die Antriebswelle übertragen **(Bild 1 unten)**. Der Schwenkwinkel kann bis etwa 270° stufenlos eingestellt werden. Durch einen Freilaufvorsatz kann eine oszillierende Schwenkbewegung in eine getaktete, gleichförmige Drehbewegung umgeformt werden.

2.3.3.5 Druckluftzylinder

Druckluftzylinder wandeln pneumatische Energie in mechanische Energie um. Sie werden in einfach wirkende und doppelt wirkende Zylinder unterteilt.

> Die mechanische Energie wird zur Erzeugung geradliniger Bewegungen, wie Verschieben, Heben oder Zuführen von Werkstücken und Werkzeugen (bei Bewegungszylindern) oder zur Erzeugung von Spann- und Stoßkräften (bei Spannzylindern oder Auswerferzylindern) genutzt.

Einfach wirkende Zylinder

Einfach wirkende Zylinder sind Membranzylinder oder Kolbenzylinder **(Bild 2** und **Bild 3)**. Da nur eine Seite des Kolbens oder der Membrane mit Druckluft beaufschlagt wird, können sie nur in einer Richtung Arbeit verrichten und werden z. B. zum Spannen, Zuführen, Auswerfen oder Pressen eingesetzt.

Beim **Membranzylinder** verformen die Druckkräfte eine Membrane (Bild 2). Der Verformungsweg ergibt den Hub der Kolbenstange. Die Rückstellbewegung erfolgt durch Entspannen der Membrane, durch äußere Kräfte oder durch eine Rückstellfeder. Die Hublänge beträgt bis zu 40 mm, bzw. bei Rollmembranen bis etwa 80 mm. Membranzylinder sind fast wartungsfrei und werden z. B. in Spannvorrichtungen, zum Prägen oder Nieten eingesetzt.

Wird die Bodenseite des **Kolbenzylinders** mit Druck beaufschlagt, fährt die Kolbenstange aus. Die Rückführung des Kolbens kann durch äußere Kraft oder durch eine Rückstellfeder erfolgen. Der Hub wird durch äußeren Anschlag, die Länge des Zylinderrohres oder durch Distanzbüchsen bestimmt. Die Baulänge der Rückstellfeder begrenzt den Hub auf ca. 100 mm.

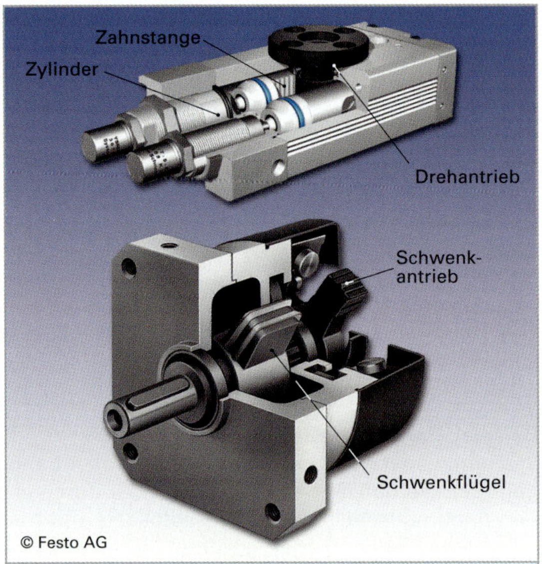

Bild 1: Drehantrieb und Schwenkantrieb

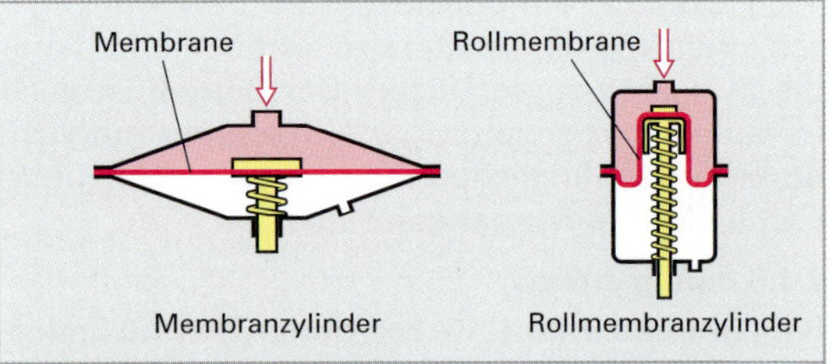

Bild 2: Membranzylinder

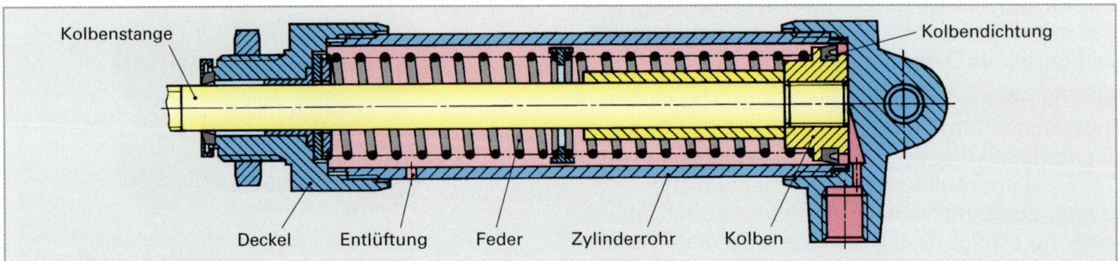

Bild 3: Einfach wirkender Kolbenzylinder

Eine gleich bleibende Rückstellkraft erhält man, wenn man die Kolbenstangenseite eines doppelt wirkenden Zylinders mit reduziertem Druck, z. B. p_e = 0,5 bar, versorgt **(Bild 1)**. Ein Druckregelventil, eingebaut zwischen Zylinder und Druckquelle, sorgt für den konstanten Rückstelldruck.

Doppelt wirkende Zylinder

Beim doppelt wirkenden Zylinder werden beide Kolbenseiten wechselseitig mit Druckluft beaufschlagt **(Bild 2)**. In beiden Richtungen ist ein Arbeitshub möglich.

Gegenüber einfach wirkenden Zylindern bieten sie einige Vorteile: die Hublänge reicht bis zu 2 m, der Vorlauf der Kolbenstange wird nicht von der Feder beeinflusst und der Rücklauf ist schnell und gleichmäßig. Außerdem können die Kolbengeschwindigkeiten in beiden Richtungen eingestellt werden. Die Hubbegrenzung erfolgt meist durch Anschlag des Kolbens im Zylinder. Schäden durch harte Anschläge, die beim Abbremsen großer Massen aus hohen Geschwindigkeiten entstehen, können z. B. durch eine **nicht einstellbare Dämpfung** (Puffer) vermindert werden **(Bild 3)**.

Einstellbare Dämpfungen ermöglichen ein sanftes Anfahren der Endlagen.

Kurz vor Hubende taucht der Dämpfungszapfen an der Kolbenstange in die Bohrung am Zylinderboden (oder Deckel) ein und verhindert das schnelle Ausströmen der restlichen Luftmenge aus dem ringförmigen Raum zwischen Kolben und Boden **(Bild 2)**. Diese Luftmenge wird durch den Kolben verdichtet und bremst ihn kurz vor dem Hubende ab. Damit die Endlage erreicht werden kann, wird das Luftpolster über eine Drosselbohrung und ein Drosselrückschlagventil langsam entlüftet. Zum Anfahren in Gegenrichtung hat die Druckluft freien Durchgang durch das Drosselrückschlagventil, wodurch die Kolbenfläche sofort beaufschlagt wird.

Zylinder mit zweiseitiger Kolbenstange können durch die doppelte Lagerung der Kolbenstange größere Querkräfte aufnehmen. Bei Platzmangel oder Verschmutzungsgefahr können Signalglieder von der der Arbeitsseite gegenüberliegenden Kolbenstange betätigt werden. Die Symbole pneumatischer Antriebsglieder sind in **Tabelle 1, folgende Seite,** dargestellt.

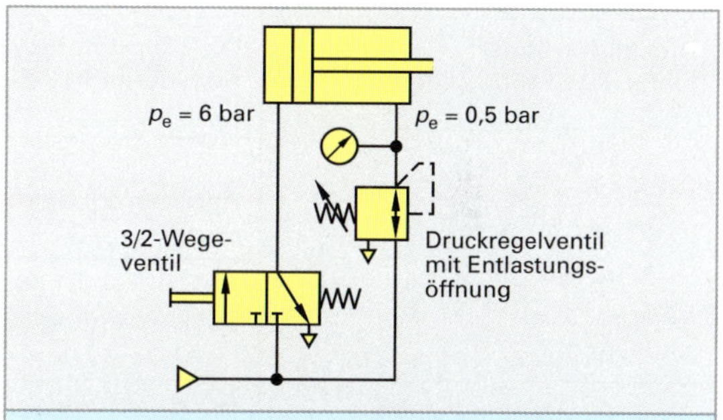

Bild 1: Rückführung der Kolbenstange durch reduzierten Gegendruck

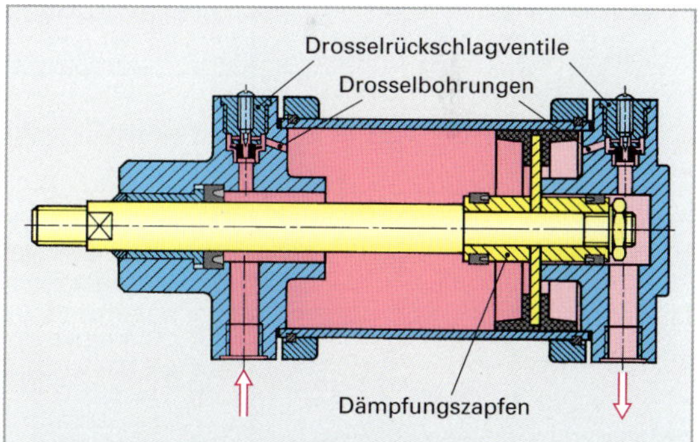

Bild 2: Doppelt wirkender Zylinder mit doppelter, einstellbarer Dämpfung

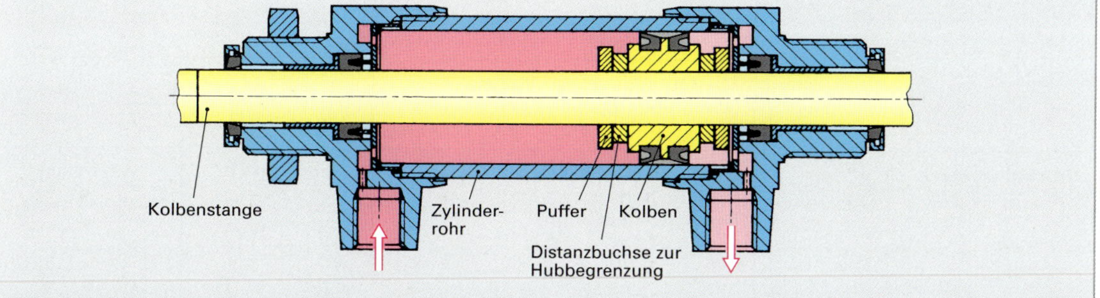

Bild 3: Zylinder mit zweiseitiger Kolbenstange und nicht einstellbarer Dämpfung

Tabelle 1: Symbole pneumatischer Antriebsglieder nach DIN ISO 1219

Benennung	Erklärung	Symbol	
Druckluftmotoren Motoren ohne begrenzten Schwenkbereich	Mit 1 Strömungsrichtung		
	Mit 2 Strömungsrichtungen	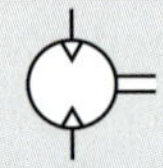	
Schwenkmotoren (Motoren mit begrenztem Schwenkbereich)	Z. B. Drehzylinder	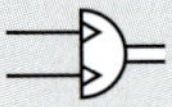	
Druckluftzylinder Einfach wirkende Zylinder	Die Druckluft bewegt den Kolben nur in 1 Richtung	ausführlich	vereinfacht
	Rückbewegung durch äußere Kraft	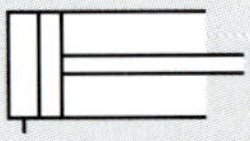	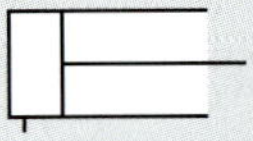
	Rückbewegung durch Rückstellfeder	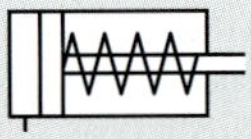	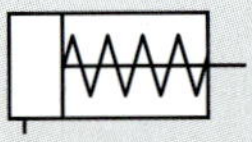
Doppelt wirkende Zylinder	Die Druckluft bewegt den Kolben in beide Richtungen		
	Mit einfacher Kolbenstange	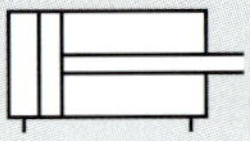	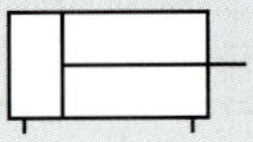
	Mit zweiseitiger Kolbenstange	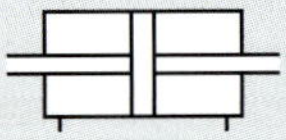	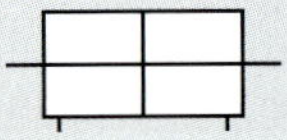
Differenzialzylinder	Durch verstärkte Kolbenstange ist der Luftverbrauch beim Einfahren der Kolbenstange geringer	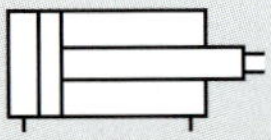	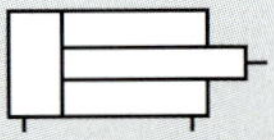
Zylinder mit Dämpfung	Mit nicht einstellbarer Dämpfung auf der Bodenseite	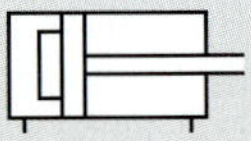	
	Mit doppelter, nicht einstellbarer Dämpfung	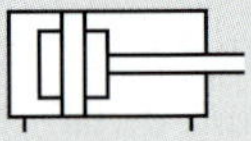	
	Mit einfacher, einstellbarer Dämpfung	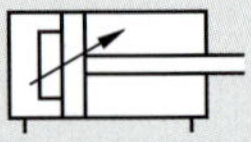	
	Mit doppelter, einstellbarer Dämpfung	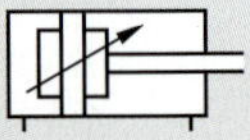	
Druckübersetzer	Ein pneumatischer Druck X wird in einen höheren pneumatischen Druck Y umgewandelt	ausführlich 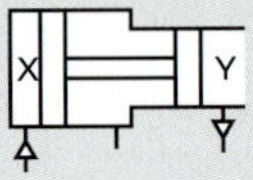	vereinfacht 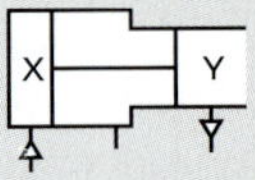

Zylindersonderbauarten

Mehrstellungszylinder erhält man z. B. durch Aneinanderflanschen der Bodenseiten von zwei doppelt wirkenden Zylindern. Bei gleichen Hüben der beiden Zylinder können 3, bei unterschiedlichen Hüben 4 feste Stellungen angefahren werden **(Bild 1)**.

Tandemzylinder verwendet man, wenn große Kräfte bei kleinem Einbaudurchmesser aufgebracht werden müssen. Sie bestehen aus zwei hintereinander angeordneten Zylindern, deren Kolbenkräfte auf eine gemeinsame Kolbenstange wirken.

Bei **verdrehgesicherten Zylindern** können Drehmomentbelastungen von der Kolbenstange aufgenommen werden. Durch eine Flachkolbenkonstruktion können Drehmomente bis etwa 2 Nm aufgenommen werden.

Beim **Zylinder ohne Kolbenstange** (pneumatische Linearantriebe) ist das Zylinderrohr über die gesamte Hublänge geschlitzt. Die Kraftabnahme erfolgt über einen Kolbenbügel, der mit dem Kolben fest verbunden und durch den aufgeschlitzten Zylindermantel hindurchgeführt ist (formschlüssige Bewegungsübertragung). Die Abdichtung entlang des Spaltes wird von einem dünnen Stahlband bewirkt, das die Innenseite der Öffnung in ihrer gesamten Länge bedeckt. Zwischen den Kolbendichtungen wird das Stahlband abgebogen und unter einen Bügel geführt. Das Eindringen von Schmutz verhindert ein zweites Stahlband, das die Außenseite des Spaltes abdeckt. Beide Stahlbänder werden von Dauermagneten, die entlang des Spaltes angeordnet sind, festgehalten. Mit dem Zylinder erreicht man Hublängen bis 5 m. Der Kolbenbügel kann hohe Biegemomente und Querkräfte aufnehmen.

Bei anderen Konstruktionen von kolbenstangenlosen Zylindern geschieht die Bewegungsübertragung durch die magnetische Kupplung auf den beweglichen Außenläufer (kraftschlüssige Bewegungsübertragung). Dadurch fährt keine Kolbenstange aus. Der Zylinderraum ist zum Außenläufer hermetisch abgedichtet, da keine mechanische Verbindung besteht.

Bei **Zylindern für berührungsloses Abtasten der Endlage** befindet sich z. B. auf den Zylinderkolben ein Dauermagnet, dessen Magnetfeld Näherungsendschalter betätigt. Näherungsendschalter sind z. B. Reed-Schalter, die bei Annäherung des Magneten geschlossen werden und ein elektrisches Schaltsignal abgeben.

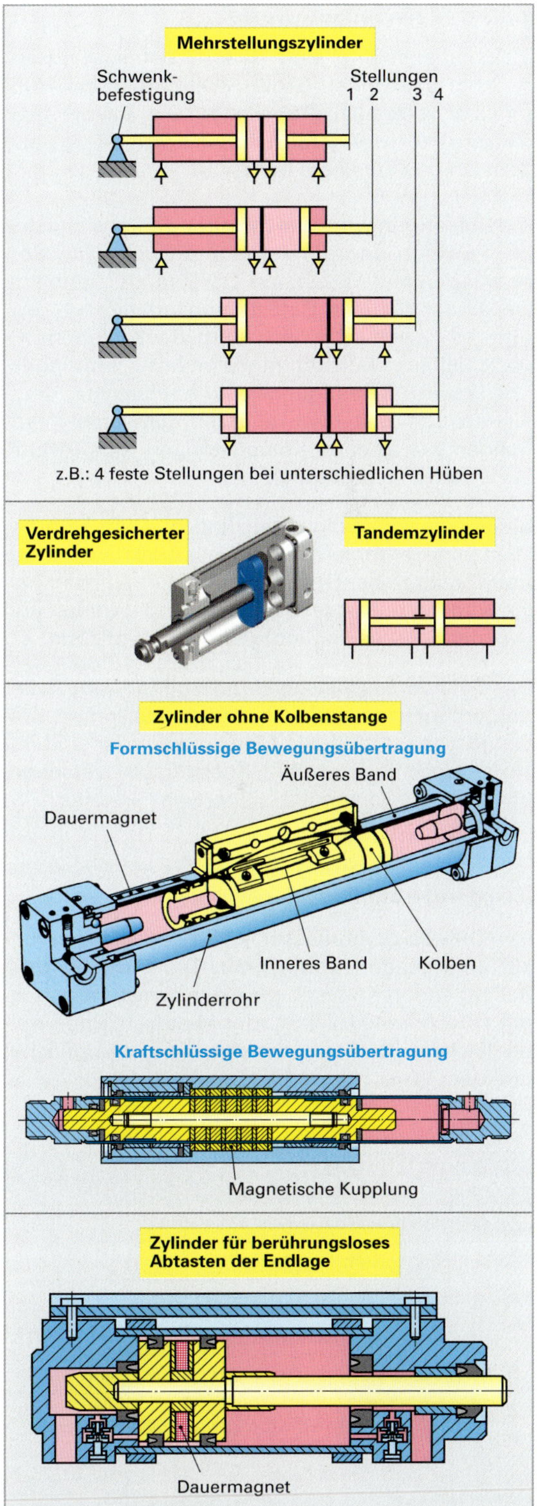

Bild 1: Zylindersonderbauarten

2.3.3.6 Zylinderkennwerte

Zylinderkennwerte sind Bauart, Befestigungsart, Anschlussgewinde, Größe (Durchmesser, Hub) und Luftverbrauch **(Tabelle 1)**. Die **Bauart** bzw. die konstruktive Ausführung wird von der Art und dem Ort des Einsatzes bestimmt.

Die **Befestigungsart** der Zylinder richtet sich nach der Funktion und der Anbaumöglichkeit an Vorrichtungen und Maschinen. Der Zylinder kann entweder nur für eine Befestigungsart gebaut sein, oder es lassen sich nach dem Baukastenprinzip verschiedene Befestigungselemente anbringen, z. B. **starre Befestigungen** wie Flansche, Fußplatten und Seitenwinkel oder **Schwenkbefestigungen** wie Boden-, Kolbenstangen- oder Mittelzapfenscharniere **(Bild 1)**.

Bei Schwenkbefestigungen und großem Hub besteht eine erhöhte Gefahr des Ausknickens der Kolbenstange bei Druckbelastung. In solchen Fällen wird die zulässige Knickbelastung ermittelt und evtl. der Kolbenstangendurchmesser verstärkt.

Das **Zylinderanschlussgewinde** hängt vom Zylinderdurchmesser und von der gewünschten Kolbengeschwindigkeit ab. Manche Zylinder sind mit zwei verschieden großen Anschlüssen versehen, um den Geschwindigkeitsbereich erweitern zu können.

Zylinderberechnung

Der **Zylinderdurchmesser** errechnet sich aus der aufzubringenden Kolbenkraft. Die Kolbenkraft F des ruhenden Kolbens, die **Spannkraft,** ist abhängig vom Arbeitsdruck p_e, der beaufschlagten Kolbenfläche A (Kolbenfläche oder Kolbenringfläche) und dem Wirkungsgrad η **(Tabelle 2)**:

Kolbenkraft: $F = p_e \cdot A \cdot \eta$

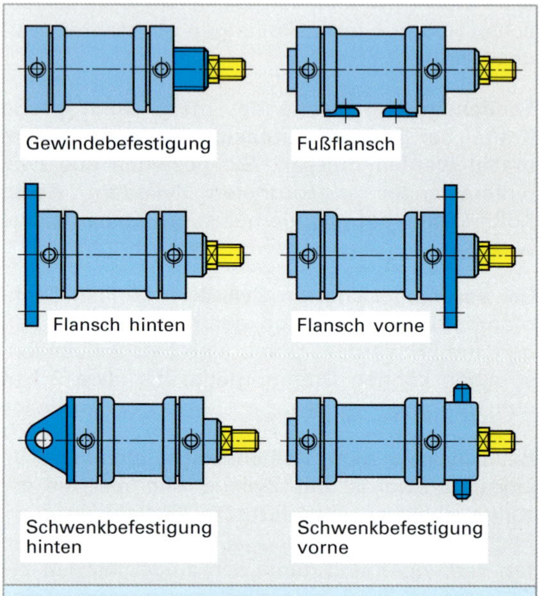

Bild 1: Zylinder-Befestigungsarten

Tabelle 2: Wirkungsgrade

Zylinder	Wirkungsgrad
Nutzung der Spannkraft:	
einfach wirkender Zylinder	0,8
doppelt wirkender Zylinder	0,9
Nutzung der Verschiebekraft:	
doppelt wirkender Zylinder	0,5...0,6

Tabelle 1: Zylinderkennwerte

Zylinderdurchmesser in mm		12	16	20	25	32	40	50	63	80	100	125	160	200
Kolbenstangendurchmesser in mm		6	8	8	10	12	16	20	20	25	25	32	40	40
Anschlussgewinde		M5	M5	G1/8	G1/8	G1/8	G1/4	G1/4	G3/8	G3/8	G1/2	G1/2	G3/4	G3/4
Druckkraft bei p_e = 6 bar in N	einfach wirk. Zyl.	50	96	151	241	375	644	968	1560	2530	4010	–	–	–
	doppelt wirk. Zyl.	58	106	164	259	422	665	1040	1650	2660	4150	6480	10600	16600
Zugkraft bei p_e = 6 bar in N	doppelt wirk. Zyl.	54	79	137	216	364	560	870	1480	2400	3890	6060	9960	15900
Hublängen in mm	einfach wirk. Zyl.	10, 25, 50					25, 50, 80, 100					–		
	doppelt wirk. Zyl.	bis 160	bis 200	bis 320	10, 25, 50, 80, 100, 160, 200, 250, 320, 400, 500									

Beim **einfach wirkenden Zylinder** mit Rückstellfeder verringert die Federkraft die Spannkraft um 10 %. Weitere 10 % Verluste treten durch Reibung auf. Beim **doppelt wirkenden Zylinder** wird der Wirkungsgrad nur durch die Reibungsverluste beeinflusst (Tabelle 2, vorhergehende Seite).

Bei Nutzung der **Verschiebekraft** des bewegten Kolbens eines doppelt wirkenden Zylinders muss mit einem Wirkungsgrad gerechnet werden, der folgende Größen berücksichtigt:

- Drosselung des Arbeitsdruckes in den Leitungen und Querschnitten der Ventile und des Zylinders,
- ungleichmäßiger Abbau des Abluftdruckes,
- Reibung des Kolbens an der Zylinderwand und der Kolbenstange in den Führungen und
- unterschiedliche Reibungswiderstände der vom Zylinder bewegten Teile.

Berechnung des Luftverbrauchs

Da Luftmengenangaben im Allgemeinen auf den Atmosphärendruck bezogen werden, wird bei der Bestimmung des Luftverbrauchs das Hubvolumen errechnet und nach dem Gesetz von *Boyle-Mariotte* $p_1 \cdot V_1 = p_2 \cdot V_2$ (bei T = const.) auf den Ansaugezustand umgerechnet. Der Luftverbrauch für ein Arbeitsspiel (n = 1/min) ergibt sich dann bei doppelt wirkenden Zylindern aus:

$$Q_{Hub} = \frac{2 \cdot A \cdot s \cdot p_{abs} \cdot n}{p_{amb}}$$

Q_{Hub}	Hubvolumen	p_{abs}	Arbeitsdruck
A	Kolbenfläche	p_{amb}	Atmosphärendruck
s	Hub	n	Schaltspielzahl/min

Beim einfach wirkenden Zylinder entfällt der Faktor 2.

Berechnung des Zylinderdurchmessers

Aufgabe:
Ein einfach wirkender Zylinder soll bei einem Druck von p_e = 6 bar eine wirksame Spannkraft von F = 1600 N erbringen. Welchen Durchmesser muss der Zylinder erhalten, wenn Gesamtverluste von 20 % (η = 0,8) berücksichtigt werden sollen und die Zylinderdurchmesser der Tabelle 1, vorhergehende Seite, zur Auswahl stehen?

Lösung:

$$A = \frac{F}{p_e \cdot \eta}$$

$$A = \frac{1600\ \text{N} \cdot \text{m}^2}{6 \cdot 10^5\ \text{N} \cdot 0{,}8} = \frac{1600\ \text{N} \cdot 10^6\ \text{mm}^2}{6 \cdot 10^5\ \text{N} \cdot 0{,}8} = \mathbf{3333\ mm^2}$$

$$d = \sqrt{\frac{4\,A}{\pi}} = \sqrt{\frac{4 \cdot 3333\ \text{mm}^2}{\pi}} = \mathbf{65\ mm}$$

gewählt: d = 80 mm

Aufgabe:
Ein doppelt wirkender Zylinder (d = 40 mm, s = 80 mm) wird mit einem Arbeitsdruck p_e = 6 bar (p_{abs} = 7 bar) betrieben. Die Schaltspielzahl beträgt n = 50/min. Wie groß ist der Luftverbrauch für den Hub in l/min?

Lösung:

$$Q_{Hub} = \frac{2 \cdot d^2 \cdot \pi \cdot s \cdot p_{abs} \cdot n}{4 \cdot p_{abs}}$$

$$= \frac{2 \cdot 0{,}40^2 \cdot \text{dm}^2 \cdot \pi \cdot 0{,}8\ \text{dm} \cdot 7\ \text{bar} \cdot 50}{4 \cdot 1\ \text{bar} \cdot \text{min}}$$

$$= \mathbf{70{,}37}\ \frac{l}{\text{min}}$$

Rechnet man zu Q_{Hub} Verluste von ca. 20 % hinzu, erhält man näherungsweise den Gesamtluftverbrauch Q_{gesamt}, ohne die Verluste in den Leitungen und Zylindertoträumen, die Leckverluste und das Kolbenstangenvolumen berücksichtigen zu müssen.

Wiederholung und Vertiefung

1. Welche Gruppen von pneumatischen Antriebsgliedern unterscheidet man?
2. Nennen Sie besondere Eigenschaften von Druckluftmotoren.
3. Beschreiben Sie zwei Bauarten von Zylindern ohne Kolbenstange.
4. Welche Wirkung hat die einstellbare Dämpfung eines doppelt wirkenden Zylinders?
5. Nennen Sie drei Einsatzbeispiele für Zylinder mit zweiseitiger Kolbenstange.
6. Welchen Vorteil bringt der Tandemzylinder?
7. Wann kann man mit Mehrstellungszylindern drei, wann vier feste Stellungen anfahren?
8. Durch welche Kennwerte wird ein Pneumatikzylinder bestimmt?
9. Von welchen Größen hängen die Kolbengeschwindigkeiten der Pneumatikzylinder ab?
10. Wie wird der ungefähre Gesamtluftverbrauch eines Pneumatikzylinders bestimmt?

2.3.4 Ventile und Grundsteuerungen

Ventile steuern Start, Stopp, Richtung sowie Druck und Durchflussmenge des Druckmittels.

2.3.4.1 Darstellung der Ventile

Ventile mit mehreren festgelegten Schaltstellungen können z. B. die Stellungen **nicht betätigt** und **betätigt** einnehmen. Diese Schaltstellungen werden durch aneinandergereihte Blöcke (Felder) dargestellt, wobei die Anzahl der Felder gleich der Anzahl der möglichen Schaltstellungen ist **(Tabelle 1)**.

Ausgangsstellung wird die Schaltstellung genannt, die ein Ventil nach Einschalten des Netzdruckes in der Steuerung einnimmt und mit der das vorgesehene Schaltprogramm beginnt.

Ruhestellung oder **Nullstellung** heißt bei Ventilen mit Federrückstellung die Schaltstellung, die das Ventil einnimmt, wenn es nicht betätigt ist. In den Schaltplänen werden die Leitungen an das Feld Ausgangs- bzw. Ruhestellung angeschlossen.

Durchflussstellung wird die Schaltstellung genannt, bei der das Druckmittel das Ventil zum Verbraucher hin durchströmt (Tabelle 1).

Sperrstellung ist die Schaltstellung, bei der das Druckmittel abgesperrt wird.

Schaltstellungen (Felder) können mit a, b und o bezeichnet werden. Innerhalb der Felder werden die Leitungen durch Linien und die Durchflussrichtung durch Pfeile dargestellt. Absperrungen zeichnet man durch Querstriche an den Leitungen. Leitungsverbindungen werden an der Verbindungsstelle als dicker Punkt gezeichnet.

Anschlüsse müssen in der einen Schaltstellung an genau die gleiche Stelle gesetzt werden wie in den anderen Stellungen. Wird nun ein Ventil geschaltet, verschiebt man in Gedanken den Felderblock so weit waagerecht, bis sich die Leitungen mit den Anschlüssen des Feldes decken, dessen Stellung bei der Betätigung eingenommen wird. Aus den Linien innerhalb dieses Feldes ist dann die Funktion dieser gedachten Schaltstellung zu ersehen (Tabelle 1).

Ventile ohne festgelegte Schaltstellungen nehmen während des Betriebes Zwischenstellungen zwischen zwei Endstellungen ein. Solche Ventile werden durch **1 Feld** dargestellt. Bei Stellungsänderung denkt man sich das Feld bei feststehenden Leitungen so weit verschoben, bis das Ventil z. B. auf Durchfluss geschaltet ist (Tabelle 1).

Tabelle 1: Darstellung der Ventile

Ventile mit festgelegten Schaltstellungen

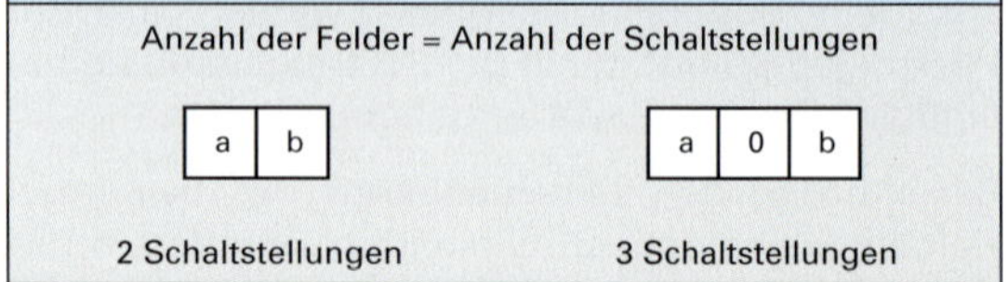

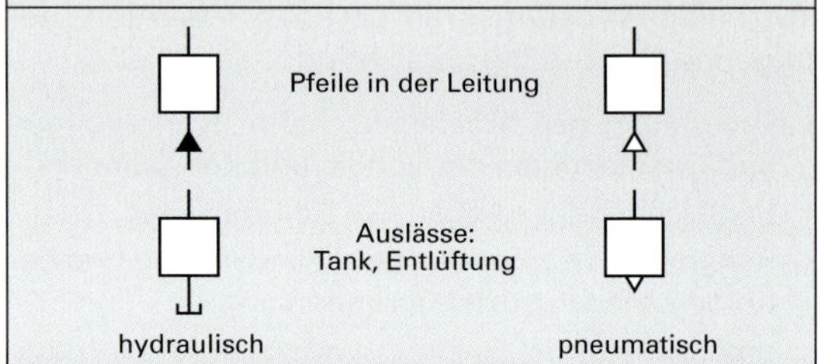

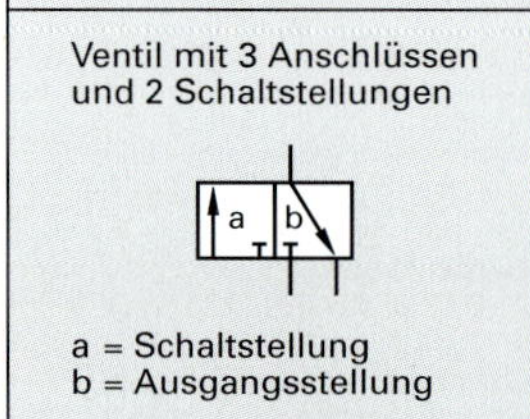

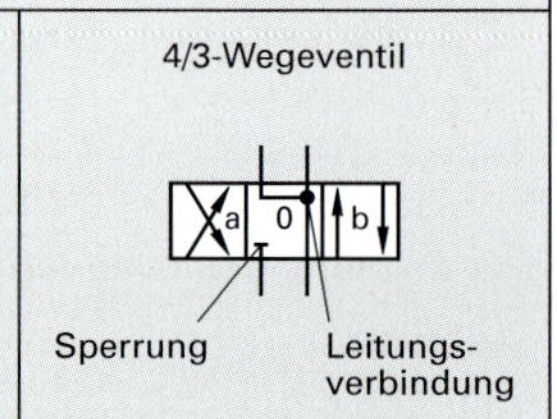

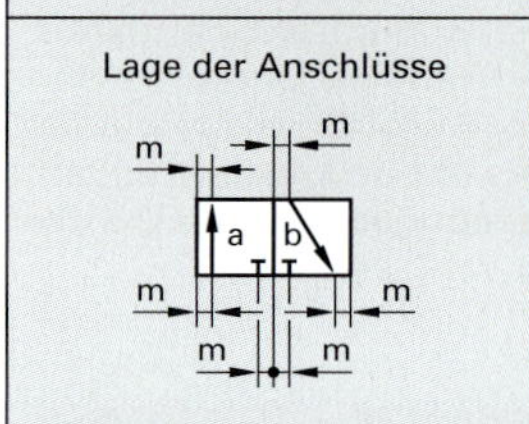

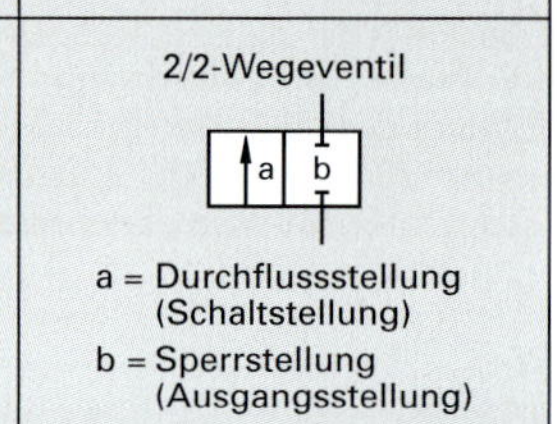

Schaltung eines 3-Stellungsventils

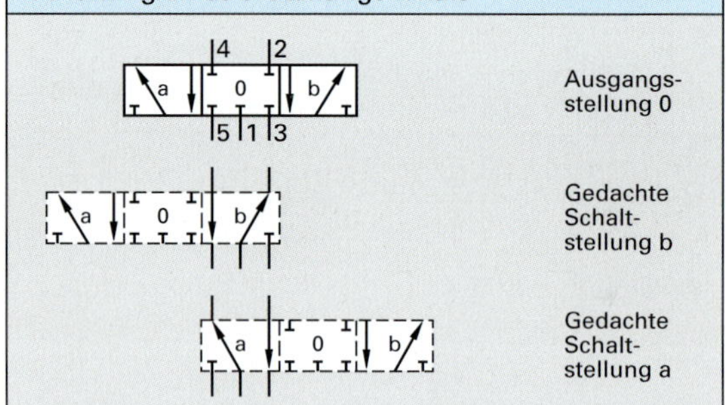

Ventile ohne festgelegte Schaltstellungen

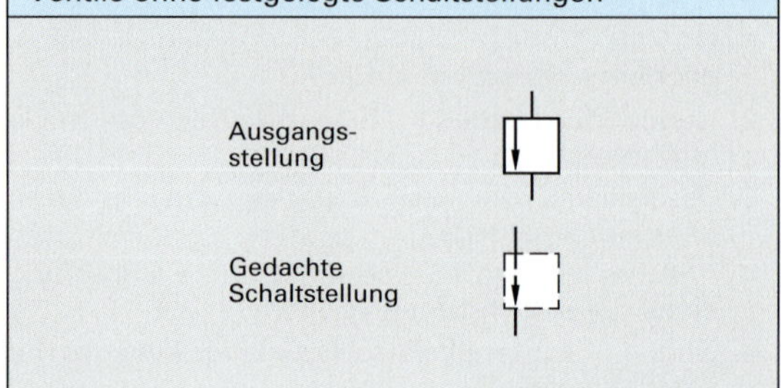

Anschlüsse an Geräten werden mit Ziffern benannt, früher auch mit Buchstaben **(Tabelle 1)**. Der Druckanschluss erhält die Ziffer 1. Arbeitsanschlüsse bekommen die geraden Ziffern 2, 4 oder 6. Die Entlüftungen werden mit den ungeraden Ziffern 3, 5 oder 7 benannt. Steueranschlüsse erhalten zweistellige Ziffern, wie z. B. 12 oder 14 bei Wegeventilen, wenn bei Aktivierung der Betätigung der Anschluss 1 mit dem Anschluss 2 oder 4 verbunden wird. Die Ziffern 10 und 11 bezeichnen die Druckanschlüsse, z. B. bei einem Zweidruckventil.

Die **Betätigung der Ventile** kann durch Muskelkraft, mechanisch, elektrisch, durch Druckenergie oder durch kombinierte Betätigung erfolgen.

Die **Betätigungsarten** sind genormt und werden außerhalb der Ventile rechtwinklig zu den Anschlüssen an das Ventilfeld gezeichnet **(Tabelle 2)**.

Tabelle 1: Benennung der Anschlüsse pneumatischer und hydraulischer Geräte

Art	aktuell mit Ziffern	veraltet mit Buchstaben
Zufluss, Druckanschluss	1	P
Arbeitsanschlüsse	2, 4, 6	A, B, C
Abfluss, Entlüftung	3, 5, 7	R, S, T
Steueranschlüsse	10, 11, 12, 14	X, Y, Z

Tabelle 2: Betätigungsarten von pneumatischen und hydraulischen Geräten nach DIN ISO 1219

Muskelkraftbetätigungen | **Mechanische Betätigungen**

allgemein · durch Knopf · durch Hebel · durch Pedal | durch Stößel oder Taster · durch Feder · durch Tastrolle · durch Tastrolle mit Leerrücklauf

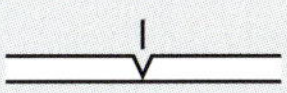

Raste, wird hinzugefügt zur Aufrechterhaltung einer bestimmten Schaltstellung

Elektrische Betätigungen

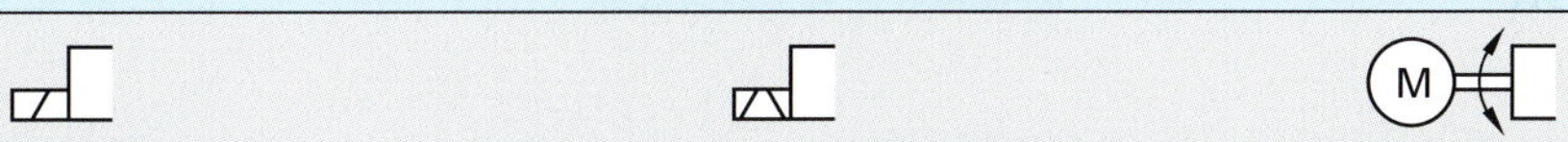

durch Elektromagnet mit 1 Wicklung · durch Elektromagnet mit 2 Wicklungen, die gegeneinander wirken · durch Elektromotor

Druckbetätigungen

direkt wirkende Betätigungen

hydraulisch · pneumatisch

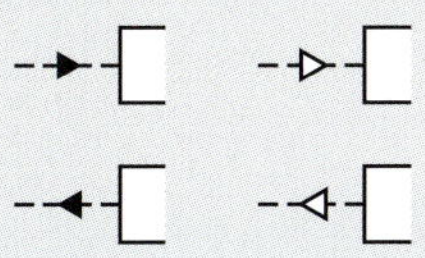

durch Druckbeaufschlagung

durch Druckentlastung

indirekt wirkende Betätigungen, vorgesteuert

hydraulisch · pneumatisch

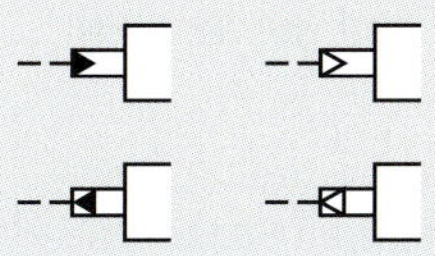

durch Druckbeaufschlagung des Hauptsteuerventils über das Vorsteuerventil

durch Druckentlastung des Hauptsteuerventils über das Vorsteuerventil

Kombinierte Betätigungen

hydraulisch · pneumatisch

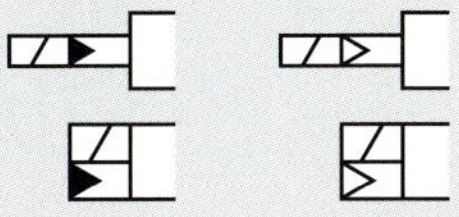

durch Elektromagnet und Vorsteuerventil

durch Elektromagnet oder Vorsteuerventil

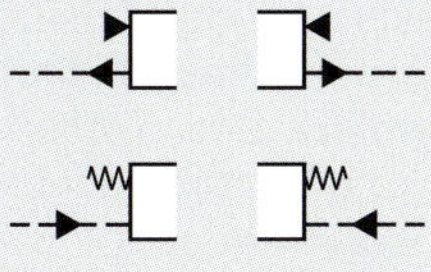

Druckzentrierung

Federzentrierung

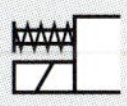

durch Elektromagnet oder Handbetätigung mit Rückstellfeder

Ventile werden nach ihrer Funktion in Wegeventile, Stromventile, Sperrventile und Druckventile eingeteilt.

2.3.4.2 Wegeventile

Wegeventile beeinflussen den Weg, und zwar Start, Stopp und Durchflussrichtung des Druckmittels.

Wegeventile sind durch die Anzahl der Anschlüsse, die Anzahl der Schaltstellungen und die jeweiligen Durchflusswege bestimmt. Bei der Kurzbezeichnung wird die Anzahl der Anschlüsse der Anzahl der Schaltstellungen vorangestellt, z. B. ist ein **3/2-Wegeventil (Bild 1)** ein Wegeventil mit 3 Anschlüssen und 2 Schaltstellungen (gesprochen: drei-Strich-zwei Wegeventil). Mit 3/2-Wegeventilen können einfachwirkende Zylinder gesteuert werden **(Bild 2)**. Entsprechend der Steuerungsaufgabe können 3/2-Wegeventil mit Durchfluss-Ruhestellung (Schließerfunktion) oder Sperr-Ruhestellung (Öffnerfunktion) eingesetzt werden.

5/2-, **4/3-** und **5/3-Wegeventile** werden zur Steuerung von doppelt wirkenden Zylindern eingesetzt **(Bild 3)**.

4/2-Wegeventile werden wegen ihrer konstruktiven Nachteile in der Praxis nur noch selten eingesetzt.

Bei 5/2- und 5/3-Wegeventilen hat jeder der beiden Arbeitsanschlüsse eine eigene Entlüftung. Mit 4/3- und 5/3-Wegeventilen können doppelt wirkende Zylinder innerhalb ihres Hubbereichs angehalten werden. Die Ventile nehmen dann federzentriert ihre Ruhestellung ein. Bei einem Ventil mit Schwimm-Ruhestellung kann der Zylinder z. B. für Einrichtearbeiten von Hand verschoben werden.

Nach dem Konstruktionspnnzip unterscheidet man **Sitzventile** und **Schieberventile**. Sitzventile haben einen dicht abschließenden Ventilkörper. Sie sind jedoch oft nur mit erhöhtem Kraftaufwand zu betätigen, da der Systemdruck den Ventilkörper belastet. Kolbenschieberventile sind leicht zu betätigen, da sie druckentlastet sind. Auf Grund des Bewegungsspiels des Kolbenschiebers sind sie nicht dicht. Die **Vorteile beider Bauarten** vereinigt z. B. ein 5/2-Wegeventil mit Schwebetellersitz **(Bild 4)**. Der Schieber hat einen kurzen Schaltweg und alle Strömungskanäle sind gegeneinander vollständig abgedichtet.

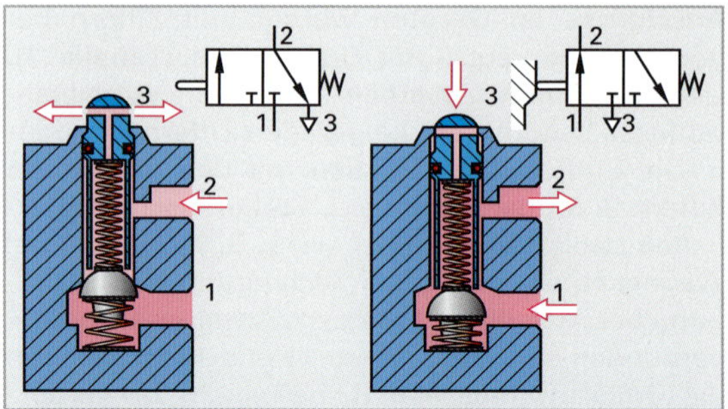

Bild 1: 3/2-Wegeventil, Kugelsitzprinzip

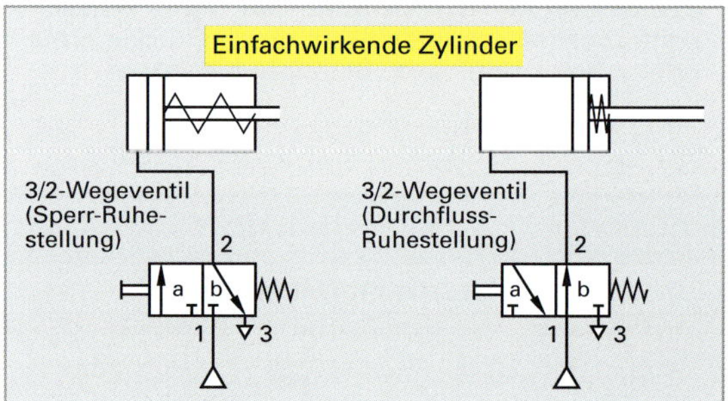

Bild 2: Steuerung doppelt wirkender Zylinder

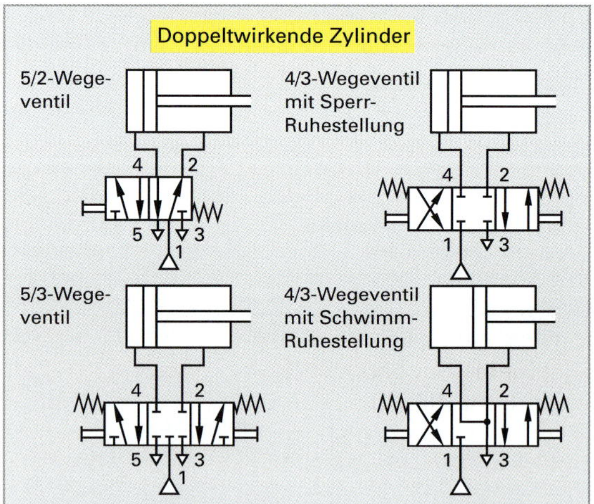

Bild 3: Steuerung doppelt wirkender Zylinder

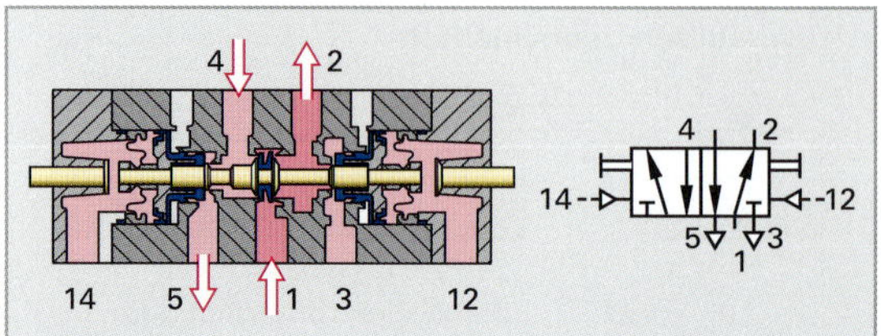

Bild 4: 5/2-Wegeventil mit Schwebetellersitz

Das Schalten von Wegeventilen erfordert oft große Kräfte. Dafür können Elektromagnete mit einer dafür erforderlichen Leistung eigesetzt werden. Da diese jedoch eine große Wärmemenge entwickeln, werden in der Regel **vorgesteuerte Ventile** eingesetzt **(Bild 1)**. Die Betätigungskraft wird dann von der Druckluft aufgebracht und es kann ein Elektromagnet mit geringer Leistung und Baugröße eingesetzt werden.

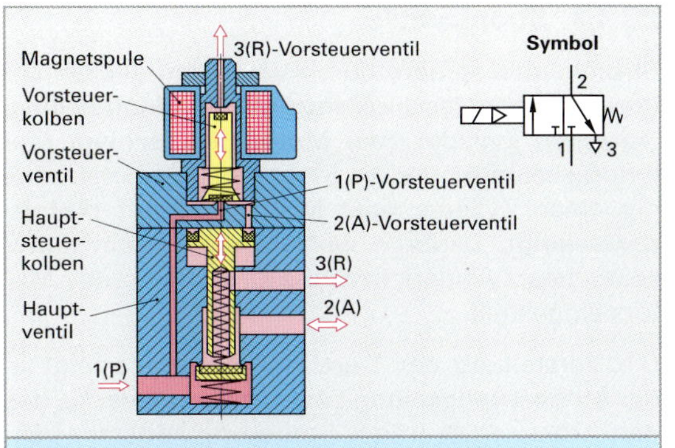

Bild 1: Vorgesteuertes 3/2-Wegeventil

Das Verzögerungsventil besteht aus einem pneumatisch betätigten 3/2-Wegeventil, einem Drosselrückschlagventil und einem kleinen Luftspeicher. Das 3/2-Wegeventil kann vom Typ Sperr-Ruhestellung oder Durchfluss Ruhestellung sein. Hat sich der notwendige Druck über den Steueranschluss 12 im Speicher aufgebaut, schaltet das 3/2-Wegeventil Durchfluss von 1 nach 2 **(Bild 2)**.

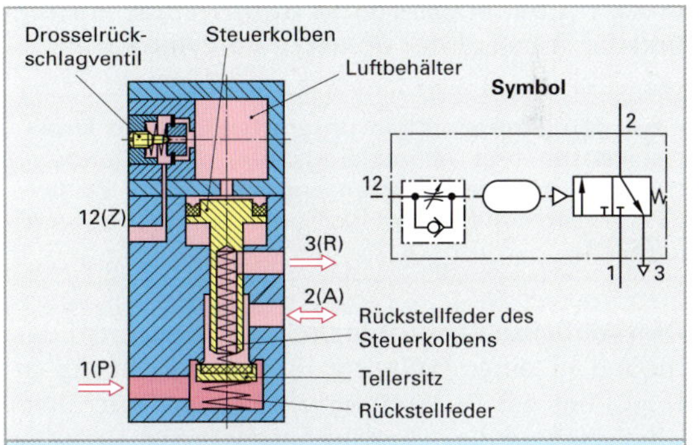

Bild 2: Verzögerungsventil

Wegeventile mit Federrückstellung verhalten sich monostabil, d. h. sie nehmen ihre bauartbedingte Ruhestellung ein, wenn sie nicht angesteuert werden **(Bild 3)**. **Impulsventile** können beidseitig durch Druckbeaufschlagung betätigt werden. Sie verhalten sich **bistabil**. Wurde ein Impulsventil betätigt hält es die eingenommene Schaltstellung so lange, bis es von einem Gegenimpuls wieder umgesteuert wird.

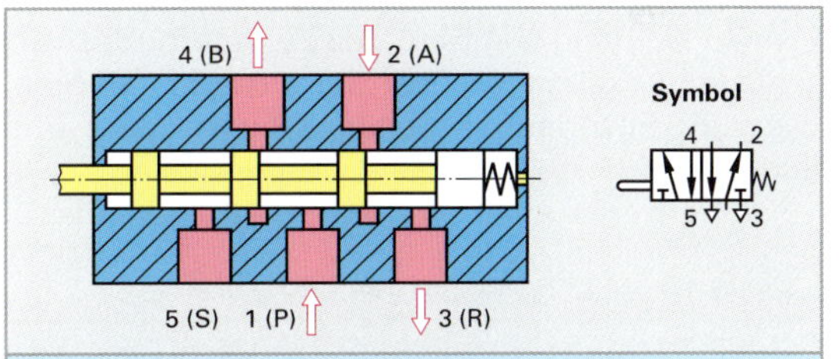

Bild 3: 5/2-Wegeventil, federrückgestellt

Impulsventile sind **Signalspeicher**.

Bei **Wegplansteuerungen** erfolgt die Bewegungsabfolge auf Grund einer Abfrage des von der Kolbenstange zurückgelegten Weges. Bei **Zeitplansteuerungen** wird die Bewegungsabfolge von der an einem Verzögerungsventil eingestellten Zeit beeinflusst **(Bild 4)**.

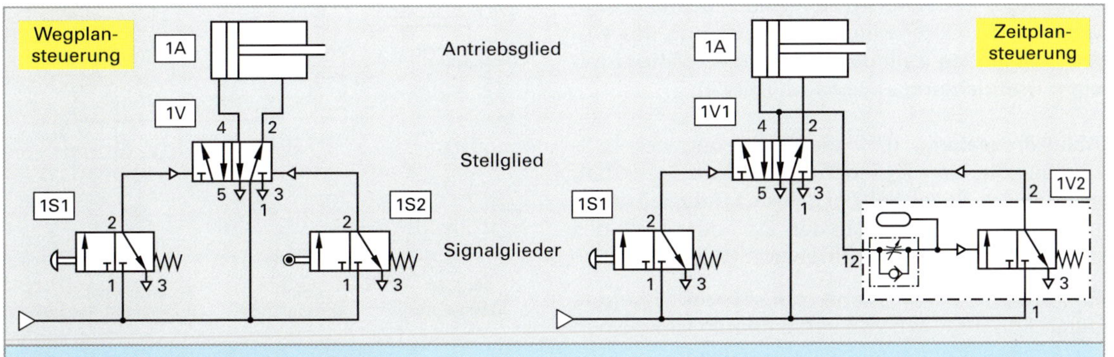

Bild 4: Steuerung mit Impulsventilen

2.3.4.3 Stromventile

Stromventile steuern durch Verstellen des Durchflussquerschnittes die **Menge des Druckluftstroms,** der einen Zylinder oder Motor beaufschlagt (Zuluftdrosselung) oder die Menge des Abluftstroms, der einen Zylinder oder Motor entlüftet **(Abluftdrosselung).** Dadurch werden die Geschwindigkeiten des Zylinders bzw. die Drehzahlen des Motors eingestellt.

Die Verstellung der Durchflussmenge erfolgt in der Aufbereitungseinheit am Druckregelventil, das den Arbeitsdruck in der Steuerung konstant hält. Durch Verkleinerung seines Durchflussquerschnittes verhindert das Druckregelventil, dass ein Staudruck vor der Engstelle des Stromventils entsteht und der Arbeitsdruck überschritten werden kann.

Bei den Stromventilen unterscheidet man **Drosselventile** (mit langer Engstelle) und **Blendenventile** (mit sehr kurzer Engstelle). Der Durchflussquerschnitt kann fest oder verstellbar sein **(Bild 1).**

Drosselrückschlagventile drosseln die Durchflussmenge in einer Richtung; in Gegenrichtung erfolgt über das Rückschlagventil freier Durchfluss. Zur Geschwindigkeitssteuerung werden sie in die Arbeitsleitungen der Zylinder geschaltet. Sie werden auch mit Nockenbetätigung und Federrückstellung gebaut. Durch Kurvenschienen betätigt, können sie dann während des Zylinderhubes verschiedene Kolbengeschwindigkeiten einnehmen, wie z. B. Eilvorlauf, Arbeitsgeschwindigkeit und Eilrücklauf.

Die Bewegungen bleiben stark lastabhänig.

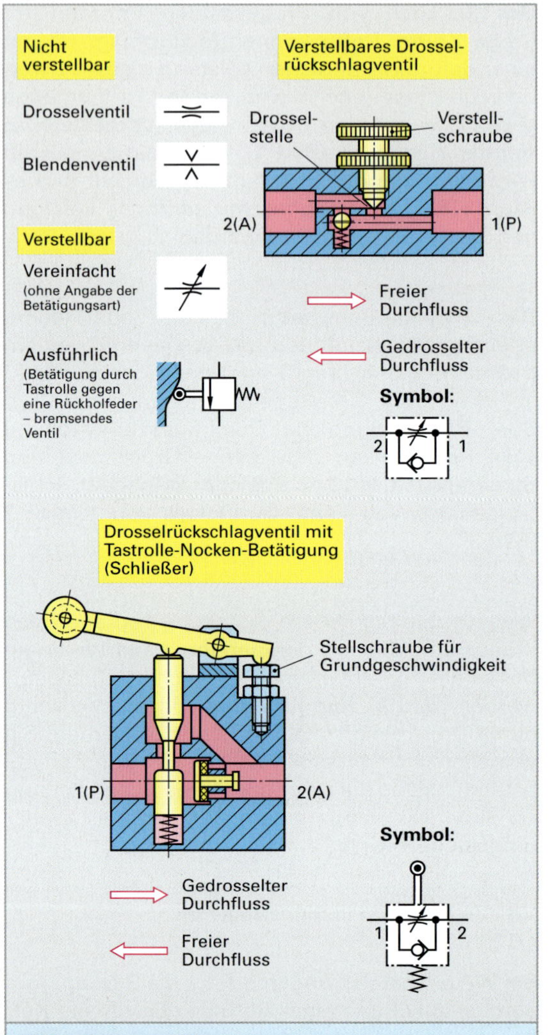

Bild 1: Stromventile

Geschwindigkeitssteuerungen

Zuluftdrosselung, d. h. die Steuerung der Druckluftmenge, die ein Antriebsglied beaufschlagt, wird bei der Geschwindigkeitssteuerung des einfach wirkenden Zylinders bzw. eines Motors mit einer Drehrichtung angewandt **(Bild 2).**

Abluftdrosselung, d. h. die Steuerung der Luftmenge, die den Zylinder oder Motor entlüftet, wird in der Regel bei der Geschwindigkeitssteuerung des doppelt wirkenden Zylinders bzw. des umsteuerbaren Motors eingesetzt (Bild 2).

Bei 5-Wegeventilen kann die Abluftdrosselung durch Einschrauben von verstellbaren Drosseln in die Auslassöffnungen erreicht werden.

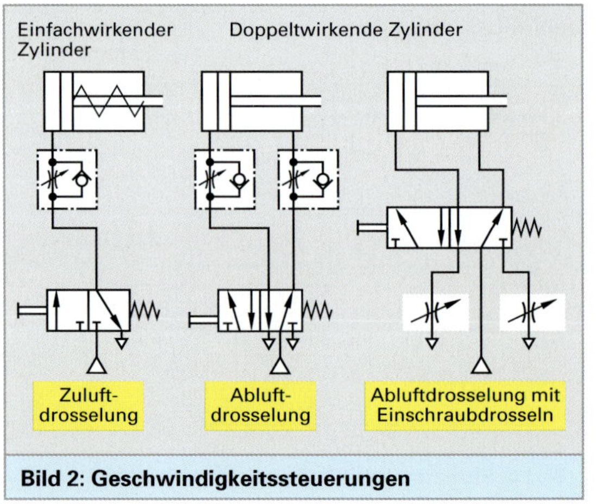

Bild 2: Geschwindigkeitssteuerungen

2.3.4.4 Sperrventile

Sperrventile sperren den Durchfluss des Druckmittels in einer Richtung und geben ihn in entgegengesetzter Richtung frei. Zu ihnen gehören das Rückschlagventil, das Schnellentlüftungsventil, das Wechselventil und das Zweidruckventil.

Rückschlagventile haben als Sperrelemente Kugeln, Kegel, Platten oder Membranen **(Bild 1).** Das Absperren kann nur durch die Druckkraft oder mit zusätzlicher Federunterstützung erfolgen. Sie werden z. B. als Sicherheitsventile bei Spannzylindern vor das Stellglied in die Druckleitung eingesetzt, um bei plötzlichem Druckabfall zu verhindern, dass sich der Spanndruck abbaut (Bild 1).

Schnellentlüftungsventile erhöhen durch schnelles Entlüften die Kolbengeschwindigkeit von Zylindern. Da sie direkt an den Zylinder montiert werden, verhindern sie die Drosselung der Abluft durch den Strömungswiderstand in der Arbeitsleitung und im Stellglied **(Bild 2).** Bei Druckbeaufschlagung wird die Entlüftungsbohrung geschlossen, und die Druckluft hat freien Durchgang zum Zylinder. Wird über das Stellglied die Arbeitsleitung entlüftet, fällt beim Druckanschluss 1 des Schnellentlüftungsventils der Druck ab. Das Dichtelement schließt den Anschluss und öffnet die Entlüftungsbohrung 3; die Abluft kann direkt ins Freie gelangen.

Das **Wechselventil** hat 2 Steueranschlüsse 10 (X) und 11 (Y) und einen Arbeitsanschluss 2 (A). Es verbindet den druckbeaufschlagten Steueranschluss mit dem Arbeitsanschluss, der den höheren Druck führt.

Das Wechselventil erfüllt die Logik einer **ODER-Funktion** und wird in der Digitaltechnik als ODER-Glied eingesetzt **(Bild 3).**

Soll z. B. ein Zylinder von 2 Kommandostellen aus gesteuert werden, verhindert das Wechselventil, dass die beaufschlagte Steuerleitung über das parallel geschaltete Signalglied entlüftet wird (Bild 3).

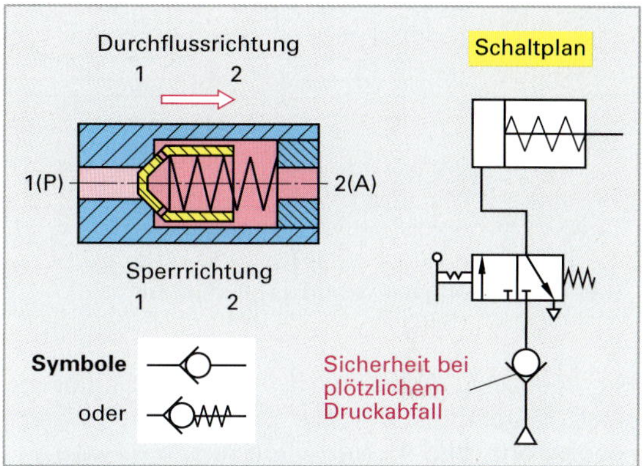

Bild 1: Rückschlagventil

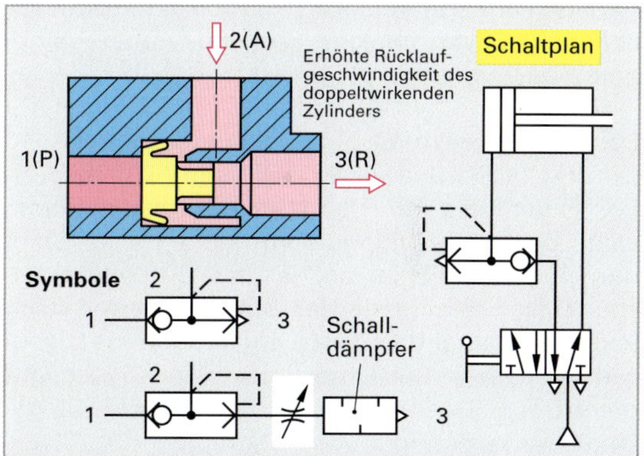

Bild 2: Schnellentlüftungsventil

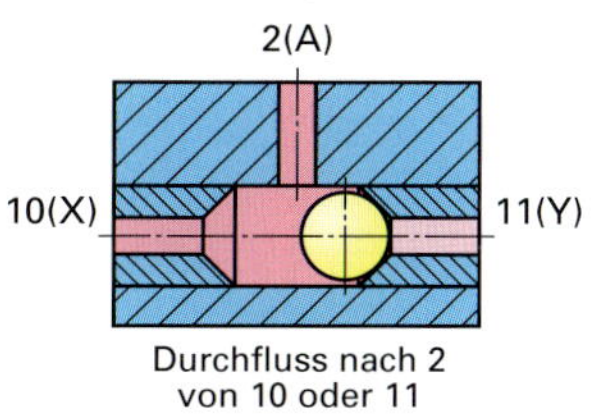

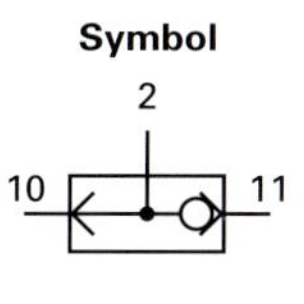

Funktionstabelle		
X	Y	A
0	0	0
0	1	1
1	0	1
1	1	1

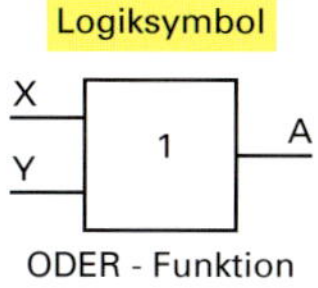

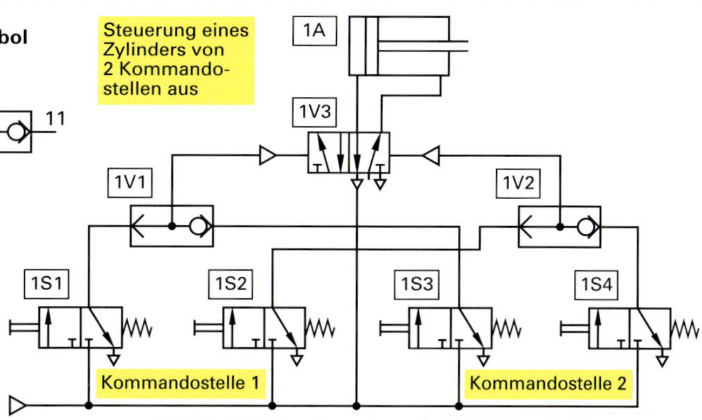

Bild 3: Wechselventil

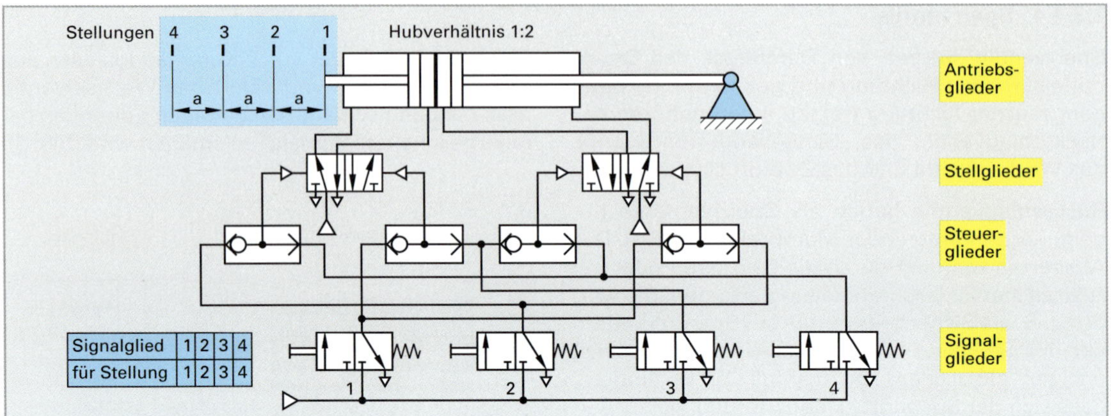

Bild 1: Steuerung des 4-Stellungszylinders

Mit Wechselventilen wird z. B. die Steuerung eines 4-Stellungszylinders mit 4 Signalgliedern verwirklicht **(Bild 1).** Verhalten sich die Hübe der aneinander geflanschten doppelt wirkenden Zylinder wie 1 : 2, können 4 Stellungen mit gleichen Hubabständen angefahren werden und zwar unabhängig davon, welche Stellung vorher eingenommen wurde.

Das **Zweidruckventil** hat 2 Steueranschlüsse 10 (X) und 11 (Y) und einen Ausgang 2 (A) **(Bild 2).** Der Durchfluss der Druckluft erfolgt nur dann, wenn beide Steuersignale vorhanden sind. Steht nur ein Steuersignal an, ist der Durchfluss gesperrt. Ist die Eingabe der Steuersignale zeitlich versetzt, gelangt das zuletzt angekommene Signal zum Ausgang. Bei Druckunterschieden schließt der größere Steuerdruck das Ventil, der kleine gelangt zum Ausgang 2.

Seiner Funktion nach entspricht das Zweidruckventil zwei in Reihe geschalteten, durch Druckbeaufschlagung betätigten 3/2-Wegeventilen mit Federrückstellung.

Das Zweidruckventil erfüllt die Logik einer **UND-Funktion** und wird als UND-Glied in der Digitaltechnik eingesetzt.

Bei **Verriegelungssteuerungen** verriegelt das Zweidruckventil den Druckimpuls eines Signalglieds solange, bis es von einem zweiten Impuls beaufschlagt wird. Dieser zweite Druckimpuls kann z. B. aus einer unter Druck stehenden Arbeitsleitung kommen **(druckabhängige Verriegelung)** oder er kann die Stellung einer Kolbenstange abfragen **(wegabhängige Verriegelung).** Auch eine Werkstückabfrage kann erfolgen **(Bild 3).**

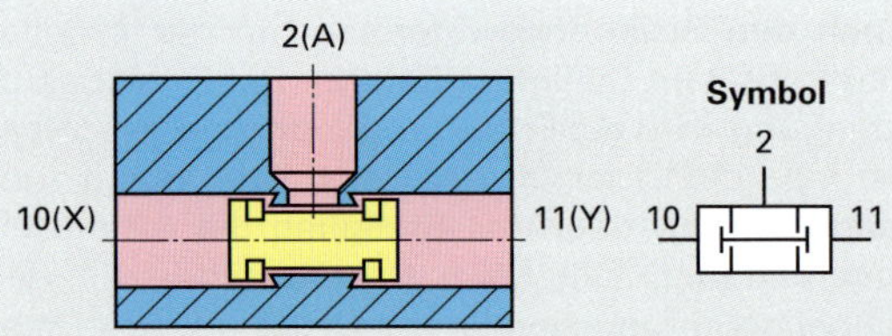

Funktionstabelle

X	Y	A
0	0	0
0	1	0
1	0	0
1	1	1

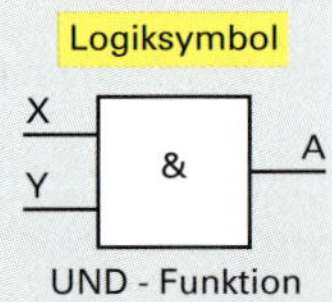

Bild 2: Zweidruckventil

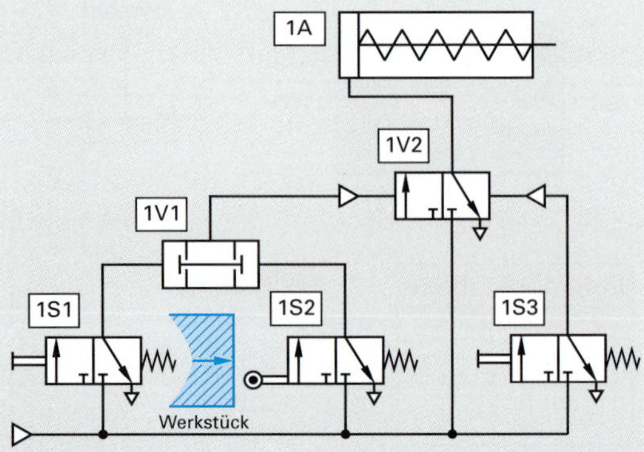

Bild 3: Verriegelungssteuerung

Wird in der **Zweihandsicherheitssteuerung** nur ein Signalglied betätigt, sperrt das Zweidruckventil den Durchfluss **(Bild 1)**. Werden beide Signalglieder gleichzeitig betätigt, öffnet das Zweidruckventil, der Steuerimpuls 12 schaltet bzw. stabilisiert das 3/2-Wegeventil 1V4 in Schaltstellung a, das Stellglied schaltet um, und die Kolbenstange fährt aus. Das Signal auf dem Steueranschluss 14 des Wegeventils kommt erst verzögert an und kann nicht mehr umschalten, da der Steuerimpuls 12 vorher anstand. Werden nun die beiden Signalglieder nacheinander mit einer Zeitdifferenz betätigt, die größer ist als die für das Signal 14 an der Drossel eingestellte Verzögerung, schaltet Ventil 1V4 in Stellung b und sperrt den Steuerstrom zum Stellglied. Der Zylinder fährt also nur aus, wenn beide Signalglieder innerhalb der erlaubten Zeitdifferenz gleichzeitig betätigt werden.

Zweihandsicherheitssteuerungen unterliegen besonderen Sicherheitsvorschriften. Hierfür gibt es geprüfte Sicherheitsventile.

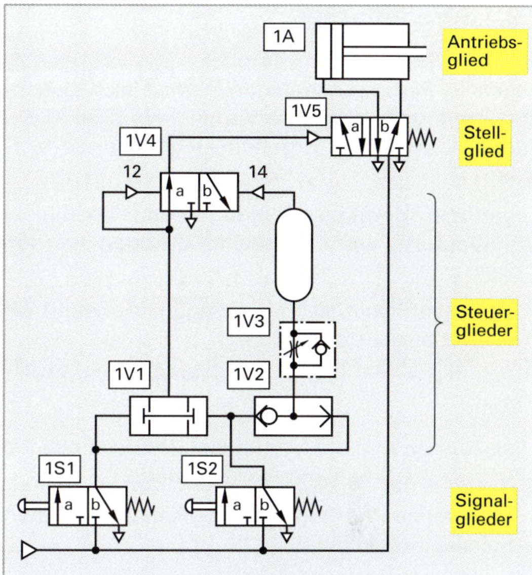

Bild 1: Zweihandsicherheitssteuerung

2.3.4.5 Druckventile und Absperrventile

Das **Druckregelventil** hält bei sich änderndem, aber höherem Eingangsdruck den Arbeitsdruck **konstant**. Es wird in der Aufbereitungseinheit als Druckregler verwendet **(Bild 2)**.

Symbol	Benennung	
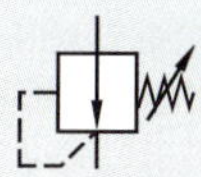	ohne Entlastungsöffnung	Druckregelventil
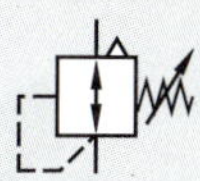	mit Entlastungsöffnung	Druckregelventil
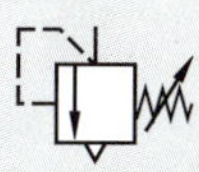	Druckbegrenzungsventil	
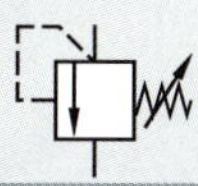	Folgeventil	

Bild 2: Druckventile

Mit dem Druckregelventil kann auch die Kolbenkraft eines Zylinders verändert werden **(Bild 3)**. Ist das Absperrventil 0V1 geöffnet, wird über Ventil 1S1 die Deckelseite des Zylinders beaufschlagt. Gleichzeitig wird das Impulsventil 1V2 geschaltet und entlüftet die Bodenseite des Zylinders. Wird 1S1 betätigt, entlüftet es die Deckelseite des Zylinders und nimmt den Schaltimpuls von Ventil 1V2; das Ventil 1V2 geht in Ruhestellung, und die Kolbenstange kann ausfahren. Die Zylinderkraft kann durch Verstellen des Druckregelventils 1V1 verändert werden.

Druckbegrenzungsventile werden als Sicherheitsventile eingesetzt. Steigt der Druck am Eingang über den eingestellten Wert, bläst das Ventil ins Freie ab.

Folgeventile schalten bei Erreichen des eingestellten Druckes weitere Verbraucher der Steuerung zu; z. B. wird ein Vorschubzylinder erst dann zugeschaltet, wenn sich in der Spannvorrichtung der Spanndruck aufgebaut hat.

Absperrventile sind Ventile, die den Durchfluss des Druckmittels freigeben oder absperren. In Steuerungen werden sie eingebaut, wo beim Absperren nicht entlüftet werden muss **(Bild 3)**.

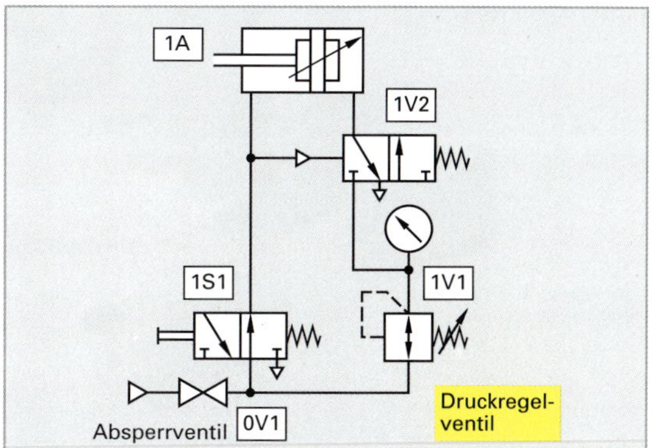

Bild 3: Änderung der Kolbenkraft

2.3.4.6 Ventilinseln

Für die Übernahmen komplexer Steuerungsaufgaben in Fertigungsanlagen eignen sich besonders modular aufgebaute Ventilinseln **(Bild 1)** Bei deren Verwendung ergeben sich folgende Vorteile:

- geringer Montageaufwand, da eine Ventilinsel einbaufertig vom Hersteller bezogen werden kann;
- eine Ventilinsel ist mit geringem Aufwand erweiterbar oder umrüstbar;
- Bestückung mit unterschiedlichen Ventilgrößen;
- es können in einer Ventilinsel unterschiedliche Druckzonen realisiert werden **(Bild 2)**
- Hutschienenmontage ist möglich, z. B. für den Schaltschrankeinbau;
- Integrierte Fehlerdiagnose.

Ventilinseln können zentral, dezentral oder als Hybridvariante installiert werden. Bei zentraler Installation werden mehrere Antriebe und komplett von einer großen Ventilinsel gesteuert **(Bild 3)**.

Alternativ können einzelne Funktionen dezentral an eine kleine Ventilinsel mit sehr kurzen Schläuchen angeschlossen.

Bild 2: Druckzonen in einer Ventilinsel

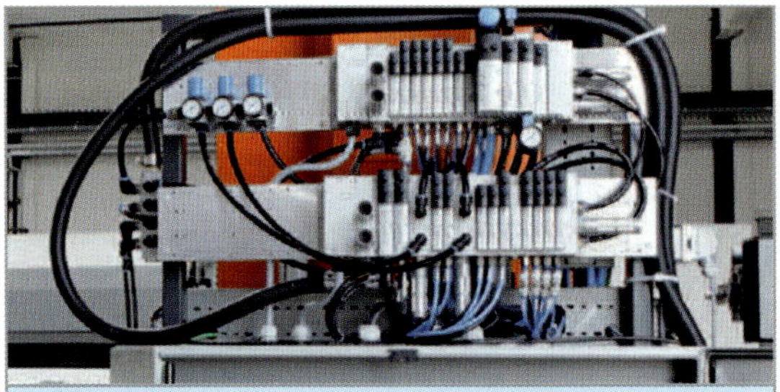

Bild 3: Ventilinsel bei zentraler Installation

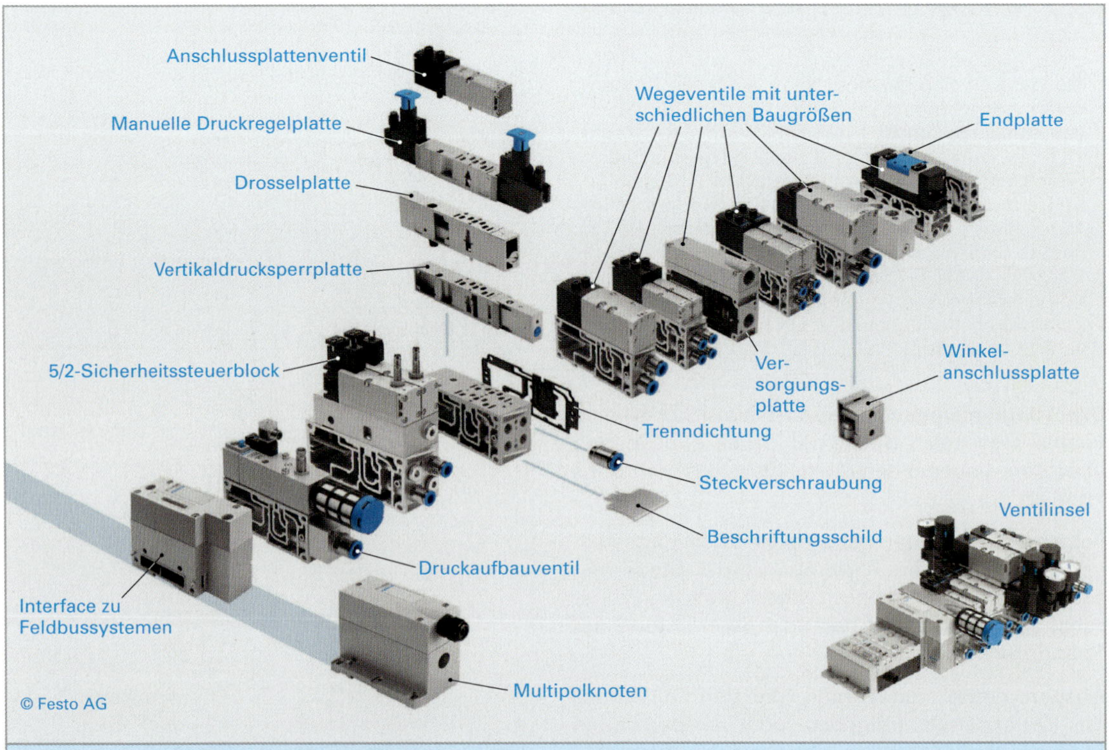

Bild 1: Modularer Aufbau einer Ventilinsel

Über ein Hybridkabel für Daten und Spannung verbindet das Installationssystem bis zu 16 Module mit dem zentralen Feldbusknoten.

Es können unterschiedliche Ventilgrößen eingesetzt werden, um Zylinder bei einem Luftverbrauch bis zu 4500l/min verwenden zu können. Mit Hilfe externer Steuerhilfsluft ist auch Vakuumbetrieb und damit der Einsatz von Sauggreifern möglich.

Es ist möglich Ventilinseln mit der Steuerung über Industrial Ethernet, einen Multipol- oder Feldbusanschluss zu verbinden (**Bild 1, vorhergehende Seite**). Mit einer Multipolsteckverbindung können bis zu 26 Adern gleichzeitig verbunden werden. Bei einer Stand-alone-Lösung wurde in einer Ventilinsel bereits eine SPS integriert.

Zur Erfassung von Sensorsignalen können Ein-/Ausgangsmodule ergänzt werden. Bei Erweiterung einer Ventilinsel durch Analogmodule kann Proportionalpneumatik eingesetzt werden.

Wiederholung und Vertiefung

1. Erklären die Symbole pneumatischer Geräte die konstruktive Ausführung oder die Funktion?
2. An welche Felder der Ventile werden im Schaltplan die Leitungen gezeichnet?
3. Wie stellt man sich das Schalten eines Ventils vor?
4. Erklären Sie die Bezeichnung 5/3-Wegeventil.
5. Zeichnen Sie den Schaltplan für die Steuerung eines einfach wirkenden Zylinders.
6. Zeichnen Sie den Schaltplan für die Steuerung eines doppelt wirkenden Zylinders.
7. Wie funktioniert ein Zeitverzögerungsventil?

2.3.5 Aufbau eines Schaltplans

Im **Schaltplan** werden die Bauteile ohne Berücksichtigung ihrer räumlichen Anordnung dargestellt. Die Bauteile sollen vorzugsweise waagerecht, die Leitungen senkrecht oder waagerecht und möglichst kreuzungsfrei gezeichnet werden **(Bild 1, folgende Seite)**.

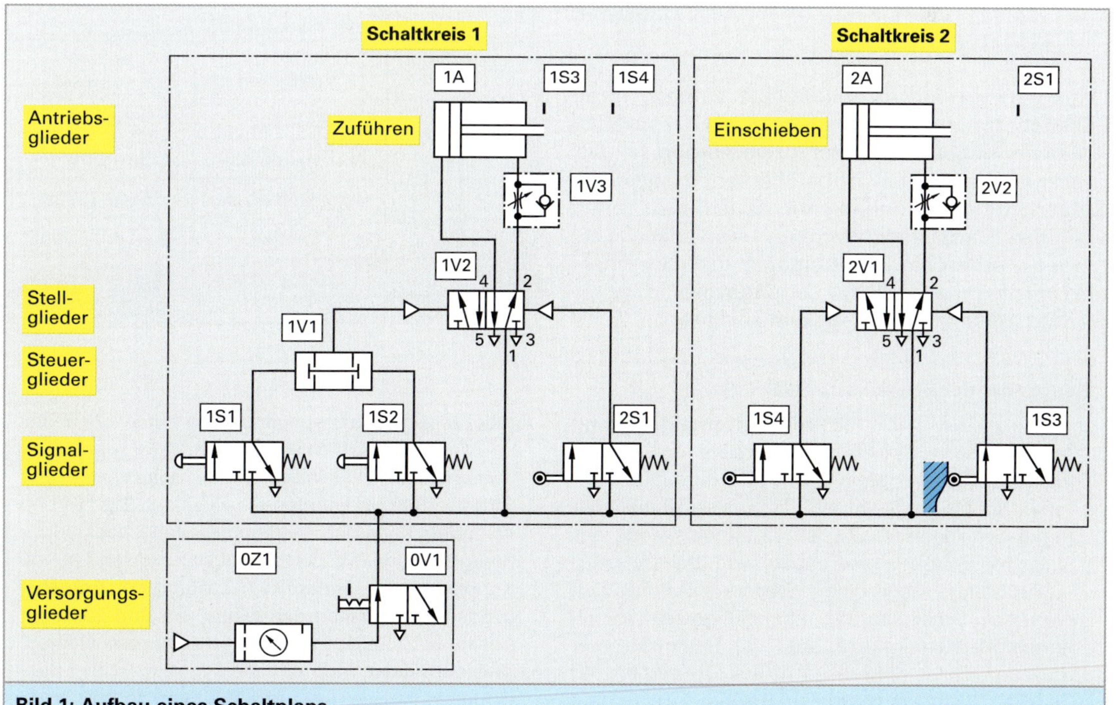

Bild 1: Aufbau eines Schaltplans

Im **Lageplan (Bild 1)** wird die räumliche Anordnung der Antriebsglieder schematisch dargestellt. Im **Schaltplan** werden die Bauglieder, z. B. Ventile und Zylinder, in der Ausgangsstellung gezeichnet. Sind Ventile mit Ruhestellung in der Ausgangsstellung betätigt, z. B. durch den Nocken einer Kolbenstange, werden die Leitungen an die Schaltstellung herangezogen. Die Schaltpläne werden in einzelne Schaltkreise aufgeteilt. Ein **Schaltkreis** umfasst die Bauglieder zur Steuerung eines Antriebsgliedes. Die einzelnen Bauglieder eines Schaltkreises sind entsprechend dem Signalfluss von unten nach oben angeordnet. Mehrere Schaltkreise werden in der Reihenfolge des Steuerungsablaufs von links nach rechts nebeneinander angeordnet. Sie Schaltstellung der Zylinder und Ventile ergibt sich nach dem Einschalten der Anlage, aber vor dem Auslösen des Startsignals.

Jedes Bauglied erhält eine Kennzeichnung, die mit einem Rahmen versehen sein soll. Die Kennzeichnung besteht aus der Anlagennummer, der Schaltkreisnummer, der Bezeichnung der Bauteilart und einer Bauteilnummer **(Bild 2)**. Ist eine Bauteilart nur einmal in einem Schaltkreis vorhanden, so kann die Bauteilnummer entfallen (Bild 1). Bauteile, die eine Funktion für mehrere Schaltkreise übernehmen, erhalten die Schaltkreisnummer 0, z. B. die Aufbereitungseinheit. Bei der Kennzeichnung der Signalaufnehmer wird deren Einbauort berücksichtigt.

Leitungen werden in Schaltpläne je nach ihrer Funktion mit unterschiedlichen Linien dargestellt. **Arbeitsleitungen** und **Anschlussleitungen** an das Druckluftnetz werden mit Volllinien dargestellt. **Steuerleitungen** können mit Strichlinien oder Volllinien dargestellt werden. Über diese Leitungen werden die Steuersignale zum Umschalten der Ventile geleitet. Leitungsverbindungen werden mit einem Punkt gekennzeichnet.

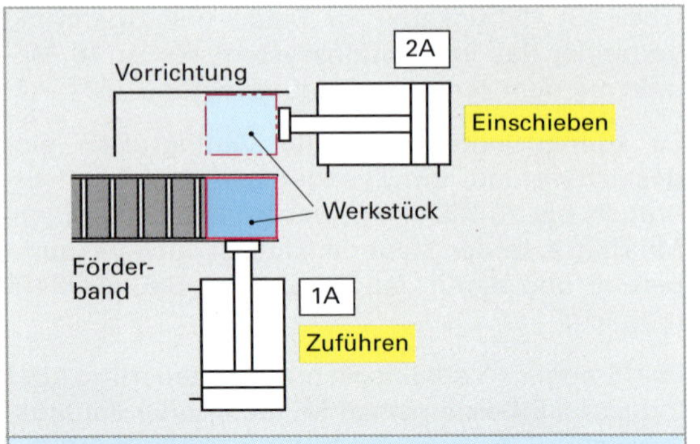

Bild 1: Lageplan

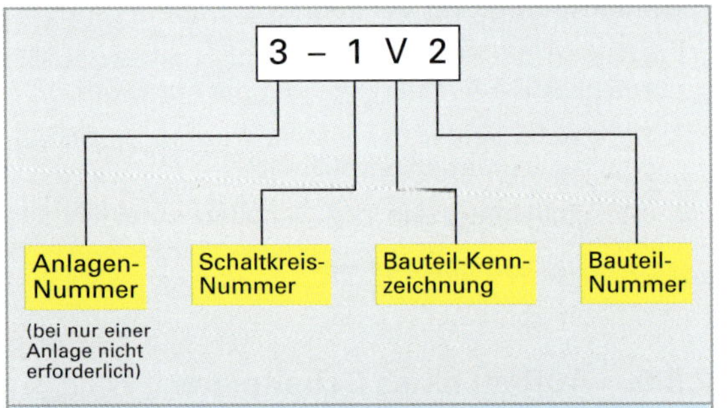

Bild 2: Kennzeichnung der Bauteile

Tabelle 1: Kennzeichnung der Bauteilart

Kennbuchstabe	Bauteilart	Beispiele
P	Pumpen und Verdichter	Kolbenkompressor
A	Antriebe	Zylinder
M	Antriebsmotoren	Elektromotor
S	Signalaufnehmer	Start-Taster
V	Ventile	Zweidruckventil
Z	jedes andere Bauteil	Aufbereitungseinheit

Bauglieder der Steuerkette (VDI 3260)

- **Signalglieder,** wie elektrische, hydraulische und pneumatische Grenztaster, Zeitrelais und Druckschalter, sind im Sinne der Wirkrichtung des Signal- und Energieflusses die ersten Bauglieder eines Schaltkreises. Werden die Signalglieder, wie z. B. bei Wegplansteuerungen, von der Zylinderkolbenstange über einen Steuernocken betätigt, wird im Schaltplan die Betätigungsstelle durch einen Markierungsstrich und die Bauteilnummer gekennzeichnet (Bild 1). Wird ein Signalglied nur in einer Richtung betätigt, z. B. über Leerrücklaufrolle, wird die Betätigungsrichtung durch einen Pfeil am Markierungsstrich angegeben.
- **Steuerglieder,** wie Wegeventile, Sperrventile und Stromventile, verknüpfen die einzelnen Signale und verändern dann den Zustand der Stellglieder.
- **Stellglieder,** wie Wegeventile, Leistungsschütze und Kupplungen, verändern den Zustand der Antriebsglieder. Sie schalten den Motor ein und aus oder lassen die Zylinderkolbenstange ein- und ausfahren.
- **Antriebsglieder,** Motoren und Zylinder, treiben Baueinheiten (Maschinen, Vorrichtungen) an.

2.3.6 Funktionsdiagramme

Die Funktionsfolgen, d. h. der Bewegungsablauf und das Zusammenspiel der Bauglieder einer Maschine bzw. Fertigungsanlage, werden in **Funktionsdiagrammen** grafisch dargestellt. Die Diagramme sollen die Planung, Konstruktion und Erstellung der Steuerung erleichtern; außerdem sind sie ein wichtiges Hilfsmittel für die Fehlersuche bei Störungen.

> Funktionsdiagramme werden für die Darstellung der Funktionsfolgen sowohl von mechanischen als auch von pneumatischen, hydraulischen, elektrischen und elektronischen Steuerungen sowie für Kombinationen dieser Steuerungsarten angewendet.

Bei Funktionsdiagrammen unterscheidet man **Wegdiagramme** und **Zustandsdiagramme.**

Darstellungsmittel

Um den Arbeitsablauf grafisch darstellen zu können, wurden in der **VDI-Richtlinie 3260** Symbole für Darstellungsmittel festgelegt und zwar für Wege und Bewegungen, Funktionslinien, Weg- und Bewegungsbegrenzungen, Signalglieder, Signallinien und Signalverknüpfungen **(Tabelle 1).**

Arbeitswege und **Arbeitsbewegungen,** wie z. B. Arbeitshübe, Vorschübe, Spannbewegungen oder Schwenkbewegungen zur Änderung der Werkstücklage oder Einschalten des Motors (Drehbewegung) oder Kurven (Kopierbewegung), werden als **breite Volllinien** dargestellt.

Die entsprechenden **Leerwege** bzw. **Leerbewegungen,** wie z. B. Eilgang, Rückhub, Entspannen, werden als **breite Strichlinien** gezeichnet. Bei **Wegbegrenzungen** und **Bewegungsbegrenzungen** erhalten die Wegelinien am Wegende einen **Pfeil** oder zusätzlich einen **Punkt,** einen **Querstrich** oder zwei Querstriche.

Signalglieder können muskelkraft-, mechanisch- oder druckbetätigt sein. Die Signalweitergabe wird durch eine Signallinie dargestellt.

Signallinien und **Signalverknüpfungen** zeigen die Abhängigkeit der Bauglieder untereinander an. Sie beginnen am Signalglied bzw. Signalausgang und enden an der Stelle, wo abhängig vom Signal eine Zustandsänderung eingeleitet wird. Sie werden als **schmale Volllinien mit Pfeil** (Signalrichtung) gezeichnet. In der Nähe des Signalausgangs kann ein Funktionszeichen (z. B. für pneumatische Steuerungsvorgänge) oder die Kurzbezeichnung des Signalglieds (Gerätenummer) ergänzt werden.

Tabelle 1: Symbole der Darstellungsmittel für Funktionsdiagramme (VDI 3260)

Arbeitswege und **Arbeitsbewegungen**			
	geradlinige Bewegung		
	Schwenkbewegung		
	Drehbewegung EIN		
	Weg in 2 Koordinaten (Kurve)		
Leerwege und **Leerbewegungen**			
	geradlinige Bewegung		
	Schwenkbewegung		
Weg- und **Bewegungsbegrenzungen**			
	allgemein (Pfeil)		
	Schwenkbewegung		
	Drehbewegung HALT (3/4-Kreis)		
	durch Signalglied (Punkt)		
	durch Festanschlag (Pfeil und Querstrich)		
	durch Wegmesssteuerungen (Pfeil und 2 Querstriche)		
Signalglieder (muskelkraftbetätigt)			
	EIN		ZWEIHAND-EINRÜCKUNG
	AUS	E A / 1 2 3 4 5	WAHL-SCHALTER
	EIN / AUS		
	TIPPEN		
	AUTOMATIK		GEFAHREN-ABSCHALTUNG
Signalglieder (mechanisch bzw. druckbetätigt)			
	GRENZTASTER IN ENDLAGE BETÄTIGT	t 2s	ZEITGLIED
	GRENZTASTER ÜBER LÄNGERE WEGSTRECKE BETÄTIGT	p 6bar	DRUCK-SCHALTER
Signallinien und **Signalverknüpfungen**			
	Signallinien		UND-Bedingungen
	Signal-verzweigung	S3	NICHT-Bedingungen
	ODER-Bedingung		Signal zu/von anderer Maschine

Das Wegdiagramm

Mit dem **Wegdiagramm** werden einfache Bewegungsvorgänge einzelner Arbeitsglieder grafisch dargestellt, wie z. B. die Bewegung eines Werkzeugschlittens, eines Pressenstößels oder eines Zylinders **(Bild 1)**. Leerwege (z. B. Eilgang) und Arbeitswege werden mit unterschiedlichen Linien gezeichnet.

Das Wegdiagramm wird für Maschinenangebote oder als Programmierhilfe verwandt.

Mit zusätzlichen Symbolen für Signalglieder, Steuerglieder oder Dreh- und Schwenkbewegungen von Motoren, kann das Diagramm erweitert werden **(Bild 2)**.

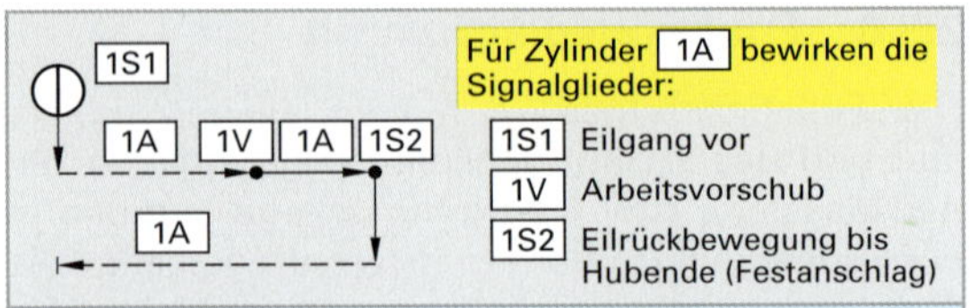

Bild 1: Wegdiagramm

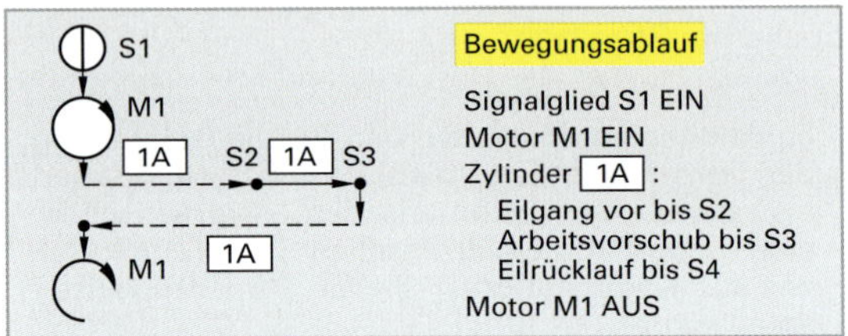

Bild 2: Erweitertes Wegdiagramm

Das Zustandsdiagramm

Das **Zustandsdiagramm** beschreibt in zwei Koordinaten die Funktionsfolgen (den Arbeitsablauf) eines oder mehrerer Arbeitsglieder und ihre steuerungstechnische Verknüpfung.

In der senkrechten Koordinate wird der **Zustand,** z. B. Weg, Druck, Winkel oder Drehzahl, aufgetragen, in der waagerechten Koordinate werden die **Arbeitsschritte** und/oder der **zeitliche Ablauf** dargestellt. Als Zustand eines Baugliedes wird seine Lage (Zylinder ausgefahren oder Zylinder eingefahren), seine Bewegung (Motor im Rechtslauf bzw. Linkslauf) oder seine Schaltstellung (Wegeventil in Schaltstellung a, b oder 0) bezeichnet.

Ist die Energie zugeschaltet und sind die **Startvoraussetzungen** geschaffen, ist die Arbeitseinheit in der Ausgangsstellung, und der Arbeitsablauf kann gestartet werden.

Der Arbeitsablauf wird in **Schritte** unterteilt. Jede Zustandsänderung, wie das Schalten eines Ventils oder Motors, oder der Übergang von Eilbewegung in Arbeitsbewegung eines Zylinders, leitet einen neuen Schritt ein und beendet einen vorausgegangenen **(Bilder 3, 4 und 5)**. Die Schritte werden durchnummeriert und beginnen mit dem Schritt 1 und enden mit dem letzten Schritt. Ein Arbeitstakt umfasst also alle Schritte einer Arbeitsmaschine, die z. B. zum Bearbeiten eines Werkstückes erforderlich sind.

Die **Schrittangabe** kann durch die **Zeitangabe** ergänzt werden. Kurze Zeiten, wie Schaltzeiten von Wegeventilen, werden im Allgemeinen nicht dargestellt.

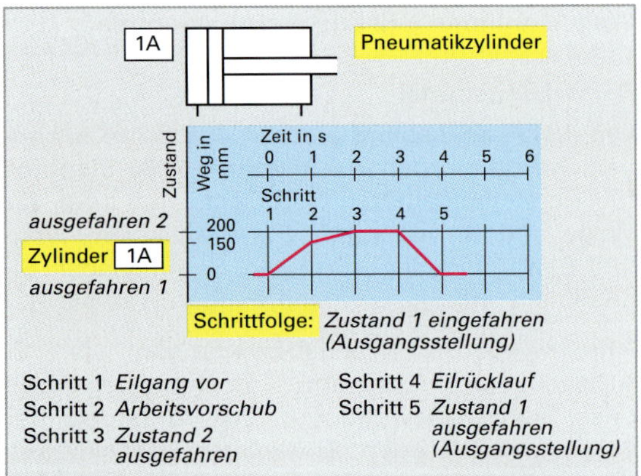

Bild 3: Zylinderbewegung im Zustandsdiagramm

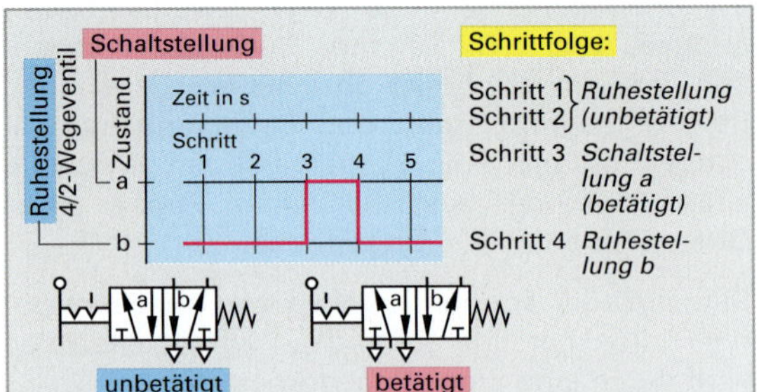

Bild 4: 2-Stellungsventil im Zustandsdiagramm

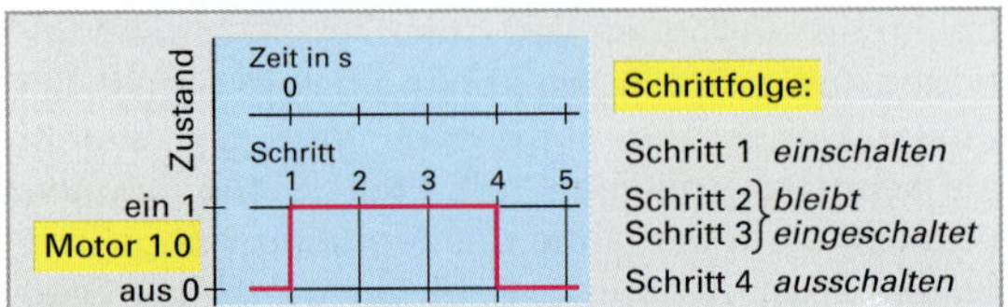

Bild 5: Motor im Zustandsdiagramm

Der Zustand der Bauglieder wird durch Funktionslinien grafisch dargestellt.

Schmale Volllinien entsprechen dem Zustand der **Ausgangsstellung** (Motor ausgeschaltet, Zylinder in Ausgangsstellung bzw. eingefahren oder Ventile in Ruhestellung bzw. unbetätigt).

Sind **Geräte aktiv** bzw. betätigt (Motor eingeschaltet, Zylinder fährt aus oder ein oder ist ausgefahren, Ventil betätigt), werden die Funktionslinien als **breite Volllinien** gezeichnet (Bilder 3, 4 und 5, vorhergehende Seite).

Signallinien, die die Funktionslinien verbinden, geben die steuerungstechnische Verknüpfung der Bauglieder an **(Bild 1).**

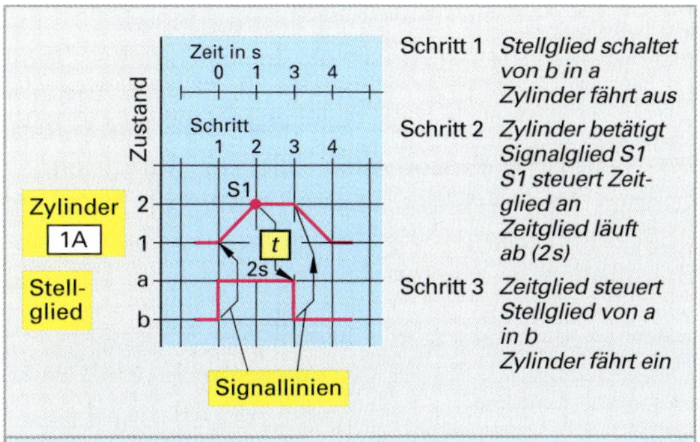

Bild 1: Verknüpfung der Bauglieder

Aufgabe:

Ein doppelt wirkender Zylinder 1A führt eine Werkstückaufnahme, in die von Hand das Werkstück eingelegt wird, einem Prägezylinder 2A zu und spannt. Der Prägezylinder prägt eine Teilenummer in das Werkstück und fährt in die Ausgangsstellung zurück. Danach erfolgt die Rückfahrt des Zylinders 1A.

Lösung:

Der **Lageplan** zeigt die Einbaulage der Antriebsglieder in der Vorrichtung. Im **vereinfachten Zustandsdiagramm** ist der Bewegungsablauf der beiden Zylinder dargestellt **(Bild 2).**

Im ausführlicheren **Zustandsdiagramm** werden neben den Zylinderbewegungen auch deren Verknüpfungen mit den Signal- und Stellgliedern gezeigt **(Bild 3).** Im **Schaltplan** der Steuerung ermöglicht das Wegeventil 0V, ohne Signalglieder mit Leerrücklaufrollen-Betätigung auszukommen **(Bild 4).**

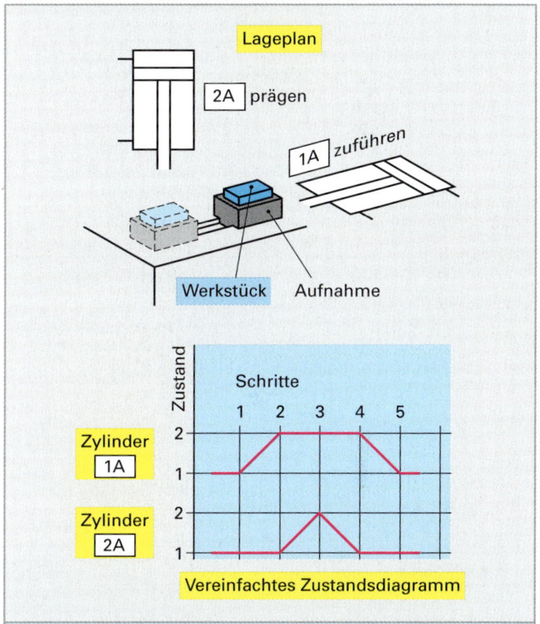

Bild 2: Lageplan und vereinfachtes Zustandsdiagramm der Prägevorrichtung

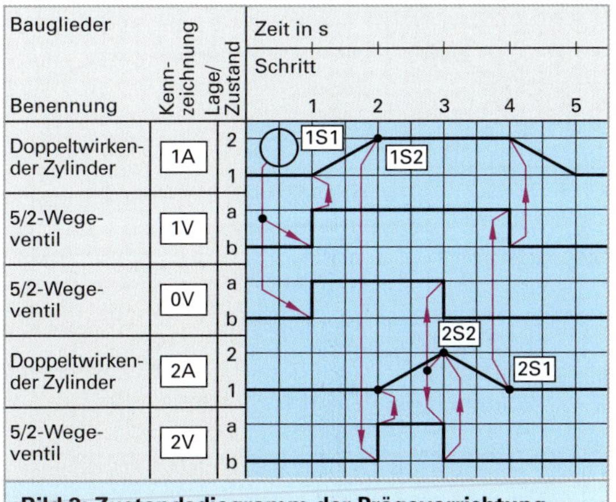

Bild 3: Zustandsdiagramm der Prägevorrichtung

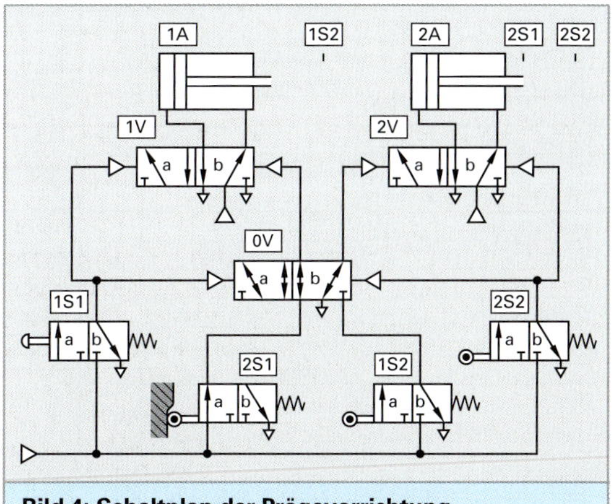

Bild 4: Schaltplan der Prägevorrichtung

Das **ausführliche Zustandsdiagramm** wird meist auf Formblätter gezeichnet. In der ersten Spalte des Formblattes werden die Zeilen fortlaufend nummeriert, um mit den Schrittangaben im Rasterfeld Einzelheiten leichter auffinden zu können. Die nächsten Spalten enthalten Angaben über Benennung, Kennzeichnung und Zustand der Bauglieder. Im Rasterfeld werden die Funktionslinien der Bauglieder in ihrer Abhängigkeit zueinander (Signalverknüpfungen) dargestellt.

Beispiel: An Hand der Steuerung einer Bohrvorrichtung, deren Schaltplan in **Bild 1** dargestellt ist, wird der Aufbau des Zustandsdiagrammes **Bild 2** erklärt **(Tabelle 1):**

Tabelle 1: Arbeitsablauf der Bohrvorrichtung

Schritt	Vorgang
X0	Ausgangslage
X1	Hauptventil 0V1 EIN
X2	Ventil 2S4 muss betätigt sein (Kontrolle der Ausgangslage von Zylinder 2A)
1	Ventil 1S1 wird betätigt, Stellglied 1V1 schaltet von b nach a, 1A fährt aus
2	1A1 betätigt Taster S1 und Ventil 1S2, Bohrmotor M1 läuft an, 2V4 wird umgeschaltet, 2A fährt im Eilgang aus. Nach einer an Ventil 2V1 eingestellten Zeit wird Anschluss 14 des Ventils 2V4 entlüftet (Signalabschaltung)
3	Ventil 2S3 wird durch Zylinder 2A betätigt, 2V3 schaltet von b nach a, Zylinder 2A wird langsamer
4	2A betätigt 2S2, 2V4 und 2V3 schalten von a nach b, 2A fährt im Eilgang ein
5	Zylinder 2A betätigt Ventil 2S1 und Schalter S2, Ventil 1V1 schaltet von a nach b, Zylinder 1A fährt ein, Bohrmotor wird abgeschaltet.

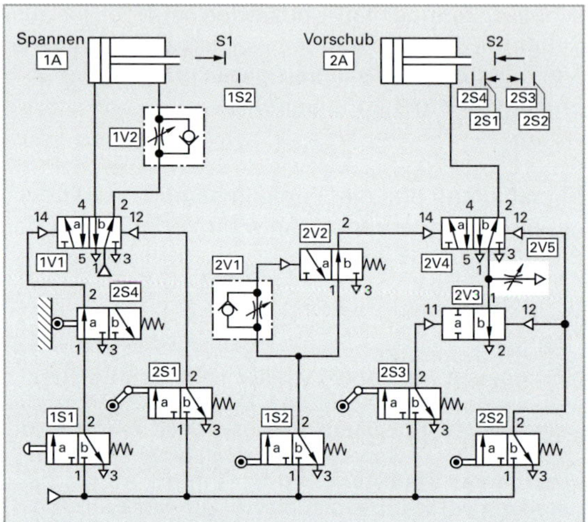

Bild 1: Schaltplan der Bohrvorrichtung

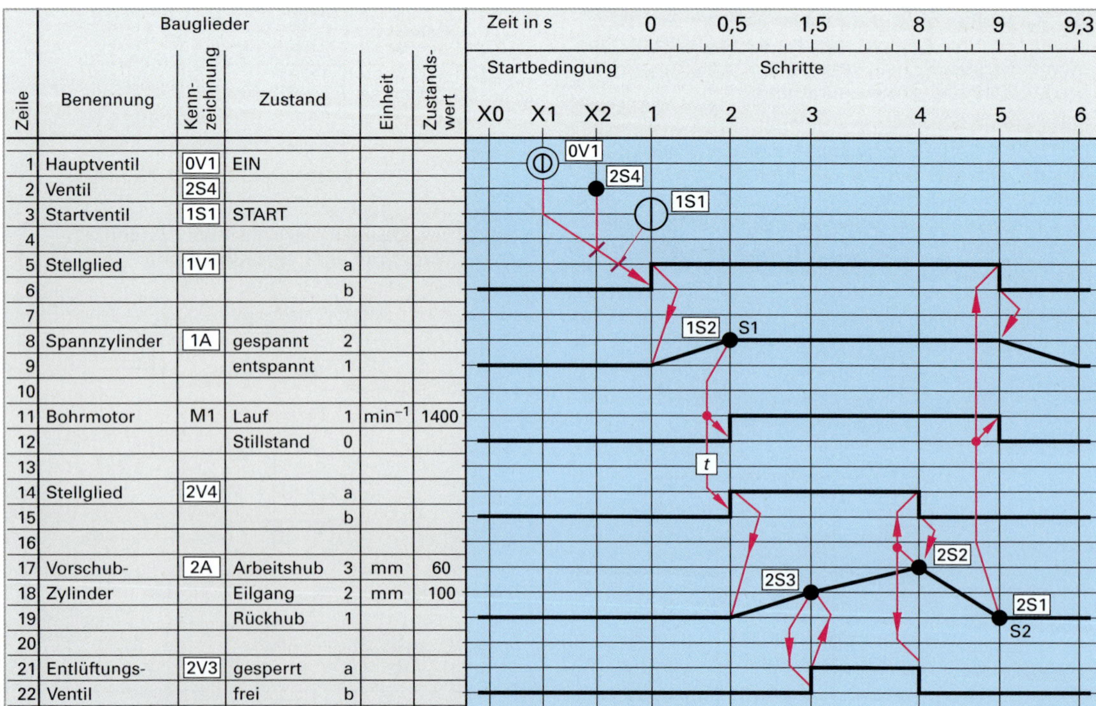

Bild 2: Funktionsdiagramm (Zustandsdiagramm) der Bohrvorrichtung

2.3.7 Proportionaltechnik

In der Pneumatik werden Wegeventile und Druckventile mit Proportionalventiltechnik eingesetzt.

Die wesentlichen Vorteile gegenüber der konventionellen Ventiltechnik sind:

- geringerer Aufwand an Geräten, Zubehör, Montage,
- geringere Kosten,
- geringerer Platzbedarf,
- zeitlich stufenlos einstellbare Sollwerte für Drücke und Volumenstrom,
- fernverstellbare Sollwerte **(Bild 1)**.

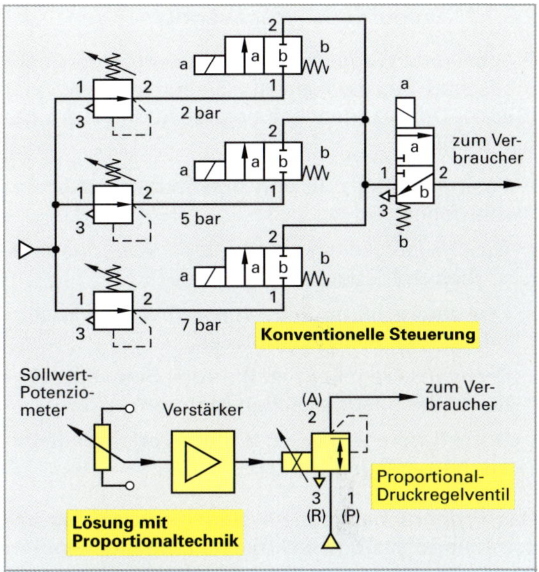

Bild 1: Druckeinstellung von drei definierten Arbeitsdrücken

Zur Ansteuerung der Pneumatikventile können die gleichen Magnetsysteme und elektronischen Steuerkarten wie für Hydraulikventile verwendet werden.

2.3.7.1 Proportional-Druckregelventile

Zur Beeinflussung kleiner Luftmengen werden direkt gesteuerte Proportional-Druckregelventile eingesetzt. Bei großen Luftmengen verwendet man vorgesteuerte Proportional-Druckregelventile. Dabei dient ein direkt gesteuertes Proportional-Druckregelventil als Vorsteuerventil. Zur Verminderung der Hysterese auf Werte < 0,5 % werden auch geregelte Proportional-Druckregelventile verwendet **(Bild 2)**.

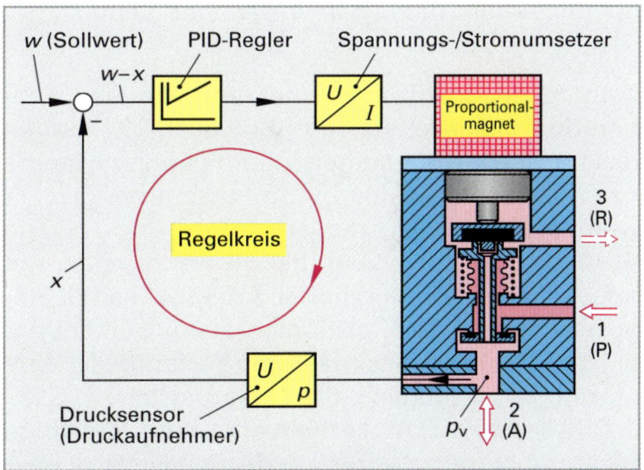

Bild 2: Proportional-Druckregelventile mit integrierter Druckregelung

Beispiel:

Druckluftbremse an einer Längsteilanlage für Bleche. Von einer Abwickelhaspel wird 1500 mm breites und 0,8 mm dickes Blech von einem Coil abgezogen. Das Blechband wird dabei mit einer Schneidgeschwindigkeit von max. 250 m/min von einer Kreismesserschere in Längsstreifen mit min. 20 mm Breite geschnitten. Die geschnittenen Streifen werden im Streifentransportwagen geklemmt und zum Klemmschlitz am Haspeldorn der Aufwickelhaspel transportiert.

Auf dem Streifentransportwagen befindet sich unter anderem eine hydraulisch einschwenkbare Bremsrolle. Die Bremswirkung an der Bremsrolle erfolgt mithilfe einer wassergekühlten, druckluftbetätigten Bremse in Abhängigkeit von dem durch ein Pneumatik-Proportional-Druckregelventil eingespeisten Druck **(Bild 3)**. Der jeweilige Sollwert für das Proportional-Druckregelventil wird, abhängig vom Fertigungsprogramm, am Bedienpult der Anlage über Potenziometer ferngesteuert. Die Bremsrolle hat die Aufgabe, bei dünnen Bändern eine straffe Wicklung der Spaltbänder zu erzielen.

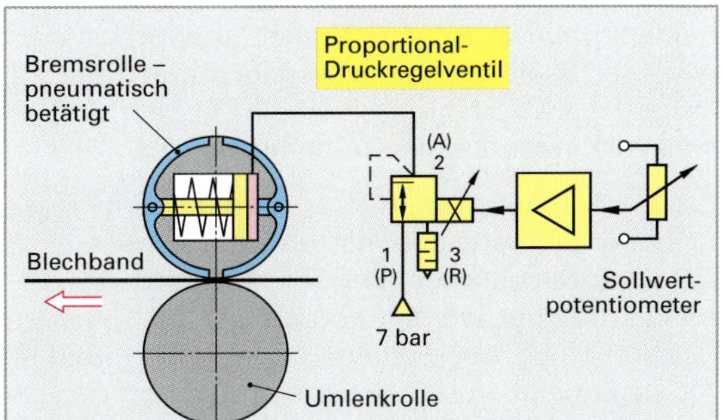

Bild 3: Druckluftbremse an Längsteilanlage für Bleche

Die Vorteile gegenüber einer konventionellen Drucksteuerung sind die Fernbedienbarkeit sowie eine feinfühlige Einstellung, wodurch eine gleichmäßige Bremswirkung erreicht wird.

2.3.7.2 Proportional-Wegeventile

Proportional-Wegeventile werden meist in pneumatischen Regelkreisen als Stellglied verwendet **(Bild 1)**. Dabei können sie unterschiedliche Aufgaben erfüllen:

- Positionierung z. B. von pneumatischen Linearantrieben,
- Geschwindigkeitsregelung z. B. von pneumatischen Antrieben,
- Drehzahlregelung z. B. von Schwenkzylindern oder pneumatischen Motoren,
- Drehwinkelregelung z. B. von Schwenkzylindern oder pneumatischen Motoren,
- Durchflussregelung z. B. in verfahrenstechnischen Anlagen.

Das Proportionalmagnetsystem wandelt das ankommende analoge elektrische Eingangsventil in einen proportionalen Weg des Ventilkolbens um. Dadurch werden die Öffnungsquerschnitte an den Ausgängen des Ventils entsprechend verändert. Das stromgeregelte Proportionalmagnetsystem hat gegenüber dem gesteuerten eine deutlich geringere Hysterese (< 0,5 %) **(Bild 2)**.

Mithilfe pneumatischer Linearantriebe und Proportional-Wegeventile als Stellglieder, können reaktionsschnelle und genaue Positioniersysteme nach dem Baukastenprinzip zusammengestellt werden **(Bild 3)**. Es sind preiswerte und robuste Systeme, die bevorzugt bei Anwendungen mit hohen Taktzahlen und hoher Arbeitsdynamik eingesetzt werden. Die Positioniergenauigkeit beträgt bis ± 0,1 mm bei maximal 3 m/s Verfahrgeschwindigkeit. Es ist möglich, die Linearantriebe z. B. zu 3-Achssystemen zu kombinieren, um beliebige Raumpunkte anzufahren. Jede Achse wird über einen Achscontroler angesteuert. Ein Linearantrieb kann bis zu 2000 mm Hublänge haben. Die Zylinderkammern werden über die beiden Luftanschlüsse mit Druckluft beaufschlagt. Durch Permanentmagnete auf dem Kolben und im Schlitten wird der Schlitten kraftschlüssig mitgenommen. Daher ist die Verfahrgeschwindigkeit begrenzt, da sonst die magnetische Kupplung abreißt.

Da bei pneumatischen Achsen immer eine gewisse Reibung zu überwinden ist und die Achsen auch mit unterschiedlichen Massen während des Betriebes belastet werden können, ist zur genauen Positionierung eine Regelung erforderlich **(Bild 4)**. Als Regler eignen sich bei pneumatischen Achsen auch Zustandsregler. Diese verbessern zusätzlich das Geschwindigkeits- und Beschleunigungsverhalten.

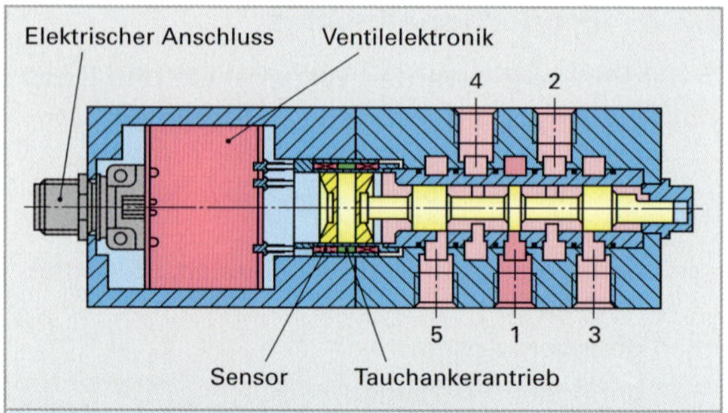

Bild 1: 5/3-Wege-Proportionalventil

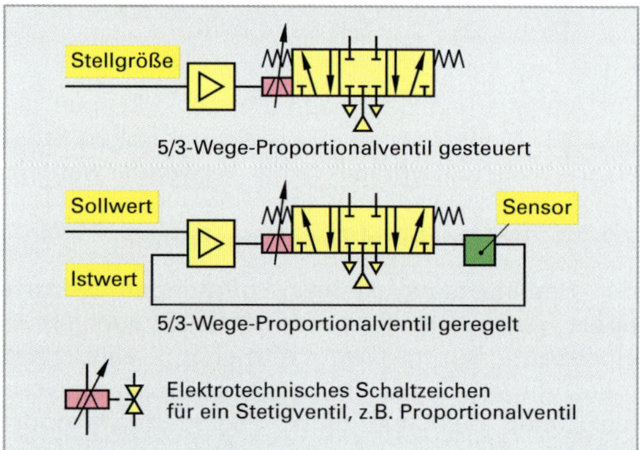

Bild 2: Schaltzeichen

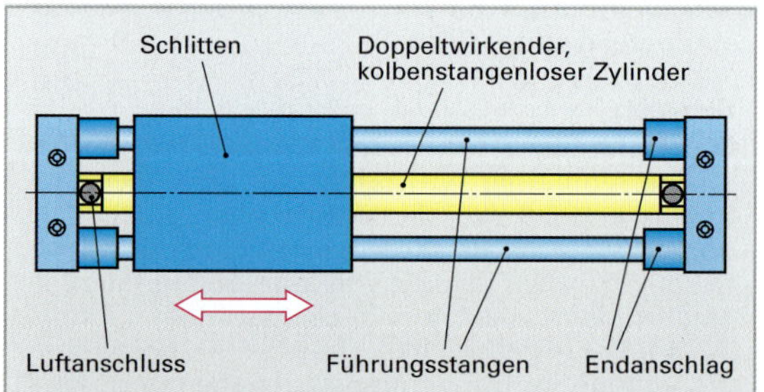

Bild 3: Pneumatische Achse

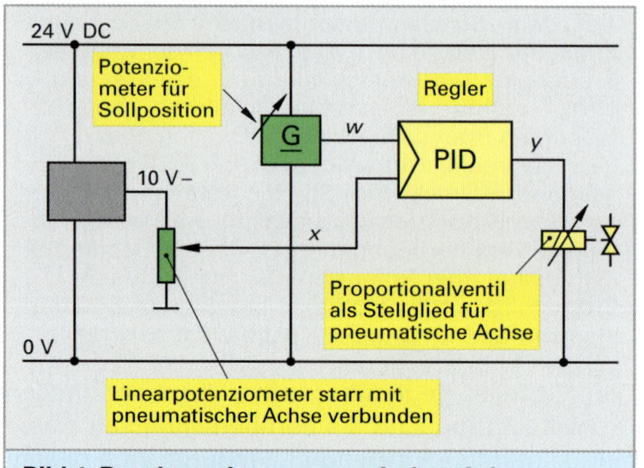

Bild 4: Regelung einer pneumatischen Achse

Beispiel:

In einer Gießerei werden Motorblöcke für Pkw-Motoren gefertigt **(Bild 1)**. Die Gehäuse werden nach dem Gießen geputzt und entgratet. Hierzu werden sie über ein Förderband der Entgratungsstation zugeführt. Die Gehäuse werden zum Putzen eingespannt.

Eine Schleifscheibe ist auf einem Schlitten montiert. Dieser wird von einer geregelten Linearachse angetrieben. Die Schleifscheibe wird an den Gehäusekanten entlanggeführt. Die Achsregelung übernimmt die Kontrolle der Umkehrpositionen und der Vorschubgeschwindigkeit der Schleifscheibe.

Zum Punktschweißen müssen Bleche in eine bestimmte Lage gebracht werden. **Bild 2** zeigt ein Positioniersystem bestehend aus einem X/Y-Koordinatentisch. Dieser ist aus pneumatischen geregelten Achsen aufgebaut und kann über eine numerische Steuerung angesteuert werden. Damit erreicht man eine hohe Flexibilität und kurze Rüstzeiten.

In der Pneumatik werden Proportional-Druckventile und Proportional-Wegeventile verwendet. Gegenüber der konventionellen Ventiltechnik werden bei Einsatz der Proportionalventiltechnik Automatisierungssysteme wesentlich flexibler und kostengünstiger.

Wiederholung und Vertiefung

1. Auf welche Art werden die Bauglieder einer Steuerung im Schaltplan nummeriert?
2. Was beschreibt der Lageplan?
3. Wie stellt man im Schaltplan die Betätigung eines Signalgliedes durch den Steuernocken einer Kolbenstange dar?
4. Welche Zusammenhänge werden in den Funktionsdiagrammen dargestellt?
5. Wie ist das Formblatt für ein Zustandsdiagramm aufgebaut?
6. In welchen Gruppen werden pneumatische Verknüpfungsglieder unterteilt?
7. Welche Vorteile bietet die Proportionalventiltechnik gegenüber der konventionellen Ventiltechnik?
8. Welchen Vorteil bieten geregelte gegenüber gesteuerten Proportionalventilen?
9. Welche Aufgaben können Proportional-Wegeventile übernehmen?
10. Aus welchen Komponenten lassen sich Positioniersysteme aufbauen?

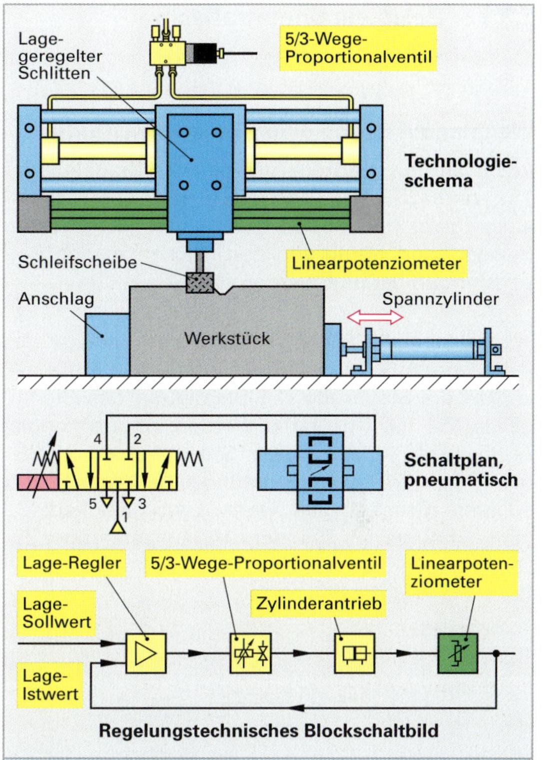

Bild 1: Entgratstation

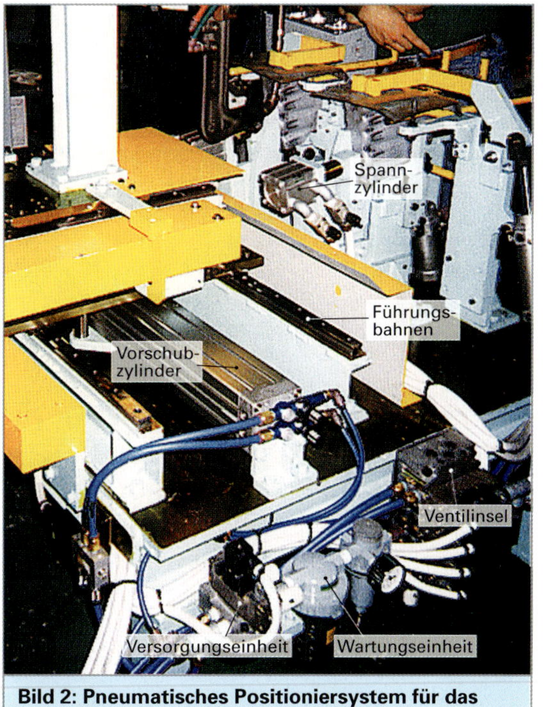

Bild 2: Pneumatisches Positioniersystem für das Punktschweißen von Blechen

2.3.8 Beispiele pneumatischer Steuerungen

Wegplansteuerung einer Biegevorrichtung

Im Schaltplan der Steuerung sind die Signalglieder 1S2 und 2S1 mit **Tastrollen mit Leerrücklauf** ausgerüstet und dürfen nur in der gezeichneten Bewegungsrichtung von den Nocken an den Kolbenstangen betätigt werden **(Bild 1)**.

Würde man mit Signalglied 2S1 die Endlage des Zylinders 2A (Kolbenstange eingefahren) abfragen, könnte die Steuerung bei Betätigung des Signalglieds 1S1 nicht gestartet werden, da am Impulsventil 1V ein **gleichgroßer Steuerdruck** von 2S1 dem Startsignal **entgegenstünde.** Auch der Schritt 3 könnte nicht erfolgen, wenn das Signalglied 1S2 in der Endlage des Zylinders 1A (ausgefahrener Zustand) angebracht wäre.

Die im Schaltplan dargestellte Lösung hat folgenden Nachteil: Die Endlagen der Zylinder werden von den Signalgliedern 1S2 und 2S1 nicht abgefragt, wodurch z. B. der Biegezylinder den Arbeitshub ausführen könnte, auch wenn die Spannvorrichtung nicht ganz geschlossen wäre.

Ablaufsteuerung (mit Signalabschaltung) einer Biegevorrichtung

Eine **Endlagenkontrolle** der Zylinderbewegungen durch die Signalglieder 1S2 und 2S1 erhält man durch **Abschalten der Signale** über die Zeitglieder 1V1 und 2V1 **(Bild 2)**. Die Abschaltzeit kann eingestellt werden. Die **4/2-Wege-Impulsventile** 1V2 und 2V2 sind ihrer Funktion nach **binäre Speicher.** Das **Setzen** der Speicher erfolgt durch die Signalglieder 1S1 bzw. 1S2 und bewirkt das Ausfahren der Kolbenstange; gelöscht werden die Speicher (Kolbenstange fährt ein) durch **Rücksetzimpulse** von den Signalgliedern 2S1 und 2S2.

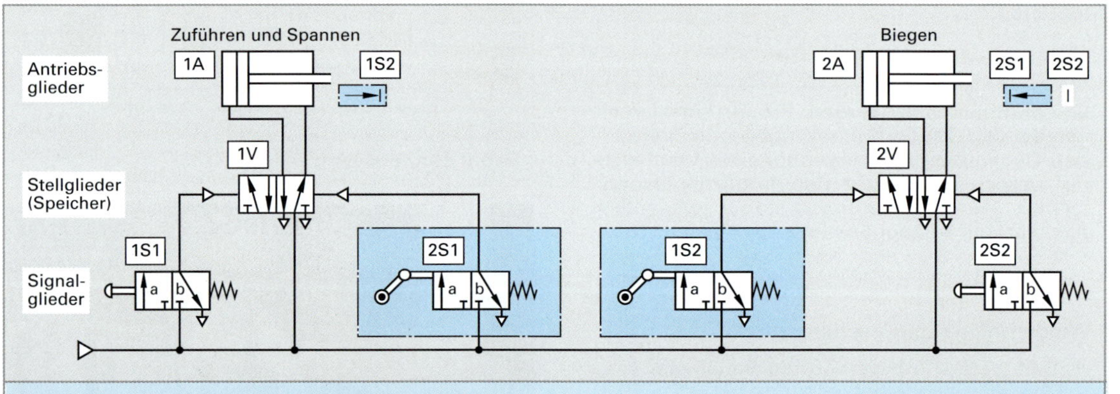

Bild 1: Wegplansteuerung der Biegevorrichtung

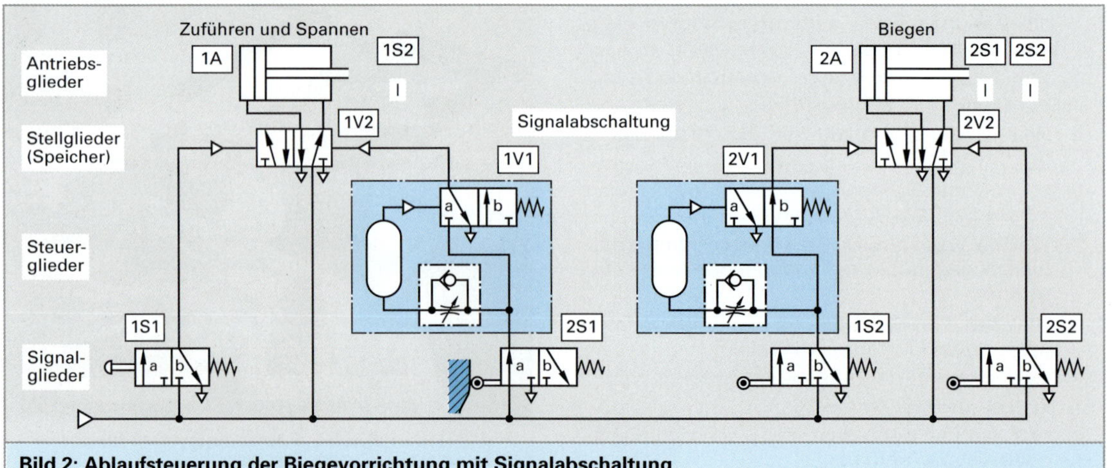

Bild 2: Ablaufsteuerung der Biegevorrichtung mit Signalabschaltung

Taktstufensteuerung

Bei einer **Taktstufensteuerung** werden die Schaltsignale bei jedem Bewegungsschritt (Bewegungstakt) zu- bzw. abgeschaltet. Der Ablauf der Takte in der gewünschten Taktfolge wird durch ein **Vorbereitungssignal** des vorhergehenden Taktes und durch ein **Löschsignal** des nachfolgenden Taktes abgesichert.

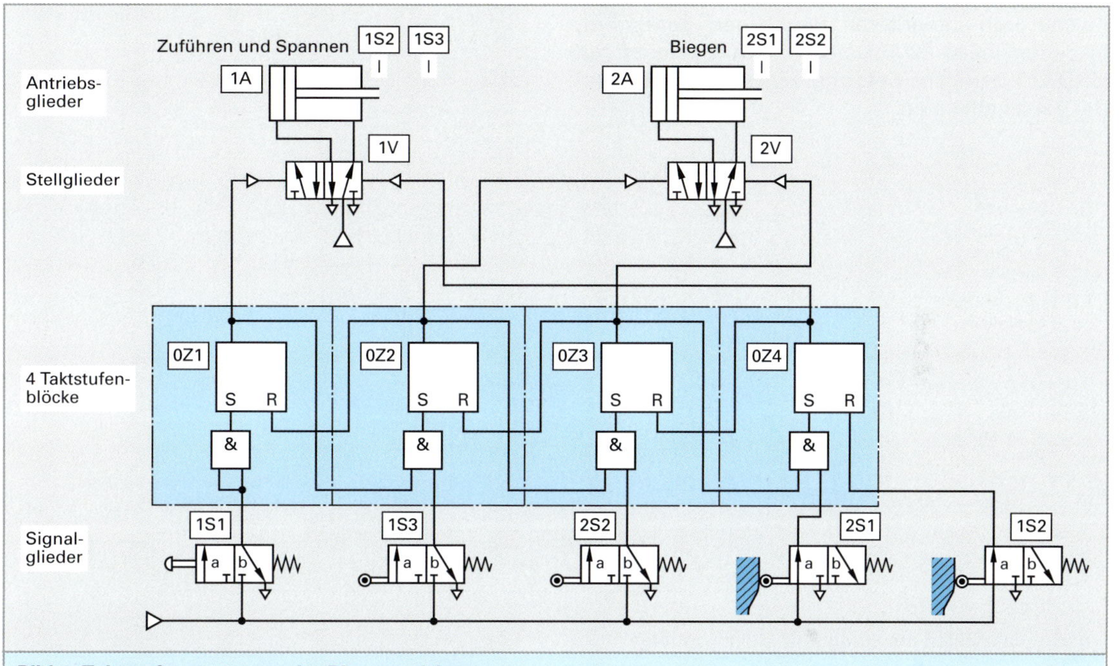

Bild 1: Taktstufensteuerung der Biegevorrichtung

In der Taktstufensteuerung der Biegevorrichtung wird bei Betätigung von Signalglied 1S1 der Speicher 0Z1 gesetzt **(Bild 1).** Das Ausgangssignal von 0Z1 schaltet das Stellglied 1V um, sodass der Zylinder 1A ausfährt; außerdem bereitet es über das UND-Glied das Setzen von Speicher 0Z2 vor. Speicher 0Z2 wird dann gesetzt, wenn über das Signalglied 1S3 die Endlage von Zylinder 1A erreicht ist.

Das Ausgangssignal von Speicher 0Z2 schaltet das Stellglied 2V um, sodass der Zylinder 2A ausfährt; es löscht den Speicher 0Z1, schaltet also die Signale für den vorhergehenden, ausgeführten Takt ab und bereitet über das UND-Glied den nächsten Takt vor. Speicher 0Z3 wird gesetzt, wenn die Kolbenstange von 2A die Endlage erreicht hat und dort das Signalglied 2S2 betätigt. Das Ausgangssignal von 0Z3 schaltet das Stellglied 2V in die Ausgangsstellung, der Zylinder 2A fährt wieder ein; ferner löscht es den Speicher 0Z2 und bereitet den Speicher 0Z4 vor. Speicher 0Z4 wird gesetzt, wenn die Kolbenstange von 2A eingefahren ist und das Signalglied 2S1 betätigt hat. Sein Ausgangssignal löscht den Speicher 0Z3 und schaltet das Stellglied 1V in die Ausgangsstellung. Zylinder 1A fährt ein und betätigt das Signalglied 1S2, das den Speicher 0Z4 löscht. Die Steuerung befindet sich wieder in der Ausgangsstellung.

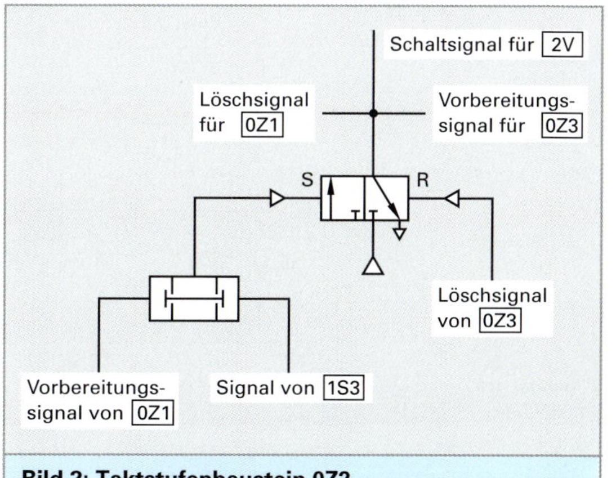

Bild 2: Taktstufenbaustein 0Z2

In der Taktstufensteuerung können im Taktstufenbaustein als UND-Glieder z. B. Zweidruckventile und als Speicher 3/2-Wege-Impulsventile verwendet werden **(Bild 2).**

Bei der Taktstufensteuerung ist von Vorteil, dass die einzelnen Bewegungsschritte ausgeführt werden, ohne durch vorhergehende oder nachfolgende Schritte in ihrem Ablauf gestört zu werden. Nachteilig ist der große Aufwand an Einzelelementen. Dieser Nachteil wird aber durch den Einsatz von integrierten Bausteinen gemindert, in denen meist 12 Taktstufen, d. h. Speicher mit UND-Gliedern am Setzeingang, schon miteinander verschaltet sind.

Beispiel:
Zwei doppelt wirkende Pneumatikzylinder führen folgende Bewegungen aus: 1A+, 1A–, 2A+, 2A–.

Im Schaltplan der Steuerung erkennt man, dass der gleiche 4-Taktstufensteuerblock wie bei der Steuerung der Biegevorrichtung eingesetzt werden konnte (**Bild 1** und **Bild 2**).

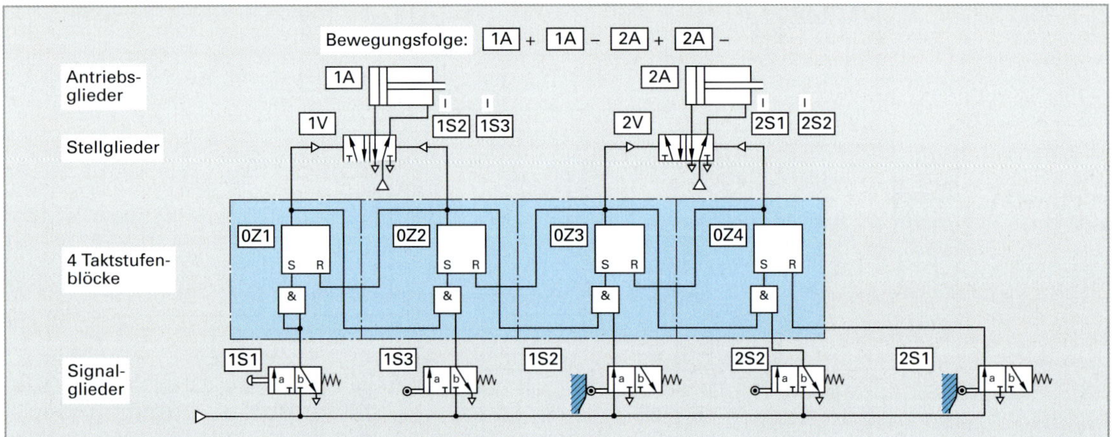

Bild 1: Taktstufensteuerung (mit Logiksymbolen)

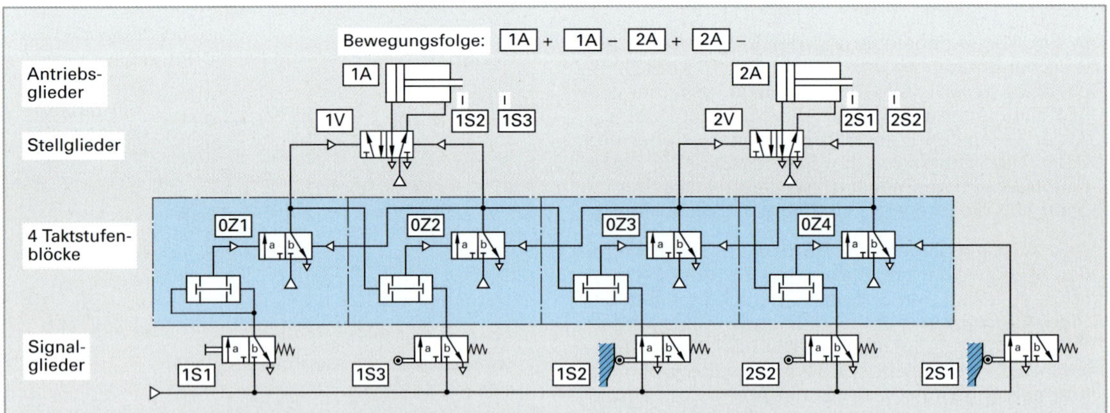

Bild 2: Taktstufensteuerung (mit Pneumatiksymbolen)

Wiederholung und Vertiefung

1. Warum müssen in Wegplansteuerungen Signalglieder mit Tastrollen mit Leerrücklauf ausgerüstet werden?
2. Welchen Nachteil hat eine Steuerung, die mit Signalgliedern mit Tastrollen mit Leerrücklauf ausgerüstet ist?
3. Welche Aufgaben erfüllen die Ausgangssignale der Speicher eines Taktstufenbausteins?
4. Nennen Sie Vorteile und Nachteile einer Taktstufensteuerung.

2.3.9 Elektropneumatische Steuerungen

Von elektropneumatischen Steuerungen werden Maschinen und Vorrichtungen pneumatisch angetrieben und elektrisch gesteuert.

Der **elektrische Steuerteil** nimmt über Signalglieder (Taster, Schalter, Sensoren) Signale auf. Steuerglieder (Relais, Schütze, SPS) verarbeiten (verknüpfen, verzögern, verstärken) die Signale und geben Schaltsignale an elektromagnetisch betätigte pneumatische Wegeventile aus **(Bild 1)**. Im **pneumatischen Energieteil** steuern Stellglieder (elektromagnetisch betätigte 3/2-, 4/2- oder 5/2-Wegeventile) Zylinder und Motoren, die Baueinheiten (Maschinen, Vorrichtungen) antreiben.

Werden im Steuerteil Bauelemente **elektrischer Kontaktsteuerungen,** wie Schalter, Relais und Schütze verwendet, so erzeugt man die elektrischen Signale durch Schließen und Öffnen von Schaltkontakten. Beim Einsatz von **Speicherprogrammierbaren Steuerungen** werden die elektrischen Signale elektronisch, also kontaktlos, erzeugt. Der Energieteil wird als Pneumatik**schaltplan** ausgeführt.

Bei der Darstellung elektropneumatischer Steuerungen wird der pneumatische Energieteil vom elektrischen Steuerteil getrennt gezeichnet.

Den elektrischen Steuerteil zeichnet man als Stromlaufplan, der den Signalablauf der Steuerung beschreibt **(Bild 2)**.

Elektropneumatische Betriebsmittel verbinden z. B. den elektrischen Steuerteil mit dem pneumatischen Energieteil; es sind pneumatische Wegeventile, die elektromagnetisch betätigt werden **(Bild 3** und **Bild 4)**. Wandeln sie pneumatische Signale in elektrische Signale um, sind es pneumatisch-elektrische (PE-) Signalwandler oder Druckschalter.

Elektromagnetventile. Elektromagnetventile sind der Funktion nach 2/2-, 3/2-, 4/2-, 5/2- oder 5/3-Wegeventile. Ihre Betätigung erfolgt entweder direkt mit einem Elektromagneten und Federrückstellung (Bild 3) oder beidseitig elektromagnetisch; meist sind sie durch Elektromagnet und Vorsteuer-Wegeventil betätigte Wegeventile (Bild 4 und **Bild 1, folgende Seite**).

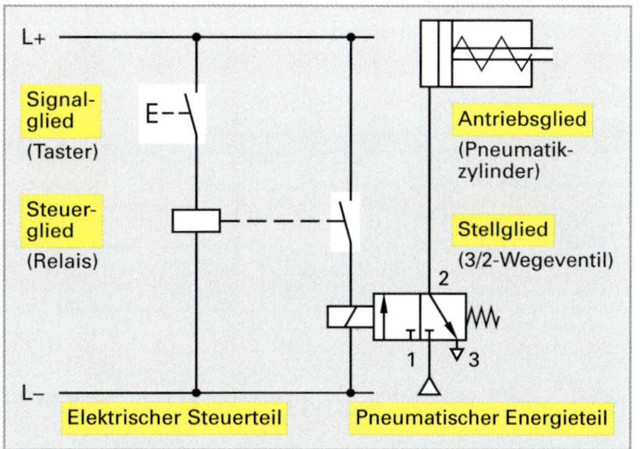

Bild 1: Elektropneumatische Steuerung (schematisch)

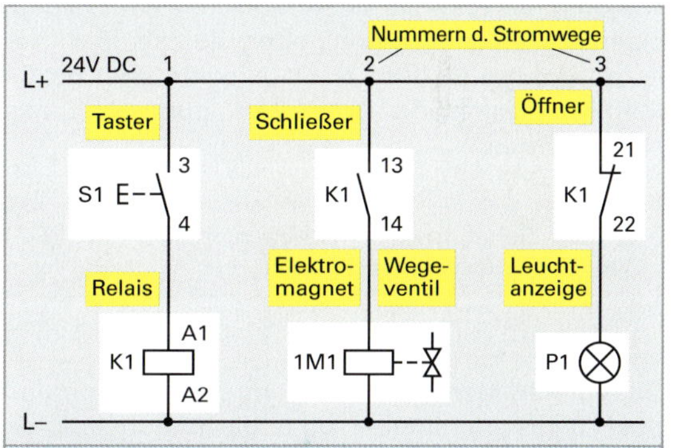

Bild 2: Stromlaufplan

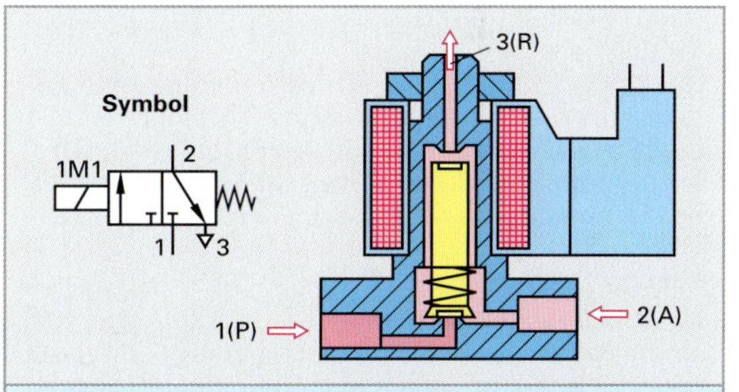

Bild 3: Durch Elektromagnet direkt betätigtes 3/2-Wegeventil

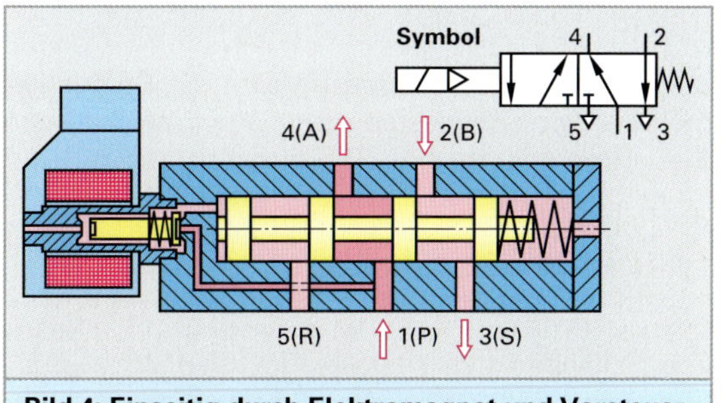

Bild 4: Einseitig durch Elektromagnet und Vorsteuerwegeventil betätigtes 5/2-Wegeventil

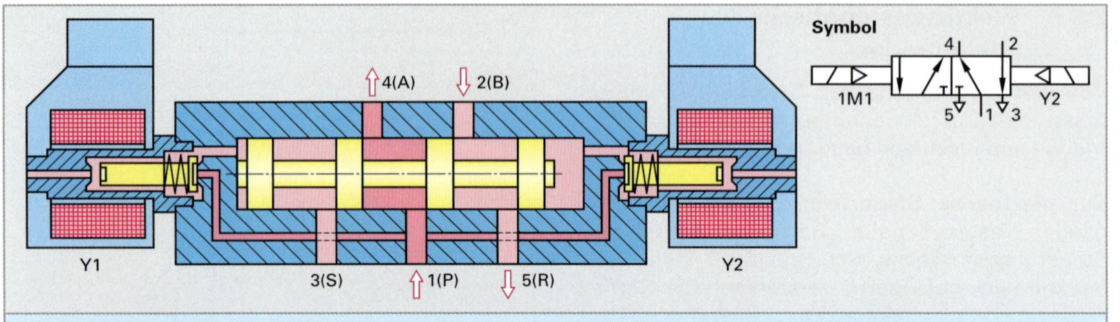

Bild 1: Beidseitig durch Elektromagnet und Vorsteuer-Wegeventil betätigtes 5/2-Wegeventil

PE-Wandler. Bei pneumatisch-elektrischen Signalwandlern schaltet ein pneumatisches Drucksignal einen elektrischen Signalgeber, der als Wechseler ausgeführt ist **(Bild 2)**. Dabei kann über große Membranflächen die Druck-Betätigungskraft verstärkt werden.

Ist der Schaltdruck einstellbar, heißt der PE-Wandler **Druckschalter (Bild 2)**.

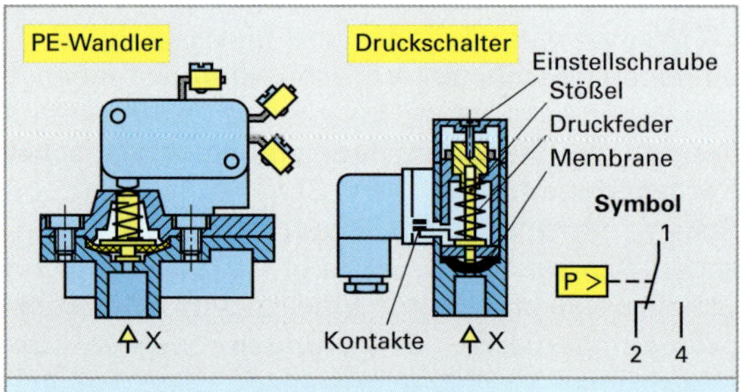

Bild 2: PE-Wandler, Druckschalter

Bei der **direkten Steuerung** wird der Strompfad des Ventils unmittelbar über die handbetätigten Schalter gesteuert.

Aufgabe.

Die Kolbenstange eines einfach wirkenden Zylinders soll beim Betätigen eines Tastschalters S1 ausfahren und, wenn der Taster losgelassen wird, wieder einfahren. Der Pneumatikschaltplan und der Stromlaufplan sind zu erstellen.

Lösung:

Im **Pneumatikschaltplan** wird der Zylinder von einem 3/2-Wegeventil elektrisch betätigt (1M1) mit Federrückstellung gesteuert **(Bild 3)**. Im **Stromlaufplan** wird, solange der Taster S1 gedrückt ist, der Stromkreis für die Spule 1M1 geschlossen.

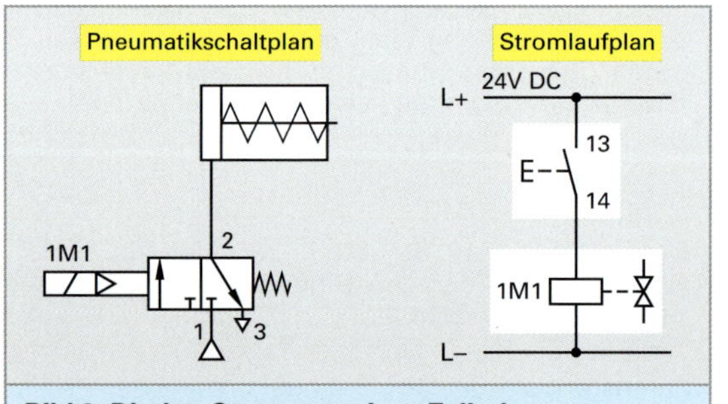

Bild 3: Direkte Steuerung eines Zylinders

Bei der **indirekten Steuerung** sind die Bedienelemente an eine Relaissteuerung, eine elektronische Steuerung oder an eine SPS angeschlossen.

Bei der indirekten Steuerung wird im Stromweg 1 durch Drücken des Tasters S1 der Stromkreis des Relais K1 geschlossen. Im Stromweg 2 schließt der Schließerkontakt des Relais K1 den Stromkreis für die Magnetspule 1M1, und das Magnetventil wird betätigt (Stromlaufplan 1, **Bild 4**).

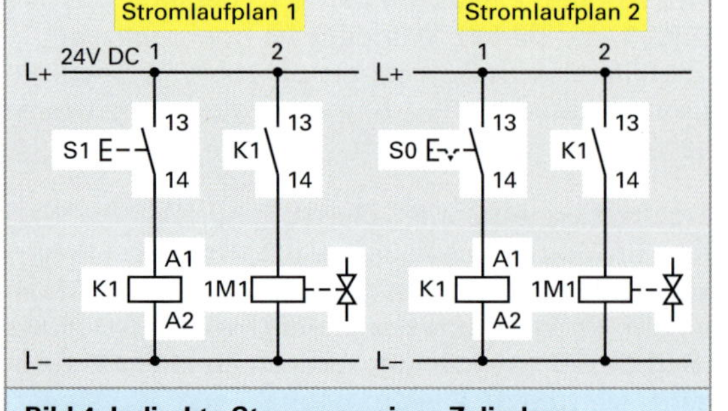

Bild 4: Indirekte Steuerung eines Zylinders

Soll der Zylinder solange ausgefahren bleiben, bis ein zweites Schaltsignal ihn wieder zurückstellt, kann z. B. an Stelle des Tasters S1 ein Stellschalter S0 eingebaut werden, der beim ersten Betätigen den Stromkreis schließt und beim zweiten Betätigen öffnet (Stromlaufplan 2, Bild 4, vorhergehende Seite).

Selbsthalteschaltung

Mit der Selbsthalteschaltung kann ein kurzzeitig wirkendes Tastersignal, das die Ausfahrbewegung eines Zylinders steuert, solange gespeichert werden, bis es durch ein Ausschaltsignal wieder aufgehoben wird **(Bild 1)**.

Dabei wird mit dem EIN-Taster S1 der Stromkreis des Relais K1 geschlossen. Ein Schließerkontakt des Relais K1, der parallel zu S1 geschaltet ist, hält den Spulenstrom des Relais solange aufrecht, bis über den AUS-Taster S2 diese Selbsthaltung aufgehoben wird und der Zylinder wieder einfährt.

Schaltgliedertabelle der Relaiskontakte

Alle belegten Kontakte eines Relais können in einer Schaltgliedertabelle, die im Stromlaufplan unter den Stromweg der jeweiligen Relaisspule gezeichnet wird, eingetragen werden.

Die Schaltgliedertabelle gibt Auskunft in welchem Stromweg ein Kontakt des Relais zu finden ist **(Bild 2)**.

Kontaktplan

Aufgabe. Werkstücke sollen mit einem doppelt wirkenden Zylinder aus einem **Fallmagazin** einer Spannvorrichtung zugeführt werden.

Durch kurzes Betätigen des Tasters S1 fährt die Kolbenstange des Zylinders aus. In der Endlage betätigt sie den Grenztaster S2 und fährt wieder ein.

Der Pneumatikschaltplan und der Stromlaufplan zeigen die Steuerung des Fallmagazins **(Bild 3)**.

Eine elektrische Kontaktsteuerung kann auch mit einem Kontaktplan dargestellt werden, bei dem die Stromwege waagerecht gezeichnet sind **(Bild 4)**.

Die elektrischen Kontakte werden durch entgegengesetzte eckige Klammern (Schließer) bzw. durch einen zusätzlichen Schrägstrich zwischen den Klammern (Öffner) dargestellt. Die Schaltzeichen für Spulen sind runde Klammern. Die eckigen und runden Klammern und der Schrägstrich sind Bestandteile des Zeichensatzes einer Schreibmaschine; daher können Kontaktpläne auf einem Bildschirm erstellt und von einem Drucker ausgegeben werden.

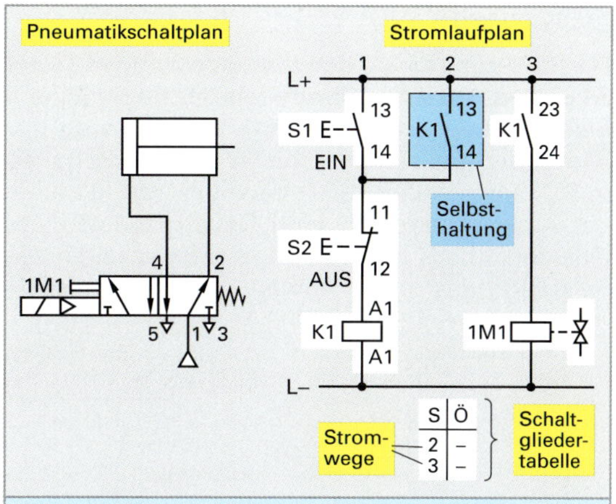

Bild 1: Selbsthalteschaltung

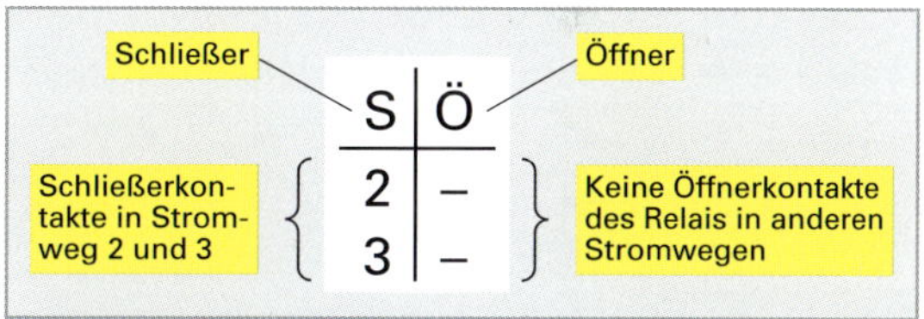

Bild 2: Schaltgliedertabelle

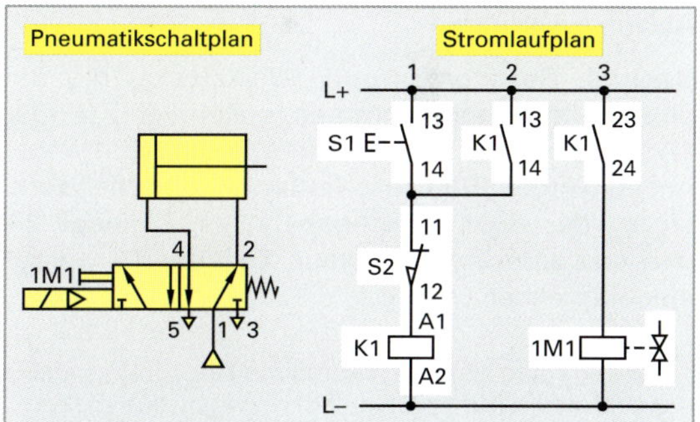

Bild 3: Fallmagazin

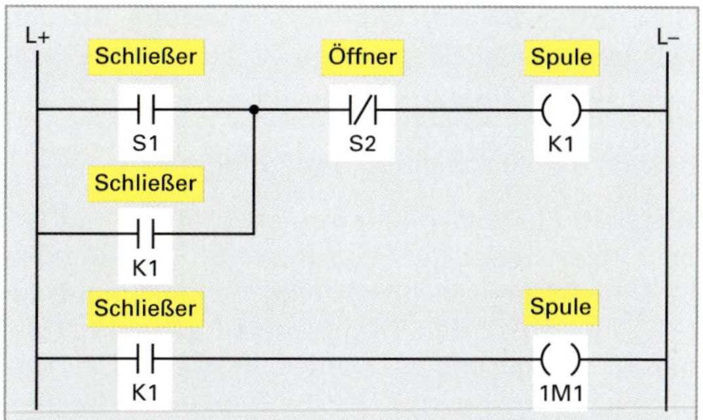

Bild 4: Kontaktplan (Fallmagazin)

Stetigantrieb

Die Steuerung eines Stetigantriebs wird mit Taster S1 gestartet, der den Stromkreis des Relais K1 (mit Selbsthaltung) schließt **(Bild 1)**. Im Stromweg 3 ist K1 mit dem Näherungsschalter B1 (Reedschalter) in Reihe geschaltet (UND-Verknüpfung). B1 ist in der Ausgangsstellung vom Dauermagneten des Zylinderkolbens betätigt. K1 und B1 schalten das Relais K2, das im Stromweg 7 die Magnetspule 1M1 erregt. Die Kolbenstange fährt aus. In der Endlage wird der Näherungsschalter B2 betätigt, der den Stromkreis für das Relais K3 schließt. K3 schaltet die Magnetspule 1M2, und die Kolbenstange fährt ein. Das Arbeitsspiel wiederholt sich solange, bis der AUS-Taster gedrückt wird und der Zylinder in der Ausgangsstellung stehen bleibt.

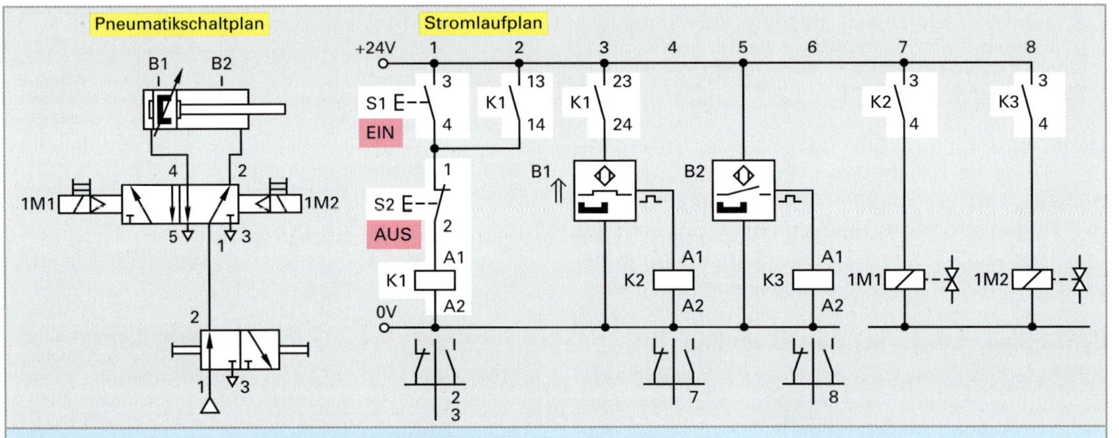

Bild 1: Pneumatischer und elektrischer Schaltplan des Stetigantriebs

Ablaufsteuerungen

Beispiel: Hebevorrichtung. Werkstücke, die auf einer Rollenbahn ankommen, sollen von Zylinder 1A auf die Höhe einer zweiten Rollenbahn angehoben werden **(Bild 2)**. Zylinder 2A führt die Werkstücke der zweiten Rollenbahn zu. Zylinder 2A darf erst zurückfahren, wenn Zylinder 1A wieder eingefahren ist.

> Der Lageplan zeigt die räumliche Anordnung, das Zustandsdiagramm die Schrittfolge der Bewegung der beiden Zylinder.

Im Zustandsdiagramm erkennt man, dass der Grenztaster S3 eine Startvoraussetzung für den Zylinder 1A ist. Grenztaster S2 leitet die Bewegung des Zylinders 2A ein, S4 schaltet Zylinder 1A in die Ausgangsstellung und Grenztaster S1 bewirkt die Rückstellung des Zylinders 2A.

Aus dem Zustandsdiagramm erkennt man außerdem, dass weder die Grenztaster S3 und S4 noch S2 und S1 jeweils gleichzeitig Schaltsignale geben, die sich an den Wegeventilen gegenüberstehen und abgeschaltet werden müssten. Das war auch nicht zu erwarten, da die Zylinder in der gleichen Reihenfolge wieder zurückgestellt werden, wie sie ausgefahren sind.

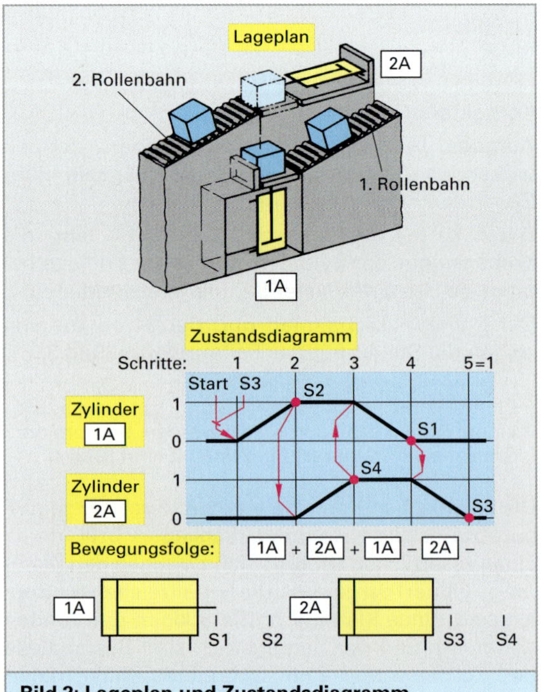

Bild 2: Lageplan und Zustandsdiagramm der Hebevorrichtung

Im **Pneumatikschaltplan** werden die beiden Zylinder von je einem 5/2-Wegeventil gesteuert, die beidseitig durch Elektromagnete betätigt werden, vorgesteuert sind und manuell betätigt werden können **(Bild 1)**. Im **Stromlaufplan** werden die Magnetspulen der Wegeventile 1M1, 1M2, 2M1 und 2M2 indirekt über die Relais K1 bis K4 geschaltet. Bei Betätigung des Tasters S0, wird der programmierte Ablauf einmal durchgetaktet **(Bild 2)**. Soll zusätzlich eine Magazinabfrage und ein Dauerbetrieb möglich sein, muss die Steuerung um den Grenztaster S12, das Relais K5, sowie die Taster S10 und S11 erweitert werden. Mit dem Schließer von K3 im Stromweg 5 wird der Ventilmagnet 2M2 in der Grundstellung Spannungsfrei geschaltet.

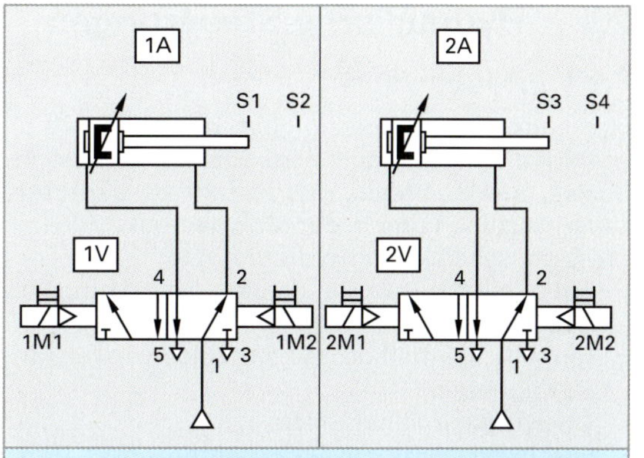

Bild 1: Pneumatikschaltplan der Hebevorrichtung

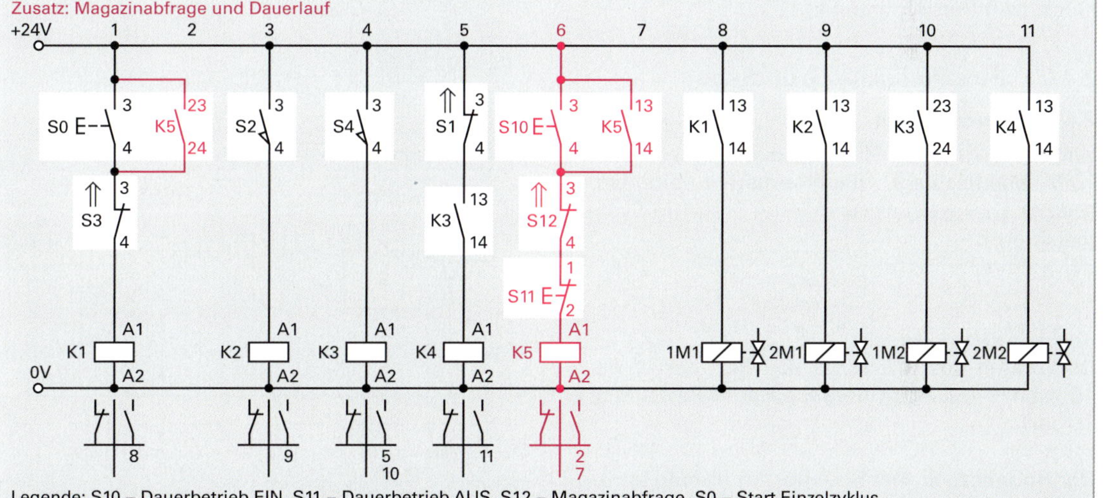

Bild 2: Stromlaufplan der Hebevorrichtung

Beispiel: Biegevorrichtung. In einer Biegevorrichtung (siehe Kapitel 2.3.10) führen die Zylinder 1A und 2A folgende Bewegungen aus: 1A+ 2A+ 2A– 1A–. Im **Zustandsdiagramm** sind diese Bewegungen mit den Signalgliedern eingezeichnet (Bild 3). Am Ende des Schrittes 1 wird das Signalglied S2 von Zylinder 1A1 betätigt und bleibt bis zum Ende des Schrittes 3 betätigt. Der Zylinder 2A fährt am Ende des Schrittes 2 das Signalglied S4 an.

Die Signalglieder S2 und S4 sind also am Anfang von Schritt 3 gleichzeitig betätigt, d.h. ihre Signale stehen sich am Wegeventil des Zylinders 2A, dessen Ausfahr- bzw. Einfahrbewegung sie einleiten sollen, gegenüber. Das Schaltsignal von Signalglied S4 kann nur zur Wirkung kommen, wenn vorher das Signal von S2 abgeschaltet worden ist. Bei der Lösung der Aufgabe muss also eine Signalabschaltung erfolgen.

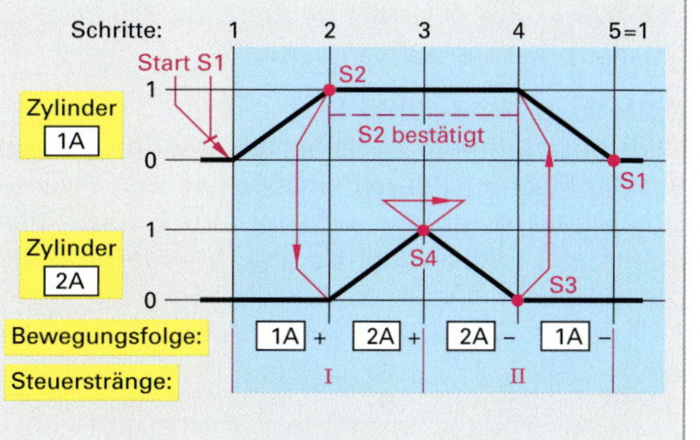

Bild 3: Vereinfachtes Zustandsdiagramm der Biegevorrichtung

2.4 Hydraulische Steuerungen

2.4.1 Allgemeines

Hydraulik ist eine Technologie, bei der durch Öl gesteuert und geregelt wird. Der Einsatz ist im Schwermaschinenbau, im Pressenbau, bei Werkzeugmaschinen und in der Mobiltechnik.
Die Eigenschaften der Hydraulik sind:

- hohe Leistungsdichte, deshalb sehr kompakte Bauweise,
- schnelle, feinfühlige und stufenlos verstellbare Bewegungen,
- Übertragung hoher Kräfte,
- überlastsicher durch Druckbegrenzung.

Die Energieübertragung erfolgt durch ruhende Flüssigkeit (Hydrostatik) und durch strömende Flüssigkeit (Hydrodynamik).

2.4.2 Physikalische Grundlagen

2.4.2.1 Hydrostatik

Wird eine ruhende Flüssigkeit mit einer Kolbenkraft beaufschlagt, dann entsteht ein Druck **(Bild 1).** Dieser Druck ist an jeder Stelle im System gleich groß.

$$p = \frac{F}{A}$$

p Druck
F Kraft
A Kolbenfläche

Die Einheit des Drucks ist das *Bar*, bar (1 bar = 10 N/cm^2) oder das *Megapascal*, MPa (1 MPa = 10 bar).

Der Bodendruck. Der Bodendruck **(Bild 2)** ist:

$$p_{Boden} = \varrho \cdot g \cdot h$$

ϱ Dichte
g Erdbeschleunigung
h Höhe

Der Bodendruck ist unabhängig von der Fläche. Er ist nur abhängig von der Höhe und der Dichte der Flüssigkeitssäule (Pascal'sches Paradoxon[1]) **(Bild 3).**

Druckausbreitung (Bild 4)

Wird eine ruhende Flüssigkeit in einem Zylinder mit der Fläche A_1 durch eine Kolbenkraft F_1 unter Druck gesetzt, breitet sich der Druck nach allen Seiten aus und erzeugt an einem anderen Zylinder mit der Fläche A_2 die Kraft F_2.

$$p = \frac{F_1}{A_1} = \frac{F_2}{A_2} \text{ oder } \frac{F_1}{A_2} = \frac{A_1}{A_2}$$

[1] Ein Paradoxon, Mehrzahl Paradoxa, ist ein scheinbarer oder unerwarteter Widerspruch; von griech. para = gegen und doxa = Meinung. *Blaise Pascal* (1623 bis 1662), Naturwissenschaftler, Mathematiker und Philosoph.

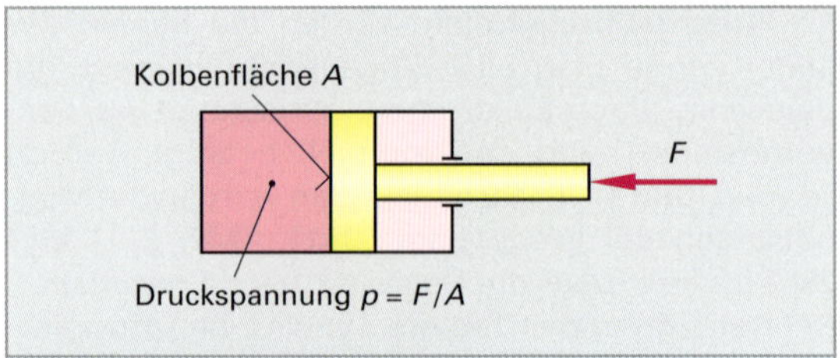

Bild 1: Hydraulischer Druck

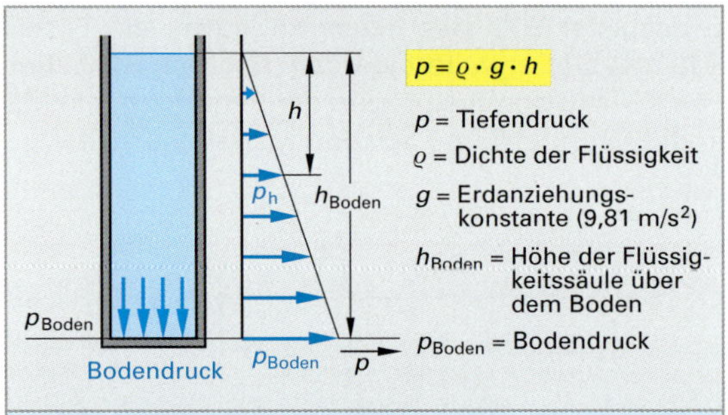

Bild 2: Tiefendruck und Bodendruck

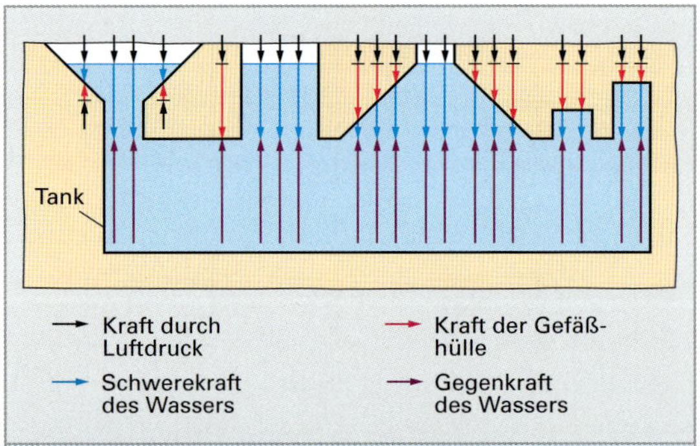

Bild 3: Bodendruck bei einem Tank

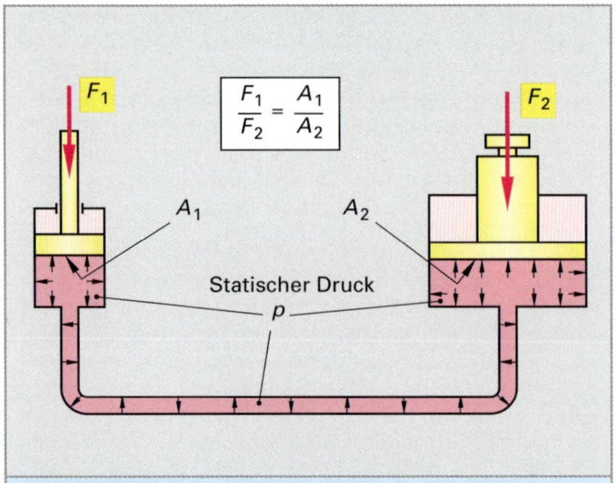

Bild 4: Druckausbreitung in ruhender Flüssigkeit

Druckübersetzung

In der Anwendung hat die *Druckübersetzung* eine hohe Bedeutung, so z. B. zur Erzeugung der Schließkraft bei Spritzgießmaschinen, bei Pressen zur Erzeugung der Endkraft, beim Innenhochdruckumformen, bei Berstprüfanlagen für Schläuche und Rohre. Druckübersetzer werden auch bei Medienwechsel, z. B. *Pneumatik – Hydraulik,* eingesetzt.

Druckübersetzer beruhen auf dem Prinzip, dass der Kolben unterschiedliche Flächen aufweist. Mit diesen Kolben kann man die Drücke vergrößern oder verkleinern.

In einem statischen System ist der Druck an jeder Stelle gleich groß. Es gilt:

$$p_1 = \frac{F_1}{A_1} \qquad p_2 = \frac{F_2}{A_2}$$

p_1, p_2 Druck im System 1 bzw. 2
F_1, F_2 Kraft im System 1 bzw. 2
A_1, A_2 Kolbenfläche im System 1 bzw. 2

Bei gleicher Kraft **(Bild 1)** sind die Drücke im umgekehrten Verhältnis zu den Kolbenflächen. Es gilt:
$F_1 = p_1 \cdot A_1$ und $F_2 = p_2 \cdot A_2$ mit $F_1 = F_2 \Rightarrow$

$$p_2 = \frac{A_1}{A_2} \cdot p_1$$

p_2 Druck, ausgangsseitig
A_2 Kolbenfläche, ausgangsseitig
p_1 Druck, eingangsseitig
A_1 Kolbenfläche, eingangsseitig

Beispiel: Wagenheber
Mit einem hydraulischen Wagenheber soll die Kraft von F_2 = 65 kN aufgebracht werden **(Bild 2)**. Mit welcher Fußkraft F_f muss der Fußhebel des Wagenhebers beaufschlagt werden? Es werden keine Reibungsverluste berücksichtigt.

Lösung:

Hydraulik:

$$\frac{F_1}{F_2} = \frac{A_1}{A_2}; \frac{A_1}{A_2} = \frac{1}{144}; F_1 = \frac{1}{144} \cdot F_2; \mathbf{F_1 = 451{,}4\ N}$$

Hebelübersetzung:

$$F_f = \frac{1}{5} \cdot F_1; \quad \mathbf{F_f = 90{,}3\ N}$$

Übung: Druckübersetzung
Der Druckübersetzer in **Bild 3** hat ein Übersetzungsverhältnis von 1:4. Am Anschluss A wird so viel Öl zufließen, bis der Arbeitskolben in Position ist. Am Anschluss B wird dann der Druckübersetzer beaufschlagt. Er wird mit einem Primärdruck (an B) von 100 bar betrieben.
Welche Kraft kann der Arbeitskolben aufbringen, wenn er einen Kolbendurchmesser von D = 100 mm hat?

Lösung:

$p_{sek} = 4 \cdot p_{prim} = 100\ \text{bar} \cdot 4 = 400\ \text{bar}$

$F = p \cdot A = 400\ \frac{\text{N}}{\text{cm}^2} \cdot 78{,}5\ \text{cm}^2 = \mathbf{314\ kN}$

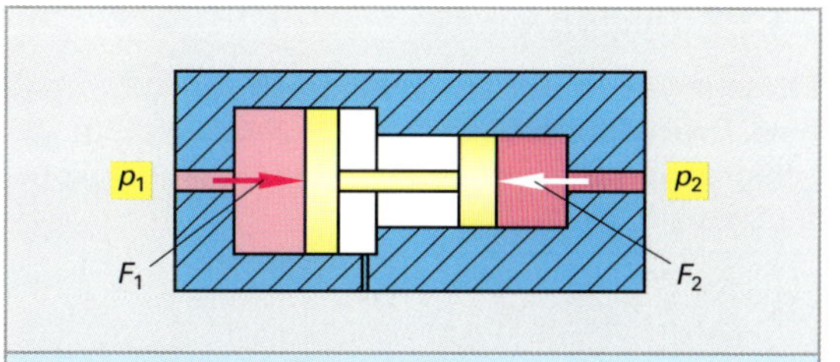

Bild 1: Prinzip der Druckübersetzung

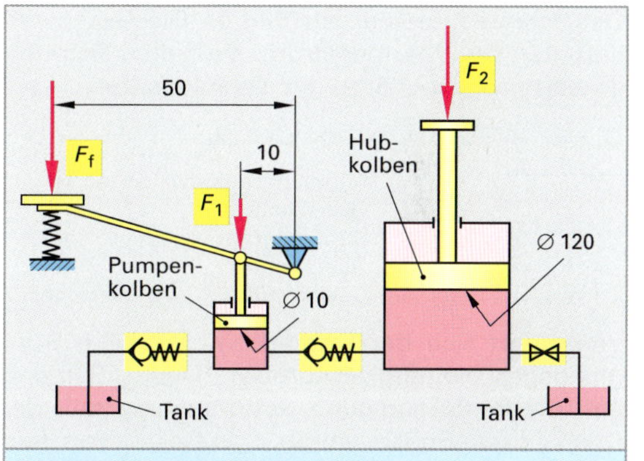

Bild 2: Hydraulischer Wagenheber

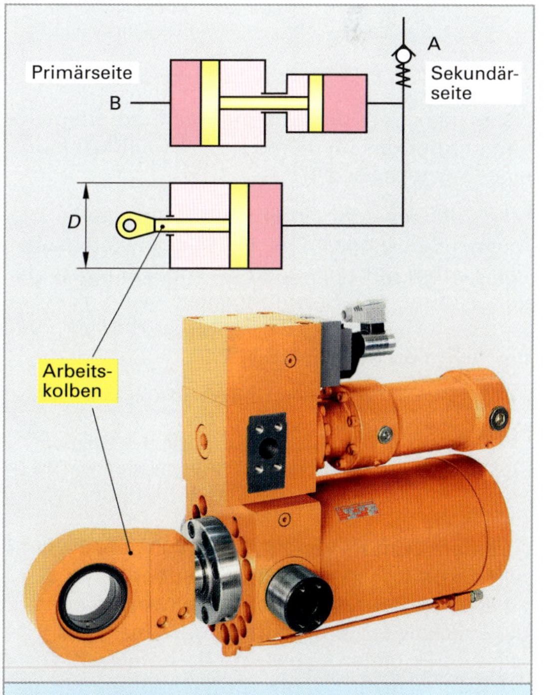

Bild 3: Druckübersetzer mit Arbeitskolben

2.4.2.2 Hydrodynamik

Flüssigkeiten strömen in einem Rohr nur, wenn eine Druckdifferenz vorhanden ist. In einem geschlossenen System ist der Volumenstrom konstant. Es gilt also:

$$Q = \frac{\Delta V}{\Delta t} = \frac{A \cdot \Delta l}{\Delta t}$$

$$Q = A \cdot v$$

Q Volumenstrom
ΔV Volumenelement
Δt Zeitabschnitt
A Querschnittsfläche
Δl Länge des Volumenelements
v Strömungsgeschwindigkeit

Die Flüssigkeit muss dort schneller fließen, wo der Querschnitt A kleiner ist **(Bild 1)**. Die Geschwindigkeiten des Volumenstroms verhalten sich umgekehrt proportional zu den Querschnitten.

$Q_1 = v_1 \cdot A_1$, $Q_2 = v_2 \cdot A_2$ mit $Q_1 = Q_2$

$$\frac{v_1}{v_2} = \frac{A_2}{A_1}$$

v_1 Strömungsgeschwindigkeit im Querschnitt 1
v_2 Strömungsgeschwindigkeit im Querschnitt 2
A_1 Querschnitt 1 A_2 Querschnitt 2

Verkleinert sich der Querschnitt, wird die Strömungsgeschwindigkeit größer. Durch Reibung und die Beschleunigung des Mediums fällt der Druck in den Engstellen ab. Das Gesetz von *Bernoulli*[1] besagt, dass unter Vernachlässigung der Schwerkraft die Summe aus dem statischen und dynamischen Druck konstant ist. Es gilt:

$$\frac{1}{2} \varrho \, v^2 + p = \text{konst.}$$

ϱ Dichte der Flüssigkeit
v Strömungsgeschwindigkeit
p statische Druckdifferenz

Nach dem Satz der Energieerhaltung steigt die Temperatur des Mediums beim Durchfluss durch eine Engstelle **(Bild 1)**.

Man unterscheidet *laminare* und *turbulente* Strömung. Bei langsamen Fließgeschwindigkeiten und glatten Rohren liegen laminare Strömungen vor. Nimmt die Strömungsgeschwindigkeit zu, wird sie turbulent. Als Beurteilungskriterium dient die Reynoldsche[2] Zahl **(Bild 2)**:

$$Re = \frac{v_m \cdot d}{\nu}$$

Re Reynoldsche Zahl
v_m mittlere Strömungsgeschw.
ν kinematische Zähigkeit
d Umströmungslänge (Bei Rohren ist d der Rohrdurchmesser)

Ab einem Wert Re von 2300 bis 2800 geht die laminare Strömung in die turbulente über.

Kavitation. Bei sehr hohen Geschwindigkeiten ist der Druckniedergang so groß, dass die Flüssigkeit aufreißt. Es bilden sich kleine Dampfblasen. Diese wachsen schnell an, bis sie instabil werden und zusammenstürzen. Dies ruft an den angrenzenden Wänden eine Zerstörung (Kavitation[3]) hervor **(Bild 3)**.

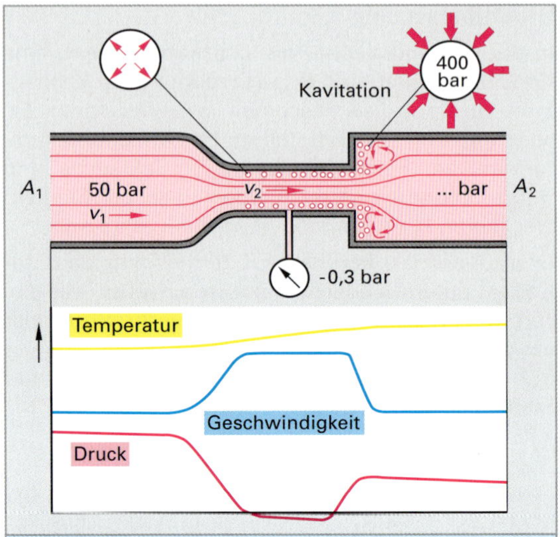

Bild 1: Volumenstrom bei einer Engstelle

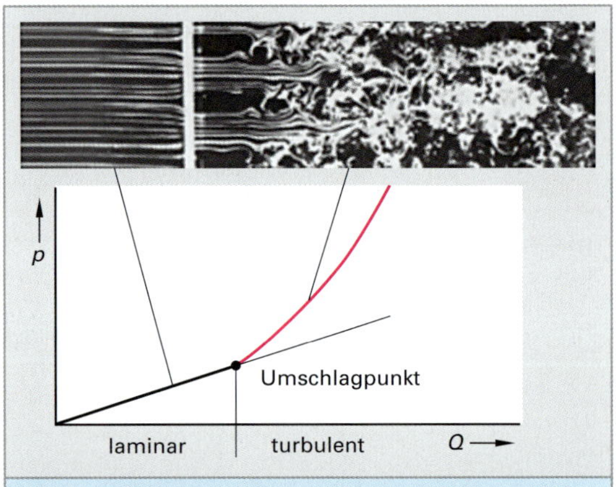

Bild 2: Laminare und turbulente Strömung

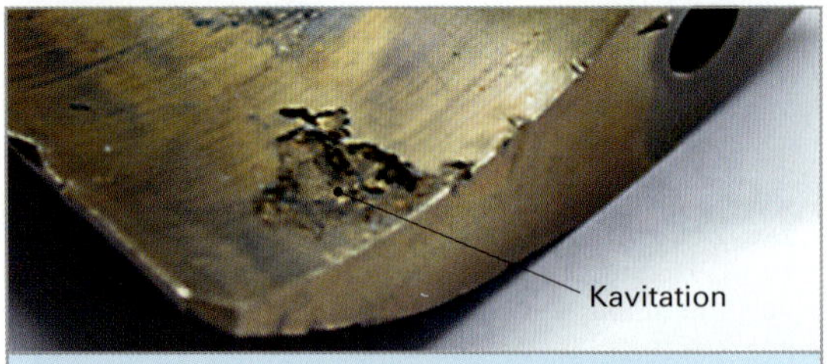

Bild 3: Kavitation an einer Innenzahnradpumpe

[1] *Bernoulli, Daniel* (1700 bis 1782), Physiker, Prof. in Petersburg und Basel
[2] *Reynolds, Osborne* (1842-1912), engl. Physiker stellte 1883 das nach ihm benannte hydrodynamische Ähnlichkeitsgesetz auf.
[3] Kavitation = Aushöhlung von lat. cavus = hohl

2.4.3 Hydraulikflüssigkeiten

Hydraulikflüssigkeiten haben die Aufgabe die hydraulische Energie zu übertragen.

Anforderungen an Hydrauliköle:

- Schmieren der beweglichen Teile im Ölkreislauf, Reibungsverminderung
- Korrosionsschutz
- Wärmeabfuhr aus den Arbeitsaggregaten
- Schutz vor Ablagerungen und Verklebungen
- Hohe Alterungsbeständigkeit
- Verträglichkeit mit Dichtungen
- Optimales Luftabscheidevermögen

In den meisten Fällen werden Mineralöle verwendet.

- **HL-Hydrauliköle** enthalten Additive zur Erhöhung der Alterungsbeständigkeit und des Korrosionsschutzes.
- **HV-Hydrauliköle** besitzen zusätzlich Wirkstoffe zur Verbesserung des Viskositäts-Temperatur-Verhaltens. Sie sind besonders bei Einsätzen mit stark wechselnden Temperaturen (Mobilhydraulik) geeignet.

Daneben gibt es schwer entflammbare Öle (HF-Hydrauliköle) sowie synthetische Hydrauliköle für spezielle Einsatzbereiche.

Viskosität

Eine wichtige Eigenschaft ist die Zähflüssigkeit (Viskosität). Sie ist ein Maß für die innere Reibung. Von ihr hängt die Dynamik und der Wirkungsgrad des Hydrauliksystems ab. Das Diagramm **(Bild 1)** zeigt den Zusammenhang zwischen Viskosität, Temperatur und Druck eines typischen Hydrauliköls. Mit zunehmender Temperatur nimmt die Viskosität ab, mit zunehmendem Druck zu.
Damit Hydraulikanlagen gleich bleibende Eigenschaften im Betriebsverlauf behalten, ist häufig eine Regelung auf konstante Öltemperatur notwendig und macht so Kühlaggregate erforderlich.

Volumenverhalten

Bei einem Temperaturanstieg kommt es zur Volumenvergrößerung des Öls. Bei 10 °C Temperaturanstieg nimmt das Volumen um ca. 0,65 % zu. In geschlossenen Systemen können Druckerhöhungen entstehen. Bei Druckanstieg verringert sich das Volumen des Öls. In **Bild 2** wird dies gezeigt. Diese Eigenschaft kann zu federndem Verhalten und somit zu Schwingungen von Hydrauliksystemen führen.

Beispiel (Bild 3):
Ein Ölvolumen von V = 100 l wird mit einem Druck von 100 bar beaufschlagt und von 10 °C auf 20 °C erwärmt.

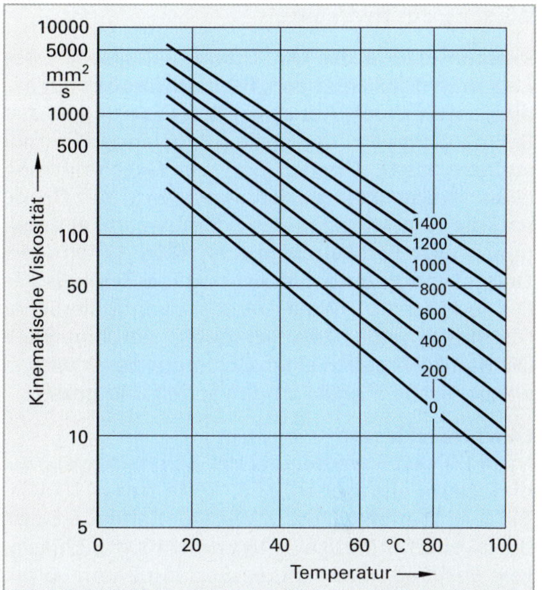

Bild 1: Viskositäts-Temperatur-Druckverhalten

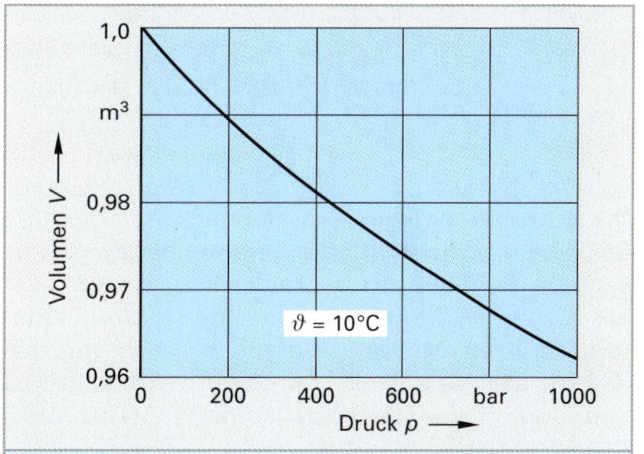

Bild 2: Volumen-Druck-Kurve eines Hydrauliköls

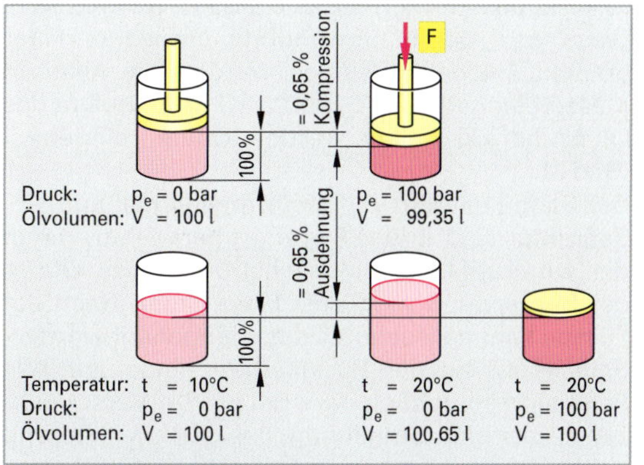

Bild 3: Druck- und Temperatureinfluss auf die Hydraulikflüssigkeit

Wartung des Hydrauliköls

Verschmutzung des Öls. Durch metallischen Abrieb an Hydraulikpumpen, Hydraulikmotoren, Ventilen sowie durch Abrieb an den Dichtungen und Schmutzreste aus der Fertigung gelangen Fremdstoffe in das Öl. Um den Grad der Verschmutzung eines Hydrauliköls zu definieren, wird die Größe und die Konzentration der Schmutzpartikel angegeben. Mit Partikelzählgeräten **(Bild 1)** wird die Untersuchung durchgeführt und die Reinheit des Öls festgestellt. Hierbei wird ein kontinuierlicher Ölstrom an einer Laserlichtquelle vorbeigeleitet. Die Partikel ergeben einen Schatten, dieser wird in elektronische Signale umgewandelt und gezählt.

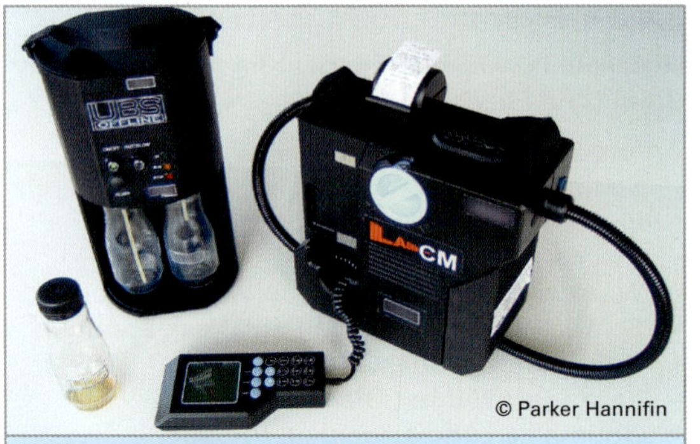

Bild 1: Geräte zur Partikelzählung

Ölreinheitsklassen

Nach ISO 4406 werden bei der Reinheit zwei bzw. drei Werte angegeben: z. B. 14/11 bzw. 17/14/11. Bei zwei Werten gilt der 1. Wert für Partikel > 5 µm, der zweite für Partikel > 15 µm in 100 ml Flüssigkeit. Bei drei Werten ist die Stufung 2 µm – 5 µm – 15 µm. Die Werte sind in **Tabelle 1** dargestellt.

Tabelle 1: Ölreinheitsklassen (ISO 4406)

Partikel			Partikel		
von	bis	Code	von	bis	Code
500	1 000	10	32 000	64 000	16
1 000	2 000	11	64 000	130 000	17
2 000	4 000	12	130 000	250 000	18
4 000	8 000	13	250 000	500 000	19
8 000	16 000	14	500 000	1 000 000	20
16 000	32 000	15	1 000 000	2 000 000	21

> **Beispiel:** Feststellung der Reinheitsklasse
> (Anzahl der Partikel in 100 ml Öl):
> 82 000 Partikel > 2 µm, 10 500 Partikel > 5 µm, 1200 Partikel > 15 µm, entspricht nach Tabelle der Reinheitsklasse 17/14/11.

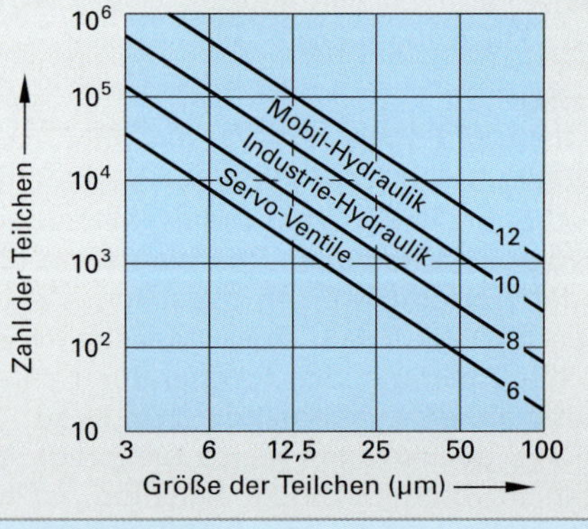

Bild 2: Filterklassen

Die Schmierfähigkeit des Öls nimmt im laufenden Betrieb ab, sodass erhöhte Reibung entsteht. Dies kann zu Schäden im hydraulischen System, vor allem bei Hydraulikpumpen und Hydraulikmotoren, führen. Mit einer Versuchseinrichtung, bei welcher der Verschleiß gemessen wird, kann die Schmierfähigkeit festgestellt werden (Test nach DIN 51374-1).

Filterklassen und Filtereinbau. Je nach Einsatz ist eine bestimmte Reinheit des Öls erforderlich. Diese wird durch Verwendung passender Filter erreicht. Je nach Reinheit werden die Filter in Klassen eingeteilt, z. B. nach ISO **(Bild 2)**. Um das Öl sauber zu halten werden Ölfilter eingebaut **(Bild 3)**.

Der Saugfilter wird vor der Pumpe eingebaut.

Saugfilter sind in der Regel gröbere Filter, damit der Druckabfall beim Durchströmen des Öls in der Saugleitung möglichst klein bleibt. Nach der Pumpe können Hochdruckfilter eingebaut werden. Sehr häufig werden Rücklauffilter eingebaut. Alle Filter sind so gebaut, dass bei großer Verschmutzung, über eine Umgehung, das Öl ohne Filterung passieren kann. In diesem Fall wird häufig über einen elektrischen Kontakt angezeigt, dass der Filter getauscht werden muss.

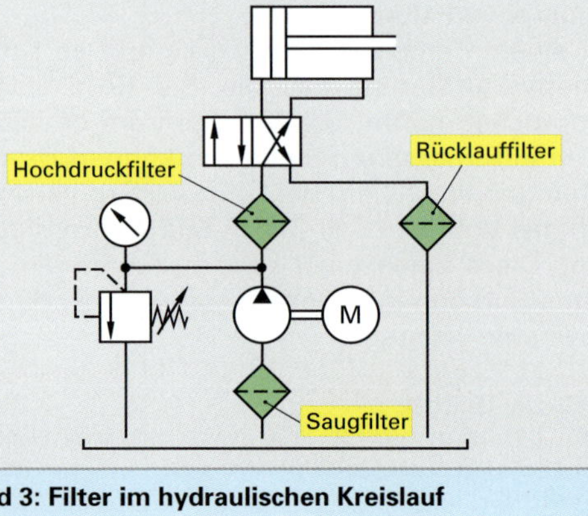

Bild 3: Filter im hydraulischen Kreislauf

2.4.4 Aufbau hydraulischer Steuerungen

Grundlage jeder Hydraulikanlage ist der hydraulische Kreislauf **(Bild 1)**. Er beginnt mit dem Ansaugen des Hydrauliköls aus dem Tank, es folgt die Volumenstromerzeugung mit einer Pumpe. Wenn dem Volumenstrom ein Widerstand entgegengesetzt wird, entsteht Druck. Wenn der Druck zu groß wird, dann wird der Volumenstrom über ein **Druckbegrenzungsventil** in den Tank abgeleitet. Wenn dies nicht der Fall ist, strömt das Öl über Ventile zum Aktor (Zylinder oder Motor). Nach Verrichtung der Arbeitsaufgabe strömt das Öl wieder in den Tank zurück. **Bild 2** zeigt den Kreislauf mit einem Druckdiagramm am Beispiel einer *Primärsteuerung.* Alle im Kreislauf befindlichen Bauelemente stellen Widerstände dar, welche bei fließendem Öl die Druckenergie in Wärmeenergie bzw. in mechanische Energie (Zylinder oder Motor) umsetzen, sodass das Öl drucklos in den Tank zurückfließt. Die Bauelemente haben ein ähnliches Verhalten wie die Widerstände in der Elektrotechnik. Der Hauptteil der Energie steht als kinetische Energie oder potenzielle Energie für die Arbeitsaufgabe zur Verfügung.

Die **Wegeventile** übernehmen die Umsteuerung des hydraulischen Volumenstroms. Das Schalten erfolgt mechanisch oder elektrisch.

Die **Stromventile** sind im Prinzip *Engstellen,* welche einen Teil der hydraulischen Energie in Wärme umwandeln. Sie werden zur Geschwindigkeitssteuerung eingesetzt.

In **Zylindern** oder **Hydraulikmotoren** wird die hydraulische Energie in mechanische Energie umgewandelt.

Der Rücklauf-**Ölfilter** reinigt das Öl, bevor es drucklos in den Tank zurückfließt.

Hydraulikstation

Es werden oft die Hydraulikstationen **(Bild 3)** als komplette standardisierte Einheiten angeboten, sodass diese Einheiten einfach an eine Maschine angebaut werden können. Ein Elektromotor wird über eine Kupplung mit der Hydraulikpumpe verbunden. Das Öl wird über eine möglichst kurze Saugleitung angesaugt.
Um wenig Unterdruck in der Saugleitung zu erhalten, hat diese einen großen Durchmesser. Sie muss dicht sein, damit keine Luft mit angesaugt wird. Das Schwallblech im Tank soll das Öl beruhigen, so dass es möglichst wenig Luft aufnimmt. Der Luftfilter in der Einfüllanlage muss die Luft staubfrei halten, denn bei jedem Ausfahren des Kolbens wird dem Kolbenvolumen entsprechend Luft in den Tank nachströmen.

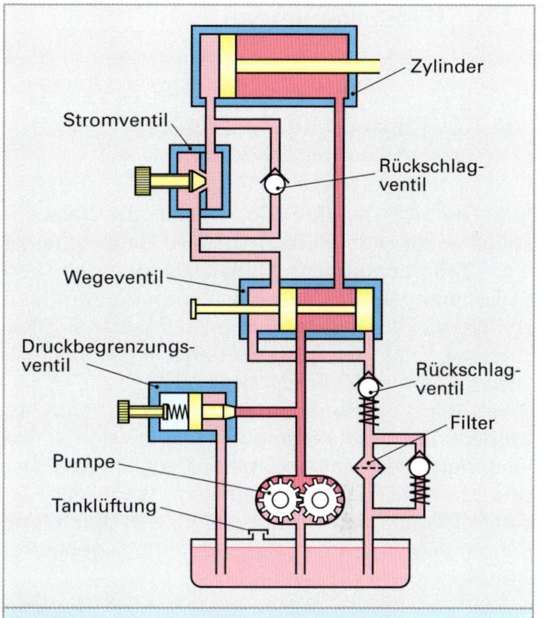

Bild 1: Prinzip einer Primärsteuerung

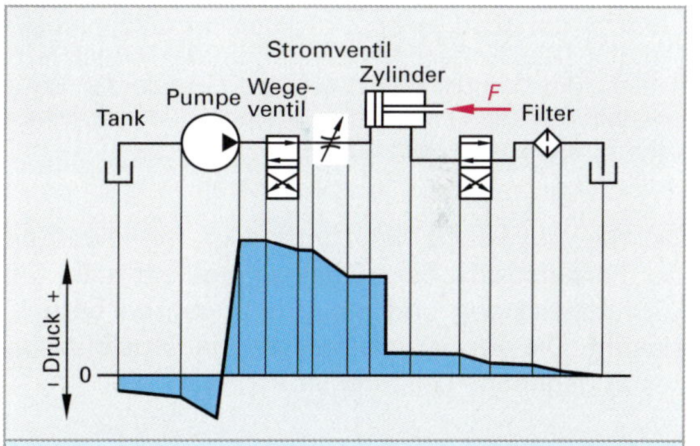

Bild 2: Druckverlauf bei einer Primärsteuerung

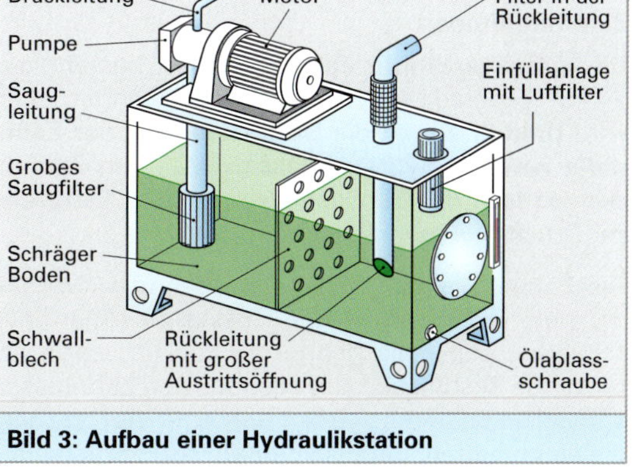

Bild 3: Aufbau einer Hydraulikstation

2.4.5 Hydraulikpumpen

Pumpen übertragen die mechanische Energie in die Hydraulikflüssigkeit. Dies geschieht durch ständiges Verdrängen der Druckflüssigkeit aus der Saugleitung in die Druckleitung.

Nach der Art der Bauteile, welche die Verdrängungsräume der Pumpe bilden, unterscheidet man **Zahnradpumpen, Flügelzellenpumpen** und **Kolbenpumpen.** Das bei einer Pumpenumdrehung verdrängte Flüssigkeitsvolumen nennt man **Fördervolumen V.** Mit der Pumpendrehzahl multipliziert, entsteht daraus der **Förderstrom Q.**
Dieser kann bei **Konstantpumpen** nicht verändert werden. Bei **Verstellpumpen** lässt er sich durch Verändern des Fördervolumens stetig steuern. Der Druck in der Druckleitung entsteht, wenn der Förderstrom durch einen Widerstand, z.B. durch eine Rohrverengung, am freien Abfließen gehindert wird.

Die Abhängigkeit des Förderstroms zeigt die Pumpenkennlinie **(Bild 1)**. Diese wird bei konstanter Drehzahl aufgenommen, wobei die Pumpe gegen den Widerstand eines Druckbegrenzungsventils in den Tank fördert. Mit zunehmendem Druck erreicht die Pumpe schließlich die Grenze der Belastbarkeit, die Leckverluste steigen stark an, und der Förderstrom sinkt ab.

Bei der Auswahl einer Hydraulikpumpe werden der Förderstrom, der zulässige Höchstdruck, die Lärmentwicklung und der Wirkungsgrad berücksichtigt. Die von der Pumpe an die Druckflüssigkeit abgegebene Leistung ist:

$$P_{ab} = p \cdot Q \cdot \eta$$

P_{ab} abgegebene Leistung
p Druck
Q Förderstrom
η Wirkungsgrad

Zahnradpumpen

Die **außenverzahnte Zahnradpumpe** besteht aus einem Zahnradpaar, von dem eines angetrieben wird **(Bild 2)**. Durch die Drehbewegung der Zahnräder wird die Hydraulikflüssigkeit in den Zahnlücken entlang der Gehäusewand von der Saugseite zur Druckseite verdrängt.

Die Zähne, die sich im Eingriff befinden, verhindern ein Rückströmen der Flüssigkeit. Allerdings schließen dabei die Zähne die Lücken schon ab, bevor die Restflüssigkeit völlig aus den Zahnlücken entwichen ist und bewirken dort eine Verdichtung, die einen harten, geräuschvollen Lauf verursacht.

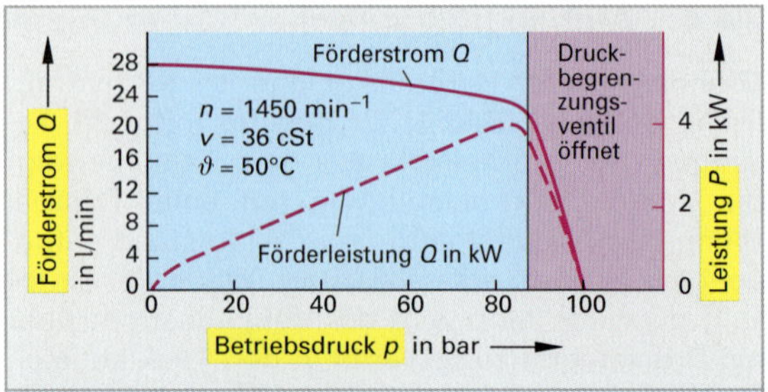

Bild 1: Pumpenkennlinie

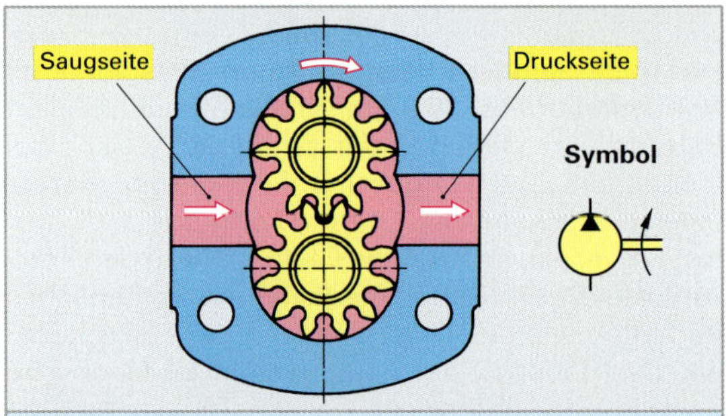

Bild 2: Außenverzahnte Zahnradpumpe

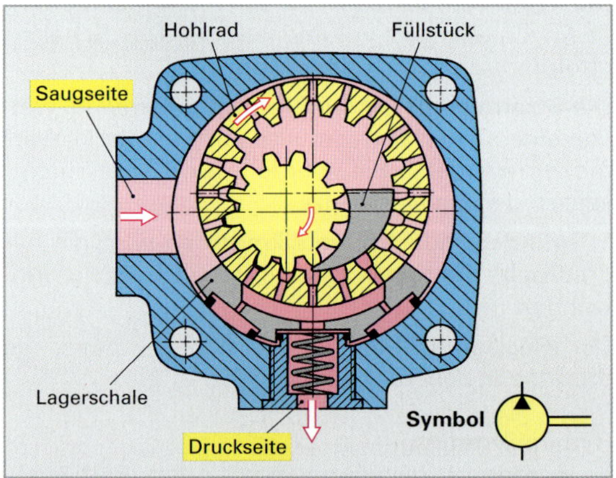

Bild 3: Innenverzahnte Zahnradpumpe

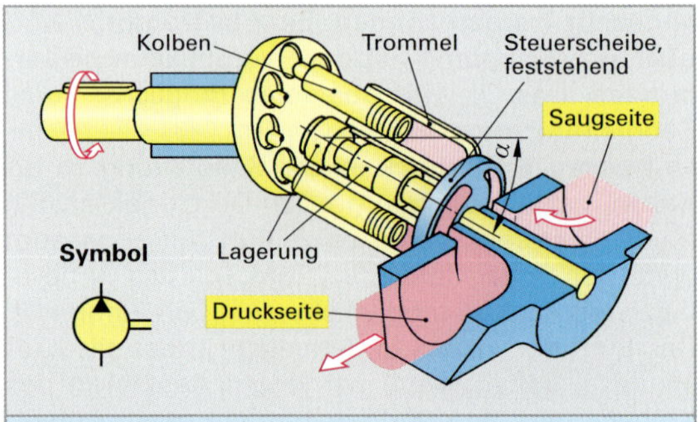

Bild 4: Axialkolbenpumpe mit Schrägachse

Bei der **innenverzahnten Zahnradpumpe** treibt ein Ritzel ein an den Zahnlücken durchbohrtes Hohlrad an **(Bild 3, vorhergehende Seite)**. Das Hohlrad wird durch ein Füllstück und eine Lagerschale gehalten.

Die Druckflüssigkeit strömt durch die Zahnlücken zwischen Füllstück und Ritzel bzw. Füllstück und Hohlrad von der Saugseite zur Druckseite. Wegen der großen Eingriffslänge der Zahnräder und wegen des flankenspielfreien Laufs ist die Geräuschentwicklung der Pumpe gering.

Axialkolbenpumpen

Die Kolben stützen sich in Kugelpfannenlagern axial ab und nehmen die Trommel radial mit **(Bild 4, vorhergehende Seite)**.

Eigenschaften von Schrägachsenpumpen:

- selbstansaugend und leicht anfahrbar,
- schmutzunempfindlich,
- für wechselnde Druckbelastung geeignet,
- neigen beim Beschleunigen und Verzögern zu Schwingungen,
- lassen sich nicht schnell verstellen.

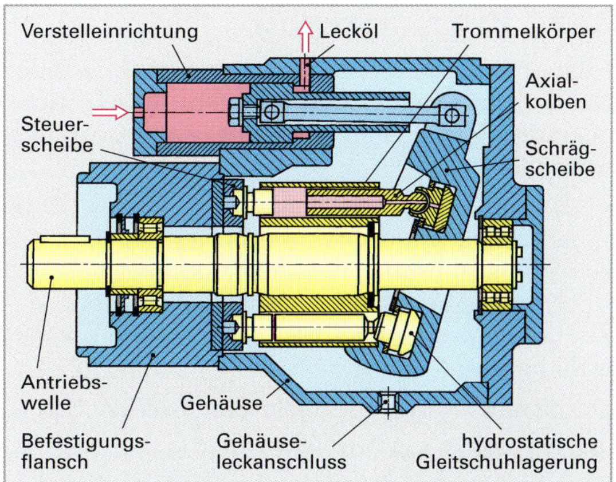

Bild 1: Axialkolbenpumpe mit Schrägscheibe

Flügelzellenpumpe

Bei der **verstellbaren Flügelzellenpumpe** kann das Fördervolumen verändert werden **(Bild 2)**. Die Flügel gleiten auf der Innenseite eines Kreisringes, der exzentrisch verschoben werden kann. Im gleichen Verhältnis mit der Verschiebung des Kreisrings ändert sich auch der Förderstrom.

Der Druck wir selbsttätig geregelt: Zunächst drückt die Feder den Ring in eine exzentrische Lage. Die Pumpe fördert den größtmöglichen Förderstrom und füllt die angeschlossene Anlage mit Hydrauliköl, bis sich ein Druck aufbaut. Dieser steigende Druck presst den Ring gegen die Feder und beseitigt die Exzentrizität. Der Förderstrom wird Null (Nullhubpumpe). Sinkt der Arbeitsdruck, z. B. weil ein Zylinder ausfährt, drückt die Feder den Ring wieder in eine exzentrische Lage und der Förderstrom setzt erneut ein.

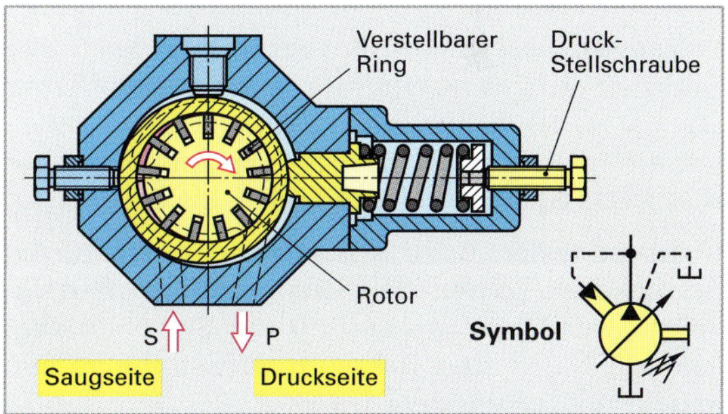

Bild 2: Verstellbare Flügelzellenpumpe

Radialkolbenpumpe

Bei der **innenabgestützten Radialkolbenpumpe** bestimmt eine Exzenterwelle den Bewegungsablauf der Kolben **(Bild 3)**. Die Steuerung des Saug- und Drucköls über selbsttätige Rückschlagventile (Außenbeaufschlagung) hat den Vorteil, dass die Pumpe aus getrennt wirkenden Einzelpumpen zusammengesetzt werden kann. Dadurch lässt sich durch Zu- und Abschalten der Pumpenelemente der Förderstrom stufenweise verstellen. Die Anordnung der Kolben erfolgt in Sternform oder in Reihe **(Bild 4)** oder auch kombiniert.

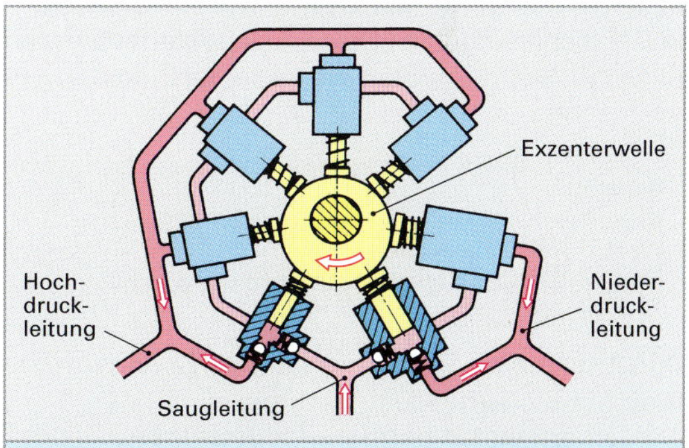

Bild 3: Innenabgestützte Radialkolbenpumpe

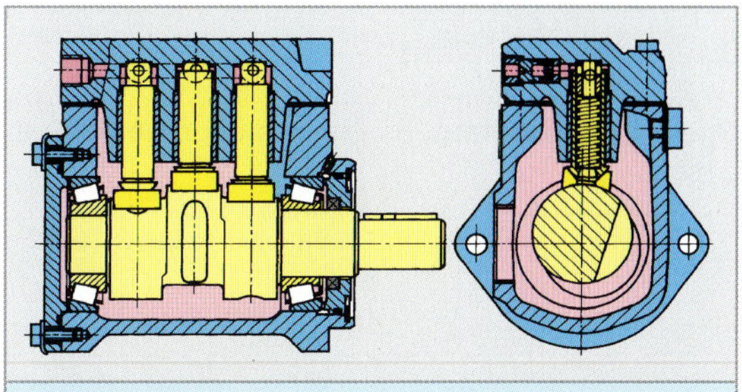

Bild 4: Reihenbauweise einer Radialkolbenpumpe

2.4.6 Hydraulikspeicher

Hydraulikenergie wird in der Regel mithilfe eines Gasspeichers mit komprimiertem Gas gespeichert. Die wichtigsten Aufgaben eines Hydraulikspeichers sind:

- Druckenergie zu speichern,
- Schwingungen zu dämpfen,
- Förderstromschwankungen auszugleichen,
- Ölreserve bei Leckölverlusten zu schaffen,
- Energiereserve für eine Notbetätigung zur Verfügung zu halten.

Es gibt unterschiedliche Speicherbauweisen **(Bild 1).**

Membranspeicher. Membranspeicher dienen zur Speicherung kleiner Volumen zwischen 0,1 l bis 4 l und besitzen eine zur Gasseite offene, halbkugelförmige Membrane.

Blasenspeicher. Beim Blasenspeicher wird der Stickstoff durch eine geschlossene Kunststoffblase von der Hydraulikflüssigkeit getrennt. Ein Ventilteller verhindert beim Ausfließen eine Zerstörung der Blase. Das Speichervolumen reicht bis 200 l.

Kolbenspeicher. Beim Kolbenspeicher trennt ein beweglicher Kolben den Gasraum vom Flüssigkeitsraum. Zur Vergrößerung der Speicherfähigkeit können an den Gasraum Stickstoff-Flaschen angeschlossen werden.

Hydraulikspeicher unterliegen den am Aufstellungsort gültigen Unfallverhütungsvorschriften.
In Deutschland gilt: Ist Druck [bar] x Nennvolumen [Liter] > 200, dann sind Sicherheitseinrichtungen vorzusehen.

Beispiel:
Max. Druck 150 bar, Speichergröße 2,8 l
Wert = 150 x 2,8 = 420.
Es sind Sicherheitseinrichtungen notwendig.

Bild 2 zeigt eine Schaltung für eine Spannvorrichtung mit Sicherheitseinrichtung:

1. Manometer für permanente Anzeige,
2. Baumustergeprüftes Druckbegrenzungsventil,
3. Absperreinrichtung,
4. Ablasshahn zum Entlasten des Speicherdruckes.

Speicherberechnung. Es gilt das allgemeine Gasgesetz:

$$\frac{p_0 \cdot V_0}{T_0} = \frac{p_1 \cdot V_1}{T_1}$$

p_0, p_1 Druck, vorher – nachher
V_0, V_1 Volumen, vorher – nachher
T_0, T_1 Temperatur, vorher – nachher

Der ungünstige Fall, dass die Volumenänderung so schnell vonstatten geht, dass kein Wärmeaustausch stattfindet (adiabatische[1] Zustandsänderung), wird häufig als Berechnungsgrundlage verwendet.

Bild 3 zeigt die drei Zustände eines Speichers:
leer: Druck p_0 und Volumen V_0 (Nennvolumen)
vorgefüllt: Druck p_1 und Volumen V_1
max. gefüllt: Druck p_2 und Volumen V_2

Für die überschlägige Berechnung kann man verwenden: Vorfülldruck p_0 etwa $0{,}9 \cdot p_1$; Speichergröße etwa 2 · benötigtes Ölvolumen

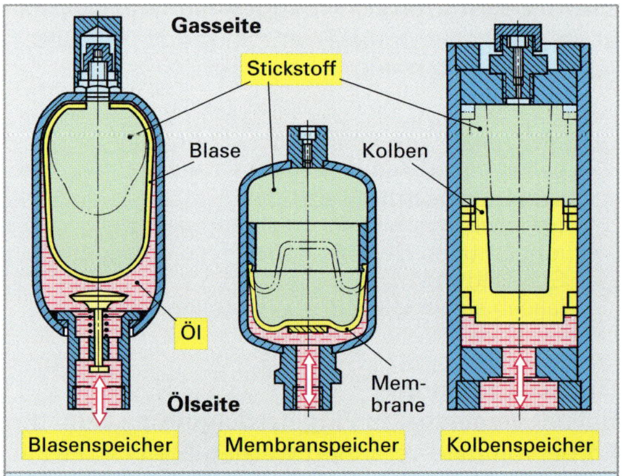

Bild 1: Hydraulikspeicher

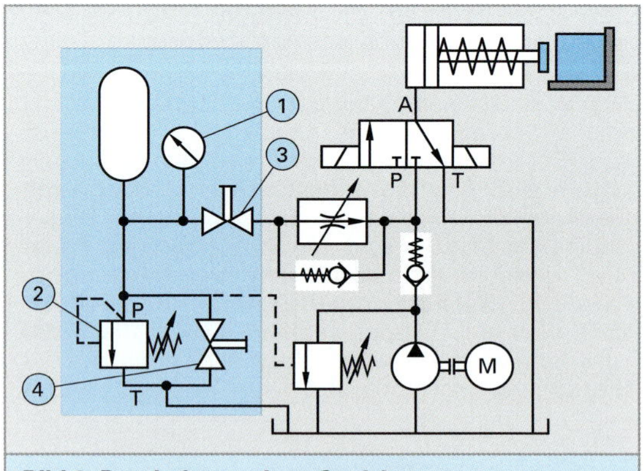

Bild 2: Beschaltung eines Speichers

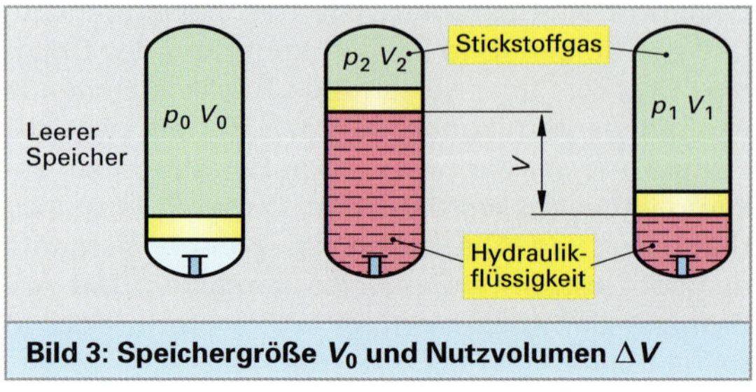

Bild 3: Speichergröße V_0 und Nutzvolumen ΔV

[1] adiabatisch = nicht hindurchtretend, von griech. diabainein = hindurchtreten

Bild 1 zeigt eine Blasenspeichereinheit, bestehend aus Blasenspeicher, angebautem Sicherheitsblock mit Absperrventil und Entlastungsventil. Diese Einheit kann so direkt an Maschinen angebaut werden.

Beispiel 1: Berechnung eines Speichers
Für eine Eilgangsteuerung ist ein Druck von mindestens 60 bar notwendig. Für einen Arbeitsgang werden 1,5 l Öl aus dem Speicher benötigt.

1. **Überschlägige Berechnung der Speichergröße**
   Nennvolumen = 2 · 1,5 l = 3,0 l
   Es wird ein Standardspeicher mit Nennvolumen 4 l gewählt.
2. **Vorfülldruck**
   Vorfülldruck = 0,9 · Mindestdruck
   Vorfülldruck = 0,9 · 60 bar = 54 bar
3. **Maximaler Druck**
   Aus dem Nomogramm **(Bild 2)** kann der maximale Druck abgelesen werden. Verfolgen Sie hierzu die Linien 1, 2, 3, 4, 5 im Nomogramm.
   Abgelesen max. Druck p_2 = 140 bar.

Ergebnis: Das System muss zu Beginn des Arbeitsgangs p_2 = 140 bar haben, um nach der Entnahme von 1 l Öl noch p_1 = 60 bar zu besitzen.

Bild 1: Blasenspeicher

Übung:
Berechnen Sie den maximalen Druck, wenn für **Beispiel 1** ein Speicher mit dem Nennvolumen 10 l verwendet werden würde. Begründen Sie die Auswirkung des größeren Speichers. Bewerten Sie das Ergebnis.

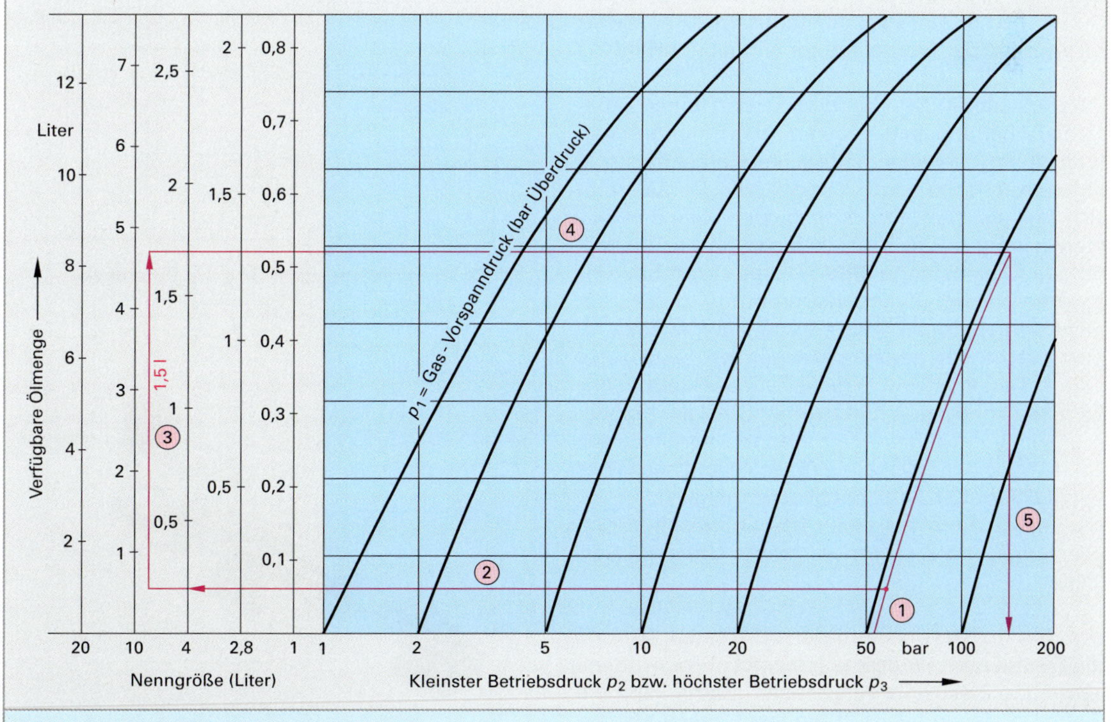

Bild 2: Druck-Volumen-Kennlinie (Adiabate)

2.4.7 Antriebselemente

Zu den Antriebselementen gehören Zylinder und Hydraulikmotoren. Diese setzen die hydraulische Energie in mechanische Energie um.

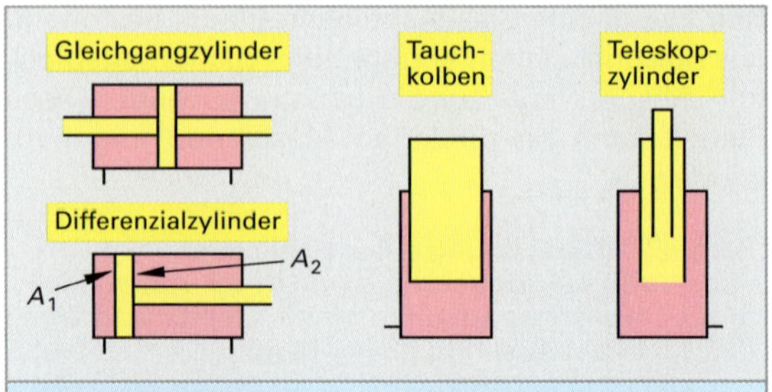

Bild 1: Zylinderarten

Hydraulikzylinder

Bild 1 zeigt mehrere Bauarten von Zylindern. Am häufigsten wird der doppelt wirkende Zylinder eingesetzt. Diese Zylinder werden mit einseitiger oder mit doppeltseitiger Kolbenstange hergestellt.

Einfach wirkende Hydraulikzylinder

Der *Tauchkolben* oder *Plunger* genannte einfach wirkende Zylinder wird einseitig durch die Druckflüssigkeit beaufschlagt und durch einen äußere Kraft, z. B. durch das Eigengewicht, zurückgestellt. Um die Steifigkeit der Kolbenstange zu erhöhen, ist ihr Querschnitt über die gesamte Stangelänge gleich dem von der Druckflüssigkeit beaufschlagten Kolbenquerschnitt. Vorteilhaft sind der einfache Aufbau und die gute Abdichtung, da nur eine Seite mit Flüssigkeit beaufschlagt ist.

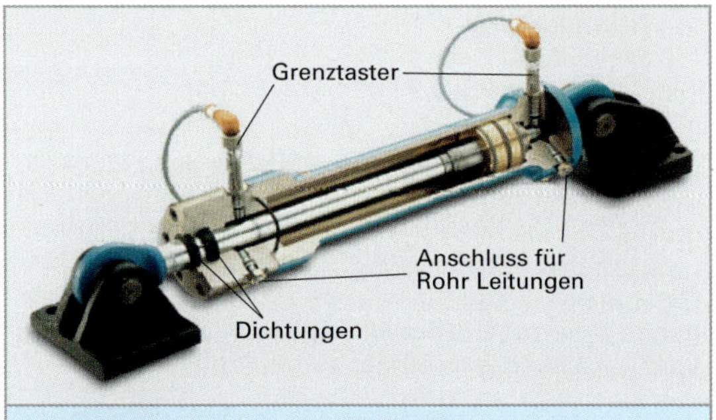

Bild 2: Doppeltwirkender Zylinder

Doppelt wirkende Hydraulikzylinder. Diese werden mit einseitiger Kolbenstange oder mit zweiseitiger Kolbenstange ausgeführt. Die einseitige Ausführung wird auch Differenzialzylinder genannt. Oft werden in den Zylinder induktive Grenztaster zur Anzeige der Endpositionen eingebaut **(Bild 2)**.

Differenzialzylinder. Für den Einsatz einer Differenzialschaltung bzw. einer Umströmungsschaltung ist ein Flächenverhältnis von Kolbenfläche zu Kolbenringfläche von 2 : 1 notwendig. Damit ergibt sich bei gleichem Druck in beiden Zylinderkammern eine größere Kraft in Richtung der ausfahrenden Kolbenstange **(Bild 3)**. Diese Kraftdifferenz zwischen beiden Zylinderkammern wird dazu benutzt, das Hydrauliköl der Kolbenstangenseite im Kurzschluss der gegenüberliegenden Seite zuzuführen. Dadurch fließt in diese Zylinderkammer das Pumpenöl und das zurückströmende Öl der Kolbenstangenkammer. Bei einem Flächenverhältnis von 2 : 1 fährt so der Zylinder nach rechts und nach links mit gleichgroßer Vorschubgeschwindigkeit.
Gedanklich kann man sich das Öl zwischen Kolbenstange und Zylinder als reines Umlauföl vorstellen.

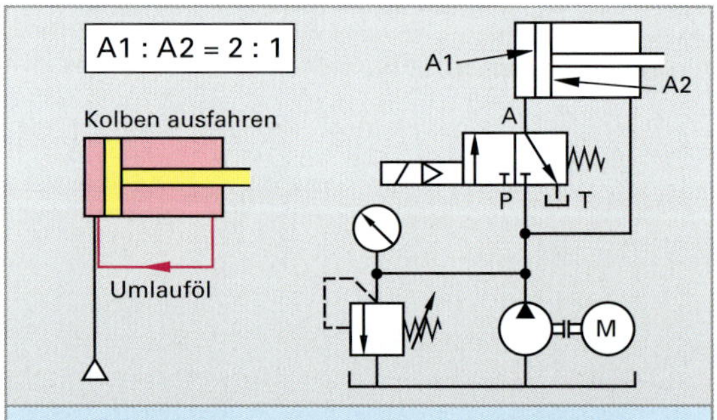

Bild 3: Umströmungsschaltung mit Differenzialzylinder

Um den Kolben positionieren zu können, werden die Zylinder mit Wegmesssystemen, Proportionalventil und Elektronik ausgerüstet. Somit kann die Einheit direkt an eine SPS angeschlossen werden **(Bild 4)**.

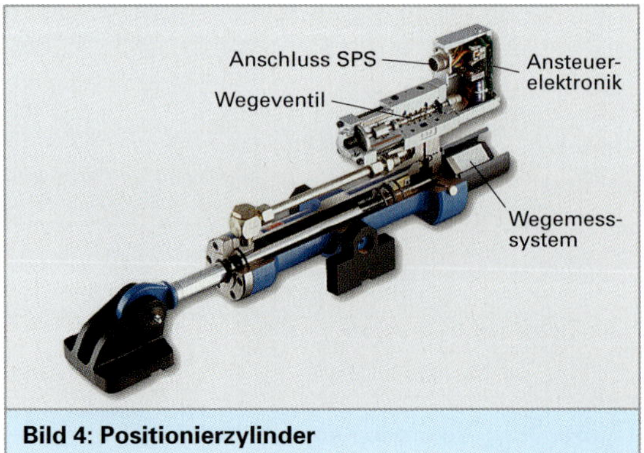

Bild 4: Positionierzylinder

Hydraulikmotoren. Vom Energiefluss aus betrachtet sind Hydraulikmotoren die Umkehrung der Pumpen. Sie wandeln die hydraulische Energie in mechanische Energie um.
Die Leistung des Motors berechnet sich aus:

$$P_{ab} = \frac{\Delta P \cdot Q \cdot \eta_{ges}}{600}$$

P_{ab} Abtriebsleistung des Motors in kW
ΔP Druckdifferenz in bar
Q = Volumenstrom in l/min
η_{es} = Gesamtwirkungsgrad

Beispiel:
In einem hydraulischen System steht ein Volumenstrom von Q = 20 l/min bei einem max. Druck von p = 120 bar. Der Gesamtwirkungsgrad des Motors ist η_{ges} = 0,85. Welche max. Leistung kann der Motor abgeben?

Lösung:

$$P_{ab} = \frac{120 \cdot 20 \cdot 0{,}85}{600} = \mathbf{3{,}4\ kW}$$

Schwenkmotoren. Schwenkmotoren werden für Drehbewegungen in einem Bereich von 50° bis 360° eingesetzt. Sie können trotz ihrer kompakten Bauart große Drehmomente übertragen. Man unterscheidet Flügelzellen-, Drehkolben- und Schubkolben-Schwenkmotoren **(Bild 1)**. Schwenkmotoren werden zum Schließen und Öffnen von Ventilen, für Transportbewegungen und für Spannvorgänge eingesetzt.

Schnellläufer. Bei **Flügelzellenmotoren (Bild 2)** mit vier Druckkammern, die sich paarweise gegenüberliegen, kann der Schluckstrom stufenweise zugeführt werden. Mit dem angebauten Wegeventil werden die Kammern 1 oder die etwas größeren Kammern 2 oder alle Kammern gemeinsam zugeschaltet. Auf diese Weise lässt sich das Motordrehmoment stufenweise der Belastung anpassen. Vorteilhaft wirken sich bei den Flügelzellenmotoren der gleichförmige, geräuscharme Lauf, die hohe Lebensdauer, das kleine Bauvolumen und der niedrige Preis aus. Von Nachteil sind die niedrige Drehzahl, die notwendige feine Filterung des Öls und die obere Druckgrenze, die bei 200 bar liegt.

Langsamläufer. Langsam laufende Hydraulikmotoren werden wegen der günstigen Drehmomentkennlinie bei niedrigen Drehzahlen (unter 150 min^{-1}) den mechanischen und elektrischen Antrieben vorgezogen. Das Drehmoment des Hydromotors hat bereits im Stillstand die maximale Größe und bleibt über den gesamten Drehzahlbereich nahezu konstant **(Bild 3)**.

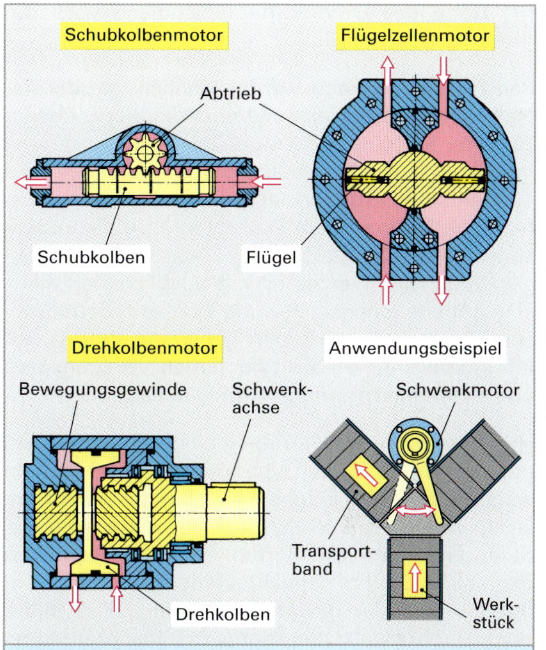

Bild 1: Schwenkmotoren

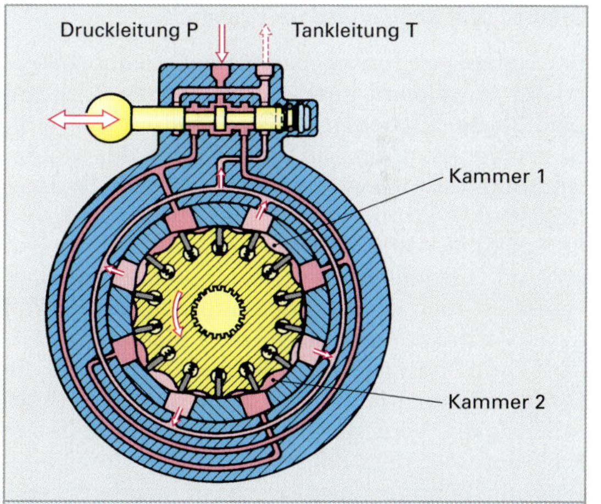

Bild 2: Verstellbarer Flügelzellenmotor

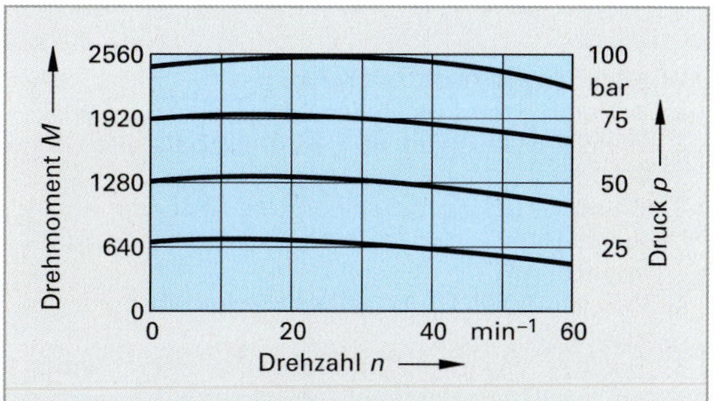

Bild 3: Kennlinien eines Hydraulikmotors

Die Höhe des Drehmoments ist auch vom Betriebsdruck abhängig.

Radialkolbenmotoren werden ähnlich wie die Radialkolbenpumpen mit äußerer oder innerer Abstützung der Hydraulikkolben gebaut. Die Motoren mit innerer Abstützung haben ein besonders niedriges Trägheitsmoment, sind sehr hoch belastbar und haben eine höhere obere Drehzahlgrenze als außenabgestützte Motoren **(Bild 1)**. Diese besitzen dagegen wegen der hydrostatisch ausgeglichenen Welle eine höhere Lebensdauer und sind sehr betriebssicher. Beide Konstruktionen haben ein großes Anfahrmoment bei einem sehr hohen Wirkungsgrad und einem gleichförmigen, ruhigen Lauf.

Hydromotoren mit Getrieben sind bei Großserien preiswerter als Radialkolbenmotoren und können wegen der vielfältigen Kombinationsmöglichkeiten von Motor und Getriebe vielen Einsatzanforderungen angepasst werden. Dies trifft besonders dann zu, wenn ein schnelllaufender Verstellmotor mit einem Stufengetriebe kombiniert wird. **Bild 2** zeigt einen Axialkolbenmotor mit Planetenradgetriebe.

Offener und geschlossener Kreislauf

Der Einbau von Hydraulikmotoren in einer Anlage erfolgt im offenen oder geschlossenen Kreislauf **(Bild 3)**. Beim offenen Kreislauf fördert die Pumpe in einer Richtung. Die Drehrichtung des Motors wird durch ein Wegeventil gesteuert. Die Hydraulikflüssigkeit strömt in den Tank zurück und wird dort gekühlt. Abriebteilchen und Schmutz werden im Tank ausgefiltert. Im geschlossenen Kreislauf verändert man die Drehrichtung des Motors mit einer Verstellpumpe, die in zwei Richtungen fördern kann. Ein Wegeventil ist nicht nötig, und die Umsteuerung erfolgt sehr schnell. Die Hydraulikflüssigkeit wird aber wärmer als im offenen Kreislauf und muss daher wegen der schnelleren Alterung häufiger ausgewechselt werden. Leckverluste werden über die beiden Rückschlagventile durch Ansaugen aus dem Tank ausgeglichen.

Wiederholung und Vertiefung

1. Welche Arten von Hydraulikspeichern gibt es?
2. Welches Gas wird in Hydraulikspeichern verwendet?
3. Wann ist die Kompression des Gases eine isotherme und wann eine adiabatische Zustandsänderung?
4. Wie wird die Größe eines Hydraulikspeichers ermittelt?
5. Erklären Sie die Wirkungsweise der Umströmungsschaltung eines Differenzialzylinders.
6. Welche Eigenschaften hat ein Teleskopzylinder?

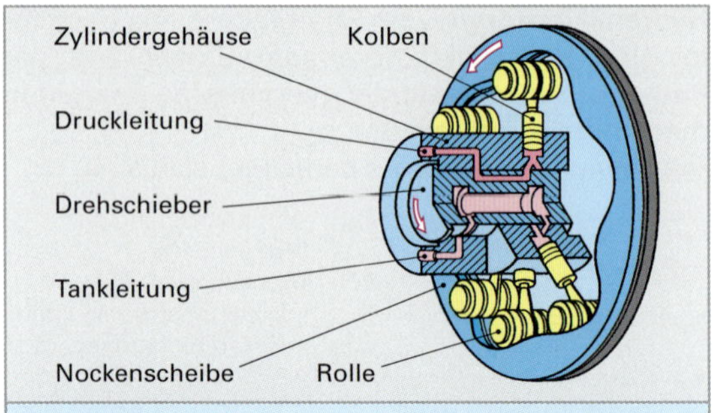

Bild 1: Hydraulikmotor mit äußerer Abstützung

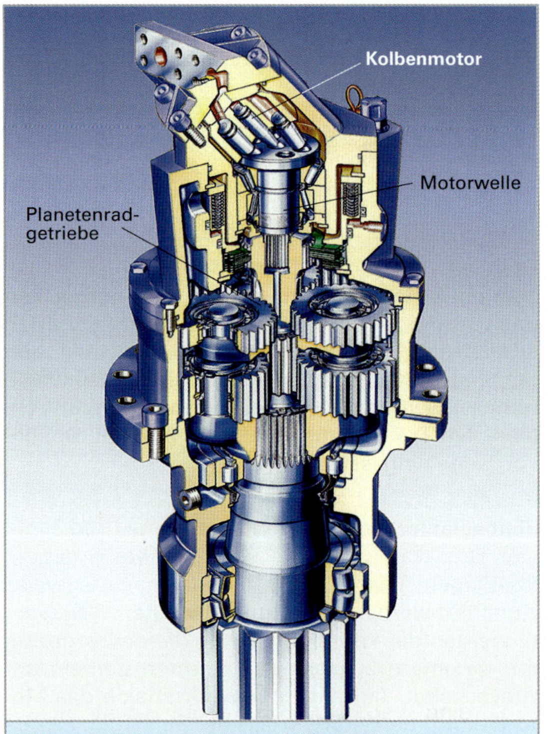

Bild 2: Axialkolbenmotor mit Getriebe

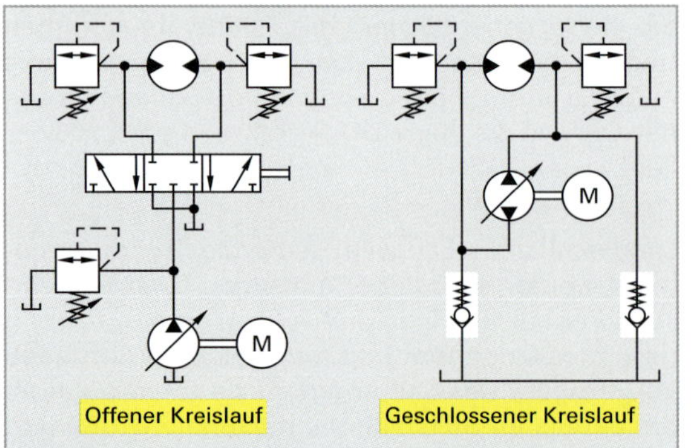

Bild 3: Offener und geschlossener Kreislauf

2.4.8 Hydraulikventile

Durch die Steuerung von Richtung, Größe und Druck des Volumenstroms beeinflussen Ventile den Weg, die Geschwindigkeit und die Kraft des Zylinders oder Motors.

Nach der Bauart unterscheidet man Sitzventile und Kolbenschieberventile.

Sitzventile haben eine kreisrunde Sitzfläche und als Ventilkörper einen Ventilteller, eine Kugel oder einen Ventilkegel **(Bild 1)**.

Eigenschaften der Sitzventile:

- sie schließen dicht und haben sehr kleine Leckverluste,
- sie sind auch für HF-Flüssigkeiten (Wasserhydraulik) geeignet, da sie nicht durch Gleitreibung beansprucht werden,
- sie sind unempfindlich gegen Verunreinigungen,
- sie benötigen große Schließkräfte.

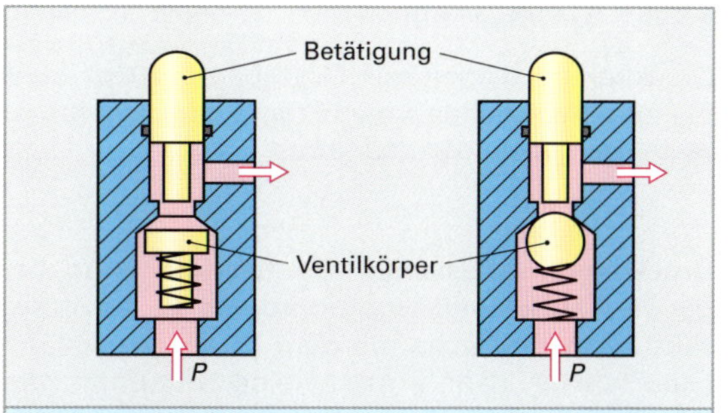

Bild 1: Sitzventile

Kolbenschieberventile schließen und öffnen Anschlüsse mit der zylinderförmigen Mantelfläche des Ventilkolbens, der über die Bohrungen oder Umfangsnuten im Ventilgehäuse verschoben wird **(Bild 2)**. Die Kanten des Ventilkolbens, die die Anschlussbohrungen überfahren, werden **Steuerkanten** genannt.

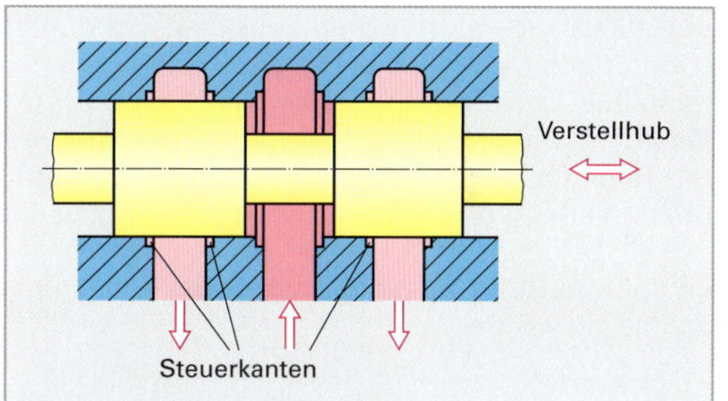

Bild 2: Kolbenschieberventil

Eigenschaften der Kolbenventile:

- sie sind an den Stirnflächen des Ventilkolbens druckfrei und lassen sich daher mit geringer Kraft schalten,
- sie können mit einfachen konstruktiven Mitteln, z. B. durch Einbau eines anderen Kolbens, neue Ventilfunktionen erhalten,
- sie sind wegen des Bewegungsspiels an der Mantelfläche leckölanfällig,
- sie entwickeln bei hohen Strömungsgeschwindigkeiten an den Kanten Impulskräfte, die sie instabil machen können.

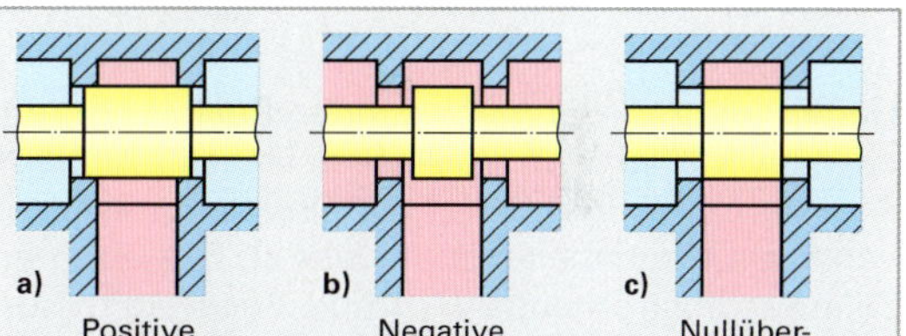

a) Positive Überdeckung
b) Negative Überdeckung
c) Nullüberdeckung

Bild 3: Kolbenüberdeckungen

Überdeckungen an Steuerkolben (Bild 3)

Bei positiver Überdeckung (a) wird der Durchfluss beim Schalten kurze Zeit unterbrochen. Es führt zu einem harten Umschalten mit Drucksteigerungen beim Schalten. Bei negativer Überdeckung (b) sind kurzzeitig alle Leitungen miteinander verbunden, sodass ein weiches Umschalten möglich ist. Ventile mit negativer Überdeckung werden z. B. bei Werkzeugmaschinen mit Pendelbewegungen verwendet. Die Nullüberdeckung (c) wird nur bei Servoventilen angewendet.

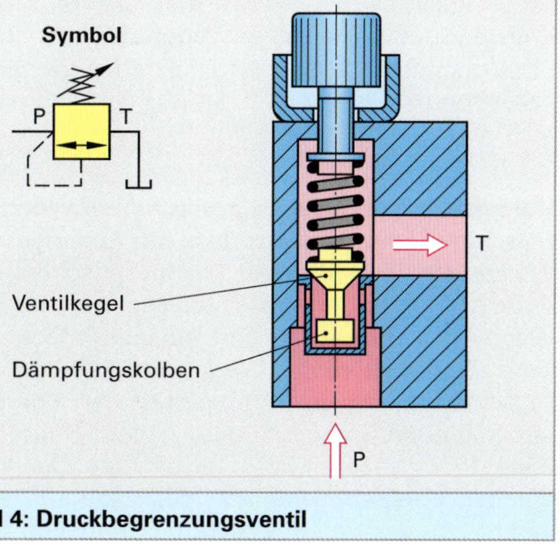

Bild 4: Druckbegrenzungsventil

2.4.8.1 Druckventile

Druckventile dienen zur Druckbegrenzung, zum Zu- und Abschalten von Aktoren und zur Konstanthaltung des Arbeitsdruckes.

Druckbegrenzungsventil. Es hat die Aufgabe, die Hydraulikanlage vor Überdruck zu schützen. Wird die Ventilfläche mit dem Druck der Anlage beaufschlagt, dann entsteht eine Druckkraft, die der einstellbaren Federkraft entgegenwirkt **(Bild 4, vorhergehende Seite)**. In **Bild 1** wird die Kennlinie eines Druckbegrenzungsventils dargestellt. Der sich tatsächlich einstellende Druck ist von durchströmenden Ölmengen abhängig. Die Steilheit der Kennlinie ist von der Federkennlinie des Ventils abhängig. Die entstehende Hysterese kommt von der Reibung des Ventilkegels. Ist die Feder ganz offen, verhält sich das Druckbegrenzungsventil wie ein Stromventil. Bei hohen Drücken und großen Volumenströmen werden vorgesteuerte Druckventile verwendet.

> Bei der Auswahl eines Druckbegrenzungsventils muss auf den maximalen Druck und die maximale Durchflussmenge geachtet werden.

Gegenhaltung. Bei wechselnder Belastung kann es zum ruckartigen Ausfahren eines Zylinders kommen. Dies verhindert ein Druckbegrenzungsventil als Gegenhalteventil **(Bild 2)**. Die aus dem Zylinder abströmende Hydraulikflüssigkeit muss zunächst den am Gegenhalteventil eingestellten Druck erreichen, bevor der Leitungsquerschnitt freigegeben wird. Durch die eingespannte Ölsäule zwischen Pumpe und Druckventil werden Belastungsschwankungen des Zylinders vermieden.

> Das ruckartige Ausfahren eines Zylinders bzw. Kolbens wird durch ein Druckbegrenzungsventil als Gegenhalteventil gemindert.

Vorspannung. Bei der Bearbeitung auf Werkzeugmaschinen kommt es vor, dass das Spannen eines Werkstücks und die sich daran anschließende Vorschubbewegung des Werkzeugs nur über ein Wegeventil gesteuert und ausgeführt werden kann **(Bild 3)**. Wird das Wegeventil 1V1 in die linke Schaltstellung gebracht, gibt es den Volumenstrom für den Spannzylinder 1A1 frei. Sobald das Werkstück gespannt ist, baut sich ein Druck auf, der das Vorspannventil 2V1 (Druckbegrenzungsventil) öffnet und den Vorschub ermöglicht.

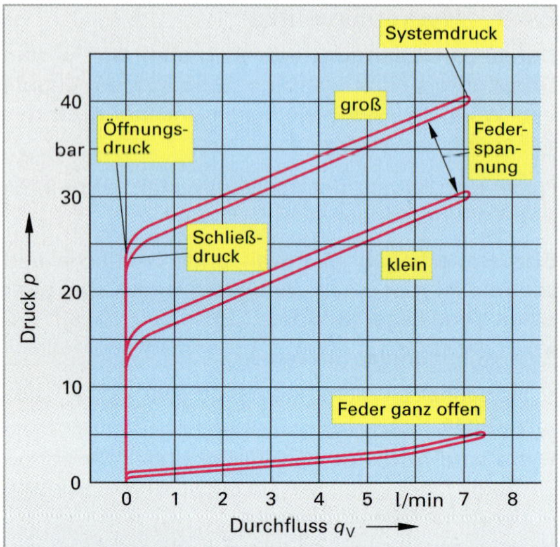

Bild 1: Druckdiagramm eines Druckbegrenzungsventils

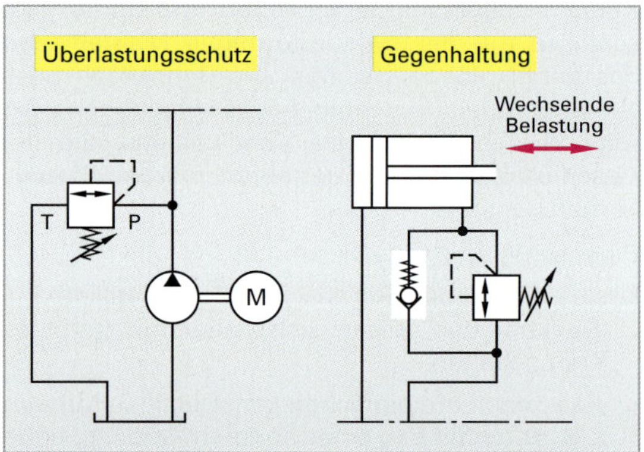

Bild 2: Überlastungsschutz und Gegenhaltung

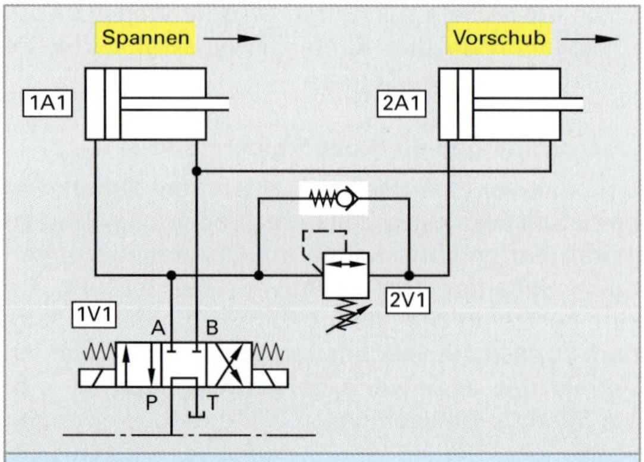

Bild 3: Vorspannung

Vorgesteuertes Druckbegrenzungsventil

Für große Volumenströme oder hohe Anforderungen an die Genauigkeit des einstellbaren Drucks eignet sich das direkt wirkende Druckbegrenzungsventil nicht mehr, da die Ventilfeder zu groß ausfallen würde. Deshalb verwendet man in diesen Fällen vorgesteuerte Ventile, die aus einem kleinen Kegelsitzventil zur Drucksteuerung und einem großen Hauptventil zu Förderstromsteuerung zusammengesetzt sind **(Bild 1)**. Am Kegelsitzventil wird der zulässige Höchstdruck eingestellt. Erreicht der Anlagedruck diesen Hauptdruck, fließt über das Kegelsitzventil die Hydraulikflüssigkeit in den Tank. Dabei muss sie durch eine Drossel fließen, die im Kolben des Hauptventils eingebaut ist. Durch den Durchflusswiderstand der Drossel entsteht zwischen Oberseite- und Unterseite des Hauptkolbens ein Druckunterschied, der das Hauptventil gegen die Federkraft öffnet. Der Volumenstrom wird durch Druckentlastung in den Tank geleitet. Schließt sich das Vorsteuerventil wieder, wird auch das Hauptsteuerventil geschlossen, da die Druckdifferenz an der Drossel des Kolbens nur bei Durchfluss vorhanden ist. Druckventile werden in unterschiedlichen Bauformen hergestellt **(Bild 3)**.

Mit vorgesteuerten Druckventilen können große Volumenströme und Drücke gesteuert werden.

Folgeventile

In ähnlicher Weise wie das Druckbegrenzungsventil können auch andere Druckventile mit einer Vorsteuerung ausgerüstet sein. Beim Folgeventil erfolgt die Betätigung des Kegelsitzventils über eine von außen herangeführte Steuerleitung X **(Bild 2)**. Das vom Vorsteuerventil abströmende Öl wird über eine externe Leitung drucklos in den Tank geleitet.

Mit dem **Folgeventil zur Zuschaltung** können z. B. zwei getrennte Hydraulikkreise aufeinander abgestimmt werden **(Bild 4)**. So darf z. B. der Vorschubzylinder eines Bohrwerkzeugs erst ausfahren, wenn der Spannzylinder das Werkstück gespannt hat.

Mit dem **Folgeventil zur Abschaltung** kann von Eilganggeschwindigkeit auf Vorschubgeschwindigkeit umgeschaltet werden **(Bild 1, folgende Seite)**. Für den Eilgang benötigt die Hydraulikanlage einen großen Volumenstrom bei niedrigem Druck, für den Vorschub einen kleinen Volumenstrom bei hohem Druck. Aus wirtschaftlichen Gründen trennt man die beiden Förderströme, indem man eine Hochdruck- und eine Eilgangpumpe einsetzt.

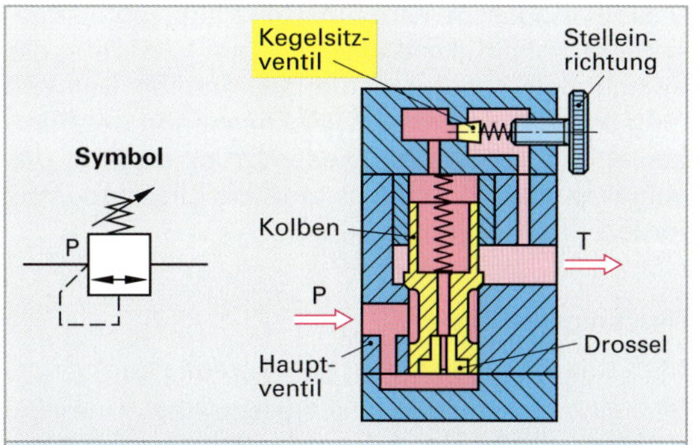

Bild 1: Vorgesteuertes Druckbegrenzungsventil

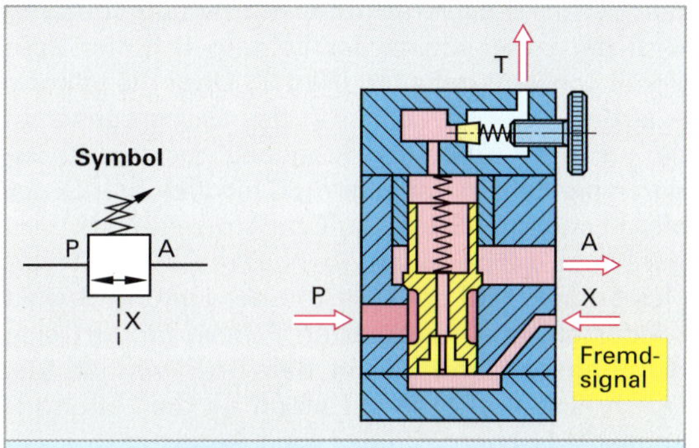

Bild 2: Fremdgesteuertes Druckventil (Folgeventil)

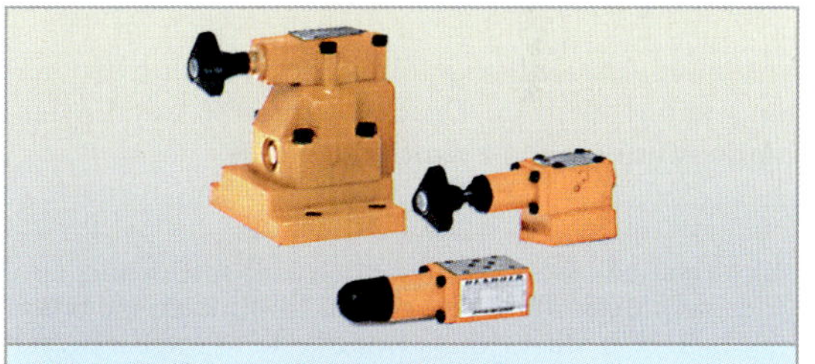
Bild 3: Bauformen bei Druckventilen

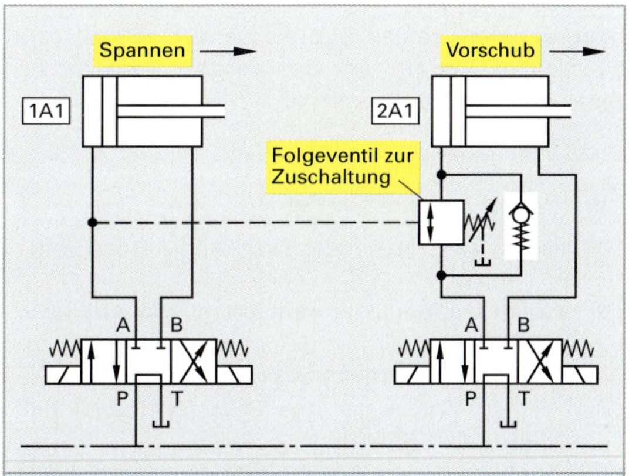

Bild 4: Folgeventil zur Zuschaltung

Die Eilgangpumpe wird über ein Folgeventil abgeschaltet, sobald der Widerstand am Werkzeug der Vorschubeinheit durch die beginnende Bearbeitung ansteigt und einen Druckanstieg in der Pumpenleitung verursacht. Dieser Druck schaltet das Folgeventil auf Durchfluss, und die Eilgangpumpe fördert drucklos in den Tank.

Druckregelventile

Die bisher beschriebenen Druckventile sind alle in der Ausgangsstellung geschlossen und öffnen bei Betätigung. Druckregelventile (Druckminderventile) sind im unbeeinflussten Zustand geöffnet.

Beim **Druckregelventil ohne Entlastungsöffnung** wird der Arbeitsdruck der Leitung B hinter dem Ventil konstant gehalten **(Bild 2)**. Über die Leitung A strömt das Hydrauliköl in das Druckregelventil ein und wird durch den Ringspalt gedrosselt. Dadurch entsteht in der Leitung B ein kleinerer Druck als in Leitung A. Steigt der Druck in Leitung B, wird der Ventilkolben angehoben. Der Ringspalt verkleinert sich und der Druck in der Leitung B sinkt wieder ab. Im umgekehrten Fall vergrößert sich der Ringspalt und gleicht den Druckverlust aus. Durch eine Kraft, die auf einen an die Leitung B angeschlossenen Zylinder wirkt, kann der Druck in der Leitung B so stark ansteigen, dass der Kolben des Druckregelventils den Ringspalt völlig schließt und eine Entlastung nicht mehr möglich ist. Diese in vielen Anwendungsfällen notwendige Entlastung kann mit dem **Druckregelventil mit Entlastungsöffnung** erzielt werden **(Bild 3)**.

> Druckregelventile werden oft zur Begrenzung einer Anpresskraft eingesetzt **(Bild 4)**. Dies ist z. B. zum Schutz eines dünnwandigen Werkstücks in einer Spannvorrichtung notwendig.

Druckschalter setzen hydraulische Druckwerte in elektrische Signale um. Sie werden auch zur Anzeige des Drucks verwendet.

Wiederholung und Vertiefung

1. Welche Aufgabe hat das Druckbegrenzungsventil?
2. Warum werden Druckventile mit Vorsteuerventilen gebaut?
3. Welche Funktion haben Druckregelventile?
4. Welchen Vorteil hat das Druckregelventil mit Entlastungsöffnung?
5. Nennen Sie eine Anwendung des Druckregelventils.

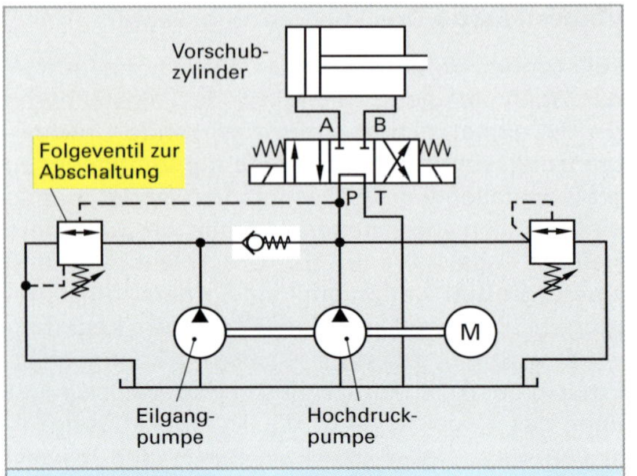

Bild 1: Folgeventil zur Abschaltung

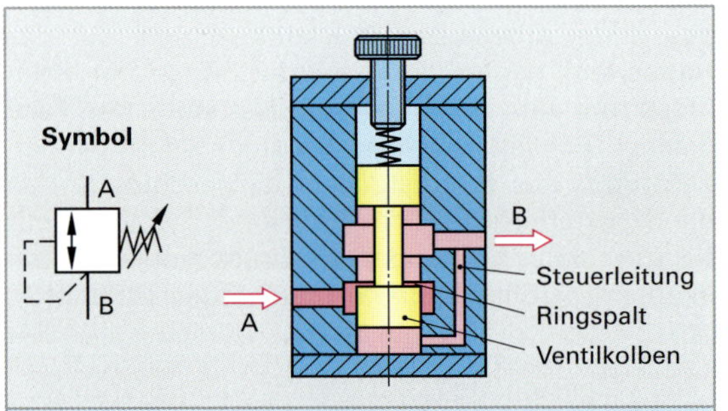

Bild 2: Druckregelventil ohne Entlastungsöffnung

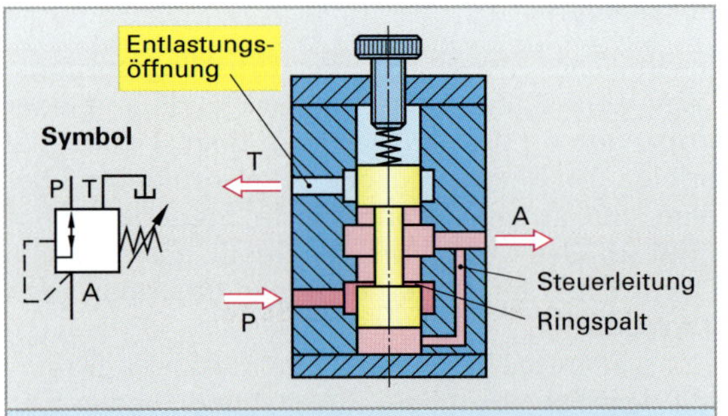

Bild 3: Druckregelventil mit Entlastungsöffnung

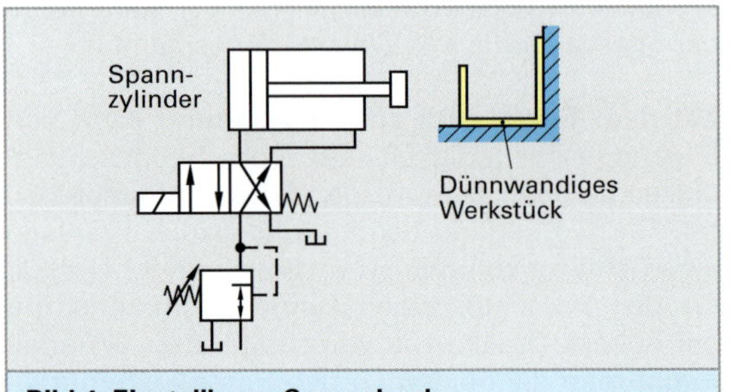

Bild 4: Einstellbarer Spanndruck

2.4.8.2 Wegeventile

Mit Wegeventilen werden die Richtungen des Volumenstroms, d. h. die Fahrrichtung des Zylinders, und durch Start-Stoppsignale die Weglänge des Arbeitshubs gesteuert.

In den meisten Fällen verwendet man Kolbenschieberventile, die einfach gebaut sind. Sie ermöglichen eine große Ventilvielfalt, da in das gleiche Gehäuse verschiedene Kolbenformen für unterschiedliche Aufgaben eingesetzt werden können **(Bild 1)**.

So erhält ein 4/3-Wegeventil durch den Einbau verschiedener Kolben andere Funktionen. Im ersten Fall sind die Arbeitsanschlüsse in der Ruhestellung geschlossen, während sie im zweiten Fall mit der Tankleitung verbunden sind. Die Betätigung der Wegeventile kann mechanisch, pneumatisch, hydraulisch oder elektromagnetisch erfolgen. Für eine Notbetätigung lassen sich die meisten Ventile von Hand schalten.

Bei Volumenströmen über 50 l/min werden Wegeventile vorgesteuert **(Bild 2)**. Das Vorsteuerventil, auch Pilotventil genannt, erzeugt die hydraulische Stellkraft, mit der die großen Strömungskräfte an den Steuerkanten des Hauptventils beim Schalten überwunden werden.

Bei 5-Wegeventilen wird im Unterschied zu den 4-Wegeventilen die rückströmende Hydraulikflüssigkeit über zwei getrennte Anschlüsse R und T in den Tank geleitet **(Bild 3)**. Diese Trennung ist vorteilhaft, weil sich dadurch bei einigen hydraulischen Steuerungen Schaltungsvereinfachungen ergeben **(Tabelle 1, folgende Seite)**.

Ventilkennlinie

Rohrkrümmer, Abzweigungen, Verengungen oder andere Drosselstellen der Hydraulikanlage setzen wie Ventile dem Volumenstrom Q einen Widerstand entgegen **(Bild 4)**. Dabei erfolgt ein Druckabbau Δp, gemessen als Differenz der Drücke vor und hinter dem Ventil. Der entstehende Leistungsverlust erwärmt die Hydraulikflüssigkeit und errechnet sich aus:

$$P_{\text{Verlust}} = \Delta p \cdot Q$$

P_{Verlust} Verlustleistung
Δp Druckdifferenz
Q Volumenstrom

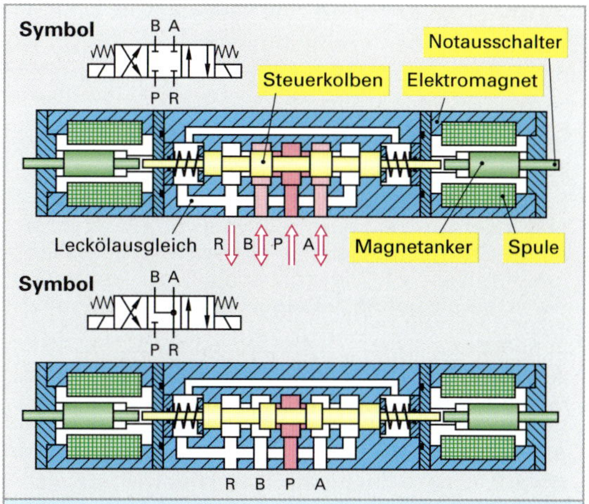

Bild 1: Wegeventile

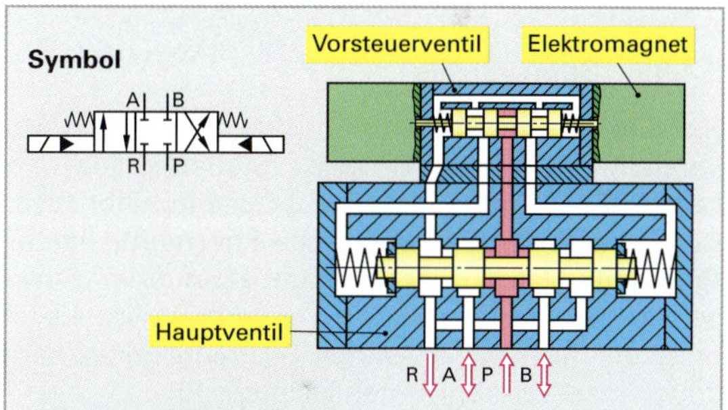

Bild 2: Vorgesteuertes Wegeventil

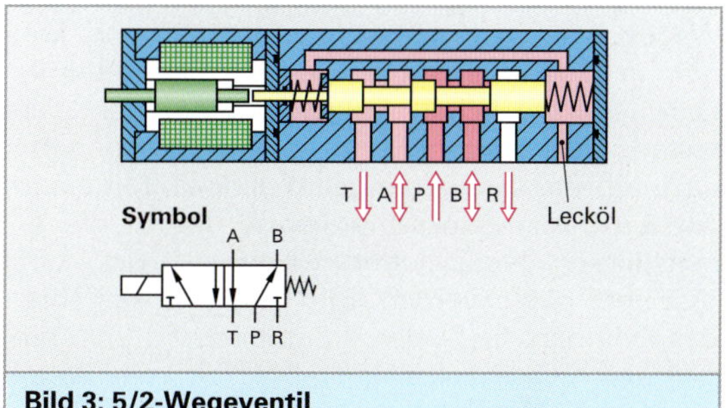

Bild 3: 5/2-Wegeventil

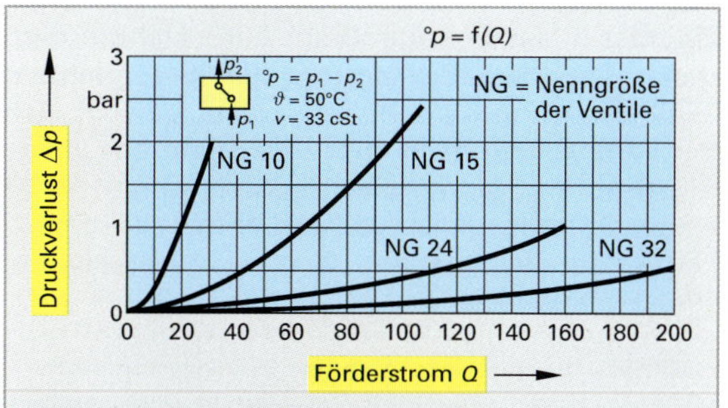

Bild 4: Ventilkennlinie

Aus der Q-Δp-Kennlinie des Wegeventils kann der Druckverlust bei vorgegebener Nenngröße NG und bekanntem Volumenstrom Q entnommen werden (Bild 4, vorhergehende Seite).

Beispiel:

Für die größte Geschwindigkeit eines Hydraulikzylinders wird ein Volumenstrom von 100 l/min benötigt. Zur Auswahl stehen Wegeventile der Nenngrößen 15 und 24. Wie groß ist der Druckverlust, der durch das ausgewählte Wegeventil verursacht wird?

Lösung:

Aus dem Bild 4, vorhergehende Seite, kann man bei dem Volumenstrom 100 l/min für die Nenngröße 24 einen Druckverlust Δp_1 von etwa 0,35 bar, für die Nenngröße 15 einen Druckverlust Δp_2 von etwa 2,1 bar entnehmen. Das Ventil NG 15 verursacht, verglichen mit dem Ventil NG 24, einen sechsmal so großen Energieverlust.

2.4.8.3 Sperrventile

Sperrventile werden durch den Volumenstrom verstellt. Sie benötigen keine Steuersignale und haben die Aufgabe, den Durchfluss in einer Richtung zu sperren. Das wichtigste Sperrventil ist das **Rückschlagventil,** das entsprechend dem Rückschlagventil der Pneumatik verwendet wird. Es ist ein sehr dicht schließendes Sitzventil mit einem kugel- oder kegelförmigen Dichtkörper.

Entsperrbares Rückschlagventil

Wegeventile in Kolbenschieberausführung können in Sperrstellung wegen der auftretenden Leckölverluste einen belasteten Zylinder nicht halten. Dies kann z. B. bei einem Wagenheber dazu führen, dass er langsam absinkt. Mit einem **entsperrbaren Rückschlagventil,** das in die Arbeitsleitung des Zylinders eingebaut wird, kann dies verhindert werden **(Bild 1).** Beim Ausfahren des Zylinders fließt der Volumenstrom ungehindert durch das Rückschlagventil. Wird das Wegeventil in die Mittelstellung geschaltet, schließt das Rückschlagventil dicht ab und hält den belasteten Zylinder in seiner Lage. Beim Zurückfahren wird durch Druckbeaufschlagung der Steuerleitung Z die Sperrung aufgehoben. Dabei bewegt sich der Ventilkolben nach links und öffnet das kleine Sitzventil im Sperrkörper. Dadurch kommt es zu einem Druckausgleich vor und hinter dem Sperrkörper, der sich jetzt mit geringem Kraftaufwand zurückfahren lässt.

Mithilfe zweier entsperrbarer Rückschlagventile kann z. B. ein belasteter Zylinder in jeder beliebigen Lage festgesetzt werden **(Bild 2).**

Tabelle 1: 5/2-Wegeventile

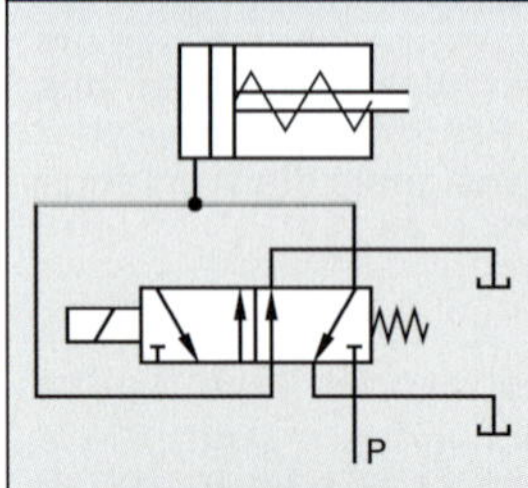 Schnellentlastung	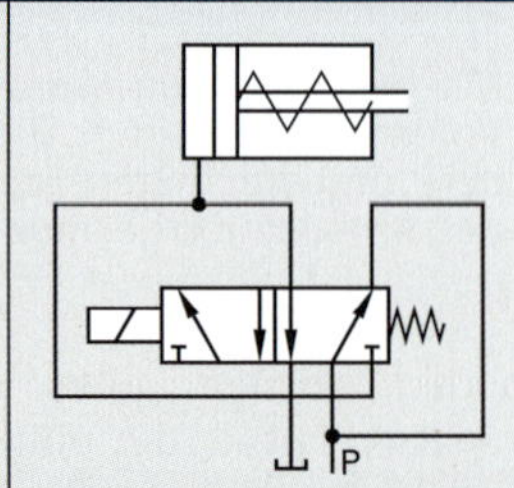 Verwendung kleiner Ventile
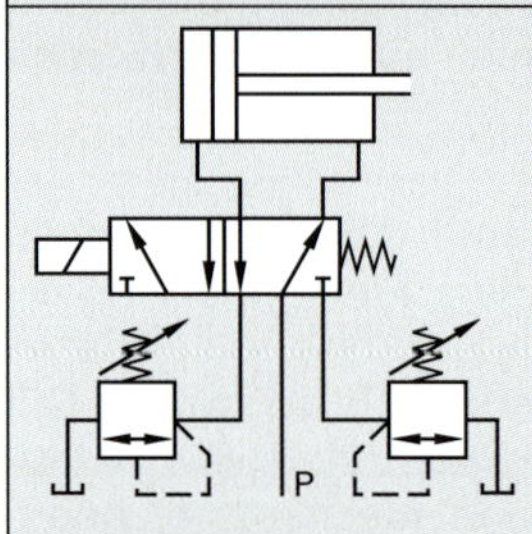 Gegenhaltung bei unterschiedlichen Kräften	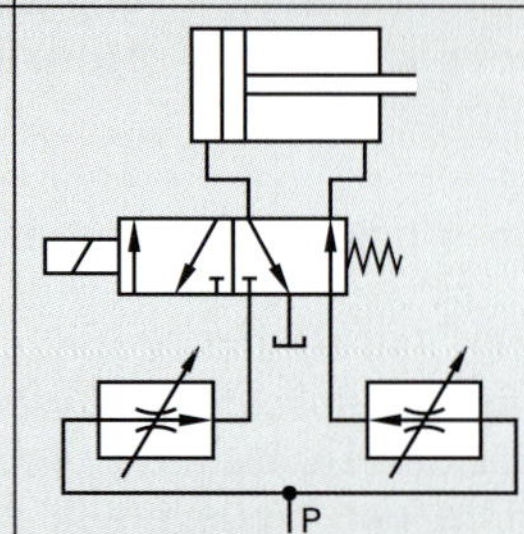 Unterschiedliche Geschwindigkeit in beiden Richtungen
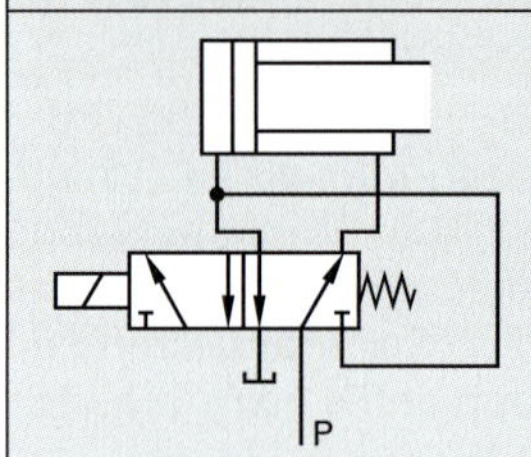 Umströmungsschaltung	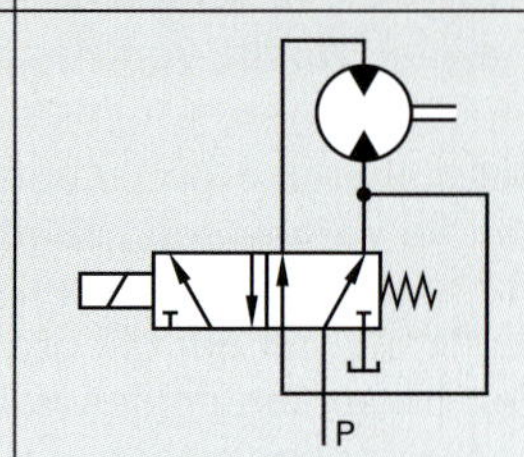 Motor dreht nur in einer Richtung

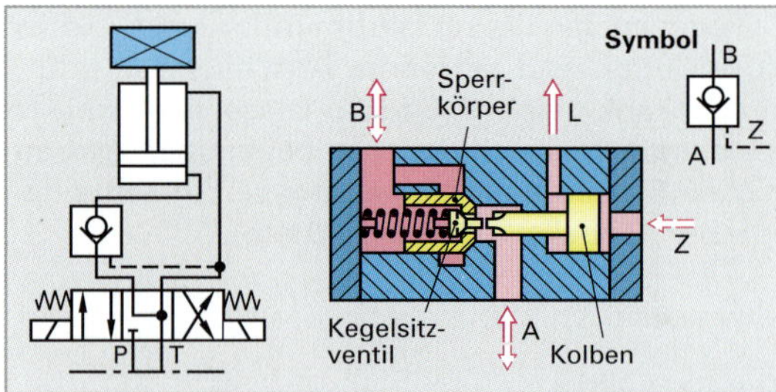

Bild 1: Entsperrbares Rückschlagventil

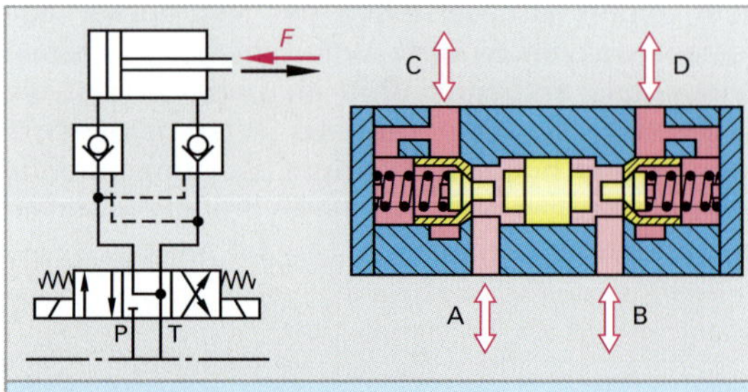

Bild 2: Zwillingsrückschlagventil

Diese Rückschlagventile können als **Zwillingsrückschlagventile** mit gegenseitiger Entsperrung in ein Gehäuse eingebaut sein. Die beiden Arbeitsleitungen des steuernden 4/3-Wegeventils sind in der Sperrstellung mit dem Tank verbunden. Damit lassen sich die Sperrkörper sicher schließen.

Wiederholung und Vertiefung

1. Warum werden in der Ölhydraulik meist Kolbenschieberventile eingesetzt?
2. Wann verwendet man ein vorgesteuertes Wegeventil?
3. Nennen Sie 3 Anwendungsfälle für 5-Wegeventile.
4. Wann verwendet man ein entsperrbares Rückschlagventil?
5. Warum müssen bei entsperrbaren Rückschlagventilen die Leitungen zu den Wegeventilen in der Sperrstellung entlastet sein?

2.4.8.4 Stromventile

Der Volumenstrom der Druckflüssigkeit kann durch eine Querschnittsverengung verkleinert werden. Die Geschwindigkeit der Aktoren verlangsamt sich. Von der Bauart unterscheiden wir: **Drosselventile und Blendenventile (Bild 1).** Blendenventile sind weniger viskositätsabhängig als Drosselventile. **Bild 2** zeigt eine technische Ausführung eines Blendenventils. Beim Durchfluss durch die Ventile bildet sich zwischen Eintritt und Austritt eine Druckdifferenz:

$$\Delta p = p_1 - p_2$$

Δp Druckdifferenz
p_1 Druck eingangsseitig
p_2 Druck ausgangsseitig

Der durch die Verengung fließende Volumenstrom ist:

$$q_V = \alpha \cdot A_0 \cdot \sqrt{\frac{2\Delta p}{\varrho}}$$

α Durchflusskennzahl (0,6 ... 0,9)
A_0 Drosselfläche
ϱ Dichte des Mediums
q_V Volumenstrom

In **Bild 3** werden Durchflusskurven eines Stromventils gezeigt. Jede Kurve stellt einen anderen Durchflussquerschnitt dar. Je kleiner der Querschnitt, desto steiler ist die Kurve, bzw. desto größer ist der Durchflusswiderstand. Mit zunehmender Durchflussmenge nimmt der Widerstand zu. In der Praxis bedeutet dies, das bei unterschiedlicher Belastung des Aktors unterschiedliche Strömungsgeschwindigkeiten entstehen.

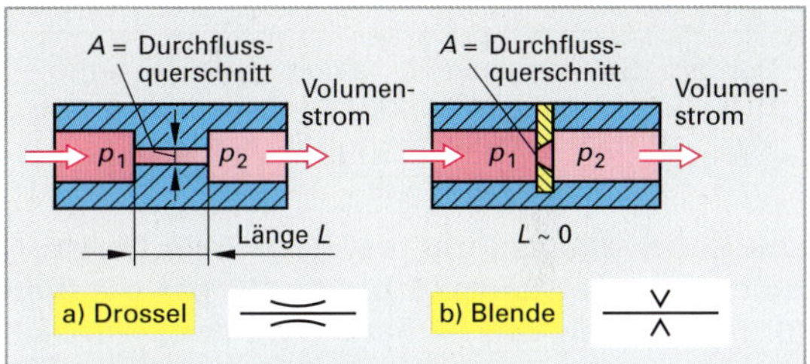

Bild 1: Drossel- und Blendenventil

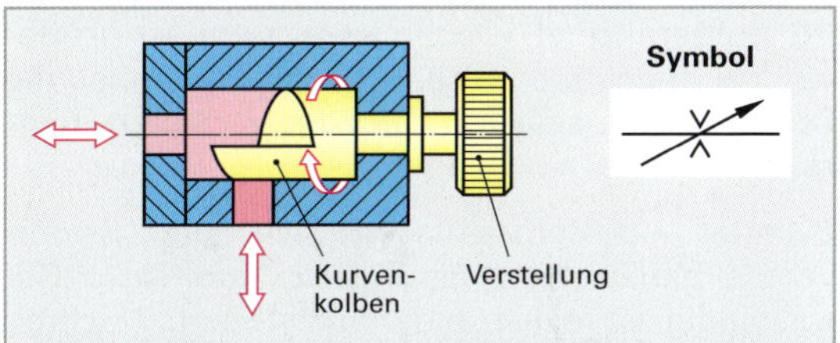

Bild 2: Einstellbares Blendenventil

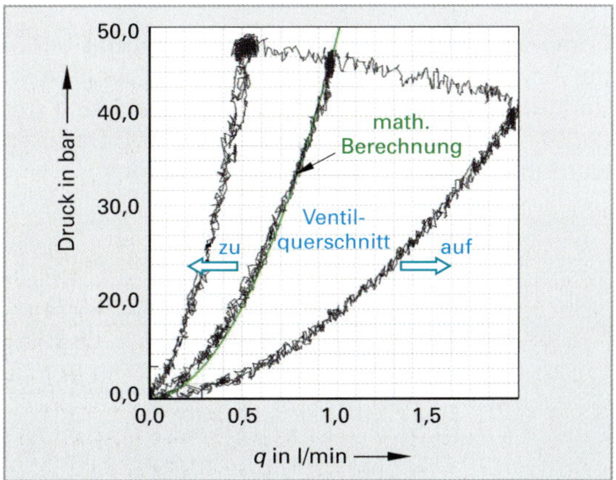

Bild 3: Kennlinien eines Stromventils

Stromregelventile

Mit Stromregelventilen kann man die Geschwindigkeiten der Aktoren lastunabhängig regeln. Das Ventil besitzt hierzu eine Druckwaage, welche die Druckdifferenz Δp an der einstellbaren Blende konstant hält. Die Druckwaage besteht aus Steuerkolben und Feder. Im Zulauf des Ventils herrscht der Druck p_1, der durch die Steuerkante des federbelasteten Steuerkolbens auf p_2 herabgesetzt wird.

An der einstellbaren Blende bildet sich die Druckdifferenz $\Delta p = p_2 - p_3$, die konstant gehalten werden muss **(Bild 1)**. An den Stirnflächen des Steuerkolbens wirken folgende Kräfte:

links: $F_1 = p_3 \cdot A + F_f$, rechts: $F_2 = p_2 \cdot A$

Im Gleichgewichtszustand gilt:

$F_1 = F_2$ oder $p_3 + A + F_f = p_2 \cdot A$ oder

$F_f = (p_2 - p_3) \cdot A$ oder $F_f = \Delta p \cdot A$

Für eine weiche Feder und einen kleinen Federweg von ca. 4 mm ist die Federkraft F_f nahezu konstant: $\Delta p = F_f/A$ = konstant.

Der am Stromregelventil eingestellte Volumenstrom und damit die Zylindergeschwindigkeit bleiben trotz schwankender Belastung konstant.

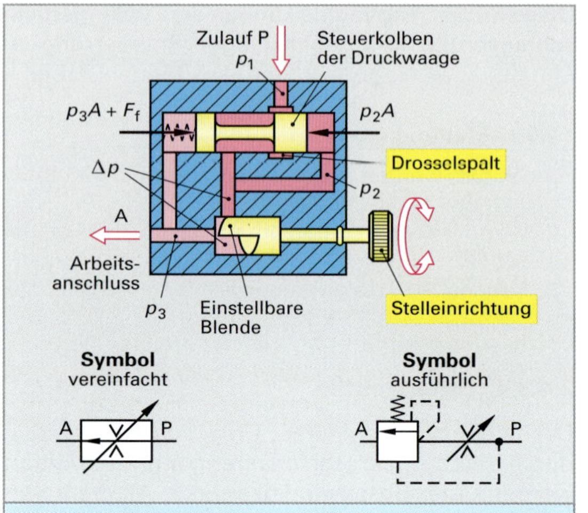

Bild 1: Stromregelventil

Das Regelverhalten tritt erst nach einer Mindestdruckdifferenz von ca. 5 bar bis 10 bar ein **(Bild 2)**. Im Versuch kann ermittelt werden, wie sich das Stromregelventil verhält. Mit der dargestellten Versuchsanordnung wird die Druckdifferenz und der Volumenstrom gemessen und mit dem PC aufgezeichnet. Dabei zeigt sich, je größer der Volumenstrom wird, um so höher muss die Druckdifferenz sein, um das Regelverhalten zu erreichen.

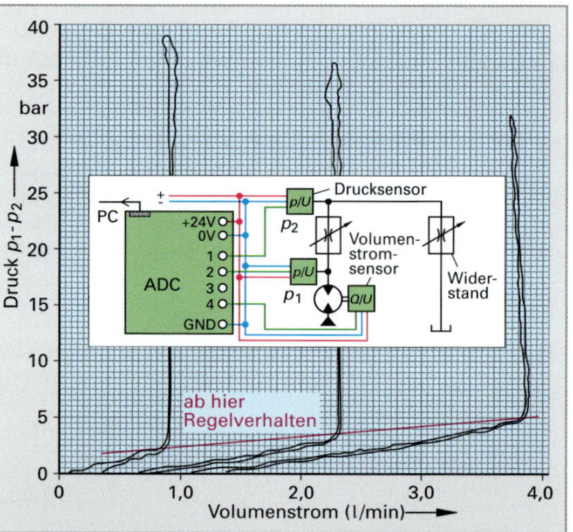

Bild 2: Kennlinie eines Stromregelventils

Zylinder und Motoren lassen sich durch Stromventile nahezu verzögerungsfrei von einer Geschwindigkeit in eine andere umsteuern. Nachteilig wirken sich bei diesen Drosselsteuerungen, die in Primärsteuerungen und Sekundärsteuerungen eingeteilt werden, die Energieverluste aus.

Primärsteuerung. Bei der Primärsteuerung befindet sich das Stromregelventil in der Zulauf- bzw. Vorlaufleitung **(Bild 3)**. Am Zylinder baut sich nur der für die Arbeit notwendige Druck auf. Dadurch werden die Zylinderdichtungen geschont.

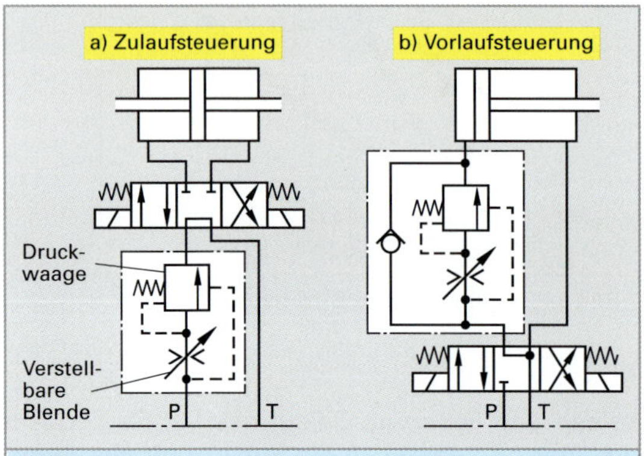

Bild 3: Primärsteuerungen

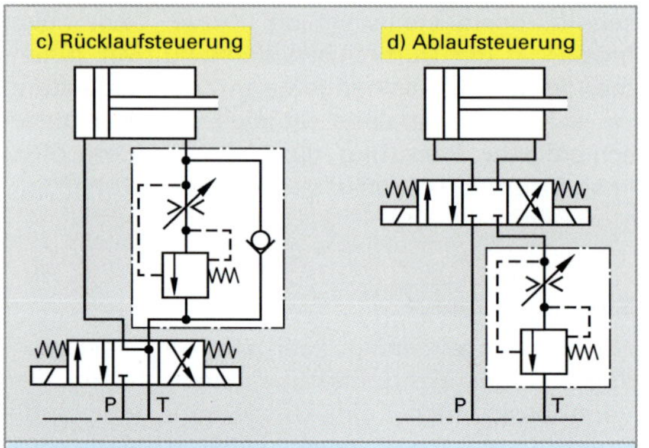

Bild 4: Sekundärsteuerungen

Soll diese Steuerung auch ziehende Kräfte aufnehmen können, so muss ein Gegenhalteventil eingebaut werden.

Sekundärsteuerungen
Das Stromregelventil wird auf der Kolbenstangenseite eingebaut **(Bild 4, vorhergehende Seite)**. Diese Schaltung kann ziehende Kolbenkräfte aufnehmen. Der Druck auf der Kolbenstangenseite kann dann allerdings sehr groß werden, weil hier kein Druckbegrenzungsventil wirkt. Auf Grund des hydraulisch eingespannten Kolbens ergibt sich ein ruhiger Lauf. Deshalb wird diese Steuerung häufig für Vorschübe in Werkzeugmaschinen eingesetzt. Außerdem wird das durch das Stromregelventil erwärmte Öl sofort in den Tank geführt und kann dort abkühlen.

Anfahrsprung
Die Druckwaage des Stromregelventils benötigt zum Ausregeln etwas Zeit. Deshalb wird beim Zuschalten des Stromregelventils mehr Öl fließen als der eingestellte Wert es vorsieht **(Bild 2, folgende Seite)**. Dies führt zu einem kurzen Geschwindigkeitssprung. Dieser ist bei Sekundärsteuerungen etwas größer als bei Primärsteuerungen.

Höhenverkettung
Um die Verluste zwischen den Bauelementen gering zu halten und die Baugröße der Anlage klein zu halten, werden die Ventile direkt aneinander gebaut.

Die Lochbilder der Ventile sind genormt, sodass viele Kombinationen möglich sind **(Bild 1)**. Es sind drei Ventile zusammengebaut.

> Die Höhenverkettung ermöglicht eine kompakte Bauweise mit geringen Druckverlusten.

Beispiel: Vorschubeinheit mit Stromregelventil

Der Schaltplan der hydraulischen Vorschubeinheit ist in Höhenverkettung dargestellt **(Bild 2)**. Die einzelnen Hydraulikkomponenten sind dabei in Blockbauweise ohne Verrohrung aneinandergeflanscht.

Im Wegdiagramm sind der Eilgang (Strichlinie) und der Arbeitshub (Volllinie) wiedergegeben. Das Geschwindigkeits-Zeit(Weg)-Diagramm zeigt den Geschwindigkeitswechsel zwischen Eilgang und Arbeitshub, ausgelöst durch die Signalgeber S1 bis S3.

Die Steuerung ist als eine Primärsteuerung ausgeführt. Ein Gegenhalteventil in der Tankleitung verhindert bei ziehender Belastung den ruckartigen Vorlauf (Stick-Slip-Effekt). Das Stromregelventil wird durch das elektrisch betätigte 2-Wegeventil 2 zu- und abgeschaltet.

Bild 1: Höhenverkettung

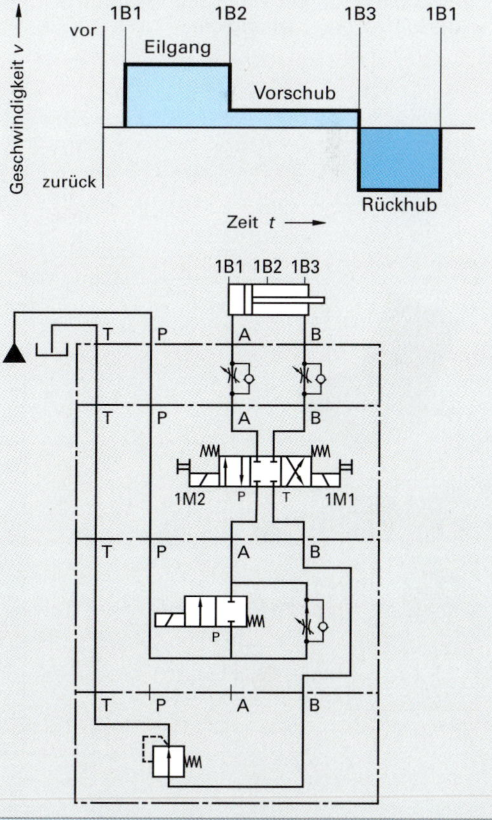

Bild 2: Hydraulische Vorschubeinheit

2.4.8.5 Ventilaufbauarten

Blockbauweise

Ein Steuerblock **(Bild 1)** beinhaltet die Leitungsverbindung einer Steuerung. Die einzelnen Geräte werden auf dem Block befestigt.

Man unterscheidet drei Bauarten:

1. Nur Leitungsverbindung.
2. Leitungsverbindung und Einschraubventile, hier ist der Steuerblock auch Gehäuse für die Ventile.
3. Neben der Leitungsverbindung ist der Steuerblock auch zugleich das Gehäuse für die Ventilkolben.

Steuerblöcke stellen eine sehr kompakte Steuerung dar, bei welcher vor allem der Montageaufwand erheblich reduziert wird.

Wiederholung und Vertiefung

1. Nennen Sie typische Einsatzfälle für Stromventile und Stromregelventile!
2. Warum werden Höhenverkettungen verwendet?
3. Analysieren Sie unten stehendes Diagramm **(Bild 2)** und begründen Sie das Verhalten der Drücke und Volumenströme. Der Zylinder hat die Abmessungen 25/16/300. Bestimmen Sie die Einfahrgeschwindigkeit.

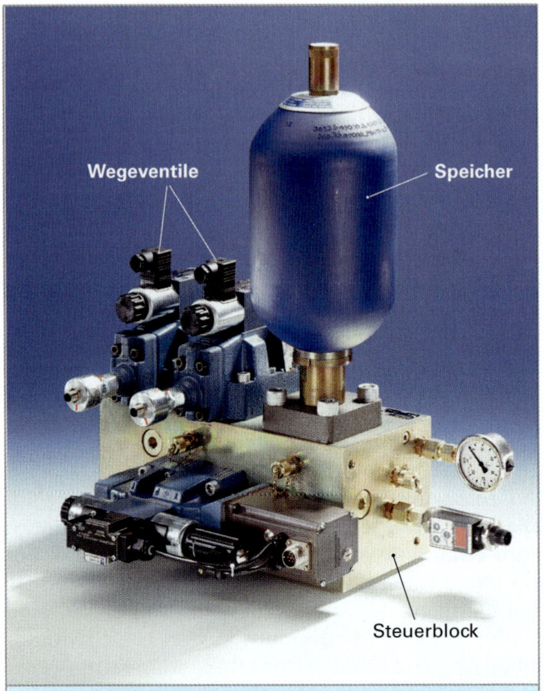

Bild 1: Kompakte Hydrauliksteuerung in Blockbauweise

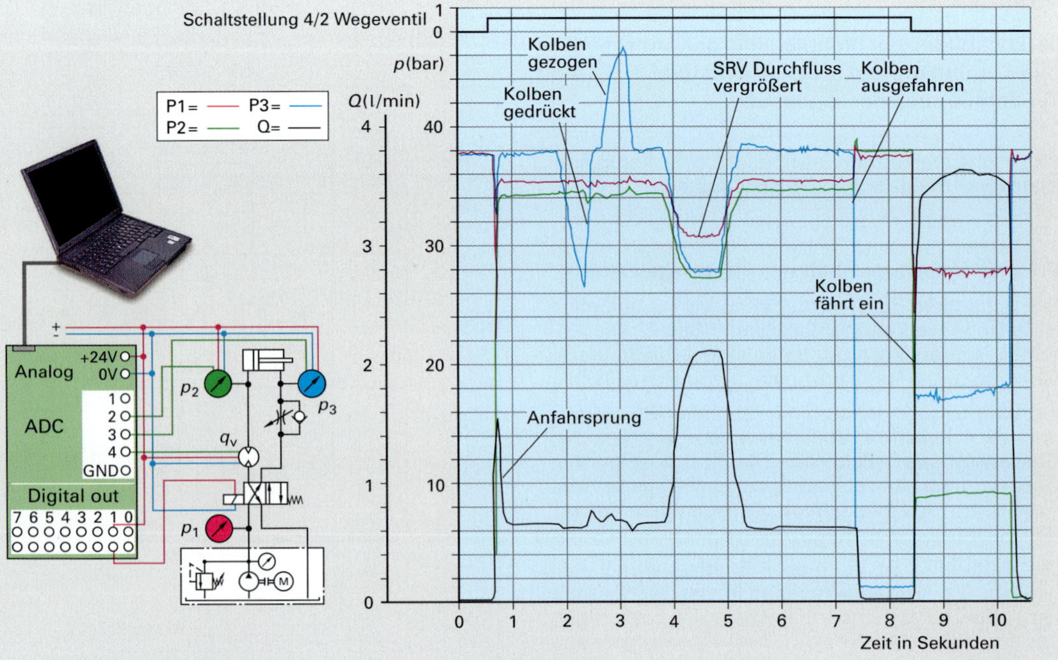

Bild 2: Versuchsdaten für eine Sekundärsteuerung

Steuerungen mit Patronentechnik

Um die Leistungsdichte der Hydraulikkomponenten zu vergrößern sowie das Schaltverhalten und die Geräuschentwicklung zu verbessern, werden die Funktionen von konventionellen Steuergeräten (Wegeventilen, Druckventilen, Stromventilen und Sperrventilen) aufgelöst und die Einzelelemente direkt in die Bohrungen der Steuerblöcke eingebaut. Selbst komplexe Ventilfunktionen werden von einer geringen Anzahl von Grundelementen (2-Wege-Einbauventilen) und aus serienmäßigen Vorsteuerventilen zusammengesetzt **(Bild 1)**.

Diese Technik ist unter den Begriffen *Patronensteuerung, Cartridgesteuerung* oder *Hydrologiksteuerung* bekannt geworden. Die 2-Wege-Einbauventile sowie die Einbauabmessungen der Bauelemente sind in DIN 24342 genormt.

Besondere Merkmale von Steuerungen mit Einbauventilen sind:

- Wirtschaftliche Problemlösungen durch Standardkomponenten und kleinen Montageaufwand,
- kleine Leckströme, weil nur Sitzventile,
- geringe Druckspitzen durch individuell beeinflussbare Öffnungszeiten und Schließzeiten,
- hohe Schaltgeschwindigkeiten durch kleine Massen und fehlenden Überdeckungshub.

Die Patronentechnik ermöglicht eine hohe Leistungsdichte.

Beispiel 1: 2-Wege-Ventil mit Vorsteuerventil

Bild 2 zeigt ein komplettes 2/2-Wegeventil in Grundstellung gesperrt. Die Patrone ist in die Gehäusebohrung eingebaut. Der Deckel führt die Steuerleitungen X und Y durch. Die Zuhaltekraft besteht aus der Kraft der Feder und dem Druck in der Zuleitung A. Schaltet das Vorsteuerventil um, dann wird der Zuhaltedruck über die Steuerleitung Y weggenommen und das Ventil öffnet. Durch unterschiedliche Anordnung der Steuerleitungen können verschiedene Ventilfunktionen erzeugt werden.

Beispiel 2: Zylindersteuerung (Bild 3)

Der Zylinder wird über ein 5/3-Vorsteuerventil auf dem Steuerblock angesteuert. Die Drosselrückschlagventile werden einfach durch eine Hubbegrenzung der Einbauventile, kombiniert mit Feinsteuerkerben, realisiert. Mit vier Einschraubpatronen wird die gesamte Funktionalität erreicht.

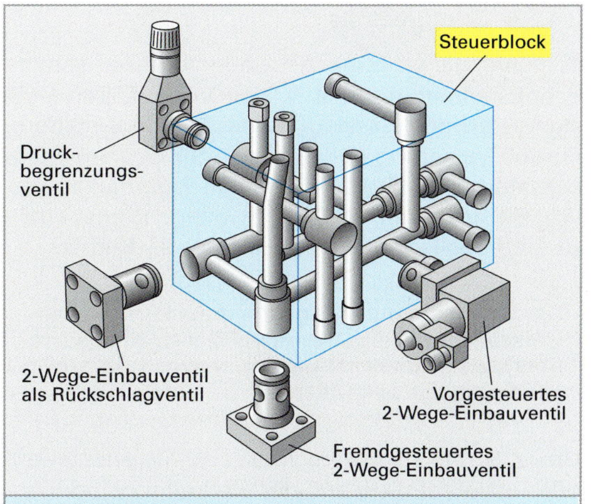

Bild 1: Steuerblock mit 2-Wege-Einbauventilen

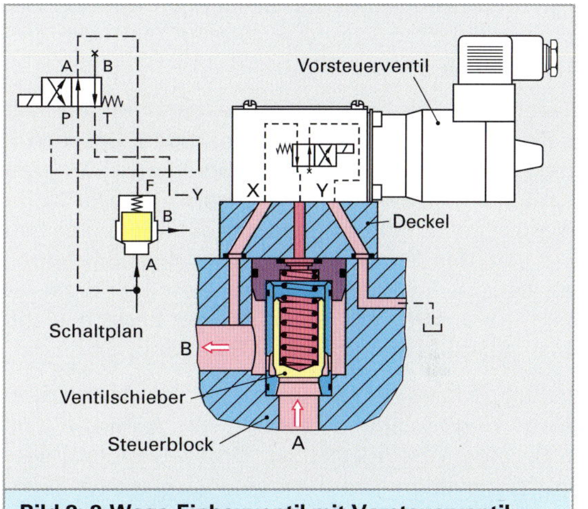

Bild 2: 2-Wege-Einbauventil mit Vorsteuerventil

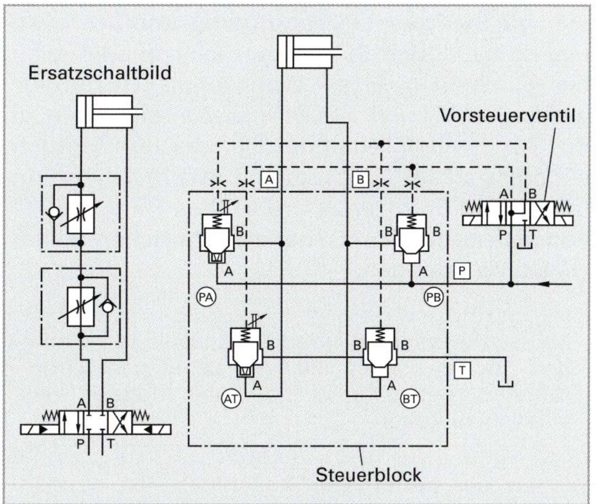

Bild 3: Zylindersteuerung in Patronentechnik

2.4.8.6 Stetigventile

Schaltventile besitzen zwei oder drei festgelegte Schaltstellungen, die z. B. den Vorlauf, den Stillstand und den Rücklauf eines Zylinders steuern. Für die Dosierung der Ölmenge zur Geschwindigkeitssteuerung des Zylinders benötigt man zusätzlich Stromventile, die über weitere Wegeventile zu- und abgeschaltet werden müssen **(Bild 1).**

Die Schalthydraulik (Digitalhydraulik) führt beim Umschalten zu schlagartigen Geschwindigkeitsübergängen (Schaltschlägen), die sich nachteilig auf die Anlage auswirken.

Um z. B. eine schwere Masse sanft anzufahren oder abzubremsen, soll der Hydraulikzylinder zunächst mit der Geschwindigkeit v_1 und v_2 anfahren, die Masse mit konstanter Geschwindigkeit v_3 vorwärtsbewegen und schließlich mit den Geschwindigkeiten v_4 und v_5 wieder sanft abbremsen **(Bild 2).**

Trägt man die Geschwindigkeiten über der Zeit auf, erhält man einen treppenartigen Geschwindigkeitsanstieg bzw. beim Abbremsen einen entsprechenden Geschwindigkeitsabstieg. Der Volumenstrom und die Trägheit des Zylinders gleichen die scharfen Ecken der Geschwindigkeitstreppen etwas aus. Im Idealfall ist ein Geschwindigkeitsbild erwünscht, das einer Rampe ähnlich sieht. Man spricht daher von einer Rampenfunktion.

In der Schalthydraulik muss für die Ausbildung einer Geschwindigkeitsrampe ein Aufwand von z. B. vier voreingestellten Drosselventilen, vier 2/2-Wegeventilen und einem 4/3-Wegeventil erbracht werden.

Diesen Aufwand kann man stark reduzieren, wenn man ein **Stetigventil** (Proportional- und Servoventile) einsetzt **(Bild 3).** Mit ihm kann man sowohl die Funktionen eines Wegeventils (Richtungswahl, START und STOPP) ausführen, als auch die Geschwindigkeiten der Zylinder und Motoren stufenlos steuern und regeln. Die zum sanften Anfahren und Bremsen erforderlichen Rampenfunktionen lassen sich mit einer elektronischen Steuerschaltung erzeugen.

Mit Stetigventilen werden Schaltschläge vermieden und es können jederzeit beliebige Fahrgeschwindigkeiten der Zylinder und Motoren verwirklicht werden.

Wegen der genormten Anschlüsse ist ein Umrüsten der Schalthydraulik auf Stetigventile ohne großen Aufwand möglich.

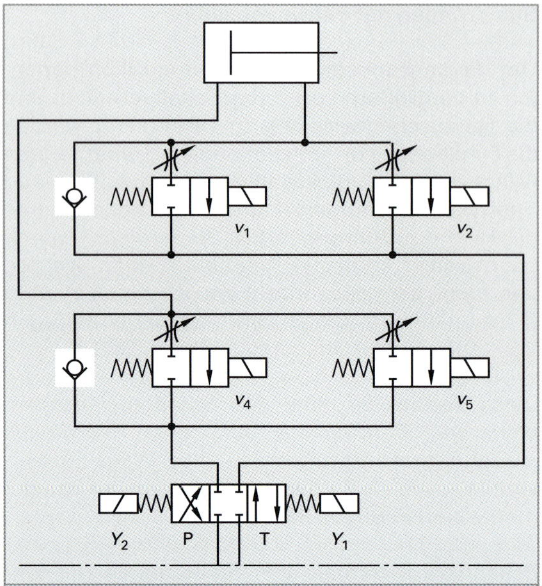

Bild 1: Geschwindigkeitssteuerung mit Schaltventilen

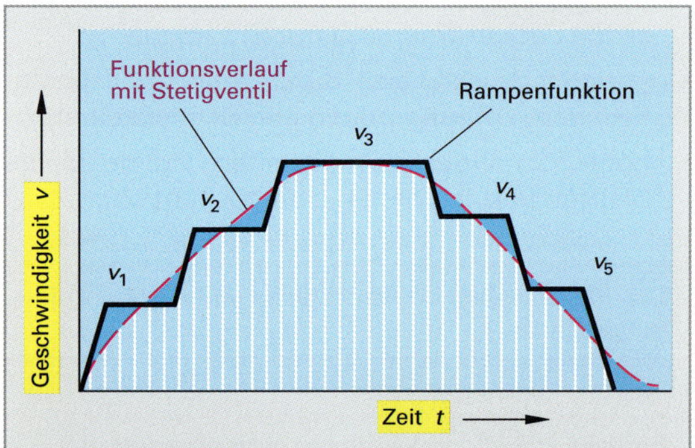

Bild 2: Rampenfunktion

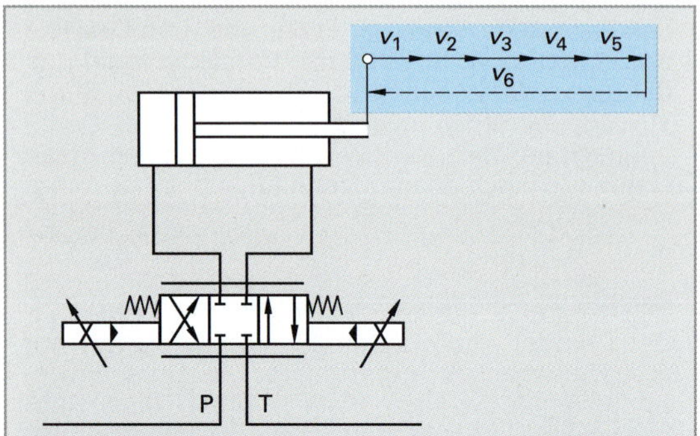

Bild 3: Geschwindigkeitssteuerung mit einem Stetigventil

2.4.8.7 Proportionalventiltechnik

In der Proportionalventiltechnik wird mit einem elektrischen Steuerstrom I, mit wenigen Milliampere, eine hydraulische oder pneumatische Größe gesteuert **(Bild 1)**.

Gesteuert wird:

- beim **Wegeventil** ein richtungsabhängiger Volumenstrom Q (l/min),
- beim **Druckventil** ein Druck p (bar),
- beim **Stromregelventil** ein Volumenstrom Q (l/min).

Die Proportionalventile gehören zu den Stetigventilen.
Auf Grund der stufenlosen Einstellbarkeit werden immer häufiger Proportionalventile eingesetzt. Hierbei wird die Ansteuerelektronik immer häufiger direkt auf das Ventil montiert. Man nennt dies „On Board Electronic".

Proportionalmagnete

Proportionalmagnete werden mit Gleichstrom betrieben **(Bild 2)**. Sie setzen den Eingangsstrom in eine proportionale Kraft am Stößel des Magneten um.

Die Hub-Kraftkennlinie eines Proportionalmagneten teilt sich in den Arbeitshubbereich und den Leerhubbereich auf **(Bild 3)**. Im Arbeitshubbereich verläuft sie je nach Magnetstrom über einen Bereich annähernd konstant. Damit gelingt es, mit Hilfe einer Feder einen eindeutig definierten Hub anzusteuern.

Die Proportionalmagnete benötigt man zur direkten Ansteuerung von Ventilen oder zur Vorsteuerung mehrstufiger Ventile. Als Vorsteuerventil verwendet man oft ein Druckbegrenzungsventil.

Der Proportionalmagnet arbeitet:

- als **kraftgesteuerter P-Magnet,** bei dem die Kraftabgabe bei etwa unveränderter Stößellage erfolgt (Hub ≈ 0). Der elektromagnetischen Kraft steht die hydraulische Druckkraft am Drosselspalt entgegen.
- als **hubgesteuerter P-Magnet,** bei dem der Magnetstößel gegen eine Feder wirkt und entsprechend der Magnetkraft mithilfe der Federkennlinie einen Hub erzeugt. Der Hub entspricht z. B. einer Drosselstellung und damit dem Durchfluss Q eines Ventils **(Bild 4)**.

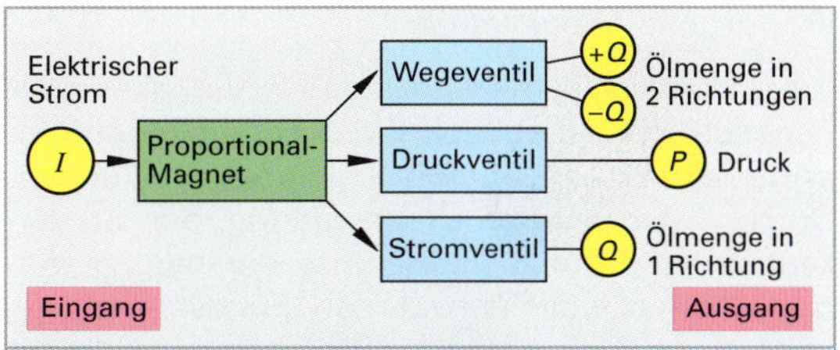

Bild 1: Proportionalventil-Technik

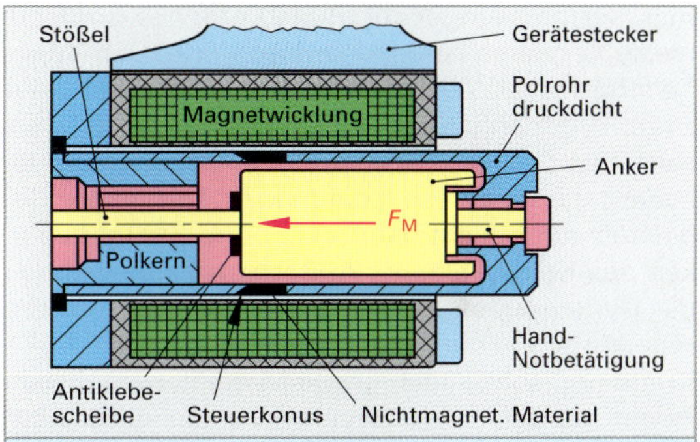

Bild 2: Proportionalmagnet

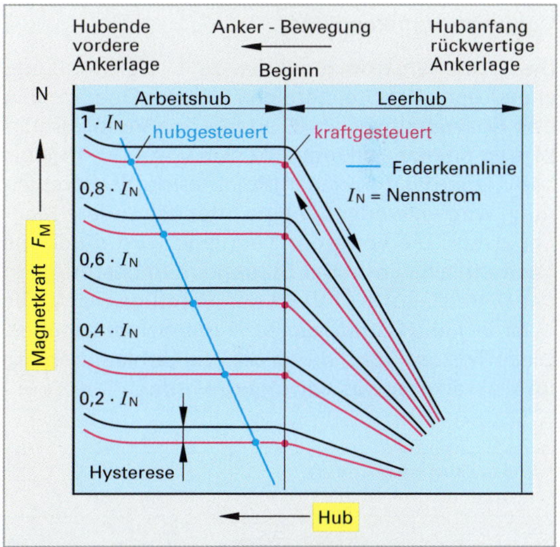

Bild 3: Hub-Kraftkennlinien eines P-Magneten

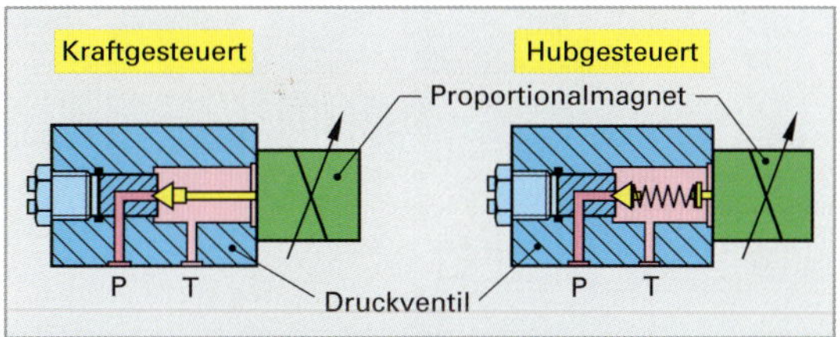

Bild 4: Anwendung von P-Magneten

Proportional-Wegeventile

Proportional-Wegeventile steuern vor allem Volumenströme. Hierbei wird der Steuerkolben proportional zu dem zugeführten Strom positioniert. Durch unterschiedliche Ausbildung der Steuerkanten und durch die stufenlose Verstellung werden unterschiedliche, auf den Praxisfall ausgelegte Kennlinien erreicht. Zur Verringerung des Reibungseinflusses des Steuerkolbens wird die Kolbenposition geregelt und hierzu werden Wegemesssysteme eingebaut **(Bild 2).** Um besser an die ideale Kennlinie heranzukommen, wird dem Magnetstrom ein Wechselstromsignal, *Dither*[1] oder *Brumm* genannt, überlagert. Dieses Signal versetzt den Steuerkolben in kleine Schwingungen, sodass die Hysterese kleiner wird. Der innere Regelkreis ermöglicht dann eine hohe Stellgenauigkeit des Steuerkolbens. Außerdem kann dadurch die Dynamik des Ventils erhöht werden. Ventile mit großen Volumenströmen erfordern große Kräfte und somit auch große Magneten. In diesen Fällen werden vorgesteuerte Ventile eingesetzt, d. h. ein kleines Hydraulikventil steuert das große Hydraulikventil.

Volumenstromkennlinie

Die Volumenstromkennlinie teilt sich entsprechend der zwei Stellbereiche in zwei Quadranten. Das Sollwertsignal am Eingang des Ventilverstärkers ist bipolar und erstreckt sich von $U = -10$ V bis +10 V. Über das Vorzeichen (Polarität) der Steuerspannung wird entweder der eine oder der andere Magnet erregt. Die Form der Kennlinie wird durch die geometrische Form der Steuerkanten bestimmt. In der Mittelstellung (0 V) ist das Ventil gesperrt. Die Überdeckung beträgt ca. 20 % des Schieberhubes. Diese Totzone kann durch die Nullpunktanhebung im Verstärker etwas verringert werden.

[1] engl. to dither = bibbern

Bild 1 zeigt eine Versuchsanordnung. Mit einem Digital-Analog-Konverter (DAC) werden Spannungen von −10 V bis +10 V feingestuft an den Verstärker gegeben. Mit einem Volumenstromsensor wird der Volumenstrom gemessen. In einem XY-Diagramm wird die Sollspannung und der Volumenstrom dargestellt.

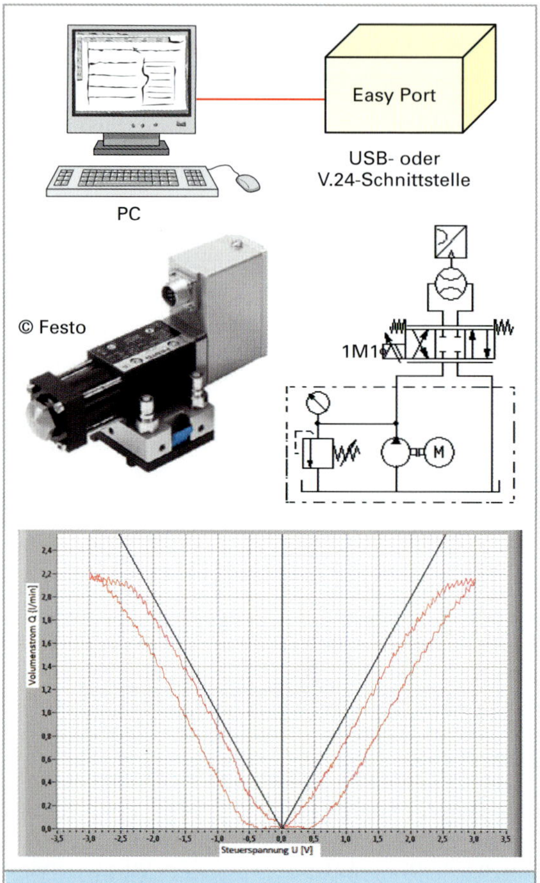

Bild 1: Ventilkennlinien

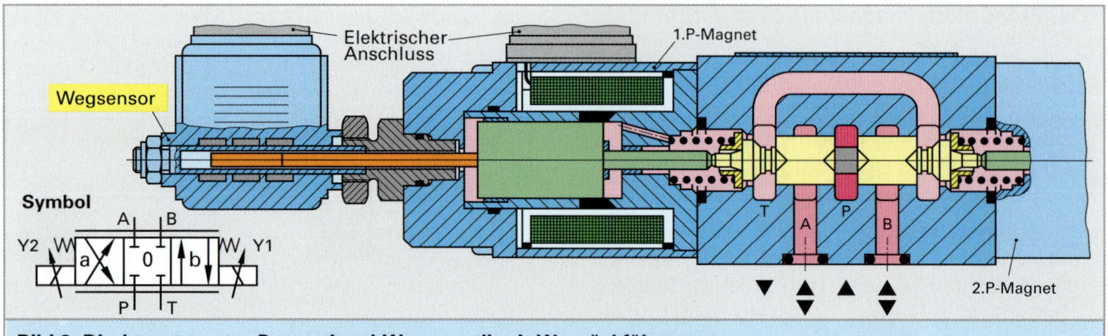

Bild 2: Direktgesteuertes Proportional-Wegeventil mit Wegrückführung

Elektronische Steuerkarte

Proportionalventile werden elektronisch angesteuert. Für die Verstellung ihrer P-Magnete muss z. B. der Eingangsstrom I zwischen –20 mA und +20 mA variiert werden können. Die elektronischen Bauteile werden meist auf einer Leiterplatte zusammengefasst **(Bild 1)**.

Es sind unterschiedliche Ansteuerschaltungen üblich: a) Beide Spulen sind parallel geschaltet; b) die Spulen sind in Reihe geschaltet; c) die Spulen sind gegeneinander geschaltet (engl. push – pull = stoßen und ziehen). Im Push-Pull-Betrieb erhält die eine Spule einen größeren Strom, die andere einen entsprechend kleineren Strom.

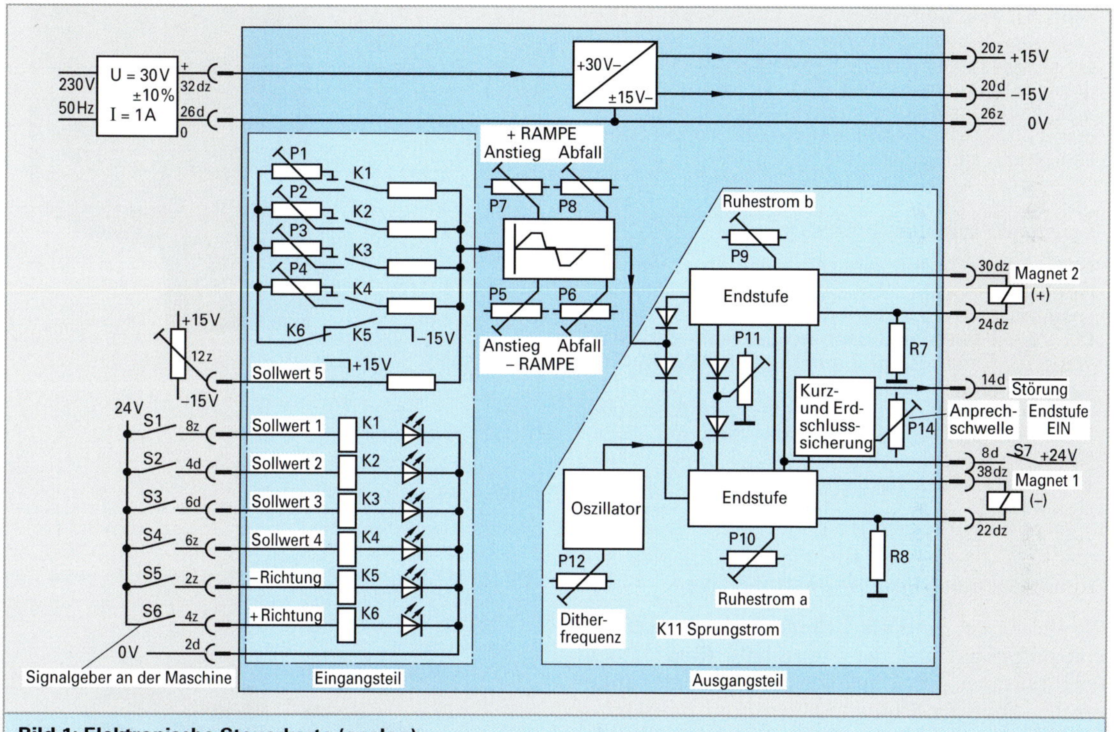

Bild 1: Elektronische Steuerkarte (analog)

Die Stromversorgung

Ein Netzteil von 30 V Gleichspannung versorgt die Endstufen bzw. P-Magnete mit einem geglätteten Gleichstrom. Diese Versorgung soll wegen möglicher Störungen, die z. B. beim Schalten der Relais, Schütze und Motoren auftreten, für die Elektronik separat aufgebaut werden. Einige Bauteile brauchen eine positive und eine negative Versorgungsspannung. Deshalb ist auf der Verstärkerkarte ein internes Netzteil untergebracht.

Sollwertbildung

An den vier Potenziometern P1 bis P4 können die gewünschten Sollwerte mit einem Schraubendreher eingestellt werden. Nach rechts drehend nimmt ihr Wert zu, nach links drehend wird er verkleinert. Diese eingestellten Potenziometer können über die eingebauten Relais K1 bis K4 abgerufen werden. Dies geschieht z. B. über die Grenztaster einer Vorschubeinheit. Mit dem Relais K5 wird die negative Richtung und mit K6 die positive Richtung gefahren (Vor- und Rückfahrt). Über den Eingang 12z kann auch ein zwischen –15 und +15 V einstellbarer Sollwert von außen vorgegeben werden.

Rampenbildung

Sollwertänderungen sollen nicht schlagartig durchgeführt werden. Vielmehr soll sich die Verstellgeschwindigkeit linear ansteigend oder linear fallend ändern, damit die P-Wegeventile weich schalten. Dazu erzeugt die elektronische Verstärkerkarte entsprechende Rampensignale, die über die Potenziometer P5 bis P8 vorgewählt werden können.

Ausgangsteil der Steuerkarte

Im Ausgangsteil wird der Spannungssollwert in einen Magnetstrom umgesetzt. Dabei wird der Strom, nicht die Spannung geregelt, damit ohmsche Widerstandsänderungen der Magnetspule, z. B. bei steigender Temperatur, keinen Einfluss auf die Ventilstellung ausüben. Positive Sollwerte werden dem Magneten b zugeordnet und negative dem Magneten a. Für beide Magnete getrennt kann ein zusätzlicher Ruhestrom vorgegeben werden, der unabhängig vom Sollwert fließt. Er dient zur Anpassung des Wegaufnehmers an die Lage des Wegeventilkolbens. Zur Überwindung der Umkehrspanne eines P-Wegeventils lässt sich über das Potenziometer P11 ein Sprungstrom aufschalten, der vorzeichenabhängig jeweils nur durch einen Magneten fließt und die Totzeit beim Umschalten ausgleicht.

Kurz- und Erdschlusssicherung

Liegt an den Ausgängen ein Kurzschluss vor, so werden die beiden Endstufen von der entsprechenden Überwachungsbaugruppe abgeschaltet. Der Verstärker ist erst dann wieder betriebsbereit, wenn die Versorgungsspannung für 20 bis 30 Sekunden unterbrochen war. Zum Betrieb der Endstufen wird ein Freigabesignal verlangt (Endstufe EIN). Bei NOT-AUS können die Magnete ohne Verzögerung und unabhängig vom Sollwert sofort stromlos gemacht werden.

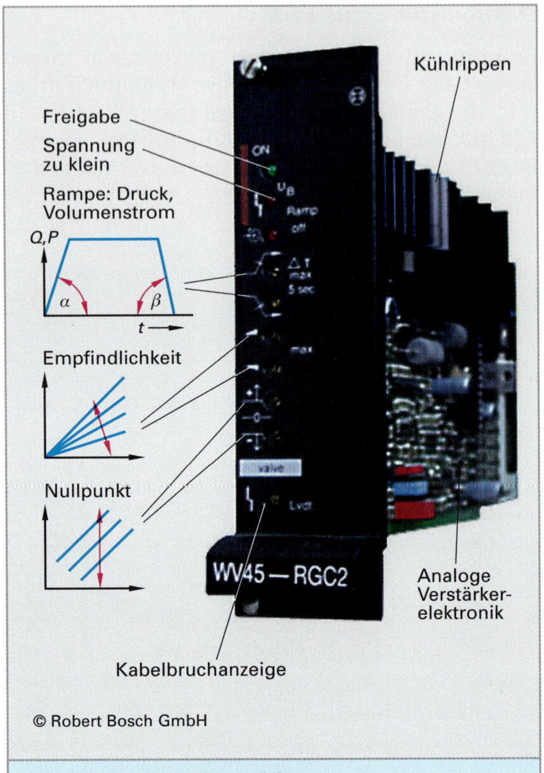

Bild 1: Proportionalverstärker

Frontplatte eines Proportionalverstärkers

Die Verstärker sind als Leiterkarte im Europaformat aufgebaut. An der Frontplatte **(Bild 1)** sind Potentiometer zum Einstellen der Parameter angebracht. Über die Status-LED wird der Betriebszustand angezeigt. Beim Rampensignal kann für jede Signalrichtung eine Verzögerungszeit eingestellt werden. Die Empfindlichkeit (engl. gain), auch Aussteuerbegrenzung genannt, kann von 50...100 % eingestellt werden. Wegen der Ventilüberdeckung gibt es die Möglichkeit den Nullpunkt (engl. zero) anzuheben. Bei Verstärkerkarten für zwei Magnete kann die Empfindlichkeit und die Nullpunktanhebung für jeden Magneten getrennt eingestellt werden. Oft wird zusätzlich ein binäres 24 V-Signal als Freigabesignal für die Ausgabe der Steuerspannungen verwendet.

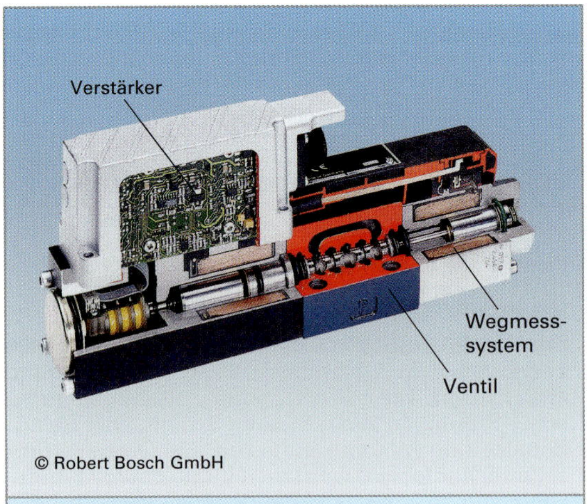

Bild 2: Regelventil mit Verstärker

Regelventile mit integrierter Verstärkerkarte

Regelventile **(Bild 2)** sind gerätetechnisch weiterentwickelte Proportionalventile. Der Ventilschieber hat keine Überdeckung. Der Stellmagnet kann ziehen und drücken und wirkt gegen eine Rückstellfeder. Der Ventilschieber hat ein Wegmesssystem und ist lagegeregelt. Der Verstärker ist fest angeflanscht. Die Parameter sind fest eingestellt. Der Anwender kann hier keine Änderung vornehmen. Je nach Ventilkörper und Ventilschieber können unterschiedliche Kennlinien erzeugt werden.

Einstellen eines Proportional-Druckventils

An den Verstärkerkarten kann in der Regel die *Aussteuerbegrenzung,* die *Nullpunktanhebung* und der *Brumm* (Dither) eingestellt werden **(Bild 1).** Mit Hilfe der Aussteuerbegrenzung kann die Feinheit der Auflösung verändert werden. In der Pneumatik wird oft die Aussteuerbegrenzung auf 60 % eingestellt. Damit hat man bei 10 V Ansteuerung einen Druck von 60 bar.

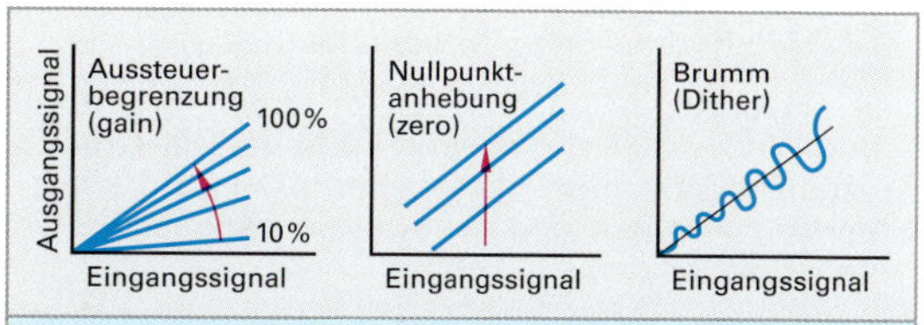

Bild 1: Wirkung der Einstellungen

Die Nullpunktanhebung gleicht die Überdeckung bzw. die Vorspannung des Ventils aus. Ohne Nullpunktanhebung sind oft 2,5 V bis 3 V notwendig, um das erste Ansprechen des Ventils zu erreichen. Dem Ausgangssignal wird ein Wechselstromsignal (Dithersignal) überlagert. Dadurch wird erreicht, dass der Ventilkolben kleine Schwingungen macht und somit muss der Steuerkolben bei einer Sollwertänderung nicht von der ruhenden Reibung aus starten. Ohne das Dithersignal haben die Proportionalventile eine stark ausgeprägte Hysterese. Das Dithersignal sollte so klein wie möglich gewählt werden. Dies ist notwendig, damit das Öl im Ventil keine Schwingungen nach außen trägt. Das Dithersignal wird oft auch proportional zum Ventilstrom gewählt.

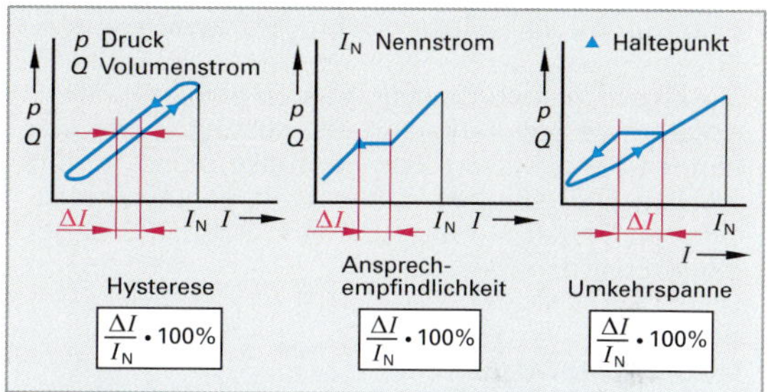

Bild 2: Kenngrößen

Um Ventile vergleichen zu können, werden die Hysterese, die Ansprechempfindlichkeit und die Umkehrspanne gemessen und in Prozent angegeben **(Bild 2).** Bei der Ansprechempfindlichkeit wird auf den halben Sollwert gefahren, dann ein paar Sekunden gewartet, danach bis zum Sollwert weitergefahren. Bei der Umkehrspanne wird zum halben Sollwert gefahren, dann ein paar Sekunden gewartet und dann wieder zurückgefahren.
Diese Kurven geben Auskunft über die Dynamik des Ventils.

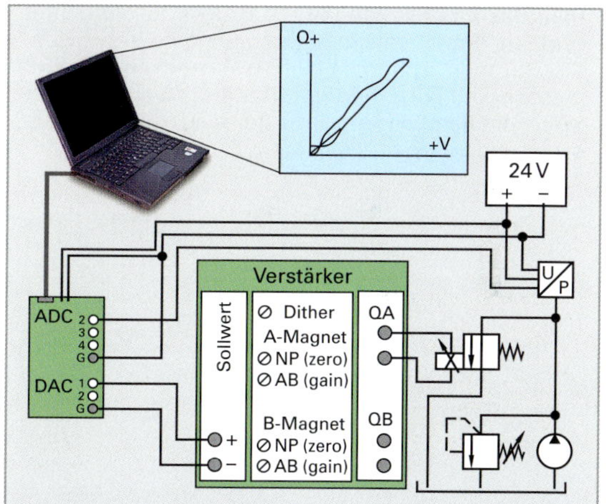

Bild 3: Versuchsaufbau

Beispiel: Aufnehmen der Kennlinie eines Proportional-Druckventils (Bild 3)

Mit dem PC werden über eine Interface-Karte die Daten übertragen. Mit dem DAC (Digital-Analog-Converter) wird der Sollwert 0 bis z. B. 5 V langsam steigend und dann wieder fallend an den Verstärker gesendet. Über den Analogeingang (ADC, Analog-Digital-Converter) wird der aktuelle Druck dargestellt. Die Versuchsgeschwindigkeit verändert das Ergebnis, deshalb wird der Versuch sehr langsam gefahren. Der hydraulische Druck wird gemessen und im Diagramm dargestellt. Durch Verändern der Parameter (z. B. Dithersignal, Nullpunktanhebung, Aussteuerbegrenzung) kann das Ventil auf das gewünschte Verhalten eingestellt werden. **Bild 4** zeigt ein gut eingestelltes Ventil. Der Leerlaufdruck ist vom Volumenstrom abhängig.

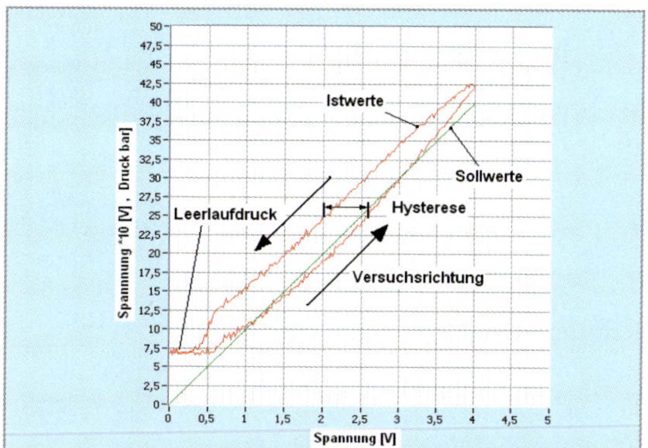

Bild 4: Versuchsaufzeichnung

Beispiel: Hydraulische Vorschubeinheit

Der Hydraulikzylinder wird von einem Proportional-Wegeventil angesteuert **(Bild 1)**. Die Druckwaage bewirkt, dass eine konstante Druckdifferenz am Ventil anliegt und somit ein geregelter Volumenstrom entsteht.

Das Proportionalventil wird über eine Verstärkerkarte angesteuert. Diese besitzt Digitaleingänge für vier Geschwindigkeiten und je einen Digitaleingang für Vorwärtsfahren und für Rückwärtsfahren.

Die eigentlichen Sollwerte werden an den Potenziometern der Verstärkerkarte eingestellt. Zusätzlich können verschiedene Rampenfunktionen aktiviert werden. Diese Einheit kann sowohl von einer elektrischen Steuerung als auch von einer SPS angesteuert werden **(Bild 2)**.

Weg-Schritt-Diagramm

Das Weg-Schritt-Diagramm (Bild 1) zeigt den Ablauf der Bewegungen und die notwendigen Schaltstellungen der Ventile. Ausgehend von der Kennlinie des Ventils, können die Sollwerte berechnet und an den Potenziometern eingestellt werden. Die Rampen sollten so klein wie möglich gewählt werden, um kurze Fertigungszeiten zu erhalten. Wenn die Rampen jedoch zu steil sind, treten Schaltstöße und Schwingungen auf.

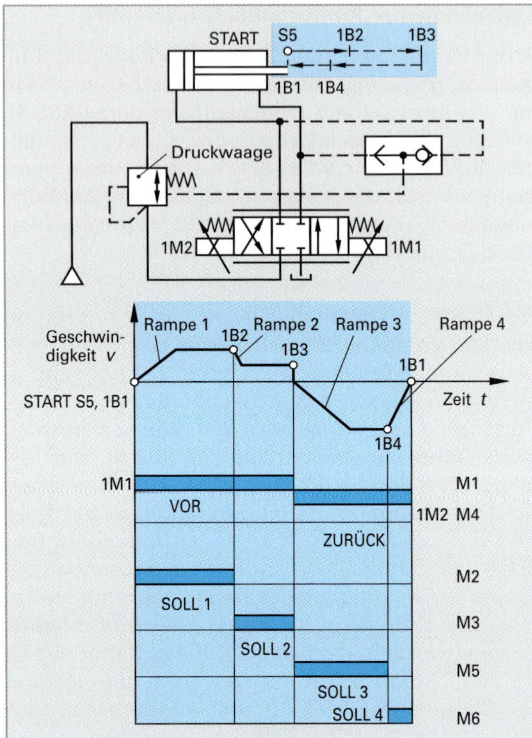

Bild 1: Wegdiagramm und Geschwindigkeitsdiagramm

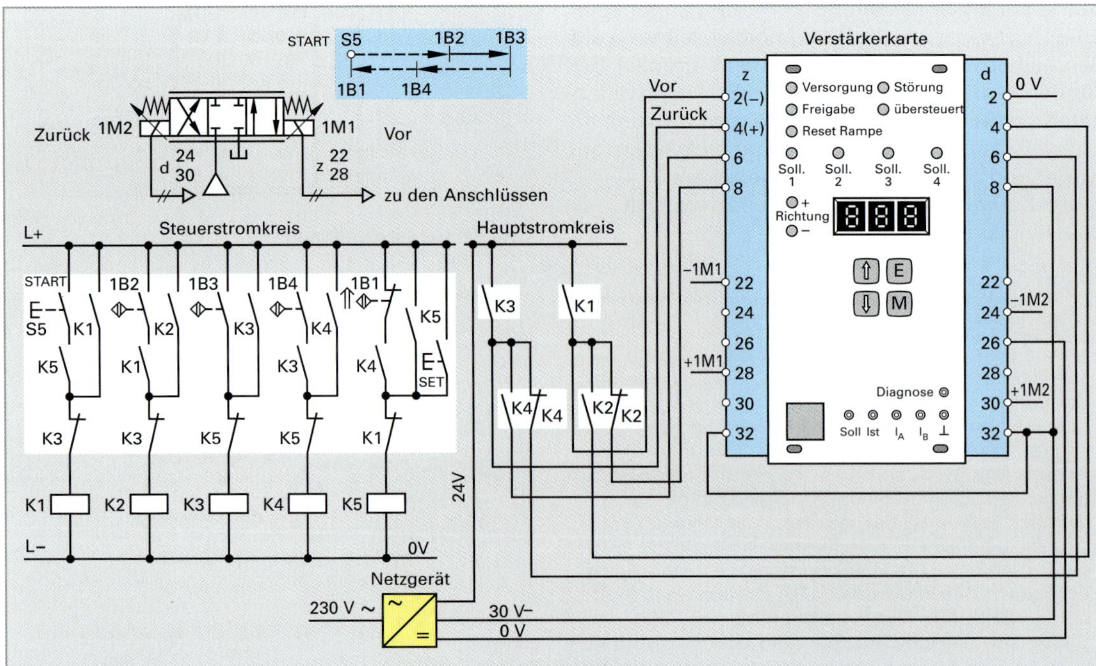

Bild 2: Elektrischer Schaltplan der hydraulischen Vorschubeinheit

2.4.8.8 Servoventile

Ein Servoventil besteht z. B. aus zwei Stufen **(Bild 1)**. Die erste Stufe ist ein sehr feinfühlig arbeitender Prallplattenverstärker, der von einem Drehmagneten (Torquemotor) elektrisch verstellt wird. An den Prallplatten befinden sich zwei Düsen, durch die ständig Öl gegen die Flächen der Prallplatte strömt. Dabei entsteht in den Düsenleitungen eine Druckdifferenz, die den Ventilkolben der zweiten Ventilstufe verstellt. Eine mechanische Rückführung stellt die Prallplatte jeweils in die Nullstellung zurück.

Servoventile reagieren schneller und genauer auf Signaländerungen als Proportionalventile. Sie sind aber auch empfindlicher gegen Verschmutzung des Hydrauliköls und teurer.

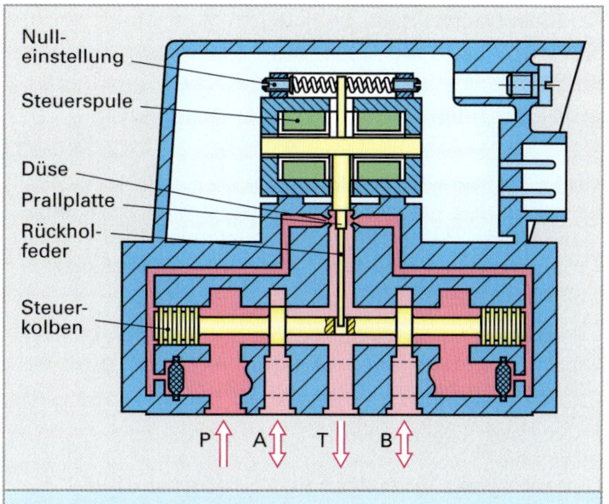

Bild 1: Zweistufiges Servoventil

Kenngrößen von Stetigventilen

Durchflusskennlinie. Das Verhältnis von elektrischem Steuerstrom zum hydraulischen Volumenstrom wird durch die Durchflusskennlinie angegeben **(Bild 2)**. Dabei stellt sich wegen der Magnetisierungsverluste und der Reibung ein Unterschied zwischen steigender und fallender Kennlinie ein (Hysterese). Für Proportionalventile, als Stellglieder in Steuerketten eingesetzt, sollte dieser Unterschied möglichst klein sein, für Servoventile als Regelkreisverstärker spielt die Hysterese eine untergeordnete Rolle, da sie ausgeregelt werden kann.

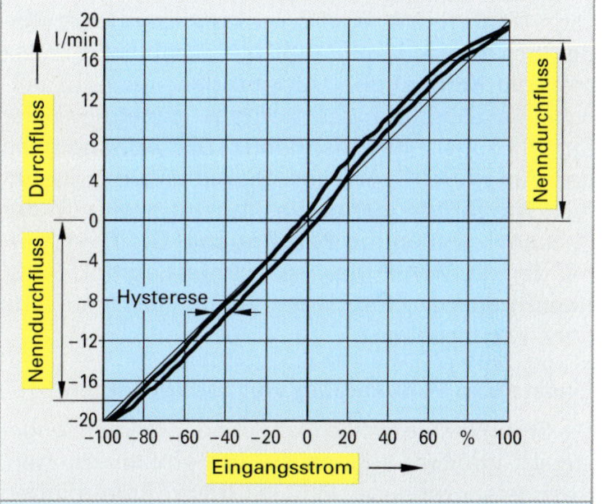

Bild 2: Durchflusskennlinie

Überdeckung der Steuerkanten. Die Überdeckung zwischen Ventilkolben und Anschlussbohrungen hat auf das Verhalten des Stetigventils einen entscheidenden Einfluss **(Bild 3)**:

- **Nullüberdeckung** bedeutet den stufenlosen Übergang von einer Durchflussrichtung zur anderen. Sie ist besonders bei Lageregelkreisen erwünscht und setzt eine genaue Fertigung der Ventile voraus.
- **Negative Überdeckung** wird bei Kraft- und Druckregelungen verwendet und führt zu weichem Schalten.
- **Positive Überdeckung** schließt im Stillstand die Leitungen ab und bewirkt eine sichere Sperrstellung. Dadurch kann z. B. in der Nullstellung des Stetigventils der Druck der Zuleitung erhalten und als Steuerdruck für andere Schaltzwecke verwendet werden.

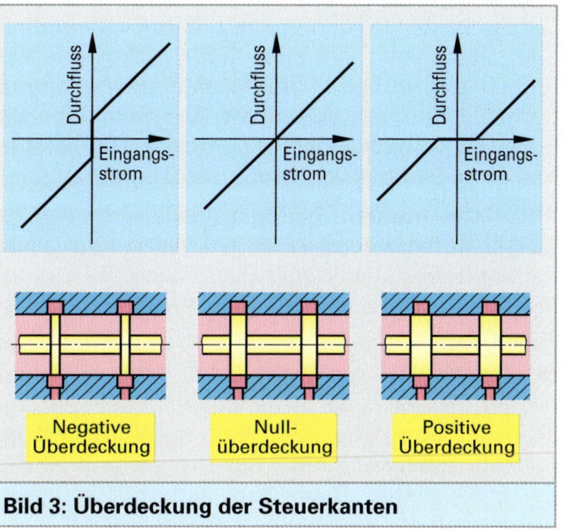

Bild 3: Überdeckung der Steuerkanten

Durch die Form der Ventilkolben, z. B. Einkerbung oder Abflachung der Mantelfläche des Kolbens, kann zusätzlich die Kennlinie verändert werden. So ergeben sich geknickte oder parabolische Kennlinien, die dem Verwendungszweck angepasst sind.

Nulldurchfluss. Der Leckstrom bei elektrischem Nullsignal gibt die Qualität der Dichtung des Ventilkolbens an. Er ist bei negativer Überdeckung groß und bei positiver Überdeckung klein.

Ansprechempfindlichkeit ist die erforderliche Änderung des elektrischen Steuerstroms, um eine messbare Änderung des hydraulischen Volumenstroms zu erzeugen. Sie wird in % des Nennstroms angegeben.

Hysterese ist die größte prozentuale Abweichung des Steuerstroms bezogen auf den größten Stromwert bei gleichem Durchfluss Q.

Dynamisches Verhalten von Stetigventilen

Um das dynamische Verhalten zu prüfen, wird das Ventil mit einem sinusförmigen Wechselstrom angesteuert, dessen Frequenz verändert werden kann **(Bild 1).** Mit einem massearmen Prüfzylinder, der an das Ventil angeschlossen wird, misst man die Kolbenhübe (Amplituden) und die zeitliche Verzögerung des Kolbens gegenüber der Signalfrequenz (Phasengang). Die Abhängigkeit der Amplitude von der Signalfrequenz nennt man **Amplitudengang,** die Abhängigkeit von der Phasenverschiebung **Phasengang.** Die Frequenz, bei der der Abfall der Amplitude beginnt, heißt **Kennfrequenz.** Gute Stetigventile besitzen eine hohe Kennfrequenz.

Einsatz und Verwendung von Stetigventilen

Da Stetigventile mit elektrischen Signalen angesteuert werden, können sie in Fernsteuerungen, Ablaufsteuerungen und in freiprogrammierten Steuerungen mit Regelkreisen eingesetzt werden **(Bild 2).**

Fernsteuerungen. Bei großen Anlagen oder bei Gefahr für den Bediener, wie z. B. bei Ladegeräten oder Baufahrzeugen, sind lange elektrische Leitungen gegenüber hydraulischen oder pneumatischen Leitungen vorteilhaft. Die Signalübertragung ist anpassungsfähig, erfolgt trägheitsfrei und ohne Einfluss von Druck und Temperatur.

Ablaufsteuerungen. Bei sich wiederholenden Arbeitsabläufen, wie sie z. B. bei Werkzeugmaschinen auftreten, sind Wege, Geschwindigkeiten und Kräfte für die verschiedenen Arbeitsschritte zu steuern.

Der Einsatz von Stetigventilen ist dabei einfacher, billiger, besser in der Arbeitsqualität, leichter und schneller umrüstbar. Ein weiterer Vorteil ist die Funktionsüberwachung über die Wegaufnehmer der Stetigventile. Dabei kann jederzeit angezeigt werden, ob der Ventilkolben richtig arbeitet.

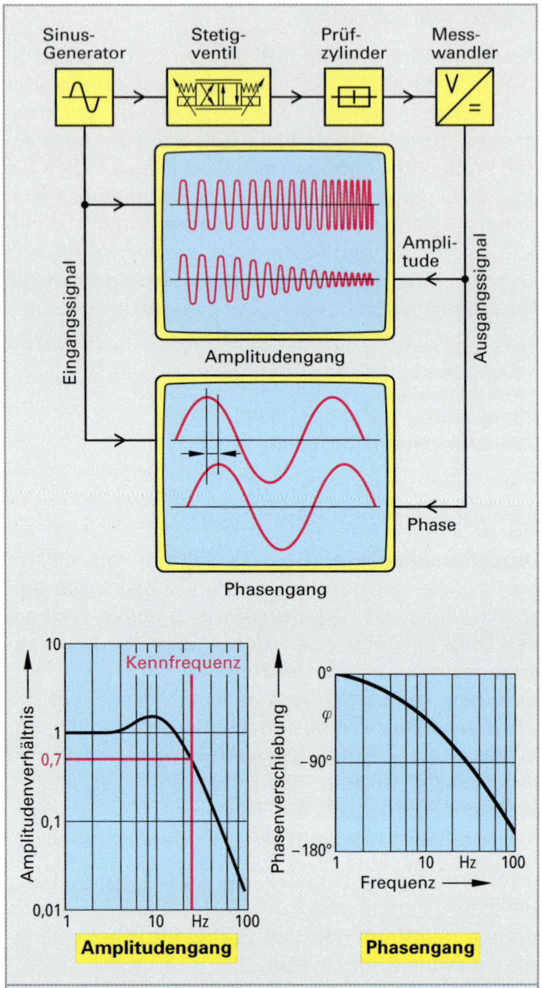

Bild 1: Dynamisches Verhalten von Stetigventilen

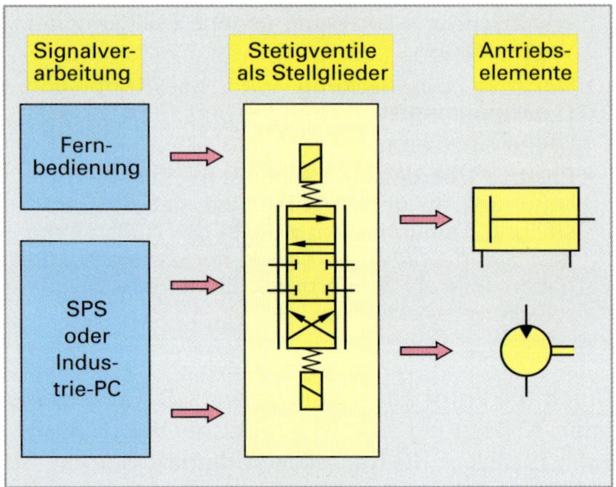

Bild 2: Einsatz von Stetigventilen

2.5 Binäre und digitale Steuerungen

Elektronische Steuerungen sind meist binäre oder digitale Steuerungen.

Bei **binären Steuerungen** werden zweiwertige Steuersignale, also Schaltsignale, miteinander verknüpft, gespeichert und als Schaltsignale wieder ausgegeben.

Die Art der Signalverknüpfung wird durch die Schaltalgebra beschrieben.

Bei **digitalen Steuerungen** werden mehrere Binärsignale oder eine Serie von binären Impulsen als Zahlen codiert, gespeichert und verarbeitet.

Die Art der Zahlenverknüpfung wird durch die arithmetischen Rechenregeln, wie z. B. Addition und Multiplikation, beschrieben. Die Bausteine digitaler Steuerungen sind meist integrierte Schaltkreise (IC), Mikroprozessoren und Mikrorechner.

2.5.1 Dualcode

Mit den Binärzeichen, z. B. weißes Feld und schwarzes Feld oder 0 und 1, können auch andere Zeichen, z. B. Buchstaben (Alphazeichen), Ziffern (numerische Zeichen) und Sonderzeichen (z. B. Punkt, Komma), verschlüsselt (codiert) werden.

Der in Rechenanlagen meist verwendete Binärcode für Zahlen ist der **Dualcode, BCN** (Kunstwort für engl. Binary Coded Natural = Natürlicher Binärcode = Dualcode) **(Tabelle 1).** Bei den Dualzahlen können wie bei den Dezimalzahlen durch die Stellenbewertung beliebig große und kleine Zahlen dargestellt werden. Die Stellenbewertung ist für Ziffern links vom Komma $2^0 = 1$; $2^1 = 2$; $2^2 = 4$; ... und rechts vom Komma $2^{-1} = 0{,}5$; $2^{-2} = 0{,}25$; $2^{-3} = 0{,}125$; ...

Tabelle 1: Ganzzahlige vierstellige Dualzahlen

Dez. zahl	Dualzahl	Dez. zahl	Dualzahl
00	0 0 0 0	08	1 0 0 0
01	0 0 0 1	09	1 0 0 1
02	0 0 1 0	10	1 0 1 0
03	0 0 1 1	11	1 0 1 1
04	0 1 0 0	12	1 1 0 0
05	0 1 0 1	13	1 1 0 1
06	0 1 1 0	14	1 1 1 0
07	0 1 1 1	15	1 1 1 1
Stellenwert	8 4 2 1		8 4 2 1

Beispiel: Bestimmen Sie die zur Dualzahl 101,011 gleichwertige Dezimalzahl.

Lösung:

$$101{,}011 \mathrel{\hat=} 1 \cdot 2^2 + 0 \cdot 2^1 + 1 \cdot 2^0 + 0 \cdot 2^{-1} + 1 \cdot 2^{-2} + 1 \cdot 2^{-3} = 5{,}375$$

Das Rechnen mit Dualzahlen ist dem Rechnen mit Dezimalzahlen sehr ähnlich **(Tabelle 2).**

Tabelle 2: Grundregeln für das Rechnen mit Dualzahlen

0 + 0 = 0	0 − 0 = 0	0 · 0 = 0	0 : 1 = 0
1 + 0 = 1	1 − 0 = 1	1 · 0 = 0	1 : 1 = 1
0 + 1 = 1	0 − 1 = −1	0 · 1 = 0	
1 + 1 = 0 plus Übertrag 1	1 − 1 = 0	1 · 1 = 1	

Man **addiert** oder **subtrahiert** wie beim Rechnen mit Dezimalzahlen stellenweise und bildet einen Übertrag für die nächst höhere Stelle, wenn die Summe in einer Stelle größer als 1 wird, bzw. man leiht bei der Subtraktion eine 1 aus der nächst höheren Stelle, wenn der Subtrahend zu groß ist.

Beispiel: Berechnen Sie 6 + 5 und 11 − 5 mit Dualzahlen.

Lösung:

```
            110
          + 101
Übertrag  1
          -----
           1011 ≙ 11

           1011
          − 101
Übertrag   1
          -----
           0110 ≙ 6
```

Bei der Addition addiert man stellenweise von rechts nach links: 1 + 0 = 1; 0 + 1 = 1; 1 + 1 = 0 + Übertrag 1 in die 4. Stelle. Bei der Subtraktion subtrahiert man stellenweise von rechts nach links: 1 − 1 = 0; 1 − 0 = 1; 0 − 1 geht nicht, also leiht man aus der nächst höheren Stelle eine 1. Man rechnet 10 − 1 = 1 (da 1 + 1 = 10 ist).

Zum **Multiplizieren** schreibt man wie bei Dezimalzahlen die einzelnen Teilprodukte stellenverschoben untereinander und addiert sie. Für die **Division** wendet man das gleiche Verfahren an wie für die Dezimalzahlen, indem man fragt, wie oft der Divisor im Dividend enthalten ist.

Beispiel: Berechnen Sie 2 · 11 und 6 : 4 mit Dualzahlen.

Lösung:

```
10 · 1011
---------
10
 00
  10
   10
---------
10110
```

$\hat{=} 1 \cdot 2^4 + 0 \cdot 2^3 + 1 \cdot 2^2 + 1 \cdot 2^1 + 0 \cdot 2^0 = \mathbf{22}$

```
110 : 100 = 1,1
100
---
 100
 100
 ---
```

$\hat{=} 1 \cdot 2^0 + 1 \cdot 2^{-1} = \mathbf{1{,}5}$

2.5.2 BCD-Codes

Mit den BCD-Codes werden die Ziffern 0 bis 9 binär verschlüsselt, z. B. entspricht Ziffer 7 im **8-4-2-1-Code** der Binärzahl 0111, im **5-2-1-1-Code** der Binärzahl 1011 und im **2-aus-5-Code** der Binärzahl 10001 **(Tabelle 1)**. Mit 4 Binärstellen können 16 Zeichen, z. B. 16 Ziffern, verschlüsselt werden, mit 3 Binärstellen jedoch nur $2^3 = 8$ Ziffern. Zur Verschlüsselung der 10 Dezimalziffern von 0...9 sind daher mindestens 4 Binärstellen (1 Tetrade, griech. tetra = 4) erforderlich. Oft werden die Dezimalziffern mit mehr als 4 Binärstellen (Bits) verschlüsselt, wie z. B. beim 1-aus-10-Code. Hier entspricht eine 1 in der nullten Stelle der Null, in der 1. Stelle der 1, in der 2. Stelle der 2 usw. Tabelle 1 zeigt die gebräuchlichsten BCD-Codes.

BCD-Codes mit mehr als 4 Bits für eine Dekade sind besonders zur Codesicherung gegen Ablesefehler und gegen Fehler bei der Signalübertragung geeignet. Beim 2-aus-5-Code müssen immer für jede Ziffer zwei 1-Bits und drei 0-Bits vorhanden sein. Entsteht beim Ablesen z. B. durch eine defekte Diode ein Lesefehler, so dass drei 1-Bits gelesen werden, kann dies durch eine automatische Codeprüfung erkannt werden.

Codes die mehr Bits zur Verschlüsselung haben als notwendig sind bezeichnet man als **redundant** (weitschweifig). Diese Redundanz verwendet man zur **Fehlererkennung** oder bei hoher **Redundanz** auch zur selbsttätigen **Fehlerkorrektur**.

Tabelle 1: BCD-Codes

Dezimalziffer	8-4-2-1-Code	2-4-2-1-Code	5-2-1-1-Code	Exzess-3-Code	Einschrittiger BCD-Code	2-aus-5-Code	1-aus-10-Code
0 1 2 3 4 5 6 7 8 9	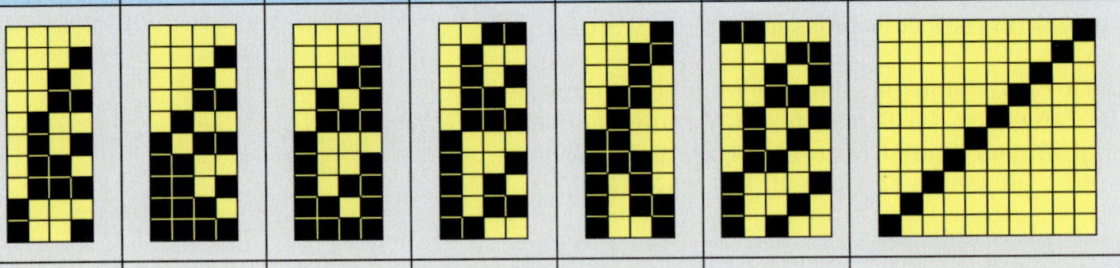						
Stellenbewertung	8 4 2 1	2 4 2 1	5 2 1 1	keine	keine	7 4 2 1 0	9 8 7 6 5 4 3 2 1 0

Wiederholung und Vertiefung

1. Wie ändert sich die Stellenwertigkeit bei einer Dualzahl, wenn man sie von rechts nach links liest?
2. Welche Stellenwertigkeit hat bei einer Dualzahl die erste Stelle rechts vom Komma?
3. Wie viele verschiedene Ziffern werden mit einem BCD-Code verschlüsselt?
4. Wie viele Bits benötigt man mindestens zur Verschlüsselung der Zahlen 0...999 in einem BCD-Code?
5. Welchen Vorteil hat der 2-aus-5-Code gegenüber dem 8-4-2-1-Code?
6. Was versteht man unter Redundanz?

2.5.3 Binäre Verknüpfungen

In binären Steuerungen werden Bauteile benötigt, mit denen man binäre Signale verknüpfen (schalten) kann, z. B. Signale von Näherungsschaltern. Binäre Steuerungen mit sehr vielen Signalverknüpfungen sind meist elektronische Steuerungen mit binären Schaltkreisen oder speicherprogrammierte Steuerungen mit Mikroprozessoren.

Unabhängig davon, ob die Signale mechanisch, pneumatisch oder elektrisch sind, unterscheidet man bei der Verknüpfung die UND-Verknüpfung (UND-Funktion), die ODER-Verknüpfung (ODER-Funktion) und die NEGATION (Verneinung). Dargestellt werden diese Verknüpfungen in Form von Gleichungen (Schaltfunktionen) mithilfe der Schaltalgebra und durch Signal-Schaltpläne.

> Das **UND-Glied** liefert an seinem Ausgang ein 1-Signal, wenn an dem einen Eingang UND an dem anderen Eingang ein 1-Signal, z. B. ein Schaltsignal, eine Spannung, ein Druck usw. anliegt **(Tabelle 1)**.

In der Funktionstabelle sind alle möglichen Schaltzustände für die Eingangssignale *a*, *b* erfasst und der zugehörige Funktionswert für das Ausgangssignal *x* angegeben. Führen die Eingänge *a*, *b*, je ein 0-Signal, so liefert der Ausgang *x* ebenfalls ein 0-Signal. Liegt an dem Eingang *a* ein 0-Signal und an dem Eingang *b* ein 1-Signal an, so führt der Ausgang *x* ebenfalls ein 0-Signal. Führt umgekehrt der Eingang *a* ein 1-Signal und der Eingang *b* ein 0-Signal, so ist das Ausgangssignal ein 0-Signal. Nur wenn die Eingangssignale *a* UND *b* ein 1-Signal sind, dann ist auch das Ausgangssignal *x* ein 1-Signal.

In der Schaltalgebra (auch Boole'sche Algebra genannt) wird dieser Funktionszusammenhang durch die Schaltfunktion $x = a \wedge b$ (sprich: *x* gleich *a* und *b*) ausgedrückt.

Elektrisch verwirklicht man die UND-Verknüpfung durch in Reihe geschaltete Kontakte. Nur wenn der Kontakt *a* UND der Kontakt *b* geschlossen sind, erhält das Relais Strom und schaltet den Kontakt *x* (Tabelle 1).

Bei **elektronischen Schaltungen** gibt es viele Ausführungsformen, je nach Art der verwendeten Halbleiterbauelemente. Es fließt z. B. durch den Widerstand *R* nur dann ein Strom (bzw. liegt an *R* eine Spannung an), wenn an den Basisanschlüssen der zwei Transistoren *a* UND *b* eine Steuerspannung anliegt (Tabelle 1).

Eine **mechanisch** wirkende UND-Verknüpfung kann man z.B. mit zwei Kniehebeln verwirklichen (Tabelle 1). Nur wenn der Stellknopf *a* UND der Stellknopf *b* gedrückt sind, reicht der Kniehebelweg aus, um den Bolzen *x* nach rechts herauszudrücken (1-Signal).

Pneumatisch kann man die UND-Verknüpfung durch hintereinander geschaltete Wegeventile, die z. B. durch Druckbeaufschlagung und Rückstellfeder betätigt werden, verwirklichen (Tabelle 1). Beide Ventile haben Sperr-Ruhestellung. Erst wenn beide Steueranschlüsse betätigt sind, führt Anschluss *x* Druck. Als UND-Glied wird jedoch meist das Zweidruckventil verwendet (Tabelle 1).

Tabelle 1: UND-Verknüpfung

Schaltzeichen

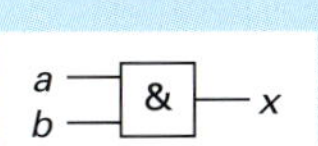

Funktionstabelle

a	b	x
0	0	0
0	1	0
1	0	0
1	1	1

Schreibweise:
$x = a \wedge b$

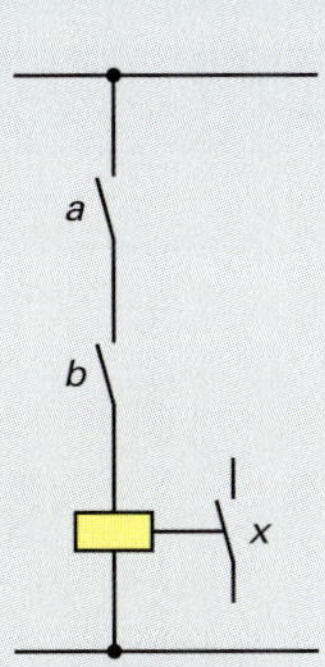

elektrisch (mit Relais)

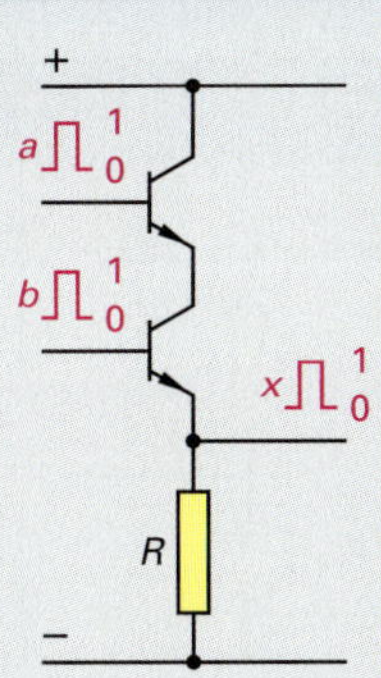

elektronisch (mit Transistoren)

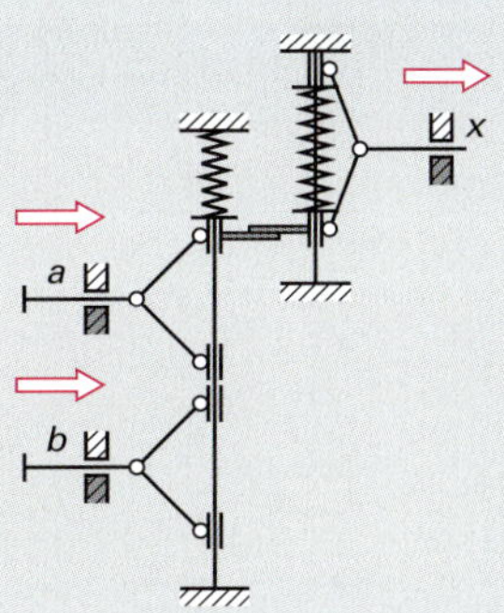

mechanisch

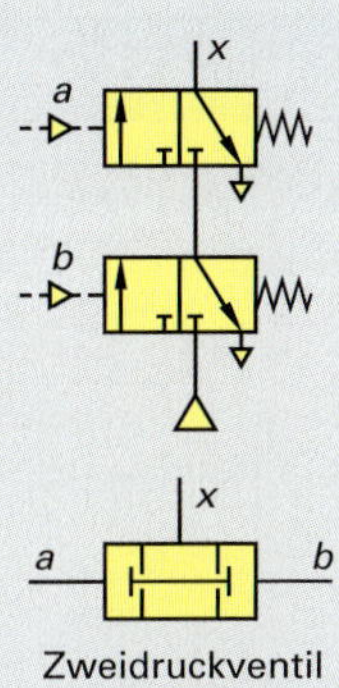

pneumatisch

Das **ODER-Glied** liefert am Ausgang stets ein 1-Signal, wenn an einem ODER an dem anderen ODER an beiden Eingängen ein 1-Signal anliegt. Nur wenn alle Eingänge ein 0-Signal führen, liegt auch am Ausgang ein 0-Signal an **(Tabelle 1).**

Der Zusammenhang zwischen den Eingangssignalen und dem Ausgangssignal wird durch die Funktionstabelle oder auch durch die Schaltfunk tion $x = a \vee b$ (sprich: *x* gleich *a* oder *b*) dargestellt.

Das **NEGATIONS-Glied** bewirkt eine Signalumkehr. Aus einem 1-Signal am Eingang wird ein 0-Signal am Ausgang, und aus einem 0-Signal am Eingang wird ein 1-Signal am Ausgang (siehe Funktionstabelle in **Tabelle 2**). Die Schaltfunktion heißt $x = \bar{a}$ (sprich: *x* gleich nicht *a*).

Elektrisch verwirklicht man die ODER-Verknüpfung durch parallel geschaltete Kontakte. Schaltet man den Kontakt *a* ODER *b* (oder beide), so schaltet das Relais den Kontakt *x*.

Bei der **elektronischen Schaltung** sind die Signaleingänge die Basisanschlüsse der parallel geschalteten Transistoren. Steht an einem ODER an beiden Basisanschlüssen eine positive Spannung an, so schaltet der eine oder beide Transistoren, und am Widerstand *R* entsteht ein Spannungsabfall. Der Ausgang führt dann ebenfalls ein positives Spannungssignal *x*.

Bei der **mechanischen** ODER-Verknüpfung können wahlweise der Stellknopf *a* ODER *b* oder beide betätigt werden, um den Bolzen *x* nach rechts zu drücken (1-Signal).

Pneumatisch erzielt man eine ODER-Verknüpfung mit zwei Wegeventilen. Bei Betätigung von *a* ODER *b* erhält der Anschluss *x* Druck. Auch mit einem Wechselventil lässt sich eine ODER-Verknüpfung herstellen.

Tabelle 1: ODER-Verknüpfung

Schaltzeichen				
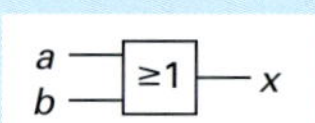 Funktionstabelle a b | x 0 0 | 0 0 1 | 1 1 0 | 1 1 1 | 1 Schreibweise: $x = a \vee b$	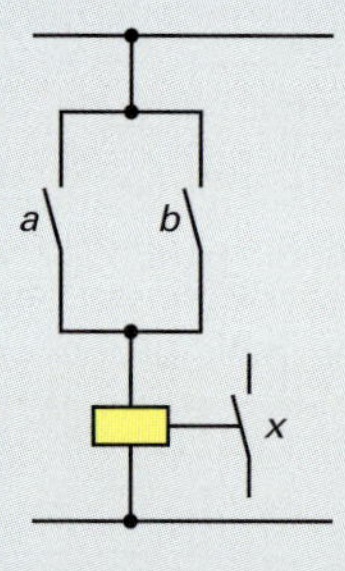	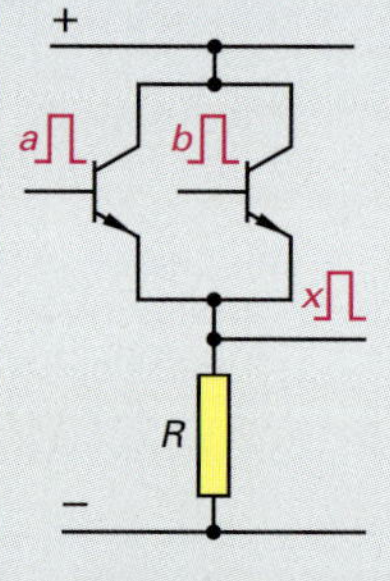	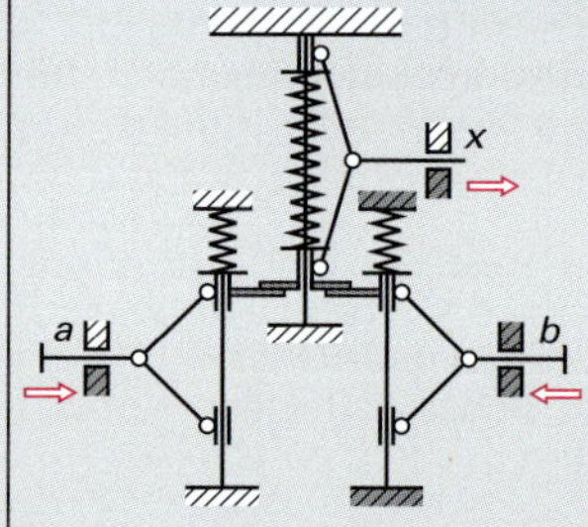	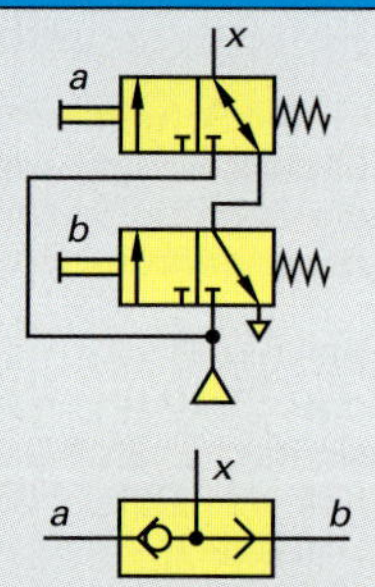 Wechselventil
	elektrisch (mit Relais)	elektronisch (mit Transistoren)	mechanisch	pneumatisch

Tabelle 2: NEGATION

Schaltzeichen				
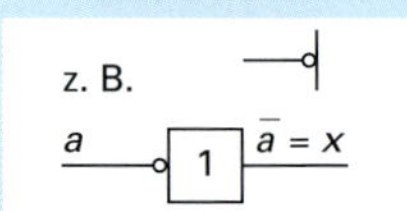 Funktionstabelle a | x 0 | 1 1 | 0	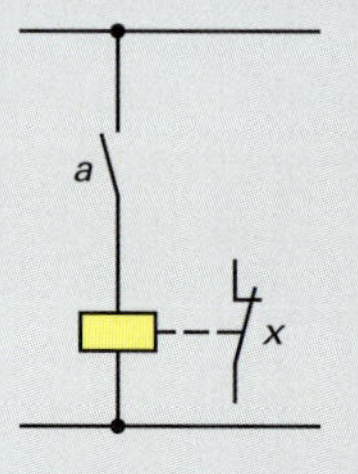	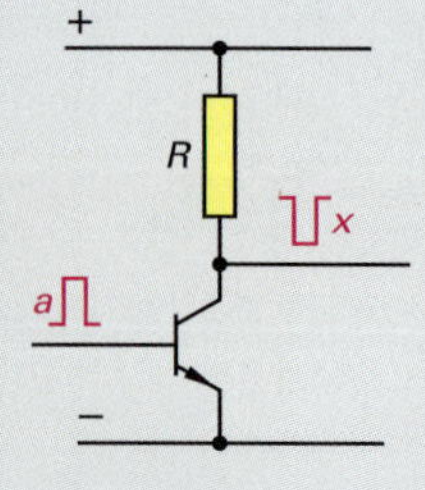	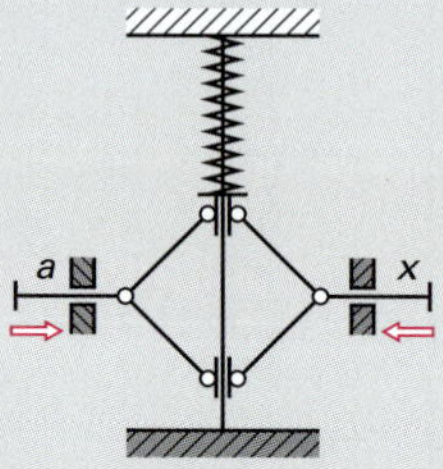	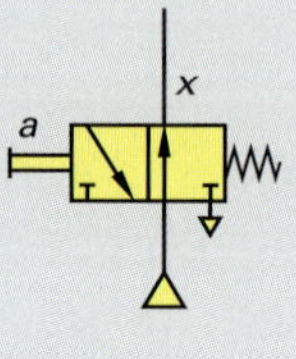
Schreibweise: $x = \bar{a}$ Sprechweise: *x* gleich nicht *a*	elektrisch (mit Relais)	elektronisch (mit Transistor)	mechanisch	pneumatisch

Elektrisch verwirklicht man eine Signalumkehr mit einem Relais, das einen Öffner-Kontakt hat. Schaltet man das Relais ein, dann schaltet der Relaiskontakt aus; schaltet man das Relais aus, dann schaltet der Relaiskontakt ein.

Bei der **elektronischen Schaltung** führt der Transistor Strom, wenn an seinem Basisanschluss eine positive Spannung (1-Signal) anliegt (Tabelle 2, vorhergehende Seite). Dadurch entsteht am Widerstand *R* ein Spannungsabfall, und der Ausgang führt eine Spannung von etwa 0 V, also 0-Signal. Liegt an der Basis keine Spannung (0-Signal), leitet der Transistor nicht, und am Ausgang *x* liegt eine Spannung an, also ein 1-Signal.

Das **mechanische** NEGATIONS-Glied kehrt die Verstellrichtung des Bolzens um. Drückt man den Stellknopf *a* nach rechts (1-Signal), dann geht der Bolzen *x* nach links (0-Signal), und zieht man den Stellknopf *a* nach links, geht der Bolzen nach rechts.

Bei **pneumatischen Schaltungen** kann man für die Negation ein Wegeventil mit Durchfluss-Ruhestellung verwenden.

Eine besonders häufig verwendete Schaltkreisfamilie ist die Serie SN 74. In dieser Serie erfolgt die Verknüpfung mit mehreren Transistoren. Man spricht von der **TTL**-Technik (**T**ransistor-**T**ransistor-**L**ogik). Die Schaltspannung beträgt nominal 5 V. Für das Signal mit dem Wert 0 darf die Spannung zwischen 0 V und 0,4 V betragen und für das Signal mit dem Wert 1 zwischen 2,4 V und 5,5 V. Weitere Schaltkreisfamilien sind: I^2L (engl. Integrated Injection Logic), ECL (engl. Emitter-Coupled Logic) und eine Vielzahl von MOS-Schaltkreisfamilien (MOS von engl. Metal-Oxide-Semiconductor = Metalloxid-Halbleiter).

Zusammenfassung mehrerer Verknüpfungen

Die UND-Verknüpfung und die ODER-Verknüpfung können auf mehrere Eingänge erweitert werden oder mit einer NEGATION versehen werden (NAND, NOT AND, engl. = NICHT UND; NOR, NOT OR, engl. = NICHT ODER) oder es können mehrere Verknüpfungen, ineinander verschachtelt, als ein Verknüpfungsglied dargestellt werden **(Tabelle 1)**.

Binäre elektronische Schaltkreise enthalten meist auf einem Chip mehrere Verknüpfungsbausteine, z. B. vier NAND-Verknüpfungen.

Beispiele:

Stellen Sie für die nachfolgenden Aufgaben die Schaltfunktionen auf und zeichnen Sie den Signalschaltplan.

Aufgabe 1:

Der Spindelmotor *x* soll eingeschaltet werden, wenn die Signaltaste *a* gedrückt wird (1-Signal) und die Schmierpumpe *b* läuft (1-Signal) und der Werkzeugspannmotor *c* nicht läuft (0-Signal).

Lösung: Schaltfunktion: $x = a \wedge b \wedge \overline{c}$

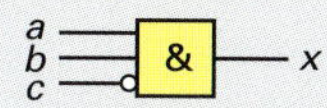

Aufgabe 2:

Die Warnlampe *x* soll leuchten (1-Signal), wenn der Öldruckschalter *a* schaltet (1-Signal) oder der Drehzahlwächter *b* des Spindelmotors schaltet (1-Signal) oder der Werkzeugspannmotor *c* eingeschaltet ist (1-Signal) und dabei gleichzeitig die Bremskupplung *d* nicht geschaltet ist (0-Signal).

Lösung: Schaltfunktion: $x = a \vee b \vee (c \wedge \overline{d})$

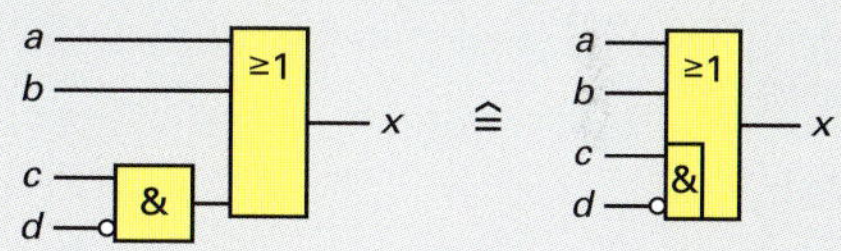

Tabelle 1: Signalschaltbilder (Beispiele)

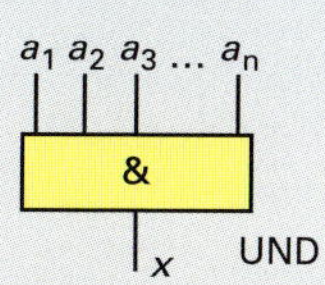 UND $x = a_1 \wedge a_2 \wedge a_3 \wedge \ldots \wedge a_n$	 NAND $x = \overline{a \wedge b}$ $\overline{x} = a \wedge b$	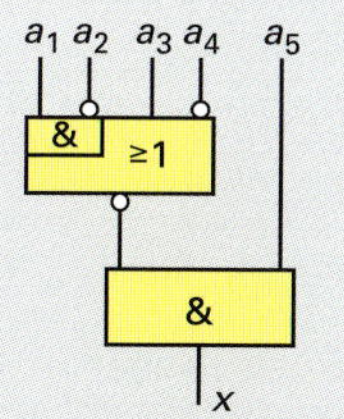 $x = a_5 \wedge [\overline{a_3 \vee \overline{a}_4 \vee (a_1 \wedge \overline{a}_2)}]$
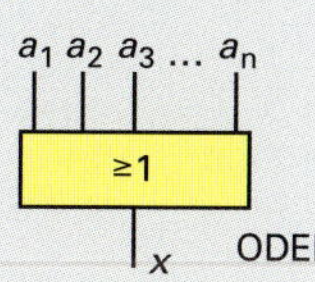 ODER $x = a_1 \vee a_2 \vee a_3 \vee \ldots \vee a_n$	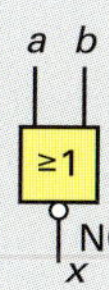 NOR $x = \overline{a \vee b}$ $\overline{x} = a \vee b$	

2.5.4 Schaltalgebra

Die Schaltalgebra (*Boole'sche*[1] Algebra) ist eine mathematische Beschreibung für die Beziehungen zwischen binären Variablen. Es gibt eine Vielzahl von Regeln, die man sich am besten mithilfe von Schaltkontakten und dem möglichen Stromfluss klar macht **(Tabelle 1)**.

Die wichtigsten Gesetze **(Tabelle 2)** sind:

- Kommutativgesetze,
- Assoziativgesetze,
- Distributivgesetze,
- Verneinungsgesetze (*De Mogan'sches*[2] Theorem).

Beispiel 1:

Überführen Sie die Schaltfunktion $x = (a \wedge b) \vee (c \wedge d)$ in eine Schaltfunktion, die nur NAND-Terme enthält!

Lösung:

$\overline{x} = \overline{(a \wedge b) \vee (c \wedge d)} = \overline{(a \wedge b)} \wedge \overline{(c \wedge d)}$

$x = \overline{\overline{x}} = \overline{\overline{(a \wedge b)} \wedge \overline{(c \wedge d)}}$ **(Bild 1)**

Beispiel 2:

Überführen Sie die Schaltfunktion $x = (a \wedge \overline{b}) \vee c$ in NAND-Terme!

Lösung:

$\overline{x} = \overline{(a \wedge \overline{b}) \vee c} = \overline{(a \wedge \overline{b})} \wedge \overline{c}$

$x = \overline{\overline{x}} = \overline{\overline{(a \wedge \overline{b})} \wedge \overline{c}}$ **(Bild 2)**

Die Negation einer Variablen erhält man mit der NAND-Verknüpfung:

$\overline{b} = \overline{b \wedge b}$, $\overline{c} = \overline{c \wedge c}$

Beispiel 3:

Überführen Sie die Schaltfunktion $x = (a \wedge b) \vee (c \wedge d)$ in eine Schaltfunktion, die nur NOR-Terme enthält!

Lösung:

$\overline{x} = \overline{(a \wedge b) \vee (c \wedge d)} = \overline{(a \wedge b)} \wedge \overline{(c \wedge d)} = (\overline{a} \vee \overline{b}) \wedge (\overline{c} \vee \overline{d})$

$\overline{\overline{x}} = x = \overline{(\overline{a} \vee \overline{b}) \wedge (\overline{c} \vee \overline{d})} = \overline{(\overline{a} \vee \overline{b})} \vee \overline{(\overline{c} \vee \overline{d})}$

$\overline{x} = \overline{\overline{\overline{(\overline{a} \vee \overline{b})} \vee \overline{(\overline{c} \vee \overline{d})}}}$

Durch Negation von $\overline{x}$ erhält man x. Die Negation der Variablen erhält man durch eine NOR-Verknüpfung mit 0 **(Bild 3)**.

[1] *Boole* engl. Mathematiker 1815 bis 1864
[2] *De Morgan* engl. Mathematiker 1806 bis 1871

Tabelle 1: Regeln der Schaltalgebra

$0 \wedge a = 0$	$1 \wedge a = a$	$a \wedge a = a$	$a \wedge \overline{a} = 0$
$0 \vee a = a$	$1 \vee a = 1$	$a \vee a = a$	$a \vee \overline{a} = 1$

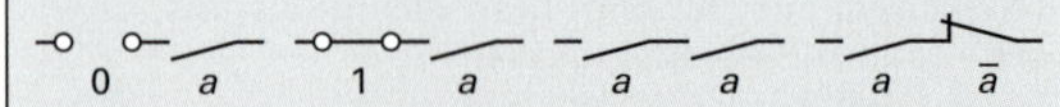

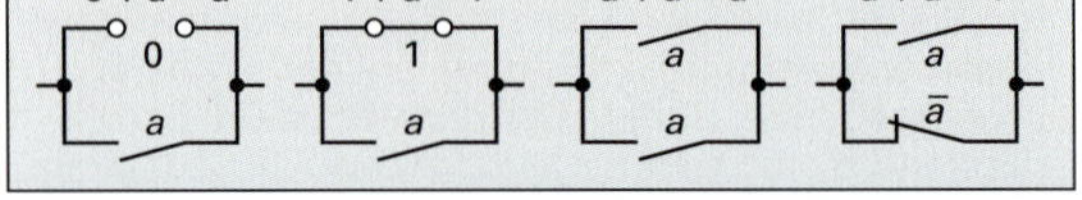

Tabelle 2: Gesetze der Schaltalgebra mit Beispielen

Kommutativgesetz: $a \wedge b = b \wedge a$ $a \vee b = b \vee a$	Innerhalb eines UND-Terms bzw. eines ODER-Terms dürfen die Variablen vertauscht werden.
Assoziativgesetz: $a \wedge b \wedge c = (a \wedge b) \wedge c$ $a \vee b \vee c = (a \vee b) \vee c$	Die Variablen einer Funktion dürfen durch Klammern zusammengefasst werden.
Distributivgesetz: $a \wedge (b \vee c) = (a \wedge b) \vee (a \wedge c)$ $a \vee (b \wedge c) = (a \vee b) \wedge (a \vee c)$	Verknüpfung mit Klammerausdrücken führt zu neuen Klammerausdrücken.
De Morgan'sches Theorem: $\overline{a \wedge b} = \overline{a} \vee \overline{b}$ $\overline{a \vee b} = \overline{a} \wedge \overline{b}$	Die Verneinung eines Terms ist gleich der Verneinung der Variablen, wenn die ODER-Verknüpfung durch die UND-Verknüpfung und umgekehrt getauscht wird.

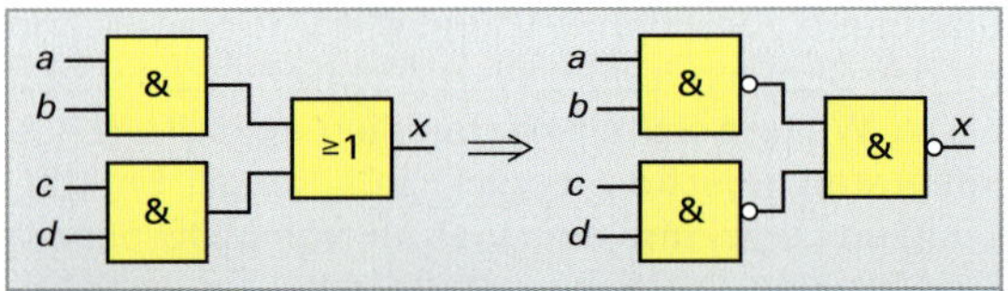

Bild 1: Lösung zu Beispiel 1

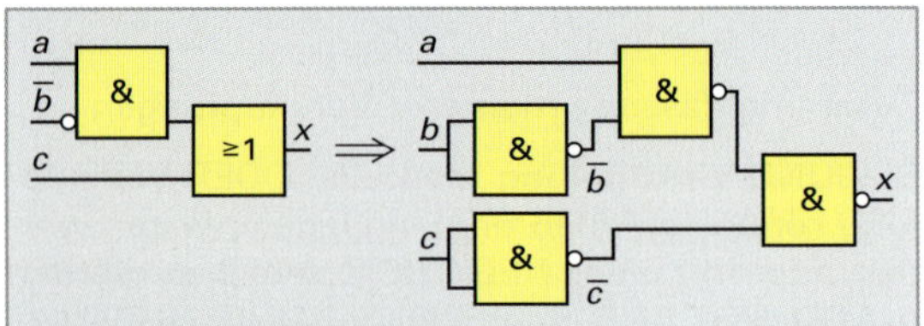

Bild 2: Lösung zu Beispiel 2

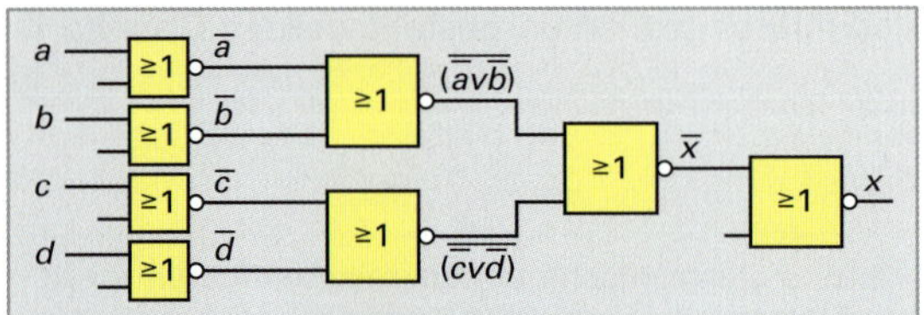

Bild 3: Lösung zu Beispiel 3

2.5.5 Kombinatorische Steuerungen

Eine Steuerung, deren Steuersignale nur von der Kombination ihrer Eingangssignale abhängen, nennt man eine kombinatorische Steuerung. Die zugehörige Schaltung kann mit UND-, ODER- und NICHT-Gliedern aufgebaut werden. Zur Ermittlung der Schaltung stellt man bei unübersichtlichen Schaltbedingungen zunächst die vollständige Funktionstabelle auf und bildet dann entweder die **ODER-Normalform** oder die **UND-Normalform.** Da jede Eingangsvariable die Werte 1 und 0 annehmen kann, verfügt eine Schaltung mit *n*-Eingangsvariablen, entsprechend der möglichen Dualzahlen, über 2^n Kombinationen.

Die **vollständige Funktionstabelle** enthält alle Kombinationen der Eingangsvariablen und die dazugehörenden Ausgangsvariablen.

Beispiel: Eine Schmiedemaschine muss von 3, mindestens jedoch von 2 Personen bedient werden. Es sind 3 gleiche Bedienungsplätze mit den Schlüsselschaltern *a*, *b* und *c* eingerichtet. Damit die Maschine durch das Signal $x = 1$ eingeschaltet werden kann, müssen mindestens 2 oder 3 Schlüsselschalter geschaltet sein. Stellen Sie die vollständige Funktionstabelle auf.

Lösung: Die 3 Eingangsvariablen *c*, *b*, *a*, von denen jede den Zustand 1 oder 0 annehmen kann, liefern $2^3 = 8$ Kombinationsmöglichkeiten **(Bild 1)**. Man erkennt, dass es genau 4 Schaltfunktionen gibt, die die oben genannte Forderung erfüllen.

Die **ODER-Normalform** gibt alle Schaltfunktionen wieder, die die gestellte Aufgabe lösen können. Sie enthält die UND-Verknüpfungen aller Eingangsvariablen für alle Zeilen der Funktionstabelle, in denen das Ausgangssignal zu 1 wird.

Die **UND-Normalform** gewinnt man aus den Schaltfunktionen, die die gestellte Aufgabe nicht lösen. Negiert man diese Schaltfunktionen, so erhält man eine neue Schaltfunktion, die nun eine Lösung der Aufgabe darstellt. Durch diese Negation erhält man die UND-Verknüpfungen aller überhaupt auftretenden Eingangsvariablen, die untereinander ODER-verknüpft sind.

Die UND-Normalform ist der ODER-Normalform vorzuziehen, wenn die Ausgangsvariable in der vollständigen Funktionstabelle seltener 0 ist als 1. Sie enthält dann weniger Verknüpfungen.

	c	*b*	*a*	*x*	
0	0	0	0	0	zur Bildung der UND-Normalform
1	0	0	1	0	zur Bildung der UND-Normalform
2	0	1	0	0	zur Bildung der UND-Normalform
3	0	1	1	1	zur Bildung der ODER-Normalform
4	1	0	0	0	zur Bildung der UND-Normalform
5	1	0	1	1	zur Bildung der ODER-Normalform
6	1	1	0	1	zur Bildung der ODER-Normalform
7	1	1	1	1	zur Bildung der ODER-Normalform

Bild 1: Vollständige Funktionstabelle mit 3 Variablen

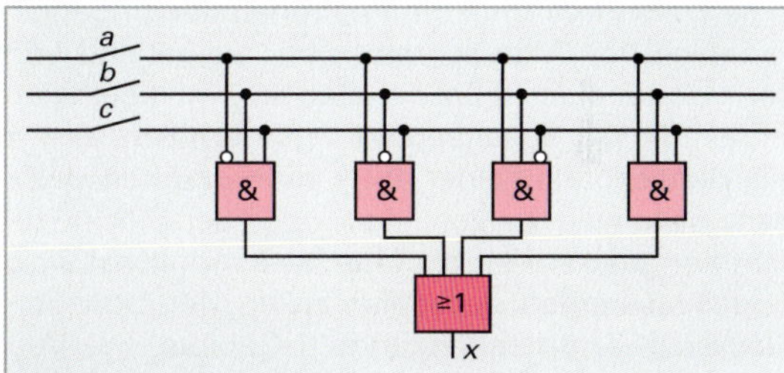

Bild 2: Funktionsplan für eine ODER-Normalform mit 3 Variablen

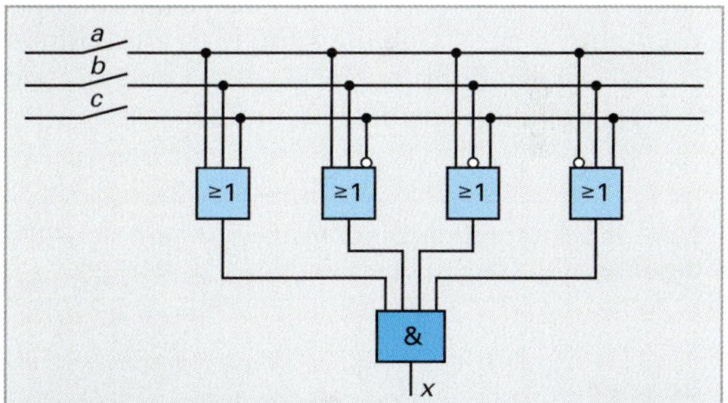

Bild 3: Funktionsplan für eine UND-Normalform mit 3 Variablen

Beispiel: Stellen Sie die ODER-Normalform für die Funktionstabelle (Bild 1) auf und zeichnen Sie den Funktionsplan.

Lösung **(Bild 2):**

$x = (\overline{c} \wedge b \wedge a) \vee (c \wedge \overline{b} \wedge a) \vee (c \wedge b \wedge \overline{a}) \vee (c \wedge b \wedge a)$

Beispiel: Stellen Sie die UND-Normalform für die Funktionstabelle (Bild 1) auf.

Lösung **(Bild 3):**

$\overline{x} = (\overline{c} \wedge \overline{b} \wedge \overline{a}) \vee (\overline{c} \wedge \overline{b} \wedge a) \vee (\overline{c} \wedge b \wedge \overline{a}) \vee (c \wedge \overline{b} \wedge \overline{a})$

negiert:

$\overline{\overline{x}} = x = \overline{(\overline{c} \wedge \overline{b} \wedge \overline{a}) \vee (\overline{c} \wedge \overline{b} \wedge a) \vee (\overline{c} \wedge b \wedge \overline{a}) \vee (c \wedge \overline{b} \wedge \overline{a})}$

$(c \vee b \vee a) \wedge (c \vee b \vee \overline{a}) \wedge (c \vee \overline{b} \vee a) \wedge (\overline{c} \vee b \vee a)$

Vereinfachen der Schaltfunktionen

Mithilfe der Rechenregeln der Schaltalgebra können die Schaltfunktionen umgewandelt und vereinfacht werden. Da die Anwendung der Rechenregeln jedoch sehr aufwendig sein kann, verwendet man zur Vereinfachung der Schaltfunktionen eine grafische Darstellung, das **Karnaugh-Diagramm** (benannt nach den engl. Mathematiker Karnaugh).

Das Karnaugh-Diagramm für 2, 3 und 4 Variablen hat $2^2 = 4$, $2^3 = 8$ bzw. $2^4 = 16$ Felder, z. B. bei den 3 Eingangsvariablen *a*, *b* und *c* 8 Felder **(Bild 1).** Den Eingangsvariablen wird jeweils 1 Streifen zugeordnet. Da sich diese Streifen überkreuzen, kommen in den n-Feldern alle Kombinationen der Eingangsvariablen vor. Man schreibt nun, ausgehend von der vollständigen Funktionstabelle, in diejenigen Felder, die die Schaltbedingungen erfüllen, eine 1 ein. Benachbarte Felder mit 1 können durch UND-Verknüpfungen zu 2er-, 4er- oder 8er-Blöcke zusammengefasst werden. Man fasst möglichst viele Felder zusammen, sucht also in 2er-, 4er- oder 8er-Blöcken zusammenhängende 1-Gebiete. Die Vereinfachung besteht nun darin, dass alle Eingangsvariablen verschwinden, die sich innerhalb eines Blockes ändern. Es bleiben nur die Variablen erhalten, die allen Feldern eines Blockes gemeinsam sind. Anstelle der 1-Gebiete kann man zur Bildung der UND-Normalform auch 0-Gebiete suchen und die Schaltfunktion negiert anschreiben.

Mit dem Karnaugh-Diagramm können schaltalgebraische Gleichungen vereinfacht werden.

2 Variable

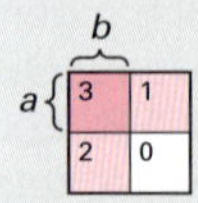

b	*a*	Feld-Nr.
0	0	0
0	1	1
1	0	2
1	1	3

3 Variable

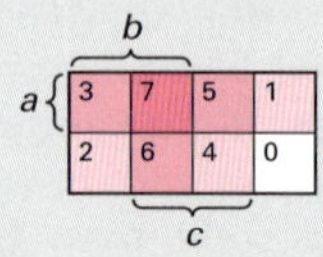

c	*b*	*a*	Feld-Nr.
0	0	0	0
0	0	1	1
0	1	0	2
0	1	1	3
1	0	0	4
1	0	1	5
1	1	0	6
1	1	1	7

4 Variable

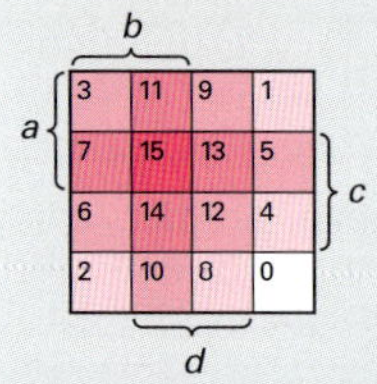

d	*c*	*b*	*a*	Feld-Nr.
0	0	0	0	0
0	0	0	1	1
0	0	1	0	2
0	0	1	1	3
0	1	0	0	4
0	1	0	1	5
0	1	1	0	6
0	1	1	1	7

d	*c*	*b*	*a*	Feld-Nr.
1	0	0	0	8
1	0	0	1	9
1	0	1	0	10
1	0	1	1	11
1	1	0	0	12
1	1	0	1	13
1	1	1	0	14
1	1	1	1	15

Bild 1: Karnaugh-Diagramm für 2, 3 und 4 Variablen

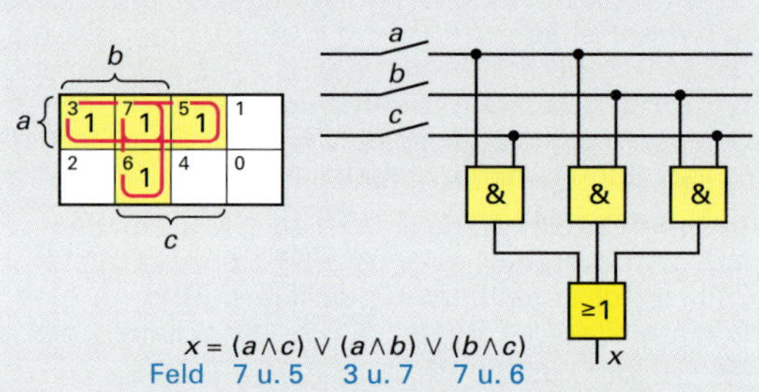

Bild 2: Karnaugh-Diagramm und Funktionsplan

Beispiel:

Stellen Sie das Karnaugh-Diagramm für die Funktionstabelle aus Bild 1, vorhergehende Seite, auf.

Lösung:

Es kommen 3 Eingangsvariablen vor. Das Karnaugh-Diagramm hat $2^3 = 8$ Felder **(Bild 2)**. Die Felder, in denen sich 2 oder 3 Streifen überkreuzen, markiert man mit 1, da in der Aufgabenstellung mindestens 2 der 3 Schalter *a*, *b*, *c* eingeschaltet sein sollen.

Entsprechend der Funktionstabelle sind dies die Felder 3, 5, 6, 7.

Aus dem Karnaugh-Diagramm kann man nun die 2er-Blöcke der 1-Felder mit der Gleichung $x = (a \wedge c) \vee (a \wedge b) \vee (b \wedge c)$ erfassen.

Damit erhält man gegenüber Bild 2, vorhergehende Seite, einen vereinfachten, jedoch gleichwertigen Funktionsplan. Anstelle der vier Terme mit je drei Variablen sind nur noch 3 Terme mit je zwei Variablen erforderlich.

Wiederholung und Vertiefung

1. Erläutern Sie das Gesetz nach de Morgan mit einem einfachen Beispiel.
2. Welche Wirkung hat eine doppelte Negation?
3. Welche Schaltfunktionen der vollständigen Funktionstabelle verwendet man zum Aufstellen der ODER-Normalform?
4. Welche Schaltfunktionen der vollständigen Funktionstabelle liefert die UND-Normalform?
5. In welchen Fällen ist die UND-Normalform der ODER-Normalform vorzuziehen?
6. Wie kann man mit dem Karnaugh-Diagramm Schaltfunktionen vereinfachen?

2.5.6 Übungen zu kombinatorischen Steuerungen

Übung 1:

Bei vielen digitalen Steuerungen benötigt man **Code-Umsetzer,** wenn z. B. in einzelnen Steuerungsgruppen unterschiedliche Codes verwendet werden.
Entwerfen Sie einen Code-Umsetzer zur Umsetzung des Dual-Code mit den Signalleitungen *a*, *b*, *c*, *d* in den Gray-Code mit den Signalleitungen *w*, *x*, *y*, *z* **(Bild 1)**.

Lösung: **Bild 2**

Man stellt zunächst die ODER-Normalform für die Signale *w*, *x*, *y* und *z* auf.

Das Signal *z* hat für die Ziffern 8 bis 15 den Wert 1.

$$z = (d \wedge \bar{c} \wedge \bar{b} \wedge \bar{a}) \vee (d \wedge \bar{c} \wedge \bar{b} \wedge a) \vee (d \wedge \bar{c} \wedge b \wedge \bar{a}) \vee (d \wedge \bar{c} \wedge b \wedge a) \vee (d \wedge c \wedge \bar{b} \wedge \bar{a}) \vee (d \wedge c \wedge \bar{b} \wedge a) \vee (d \wedge c \wedge b \wedge \bar{a}) \vee (d \wedge c \wedge b \wedge a)$$

Das Signal *y* hat für die Ziffern 4 bis 11 den Wert 1.

$$y = (\bar{d} \wedge c \wedge \bar{b} \wedge \bar{a}) \vee (\bar{d} \wedge c \wedge \bar{b} \wedge a) \vee (\bar{d} \wedge c \wedge b \wedge \bar{a}) \vee (\bar{d} \wedge c \wedge b \wedge a) \vee (d \wedge \bar{c} \wedge \bar{b} \wedge \bar{a}) \vee (d \wedge \bar{c} \wedge \bar{b} \wedge a) \vee (d \wedge \bar{c} \wedge b \wedge \bar{a}) \vee (d \wedge \bar{c} \wedge b \wedge a)$$

Das Signal *x* hat für die Ziffern 2 bis 5 und 10 bis 13 den Wert 1.

$$x = (\bar{d} \wedge \bar{c} \wedge b \wedge \bar{a}) \vee (\bar{d} \wedge \bar{c} \wedge b \wedge a) \vee (\bar{d} \wedge c \wedge \bar{b} \wedge \bar{a}) \vee (\bar{d} \wedge c \wedge \bar{b} \wedge a) \vee (d \wedge \bar{c} \wedge b \wedge \bar{a}) \vee (d \wedge \bar{c} \wedge b \wedge a) \vee (d \wedge c \wedge \bar{b} \wedge \bar{a}) \vee (d \wedge c \wedge \bar{b} \wedge a)$$

Das Signal *w* hat für die Ziffern 1, 2, 5, 6, 9, 10, 13, 14 den Wert 1.

$$w = (\bar{d} \wedge \bar{c} \wedge \bar{b} \wedge a) \vee (\bar{d} \wedge \bar{c} \wedge b \wedge \bar{a}) \vee (\bar{d} \wedge c \wedge \bar{b} \wedge a) \vee (\bar{d} \wedge c \wedge b \wedge \bar{a}) \vee (d \wedge \bar{c} \wedge \bar{b} \wedge a) \vee (d \wedge \bar{c} \wedge b \wedge \bar{a}) \vee (d \wedge c \wedge \bar{b} \wedge a) \vee (d \wedge c \wedge b \wedge \bar{a})$$

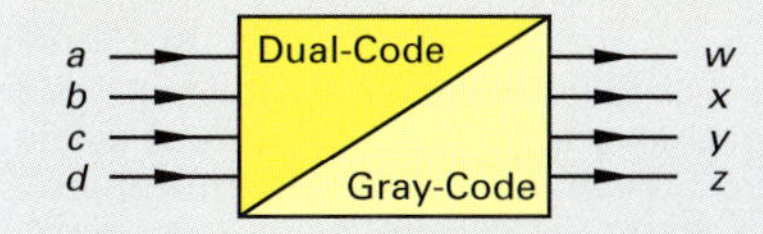

	d	c	b	a	z	y	x	w
0	0	0	0	0	0	0	0	0
1	0	0	0	1	0	0	0	1
2	0	0	1	0	0	0	1	1
3	0	0	1	1	0	0	1	0
4	0	1	0	0	0	1	1	0
5	0	1	0	1	0	1	1	1
6	0	1	1	0	0	1	0	1
7	0	1	1	1	0	1	0	0
8	1	0	0	0	1	1	0	0
9	1	0	0	1	1	1	0	1
10	1	0	1	0	1	1	1	1
11	1	0	1	1	1	1	1	0
12	1	1	0	0	1	0	1	0
13	1	1	0	1	1	0	1	1
14	1	1	1	0	1	0	0	1
15	1	1	1	1	1	0	0	0

Bild 1: Funktionstabelle für Code-Umsetzer (Dual-Code/Gray-Code)

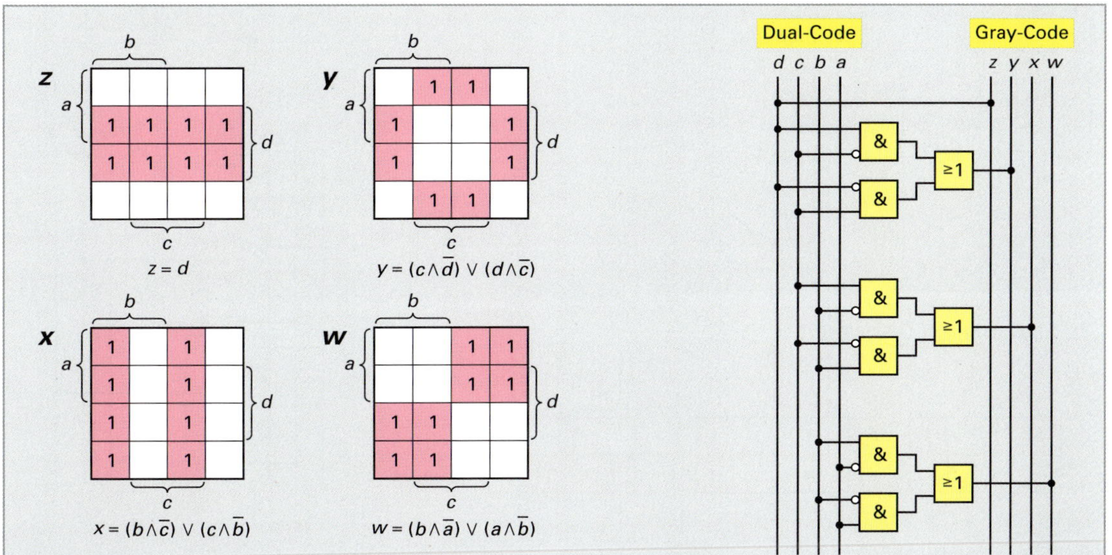

Bild 2: Lösung zu Übung 1

Übung 2:

Bei einem **Einlegeapparat** für Stanzteile gibt es eine Wendeeinrichtung, die mit dem Signal $w = 1$ geschaltet wird und eine Dreheinrichtung, die mit dem Signal $d = 1$ geschaltet wird. Beide Einrichtungen können auch gleichzeitig geschaltet werden. Die über ein Magazin herangeführten Stanzteile sollen stets in der Lage 1 einer Presse zugeführt werden **(Bild 1)**. Falls die Stanzteile in den Lagen 2, 3 oder 4 ankommen, sollen sie automatisch gewendet oder gedreht werden, sodass sie in die richtige Lage 1 kommen. Zu diesem Zweck werden die Stanzteile von drei berührungslosen Signalgebern *a*, *b* und *c* abgetastet, die ein 0-Signal liefern, wenn sie einem Einschnitt gegenüberstehen und sonst ein 1-Signal geben.

Die Schaltung für die Dreh- und Wendeeinrichtung mit den Ausgangssignalen *w* und *d* und den Eingangssignalen *a*, *b* und *c* soll entwickelt werden. Ergänzend ist eine Schaltung zu entwerfen, die mit dem Signal *s* die Anlage stoppt, falls mit den Signalgebern *a*, *b* und *c* ein Werkstück erfasst wird, das eine Signalkombination aufweist, die nicht den 4 Lagen zugeordnet werden kann.

a) Stellen Sie die vollständige Funktionstabelle auf, und schreiben Sie zu den jeweiligen Signalkombinationen *a*, *b* und *c* die zugehörigen Lagen sowie die erforderlichen Schaltsignale *w*, *d* und *s*.

b) Vereinfachen Sie mithilfe von Karnaugh-Diagrammen die Schaltfunktionen *w*, *d* und *s*.

c) Zeichnen Sie den Funktionsplan für die Steuerung der Dreheinrichtung und der Wendeeinrichtung und für das Stoppsignal.

Lösung: **Bild 2**

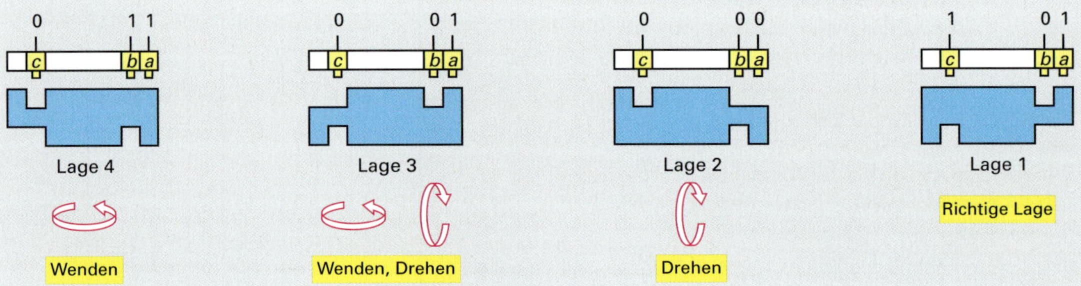

Bild 1: Abtastung der Stanzteile

Zu a): Funktionstabelle

c	*b*	*a*	*w*	*d*	*s*	Bemerkung
0	0	0	0	1	0	Lage 2
0	0	1	1	1	0	Lage 3
0	1	0	0	0	1	Stopp
0	1	1	1	0	0	Lage 4
1	0	0	0	0	1	Stopp
1	0	1	0	0	0	Lage 1
1	1	0	0	0	1	Stopp
1	1	1	0	0	1	Stopp

Zu b): Karnaugh-Diagramm

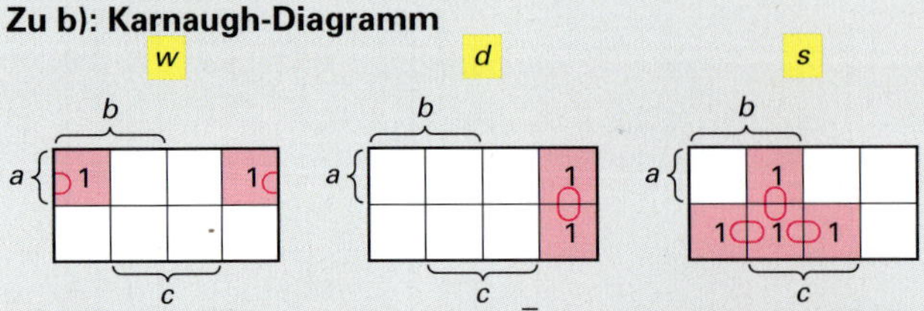

$w = a \wedge \overline{c}$ $d = \overline{c} \wedge \overline{b}$ $s = (b \wedge c) \vee (c \wedge \overline{a}) \vee (b \wedge \overline{a})$

Zu c): Funktionsplan

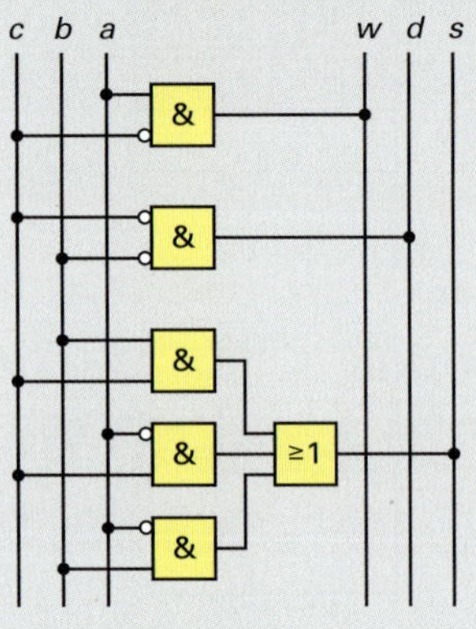

Bild 2: Lösung zu Übung 2

Übung 3:

In einem **Sortierautomaten** werden quaderförmige Werkstücke gegen Anschläge gefördert. Dabei werden mit den Grenztastern *t*, *b* und *h* die Tiefe, Breite und Höhe abgetastet. Mit einem Sensor werden die Werkstücke außerdem auf Magnetisierbarkeit geprüft. Die Signale bedeuten:

Tiefe: t = 1 Kantenlänge lang, t = 0 nicht lang
Breite: b = 1 Kantenlänge lang, b = 0 nicht lang
Höhe: h = 1 Kantenlänge lang, h = 0 nicht lang
m = 1 magnetisierbar, m = 0 nicht magnetisierbar

Nach dem Abtasten können die Werkstücke über eine Einfachweiche *x* und dann über eine Doppelweiche *y* in 4 Behälter 1, 2, 3 und 4 transportiert werden **(Bild 1)**. Jede der Weichen hat 2 Schaltstellungen und ist elektrisch schaltbar. Im nicht geschalteten Zustand (x = 0 bzw. y = 0) wird nach rechts gefördert.

Die Werkstücke sollen so sortiert werden, dass alle länglichen Werkstücke (1 Kante lang, 2 Kanten nicht lang) in den Behälter 1 gefördert werden. Alle plattenförmigen Werkstücke (2 Kanten lang, 1 Kante nicht lang) und zugleich magnetisierbaren Werkstücke sollen in Behälter 2 gefördert werden. Werkstücke mit anderen Merkmalkombinationen sollen in Behälter 4 gelangen, und Behälter 3 soll frei bleiben.

a) Stellen Sie die Funktionstabelle für alle Merkmalkombinationen auf, und schreiben Sie die Weichensignale sowie die Behälternummern an.
b) Vereinfachen Sie mithilfe von Karnaugh-Diagrammen die Schaltfunktionen für die Weichensignale.
c) Zeichnen Sie den Funktionsplan für die Weichensignale *x* und *y*.

Lösung: **Bild 2**

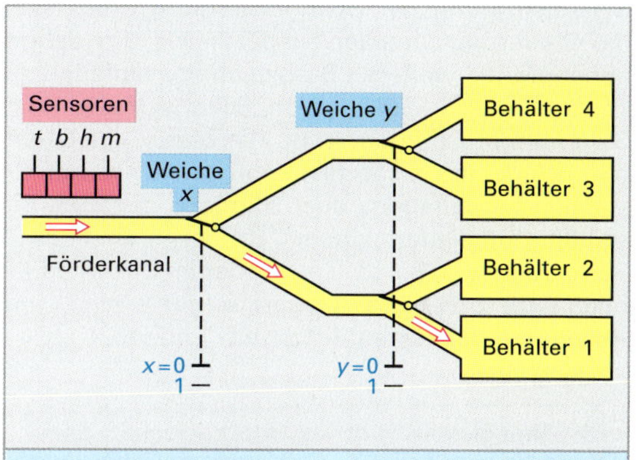

Bild 1: Sortiereinrichtung

Funktionstabelle

t	b	h	m	x	y	Behälter
0	0	0	0	1	1	4
0	0	0	1	1	1	4
0	0	1	0	0	0	1
0	0	1	1	0	0	1
0	1	0	0	0	0	1
0	1	0	1	0	0	1
0	1	1	0	1	1	4
0	1	1	1	0	1	2
1	0	0	0	0	0	1
1	0	0	1	0	0	1
1	0	1	0	1	1	4
1	0	1	1	0	1	2
1	1	0	0	1	1	4
1	1	0	1	0	1	2
1	1	1	0	1	1	4
1	1	1	1	1	1	4

Karnaugh-Diagramm

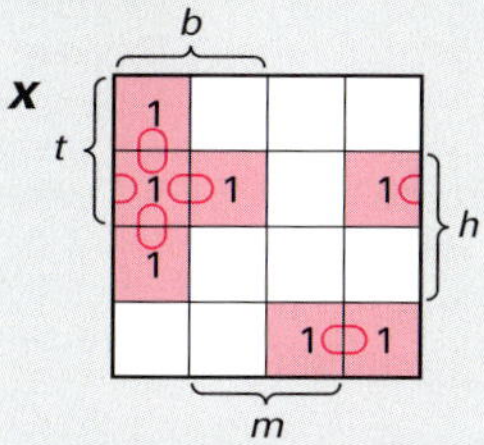

$x = (t \wedge b \wedge \overline{m}) \vee (b \wedge h \wedge \overline{m}) \vee (b \wedge t \wedge h) \vee (t \wedge h \wedge \overline{m}) \vee (\overline{b} \wedge \overline{t} \wedge \overline{h})$

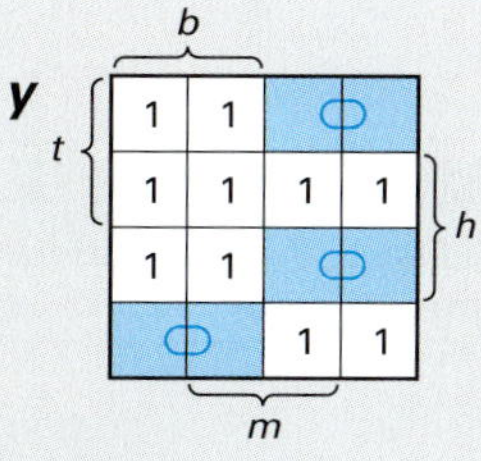

$\overline{y} = (t \wedge \overline{b} \wedge \overline{h}) \vee (\overline{t} \wedge \overline{b} \wedge h) \vee (\overline{t} \wedge b \wedge \overline{h})$

$y = (\overline{t} \wedge b \wedge h) \vee (t \wedge b \wedge \overline{h}) \vee (t \wedge \overline{b} \wedge h)$

Funktionsplan

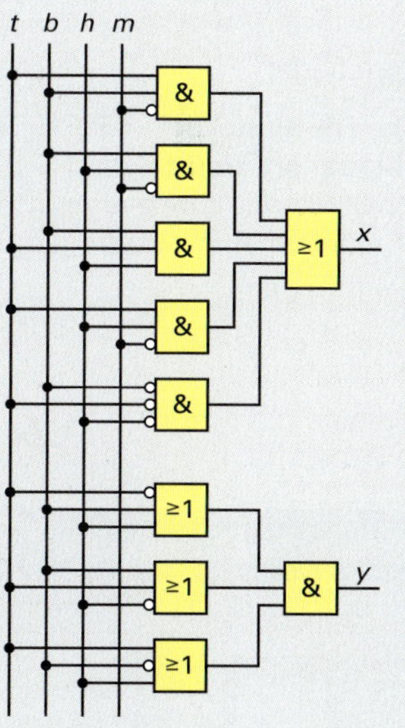

Bild 2: Lösung zu Übung 3

Wiederholung und Vertiefung

1. Wie viele Zeilen enthält die vollständige Funktionstabelle bei *n* binären Eingangsvariablen?
2. Die Schaltfunktion kann man in der ODER-Normalform oder in der UND-Normalform ermitteln. Wann ist welche Form günstiger?
3. Beschreiben Sie die Vorgehensweise bei der Ermittlung der Schaltfunktion in der UND-Normalform.
4. Welche Gebiete im Karnaugh-Diagramm werden bei der ODER-Normalform und welche bei der UND-Normalform zusammengefasst?

2.5.7 Ablaufsteuerungen

Bei Ablaufsteuerungen hängt der jeweils nächste Steuerschritt vom Ablauf des vorhergehenden Steuerschrittes ab. Z. B. sollen bei einer Biegemaschine die Arbeitsbewegungen erst ausgeführt werden, wenn das Werkstück eine Lichtschranke durchfallen hat und durch die Spannvorrichtung gespannt ist. Das Signal der Lichtschranke und die Ausführung der Spannbewegung muss sich die Steuerung „merken" (speichern), um davon abhängig die weiteren Steuerschritte einleiten zu können. Das Speichern von Schaltsignalen und Steuerungszuständen, z. B. Werkstück gespannt bzw. Werkstück nicht gespannt, geschieht mit bistabilen **Kippgliedern,** auch **Flipflops** genannt. Bistabile Kippglieder „kippen" immer in eindeutige Schaltzustände. Sie sind entweder im Zustand EIN oder AUS bzw. ihre Ausgangssignale sind, mit Ausnahme der kurzen Schaltzeit, 1 oder 0.

Für Kippglieder gibt es mechanische, pneumatische, elektrische und elektronische Ausführungsformen. Außerdem unterscheiden sie sich in der Art und Wirkung der Eingangssignale.

Kippglieder

Das **RS-Kippglied** (RS-Flipflop) wird durch ein 1-Signal am **S**etzeingang S „gesetzt", d. h. in den Schaltzustand EIN gebracht **(Tabelle 1).** Durch ein 1-Signal am **R**ücksetzeingang R wird das Kippglied zurückgesetzt, d. h. in den Schaltzustand AUS gebracht. Das Kippglied behält den jeweiligen Schaltzustand bei, auch wenn die Signale von den Eingängen weggenommen werden. Der Schaltzustand des Kippgliedes kann am Ausgang Q abgegriffen werden. Meist ist noch ein negierter Ausgang $\overline{Q}$ vorhanden, der ein zu Q gerade umgekehrtes Signal führt.

Beim **mechanischen** Kippglied wird der Kipphebel mit einer Druckfeder stets in eine eindeutige Stellung gebracht (Tabelle 1). Durch Eindrücken der Taste S wird das Kippglied gesetzt und mit der Taste R zurückgesetzt. Die Tasten S und R dürfen nicht gleichzeitig betätigt werden. Ein typisches Beispiel ist der Kippschalter.

Pneumatisch kann man das RS-Kippglied durch ein 4/2-Wege-Impulsventil verwirklichen. Durch einen kurzen Druckimpuls bei Steueranschluss R wird das Ventil in die Ausgangsstellung b gebracht. Belüftet man den Steueranschluss S, schaltet das Ventil in die Schaltstellung a; das Kippglied ist gesetzt.

Die **elektrische Kippschaltung** besteht aus 2 Relais mit Selbsthaltekontakt (Tabelle 1). Im Selbsthaltezweig liegt noch ein Öffner des jeweils anderen Relais. Wird durch den Tastschalter S das Relais K1 gesetzt, dann wird die Selbsthaltung von Relais K2 unterbrochen. Wird umgekehrt der Tastschalter R betätigt, wird das Relaiskippglied zurückgesetzt (K2 schaltet) und die Selbsthaltung für K1 unterbrochen.

Tabelle 1: RS-Kippglieder

Schaltzeichen

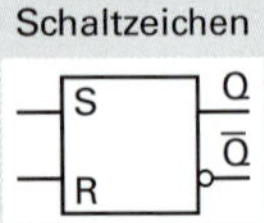

Funktionstabelle

S	R	Q	$\overline{Q}$
0	0	*	*
0	1	0	1
1	0	1	0
1	1	●	●

* wie vorhergehender Zustand
● unbestimmt

mechanisch

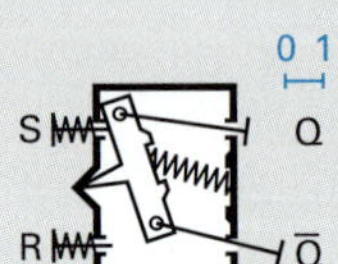

pneumatisch

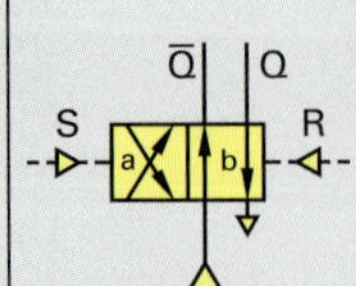

4/2-Wegeventil

elektrisch

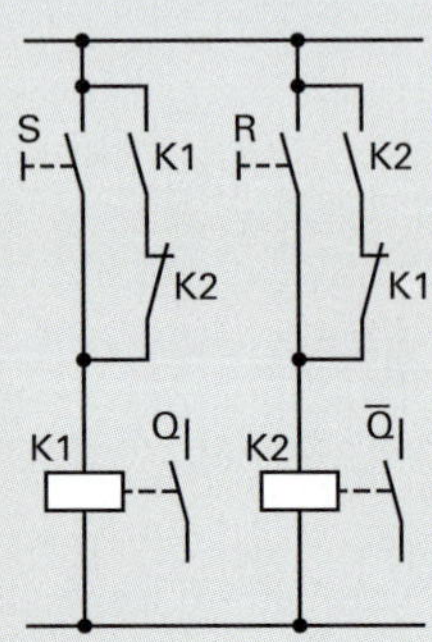

elektronisch

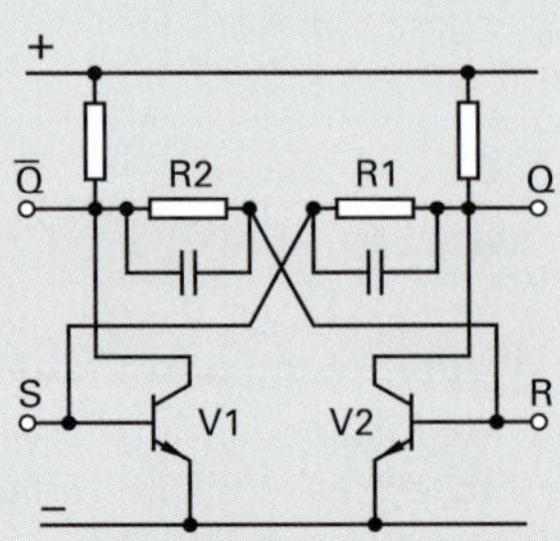

Kippglied mit NPN-Transistoren

Elektronische Kippschaltungen (Flipflop) sind meist als integrierte Schaltkreise ausgeführt, sodass sich der Anwender mit dem inneren Schaltungsaufbau nicht befassen muss. Über die Eingänge S und R werden 2 Transistoren geschaltet. Ist durch ein positives Spannungssignal (1-Signal) am S-Eingang der Transistor V1 stromleitend, führt der Ausgang Q̄ ein 0-Signal. Dann liegt jedoch durch den Widerstand R1 auch am Steuereingang des Transistors V2 ein 0-Signal an, sodass dieser Transistor nicht stromleitend ist und am Ausgang Q eine positive Spannung (1-Signal) entsteht. Über den Widerstand R2 wird dem Steuereingang des Transistors V1 eine positive Spannung zugeführt, sodass V1 leitend bleibt. Liegen die Signale für S und R gerade umgekehrt an, dann kehren sich auch die Schaltzustände (leitend oder nicht leitend) der beiden Transistoren um.

Das **taktgesteuerte Flipflop (Tabelle 1)** übernimmt mit dem Eintreffen der Taktflanke den Wert des J-Eingangs oder des K-Eingangs, wenn dieser den Wert 1 hat. (Ein nichtangeschlossener Eingang wird meist wie 1 bewertet). Liegen an beiden Eingängen Signale mit dem Wert 1 an, dann wechselt der Zustand am Ausgang Q mit jedem Taktsignal **(Bild 1)**.

Bei dem **mechanischen** Ausführungsbeispiel greift in der gezeichneten Hebelstellung die obere Blattfeder bei Betätigung in die Kipphebelkerbe und kippt den Hebel um, während die untere Blattfeder in die Hebelvertiefung eingreift und wirkungslos bleibt. Bei gekipptem Hebel wirken bei erneuter Betätigung die untere und obere Blattfeder in umgekehrter Weise. Häufig gibt es einen solchen Mechanismus bei Kugelschreibern.

Die **pneumatische** Schaltung (Ventile 1...5) dieses Kippgliedes wird in der Wechselsteuerung angewandt. Wird Signalglied 1 kurz betätigt, schaltet Ventil 3 in Stellung a, die Kolbenstange des Zylinders fährt aus. Aus der Arbeitsleitung B erfolgt über das Wechselventil 5 das Umschalten des Wegeventils 2 in Stellung b. Ein nochmaliges kurzes Betätigen von Signalglied 1 schaltet das Ventil 3 wieder in die Stellung b, und von der Arbeitsleitung A wird über das Wechselventil 4 das Ventil 2 in die Stellung a zurückgebracht. Die Kolbenstange des Zylinders fährt ein.

Eine **elektrische** Kippschaltung erhält man mit einem Fortschaltrelais mit 2 Schaltstellungen (Bild 1, Seite 24). Mit jedem Stromimpuls wechseln die Schaltkontakte ihre Stellung.

Bei der **elektronischen** Schaltung werden die beiden Transistoren über einen Kondensator angesteuert. Das bedeutet, dass nur Spannungsimpulse wirksam sind. Positive Spannungsimpulse (Signale von 0 → 1) gelangen über die Dioden zu den Transistoren. Der nicht leitende Transistor wird dadurch leitend und bringt verzögert den im Augenblick leitenden Transistor in den nicht leitenden Zustand.

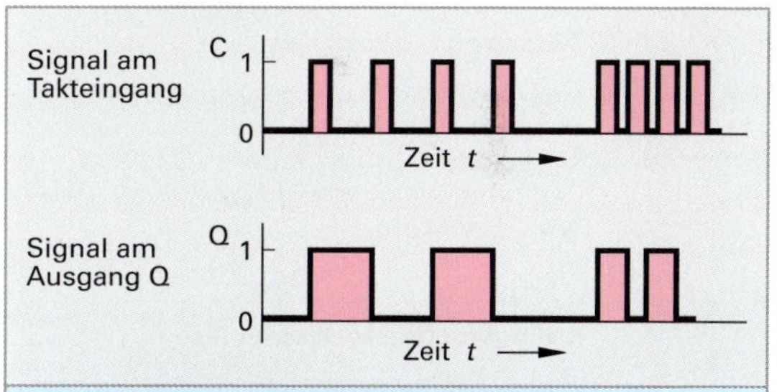

Bild 1: Eingangssignal und Ausgangssignal beim Kippglied mit Takteingang

Tabelle 1: Kippglieder mit Takteingang

<table>
<tr><th>Schaltzeichen</th><th>mechanisch</th><th>pneumatisch</th><th>elektrisch</th><th>elektronisch</th></tr>
<tr>
<td>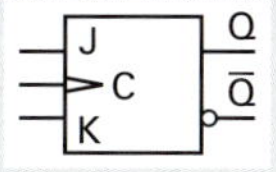

Funktionstabelle

J	K	C	Q	Q̄
0	0	0 → 1	*	*
0	1	0 → 1	0	1
1	0	0 → 1	1	0
1	1	0 → 1	●	●

* keine Änderung
● negiert zum vorhergehenden Zustand</td>
<td>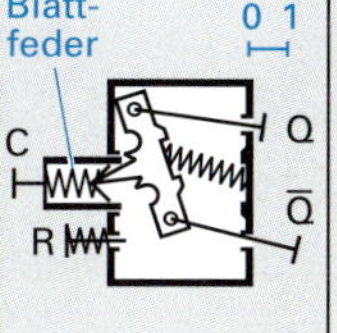
</td>
<td>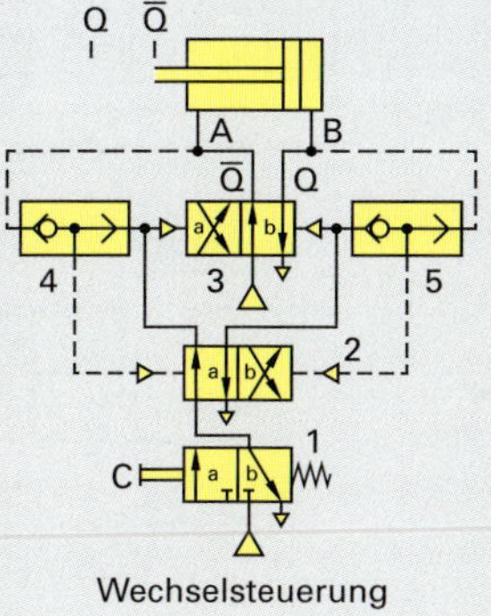

Wechselsteuerung</td>
<td>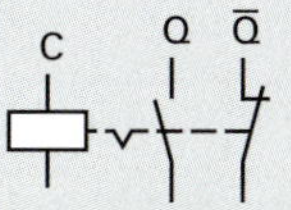
</td>
<td>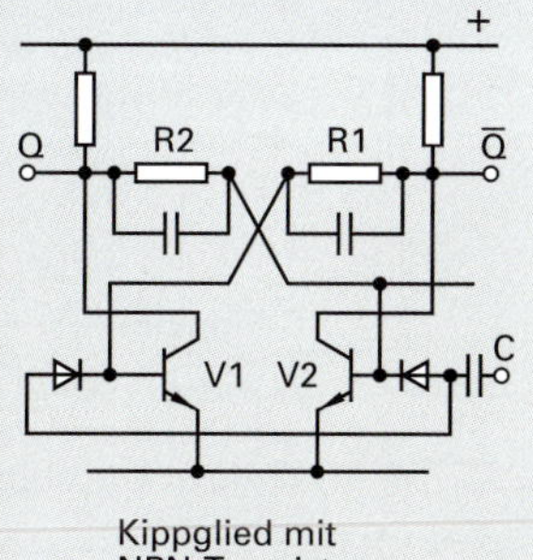

Kippglied mit NPN-Transistoren</td>
</tr>
</table>

Tabelle 1: Schaltzeichen für Kippglieder (Flipflops)

Schaltzeichen für statische Eingänge		Schaltzeichen für dynamische Eingänge	
	*statischer Eingang für die Eingangssignale 1 und 0.*	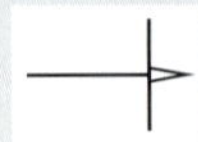	*dynamischer Eingang, bei dem die Änderung des Eingangssignals von 0 → 1 wirksam ist.*
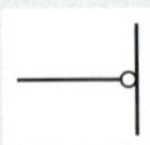	*statischer Eingang mit NEGATION.*	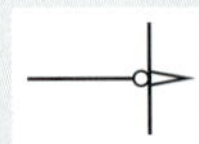	*dynamischer Eingang, bei dem nur eine Änderung des Eingangssignals von 1 → 0 wirksam ist.*

Kennzeichnung der Eingänge

 R	**R-Eingang** (Rücksetzeingang) *Wenn das Signal am R-Eingang den Wert 1 annimmt, erzwingt es am Ausgang Q den Wert 0. Die Rückkehr des Eingangssignals zum Wert 0 bewirkt keine Zustandsänderung.*
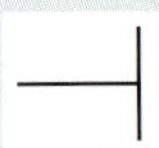 S	**S-Eingang** (Setzeingang) *Wenn das Signal am S-Eingang den Wert 1 annimmt, erzwingt es am Ausgang Q den Wert 1. Die Rückkehr des Eingangssignals zum Wert 0 bewirkt keine Zustandsänderung.*
 J	**J-Eingang** (Setzeingang) *Setzeingang wie der S-Eingang, jedoch mit dem Unterschied, dass das Ausgangssignal den komplementären Zustand annimmt, wenn sowohl J als auch K den Wert 1 annehmen.*
 K	**K-Eingang** (Rücksetzeingang) *Rücksetzeingang wie der R-Eingang, jedoch mit dem Unterschied, dass das Ausgangssignal den komplementären Zustand annimmt, wenn sowohl J als auch K den Wert 1 annehmen.*
 G	**G-Eingang** *Nur dann, wenn das Eingangssignal am G-Eingang den Wert 1 hat, sind die Signale an den mit G indizierten Eingängen wirksam.*
 C	**C-Eingang** *Nur dann, wenn das Eingangssignal am C-Eingang den Wert 1 hat, sind die übrigen Eingänge wirksam.*

Beispiele

RS-Kippglied 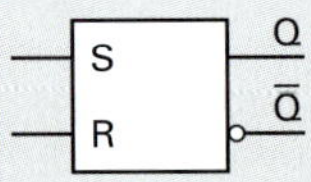	*Wenn die Eingangssignale an S und R verschiedene Werte haben, sind die Ausgangssignale ebenfalls verschieden. Wenn die Eingangssignale danach beide den Wert 0 haben, bleiben die Ausgangssignale im vorigen Zustand. Sind* **beide** *Eingangssignale 1, so sind* **beide** *Ausgangssignale 1, aber bei Rückkehr der Eingangssignale zum Wert 0 sind die Ausgangssignale unbestimmt.*
JK-Kippglied 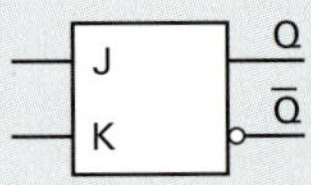	*Ausgangssignale wie beim RS-Kippglied, jedoch sind die Ausgangssignale stets verschieden, auch wenn gleichzeitig am J- und K-Eingang ein 1-Signal anliegt. In diesem Fall ändern die Ausgänge ihren Wert gegenüber dem vorigen Zustand. Die Rückkehr der Eingangssignale zum Wert 0 bewirkt keine Zustandsänderung.*
Taktgesteuertes JK-Flipflop 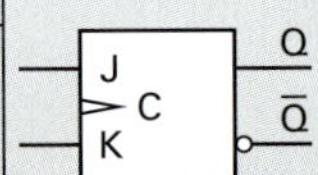	*Das taktgesteuerte JK-Flipflop übernimmt mit dem Eintreffen der Taktflanke an C den Wert des J-Eingangs, wenn dieser den Wert 1 hat. Liegen an beiden Eingängen Signale mit dem Wert 1 an, dann wechselt der Zustand am Ausgang Q mit jedem Taktsignal. Nicht angeschlossene Eingänge werden meist mit 1 bewertet.*
RS-Kippglied 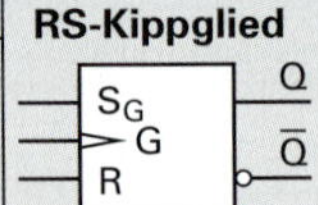	*mit vorbereitetem S-Eingang Ausgangssignale wie beim RS-Kippglied. Signale am SG-Eingang sind nur wirksam, wenn am G-Eingang das Signal von 0 → 1 geht.*
JK-Master*-Slave-Kippglied** 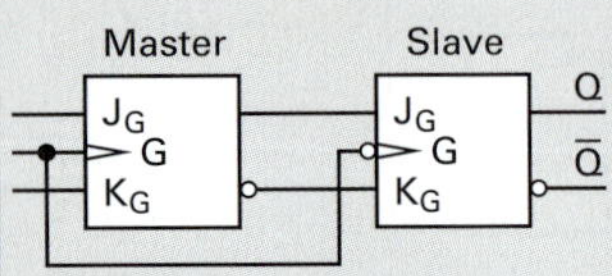 ** Master (engl.) = Meister* *** Slave (engl.) = Sklave*	*Das Master-Kippglied übernimmt bei jedem Signalwechsel von 0 → 1 die Setz- bzw. Rücksetzsignale. Das Slave-Kippglied erhält die Setz- und Rücksetzsignale vom Master-Kippglied beim Signalwechsel an G von 1 → 0.*

Vielfach werden die Kippglieder nicht durch die statischen Binärsignale 0 und 1 angesteuert, sondern durch einen Signalwechsel von 0 → 1 oder von 1 → 0 **(Tabelle 1, vorhergehende Seite)**. Diese Art der Ansteuerung heißt dynamisch. Neben R-, S- und T-Eingängen gibt es weitere Steuereingänge. Sie können sowohl statisch als auch dynamisch sein.

Bei den Kippgliedern gibt es eine Vielzahl von Funktionsvarianten. Beim Master-Slave-Flipflop wird mit der positiven Taktflanke (Signalwechsel 0 → 1) die Signalinformation über die Eingänge J und K in das Master-Flipflop übernommen. Das Slave-Flipflop wird wegen des negierten G-Eingangs zunächst weder gesetzt noch rückgesetzt. Erst mit der folgenden negativen Taktflanke wird die Information des Master-Flipflops in das Slave-Flipflop übertragen. Man bezeichnet dieses Flipflop auch als Auffang-Flipflop.

Zähler

Ablaufsteuerungen werden häufig mit Zählern ausgeführt. Jeder Steuerungszustand wird durch eine Zahl gekennzeichnet. Die Zahlenfolge entspricht dem Ablauf der Steuerungsvorgänge. Elektronische und pneumatische Zähler baut man mit bistabilen Kippgliedern auf.

Man unterscheidet Synchronzähler (synchron, griech. = gleichlaufend, gleichzeitig) und Asynchronzähler (asynchron, griech. = ungleichlaufend, nicht gleichzeitig).

Beim Synchronzähler werden alle Kippstufen gleichzeitig über ein Taktsignal (am G-Eingang oder C-Eingang) geschaltet, während beim Asynchronzähler das jeweils nachfolgende Kippglied vom vorhergehenden geschaltet wird.

Asynchroner Dualzähler

Für den asynchronen Dualzähler benötigt man ebenso viele T-Kippglieder wie der Zähler Binärstellen (Bits) hat. Mit jedem Zählimpuls, beim Wechsel von 1 → 0 am Eingang C, kippt der Ausgang Q_0 in die entgegengesetzte Stellung **(Bild 1)**. Am Ausgang Q_0 entsteht daher ein Impulszug mit genau halbsovielen Impulsen wie am Eingang C. Den Ausgang Q_1 schaltet man nun auf den C-Eingang des nächsten Kippgliedes. Dieses halbiert die Impulszahl wieder. Der Signalzustand an den Ausgängen $Q_0 \dots Q_3$ bildet so die Ausgangssignale eines 4-stelligen Dualzählers. Die Stellenwertigkeit verdoppelt sich von Kippglied zu Kippglied. Über ein 1-Signal an den K-Eingängen kann der Zähler auf Null gestellt werden.

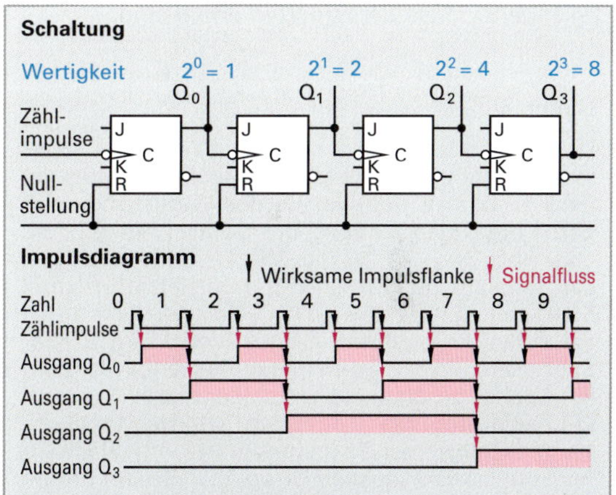

Bild 1: Asynchrone Dualzähler

Asynchrone 8-4-2-1-Zähldekade

Ein BCD-Zähler mit dem 8-4-2-1-Code hat den gleichen Grundaufbau wie ein Dualzähler mit 4 Bits **(Bild 2)**. Es muss nur dafür gesorgt werden, dass nach der Ziffer 9 wieder die Ziffer 0 entsteht und nicht die Bit-Kombination für die Zahl 10. Dies wird durch Rücksetzen aller Kippglieder erreicht, wenn kurzzeitig die Bit-Kombination 1010 ≙ 10 ansteht. Das Rücksetzsignal wird über eine UND-Verknüpfung der Signale Q_0, Q_1, Q_2 und Q_3 gebildet.

Der Nachteil asynchroner Zähler liegt in dem asynchronen Umschalten der Kippglieder. Nachfolgende Kippglieder werden von den vorhergehenden geschaltet. Dabei entsteht eine Durchlaufzeit, während der der Zählerstand nicht richtig ist. Je mehr Kippglieder zu einem asynchronen Zähler gehören, desto länger ist die Durchlaufzeit.

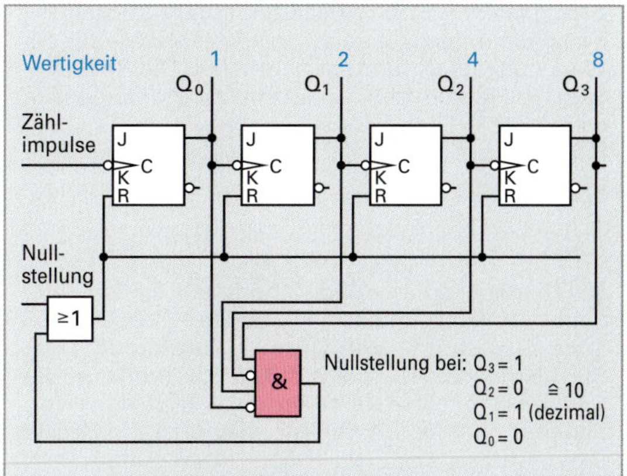

Bild 2: Asynchrone 8-4-2-1-Zähldekade

Übungen zu Ablaufsteuerungen

Der Entwurf einer Steuerung setzt die genaue Kenntnis der einzelnen Steuerfunktionen in ihrem zeitlichen Ablauf voraus, sowie die Kenntnis der Bedingungen für die Auslösung dieser Steuerfunktionen. Zur Beschreibung des Steuerungsablaufs und der Auslösebedingungen wählt man meist eine grafische Darstellung, z. B. den Funktionsplan oder das Zustandsdiagramm.

Im Funktionsplan zeichnet man für jeden Schritt im zeitlichen Ablauf je einen quadratischen Block mit fortlaufender Nummerierung und Benennung der Schritte. Zu jedem Schrittblock werden über eine Bezugslinie die Bedingungen angeschrieben, welche zum Übergang von einem Schritt zum nächsten führen. Diese Bedingungen nennt man **Weiterschaltbedingungen oder Transitionen.**

> Ablaufsteuerungen werden schrittweise abgearbeitet; der nächste Schritt wird ausgeführt, wenn die Weiterschaltbedingungen erfüllt sind.

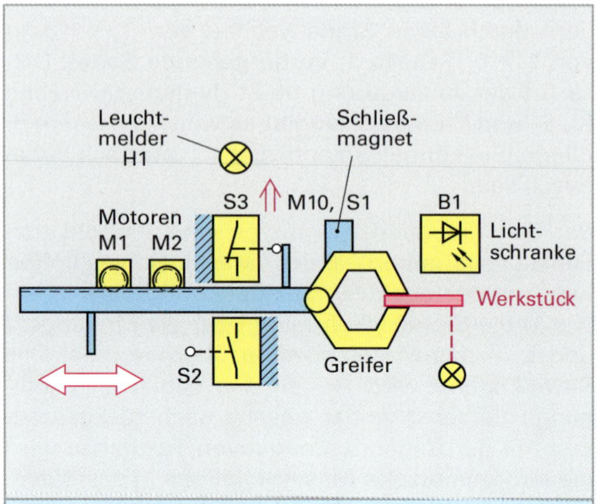

Bild 1: Zuführeinrichtung

Übung 1:

Die Zuführeinrichtung soll ein Werkstück einer Presse zuführen, sobald dieses bereitgestellt ist **(Bild 1)**. Das Vorhandensein des Werkstücks wird durch die Unterbrechung der Lichtschranke B1 signalisiert (B1 = 0). Ist das Werkstück vorhanden, soll zunächst der Greifer mit dem Schließmagnet M10 schließen (M10 = 1). Das Schließen wird durch einen berührungslosen Grenztaster S1 im Greifer überwacht (S1 = 1, Greifer geschlossen). Nachdem der Greifer geschlossen ist, soll er durch Einschalten des Motors M1 ausgefahren werden (M1 = 1), bis der Grenztaster S2 anspricht (S2 = 1). Nach Erreichen des Grenztasters S2 soll der Greifer öffnen (M1 = 0) und das Werkstück freigeben. Danach wird durch Einschalten des Eilgangmotors M2 (M2 = 1) zurückgefahren bis zur Betätigung des Grenztasters S3 (S3 = 1). Dies ist die Ruhestellung und gleichzeitig Ausgangsstellung, bis wieder ein Werkstück zur Zuführung bereitliegt. Die Ruhestellung soll durch den Leuchtmelder P1 angezeigt werden (P1 = 1).

Zeichnen Sie den Funktionsplan für die einzelnen Schritte.

Lösung:

Der Funktionsplan **(Bild 2)** enthält für die vier Schritte: „Ruhestellung", „Greifer schließen", „Arm ausfahren" und „Arm zurückfahren" vier Blöcke mit den Nummern 0, 1, 2, 3. Für den Schritt 1 ist die Weiterschaltbedingung: „Werkstück vorhanden", $B_1 = 0$. Die Befehle, die in jedem Schritt auszuführen sind, zeichnet man eingerahmt rechts neben jeden Schrittblock. Für Schritt 1 also „Schließmagnet Ein", M10 = 1.

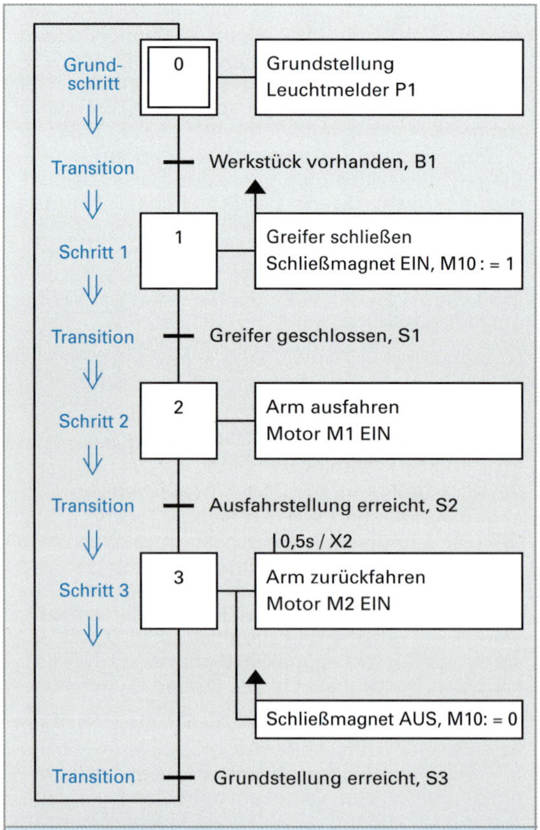

Bild 2: Funktionsplan zur Steuerung der Zuführeinrichtung

Der Schließmagnet soll aber noch im folgenden Schritt geschaltet sein, der Befehl also gespeichert bleiben, bis er widerrufen wird. Dies kennzeichnet man durch ein „S" vor dem Befehl. Ist der Greifmagnet geschlossen, dann spricht der Grenztaster S1 an. Dies ist die Weiterschaltbedingung zu dem Schritt 2. Hier soll der Greifarm ausfahren, der Motor M1 also eingeschaltet werden. Dieser Befehl gilt nur während des Schrittes 2. Er ist also nichtspeichernd (N).

Mit dem Signal S2 = 1 ist die Ausfahrstellung erreicht, der Greifer soll öffnen und geöffnet bleiben. Gleichzeitig wird der Befehl für das Zurückfahren des Greifarms mit dem Eilgangsmotor M2 ausgegeben. Die Ruhestellung und gleichzeitig die Ausgangsstellung erreicht man mit dem Öffnen des Grenztasters S3 (S3 = 0).

Vom Funktionsplan zur Steuerschaltung

In der Steuerung muss nun jeder Schritt der Ablaufkette in einem Zustandsspeicher binär gespeichert werden. Als Speicher verwendet man meist Kippglieder, z. B. RS-Flipflops, oder Relais mit Selbsthaltekontakt bzw. Halbleiterschalter mit Selbsthaltung. Verwendet man Flipflops mit invertiertem Rücksetzeingang, dann werden durch die Signalunterbrechung, aber auch bei Drahtbruch, die Flipflops rückgesetzt.

Jeder Schritt einer Ablaufkette wird im Zustandsspeicher gespeichert.

Übung 2:

Entwerfen Sie eine Steuerschaltung für die Zuführeinrichtung von Beispiel 1 unter Verwendung einer Zustandscodierung mit dem Zählcode.

Lösung:

In der Grundstellung (Schritt 0) sind alle Flipflops rückgesetzt **(Bild 1)**. Der Schritt 1 wird durch B1 = 0 der Lichtschranke B1 eingeleitet. Wir können also das Flipflop D1 mit dem Signal $\overline{B1}$ setzen. Der Schritt 2 wird mit dem Signal $s_1 = 1$ eingeleitet. Wir setzen damit das Flipflop D2. Mit dem Signal S2 = 1 wird das Flipflop D3 gesetzt (Schritt 3). Die Ruhestellung wird mit dem Öffnen des Grenztasters S3 erreicht. Mit S3 = 0 werden alle Flipflops rückgesetzt. Die Befehlssignale erhält man durch Verknüpfen der Flipflopausgänge.

Leuchtmelder P1: $P1 = \overline{q_1} \wedge \overline{q_2} \wedge \overline{q_3} = \overline{q_1 \vee q_2 \vee q_3}$ (Schritt 0)

Schließmagnet M10: $M10 = q_1 \wedge \overline{q_3}$ (Schritt 1 und Schritt 2)

Motor M1: $m_1 = q_2 \wedge \overline{q_3}$ (Schritt 2)

Motor M2: $m_2 = q_3$ (Schritt 3)

Die vier Schritte 0 bis 3 der Zuführeinrichtung aus dem Beispiel 1 werden codiert gespeichert. Die Zahl der Binärspeicher richtet sich nach dem verwendeten Code **(Tabelle 1)**. Beim Dualcode benötigt man die kleinste Zahl von Binärspeichern. Der Aufwand für die Steuerschaltung zum Setzen und Rücksetzen der Schrittspeicher ist hier jedoch größer als bei einer Codierung mit dem Zählcode oder dem 1-aus-*n*-Code.

Die Zustandsspeicherung im 1-aus-*n*-Code ist am übersichtlichsten. Sie führt zur Taktstufensteuerung.

Tabelle 1: Zustandscodierung

Code	Flipflop-Ausgang	Schritt 0	Schritt 1	Schritt 2	Schritt 3
Dualcode	Q1	0	1	0	1
	Q2	0	0	1	1
Zählcode	Q1	0	1	1	1
	Q2	0	0	1	1
	Q3	0	0	0	1
1-aus-4-Code	Q1	1	0	0	0
	Q2	0	1	0	0
	Q3	0	0	1	0
	Q4	0	0	0	1

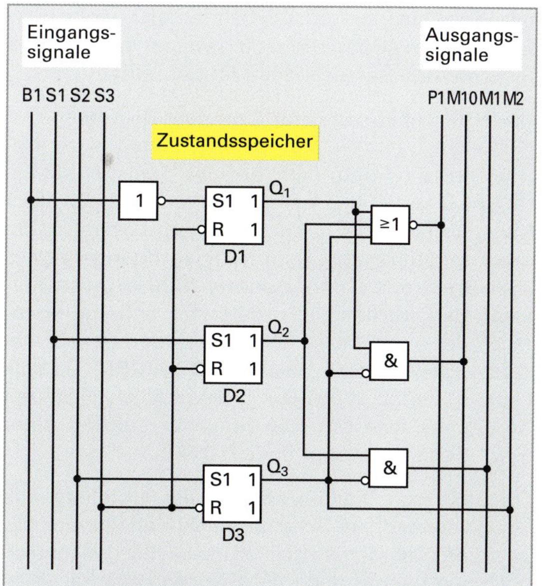

Bild 1: Steuerschaltung für die Zuführeinrichtung (Zählcode)

2.5.8 Digitale Speicher

Bei digitalen Speichern unterscheidet man zwischen Lesespeichern bzw. Festwertspeichern (ROM Abk. für engl. Read Only Memory = Nur-Lese-Speicher) und Schreib/Lesespeichern. Bei den Lesespeichern können die einmal gespeicherten Daten nur gelesen werden, bei den Schreib/Lesespeichern dagegen können die geschriebenen Daten im Speicher gelöscht und durch andere Daten ersetzt werden. Mechanische und optische Speicher sind meist nur Lesespeicher, elektrische und magnetische Speicher jedoch Schreib/Lesespeicher.

Die **Speicherkapazität** eines Datenspeichers ist gleich der Zahl der speicherbaren Binärzeichen, also gleich der Zahl der speicherbaren Bits. Die Einheit der Speicherkapazität ist das Bit mit dem Kurzzeichen **bit**. Ein Speicher für z. B. 2^{10} = 1024 Binärstellen (Bits) hat die Speicherkapazität 1024 bit = 1 Kbit. Da man zur Datenspeicherung von alphanumerischen Zeichen (Buchstaben, Ziffern und Sonderzeichen) meist 8 Bits verwendet, fasst man diese 8 Bits zu einem so genannten **Byte** zusammen. Größere Speichereinheiten sind KB (Kilo-Byte), MB (Mega-Byte) und GB (Giga-Byte).

Mechanische Speicher

Bei den mechanischen Speichern, z. B. bei einem Papier mit bestimmtem Lochmuster, dient die Form eines festen Körpers der Datenspeicherung. Lochkarten und Lochstreifen waren lange Zeit die digitalen Speichermedien zur Archivierung und Dateneingabe bei EDV-Anlagen. Mit Ausnahme der Kleinlochkarten sind diese Speichermedien wegen der geringen Speicherkapazität nicht mehr im Gebrauch.

CD-ROM (Abkürzung für **C**ompact-**D**isc-**R**ead-**O**nly-**M**emory, engl. = Kompakt-Scheiben-Nur-Lese-Speicher) sind opto-mechanische Speicher höchster Speicherdichte. Das CD-ROM besteht aus einer Kunststoffscheibe, in die mit einem Laserstrahl in einer spiralförmigen Spur Markierungen von etwa 1 μm Breite eingebrannt werden **(Bild 1)**. Diese Markierungen werden bei rotierender Scheibe ebenfalls über einen Laser abgetastet. Man bezeichnet diese Technologie auch als **WORM**-Technik (Abk. für engl. **W**rite **O**nce, **R**ead **M**any = schreibe einmal, lese oft). Die Speicherkapazität einer 5 1/4"-Scheibe beträgt über 700 MB.

Die **DVD** (von Digital Versatile Disc = digitale vielseitig verwendbare Scheibe) ist sehr ähnlich zur CD, allerdings ist die Aufzeichnungsdichte wesentlich höher und somit auch die Speicherkapazität. Man erreicht pro Schreibe in der Variante „zweischichtig" und „zweiseitig" eine Speicherkapazität von 18 GB.

Optische Speicher

Farbmuster, z. B. das Schwarz-Weiß-Muster eines Codelineals, dienen als optische Lesespeicher (Tabelle 1, Seite 146). Neben der Verschlüsselung von Zahlen für die Wegmessung gibt es optisch gespeicherte Daten, die automatisch abgetastet werden können, in sehr vielfältigen Ausführungen.

Zur automatischen Briefsortierung wird z. B. die Postleitzahl als Strichmuster auf die Briefe aufgedruckt. Die Striche sind schwarz oder fluoreszierend **(Bild 2)**. Im letzteren Fall werden sie erst bei Bestrahlung mit ultraviolettem Licht deutlich sichtbar und können dann vom Codeleser gelesen werden. Als Code verwendet man einen gegen Lesefehler gesicherten Code, z. B. den 2-aus-5-Code. Hier müssen je Ziffer genau zwei 1-Bits vorkommen.

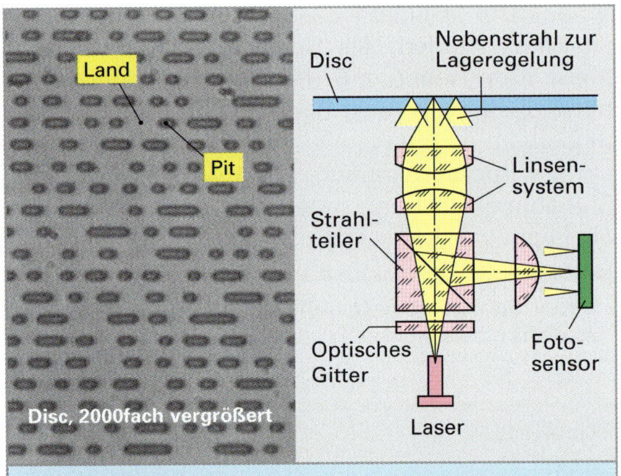

Bild 1: CD-ROM

Bild 2: Brief mit codierter Postleitzahl

Die meisten Verbrauchsartikel werden in Europa durch eine Artikelnummer, die als **Strichcode** (EAN-Code, EAN Abkürzung für Europäische Artikel Nummerierung) auf der Verpackung aufgedruckt ist, gekennzeichnet **(Bild 1)**.

Der **EAN-Code** besteht aus dunklen Strichen einfacher Breite (1), zweifacher Breite (11), dreifacher Breite (111) und vierfacher Breite (1111), außerdem aus einfach breiten Lücken (0), zweifach breiten Lücken (00) und dreifach breiten Lücken (000).

Der Code beginnt und endet mit zwei einfach breiten Randstrichen, getrennt durch eine einfach breite Lücke (101) und hat in der Mitte ein Trennzeichen mit zwei einfach breiten Strichen und drei einfach breiten Lücken (01010).

Mit dem Strichcode des Artikels von Bild 1 werden insgesamt 12 Ziffern mit je 7 Binärzeichen verschlüsselt. Die Entschlüsselung der Binärzeichen erfolgt nach **Tabelle 1**, und zwar wird für die ersten 6 Ziffern teilweise der Zeichensatz A und B verwendet und für die letzten 6 Ziffern der Zeichensatz C.

Magnetomotorische Speicher

Magnetomotorische Speicher sind meist Schreib/Lese-Speicher für große Datenmengen.

Bei den magnetomotorischen Speichern wird ähnlich wie bei einem Videorecorder eine magnetisierbare Schicht unter einem Schreib-/Lesekopf vorbeibewegt. Je nach Art des Magnetschichtträgers unterscheidet man zwischen **Magnetbandspeichern, Magnetplattenspeichern** und **Magnetdiskettenspeichern (Bild 2)**. Die Datenspeicherung erfolgt durch Magnetisieren der Magnetschicht mit dem Schreib-/Lesekopf. Die Magnetschicht kann man sich aus kleinen Elementarmagneten bestehend vorstellen. Die Daten sind stets zu Blöcken zusammengefasst. Soll z. B. bei einem Magnetbandspeicher nur der am Spulenende geschriebene Datenblock gelesen werden, muss das ganze Band durchgespult werden. Die dafür notwendige Zeit nennt man **Zugriffszeit**. Im Durchschnitt ist die Zugriffszeit bei Bandspeichern gleich der halben Durchspulzeit. Bei Plattenspeichern ist die Zugriffszeit abhängig von der Zahl der Schreib-/Leseköpfe und der Plattendrehzahl. Sie ist erheblich kürzer als bei Bandspeichern. Magnetbandspeicher verwendet man vorallem als Backup-Speicher (engl. to backup = ergänzen, sichern) zur Datensicherung und als Großraumspeicher.

Tabelle 1: EAN-Code

Zeichen	Zeichensatz A	Zeichensatz B	Zeichensatz C
0	0001101	0100111	1110010
1	0011001	0110011	1100110
2	0010011	0011011	1101100
3	0111101	0100001	1000010
4	0100011	0011101	1011100
5	0110001	0111001	1001110
6	0101111	0000101	1010000
7	0111011	0010001	1000100
8	0110111	0001001	1001000
9	0001011	0010111	1110100

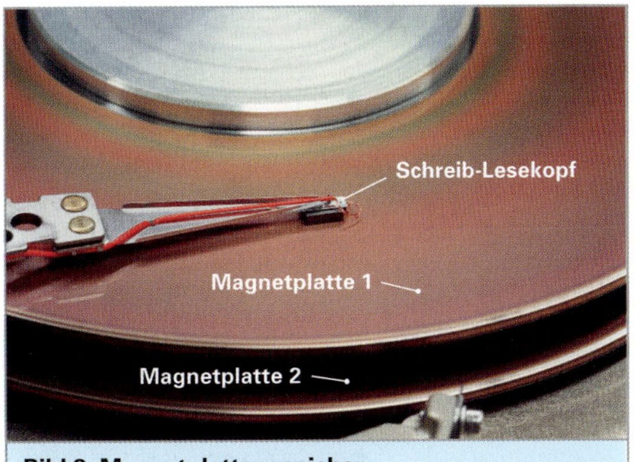

Bild 2: Magnetplattenspeicher

Bild 1: Entschlüsselung des EAN-Codes für den Artikel nach Bild 2

Elektronische Speicher

Bei sehr einfachen Programmsteuerungen von Werkzeugmaschinen kann man Diodenmatrixspeicher und zwar als Lesespeicher, zusammen mit einem elektromechanischen oder elektronischen Schrittschaltwerk verwenden **(Bild 1)**.

Funktionsweise

Mit jedem Programmschritt wird fortschreitend durch das Schrittschaltwerk eine positive Spannung an eine senkrechte Spaltenleitung angeschlossen. Überall dort, wo die senkrechten Spaltenleitungen mit den waagerechten Zeilenleitungen durch Dioden verbunden sind, entsteht ein Signaldurchgang. Auf diese Weise können beliebige Signalkombinationen erzeugt werden, z. B. im Programmschritt 1: „Vorschub vor" mit „Eilgang", im Programmschritt 2: „Vorschub vor", Hauptspindel „EIN", „Kühlwasser EIN" usw.

Das Weiterschalten von einem Programmschritt zum nächsten erfolgt zeitabhängig (Zeitplansteuerung) oder wegabhängig, durch Nockenschaltwerke ausgelöst (Wegplansteuerung), oder durch Handbetätigung. Durch die Dioden (anstelle einer direkten Leitungsverbindung) wird eine Trennung (Entkopplung) zwischen den einzelnen Spaltenleitungen erreicht, sodass nur diejenigen Diodenverbindungen stromdurchlässig sind, deren Spaltenleitung gerade an das Schrittschaltwerk angeschlossen sind. Für unveränderliche Steuerprogramme werden die Dioden fest eingelötet.

Die **Halbleiterspeicher** werden als integrierte Schaltkreise (IC) für mehr als 1 Million Bits auf einem einzigen Siliciumplättchen von wenigen Quadratmillimetern Größe hergestellt **(Bild 2)**. Sie dienen als Programmspeicher für Maschinensteuerungen und als Programm- und Datenspeicher für Rechenanlagen. Man unterscheidet zwischen Festwertspeichern (Lesespeicher) und Schreib/Lese-Speichern.

Die **Festwertspeicher** sind als Diodenmatrixspeicher aufgebaut. Bei den maskenprogrammierten Festwertspeichern (**ROM**, Abk. für **R**ead **O**nly **M**emory = Nur-Lese-Speicher) ist das zu speichernde Programm bereits bei der Herstellung des Speichers festgelegt. Über das Matrixfeld wird eine Maske gelegt, und nur in den Kreuzungspunkten der freiliegenden Flächen entstehen leitende PN-Übergänge (Dioden) **(Bild 3)**. Der so hergestellte Festwertspeicher kann nicht mehr umprogrammiert werden.

ROM sind Nur-Lese-Speicher.

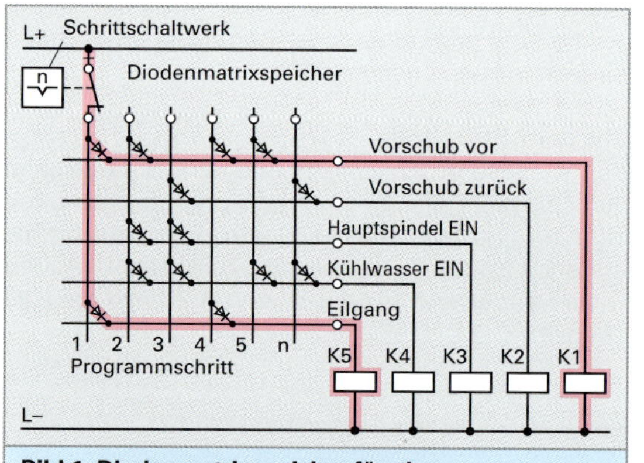

Bild 1: Diodenmatrixspeicher für eine Werkzeugmaschinensteuerung

Bild 2: Chip

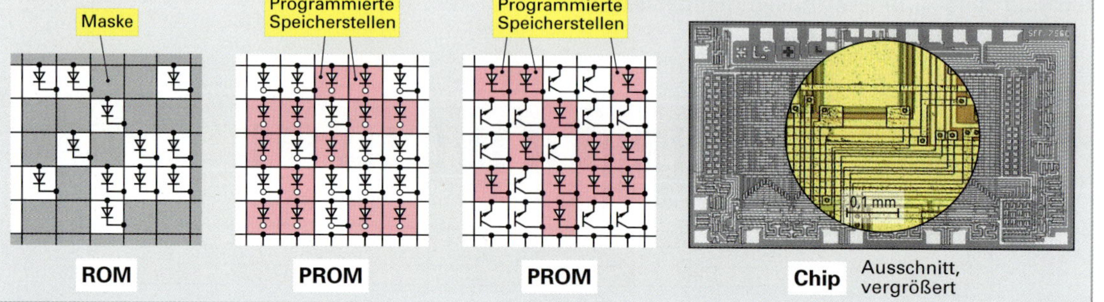

Bild 3: Festwertspeicher

Bei der Transistorbauart wird durch einen überhöhten Spannungsimpuls ein NP-Übergang kurzgeschlossen, sodass aus der nicht leitenden Transistor-Strecke eine leitende Dioden-Strecke wird. Die Programmierung dieser Speicher kann nicht mehr rückgängig gemacht werden.

Es gibt auch Festwertspeicher (**EPROM, E**rasable **P**rogrammable **R**ead **O**nly **M**emory, engl. = löschbarer programmierbarer Nur-Lese-Speicher), deren Speicherinhalt beliebig oft gelöscht werden kann **(Bild 1)**. Das Löschen dieser Speicherinhalte erfolgt mit UV-Licht. Dabei werden alle NPN-Übergänge in den Kreuzungspunkten wieder nicht leitend.

EPROM sind löschbare und wiederbeschreibbare ROM.

EEPROMS (**E**lectrically **E**rasable **PROM,** engl. = elektrisch löschbares PROM) können elektrisch gelöscht werden. Die Einschreibzeit beträgt etwa 1 ms, die Löschzeit etwa 10 ms.

Der **Schreib-Lese-Speicher (Bild 2)** enthält auf einem winzigen Halbleiterplättchen (Chip) bis über 1 Million elektronische Speicherschaltungen. Man unterscheidet dabei **statische RAM**[1] (SRAM) oder **dynamische RAM** (DRAM) **(Bild 4)**. Bei den statischen RAM bleibt die gespeicherte Information erhalten, bis sie gelöscht wird oder die Stromversorgung ausbleibt. Bei den dynamischen RAM werden beim Schreibzyklus Mikrokondensatoren im Halbleiterplättchen geladen und beim Lesezyklus nach ihrer Spannung abgetastet. Da diese Mikrokondensatoren laufend ihre Ladung verlieren, müssen die gespeicherten Informationen nach wenigen Millisekunden wieder neu eingeschrieben werden. Dieser Vorgang heißt Refreshzyklus (Auffrischzyklus).

RAM-Speicher verwendet man zur Speicherung von sich häufig ändernden Informationen. Die Arbeitsspeicher von Computern sind RAM-Speicher. Der Speicherinhalt geht bei Spannungsausfall verloren. Vielfach werden RAM-Speicher über Batterien gespeist, um damit eine kurzzeitige Abschaltung der Stromversorgung zu überbrücken (**Bild 3**).

Wiederholung und Vertiefung

1. Wodurch unterscheiden sich ROM-Speicher grundsätzlich von RAM-Speichern?
2. Welche Möglichkeiten gibt es, ROM-Speicher zu löschen, und wie nennt man diese Speicher?
3. Was bewirkt ein Stromausfall bei RAM-Speichern?
4. Welche Funktion haben die Dioden in den Diodenmatrixspeichern?

Bild 1: EPROM

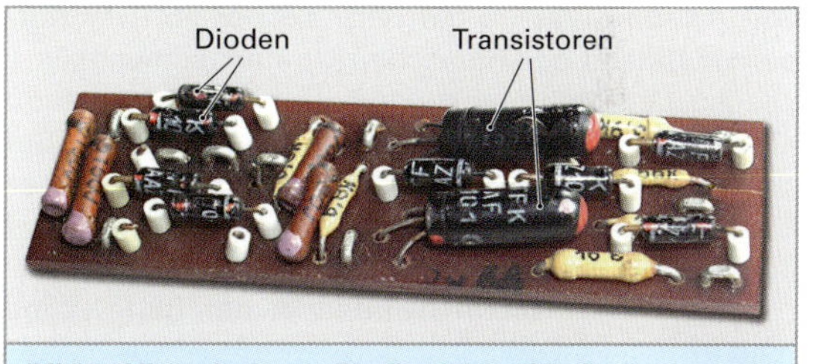

Bild 2: Historischer 1-Bit-Speicher (Flipflop) um 1960

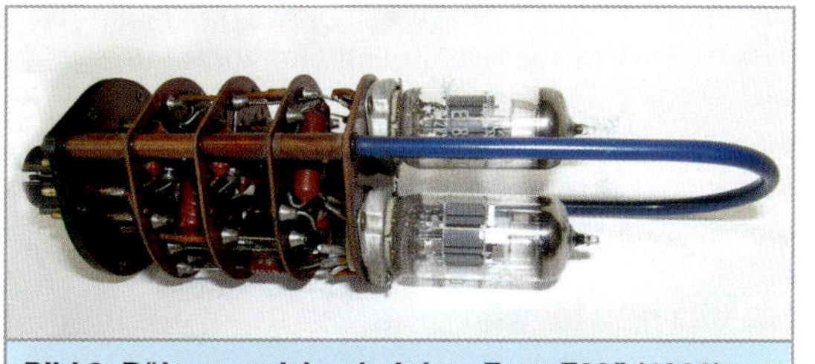

Bild 3: Röhrenspeicher bei der „Zuse Z22" (1996)

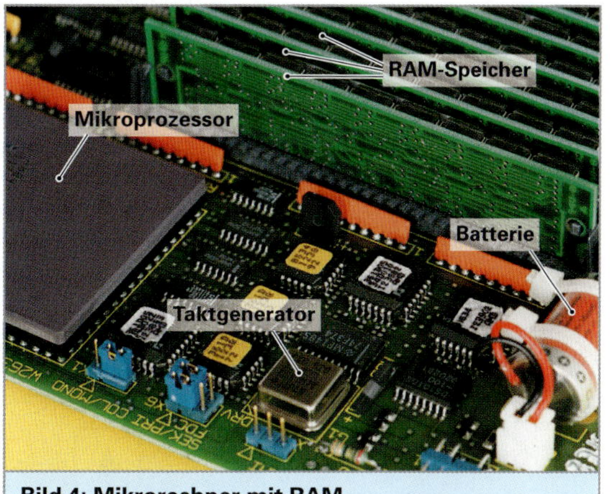

Bild 4: Mikrorechner mit RAM

[1] RAM, von engl. Random Access Memory = Speicher mit wahlfreiem Zugriff. Bei den ersten Computern verwendete man als RAM noch Elektronenröhren, z. B. bei der „Zuse Z22" **(Bild 3)**.

2.6 Gefahren und Schutzmaßnahmen bei elektrischen Anlagen

Grundsätzlich sind alle stromführenden Teile so abzuschirmen, dass ein direktes Berühren ausgeschlossen ist. Eine Ausnahme ist, wenn eine Schutzkleinspannung bis *maximal 25 V AC* oder *60 V DC* vorliegt. In *explosionsgefährdeten* Räumen sind alle stromführenden Teile vor direktem Berühren zu schützen. Bereits kleine Ströme von etwa 10 Milliampere (10 mA) können bei ungünstigem Stromfluss, z. B. Stromfluss durch den Herzmuskel tödlich sein. Der Stromfluss bei Berührung spannungsführender Teile hängt vom Widerstand des Körpers und von der Berührstelle mit dem Körper ab. Der Körperwiderstand des Menschen ist stark schwankend, ebenso der Übergangswiderstand. Er hängt davon ab, ob man z. B. feuchte Hände hat und schwitzt. Besonders gefährlich ist die Handhabung elektrischer Geräte in Nassräumen **(Bild 1)**. Lebensgefährlich mit häufig tödlichem Ausgang ist die *verbotene* Benutzung von elektrischen Geräten in der Badewanne **(Bild 2)**.

Die Benutzung von elektrischen Geräten in der Badewanne ist lebensgefährlich und verboten.

Für elektrische Geräte gibt es eine **internationale Schutzartkennzeichnung** (IP von International Protection = internationale Schutzart, **(Bild 3)**. Eine häufige Schutzart ist *IP 65* (staubdicht verschlossen (6) und gegen Strahlwasser geschützt (5)).

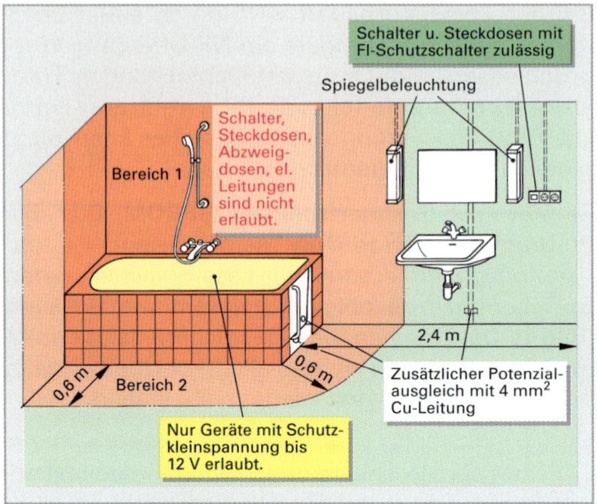

Bild 1: Schutzmaßnahmen in Nassräumen

Bild 2: Lebensgefährliche Situation

Schutz des Betriebsmittels gegen Eindringen von festen Fremdkörpern (1. Ziffer)

0:	kein Schutz
1:	≥ 50 mm Durchmesser
2:	≥ 12,5 mm Durchmesser
3:	≥ 2,5 mm Durchmesser
4:	≥ 1 mm Durchmesser
5:	Staubschutz
6:	staubdicht
X:	außer Betrachtung

IP X X

1. Ziffer 2. Ziffer

Schutz des Betriebsmittels gegen Wasser mit schädlicher Wirkung (2. Ziffer)

0:	kein Schutz
1:	senkrechte Tropfen
2:	Tropfen bis 15° Neigung
3:	Sprühwasser
4:	Spritzwasser
5:	Strahlwasser
6:	starkes Strahlwasser
7:	zeitweiliges Untertauchen
8:	dauerndes Untertauchen
X:	außer Betrachtung

Beispiel: staubdicht und spritzwassergeschützt ⇒ IP 64

Bildzeichen für die Schutzarten:

Staubgeschützt | Staubdicht | Tropfwassergeschützt | Regengeschützt | Spritzwassergeschützt | Strahlwassergeschützt | Wasserdicht | Druckwasserdicht

Bild 3: Schutzarten, IP-Code

Elektrostatische Aufladungen und Entladungen

Beim Begehen isolierender Bodenbeläge und wenn man Kleidung aus synthetischen Fasern (Nylon, Perlon, Elastan, Polyacryl u. Ä.) trägt kommt es zu *Ladungstrennungen* und damit zu *elektrostatischen Aufladungen* **(Bild 1)**. Auch bei Maschinen mit Stofftrennungen, z.B. wenn Transportbänder über Rollen gleiten, können sich isoliert aufgestellte Teile oder Teile aus Isoliermaterial elektrostatisch aufladen. Die Spannungen betragen häufig mehrere 10 000 V. Dabei gibt es dann *Entladungen,* oft mit sichtbarem und hörbarem Funkenüberschlag.

Unmittelbar gefährlich sind diese Entladungen für den Menschen meist nicht, da die Entladeenergien relativ klein sind. Gefährlich ist dies allerdings mittelbar und zwar, wenn die *Entladung in explosiver Atmosphäre* stattfindet, z. B. in einem stauberfüllten Raum (Staubexplosion) oder in einem Raum mit Benzindämpfen.

> Elektrostatische Entladungen können in explosionsgefährdenden Räumen zu Explosionen führen.

Bei *Arbeiten an elektronischen Baugruppen,* z. B. bei Reparaturarbeiten, beim Tausch von Speichermodulen ist Vorsicht am Platz. Hier kann durch die elektrostatische Aufladung der beschäftigten Person an den elektronischen Bauteilen Schaden entstehen. Elektronikarbeitsplätze sind daher mit besonderen Schutzmaßnahmen auszustatten **(Bild 2)**.

Besonders gefährdet sind elektronische Bauteile mit unipolaren Halbleitern (FET-Halbleiter). Hier reichen zur Zerstörung bereits Spannungen von 100 V.

> Vor Arbeitsbeginn an elektronischen Baugruppen sollte man sich durch Anfassen eines Erders oder Schutzleiters entladen, insbesondere wenn Kleidung oder Wäsche aus Kunstfasern getragen wird.

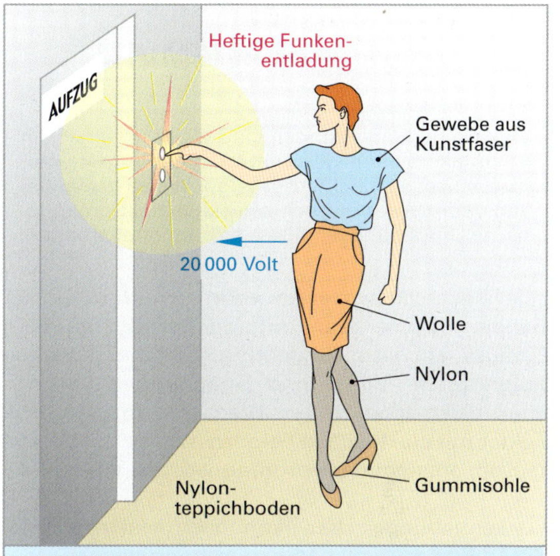

Bild 1: Elektrostatische Aufladung und Entladungsfunken

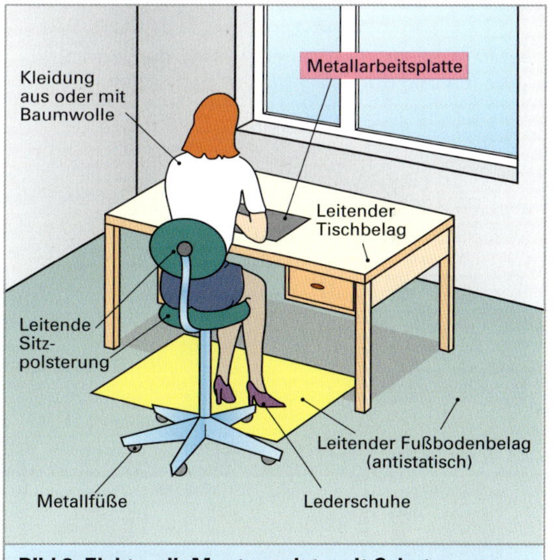

Bild 2: Elektronik-Montageplatz mit Schutz gegen elektrostatische Aufladung

Wiederholung und Vertiefung

1. Ab welcher Wechselspannung und ab welcher Gleichspannung ist direktes Berühren gefährlich?
2. In welchen Fällen können auch kleinere Spannungen Gefahren hervorrufen?
3. Was besagt die Schutzart IP 65?
4. Wodurch entsteht eine elektrostatische Aufladung?
5. Wie kann man eine elektrostatische Aufladung vermeiden?
6. Welche Gefahren gibt es durch elektrostatische Aufladungen?
7. Was ist bei Arbeiten an elektronischen Baugruppen zu beachten?
8. Welche Elektronikbauteile sind durch elektrostatische Entladungen besonders gefährdet?
9. Was ist bei Elektronik-Montageplätzen zu beachten?

2.7 Elektromagnetische Verträglichkeit (EMV)

Elektrische Einrichtungen sind elektromagnetisch verträglich, wenn diese ihre Umgebung elektromagnetisch in nicht unzulässiger Weise beeinflussen und wenn sie durch zulässige elektromagnetische Umgebungseinflüsse störungsfrei arbeiten.

Alle elektrischen Geräte nehmen aufgrund fließender Ströme und vorhandener Spannungen Einfluss auf ihre Umgebung. Ströme bewirken magnetische Felder und Spannungen verursachen elektrische Felder. Wechseln magnetische Felder mit elektrischen Feldern durch Energieaustausch, entstehen elektromagnetische Wellen.

Funkentladungen bewirken auch elektromagnetische Wellen und können darüber hinaus mechanische, thermische und chemische Reaktionen herbeiführen. Schließlich können elektrische Ströme über Leitungsnetze Störungen verursachen.

EMV erreicht man durch Vermeiden von Störquellen und durch Schutz vor Störungen.

Vermeidung von Störungen

Besonders starke Störquellen sind:

- alle elektrischen Geräte mit Funkenbildung, z. B. Schalter, Schütze, Motoren mit Kollektoren,
- natürliche und künstliche Blitze sowie elektrostatische Entladungen,
- Sendeanlagen, Radaranlagen
- Mikrowellenerzeuger,
- Hochspannungsleitungen,
- elektronisch getaktete Steller **(Bild 1)**.

Durch Funkenentstörmaßnahmen vermeidet man die Funkenbildung. Dies geschieht z. B. mit Dioden, RC-Gliedern und VDR-Widerständen (siehe Seite 28). Elektrostatische Aufladungen und damit auch Entladungen vermeidet man durch Verwendung leitender Materialien und deren bewusste Erdung. Die Ausbreitung von magnetischen Feldern vermindert man durch Abschirmung mit magnetisch gut leitenden Metallen, z. B. Eisen, Stahl, MUMETALL. Kabel verlegt man in Stahlrohre oder ummantelt sie mit Stahldrahtgeflecht. Schaltanlagen bringt man in Stahlschränken unter. Leitungen werden verdrillt. Damit erhält man gegensinnig wirkende Felder die sich (fast) auslöschen.

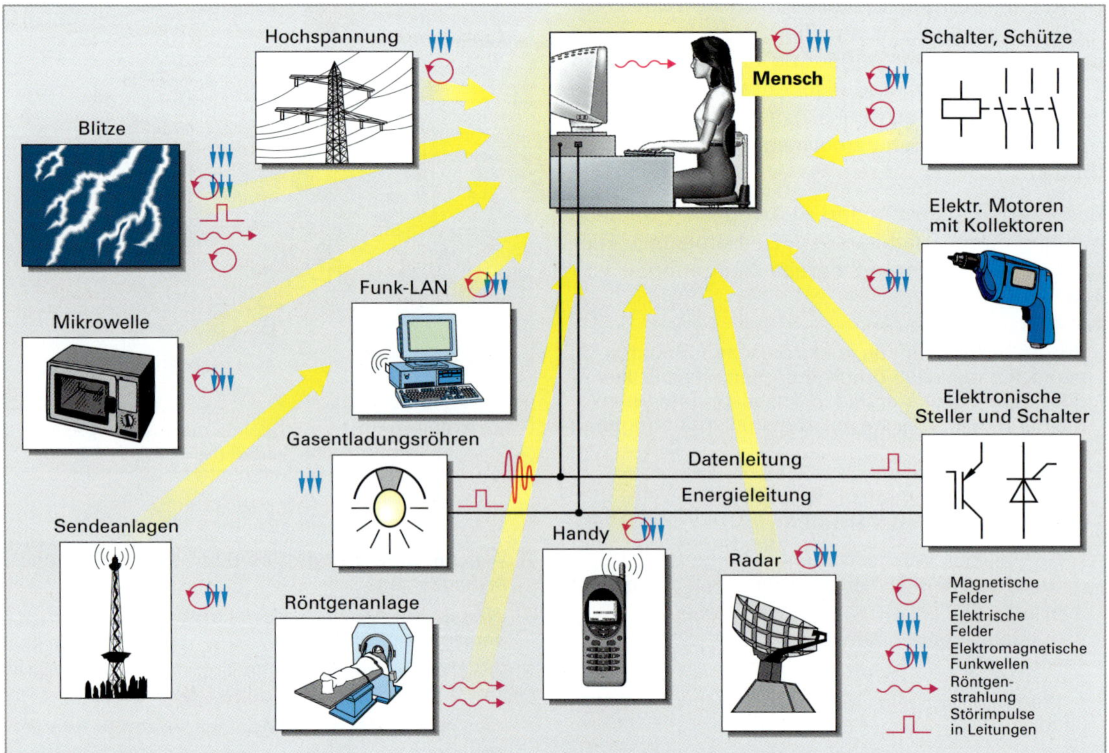

Bild 1: Störquellen und Störsenke

Störungen durch Umrichter/Steller

Das schnelle Schalten moderner Leistungshalbleiter führt zu sehr hohen Spannungsteilheiten und damit zu Störsignalen über *parasitäre*, d. h. ungewollte Kapazitäten. Diese kapazitiven Stromableitungen erfolgen z. B. von den Schalttransistoren zu den Masseflächen oder von den Motorwicklungen zu den Motorgehäusen **(Bild 1)**. Es können elektromagnetische Felder bis 1 GHz entstehen. Zur Sicherstellung der EMV verlegt man alle Stromleitungen mit Schirm entlang von Masseflächen oder Masseleitungen um Abstrahlungen von elektromagnetischen Wellen klein zu halten. Man legt die Schirme beidseitig an Masse und zwar mit einer großflächigen Kontaktierung und führt den Schirm bis unmittelbar zum Umrichteranschluss.

Schutz vor Störungen

Elektrostatische Felder schirmt man mit Metallgehäusen ab (Faradayscher Käfig). Elektromagnetische Wellen kann man ebenfalls mit Metallgehäusen abschirmen und auch mit Bleiglas, z. B. bei Mikrowellengeräten und bei Röntgengeräten.
Magnetische Wechselfelder führen über induktive Kopplungen zu Störspannungen. Diese induktiven Kopplungen vermeidet bzw. vermindert man indem man die Leitungen verdrillt. Damit wirken die induzierten Spannungen gegensinnig und heben sich weitgehend auf. Ferner erhält man einen guten Schutz durch Abschirmung mit gut leitendem Schirmgeflecht oder einer gut leitenden Metallisierung. Die magnetischen Wechselfelder erzeugen im Schirm Wirbelströme die den einwirkenden Feldern entgegengesetzt sind. Gegen magnetische Gleichfelder schützt man Geräte mit MUMETALL oder Stahlgehäusen.
Kapazitive Einstreuungen vermeidet man indem man Leitungen nicht parallel zu störenden Leitungen verlegt oder durch metallische Schirmung, auch Faradayschem Käfig, mit geerdetem Schirm.
Vor elektromagnetischen Wellen schützt man Geräte durch gut leitende Schirme bzw. Gehäuseoberflächen. Einstreuungen über das Energienetz vermeidet man durch Netzfilter. Schutz vor Überspannungen, z. B. von Blitzen erreicht man mit Überspannungsableitern. Dies sind Gasableiter, Suppressordioden und Varistoren.
Galvanische Einstreuungen vermeidet man bei Signalleitungen meist durch Zwischenschalten von Optokopplern. Optokoppler sind kleine elektronische Bauelemente welche über eine Fotodiode das elektrische Signal in Licht und dieses Licht über einen Fotoempfänger wieder in ein elektrisches Signal umwandeln.

Wirkung auf den Menschen

Da der Mensch kein Sinnesorgan für elektromagnetische Felder hat, kann er diese meist nicht wahrnehmen. (Bei hohen elektrischen Feldern sträuben sich manchmal die Haare.)
Elektromagnetische Felder haben aber sicher eine Wirkung auf lebendes, nämlich elektrisch leitendes Gewebe und auf die Nervenleitungen und somit auf den Menschen **(Bild 2)**. Solange der Mensch nur gelegentlich und geringen elektromagnetischen Feldern ausgesetzt ist, so wie sie von Niederspannungsanlagen (< 1000 V) ausgehen können, sind gesundheitlich negative Wirkungen nicht zu befürchten. Anders ist die Situation in der Nähe von Sendeanlagen und von Radaranlagen. Besonders gefährlich sind sehr hochfrequente elektromagnetische Wellen, wie z. B. Mikrowellen oder Röntgenstrahlung. Der Mikrowellenherd kann daher nur bei geschlossener Türe betrieben werden.

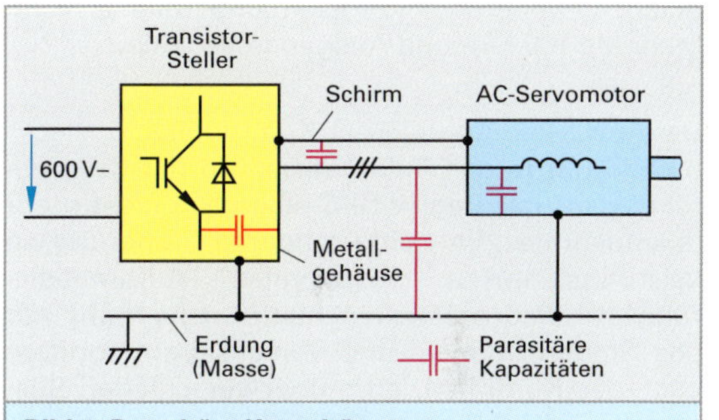

Bild 1: Parasitäre Kapazitäten

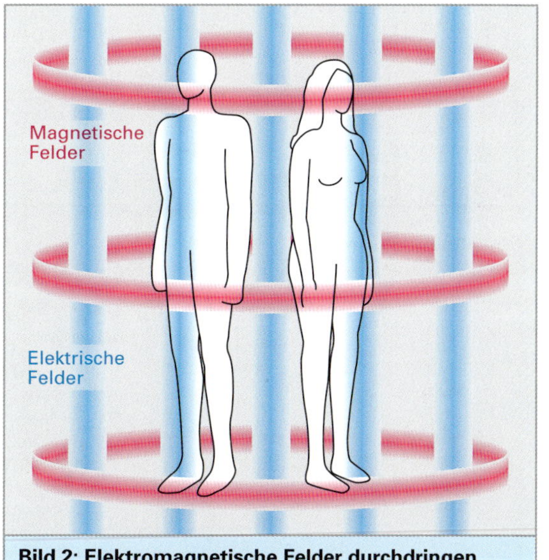

Bild 2: Elektromagnetische Felder durchdringen menschliche Körper

2.8 Speicherprogrammierbare Steuerungen (SPS)

2.8.1 Aufbau und Funktionsweise

Eine speicherprogrammierbare Steuerung SPS ist ein digital arbeitendes elektronisches System für den Einsatz in industrieller Umgebung. Sie besteht im Wesentlichen aus einem Netzteil, einer Signaleingabeeinheit, einer Zentralbaugruppe CPU, Programmspeicher sowie weiteren erforderlichen Funktionseinheiten und einer Signalausgabeeinheit **(Bild 1)**. Im Gegensatz zu verbindungsprogrammierten Steuerungen bei denen der Steuerungsablauf durch die eingesetzten Bauelemente und deren Leitungsverbindungen festgelegt wird, ist der Steuerungsablauf bei einer SPS als Programm gespeichert.

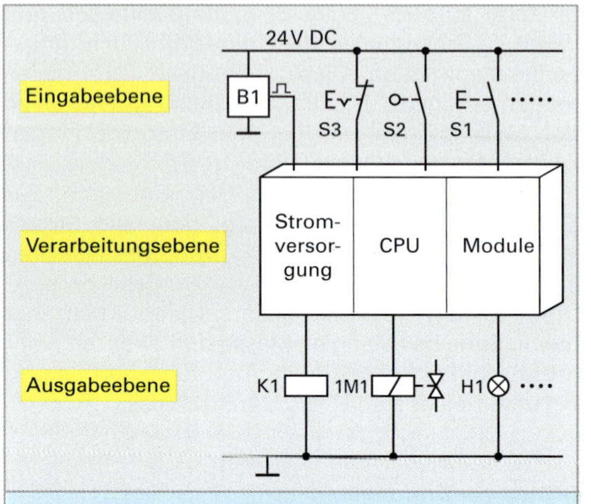

Bild 1: Ebenen einer Steuerung

Kleinste Kompakt-Steuerungen sind oft mit bis zu 24 DI/16 DO[1] und 8 AI/2AO[2] ausgerustet. Eine modulare erweiterbare Kompakt SPS **(Bild 2)** kann mehr als 100 Ein- und Ausgange verwalten.

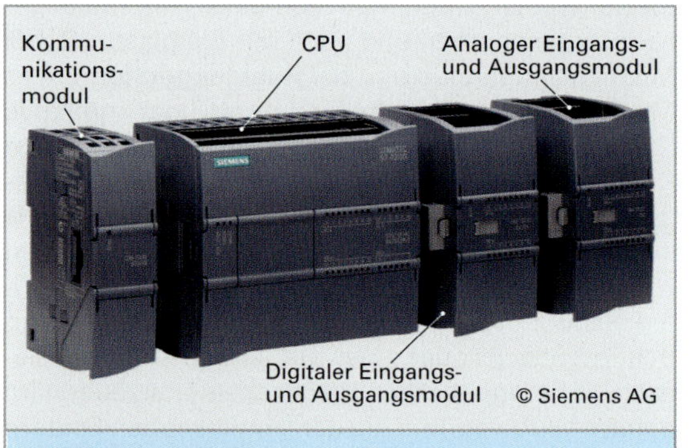

Bild 2: Kompakt-SPS

Die Anwendung moderner Kommunikationstechnik **(Bild 3)** in der Automatisierung hat dazu geführt, dass der Begriff SPS eigentlich nicht mehr das ausdrückt, was eine moderne Steuerung an Leistungsfähigkeit auszeichnet. Automatisierungssysteme beinhalten heute nicht mehr nur das Steuern, Regeln und Visualisieren, sondern auch das Kommunizieren über verschieden Bussysteme, z. B. Ethernet, PROFIBUS, AS-Interface.

[1] D = Abk. für digital, I engl. Input = Eingang, O engl. Output = Ausgang;
[2] A = Abk. für analog

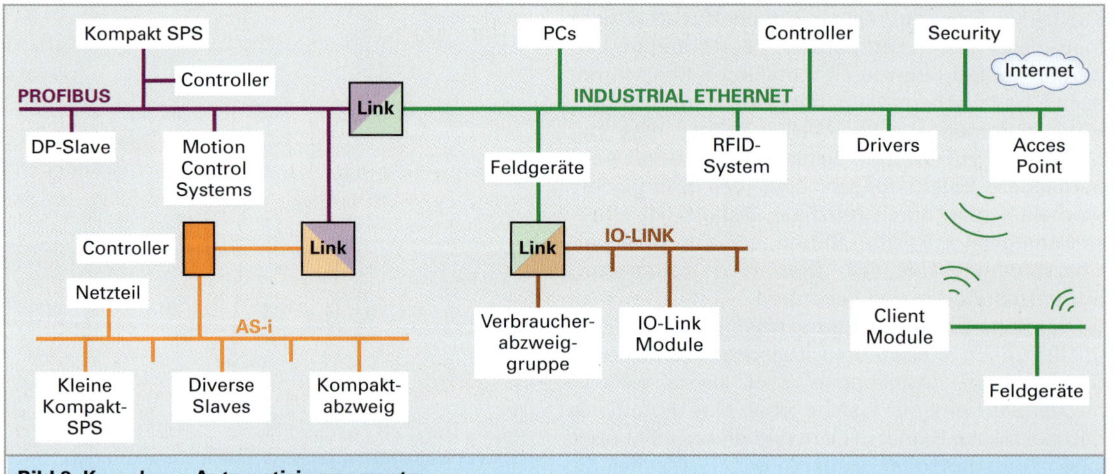

Bild 3: Komplexes Automatisierungssysten

Eine SPS kann auch in andere Mikroprozessorsteuerungen integriert sein, z. B. in eine CNC-Steuerung. Die SPS wird dabei über das CNC-Programm angesprochen. Sind nur wenige SPS-Funktionen notwendig, dann werden diese nur softwaremäßig im Betriebsprogramm der CNC-Steuerung verwirklicht. In diesen Fällen wird die SPS auch PLC[1] genannt **(Bild 1).** Immer häufiger werden auch Industrie-PC als SPS eingesetzt **(Bild 2).** In diesem Fall übernimmt eine Steckkarte im PC die Funktionen der SPS.

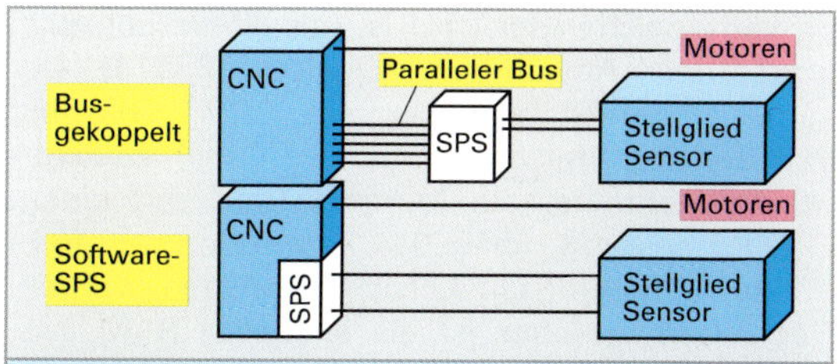

Bild 1: Integrierte SPS

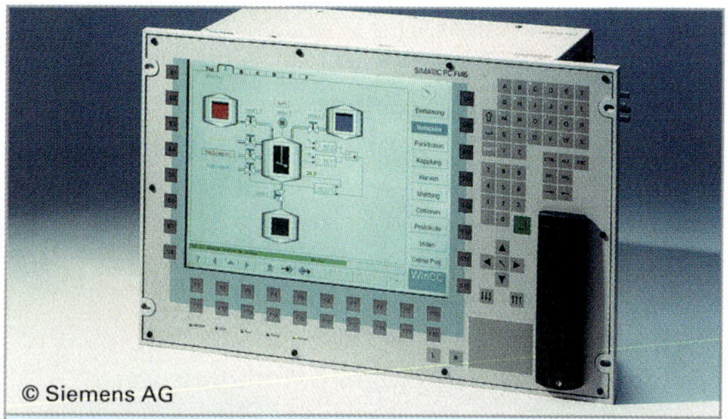

Bild 2: Industrie-PC

> SPS gibt es in den Bauformen kompakt, modular, vernetzt, integriert und als Industrie-PC.

Am häufigsten werden derzeit modulare SPS eingesetzt. Die **Zentralbaugruppe** einer modularen SPS besteht aus einem Netzteil, der CPU[2] und mindestens einer digitalen Eingabe- und einer digitalen Ausgabebaugruppe **(Bild 3).**

Zum Betrieb muss die CPU an eine Spannungsquelle, meist 24 V DC, angeschlossen sein **(Bild 4).** Um bei Netzausfall gespeicherte Daten nicht zu verlieren, werden diese auf einer Speicherkarte, z. B. XD-Memorycard, abgespeichert.

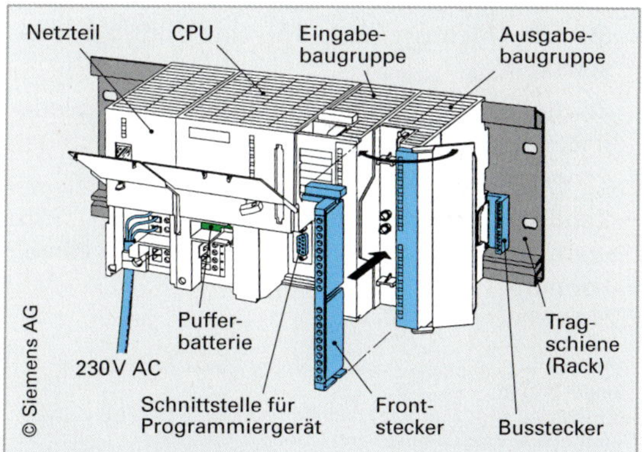

Bild 3: Modulare SPS

Steht der Betriebsartenschalter in STOPP-Position, können Anwenderprogramme in die CPU übertragen werden. Zur Datenübertragung zwischen dem Programmiergerät und der CPU dient meist die mehrpunktfähige Schnittstelle MPI[3]. Die MRES[4]-Position des Betriebsartenschalters dient zum Urlöschen der CPU. Ist die RUN-Einstellung gewählt, wird das Anwenderprogramm abgearbeitet und es sind währenddessen alle PG-Funktionen zugelassen.

Über die PROFIBUS-DP-Schnittstelle kann die Verbindung zu weiteren Baugruppen hergestellt werden die auch als dezentrale Peripherie bezeichnet werden.

Die Status- und Fehleranzeigen geben Auskunft über den jeweiligen Betriebszustand der CPU. Bei einer Fehleranzeige, SF oder BF, können einem Diagnosepuffer genaue Informationen über die Art des Fehlers entnommen werden. Die CPU beinhaltet unter anderem den Mikroprozessor und verschiedene Speicherbereiche, **Lade-, Arbeits- und Systemspeicher,** die über eine Busleitung miteinander verbunden sind.

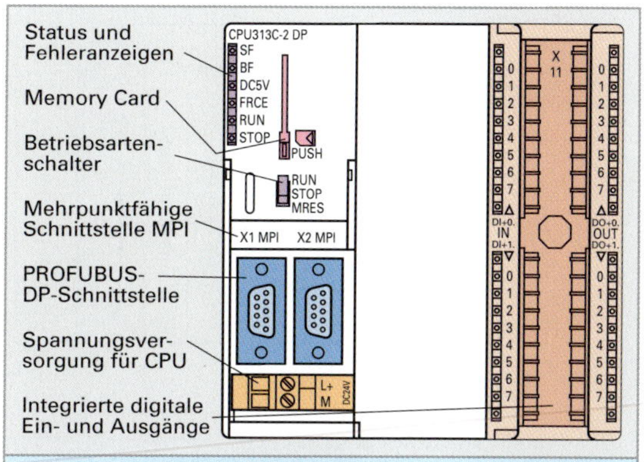

Bild 4: Frontansicht einer CPU

[1] PLC von engl. programmable logic controller = programmierbare logische Steuerung
[2] CPU von engl. central processing unit = zentrale Verarbeitungseinheit
[3] MPI von engl. Multi Point Interface = Mehrpunkt Schnittstelle
[4] MRES von engl. memory reset = Speicher zurücksetzen

Im **Ladespeicher** der CPU ist das Steuerungsprogramm der Anwendung abgelegt **(Bild 1)**. Der Ladespeicher ist entweder ein RAM[1] oder ein EPROM[2], der mit einer Memory Card[3] erweitert werden kann. Ist die Memory Card mit einem EPROM bestückt, kann das Anwenderprogramm offline[4] spannungsausfallsicher geladen werden. Der **Arbeitsspeicher** ist als schneller RAM ausgelegt. Dorthin werden die für den Ablauf des Anwenderprogramms wichtigen Daten kopiert. Der **Systemspeicher** enthält die Variablen, auch Operanden genannt, die vom Programm aus angesprochen werden. Die Variablen werden zu Bereichen, den Operandenbereichen, zusammengefasst. Die Größe der Bereiche ist abhängig von der eingesetzten CPU.

Operandenbereiche der CPU:

- **Eingänge** (Input; Abk. **I**) sind ein Abbild (Prozessabbild) der Digitaleingabebaugruppen.
- **Ausgänge** (Output; Abk. **Q** von engl. to quit = verlassen) sind ein Abbild (Prozessabbild) der Digitalausgabebaugruppen.
- **Merker** (Memory; Abk. **M**) sind Informationsspeicher.
- **Zeitfunktionen** (Timer; Abk. **T**) stellen Zeitglieder dar, mit denen Warte- und Überwachungszeiten verwirklicht werden.
- **Zählfunktionen** (Counter; Abk. **C**) sind Softwarezähler, die vorwärts und rückwärts zählen können.

[1] RAM von engl. Random Access Memory = Speicher mit wahl freiem Zugriff;
[2] EPROM von engl. Erasable Programmable Read Only Memory = löschbarer programmierbarer Nur-Lese-Speicher;
[3] Memory Card, engl. = Speicherkarte;
[4] offline, engl. = hier; außerhalb der CPU

Ist der Betriebsartenschalter auf RUN-Position geschaltet wird das Anwenderprogramm zyklisch abgearbeitet **(Bild 2)**. Zunächst wird aus dem Systemspeicher der momentane Zustand der Eingänge eingelesen, nämlich das **Prozessabbild** der Eingänge. Danach erfolgt die Bearbeitung des Hauptprogramms. Anschließend werden die daraus sich ergebenden Zustände der Ausgänge (Prozessabbild der Ausgänge) in den Systemspeicher übertragen und den Ausgängen zugewiesen. Jetzt wird das Prozessabbild der Eingänge aktualisiert und das Hauptprogramm erneut abgearbeitet. Die Zeit für einen Durchlauf nennt man **Zykluszeit**. Sie ist umso größer, je länger das Hauptprogramm ist. Außerdem ist die Zykluszeit abhängig von der Leistungsfähigkeit der verwendeten SPS. Meistens beträgt die Zykluszeit wenige Millisekunden.

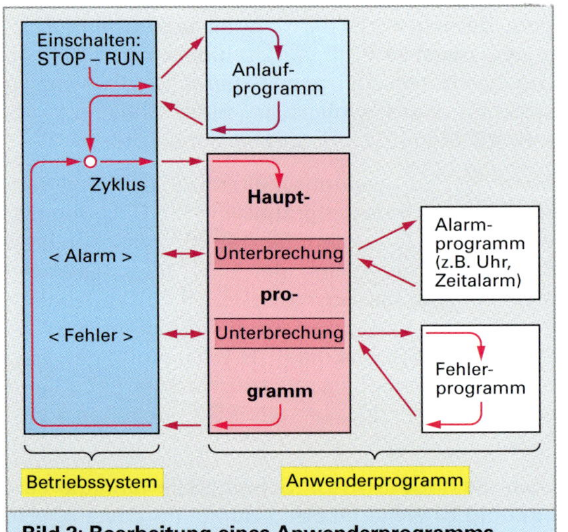

Bild 2: Bearbeitung eines Anwenderprogramms

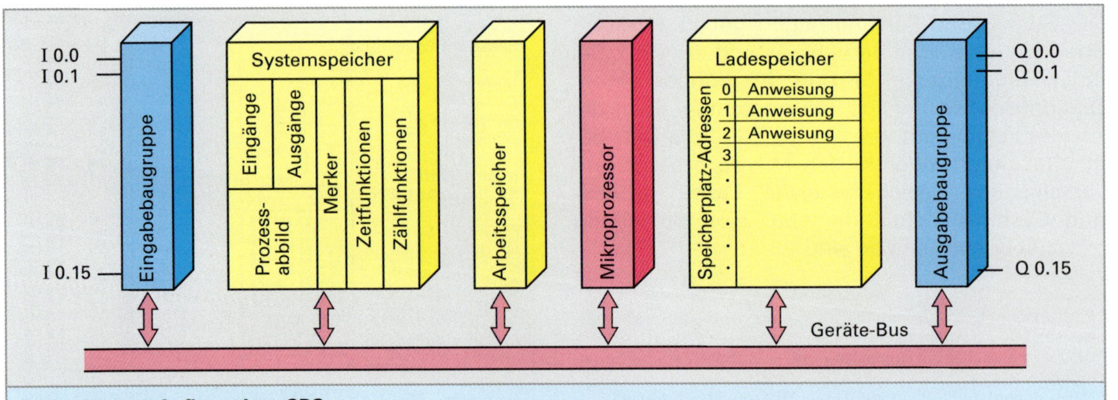

Bild 1: Innerer Aufbau einer SPS

Die **Eingabeeinheit** ist unterteilt in Eingabebaugruppen von meist 8 oder 16 Binäreingängen **(Bild 1)**. Eine Eingabebaugruppe enthält Schaltungen zur Signalanpassung, z. B. einen Spannungsteiler und RC-Filter zur Störungsunterdrückung. Für Gleichspannungssignale ist ferner eine Diode als Verpolungsschutz vorhanden und bei Wechselspannungssignalen eine Gleichrichterbrückenschaltung. Zur Potenzialtrennung wird das entstörte Gleichspannungssignal über einen Optokoppler (Fotodiode als Sender und Fototransistor als Empfänger in einem Bauelement) zugeführt. Eine Leuchtdiode ermöglicht bei der Inbetriebnahme oder Fehlersuche das Erkennen des Schaltzustandes der Eingangssignale. Der Multiplexer (Umschalter) wird über den Adressdecoder geschaltet.

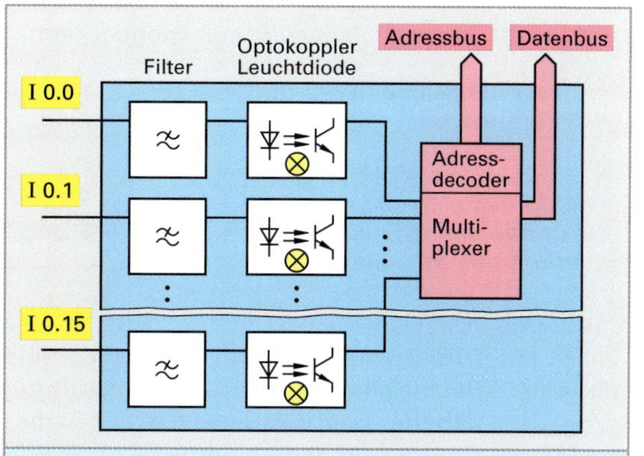

Bild 1: Beschaltung der Eingänge

Die **Ausgabeeinheit** ist ebenfalls in Ausgabebaugruppen von meist 8 oder 16 Binärausgängen unterteilt **(Bild 2)**. Eine Ausgabebaugruppe enthält Leistungsstufen, z. B. Transistoren für binäre Gleichspannungssignale (24 V, 200 mA) oder Triac (elektronischer Wechselstromschalter) zur direkten Ansteuerung von Wechselstromlasten, z. B. 50 Hz, 230 V.

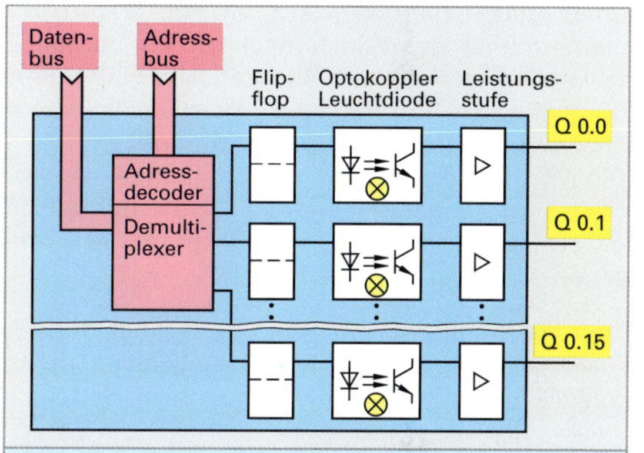

Bild 2: Beschaltung der Ausgänge

Unterbleibt aufgrund irgendeiner Störung der regelmäßige Programmzyklus, dann schalten alle Ausgangsstufen nach Ablauf einer Zykluszeit aus und schalten die angeschlossenen Stellglieder einer Maschine ab. Damit verhindert man gefährliche Betriebszustände.

Die einzelnen Ausgänge werden über ihre Adresse vom Mikroprozessor geschaltet. Im Adressentschlüssler wird die Adresse des im Programm angewählten Ausgangs entschlüsselt und über den Demultiplexer (Umschalter) das Schaltsignal durchgeschaltet.

2.8.2 Programmierung

2.8.2.1 Programmiersprachen

Seit Beginn der 90er-Jahre wurde unter Federführung der *International Electrotechnical Commission (IEC)* der Standard **IEC 61131 (Tabelle 1)** erarbeitet. Zielsetzung des Standards ist, den Herstellern von SPS einheitliche Richtlinien für die Hard- und Softwareentwicklung zu geben. Eine zu den Vorgaben der IEC 61131-3 konforme Entwicklungsumgebung für Steuerungen ist CoDeSys, Akronym von **Co**ntroller, **De**velopment **Sys**tem. Andere Programmiersysteme sind meist auf eine spezielle Steuerungshardware ausgerichtet.

Tabelle 1: Aufbau der Norm IEC 61131

Teil-Nr.	Benennung	Inhalt
Teil 1	Allgemeine Informationen	– Begriffsbestimmungen, – Funktionsmerkmale der SPS.
Teil 2	Betriebsmittelanforderungen und Prüfungen	– elektrische Anforderungen, – mechanische Anforderungen, – funktionelle Anforderungen, – Typenprüfungen, – Umgebungsbedingungen, – Beanspruchungsklassen der Hardware.
Teil 3	Programmiersprachen	– Softwaremodell, – Programmiersprachen.
Teil 4	Anwenderrichtlinien	– Systemanalyse, – Geräteauswahl, – Wartung.
Teil 5	Kommunikation	– Kommunikation zwischen Geräten unterschiedlicher Hersteller sowie anderen Geräten, – Kommunikation über Netze, – Datenaustausch, – Alarmverarbeitung, – Netzwerkverwaltung.

IEC 61131-3 nennt folgende Implementierungssprachen:
- **Anweisungsliste (AWL)** und
- **Strukturierter Text (ST)** als textuell orientierte Sprachen sowie
- **Kontaktplan (KOP)**,
- **Ablaufsprache (AS)** und
- **Funktionsbausteinsprache (FUP)** als grafisch orientierte Sprachen.

Continous Function Chart (CFC) ist keine in der IEC 61131-3 definierte Sprache, stellt aber eine gängige Erweiterung der Entwicklungsumgebung dar. **Tabelle 1** gibt einen Überblick über Syntax der Programmiersprachen AWL, FUP und KOP. Bei der Programmierung mit dem frei grafischen Funktionsplan-Editor, Continous Function Chart **(Bild 1)**, handelt es sich um eine andere Implementation des Funktionsplans. Im Vergleich zu letzterem erlaubt der freigrafische FUP-Editor durchgängige Verbindungen, beispielsweise zur Programmierung von Rückkopplungs-Schleifen. Die Verbindungen zwischen Eingängen, Operatoren und Ausgängen werden nicht automatisch gesetzt, sondern müssen vom Programmierer gezogen werden.

Bei der Programmierung im Kontaktplan (KOP) ist die Darstellung einem Stromlaufplan sehr ähnlich.

Für Ablaufsteuerungen gibt es Ablaufsprache (AS). Die in einer Ablaufsteuerung sich regelmäßig wiederholenden Elemente der Funktionsbausteinsprache werden in der Ablaufsprache zu neuen, vereinfachten Sprachelementen zusammengefasst.

Die Anweisungsliste (AWL) ist die universellste Programmiersprache. Umfangreiche Programme sind in dieser Programmiersprache unübersichtlich.

Vor der Übertragung eines Anwenderprogramms in die SPS, müssen alle Steueranweisungen mit einem Compiler[1] in den Maschinencode der Steuerung übersetzt werden **(Bild 2)**. Eine Steueranweisung enthält einen Operationsteil und einen Operandenteil **(Bild 3)**. Der Operationsteil gibt an, welche Operation mit der Anweisung durchgeführt werden soll. Der Operandenteil wird in den Kennzeichenteil und den Parameterteil gegliedert. Mit den Kennzeichenbits wird festgelegt, ob sich die Anweisung auf einen Eingang (I), einen Ausgang (Q) oder einen anderen Operanden bezieht. Der Parameter bestimmt die Adresse des Operanden. Die erste Zahl ist die Byte-Adresse und die zweite Zahl die Bit-Adresse **(Bild 4)**.

[1] engl. to compile = übersetzen

Tabelle 1: SPS-Funktionen nach DIN 19 239/ IEC 1131-3 (Auswahl)

Benennung	Darstellung		
	AWL	FUP	KOP
UND/AND	U/A	&	─┤├─┤├─
ODER/OR	O	≥1	─┤├─ / ─┤├─ (parallel)
NICHT/NOT (Ausgang)	N	─o	─(/)─
Zuweisung	=	=	─( )─
Setzen/Set	S	S	─(S)─
Rücksetzen/ Reset	R	R	─(R)─

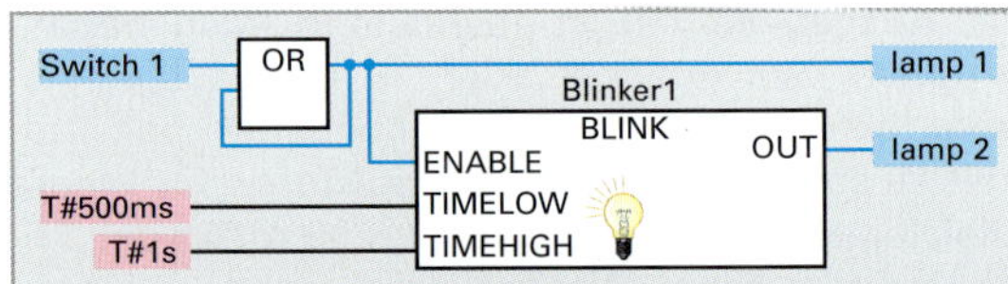

Bild 1: Programmierung mit CFC (Beispiel)

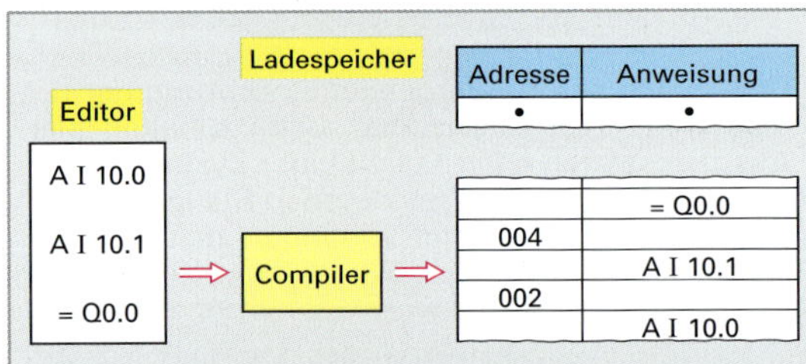

Bild 2: Übertragung von Steueranweisungen

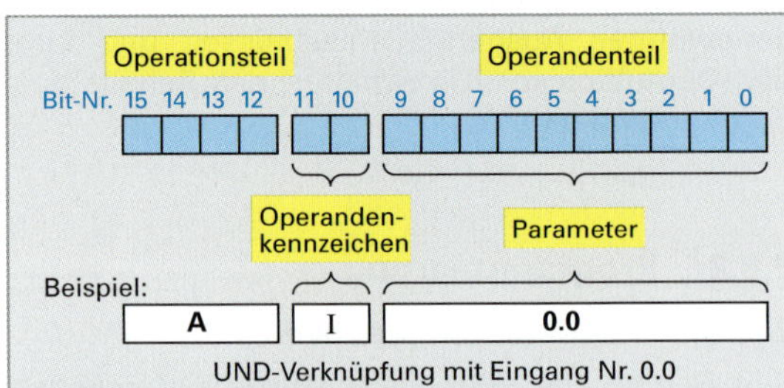

Bild 3: Steueranweisung

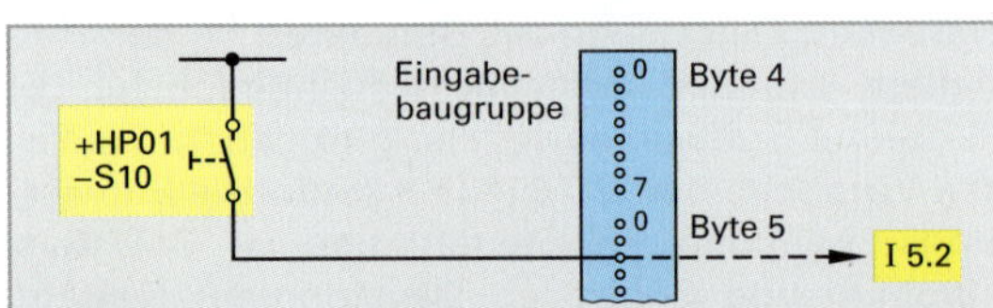

Bild 4: Operandenparameter bei Eingabebaugruppe

Zur Programmierung ihrer Hardware haben sich über 250 namhafte Firmen weltweit für die Entwicklungsumgebung CoDeSys entschieden. Daher folgt eine kurze Einführung in die Realisierung von Projekten mit CoDeSys.

CoDeSys ist eine hardwareunabhängige, IEC 61131-3 konforme Entwicklungsumgebung, die kostenlos bezogen werden kann.

Nach dem Start der Entwicklungsumgebung muss ein neues Projekt angelegt werden. Zunächst wird im Fenster „Geräte“ das zu programmierende Gerät angehängt. Für das Beispiel wurde eine Softwaresimulation „CoDeSys Control Win V3“ gewählt **(Bild 1)**. Zu der Applikation der SPS-Logik wird eine POU, Akronym von **P**rogram **O**rganisation **U**nit, hinzugefügt. Eine POU, auch Baustein genannt, kann ein Programm, ein Funktionsbaustein oder eine Funktion sein. Bausteine können auch geräteunabhängig erstellt werden. Für jeden Baustein muss eine Programmiersprache festgelegt werden.

Zur Grundkonfiguration des Objektbaums gehört auch das Anlegen einer Taskkonfiguration mit der MainTask, in die der Aufruf des Hauptbausteins PLC_PRG eingetragen werden muss. Um die SoftSPS auf dem PC als Zielsystem mit dem Programmiersystem CoDeSys V3 verbinden zu können, muss der Netzwerkpfad zur Steuerung anlegt werden **(Bild 2)**. Zum Betrieb auf einer Hardware-SPS müsste ein zugehöriges Laufzeitsystem installiert sein und in den Kommunikationseinstellungen ausgewählt werden.

Die im Programm verwendeten Variablen müssen entweder in einer globalen Variablenliste oder im Baustein lokal deklariert werden. Die Programmierung der Applikation erfolgt im Fenster des Programmbausteins, im Beispiel ist dies „PLC_PRG“ **(Bild 3)**.

Nach dem vollständigen ausprogrammieren einer Applikation kann diese mit der Entwicklungsoberfläche simuliert werden **(Bild 4)**. Das Einloggen in die Steuerung erfolgt im Menü „online“. Bei diesem Vorgang erzeugt der integrierte Compiler von CoDeSys einen Maschinencode. Im online-Modus werden die aktuellen Werte aller verwendeten Variablen angezeigt. Wird die heruntergeladene Applikation im Menü „Debug“ gestartet, können die Variablenwerte verändert werden und das Programm kann auf korrekte Funktion getestet werden.

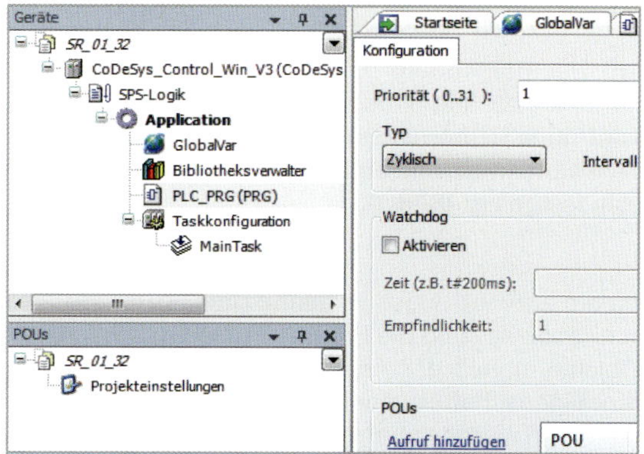

Bild 1: Anlegen eines Projekts in CoDeSys

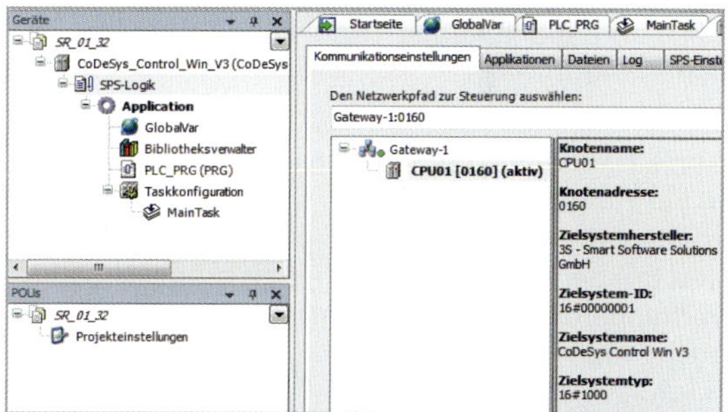

Bild 2: Auswahl der Kommunikationseinstellungen

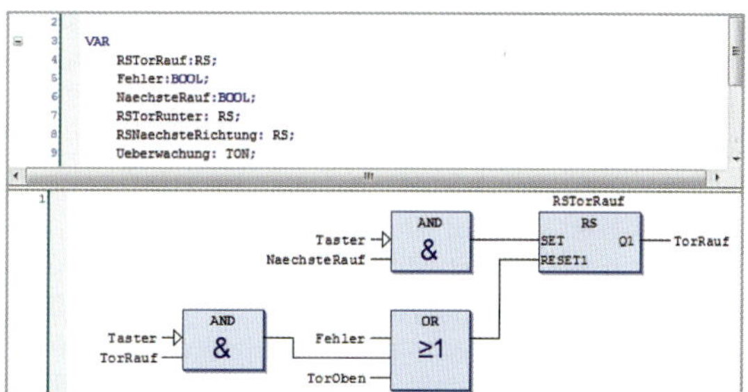

Bild 3: Erstellen eines Programmbausteins

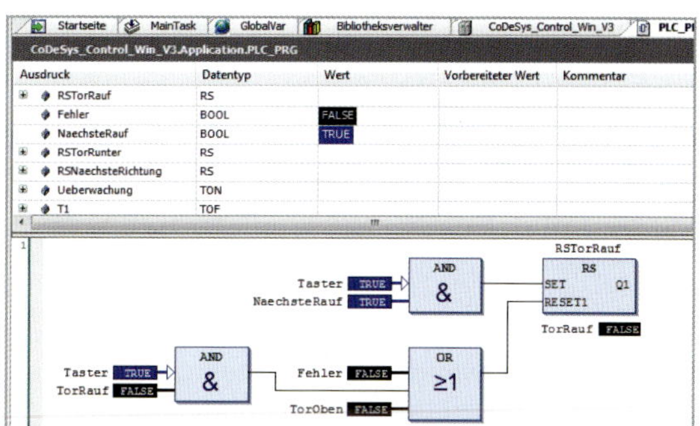

Bild 4: Testen eines Programmbausteins

2.8.2.2 Programmaufbau

Im Nachfolgenden wird der Programmaufbau hardwareabhängig beschrieben. Nach IEC 61131 wird jede Automatisierungsaufgabe als Projekt verwaltet. Innerhalb eines Projektes ist eine Hierarchie festgelegt **(Bild 1)**.

Projekt
- Vernetzung (MPI, PROFIBUS, Ethernet,...)
- Hardwarekonfiguration
  - Programm
    - Symboltabelle
    - Quellprogramme
    - Bausteine
      - Organisationsbausteine (OB)
      - Funktionsbausteine (FB)
      - Funktionen (FC)
      - Datenbausteine (DB)
      - :
- Programm, das keiner Hardware zugeordnet ist

Bild 1: Objekthierarchie in einem Projekt

Da die Entwicklungsoberfläche objektorientiert geschrieben ist, sind die Programmteile des Projektes Objekte, denen der Anwender beim Programmieren Eigenschaften zuweist. Nachdem ein Projekt angelegt wurde, wird mithilfe des Projekteditors festgelegt, welche Vernetzung vorgesehen ist. Danach wird dem Projekt die eingesetzte Hardware zugeordnet **(Bild 2)**. Dazu wird ein Netzteil, eine CPU und die Eingabe- und Ausgabebaugruppe konfiguriert.

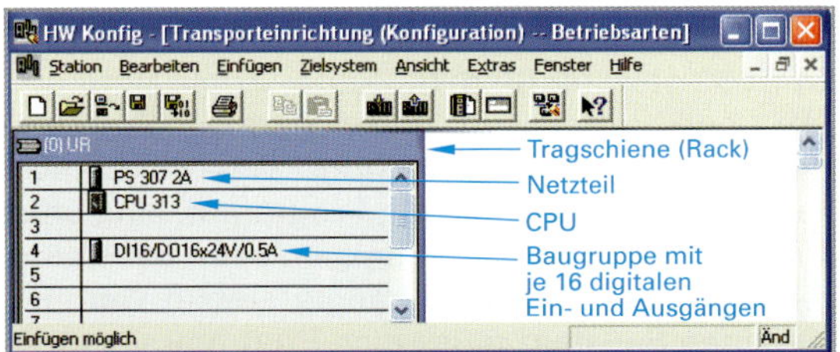

Bild 2: Konfigurieren der Hardware

Ist die Hardwarekonfiguration abgeschlossen, wird in der Hierarchie die Struktur vervollständigt. Jetzt können die Bausteine des Anwenderprogramms geschrieben werden. Dabei ist es möglich bereits vorhandene Quellprogramme zu nutzen. Es ist auch möglich, Programme zu schreiben, die keiner Hardware zugeordnet sind. Diese können später als Quellprogramme genutzt werden.

Die **symbolische Adressierung (Bild 3)** bietet den Vorteil, dass der Anwender Fehler in der Zuordnung leichter vermeiden kann. Doppelbelegungen der Adressen sind nahezu ausgeschlossen.

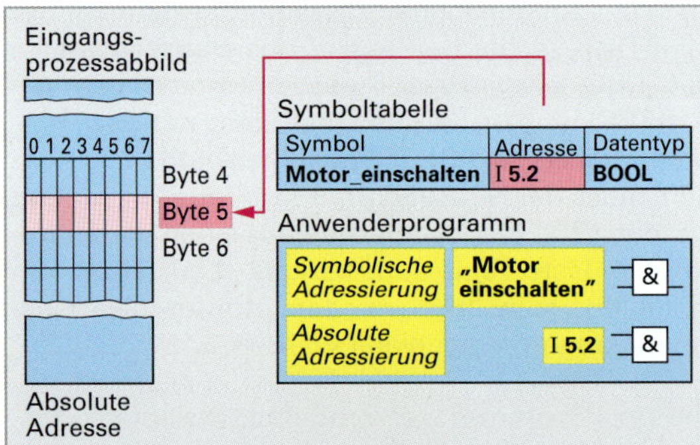

Bild 3: Zusammenhang zwischen absoluter und symbolischer Adressierung

Der Anwender kann anstelle der Absolutadresse einen Namen (Symbol) verwenden. In der Symboltabelle werden **globale Symbole** definiert **(Bild 4)**. Das bedeutet, dass diese Symbole im gesamten Anwenderprogramm bekannt sind und in allen Bausteinen die gleiche Bedeutung haben. In der Spalte Symbol wird der Name des Symbols eingegeben.

Die Spalte Adresse enthält die absolute Adresse des Operanden. Daraus leitet das Programm in der Regel den eingesetzten Datentyp ab. In der Spalte Status werden unvollständige oder identische Symbolnamen angezeigt.

Daneben gibt es die Möglichkeit **bausteinlokale Symbole** zu verwenden. Die Namen dafür werden im Deklarationsteil des entsprechenden Bausteins festgelegt. Lokale Symbole sind nur innerhalb eines Bausteins gültig.

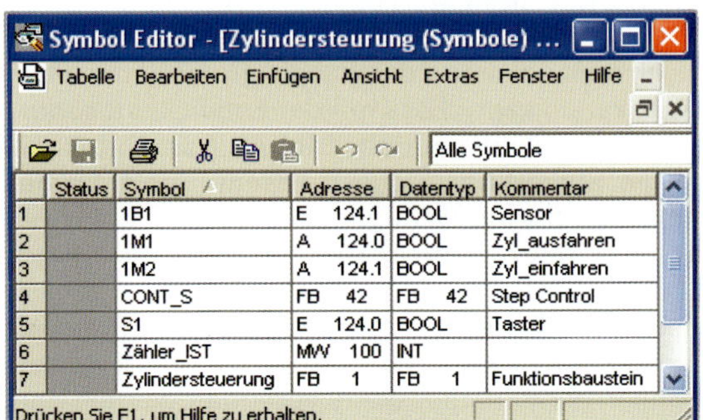

	Status	Symbol	Adresse	Datentyp	Kommentar
1		1B1	E 124.1	BOOL	Sensor
2		1M1	A 124.0	BOOL	Zyl_ausfahren
3		1M2	A 124.1	BOOL	Zyl_einfahren
4		CONT_S	FB 42	FB 42	Step Control
5		S1	E 124.0	BOOL	Taster
6		Zähler_IST	MW 100	INT	
7		Zylindersteuerung	FB 1	FB 1	Funktionsbaustein

Bild 4: Erstellen einer Symboltabelle

Damit Programme übersichtlich werden, sollten sie bereits in der Entwurfsphase den technologischen und funktionellen Gegebenheiten der Steuerungsaufgabe angepasst werden. Daher bieten Programmiersprachen nach IEC 1131-3 die Möglichkeit der **Strukturierung** (Aufteilung, **Bild 1**). Der Anwender teilt zweckmäßigerweise sein Programm in kleine gut überschaubare Einheiten (Bausteine) auf **(Tabelle 1)**.

Organisationsbausteine (OB Organization Block), Funktionsbausteine (FB Function Block), und **Funktionen (FC Function call)** enthalten das Anwenderprogramm und werden daher oft auch als Codebausteine bezeichnet.

Die zu den Anwenderprogrammen gehörenden Daten werden in **Datenbausteinen (DB Data Block)** gespeichert. Außerdem verfügen Steuerungen über Systembausteine. Sie sind Bestandteil des Betriebssystems. Systembausteine machen wichtige Systemfunktionen für den Anwender zugänglich, z. B. die Handhabung einer CPU-internen Uhr.

Organisationsbausteine stellen die Schnittstelle zwischen Betriebssystem und Anwenderprogramm dar. Organisationsbausteine können nur durch das Betriebssystem aufgerufen werden.

Der OB1 organisiert das zyklisch abzuarbeitende Hauptprogramm, indem er die in FC's und FB's enthaltenen Unterprogramme aufruft. Andere OB's organisieren den Anlauf der Steuerung, periodische Programmunterbrechungen, wie z. B. Uhrzeitalarme und ereignisgesteuerte Programmunterbrechungen, wie z. B. Fehlermeldungen. Jedem OB ist eine Prioritätsklasse zugeordnet.

> Der OB1 hat die niedrigste Prioritätsklasse 1 und kann daher von allen anderen OB's unterbrochen werden. Die höchste Prioritätsklasse 28 haben z. B. CPU-Fehleralarme.

Funktionsbausteine enthalten Unterprogramme, die möglichst parametrierbar (mit Bibliotheksfähigkeit, **Bild 2**), geschrieben sein sollten. Dazu dürfen bei der Programmierung ausschließlich Lokaldaten verwendet werden. Diese FB's können dann in beliebigen anderen Programmen wieder verwendet werden. Zu jedem FB gehört immer ein **Instanz-Datenbaustein** (Gedächtnis) zur Speicherung von zugeordneten Daten. FB's können daher bei jedem Aufruf mit unterschiedlichen Daten versorgt werden.

Systemfunktionsbausteine (SFB) sind herstellerspezifische Funktionsbausteine, z. B. für die Alarmbearbeitung.

Funktionen enthalten logische Verknüpfungen und andere mathematische Funktionen. Jeder FC ermittelt einen Funktionswert. Der die Funktion aufrufende **Code-Baustein** erhält diesen Wert als Antwort auf seinen Aufruf. Funktionen können keine Informationen speichern. Funktionen sind parametrierbar und können dadurch in anderen Programmen wieder verwendet werden (Bibliotheksfähigkeit).

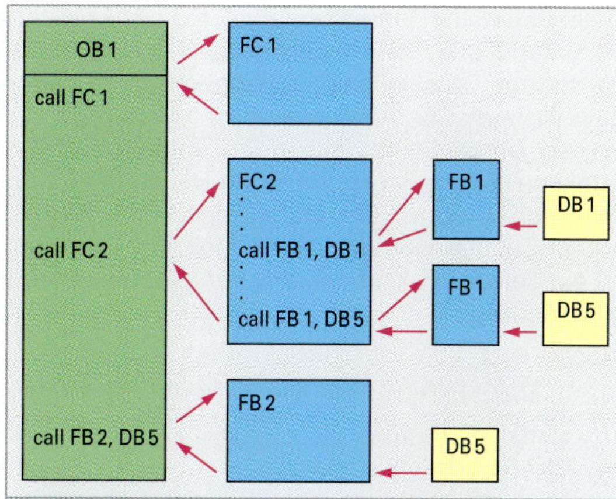

Bild 1: Strukturierung eines Programms

Tabelle 1: Bausteine eines Programms

Programm Code-Bausteine	**Daten** Daten-Bausteine	
Organisationsbaustein OB		Global-Daten-baustein DB
Funktionsbaustein FB, SFB ← zugeordnet	Istanz-Daten-baustein DB	
Funktion FC, SFC		

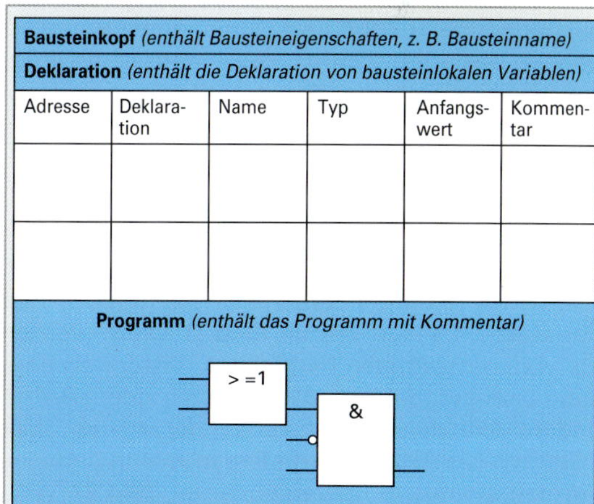

Bild 2: Bausteinstruktur für FUP

Datenbausteine enthalten die festen und die variablen Daten des Programms, z. B. den Messwert eines Drucksensors. *Global-Datenbausteine* sind keinem *Code-Baustein* zugeordnet. Auf die in den Global-Datenbausteinen enthaltenen Daten kann daher von jedem Code-Baustein aus zugegriffen werden. Ein *Instanz-Datenbaustein* ist einem Funktionsbaustein fest zugeordnet. In ihm ist ein Teil der *Lokaldaten* des Funktionsbausteins gespeichert.

Zur Strukturierung wird ein Programm in Bausteine gegliedert. Der Anwender kann dafür Organisationsbausteine, Funktionsbausteine und Funktionen verwenden. Ein Organisationsbaustein stellt die Schnittstelle zum Betriebssystem dar und muss in jedem Programm vorhanden sein. Datenbausteine enthalten die festen und variablen Daten eines Programms.

Bibliotheken dienen zur Ablage wieder verwendbarer Programmkomponenten. Um Code-Bausteine in Programmen beliebig oft verwenden zu können, müssen sie mit Bausteinparametern ausgestattet werden. Bei der Programmierung von Funktionen und Funktionsbausteinen müssen die verwendeten Bausteinparameter in der zugehörigen Deklarationstabelle deklariert werden. Dabei erhalten die Bausteinparameter symbolische Namen, die auch als Formalparameter bezeichnet werden. Diese können als Eingangsparameter *(in)*, Ausgangsparameter *(out)* und Durchgangsparameter *(in_out)* deklariert werden. Außerdem ist es möglich, Variable als temporäre Lokaldaten *(temp)* und bei Funktionsbausteinen zusätzlich statische Lokaldaten *(stat)* zu deklarieren **(Tabelle 1)**. Die Vergabe der Parameteradressen organisiert das System selbsttätig.

Beim Aufruf eines Bausteins müssen dessen *Formalparameter* mit Konstanten, Operanden oder Variablen versorgt werden **(Bild 1)**. Diese werden als *Aktualparameter* bezeichnet. Wird der Baustein öfter aufgerufen, so können bei jedem Aufruf andere Aktualparameter verwendet werden. Der Datentyp des Aktualparameters muss mit dem des Formalparameters übereinstimmen **(Bild 2)**. Werden keine Aktualparameter zugeordnet, arbeitet der Baustein mit Defaultwerten[1].

Die Speicherung von Daten aus technischen Anlagen erfolgt bei der Programmierung durch **Variable**. Eine Variable ist ein Speicherplatz, der mit einem Namen versehen wird und somit im Anwenderprogramm als Platzhalter für Daten dient. Eine Variable besteht aus dem Operanden und dem Datentyp. Der Operand besteht aus einem Operandenkennzeichen und einer Operandenadresse. Durch die Festlegung auf einen bestimmten Datentyp erhält die Variable eine passende Größe für die Daten.

Tabelle 1: Deklarationstabelle eines Funktionsbausteins (Beispiel)

Adresse	Deklaration	Name	Typ	Anfangswert	Kommentar
0.0	in	Start	BOOL	false	Band einschalten
0.1	in	Stopp	BOOL	true	Band aussschalten
2.0	in	Geschw_SOLL	INT	0	Sollgeschwindigkeit Foerderband
4.0	out	Foerderband_EIN	BOOL	false	Motorsignal
6.0	in_out	NOT_AUS	BOOL	false	
8.0	stat	Geschw_IST	INT	0	Istgeschwindigkeit Foerderband
0.0	temp	Zwischenergebnis	INT	...	Anfangswert nicht möglich

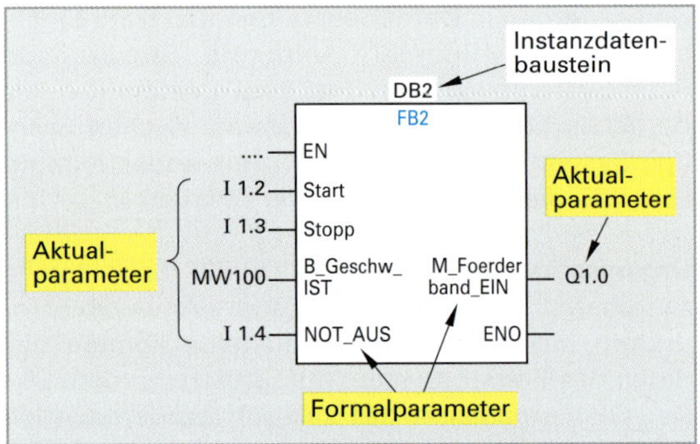

Bild 1: Aufruf eines parametrierten Funktionsbausteines in FUP

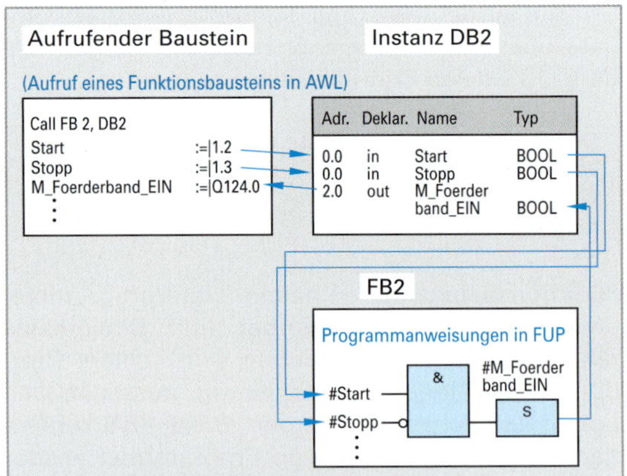

Bild 2: Parameterübergabe bei Aufruf eines Funktionsbausteines

[1] engl. default value = Standardwert

Zur Programmierung verwendet man die in der EDV üblichen Datentypen. Es werden elementare, zusammengesetzte und anwenderdefinierte Datentypen sowie Parameter-Datentypen unterschieden. Zur Programmierung einer SPS müssen die wichtigsten elementaren Datentypen bekannt sein **(Tabelle 1)**.

Eine Variable vom Datentyp BOOL stellt einen Bitwert dar, z.B. den Eingang `I 5.2`, den Ausgang `Q 0.2` oder den Merker `M 100.0`. Variablen mit den Datentypen `BYTE`, `WORD` und `DWORD` sind Bitfolgen nämlich Worte aus 8, 16 bzw. 32 Bits. Für Berechnungen werden die Datentypen `INT` und `REAL` verwendet. Die einzelnen Bits werden nicht bewertet. Sonderformen sind die BCD-Zahlen (Binär Codierte Dezimalzahl) und der Datentyp `CHAR` (character), der ein Zeichen in ASCII-Codierung darstellt.

Die binär-codierte Darstellung (BCD) stellt eine Dezimalzahl durch Gruppen von Binärziffern (Bits) dar. Eine Gruppe von 4 Bits stellt eine Ziffer einer Dezimalzahl oder das Vorzeichen der Dezimalzahl dar. Die Gruppen von 4 Bits bilden ein Wort oder Doppelwort **(Bild 1)**.

Zur Ausführung digitaler Operationen sind oft ganze und reelle Zahlen erforderlich. Eine Ganzzahl-Variable vom Datentyp INT (Integer) belegt 16 Bits. Die Signalzustände der Bits 0 bis 14 stehen für den Stellenwert der Zahl. Das Bit 15 stellt das Vorzeichen dar. Somit geht der Zahlenbereich von –32768 bis +32767. Größere Zahlen als +32767 und kleinere als –32768 werden als `DINT`-Variable (Double Integer) gespeichert. Diese Variablen belegen 32 Bits, also ein Doppelwort. Da das Bit 31 für das Vorzeichen verwendet wird, ist der Zahlenbereich von –2147483648 bis +2147483647 darstellbar. Eine Gleitpunktzahl-Variable mit dem Datentyp `REAL` belegt 32 Bit und stellt Zahlen mit Nachkommaanteil dar, der anstelle des Kommas mit einem Punkt getrennt wird. Der Wertebereich einer Gleitpunktzahl liegt zwischen den Grenzen $-3{,}402823 \cdot 10^{+38}$ bis $-1{,}175495 \cdot 10^{-38}$ / ± 0 / $+1{,}175495 \cdot 10^{-38}$ bis $+3{,}402823 \cdot 10^{+38}$ **(Tabelle 2)**.

Tabelle 1: Elementare Datentypen

Datentyp	Breite	Beschreibung	Beispiele zur Schreibweise
BOOL	1 Bit	Bit	True (1); False (0)
BYTE	8 Bits	8-Bit-Hexzahl	(B#)16#00...FF
WORD	16 Bits	16-Bit-Hexzahl	(W#)16#0000...FFFF
		16-Bit-Binärzahl	2#0000_0000_0000_0000...1111_1111_1111_1111
		3 Dekaden BCD	C#000...999
DWORD	32 Bits	32-Bit-Hexzahl	(W#)16#0000_0000...FFFF_FFFF
CHAR	8 Bits	ASCII-Zeichen	'A'
INT	16 Bits	Festpunktzahl	–32768...+32767
DINT	32 Bits	Festpunktzahl	L#_2147483648 bis L#+2147483647
REAL	32 Bits	Gleitpunktzahl	Dezimaldarstellung 3456.0 oder Exponenzialdarstellung 3.456E+03
S5TIME	16 Bits	Zeitwert im S5-Format	S5T#0ms bis 9990s
TIME	32 Bits	Zeitwert im IEC-Format	T# –24d20h31m23s647ms bis T#24d20h31m23s647ms
TIME OF DATE	32 Bits	Tageszeit	TOD#23:59:59.999
DATE	16 Bits	Datum	D#2005-06-23

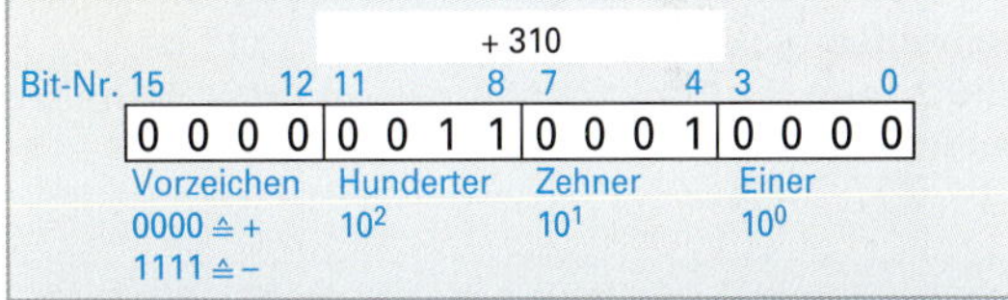

Bild 1: dreistellige BCD-Zahl mit Vorzeichen

Tabelle 2: Festpunktzahlen und Gleitpunktzahlen

Art	Erklärung
Festpunktzahl **INT** Beispiel: +312	0000 0001 0011 1000 256 + 32 + 16 + 8 = 312
Festpunktzahl **INT** Beispiel: –312	1111 1110 1100 1000 256 + 32 + 16 + 4 + 2 + 1 = 311 311 + 1 = 312 Negative Zahlen werden als Zweierkomplement der positiven Ganzzahl dargestellt
Gleitpunktzahl **REAL** Beispiel: 10.0	Vorzeichen Exponent 8 Bit 0 1000 0010 Mantisse 23 Bit 010 0000 0000 0000 0000 0000 $2^7 + 2^1 = 130$ $2^{-2} = 0{,}25$ $10.0 = 1.25 \cdot 2^{130-127}$ Der ganzzahlige Anteil der Mantisse ist immer 1

Wiederholung und Vertiefung

1. Erläutern Sie die Arbeitsweise einer SPS.
2. Über welche Baugruppen muss eine modulare SPS mindestens verfügen?
3. Welche Bedeutung hat ein Prozessabbild?
4. Über welche Speicherarten verfügt eine SPS? Welche Operandenbereiche sind im Systemspeicher einer SPS abgelegt?
5. Welche Programmiersprachen sind nach IEC 61131 vorgesehen?
6. Was versteht man unter der symbolischen Programmierung eines Operanden?
7. Mit welchen Hilfsmitteln kann ein SPS-Programm strukturiert werden?
8. Warum werden für Variable unterschiedliche Datentypen verwendet?
9. Was ist der Unterschied zwischen einer Gleitpunktzahl und einer Festpunktzahl?

2.8.3 Grundfunktionen

2.8.3.1 Binäre Abfragen und Verknüpfungen

Die Verknüpfung binärer Signalzustände können durch die Funktionen **UND (AND)** und **ODER (OR)** verwirklicht werden. Möchte man den Signalzustand eines Binäroperanden direkt einem anderen Binäroperanden zuweisen, so verwendet man eine UND-Funktion mit nur einem Funktionseingang **(Bild 1)**.

Die **UND-Funktion** verknüpft zwei binäre Signalzustände miteinander und liefert ein Verknüpfungsergebnis „1", wenn beide Abfrageergebnisse gleichzeitig „1" sind. Wenn die UND-Funktion mehr als zwei Eingänge hat, müssen die Abfrageergebnisse aller Eingänge „1" sein, damit das gemeinsame Verknüpfungsergebnis „1" ist.
Bild 2 zeigt die Funktionstabelle und das Signalzustandsdiagramm einer UND-Funktion.

Schaltzeichen nach DIN 40 700

Funktionstabelle

Eing.	Ausg.
0	0
1	1

Identität in

FUP/FBS:

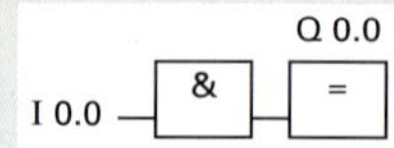

AWL:

A I 0.0
= Q 0.0

KOP:

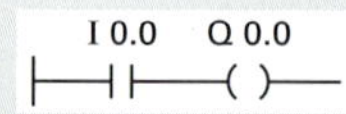

Bild 1: Identität

Funktionstabelle

Eing. 1	Eing. 2	Ausg.
0	0	0
0	1	0
1	0	0
1	1	1

Signal-Zustandsdiagramm

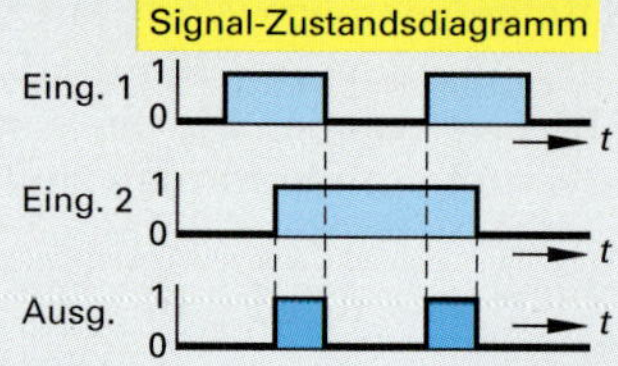

Bild 2: UND-Funktion

Ein doppelt wirkender Zylinder soll bei Betätigung des Tasters S1 ein Werkstück aus einem Magazinschacht ausschieben. Wird eine Reservestückzahl unterschnitten, muss der Ausschiebevorgang verhindert werden. Die Reservestückzahl wird mit einem Endschalter S2 überprüft.
Die Lösung der Aufgabe wird in den Hardwaregebundenen Steuerungssprachen AWL, KOP und FUP, sowie in der hardwareunabhängigenSteuerungssprache CoDeSys (AWL) und ST (strukturierter Text) dargestellt.

CoDeSys

```
VAR
S1, S2, _1M1 : BOOL;
END_VAR
```

CoDeSys (AWL)

```
LD      S1
AND     S2
ST      _1M1
```

CoDeSys (ST)

```
_1M1:=S1 and S2;
```

Technologieschema:

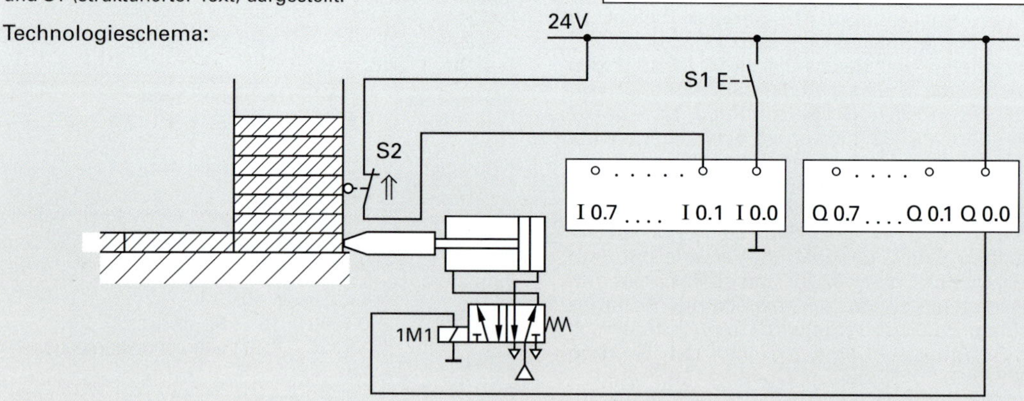

FUP mit Bausteinbezeichnung:

Baustein:	FC1	Teilevorschub
Netzwerk:	1	Schieben

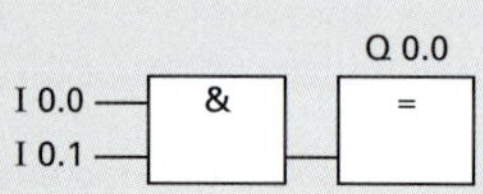

KOP:

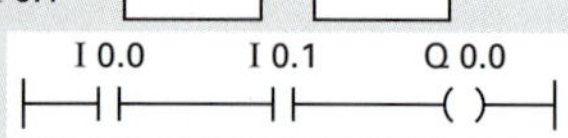

Symbol	Adresse	Datentyp	Kommentar
Werkst. verschieben (S1)	I 0.0	BOOL	
Werkst. vorhanden (S2)	I 0.1	BOOL	
Zylinder ausfahren (1M1)	Q 0.0	BOOL	

AWL absolut adressiert:

```
A   I   0.0
A   I   0.1
=   Q   0.0
```

AWL symbolisch adressiert:

```
A  „Werkst. verschieben (S1)"
A  „Werkst. vorhanden (S2)"
=  „Zylinder ausfahren (1M1)"
```

Bild 3: Beispiel für eine UND-Funktion

Die **ODER-Funktion** verknüpft binäre Zustände miteinander und liefert ein Verknüpfungsergebnis 1, wenn mindestens einer der Zustände (Abfrageergebnis) 1 ist **(Bild 1)**.

Beispiel:

Eine Messvorrichtung wird durch einen doppelt wirkenden Zylinder betätigt. Das Signal für die Vorwärtsbewegung des Zylinders soll wahlweise mit der Hand oder mit dem Fuß möglich sein. Nach dem Loslassen des jeweiligen Signalglieds soll der Zylinder wieder seine Ausgangsstellung einnehmen **(Bild 2)**.

Wenn bei der Programmerstellung der Signalzustand eines Sensors abgefragt werden soll, so ist zu berücksichtigen, ob der Sensor ein Schließer oder ein Öffner ist. Die CPU hat keine Möglichkeit festzustellen, ob ein Eingang mit einem Schließer oder einem Öffner belegt ist. Ein Schließer liefert bei Betätigung den Signalzustand 1; er wird direkt abgefragt, wenn die Betätigung des Sensors das Abfrageergebnis 1 liefern soll. Ein Öffnerkontakt liefert bei Betätigung den Signalzustand 0; wenn bei dessen Betätigung das Abfrageergebnis 1 sein soll, muss er negiert **(Negation; Bild 3)** abgefragt werden. Auf diese Weise können auch Eingänge, die bei Signalzustand 0 Aktivitäten ausführen sollen (*nullaktiv* sind), abgefragt werden.

Beispiel:

Bei dem Fallmagazin soll an einem nachfolgenden Förderband ein Sensor B3 (Schließer) angebracht sein. Meldet dieser Sensor, dass noch ein Teil auf dem Förderband liegt, so darf es nicht möglich sein, ein weiteres Teil aus dem Magazin auf das Förderband zu schieben **(Bild 4)**.

Funktionstabelle

Eing. 1	Eing. 2	Ausg.
0	0	0
0	1	1
1	0	1
1	1	1

Signal-Zustandsdiagramm

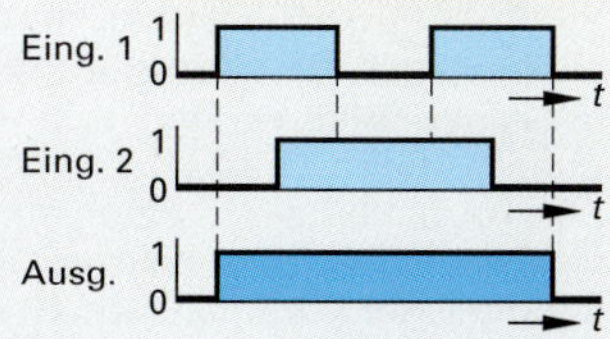

Bild 1: ODER-Funktion

Symbol	Adresse	Datentyp	Kommentar
Fußtaster(S1)	I 0.0	BOOL	
Handtaster(S2)	I 0.1	BOOL	
Zyl. ausfahren(Y1)	Q 0.0	BOOL	

AWL:

```
O   I   0.0
O   I   0.1
=   Q   0.0
```

FUP:

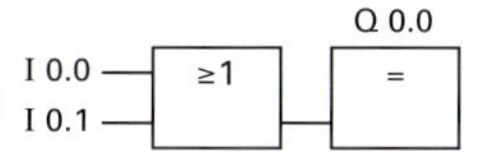

KOP:

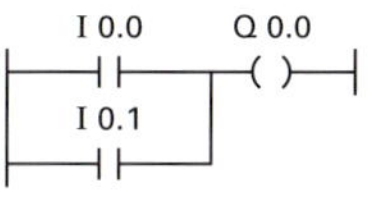

CoDeSys (AWL):

```
VAR
   S1, S2, Y1:BOOL;
END-VAR
LD          S1
OR          S2
ST          Y1
```

CoDeSys (ST):

```
Y1:=S1 or S2;
```

Bild 2: Beispiel Messvorrichtung

Funktionstabelle

Eing.	Ausg.
0	1
1	0

Signal-Zustandsdiagramm

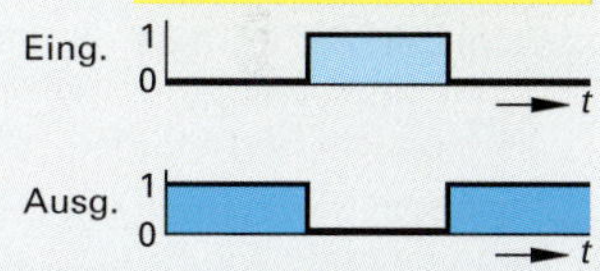

Bild 3: Negation

CoDeSys (AWL):

```
VAR
   S1, S2, B3, _1M1:bool;
END-VAR
LD            S1
AND           S2
ANDN          B3
ST          _1M1
```

CoDeSys (ST):

```
_M1:=S1 and S2 and not B3;
```

Technologieschema:

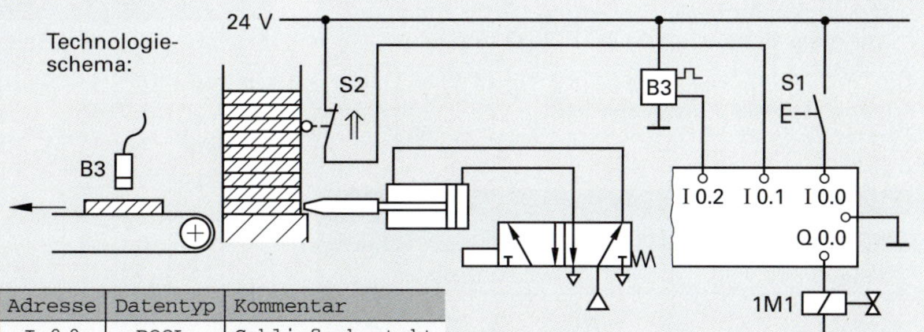

Symboltabelle:

Symbol	Adresse	Datentyp	Kommentar
Werkst. verschieben (S1)	I 0.0	BOOL	Schließerkontakt
Werkst. vorhanden (S2)	I 0.1	BOOL	Schließerkontakt
Teil auf Band (B3)	I 0.2	BOOL	Schließerkontakt
Zylinder ausfahren (1M1)	Q 0.0	BOOL	

KOP:

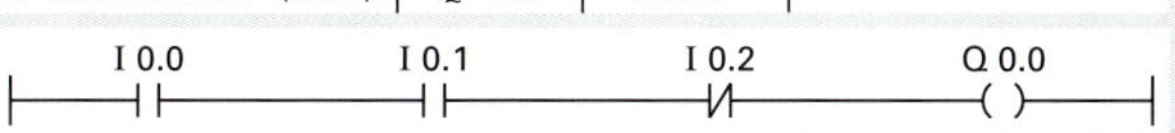

FBS/FUP:

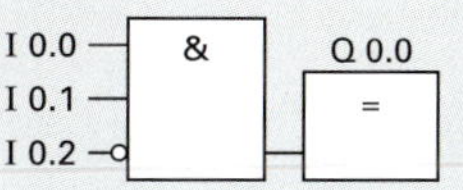

AWL:

```
A    I   0.0
A    I   0.1
AN   I   0.2
=    Q   0.0
```

Bild 4: Beispiel für eine Negation

Übung: Kombinatorische Steuerung

Ein Robotergreifer ist mit 16 taktilen Sensortasten ausgestattet. Diese sind in einer 4 x 4 Matrix angeordnet **(Bild 1)**. Der Roboter soll Kugelzapfen greifen. Beim Greifen schaltet je nach Lage des Berührungspunktes eine der 16 Sensortasten. Im Idealfall ist dies eine der 4 mittleren **(Bild 2)**. Schaltet bei ungünstigem Greifen eine am Rand liegende Sensortaste, soll der Greifvorgang durch ein Steuersignal W wiederholt und der Roboter um ein Sensorfeld nach rechts (R), bzw. nach links (L), bzw. nach oben (O), bzw. nach unten (U) mit den Signalen R = 1 oder L = 1 oder O = 1 oder U = 1 korrigiert werden.

Die 16 taktilen Sensortasten sind so codiert, dass man bei Berühren der oberen zwei Sensorzeilen das Signal a = 1; bei Berühren der linken zwei Sensorspalten das Signal b = 1; bei Berühren der zwei mittleren senkrechten Sensorspalten das Signal c = 1 und bei Berühren der zwei mittleren waagerechten Sensorzeilen das Signal d = 1 erhält (Bild 2).

Aufgaben

a) Stellen Sie die vollständige Funktionstabelle für die Sensorsignale a, b, c und d mit allen Kombinationen auf, und ordnen Sie diesen Kombinationen die 16 Sensortasten zu.

b) Ergänzen Sie die Funktionstabelle um die Schaltsignale W, R, L, O und U für alle diejenigen Fälle, in denen eine Korrektur der Greifposition erforderlich ist.

c) Ermitteln Sie mithilfe der UND-Normalform das Schaltsignal W, und vereinfachen Sie dieses mithilfe des Karnaugh-Diagramms.

d) Ermitteln Sie mithilfe der ODER-Normalform die Schaltsignale für R, L, O und U, und vereinfachen Sie auch diese mithilfe des Karnaugh-Diagramms.

e) Schreiben Sie die Anweisungsliste für eine speicherprogrammierte Steuerung (SPS) zur Erzeugung der Schaltsignale W, R, L, O und U.

Lösung: **Tabelle 1** und **Tabelle 2**.

Bild 1: Robotergreifer mit taktilen Sensoren in 4 x 4 Matrix

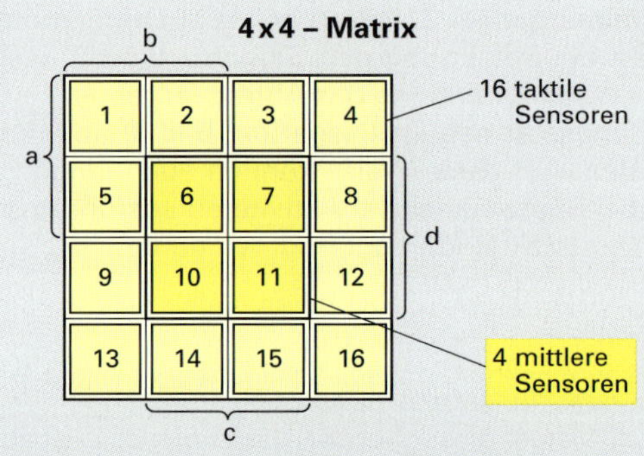

Bild 2: Anordnung der taktilen Sensoren

Tabelle 1: Lösung

a	b	c	d	Sensor Nr.	W	R	L	O	U
0	0	0	0	16	1	1	0	0	1
0	0	0	1	12	1	1	0	0	0
0	0	1	0	15	1	0	0	0	1
0	0	1	1	11	0	0	0	0	0
0	1	0	0	13	1	0	1	0	1
0	1	0	1	9	1	0	1	0	0
0	1	1	0	14	1	0	0	0	1
0	1	1	1	10	0	0	0	0	0
1	0	0	0	4	1	1	0	1	0
1	0	0	1	8	1	1	0	0	0
1	0	1	0	3	1	0	0	1	0
1	0	1	1	7	0	0	0	0	0
1	1	0	0	1	1	0	1	1	0
1	1	0	1	5	1	0	1	0	0
1	1	1	0	2	1	0	0	1	0
1	1	1	1	6	0	0	0	0	0

Tabelle 2: Lösung

Schaltfunktionen	Anweisungsliste			
$\overline{W} = c \wedge d$	:ON	c	:=	L
$W = \overline{c} \wedge \overline{d}$	:ON	d	:A	a
$R = \overline{b} \wedge \overline{c}$	:=	W	:AN	d
$L = b \wedge \overline{c}$	:AN	b	:=	O
$O = a \wedge \overline{d}$	:AN	c	:AN	a
$U = \overline{a} \wedge \overline{d}$	:=	R	:AN	d
	:A	b	:=	U
	:AN	c	:xxx	

Beispiel für eine ODER-vor-UND-Verknüpfung. Bei der Messvorrichtung **Bild 1** soll die Vorwärtsbewegung des Zylinders nur dann ausgelöst werden können, wenn ein Sensor B3 meldet, dass ein Prüfstück in die Vorrichtung eingelegt ist. Wird zusätzlich der Hand- oder Fußtaster betätigt, fährt der Zylinder aus.

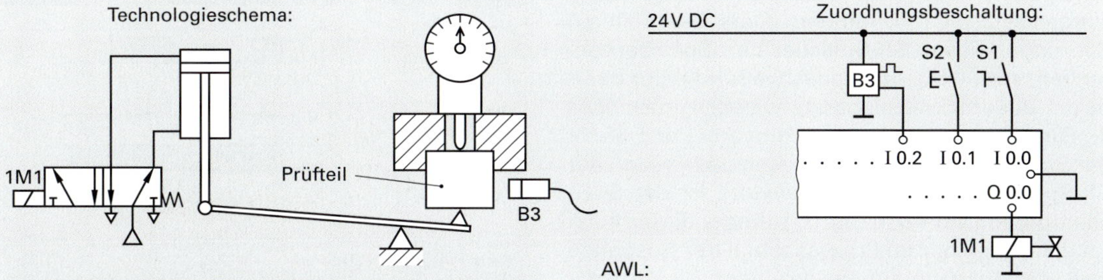

Symbol	Adresse	Datentyp	Kommentar
Fußtaster (S1)	I 0.0	BOOL	Schließer
Handtaster (S2)	I 0.1	BOOL	Schließer
Teil einlegen (B3)	I 0.2	BOOL	Schließer
Zylinder ausf.(1M1)	Q 0.0	BOOL	

AWL:

```
A(
O    I    0.0
O    I    0.1
)
A    I    0.2
=    Q    0.0
```

CoDeSys (AWL):

```
VAR
  S1, S2, B3, _1M1:BOOL;
END-VAR

LD (        S1
OR          S2
)
AND         B3
ST          _1M1
```

KOP:

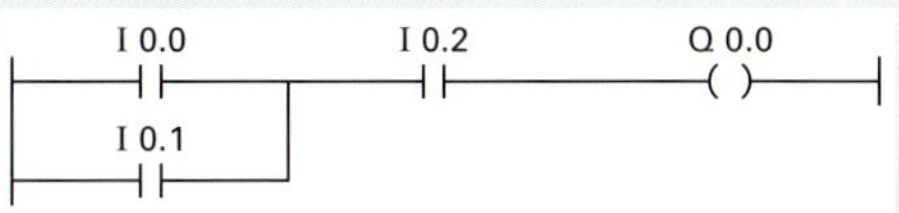

FUP:

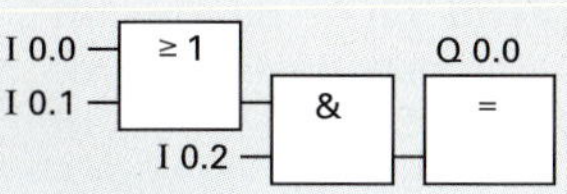

CoDeSys (ST):

```
_M1:=(S1 or S2) and B3;
```

Bild 1: Messvorrichtung

Bei der Kombination verschiedener binärer Verknüpfungen ist auf die Rechenregeln zu achten. Es gilt *UND vor ODER*, ähnlich der Regel *Punkt vor Strich* in der Algebra. Bei einer ODER-vor-UND-Verknüpfung müssen daher bei Programmierung in AWL Klammern gesetzt werden **(Bild 1)**.

2.8.3.2 SR/RS-Speicherfunktionen

Merker sind Operanden für die Speicherung von Zwischenergebnissen. Sie haben über die Bausteingrenzen hinaus Gültigkeit, da Merker feste Speicheradressen in der SPS haben **(Bild 2)**.

Nach DIN EN 61131-3 sollten bei der Programmierung innerhalb der Codebausteine FC und FB keine SPS-Operanden wie Eingänge, Ausgänge und Merker verwendet werden.

Zwischenergebnisse können alternativ als Lokaldaten innerhalb eines Bausteins gespeichert werden. Diese Daten sind dann zwar nur innerhalb dieses Bausteins verfügbar, aber der Baustein wird dadurch bibliotheksfähig.

Einen Teil der Merker kann remanent[1] voreingestellt werden. Diese Merker behalten dann ihren Signalzustand auch im spannungslosen Zustand der SPS bei. Das Speicherverhalten einer Signalspeicherung kann mit binären Grundverknüpfungen verwirklicht werden **(Bild 3)**.

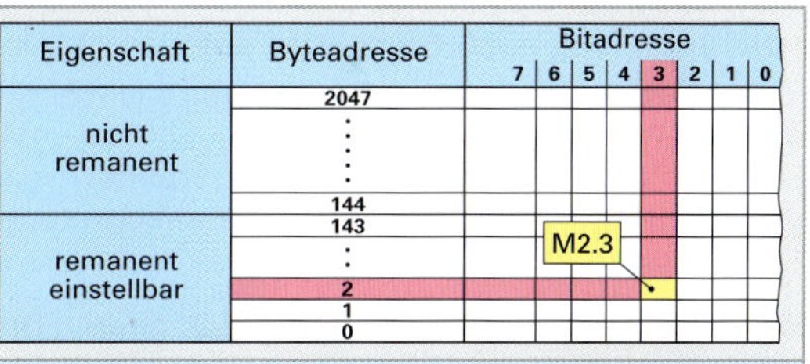

Bild 2: Merker

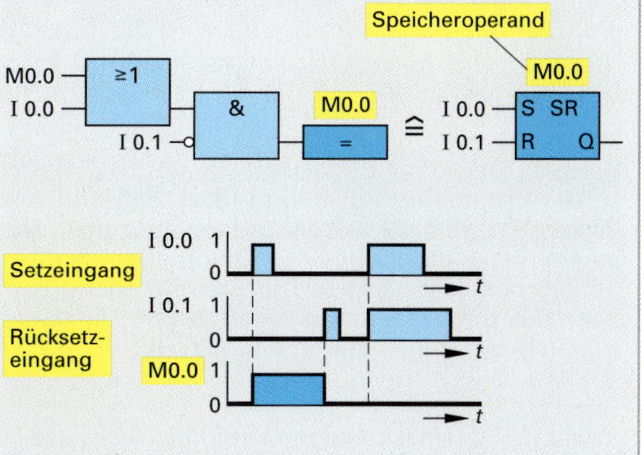

Bild 3: SR-Speicher

[1] lat. remanere = zurückbleiben, haften bleiben

Fast die gleiche Speicherfunktion zeigt der **RS-Speicher (Bild 1).** Ein Unterschied besteht dann, wenn am Setz- und am Rücksetzeingang gleichzeitig ein 1-Signal ansteht. Bedingt durch die sequentielle (fortlaufende) Bearbeitung der Anweisungen setzt die CPU mit dem zuerst bearbeiteten Setzeingang beim **SR-Speicher** den Speicheroperanden, setzt ihn jedoch anschließend beim Bearbeiten des Rücksetzeingangs wieder zurück **(Bild 2).** Für den Rest der Programmbearbeitung bleibt der Speicheroperand zurückgesetzt. Man sagt, der SR-Speicher sei *rücksetzdominant*[1]. Ist der Speicheroperand ein Ausgang (`Q`), findet dieses kurzzeitige Setzen nur im Prozessabbild der Ausgänge statt, der Ausgang auf der dazugehörigen Ausgabebaugruppe wird nicht beeinflusst.

Wenn dagegen beim RS-Speicher am Setz- und Rücksetzeingang gleichzeitig ein 1-Signal ansteht, setzt die CPU mit dem zuerst bearbeiteten Rücksetzeingang den Speicheroperanden zurück, setzt ihn jedoch anschließend beim Bearbeiten des Setzeingangs wieder. Für den Rest der Programmbearbeitung bleibt der Speicheroperand gesetzt. Man sagt, der RS-Speicher sei *setzdominant*[1]. Ist der Speicheroperand ein Ausgang, gilt gleiches wie beim RS-Speicher. Soll sichergestellt sein, dass der Speicheroperand nach abgeschalteter Spannung ein 0-Signal hat, sollte ein Merker verwendet werden, der nicht remanent einstellbar ist (z. B. Merker-Byteadresse > 143). Dieses unterschiedliche Speicherverhalten verwendet man, wenn z. B. bei Fehlbedienung eine Funktion unterbleiben soll.

Speicherfunktionen können mithilfe einer UND-Verknüpfung am Setzeingang gegenseitig verriegelt werden (Bild 2). Der Speicheroperand kann nur gesetzt werden, wenn der jeweils andere Speicheroperand ein 0-Signal hat. Beim Verriegeln über den Rücksetzeingang wird der Speicheroperand zwar gesetzt, aber anschließend sofort wieder zurückgesetzt.

Beispiel: Bei einer Bügelsäge werden die Werkstücke pneumatisch gespannt **(Bild 3).** Mit einem Taster (S1) wird der Spannvorgang ausgelöst. Mit einem Taster (S2) kann der Spannvorgang rückgängig gemacht werden. Der Spannvorgang darf aber nur unterbrochen werden, wenn die Säge sich in ihrer Grundstellung befindet (B3).

Wichtige Speicherfunktionen sind die rücksetzdominante SR-Funktion und die setzdominante RS-Funktion.

[1] lat. dominari = herrschen, vorherrschen

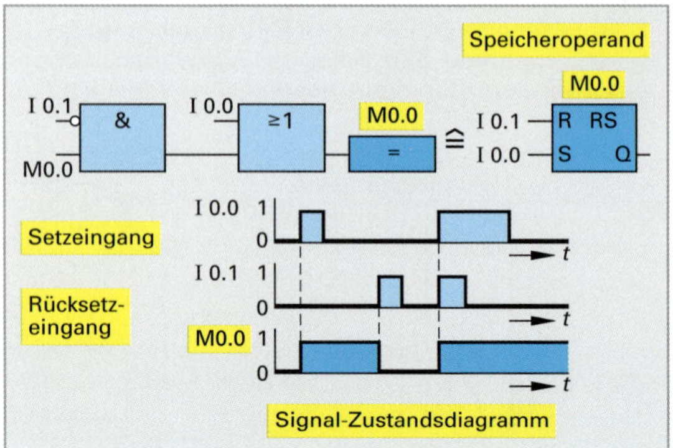

Bild 1: RS-Speicher

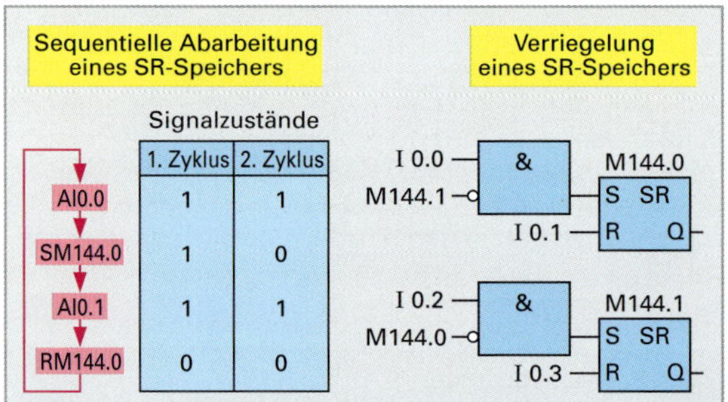

Bild 2: Sequentielle Bearbeitung und Verriegelung von Speichern

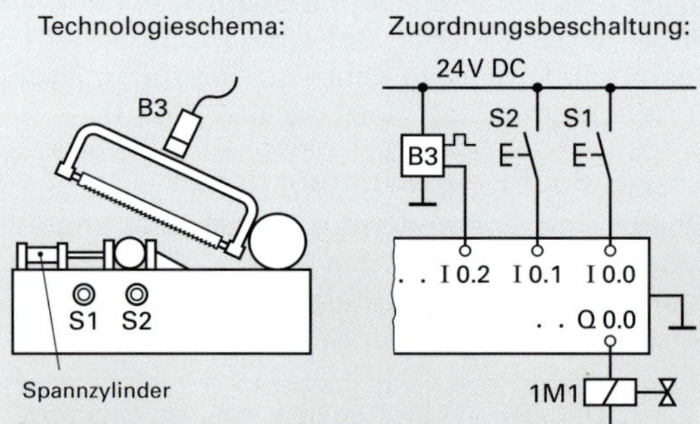

Symboltabelle:

Symbol	Adresse	Datentyp	Kommentar
Werkstück spannen (S1)	I 0.0	BOOL	
Werkstück lösen (S2)	I 0.1	BOOL	
Grundstellung Säge (B3)	I 0.2	BOOL	
Spannzylinder (1M1)	Q 0.0	BOOL	

FUP:

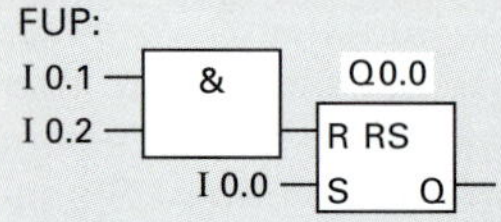

CoDeSys (ST)

```
SRInst(SET1:=S1,
RESET:=(S2 and B3));
_1M1:=SRInst.Q1;
```

Bild 3: Beispiel für einen RS-Speicher

2.8.3.3 Flankenauswertung

Mit einer Flankenauswertung erfasst man die Änderung eines Signalzustands, eine Signalflanke. Eine positive (steigende) Flanke liegt vor, wenn das Signal von Zustand „0" nach Zustand „1" wechselt. Im umgekehrten Fall spricht man von einer negativen (fallenden) Flanke **(Bild 1).** Mithilfe eines Dauersignals wird ein Impuls gebildet, der während der Programmabarbeitung in einer SPS einen Zyklus lang den Signalwert „1" hat. Da während eines jeden Programmzyklus der Signalzustand eines binären Verknüpfungsergebnisses mit dem Signalzustand des vorherigen Verknüpfungsergebnisses verglichen wird, können Änderungen festgestellt werden. In einem Flankenoperand wird deshalb das Verknüpfungsergebnis des vorangegangenen Zustands gespeichert.

In **Bild 2** sind zwei Möglichkeiten für eine positive Flankenauswertung dargestellt. Der Signalzustand zwischen der UND-Funktion und der SR-Speicherfunktion wird mithilfe der Konnektorfunktion in einem Impulsoperand gespeichert. Dieser kann an anderer Stelle im Programm wieder abgefragt werden.

Wie bei der positiven Flankenauswertung ist auch bei der negativen Flankenauswertung ein Vergleich des vorangegangenen und des aktuellen Zustands eines Signals erforderlich. Hat der Flankenoperand den Signalwert „1" und das auszuwertende Signal den Zustand „0", liegt eine negative Flanke vor. In **Bild 3** sind zwei Möglichkeiten für eine negative Flankenauswertung dargestellt.

Meistens ist im Operationsvorrat einer SPS bereits eine positive und eine negative Flankenauswertung vorhanden **(Bild 4).** Der Impulsoperand kann an anderen Stellen im Programm wieder abgefragt werden. Am Beispiel des Operators zur Auswertung einer negativen Signalflanke wird dargestellt, dass eine Flankenauswertung auch ohne Impulsoperand möglich ist. Hier wird mit dem Verknüpfungsergebnis der Flankenauswertung direkt ein Ausgang mit einer SR-Speicherfunktion gesetzt.

Zur Programmierung eines Anwenderprogramms können die binären Verknüpfungen UND und ODER und die Negation eingesetzt werden. Für verschiedene Verhalten bei der Signalspeicherung stehen die SR-Funktion und RS-Funktion zur Verfügung. Die Änderung eines Signalzustands kann mit einer Flankenauswertung erfasst werden.

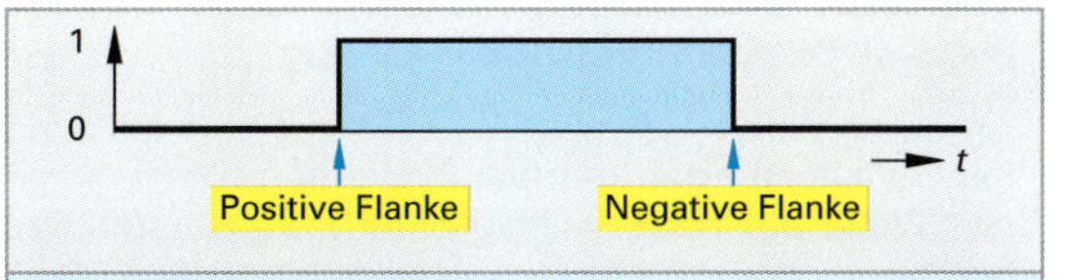

Bild 1: Signalflanken

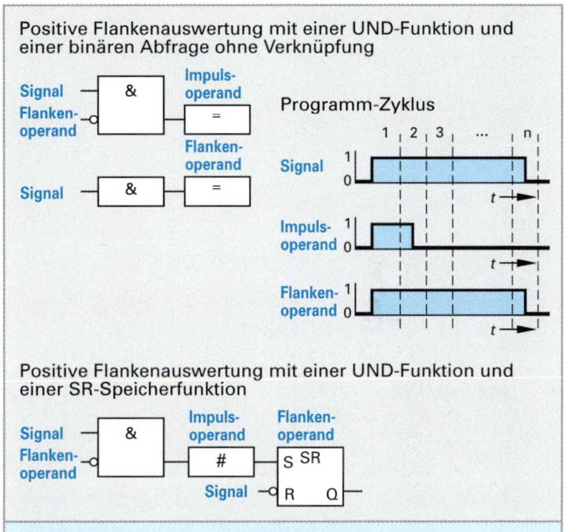

Bild 2: Positive Signalflankenauswertung

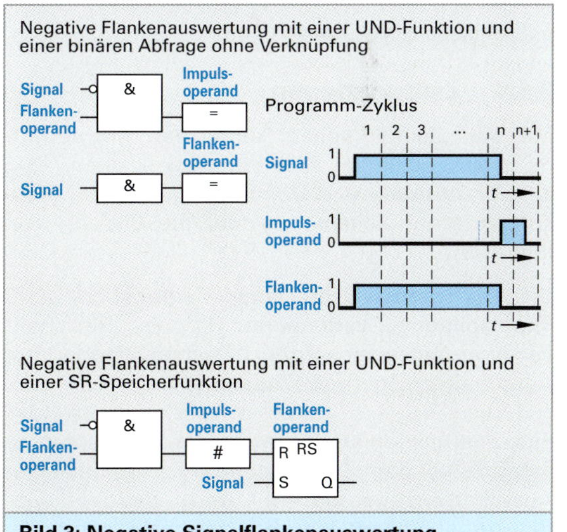

Bild 3: Negative Signalflankenauswertung

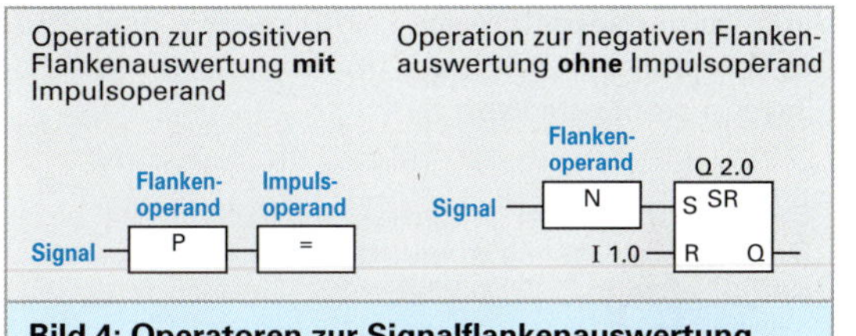

Bild 4: Operatoren zur Signalflankenauswertung

Beispiel: Drehrichtungsüberwachung

An einer Werkzeugmaschine soll die Drehrichtung der Arbeitsspindel überwacht werden. Dazu ist an der Welle ein Nocken angebracht. Zwei induktive Sensoren sprechen je nach Drehrichtung der Welle in unterschiedlicher Reihenfolge an. Auf Grund der Länge des Nockens reagieren im Bereich eines bestimmten Drehwinkels beide Sensoren gleichzeitig.

Die Rechtsdrehung wird erkannt, wenn `B1` ein Signal weitergibt und die positive Signalflanke von `B2` erkannt wird. Bei Linksdrehung gibt `B2` ein Signal weiter und es wird die positive Signalflanke von `B1` erkannt. Die Drehrichtung wird mit zwei Leuchtmeldern `P1` und `P2` angezeigt. Die Freigabe der Drehrichtungserkennung erfolgt mittel `S1`.

CoDeSys Programm in ST:

```
B2_Pos_FI(CLK:=B2);
RS_P1(SET:=(B1 AND B2_POS_FI.Q),RESET1:=
(B2 AND B1_Pos_FI.Q OR NOT S1));
P1:=RS_P1.Q1;
B1_Pos_FI(CLK:=B1);
RS_P2(SET:=(B2 AND B1_Pos_FI.Q),RESET1:=
(B1 AND B2_Pos_FI.Q OR NOT S1));
P2:=RS_P2.Q1;
```

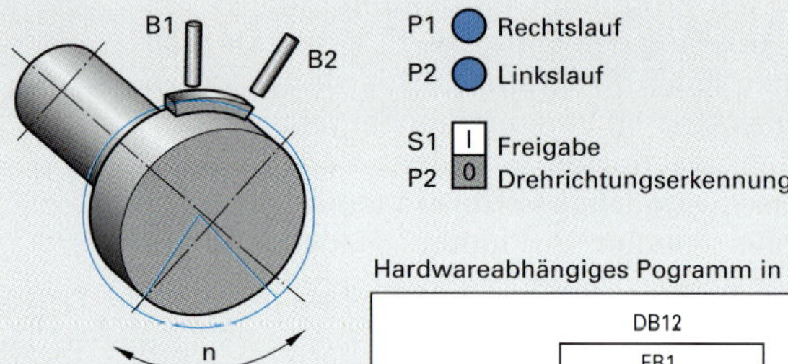

Hardwareabhängiges Pogramm in FUP:

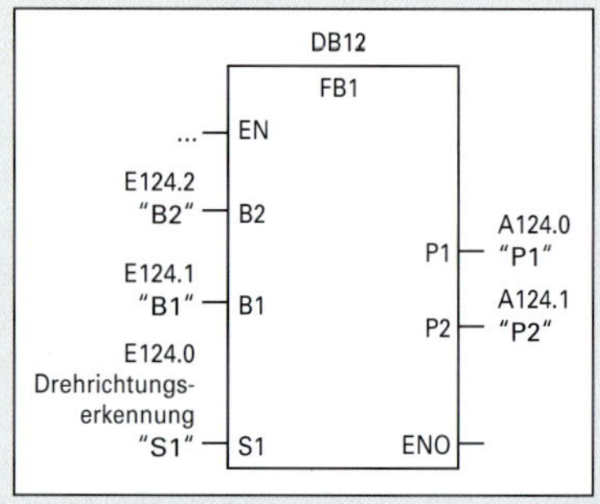

FB1: (nur Rechtsdrehung dargestellt)
Rechtsdrehung:

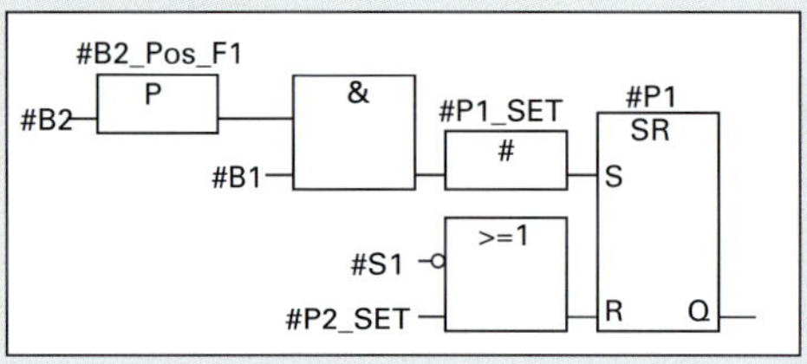

Bild 1: Drehrichtungsauswertung

2.8.4 Zeitfunktionen

Mit den Zeitfunktionen kann man programmtechnisch zeitliche Abläufe verwirklichen, wie z. B. Wartezeiten und Überwachungszeiten, Messungen einer Zeitspanne oder die Bildung von Impulsen.

Die Verhaltensweisen einer Zeitfunktion sind: Impulsbildung, verlängerter Impuls, Einschaltverzögerung, speichernde Einschaltverzögerung, Ausschaltverzögerung **(Tabelle 1)**.

Eine Zeitfunktion startet, wenn das Verknüpfungsergebnis vor dem Starteingang wechselt. Bei einer Ausschaltverzögerung (SF) muss das Verknüpfungsergebnis von 1 nach 0 wechseln, alle anderen Zeitfunktionen werden mit einem Wechsel des Verknüpfungsergebnisses von 0 nach 1 gestartet. Die Vorgabe der Zeitdauer übernimmt der am TV-Eingang stehende Wert.

Tabelle 1: Zeitfunktionen

Starten der Zeit als	Start-signal	FBS/FUP	AWL
Impuls		<Operand> SP <Zeitwert> TV	L <Zeitwert> SP <Operand>
Verlängerter Impuls		<Operand> SE <Zeitwert> TV	L <Zeitwert> SE <Operand>
Einschalt-verzögerung		<Operand> SD <Zeitwert> TV	L <Zeitwert> SD <Operand>
Speichernde Einschalt-verzögerung		<Operand> SS <Zeitwert> TV	L <Zeitwert> SS <Operand>
Ausschalt-verzögerung		<Operand> SF <Zeitwert> TV	L <Zeitwert> SF <Operand>

Das Eingabeformat ist herstellerspezifisch. Bei einer S7-SPS wird die Zeitdauer als `S5T#..h..m..s..ms` angegeben (z. B. `S5T#5s` für eine Zeitdauer von 5 Sekunden).

Der Zeitstatus steht am Ausgang `Q` an. Der Zeitstatus kann auch mit einem binären Funktionseingang abgefragt werden. Der Ausgang `Q` muss nicht beschaltet werden.

Zeitfunktionen nach IEC 61131-3 (Bild 1) sind die Einschaltverzögerung, die Ausschaltverzögerung und die Impulszeit. Die **Einschaltverzögerung TON** verzögert eine steigende Flanke um die Zeit `PT`. Eine steigende Flanke am Eingang `IN` hat nach Ablauf der Zeitdauer `PT` eine steigende Flanke am Ausgang `Q` zur Folge. `Q` bleibt dann so lange gesetzt, bis der Eingang `IN` nach `0` wechselt. Falls der Eingang `IN` nach `0` wechselt, bevor die Zeit `PT` abgelaufen ist, bleibt der Ausgang `Q` auf `0`. Der Ausgang `ET` liefert die Zeit, die seit der letzten steigenden Flanke am Eingang `IN` vergangen ist, jedoch höchstens bis zum Wert des Eingangs `PT` . `ET` wird zurückgesetzt, wenn der Eingang `IN` nach `0` wechselt.

Die **Ausschaltverzögerung TOF** verzögert eine fallende Flanke um die Zeit `PT`. Eine steigende Flanke am Eingang `IN` bewirkt eine steigende Flanke am Ausgang `Q`. Die **Impulszeit TP** erzeugt einen Impuls der Länge `PT`. Eine steigende Flanke am Eingangs `IN` bewirkt den Start des Impulses.

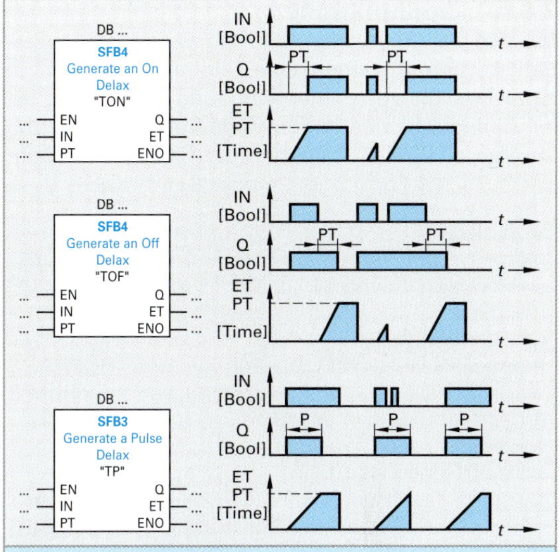

Bild 1: Zeitfunktionen nach IEC 61131-3

Beispiel: Zweihandbedienung

Bei Arbeiten an Pressen, Stanzen oder Scheren besteht erhöhte Unfallgefahr. Um Unfallgefahren zu verringern, werden Zweihandbedienungen eingesetzt, die mit einem Zeitverhalten ausgerüstet sind. Nach UVV sind Zweihandbedienungen mit Zeitverhalten so auszurüsten, dass innerhalb von 0,5 Sekunden beide Signalgeber betätigt werden müssen (Bild 2). Werden innerhalb von 0,5 Sekunden Taster `S3` und `S4` betätigt, lässt sich die Abkantpresse starten. Wird nur einer der Taster gedrückt und es verstreichen mehr als 0,5 Sekunden bis zur Betätigung des zweiten Tasters, so verhindert das 1-Signal der abgelaufenen Zeitfunktion `SFB4` ein Setzen des Ausgangs `Presse_zu_1M10`. Erst nachdem beide Taster losgelassen wurden (0-Signal), kann der Startvorgang wieder ausgelöst werden.

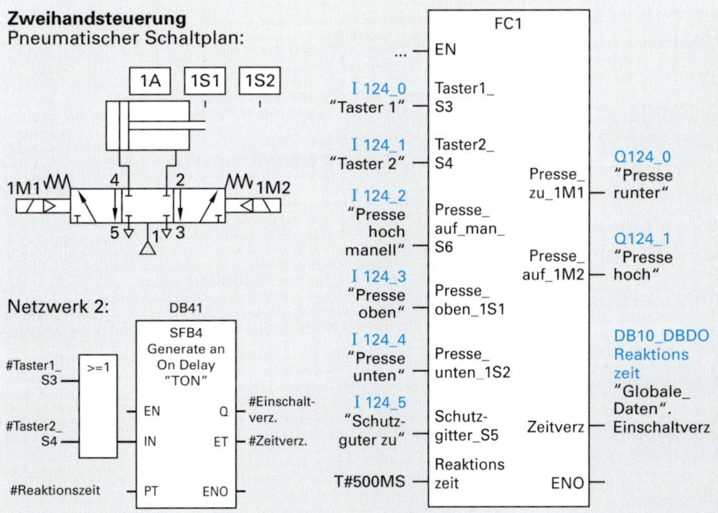

Hardwareabhängiges Programm in FUP:
FC1-Deklarationen

Name	Datentyp	Adresse
IN		
Taster1_S3	Bool	0.0
Taster2_S4	Bool	0.1
Presse_auf_man_S6	Bool	0.2
Presse_oben_1S1	Bool	0.3
Presse_unten_1S2	Bool	0.4
Schutzgitter_zu_S5	Bool	0.5
Reaktionszeit	Time	2.0
OUT		
Presse_zu_1M1	Bool	6.0
Presse_auf_1M2	Bool	6.1
Zeitverz	Time	8.0
TEMP		
SP_1	Bool	0.0
Einschaltverz	Bool	0.1

Anmerkung: Die zugehörigen Netzwerke 1, 3, 4 sind nicht dargestellt.

Bild 2: Steuerung einer Abkantpresse (Auszug)

2.8.5 Zählfunktionen

Mit den Zahlfunktionen **(Bild 1)** können Zählaufgaben ausgeführt werden. Eine Zählfunktion enthält in einer Box die zusammenhängende Darstellung aller Zähloperationen in Form von Funktionsein- und ausgängen **(Bild 2)**. Adressiert wird in absoluter oder symbolischer Form, z. B. `C4` oder `Stückzahl 1`.

Vorwärtszählen CU[1]. Die Zählfunktion wird vorwärts gezählt, wenn das Verknüpfungsergebnis am Eingang `CU` von „`0`" nach „`1`" (positive Flanke) wechselt. Jeder Wechsel erhöht den Zählerwert um eine Einheit.

Rückwärtszählen CD[1]. Die Zählfunktion wird rückwärts gezählt, wenn das Verknüpfungsergebnis am Eingang `CD` von „`0`" nach „`1`" (positive Flanke) wechselt. Jeder Wechsel verringert den Zählerwert um eine Einheit.

Vorgabe des Zählwerts PV. Die Zählfunktion übernimmt beim Setzen den am Eingang `PV` stehenden Wert als Zählwert. Die Vorgabe des Zählwerts kann als Konstante erfolgen, z. B. `C#50` für Zählwert `50`.

Zähler setzen S. Ein Zähler wird gesetzt, wenn das Verknüpfungsergebnis vor dem Setzeingang S von „`0`" nach „`1`" (positive Flanke) wechselt. Zähler setzen heißt, die Zählfunktion wird auf einen Anfangswert gesetzt **(Bild 3)**.

Zähler rücksetzen R. Eine Zählfunktion wird rückgesetzt, wenn am Rücksetzeingang R der Signalzustand „`1`" ansteht. Das Rücksetzen der Zählfunktion setzt den Zählwert auf „`Null`".

Zählwert abfragen CV/CV_BCD. Der Ausgang CV stellt den aktuellen Zählwert dual codiert und der Ausgang CV_BCD stellt den aktuellen Zählwert BCD-codiert zur Verfügung **(Bild 4)**.

Zählerstatus abfragen Q. Der Ausgang `Q` führt Signalzustand „`1`" wenn der aktuelle Zählwert größer als Null ist.

Zählfunktionen nach IEC 61131-3 Der Zähler **CTU (Bild 5)** kann vorwärtszählen. Er wird bei einer steigenden Flanke am Eingang `CU` um `1` erhöht. Erreicht der Zählwert die obere Grenze `+32767` wird er nicht mehr erhöht. Jede weitere steigende Flanke am Eingang `CU` bleibt dann ohne Wirkung.

[1] engl. to count = zählen; engl. up = nach oben; engl. down = nach unten

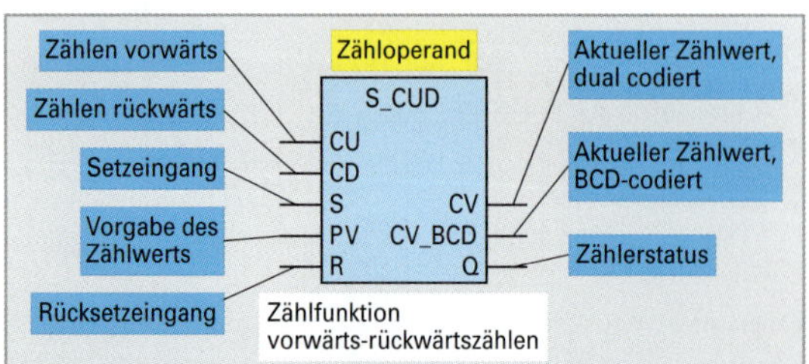

Bild 1: Zählfunktion vollständig

Der Pegel `1` am Eingang `R` bewirkt das Rücksetzen de Zählers auf den Wert `0` unabhängig davon, welcher Wert am Eingang `CU` anliegt.

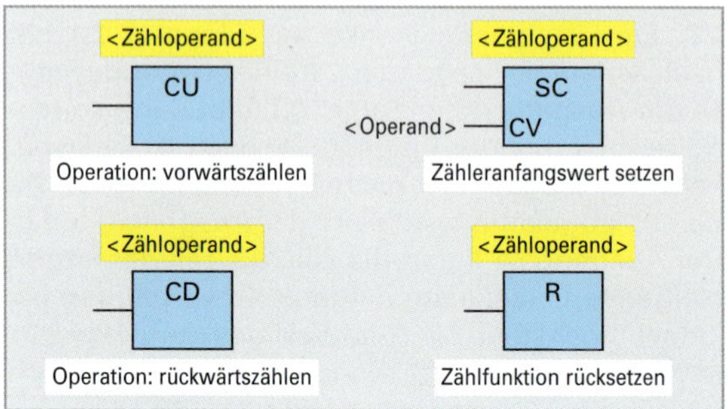

Bild 2: Einzelelemente von Zählfunktionen

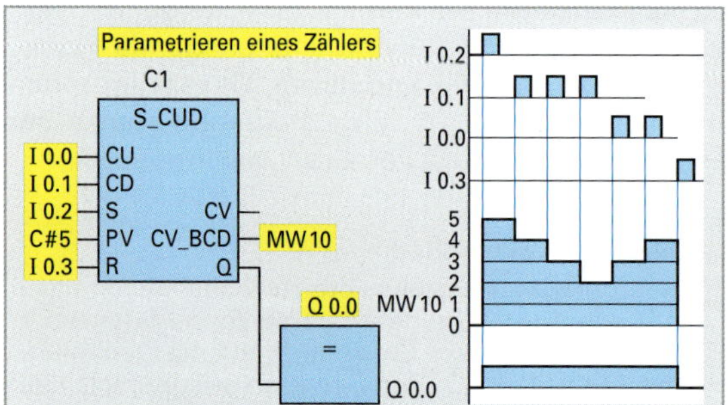

Bild 3: Signalverlauf eines Zählers

Byteadresse	Bitadresse								
	7	6	5	4	3	2	1	0	
12									
11									MW 10
10									
9									

⋮ Speicherung des Zählwertes 5 im MW 10 (= MB 10 u. MB 11)

Bild 4: Speicherung eines Zählwerts

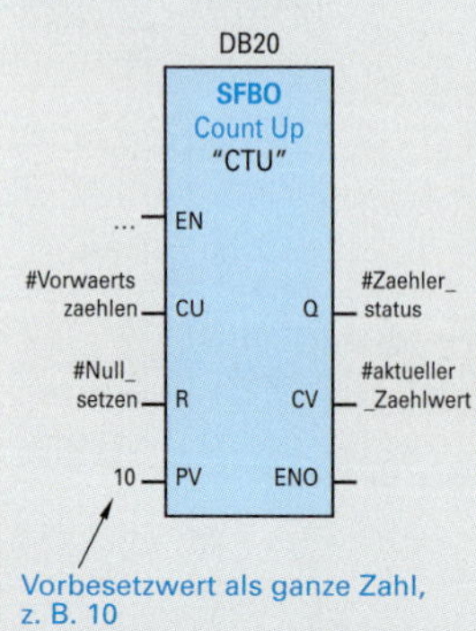

Deklarationen

Name	Daten-typ	Adres-se
IN		
Vorwaertszaehlen	Bool	0.0
Null_setzen	Bool	0.1
OUT		
aktueller_Zaehlwert	Int	2.0
Zaehler_status	Bool	4.0
TEMP		

Bild 5: Vorwärtszähler nach IEC 61131-3

Der Zähler **CTD (Bild 1)** kann rückwärtszählen. Der Zähler wird bei einer steigenden Flanke am Eingang CD um 1 erniedrigt. Erreicht der Zählwert die untere Grenze – 2768, so wird er nicht mehr erniedrigt. Jede weitere steigende Flanke am Eingang CD bleibt dann ohne Wirkung.

Der Zähler **CTUD (Bild 2)** kann vorwärts- und rückwärtszählen. Der Zähler wird bei einer steigenden Flanke am Eingang CU um 1 erhöht, CD um 1 erniedrigt. Die Zählwertgrenzen sind wie bei CTD und CTU – 32768 und 32767. Falls in einem Zyklus sowohl am Eingang CU als auch am Eingang CD eine steigende Flanke vorliegt, behält der Zähler seinen aktuellen Wert.

Der Pegel 1 am Eingang LOAD bewirkt, dass der Zähler auf den Vorbesetzwert PV voreingestellt wird. Dies geschieht unabhängig davon, welche Werte an den Eingängen CU und CD anliegen. Der Pegel 1 am Eingang R bewirkt das Rücksetzen des Zählers auf den Wert 0 unabhängig davon, welche Werte an den Eingängen CU, CD und LOAD anliegen.

Beispiel: Verpackungsanlage (Bild 3). An einer Station einer automatischen Verpackungsanlage werden Kartons von einem Roboter mit jeweils vier Flaschen befüllt. Ist ein Karton voll, so muss das Förderband einen leeren Karton zuführen.

Ist ein Karton befüllt, der Zähler auf 0 und der Roboter in Aufnahmeposition, läuft der Bandmotor an, bis ein nachfolgender leerer Karton die Befüllposition (B3) erreicht hat. Mit dem 1-Signal von Sensor B3 wird der Zähler auf den Zählwert 4 gesetzt. Jedes Mal wenn eine Flasche auf dem Zuführband ankommt, setzt dabei der Sensor B2 den Zähler um einen Wert zurück.

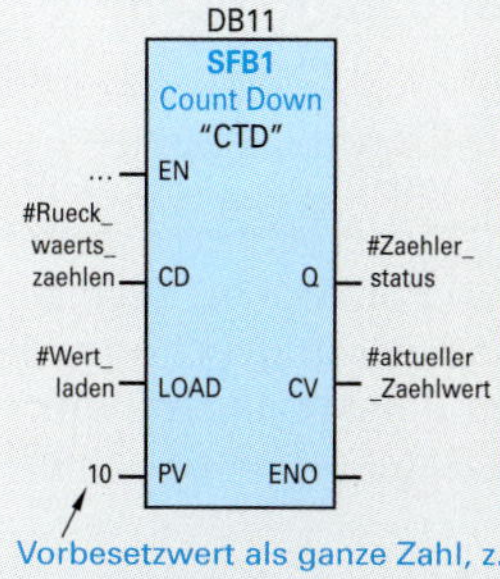

Deklarationen

Name	Datentyp	Adresse
IN		
Rueck_waerts_zaehlen	Bool	0.0
Wert_laden	Bool	0.1
OUT		
aktueller_Zaehlwert	Int	2.0
Zaehler_status	Bool	4.0
TEMP		

Bild 1: Rückwärtszähler nach IEC 61131-3

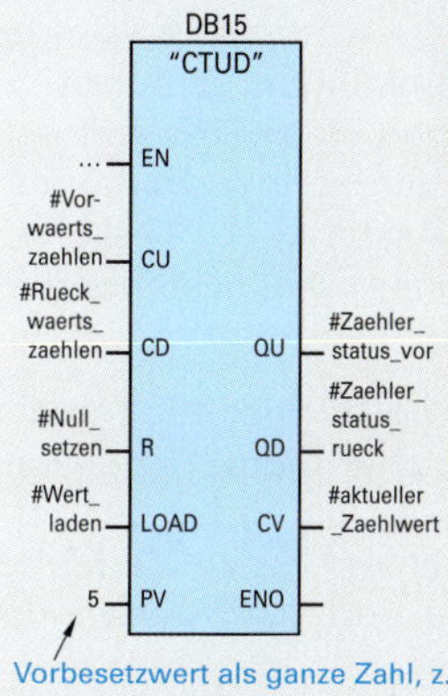

Deklarationen

Name	Datentyp	Adresse
IN		
Vorwaerts_zaehlen	Bool	0.0
Rueck_waerts_zaehlen	Bool	0.1
Null_setzen	Bool	0.2
Wert_laden	Bool	0.3
OUT		
aktueller_Zaehlwert	Int	2.0
Zaehler_status_vor	Bool	4.0
Zaehler_status_rueck	Bool	4.1
TEMP		

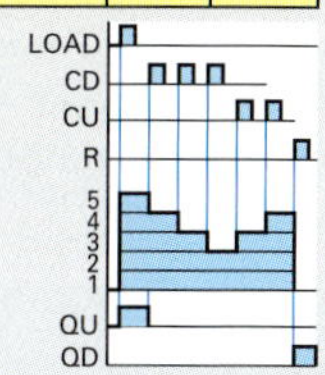

Bild 2: Vorwärts- und Rückwärtszähler nach IEC 61131-3

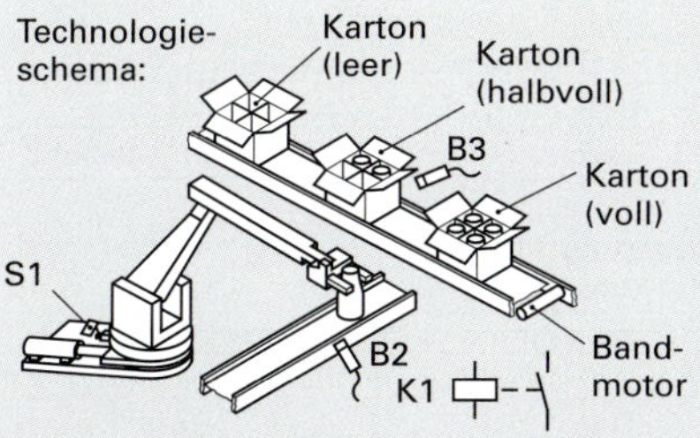

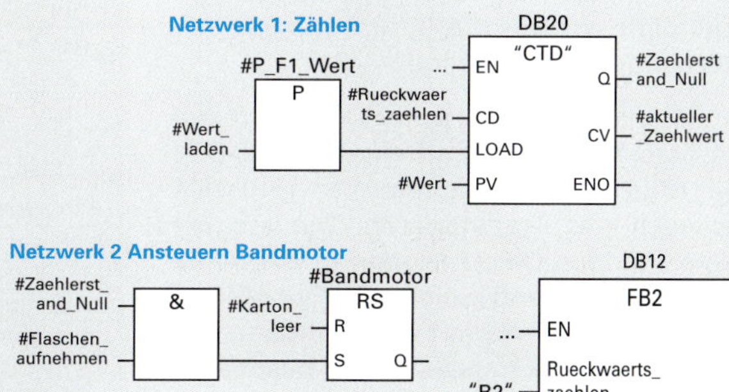

Hardwareabhängiges Programm in FUP:

Symboltabelle:

Symbol	Adresse	Datentyp	Kommentar
Q1	A 124.0	BOOL	Förderbandmotor
DB15	DB 15	DB 15	
S1	E 124.0	BOOL	Flasche aufnehmen
B2	E 124.2	BOOL	Anzahl Flaschen
B3	E 124.3	BOOL	Karton_leer
Zaehler	FB 2	FB 2	
CTD	SFB 1	SFB 1	Count Down

CoDeSys Programm in ST

```
KartonLeer (CLK:=B3_Karton);
Zaehler(CD:=B2_Anz, LOAD:=
KartonLeer.Q,PV:=4,CV=>
akt_Wert);
Voll:=Zaehler.Q;
Band(SET1:=(Voll AND S1_
naechsre_F1),RESET:=
B3_Karton);
Motor:=Band.Q1;
```

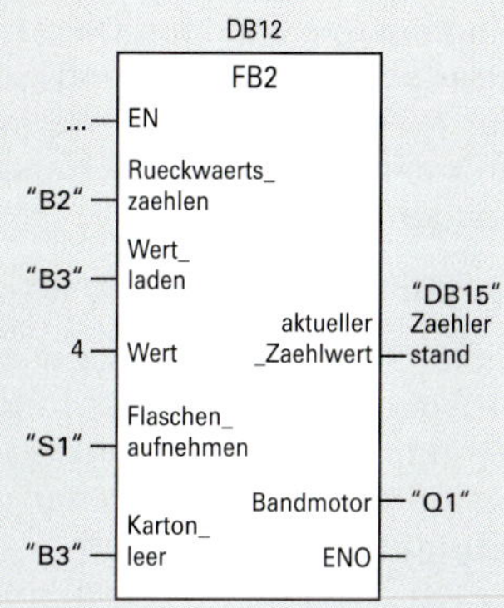

Bild 3: Steuerung einer Verpackungsanlage

2.8.6 Arithmetische und numerische Funktionen

Die meisten Steuerungen verfügen über arithmetischen Funktionen (Grundrechnungsarten, **Tabelle 1**) und numerische Funktionen (Winkelfunktionen, Potenzieren, Radizieren und Logarithmieren, **Tabelle 2**). Bei dem Einsatz dieser Funktionen ist auf die möglichen Datentypen zu achten.

2.8.7 Übertragungfunktionen und Programmsteuerfunktionen

Lade- und Transferfunktionen

Die Lade- und Transferfunktionen gehören zu den **Übertragungsfunktionen** einer SPS. Mit den Lade- und Transferfunktionen können Daten von einer Datenquelle in den Akkumulator (Akku) einer SPS geladen und zu einem Datenziel übertragen werden.

Der Akkumulator (Arbeitsregister) ist ein Teil der CPU, der als Zwischenspeicher dient. Für Datenquelle und Datenziel können Operanden der Länge Byte, Wort und Doppelwort, bzw. Variablen in den Formaten INT, DINT und REAL verwendet werden.

In der Programmiersprache AWL besteht die Ladefunktion aus der Operation L und einem digitalen Operanden **(Tabelle 3)**. Damit werden die Informationen der Datenquelle in den Akku übertragen. Die Transferfunktion besteht aus der Operation T und einem digitalen Operanden. Mit dieser Operation werden die Informationen aus dem Akku zu einem Datenziel gebracht.

In der Funktionsbausteinsprache FUP wird die Lade- und Transferfunktion mit einer MOVE-Box dargestellt **(Bild 1)**. Diese enthält sowohl das Laden als auch das Transferieren. Die am IN-Eingang anstehenden Daten werden in den Akku geladen und anschließend gleich zum Operanden am Ausgang OUT transferiert. Der Eingang EN und der Ausgang ENO müssen nicht beschaltet werden.

Programmsteuerfunktionen

Viele Steuerungsaufgaben sind mit sequentiell arbeitenden Programmen nicht lösbar. Daher ist bei den meisten Steuerungen der Funktionsvorrat durch **Programmsteuerfunktionen** erweitert. Häufig benötigt werden Sprungfunktionen, mit denen Programmverzweigungen realisiert werden können. Es werden unbedingte und bedingte Sprünge unterschieden.

Tabelle 1: Arithmetische Funktionen

Funktion	Darstellung	Beschreibung
Addition	ADD_I: … —EN; #RechenW_1 —IN1; #RechenW_2 —IN2; OUT— #Ergebnis; ENO—	Addition zweier Variablen vom Datentyp INT in FBS/FUP
Multiplikation	MUL_DI: … —EN; #RechenW_1 —IN1; #RechenW_2 —IN2; OUT— #Ergebnis; ENO—	Multiplikation zweier Variablen vom Datentyp DINT in FBS/FUP
Division mit Quotient als Ergebnis	L #RechenW_1 L #RechenW_2 /R T #Ergenis	Division zweier Variablen vom Datentyp REAL in AWL

Tabelle 2: Numerische Funktionen

Funktion	Darstellung	Beschreibung
Quadratbildung	SQR: … —EN; #RechenW_1 —IN; OUT— #Ergebnis; ENO—	Bilden des Quadrats einer Variablen vom Datentyp REAL in FBS/FUP
sin	L #PHI SIN L #Strom *R L #Spannung *R L #B_Leistung	Berechnung des Sinus der Variablen PHI (Winkel) vom Datentyp REAL in AWL. Der Winkel muss im Bogenmaß vorgegeben werden
Exponentialfunktion zur Basis e	EXP: … —EN; #Hochzahl —IN; OUT— #Ergebnis; ENO—	Berechnung der Potenz aus e und der Hochzahl vom Datentyp REAL in FBS/FUP

Tabelle 3: Beispiele für Ladebefehle und Transferbefehle in AWL

Anweisung	Bemerkung
Ladebefehle	
Anweisung	**Bemerkung**
L IB 10	Lade Eingangsbyte 10
L QW 124	Lade Ausgangswort 124
L PIW 128	Lade Peripherieeingangswort 128
L –27648	Lade Integer-Zahl –27648 (Konstante)
L DB20.DBW2	Lade aus Datenbaustein 20 das Datenwort 2
Transferbefehle	
Anweisung	**Bemerkung**
T QB 124	Transferiere zu Ausgangsbyte 124
T PQW 130	Transferiere zu Peripherieausgangswort 130
T MW 100	Transferiere zu Merkerwort 100
T DB10.DBD40	Transferiere zu Datenbaustein 10 Daten-Doppelwort 40

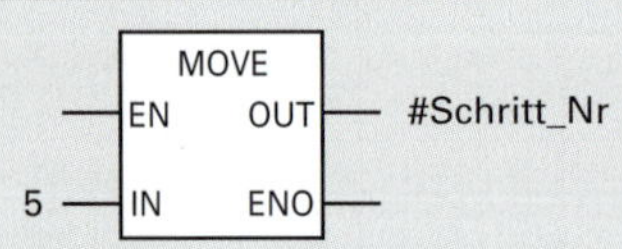

Beispiel: Zur Anzeige des aktuellen Schritts wird mit Hilfe der MOVE-Box die jeweilige Schrittnummer als Konstante im Format Integer in einem Lokaldatenspeicher abgelegt.

Bild 1: Lade- und Transferbefehl in FUP

Eine Auswahl an häufig verwendeten Programmsteuerfunktionen ist in **Tabelle 1** dargestellt.

Beispiel 1: Bedingter Sprung bei hardwareabhängiger Programmierung

```
        U E1.0
        U E1.2
        SPB DELE // Springe, wenn VKE=1,
                    zur Sprungmarke DELE
        .....
DELE    L 0
        T MB10
```

Beispiel 2: Bedingter Sprung bei Programmierung in CoDeSys

```
1  AND   TRUE   //Lade TRUE in Akkumulator
   ANDN  bVar1  // UND NICHT bVAR1
   JMPC  m1     //Wenn TRUE in Akkumulator
                //springe zu Marke „m1"
   LDN   bVar2  //speichere negierte bVar2
   ST    bRes   // in bRes
2        m1:
   LD    bVar2  // speichere bVar2
   ST    bRes   // in bRes
```

2.8.8 Digitale Operationen

Die Digitalfunktionen verarbeiten digitale Werte vorwiegend mit den Datentypen INT, DINT und REAL und erweitern so die Funktionalität einer SPS.

Vergleichsfunktionen

Mit Vergleichsfunktionen werden die Werte zweier Operanden des gleichen Datentyps verglichen (**Tabelle 2**). Das Ergebnis eines Vergleichs ist wahr oder nicht wahr und steht daher als boolescher Wert zur Verfügung. Es ist der Vergleich auf größer als, größer oder gleich, gleich, ungleich, kleiner oder gleich und kleiner als möglich. Als Operanden können Variable im Format `INT`, `DINT` oder `REAL` verwendet werden.

Tabelle 1: Beispiele für Programmsteuerfunktionen in AWL

Operation	Operand	Bedeutung
Bei hardwareabhängiger Programmierung		
Operation	**Operand**	**Bedeutung**
SPA	<Sprungmarke>	Springe unbedingt
SPB	<Sprungmarke>	Springe bedingt bei VKE = „1"
SPBN	<Sprungmarke>	Spinge bedingt bei VKE = „0"
Bei Programmierung mit CoDeSys		
Operation	**Operand**	**Bedeutung**
JMP	<Sprungmarke>	Springe unbedingt
JMPC	<Sprungmarke>	Springe bedingt, wenn das Ergebnis des vorhergehenden Ausdrucks TRUE ist
JMPNC	<Sprungmarke>	Springe bedingt, wenn das Ergebnis des vorhergehenden Ausdrucks FALSE ist

Tabelle 2: Vergleichsfunktionen

`GT` (greater than)	>	größer
`GE` (greater or equal)	>=	größer oder gleich
`EQ` (equal)	==	gleich
`NE` (not equal)	<>	ungleich
`LE` (less or equal)	<=	kleiner oder gleich
`LT` (less than)	<	kleiner

Beispiel 1: Montagearbeitsplatz (Bild 1)

An einem Montagearbeitsplatz müssen Werkstücke eingespannt werden, bevor die erforderlichen Arbeitsgänge ausgeführt werden. Einige Werkstücke dürfen nur mit geringeren Drücken eingespannt werden als andere, um Beschädigungen zu vermeiden. Daher wird mit einem Analogdrucksensor der aktuelle Spanndruck erfasst und mit einem Vorgabewert verglichen.

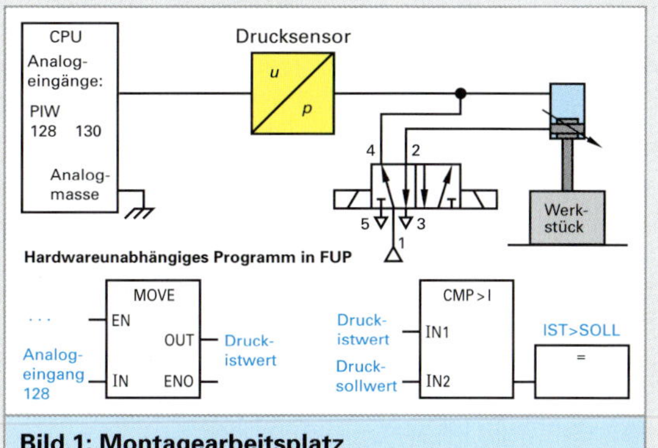

Bild 1: Montagearbeitsplatz

Schiebefunktionen

Schiebefunktionen dienen dazu, das Bitmuster einer Variablen um eine bestimmte Anzahl von Stellen nach rechts oder links zu verschieben. Die dabei frei werdenden Bitpositionen werden mit Nullen aufgefüllt. Die Operation *16 Bit links schieben* wird durch den Signalzustand „1" am Freigabeeingang EN aktiviert und schiebt die Bits 0 bis 15 vom Eingang IN bitweise nach links.

Eingang N gibt an, um wie viele Bits geschoben wird. Ist N größer als 16, schreibt der Befehl in Ausgang OUT eine 0. Die rechts frei werdenden Bitpositionen werden mit Nullen aufgefüllt. Das Ergebnis der Schiebeoperation kann am Ausgangsparameter OUT abgefragt werden.

Die Schiebefunktionen nach links oder nach rechts könnten auch durch eine Multiplikation oder Division mit Zweierpotenzen verwirklicht werden.

So kann die Schiebefunktion *zwei Stellen nach links schieben* eine Multiplikation mit 4 ersetzen. Die Schiebefunktion *vier Stellen nach rechts schieben* kann durch eine Division mit 16 ersetzt werden.

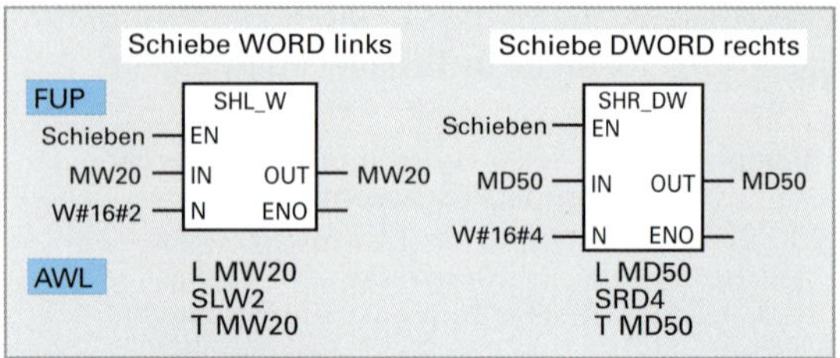

Bild 1: Schiebefunktionen

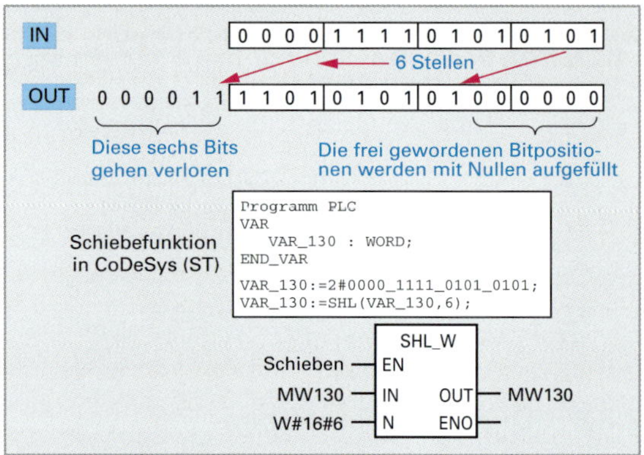

Bild 2: Schiebe Wort nach links

Beispiel: Rundtakttisch

Ein Rundtakttisch ist Teil einer Fertigungsanlage. Bei der Position Übergabe werden vorgebohrte Werkstücke von einer Bearbeitungseinrichtung weitergereicht. Im 1. Takt dreht der Tisch zur Prüfvorrichtung, die kontrolliert, ob das Werkstück für die nachfolgende Bearbeitung *Reiben* korrekt vorgebohrt wurde. War dies der Fall, so wird dies im Bit 0 des MW100 mit dem Wert 0 gespeichert. Wurde nicht ausreichend vorgebohrt, so wird der Wert 1 im Bit 0 des MW100 gespeichert. Bei dem nachfolgenden Takt dreht der Tisch das Werkstück zum Bearbeitungsschritt Reiben. Gleichzeitig wird mit der Schiebefunktion SHL (Schiebe Bit um eine Stelle nach links) der Inhalt des Merkerbit 100.0 nach Merkerbit 100.1 übertragen. Die Bearbeitung ‚Reiben' wird nicht ausgeführt, wenn im Merkerbit 100.1 der Wert 1 gespeichert ist. Im 3. Takt dreht der Tisch zur Position Weitergabe.

Gleichzeitig wird mit der Schiebefunktion SHL der Inhalt des Merkerbit 100.1 nach Merkerbit 100.2 übertragen. Nur wenn dort der Wert 0 gespeichert ist, wird von dieser Position aus das Werkstück zur nachfolgenden Station der Fertigungsanlage weitergereicht. Im anderen Fall wird am Bedientableau ein fehlerhaftes Werkstück gemeldet. Dieses muss dann entnommen werden und erst nach dem Quittieren taktet der Tisch weiter.

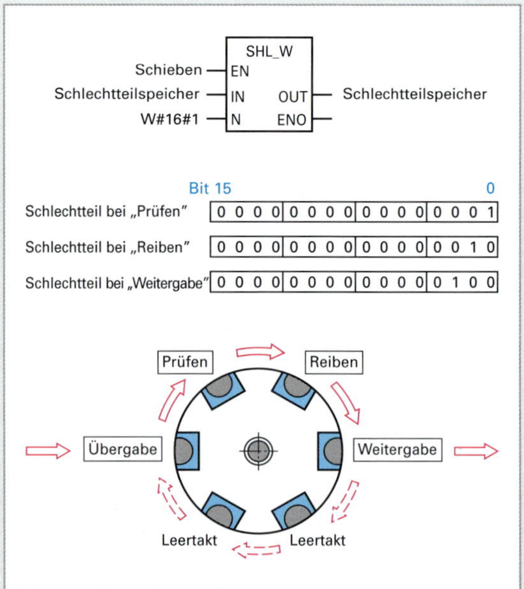

Bild 3: Rundtakttisch

2.8.9 Ablaufsteuerungen

2.8.9.1 Gliederung und Darstellung

Damit Programme übersichtlich werden und nicht nur vom Ersteller des Programms gelesen und verstanden werden können, soll strukturiert programmiert werden **(Tabelle 1)**. Dafür teilt man Programme in einzelne Netzwerke ein, die jeweils nur einen zusammenhängenden Verknüpfungsbaum enthalten. Mehrere Netzwerke, die inhaltlich zusammengehören, können dann in Funktionen (FC) oder Funktionsblocks zusammengefasst werden. In welcher Reihenfolge diese aufgerufen werden, wird im Organisationsbaustein OB1 festgelegt. Die Funktionen werden mit fortlaufender Nummer unterschieden. Für besondere komplexe Funktionsabläufe bieten die Steuerungshersteller auch fertige Programmbausteine, Funktionen (FC) und Funktionsbausteine (FB), die nur noch zu parametrieren sind. Um komplette Programme oder Programmteile testen zu können, liefern die Steuerungshersteller meist eine Software-SPS mit. Diese ist Bestandteil der Programmiersoftware, arbeitet jedoch wie eine reale SPS. Damit ist es möglich, das Programm online zu beobachten, bevor die Steuerung aufgebaut wird.

Steuerungen verfügen meist über die Betriebsarten Automatikbetrieb und Handbetrieb. Auch dafür wird ein gesonderter Baustein programmiert. Im Handbetrieb werden die einzelnen Steuerfunktionen schrittweise auf Tastendruck ausgeführt. Der **Baustein für die Ablaufkette** enthält für jeden Steuerungszustand einen sogenannten Schrittmerker und die Schaltfunktion mit den Weiterschaltbedingungen zum Setzen des nachfolgenden Schrittes. Diese Weiterschaltbedingung nennt man auch Transitionen[1]. Der **Baustein Befehlsausgabe** enthält die Ausgabebefehle, die von den einzelnen Schritten und von de Betriebsarten abhängen. Mit diesem Baustein werden die Stellglieder angesteuert. Im **Baustein für die Meldung/Diagnose** werden Schaltfunktionen definiert, die irreguläre Zustände und Störungen melden.

Die grafische Darstellung einer Ablaufsteuerung erfolgt mit einem Programmablaufplan nach DIN EN 60848 oder IEC 61131-3. DIN EN 60848 wird als GRAFCET bezeichnet, eine Abkürzung aus dem französichen **GRA**phe **F**onctionnel de **C**ommande **E**tape **T**ransistion (siehe Seite 37ff.). Die Schritte werden mithilfe von Quadraten symbolisiert **(Bild 1)**.

[1] Transition von lat. transitus = Übergang

Tabelle 1: Strukturierte Programmierung

Gliederung	Aufgaben
Organisationsbaustein OB 1 Bausteinaufruf BA: FC 1 ⇓ Netzwerk 1 Netzwerk 2 : Netzwerk xx Bausteinende BE:	Betriebsarten Start, Stopp Automatik Handbetrieb
Bausteinaufruf BA: FC 2 ⇓ Netzwerk 1 Netzwerk 2 : Netzwerk xx Bausteinende BE:	Ablaufkette Weiterschalt-bedingungen
Bausteinaufruf BA: FC 3 ⇓ Netzwerk 1 Netzwerk 2 : Netzwerk xx Bausteinende BE:	Befehlsausgabe Steuerungs-befehle
Bausteinaufruf BA: FC 4 ⇓ Netzwerk 1 Netzwerk 2 : Netzwerk xx Bausteinende BE:	Meldungen Diagnose

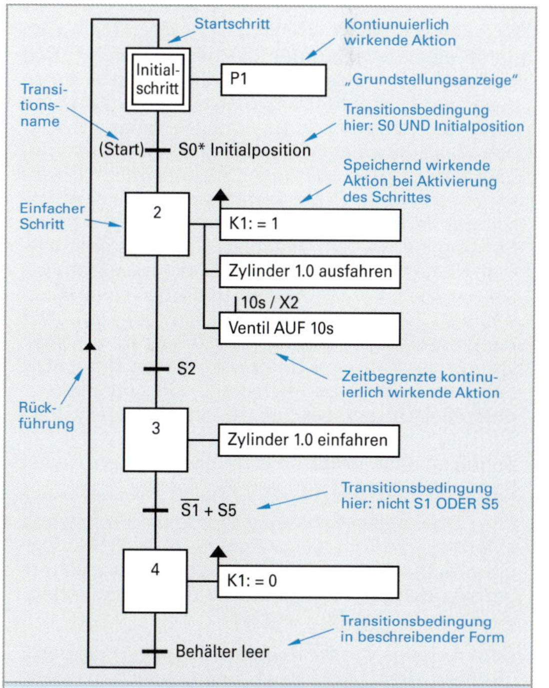

Bild 1: Darstellung einer sequentiellen Ablaufsteuerung nach DIN EN 60848

Wirklinien verbinden die einzelnen Schritte. Die Übergänge (Transitionen) werden mit einem Querstrich auf der Wirklinie dargestellt. Neben jedem Schrittsymbol werden in einem rechteckigen Feld die Aktionen/Befehle gezeigt.

Jeder Schritt *n* enthält als zentrales Funktionselement einen Schrittmerker, der mit einer SR-Speicherfunktion gesetzt wird **(Bild 1)**.

Der Schrittmerker kann nur gesetzt werden, wenn der vorhergehende Schritt *n*-1 gesetzt ist UND die Weiterschaltbedingungen erfüllt sind.

Die Weiterschaltbedingungen leiten sich einerseits aus dem Prozess ab, z. B. Füllstand erreicht und andererseits auch aus der Betriebsartensteuerung. In der Betriebsart „Automatik" folgt ein Schritt nach dem anderen, wenn die prozessabhängigen Weiterschaltbedingungen erfüllt sind. In der Betriebsart „Einzelschritt" darf erst weitergeschaltet werden, wenn der nächste Schritt über Tastendruck ausgelöst wird. Der Schrittmerker wird zurückgesetzt, wenn der Schrittmerker *n*+1 des Folgeschritts gesetzt wird, ODER wenn der Programmbetrieb ausgeschaltet wird und zur Grundstellung oder einem anderen Schritt gesprungen werden soll.

2.8.9.2 Beispiel einer Ablaufsteuerung

Ein Farbrührwerk soll mit ungemischter Farbe durch eine Elektropumpe M1 gefüllt werden **(Bild 2)**. Anschließend soll für T1 = 10 s die Farbe durch den Rührwerksantrieb M2 umgerührt werden, und dann die Farbe durch ein Ventil abgelassen werden. Das Füllen der Farbe in den Rührbehälter wird über einen Füllstandssensor S3 überwacht. Dieser spricht mit einer Schließerfunktion an. Das Ablassen der Farbe meldet ein Drucksensor S4 (Öffnerfunktion bei leerem Behälter). Der Automatikbetrieb für das Rührwerk wird über einen Tastschalter S1 eingeschaltet (Schließer) und über einen Tastschalter S2 ausgeschaltet (Öffnerfunktion). Der Pumpenmotor wird durch das Schütz Q1 geschaltet und der Rührwerksmotor durch das Schütz Q2. Das Ablassventil ist im nicht betätigten Zustand durch Federdruck geschlossen und wird zum Öffnen von der SPS geschaltet. Bei Störung soll jederzeit der Ablauf ausgeschaltet und mit einem Taster S5 der Behälter entleert werden können.

Zum Entwurf der Schaltung wurde der Programmablauf nach IEC 1131-3 gezeichnet **(Bild 3)**. Der Programmablaufplan beginnt mit dem Anfangsschritt, der die Ausgangslage darstellt. In der Ausgangslage muss der Behälter leer sein.

Dem Anfangsschritt folgen die Schritte „Pumpen", „Rühren" und „Ablassen". Befindet sich die Anlage nicht im Anfangsschritt, so muss der Anfangsschritt von Hand hergestellt werden können (S5).

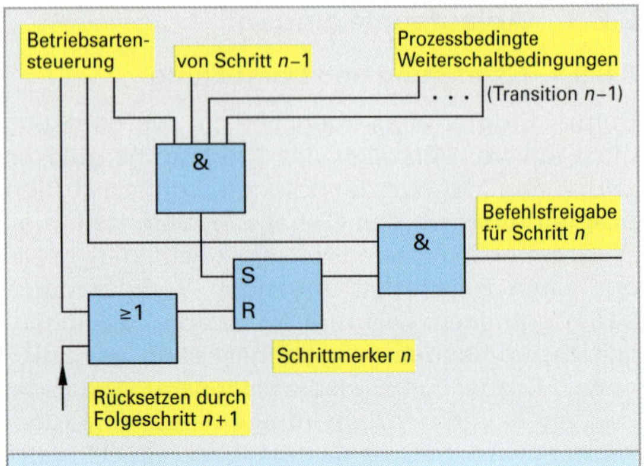

Bild 1: Struktur eines Schrittes

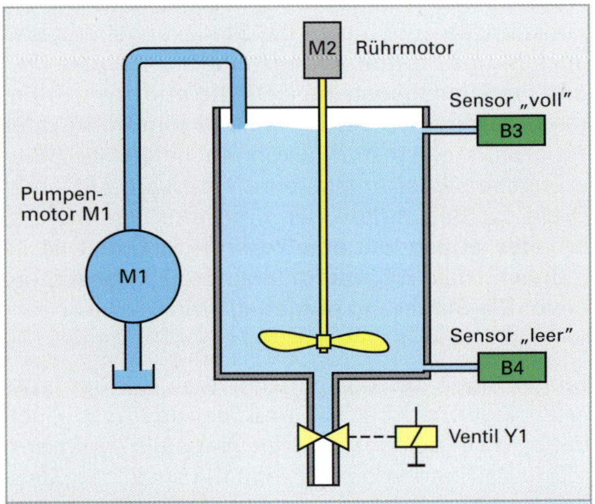

Bild 2: Farbrührwerk

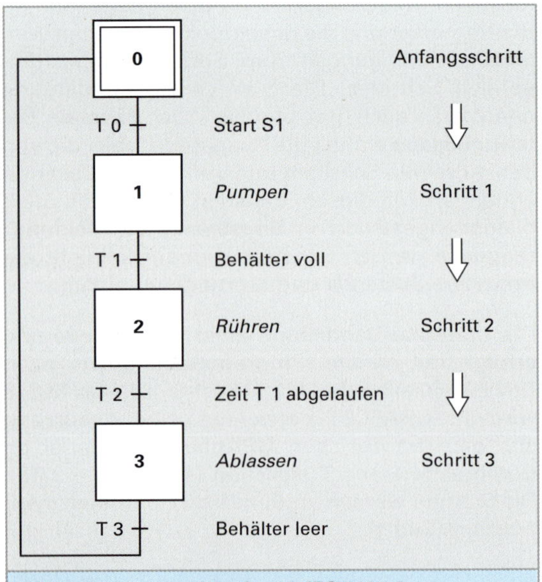

Bild 3: Programmablauf nach IEC 1131-3

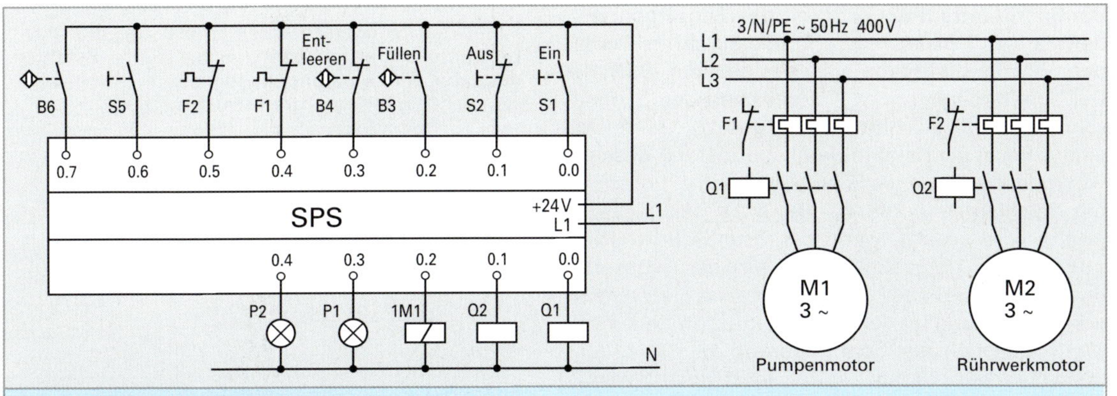

Bild 1: Schaltplan des Farbrührwerks

Nach dem Erstellen des Programmablaufplans wird ein Schaltplan gezeichnet **(Bild 1)**. Man ordnet den Schaltern und Sensoren die Eingänge und den Aktoren, im Beispiel sind das Motoren, sowie ein Ventil und eine Meldeleuchte, die Ausgänge zu **(Tabelle 1)**.

Es ist zu beachten, dass das Ausschalten einer Anlage, auch bei Störungen, stets durch einen Öffner erfolgt. Nur so ist gewährleistet, dass im Falle eines Drahtbruchs die Anlage selbsttätig ausschaltet.

Zur vereinfachten Realisierung der Ablaufsteuerung werden im OB1 die Programmbausteine Betriebsarten (FB1), Schrittkette (FB2), Befehlsausgabe (FB3) und Meldungen (FB4) erstellt. Da solche Programmteile sehr häufig erforderlich sind, wird in den Kapiteln 2.8.7.5, 2.8.7.6 und 2.8.7.7 dafür eine standardisierte Lösungsstruktur aufgezeigt. Zur Übergabe der Signale zwischen den einzelnen Programmbausteinen wird ein globaler Datenbaustein **(Tabelle 2)** angelegt. Außerdem wurden in allen Programmteilen nur bausteinlokale Variablen verwendet. Damit ist das Programm unabhängig von festen Speicheradressen einer Steuerung.

Im **Betriebssartenbaustein (FB1)** werden der Automatikbetrieb und das Ablassen der Farbe programmiert **(Bild 2)**. Dabei erfolgt das Setzen des Übergabesignals „`Automatik`" mit einer SR-Speicherfunktion durch den EIN-Taster `S1`, das Löschen durch den Öffner des AUS-Tasters `S2`. Damit dieser beim Öffnen dieser wirksam wird, muss der R-Eingang über ein negiertes Signal geschaltet werden. Da auch durch die thermischen Auslöser `F1` und `F2` die Anlage stillgesetzt werden soll, müssen diese Öffner mit dem des Austasters ODER-verknüpft werden. Dadurch liegt am Ausgang des ODER-Elements der Wert `1` an, sobald ein oder mehrere Öffner betätigt werden.

Im Falle einer Unterbrechung des Rührzyklus wird über die Betätigung des Tasters `S5` die Betriebsart „`Farbe ablassen`" eingeschaltet. Sie bleibt solange aktiviert, bis der Behälter leer ist, d. h. bis der Druckwächter den Schalter `B4` öffnet.

Tabelle 1: Symboltabelle, Farbrührwerk

Symbol	Adresse	Datentyp	Kommentar
Datenübergabe	DB 10	DB 10	
EIN (S1)	I 0.0	BOOL	Schließer
Aus (S2)	I 0.1	BOOL	Öffner
Behälter_voll (B3)	I 0.2	BOOL	Schließer
Behälter_leer (B4)	I 0.3	BOOL	Öffner
M1_Motorüber_last (F1)	I 0.4	BOOL	Öffner
M2_Motorüber_last (F2)	I 0.5	BOOL	Öffner
Behälter leeren (S5)	I 0.6	BOOL	Schließer
Ventil geschl (B6)	I 0.7	BOOL	Schließer
M1_PumpenM (Q1)	Q 0.0	BOOL	
M2_RuehrM (Q2)	Q 0.1	BOOL	
Farbe ablassen (1M1)	Q 0.2	BOOL	Ventil
Störung (P1)	Q 0.3	BOOL	Warnmelder
Störung (P2)	Q 0.4	BOOL	
TON	SFB 4	SFB 4	Generate an on Delay

Tabelle 2: Globaler Datenbaustein, Farbrührwerk

Adresse	Name	Typ	Anfangswert
0.0		STRUCT	
+ 0.0	Auto_Ein	BOOL	FALSE
+ 0.1	Farbe_Ablassen	BOOL	FALSE
+ 0.2	Schritt_2	BOOL	FALSE
+ 0.3	Schritt_3	BOOL	FALSE
+ 0.4	Schritt_4	BOOL	FALSE
= 2.0		END_STRUCT	

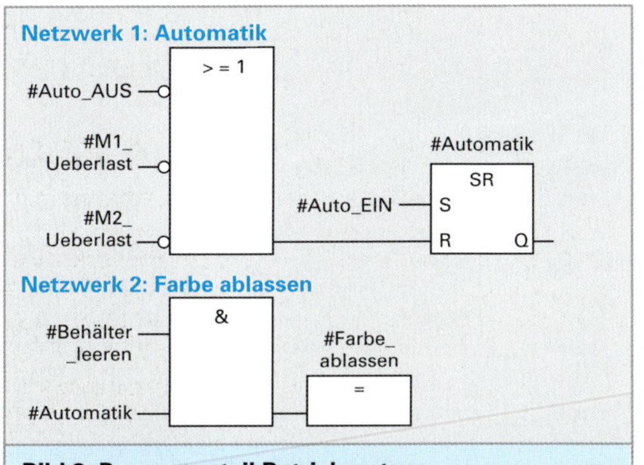

Bild 2: Programmteil Betriebsarten

Die **Schrittkette (FB2)** wird mit den Schrittoperanden `#S_OP_1` bis `#S_OP_4` für die 3 Schritte Pumpen, Rühren und Farbe ablassen gebildet **(Bild 1)**. Der Schrittoperand `#S_OP_1` speichert den Grundschritt oder Initialschritt. Er wird gesetzt, wenn mit einem Reset die Kette in den Initialzustand gesetzt wird oder nachdem die Schrittkette einmal vollständig durchlaufen wurde. `#S_OP_2` für das "„Pumpen"" wird gesetzt, wenn der Grundschritt UND „`Start`" ein 1-Signal führen. Er wird zurückgesetzte, wenn der Behälter voll ist. Damit ist die Weiterschaltbedingung für den Schritt „`Rühren`" mit `#S_OP_3` gegeben. Der Schrittoperand `#S_OP_4` für den Schritt „`Farbe ablassen`" wird gesetzt, wenn der Schritt „`Rühren`" gesetzt ist UND die Einschaltverzögerung „`TON`" abgelaufen ist. Der Eingang `PT` von „`TON`" wird bei Aufruf im OB1 mit dem Zeitwert `T#=10s` belegt.

Der Programmteil **Befehlsausgabe (FB3)** ist in diesem Beispiel sehr einfach strukturiert **(Bild 2)**. Die Ansteuersignale für das Einschalten der Pumpe (`Q1`) und das Rührwerkmotors (`Q2`) werden ohne zusätzliche Verknüpfung den Ausgängen zugewiesen. Das Einschalten des Ablassventils durch `Q 0.2` erfolgt durch den Schrittmerker `#S_OP_4` ODER die Betriebsart „`Behälter_leeren`".

Der Programmteil **Meldungen (FB4)** ist erforderlich, um eine Motorüberlast mit Hilfe der Meldeleuchten `P1` und `P2` anzuzeigen **(Bild 3)**.

Alle Programmteile werden in festgelegter Reihenfolge im **Hauptprogramm, Organisationsbaustein OB 1**, aufgerufen **(Bild 4)**, der die Schnittstelle zum Betriebssystem der SPS bildet.

Ablaufsteuerungen werden meist in die Programmteile Betriebsarten, Schrittkette, Befehlsausgabe und Meldungen gegliedert. Damit werden derartige Programme strukturiert.

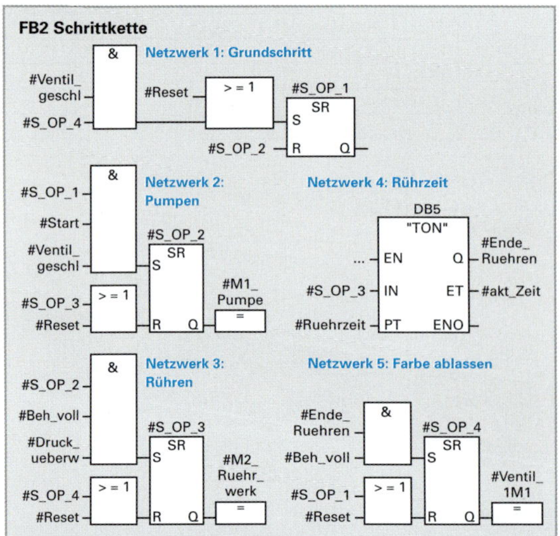

Bild 1: Programmteil Ablaufkette

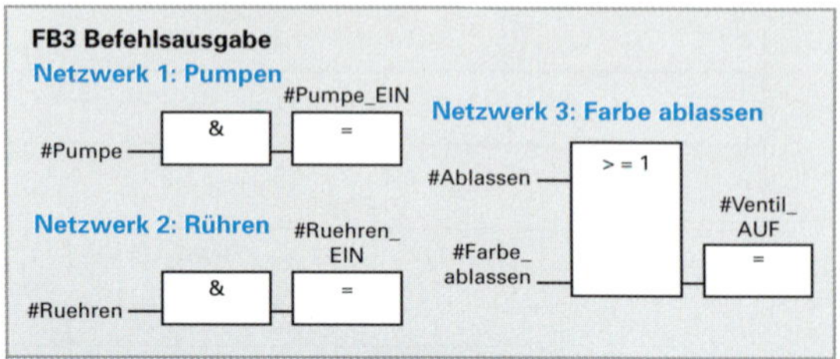

Bild 2: Programmteil Befehlsausgabe

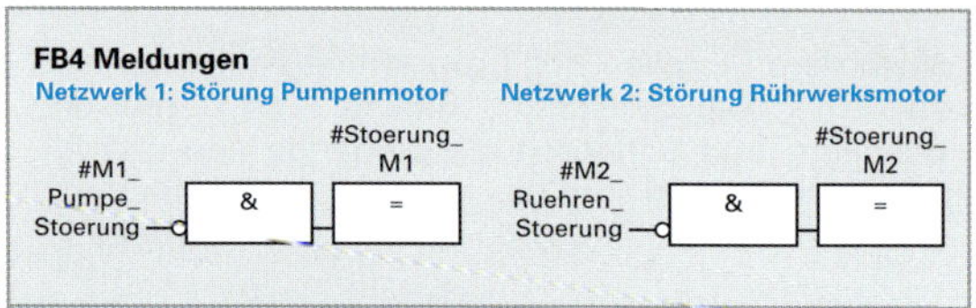

Bild 3: Programmteil Meldungen

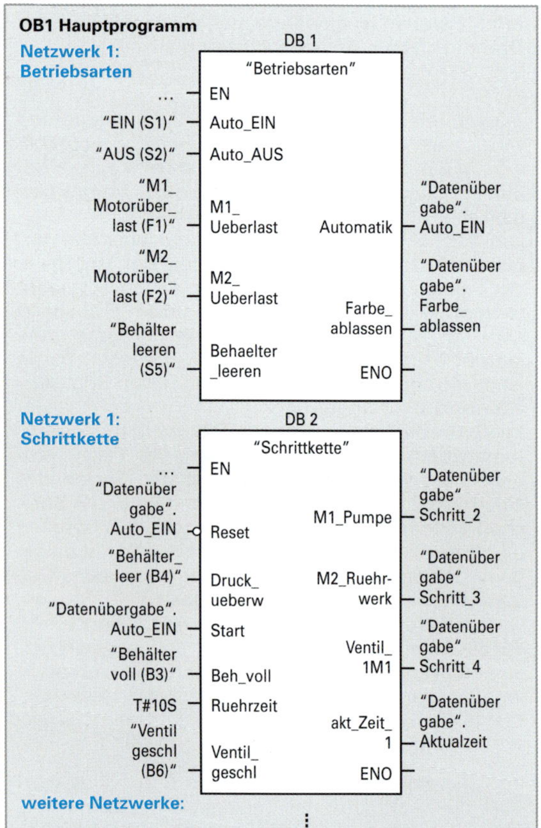

Bild 4: Hauptprogramm (ohne Befehlsausgabe und Meldungen)

2.8.9.3 Programmierung in Ablaufsprache

Das Programm in Ablaufsprache ist sehr ähnlich der Darstellung eines Programmplans nach EN 60848 (GRAFCET) **(Bild 1)**. Jeder Schritt löst eine oder mehrere Aktionen aus. Der Übergang von einem Schritt zum nächsten wird durch eine Weiterschaltbedingung (Transition) bestimmt. Am Beispiel des Farbrührwerks wird die Programmierung in Ablaufsprache veranschaulicht.

Ist der Anfangsschritt S1 aktiv, so ist die Ablaufkette startbereit, was durch die Meldeleuchte H2 (`Q0.4`) angezeigt wird. Sobald der Merker `M2.2` (Grundschritt) ein 1-Signal hat, ist die Transition T1 erfüllt und der Schritt S2 wird aktiv. Meldet der Füllstandssensor S3, dass das Rührwerk gefüllt ist, so gibt die Transition T2 den Schritt S3 frei. Der Schritt S3 soll für 10 Sekunden den Rührwerkmotor einschalten. Diese Vorgabe wird mit der Befehlsart L erreicht (L von engl. limited = begrenzt; hier: zeitlich). Nach dem Abschalten des Rührwerkantriebs ist die Transition T3 erfüllt und die Farbe wird abgelassen. Sobald der Behälter entleert ist, gibt die Transition T4 (Druckwächter S4 0-Signal) den Rücksprung zum Anfangsschritt S1 frei.

Damit die Steuerung für das Farbrührwerk in Ablaufsprache nach IEC 1131-3 programmiert werden kann, sind gegenüber der Programmierung in FBS/FUP-Sprache einige Änderungen im Organisationsbaustein OB 1 und der Symboltabelle erforderlich. Die Programmteile Ablaufkette (FC 2) und Befehlsausgabe (FC 3) sind in der Ablaufkette nach Ablaufsprache zusammengefasst. Damit werden alle Schrittmerker überflüssig **(Tabelle 1)**. Der Programmteil Meldungen (FC 4) wurde in den Organisationsbaustein integriert. Die Ablaufkette wird von einem **Funktionsbaustein (FB 1)** mit einem zugehörigen **Instanz-Datenbaustein (DB 1)** gesteuert **(Bild 1, folgende Seite)**.

Die Steuerung der Betriebsarten übernimmt der Funktionsbaustein, weshalb auch der Programmteil Betriebsarten (FC 1) nicht mehr erforderlich ist. Die Systemfunktion SFC 64 übernimmt die Zeittaktsteuerung des FB. Der Instanz-Datenbaustein enthält alle Daten, die für den Ablauf der Schrittkette erforderlich sind. Der Funktionsbaustein FB 1 ist Bestandteil der Programmiersoftware und muss vom Anwender nur noch parametriert werden.

Am FB-Symbol sind links alle Eingänge und rechts alle Ausgänge aufgeführt, die genutzt werden können. Es müssen jedoch nicht alle Ein- und Ausgänge belegt werden.

Mit dem EIN-Taster S1 wird der Merker `M0.1` in Netzwerk 1 gesetzt, der den FB 1 einschaltet (EN von engl. enable = befähigen). Außerdem initialisiert der Taster S1 den FB 1, d. h. er versetzt ihn in Grundstellung. Der Anfangsschritt ist dann aktiv.

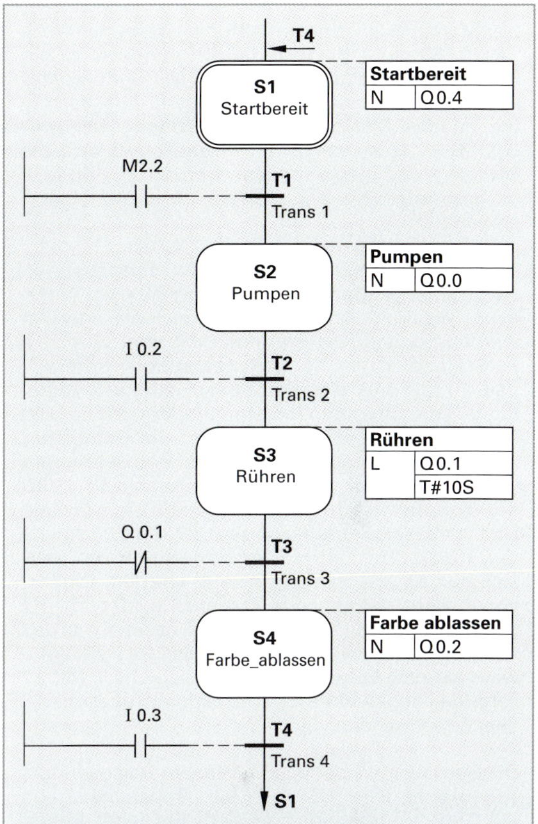

Bild 1: Farbrührwerk Steuerprogramm in Ablaufsprache

Tabelle 1: Symboltabelle Farbrührwerk für Programm in Ablaufsprache

Symbol	Adresse	Datentyp	Kommentar
Schrittzähler	C 0	COUNTER	
Farbe 1	DB 1	FB 1	
Farbe 1	FB 1	FB 1	Kettenbaustein
EIN-Taster (S1)	I 0.0	BOOL	Schließer
AUS-Taster (S2)	I 0.1	BOOL	Öffner
Füllstandssensor (S3)	I 0.2	BOOL	Schließer
Druckwächter (S4)	I 0.3	BOOL	Öffner
Motorüberlast M1 (F1)	I 0.4	BOOL	Öffner
Motorüberlast M2 (F2)	I 0.5	BOOL	Öffner
Automatik EIN (S5)	I 1.0	BOOL	Schließer
Handbetrieb (S6)	I 1.1	BOOL	
Step ON (S7)	I 1.2	BOOL	
Step OFF (S8)	I 1.3	BOOL	
Schritt VOR (S9)	I 1.4	BOOL	
Schritt ZURÜCK (S10)	L 1.5	BOOL	
Anlage betriebsbereit	M 0.1	BOOL	
Kette ausschalten	M 0.2	BOOL	
Anfangsschritt	M 2.2	BOOL	
Schritt-Nr.	MW 10	INT	
Motorschütz für M1 (K1)	Q 0.0	BOOL	
Motorschütz für M2 (K2)	Q 0.1	BOOL	
Farbe ablassen (1M1)	Q 0.2	BOOL	Ventil
Störung (H1)	Q 0.3	BOOL	Warnlampe
Anlage bereit (H2)	Q 0.4	BOOL	
TIME TCK	SFC 64	SFC 64	Time Tick

Der Merker M0.2 hat ein 1-Signal, wenn der AUS-Taster S2 betätigt wird ODER mindestens ein Motorüberlastschalter anspricht. Mit dem Merker M0.2 (1-Signal) wird die Ablaufkette ausgeschaltet, da das Merkersignal am Eingang OFF_SQ des FB 1 negiert wird. Der Grundschritt und die Meldung der Motorüberlast werden in FBS/FUP programmiert wie ohne Verwendung der Ablaufsprache.

Der Funktionsbaustein stellt die Betriebsarten Automatik, Tippen und Handbetrieb zur Verfügung, die vom Anwender wahlweise eingesetzt werden können. Die Betriebsarten sind von dem Funktionsbaustein so gegeneinander verriegelt, dass immer nur eine Betriebsart aktiv sein kann. Mit S5 kann über den Bausteineingang SW_AUTO (SW von engl. switch = Schalter) die Betriebsart Automatik eingeschaltet werden. Bei Betätigung von S6 wird über den Bausteineingang SW_MAN der Handbetrieb (manueller Betrieb) angewählt. Um in dieser Betriebsart eine Aktion zu aktivieren, muss zunächst die Schrittnummer am Bausteineingang S_SEL angewählt werden. Dies ist verwirklicht mithilfe des Zählers C0, der mit S9 vorwärts und mit S10 rückwärts gezählt werden kann. Im Merkerwort MW 10 ist der aktuelle Zählwert, also die Schrittnummer, gespeichert. Mit S7 kann der angewählte Schritt aktiviert und mit S8 deaktiviert werden.

Die Betriebsart Tippen ist in diesem Beispiel nicht verwirklicht. Sie könnte über Bausteineingang SW_TAP eingeschaltet werden. Bei jeder Betätigung des Eingangs T_PUSH würde dann jeweils ein Schritt der Ablaufkette selbsttätig ausgeführt.

Über die Ausgänge des FB könnte man z.B. Meldeleuchten für die jeweils aktive Betriebsart ansteuern, AUTO_ON, TAP_ON und MAN_ON. Der Ausgang ERR_FLT dient der Anzeige einer Störung.

Beim Programmieren in der Ablaufsprache muss im Organisationsbaustein ein Funktionsbaustein mit zugehörigem Datenbaustein aufgerufen werden.

Wiederholung und Vertiefung

1. Was ist der Unterschied zwischen einer Verknüpfungssteuerung und einer Ablaufsteuerung?
2. In welche Bausteine werden Ablaufsteuerungen häufig gegliedert?
3. Welche Struktur liegt jedem Schritt einer Ablaufkette zu Grunde?
4. Warum darf eine Anlage nur durch einen Öffner ausgeschaltet werden?
5. Wie werden die Betriebsarten in Ablaufsprache programmiert?

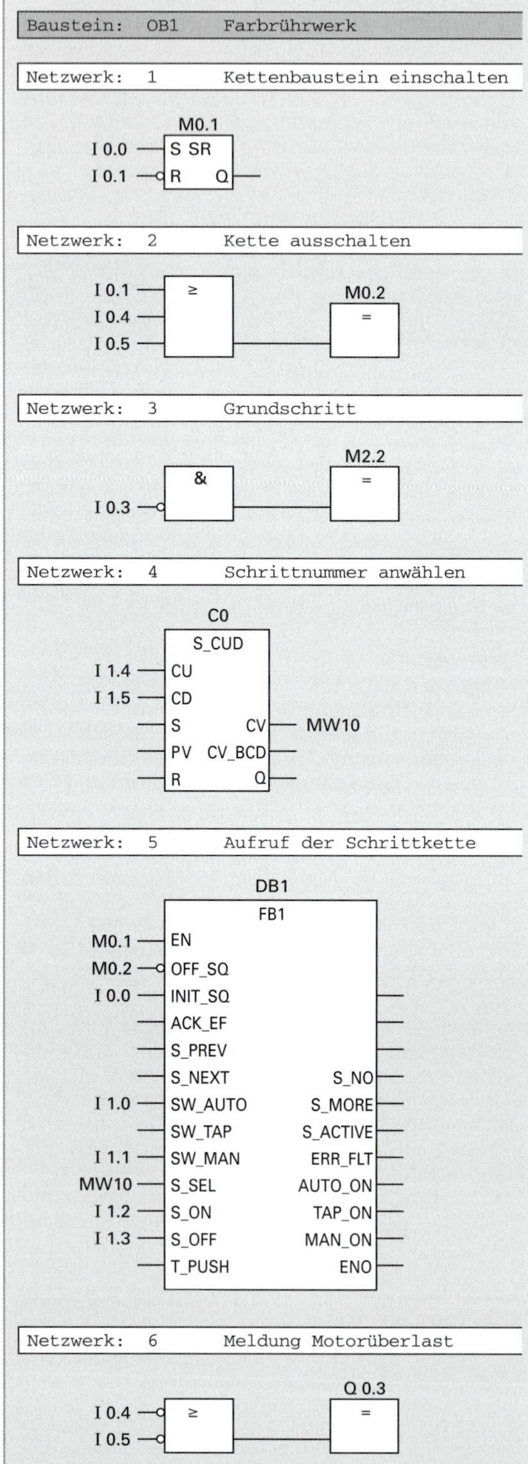

Bild 1: Steuerung Farbrührwerk OB 1 mit Ablaufsprache

2.8.9.4 Betriebsartensignale

Mithilfe von Betriebsartensignalen wird es möglich eine Ablaufsteuerung während fast aller Betriebssituationen zu kontrollieren. Damit eine Ablaufsteuerung bei der Inbetriebnahme über eine eindeutige Ausgangsposition verfügt, muss die Ablaufkette **initialisiert** werden. Dazu müssen alle Schrittmerker mit Ausnahme desjenigen von *Schritt 1* zurückgesetzt werden. Wird die Ablaufkette mit SR-Speichern programmiert, so muss ein Signal *Reset* auf den Setzeingang des *Schritt 1* (Initialschritt) wirken und gleichzeitig muss dieses Signal bei allen anderen Schrittmerkern über eine ODER-Verknüpfung (neben anderen Signalen) auf den Rücksetzeingang gegeben werden **(Bild 1)**. Außerdem wird das Signal *Reset* auch zum Zurücksetzen von gespeicherten Ausgangssignalen verwendet.

Zum Weiterschalten einer Schrittkette wird der Schrittmerker des *Schritt n* gesetzt, wenn sichergestellt ist, dass der Schrittmerker von *Schritt n-2* den Signalwert „0" hat und der Schrittmerker von *Schritt n-1* ein Betriebsartensignal mit dem Signalwert „1" hat **(Bild 2)**.
Wurde das Betriebsartensignal **Weiterschalten mit Bedingung** (`W_m_B`) gewählt, so wirkt in einer UND-Verknüpfung die *Weiterschaltbedingung* mit dem Signal `W_m_B`. Das Weiterschaltsignal `W_m_B` wird meistens zur Freigabe der Betriebsart *Automatik* verwendet.
Dies bedeutet ein automatisches Weiterschalten der Schrittkette, nachdem die jeweilige Weiterschaltbedingung erfüllt wurde. Außerdem kann das Signal `W_m_B` im Meldeteil einer Ablaufsteuerung zur Anzeige der Betriebsart *Automatik* verwendet werden.

Bei der Inbetriebnahme oder bei einer Betriebsstörung einer Anlage ist es manchmal notwendig, einen bestimmten Schritt einer Ablaufkette auszuführen, ohne dass die erforderliche Weiterschaltbedingung erfüllt ist. Dazu soll das Betriebartensignal **Weiterschalten ohne Bedingung** (`W_o_B`) dienen.
Die Betriebsart `W_o_B` kann auch als *manuelle Betriebsart* bezeichnet werden, da der Bediener mit ihr handgeführt, d.h. ohne sensorische Weiterschaltbedingung in den Steuerungsablauf eingreift. Das Signal `W_o_B` muss grundsätzlich ein Impulssignal sein, da es als gespeichertes Signal einen unkontrollierten Ablauf der Schrittkette auslösen könnte.

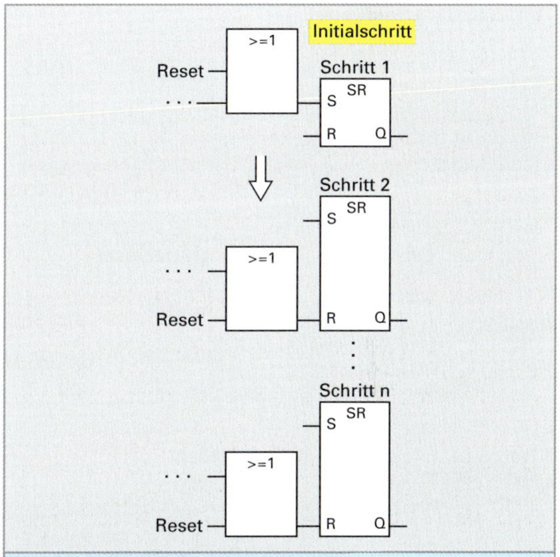

Bild 1: Schrittkette Initialisieren

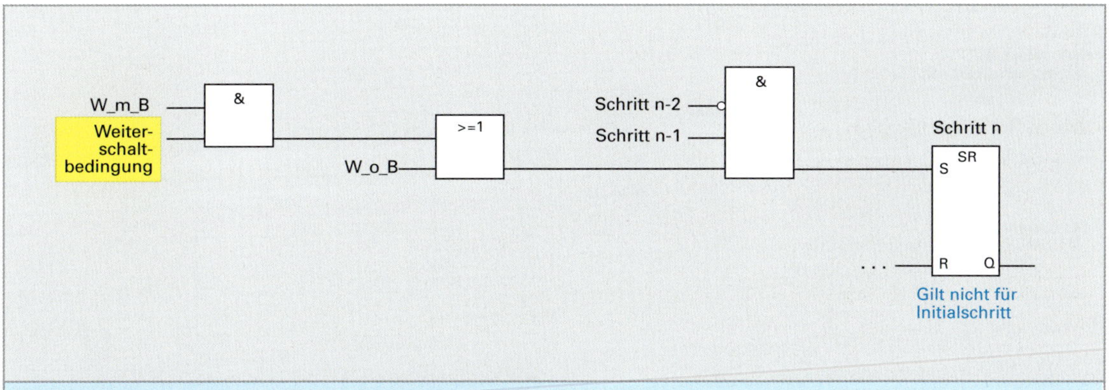

Bild 2: Weiterschalten mit Bedingung oder ohne Bedingung

2.8.9.5 Funktionsbaustein für Betriebsarten

Der Betriebsartenteil eines Programms für Ablaufsteuerungen stellt die Verbindung zwischen dem Bedienpanel und der Schrittkette dar. Da fast alle Ablaufsteuerungen über Betriebsarten verfügen, ist es sinnvoll dafür einen *bibliotheksfähigen Funktionsbaustein* zu erstellen **(Bild 1)**.

Meistens ist im Betriebsartenteil ein *SR-Speicher* für das Ein- und Ausschalten der Steuerung programmiert. Außerdem wird mit Hilfe eines Eingangssignals die Betriebsart *Automatik* (1-Signal) oder *Manuell* (0-Signal) vorgewählt. Das Startsignal wird dazu verwendet, um den Automatikbetrieb oder eine Aktion im manuellen Betrieb auszulösen. Mit dem Stoppsignal wird der Automatikbetrieb beendet, d.h. der Ablauf wird angehalten, wenn die Anlage ihre Grundstellung (Initialposition) erreicht hat.

Mit einem weiteren Eingangssignal (`W_Bed_Man`) wird die manuelle Weiterschaltbedingung `W_m_B` (0-Signal) oder `W_o_B` (1-Signal) vorgewählt. Bei Vorwahl des Betriebsartensignals `W_o_B` muss jede Aktion zusätzlich freigegeben werden (Freigabe-Aktion). Die Grundstellung der Anlage wird meistens im OB1 beschrieben und als Eingangssignal an den Betriebsartenbaustein weitergegeben. Die Schrittnummer wird vom Schrittkettenbaustein übergeben. **Bild 2** zeigt den Programmaufruf eines Funktionsbausteins für Betriebsarten.

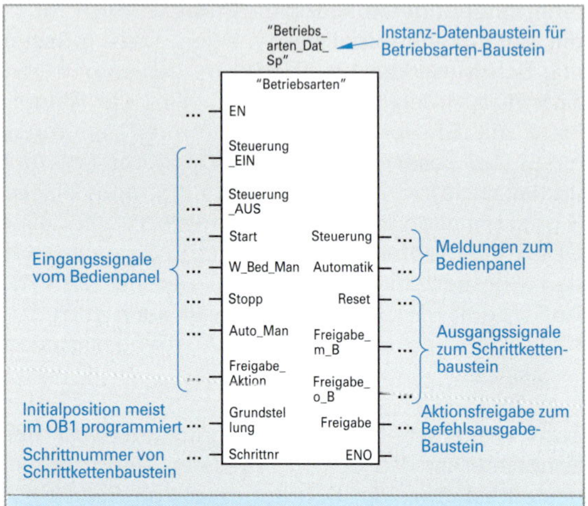

Bild 2: Funktionsbaustein für Betriebsarten

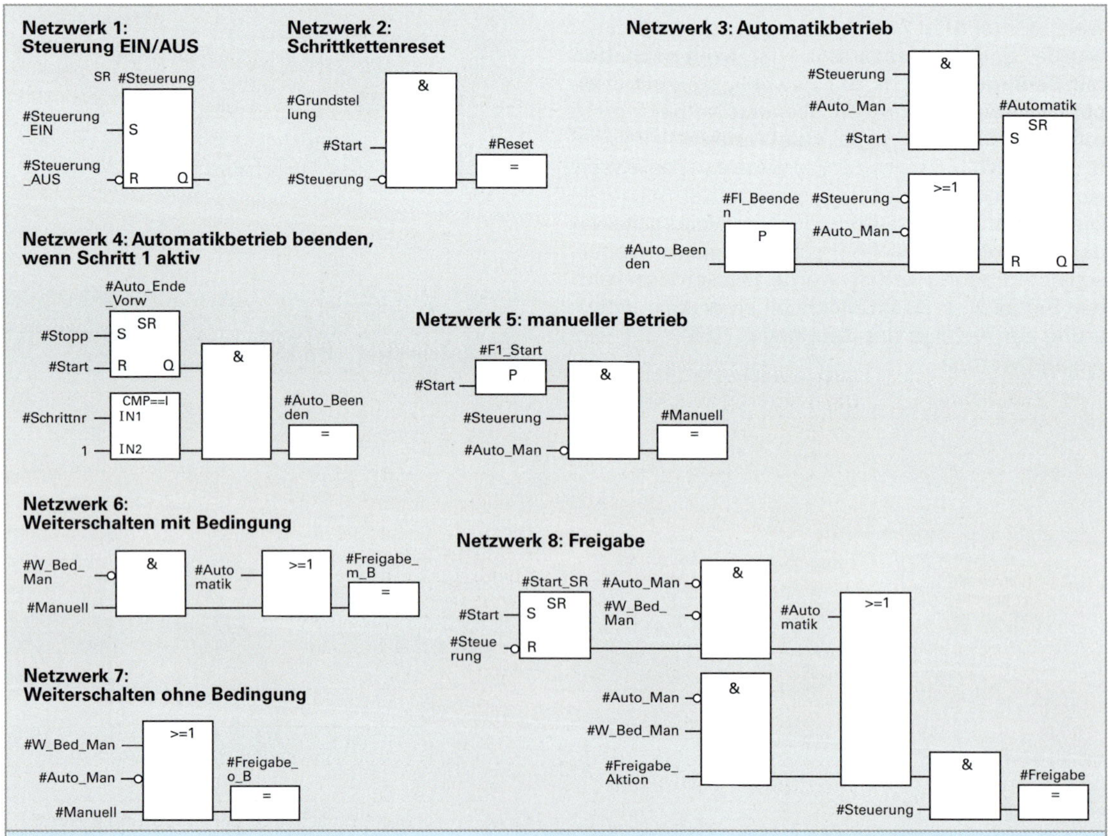

Bild 1: Programmteil für die Betriebsarten

2.8.9.6 Funktionsbaustein für sequenzielle Schrittketten

Zum Programmieren eines *bibliotheksfähigen Funktionsbausteins* für Ablaufsteuerungen muss auf anlagengebundene Operanden verzichtet werden. Es dürfen nur *Formalparameter* (Lokaldaten) verwendet werden. Da eine solche Lösung möglichst universell einsetzbar sein sollte, ist die Verwendung von Betriebsartensignalen sinnvoll.

In **Tabelle 1** ist die Deklarationstabelle eines Funktionsbausteins für eine Schrittkette mit 10 Schritten dargestellt.

Bild 1 zeigt den Initialschritt und die nachfolgenden Schritte. Sie haben alle die gleiche Struktur. Die Anfangswerte der Eingangsparameter werden mit *false* belegt. Ausgenommen sind die der *Transition* Trans_2 bis Trans_10. Diese haben den Anfangswert *true,* damit nicht benötigte Schritte offen bleiben können und die Kette dennoch weitergeschaltet wird.

Dagegen wird der Anfangswert des Schrittoperanden S_OP_1 mit *true* belegt. Für die Anfangswerte der weiteren Schrittoperanden S_OP_2 bis S_OP_10 wurde *false* gewählt, damit die Schrittkette beim Einschalten der Anlage in den Grundzustand gesetzt wird. Im Ausgangsparameter-Schritt wird nach Freigabe durch den jeweiligen Schrittoperanden die aktuelle Schrittnummer als Ganzzahl gespeichert.

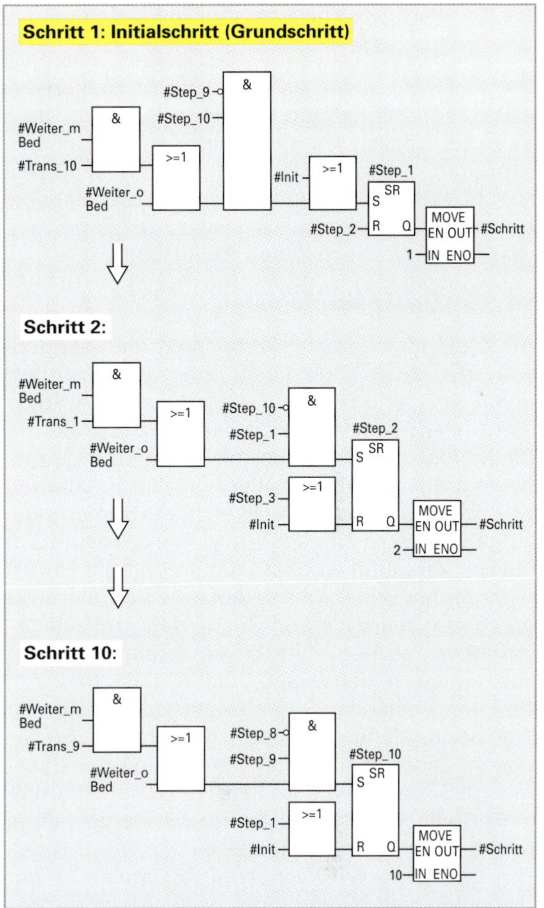

Bild 1: Programmteil eines Schrittkettenbausteins

Tabelle 1: Deklarationstabelle eines Schrittkettenbausteins

Parametername	Datentyp	Anfangswert	Kommentar
Eingangsvariable			
Parametername	Datentyp	Anfangswert	Kommentar
Init	BOOL	false	Mit Reset Schrittkette in Grundstellung versetzen (initialisieren)
Weiter_m_Bed	BOOL	false	
Weiter_o_Bed	BOOL	false	
Trans_1	BOOL	false	Weiterschaltbedingung (Transition)
Trans_2 bis Trans_10	BOOL	true	Nicht benötigte Transitionen werden aufgrund des Anfangswerts true weitergeschaltet
Ausgangsvariable			
Parametername	Datentyp	Anfangswert	Kommentar
Schritt	INT	0	Nummer des aktiven Schrittes
Statische Variable			
Parametername	Datentyp	Anfangswert	Kommentar
S_OP_1	BOOL	true	Initialschritt wird beim Einschalten der Steuerung gesetzt
S_OP_2 bis S_OP_10	BOOL	false	

2.8.9.7 Funktionsbaustein für die Befehlsausgabe

Die Anforderungen an den *Befehlsausgabeteil* eines Programms sind so unterschiedlich, dass es nicht möglich ist, einen einzigen, immer einsetzbaren bibliotheksfähigen Funktionsbaustein zu schreiben. Es wird daher nur ein Befehlsausgabebaustein dargestellt, der weder Ausgänge speichernd zuweist noch Zeiten steuert **(Bild 1)**.

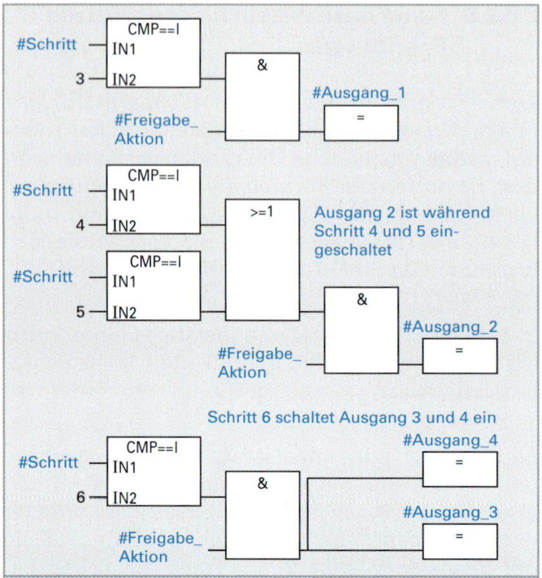

Bild 1: Programmteil für Befehlsausgabe

2.8.9.8 Zustandsautomaten

Als Zustandsautomaten bezeichnet man sequentiell arbeitende Logikschaltungen, die gesteuert durch ein periodisches Taktsignal eine Abfolge von Zuständen zyklisch durchlaufen. Die grafische Darstellung der Zustände mit deren Übergangsbedingungen, den Transitionen, und Aktionen wird als Zustandsgraph bezeichnet. Steuerungsaufgaben, deren Eingangs- und Aus gangsgrößen logisch verknüpft werden können und die keinen zwingenden schrittweisen Ablauf haben, können durch die Definition von Zuständen grafisch beschrieben werden. Ein Zustandsgraph besteht aus einem Initialzustand, einer endlichen Anzahl von Zuständen, einer endlichen Anzahl von Transitionen und einer endlichen Anzahl von Aktionen. Jeder Zustand, eine statische oder dynamische Situation wird als Kreis mit einer Nummer dargestellt **(Bild 2)**. Eine Transition, dargestellt in einem Rechteck mit Angabe der Priorität, regelt den Übergang zwischen zwei Zuständen. Jeder Transition sind Bedingungen zugeordnet, die das Weiterschalten von einem Zustand zum nächsten steuern **(Bild 3)**. Es kommt zu einem Zustandswechsel, wenn alle Bedingungen einer Transition erfüllt sind. Von einem Zustand können mehrere Transitionen ausgehen. Es schaltet die Transition mit der höchsten Priorität.

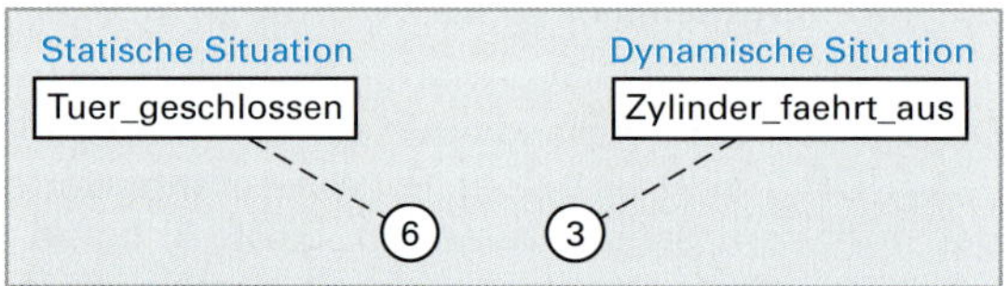

Bild 2: Darstellung von Zuständen

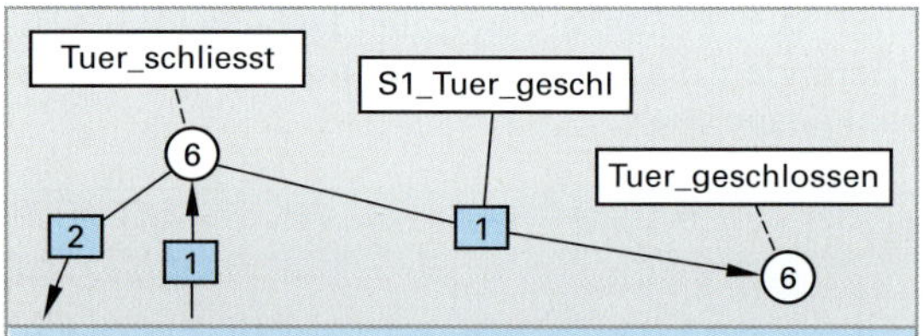

Bild 3: Darstellung von Transitionen

> Zustandsautomaten, auch endliche Automaten, engl. state maschine genannt, werden zur Realisierung von zyklischen Funktionsablaufen eingesetzt.

Für die Realisierung von Zustandsautomaten werden spezielle Programmiersysteme, wie z. B. S7-HiGraph angeboten. Die Umsetzung eines Zustandsautomaten in ein Programm, hier mit grundlegenden Programmieroberflächen gezeigt, erfolgt in der gleichen Weise wie bei Ablaufplänen. Es wird jedem Zustand ein SR-Speicher zugeordnet. Alle Transitionen, die in den Zustand führen erscheinen am Setzeingang und alle Transitionen, die aus dem Zustand herausführen erscheinen am Rücksetzeingang **(Bild 4)**.

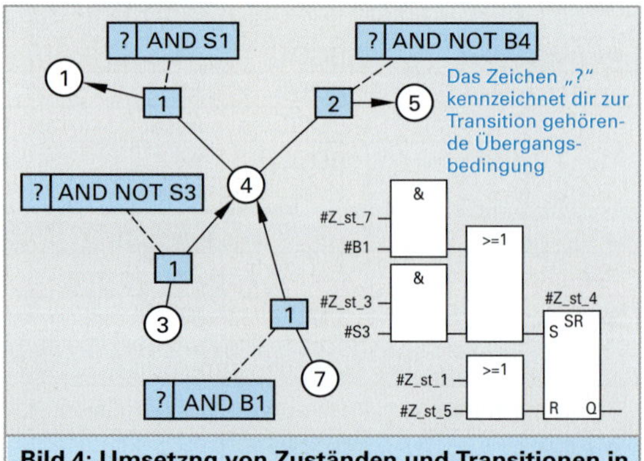

Bild 4: Umsetzng von Zuständen und Transitionen in einem Programm

Beispiel: Steuerung einer Fahrgasttür

Die Fahrgasttüren einer Stadtbahn **(Bild 1)** sind in ihrer Grundposition geschlossen. Gibt der Stadtbahnführer das Freigabesignal, so kann ein Fahrgast durch Betätigung des Tasters „Tür_auf" die Fahrgasttür öffnen. Diese schließt automatisch nach einer Wartezeit von drei Sekunden. Zum Schutz der Fahrgäste wird der automatische Schließvorgang unterbrochen wenn die Lichtschranke in der Tür unterbrochen wurde oder wenn der Druckwellenschalter **(Bild 2)** in der Gummierung an der vorderen Türkante einen Widerstand erfasst.

Die Aufgabenstellung wird zunächst in einem Zustandsgraph **(Bild 3)**, mit allen statischen und dynamischen Situationen dargestellt. Die Steuerung kann man als Zustandsautomat z. B. in der Programmiersprache SCL realisieren.

Außer der Deklaration von Eingangsvariablen, Ausgangsvariablen und von lokalen Variablen müssen etliche Sprungmarken, engl. label = Marke, vereinbart werden. Zu Beginn des Programms wird geprüft, welcher Zustand aktuell ist. Wenn beim Start des Programms noch keine Freigabe für die Öffnung der Tür erteilt ist, wird der Zustand „Tür schließt" aktiviert, bis der Sensor „Tür geschlossen" ein 1-Signal liefert. Danach ist der Zustand „Tür geschlossen" aktiv. Falls „Freigabe Tür" ein1-Signal weitergibt kann mit „E Taster Tür auf" die Tür geöffnet werden, die nach einer Verweilzeit von 3 s automatisch schließt. Diese kann man z. B. als IEC-Einschaltverzögerung TON mit dem dazugehörigen Instanz-Datenbaustein DB30 realisieren.

Anmerkung: Die Codierung in SCL finden Sie auf der CD unter Bild 201-4.

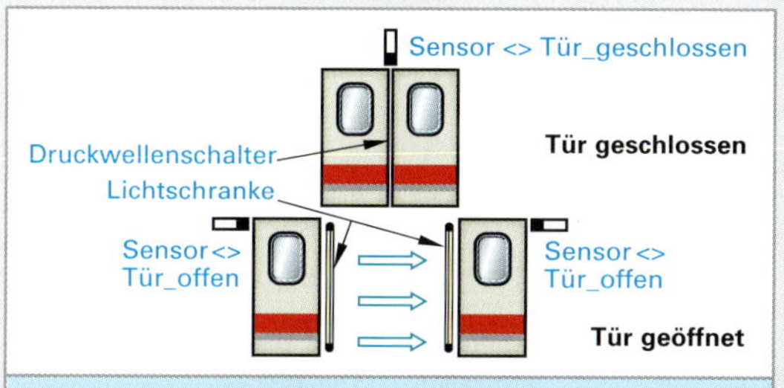

Bild 1: Fahrgasttür einer Stadtbahn

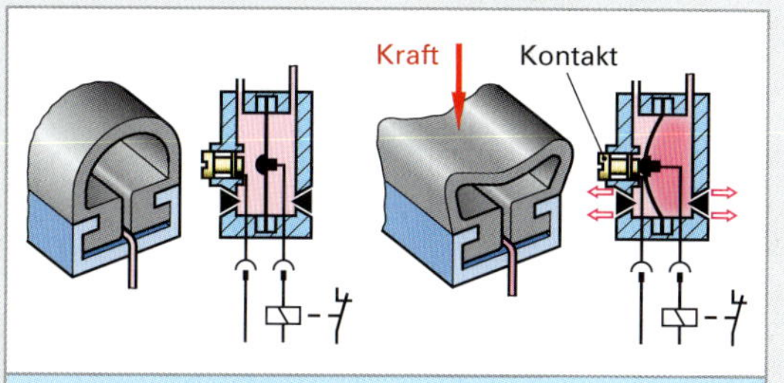

Bild 2: Druckwellenschalter

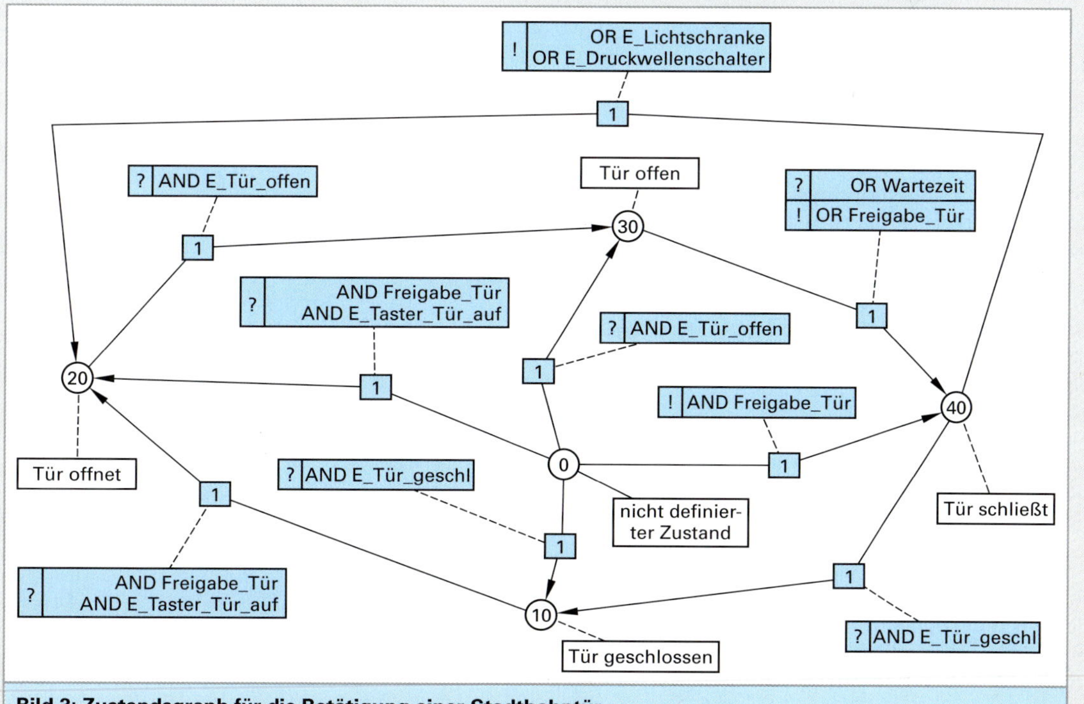

Bild 3: Zustandsgraph für die Betätigung einer Stadtbahntür

Beispiel: Steuerung einer Fahrgasttür (Forts.)

Ein 1-Signal von der der Lichtschranke oder dem Druckwellenschalter unterbricht sofort den Schließvorgang der Tür und öffnet diese erneut. In **Bild 1** ist das Hauptprogramm für die Steuerung einer Fahrgasttür dargestellt. Das Programm ist mit Hilfe eines Funktionsbausteins realisiert. Der Datenbaustein DB20 ist der zugehörige Instanz-Datenbaustein. Die Ausgänge „`Zustand_Tür`" und „`Verzoegerung`" dienen lediglich für Anzeigen, sind für die Funktion aber ohne Bedeutung.

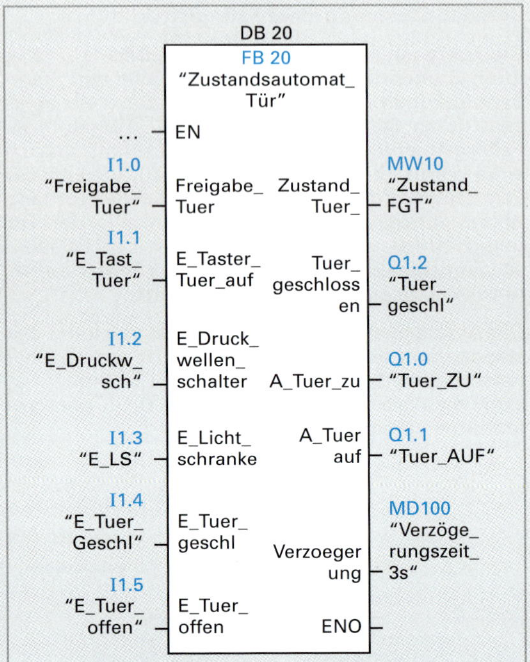

Bild 1: Hauptprogramm OB1 der Steuerung einer Fahrgasttür

2.8.10 Analogwertverarbeitung

Speicherprogrammierbare Steuerungen verarbeiten nur digitale Informationen. Sind jedoch Analogeingabebaugruppen und Analogausgabeeinheiten, z. B. als modulare Baugruppen vorhanden, so kann die Steuerung auch analoge Prozessignale aufnehmen und ausgeben.

In einer Analogeingabebaugruppe (AI) setzt ein *Analog-Digital-Umsetzer ADU* bzw. *Analog-Digital-Converter ADC* ein analoges Prozesssignal in einen Digitalwert um.

In der Analogausgabeeinheit (AO) erzeugt ein *Digital-Analog-Umsetzer DAU* bzw. *Digital-Analog-Converter DAC* aus dem digitalen Ausgabesignal der CPU einen Analogwert **(Bild 2)**.

Sollen physikalische Größen, z. B. Druck, Drehzahl, Temperatur aus einem Prozess erfasst werden, so müssen sie mithilfe eines Sensors erfasst und in ein elektrisches Signal, meist in eine Spannung oder in einen Strom, umgesetzt werden. Häufig verwendete Signalparameter sind z. B. 0...10 V und ±10 V oder 0...20 mA und 4...20 mA.

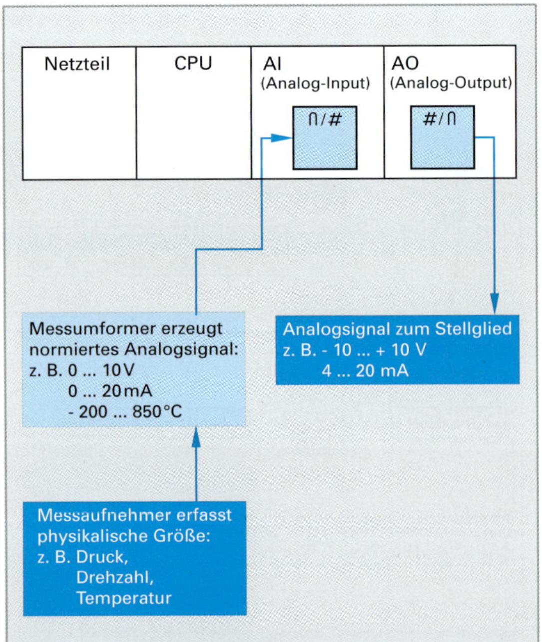

Bild 2: Analogwertverarbeitung

Analogbaugruppen können sich in der Auflösung und im Messbereich unterscheiden. Unter der Auflösung eines Analogwertes versteht man die Anzahl der Bits, mit denen das Prozesssignal in einen proportionalen Digitalwert gewandelt wird.

Bei einer 8-Bit-Auflösung eines von 0...10 V-Signales ergibt sich

$$\frac{10\,\text{V}}{2^8} = \frac{10\,\text{V}}{256} = 0{,}03906\,\text{V} = 39{,}06\,\text{mV}$$

als kleinste Stufe zwischen zwei Digitalwerten. Ein Spannungssignal von 3,4 V entspricht dann einem Digitalwert von

$$\frac{3{,}4\,\text{V}}{10\,\text{V}} 256 = 87.$$

In der Automatisierungstechnik werden meist Auflösungen zwischen 8 und 16 Bit angewendet. Bei 16 Bit wird ein Bit für das Vorzeichen verwendet und mit 15 Bit wird das Prozesssignal aufgelöst.

Bei Analogeingabebaugruppen kann meist zwischen den Messarten *Spannung, Strom, Widerstand* und *Temperatur* gewählt werden. Innerhalb der unterschiedlichen Messarten können verschiedene Messbereiche eingestellt werden. Ausgabebaugruppen liefern Spannungs- oder Stromsignale, für die unterschiedliche Ausgabebereiche gewählt werden können **(Tabelle 1)**.

Beispiel: Linearachse
Die Position einer Linearachse wird mithilfe eines Linearpotenziometers erfasst. Es hat einen Messbereich von 0 mm bis 225 mm und liefert ein proportionales Messsignal von 0 V bis 10 V. Befindet sich die Linearachse bei 100 mm, so liefert das Linearpotenziometer eine Spannung von 4,44 V und der ADC erzeugt daraus bei einer 16-Bit-Auflösung den Digitalwert +12288. Für die weitere Verarbeitung des Analogsignals ist es oft notwendig, den Eingangs-Nennbereich zu skalieren. Dafür werden in den Bibliotheken der Programmiersoftware meist Funktionen zum Skalieren zur Verfügung gestellt **(Bild 1)**.

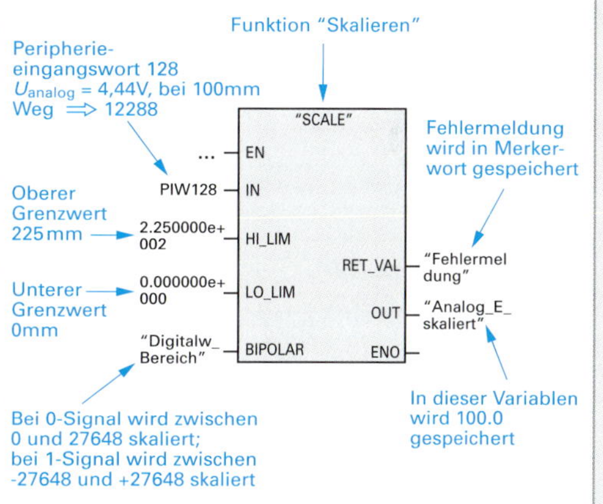

Bild 1: Analogwerte einlesen und skalieren

Tabelle 1: Beispiele für Messbereiche und für Ausgabebereiche

Messbereiche für Spannung und Strom					Ausgabebereiche für Spannung und Strom		
Bereich	**±10V**	**Digital-wert**	**0...20mA**	**Digital wert**	**±10V**	**±20mA**	**Digital-wert**
Überlauf	>11,7589	+32767	>23,515	32767	0	0	>32511
Übersteuerungs-Bereich	11,7589 … 10,0004	+32511 … +27649	23,515 … 20,0007	32511 … 27649	11,7589 … 10,0004	23,515 … 20,007	32511 … 27649
Bemessungs-Bereich	10,00 … –10,00	+27648 … –27648	20,00 … 0,00	27648 … 0	10,00 … –10,00	20,000 … –20,000	27648 … –27648
Untersteuerungs-Bereich	–10,0004 … –11,759	–27649 … –32512	-0,0007 … -3,5185	–1 … –4864	–10,0004 … –11,7589	–20,007 … –23,515	–27649 … –32512
Unterlauf	<–11,759	–32768	<–3,5185	–32768	0	0	<–32512

Beispiel: Dreieckberechnung

Am Beispiel der Berechnung der Seiten im rechtwinkligen Dreieck, nach dem Satz des Pythagoras, werden die Programmiersprachen AWL und ST gegenübergestellt **(Bild 1)**. Es soll die Seite *c* und der Winkel α berechnet werden **(Bild 2)**.
Mit FC1 wird die Funktion in beiden Programmiersprachen aufgerufen **(Bild 3)**.

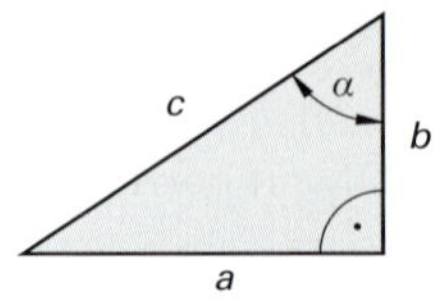

$$c = \sqrt{a^2 + b^2}$$

$$\alpha = \arctan \frac{a}{b}$$

Bild 1: Dreieckberechnung

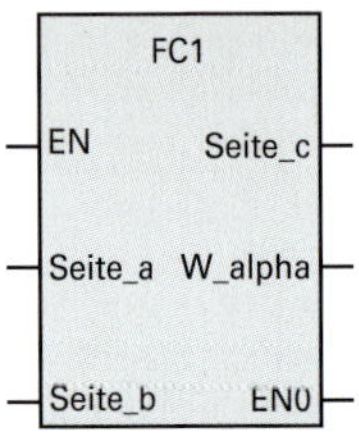

	Operand	Symbol	Anzeigeformat	Statuswert
1	MD 100	"Seite_a"	GLEITPUNKT	4.0
2	MD 104	"Seite_b"	GLEITPUNKT	3.0
3	MD 108	"Seite_c"	GLEITPUNKT	5.0
4	MD 112	"alpha"	GLEITPUNKT	53.1301

Bild 2: Aufruf von FC1 und Beispiel einer Variablentabelle

Funktion FC1 in AWL

Name	Datentyp	Anfangswert
IN		
Seite_a	Real	0.0
Seite_b	Real	0.0
OUT		
Seite_c	Real	0.0
Wi_alpha	Real	0.0
TEMP		
a2	Real	
b2	Real	
bogenm_alpha	Real	

```
L       #Seite_a
SQR
T       #a2
L       #Seite_b
SQR
T       #b2
L       #a2
L       #b2
+R
SQRT
T       #Seite_c
L       #Seite_a
L       #Seite_b
/R
ATAN
T       #bogenm_alpha
L       #bogenm_alpha
L       3.600000e+002
*R
L       2.000000e+000
/R
L       3.141593e+000
/R
T       #Wi_alpha
```

Funktion FC1 in ST

```
FUNCTION        FC1 : void

VAR_INPUT
    Seite_a : REAL;
    Seite_b : REAL;
END_VAR

VAR_OUTPUT
    Seite_c : REAL;
    W_alpha : REAL;
END_VAR

VAR_TEMP
    a_quadrat : REAL;
    b_quadrat : REAL;
    Bog_alpha : REAL;
END_VAR

    a_quadrat:=SQR(Seite_a);
    b_quadrat:=SQR(Seite_b);
    Seite_c=SQRT(a_quadrat+b_quadrat);
    Bog_alpha:=ATAN(Seite_a/Seite_b);
        //Winkel alpha im Bogenmaß
    W_alpha:=Bog_alpha*360/(2*3.14159265);

END_FUNCTION
```

2.8.11 Programmieren mit strukturiertem Text (ST)

2.8.11.1 Digitale Reglung

Ein Automatisierungssystem, das über Analogeingabe- und Analogausgabebaugruppen verfügt, kann für Reglungsaufgaben[1] eingesetzt werden **(Bild 1)**. Die Reglerfunktion wird, im Unterschied zu einem Analogregler, durch einen mathematischen Algorithmus dargestellt, der zyklisch aufgerufen wird und aus dem aktuellen Wert der Regeldifferenz e den neuen Wert der Stellgröße *y* bildet (vgl. Kapitel 4.4.3). Ein digitaler Regler kann nicht kontinuierlich arbeiten. Ein wesentliches Merkmal ist daher die Abtastzeit, mit der auf die Veränderung der Regelgröße reagiert werden kann. Bei einer SPS ist im Prinzip die kleinst mögliche Abtastzeit die Zykluszeit. Meistens kann die Abtastzeit so gewählt werden, dass eine Stufung der Regelgröße nicht mehr erkennbar ist.

Für schaltende und kontinuierliche Regler bietet die *Standard-Bibliothek* der Programmiersoftware für Automatisierungsgeräte oft umfangreiche Regler-Funktionsbausteine an. Mit dem Entwurf selbstgeschriebener Regler-Bausteine soll jedoch das Verständnis für die Anwendung von Regelungsprogrammen gefördert werden. Diese Programme enthalten meist Berechnungen sowie Sprung-, Auswahl- und Wiederholungsanweisungen. Für die Umsetzung in ein Programm sind die Textsprachen **Anweisungsliste AWL** und **Strukturierter Text ST** (SCL Structured Control Language) besser geeignet, als die grafischen Sprachen FUP, KOP und AS.

Jede Anweisung in AWL entspricht genau einer Steueranweisung der SPS in Maschinensprache. Programme in AWL sind daher sehr schnell, aber weniger übersichtlich. ST ist eine Programmiersprache, die an den Merkmalen von Hochsprachen wie PASCAL und C angelehnt ist. Vorteile von ST sind relativ kurze Programme und ein übersichtlicher Programmaufbau. Auch die Verwaltung großer Datenmengen und die Bearbeitung komplexer mathematischer Aufgaben ist mit ST gut zu lösen. Ein ST-Programm wird in einer Textdatei als Quellprogramm ohne Syntaxprüfung editiert. Dieses muss anschließend kompiliert, d. h. in Maschinensprache übersetzt werden. Damit wird ein ablauffähiges Programm erzeugt und es werden gleichzeitig Fehler und Warnungen angezeigt. Einige Anweisungen von ST sind in **Tabelle 1** dargestellt. **Tabelle 2** zeigt einige Operationen von ST.

[1] Die Grundlagen der Regelungstechnik finden Sie ab Seite 231

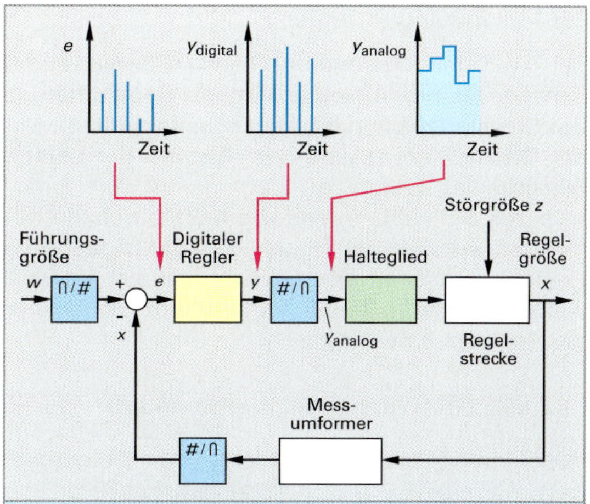

Bild 1: Digitaler Regelkreis

Tabelle 1: Sprachelemente von ST (Auswahl)

Syntax	Beispiel	Beschreibung
IF *Bedingung* THEN *Anweisung 1* ELSE *Anweisung 2* END_IF	**IF** a = 100 **THEN** b:=false; c:=20 **ELSE** c:=50; y:=x **END_IF**;	Hat die Bedingung den Wert TRUE, werden die Anweisungen nach THEN ausgeführt. Bei FALSE werden die Anweisungen nach ELSE ausgeführt.
CASE *Auswahlausdruck* OF WERT1: *Anweisung 1* WERT2: *Anweisung 2* WERT3: *Anweisung 3* ELSE: *Anweisung 4* END_CASE;	**CASE** TW **OF** 1: DISPLAY: =Temp; 2: DISPLAY: = Drehzahl; 11,13: DISPLAY: = 99; **ELSE:** DISPLAY: = 0; **END_CASE**;	Bei TW=1 wird die Anweisung nach 1: ausgeführt. Bei TW=2 wird die Anweisung nach 2: ausgeführt. Bei TW=11 oder 13 wird die Anweisung nach 11, 13: ausgeführt. Bei anderen Werten von TW wird die Anweisung nach ELSE ausgeführt.
FOR *Laufvariable = Startwert* TO *Endwert* BY *Schrittweite* DO *Anweisung* END_FOR	**FOR** I: =1 **TO** 10 **BY** 2 **DO** MW(I+3): =IW(I); **END_FOR;**	Die Eingangsworte 1 bis 10 werden in den Merkerworten 4 bis 13 zugewiesen.

Tabelle 2: Operationen von ST (Auswahl)

Operator	Operation	Beispiel
:=	Zuweisung	x: =6;
(...)	Klammerung	3 * 4 / 2 – (7+3) / (-5) Wert: 8
**	Potenzierung	2**3 Wert: 8
NOT	Komplement	NOT TRUE Wert: = FALSE
&, AND	Boolesches UND	FALSE & TRUE Wert: = FALSE
<, >, >=, <=	Vergleich	10 < 8 Wert: = FALSE
MOD	Modulo	12 MOD 10 Wert: 2 Rest bei Integerdivision

2.8.11.2 Zweipunktregler

Bei Zweipunktregelungen bildet der Regler einen Schalter ab, der abhängig von der Regeldifferenz das Stellsignal EIN oder AUS schaltet **(Bild 1)**. Mit der Schaltdifferenz wird der Abstand der beiden Schaltpunkte festgelegt. Liegt der Istwert unterhalb des Sollwerts minus der halben Schaltdifferenz, so schaltet der Regler das Stellsignal EIN. Erreicht der Istwert eine Größe oberhalb des Sollwertes plus der halben Schaltdifferenz, so schaltet der Regler das Stellsignal AUS.

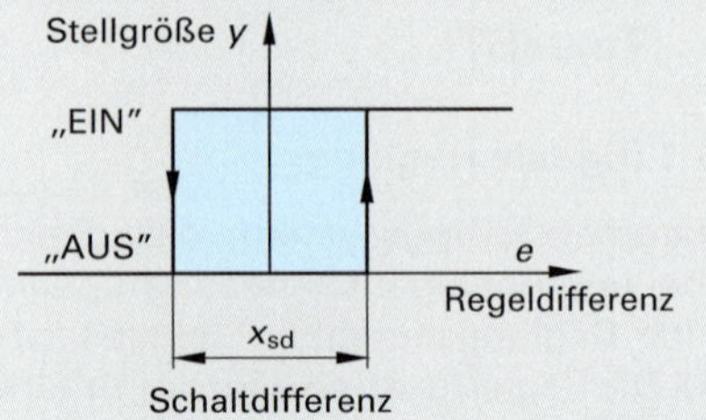

Bild 1: Zweipunktregler – symbolische Darstellung

Beispiel: Druckregelung mit Zweipunktregler

Der Druck einer Pneumatikanlage soll 6 bar betragen. Der Druck darf im Betrieb um ±0,3 bar variieren. Der Istwert wird mit einem Analogdrucksensor erfasst, der im Bereich 0 bis 10 bar ein proportionales Spannungssignal von 0 bis 10 V liefert. Der Sollwert und die Schaltdifferenz von 0,6 bar werden im Steuerungsprogramm fest vorgegeben. In **Bild 2** ist die Funktion des Zweipunktreglers in der Programmiersprache **AWL** und in **Bild 3** in **ST** dargestellt. **Bild 4** zeigt den Regelungsvorgang.

```
FUNCTION_BLOCK FB1   :          VOID

VAR_INPUT
      FREIGABE    :    BOOL;
      ISTWERT     :    REAL;
      SOLLWERT    :    REAL;
      Xsd         :    REAL;
END_VAR

VAR_OUTPUT
      Stellsignal :    BOOL;
END_VAR

IF Freigabe THEN
      IF Istwert<Sollwert-Xsd/2 THEN Stellsignal:=1; END_IF;
      IF Istwert>Sollwert+Xsd/2 THEN Stellsignal:=0; END_IF;
ELSE Stellsignal:=0;
END_IF;

END_FUNCTION
```

Bild 3: Funktion Zweipunktregler in ST

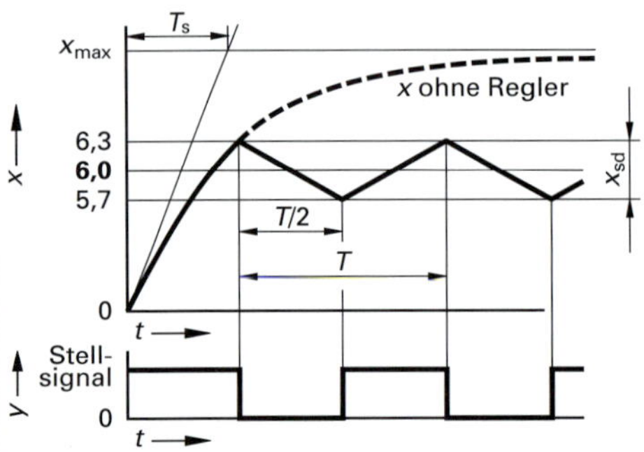

Bild 4: Regelverhalten des Zweipunktreglers

Name	Datentyp	Anfangswert
IN		
Freigabe	Bool	False
Sollwert	Real	0.0
Istwert	Real	0.0
X_{SD}	Real	0.0
OUT		
Stellsign	Bool	False
TEMP		
X_{SD}_2	Real	
Soll_m_X_{SD}_2	Real	
Soll_u_X_{SD}_2	Real	

```
AN   #Freigabe
R    #Stellsignal        //Wenn #Freigabe ein 0-Signal hat,
                         dann rücksetze #Stellsignal und
BEC                      //bedingtes Bausteinende
L    #XSD                //Wenn #Freigabe ein 1-Signal hat,
                         setze Programm fort
L    2.000000e+000
/R                       //Dividiere #XSD durch 2 und
T    #XSD_2              //speichere Ergebnis in #XSD_2
L    #Sollwert
L    #XSD_2
-R                       //Subtrahiere #Sollwert – #XSD_2 und
T    #Soll_m_XSD_2       //speichere Ergebnis in #Soll_m_XSD_2
L    #Sollwert
L    #XSD_2
+R                       //Addiere #Sollwert + #XSD_2 und
T    #Soll_u_ XSD_2      //speichere Ergebnis in #Soll_u_XSD_2
L    #Istwert
L    #Soll_m_ XSD_2
<R                       //Wenn #Istwert < #Soll_m_ XSD_2,
S    #Stellsign          //dann setze #Stellsignal
L    #Istwert
L    #Soll_u_ XSD
>R                       //Wenn #Istwert > #Soll_u_ XSD_2,
R    #Stellsign          //dann rücksetze #Stellsignal
```

Aufruf des FB im OB1

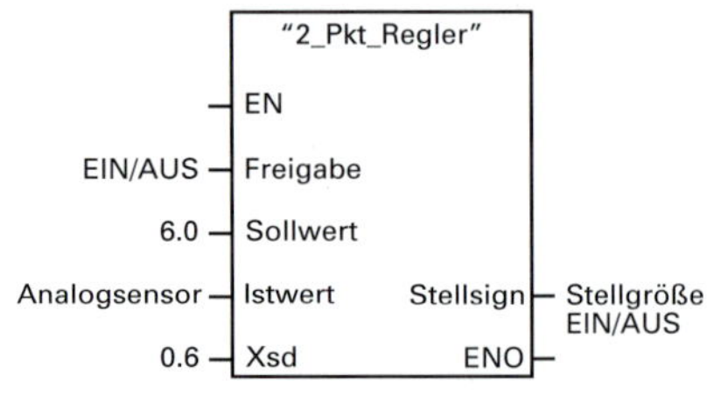

Bild 2: Funktion Zweipunktregler in AWL

2.8.11.3 PID-Reglerbaustein

Für kontinuierliche Regelungen werden meist PID-Regler **(Bild 1)** eingesetzt (vgl. Kapitel 4.4.2). Da PID-Regelfunktion über Speichereigenschaften verfügt, muss ein Funktionsbaustein verwendet werden **(Bild 2)**. Damit können verschiedene Reglerfunktionen wie P-, PI-, PD- oder PID ausgeführt werden. Nach der Initialisierung ist der Regler unmittelbar einsatzbereit, da die Parameter K_p, T_d und T_i jeweils mit dem Wert 1.0 vorbelegt sind.

Die Abtastzeit $\boldsymbol{T_a}$ bestimmt die Stichprobenhäufigkeit und ist somit ein wichtiger Parameter eines digitalen Reglers. Sie stellt die Zeitspanne dar, die zwischen zwei Bearbeitungen des Regelungsprogramms liegt. Die Abtastzeit sollte möglichst klein sein und wurde daher mit 0.1s vorbelegt. Mithilfe der Parametereingänge `P_SEL`, `I_SEL` und `D_SEL` lässt sich der P-, I- bzw. D-Anteil einzeln zu- und abschalten. Die Stellgröße variiert im Gleitpunktzahlenbereich 0.0... ±100.0.

Der digitale Regler erfordert eine Bereitstellung der zu verarbeitenden Informationen in digitalter Form, d. h. als Zahlen- oder Zeichenfolge. Die digitale Regelung hat das gleiche Funktionsprinzip wie die analoge Regelung, daher haben die Zusammenhänge in der Regelungstechnik für beide Reglerarten die gleiche Gültigkeit. Digitale Regler können einzeln als PID-Festwertregler oder auch in mehrschleifigen Regelungen eingesetzt werden.

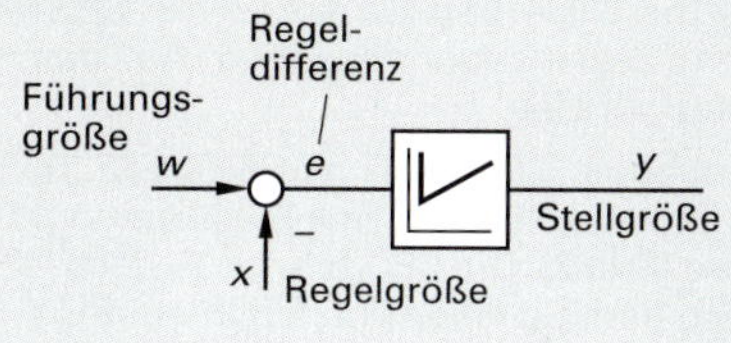

$$y = K_P\left(e + \frac{1}{T_d}\int e\,dt + T_i \cdot \frac{de}{dt}\right)$$

Bild 1: PID-Regler

```
FUNCTION_BLOCK FB10
VAR_INPUT
    FREIGABE  : BOOL;
    ISTWERT   : REAL;
    SOLLWERT  : REAL;
    Kp        : REAL:=1.0;   //Proportionalbeiwert
    Ti        : REAL:=1.0;   //Nachstellzeit
    Td        : REAL:=1.0;   //Vorhaltezeit
    Ta        : REAL:=0.1;   //Abtastzeit
    P_SEL     : BOOL;        //P-Anteil ab-/zuschalten
    I_SEL     : BOOL;        //I-Anteil ab-/zuschalten
    D_SEL     : BOOL;        //D-Anteil ab-/zuschalten
END_VAR

VAR
    E_Kp_t0   : REAL;        //Regeldifferenz des vorher
                             gehenden Abtastzeitpunktes t0
                             multipliziert mit Kp
    E_Summe   : REAL;        //Summe aller Regeldifferenzen,
                             die Kp multipliziert sind
END_VAR

VAR_TEMP
    E_Kp_t1   : REAL;        //Regeldifferenz multipliziert mit
                             Kp
    Stellgr_I : REAL;        //I-Anteil der Stellgröße
    Stellgr_D : REAL;        //D-Anteil der Stellgröße
END_VAR

VAR_OUTPUT
    Stellgr   : REAL;        //Stellgröße
END_VAR

IF Freigabe = false THEN
    Stellgr   : = 0.0;
    E_Kp_t0   : = 0.0;
    E_Summe   : = 0.0;
    RETURN;
END_IF;

Stellgr    : = 0.0;
E_Kp_t1    : = Kp*(Sollwert – Istwert)     //Berechnung des
                                           P-Anteils
E_Summe    : = E_Summe + E_Kp_t1;
Stellgr_I  : = E_Summe*Ta/Ti;              //Berechnung des
                                           I-Anteils
Stellgr_D  : = Td*(E_Kp_t1 – E_Kp_t0)/Ta;  //Berechnung des
                                           D-Anteils
E_Kp_t0    : = E_Kp_t1;

IF P_SEL = true THEN
    Stellgr : = E_Kp_t1;                   //Addition des P-
                                           Anteils zur Stellgröße
END_IF;

IF I_SEL = true THEN
    Stellgr : = Stellgr_I;                 //Addition des I-
                                           Anteils zur Stellgröße
END_IF;

IF D_SEL = true THEN
    Stellgr : = Stellgr_D;                 //Addition des D-
                                           Anteils zur Stellgröße
END_IF;

IF Stellgr < 0.0 THEN
    Stellgr : = 0.0;
    ELSIF Stellgr > 100.0 THEN Stellgr : = 100.0;
END_IF;

END_FUNCTION_BLOCK
```

Bild 2: Funktionsbaustein für PID-Regler in ST

Beispiel: Drehzahlregelung

Die Drehzahl eines Motors **(Bild 1)** soll kontinuierlich geregelt werden. Dazu wird ein Funktionsbaustein FB41 für kontinuierliches Regeln aus der Standard-Bibliothek der Programmiersoftware für Automatisierungsgeräte verwendet. Der FB41 stellt sämtliche Funktionen zur Verfügung, die für eine kontinuierliche Regelung erforderlich sein können. Über die Parametrierung ist es möglich, Teilfunktionen des PID-Reglers zu- oder abzuschalten und damit diesen an die Regelstrecke anzupassen. Zur Initialisierung bei Anlauf der SPS wird der FB41 im Organisationsbaustein für den Anlauf OB100 aufgerufen.

Der Parameter COM_RST (COMPLETE RESTART) wird auf *true* gesetzt, um eine Initialisierungsroutine zu starten **(Bild 2)**. Die CPU führt z. B. nach NETZ EIN oder nach dem Schalten von STOP auf RUN-P einen Anlauf durch. Die Berechnung der Werte in dem Regelungsbaustein erfolgt nur dann korrekt, wenn er in regelmäßigen Abständen aufgerufen wird. Diese Aufgabe übernimmt der Weckalarm-Organisationsbaustein OB35 (cyclic interrupt). Der Parameter COM_RST muss bei diesem Aufruf auf *false* gesetzt werden, damit die Initialisierungsroutine nicht erneut gestartet wird. Die Abtastzeit von 100 ms wird am Parameter CYCLE vorgegeben **(Bild 3)**.

Dem Funktionsbaustein PID-Regler müssen zur Drehzahlregelung weitere Parameter übergeben werden:
Der Eingang MAN_ON wird mit einem Nullmerker belegt und damit die manuelle Übergabe des Istwertes unterbrochen. Mit dem gleichen Nullmerker wird durch Negation bei PVPER_ON die Übernahme des Istwertes am Eingang PV_PER eingeschaltet.
Der Sollwert wird bei SP_INT als Variable im Gleitpunktformat (REAL), skaliert im Bereich −100.0...100.0, übergeben.
Mit einer weiteren Variablen im gleichen Format wird die Reglerverstärkung am Eingang GAIN vorgegeben. Der Stellgrößenausgang ist LMN_PER. An den weiteren Eingängen können z. B. Werte für verschiedene Offsetgrößen, Anpassungsfaktoren oder eine Totzonenbreite vorgegeben werden. Als weitere Ausgangsparameter sind z. B. die Regeldifferenz, der P-, I-, D-Anteil und die Stellgröße im Gleitpunktformat verwendbar.

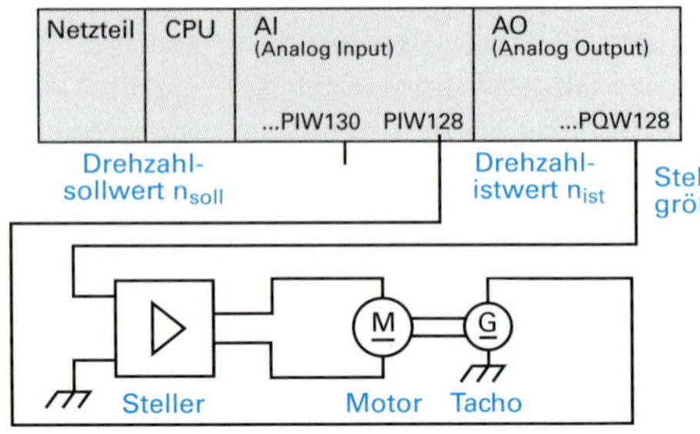

Bild 1: Regelung einer Linearachse

OB 100 in AWL

```
CALL  FB 41
      Com_Rst:=TRUE
      cycle:=     T#100MS
      BE
```

Bild 2: Aufruf des Anlauf-Organisationsbausteins

OB 35 in AWL

```
CALL  FB 41
      Com_Rst:=FALSE
      cycle:=     T#100MS
      BE
```

Bild 3: Aufruf des Weckalarm-Organisationsbausteins

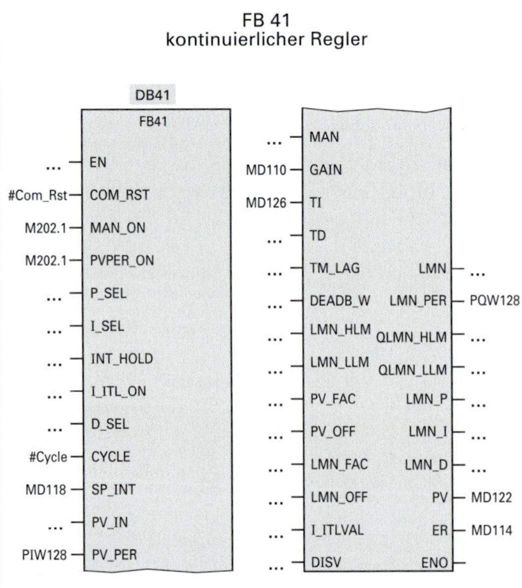

Bild 4: Parametrieren des Reglerbausteins

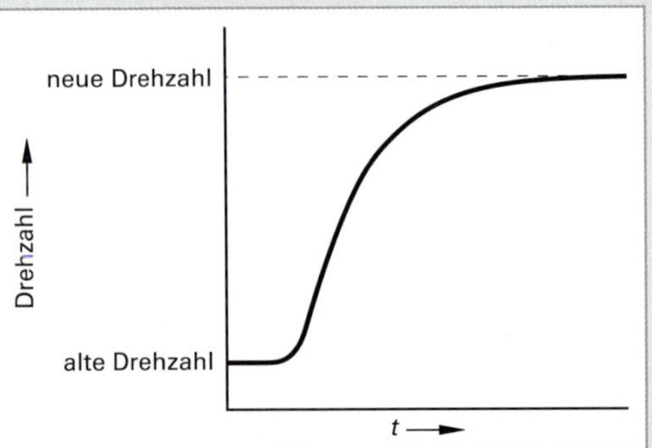

Bild 5: Drehzahländerung

2.8.12 Bedienen und Beobachten von Fertigungsprozessen

Prozesse werden immer vielschichtiger und die Ansprüche an die Funktionalitat von Maschinen und Anlagen steigen, daher benötigt der Bediener ein Höchstmaß an Transparenz. Diese Transparenz bietet ein Human Machine Interface (HMI). Ein HMI-System stellt die Schnittstelle zwischen dem Menschen, d. h. dem Bediener, und dem Prozess, d. h. der Maschine oder Anlage, dar. Die eigentliche Kontrolle über den Prozess hat die Steuerung. Ein HMI-System übernimmt folgende Aufgaben:

- **Prozess darstellen**: Der Prozess wird am Bediengerät abgebildet **(Bild 1)**.
- **Prozess bedienen**: Der Bediener kann den Prozess über die grafische Bedienoberfläche bedienen.
- **Meldungen ausgeben**: Wenn im Prozess kritische Prozesszustande auftreten, wird automatisch eine Meldung ausgelöst.
- **Prozesswerte und Meldungen archivieren**: Auf diese Weise kann der Prozessverlauf dokumentiert werden und es kann auch auf altere Produktionsdaten zugegriffen werden.
- **Prozesswerte und Meldungen dokumentieren**: Meldungen und Prozesswerte können vom HMI-System als Protokoll ausgegeben werden.
- **Prozessparameter und Maschinenparameter verwalten**: Parameter für Prozesse und Maschinen können vom HMI-System in Rezepturen gespeichert werden.

Zur Realisierung eines HMI-Systems muss eine Projektierungssoftware installiert werden. Beim Anlegen eines HMI-Projektes wird zuerst ein geeignetes Bediengerät ausgewählt, um die nutzbare Fläche optimal zu gestalten. Im Projekt werden die **Verbindungseinstellungen** zwischen dem Bediengerät und der Steuerung festgelegt und alle zum Überwachen und Bedienen der Anlage erforderlichen Objekte erstellt. Dazu gehören **Bilder**, um die Anlage abzubilden **(Bild 2)** und zu bedienen, **Variablen**, um Daten zwischen Bediengerät und Anlage zu übertragen **(Bild 3)** und **Meldungen**, um Betriebszustände der Anlage am Bediengerät anzuzeigen **(Bild 4)**.

Für Anlagen der Verfahrenstechnik können in **Rezepturen** zusammengehörige Produktionsdaten wie z. B. Mischungsverhältnisse zusammengefasst werden.

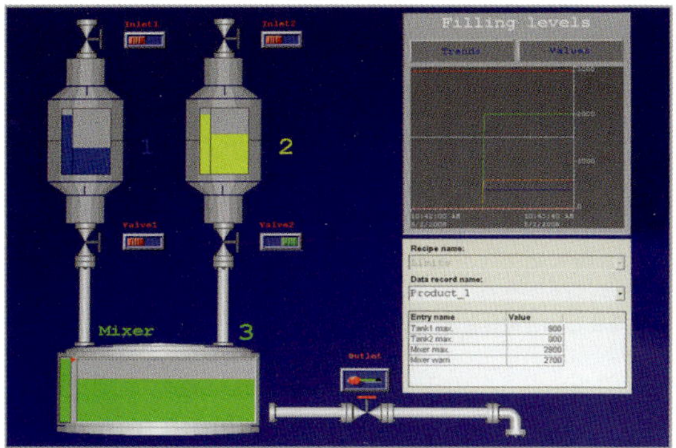

Bild 1: Beispiel für ein Visualisierungsgerät

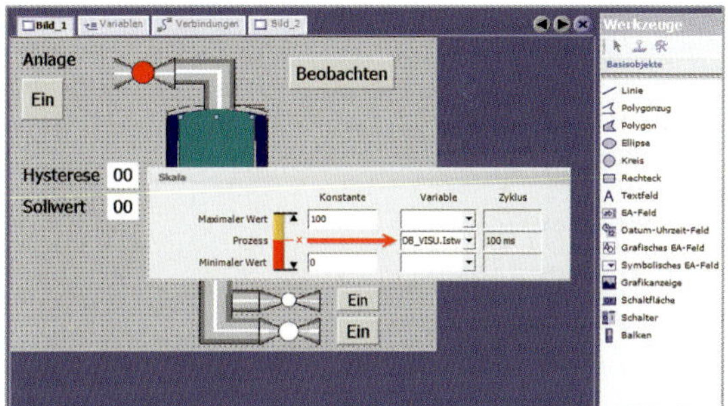

Bild 2: Projektieren von Anlagebildern

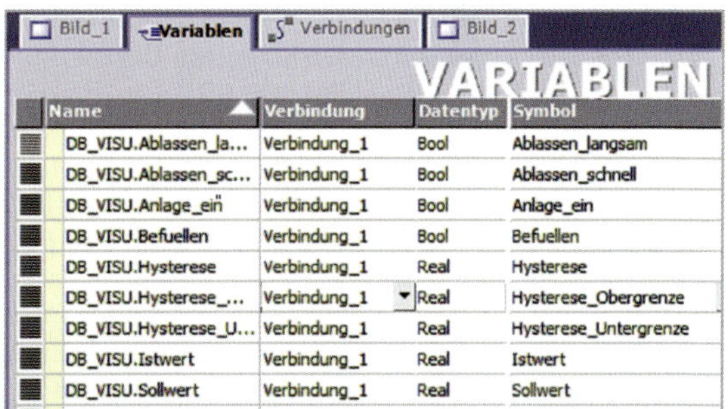

Bild 3: Konfigurieren von Variablen

Bild 4: Konfigurieren von Meldungen

Beispiel Tankfüllstand:
In einer Tankanlage soll der Füllstand eines Tanks mit einem Zweipunktregler geregelt werden. **Bild 1** zeigt den Tank mit den Bedien möglichkeiten Anlage EIN/AUS, schnelles Ablassen EIN/AUS und langsames Ablassen EIN/AUS. Mit der Schaltfläche Beobachten ist der Wechsel zu **Bild 2** möglich.

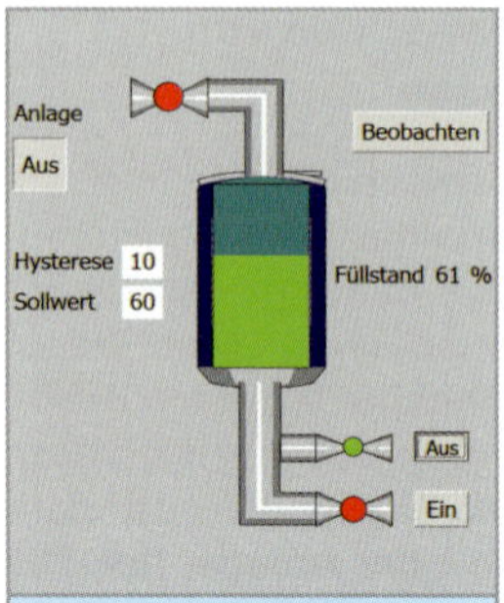

Bild 1: Tankfüllstand Bild 1 „Bedienen"

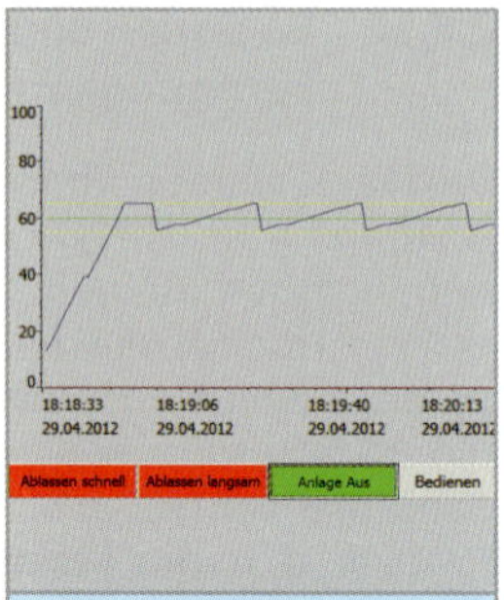

Bild 2: Tankfüllstand Bild 2 „Beobachten"

2.8.13 Schnelle Zählvorgänge

Bei Steuerungsaufgaben in Verpackungs-, Sortier- oder Dosieranlagen müssen häufig hochfrequente Signale verarbeitet werden. Signaleingänge mit hoher Frequenz können auf Grund der Zykluszeit von einer Steuerung nicht unmittelbar verarbeitet werden. Modulare Steuerungen können durch Funktionsmodule ergänzt werden, welche die Verarbeitung von Signalfrequenzen bis 500 kHz ermöglichen. Diese Funktionsbaugruppen können für folgende Aufgaben eingesetzt werden:

- endlos Zählen,
- einmaliges Zählen,
- periodisches Zählen,
- Frequenzmessung,
- Drehzahlmessung,
- Periodendauermessung.

Nachdem das Modul mit der Projektierungsoberfläche parametriert wurde, muss der Datenaustausch festgelegt werden **(Bild 3)**. Die für die Funktion FC1 benötigten Daten werden in einem Datenbaustein auf der CPU abgelegt. Die Funktion FC1 überträgt zyklisch Daten zwischen diesem Datenbaustein und dem Funktionsmodul FM **(Bild 4)**.

Verfügt ein Automatisierungsgerät über integrierte Funktionen, so kann ein schneller Zähler (High speed counter) zur Erfassung von Zählimpulsen bis zu einer Frequenz von 10 Hz verfügbar sein. Innerhalb der S7-Baureihe (Siemens) gibt es CPUs mit integrierten Funktionen, bei denen mit Hilfe von Systemfunktionsbausteinen (SFB) schnelle Zähler aktiviert werden können.

Eine integrierte Funktion muss zunächst in der Hardwarekonfiguration aktiviert werden. Danach kann mit dem SFB 29 (`HS_COUNT`) und dem Instanz-Datenbaustein (DB 63 ist voreingestellt) die Integrierte Funktion Zähler im Betriebssystem angesprochen werden. Die Integrierte Funktion greift direkt auf die Integrierten Ein-/Ausgänge zu, ohne Umweg über das Anwenderprogramm (**Bild 1, folgende Seite**). Dadurch wird die Zykluszeit nur minimal beeinflusst.

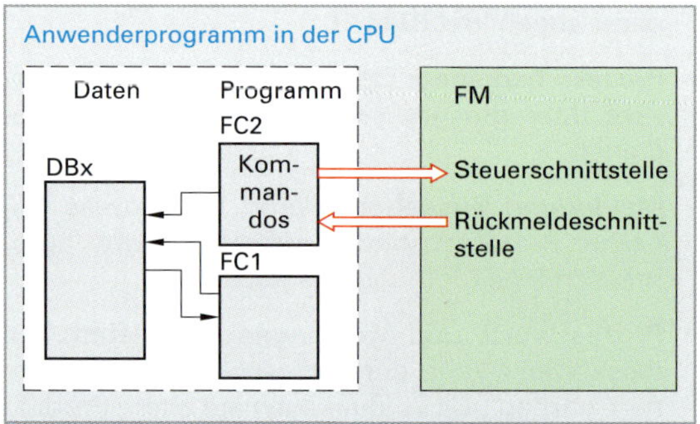

Bild 3: Datenaustausch zwischen Anwederprogramm und Funktionsmodul „schneller Zähler"

```
L    #1000;                   // Ladewert in DB
T    T CNT_CHAN1.LOAD_VAL;    // eintragen (double integer)
U    ANSTOSS;
S    L_DIRECT;                // DIREKT Eingangsparameter
R    ANSTOSS
CALL  CNT_CTL1(               //Aufruf FC mit DB1
      DB_NO    :=1,           //Kanal 1
      SW_GATE  :=SW_GATE,     //Software-Tor steuern
      GATE_STP:=GATE_STP,     //Tor stoppen
      OT_ERR_A:=OT_ERR_A,     //Bedienfehler quittieren
      SET_DO0  :=SET_DO0,     //Ausgang DO0 setzen
      SET_DO1  :=SET_DO1,     //Ausgang DO1 setzen
      OT_ERR   :=OT_ERR,      //Bedienfehler aufgetreten
      L_DIRECT:=L_DIRECT,     //Neuen Zählerwert laden
      L_PREPAR:=L_PREPAR,     //Neuen Zählerwert vorbereiten
      T_CMP_V1:=T_CMP_V1,     //Neuen Vergleichswert 1 laden
      T_CMP_V2:=T_CMP_V2,     //Neuen Vergleichswert 2 laden
      C_DOPARA:=C_DOPARA,     //Parameteränderung anstoßen
      RES_SYNC:=RES_SYNC,     //Statusbit Synchronisation löschen
      RES_ZERO:=RES_ZERO);    //Statusbit Nulldurchgang löschen
UN   OT_ERR;                  //Falls kein Fehler aufgetreten ist,
SPB WEIT;                     //dann WEITer
                              //**Fehlerauswertung Anfang**
L    CNT_CHAN1.OT_ERR_B;      //Zusatzinformation lesen
T    AUSGABE;                 //und ausgeben.
SET                           //VKE 1 erzeugen
S    CON_OT_ERR               //Fehler quittieren
...                           //weitere Fehlerreaktion
SPA ENDE;                     //**Fehlerauswertung Ende**
...                           //weiter mit normaler Bearbeitung
UN   L_DIRECT;                //Funktion Lade DIREKT ist fertig
S    SW_GATE;                 //Software-Tor öffnen
```

Bild 4: Beispiel: Ladewert 1000 zum Funktionsmodul übertragen und Zähler starten

Folgende Funktionen können mit dem SFB 29 umgesetzt werden:

- Startwert vorgegeben und übernehmen,
- Vergleichswerte vorgegeben und setzen,
- Zähler freigeben,
- Digitalausgänge freigeben,
- Aktuellen Zählwert und aktuelle Vergleichswerte lesen,
- Lage des Zählwerts zum Vergleichswert erfassen.

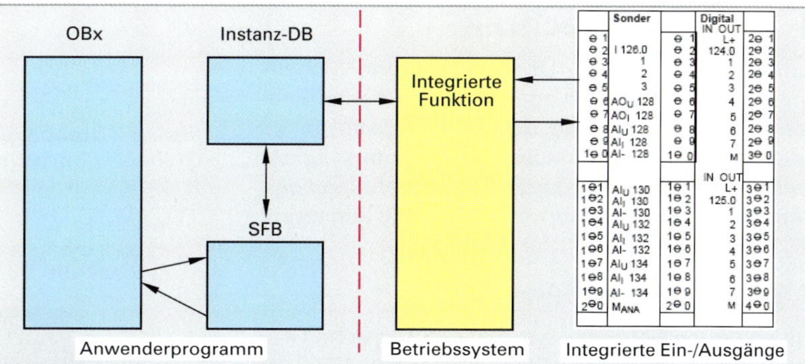

Bild 1: Einbindung integrierter Funktionen

Beispiel: Flaschenabfüllanlage

In einer Flaschenabfüllanlage **(Bild 2)** werden die gefüllten Flaschen über Transportbänder in Leerkästen verpackt. Damit immer genügend Flaschen zur Verfügung stehen, gibt es einen Pufferspeicher für Flaschen.
Der Pufferspeicher hat eine begrenzte Kapazität. Steigt der Bestand im Speicher auf den oberen Grenzwert von 200 Flaschen an, so wird der Motor des Transportbandes 1 über STATUS_A und einen Digitalausgang abgeschaltet **(Bild 3)**. Zur Initialisierung bei Anlauf der SPS wird der SFB 29 – DB63 im OB100 aufgerufen (**Bild 4**). Damit wird bei Anlauf an den Eingängen SET_COUNT und SET_COMP_A eine positive Flanke erzeugt und die Zahlenwerte bei PRES_COUNT und PRES_COMP_A werden übernommen.

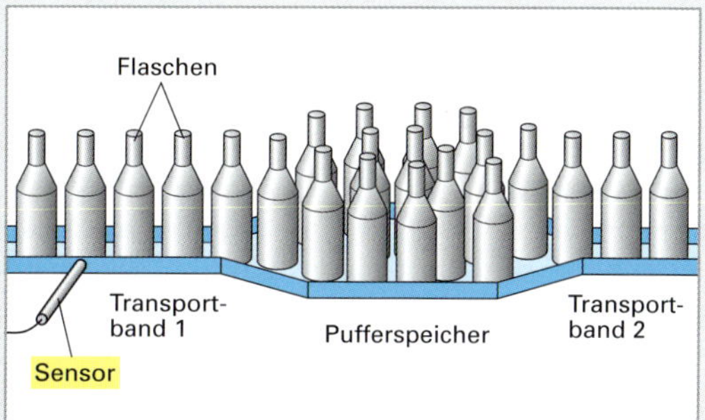

Bild 2: Flaschenabfüllanlage

OB 100 IN AWL			
CALL SFB 29, DB63		SET_COMP_A	: = FALSE
PRES_COUNT	: =	SET_COMP_B	: =
PRES_COMP_A	: =	COUNT	: =
PRES_COMP_B	: =	COMP_A	: =
EN_COUNT	: =	COMP_B	: =
EN_DO	: =	STATUS_A	: =
SET_COUNT	: = FALSE	STATUS_B	: =

Bild 4: Aufruf des Anlauf-Organisationsbausteins

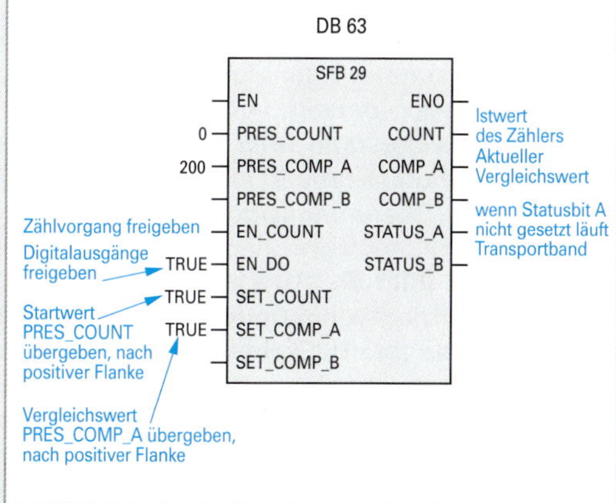

Bild 3: Integrierter Zähler SFB 29

Wiederholung und Vertiefung

1. Erklären Sie die Analogwertverarbeitung bei einer SPS.
2. Was versteht man unter der 12-Bit-Auflösung eines Analogsignals von 0...10 V?
3. Warum eignet sich die Sprache ST gut zur Programmierung digitaler Regler?
4. Beschreiben Sie die Arbeitsweise eines digitalen Zweipunktreglers.
5. Welche Funktionen können mit einem HMI-System realisiert werden?
6. Wie ist es möglich, mit einer SPS hochfrequente Signale zu erfassen?

3 Sensortechnik

Zum Steuern, Regeln, Überwachen und Sichern von Maschinen und Anlagen verwendet man Sensoren, die den Zustand des Fertigungsvorgangs oder der Maschine erfassen. Man unterscheidet entsprechend der Art der Sensorsignale: analoge Sensoren, binäre Sensoren und digitale Sensoren.

3.1 Analoge Sensoren

Mit analogen Sensoren werden mechanische Größen, z. B. Weglängen oder elektrische Größen, z. B. Leistungen, in elektrische Spannungssignale oder Stromsignale umgewandelt.

Durch Kalibrieren können Sensoren auch als **Messwertgeber** verwendet werden.

Unter Kalibrieren versteht man nach DIN 1319 Bl. 1 *das Feststellen des Zusammenhangs zwischen Messgröße und Anzeige.* Die Signale von Messwertgebern können also in physikalischen Einheiten, z. B. bei Wegmessgebern in mm, angezeigt werden.

3.1.1 Sensoren für Wege, Winkel, Abstände und Dicken

Potenziometrische Sensoren mit Schleifer

Durch Verschieben des Schleifers bei einem Schiebepotenziometer oder durch Verdrehen bei einem Drehpotenziometer, verändert sich der Potenziometerwiderstand **(Bild 1** und **Bild 2)**. Betreibt man das Potenziometer als Spannungsteiler, erhält man ein Spannungssignal U_x, das analog zur Schleiferstellung x und damit zum Weg bzw. Drehwinkel ist **(Bild 3)**. Wird das Potenziometer unbelastet oder nur wenig belastet ($R_L >> R$), z. B. durch Anschluss an ein Digitalvoltmeter oder an einen Messverstärker, dann ist das abgegebene Spannungssignal proportional zum Verschiebeweg bzw. zum Drehwinkel. Bei Belastung ist der Zusammenhang zwischen Weg und Sensorsignal nicht linear.

Messpotenziometer haben eine Widerstandsschicht aus leitendem Kunststoff. Diese ist sehr abriebfest und ermöglicht ca. 10^8 Schleiferspiele. Die Schleifer sind Edelmetall-Mehrfingerschleifer und mit Elastomer schwingungsgedämpft. Die typische Auflösung ist besser als 0,1 % und die Linearität besser als 1 %. Die Nennwertlängen reichen bei Linearpotenziometern von 10 mm bis 2 m. Messdrehpotenziometer sind meist durchdrehbar mit einem Messbereich von 0° bis 360°.

Linearpotenziometer verwendet man z. B. als Messtaster und zur Wegmessung bei Maschinentischen. Drehpotenziometer verwendet man zur Drehwinkelmessung, z. B. zum Erfassen der Gelenkwinkel bei einem Industrieroboter.

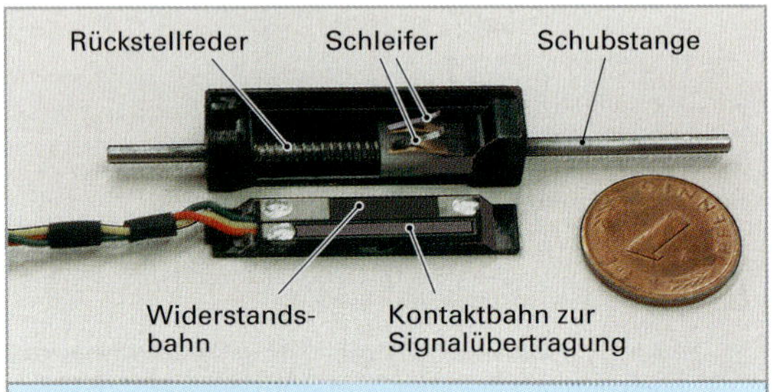

Bild 1: Schiebepotenziometer

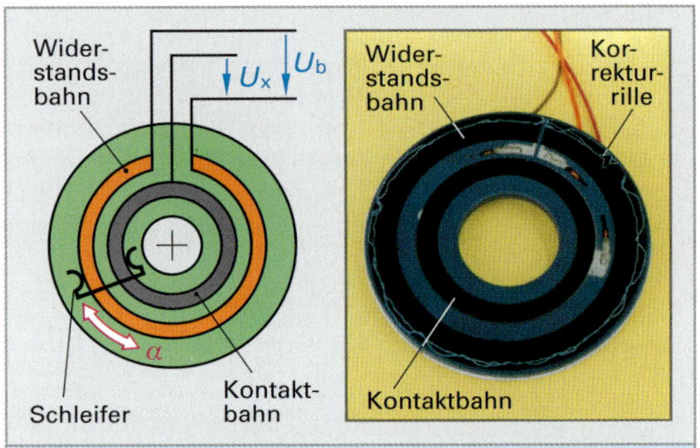

Bild 2: Drehpotenziometer

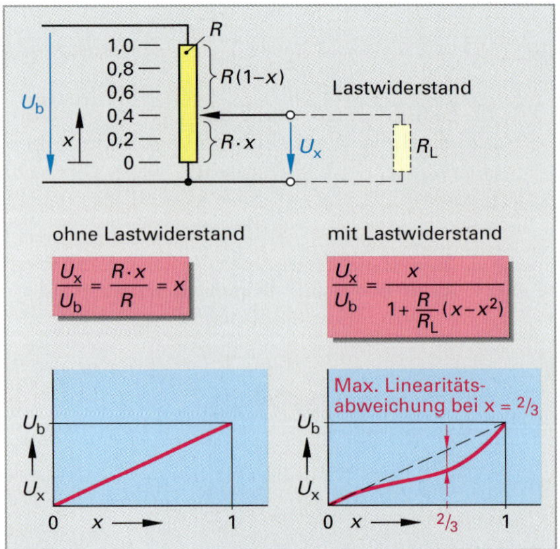

Bild 3: Potenziometer als Spannungsteiler

Schleifringlose potenziometrische Sensoren

Schleifringlose Potenziometer haben als Widerstandselement ein Differenzialfeldplattenelement **(Bild 1)**. Feldplatten sind sehr kleine Halbleiterelemente, deren Widerstand sich mit zunehmender magnetischer Durchflutung erhöht. Bei Weg- und Drehwinkelsensoren verwendet man 2 Feldplatten, die über einen kleinen Dauermagneten durchflutet werden **(Bild 2)**.

Durch Annähern eines Steuermagneten erhöht sich die magnetische Durchflutung bei der Feldplatte R_1, während sich die Durchflutung bei der Feldplatte R_2 verringert. Dadurch erhält R_1 einen großen Widerstand und R_2 einen kleinen Widerstand (Bild 2). Entsprechend dem Widerstandsverhältnis ändert sich das Sensorsignal. Die berührungslose Widerstandsveränderung ermöglicht einen verschleißfreien Aufbau. Lediglich Lagerreibungskräfte sind vorhanden. Der Linearitätsfehler beträgt im linearen Bereich ca. 2 %.

Feldplatten-Drehpotenziometer verwendet man zur Schwingungsmessung, zum Erfassen der Lage bei Tänzerwalzen, als Drehwinkelgeber bei Nachformsteuerungen und bei Bremspedalen und Fahrpedalen von Elektrofahrzeugen.

Feldplatten-Linearpotenziometer werden zum Erfassen kleiner Weglängen und Verlagerungen, z. B. an Robotergreifern, sowie als Geber für Nullpunktpositionen bei Maschinenschlitten eingesetzt.

Induktive Wegsensoren mit Ferritkern

Induktive Wegsensoren haben als Fühlerelement eine Doppelspule (Differenzialspule) mit Eisenkern **(Bild 3)**. Befindet sich der Eisenkern in der Sensormitte, sind die Wechselstromwiderstände beider Spulenteile gleich groß. Verschiebt man den Eisenkern nach links, dann erhöht sich die Induktivität der linken Spulenhälfte, und es vermindert sich die Induktivität der rechten Spulenhälfte. Entsprechend verhalten sich die Wechselstromwiderstände der beiden Spulenteile.

Die Auswertung der Widerstandsänderung erfolgt mit einer Wechselstrommessbrücke (Bild 3). Diese besteht aus einer Widerstandshalbbrücke (zur Ergänzung der Sensorspulenwiderstände zu einer Vollbrücke), dem Wechselstromgenerator (meist 5 kHz) zur Stromspeisung der Brückenschaltung, dem Betrag- und Phasenabgleich zur Nullpunkteinstellung, einem Verstärker und einem Demodulator für eine phasenrichtige Gleichrichtung.

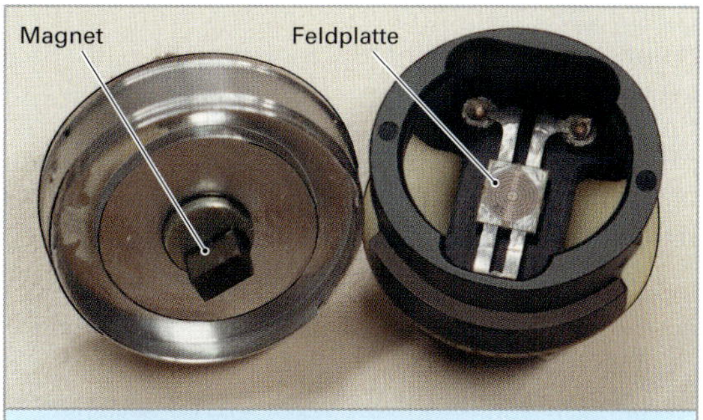

Bild 1: Feldplattenpotenziometer

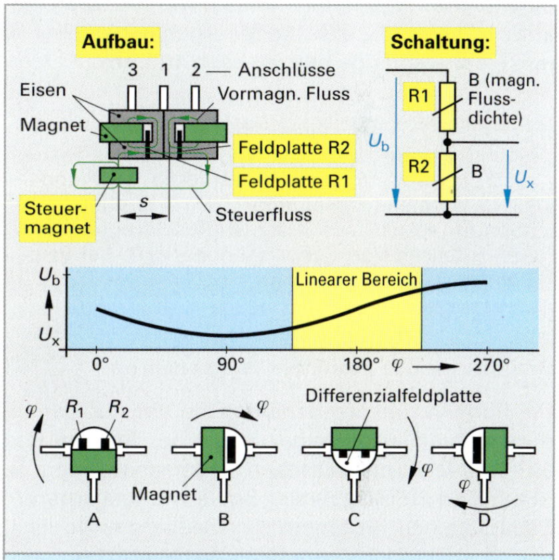

Bild 2: Aufbau, Schaltung und Kennlinie eines Feldplatten-Drehwinkelsensors

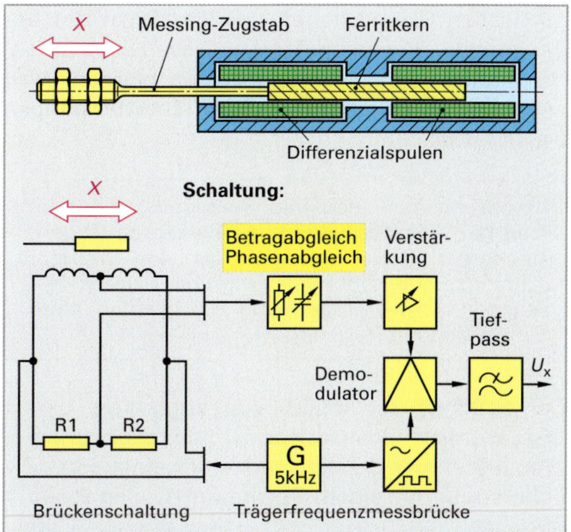

Bild 3: Induktiver Wegsensor und Auswerteschaltung

Durch Verschieben des Eisenkerns wird die Brückenschaltung verstimmt. Es entsteht eine Brückenquerspannung $U_{x\sim}$. Um die Verschieberichtung aus der Spannung $U_{x\sim}$ zu ermitteln, ist die phasenrichtige Gleichrichtung erforderlich. Hierzu wird elektronisch jede *zweite* Halbschwingung umgepolt **(Bild 1)**.

Induktive Wegsensoren gibt es mit Zugstab oder als Taster für Weglängen von 1 mm bis etwa 1 m. Beim Taster sorgt eine Schraubenfeder für die Tasterauslenkung. Die Auflösung des Messsignals liegt bei etwa 0,1 %, d. h. mit einem Wegtaster mit 10 mm Nennweglänge können Wegverschiebungen von 10 µm noch erfasst werden. Die Linearität ist etwa 1 %, d. h. die Messgenauigkeit bei 10 mm Nennweglänge beträgt etwa 100 µm.

Induktive Wegsensoren verwendet man als Taster zur Dickenmessung von Werkstücken, als Weggeber bei kleinen Maschinentischen, in Greifern von Robotern zum Erfassen der Greiferbewegung und zum Erfassen von Schwingungen, z. B. bei Prüfständen.

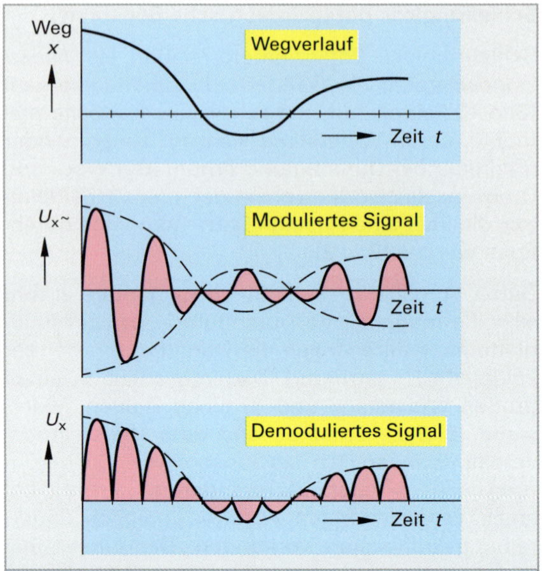

Bild 1: Demodulation durch phasenrichtige Gleichrichtung

Berührungslose induktive Wegsensoren

Die Funktion dieser Sensoren beruht auf der Induktivitätsänderung einer Spule bei Annäherung an einen ferromagnetischen Gegenstand, wie z. B. Stahl **(Bild 2)**. Eine zweite Spule mit justierbarem Stahlplättchen im Innern des Sensors ermöglicht die Auswertung über eine Wechselstrommessbrücke. Der Zusammenhang zwischen Sensorsignal und Weglänge ist nur bei sehr kleinen Veränderungen linear und hängt von den ferromagnetischen Eigenschaften und der Form des angenäherten Gegenstandes ab. Dieser Zusammenhang muss experimentell ermittelt werden. Man nennt diesen Vorgang Kalibrieren. Die Messlängen liegen bei ca. 1 mm.

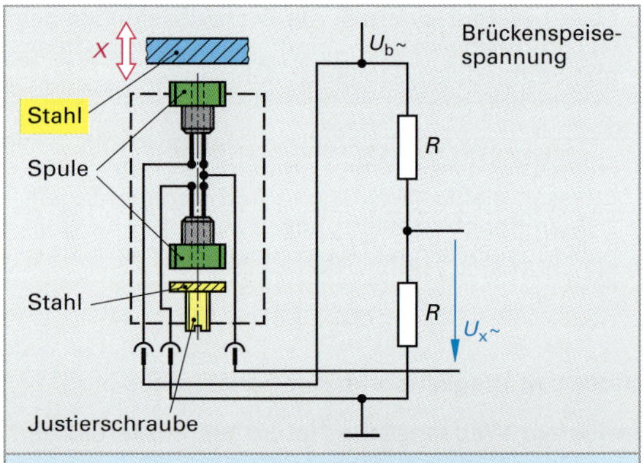

Bild 2: Berührungsloser induktiver Wegsensor

Berührungslose induktive Sensoren verwendet man bei Wegmessungen von bewegten Gegenständen, z. B. von Verlagerungen von Drehmaschinenspindeln (bei Belastung) oder zum Erfassen von Schweißfugen und Blechkanten beim Schweißen mit Robotern.

Der **FLDT-Sensor** (FLDT von engl. Fast Linear Displacement Transducer = schneller linearer Wegaufnehmer) besteht aus einer einlagigen Zylinderspule mit einem Ferritmantel, eingebaut in eine Edelstahlhülse **(Bild 1, folgende Seite)**. In die Spule taucht ein bewegliches Aluminiumrohr von etwa 1 mm Wandstärke ein. Die Spule wird über eine Konstantstromquelle mit einem Wechselstrom von etwa 100 kHz betrieben. Das erzeugte hochfrequente Magnetfeld ruft in der oberen Schicht des Aluminiums Wirbelströme hervor, die wegen der lenzschen Regel[1] das Magnetfeld im Bereich des Aluminiumrohres aufheben. Somit ergibt sich die Spuleninduktivität nur aus dem Teil der spule, in dem das Magnetfeld vorhanden ist. Eine Verlagerung des Aluminiumkerns bewirkt daher eine Änderung des induktiven Widerstandes.

[1] Lenzsche Regel: Der durch Induktion hervorgerufene Strom ist stets so gerichtet, dass er seine Ursache zu hemmen versucht. *Heinrich Friedrich Emil Lenz*, russ. Physiker (1804 bis 1865)

Sensoren mit Veränderung der induktiven Kopplung

Der **LVDT-Sensor** (von engl. Linear Variable Differential Transformer = linearer veränderbarer Differenzialtransformator) ist ein Differenzialtransformator. Dieser hat einen beweglichen, ferromagnetischen Kern und zwei Ausgangsspulen **(Bild 2)**. Das Messprinzip beruht auf einer Veränderung der magnetischen Kopplung zwischen der Eingangsspule und den Ausgangsspulen.

Bei einer einfachen Auswerteschaltung **(Bild 3)** wird mit je einer Zweipuls-Brückenschaltung jede der Ausgangsspannungen gleichgerichtet. Die zugehörigen Gleichströme I_{21}, I_{22} durchfließen den Strommesser einander gegengerichtet, sodass dieser bei gleich großen Ausgangsspannungen nicht ausschlägt. Verschiebt man den Kern nach oben, dann sind die beiden Gleichströme verschieden groß. Der Strommesser zeigt die Verschiebung des Kerns an, und zwar je nach Richtung der Verschiebung mit verschiedener Stromrichtung.

LVDT-Sensoren gibt es mit integrierter Elektronik, welche die Wechselspeisespannung mit etwa 20 kHz erzeugt und das Sensorsignal auf der Ausgangsseite des Transformators phasenrichtig demoduliert, filtert und verstärkt. Diese LVDT-Sensoren können direkt an eine Gleichspannung angeschlossen werden.

LVDT-Sensoren haben meist eine integrierte Elektronik und können mit Gleichspannung betrieben werden.

Sensoren mit Veränderung der Dämpfung und des Scheinwiderstandes

Induktive berührungslose Grenztaster schalten bei Annäherung an einen metallischen Gegenstand **(Bild 4)**. Aus einer Spule mit offenem Schalenkern tritt ein hochfrequentes elektromagnetisches Feld aus. Die Spule ist der induktive Teil eines Schwingkreises, welcher von einem Oszillator mit einer Frequenz von mehreren kHz angeregt wird. Gelangt ein metallischer Gegenstand in die Nahzone der Schwingkreisspule, so wird durch die auftretenden Wirbelströme die Oszillatorschwingung sehr stark gedämpft, sodass der nachgeschaltete Schwellwertschalter anspricht.

Hierzu wird die Oszillatorschwingung hochohmig einem Demodulator zugeleitet und mit einem elektronischen Schwellwertschalter als *Grenzwertglied* auf Signalunterschreitung überwacht. Über eine Logikschaltung erhält man antivalente (gegenwärtige) Signale, z. B. mit H-Pegel und L-Pegel.

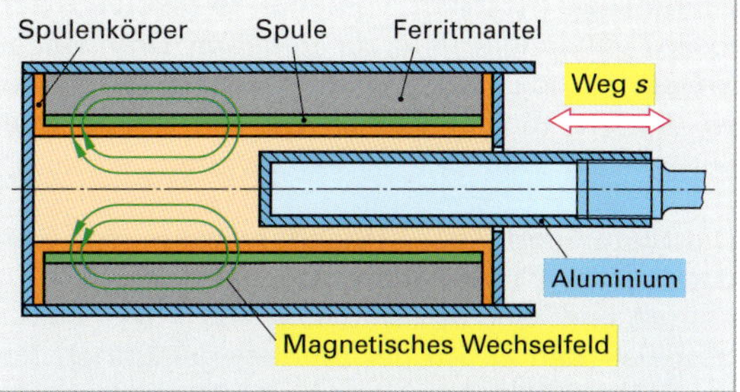

Bild 1: FLDT-Sensor

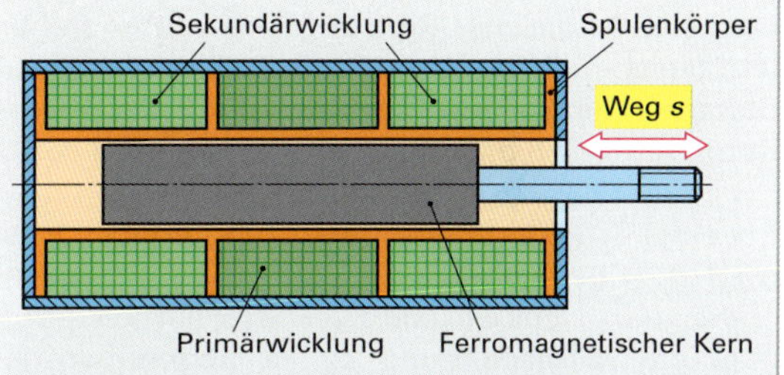

Bild 2: LVDT-Sensor

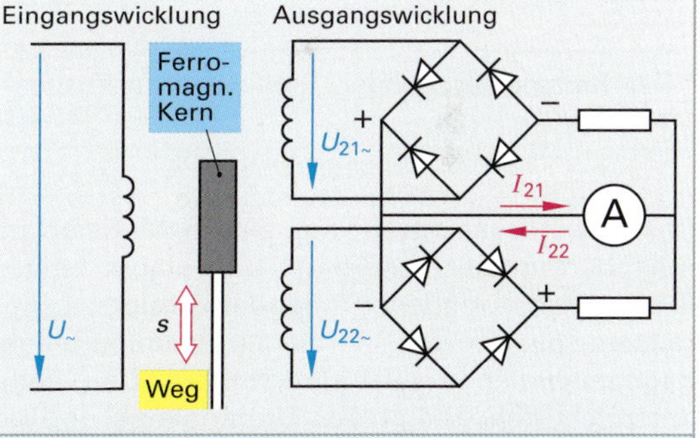

Bild 3: Differenzialtransformator mit einfacher Auswerteschaltung

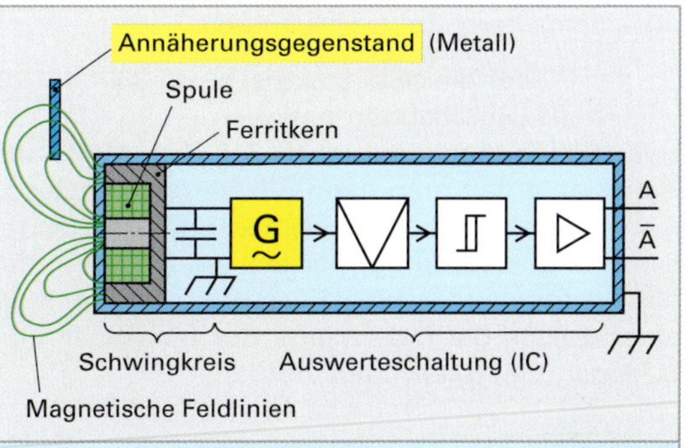

Bild 4: Induktiver Grenztaster

Drehmelder (Resolver, von engl. to resolve = auflösen) verwendet man zur genauen *Drehwinkelerfassung* oder *Drehwinkelregelung*. Aufgebaut ist der Drehmelder ähnlich wie ein kleiner Synchronmotor **(Bild 1)**.

Die Statorwicklungen[1] (Ständerwicklungen) werden mit den zwei Wechselspannungen $u_1 = \hat{u}_1 \cdot \sin \omega t$ und $u_2 = u_1 \cdot \sin(\omega t + \pi/2) = \hat{u}_1 \cdot \cos \omega t$ gespeist **(Bild 2)**. An der drehbar gelagerten Rotorwicklung[2] (Läuferwicklung) wird sowohl durch die eine als auch durch die andere Statorwicklung eine Spannung induziert. Die Induktion ist maximal, wenn die Rotorwicklung und die Statorwicklung sich in gleicher Richtung gegenüber stehen und gleich null, wenn die Rotorwicklung quer zur Statorwicklung steht. Die Messspannung an der Rotorwicklung hängt somit vom Drehwinkel α_x ab.

Bei einer Transformatorübersetzung von 1 : 1 beträgt $u_x = u_1 \cdot \cos \alpha_x + u_2 \cdot \sin \alpha_x = \hat{u}_1 \cdot \sin \omega t \cdot \cos \alpha_x + \hat{u}_1 \cdot \cos \omega t \cdot \sin \alpha_x = \hat{u}_1 \cdot \sin(\omega t + \alpha_x)$, d. h. die Messspannung u_x ist gegenüber der Speisespannung u_1 um den Winkel α_x phasenverschoben **(Bild 3)**. Der Drehwinkel entspricht also der Phasenverschiebung. Er kann durch digitale Phasenmessung erfasst werden.

Der Drehmelder wandelt Drehwinkel in Phasenwinkel um.

Das **Inductosyn** besteht aus einem Maßstab mit mäanderförmiger Leiterbahn und einem beweglichen Gleiter mit zwei mäanderförmigen Leiterbahnen, die um ein Viertel der Mäanderteilung gegeneinander versetzt sind **(Bild 4)**. Der Gleiter entspricht dem Stator des Drehmelders und der Maßstab dem Rotor. Verschiebt man den Gleiter gegenüber dem Maßstab, so liegt in zyklischem (aufeinander folgendem) Wechsel die eine und die andere Leiterbahn des Gleiters deckungsgleich über der Leiterbahn des Maßstabs.

Da der Gleiter die zwei elektrisch um 360°/4 = 90° versetzten Leiterbahnen hat, werden im Maßstab zwei Spannungen induziert. An den Maßstabsklemmen erhält man dann die Messspannung $u_x = \hat{u}_1 \cdot \sin(\omega t + \alpha_x)$. Zur Wegmessung über die gesamte Maßstabslänge müssen die Zyklen (aufeinander folgende Wechsel) gezählt und innerhalb eines Zyklus die Phasenlage der Messspannung u_x gegenüber u_1 ermittelt werden.

[1] lat. status = Stand
[2] lat. rota = Rad, Rolle

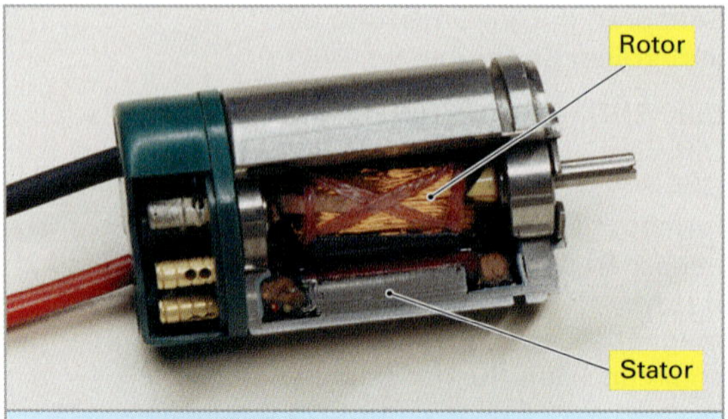

Bild 1: Drehmelder

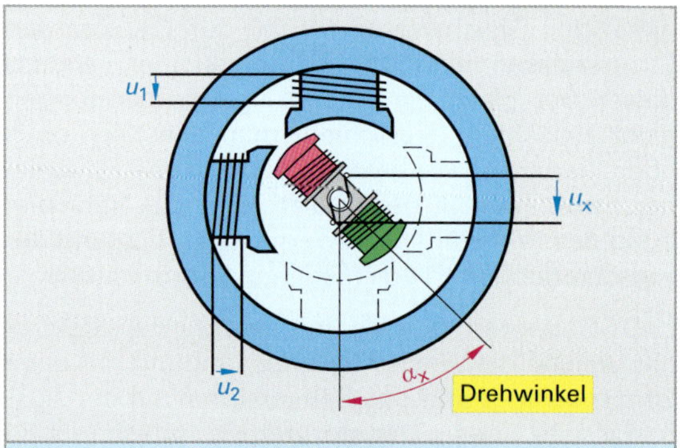

Bild 2: Prinzip des Drehmelders

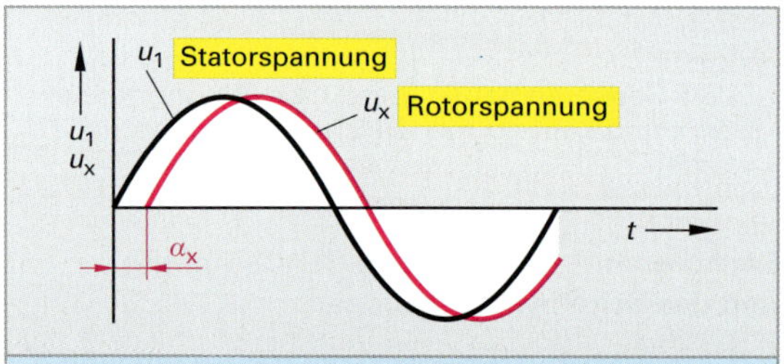

Bild 3: Phasenverschiebung der Messspannung

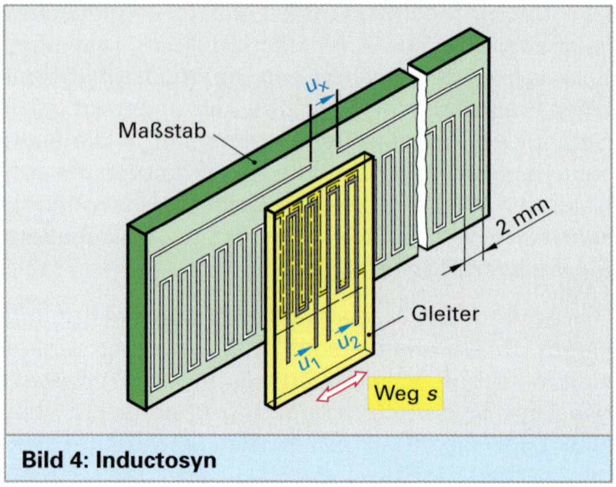

Bild 4: Inductosyn

Kapazitative Wegsensoren

Zur Wegerfassung auch längerer Wege bis 2 m verwendet man Rohr-Sensoren **(Bild 1)**. Schiebt man den Kolben, der isoliert gelagert ist, in das Rohr, verändert sich die Kapazität des Sensors. Mit einer Wechselstrommessbrücke wird die sich ändernde Kapazität in ein Messsignal umgewandelt.

> Kapazitative Wegsensoren werden z. B. bei Druckgießmaschinen zur Erfassung der Stempelwege eingesetzt.

Beim Laserschneiden wird der Abstand zwischen Schneiddüse und Werkstück durch Kapazitätsmessung ermittelt **(Bild 2)**. Die eine Elektrode ist die Schneiddüse, die andere Elektrode das geerdete Werkstück.

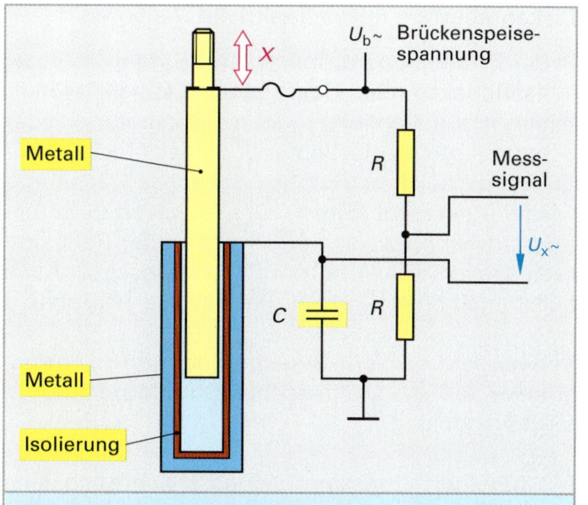

Bild 1: Kapazitativer Wegsensor

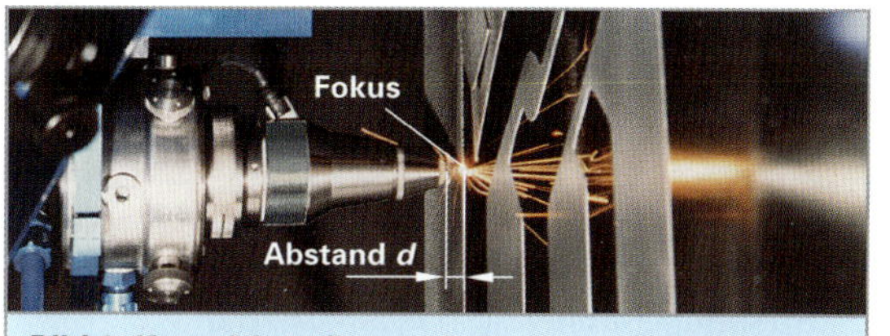

Bild 2: Kapazitiver Sensor beim Laserschneiden

Ultraschall-Wegsensoren

Der Sensor beruht auf der Messung der Zeit, die vergeht, bis ein Ultraschallimpuls von dem zu erfassenden Gegenstand reflektiert wird und als Echo zurückkommt **(Bild 3)**. Sender und Empfänger sind entweder Lautsprecher mit kleinen Metallmembranen oder Piezokristalle.

Im ersten Fall liegen die Ultraschallfrequenzen bei etwa 50 kHz und im zweiten Fall bei etwa 200 kHz. Da man erst nach Empfang des Echos wieder einen Ultraschallimpuls aussenden kann, ist die Messfolge entfernungsabhängig. Sie beträgt bei Entfernungen bis 1 m etwa 4 Messungen pro Sekunde und bis 10 m etwa 2 Messungen pro Sekunde. Die Messgenauigkeit beträgt bei Distanzen bis 100 mm etwa 0,5 mm und bei Distanzen bis 1000 mm etwa 5 mm. Da die Schalllaufzeit von der Lufttemperatur, dem Luftdruck und der Luftfeuchte abhängt, können keine Präzisionsmessungen gemacht werden.

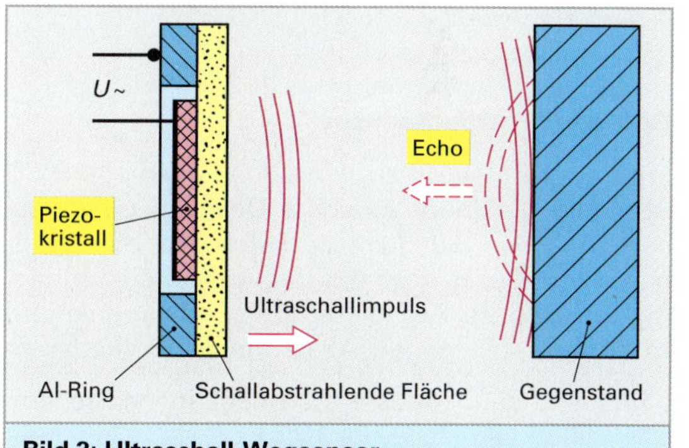

Bild 3: Ultraschall-Wegsensor

> Ultraschall-Wegsensoren verwendet man als Einparkhilfe bei Kraftfahrzeugen oder zum Erfassen von Füllstandshöhen in Kesseln und Silos. In Robotergreifer eingebaute Ultraschall-Wegsensoren ermöglichen das Erkennen von Gegenständen und melden die zugehörige Entfernung **(Bild 4)**.

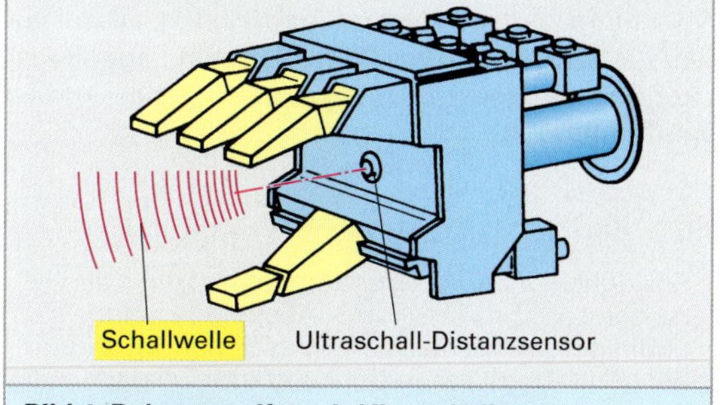

Bild 4: Robotergreifer mit Ultraschallsensor

Dickenmessung mit radioaktiven Sensoren

In der Produktionstechnik wird z. B. mithilfe einer Ionisationskammer oder einem Geiger-Müller-Zählrohr die Herstellung von Bandmaterial oder Schaumstoffen, fortlaufend hinsichtlich ihrer Schichtdicke, ihrer Dichte oder ihres Flächengewichts überwacht (**Bild 1**). Das Messverfahren beruht auf der teilweisen Absorption oder Reflexion radioaktiver Strahlung durch das Messgut. Auch Füllstandshöhen sind auf diese Weise erfassbar.

Verwendet werden Betastrahler und Gammastrahler, die in umschlossenen Strahlerhaltern untergebracht sind.

Mit der Ionisationskammer lässt sich auch eine radioaktive Strahlung nachweisen (Bild 1). Sie besteht aus einem zylinderförmigen Gehäuse und einer Sammelelektrode. Diese ist über einen sehr hohen Widerstand an die Versorgungsspannung U_b angeschlossen. Durch die radioaktive Strahlung wird das in der Kammer befindliche Gas, meist Argon, ionisiert und dadurch geringfügig leitfähig. Mit einem sehr hochohmigen Spannungsmesser kann der am Widerstand entstehende Spannungsabfall gemessen werden.

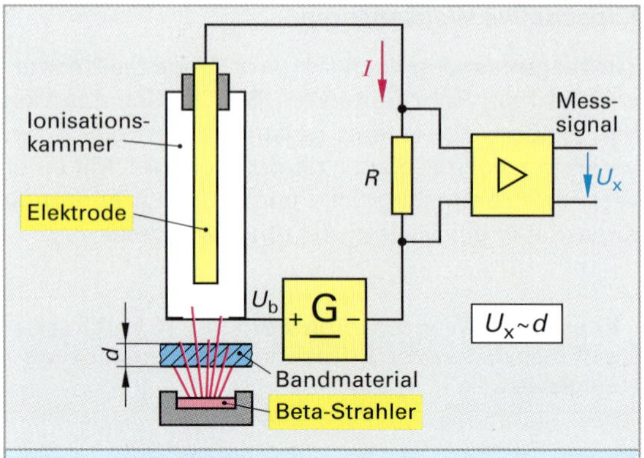

Bild 1: Radioaktiver Strahlungssensor zur Dickenmessung

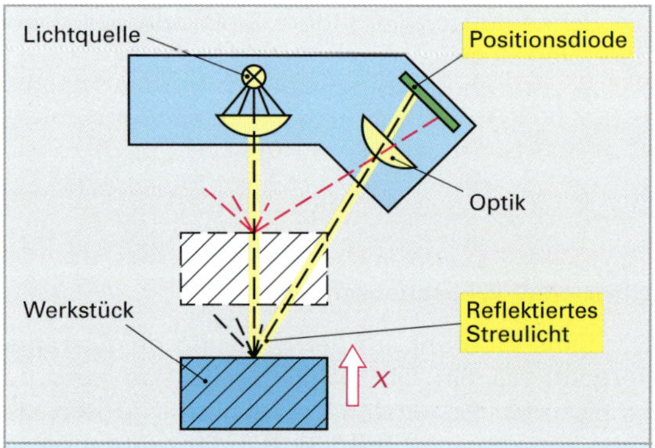

Bild 2: Optischer Positionssensor (Triangulationsverfahren)

Optischer Positionssensor

Trifft ein Lichtstrahl auf eine Positionsdiode (PSD von engl. Position Sensitive Device = positionsempfindlicher Schaltkreis), liefert sie ein Spannungssignal, das vom Ort des Auftreffens abhängig ist **(Bild 2)**. Auf diese Weise (Triangulation) kann man sehr genau Abstände zu Werkstücken berührungslos erfassen.

Positionssensoren gibt es auch als quadratische Plättchen mit Kantenlängen von 15 mm x 15 mm. Befestigt man einen solchen Positionssensor an Maschinen oder Robotern und richtet einen feinen Laserstrahl in seine Mitte, können Lageabweichungen senkrecht zum Laserstrahl genau erfasst werden (**Bild 3**).

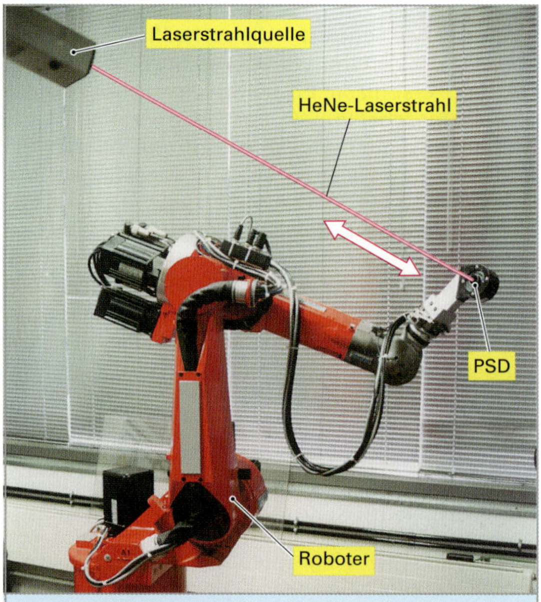

Bild 3: Ermittlung der Lineargenauigkeit bei Robotern mit PSD

Positionsdioden verwendet man zum berührungslosen Erfassen von Abständen, zum geradlinigen Ausrichten von Maschinen in Verbindung mit einem Laserstrahl und zum Erfassen von Positionsveränderungen.

3.1.2 Geschwindigkeitssensoren

Gleichstromtachogeneratoren

Zum Erfassen von Winkelgeschwindigkeiten verwendet man kleine Gleichstromtachogeneratoren **(Bild 1)**. Sie liefern eine Gleichspannung, die der Drehzahl proportional ist.

In einem starken Magnetfeld, erzeugt durch einen Dauermagneten, ist ein Anker mit einer Wicklung drehbar gelagert. Bei Drehung entsteht eine Gleichspannung. Diese ist proportional zur Drehzahl. Die Bauform entspricht der eines Gleichstromgenerators (oder Gleichstrommotors) mit dem Unterschied, dass die Drahtquerschnitte und damit die Baugröße sehr klein sind. Typische Kenngrößen sind 0,012 V/min^{-1} bis 0,06 V/min^{-1}, d. h. man erhält bei einer Drehzahl von 1000 min^{-1} eine Spannung von 12 V bis 60 V je nach Generatortyp. Eine Drehzahlumkehr bewirkt auch eine Spannungsumkehr.

Gleichstromtachogeneratoren verwendet man zur Drehzahlerfassung bei Vorschubantrieben und Hauptantrieben an NC-Maschinen.

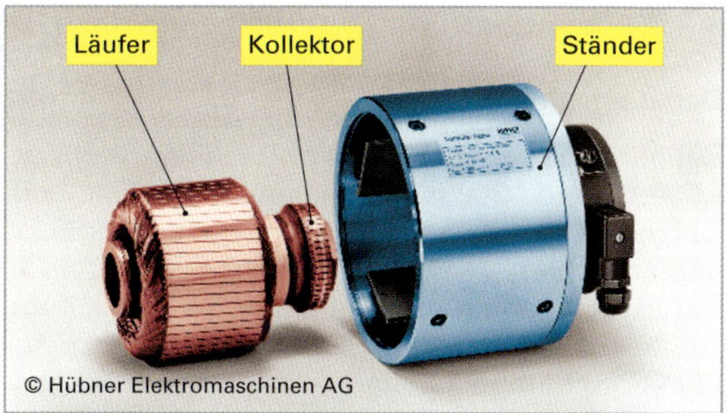

Bild 1: Gleichstromtachogenerator

Ultraschallsensor für Strömungsgeschwindigkeiten

Der Ultraschallsensor für Strömungsgeschwindigkeiten besteht aus einem Sender und einem Empfänger **(Bild 2)**. Zwischen beiden addiert sich die Ausbreitungsgeschwindigkeit des Schalls mit der Strömungsgeschwindigkeit des strömenden Mediums. Dadurch ergeben sich je nach Strömungsgeschwindigkeit für die Schallimpulse unterschiedliche Laufzeiten. Diese Laufzeiten werden erfasst.

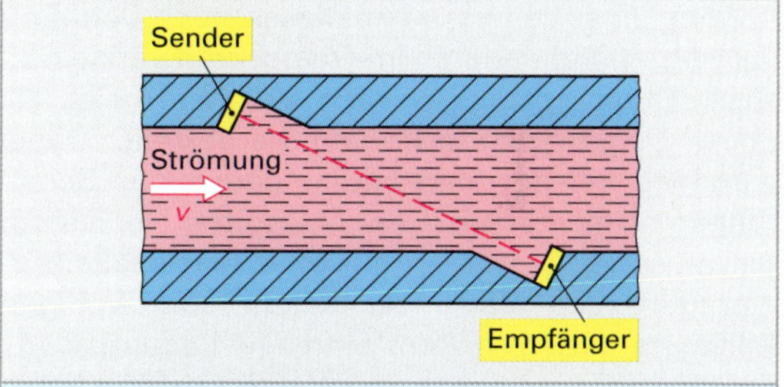

Bild 2: Ultraschallsensor für Strömungsgeschwindigkeiten

Radar-Geschwindigkeitssensor

Mit einem Radarsender (Radar, von engl. Radio Detecting and Ranging = Funkmess- und ortungstechnik) extrem hoher Frequenz (etwa 25 GHz = 25 · 10^9 Hz) werden kurze Impulspakete über eine kleine Hornantenne ausgesendet und das Echo von Gegenständen wieder aufgenommen **(Bild 3)**.

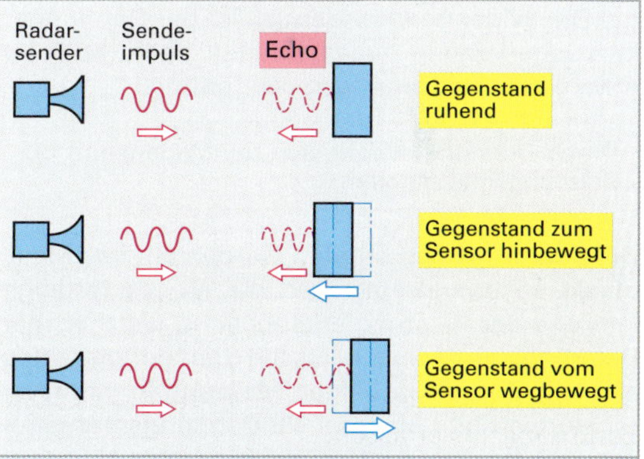

Bild 3: Radarbewegungssensor

Bei diesen Sensoren nutzt man das Dopplersche[1] Prinzip aus: Bewegt sich der Sensor auf einen Gegenstand zu, oder bewegt sich der die Radarwellen reflektierende Gegenstand auf den Sensor zu, dann nimmt die empfangene Frequenz zu; d.h. man erhält beim Echosignal eine Frequenz- bzw. Phasenverschiebung. Mit diesen Sensoren können Bewegungen richtungsabhängig berührungslos erfasst werden. Da unterschiedliche Materialien stark oder weniger stark Radarimpulse reflektieren, ist die Empfindlichkeit der Bewegungsmeldung jeweils einzustellen.

Radarbewegungssensoren verwendet man z. B. bei Automatikschiebetüren in Kaufhäusern und zum Überwachen von Verkehrsanlagen und Fördereinrichtungen.

[1] *Christian Doppler,* österr. Physiker (1803 bis 1853)

3.1.3 Sensoren für Dehnungen, Kräfte, Drehmomente und Drücke

Dehnungsmessstreifen

Dehnungsmessungen, z. B. an Maschinen, Brückenträgern und Stahlkonstruktionen, werden mit Dehnungsmessstreifen (DMS) oder Reckdrähten vorgenommen **(Bild 1)**. Sie haben den Zweck, das Bauteil bei ruhender (statischer) Belastung zu überprüfen oder den Einfluss bei wechselnder (dynamischer) Belastung zu erfassen. Die Längenänderungen (Dehnungen) sind dabei sehr klein, meist nur 0,1 μm ... 10 μm. Die Wirkung der Dehnungsmessstreifen beruht auf der Widerstandserhöhung eines Leiters, wenn dieser durch Dehnung verlängert und dadurch im Querschnitt verkleinert wird. Dehnungsmessstreifen werden meist als *Folien-Dehnungsmessstreifen* hergestellt. Dabei wird wie bei der Herstellung gedruckter Schaltungen ein metallisches Messgitter in einem galvanischen Verfahren auf eine Trägerfolie aufgetragen. Um kleine Baulängen von wenigen Millimetern zu erhalten, sind die Leitungswege mäanderförmig[1] aufgebracht und zwar in Längsrichtung sehr dünn und in den Umkehrschleifen, also in Querrichtung, breit. Durch die Mäanderform erreicht man eine große wirksame Leiterlänge. Die Widerstandsänderung ist bei Dehnungen in Längsrichtung entsprechend hoch und bei etwaigen Querdehnungen sehr gering.

> Durch Dehnung erhöht sich der Widerstand der Dehnungsmessstreifen.

Die Dehnungsmessstreifen werden auf das Messobjekt so aufgeklebt, dass die Messgitterlängsrichtung der Richtung entspricht, in welcher man Dehnungen bzw. mechanische Spannungen erfassen will. Zur gleichzeitigen Messung in mehreren Richtungen gibt es spezielle Dehnungsmessstreifen, z. B. bei Messgittern, welche unter 120° zueinander oder unter 45° zur Streifenlängsrichtung ausgerichtet sind **(Bild 2)**.

Als Widerstandswerkstoff verwendet man meist Konstanten (60 % Cu, 40 % Ni) oder eine Chrom-Nickel-Legierung (80 % Cr, 20 % Ni). Der Leiter des Halbleiterdehnungsmessstreifens besteht aus einem etwa 15 μm dicken Siliciumstreifen.

Die Bemessungswiderstände der Dehnungsmessstreifen sind 120 Ω, 350 Ω und 600 Ω. Die Widerstandsänderung bei Dehnung wird durch den *k*-Faktor angegeben. Er beträgt bei Konstantan und Chrom-Nickel 2,0, bei Silicium etwa 150.

[1] Mäander (nach dem Fluss in Kleinasien) = geschlängelter Flusslauf

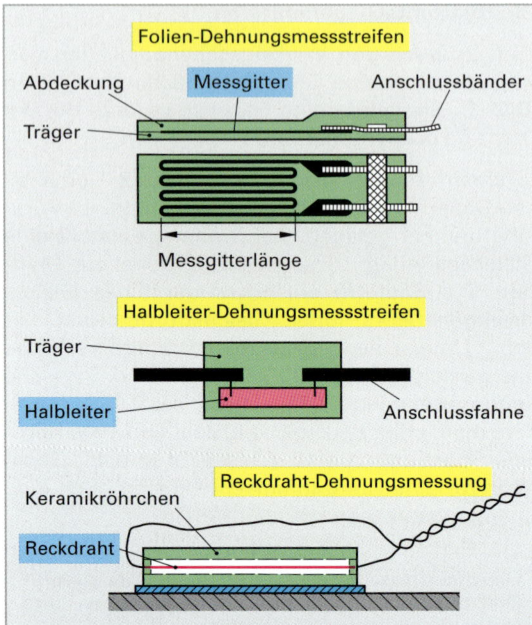

Bild 1: Sensoren zur Dehnungsmessung

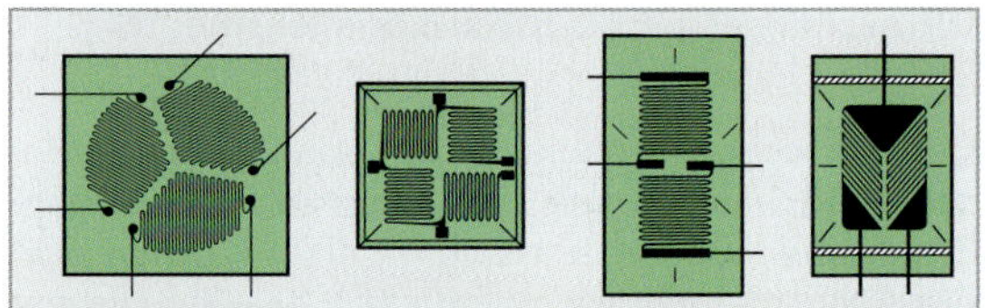

Bild 2: Ausführungsformen von Dehnungsmessstreifen

$$\varepsilon = \frac{\Delta l}{l}$$

$$\frac{\Delta R}{R} = k \cdot \varepsilon$$

ΔR Widerstandsänderung
R Nennwiderstand
k Faktor
Δl Längenänderung
l Nennlänge des Dehnungsmessstreifens
ε Dehnung

Beispiel:
Wie groß ist die Widerstandsänderung eines DMS von 600 Ω aus Chrom-Nickel bei einer Dehnung von 1 μm/m?

Lösung:

$$\frac{\Delta R}{R} = k \cdot \varepsilon$$

$$\Rightarrow \Delta R = R \cdot k \cdot \varepsilon = 600\ \Omega \cdot 2 \cdot 10^{-6} = \mathbf{1{,}2\ m\Omega}$$

Die Widerstandsänderung wird mit einer Brückenschaltung ausgewertet. Man unterscheidet die Vollbrückenschaltung mit vier DMS, die Halbbrückenschaltung mit zwei DMS und die Viertelbrückenschaltung mit einem aktiven DMS **(Tabelle 1)**.

Bei der **Vollbrückenschaltung** sind die DMS so am Bauelement befestigt, dass zwei DMS sich dehnen und zwei DMS gestaucht werden, z. B. bei der Ermittlung des Drehmoments an einer Welle. Die Hauptdehnungen und Stauchungen liegen unter 45° zur Wellenachse. Es sollte stets eine Vollbrückenschaltung angestrebt werden.

Die **Halbbrückenschaltung** enthält einen Dehnungsmessstreifen, der gedehnt wird und einen zweiten, der gestaucht wird, z. B. zum Erfassen eines Biegemoments. Die Halbbrückenschaltung ist halb so empfindlich wie die Vollbrückenschaltung.

Die **Viertelbrückenschaltung** enthält nur einen aktiven DMS, welcher der zu erfassenden Dehnung unterworfen ist. Damit sich die Brückenschaltung durch Temperaturveränderung nicht verstimmt, wird in einen weiteren Brückenzweig ein DMS geschaltet, ohne dass dieser einer Dehnung unterworfen ist. Er dient lediglich der Temperaturkompensation. Ändert sich nämlich der Widerstand des aktiven DMS nicht aufgrund einer Dehnung, sondern aufgrund einer Temperaturveränderung, dann ändert sich der Widerstand des Kompensations-DMS in gleicher Weise und kompensiert somit den Temperatureinfluss.

> Die Brückenschaltungen können sowohl mit Wechselstrom als auch mit Gleichstrom betrieben werden. Entsprechend wird die Brückenquerspannung mit Wechselstromverstärkern oder mit Gleichstromverstärkern verstärkt.

Bei einer Brückenspeisung mit Wechselstrom ist die Brückenquerspannung eine Wechselspannung. Die Amplitude dieser Wechselspannung entspricht der Stärke der Dehnung. Man spricht von Trägerfrequenzmodulation. Die Frequenz der Wechselstromquelle ist meist 5 kHz. Die Frequenz, mit der die Dehnung wechseln darf, z. B. bei Schwingungsmessungen, sollte dann 500 Hz nicht überschreiten. Für Schwingungsmessungen bis 5 kHz verwendet man Wechselstrom-Brückenschaltungen mit 50 kHz Trägerfrequenz oder aber Gleichstrom-Brückenschaltungen. Trägerfrequenz-Messbrücken höherer Frequenz werden nicht verwendet, da diese sehr empfindlich auf geringste Induktivitätsschwankungen, z. B. hervorgerufen durch Schwingungen der Zuleitungen, reagieren.

Tabelle 1: Brückenschaltungen für Dehnungsmessstreifen

Vollbrückenschaltung

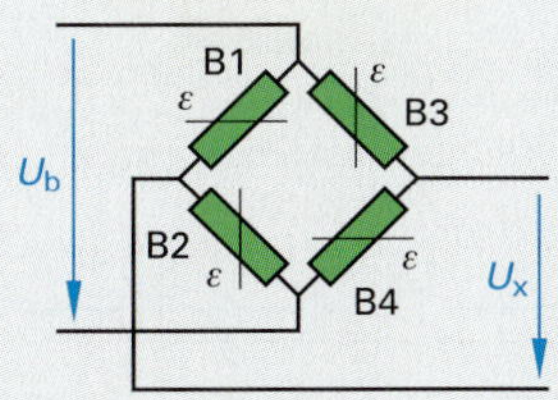

$U_x = k \cdot \varepsilon \cdot U_B$

Beispiel:
Torsionsmomentmessung

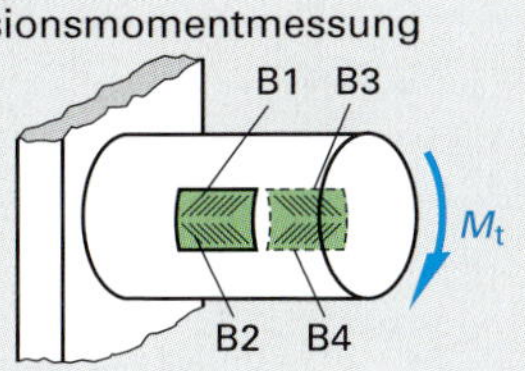

$U_x \sim M_t$

Halbbrückenschaltung

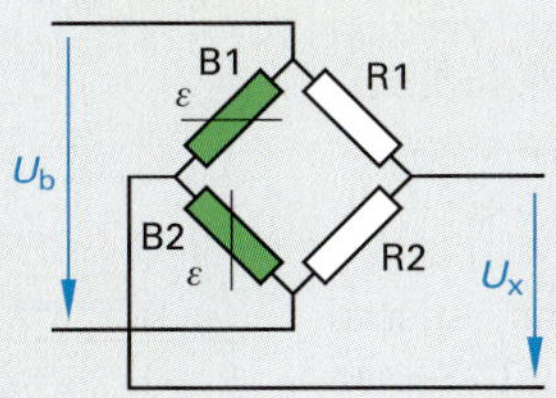

$U_x = \frac{1}{2} \cdot k \cdot \varepsilon \cdot U_B$

Beispiel:
Biegemomentmessung

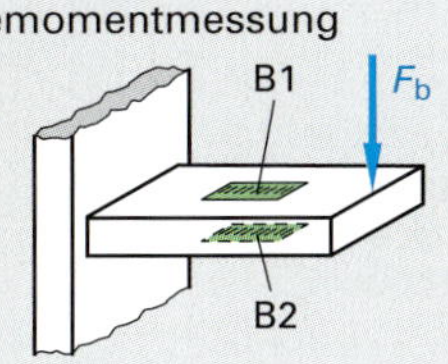

$U_x \sim M_b$

Viertelbrückenschaltung

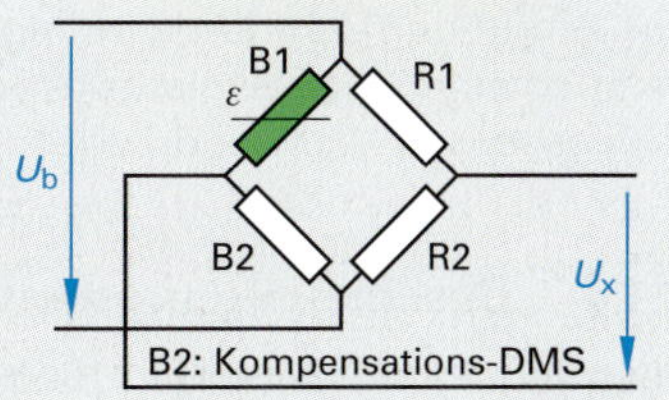

$U_x = \frac{1}{4} \cdot k \cdot \varepsilon \cdot U_B$

k = k-Faktor

$\varepsilon = \frac{\Delta l}{l}$ (Dehnung)

Beispiel:

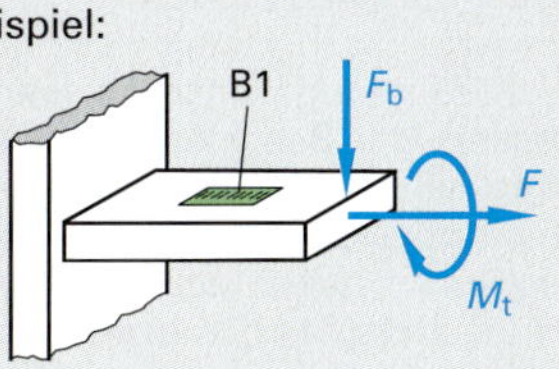

$U_x \sim M_b, F, M_t\ (\vartheta)$

Kraftsensoren und Wägezellen mit DMS

Über die Dehnung bzw. Stauchung eines Dehnkörpers werden mit Kraftmessdosen Kräfte gemessen **(Bild 1)**. Kraftmessdosen gibt es im Nennbereich zwischen wenigen Newton und mehreren Mega-Newton.

Eingesetzt werden solche Kraftmessdosen zur Messung von Kräften an Pressen oder als Wägezellen, bei großen Behältern, wo sie in die Behälterstützen eingebaut werden.

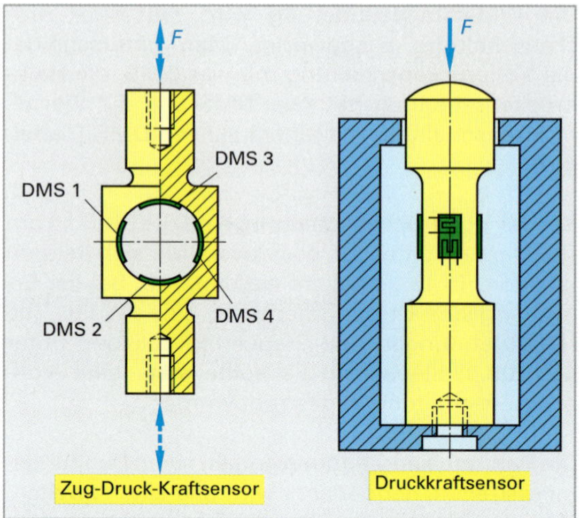

Bild 1: Kraftsensoren

Drehmomentmesswellen mit DMS

Bei Drehmomentmesswellen wird das Drehmoment als Torsionsmoment erfasst **(Bild 2)**. Über Schleifringübertrager oder berührungslos über induktive Übertrager (Transformatorprinzip) werden die Versorgungsspannung der DMS-Brückenschaltung und das Sensorsignal übertragen.

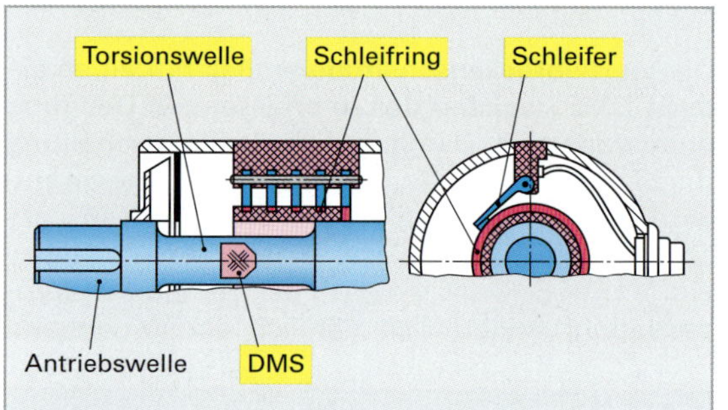

Bild 2: Drehmomentsensor

Kraftsensoren mit Piezokristall[1]

Quarzkristalle und Blei-Zirkonat-Titankristalle erzeugen bei Krafteinwirkung auf ihrer Oberfläche eine geringe elektrische Ladung **(Bild 3)**. Schichtet man mehrere Kristallplättchen aufeinander, erhält man eine Ladungsaddition und eine Sensorspannung. Mithilfe hochwertiger Verstärker, sogenannten Ladungsverstärkern, wird die Sensorspannung in ein belastbares Sensorsignal umgewandelt.

Piezo-Kraftsensoren werden zur Überwachung zulässiger Belastungen in Maschinen eingebaut, z. B. in die Hauptspindellager bei Drehmaschinen. Zur Ermittlung von Zerspanungskräften verwendet man eine 3D-Messplattform. Sie enthält für die 3 Messachsen X-, Y- und Z-Piezo-Kraftsensoren.

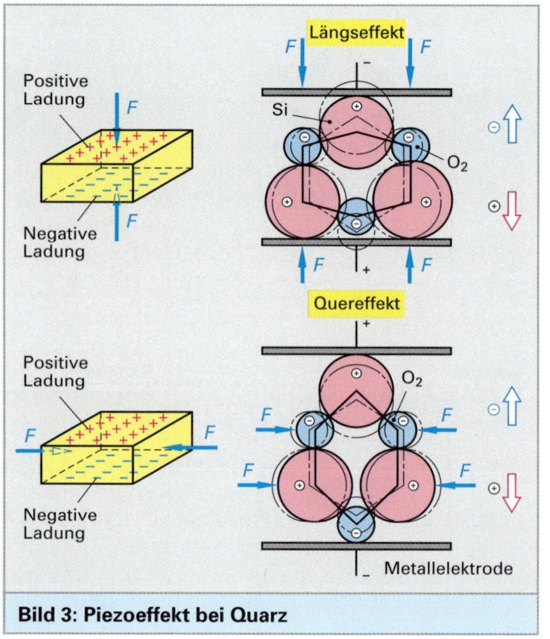

Bild 3: Piezoeffekt bei Quarz

3.1.4 Beschleunigungssensoren

Beschleunigungssensoren haben als Sensorelement meist einen Piezokristall. Durch die Beschleunigung einer auf den Piezokristall aufgeklebten Masse wird eine Beschleunigungskraft erzeugt, die der Beschleunigung proportional ist (Kraft = Masse x Beschleunigung) **(Bild 1, folgende Seite)**.

Beschleunigungssensoren verwendet man zum Erfassen von Beschleunigungen, speziell zum Erfassen von Schwingbeschleunigungen. Aus den Schwingbeschleunigungen kann man z. B. die Resonanzfrequenz schwingender Maschinenteile und die kritischen Drehzahlen ermitteln.

[1] von griech. piezein = drücken

In Verbindung mit einem Integrierer liefert der Beschleunigungssensor ein Geschwindigkeitssignal und in Verbindung mit zwei in Reihe geschalteten Integrierern ein Wegsignal. Die Methode der Integration nützt man häufig, wenn wegen fehlenden Einbauraums oder fehlender Abstützung an einem Bezugspunkt Geschwindigkeitssensoren oder Wegsensoren nicht verwendbar sind.

Durch Integration von Beschleunigungssignalen erhält man Geschwindigkeitssignale und durch deren Integration Wegsignale.

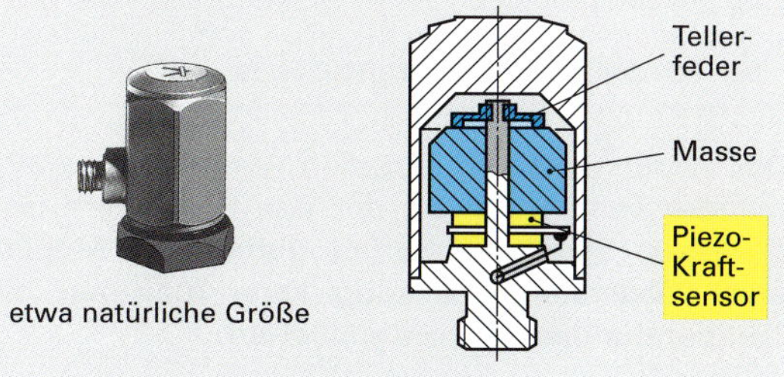

Bild 1: Beschleunigungssensor

3.1.5 Temperatursensoren

Thermoelemente

Thermoelemente wandeln Wärmeenergie in elektrische Spannungen um.

Sie bestehen aus zwei Drähten unterschiedlicher Metalle, z. B. Eisen und Konstantan. Die Drähte sind an einem Ende miteinander verlötet **(Bild 2)**. Besteht zwischen dieser Verbindungsstelle und den freien Drahtenden ein Temperaturgefälle, dann stellt man an den freien Drahtenden eine elektrische Spannung, die sogenannte *Thermospannung*, fest **(Tabelle 1)**.

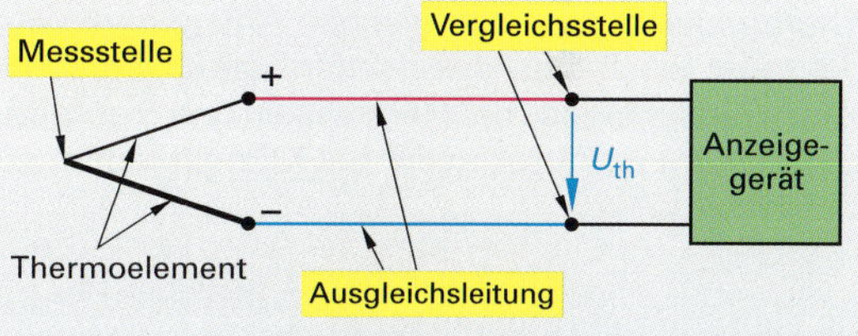

Bild 2: Thermoelement

Tabelle 1: Thermospannungen

Thermoelement	Messbereich	Empfindlichkeit bei 20 °C
Platin-Platinrhodium	−200 °C bis 1600 °C	0,0065 mV/K
Nickelchrom-Konstantan	−200 °C bis 800 °C	0,0562 mV/K
Eisen-Konstantan	−200 °C bis 600 °C	0,0515 mV/K
Kupfer-Konstantan	−200 °C bis 500 °C	0,041 mV/K

Mantelthermoelemente sind mit einem korrosionsfesten dünnen Stahlmantel umgeben und können dadurch unter schwierigsten Umweltbedingungen eingesetzt werden **(Bild 3)**. Die Manteldurchmesser sind häufig kleiner als 0,5 mm. Zur Kontrolle der inneren Messstelle überprüft man die Mantelthermoelemente mit Hilfe von Röntgenaufnahmen.

Da die Thermospannung sehr klein ist, wird die Temperatur über elektronische Messverstärker erfasst. Diese sind für die häufigsten Thermoelementpaare kalibriert und berücksichtigen in der Anzeige die geringfügige, nichtlineare Kennlinie zwischen Thermospannung und Temperatur.

Thermoelemente verwendet man zur genauen Temperaturmessung z. B. in Reaktoren der chemischen Industrie, in Motorenprüfständen und in der Gießereitechnik an Druckgießmaschinen. Zur Messung von Oberflächentemperaturen erfasst man mit Thermoelementen die Wärmestrahlung heißer Oberflächen, z. B. flüssiger und glühender Metalle, von Gläsern und keramischen Werkstoffen. Messgeräte, mit denen man berührungslos die Temperatur über die Wärmestrahlung erfasst, nennt man Pyrometer.

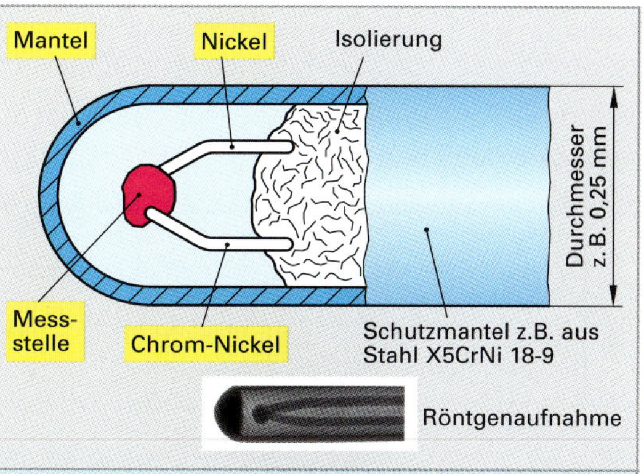

Bild 3: Mantelthermoelement

Widerstandsthermometer

Bei Widerstandsthermometern nützt man die Widerstandsänderung von Metallen oder Halbleitern bei Temperaturveränderungen aus.

Der Widerstand von Metallen nimmt mit zunehmender Temperatur zu, der von Halbleitern und gewissen Sinterwerkstoffen nimmt ab. Mithilfe einer Widerstandsmessung kann man auf die Temperatur des Sensors schließen.

Die Metall-Widerstandsthermometer sind meist bei Raumtemperatur mit Platinwiderständen (Pt 100) oder Nickelwiderständen (Ni 100) von 100 Ω ausgerüstet **(Bild 1)**.

Widerstandsthermometer werden ebenso wie Thermoelemente in chemischen Anlagen verwendet, aber auch bei elektrischen Öfen, einfachen Feuerungsanlagen, bei Heizkesseln, zur Temperaturregelung an Autoklaven, bei Klimaanlagen und Gefrierschränken.

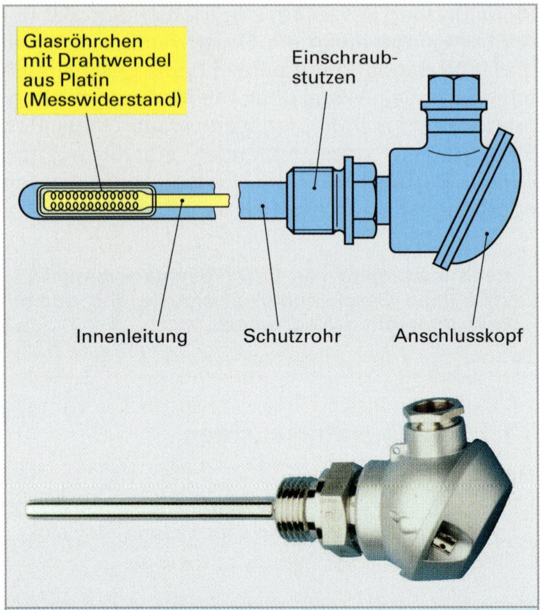

Bild 1: Widerstandsthermometer

Halbleitertemperatursensoren

Der Halbleitertemperatursensor besteht aus einem integrierten Schaltkreis und liefert in Abhängigkeit von der Temperatur einen eingeprägten Strom **(Bild 2)**. Eingeprägter Strom bedeutet, dass das Stromsignal weitgehend unabhängig von der Versorgungsspannung und dem Lastwiderstand des Sensors ist, also auch unabhängig von der Länge der Anschlussleitung.

Die Sensoren sind z. B. auf die absolute Temperatur abgestimmt und liefern pro K (Kelvin) 1 μA Strom, also bei 25 °C (298,2 K) einen Strom von 298,2 μA. Der Messbereich liegt etwa zwischen –60 °C und +150 °C, die Messunsicherheit beträgt etwa 1 %.

Halbleitertemperatursensoren werden zur Temperaturanzeige, Temperaturüberwachung und Temperaturregelung an Maschinenanlagen eingesetzt.

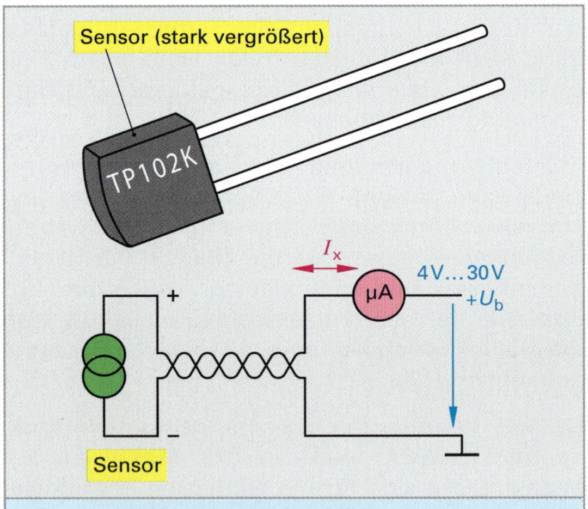

Bild 2: Halbleitertemperatursensor

Wiederholung und Vertiefung

1. Nennen Sie Beispiele für die Anwendung von Sensoren.
2. Durch welche Maßnahme werden aus Sensoren Messwertgeber?
3. Welche mechanischen Größen kann man mit potenziometrischen Sensoren erfassen?
4. Wie verändert sich die Kennlinie eines Potenziometers durch einen Lastwiderstand?
5. Auf welchem Prinzip beruhen schleifringlose potenziometrische Sensoren?
6. Beschreiben Sie die Funktionsweise eines induktiven Sensors mit Differenzialspule?
7. Wie funktioniert ein LVDT-Sensor?
8. Wofür verwendet man Drehmelder und auf welchem physikalischen Prinzip beruht seine Funktionsweise?
9. Beschreiben Sie den Aufbau eines Dehnungsmessstreifens.
10. Welche Vorteile hat eine Vollbrückenschaltung gegenüber einer Viertelbrückenschaltung?

3.2 Binäre Sensoren

Binäre Sensoren sind Sensoren mit binärem Ausgangssignal, z. B. einem Schaltsignal EIN/AUS, einer Spannung 0 V/10 V, einem Strom 0 mA/20 mA. Aufgebaut sind binäre Sensoren als mechanische Schalter oder als analoge Sensoren mit einem elektronischen Schwellwertschalter (Trigger). Erreicht das zu erfassende Signal die Einschaltschwelle, dann wird eingeschaltet. Bei Signalrückgang wird bei Unterschreiten der Ausschaltschwelle ausgeschaltet. Die Signaldifferenz zwischen Einschaltschwelle und Ausschaltschwelle heißt Schaltdifferenz **(Bild 1)**.

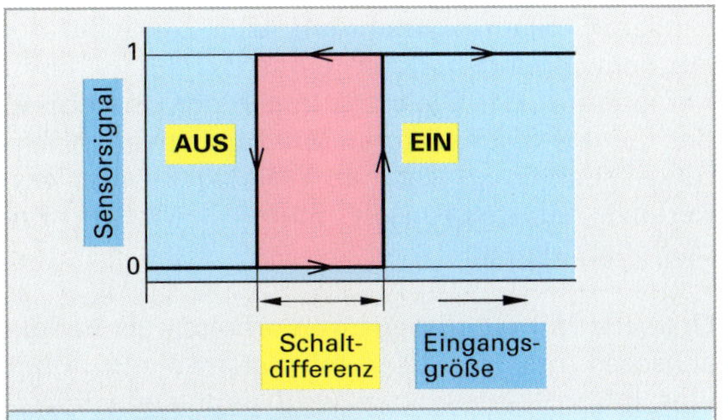

Bild 1: Schaltdifferenz

> Alle binären Sensoren haben eine Schaltdifferenz.

Taktile[1] Sensoren nehmen Signale durch Berühren auf. Man verwendet z. B. Grenztaster mit Federstab, um Gegenstände zu ertasten **(Bild 2)**. Der Federstab ist in einem Kugelgelenk gelagert und betätigt bei Auslenkung einen Schaltkontakt. Taktile Sensoren verwendet man z. B. bei Transportbändern zur Stückguterkennung.

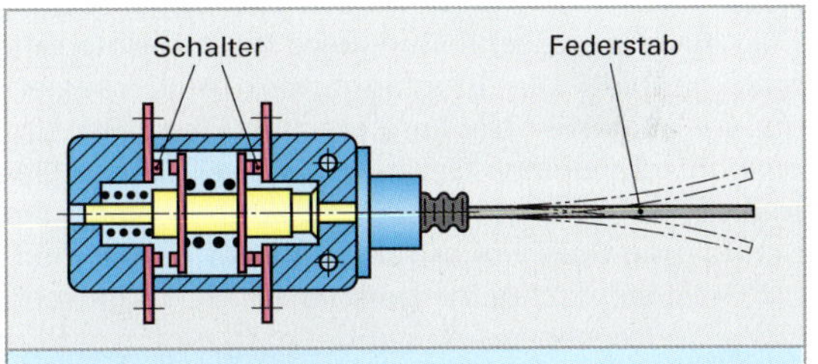

Bild 2: Taktiler Sensor

Berührungslose Näherungssensoren mit elektronisch gesteuertem Signalausgang arbeiten ohne mechanisch bewegte Teile und daher verschleißfrei. Die wichtigsten berührungslosen Näherungssensoren sind induktive Näherungssensoren, kapazitative Näherungssensoren, optische Näherungssensoren und Ultraschall-Näherungssensoren.

Induktive Näherungssensoren reagieren bei Annäherung eines metallischen Gegenstandes an die Sensorspule **(Bild 3)**. Durch das Metall wird ein mit der Sensorspule gebildeter Schwingkreis stark gedämpft, d. h. die Schwingspannung wird stark vermindert. Mit einem nachgeschalteten Verstärker und einem elektronischen Schwellwertschalter wird ein binäres Ausgangssignal gebildet.

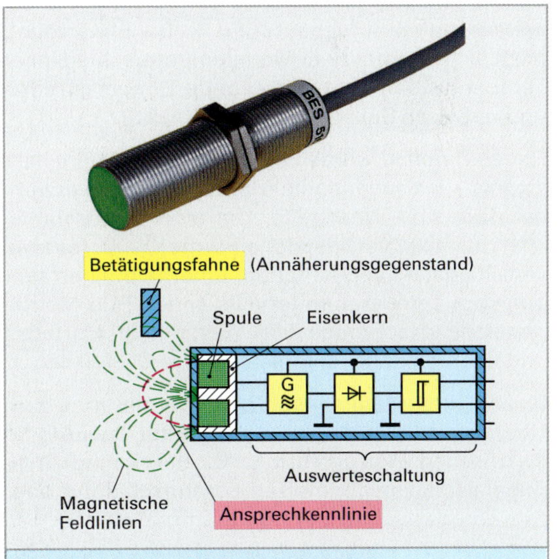

Bild 3: Induktiver Näherungssensor

Induktive Näherungssensoren gibt es mit ca. 4 mm Durchmesser für sehr kleine Schaltabstände, mit bis zu 80 mm Durchmesser für Schaltabstände von ca. 80 mm. Diese Grenztaster sind unempfindlich gegen Staub, Schmutz und Erschütterungen und reagieren auf alle metallischen Gegenstände. Die Schalthäufigkeit liegt bei ca. 3000 Schaltungen pro Sekunde und die Wiederholgenauigkeit bei etwa 1 %.

> Induktive Näherungssensoren verwendet man z. B. als Endlagenschalter bei Werkzeugmaschinentischen und zum Erfassen, Zählen oder Sortieren von Werkstücken an Fertigungsbändern.

[1] lat. tactum = das Berühren

Kapazitive Näherungssensoren haben den gleichen Gehäuseaufbau wie induktive Näherungssensoren. Sie reagieren auf eine Veränderung der Schwingungsfrequenz eines Oszillators durch Veränderung des Dielektrikums in der Umgebung des Sensorkondensators. Mit kapazitiven Näherungssensoren erfasst man Werkstücke aus Glas, Keramik, Kunststoff, Holz, Stein, Öl, Wasser, Papier oder Zement.

Optische Näherungssensoren arbeiten als Reflexsensoren mit gepulster Infrarotstrahlung. Über eine Infrarot-Sendediode wird gepulste Infrarotstrahlung abgestrahlt, bei Annäherung eines Gegenstandes reflektiert und über einen Fototransistor empfangen **(Bild 1)**. Um Störungen durch Fremdlicht auszuschließen, wird die Infrarotstrahlung gepulst. Die Empfängerelektronik reagiert nur auf gepulste Strahlung gleicher Frequenz. Um auch in sehr kleinen Geräten, z. B. bei kleinen Getrieben, Sensoren einsetzen zu können, kann die Sende- und Reflexionsstrahlung über dünne flexible Glasfaser-Lichtleiter gelenkt werden. Optische Näherungssensoren verwendet man häufig in Fördereinrichtungen und an Montageplätzen **(Bild 2)**.

Binäre Temperatursensoren sind häufig als **Bimetallschalter** aufgebaut **(Bild 3)**. Bei Erwärmung biegt sich der aus zwei Metallen unterschiedlicher Temperaturdehnung bestehende Bimetallstreifen und reißt den Schaltkontakt auf **(Bild 3)**.

Neben Bimetall werden zum Auslösen des Schaltsignals auch sogenannte **Memorymetalle** verwendet. Das sind Werkstoffe, die einen Gedächtniseffekt für zwei verschiedene Formen, z. B. für zwei verschiedene Längen haben. Innerhalb eines sehr geringen Temperaturintervalls ändern die Memorymetalle das Gefüge von Austenit in Martensit und nehmen dabei unterschiedliche Gestalt an.

Binäre Temperatursensoren verwendet man zum Überlastschutz und zur Temperaturregelung in elektrischen Heizgeräten, z. B. bei Kochplatten, Bügeleisen, zur Zimmertemperaturregelung oder zum Überlastschutz bei Handbohrmaschinen.

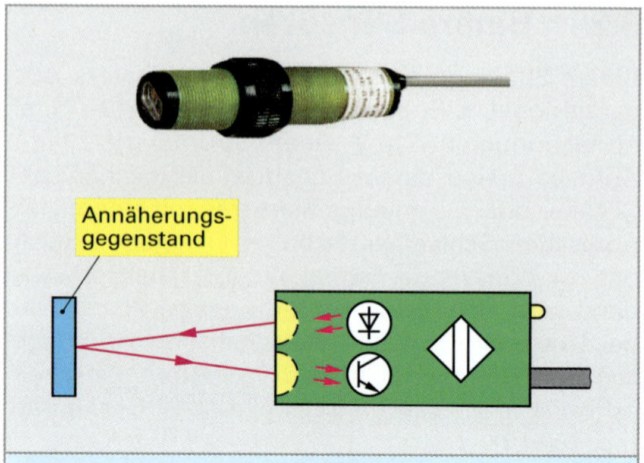

Bild 1: Optischer Näherungssensor

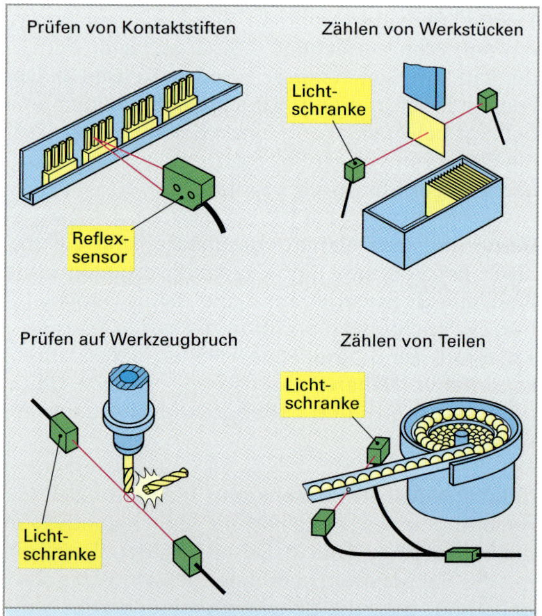

Bild 2: Anwendungsbeispiele für optische Näherungssensoren

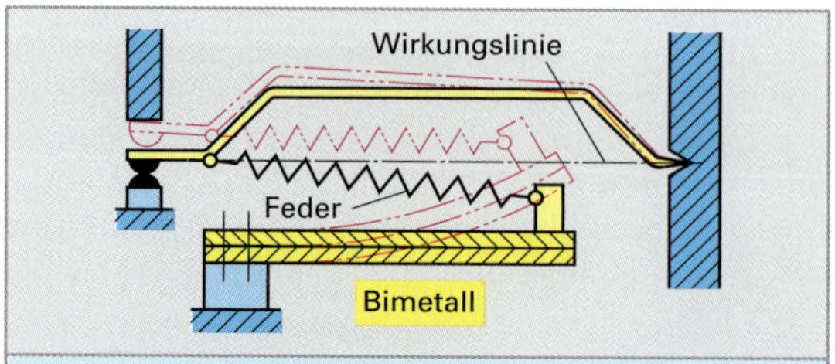

Bild 3: Binärer Temperatursensor

Wiederholung und Vertiefung

1. Wie erfolgt die Signalerzeugung bei taktilen Sensoren?
2. Beschreiben Sie die Funktionsweise binärer induktiver Näherungssensoren.
3. Nennen Sie weitere Arten binärer Näherungssensoren.
4. Wie arbeitet ein binärer Temperatursensor und wofür verwendet man solche Sensoren?

3.3 Digitale Sensoren

Digitale Sensoren sind Sensoren zum zahlenmäßigen Erfassen von Messgrößen, z. B. von Wegstrecken, von Zeitspannen oder von Energien. Häufig werden aber auch analoge Sensorsignale digitalisiert, mit Hilfe von Mikroprozessoren aufbereitet und zu speziellen Anwendungen eingesetzt, z. B. Bildsensoren, mit denen man Werkstoffoberflächen automatisch beurteilen kann.

3.3.1 Inkrementale[1] Wegsensoren

Inkrementale Wegsensoren sind Strichmaßstäbe. Das Abtasten der Striche erfolgt berührungslos durch Licht oder magnetisch.

Beim **Durchlichtverfahren** verwendet man einen Strichmaßstab aus Glas mit lichtundurchlässigen Strichen und lichtdurchlässigen Lücken von z. B. 4 µm Breite **(Bild 1)**. Die Abtasteinrichtung besteht aus einer Lichtquelle, einer Abtastplatte und einer elektronischen Auswerteschaltung. Die Abtastplatte ist wie der Maßstab mit lichtundurchlässigen Strichen und lichtdurchlässigen Lücken versehen.

Stehen sich die Maßstabslücken und die Lücken der Abtastplatte genau gegenüber, kann Licht von der Lichtquelle zu den lichtempfindlichen Fotodioden gelangen und elektronisch ausgewertet werden. Ist der Maßstab gegen die Abtastplatte um eine Strichbreite versetzt, gelangt kaum Licht zu den Fotodioden.

Verschiebt man den Glasmaßstab gegenüber der Abtastplatte, dann wechselt die Lichtstärke des durchgelassenen Lichtes periodisch mit dem Strichabstand **(Bild 2)**. Um die Bewegungsrichtung des Maßstabs erkennen zu können, wird die Abtastplatte zweigeteilt: Die Striche auf der einen Hälfte der Abtastplatte sind um eine halbe Strichstärke (1/4 Periode) gegenüber der anderen Hälfte versetzt. Nun wechselt die Lichtstärke hinter der 2. Hälfte der Abtastplatte um 1/4 Periode versetzt gegenüber der ersten. Wird nun der Maßstab nach rechts verschoben, erreicht die Lichtintensität hinter der ersten Abtastplattenhälfte zuerst das Maximum, dann folgt, 1/4 Periode versetzt, das Maximum der Lichtintensität hinter der 2. Hälfte. Bei einer Maßstabbewegung nach links kommt umgekehrt das Lichtmaximum der 2. Abtastplattenhälfte zuerst.

Es entsteht eine Sinusspannung und eine Cosinusspannung. Diese beiden Spannungen können eindeutig ausgewertet werden. Es können insbesondere auch Zwischenwerte, z. B. 1024 Zwischenwerte berechnet werden. Man bezeichnet dies als Interpolation. Dadurch erreicht man Maßstabsauflösungen im Bereich von Nanometern.

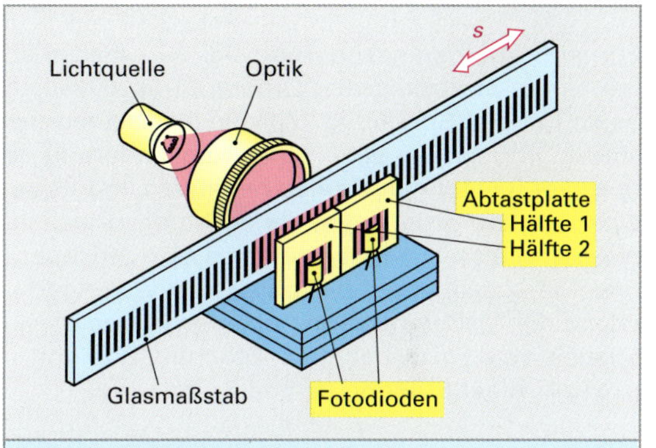

Bild 1: Inkrementaler Wegsensor

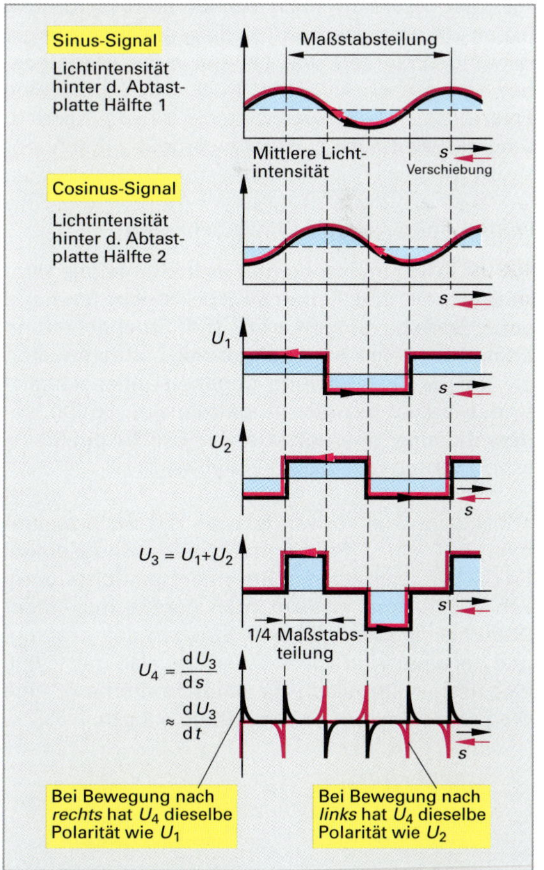

Bild 2: Impulsdiagramme für den inkrementalen Wegsensor

[1] lat. incrementum = Zuwachs

Bei einer sehr einfachen Auswertung werden die Sinus/Cosinusspannungen in Rechteckspannungen umgewandelt und diese mit einem Vorwärts/Rückwärts-Zähler gezählt (Bild 2, vorhergehende Seite). Die beiden Spannungen U_1 und U_2 werden addiert, und man erhält bei einer Maßstabsbewegung die Impulsspannung U_3.

Für jede Spannungsänderung bei U_3 erhält man mit einem elektronischen Differenzierer (D-Glied) einen Impuls (Spannung U_4) und zwar einen positiven Impuls für eine Spannungsänderung in positiver Richtung und einen negativen Impuls bei einer Änderung in negativer Richtung. Die Zahl dieser Impulse ist 4-mal größer als eine Strichperiode. Man gewinnt auf diese Weise eine Vervierfachung der Maßstabsteilung und somit eine Messeinheit von 1 μm bei einer Strichperiode von 4 μm bzw. einer Strichbreite von 2 μm.

Die Spannung U_4 unterscheidet sich durch ihre Polarität von den Spannungen U_1 und U_2. Bewegt sich der Maßstab nach rechts (Schwarzdruck), haben die Impulse von U_4 dieselbe Spannungsrichtung (Polarität) wie U_1. Bei einer Maßstabsbewegung nach links (Rotdruck) hat U_4 dieselbe Polarität wie U_2. So lässt sich die Bewegungsrichtung des Maßstabs elektrisch eindeutig erkennen.

Optisch-inkrementale Winkelsensoren

Für die Winkelmessung gibt es inkrementale Winkelsensoren **(Bild 1).** Hier sind die Striche am Rand einer Scheibe aufgetragen. Die Strichabtastung erfolgt über eine Abtastplatte mit 2 Strichmuster, die um 1/4 Skalenteilung gegeneinander versetzt sind. Die Zahl der Striche beträgt z. B. 36 000, sodass mit einer Interpolation von 1 : 1024 ein Messschritt von etwa 0,00001° erzielt wird.

Winkelsensoren verwendet man z. B. auch zusammen mit einer Präzisions-Kugelgewindespindel für die Längenmessung. Bei einer Spindelsteigung von P = 10 mm erreicht man bereits mit einem Drehwinkelgeber mit 2 500 Strichen am Umfang, und bei einer vierfach-Auswertung also mit 10 000 elektrischen Impulsen für eine Umdrehung, eine Wegauflösung von 10 mm/10 000 = 1 μm.

Magnetisch-inkrementale Weg- und Winkelsensoren

Bei den magnetischen Wegsensoren bzw. Winkelsensoren wird auf eine magnetisierbare Metallschicht ein magnetisches Wechselfeld **(Bild 2)** mit einer Polteilung von etwa 0,2 mm aufgezeichnet, ähnlich der Tonaufzeichnungen bei Magnetbandgeräten.

Zur Abtastung werden zwei Ableseköpfe verwendet, die um eine viertel Polteilung (λ/4) versetzt sind und so zwei phasenverschobene, sinusähnliche Signale liefern.

Zur Abtastung der magnetischen Streufeldlinien werden Hall-Sonden[1] eingesetzt. Die Zahl der Inkremente beträgt je nach Durchmesser des Magnetrades zwischen z. B. 2048 Impulse je Umdrehung.

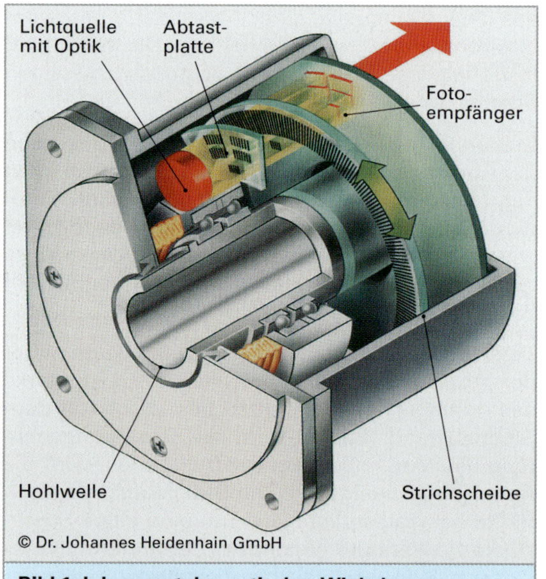

Bild 1: Inkrementaler optischer Winkelsensor

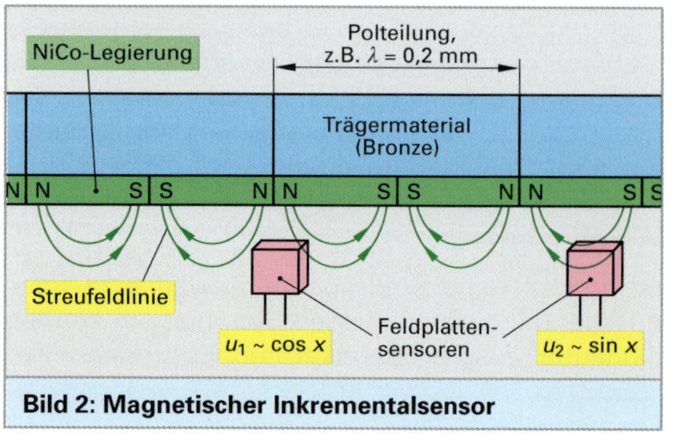

Bild 2: Magnetischer Inkrementalsensor

[1] Die Hall-Sonde liefert eine Spannung in Abhängigkeit der magnetischen Durchflutung aufgrund von Verschiebungen von Elektronenbahnen in Halbleiterwerkstoffen. *Edwin Herbert Hall*, amerik. Physiker (1855 bis 1938)

3.3.2 Codemaßstäbe und Winkelcodierer

Mit Zahlen versehene Maßstäbe eignen sich nicht als Weggeber, da Zahlen nur mit sehr großem Aufwand automatisch gelesen werden können und sich nicht in kleinen Abständen anordnen lassen.

> Maßstäbe mit binärer Codierung können mit absoluter Maßangabe abgelesen werden.

Sie sind durch ein Muster, z. B. schwarzer und weißer oder lichtdurchlässiger und lichtundurchlässiger Stellen, so gekennzeichnet, dass jede Position auf dem Maßstab eindeutig dem Wert einer Zahl zugeordnet werden kann.

Häufig erfolgt eine **Dual-Codierung** so, dass in der 0. Code-Spur lichtdurchlässige und lichtundurchlässige Striche gleicher Breite wie beim Inkrementalgeber angeordnet sind **(Bild 1)**. In der 1. Spur sind die Strichbreiten gerade doppelt so breit wie in der 0 Spur. Mit jeder weiteren Spur verdoppelt sich die Strichbreite.

Fehlervermeidung beim Abtasten. Beim Abtasten der Codemaßstäbe können an der Übergangsstelle von einem lichtdurchlässigen Feld zu einem lichtundurchlässigen Feld Fehler entstehen, wenn die Strichkanten in den einzelnen Spuren von Maßstab und Abtastplatte nicht genau fluchten und die Fotodioden unterschiedlich lichtempfindlich sind. Fehler beim Ablesen wiegen umso schwerer, je höher die Stellenbewertung der betreffenden Spur ist.

> Mit einer **V-Abtastung** können Codemaßstäbe im Dualcode sicher und eindeutig abgetastet werden **(Bild 2)**.

Wird in einer Spur ein dunkles Feld erkannt, so wird zum Ablesen der folgenden Spur die linke Fotodiode aktiviert, im anderen Fall die rechte Fotodiode. Es gibt Maßstäbe mit Codes, bei denen sich von einer Position zur anderen nur eine Spur ändert und zwar so, dass sich der Ablesewert beim Übergang über die Strichkante nur um einen Ziffernschritt ändert. Diese Codes, wie z. B. der **Gray-Code**[1], heißen einschrittig **(Bild 3)**. Beim Gray-Code benötigt man zum sicheren Abtasten keine V-Abtastung, da der abgelesene Wert höchstens um eine Position unsicher ist. Der Gray-Code hat keine Stellenbewertung. Zur weiteren Signalverarbeitung müssen die Abtastsignale erst in einen anderen Code umgewandelt werden.

Bild 4 zeigt einen Codemaßstab mit 17 Bits (Spuren). Die feinsten Spuren liegen innen. Deren Muster kann mit bloßem Auge nicht mehr erkannt werden.

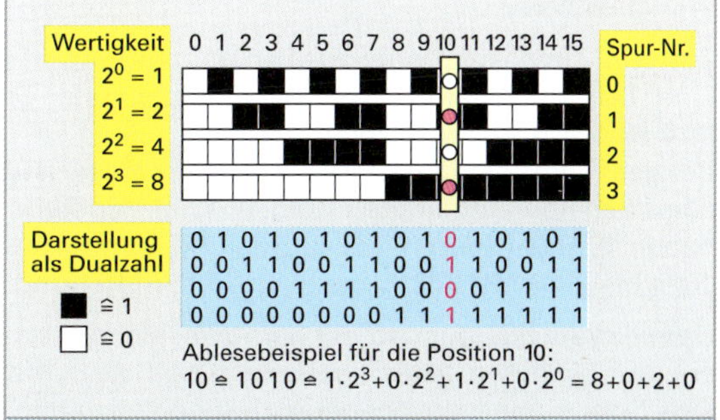

Bild 1: Codemaßstab für Dual-Code

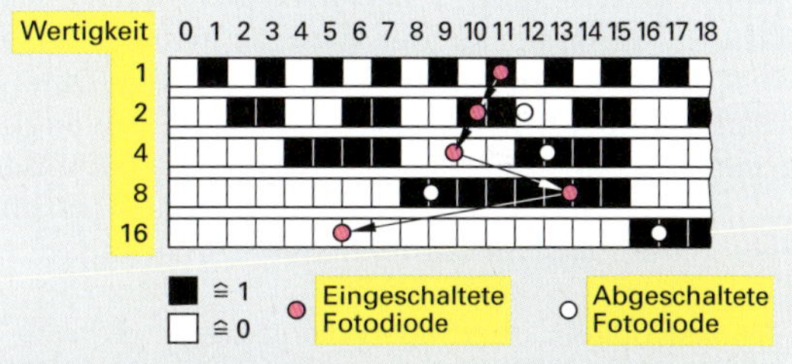

Bild 2: V-Abtastung

Bild 3: Codemaßstab mit Gray-Code

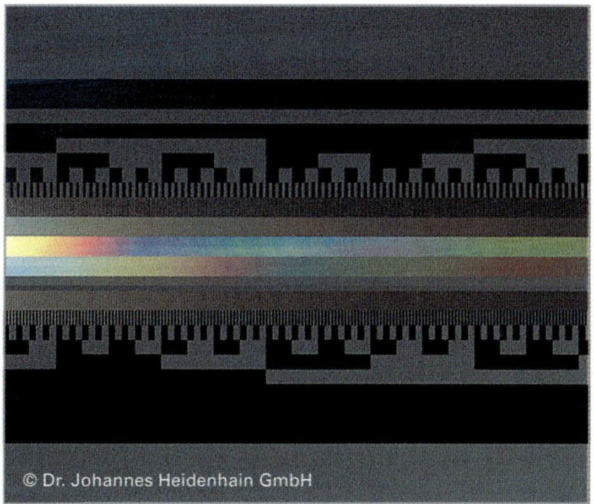

Bild 4: Codemaßstab

[1] *Frank Gray*, amerik. Wissenschaftler (1887 bis 1969)

Winkelcodierer

Zur Winkelmessung oder zur Längenmessung mit einer Schraubenspindel oder mit einer Zahnstange und einem Ritzel verwendet man Winkelcodierer. Bei den Winkelcodierern sind die Codemuster auf einer Scheibe aufgetragen **(Bild 1)**. Winkelcodierer haben 10 Bits (Spuren) bis 17 Bits und somit 2^{10} = 1024 bis 2^{17} = 131 072 Winkelwerte je Umdrehung.

Damit man Zuleitungen zu den Winkelcodierern mit nur wenigen Adern bekommt und nicht für jede Spur einen Leiter benötigt, befindet sich häufig im Winkelcodierergehäuse eine Sendeeinrichtung zur seriellen Signalübertragung **(Bild 2)**.

Mit der ersten fallenden Flanke des Taktsignals, das der Empfänger sendet, wird der aktuelle Messwert im Winkelcodierer gespeichert. Die Datenübertragung vom Winkelcodierer zum Empfänger erfolgt mit der ersten steigenden Taktflanke. Außer dem Winkelwert wird im Anschluss daran noch ein Fehlercode, z. B. für *Lampenausfall,* übertragen.

Bild 1: Winkelcodierer

> Winkelcodierer übertragen die codierten Winkelwerte auch seriell.

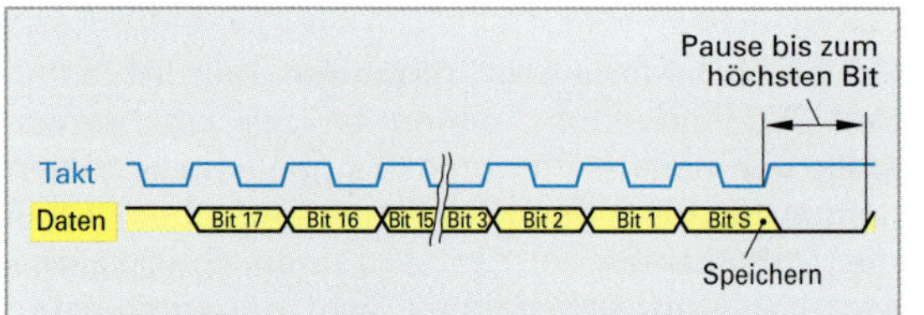

Bild 2: Ansteuerzyklus zur Datenübertragung

Multiturn-Winkelcodierer

Um mit Winkelcodierern auch Winkel über 360°, also mehrere Umdrehungen (engl. multiturn), messen zu können, werden durch Untersetzungsgetriebe zwei oder mehrere Codescheiben angetrieben **(Bild 3)**. Die erste Codescheibe trägt z. B. einen 3-Tetraden-BCD-Code für 1000 Winkelwerte. Über ein Untersetzungsgetriebe 1 : 100 wird eine zweite Codescheibe mit 2-Tetraden-BCD-Code angetrieben. So sind 100 Umdrehungen mit je 1000 Winkelwerten, also insgesamt 100 000 Positionswerte eindeutig codiert. Wird ein solcher Winkelcodierer über eine Spindel mit 10 mm Steigung angetrieben, durchläuft die Spindelmutter auf einem Weg von 100 · 10 mm = 1 m diese 100 000 Positionswerte. Die Messfeinheit beträgt hier 1/100 000 m = 0,01 mm.

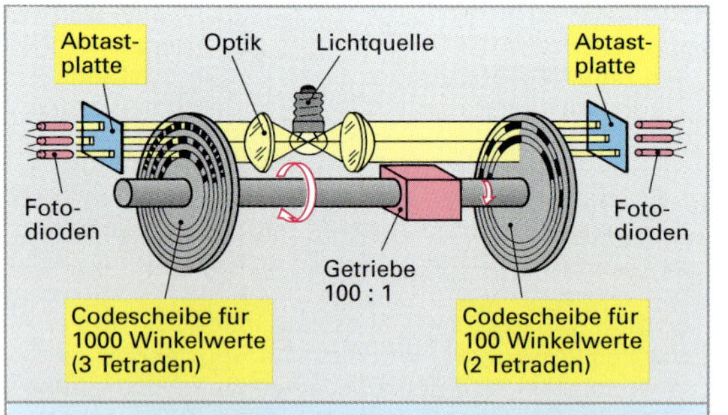

Bild 3: Winkelcodierer zur Messung von 100 Umdrehungen zu je 1000 Winkelwerten

> Winkelcodierer erfassen über ein Codemuster Winkelwerte absolut.

Wiederholung und Vertiefung

1. Beschreiben Sie die Funktionsweise eines optischen inkrementalen Weggebers.
2. Wie erreicht man bei inkrementalen Weggebern eine Aussage zur Bewegungsrichtung?
3. Durch welche Technik kann man die Auflösung inkrementaler Messsysteme steigern?
4. Erklären Sie die Funktionsweise eines magnetischen Inkrementalgebers.
5. Wodurch unterscheiden sich Winkelcodierer grundsätzlich von Inkrementalgebern?
6. Wie erreicht man bei Codelinealen eine sichere Ablesung?
7. Welchen Vorteil hat der Gray-Code gegenüber dem Dualcode bei Codelinealen?
8. Wie kann man beim Winkelcodieren mehrere Umdrehungen eindeutig erfassen?

4 Regelungstechnik

4.1 Grundbegriffe

Aufgabe der Regelungstechnik ist die Einhaltung oder das Erreichen von gewünschten Werten oder Wertefolgen.

Die Regelung ist ein Vorgang, bei dem eine Größe, die zu regelnde Größe (Regelgröße) fortlaufend erfasst, mit einer anderen Größe, der Führungsgröße, verglichen und im Sinne einer Angleichung an die Führungsgröße beeinflusst wird (nach DIN IEC 60050-351[1]).

Bei einer Dusche ist erwünscht, dass die Wassertemperatur konstant bleibt **(Bild 1)**. Die zu regelnde Größe, die **Regelgröße,** ist also die Wassertemperatur. Ihr Wert wird sensorisch fortlaufend erfasst und durch Verstellen des Mischers beeinflusst. Dabei wird angestrebt, dass die erreichte Wassertemperatur, der **Istwert** (Regelgröße, möglichst der Wunschtemperatur, dem **Sollwert** (Führungsgröße, entspricht. Die gesamte Einrichtung Bild 1 bildet einen **Regelkreis.**

Bei einer Regelung ist stets eine Kreisstruktur mit Rückführung der Regelgröße vorhanden.

Wird der Regelkreis gestört, z. B. durch die Entnahme von Kaltwasser im Nebenraum, so entsteht wieder eine Differenz **(Regeldifferenz)** zwischen der Wunschtemperatur (Führungsgröße) und der tatsächlichen Temperatur (Regelgröße). Das Stellventil muss erneut betätigt werden. Verstellt man es aber zu hastig, so wird das Wasser wechselweise zu kalt oder zu heiß werden. *Der Regelkreis schwingt.* Erst durch Erfahrung, nämlich der Kenntnis, wie lange es etwa dauert, bis sich die veränderte Temperatur am Brausekopf einstellt und wie empfindlich das Stellventil reagiert, gelingt es, zügig die Brausetemperatur ohne wesentliches Schwingen einzustellen.

In einem technischen Regelkreis wird die Regelgröße x mit einem Sensor erfasst und mit der Führungsgröße w durch Subtraktion verglichen **(Bild 2).** Die Regeldifferenz $e = w - x$ wird durch den Regler in die Reglerausgangsgröße y_R zur Steuerung der Regelstrecke durch den Steller umgewandelt. Dessen Ausgangsgröße ist die Stellgröße y. Die Stellgröße y ist auch das Eingangssignal der Regelstrecke. Ihr Ausgangssignal ist die Regelgröße x.

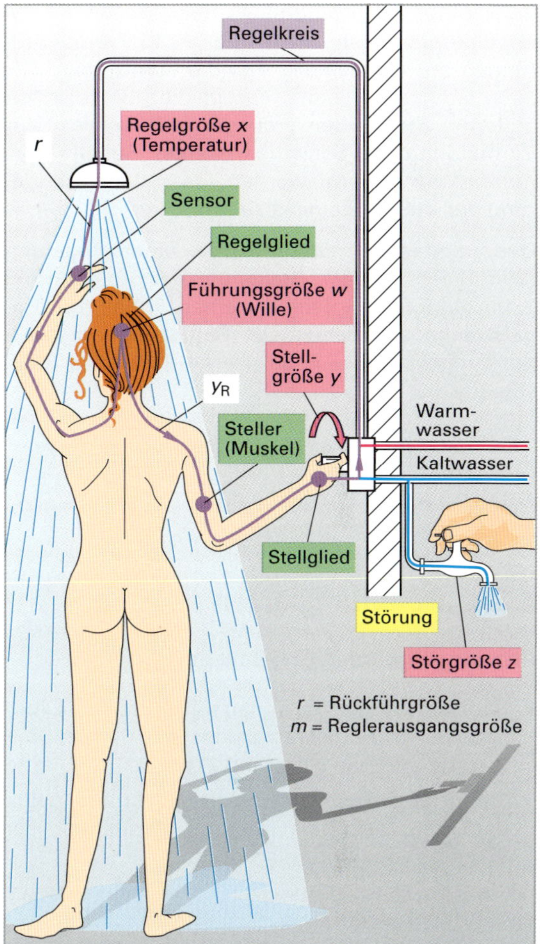

Bild 1: Manuelle Regelung der Wassertemperatur

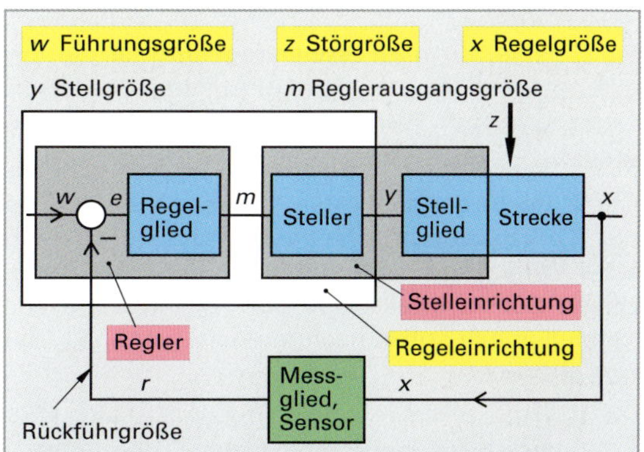

Bild 2: Wirkungsplan eines Regelkreises

[1] Die frühere Norm für Regelungstechnik DIN 19 226 ist seit Juni 2009 zurückgezogen und durch die Norm: DIN IEC 60050-351 „Internationales Elektrotechnisches Wörterbuch – Teil 351: Leittechnik" ersetzt. Die neue Norm ist im Kapitel Regelungstechnik berücksichtigt.

Im Beharrungszustand eines Regelkreises ist die Regeldifferenz sehr klein oder Null. Treten Störungen auf oder ändert sich die Führungsgröße, so entstehen Regeldifferenzen, die über die veränderten Stellgrößen y ausgeregelt werden. Zur Vermeidung des Schwingens eines Regelkreises muss dafür gesorgt werden, dass die Veränderung der Stellgröße nicht zu schnell erfolgt.

Der vereinfachte Wirkungsplan einer Regelung **(Bild 1)** fasst Steller, Stellglied und Strecke (Bild 2, vorhergehende Seite) zu einer Einheit, der **Regelstrecke,** zusammen. Der **Regler** steuert direkt die Verstellung der Regelstrecke durch das Stellsignal y.

Ein Regelkreis besteht aus Regler und Regelstrecke.

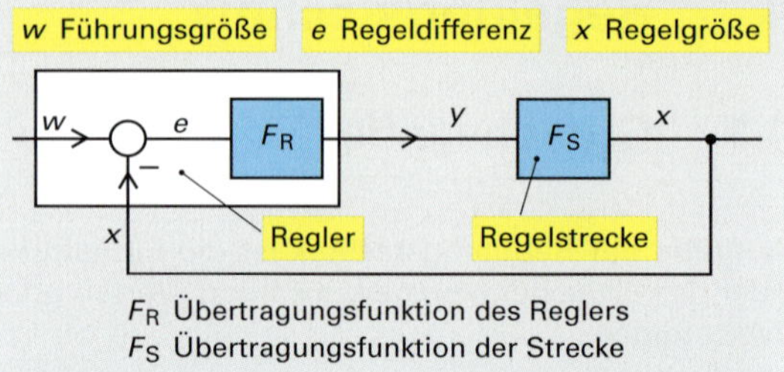

Bild 1: Vereinfachter Wirkungsplan einer Regelung

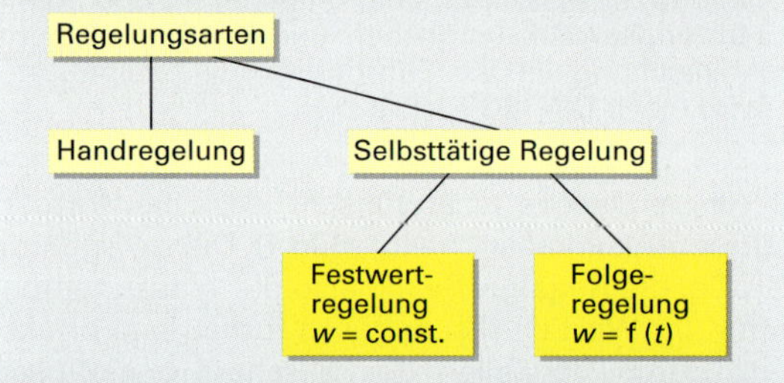

Bild 2: Regelungsarten

4.2 Regelungsarten

Regelungen werden eingeteilt in:

- **Handregelungen** bei denen mindestens die Aufgabe eines Regelkreisgliedes vom Menschen wahrgenommen wird **(Bild 2)** und
- **Selbsttätige Regelungen,** die ganz ohne Zutun des Menschen ablaufen, mit Ausnahme der Vorgabe von Führungsgrößen.

Des Weiteren unterscheidet man zwischen

- **Festwertregelung** und
- **Folgeregelung** (Bild 2).

Ein Beispiel für die **Festwertregelung** ist die Regelung auf konstanten (festen) Abstand des Laserwerkzeugs zum Werkstück beim Laserschneiden **(Bild 3).**

Damit der Brennpunkt des Laserstrahls stets auf der Werkstückoberfläche bleibt, wird der Abstand d zur Werkzeugdüse fortlaufend über einen kapazitiven Sensor erfasst und über die hydraulische Verstelleinheit sofort nachgeregelt, wenn d_{ist} von d_{soll} abweicht.

Bei der Festwertregelung versucht der Regler stets den Istwert mit dem Sollwert in Übereinstimmung zu bringen.

Störungen auf die Regelstrecke bewirken nur vermindert oder nur vorübergehend eine Abweichung des Istwertes vom Sollwert.

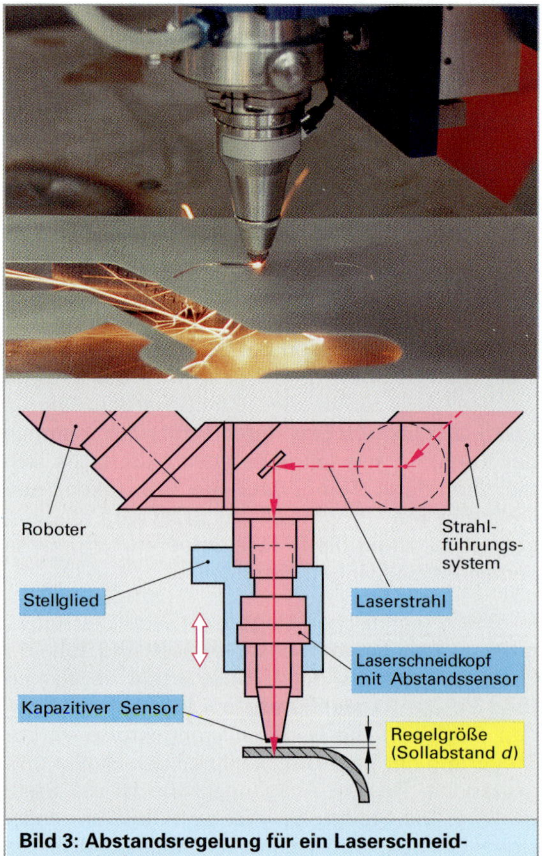

Bild 3: Abstandsregelung für ein Laserschneidwerkzeug

Ein Beispiel für die **Folgeregelung** ist die Lageregelung (Positionsregelung) für den Maschinenschlitten einer Drehmaschine **(Bild 1** und **Bild 2)**. Das Werkzeug muss der Lageführungsgröße x_{soll}, welche für die Werkstückbearbeitung von der numerischen Steuerung fortlaufend berechnet wird, möglichst schnell und genau folgen. Der Lageregler berechnet hierzu fortlaufend die Regeldifferenz $\Delta x = x_{soll} - x_{ist}$ und gibt für den Vorschubantrieb in der X-Achse ein Stellsignal (Geschwindigkeitssignal) $v_x = K_{vx} \cdot \Delta x$ aus **(Bild 3)**. Der Vorschubantrieb verstellt nun den Maschinenschlitten der X-Achse mit dem Werkzeug solange, bis Δx zu Null geworden ist. Der Faktor K_{vx} heißt Geschwindigkeitsverstärkung.

Je größer die Geschwindigkeitsverstärkung K_{vx} gewählt wird, umso empfindlicher reagiert die Lageregelung. Bei $K_{vx} = 50\ \frac{\text{mm}}{\text{s}}/\text{mm}$ fährt der Maschinentisch bei $\Delta x = 1$ mm mit der Geschwindigkeit $v_x = 50$ mm/s und bei $\Delta x = 0{,}1$ mm mit 5 mm/s auf den Sollpunkt zu. Wählt man die Geschwindigkeitsverstärkung zu hoch, so schießt der Maschinentisch über den Zielpunkt hinaus. Die Regeldifferenz kehrt sich um. Der Maschinentisch fährt in Gegenrichtung wieder über den Zielpunkt hinaus, und man erkennt, dass die Lageregelung schwingt. Man sagt, der Regelkreis ist instabil.

Für die Z-Achse der Drehmaschine benötigt man wie für die X-Achse die gleiche Lageregelung

Bei einer Folgeregelung bewirkt der Regler, dass die Regelgröße dem vorgegebenen Führungsgrößenverlauf folgt.

Bei Änderungen der Führungsgröße gibt es meist nur vorübergehend Abweichungen zwischen Führungsgröße und Regelgröße.

Die Aufgabe des Regelungstechnikers ist es, die optimale Wahl und die Einstellung der Regler zu finden. Bei der Reglerauswahl und für die Regleeinstellung muss man daher die **Dynamik,** d. h. das **Reaktionsvermögen** und die **Verstärkung** der Signale durch die einzelnen Regelkreisglieder berücksichtigen. Die Dynamik wird durch die Zeitkonstanten oder deren Kehrwerte, die Kennkreisfrequenzen, beschrieben. Die Dynamik, also die Beweglichkeit bzw. die Reaktionsfähigkeit eines Systems ist umso besser, je kleiner die Zeitkonstanten sind bzw. je höher die Kennkreisfrequenzen sind. Die Verstärkung der Signale wird durch die Proportionalbeiwerte K bzw. durch die Steigungen der Kennlinien bestimmt.

Zum Aufbau und Einstellen eines Regelkreises müssen die Eigenschaften der Regelkreisglieder bekannt sein.

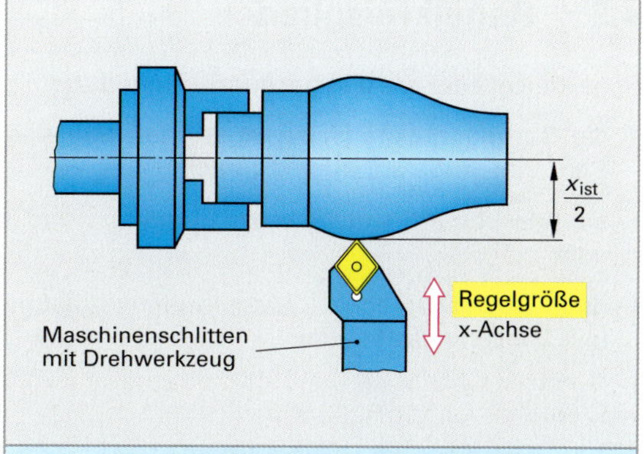

Bild 1: Folgeregelung für die x-Achse bei der Drehbearbeitung

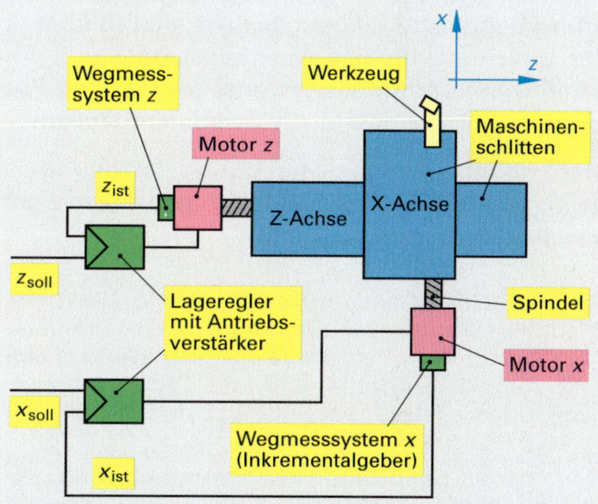

Bild 2: Lageregelung eines Maschinenschlittens mit Drehwerkzeug

$$v_x = K_{vx} \cdot \Delta x$$

v_x Geschwindigkeit in x-Richtung
K_{vx} Geschwindigkeitsverstärkung
Δx Lageregeldifferenz

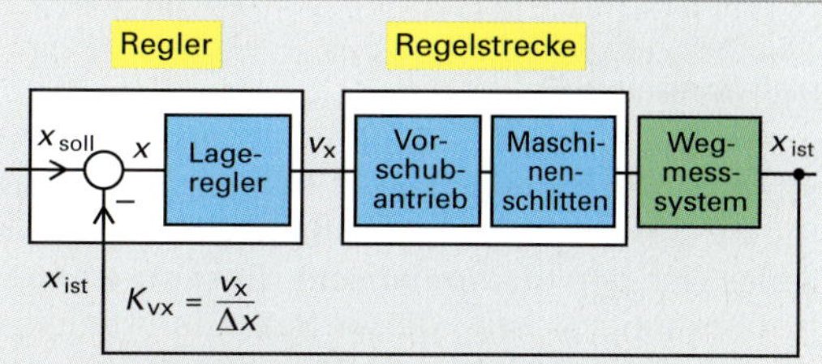

x_{soll} Lagesollwert der x-Achse
x_{ist} Lageistwert der x-Achse

Bild 3: Blockschaltbild der Lageregelung eines Maschinenschlittens in der X-Achse

4.3 Regelkreisglieder

Regelkreisglieder werden gekennzeichnet durch:

- die Sprungantwort (Ausgangssignal) auf eine Sprungfunktion am Eingang oder
- die Reaktion auf sinusförmige Eingangssignale oder
- das Bode-Diagramm (Amplitudenverhältnis und Phasenverschiebung).

4.3.1 Proportionalglied ohne Verzögerung (P-Glied)

P-Glieder erzeugen ein Ausgangssignal *v*, das proportional zum Eingangssignal *u* ist **(Bild 1)**. In der Gleichung für das Ausgangssignal *v* in Abhängigkeit vom Eingangssignal *u* ist K_p der Proportionalbeiwert oder auch Verstärkungsfaktor.

Man nennt *K* auch Verstärkungsfaktor, selbst dann, wenn *K* kleiner als 1 ist, also auch wenn eine Abschwächung vorliegt.

Beispiele für P-Glieder sind: Getriebe für die Drehzahlverstärkung oder Getriebe für die Drehmomentverstärkung, elektronische Signalverstärker, die meisten Sensoren, z. B. ein Tachogenerator zum Erfassen der Drehzahl **(Bild 2** und **Bild 3)**.

Ganz genau genommen reagieren alle Dinge mit Verzögerungen. Wenn jedoch diese Verzögerungen klein sind gegenüber denjenigen der anderen Regelkreisglieder, z. B. die Signalverzögerung im Drehzahlsensor im Vergleich zur Trägheit des Motors, so bezeichnet man diese Regelkreisglieder als verzögerungsfrei.

P-Glieder antworten auf ein sprungförmiges Eingangssignal ebenfalls mit einer Sprungfunktion. Im Wirkungsplan kennzeichnet man Regelkreisglieder durch die **Sprungantwort** (Bild 1).

Ermittlung von K_p

Zur Ermittlung von K_p benötigt man den mathematischen Zusammenhang zwischen der Ausgangsgröße *v* und der Eingangsgröße *u* des Regelkreisgliedes. Ist der mathematische Zusammenhang nicht bekannt, so kann dieser aus einer Kennlinie oder einem Versuch ermittelt werden.

Die Signale *v* und *u* sind normierte Größen, also Zahlengrößen ohne physikalische Einheiten. Man erhält diese durch Division mit einer Bezugsgröße (Normierungsgröße).

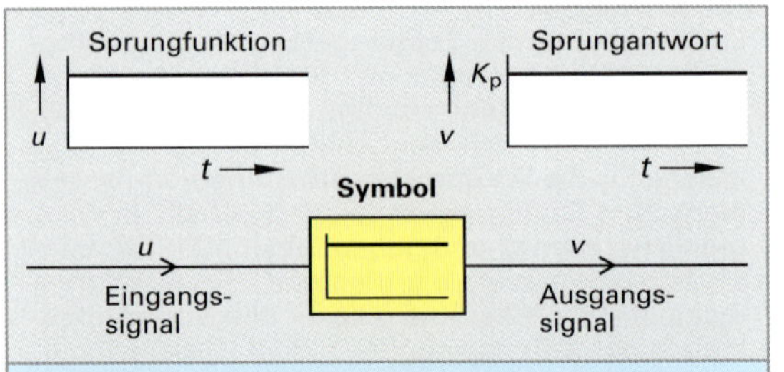

Bild 1: Sprungantwort und Symbol des P-Gliedes

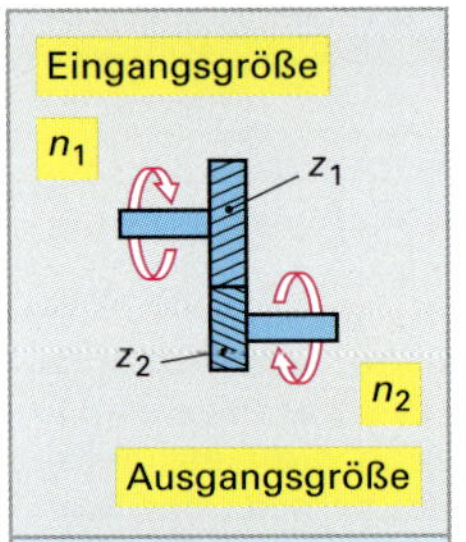

Bild 2: Getriebe

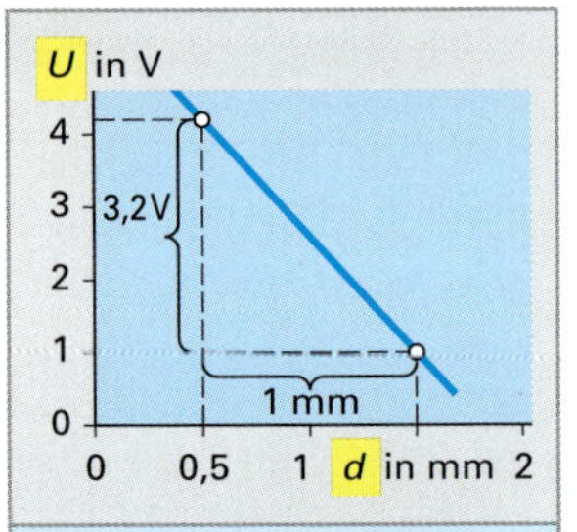

Bild 3: Sensorkennlinie

Beispiel 1:

Ein einstufiges Zahnradgetriebe hat eingangsseitig ein Ritzel mit $z_1 = 200$ Zähnen und ausgangsseitig ein Ritzel mit $z_2 = 100$ Zähnen **(Bild 2)**. Das Getriebe ist für eine maximale Drehzahl $n_0 = 1000\ \text{min}^{-1}$ vorgesehen. Berechnen Sie den Proportionalbeiwert K_p!

Lösung:

Übersetzungsverhältnis: $i = \frac{n_2}{n_1} = \frac{z_1}{z_2}$ Normierungsgröße: n_0

$$\Rightarrow n_2 = \frac{z_1}{z_2} \cdot n_1$$

$$\frac{n_2}{n_0} = \frac{z_1}{z_2} \cdot \frac{n_1}{n_0} \quad \Rightarrow \quad \boxed{v = K_p \cdot u}$$

$$\frac{n_2}{n_0} \mathrel{\hat{=}} v, \ \frac{n_1}{n_0} \mathrel{\hat{=}} u \qquad K_p \mathrel{\hat{=}} \frac{z_1}{z_2} = \frac{200}{100} = 2$$

Beispiel 2:

Ein Abstandssensor liefert mit zunehmendem Abstand *d* ein kleiner werdendes Signal *u*. Bei einer Abstandszunahme von 1 mm nimmt die Sensorspannung um 3,2 V ab **(Bild 3)**. Ermitteln Sie an Hand der Kennlinie im Bild 3 den Proportionalbeiwert K_p. Normieren Sie den Abstand *d* auf $d_0 = 10$ mm und die Spannung u_2 auf $u_0 = 5$ V.

Lösung:

$$\frac{\Delta u}{\Delta d} = -\frac{3{,}2\ \text{V}}{1\ \text{mm}} \Rightarrow u = -\frac{3{,}2\ \text{V}}{1\ \text{mm}} \cdot d$$

Normierungsgrößen: u_0, d_0

$$\frac{u}{u_0} = -\frac{3{,}2\ \text{V}}{1\ \text{mm}} \cdot \frac{d_0}{u_0} \cdot \frac{d}{d_0} \Rightarrow \boxed{v = K_p \cdot u}$$

$$\frac{u}{u_0} \mathrel{\hat{=}} v, \ \frac{d}{d_0} \mathrel{\hat{=}} u \qquad K_p = \frac{3{,}2\ \text{V}}{1\ \text{mm}} \cdot \frac{10\ \text{mm}}{5\ \text{V}} = -6{,}2$$

4.3.2 Proportionalglied mit Verzögerung 1. Ordnung (P-T_1-Glied)

P-T_1-Glieder erzeugen ein Ausgangssignal, das erst nach einiger Zeit, nämlich mit Verzögerung, dem Eingangssignal proportional ist **(Bild 1)**. Kennzeichnend für ein P-T_1-Glied sind der Proportionalbeiwert (Verstärkungsfaktor) K_p und die Verzögerungszeitkonstante T. Die Sprungantwort v auf ein sprungförmiges Eingangssignal u ist eine Exponentialfunktion, nämlich $v = K_p\,[1 - \exp\,(-\,t/T)]$. Die e-Funktion $\exp\,(-\,t/T)$ ist nach der Zeit $t \approx 3\,T$ abgeklungen. Die Ausgangsgröße ist dann K_p-mal größer als die Eingangsgröße.

Beispiele für P-T_1-Glieder sind alle Geräte, bei denen durch die Eingangsgröße ein Energiespeicher aufgeladen wird, z. B. der Kondensator bei einem RC-Tiefpass oder die kinetische Energie der Schwungmasse bei einem Gleichstrommotor bei Änderung der Ankerspannung.

Proportionalglieder mit Verzögerung 1. Ordnung sind gekennzeichnet durch *einen* Energiespeicher und *eine* Zeitkonstante.

Beispiel 1:

Wird ein Druckbehälter über ein Ventil durch einen Gasstrom gefüllt, erreicht der Druck p_2 im Behälter allmählich (Signalverzögerung) den Druck des Gasstroms **(Bild 2)**.

Die Sprungantwort dieser Anordnung zeigt, dass der Druck p_2 asymptotisch einem Beharrungswert (p_1) zustrebt. Die an dieser Kurve gelegte Anfangstangente schneidet auf dem Beharrungswert ein Zeitstück, die Zeitkonstante T, ab. Eine große Zeitkonstante (flacher Kurvenverlauf) hat eine große Signalverzögerung zur Folge, was durch konstruktive Maßnahmen (Vermeiden von Trägheitsmassen oder anderen Energiespeichern) verhindert werden kann.

Bei Einspeichersystemen erreicht die Ausgangsgröße nach der Zeit $t = T$ etwa 63 % des Endwertes und nach der Zeit $t = 3 \cdot T$ etwa 95 % des Endwertes.

Beispiel 2:

Wird ein Wasserbehälter über einen (schwachen) Tauchsieder erwärmt (ohne dass es zum Kochen kommt), so strebt die Temperatur nach anfänglich starkem Anstieg einem Beharrungswert ϑ_0 zu **(Bild 3)**. Im Beharrungszustand ist die zugeführte Energie gleich der abgestrahlten Energie. Das Signalverhalten entspricht einem Verzögerungsglied 1. Ordnung (P-T_1-Glied). Die Zeitkonstante T ermittelt man durch Anlegen der Tangente an den Kurvenverlauf. Sie ist umso größer, je größer der Wasserbehälter ist. Die Stärke des Tauchsieders hat nur einen Einfluss auf die Endtemperatur, nicht aber auf die Zeitkonstante.

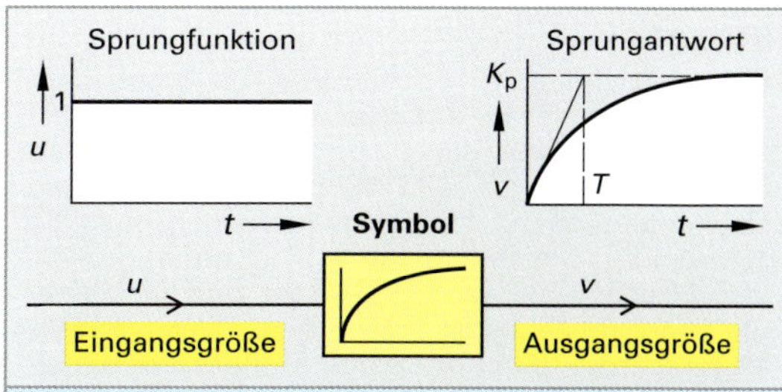

Bild 1: Sprungantwort und Symbol des P-T_1-Gliedes

Sprungantwort:

$\exp\,(-\,t/T) = e^{-\,t/T}$

$$v = K_p \cdot [1 - \exp\,(-\,t/T)]$$

v	Ausgangsgröße	t	Zeit
K_p	Proportionalbeiwert	T	Zeitkonstante

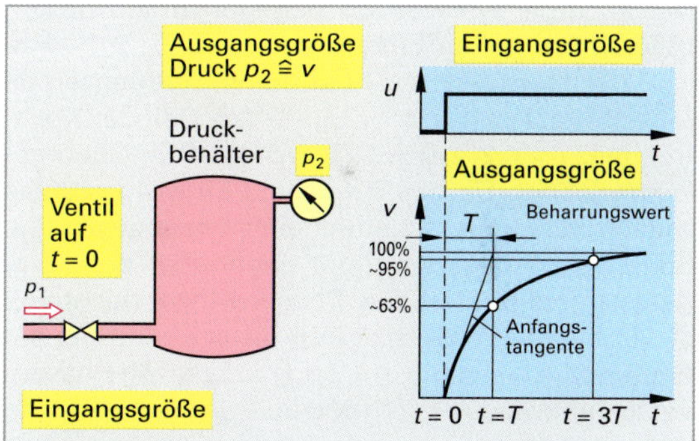

Bild 2: Druckbehälter wirkt wie ein P-T_1-Glied

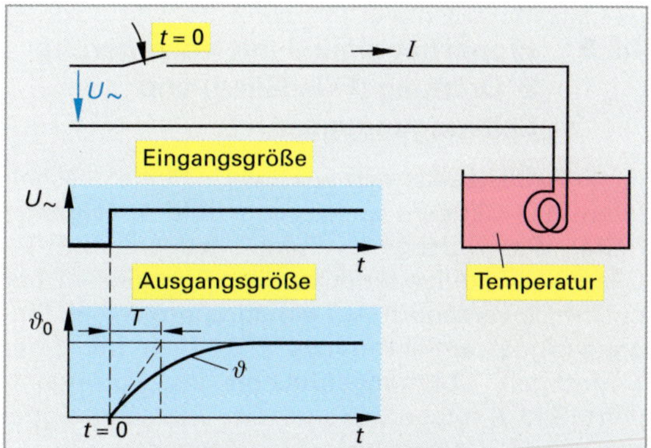

Bild 3: Erwärmung eines Wasserbehälters hat P-T_1-Verhalten

Beispiel 3:
Beim Einschalten eines Antriebs mit erheblicher Schwungmasse nimmt die Drehzahl zunächst schnell zu, strebt dann aber allmählich einem Beharrungswert zu **(Bild 1)**. Der Antrieb verhält sich entsprechend zu einem Verzögerungsglied 1. Ordnung. Die Zeitkonstante T ist umso größer, je größer die Schwungmasse ist und je kleiner die Drehzahlsteifigkeit $\Delta M/\Delta n$ ist. Die angelegte Motorspannung hat nur einen Einfluss auf die erreichte Enddrehzahl, nicht aber auf die Zeitkonstante.

Auf ein sinusförmiges Eingangssignal antwortet das P-T_1-Glied ebenfalls mit einem sinusförmigen Ausgangssignal **(Bild 2)**. Bei hohen Frequenzen wird die Ausgangsamplitude sehr klein (Bild 2), da die Ladung und Entladung des Energiespeichers dem schnellen Wechsel nicht folgen kann.

P-T_1-Glieder glätten schnell wechselnde Signale.

Man nennt P-T_1-Glieder deshalb auch *Tiefpassfilter* 1. Ordnung, da sie tiefe Frequenzen passieren lassen, hohe Frequenzen dagegen unterdrücken **(Bild 3)**. Bei hohen Frequenzen ist $\omega/\omega_0 > 1$, d. h. $\omega = 2\,\pi\,f > \omega_0 = 2\,\pi\,f_0$, bei tiefen Frequenzen ist $\omega/\omega_0 < 1$, d. h. $\omega = 2\,\pi\,f < \omega_0 = 2\,\pi\,f_0$. Mit der Kreisfrequenz $\omega_0 = 2\,\pi\,f_0 = 1/T$ wird das P-T_1-Glied gekennzeichnet. Da das P-T_1-Glied Eingangssignale zeitlich verzögert, entsteht eine Phasenverschiebung vom Ausgangssignal gegenüber dem Eingangssignal (Bild 3). Der Phasenwinkel reicht von $\varphi = 0°$ bei der Frequenz $\omega = 0$ bis $\varphi = -90°$ bei der Frequenz $\omega \rightarrow \infty$. Für $\omega = 2\,\pi\,f_0 = \omega_0$ ist die Phasenverschiebung $\varphi = -45°$ (Bild 3).

P-T_1-Glieder erzeugen eine Phasenverschiebung zwischen Eingangssignal und Ausgangssignal.

4.3.3 Proportionalglied mit Verzögerung 2. Ordnung (P-T_2-Glied) und Schwingungsglied

Ein **P-T_2-Glied** setzt sich aus *zwei* in Reihe geschalteten P-T_1-Gliedern zusammen **(Bild 1, folgende Seite)**. Das verzögerte Signal des ersten P-T_1-Gliedes wird durch einen zweiten Energiespeicher nochmals verzögert. Auf ein sprungförmiges Eingangssignal antwortet das P-T_2-Glied mit einer *S-förmigen* Übergangsfunktion als Sprungantwort (Bild 1, folgende Seite). Das Ausgangssignal beginnt mit einer waagrechten Tangente.

[1] *H.W. Bode*, amerik. Wissenschaftler entwickelte um 1940 diese Darstellung

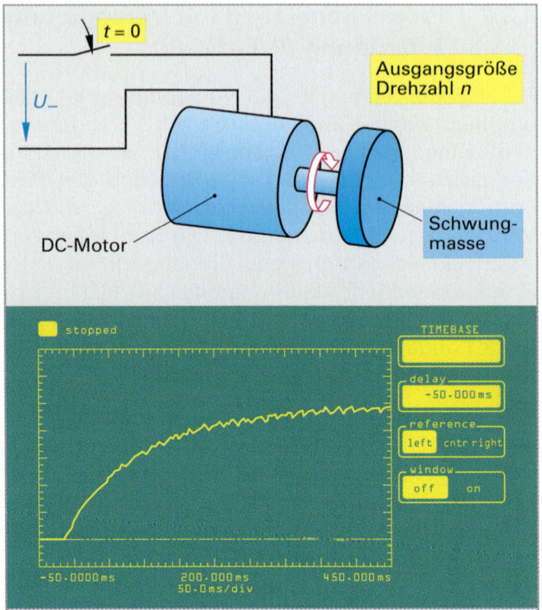

Bild 1: Drehzahlverlauf eines Gleichstrommotors bei einem Spannungssprung

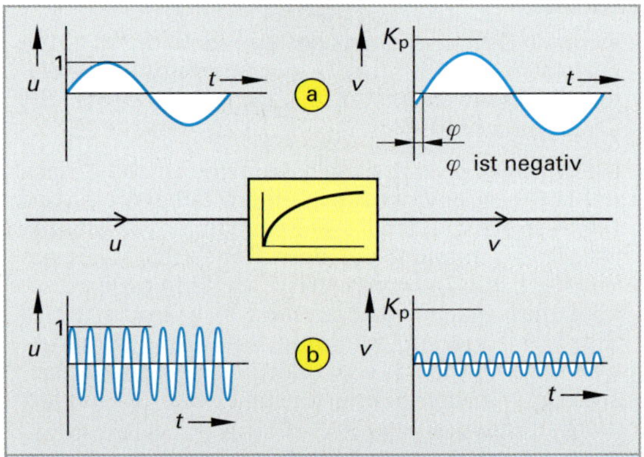

Bild 2: Verhalten des P-T_1-Gliedes bei sinusförmigem Eingangssignal

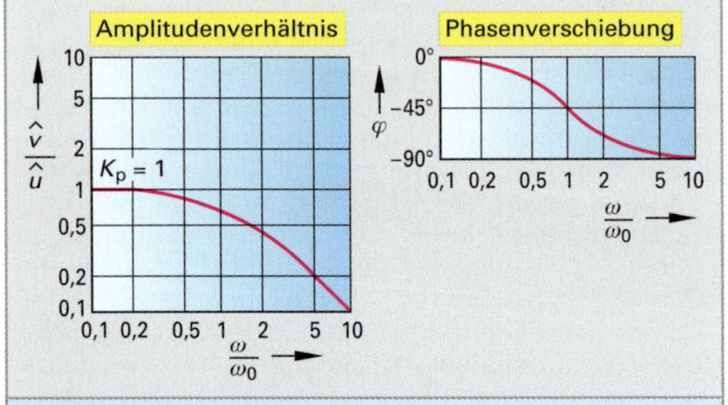

Bild 3: Bode-Diagramm[1] des P-T_1-Gliedes

Beispiel 1:

Der Druckbehälter 1 wird durch den Fülldruck p_1 zuerst gefüllt und leitet den ansteigenden Druck p_2 allmählich in den Behälter 2 weiter **(Bild 2).** Der Druck p_3 steigt also noch langsamer an als p_2. Die Sprungantwort dieser Regelstrecke beginnt zur Zeit $t = 0$ mit einer waagerechten Tangente und hat einen Wendepunkt. Durch die im Wendepunkt an dieser Kurve gezeichnete Tangente (Wendetangente) erhält man die Zeitstücke T_e (Verzugszeit) und T_b (Ausgleichszeit).

Strecken mit Verzögerung zweiter Ordnung haben mindestens zwei in Reihe geschaltete Energiespeicher.

Ein **Schwingungsglied** hat ebenfalls zwei Energiespeicher, die wechselweise aufgeladen und entladen werden. Da meist dabei auch Energie in Wärme umgesetzt wird, verläuft das Ausgangssignal als gedämpfte Schwingung **(Bild 3).**

Beispiel 2:

Wird der Maschinentisch stark beschleunigt oder verzögert, wirken das Lager und die Spindel wie eine Feder **(Bild 4).** Der Maschinentisch wird im Ersatzbild mit der Masse m dargestellt. Der Schmierfilm zwischen Maschinentisch und Gleitbahn stellt das Dämpfungsglied mit dem Dämpfungsgrad ϑ dar. Die Amplituden der Schwingungen dieses Systems betragen einige Hundertstel Millimeter, was beim exakten Positionieren (Genauigkeit 1 µm) berücksichtigt werden muss.

Betrachtet man bei diesem System den Drehwinkel der Spindel und den Weg des Maschinentisches, erkennt man eine Strecke mit Ausgleich, denn bei Drehung der Spindel um einen bestimmten Winkel nimmt der Maschinentisch eine, dieser Drehung entsprechende und von der Spindelsteigung abhängige, neue Position ein.

Bezüglich der Drehzahl n und der Vorschubgeschwindigkeit v ist das System ebenfalls eine Strecke mit Ausgleich, denn bei einer Änderung der Drehzahl stellt sich die Vorschubgeschwindigkeit auf einen neuen festen Wert ein.

Kennzeichen des Schwingungsgliedes ist die Kennkreisfrequenz $\omega_0 = 2\,\pi\,f_0$ und der Dämpfungsgrad ϑ **(Bild 1, folgende Seite).** Bei $\vartheta = 0$ liegt eine ungedämpfte Schwingung vor. Bei Werten zwischen $\vartheta = 0$ und $\vartheta = 1$ ist der Schwingungsverlauf gedämpft. Für $\vartheta > 1$ hat das Schwingungsglied die Eigenschaften des P-T_2-Gliedes.

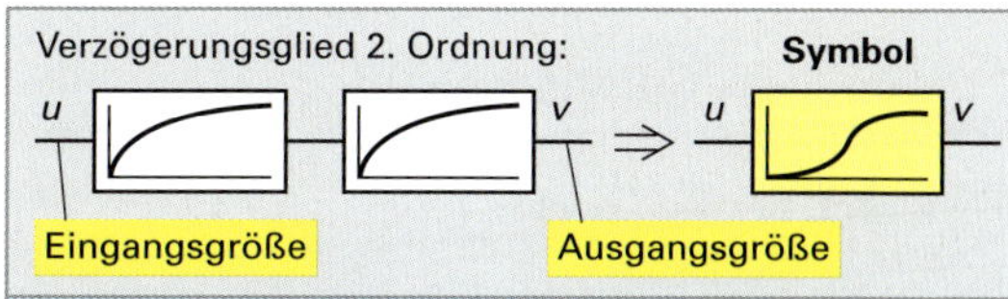

Bild 1: P-T_2-Glied

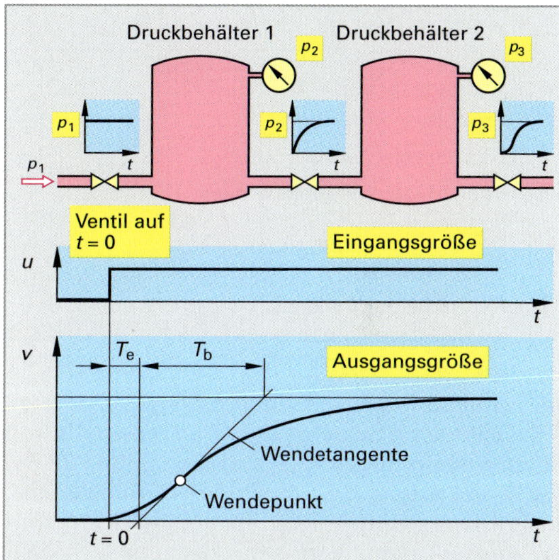

Bild 2: Strecken mit Verzögerung zweiter Ordnung und Übergangsfunktion

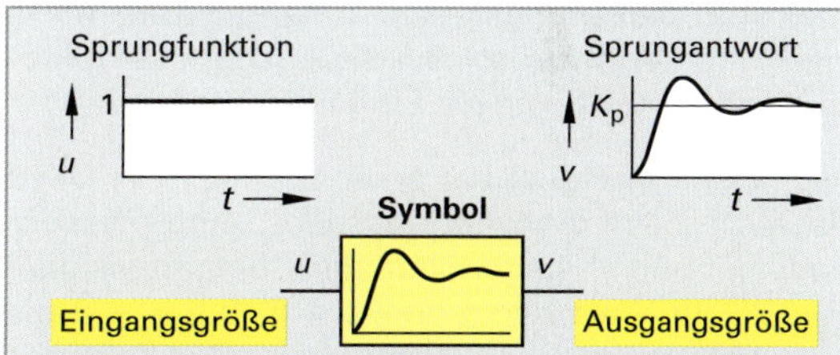

Bild 3: Schwingungsglied

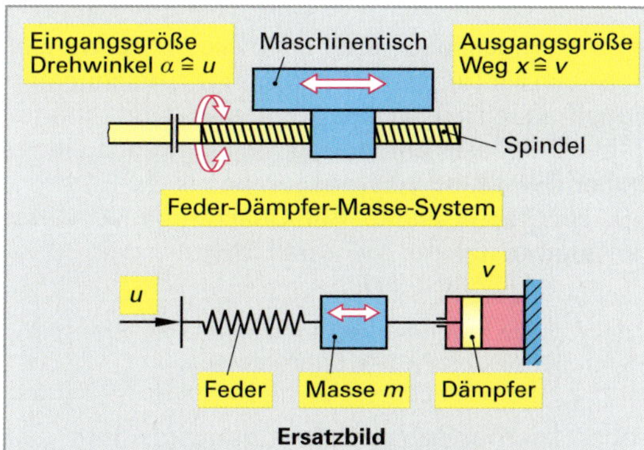

Bild 4: Strecke mit Verzögerung zweiter Ordnung mit schwingendem Verhalten

Sprungantwort:

$$v = K\left(1 - \frac{e^{-\vartheta\omega_0 t}}{\sqrt{1-\vartheta^2}}\sin\sqrt{1-\vartheta^2}\cdot\omega_0 t - \varphi\right)$$

$$\omega_0 = \frac{1}{T_0} \qquad \varphi = \arctan\sqrt{\frac{1-\vartheta}{\vartheta}}$$

- v Ausgangsgröße
- K Proportionalbeiwert
- ϑ Dämpfungsgrad
- φ Phasenverschiebungswinkel
- t Zeit
- T_0 Zeitkonstante
- ω_0 Kennkreisfrequenz

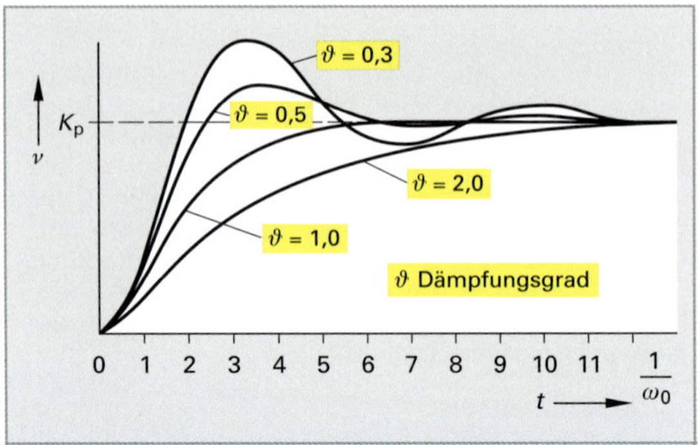

Bild 1: Sprungantworten des Schwingungsgliedes

Bei sinusförmigem Eingangssignal reagieren P-T_2-Glied und Schwingungsglied ebenfalls mit einem sinusförmigen Ausgangssignal **(Bild 2)**. Bei $\omega \ll \omega_0 = 2\,\pi\, f_0$ ist die Amplitude des Ausgangssignals K-fach erhöht (Bild 2). Für $\omega \ll \omega_0 = 2\,\pi\, f_0$ wird die Ausgangsamplitude sehr klein, da $\hat{v} \sim 1/\omega^2$ (Bild 2).

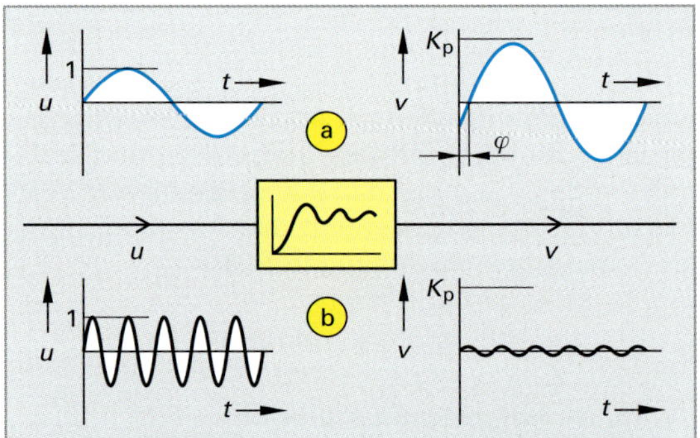

Bild 2: Verhalten von P-T_2-Glied und Schwingungsglied bei sinusförmigem Eingangssignal

Bei $\omega = \omega_0 = 2\,\pi\, f_0$ ist die Ausgangsamplitude stark vom Dämpfungsgrad ϑ abhängig **(Bild 3)**. Da $\hat{v} = K/(2\vartheta)$ ist, ist bei $\vartheta = 0{,}5$ die Ausgangsamplitude K-mal so groß wie die Eingangsamplitude.

Das Ausgangssignal hat sowohl beim P-T_2-Glied als auch beim Schwingungsglied eine Phasenverschiebung φ gegenüber dem Eingangssignal (Bild 3). Ihr Wert reicht von $\varphi = 0°$ bei $\omega = 0$ bis $\varphi = -180°$ bei $\omega \to \infty$. Bei $\omega = \omega_0 = 2\,\pi\, f_0$ ist die Phasenverschiebung $\varphi = -\,90°$. Außerdem ist φ vom Dämfungsgrad φ abhängig.

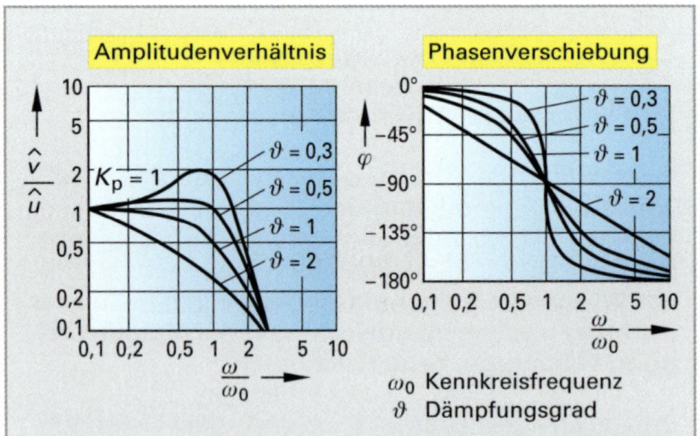

Bild 3: Bode-Diagramm des Schwingungsgliedes und P-T_2-Gliedes

Schwingungsglieder bzw. P-T_2-Glieder verwendet man auch als Tiefpässe (2. Ordnung). Sie schneiden Signalfrequenzen, welche höher als f_0 sind schärfer ab als Tiefpässe 1. Ordnung. Schwingungsglieder kleiner Dämpfung verwendet man als Oszillatoren, z. B. zur Zeitmessung. Bei Quarzuhren schwingt der Quarzkristall mit mehreren MHz.

Beim Schwingungsglied tauschen zwei Energiespeicher wechselweise Energien aus.

Neben mechanischen Schwingungsgliedern gibt es auch elektrische Schwingungsglieder. Diese bestehen aus einem Kondensator und einer Spule **(Bild 4)**.

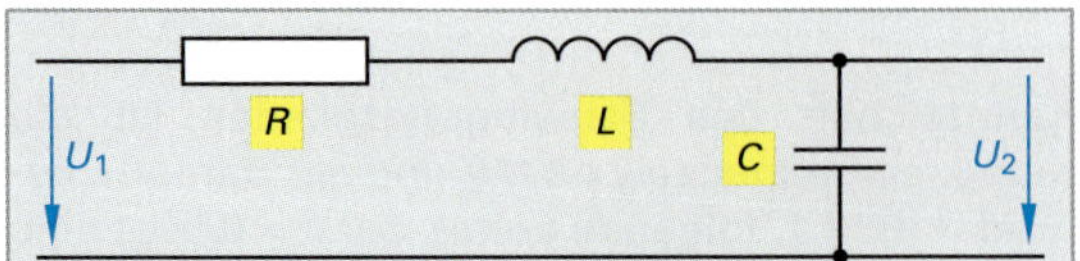

$$\omega_0 = \frac{1}{\sqrt{LC}} \qquad \vartheta = \frac{1}{2}R\sqrt{\frac{C}{L}}$$

Bild 4: Elektrischer Reihenschwingungskreis

4.3.4 Integralglied (I-Glied)

I-Glieder erzeugen ein Ausgangssignal, das dem *Integral* des Eingangssignales entspricht **(Bild 1)**. Darunter versteht man die laufende Aufsummierung des Eingangssignales. Die Integrationszeitkonstante T_I gibt dabei die Zeit an, die vergeht, bis die Ausgangsgröße den Wert 1 hat, wenn die Eingangsgröße mit dem Wert 1 vorgegeben ist (Bild 1). Der Kehrwert der Integrationszeitkonstante T_I heißt Integrationsbeiwert K_I. Es gilt $K_I = 1/T_I$.

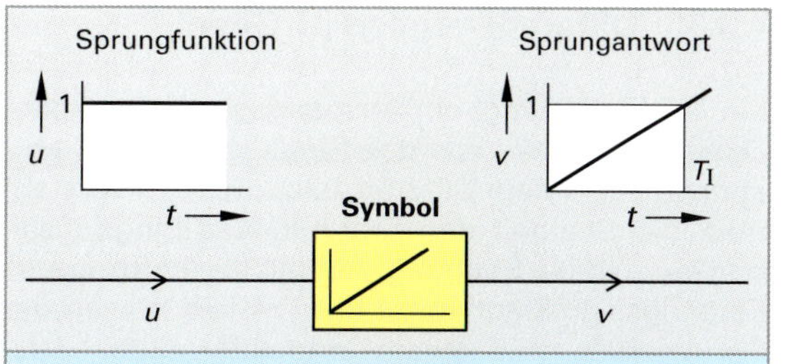

Bild 1: Sprungantwort und Symbol des I-Gliedes

Sprungantwort:

$$v = \frac{1}{T_I} \cdot t = K_I \cdot t$$

v	Ausgangsgröße
T_I	Integrationszeitkonstante
K_I	Integrationsbeiwert
t	Zeit

Auf ein sinusförmiges Eingangssignal antworten I-Glieder ebenfalls sinusförmig **(Bild 2)**. Bei kleinen Signalfreqenzen, also bei $\omega \ll \omega_0 = 1/T_I$, ist das Ausgangssignal sehr viel größer als bei großen Signalfrequenzen, also bei $\omega \ll \omega_0 = 1/T_I$, dagegen sehr viel kleiner als das Eingangssignal (Bild 2). Das Bode-Diagramm zeigt auch, dass bei $\omega = \omega_0$ die Ausgangsamplitude und die Eingangsamplitude gleich sind **(Bild 3)**. Die Phasenverschiebung ist beim I-Glied stets $\varphi = -90°$, d. h. das Ausgangssignal eilt dem Eingangssignal nach.

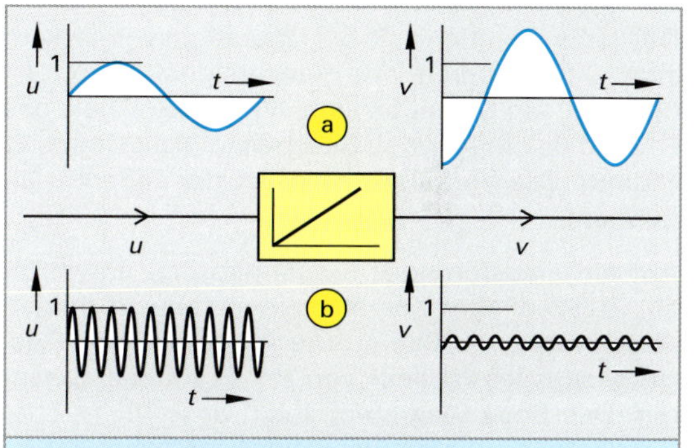

Bild 2: Verhalten des I-Gliedes bei sinusförmigem Eingangssignal

Integralglieder entstehen beim Übergang von:

- Geschwindigkeit auf Weg,
- Beschleunigung auf Geschwindigkeit,
- Drehzahl auf Drehwinkel,
- Durchfluss auf Speichervolumen,
- von el. Strom auf gespeicherte el. Ladung,
- Impulsfrequenzen auf Impulszählerstände.

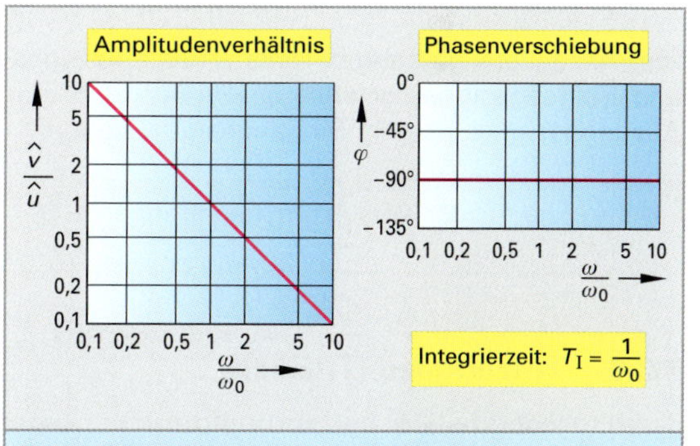

Bild 3: Bode-Diagramm des I-Gliedes

Somit ist ein Vorschubantrieb mit der Drehzahl als Eingangsgröße und dem Drehwinkel der Spindel bzw. dem Weg des Maschinentisches als Ausgangsgröße ein Integralglied, ebenso ein elektronischer Zähler mit der Impulsfrequenz als Eingangsgröße und dem Zählerstand als Ausgangsgröße oder ein Behälter mit der Ausgangsgröße Füllstandshöhe und der Eingangsgröße Durchfluss **(Bild 4)**.

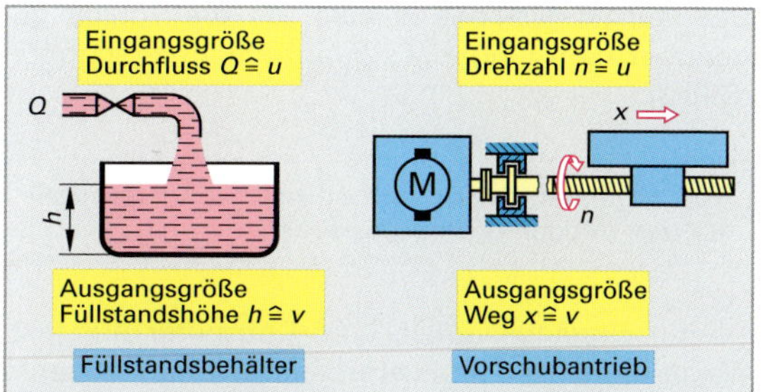

Bild 4: Integralglieder

4.3.5 Differenzierglied (D-Glied)

Ein D-Glied erzeugt ein Ausgangssignal, das dem *Differenzialquotienten* des Eingangssignales entspricht. Unter dem Differenzialquotienten versteht man die Steilheit des Graphen des Eingangssignales, also die Steigung. Auf ein sprungförmiges Eingangssignal antwortet das D-Glied nur an der Sprungstelle mit einem impulsförmigen Ausgangssignal **(Bild 1)**. Ist der Graph des Eingangssignales linear ansteigend, so ist das Ausgangssignal konstant.

D-Glieder kommen z. B. bei Operationsverstärkern zum Differenzieren des Sensorsignales vor. Ist dies z. B. ein Signal für den Weg x, so liefert das D-Glied das zugehörige Geschwindigkeitssignal $v_x = dx/dt$. Das Verhältnis dx/dt ist der Differenzialquotient.

Auf ein sinusförmiges Eingangssignal antwortet ein D-Glied ebenfalls mit einem sinusförmigen Ausgangssignal (Bild 1). Die Amplitude des Ausgangssignales ist aber von der Frequenz abhängig. Das Bode-Diagramm zeigt, dass für $\omega < \omega_0$ die Ausgangsamplitude kleiner ist als die Eingangsamplitude **(Bild 2)**. Für $\omega = \omega_0 = 1/T_D$ ist die Ausgangsamplitude so groß wie die Eingangsamplitude. Für $\omega > \omega_0$ dagegen ist die Ausgangsamplitude größer als die Eingangsamplitude (Bild 2).

Die Phasenverschiebung zwischen Ausgangssignal und Eingangssignal ist stets $\varphi = +90°$, d. h. das Ausgangssignal eilt dem Eingangssignal voraus.

> Differenzierglieder verstärken hochfrequente Signale.

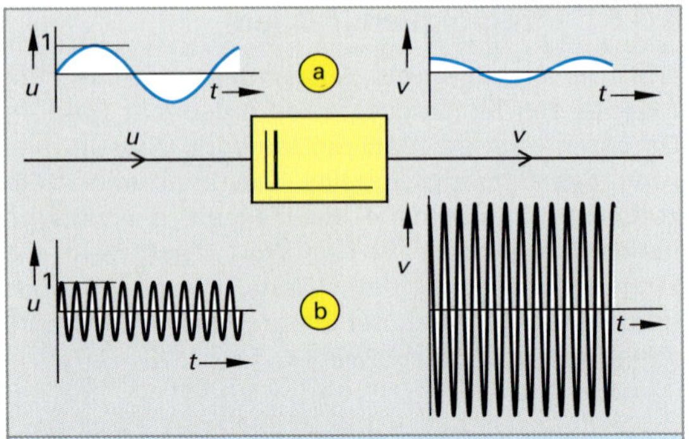

Bild 1: Verhalten des D-Gliedes auf sinusförmige Eingangssignale

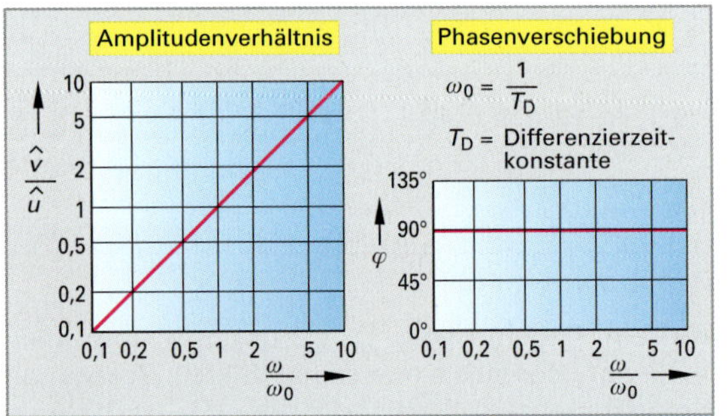

Bild 2: Bode-Diagramm des D-Gliedes

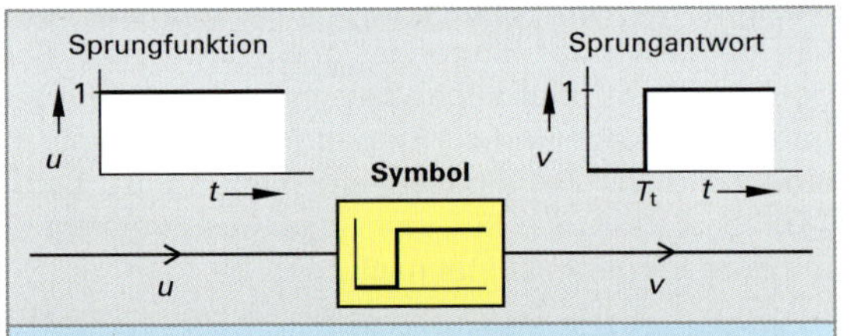

Bild 3: Sprungantwort und Symbol des Totzeitgliedes

4.3.6 Totzeitglied (T_t-Glied)

Totzeitglieder haben bei sprungförmiger Änderung des Eingangssignals ebenfalls eine sprungförmige Änderung des Ausgangssignals zur Folge, aber erst nach einer gewissen Zeit, der Totzeit T_t. Das Ausgangssignal ist also um die Totzeit gegenüber dem Eingangssignal zeitlich verschoben **(Bild 3)**.

> Totzeitglieder treten immer bei Signalverarbeitungen mit dem Computer auf.

Da die Eingangssignale vom Computer nur taktweise eingelesen und verarbeitet werden, entsteht eine Verschiebung des Verarbeitungsvorganges am Computerausgang um die Taktzeit.

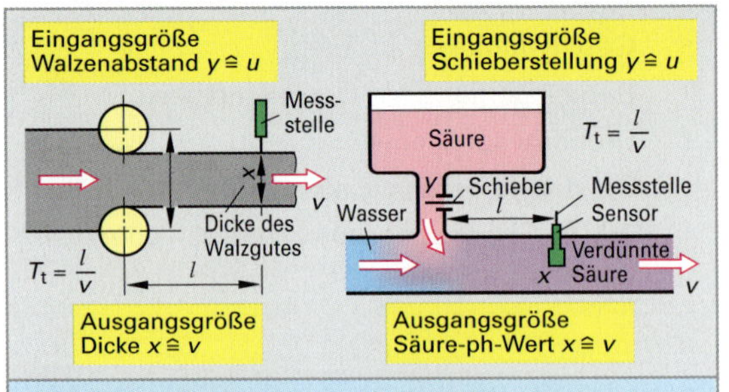

Bild 4: Regelkreisglieder mit Totzeit

$$T_t = \frac{l}{v}$$

T_t	Totzeit, Laufzeit
l	Weglänge für die Laufzeit
v	Geschwindigkeit des Signalträgers

Weitere Beispiele für Totzeitglieder sind alle Systeme mit Laufzeiten zwischen der Eingangsgröße und der Ausgangsgröße.

Laufzeiten entstehen z. B. bei der Dickenmessung von Walzgut oder beim Mischen von strömenden Flüssigkeiten **(Bild 4, vorhergehende Seite)**.

Auf ein sinusförmiges Eingangssignal antwortet ein Totzeitglied ebenfalls mit einem sinusförmigen Ausgangssignal. Es ist aber gegenüber dem Eingangssignal phasenverschoben. Die Phasenverschiebung beträgt $\varphi = -360°$, wenn die Totzeit gleich groß ist wie die Periodendauer des sinusförmigen Eingangssignals. Dies entspricht gerade einer Schwingungsperiode. Für $\omega_0 = 2\pi f_0 = 1/T_t$ wird die Phasenverschiebung $\varphi = -360°/2\pi = -57{,}3°$ **(Bild 1)**.

Beispiel 1:

Ein Messgerät mit Mikrocomputer benötigt zur laufenden Messwertberechnung 1 ms. Welche Phasenverschiebung erzeugt dieses Messgerät in einer Regelstrecke bei einer Frequenz von $f = 200$ Hz?

Lösung:

$$\varphi = \frac{2\pi f}{\omega_0} \cdot \frac{180°}{\pi} \qquad \omega_0 = \frac{1}{T_t} = \frac{1}{0{,}001\ \text{s}} = 1000\ \frac{1}{\text{s}}$$

$$\varphi = \frac{2 \cdot 200\ \text{s}^{-1} \cdot 180°}{1000\ \text{s}^{-1}} = \mathbf{-72°}$$

Beispiel 2:

Zwischen den verstellbaren Walzen bei einem Walzwerk und der Dickenmesseinrichtung für die Dickenregelung ist ein Abstand l von 0,5 m. Das Walzgut wird mit einer Geschwindigkeit von v = 2 m/s produziert. Welche Totzeit liegt bei dieser Messung vor?

Lösung:

$$T_t = \frac{l}{v} = \frac{0{,}5\ \text{m}}{2\ \text{m/s}} = \mathbf{250\ ms}$$

Beispiel 3:

Bei einer Abstandsregelung mit Ultraschall-Abstandssensoren wird ein Objekt mit 10 m Abstand erfasst. Ermitteln Sie die Totzeit und die Frequenz bei welcher eine Phasenverschiebung von –30° auftritt?

Lösung:

$$T_t = \frac{2 \cdot 10\ \text{m}}{330\ \text{m/s}} = 60\ \text{ms},$$ doppelter Weg für Signal Hin- und Rücklauf; Schallgeschw. = 330 m/s.

$$f = \frac{-\varphi \cdot \omega_0}{2\pi} = \frac{30°}{2\pi} \cdot \frac{1}{0{,}06\ \text{s}} = \mathbf{79{,}7\ Hz}$$

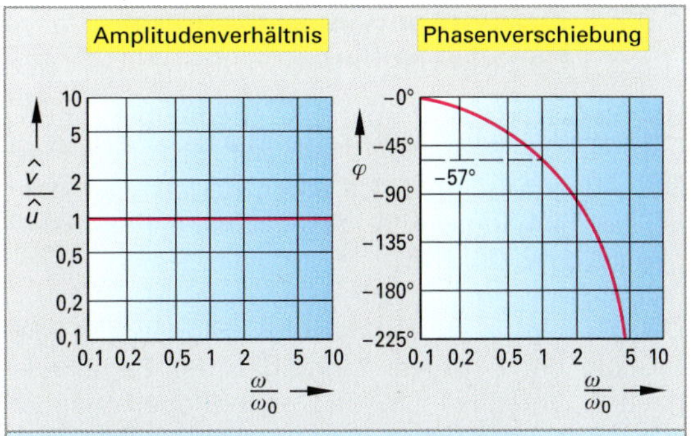

Bild 1: Bode-Diagramm des Totzeitgliedes

$$\varphi = -\frac{\omega}{\omega_0} = \frac{2\pi f}{\omega_0} \quad \text{(im Bogenmaß)}$$

$$\varphi = -\frac{\omega}{\omega_0} \cdot \frac{180°}{\pi} \quad \text{(im Gradmaß)}$$

$$\omega_0 = \frac{1}{T_t},\quad f_0 = \frac{\omega_0}{2\pi},\quad f = \frac{\omega}{2\pi},\quad \omega = 2\pi f$$

φ Phasenverschiebungswinkel
T_t Totzeit
ω_0 Kennkreisfrequenz
f_0 Kennfrequenz
ω Kreisfrequenz
f Frequenz

Wiederholung und Vertiefung

1. Wodurch ist eine Regelung gekennzeichnet?
2. Wie ist die Regeldifferenz festgelegt?
3. Welche Funktion hat die Stellgröße am Eingang einer Regelstrecke?
4. Woraus besteht ein Regelkreis?
5. Wie teilt man selbsttätige Regelungen ein?
6. Was ist das Kennzeichen einer Folgeregelung?
7. Wodurch werden Regelkreisglieder gekennzeichnet?
8. Welche Folge hat ein P-Glied in einem Regelkreis?
9. Wie werden P-Glieder im Wirkungsplan gekennzeichnet?
10. Welche Inhalte hat ein Bode-Diagramm?
11. Welche Eigenschaften haben P-T_1-Glieder?
12. Wie wirkt ein I-Glied?
13. Wie verhalten sich Ausgangssignal und Eingangssignal bei einem D-Glied?
14. Wodurch sind Totzeitglieder gekennzeichnet?

4.3.7 Zusammenwirken mehrerer Regelkreisglieder

Bei Regelkreisen erfolgt die Signalübertragung von einem Regelkreisglied auf das Folgende. Das Ausgangssignal des einen Regelkreisgliedes ist das Eingangssignal des nächsten Regelkreisgliedes usw. **(Bild 1).**

Die Gesamtverstärkung eines Signals ist das Produkt der Einzelverstärkungen der Regelkreisglieder. Verstärkt z.B. das erste Regelkreisglied um den Faktor $\hat{v}_1/\hat{u}_1 = 2$ und das zweite Regelkreisglied um den Faktor $\hat{v}_1/\hat{u}_1 = 1{,}2$, so ist die Gesamtverstärkung $\hat{v}_{ges}/\hat{u}_{ges} = 2 \cdot 1{,}2 = 2{,}4$. Die Einzelverstärkungen (Amplitudenverhältnisse) sind bei vielen Regelkreisgliedern frequenzabhängig. Somit ist auch die Gesamtverstärkung frequenzabhängig. Dies bedeutet, dass man zur Multiplikation der Verstärkungen immer die Teilverstärkungen bei derselben Frequenz oder Kreisfrequenz multiplizieren muss.

Verstärkungen multiplizieren sich bei der Reihenschaltung von Regelkreisgliedern.

Die Phasenverschiebung eines jeden Regelkreisgliedes verursacht eine weitere Phasenverschiebung des Eingangssignals. Somit addieren sich alle Phasenverschiebungswinkel der in Reihe geschalteten Regelkreisglieder, bei der jeweils betrachteten Frequenz bzw. Kreisfrequenz.

Phasenverschiebungswinkel addieren sich bei der Reihenschaltung von Regelkreisgliedern.

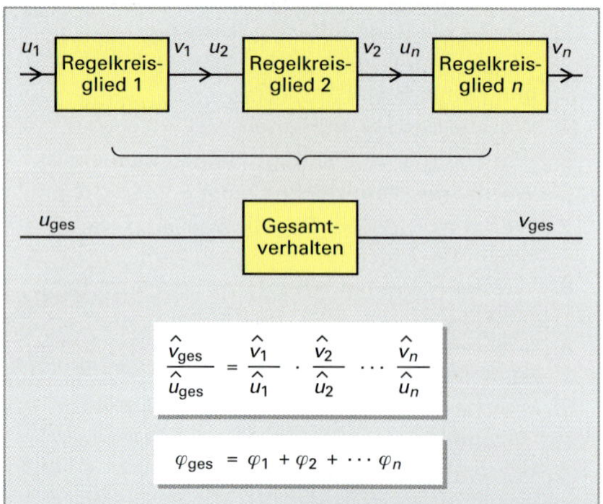

Bild 1: Ermittlung der Gesamtverstärkung und der Gesamtphasenverschiebung

Übung:

Eine Regelstrecke besteht aus den Regelkreisgliedern: Antrieb mit Verstärker als P-T_1-Glied, Vorschubspindel mit Maschinentisch als I-Glied und einem Wegmesssystem mit digitaler Signalübertragung als T_t-Glied **(Bild 2).**

Die Kenngrößen sind: $K_P = 2$, $T_1 = 0{,}01$ s, $T_I = 0{,}02$ s, $T_t = 0{,}008$ s. Ermitteln Sie die Gesamtverstärkung und die Gesamtphasenverschiebung für $f = 10$ Hz.

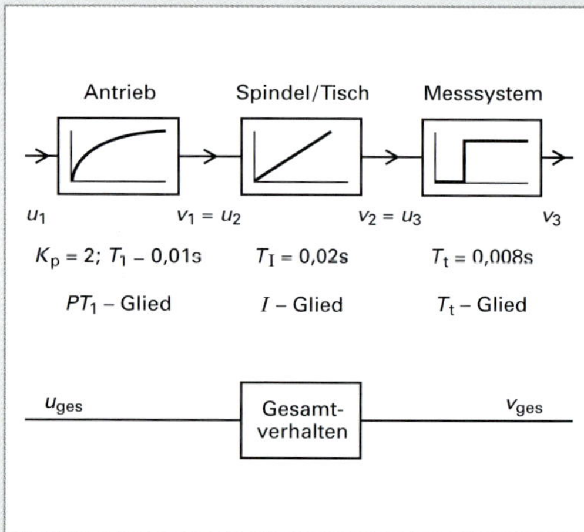

Bild 2: Zusammenwirken von drei Regelkreisgliedern

Lösung:

Man ermittelt für $\omega = 2\,\pi\,f = 2\,\pi \cdot 10\text{ Hz} \approx 62\,\frac{1}{s}$ die Einzelverstärkungen.

Für das P-T_1-Glied gilt:

$\omega_0 = \frac{1}{T_1} = 100\,\frac{1}{s} \Rightarrow \omega/\omega_0 \approx 0{,}6$. Aus Diagramm

Seite 236 folgt: $\hat{v}_1/\hat{u}_1 = 0{,}85\ \text{Kp} = 1{,}7$, $\varphi_1 \approx -35°$.

Für das I-Glied gilt:

$\omega_0 = \frac{1}{T_I} = 50\,\frac{1}{s} \Rightarrow \omega/\omega_0 \approx 1{,}2$. Aus Diagramm

Seite 239 folgt: $\hat{v}_{22}/\hat{u}_{12} = 0{,}83$, $\varphi_2 = -90°$.

Für das T_t-Glied gilt:

$\omega_0 = \frac{1}{T_I} = 125\,\frac{1}{s} \Rightarrow \omega/\omega_0 \approx 0{,}5$. Aus Diagramm

Seite 241 folgt: $\varphi_3 = -28°$.

Gesamtverstärkung bei $f = 10$ Hz:

$\frac{\hat{v}_{ges}}{\hat{u}_{ges}} = 1{,}7 \cdot 0{,}83 \cdot 1 = \mathbf{1{,}41}$

Gesamtphasenverschiebung:

$\varphi_{ges} = -35° - 90° - 28° = \mathbf{-153°}$

4.4 Regler und Regelkreise

Schaltende Regler verändern die Stellgröße unstetig durch Schalten in zwei oder mehreren Stufen. Sie bestehen aus Schaltkontakten oder elektronischen Kippschaltungen.

Analoge Regler verändern das Stellglied stetig. Sie bestehen meist aus Operationsverstärkern.

Digitale Regler verändern die Stellgröße in sehr feinen Stufen, sodass die Stufung in der Regelgröße nicht mehr merkbar ist. Sie bestehen meist aus Mikrocontrollerschaltungen.

4.4.1 Schaltende Regler

Zweipunktregler haben zwei eindeutige Schaltstellungen **(Bild 1)**. Man verwendet sie z. B. in Temperaturregelkreisen. Bei einem Bimetallregler bilden Sensor, Vergleichsstelle und Schaltglied eine Einheit **(Bild 2)**. Steigt die Temperatur über den Sollwert, so biegt sich die von der Heizung (Isttemperatur) erwärmte Bimetallfeder und schaltet die Heizung ab. Unterschreitet die Temperatur den unteren Grenzwert, so schaltet die Bimetallfeder die Heizung wieder ein. Damit beim Einschalten und Ausschalten keine Funkenbildung durch schwache Kontaktbildung bzw. Kontaktunterbrechung möglich wird, wird über einen Dauermagneten eine schlagartige Verbindung oder Unterbrechung hergestellt. Durch diesen Dauermagneten entsteht eine Schaltdifferenz zwischen Ausschalttemperatur und Einschalttemperatur **(Bild 3)**.

Schaltende Regelungen werden außer bei der Temperaturregelung häufig auch bei Druckregelungen und Füllstandsregelungen verwirklicht. Fällt bei einer Kompressoranlage der Druck im Druckspeicher unter den zulässigen unteren Grenzwert, so wird über den Drucksensor der Kompressormotor eingeschaltet. Ist der obere Grenzwert erreicht, so wird der Kompressormotor ausgeschaltet.

Je größer die Schaltdifferenz ist, desto größer ist die Schwankung der Regelgröße um den Sollwert.

Dreipunktregler haben drei eindeutige Schaltstellungen **(Bild 4)**. Sie werden ebenfalls oft bei Temperaturregelungen benutzt. So können z. B. bei einer Klimaanlage die drei Schaltstellungen den Funktionen Heizung EIN, Heizung/Kühlung AUS und Kühlung EIN zugeordnet sein.

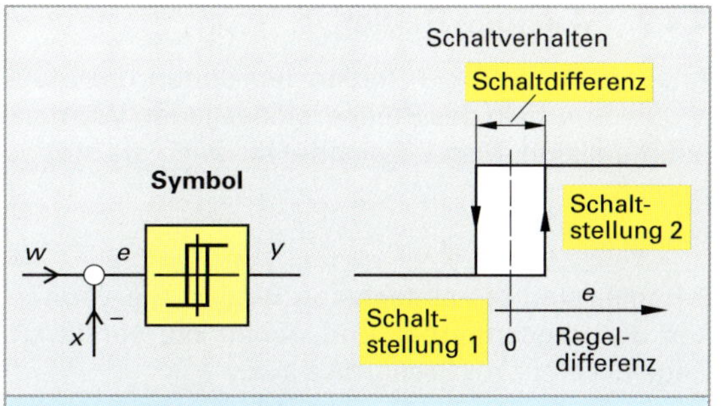

Bild 1: Zweipunktregler

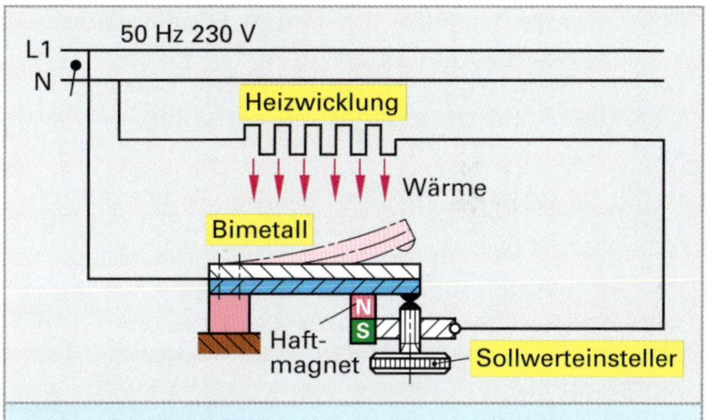

Bild 2: Bimetallregler

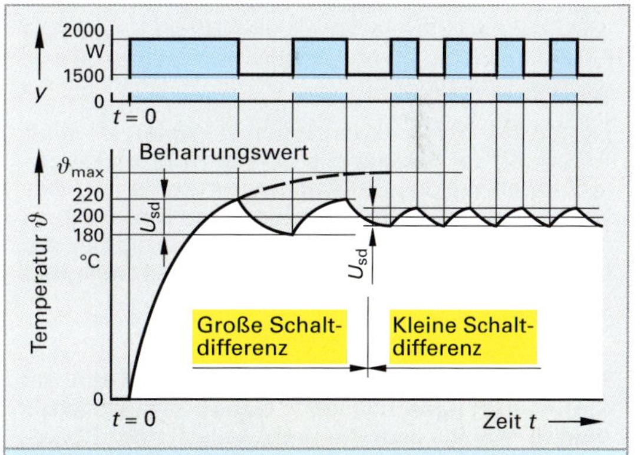

Bild 3: Temperaturregelung mit Zweipunktregler

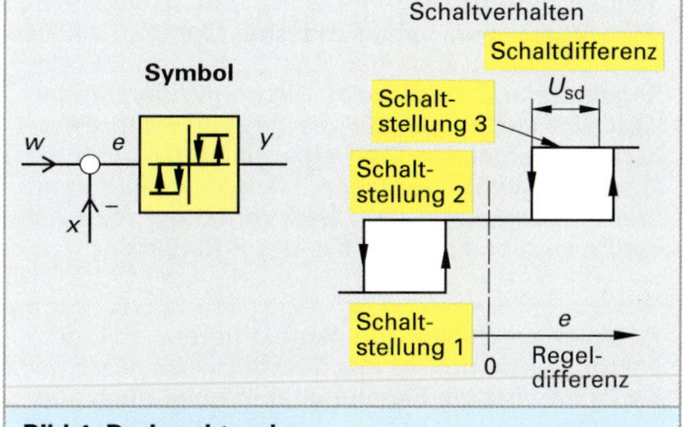

Bild 4: Dreipunktregler

4.4.2 Analoge Regler

Analoge Regler sind Regler, bei denen die Stellgröße innerhalb des Stellbereiches jeden Wert annehmen kann. Man bezeichnet sie auch als *stetige Regler.*

P-Regler

P-Regler sind die einfachsten Regler. Sie verstärken die Regeldifferenz und geben die verstärkte Regeldifferenz als Stellgröße aus.

Ein Beispiel für einen Regelkreis mit analogem mechanischem Regler ist die Drehzahlregelung einer Dampfmaschine mit einem Fliehkraftregler von *James Watt* aus dem Jahre 1784 **(Bild 1** und **Bild 2)**. Regelgröße ist die Drehzahl, deren Sollwert über die Einstellschraube verändert werden kann.

In der dargestellten Anfahrstellung ist das Dampfventil ganz geöffnet; die Dampfmaschine treibt die Arbeitsmaschine an. Erhöht sich die Drehzahl, werden die Gewichte durch die Zentrifugalkraft langsam nach außen bewegt, bis bei zu hoher Drehzahl der Anschlag die Hülse nach oben zieht. Der Einlassquerschnitt des Ventils wird verkleinert, die Energiezufuhr wird gedrosselt, und es stellt sich die gewünschte Drehzahl an der Arbeitsmaschine ein.

Wird die Arbeitsmaschine belastet, d.h. unterschreitet die Drehzahl den Sollwert, gehen die Gewichte nach unten, das Dampfventil wird geöffnet, die Drehzahl steigt.

Es handelt sich hier um einen P-Regler, da eine Änderung der Regelgröße eine dazu proportionale Verstellung des Stellgliedes zur Folge hat. Der Wert der Regelgröße wird durch das Messsystem (Fliehgewichte, Hülse, Feder) erfasst und über die Hebelübersetzung *a* : *b* verstärkt auf das Stellglied übertragen.

Ein einfacher elektronischer P-Regler ist ein als Summierer geschalteter Operationsverstärker **(Bild 3)**. An R_{e2} liegt die dem Sollwert der Regelgröße entsprechende Spannung U_w, an R_{e1} die dem Istwert entsprechende Spannung U_x. Die Ausgangsspannung ist der Summe dieser Spannungen proportional, wobei U_w und U_x verschiedene Vorzeichen haben müssen. Dadurch bildet der Operationsverstärker eine Spannung, die der Regeldifferenz *e* entspricht. Mit den Widerständen lässt sich der Regler für die gewünschten Erfordernisse bemessen. Die Reglergleichung zeigt die Proportionalität zwischen Ausgangsspannung und Eingangsspannung. Das Verhältnis R_k/R_e ist der Proportionalbeiwert K_{PR} des P-Reglers.

P-Regler verstärken die Regeldifferenz mit dem Faktor K_{PR}. Je größer K_{PR} gewählt wird, desto genauer arbeitet die Regelung, aber neigt auch eher zum Schwingen.

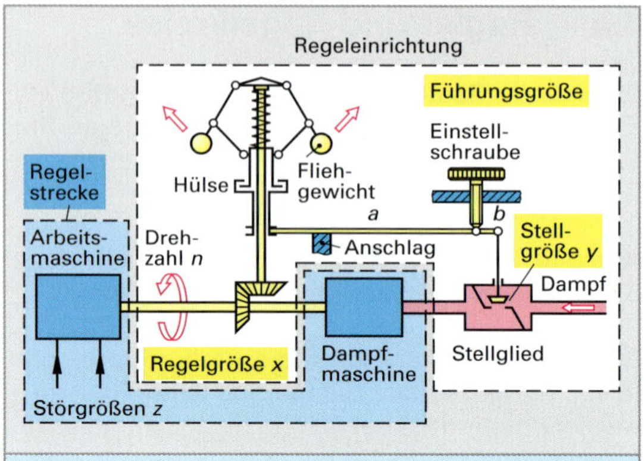

Bild 1: Historische Fliehkraftregelung

Bild 2: Historischer Fliehkraftregler

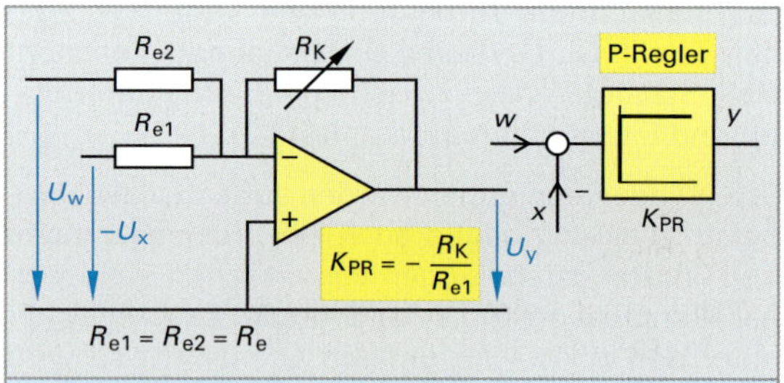

Bild 3: Elektronischer P-Regler

Reglergleichung beim P-Regler:

$$U_y = -K_{PR} \cdot U_e$$

$$U_e = U_w - U_x \qquad K_{PR} = R_k/R_e$$

U_y	Ausgangsspannung
U_e	Regeldifferenzspannung
U_w	Sollwertspannung
U_x	Istwertspannung
K_{PR}	Proportionalbeiwert
R_k	Rückkopplungswiderstand
R_e	Eingangswiderstand

PI-Regler

PI-Regler haben eine Stellgröße aus zwei Anteilen. Ein Anteil der Sprungantwort ist proportional zur Regeldifferenz (P-Anteil), der andere (I-Anteil) = $1/T_i$) ist zur Regeldifferenz und zur Zeit proportional.

Ein elektronischer PI-Regler **(Bild 1)** besteht aus der Kombination von P-Regler und I-Regler. PI-Regler werden häufig für Drehzahlregelkreise angewendet, weil sie wegen des I-Anteils die Regeldifferenz vollständig ausregeln.

> PI-Regler verstärken und integrieren die Regeldifferenz. Dadurch wird das Stellglied solange verstellt bis keine Regeldifferenz mehr vorliegt.

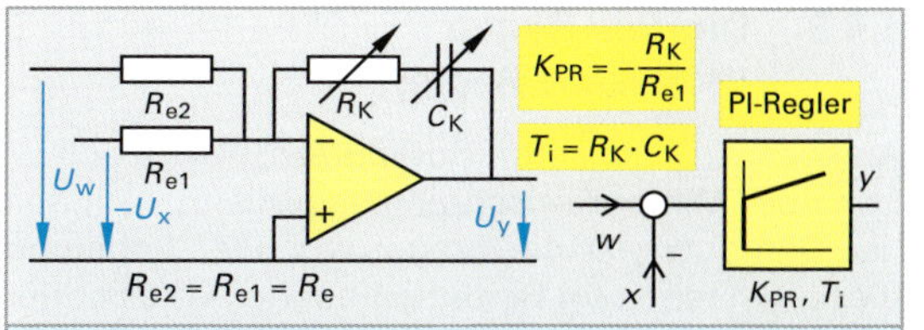

Bild 1: Elektronischer PI-Regler

Reglergleichung beim PI-Regler:

$K_{PR} = -R_K/R_e$

$T_i = R_K\, C_K$

$$U_y = K_{PR}\left(U_e + \frac{1}{T_i}\int U_e\, dt\right)$$

PID-Regler

Der universellste Regler ist der *PID-Regler* **(Bild 2)**. Das Stellsignal wird aus der Regeldifferenz durch proportionale Verstärkung (P-Anteil), Integration der Regeldifferenz (I-Anteil) und Differenziation der Regeldifferenz (D-Anteil) gebildet. Dabei liefert der P-Anteil bei Auftreten einer Regeldifferenz sofort ein Stellsignal. Durch den I-Anteil = $1/T_i$ wird das Stellsignal so lange verändert, bis keine Regeldifferenz mehr vorhanden ist. Der D-Anteil tritt nur in Aktion, wenn sich die Regeldifferenz ändert. Bei konstanter Regeldifferenz reagiert der D-Anteil nicht.

PID-Regler werden z. B. aus Operationsverstärkern gebildet **(Bild 3)**. Dabei bildet der Eingangs-Operationsverstärker die Regeldifferenz, die drei parallelen Operationsverstärker bilden den P-Anteil, I-Anteil und D-Anteil und der nachgeschaltete Operationsverstärker summiert die drei Teilsignale (Bild 3).

Nachteilig ist beim PID-Regler, dass für eine optimale Reglereinstellung drei Parameter einzustellen sind, nämlich K_{PR}, T_i und T_d. Dies ist sehr mühsam, wenn man bedenkt, dass z.B. zur Erprobung eines jeden Parameters mit 10 verschiedenen Werten insgesamt 10 x 10 x 10 = 1000 Erprobungen nötig sind.

Daher werden in vielen Fällen P-Regler oder PI-Regler eingesetzt. Dies ist auch abhängig von den Eigenschaften der Regelstrecke. Der Regelkreis muss stabiles Verhalten zeigen.

> PID-Regler verstärken, integrieren und differenzieren die Regeldifferenz. Die sind universell einsetzbar.

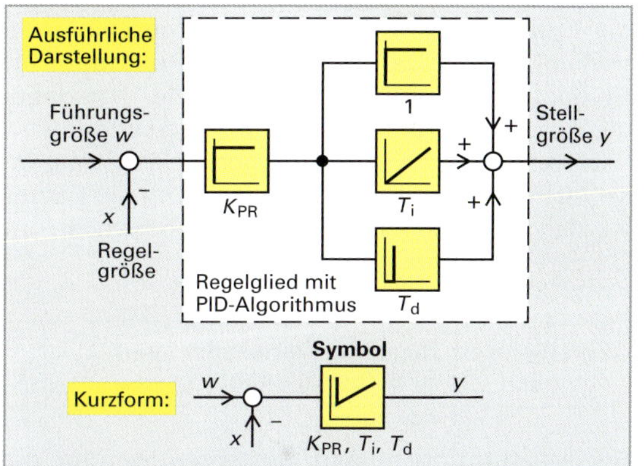

Bild 2: PID-Regler

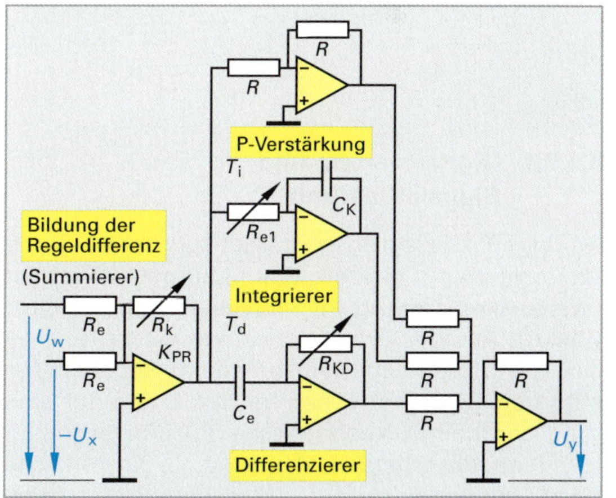

Bild 3: PID-Regler mit Operationsverstärker

Reglergleichung beim PID-Regler:

$$U_y = K_{PR}\left(U_e + \frac{1}{T_i}\int U_e\, dt + T_d\,\frac{dU_e}{dt}\right)$$

$K_{PR} = -\frac{R_K}{R_e}$; $T_i = C_K \cdot R_{el}$; $T_d = C_e \cdot R_{KD}$; $U_e = U_w - U_x$

4.4.3 Digitale Regler (Software-Regler)

Anlagen sind meist mit Computern, Mikrocontrollern oder Mikroprozessoren ausgerüstet. Aufgabe der Computer ist die Steuerung oder Regelung dieser Systeme. Im Einzelnen handelt es sich hier um das Erfassen von Prozessgrößen, z. B. von Temperaturen, Verfahrwegen und Drücken sowie dem Vergleichen dieser Prozessgrößen mit Grenzwerten, dem Errechnen von Führungsgrößen und dem Errechnen von Stellsignalen.

Die Stellsignale, z. B. die Motorspannungen, wirken auf den Prozess und verändern wieder die Prozessgrößen. Somit gibt es geschlossene Wirkungswege. Der **Regler** ist als **Programm** im Computer verwirklicht. Der Computer hat dabei die Aufgaben, die Regeldifferenzen zu bilden und entsprechend den programmierten Reglereigenschaften die Stellgrößen zu berechnen. Ferner werden meist die Regeldifferenzen überwacht, um Gefahrenzustände zu erkennen.

> Zur digitalen Regelung verwendet man Mikrocomputer und SPS-Zusatzkarten.

Bei **selbstoptimierenden Systemen** werden die Reglereigenschaften dem Prozess durch das Rechenprogramm selbsttätig angepasst.

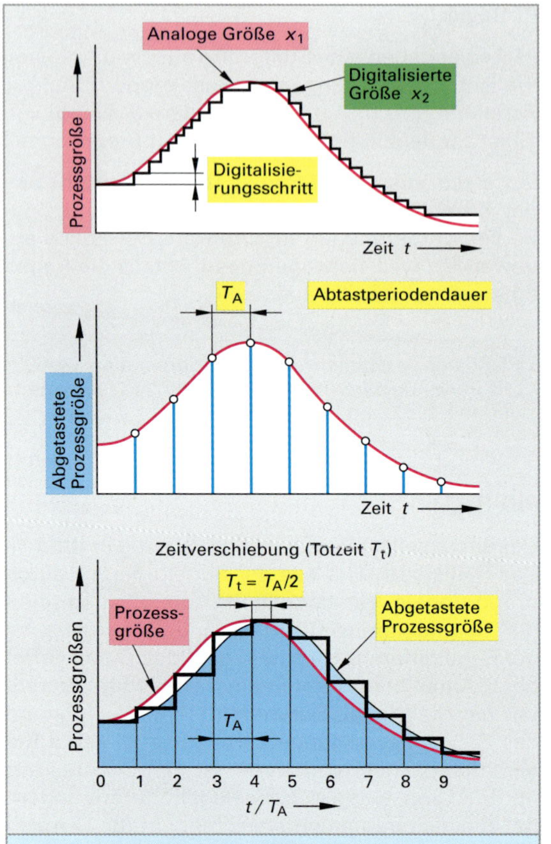

Bild 1: Digitalisierung und Abtastung eines analogen Prozesssignals

4.4.3.1 Digitalisierung und Signalabtastung

Analoge Prozessgrößen müssen zur Verarbeitung im Computer in diskrete Stufen aufgeteilt werden (**Wertdiskretisierung,** lat. discretus = abgesondert) **(Bild 1).** Aus der Zahl der Positionierschritte lässt sich die erforderliche Wortbreite des Rechners bestimmen. Dabei setzt man für den Computer eine Wegschrittlänge (rechnerische Positioniergenauigkeit) an, die erheblich kleiner ist als die wirkliche Positioniergenauigkeit der Maschine. Das erfolgt, weil sonst bei kleinen Geschwindigkeiten eine große Abtastperiodendauer mit den dann auftretenden Fehlern erforderlich wäre.

Der Computer kann nicht kontinuierlich die Prozesssignale verarbeiten, sondern wegen des Programmablaufs nur zu bestimmten Zeitpunkten, z. B. alle 10 ms. Man spricht von **Zeitdiskretisierung.**

Übung:

Der Arbeitsraum eines Roboters hat einen Durchmesser von 2 m. a) Mit wie vielen Winkelschritten muss die Drehwinkelerfassung in der Grundachse erfolgen, wenn eine Wegschrittlänge von 0,1 mm auch noch am Rand des Arbeitsraumes erreicht werden soll? b) Wie viele Bits muss der AD-Umsetzer haben und mit welcher Wortbreite müssen die Führungsgrößen für die Achsbewegungen im Rechner berechnet werden?

Lösung:

Umfang des Arbeitsraumes:

$U = \pi \cdot D = \pi \cdot 2\ \text{m} = 6283{,}2\ \text{mm}$

a) Anzahl der Winkelschritte z zu 0,1 mm:

$z = 6283{,}2\ \text{mm}/0{,}1\ \text{mm} = \mathbf{62\,832}$

b) Wortbreite b:

$z = 2^b \Rightarrow b = \text{lb}\ 62\,832 \leqq 16 \Rightarrow \mathbf{16\ bit}$

Die digitale Regelung arbeitet mit wertdiskreten und zeitdiskreten Größen.

Das zeitkontinuierliche und wertkontinuierliche Prozesssignal wird über AD-Umsetzer, Abtaster und Halteglied digitalisiert. Die Abtastung (Übernahme in den Rechner) dieser digitalisierten Werte erfolgt in bestimmten Zeitabständen T_A (Zeitdiskretisierung) **(Bild 1)**.

Das zeitdiskretisierte und wertdiskretisierte Signal entspricht umso genauer dem zeit- und wertkontinuierlichen Signal, je höher die Abtastfrequenz ist und je größer die Stellenzahl des AD-Umsetzers ist.

Die Abtastfrequenz f_A wird durch die Rechengeschwindigkeit des Computers, die Regelalgorithmen und die sonstigen Rechenaufgaben sowie durch die Anzahl der vom Computer bedienten Regelkreise bestimmt.

Die Abtastung bewirkt zusammen mit der Zwischenspeicherung eine **Zeitverschiebung (Totzeit)** des ursprünglichen Signals, entsprechend der halben Abtastzeit (Bild 1, vorhergehende Seite). Die Zeitverschiebung wirkt wie eine Phasenverschiebung und beeinflusst einen Regelkreis bezüglich seines Schwingungsverhaltens ähnlich ungünstig wie z. B. Verzögerungsglieder. Die Phasenverschiebung infolge der Zwischenspeicherung nimmt mit zunehmender Frequenz des Prozesssignals stark zu.

Die Abtastfrequenz muss bei digitaler Regelung möglichst groß gewählt werden.

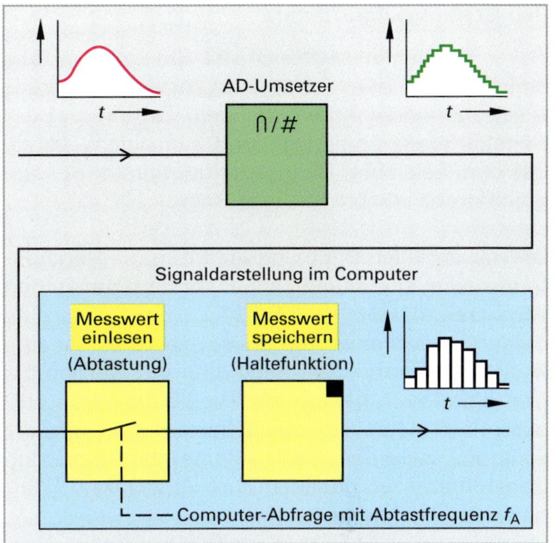

Bild 1: Wirkungsplan für Prozesssignale, welche über einen Rechner verarbeitet werden

$$T_A = \frac{1}{f_A} \qquad T_p = \frac{1}{f}$$

$$T_t = \frac{T_A}{2} \qquad \frac{\varphi}{360°} = -\frac{T_t}{T_p}$$

T_A Abtastzeit (Periodendauer der Abtastung)
f_A Abtastfrequenz
T_p Periodendauer des Prozesssignals
f Frequenz des Prozesssignals
T_t Totzeit
φ Phasenverschiebungswinkel

Übung:

Ein Prozesssignal, das mit $f = 20$ Hz schwingt, wird mit $f_A = 100$ Hz abgetastet. a) Wie groß ist die Totzeit T_t?
b) Welchen Phasenverschiebungswinkel φ hat die abgetastete Prozessgröße gegenüber dem ursprünglichen Prozesssignal?

Lösung:

a) Totzeit:

$$T_t = \frac{T_A}{2} = \frac{1}{2} \cdot \frac{1}{f_A} = \frac{1}{2 \cdot 100\ \text{Hz}} = \mathbf{0{,}005\ s}$$

b) Phasenverschiebungswinkel der Prozessgröße:

$$T_p = \frac{1}{f} \text{ und } \frac{\varphi}{360°} = -\frac{T_t}{T_p}$$

$$\Rightarrow \varphi = -360° \cdot \frac{T_t}{T_p} = -360° \cdot T_t \cdot f$$

$$= -360° \cdot 0{,}005\ \text{s} \cdot 20\ \text{Hz} = \mathbf{-36°}$$

4.4.3.2 Regelungsalgorithmus

Entsprechend dem PID-Regler in der analogen Regelungstechnik verwendet man in der digitalen Regelungstechnik meist auch den **PID-Algorithmus** zur Berechnung der Stellgröße.

Ein Algorithmus ist eine vollständig festgelegte Folge von Anweisungen, nach der Eingabedaten verarbeitet und Ausgabedaten erzeugt werden.

Bei den PID-Regelungsalgorithmen unterscheidet man zwischen dem **Stellungsalgorithmus** und dem **Geschwindigkeitsalgorithmus**.

PID-Stellungsalgorithmus

Beim PID-Regler setzt sich die Stellgröße y aus einem Anteil, der proportional zur Regeldifferenz e ist, aus einem Anteil, der dem Zeitintegral der Regeldifferenz entspricht, und aus einem Anteil, der dem zeitlichen Differenzialquotienten der Regeldifferenz entspricht, zusammen.

Bei der digitalen Regelung liegt nun die Regeldifferenz nicht kontinuierlich vor, sondern nur zu den Abtastzeitpunkten T_A, $2T_A$, $3T_A$, ..., $n\,T_A$, als eine Folge von Zahlenwerten e_1, e_2, e_3, ..., e_n. Anstelle einer Integration der Regeldifferenz werden bei der digitalen Regelung die Regeldifferenzen aufsummiert und anstelle der Differenziation wird die Differenz zwischen zwei aufeinander folgenden Regeldifferenzen gebildet. Zum Zeitpunkt $n\,T_A$ erhält man die Stellgröße y_n.

Bei der digitalen Regelung wird die Integration durch eine Summation ersetzt.

Der PID-Stellungsalgorithmus setzt sich aus einem P-Anteil, einem I-Anteil und einem D-Anteil zusammen.

Stellgröße zum Zeitpunkt nT:

P-Anteil:

$$y_{Pn} = K_p \cdot e_n$$

I-Anteil:

$$y_{In} = K_p \cdot \frac{T_A}{T_i} \sum_{i=0}^{n} e_i$$

D-Anteil:

$$y_{Dn} = K_p \cdot \frac{T_d}{T_A} \cdot (e_n - e_{n-1})$$

Übung:
Stellen Sie die Sprungantwort für einen digitalen PID-Regler mit $K_p = 0{,}2$, $T_d = 3T_A$ und $T_i = 4T_A$ als Diagramm für die ersten 11 Abtastintervalle dar.

Lösung:
Man ermittelt zunächst die Werte für den P-Anteil, den I-Anteil sowie den D-Anteil und addiert alle drei Werte **(Bild 1)**.

Beim PID-Stellungsalgorithmus wird die Stellgröße der Regelung digital berechnet.

Gleichung des PID-Reglers:

$$y = K_p \left[e + \frac{1}{T_i} \int e\,dt + T_v \cdot \frac{de}{dt} \right]$$

Gleichung des PID-Stellungsalgorithmus:

$$y_n = K_p \left[e_n + \frac{T_A}{T_i} (e_1 + e_2 + \ldots + e_n) + \frac{T_d}{T_A} (e_n - e_{n-1}) \right]$$

$$y_n = K_p \left[e_n + \frac{T_A}{T_i} \sum_{i=0}^{n} e_i + \frac{T_d}{T_A} (e_n - e_{n-1}) \right]$$

y Stellgröße
e Regeldifferenz
K_P Proportionalbeiwert
y_n Stellgröße zum Zeitpunkt nT
e_n Regeldifferenz zum Zeitpunkt nT_A
i Zählvariable
T_i Nachstellzeit
T_d Vorhaltezeit
T_A Abtastzeit

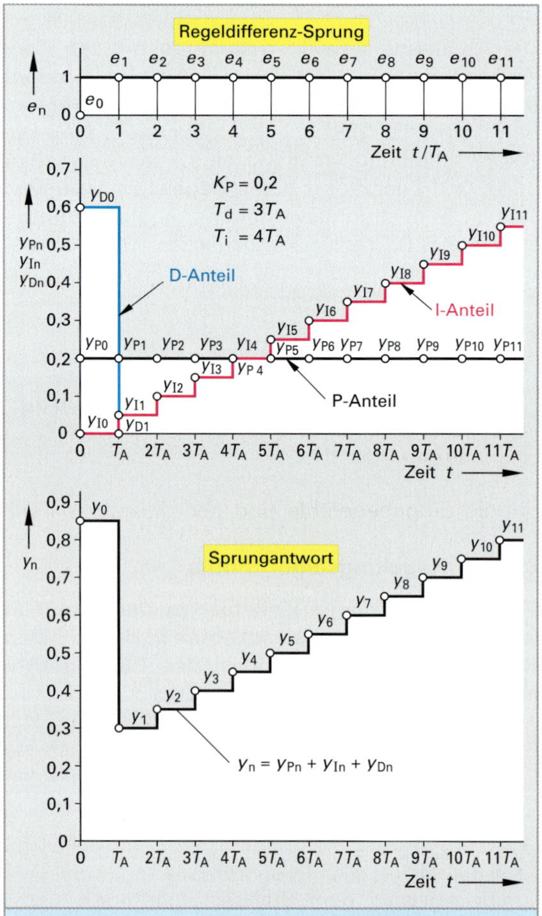

Bild 1: Sprungantwort des digitalen Reglers

PID-Geschwindigkeitsalgorithmus

Anstelle der ständigen Berechnung der Stellgröße wird bei der digitalen Regelung oft nur der Zuwachs Δy_n ermittelt und dieser dem Wert der in einem Speicher abgelegten Stellgröße hinzuaddiert. Man bezeichnet dies als Geschwindigkeitsalgorithmus.

Gleichung des PID-Geschwindigkeitsalgorithmus:

$$\Delta y_n = K_p \left[e_n + \frac{T_A}{T_i} \sum_{i=0}^{n} e_i + \frac{T_d}{T_A} (e_n - e_{n-1}) \right] - K_p \left[e_{n-1} + \frac{T_A}{T_i} \sum_{i=0}^{n} e_i + \frac{T_d}{T_A} (e_{n-1} - e_{n-2}) \right]$$

Beim PID-Geschwindigkeitsalgorithmus werden die Zuwachswerte der Stellgröße digital berechnet.

Übung:
Es soll ein Rechenprogramm für einen PID-Regler nach dem Geschwindigkeitsalgorithmus mit den Parametern $K_p = 0{,}2$, $T_i = 4T_A$, $T_d = 3T_A$ und $T_A = 1$ s erstellt werden. Zeichnen Sie den Programmablaufplan.

Lösung: **Bild 1.**

Die aktuelle Regeldifferenz e_n wird mit C, die vorhergehende Regeldifferenz e_{n-1} mit B und die vorvorhergehende Regeldifferenz e_{n-2} mit A bezeichnet. Die Stellgröße Y wird mit jedem Rechenzyklus um DY erhöht.

Für die Eingabebefehle und den Ausgabebefehl müssen die aktuellen Adressen der Peripheriegeräte eingesetzt werden, z. B. die Nummern der Eingabekanäle und die Nummer des Ausgabekanals.

$$\Delta y_n = y_n - y_{n-1}$$

$$\Delta y_n = K_p \left[e_n - e_{n-1} + \frac{T_A}{T_i} \cdot e_n + \frac{T_d}{T_A} (e_n - 2e_{n-1} + e_{n-2}) \right]$$

Δy_n Zuwachswert der Stellgröße zum Zeitpunkt $n \cdot T_A$
e_n Regelgröße zum Zeitpunkt $n \cdot T_A$
T_A Abtastzeit
K_p Proportionalbeiwert
T_i Nachstellzeit
T_d Vorhaltezeit

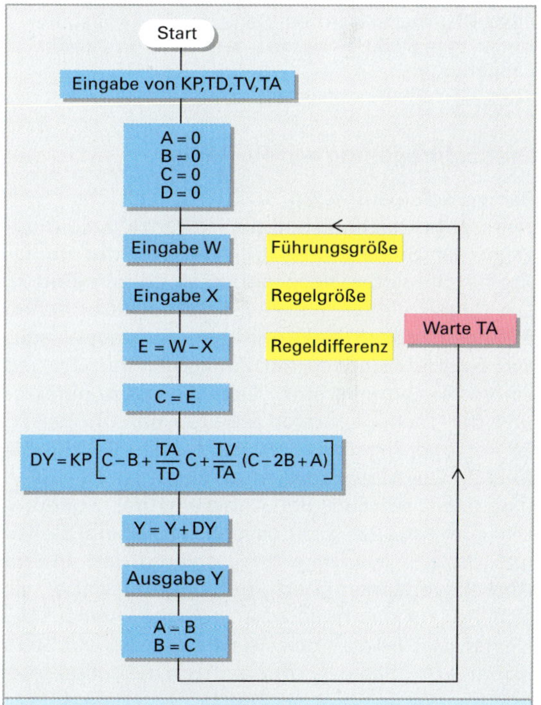

Bild 1: Programmablaufplan

Wiederholung und Vertiefung

1. In welchen Regelkreisen verwendet man einen PI-Regler oder PID-Regler?
2. Welchen Regler verwendet man bei Folgeregelkreisen?
3. Wann wird ein PID-Regler eingesetzt?
4. Welche Eigenschaft haben PI-Regelung und PID-Regelung gemeinsam?
5. Welche Schwierigkeiten ergeben sich beim Einstellen eines PI-Reglers?
6. Welcher Regler wird bei Regelung von I-Strecken meist verwendet?
7. Welche Beziehung besteht zwischen der Totzeit und der Abtastzeit bei einem Abtasthalteglied?
8. Worin unterscheidet sich bei einer digitalen Regelung der PID-Geschwindigkeitsalgorithmus vom PID-Stellungsalgorithmus?
9. Auf welche Weise wird bei der digitalen Regelung eine Integration vorgenommen?

4.4.4 Regelung von P-Strecken

In Regelkreisen, die Regelstrecken mit dem Übertragungsverhalten von einem oder mehreren Verzögerungsgliedern enthalten, verwendet man meist einen PI-Regler oder einen PID-Regler **(Bild 1)**.

Der PI-Regler wird eingesetzt, wenn die Führungsgröße sehr schnell verändert wird.

Dies ist bei Folgeregelkreisen der Fall. Ein PID-Regler ist dafür nicht geeignet, da bei schneller Änderung der Führungsgröße der PID-Regler durch das Differenzieren übersteuert wird. Der D-Anteil bleibt wirkungslos und das Regelverhalten wird nicht linear.

Der PID-Regler wird bei Regelung auf konstante Führungsgröße eingesetzt, z. B. bei Temperaturregelungen.

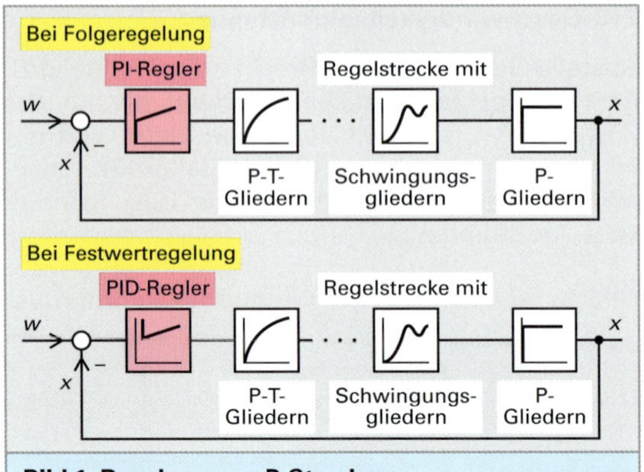

Bild 1: Regelung von P-Strecken

Drehzahlregelung mit PI-Regler

Bei Vorschubantrieben und Hauptantrieben von Werkzeugmaschinen soll die Istdrehzahl n_{ist} möglichst der Solldrehzahl n_{soll}, die von der numerischen Steuerung vorgegeben ist, folgen **(Bild 2)**. Der Regelkreis besteht aus einem elektronischen PI-Regler, einem elektronischen Antriebsverstärker, einem Motor mit der Zeitkonstanten T_m und einem Tachogenerator. Der Antriebsverstärker und der Tachogenerator arbeiten näherungsweise verzögerungsfrei, d. h. beides sind P-Glieder (Bild 2). Der Motor kann angenähert als PT_1-Glied dargestellt werden. Bei Änderung der Solldrehzahl um Δn_{soll} wird durch den Regler ein Stellsignal $\Delta U_{yP} \sim K_{PR} (n_{soll} - n_{ist})$ erzeugt und an den Antriebsverstärker übertragen. In dem Maße, wie sich n_{ist} auf das neue n_{soll} zubewegt, wird ΔU_{yP} kleiner. Der I-Anteil des Reglers erzeugt ein Stellsignal ΔU_{yI}, das proportional zum zeitlichen Integral über $(n_{soll} - n_{ist})$ ist. Dies bedeutet, dass ΔU_{yI} wächst, solange eine Differenz $n_{soll} - n_{ist}$ vorhanden ist. Dies bedeutet aber auch, dass der PI-Regler durch den I-Anteil auf Dauer keine Regeldifferenz zulässt.

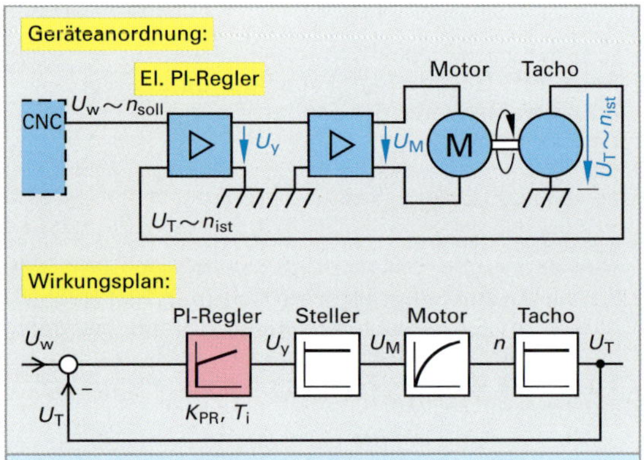

Bild 2: Geräteanordnung und Wirkungsplan einer Drehzahlregelung

Bei einer PI-Regelung oder PID-Regelung gibt es keine bleibende Regeldifferenz.

Schwierig ist es, beim Einstellen des PI-Reglers die optimalen Werte K_{PR} und die Nachstellzeit T_i zu finden. Zu große Werte von K_{PR} und zu kleine Werte für die Nachstellzeit T_i führen zu starken Schwingungen **(Bild 3)**.

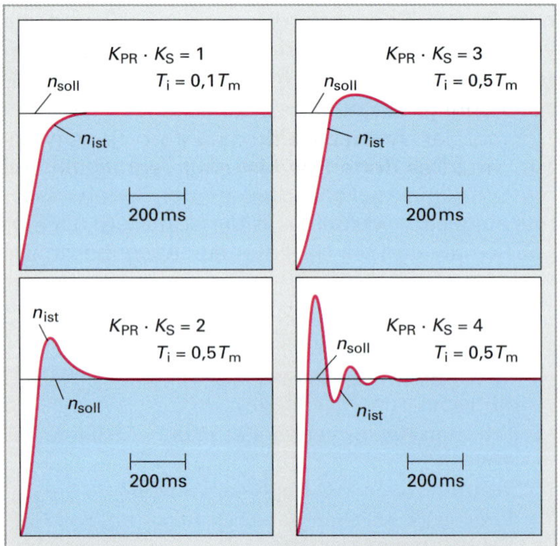

Bild 3: Einschwingvorgänge bei verschiedenen Reglereinstellungen (T_m = 100 ms)

4.4.5 Regelung von I-Strecken

Bei der Regelung von Regelstrecken, die ein I-Glied enthalten, verwendet man bei Folgeregelkreisen meist P-Regler **(Bild 1)**.

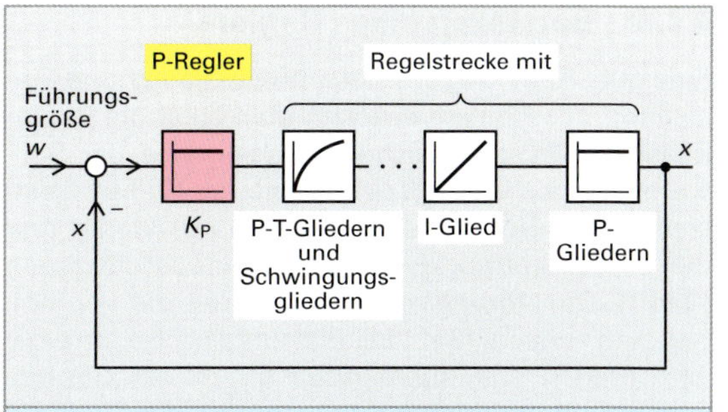

Bild 1: Folgeregelung einer I-Strecke

Lageregelung mit P-Regler

Bei einer Werkzeugmaschine kann die Position des Maschinenschlittens mit einem analogen Wegsensor erfasst und mit einem Operationsverstärker geregelt werden **(Bild 2)**. Die Sollwertvorgabe erfolgt auch analog über einen AD-Umsetzer durch einen Computer oder von Hand über ein Sollwertpotenziometer (Bild 2). Wenn eine Lageregeldifferenz $\Delta x = x_{soll} - x_{ist}$ vorliegt, so wird sie verstärkt und bewirkt eine Drehbewegung des Motors im Sinne einer Verkleinerung der Lageregeldifferenz Δx. Die Vorschubgeschwindigkeit v ist proportional zur Lageregeldifferenz Δx. Sie ist umso größer, je größer der Proportionalbeiwert K_{PR} des Reglers, der Verstärkungsfaktor K_A des Leistungsverstärkers, die Motordrehzahl n_0 bei Nennspannung und die Spindelsteigung P_{Sp} sind. Diese Teilverstärkungen werden, da sie sich gleichartig auf das Regelverhalten auswirken, zu der **Geschwindigkeitsverstärkung K_v** zusammengefasst. Die Geschwindigkeitsverstärkung ist das Verhältnis der Vorschubgeschwindigkeit v zur Lageregeldifferenz Δx, d. h. $K_v = v/\Delta x$.

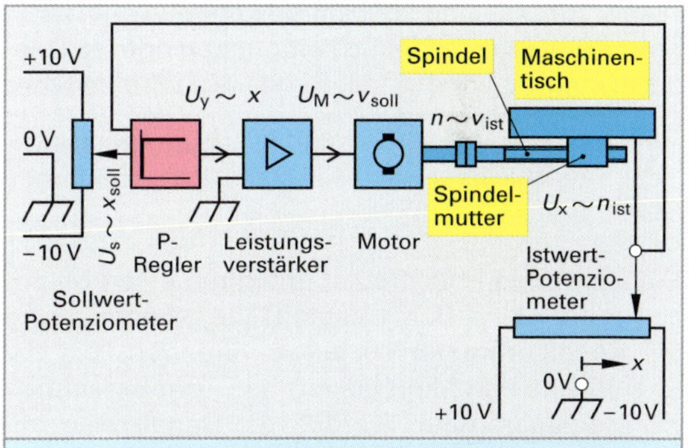

Bild 2: Geräteanordnung einer analogen Lageregelung für einen Werkzeugmaschinenschlitten

Mithilfe der Zusammenfassung der Teilverstärkungen lässt sich ein vereinfachter Blockschaltplan zeichnen, der nur noch drei Glieder enthält **(Bild 3)**. Das erste Glied ist ein Proportionalglied mit der Geschwindigkeitsverstärkung K_v. Das zweite Glied kennzeichnet das dynamische Verhalten des Vorschubantriebes. Es ist ein Verzögerungsglied 1. Ordnung, wenn ein elektrischer Antriebsmotor mit der **Antriebszeitkonstanten T_A** verwendet wird. Das dritte Glied ist ein Integralglied und kennzeichnet den Zusammenhang zwischen Vorschubgeschwindigkeit v und Weg x. Praktisch ausgeführt wird die Umsetzung der Geschwindigkeit in den Weg durch die Drehung der Spindel in der Spindelmutter, die mit dem Maschinentisch verbunden ist (Bild 2).

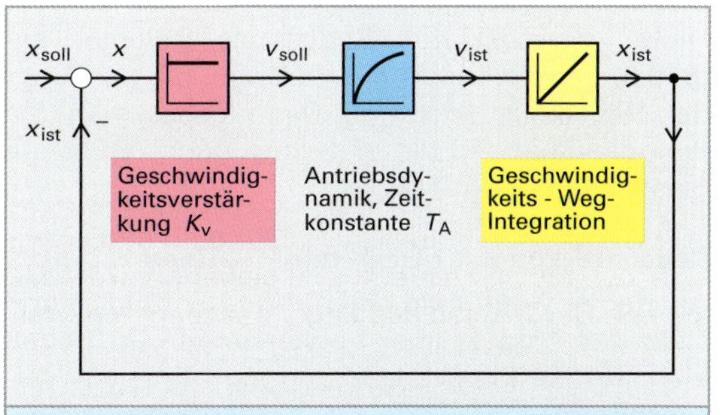

Bild 3: Blockschaltplan der analogen Lageregelung für einen Werkzeugmaschinenschlitten

Übung:

Eine Lageregeldifferenz Δx = 1 mm bewirkt eine Vorschubgeschwindigkeit von v = 600 mm/min. Wie groß ist die Geschwindigkeitsverstärkung K_v?

Lösung:

$$K_v = \frac{v}{\Delta x} = \frac{600\ \text{mm/min}}{1\ \text{mm}} = 600\ \frac{1}{\text{min}} = \mathbf{10\ \frac{1}{s}}$$

Bei Lageregelung mit P-Regler:

$$K_v = \frac{v}{\Delta x}$$

K_v Geschwindigkeitsverstärkung
v Vorschubgeschwindigkeit
Δx Lageregeldifferenz

4.4.6 Einstellen eines Reglers

Eine gute Regelung wird erst durch die richtige Einstellung des Reglers erreicht. Man stellt die Regler meist so ein, dass sich die Regelgröße bei Sollwertsprüngen schnell auf den neuen Sollwert einstellt. Dabei sollte die Regelgröße nur wenig und nur kurzzeitig über den Sollwert hinausschwingen **(Bild 1)**. Die *Anregelzeit* t_A ist die Zeit die vergeht, bis zum *ersten* Mal die Führungsgröße erreicht wird (Bild 1). Die *Ausregelzeit* t_{aus} ist die Zeit, die vergeht, bis der Einschwingvorgang auf $\pm\Delta x$, meist ± 10% abgeklungen ist. Man versucht die Regelparameter (Proportionalbeiwert K_{PR}, Nachstellzeit T_i und Vorhaltezeit T_d) optimal einzustellen. Zu große Werte von K_{PR} und zu klein gewählte Werte für T_i führen stets zu starken Schwingungen oder zu Dauerschwingungen, d. h. der Regelkreis wird instabil.

> Ein Regelkreis ist meist optimal eingestellt, wenn die Regelfläche einen kleinsten Wert annimmt (Bild 1).

Selbstoptimierende Regler enthalten einen Mikrocomputer, der z. B. die Regelfläche berechnet und die Regelparameter so lange verändert, bis die Regelfläche den Minimalwert hat. Zum Berechnen der Regelparameter werden die Regelkreise mit dem PC simuliert und optimiert.

Regelstrecken mit PT_1-Gliedern und Totzeitgliedern

Man stellt beim Verfahren nach Ziegler und Nichols[1] zunächst den Regler als P-Regler ein **(Bild 2)** und verändert K_{PR} so lange, bis bei K_{PRkrit} der Regelkreis schwingt. Dann misst man die Periodendauer T_p dieser Schwingung. Günstige Einstellwerte zeigt **Tabelle 1**.

Regelstrecken mit I-Glied und PT_1-Glied

Als Regler wählt man einen P-Regler **(Bild 3)** und stellt das Produkt aller Verstärkungen im Regelkreis auf die Kreisverstärkung $K_0 = T_1/T_I$ ein. Anschließend variiert man K_{PR}, bis der Regelkreis ein günstiges Verhalten zeigt.

Überprüfen des Regelsinnes

Ein Regelkreis arbeitet nur dann richtig, wenn an der Vergleichsstelle im Regler die Regelgröße von der Führungsgröße subtrahiert und nicht addiert wird **(Bild 4)**. Wenn dies nicht der Fall ist, muss der Sensor umgepolt werden oder bei digitalen Reglern im Regelalgorithmus ein Minuszeichen eingefügt werden.

[1] *J.G. Ziegler* und *N.B. Nichols*, amerik. Wissenschaftler, entwickelten das Verfahren um 1942.

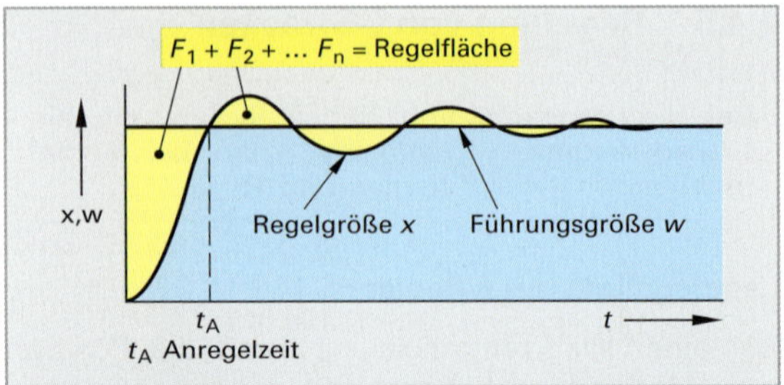

Bild 1: Einschwingvorgang bei einem Führungsgrößensprung

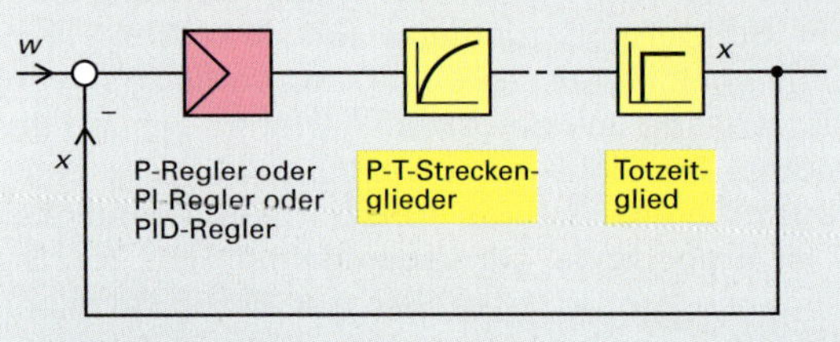

Bild 2: Regelung von PT_1-Strecken

Tabelle 1: Reglereinstellung nach Ziegler und Nichols

P-Regler	$K_{PR} = 0{,}5\ K_{PRkrit}$
PI-Regler	$K_{PR} = 0{,}45\ K_{PRkrit}$, $T_i = 0{,}85\ T_p$
PID-Regler	$K_{PR} = 0{,}6\ K_{PRkrit}$, $T_i = 0{,}5\ T_p$, $T_d = 0{,}12\ T_p$

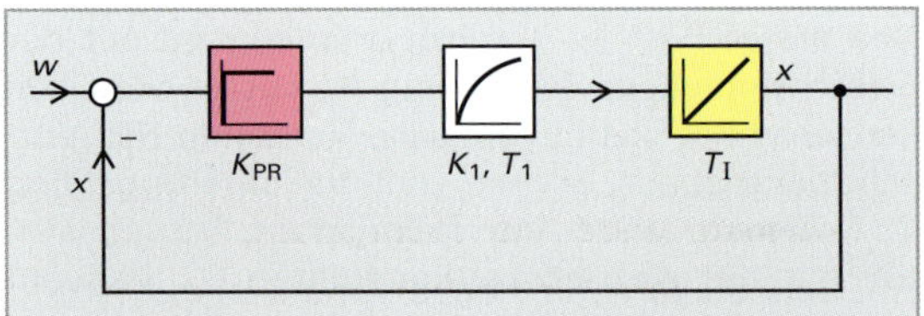

Bild 3: Reglereinstellung bei einer I-Strecke

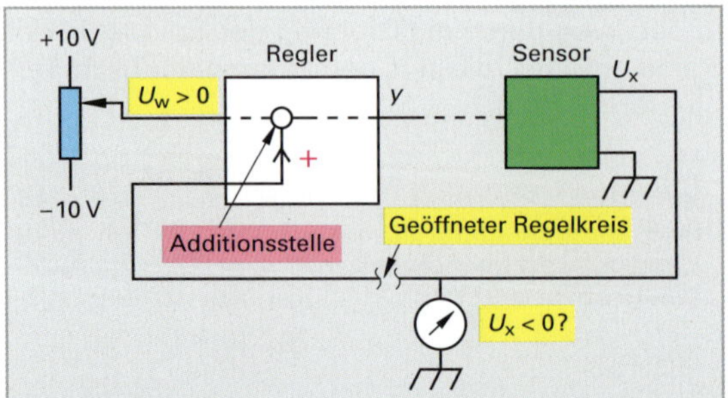

Bild 4: Überprüfen des Regelsinns

4.4.7 Selbstoptimierende Regler

Digitale Regler sind häufig hinreichend mit Software ausgestattet, sodass sie selbsttätig eine optimale Parametrierung (Werteeinstellung) auf der Basis eines PID-Regelalgorithmus vornehmen können. Man unterscheidet dabei die *Kompaktregler* für Regelstrecken mit relativ großen Zeitkonstanten im Bereich von etwa 0,1 s bis mehreren Sekunden und in Steller *integrierte Regler* z. B. für hochdynamische Vorschubantriebe mit Verzugszeiten im Bereich von Millisekunden.

Kompaktregler SIPART

Kompaktregler, z. B. SIPART-DRxx werden z. B. im Bereich verfahrenstechnischer Anlagen der Chemieindustrie, bei Kraftwerken und in Kläranlagen eingesetzt **(Bild 1)**. Solche Kompaktregler haben auf der Frontseite sowohl Balkenanzeigen (Analoganzeigen) als auch Digitalanzeigen für die Regelgröße *x*, den Sollwert bzw. die Führungsgröße *w*. Es gibt Taster und Meldeleuchten u. a. zur manuellen Reglereinstellung, zur manuellen Prozessführung, zur Wahl von Betriebsarten und für Grenzwerte. Der Regler kann über einen PC fernbedient und fernkonfiguriert werden **(Bild 2)**. Die Reglerselbstanpassung (AdAP-Funktion) wird über das Frontpanel gestartet und erfolgt durch selbsttätige Analyse der Regelstrecke und der Berechnung der Reglerparameter auf Grund einer Analyse der Sprungantwort der Regelstrecke. Ermittelt werden dabei die Streckenverstärkung, die Verzögerungs-Zeitkonstanten und die Strecken-Totzeit. Die Adaption erfolgt wahlweise für ein Regelverhalten ohne Überschwingen oder mit etwa 10 % Überschwingen, ähnlich einer optimalen, betragslinearen Regelfläche.

Selbsteinstellende Antriebsregelung

Bei den Stellern für hochdynmanische Antriebe erfolgt die Ermittlung der Regelstreckeneigenschaften an Hand einer Frequenzanalyse, indem die Regelstrecke selbsttätig durch ein Rauschsignal (enthält alle Frequenzen, **Bild 3**) angeregt wird und die Regelstreckenreaktion hinsichtlich des Amplitudenganges und Phasenganges analysiert wird (FFT-Analyse, von Fast Fourier Transformation-Analyse = schnelle Frequenzanalyse nach Fourier). Daraus wird eine Reglerparametrierung berechnet, welche nacheinander für den Stromregelkreis und den Geschwindigkeitsregelkreis ein optimales Führungsverhalten liefert **(Bild 4)**. Eine Vielzahl ergänzender Kenngrößen können dabei noch vorgegeben werden, wie z. B. maximale Geschwindigkeit, maximale Beschleunigung und maximaler Ruck.

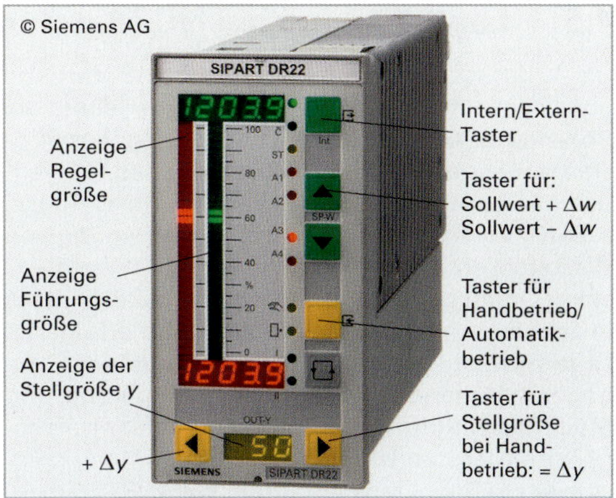

Bild 1: Kompaktregler

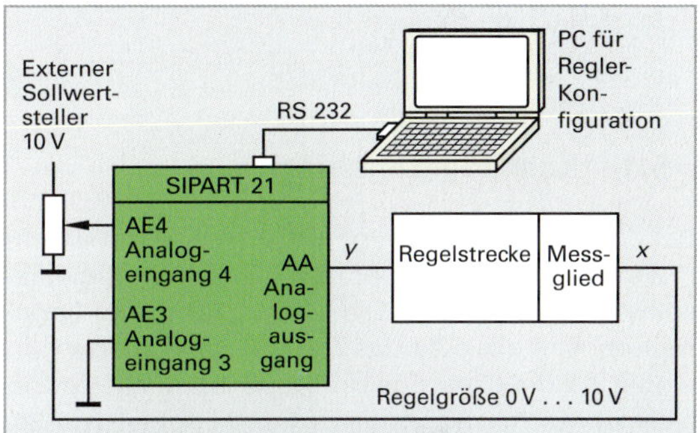

Bild 2: Kompaktregler im Regelkreis

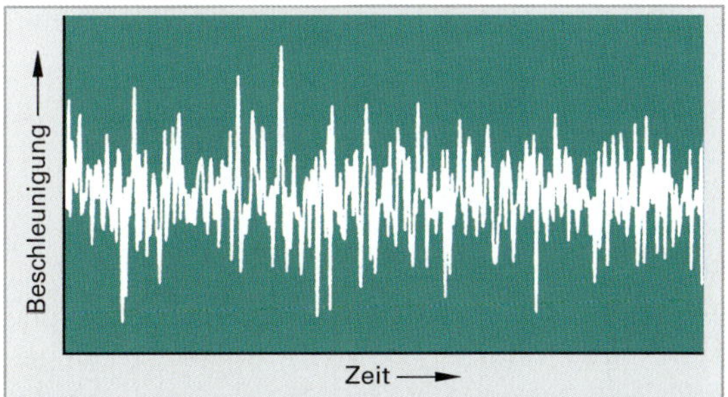

Bild 3: Rauschsignal zur Antriebsbeschleunigung

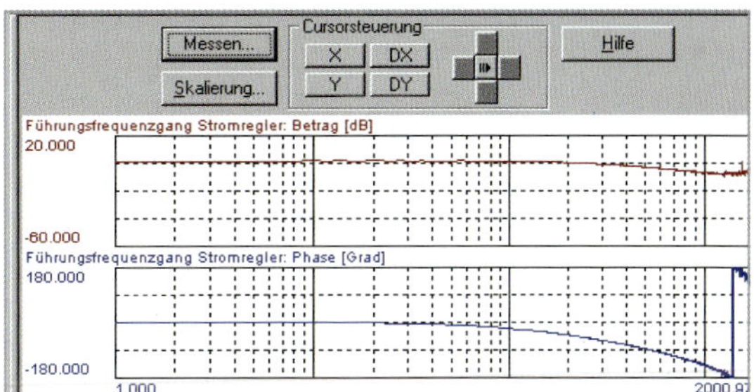

Bild 4: Führungsfrequenzgang der Stromregelung

4.5 Lageregelung bei NC-Maschinen

Bei Vorschubantrieben wird durch die Vorgabe von Lagesollwerten mithilfe der Lageregelung die Vorschubbewegung erzeugt und vorgegebene Positionen angefahren. Bei Hauptantrieben verwendet man Lageregelkreise als sogenannte C-Achse, z. B. zur vorschubsynchronen Drehbewegung von Werkstücken beim Gewindedrehen oder zur exakten Drehlagenpositionierung von Spannfuttern in Drehmaschinen. Ganz überwiegend erfolgt die Lageregelung mit einer **Kaskadenregelung**[1], zunehmend aber auch mit Kaskadenregelung und **Modellnachführung** und in selteneren Fällen als sogenannte **Zustandsregelung.** Darüber hinaus gibt es weitere Regelungsverfahren, wie z. B. prädictive[2] Regelungen, bei denen aus dem Wissen über den nachfolgenden Sollwertverlauf die Stellgrößen bestimmt werden.

4.5.1 Kaskadenregelung

Bei der Kaskadenregelung **(Bild 1)** wird mit einem P-Regler als Lageregler der Geschwindigkeitssollwert v_{soll} erzeugt. Die Verstärkung des Lagereglers K_v stellt also das Verhältnis v_{soll}: Δx dar, wobei Δx die Lageregeldifferenz, nämlich die Differenz zwischen Lagesollwert und Lageistwert ist. Diese Lageregeldifferenz wird auch **Schleppabstand** genannt. Der Maschinentisch läuft um diesen Schleppabstand hinter dem Lagesollwert her.

Der Geschwindigkeitssollwert v_{soll} entspricht bei Antrieben mit Motoren einem Drehzahlsollwert n_{soll}. Dieser wird über den unterlagerten Drehzahlregelkreis von einem PI-Regler geregelt. Der PI-Drehzahlregler liefert ein Stellsignal für das notwendige Antriebsdrehmoment, wobei das Antriebsdrehmoment bei Gleichstrommotoren unmittelbar dem Strom entspricht. Der Strom wird nun mit einem weiteren unterlagerten PI-Regler geregelt. (Bei Drehstromantrieben wirkt der Stromregler nicht nur auf die Stromstärke, sondern auch auf die Phasenlage bzw. Stromfrequenz). Den Drehzahlistwert liefert ein Tacho oder aber er wird durch Wegdifferenzbildung (alle 10 µs) aus dem Wegsignal errechnet.

Verändert man bei einem zunächst stillstehenden Antrieb den Lagesollwert, so wird durch die Lageregeldifferenz Δx ein Drehzahlsollwert n_{soll} erzeugt. Die Drehzahlregeldifferenz Δn sorgt, verstärkt mit zunehmender Zeit (durch den I-Anteil), für einen anwachsenden Stromsollwert I_{soll} und die Regeldifferenz ΔI sorgt schließlich für die Ansteuerung des Stellers bzw. Umrichters. Sobald der Motor sich bewegt, vermindert sich die Lageregeldifferenz und die Drehzahlregeldifferenz. Ist die Sollposition erreicht, wird Δx und n_{soll} zu Null. Die Ausgangsgröße des Drehzahlreglers (I_{soll}) bleibt durch die Integration im PI-Drehzahlregler auf einem Stromwert stehen, der dem Lastmoment des Motors entspricht.

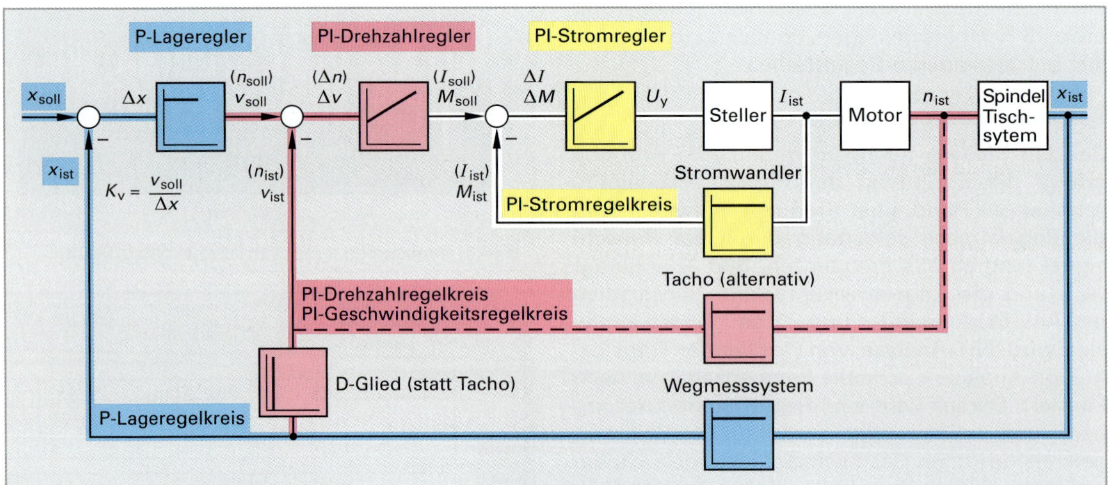

Bild 1: Kaskadenregelung in konventioneller Ausführung mit Tacho

[1] Kaskade von franz. cascade = stufenförmiger Wasserfall, hier: Regelung in ineinandergeschachtelten Stufen

[2] prädictiv von lat. prae-dicere = vorausbestimmen

Je größer die Geschwindigkeitsverstärkung K_v gewählt wird, umso reaktionsschneller ist der Antrieb. Die Lageregeldifferenz ist dann klein ($\Delta x = v_{soll}/K_v$).

Mit zunehmender Geschwindigkeitsverstärkung K_v neigen die Lageregelkreise zum Schwingen und zwar umso mehr, je schlechter die Reaktionsfähigkeit (Dynamik) des Drehzahlregelkreises ist **(Bild 1)**.

Die Dynamik des Drehzahlregelkreises hängt in erster Linie von den Trägheitsmomenten des Antriebs und von dessen maximalem Antriebsmoment ab. Ziel ist es, die Trägheitsmomente so gering wie möglich zu halten und die Überlastfähigkeit des Motors so groß wie möglich zu machen.

Bei der Kaskadenregelung wird zuerst:

- der Stromregelkreis eingestellt und zwar mit möglichst großer P-Verstärkung, dann wird
- der Drehzahlregelkreis eingestellt (K_{PR} und T_n sind zu optimieren), und dann wird
- der Lageregelkreis optimiert, in der Weise, dass bei kleinen Sollwertsprüngen (0,1 mm) ein schnelles Positionieren mit geringem Überschwingen erfolgt.

Man justiert und optimiert die Kaskadenregelung von innen nach außen bei jeweils abgeschaltetem äußeren Regelkreis.

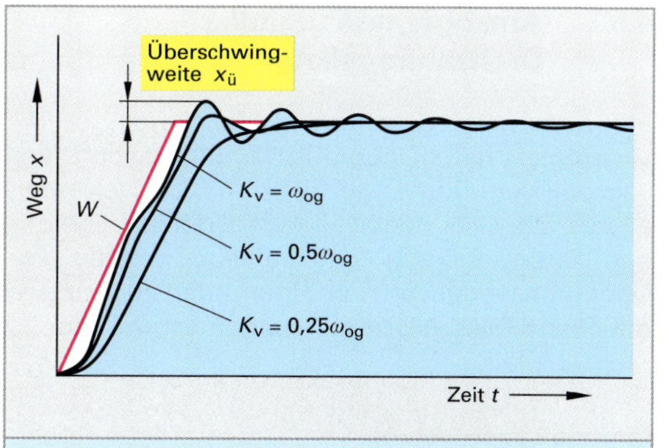

Bild 1: Anstiegsantwort des Lageregelkreis mit P-Regler bei verschiedenen K_v-Faktoren

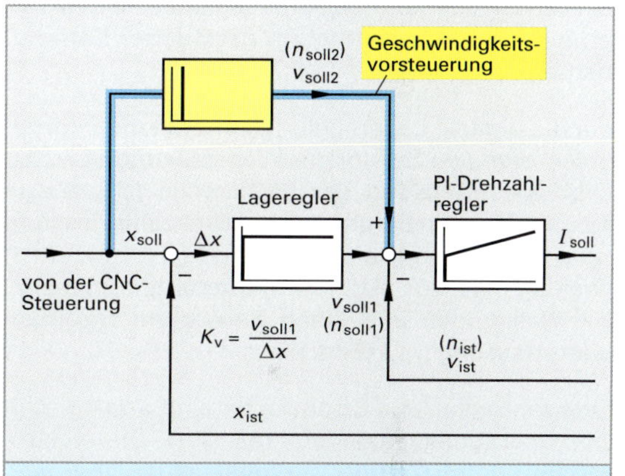

Bild 2: Geschwindigkeitsvorsteuerung

4.5.2 Geschwindigkeitsvorsteuerung

Den Nachteil der Kaskadenregelung, nämlich dass erst die Regeldifferenz des jeweils übergeordneten Regelkreises zu einer Wirkung im unterlagerten Regelkreis führt, kann man dadurch umgehen, dass die unterlagerten Regelkreise vorgesteuert werden. Man ermittelt aus dem Lagesollwertverlauf die Sollgeschwindigkeit v_{soll} und gibt diese direkt auf den Geschwindigkeitsregelkreis (Drehzahlregelkreis) **(Bild 2)**.

Dadurch steuert der Geschwindigkeitsregler sofort den Stromregler an. Diese Technik der Regelung führt aber bei schnellen Änderungen im Lagesollwertverlauf zu starken Schwingungen, da der Lageregler mit zunehmender Lageregeldifferenz zusätzlich noch ein Geschwindigkeitssignal auf den Geschwindigkeitsregler überträgt. Nach Abklingen der Einschwingvorgänge stimmt bei der Anstiegsantwort der Lageistwertverlauf mit dem Lagesollwertverlauf exakt überein **(Bild 3)**. Es gibt im stationären Bereich einen verkleinerten oder keinen Schleppabstand.

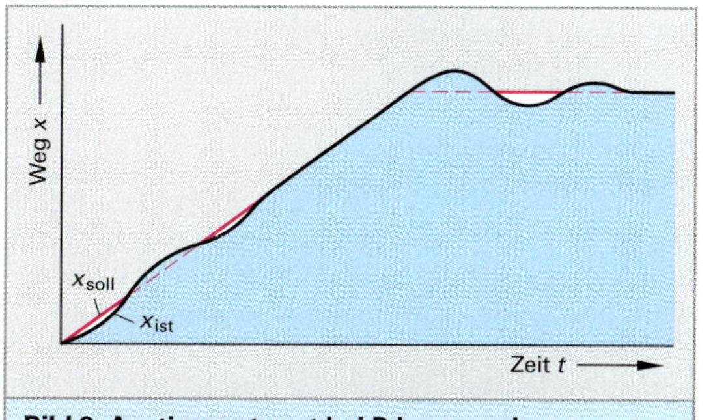

Bild 3: Anstiegsantwort bei P-Lageregelung mit Geschwindigkeitsvorsteuerung

Durch Geschwindigkeitsvorsteuerung erzielt man bei der Lageregelung eine verbesserte Dynamik und kleinere Schleppabstände.

4.5.3 Analoger und digitaler Drehzahlregelkreis

Bei numerisch gesteuerten Maschinen ist der Lageregler durch numerische Subtraktion von Lagesollwert und Lageistwert ($x_{soll} - x_{ist}$) stets digital. Die sich anschließende Drehzahlregelung und Stromregelung kann *analog* mithilfe von Operationsverstärkern erfolgen oder auch *digital* mit einem Mikroprozessor ausgeführt werden.

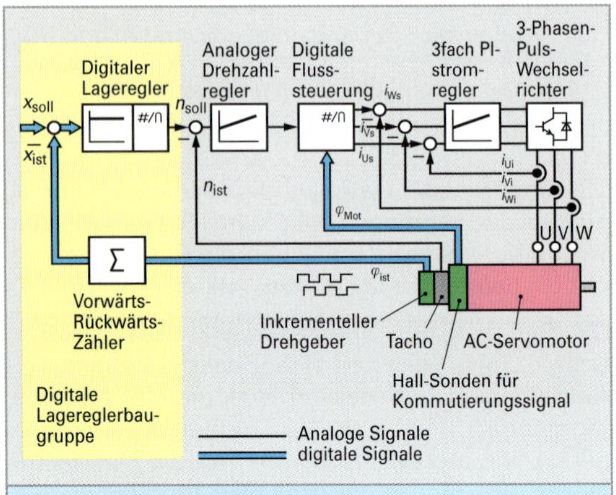

Bild 1: Digitale Lageregelung mit analoger Drehzahlregelung

Digitale Lageregelung und analoger Drehzahlregler

Die Antriebsmotoren bei NC-Maschinen sind meist Drehstromservoantriebe mit digitaler Feldvektorerzeugung bzw. elektronisch gesteuerter Kommutierung.

Für die digitale Lageregelung benötigt man immer einen *digitalen* Sensor zur Wegmessung bzw. zur Drehlagenerfassung der Motorwelle ($\varphi_{ist} \triangleq x_{ist}$), einen Tachogenerator zur Drehzahlerfassung bzw. Geschwindigkeitserfassung ($u_{ist} \triangleq v_{ist}$), einen Drehlagensensor zur Kommutierung (φ_{ist}), z. B. mit Hallsonden und einen Sensor zur Stromistwerterfassung (i_{ist}) **(Bild 1)**.

Drehzahlregler und Stromregler sind *analog,* z. B. mit Operationsverstärkern realisiert. Die elektronische Kommutierung ist digital. Jeder Übergang von digitalen zu analogen und von analogen zu digitalen Signalen ist aufwändig. Deshalb verwendet man zunehmend auch digitale Drehzahlregler.

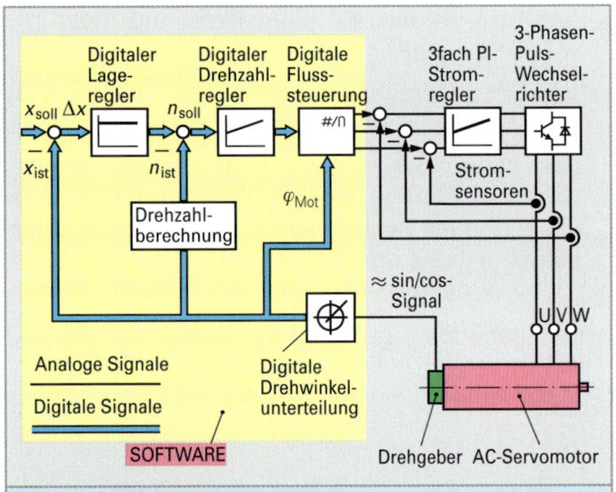

Bild 2: Digitale Lageregelung mit digitaler Drehzahlregelung

Digitale Lageregelung und digitaler Drehzahlregler

Bei der *digitalen* Drehzahlregelung ist der gesamte Signalweg von dem digital berechneten Lagesollwert bis zu den Stromsignalen digital **(Bild 2)**. Alle Regler-Parameter können über das Bedienfeld oder fernbedient digital eingestellt werden. Ebenso können alle Signale am Bedienfeld sichtbar gemacht werden oder zur Ferndiagnose über Datennetze übertragen werden. An Sensoren benötigt man nur einen Sensor zur Drehlagenerfassung und zur Stromerfassung. Tachogenerator und Hall-Sonden entfallen. Zur digitalen Drehzahlberechnung muss das Drehwinkelsignal bzw. der Lageistwert eine extrem hohe Auflösung haben, damit auch bei kleinen Geschwindigkeiten unterscheidbare Zahlenwerte vorliegen. Die Dynamik der ineinander geschachtelten Regelkreise (Kaskadenregelung) nimmt von außen nach innen zu, die erforderliche Genauigkeit ab. D. h. die digitalen Signale und die digitale Signalverarbeitung im Lageregler ist von hoher Genauigkeit, z. B. 32 bit bei Abtastzeiten von etwa 4 ms. Die digitalen Signale der Geschwindigkeitsregelung haben z. B. eine Wortbreite von nur noch 16 bit bei Abtastzeiten von etwa 10 μs. Für die Signale für die Stromregelung genügen einige Bits bei Abtastzeiten von einigen μs. In einfachen Fällen wird die Stromerzeugung sogar mit Blockströmen gemacht, sodass nur Ein-/Aus-Signale für die Leistungstransistoren erzeugt werden.

Digitale Lageregelkreise mit digitaler Drehzahlregelung benötigen nur einen Sensor zur Drehlagenerfassung.

5 Computergesteuerte Maschinen

In der industriellen Fertigung werden z. B. für die Drehbearbeitung, Fräsbearbeitung und die Laserbearbeitung sowie beim Erodieren und Wasserstrahlschneiden fast ausschließlich CNC-gesteuerte Maschinen[1] verwendet **(Bild 1)**. Dabei wird die Geometrie des Werkstücks durch Zahlen, also numerisch beschrieben und über die Steuerung der NC-Achsen in Werkzeug- oder Werkstückbewegungen umgesetzt. Auch Roboter und Messmaschinen sind numerisch gesteuert.

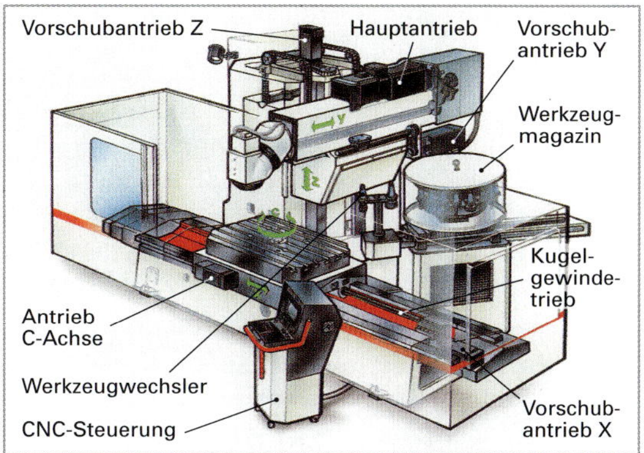

Bild 1: CNC-Fräsmaschine

5.1 CNC-Werkzeugmaschinen

5.1.1 Der Produktionsprozess

Geometrische und technologische Daten

Die Informationen für die Werkstückherstellung werden eingeteilt: in *geometrische* Informationen und in *technologische* Informationen. Die geometrischen Informationen sind die Maßangaben und die Toleranzangaben **(Bild 2)**. Die technologischen Informationen sind die Angaben zum Werkstoff und zur Qualität der Werkstückoberfläche.

Fertigungsplanung

Gesamtbedarf, Fertigungslosgröße und der Wert des Werkstücks bestimmen den weiteren Fertigungsablauf. Liegt das Herstellungsverfahren fest, wählt man die geeignete Maschine, die Werkzeuge, die Vorrichtungen und die Prüfmittel aus. Die Reihenfolge der erforderlichen Bearbeitungsschritte wird festgelegt und mit den Schnittdaten (Schnittgeschwindigkeit, Vorschub und Zustellung) im Arbeitsplan dokumentiert.

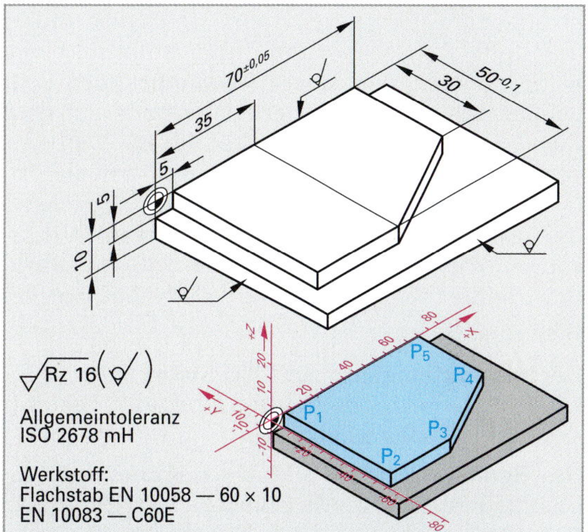

Bild 2: Werkstückzeichnung und Einpassung in ein Koordinatensystem

Programmierung

Die *Geometrie* der Fertigkontur wird nun in eine numerische Darstellung übertragen.

Schritt 1: Dem Werkstück wird ein rechtwinkliges Koordinatensystem zugeordnet, damit jeder Punkt der Kontur mit den Koordinatenwerten (X... Y... Z...) beschrieben werden kann (Bild 2).

Schritt 2: Die Koordinatenwerte werden nun um die Wegbefehle wie z. B. G00 (Fahre im Eilgang) oder G01 (Fahre im Vorschub) ergänzt **(Tabelle 1)**.

Tabelle 1: CNC-Programm (Beispiel)

%		*(öffne Speicher)*
N214		*(Programmnummer)*
N10	G17	*(Ebenenwahl, Werkzeuglänge in Z-Richtung)*
N20	G55	*(Nullpunktspeicher)*
N30	G90	*(Absolutbemaßung)*
N40	T01 M06	*(Werkzeug 1 einwechseln)*
N50	D01 S1200 F200 M03	*(Technologie)*
N60	G00 X-20 Y20 Z100	*(Fahre im Eilgang)*
N70	G00 Z-5	
N80	G42	*(berücksichtige Fräserradius)*
N90	G01 X5 Y20 M08	*(Fahre im Vorschub nach P1)*
N100	G01 X5 Y-49. 950	*(P2; Toleranzmitte)*
N110	G01 X35 Y-49. 950	*(P3)*
N120	G01 X70 Y-30	*(P4)*
N130	G01 X70 Y1 M09	*(P5)*
N140	G40	*(abwählen des Fräserradius)*
N150	G00 Z100	
N160	T00 M06	*(Werkzeug zurückwechseln)*
N170	M30	*(Hauptprogrammende)*

[1] CNC Kunstwort für engl. Computerized Numerical Control = mit Computer numerisch gesteuert.

Die *Technologiedaten* für die Bearbeitung werden nach einem, der Maschine entsprechenden, Code (Programmieranleitung) im Programm ergänzt. Diese sind z. B. die Werkzeugnummern (T01), die Schnittwerte F und S (F200 = Vorschubgeschwindigkeit 200 mm/min, S1200 = Drehzahl 1200 min^{-1}) und die Spindeldrehrichtung (rechts = M03). Das CNC-Programm ist um den Programmanfang, die Nullpunktverschiebung (siehe Rüsten) und das Programmende noch zu ergänzen.

Einrichten der Maschine (Rüsten)

Entsprechend dem *Werkzeugplan* werden die Werkzeuge ins Werkzeugmagazin eingelegt und die Werkzeugmaße in die Werkzeugspeicher eingegeben. Weiterhin ist die Lage des Werkstücks im Arbeitsraum bezüglich des Koordinatensystems der Maschine **(Maschinennullpunkt)** zu ermitteln und in die Speicher für die Nullpunktverschiebung einzutragen. Hierzu wird ein 3D-Taster, durch manuelle Achssteuerung, zum Nullpunkt des aufgespannten Werkstücks **(Werkstücknullpunkt)** geführt. Die gezeigten Koordinatenwerte auf dem *Display*[1] der Maschine entsprechen der Differenz von Maschinennullpunkt zum Werkstücknullpunkt. Diese wird als **Nullpunktverschiebung** bezeichnet. Berücksichtigt die Steuerung diese Werte, können die obigen Werkstückkoordinatenwerte unverändert zur Bearbeitung verwendet werden **(Bild 1)**.

Der Informationsfluss zur CNC-Steuerung

Die Programmzeilen werden über die Tastatur des Bedienfeldes eingegeben.

Das **Bedienfeld (MMC[2])** ist die Kommunikationsschnittstelle zur CNC-Maschine. Es ist meist in vier Bereiche unterteilt: Monitor[3], Betriebsartenwahl, Maschinenfunktionen und Tastatur **(Bild 2)**.

- **Der Monitor** visualisiert[4] die Positionen der Achsen und die Daten im Speicher, wie z. B. das Programm, die Werkzeugdaten und die Nullpunktverschiebung. Während der Bearbeitung erhält der Bediener die Prozessdaten und Fehlermeldungen angezeigt.
- **Die Wahl der Betriebsart**

  Dateneingabe, *von Hand od. über Datenleitung.*

  Manuell[5], *Maschinenfunktionen werden von Hand eingestellt.*

  Teach-In, *Lernprogrammierung, Punkt für Punkt wird manuell angefahren und anschließend im Programm jeweils ergänzt.*

  Automatik, *Programmgesteuerter Bearbeitungsprozess. Hierbei kann auch zum Einfahren des Programmes Einzelsatz angewählt werden, d. h. jede Programmzeile wird durch Tastendruck einzeln freigegeben.*

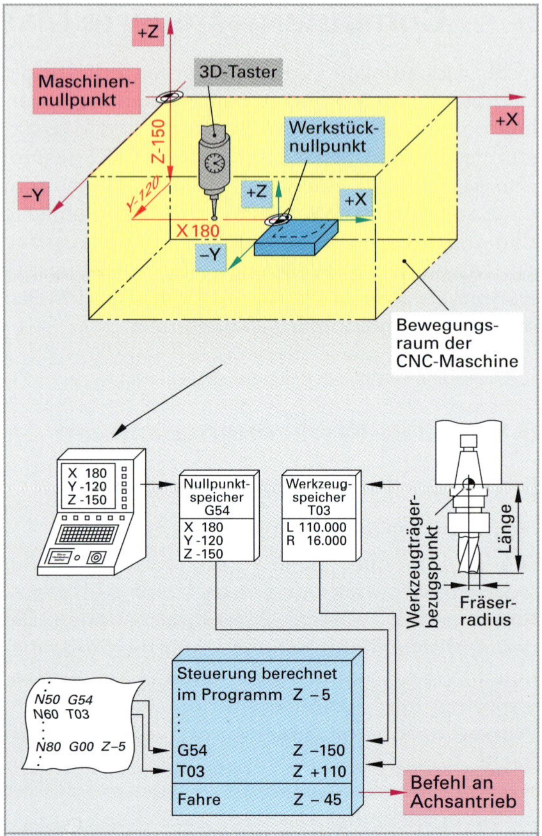

Bild 1: Rüsten der CNC-Maschine

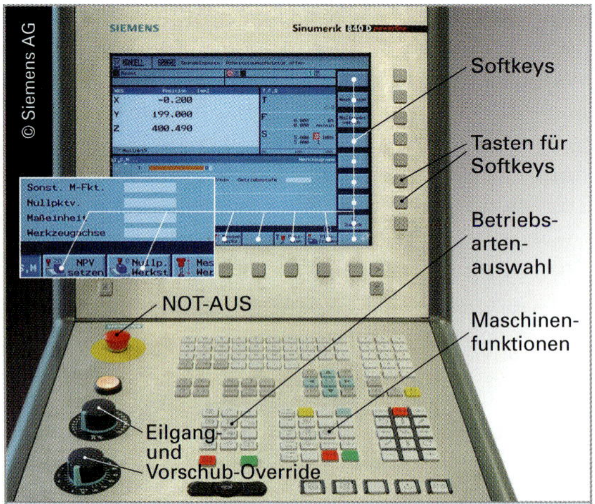

Bild 2: Bedieneinheit einer CNC-Maschine

[1] engl. display = Anzeige;
[2] MMC von engl. Man Machine Communication = Mensch-Maschinen-Kommunikation;
[3] engl. monitor = Anzeigefenster;
[4] von engl. to visualize = veranschaulichen;
[5] manuell von lat. manus = Hand

- **Maschinenfunktionen**
  Verfahren der Achsen mit Vorschubtasten oder Handrad oder in Inkrementen (z. B. 1/1000 mm) beim Einrichten. Manueller Werkzeugwechsel von Hand z. B. bei großen Werkzeugen oder nach einer Störung des automatischen Werkzeugwechslers. Drehschalter für den Feed-override[1], um den Eilgang bzw. den programmierten Vorschub beim Programmtest zu reduzieren oder beim Bearbeitungsprozess ohne Programmänderung die Technologiewerte zu optimieren.
- **Tastatur** für die Programmierung und zum Ausführen weiterer Funktionen wie den Datenverkehr mit externen Rechnern.

Steuerungsinterner Informationsfluss

Beim Start des Programms werden die Programmdaten aus dem Speicher gelesen und der Rechnereinheit **NCK** (Numerical Control Kernel = NC-Kern) sowie der SPS-Anpasssteuerung[2] weitergegeben **(Bild 1)**.

Die NCK übernimmt unter Berücksichtigung, z. B. der Nullpunktverschiebung, Werkzeugkorrekturen sowie die Berechnung der Steuersignale für die CNC-Achsen. Diese werden an die Lageregelung des Antriebsmoduls weitergegeben und im Leistungsteil in Starkstromsignale für die NC-Achsen umgewandelt. Die *Messwerterfassung* der NC-Achsen melden die Positionen der NCK und dem Antriebsmodul zurück. Durch einen SOLL-IST-Vergleich werden neue Steuerdaten berechnet. Diese Positionsdaten werden von der NCK aus auf dem Display sichtbar.

Die SPS-Anpasssteuerung übernimmt die Übersetzung der Steuerbefehle auf die weiteren Maschinenkomponenten und stellt sicher, dass alle notwendigen Bedingungen zur Ausführung erteilt sind, z. B. die Abfrage: *ist das Werkzeug in der Spindel?* oder *ist die Kabinentür verriegelt?*

Wiederholung und Vertiefung

1. Welche Informationen unterscheidet man bei der Werkstückfertigung?
2. Erläutern Sie die Aufgaben des Einrichtens.
3. In welche vier Bereiche ist das Bedienfeld einer CNC-Maschine unterteilt?
4. Welche Betriebsarten können gewählt werden?
5. Wie ist der steuerungsinterne Informationsfluss gegliedert?

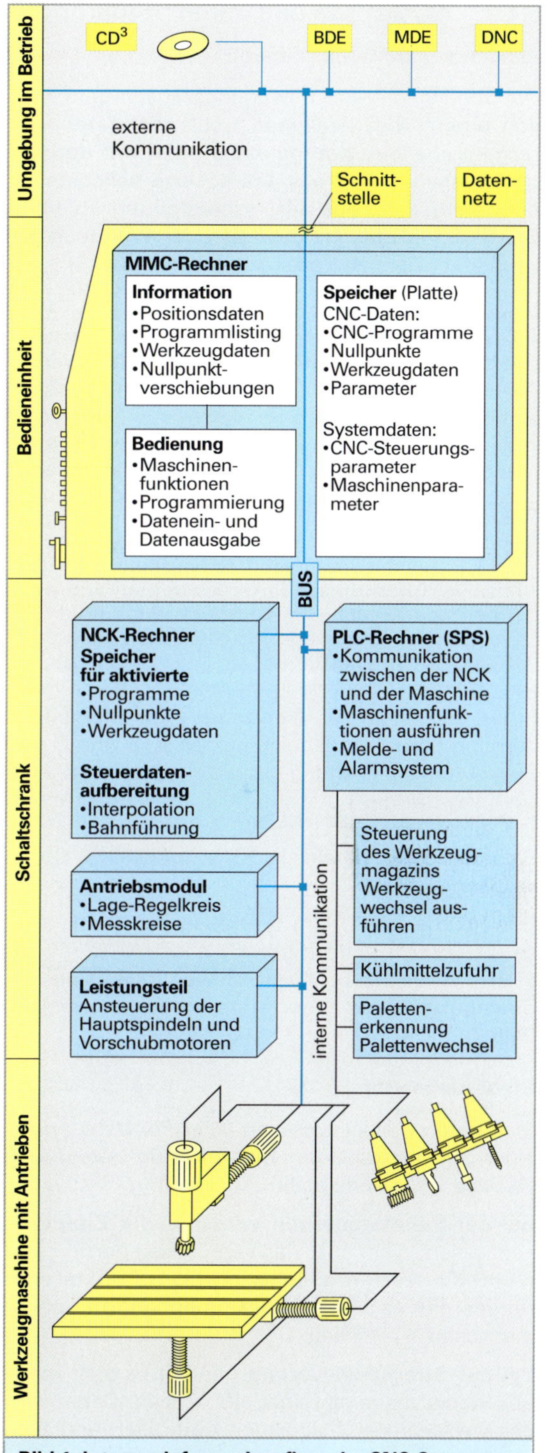

Bild 1: Interner Informationsfluss der CNC-Steuerung

[1] engl. feed = Vorschub (Futter, Material), engl. to override = sich hinwegsetzen über (den progr. Wert);
[2] SPS Abk. für Speicherprogrammierte Steuerung, auch PLC genannt, von engl. Programmable Logic Controller = programmierbare Steuerung [3] CD = Abk. für Compact Disk

5.1.2 NC-Achsen und deren Steuerung

Achsen von CNC-Maschinen

Zur Bezeichnung der Bewegungsachsen geht man von einem *rechtwinkligen, rechtshändigen* und *rechtsdrehenden Koordinatensystem* mit den Bezeichnungen X, Y, Z aus. Die positive Achsbezeichnung kann man aus der Fingerstellung ableiten. Dabei nimmt man an, dass sich das Werkzeug bewegt und dass das Werkstück stillsteht **(Bild 1)**.

Die Z-Achse (Mittelfinger) liegt in Richtung der Arbeitsspindel. Die positive Richtung der Z-Achse verläuft vom Werkstück zum Werkzeug. Das Werkzeug bewegt sich vom Werkstück bei wachsenden (positiven) Z-Werten weg.

Die X-Achse (Daumen) ist die Hauptachse. Sie liegt horizontal und parallel zum Maschinentisch. Bei Senkrechtfräsmaschinen verläuft die positive X-Achse nach rechts, wenn man vor der Maschine steht und auf das Werkzeug schaut (Bild 1). Bei der Waagrechtfräsmaschine zeigt die positive X-Achse nach links, wenn man von der Arbeitsspindel auf das Werkstück blickt **(Bild 2)**. Die Y-Achse (Zeigefinger) ist durch die Lage der X- und Z-Achse bestimmt.

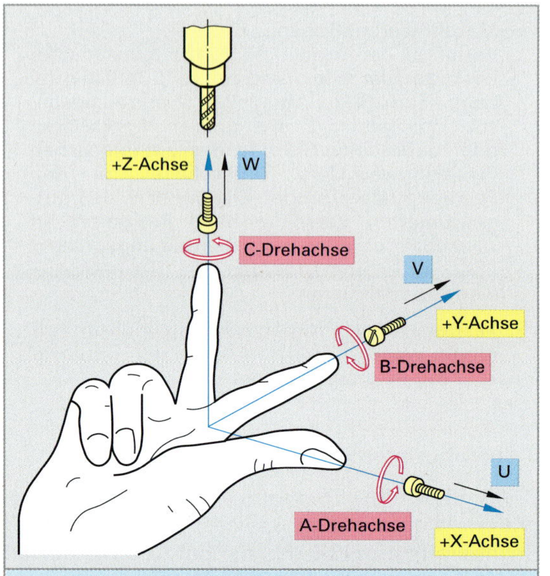

Bild 1: Rechtshändiges, rechtwinkliges und rechtsdrehendes Koordinatensystem bei einer Senkrechtfräsmaschine

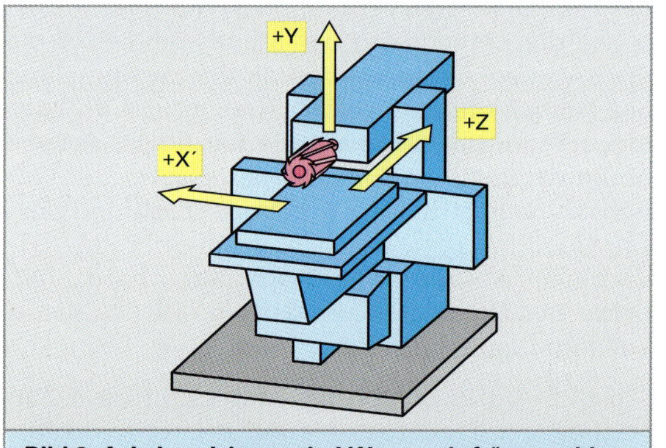

Bild 2: Achsbezeichnung bei Waagrechtfräsmaschine

Rotationsachsen zur Werkzeug- oder Werkstückdrehung haben die Bezeichnungen A, B und C und zwar A für eine Drehung um die X-Achse, B für eine Drehung um die Y-Achse und C für eine Drehung um die Z-Achse. Weitere NC-Achsen erhalten die Bezeichnung U (parallel zu X), V (parallel zu Y) und W (parallel zu Z).

Bewegt man statt dem Werkzeug das Werkstück, so werden die Achsen mit X', Y', Z', A', B', C', U', V' und W' bezeichnet. Diese Bewegungen sind den Bewegungen des Werkzeugs entgegengerichtet **(Bild 3)**.

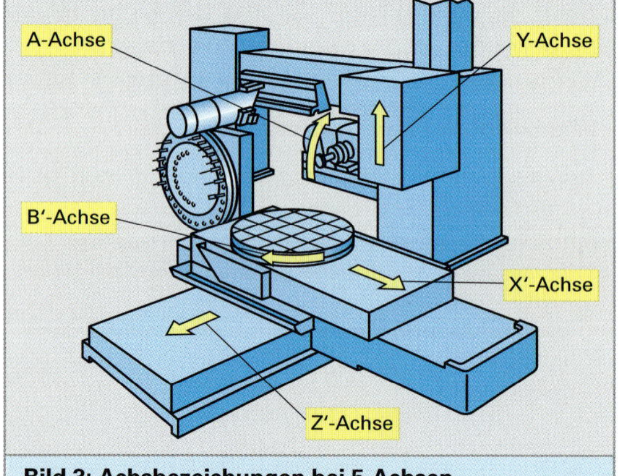

Bild 3: Achsbezeichnungen bei 5-Achsen-Bearbeitungszentrum

Steuerungsarten

Man unterscheidet zwischen einer *Punktsteuerung*, einer *Streckensteuerung* und einer *Bahnsteuerung* **(Tabelle 1,** folgende Seite).

Bei der **Punktsteuerung** wird nur der Zielpunkt kontrolliert, nicht aber der Verfahrweg dorthin und nicht die Verfahrgeschwindigkeit.Punktsteuerungen gibt es z. B. im Zusammenhang mit pneumatischen NC-Achsen.

Bei der **Streckensteuerung** handelt es sich meist um Steuerungen einzelner NC-Achsen. Dabei wird das Erreichen der Zielposition kontrolliert und auch die Verfahrgeschwindigkeit jeder Einzelachse.

Bei der **Bahnsteuerung** werden Zielpunkt, Bahnverlauf und Bahngeschwindigkeit numerisch gesteuert.

Tabelle 1: Einteilung numerischer Steuerungen

Steuerungsart	Bahnführung	Anwendung
Punktsteuerung 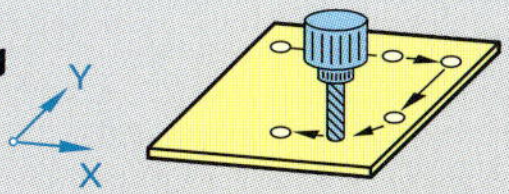	– Verfahrweg nur im Eilgang – Kein Funktionszusammenhang zwischen den NC-Achsen – Bearbeitung nur im Zielpunkt mögl.	– Punkteschweißen – Bohren – Montageanlagen
Streckensteuerung 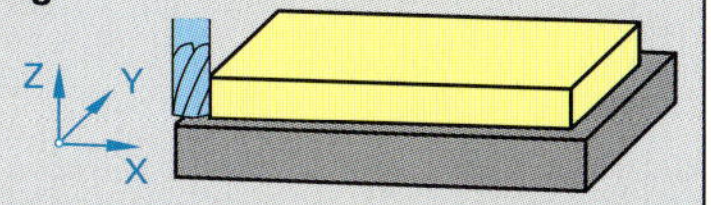	– Verfahrweg im Eilgang und im Vorschub – nur Geraden parallel zu den NC-Maschinenachsen – Bearbeitung während des Verfahrwegs möglich	– Nachrüstung für manuelle Maschinen – Brennschneiden – Montageanlagen
Bahnsteuerung	**Funktionszusammenhang zwischen zwei oder mehreren CNC-Maschinenachsen**	
2 D 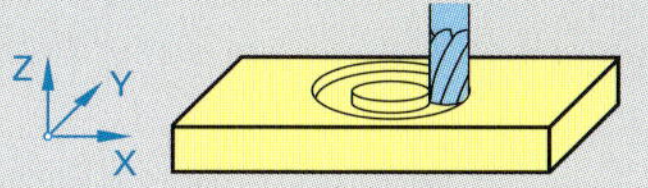	– beliebig ebene Bahn durch gleichzeitiges Verfahren von zwei CNC-Achsen	– Drehen – Laserschneiden – Nibbeln
2½ D	– Wahlmöglichkeit, welche zwei CNC-Achsen gemeinsam verfahren (X und Y oder X und Z oder Y und Z)	– einfache Fräsmaschinen
3 D 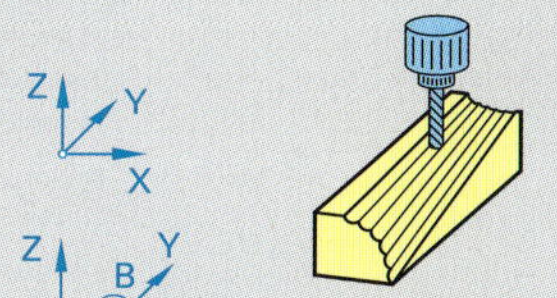	– räumliche Bahn, durch gleichzeitiges Verfahren von drei CNC-Achsen	– Fräsen von Gesenken und Spritzgussformen
4 D 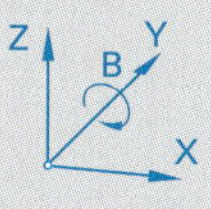	– räumliche Bahn und gleichzeitiges Ausführen einer Drehbewegung	– 4-Seiten-Bearbeitung – Wendelnutfräsen
5 D 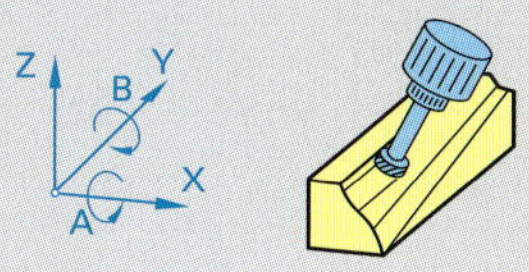	– räumliche Bahn und gleichzeitiges Ausführen einer Dreh- und Schwenkbewegung	– Freiformflächen wie z.B. Propeller oder Turbinenschaufeln – Gesenke

Die 5-Achsenbahnsteuerung **(Bild 1)** gestattet die gleichzeitige, aufeinander abgestimmte Bewegung in 5 NC-Maschinenachsen, nämlich in den 3 linearen Maschinenachsen X', Y' und Z für die räumliche Bahn und in den 2 rotatorischen Achsen A und C' für einen Drehtisch und für die Schwenkbewegung des Werkzeuges.

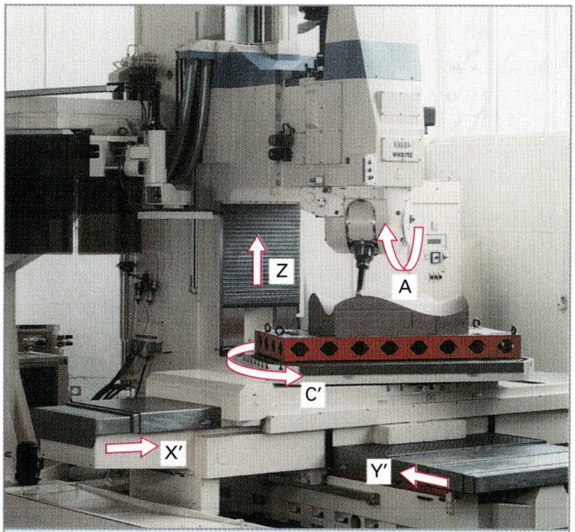

Bild 1: 5-Achsen-Fräsmaschine

Bezugspunkte

Die Lage des **Maschinennullpunkts** wird durch den Maschinenhersteller festgelegt. Die Länge der Verfahrwege ergibt den Arbeitsraum.

Oft haben die Achsen eine inkrementale Wegmessung, sodass nach dem Einschalten der Maschine ein Bezugspunkt zum Nullsetzen des Messsystems überfahren werden muss. Dieser *Bezugspunkt* heißt **Maschinenreferenzpunkt**. Das Anfahren des Referenzpunktes nennt man Referenzieren.

5.1.3 CNC-Programmierung

5.1.3.1 DIN-Programmierung

Die Norm DIN 66025 legt die wichtigsten Grundfunktionen fest. Die CNC-Steuerungshersteller können diese mit ihren eigenen Funktionen ergänzen. Dadurch ergeben sich bei der Programmierung von CNC-Steuerungen verschiedener Steuerungshersteller im Detail Unterschiede.

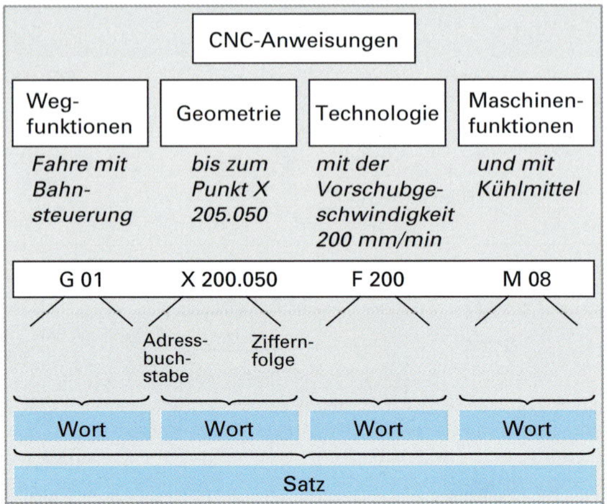

Bild 1: Aufbau eines CNC-Satzes (Programmzeile)

Programmaufbau

Die Codierung erfolgt durch alphanumerische **Zeichen,** also Buchstaben, Ziffern und Sonderzeichen. Nach dem Programmstart werden diese Zeichen entschlüsselt (interpretiert), um die CNC-Maschine zu steuern. Das Programm besteht aus *Programmeröffnungszeichen,* z. B. % oder MPF[1], aus *Programmnamen,* z. B. NUTPLATTE_1 und aus *Programmsätzen* mit dem Satzendezeichen. Jeder Satz **(Bild 1)** besteht aus **Wörtern** und jedes Wort aus einem Adressbuchstaben mit nachfolgenden Ziffern. Programmworte werden innerhalb eines Programmsatzes in einer bestimmten Reihenfolge angeordnet **(Bild 2).**

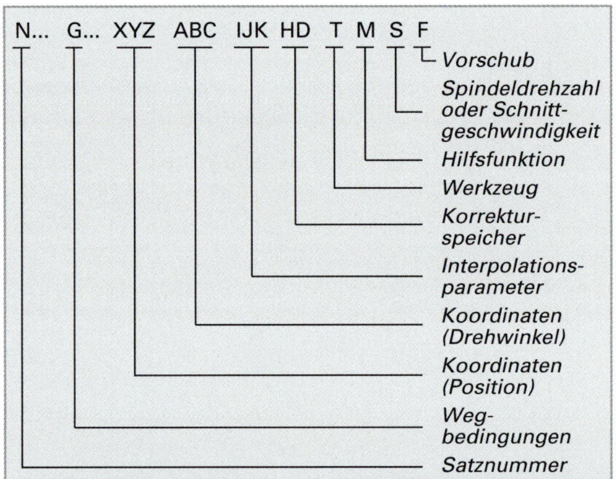

Bild 2: Anordnung von Programmworten in einem Programmsatz

Die Satzendezeichen ermöglichen eine zeilenweise Darstellung der Programmsätze. Als Satzendezeichen werden die Steuerzeichen LF (LINE FEED, ASCII-Code 10 = Zeilenvorschub) und CR (CARRIAGE RETURN, ASCII-Code 13 = Wagenrücklauf) verwendet.

Im Programm werden die Sätze numeriert. Die Satznummer besteht aus dem Adressbuchstaben N und einer fortlaufenden Zahl. Die Satznummer dient zum Auffinden eines Satzes im Speicher. Mithilfe der Satznummer ist ein Neubeginn, z. B. nach einem Werkzeugbruch, möglich. Die Satznummern dienen der Bestimmung der Reihenfolge beim Programmablauf und der Ablauffolge.

Maschinenfunktionen. Maschinenfunktionen **(Tabelle 1)** werden entweder am Satzanfang oder, wenn alle anderen Befehle im Satz abgearbeitet sind, am Satzende ausgeführt. Man unterscheidet zwischen *gespeichert wirksamen* Funktionen (modal, selbsthaltend) und *satzweise wirksamen* Funktionen. Gespeichert wirksam heißt, nach dem Aufruf im Programm bleibt diese Funktion erhalten bis eine Gegenfunktion oder Aufhebung programmiert wird.

Tabelle 1: Maschinenfunktionen (Auszug aus DIN 66025)

Wort			Maschinenfunktion	Wirksamkeit
M00		•	Programmierter Halt *z. B. zum Umspannen des Werkstückes*	am Satzende
M03	*		Spindel im Uhrzeigersinn	am Satzanfang
M04	*		Spindel im Gegenuhrzeigersinn	am Satzanfang
M05	*	•	Spindel halt	am Satzende
M06			Werkzeugwechsel	–
M07	*		Kühl(schmier)mittel Nr. 1 ein, *z.B. Hochdruck 6 bar*	am Satzanfang
M08	*		Kühl(schmier)mittel, *z. B. Niederdruck 1,5 bar*	am Satzanfang
M09	*	•	Kühl(schmier)mittel aus	am Satzende
M30			Programmende mit Rücksetzen	am Satzende
M40-45	*		Getriebeschaltung	am Satzanfang

• Einschaltzustand
* gespeichert wirksam (modal), andernfalls satzweise wirksam

[1] MPF Main Program File (Siemens)

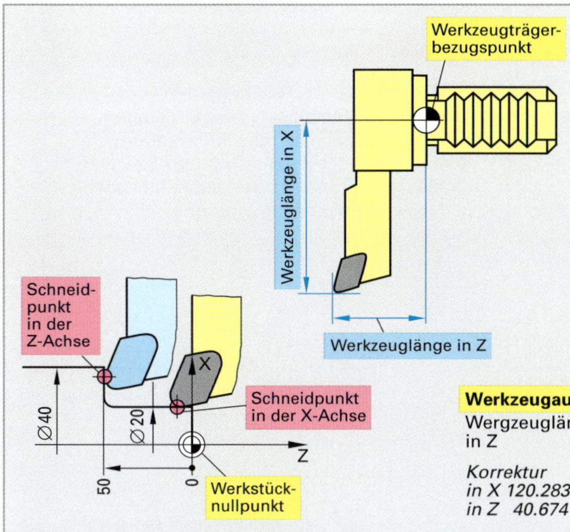

Werkzeugspeicher

Lagekorrekturspeicher
Werte werden bei der Werkzeugvermessung ermittelt

Nr.	X	Z
01	120.283	40.647
02	150.347	59.143
03	95.851	128.391

Feinkorrekturspeicher
Bei einem Probeschnitt wird die Differenz vom Soll- zum Istmaß ermittelt

Nr.	X	Z
01	27	45
02	130	161
03	34	39

Werkzeugaufruf T 01 01
Wergzeuglänge in Z
Feinkorrektur
Lagekorrektur

Korrektur
in X 120.283 + 0.027 = 120.310 mm
in Z 40.674 + 0.045 = 40.719 mm

Werkzeugaufruf T 02 03
Korrektur
in X 150.347 + 0.034 = 150.381 mm
in Y 59.143 + 0.039 = 59.182 mm

Bild 1: Werkzeugkorrektur beim Drehen

Technologiefunktionen (F, S, V, T). Mit dem Buchstabensymbol **S** und einem Zahlenwert wird die Drehzahl der Arbeitsspindel in Umdrehungen pro Minute (G97 Einschaltzustand) programmiert. Damit der Programmierer die Drehzahl auf Grund der Schnittgeschwindigkeit und dem Durchmesser (beim Fräsen der Fräserdurchmesser bzw. beim Drehen der jeweilig bearbeitete Werkstückdurchmesser) nicht berechnen muss, kann mit G97 und dem Buchstaben **V** die Schnittgeschwindigkeit und mit **X** der Durchmesser programmiert werden. Der Vorschub **F** kann mit G94 als Vorschubgeschwindigkeit in mm/min bzw. mit G95 als Vorschub in mm programmiert werden. Haben die CNC-Maschinen Rotationsachsen, z. B. Achse A und Achse B, so kann die Vorschubgeschwindigkeit dafür auch in Grad pro Minute angegeben werden.

Bei automatischem Werkzeugwechsel beinhaltet das **T**-Wort die Werkzeugnummer. Der Werkzeugwechselvorgang wird z. B. durch M06 automatisch ausgelöst. Für übergroße Werkzeuge wird z. B. mit M66 ein manueller Werkzeugwechsel programmiert. Der Speicher mit den Werkzeugabmessungen wird mit D codiert oder direkt durch das T-Wort benannt. Bei Drehmaschinen wird dem Werkzeugspeicher meist noch ein Feinkorrekturspeicher beigeordnet, z. B. für Verschleißausgleich **(Bild 1)**.

Geometriefunktion (X, Y) und Wegfunktionen (G). Die Wegfunktionen **(Tabelle 1)** dienen der Bahnführung unter Berücksichtigung von Korrekturdaten (Werkzeugabmessungen und Bezugspunktverschiebungen) und von Bemaßungsarten.

Tabelle 1: Wegfunktionen nach DIN 66025

Wort			Wegfunktion
G00		*	Positionieren im Eilgang
G01	•	*	Fahre Gerade mit progr. Vorschub
G02		*	Fahre Kreis im Uhrzeigersinn
G03		*	Fahre Kreis im Gegenuhrzeigersinn
G04			Verweilzeit
G17	•	*	Ebenenauswahl X Y
G18		*	Ebenenauswahl X Z
G19		*	Ebenenauswahl Y Z
G40	•	*	Abwahl der Werkzeugkorrektur
G41		*	Werkzeugbahnkorrektur, links
G42		*	Werkzeugbahnkorrektur, rechts
G53			Abwählen der gesp. Nullpunktversch.
G54	•	*	Anwahl der gespeicherten
- G57		*	Nullpunktverschiebung
G58		*	Inkremental programmierbare Nullpunktverschiebung
G59		*	Programmierbare Nullpunktverschiebung
G60	•	*	Genauhalt bei Richtungsänderungen
G64		*	Ohne Genauhalt bei Richtungsänderungen
G80	•	*	Abwahl des angewählten Zyklus
G81		*	Bohrzyklen
- G89		*	
G90	•	*	Absolutmaßprogrammierung
G91		*	Zuwachsmaßprogrammierung
G94	•	*	Vorschubgeschwindigkeit (mm/min)
G95		*	Vorschub (mm)
G96		*	Konstante Schnittgeschwindigkeit
G97	•	*	Konstante Drehzahl
Weitere Funktionen können frei belegt werden			

• Einschaltzustand; * gesp. wirksam (modal), sonst satzweise wirksam

Nach dem Einschalten der Steuerung sind gewisse Funktionen voreingestellt. So ist z. B. G17 (X/Y-Ebene) aktiv, wenn keine andere Ebenenauswahl programmiert wird.

Bahnführung (G00, G01, G02 und G03). Im Eilgang (G00) wird das Werkzeug meist mit der maximalen Verfahrgeschwindigkeit aller Achsen zum Zielpunkt bewegt **(Bild 1).**

Neuere Steuerungen verfahren aber auch mit Linearinterpolation. Bei 3D[1]-Steuerungen wird im Eilgang, z. B. wegen der Gefahr einer Kollision mit Spannmitteln, eine Positionierlogik mit vorgegebener Reihenfolge der Verfahrbewegungen hinterlegt.

Diese löst z. B. bei einem CNC-Satz *N150 G00 X20 Y40 Z10,* bei einer Senkrechtfräsmaschine, beim Fahren zum Werkstück zuerst die Fahrbewegung in X-Richtung und in Y-Richtung aus und anschließend in Z-Richtung.

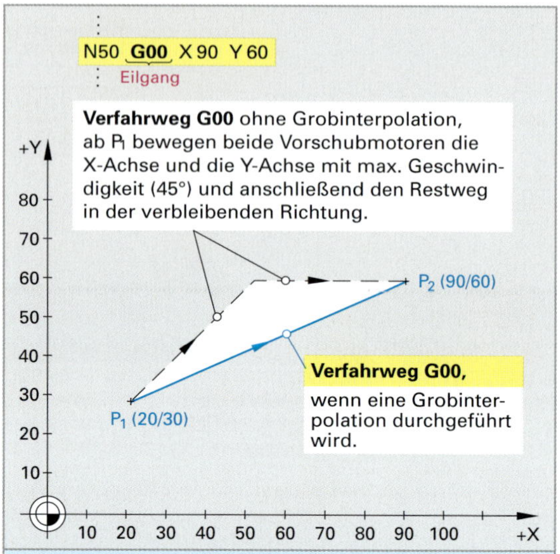

Bild 1: Fahrbewegung im Eilgang

Tabelle 1: Programmierung einer Kreisbahn

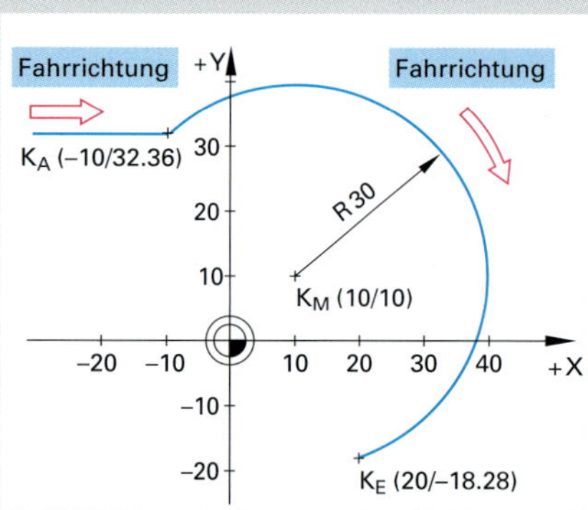

K_A = Kreisanfangspunkt
K_E = Kreisendpunkt
K_M = Kreismittelpunkt

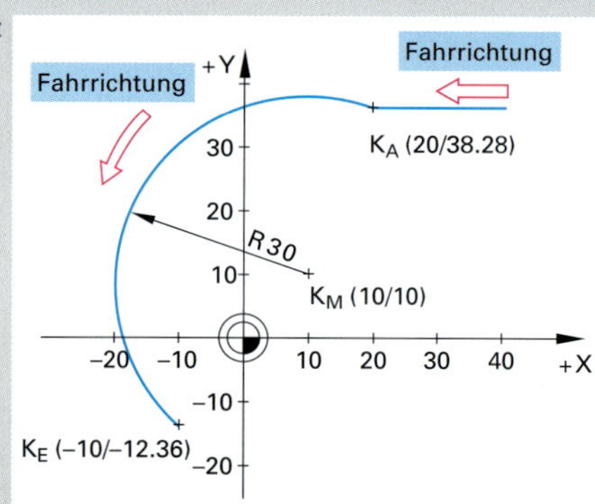

Kreisprogrammierung mit Kreismittelpunkt (I und J) inkremental auf den Kreisanfangspunkt (K_A) bezogen	
N110 G01 X-10 Y32.36 (K_A) N120 G02 X20 Y-18.28 (K_E) I20 J-22.36 (K_M)	N110 G01 X20 Y38.28 (K_A) N120 G03 X-10 Y-12.36 (K_E) I-10 J-28.28 (K_M)
Kreisprogrammierung mit Kreismittelpunkt (I und J) absolut auf den Werkstücksnullpunkt bezogen [1]	
N110 G01 X-10 Y32.36 (K_A) N120 G02 X20 Y-18.28 (K_E) I10 J10 (K_M)	N110 G01 X-20 Y38.28 (K_A) N120 G03 X-10 Y-12.36 (K_E) I10 J10 (K_M)
Kreisprogrammierung mit der Angabe des Kreisradius R	
nicht möglich, da Kreis größer als 180°	N120 G03 X-10 Y-12.36 R30

[1] 3D von dreidimensional: die Werkzeugspitze bewegt sich auf einer räumlichen Bahn, im Unterschied zur Bahn in einer Ebene bei 2D.

Linearinterpolation G01. Die Programmierung von G01 bewirkt, dass das Werkzeug sich vom jeweiligen Standpunkt auf einer ständig kontrollierten geraden Linie, mit dem programmierten Vorschub, zum nächsten programmierten Punkt bewegt.

Zirkularinterpolation G02/G03. Bei der Wegbedingung G02 bewegt sich das Werkzeug auf einem *Kreisbogen im Uhrzeigersinn* und bei *G03 im Gegenuhrzeigersinn.* Zur Beschreibung eines Kreises sind neben dem Anfangspunkt und dem Endpunkt noch der Kreismittelpunkt oder der Radius nötig **(Tabelle 1,** siehe vorherige Seite). Die Programmierung mit Radius ist nur zulässig bei Kreisen gleich oder kleiner 180° (Bei manchen Steuerungen werden Kreisbögen >180° mit negativem Radiuswert programmiert). Wird der Kreismittelpunkt programmiert, so werden für dessen Koordinaten die Interpolationsparameter I, J und K verwendet. Der Interpolationsparameter I ist der X-Achse, der Interpolationsparameter J ist der Y-Achse und der Interpolationsparameter K ist der Z-Achse zugeordnet. Die Koordinaten der Interpolationsparameter werden je nach Steuerung auf den Kreisanfangspunkt (nach DIN) oder auf den Werkstücknullpunkt bezogen.

Bemaßung. Es wird zwischen der *Bezugsbemaßung* und der *Zuwachsbemaßung,* auch Kettenbemaßung genannt, unterschieden und zwar mit der Wegbedingung G90 für die Bezugsbemaßung und mit G91 für die Kettenbemaßung **(Bild 1).**

Bei Drehmaschinen wird dies auch über die Achsbezeichnung programmiert. Für die Bezugsbemaßung verwendet man die Buchstabensymbole X und Z und für die Zuwachsbemaßung z. B. U und W. Dies hat den Vorteil, dass innerhalb eines Satzes sowohl Bezugsmaße als auch Zuwachsmaße verwendet werden können. Mit X wird der Drehdurchmesser programmiert. Der notwendige Verfahrweg ist jedoch der Drehradius, den die Steuerung durch Halbieren des X-Wertes selbst errechnet **(Bild 2).**

Die Bezugsbemaßung nennt man auch *absolute Bemaßung* und die Zuwachsbemaßung *inkrementelle Bemaßung.*

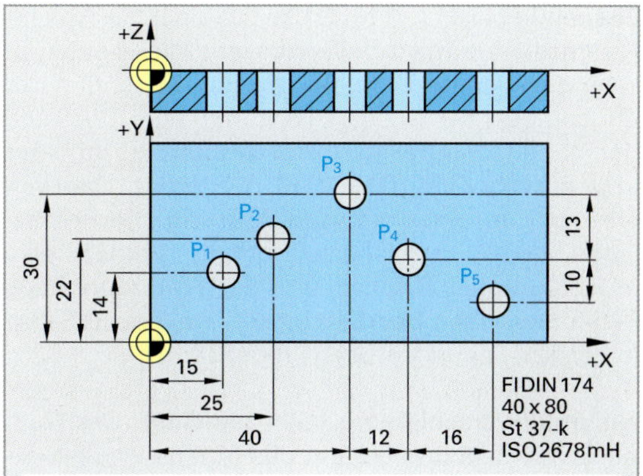


```
:
N170 G90 G00 X15 Y14        (P1)  Da G90 wie G00
:  Bohren                         modal wirksam
N210 G90 G00 X25 Y22        (P2)  sind, würde die
:  Bohren                         Programmierung
N250 G90 G00 X40 Y30        (P3)  bei P1 genügen.
:  Bohren
N290 G91 G00 X12 Y-13       (P4)
:  Bohren
N330 G91 G00 X16 Y-10       (P5)
:  Bohren
N370 G90
:
```

Bild 1: Zeichnungsmaße programmieren – Fräsmaschine –

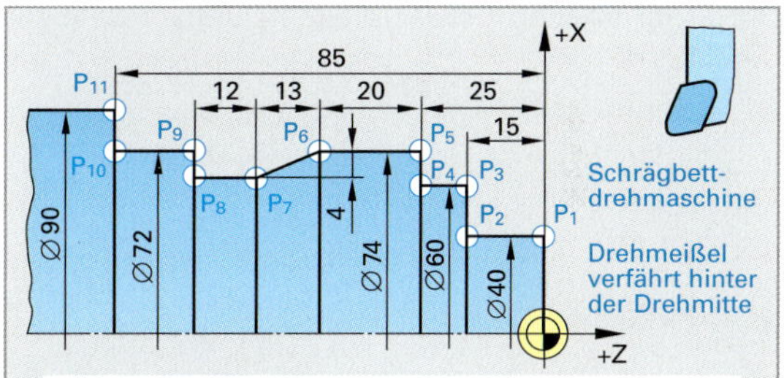


```
:
N210 G01 X40 Z0                               (P1)
N220 G01 X40 Z-15      oder N220 Z-15         (P2)
N230 G01 X60 Z-15      oder N230 X60          (P3)
N240 G01 X60 Z-25      oder N240 Z-25         (P4)
N250 G01 X74 Z-25      oder N250 X74          (P5)
N260 G01 X74 W-20      oder N260 W-20         (P6)
N270 G01 U-4 W-13                             (P7)
N280 G01 U0  W-12      oder N280 W-12         (P8)
N290 G01 X72 W0        oder N290 X72          (P9)
N300 G01 X72 Z-85      oder N300 Z-85         (P10)
:
```

Bild 2: Zeichnungsmaße programmieren – Drehmaschine –

Wiederholung und Vertiefung

1. Was für ein Koordinatensystem liegt den CNC-Maschinen zu Grunde?
2. Wie unterscheiden sich die Bezeichnungen der Achsen, wenn das Werkstück statt dem Werkzeug bewegt wird?
3. Welche Steuerungsarten gibt es bei CNC-Maschinen und für welche Aufgaben werden diese zum Beispiel eingesetzt?
4. Was versteht man unter Referenzieren?
5. Wodurch unterscheidet sich die Bezugsbemaßung von der Zuwachsbemaßung?

Ebenenwahl (G17 G18 G19). Bei einer Senkrecht-Fräsmaschine mit schwenkbarem Werkzeugkopf kann die Arbeitsspindel bei der Bearbeitung in der Z-Richtung oder in der Y-Richtung sein. Die Lage der Arbeitsspindel wird der Steuerung mit der Ebenenwahl G17, G18, G19 mitgeteilt. Dadurch wird bei der Programmausführung die Fräserlänge, jeweils in der Zustellrichtung, bei G17 also in Richtung der Z-Achse, und der Werkzeugradius in der jeweiligen Bearbeitungsebene, bei G17 also in der X/Y-Ebene, berücksichtigt **(Bild 1).**

Nullpunktverschiebung (G54 bis G59). Die Nullpunktverschiebung bezieht das gültige Werkstückkoordinatensystem (Maße im Programm) auf das Maschinenkoordinatensystem. Man unterscheidet zwischen der gespeicherten *Nullpunktverschiebung* und der *programmierbaren Nullpunktverschiebung.*

Fräserbahnkorrektur (FBK)

Beim Bearbeiten muss die Frästermitte von der Werkstückkontur den Abstand des Fräserradius haben. Die Fräsermittelpunktbahn ist also um den Fräserradius gegenüber der Werkstückkontur versetzt. Sie ist zur Werkstückkontur äquidistant[1]. Der Programmierer muss diese Äquidistante nicht berechnen.

[1] äquidistant = gleicher Abstand

Bei der gespeicherten Nullpunktverschiebung werden die Koordinatenwerte in den Nullpunktspeichern, die mit G54, G55, G56 und G57 bezeichnet werden, eingetragen. Ein Nullpunktspeicher wird mit seiner jeweiligen Bezeichnung im Programm aktiviert. Die gespeicherten Nullpunktverschiebungen werden für die auszumessenden Nullpunktverschiebungen beim Einrichten der Maschine verwendet. Die programmierbaren Nullpunktverschiebungen ergeben sich aus der gewählten Bemaßung auf der Zeichnung. Die Koordinatenwerte der programmierbaren Nullpunktverschiebungen (G58 und G59) beziehen sich immer additiv auf die jeweilig aktivierte gespeicherte Nullpunktverschiebung. Wobei G59 als absolut programmierbare Nullpunktverschiebung nach dem Aufruf den jeweiligen Wert überschreibt und G58 als inkremental programmierbare Nullpunktverschiebung den Wert jeweils zum vorher geltenden Nullpunkt addiert **(Bild 2).**

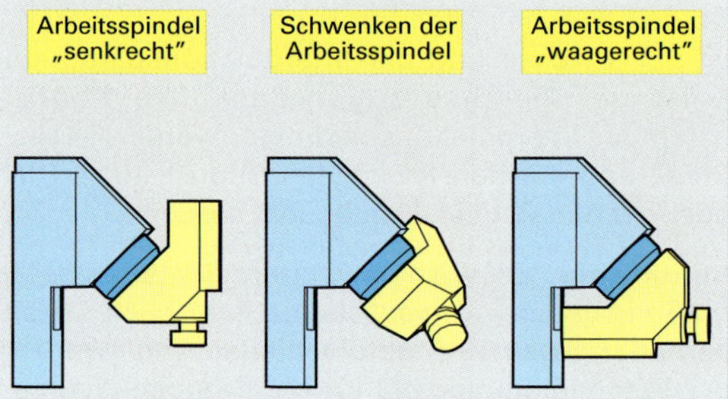

Bild 1: Funktion der Ebenenwahl

Der **Druckdeckel** ist nicht vollständig bemaßt.

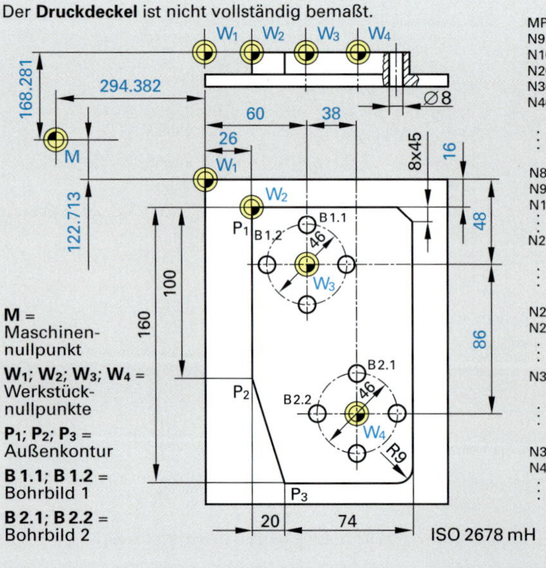


```
MPF
N9182 (Druckdeckel 32.3)
N10   G17
N20   G90
N30   G54                       (W1)
N40   G59  X26  Y-16  Z0        (W2)
      (absolute programmierbare NPV)
  :
      (Außenkontur)
N80   G01  X0   Y0              (P1)
N90   G01  X0   Y-100
N100  G01  X20  Y-160
  :
N210  G59  X60  Y-48  Z0        (W3)
      (absolute programmierbare NPV)
  :
      (Bohrbild 1)
N260  G00  X0   Y23             (B1.1)
N270  G00  X-23 Y0              (B1.2)
  :
N350  G58  X38  Y-86  Z0        (W4)
      (inkrementale programmierbare NPV)
  :
      (Bohrbild 2)
N390  G00  X0   Y23             (B2.1)
N400  G00  X-23 Y0              (B2.2)
  :
```

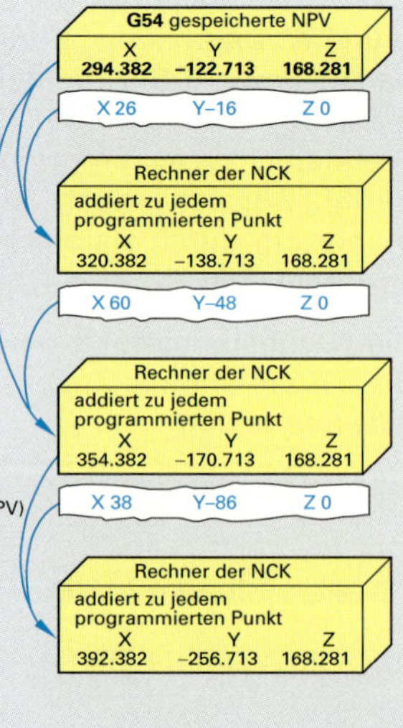

Bild 2: Gespeicherte und programmierbare Nullpunktverschiebung

Mit den Wegfunktionen G41 und G42 wird die FBK aufgerufen und mit G40 abgewählt. G41 wird verwendet, wenn die Fräsermittelpunktsbahn bei Blick in Verfahrrichtung links von der Werkstückkontur verläuft. G42 ergibt die Fräsermittelpunktsbahn rechts von der Kontur. Der Verfahrweg und der programmierte Weg sind nicht identisch **(Bild 1)**. Um Kollisionen, z. B. mit dem Spannmittel, zu vermeiden, sollte der Aufbau der FBK über kurze Wege und nahe am Werkstück erfolgen.

Anfahrtstrategien. Beim Anfahren und beim Verlassen der Konturbearbeitung möchte man Schneidmarken vermeiden, deshalb strebt man tangentiales Anfahren oder Anfahren im Viertelkreis an. CNC-Steuerungen bieten dies mit weiteren G-Funktionen **(Bild 2)**. Weiches Anfahren im Viertelkreis kann man auch ohne Rechenaufwand für den Kreisanfangspunkt und den Kreisendpunkt mit einem *3-Punkte-Konturzug* programmieren.

Schneidenradiuskorrektur beim Drehen. Drehwerkzeuge haben keine absolut scharfe Schneidenspitze, sondern je nach Anwendungsfall einen unterschiedlich großen Schneidenradius. Bei der Bearbeitung von nicht achsparallelen Konturen, wie z. B. Radien und Schrägen, wandert der tatsächliche Schneidpunkt zwischen den Schneidpunkten der X-Achse und der Z-Achse. Es kommt zu Konturverzerrungen **(Bild 3)**. Die Schneidenradiuskorrektur wird auch mit G41/G42 aufgerufen und mit G40 abgewählt. Zusätzlich benötigt die CNC die Lage der Werkzeugschneide in der X/Z-Ebene (Bild 3). Die Werkzeugdatei enthält neben der Lagekorrektur in X und Z, den Schneidenradius und eine Codezahl für die Lage der Werkzeugschneide.

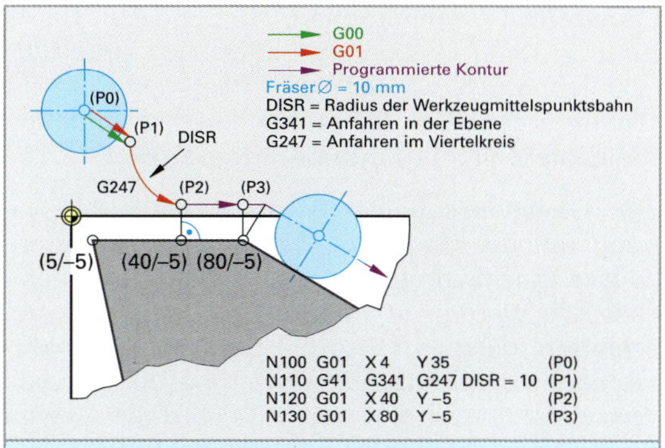

Bild 2: Aufbau FBK mit G43 und G41

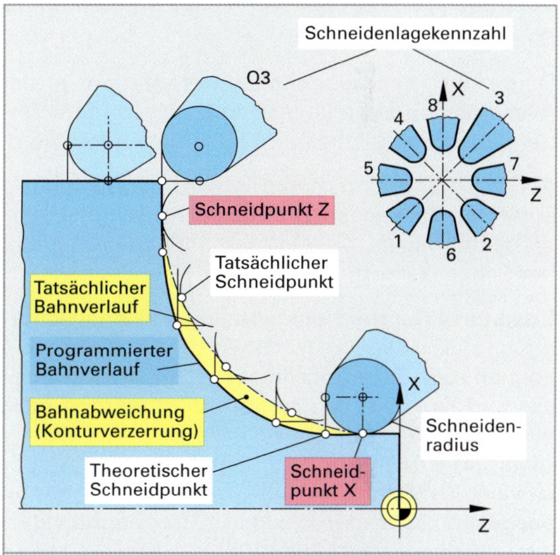

Bild 3: Konturverzerrung beim Drehen

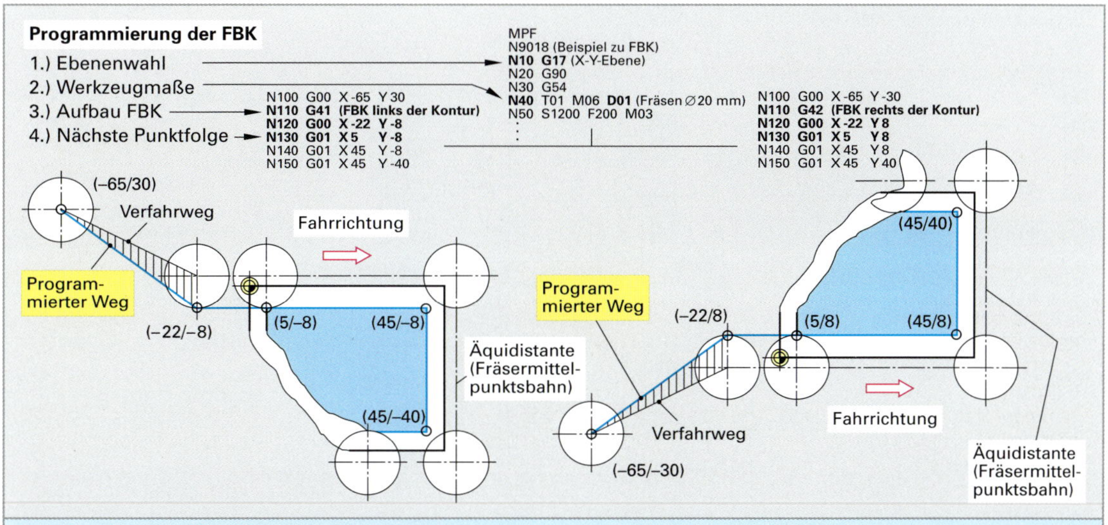

Bild 1: Aufbau der Fräserbahnkorrektur (FBK)

Erweiterte Wegfunktionen. Neben der Bahnführung (Interpolation) mit G00, G01 und G02/G03 haben CNC-Steuerungen Wegfunktionen für **Gewindeschneiden, Schraubenlinieninterpolation** (Helixinterpolation), **Zylinderinterpolation**.

Zum **Gewindeschneiden** wird die Vorschubbewegung mit der Spindelbewegung synchronisiert, sodass eine Schraubenlinie (Gewinde) entsteht. Gewinde werden in mehreren Durchläufen geschnitten, deshalb muss die Steuerung gewährleisten, dass der Anschnitt jeweils bei der gleichen Winkelstellung erfolgt. Mit G33 wird ein Gewinde mit konstanter Steigung **(Bild 1)**, mit G34 ein Gewinde mit linear abnehmender Steigung und mit G35 ein Gewinde mit linear zunehmender Steigung programmiert.

Durch die **Schraubenlinieninterpolation** erhält man eine Schraubenlinie **(Bild 2)**. Anwendung findet diese Funktion beim Zirkular-Gewindefräsen.

Bei der Zylinderinterpolation wird die Bewegung einer Rotationsachse (Drehtisch) und einer Linearachse überlagert. Anwendung findet dies z. B. bei der Schneckenfertigung **(Bild 3)**.

Erweiterte Geometrieumsetzungen. Neben kartesischen[1] Koordinaten (rechtwinklige Koordinaten) können auch **Polarkoordinaten** (Länge einer Strecke und Drehwinkel) programmiert werden oder ein X/Y-Werte-paar (kartesisch) und ein Winkel (polar). Bei den Winkelangaben entspricht die positive X-Richtung der Null-Grad-Linie und davon ausgehend wird der Winkel im Gegenuhrzeigersinn positiv gezählt **(Bild 4)**.

[1] Benannt nach *René Descartes* (Renatus Cartesius), franz. Philosoph und Mathematiker (1596–1650).

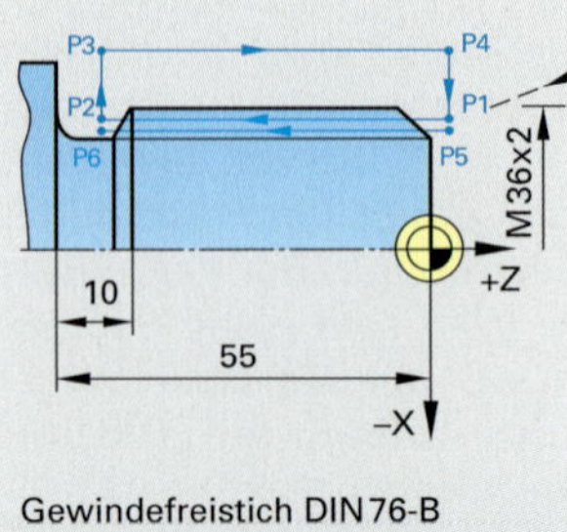

Feingewinde M36x2

```
:
N200 G00 X34.7  Z3   (P1)
N210 G33 X34.7  Z-50 (P2)
N220 G00 X38    Z-50 (P3)
N230 G00 X38    Z3   (P4)
N240 G00 X33.55 Z3   (P5)
N250 G33 X33.55 Z-50 (P6)
:
```

Bild 1: Gewindeschneiden G33

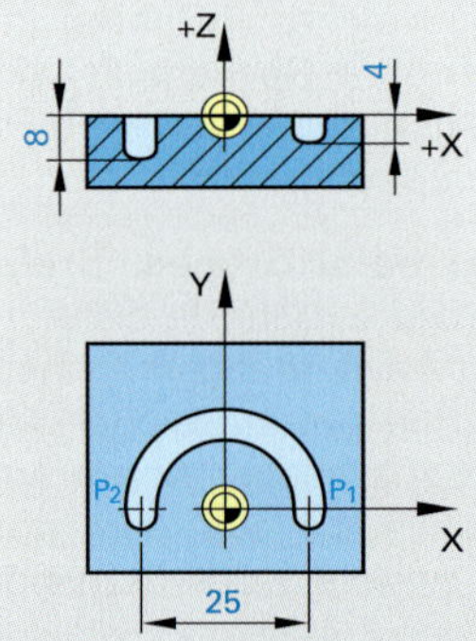


```
:
N100 G00 X 12.5 Y 0
N110 G00 Z 1
N120 G01 Z -4                 (P1)
N130 G03 X -12.5 Y 0 Z -8
         I -12.5 J 0          (P2)
```

Schraubenlinie
(I und J inkremental vom Kreisanfangspunkt P_1)
:

Bild 2: Schraubenlinieninterpolation

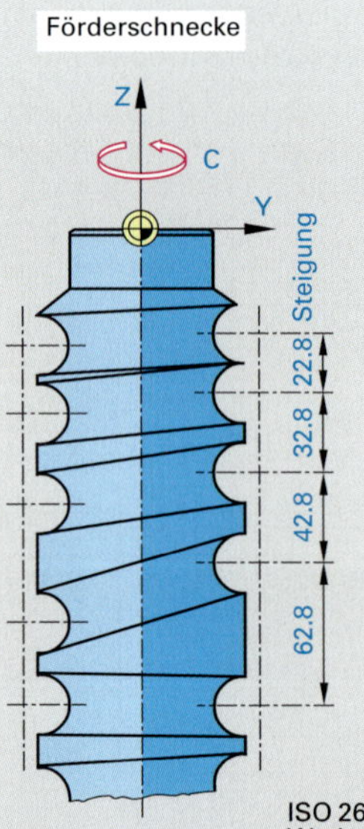


```
:
N50  T05  M06
N60  F200 S1200 M03
N70  G00  Y 50
N80  G01  Y 42
N90  F360 R 42
     (Vorschub in Grad/min.
     da zusätzlich R in Satz)
N100 G91
     (inkrementale Maße)
N110 G01  Z-22.8 C 360
     (Fahre gleichzeitig die
     Z-Achse und C-Dreh-
     achse)
N120 G01  Z-32.8 C 360
N130 G01  Z-42.8 C 360
N140 G01  Z-62.8 C 360
:
```

ISO 2678 mH
Werkstoff POM (Delrin)

Bild 3: Zylinderinterpolation auf Fräsmaschine

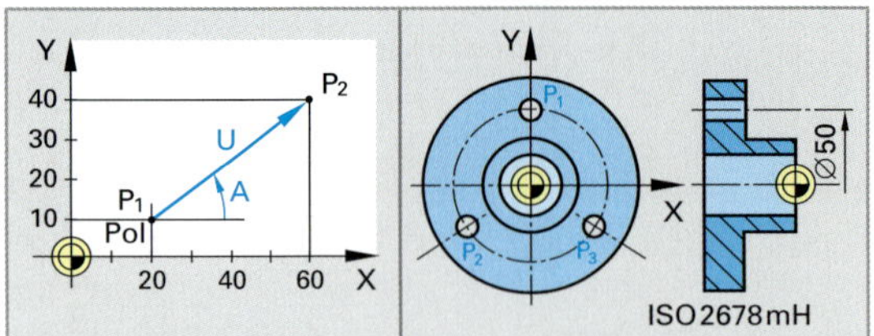

P_1 = Pol des Polarkoordinatensystems
P_2 = Endpunkt
A = Drehwinkel
U = Länge

```
G01 X 20  Y 10
G91
G01 U 50  A 36.87
```

```
:
N50  G90
N60  G00 U 25 A 90  (P1)
:
N80  G00 U 25 A 210 (P2)
:
N100 G00 U 25 A 330 (P3)
:
```

Bild 4: Programmierung mit Polarkoordinaten

Konturzugprogrammierung. Durch die Konturzugprogrammierung ist es möglich Winkel und die Übergangselemente Radien oder Fasen direkt einzugeben. Bei den Übergangselementen wird die theoretische Ecke **(Bild 1)** und das Übergangselementsymbol, z. B. R8 = Radius 8 mm, im Programm eingegeben. Es ist möglich einen **3-Punkte-Konturzug** zu programmieren, wenn zwischen 2 Geraden der Schnittpunkt nicht bemaßt ist, jedoch für beide Geraden die Winkel sowie der Anfangspunkt der ersten Gerade und der Endpunkt der zweiten Geraden bemaßt sind **(Bild 2)**.

Geometriepakete. Bei CNC-Steuerungen gibt es Geometriepakete zur Berechnung von Schnittpunkten und zwar zwischen Gerade und Kreisbogen (tangential oder nicht tangential), Kreisbogen und Gerade, Kreisbogen und Kreisbogen **(Bild 3)**.

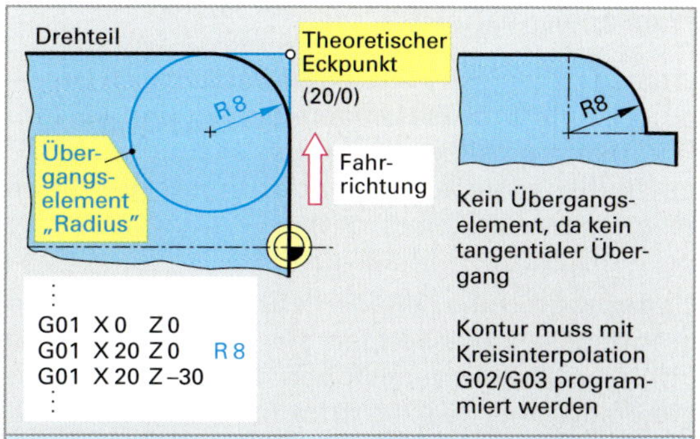

Bild 1: Programmierung bei Übergangselementen

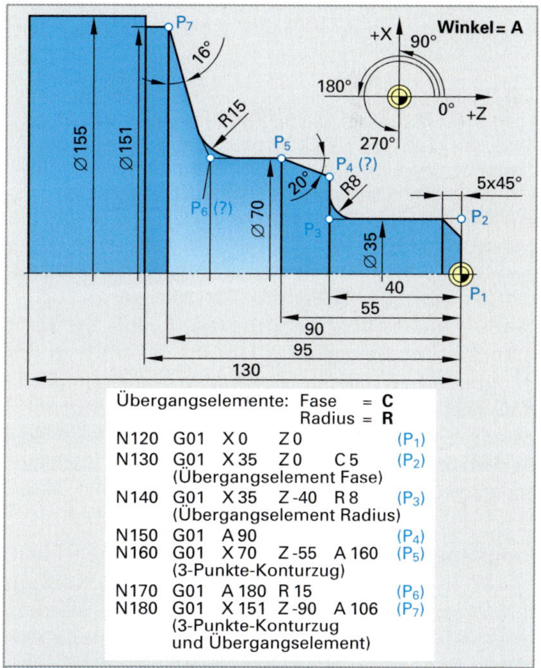

Bild 2: Programmierung bei Konturzügen

Wiederholung und Vertiefung

1. Welche Arten von Nullpunktverschiebungen gibt es und wodurch unterscheiden sich diese?
2. Wie nennt man den Versatz zwischen Fräsermittelpunktsbahn und Werkstückkontur?
3. Welche erweiterten Wegfunktionen gibt es?
4. Durch welche Angaben wird ein Punkt in Polarkoordinaten beschrieben?
5. Wie ist der Drehsinn bei Polarkoordinaten für positive Winkel?
6. Wie kann man einen Radius mit tangentialem Übergang an einem Bauteil programmieren, außer durch G2/G3?

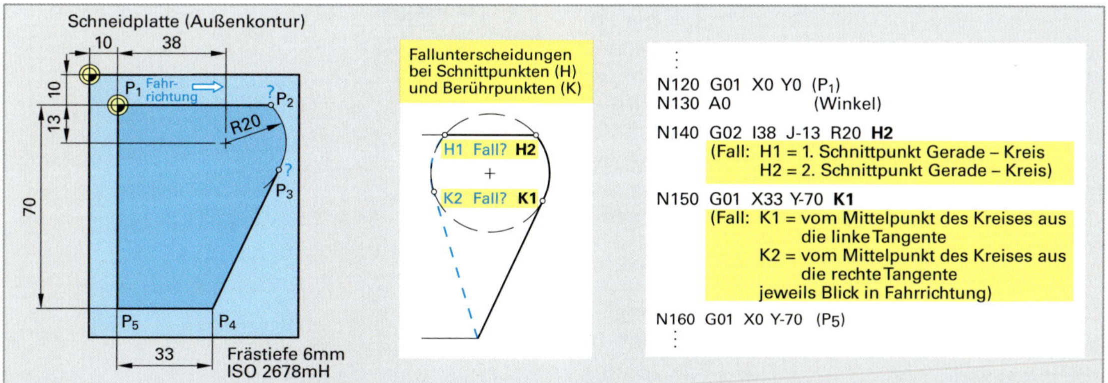

Bild 3: Schnittpunktberechnungen

Programmstrukturen

Werden neben den Hauptprogrammen auch Unterprogramme und Zyklen verwendet, sind kürzere Programmierzeiten sowie übersichtliche, leicht nachvollziehbare und änderungsfreundliche Programmstrukturen möglich.

Unterprogramme. Wiederkehrende gleiche Programmabschnitte können als *Unterprogramme* mit dem Adressbuchstaben L und einer Programmnummer gespeichert werden und innerhalb des Hauptprogrammes wieder mit der gleichen Programmnummer aufgerufen werden. Für die Anzahl der Programmdurchläufe kann hinter der Programmnummer noch eine Zahl ergänzt werden.

Im Beispiel sind 4 gleiche Längsnuten in eine Unterlagsschiene zu fräsen **(Bild 1)**. Hier bietet es sich an, die Nut als Unterprogramm zu programmieren. Im Hauptprogramm kann dann das Unterprogramm beliebig oft aufgerufen werden.

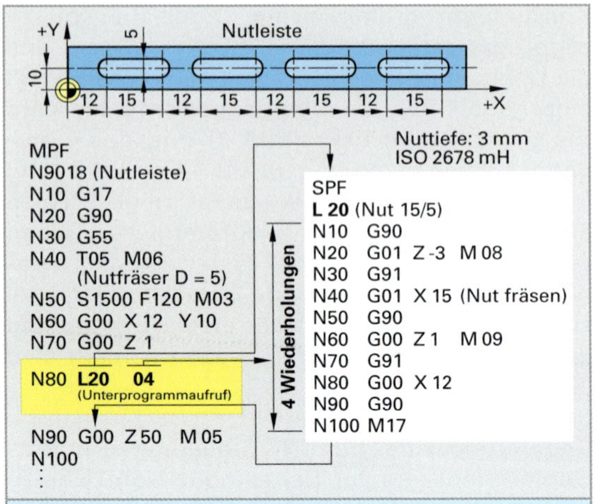

Bild 1: Festes Unterprogramm

Parametrisierte Unterprogramme. Kommen z. B. Längsnuten der gleichen Art mit veränderten Maßen im Produktionsprogramm vor, so kann man die Zahlenwerte im Unterprogramm durch Parameter bzw. Symbole (Variable, Platzhalter) wie R30, R31... ersetzen **(Bild 2)**. Im Hauptprogramm werden vor dem Unterprogrammaufruf den Parameterspeichern jeweils die Maße der nächsten Nut zugewiesen.

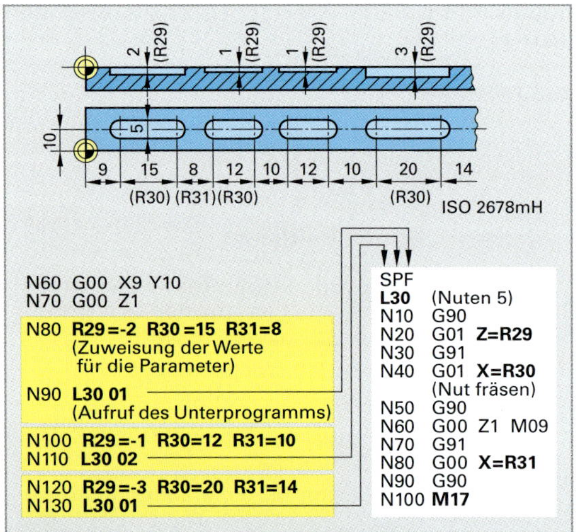

Bild 2: Parametrisierte Unterprogramme

Programmteilwiederholungen. Die gleichen Funktionen wie mit den Unterprogrammen können mit *Programmwiederholungen* aufgebaut werden. Über die Satznummer können Programmteile zwischen benannten Satznummern wiederholt werden. Eine typische Anwendung ist z. B., wenn eine Kontur sowohl geschruppt als auch geschlichtet werden soll **(Bild 3)**. Damit die Geometrie der Fertigkontur in beiden Fällen unverändert verwendet werden kann, wird der Durchmesser des Schruppfräsers im Werkzeugspeicher um das Aufmaß erhöht. Programmwiederholungen haben den Vorteil, dass nicht zusätzlich Unterprogramme verwaltet werden müssen. Der Nachteil ist, dass nicht von anderen Hauptprogrammen aus zugegriffen werden kann.

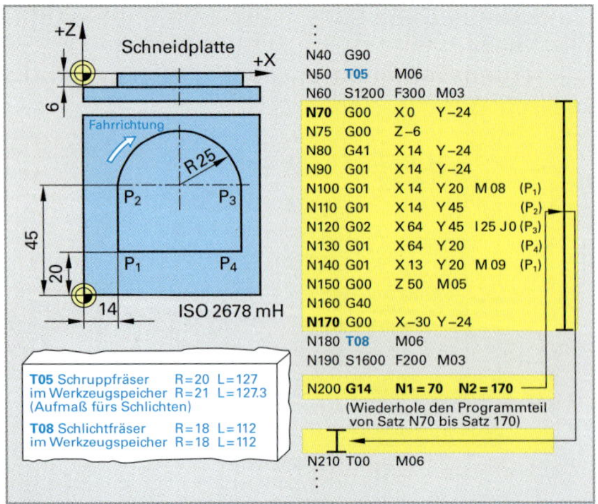

Bild 3: Programmwiederholung G14

Zyklen. Für typische Arbeitsabläufe in der Zerspantechnik, wie z. B. für Bohren (L81), oder für Schruppbearbeitungen beim Drehen (L77), sind in der DIN 66025 parametrisierte Unterprogramme festgelegt.

Diese Zyklen werden von den Maschinenherstellern individuell festgelegt und können im Hauptprogramm aufgerufen werden **(Bild 1)**. Voraussetzung ist, dass der Programmierer sich über die vereinbarten Parameterbezeichnungen informiert und vor dem Aufruf entsprechende Zahlenwert e zuweist. Die Zyklen, wie z. B. der Tieflochbohrzyklus (L83), enthalten Berechnungen für die Anzahl der Entspanungen und Verzweigungen.

Programmierregeln. Neben dem eigentlichen Programm (Syntax-Vereinbarungen[1]) ist es sinnvoll Programmierregeln **(Tabelle 1)** zu vereinbaren um Flüchtigkeitsfehler vorzubeugen und um dann Rückfragen zu vermeiden. Auch sollte die Archivierung[2] der vom Maschinenbediener optimierten Programme nicht vergessen werden. Wird bei der Werkstückbearbeitung der Override benutzt, sollten die Overrideeinstellungen protokolliert werden.

Joblisten. Bei modernen CNC-Maschinen ist ein PC mit Festplatte integriert. Damit ist eine übersichtliche Programmverwaltung möglich.

Mit Joblisten[3] (Ladeanweisung) können vollständige Arbeitsaufträge für eine Werkstückbearbeitung bestehend aus:

- Hauptprogrammen MPF *(Main Program File)*
- Unterprogrammen SPF *(Sub Program File)*
- Programmparameter RPA *(R-Parameter Active)*
- Nullpunktverschieb. ZOA *(Zero Offset Active)*
- Werkzeugkorrekturen TOA *(Tool Offset Active)*

an die CNC-Steuerung übergeben und von ihr gesteuert werden.

Eine Jobliste **(Tabelle 2)** besteht aus **Löschanweisungen** (CLEAR..), **Ladeanweisungen** (LOAD..) und der **Startvorbereitung** (SELECT..).

Maschinenparameter. Die Maschinendynamik, das Steuerungsverhalten und der Maschinenstatus können über Maschinenparameter, also über die Systemsoftware, beeinflusst werden. Der überwiegende Teil, wie z. B. der K_v-Faktor, wird bei der Inbetriebnahme eingestellt. Daneben gibt es Maschinenparameter die vom Bediener oder über Programme verändert werden können. Beispiele hierfür sind Schnittstellenkonfiguration für die Datenübertragung, Drehzahlbegrenzungen, z. B. beim Plandrehen und die Fehlerfenster (grob und fein) für Genauhalt **(Bild 2)**.

[1] lat.-griech. syntaxis = Zusammenstellung, Satzbau bei Sprachen

[2] griech. archeion = Amtsgebäude für die Aufbewahrung von Urkunden, archivieren = aufbewahren von Dokumenten, z. B. von Programmen

[3] engl. job = vorübergehende Beschäftigung, hier: Arbeitsaufgabe

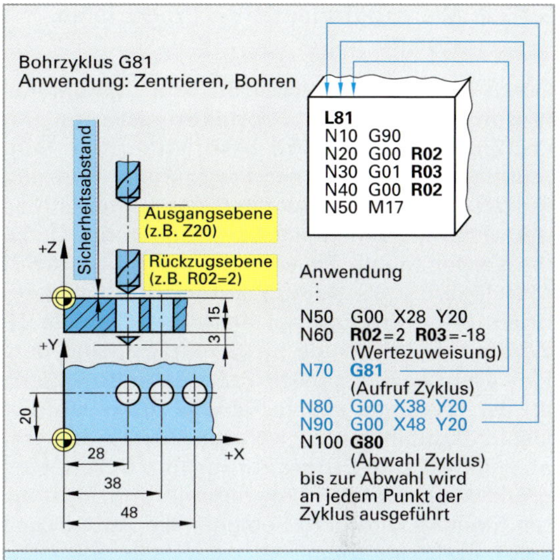

Bild 1: Bohrzyklus G81

Tabelle 1: Allgemeine Programmierregeln

• Kommentare
N 40 T01 (Fräser R=20) N 90 L0101 (Bohrbild 1)
• Programmabschnitte visualisieren
N150 G00 Z5 N1000 (Innenkontur schruppen) N1010 G59 X20 Y-20
• kurze CNC-Sätze
N50 F300 S1200 M03 N60 G90 N70 G01 X50 Y100
• am Ende von Haupt- und Unterprogrammen Einschaltzustand programmieren
z.B. G17/G54/G90
• vermeiden von 3D-Bewegungen im Eilgang
• Zeichnungsmaße programmieren
(G90/G91)

Tabelle 2: Jobliste

CLEAR
(Alle Teilprogramme im NCK-Speicher werden gelöscht)
LOAD LOCAL/W-BO MPF 0815
Lädt das Hauptprogramm MPF 0815 vom Hauptpfad „LOCAL" und vom Unterpfad „W-BO" des MMC-Speichers
LOAD LOCAL/W-BO SPF [3,5]
Lädt die Unterprogramme 3 bis 5 vom Hauptpfad „LOCAL" und Unterpfad „W-BO"
SELEKT MPF 0815 CH = 1
Anwahl des Hauptprogrammes 0815 im Kanal 1

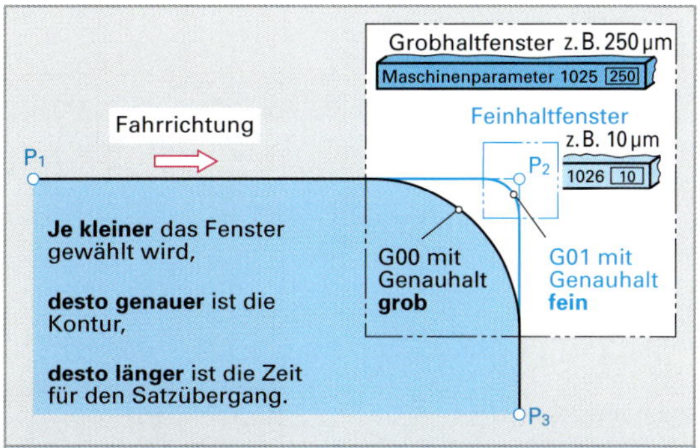

Bild 2: Maschinenparameter für Genauhaltfenster (G00, G01)

5.1.3.2 Werkstattorientiertes Produzieren (WOP)

Durch die Änderungen der Struktur und der Ablauforganisation der Produktionsstätten mit der Zielsetzung wie Prozessorientierung, Segmentierung[1], autonome[2] Fertigungsinseln und fraktaler[3] Fabrik gewinnt die Programmierung an der Maschine zunehmend an Bedeutung. Durch die vorgenannten Zielsetzungen wird die CNC-Maschine um die Komponenten zum werkstattorientierten Produzieren erweitert **(Tabelle 1)**. Wird an der Maschine programmiert, sind dem Facharbeiter angepasste Programmiersysteme an der Maschine zur Verfügung zu stellen. Ein Gesichtspunkt hierzu ist: das Vermeiden der abstrakten DIN-Programmierung durch eine grafisch interaktive[4] Programmierung, d.h. bei der Eingabe wird dem Bediener die Auswirkung sofort grafisch sichtbar.

Programmaufbau: Das Programm besteht aus 3 Teilen: Programmkopf, Programmsätze und Programmende **(Bild 1)**. Diese Teile bilden den Arbeitsplan. Die Grundlage für die Programmierung ist die Programmiergrafik **(Bild 2)**.

[1] lat. segmentum = Abschnitt, Teil;
[2] griech. autonomos = selbstständig;
[3] fraktal = abgeteilt, von lat. fragmentum = Bruchstück;
[4] interaktiv = zwischendurch handelnd

Tabelle 1: Werkstattorientiertes Produzieren

Direkt an der CNC-Maschine

Funktionen zur Programmierung	Funktionen zur Fertigungssteuerung
• grafisch interaktive Programmerstellung	• Auftragsverwaltung
• Übernahme der CAD-Geometrie (DXF, IGES)	• Werkzeugverwaltung (Maße, Standzeiten)
• Technologieprozessoren (Schnittwerte)	• Spannmittelverwaltung
• Programmsimulation (Geometrie, Kollision)	• Qualitätssteuerung

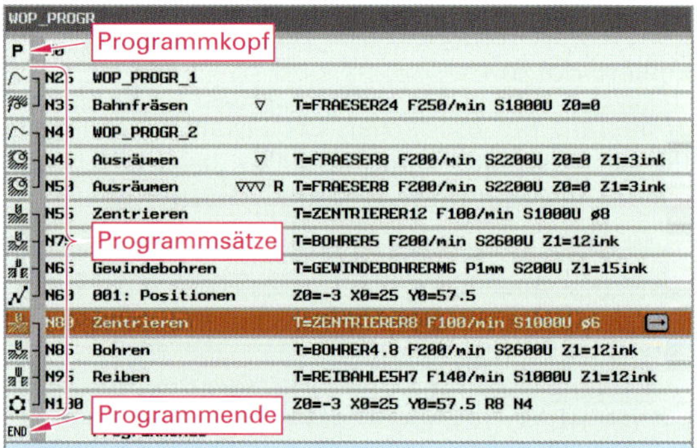

Bild 1: Arbeitsplan

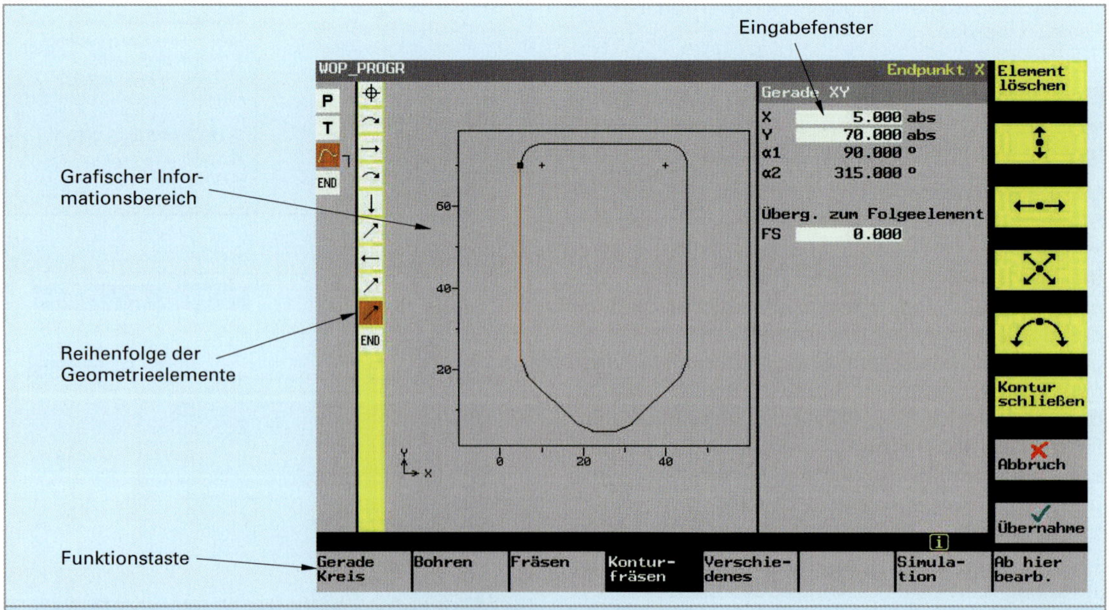

Bild 2: Grafisch-interaktive Eingabe der Geometrie

Programmierung

1. **Programmkopf**. Ein neues Programm wird im Programm-Manager angelegt und erhält dort einen Programmnamen. Im Programmkopf **(Bild 1)** werden Parameter, die über das gesamte Programm wirken eingegeben. Sie werden z.B. für die Simulation verwendet.
2. **Geometrie**. Für die einzelnen Bearbeitungsschritte zeichnet der Programmierer die Geometrie mit Hilfe der Geometrie-Elemente (Kreis, Punkt, Gerade) über die Eingabemaske interaktiv nach **(Bild 2, vorhergehende Seite)**. Im Gegensatz zu CAD-Anlagen, die eine ungerichtete Geometrie nutzen, wird hier eine gerichtete Geometrie verwendet. Die Elemente müssen in ihrer Reihenfolge eingegeben werden. Selbst erstellte Geometrien werden unter einem frei wählbaren Namen abgespeichert, für vorgefertigte Geometrielemente, wie z. B. Lochkreis gibt das Programm den Namen vor.
3. **Bearbeitung.** Nachdem die Geometrie vorliegt, erfolgt nun die Programmerstellung für die Bearbeitung. Dazu steht ein Parametereingabefenster mit der erstellten Programmiergrafik zur Verfügung **(Bild 2)**. Alternativ kann anstelle der Programmiergrafik auch ein Hilfebild angezeigt werden. Das Werkzeug **(Bild 3)** wird im Parametereingabefenster des jeweiligen Bearbeitungsschrittes ausgewählt und parametriert.
4. **Arbeitsplan.** Durch die Steuerung werden die Technologiesätze automatisch mit den Positionssätzen (Geometrie) verkettet **(Bild 4)**. Das Programm wird ohne weitere Umwandlung auf der Maschine abgearbeitet.
5. **Simulation.** Die Simulation **(Bild 5)** zeigt neben den Verfahrwegen auch mögliche Kollisionen. Weiterhin ist eine Beurteilung nach wirtschaftlichen Kriterien gegeben: dadurch kann das Programm durch den Facharbeiter vor Beginn der Fertigung optimiert werden.
Die Programmierung an der Maschine hat insbesondere bei einfachen Programmen oder in der Einzelteilfertigung Vorteile.

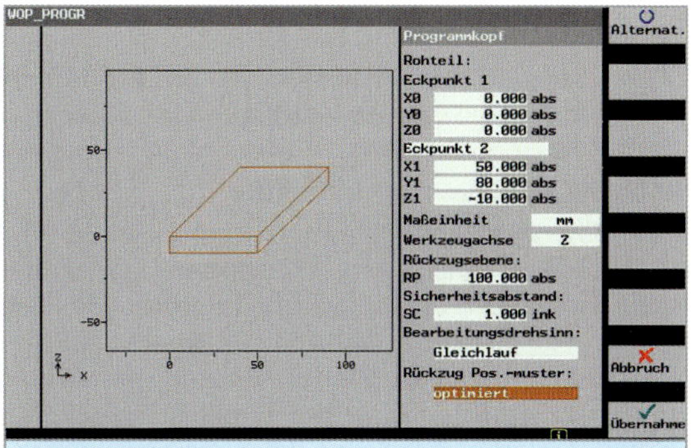

Bild 1: Programmkopf

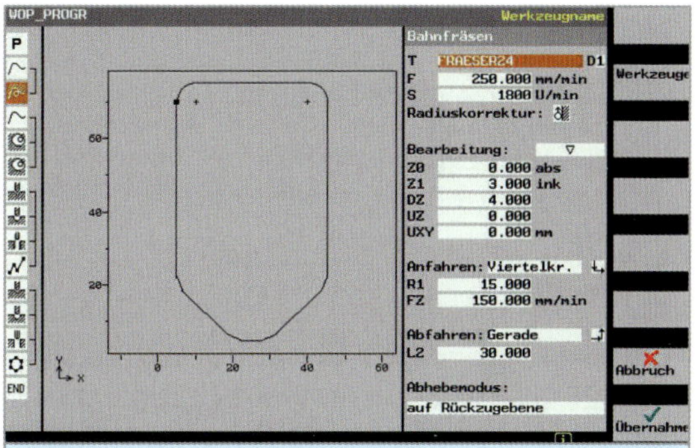

Bild 2: Parametereingabe

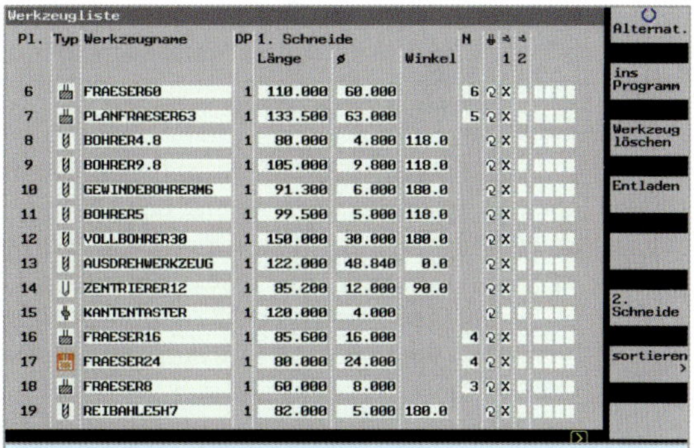

Bild 3: Werkzeugspeicher

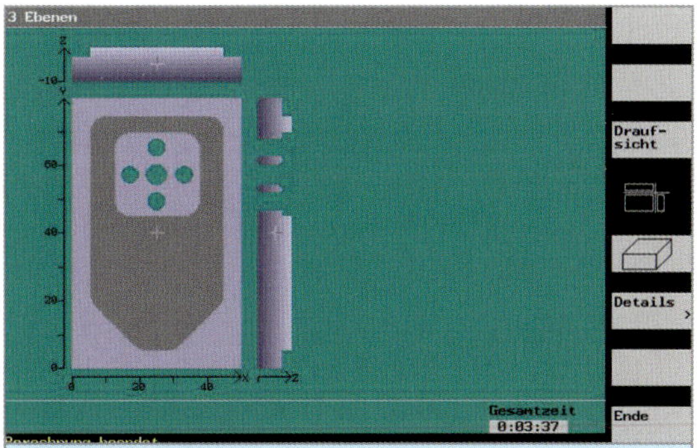

Bild 5: Simulation

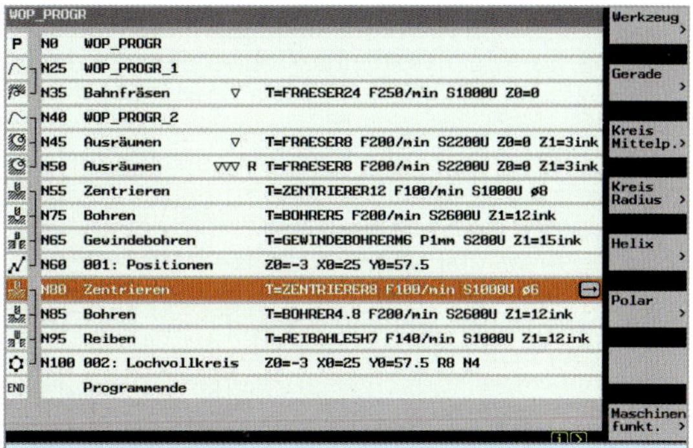

Bild 4: Arbeitsplan

5.1.4 Interpolation

Durch Interpolation[1] ermittelt die CNC-Steuerung eine dichte Folge von Bahnstützpunkten **(Bild 1).**

Analytisch bestimmte Geometrie

Analytisch bestimmte Geometrien sind solche, die sich aus *Geradenstücken, Kreisbögen, Ellipsenabschnitten* und *Parabelbögen* zusammensetzen. Sie können exakt, d. h. analytisch durch eine mathematische Formel beschrieben werden. Wichtigste Interpolationsarten sind die **Linearinterpolation** (Geradeninterpolation) und die **Kreisinterpolation.**

Linearinterpolation

Die Interpolationszeit T wird in gleiche Zeitabschnitte (Interpolationstakt), z. B. hier gewählt in 10 Abschnitte, aufgeteilt **(Tabelle 1).** Entsprechend wird jeweils die Wegstrecke in der X-Achse und in der Y-Achse in die gleiche Anzahl Wegabschnitte zerlegt (Einheit in 1/1000 mm):

in X-Richtung $8 - 1 = 7 \quad 7 : 10 = 0{,}7$

in Y-Richtung $6 - 2 = 4 \quad 4 : 10 = 0{,}4$

Eine Vorschubbewegung erfolgt nur, wenn nach einem Rechenschritt die Addition der Wegabschnitte mindestens 1 Inkrement (1/1000 mm) ergibt. Die Messfeinheit der Wegmesssysteme ermöglicht Inkremente von 0,001 mm Länge. Dies bedeutet, dass die Wegabschnitte hiervon Teile sein müssen. Im Beispiel sind dies bei der X-Achse 0,0007 mm.

Freie Geometrie

Ausgehend von Messpunkten, z. B. bei Karosserieteilen, soll die *Freiformfläche* gefertigt werden. Hierbei ist aus den Messpunkten im *1. Schritt* eine *Sollfläche* zu bestimmen und diese ist in einem *2. Schritt* in *Bearbeitungsbahnen* zu übersetzen. Den Bahnverlauf nähert man durch einen **Polygonzug**[2] an.

Polygonzüge

Die Bahnkurve wird in kleine Geradenstücke zerlegt, d. h. mit G01 Wegbedingungen abgearbeitet **(Bild 2).** Damit sind folgende Probleme verbunden:

- An kantigen Übergängen der Geradenstücke gibt es Bahnfehler. Zu ihrer Umgehung erzeugen manche Steuerungen anstatt der Geraden kleine Kreise.
- Werden Genauigkeiten von 1/100 mm erwartet, muss man die Geradenstücke sehr klein wählen. Damit kommen auch leistungsstarke Steuerungen an die Grenze ihrer Rechenleistung (Blockzykluszeit).

[1] Interpolation = Berechnung von Zwischenwerten aus lat. interpolatio = Umgestaltung;

[2] Polygon = Vieleck, aus griech. poly = viel und gonia = Ecke

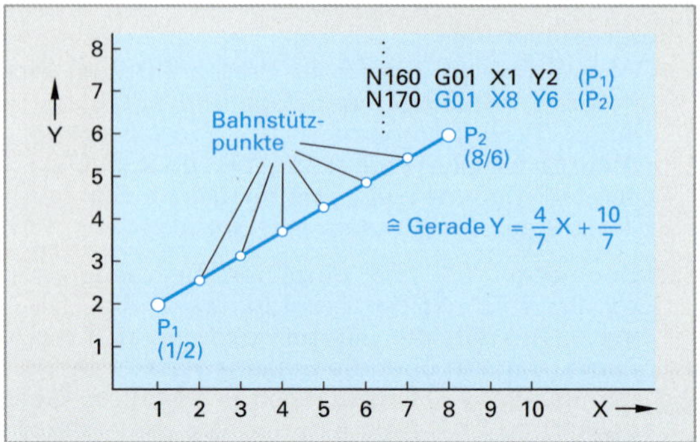

Bild 1: Linearinterpolation

Tabelle 1: Linearinterpolation

Rechenschritte	X-Achse Summe	X-Achse Inkremente	Y-Achse Summe	Y-Achse Inkremente
1	0.7	–	0.4	–
2	1.4	1	0.8	–
3	1.1	1	1.2	1
4	0.8	–	0.6	–
5	1.5	1	1.0	1
6	1.2	1	0.4	–
7	0.9	–	0.8	–
8	1.6	1	1.2	1
9	1.3	1	0.6	–
10	1.0	1	1.0	1

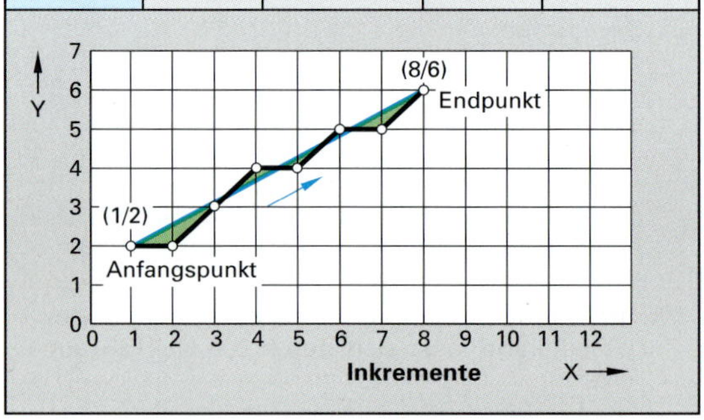

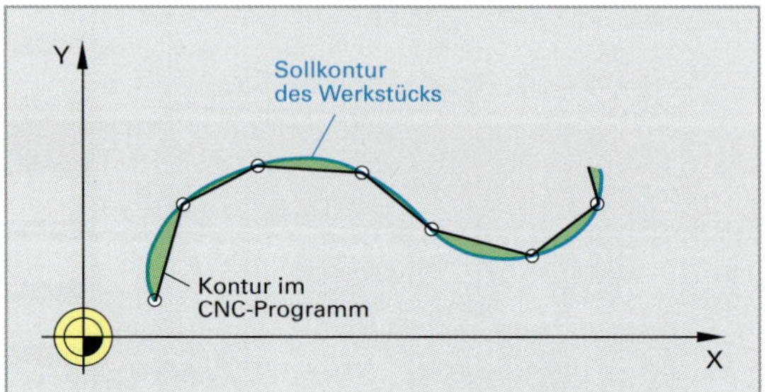

Bild 2: Polygonzug

Spline-Interpolation. Ein Spline[1] ist eine glatte Kurve (keine Kanten), deren Krümmungsradien sich stetig ändern. Durch Polynome[2], z. B. 3. Grades, lassen sich Kurvensegmente mit unterschiedlichem Krümmungsverhalten und unterschiedlicher Steigung durch weiche Übergänge verbinden.

Spline-Arten. Der **A-Spline** (Akima-Spline[3]), ist in den Stützpunkten tangentenstetig. Man denkt sich, dass die Stützstellen Ösen darstellen, durch die mit minimaler Biegeenergie ein dünner elastischer Draht gezogen wird. Der A-Spline ist geeignet, wenige Messpunkte durch einen glatten Kurvenverlauf zu verbinden **(Bild 1).**

Beim **B-Spline** (Basic Spline oder Bézier-Bernstein-Spline[4]) geht im Gegensatz zu dem A-Spline die Kurve nur annähernd durch die Stützpunkte. Die Annäherung wird durch eine interne Gewichtung der Stützpunkte gesteuert. Diese Form ist geeignet für digitalisierte Freiformflächen mit vielen Messpunkten. Die Anwendung hat den Vorteil einer wesentlichen Datenreduktion **(Bild 2).** Der B-Spline kann andere Splinearten und auch Kreis, Ellipse und Parabel nachbilden.

Umsetzung der Spline-Interpolation:

Schritt 1: Ermitteln der Sollkurve

Neben den Messpunkten müssen zur Bestimmung der Spline-Ketten die Achskonfiguration und die Werkzeugabmessungen und der Werkzeugtyp bekannt sein. Um die Sollkurve wird nach einem Toleranzwert ein Toleranzschlauch gelegt. Wird bei der Berechnung des Splines der Toleranzwert überschritten, wird automatisch der nächste Splinesatz erzeugt **(Bild 3).** Damit kann eine wesentliche Datenreduktion erreicht werden.

Schritt 2: Steuerungsinterne Bahnführung

Nachdem die Sollkurve als Kette aus Splines berechnet ist, werden die Splinesätze mit der entsprechenden Wegfunktion für die Spline-Interpolation, z. B. G06, übernommen. Die steuerungsintern verwendeten Splines sind z. B. sogenannte **NURBS** (Nicht Uniforme Rationale B-Splines). Neben der Datenreduktion lässt sich durch die NURBS auch der Werkzeugvektor bei der 3D-Bearbeitung direkt an die Steuerung übergeben. Die Bearbeitungsqualität sowie die Produktivität (höherer Vorschub und Schnittgeschwindigkeit) lassen sich verbessern. Durch die NURBS bezieht sich die Regelung auf eine größere Länge der Werkzeugbahn. Die NURBS sind stetig, sodass insgesamt eine harmonische, d. h. weitgehend ruckfreie Bewegung der Maschine erreicht wird.

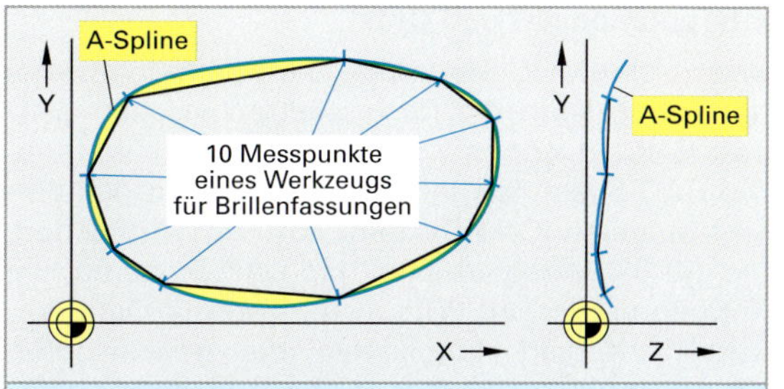

Bild 1: Spline-Interpolation

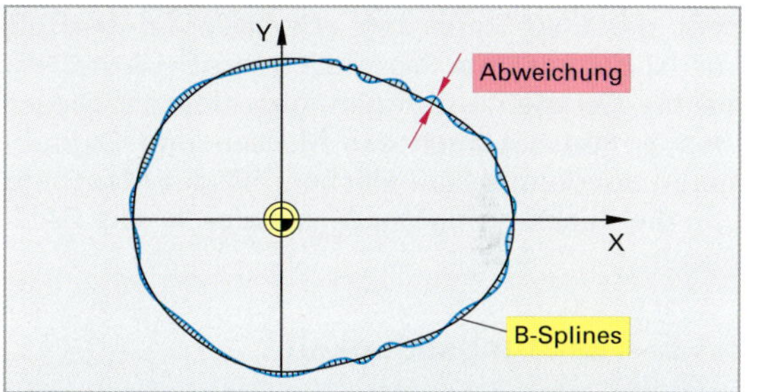

Bild 2: B-Spline-Interpolation für eine Nockenkontur

Tabelle 1: CNC-Sätze für Nocken (Bild 2)

Polygon-Interpolation 360 CNC-Sätze	Spline-Interpolation 18 CNC-Sätze
N01 B94.0 Y38.494	N1 G6 X38.420 B98.000 I4.001
N02 B95.0 Y38.492	K7479172 K-24872128 K13544407
N03 B96.0 Y38.495	K138283 K-494686 K-268164648
N04 B97.0 Y38.460	N2 G6 X38.009 B115.00 I17.011
N05 B98.0 Y38.420	K-1092658 K-1255846 K18516670
N06 B99.0 Y38.375	K-13440 K-174386 K-267781410
N07 B110.0 Y38.325	N3 G6 X37.745 B118.000 I3.607
N08 B111.0 Y38.269	K1982335983 K-2245320190 K239699980
N09 B112.0 Y38.209	K-151548408 K309309875 K-300711934
N10 B113.0 Y38.144	N4 G6 X31.034 B167.000 I51.515
N11 B114.0 Y38.075	K-168507 K3586647 K25742689
N12 B115.0 Y38.009	K584696 K-14891629 K-207929854
N13 B116.0 Y37.092	N5 G06
⋮	⋮

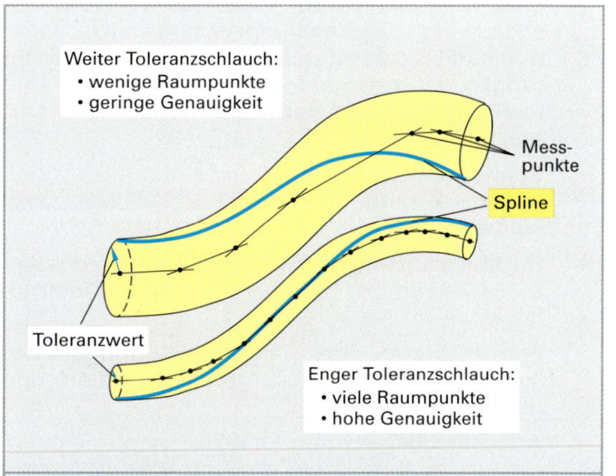

Bild 3: Spline-Interpolation mit Toleranzschlauch

[1] engl. spline = ein dünner Stab, um gleichmäßige Kurven, z. B. im Schiffsbau, zu erhalten

[2] Polynom = vielgliederiger math. Ausdruck; hier eine Gleichung höherer als 2. Grades, z. B. $y = a + ax + ax^2 + ax^3$, aus griech. poly = viel und nomos = Gesetz

[3] *J. H. Akima*, amerik. Mathematiker;

[4] *P. Bézier*, franz. Wissenschaftler, *Bernstein*, dt. Mathematiker

Interpolationsart und CAD

Besitzt eine CNC-Steuerung die Spline-Interpolation, dann kann die Prozesskette zwischen CAD und CNC in enger Weise geschlossen werden. Bei CAD-Systemen lassen sich zwei Produktlinien feststellen: CAD-Systeme für Freiformflächen, die mit B-Splines arbeiten und CAD-Systeme, die mit geometrischen Primitiven, also mit Quadern, Kugeln, Kegeln, Ellipsoiden die gewünschten Körper, mit der Durchdringung dieser Grundkörper, erzeugen. Durch NURBS lassen sich beide Linien auf eine einheitliche Datenbasis bringen. Baut die CNC-Steuerung ebenfalls auf NURBS auf, ist die gesamte Prozesskette CAD-CAM-CNC, auf die Geometrie bezogen, geschlossen. Dieser Weg ermöglicht auch das Messen und Digitalisieren von komplexen Flächen mit der Maschine und die Rückführung der Messdaten in das CAD-System.

Tabelle 1: Leistungsmerkmale

Leistungsmerkmale

Technische Leistung	Bedienkomfort	Technologische Anpassung	Integration in die Produktionsstruktur
• kurze Auftragszeit – Leistung – Bahngeschwindigkeit – Werkzeugwechselzeit – Rüstzeit	• Programmierung – Hilfe als Text und Grafik – Dialogprogrammierung – Simulation	• Bearbeitungszyklen	• Materialfluss Handhabung und Transport – Werkstücke – Werkzeuge – Spannmittel – Prüfmittel
• hohe Qualität – Bahnführung – Zuverlässigkeit	• Bearbeitungsprozessvisualisierung für Optimierung der Einflussparameter	• Technologieprozessoren und Schnittwerkdateien	• Informationsfluss Integration in – DNC – MDE – BDE – Netze
• bei geringen fixen und variablen Kosten		• Sensorik – Schnittkräfte – Spannung	
		• Messzyklen	
		• Digitalisierung	
	• Diagnose und Fehlerbeseitigung im Dialog		
	• Ergonomie Einrichten, Spannen, Service		

5.1.5 Leistungsfähigkeit

Die Leistungsfähigkeit einer CNC-Maschine ist maßgeblich von der Steuerung (NCK, PLC), den Antrieben und der Bedienschnittstelle (MMC) abhängig **(Tabelle 1)**.

Leistungsmerkmale

Die Leistungsmerkmale beziehen sich auf die Bewegungsführung, auf die Achsfunktionen und auf die Antriebe neben den mechanischen Maschinenkenngrößen, wie z. B. Verfahrwege und Spindelleistung.

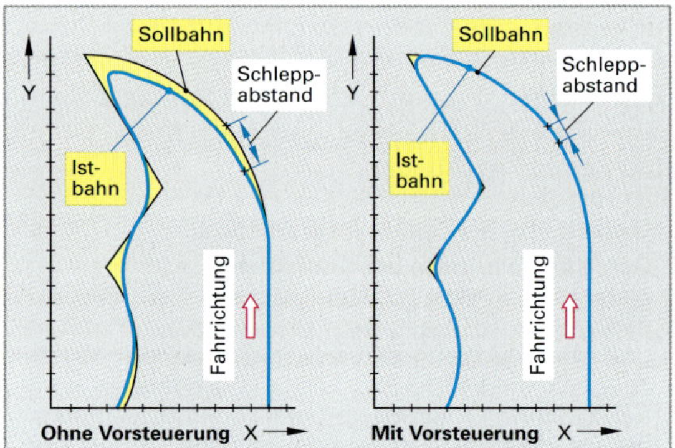

Bild 1: Bahnabweichungen bei Lageregelung mit und ohne Vorsteuerung

Bewegungsführung

- **Spline-Interpolation,** z. B. NURBS.
- **Transformation,** z. B. 5D-Werkzeugkorrektur in Maß und Lage.
- **Look-Ahead-Funktion**[1]. Dies ist eine vorausschauende Geschwindigkeitsführung, damit durch die Blockzykluszeit und bei geringen Richtungsänderungen ein gleichförmiger Vorschub realisiert wird und Beschleunigungen begrenzt bleiben.
- **Bahngeschwindigkeiten,** nicht auf die Mittelpunktbahn bezogen, sondern auf den Werkzeugeingriffspunkt.
- **Ruckbegrenzung** bei Beschleunigungen des Antriebs und bei der Bahnberechnung des Interpolators.
- **Framesystem**[2]. Das Werkstück-Koordinatensystem kann verschoben, gedreht, skaliert und gespiegelt werden.
- **Arbeitsfeldbegrenzung** zur Kollisionsvermeidung.
- **Kompensationen** für den Schleppabstand durch Vorsteuerung **(Bild 1)**, Kompensation von Temperatureinflüssen, Kompensation der Bahnabweichungen durch Reibung (Quadrantenfehler bei Kreisen), durch Umkehrspannen und durch Steigungsfehler der Vorschubspindel.

Achsfunktionen und Antrieb

- **Erweiterung um Synchronachsen** innerhalb der NCK und um Positionierachsen innerhalb der PLC.
- **Kanalstruktur.** Ein Kanal ist eine vollständige Regelung von mindestens 5 Achsen, einschließlich der Programmcodierung und Interpolation. Eine NCK besitzt mehrere Kanäle um bei Mehrschlittenmaschinen und bei Mehrspindelmaschinen simultane oder auch asynchrone Bearbeitungen auszuführen.
- **Digitale Antriebskonzepte.** Die Regelung erfolgt über Software und ist damit einfach zu verändern und es gibt keine Driftprobleme.

[1] engl. to look ahead = vorausschauen; [2] engl. frame = der Rahmen, hier Koordinatensystem

Bedienkomfort

Eine übersichtliche Gestaltung der Bildschirmmasken (Window) signalisiert ständig den *Maschinenstatus,* die *Verfahrpositionen* und den *Programmablauf.*

Bei der Programmierung und Programmoptimierung gewährleisten *Helpfunktionen, Dialogfunktionen* und *Grafiken* bis hin zur Bearbeitungssimulation eine optimale Unterstützung.

Eine Fehlerermittlung (Diagnose) ist im Dialog möglich.

Bearbeitungsprozessvisualisierung

Bei der Fertigung mit konventionellen[1] Werkzeugmaschinen sind die Wirkkräfte, Bearbeitungsgeräusche und Vibrationen am Werkstück, am Werkzeug und an der Maschine direkt erfahrbar.

Durch die Verkapselung der CNC-Maschinen übernehmen Sensoren, z. B. für Körperschall und für die Temperatur, diese Rückmeldungen an den Facharbeiter. Die Schnittkräfte und deren Verlauf werden am Bildschirm grafisch dargestellt und damit wird der Verschleiß beurteilbar **(Bild 1)**.

Die Maße der Werkstücke werden protokolliert und ermöglichen frühzeitig Maßnahmen zur Qualitätssicherung.

Integration

Zur Einbindung in den Informationsfluss haben CNC-Maschinen genormte oder zumindest bekannt gemachte Hardwareschnittstellen und Softwareschnittstellen. Realisiert werden DNC, MDE und BDE über Netzwerke (LAN[2]). Am häufigsten wird das Ethernet-Netz verwendet.

MDE und BDE sind heute nicht nur auf Datenrückmeldungen beschränkt, sondern führen ständig einen Datenaustausch zwischen Fertigungsebene und Leitebene aus.

[1] lat. conventionalis = herkömmlich, hier Werkzeugmaschine ohne elektronische Steuerung;

[2] LAN engl. Local Area Network = lokales Datennetz

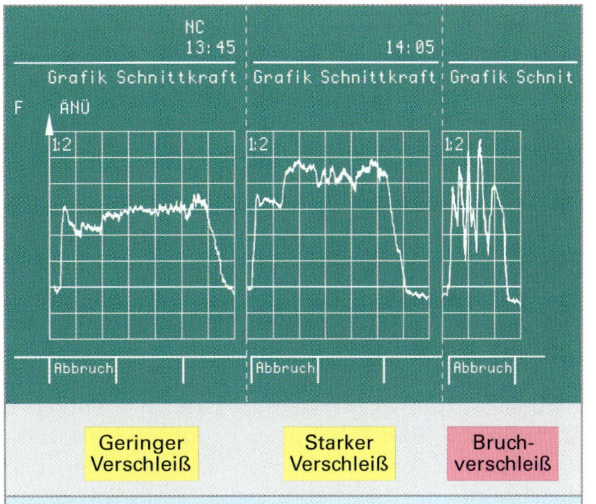

Bild 1: Schnittkräfte visualisieren

DNC (engl. Direkt Numerical Control = direkte numerische Steuerung)

- CNC-Programm, Werkzeugdaten und Nullpunktverschiebungen können zur Maschine und optimiert zurück zum Rechner (Leitrechner) übertragen werden.
- Automatisches Nachladen von Programmen, die länger sind als es der Teilespeicher an der Maschine aufnehmen kann.
- Datenübertragung während der Bearbeitung.
- Hohe Übertragungsgeschwindigkeiten.

MDE (Maschinendatenerfassung)

- Rückmeldung und Protokollierung des Bearbeitungsablaufes wie z. B.
  - Hauptnutzung, Nebennutzung, Rüsten,
  - Störung *technisch* (Werkzeug-Bruch, Späne, Kollision) oder *organisatorisch* (Programm, Material, Werkzeug fehlt),
  - Wartungshinweise.

BDE (Betriebsdatenerfassung)

- Auftragsübersicht (Warteschlange), Interpolation
- Rückstandsliste, Materialflussdaten
- An- und Abmelden des Auftrags
- gefertigte Stückzahl, Ausschuss.

Wiederholung und Vertiefung

1. Nennen Sie Beispiele analytisch einfach beschreibbarer Kurven.
2. Wie erfolgt die Interpolation bei Freiformflächen?
3. Welche Eigenschaften haben Splines?
4. Welche Vorteile bietet DNC?
5. Welche Vorteile bieten NURBS, wenn diese sowohl in dem CAD-System wie auch in der CNC-Steuerung verwendet werden?
6. Erklären Sie die Eigenschaften: Look-Ahead-Funktion, Ruckbegrenzung, Framesystem und Kanalstruktur.

Zusatzfunktionen

Durch Interrupts[1] der NCK und PLC können Zusatzfunktionen integriert und über das CNC-Pro gramm gesteuert werden. Ein Beispiel sind die Schreib- und Leseköpfe für die Speicher-Chips in den Werkzeugaufnahmen. Damit können Werkzeuge automatisch erkannt und Werkzeugabmessungen oder Reststandzeiten gespeichert und gelesen werden. Weiterhin können in Verbindung mit Schnittkraftmessungen automatische Werkzeugüberwachungen installiert werden.

Durch modulare Zusatzbausteine zur NCK kann die CNC-Maschine als Messmaschine arbeiten. Die Messzyklen **(Bild 1)** können programmiert oder von Hand ausgeführt werden. Digitalisieren und anschließendes Fertigen von Freiformflächenkonturen sind weitere Module **(Bild 2)**.

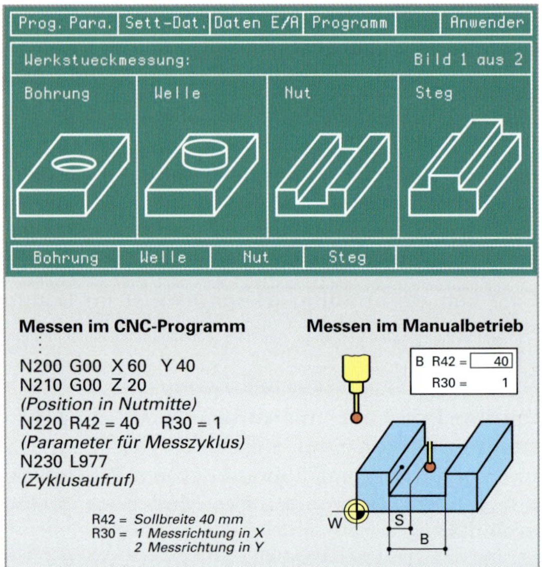

Bild 1: Messen mit der CNC-Machine

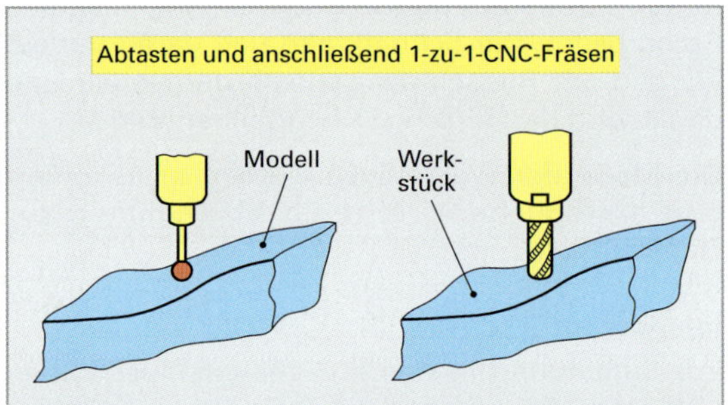

Bild 2: Digitalisieren und Fräsen von Freiformflächen

5.1.6 Offene CNC-Steuerung

CNC-Steuerungen haben für den Anwender einen geschlossenen und einen offenen Teil. Offen bedeutet, dass auch der Maschinenhersteller Eingriffe vornehmen kann, und geschlossen bedeutet, dass dies nur für den Steuerungshersteller möglich ist. Der geschlossene Teil enthält die Hauptfunktionen einer CNC-Steuerung. Im offenen Teil werden den Maschinenherstellern (OEM[2]) standardisierte Schnittstellen und Entwicklungsumgebungen zur Verfügung gestellt, um schnelle und wirtschaftliche Anpassungen zu realisieren.

Die Komponenten MMC, Antriebsmodule und die Steuerungsteile PLC und NCK sind aufgrund der modularen Aufbauweise und der klaren Schnittstellen beliebig kombinierbar, auch zwischen unterschiedlichen Herstellern. CNC-Steuerungen mit dieser Aufbaukonzeption werden als **„offene Steuerungen"** bezeichnet **(Bild 3)**.

Offenheit bei der MMC. Die Gestaltung des Bildschirms kann z. B. mit X-Windows beliebig geändert werden.

Offenheit bei der PLC. Mit Entwicklungsumgebungen der SPS-Technik, wie z. B. die Sprachen Step 7, High Graf oder C++ können Zusatzfunktionen bzw. Änderungen erreicht werden.

Offenheit bei der NCK. Mit der Programmiersprache C++ und einer CNC-Hochsprache können compilierte Zyklen zusätzlich in die NCK eingebracht werden.

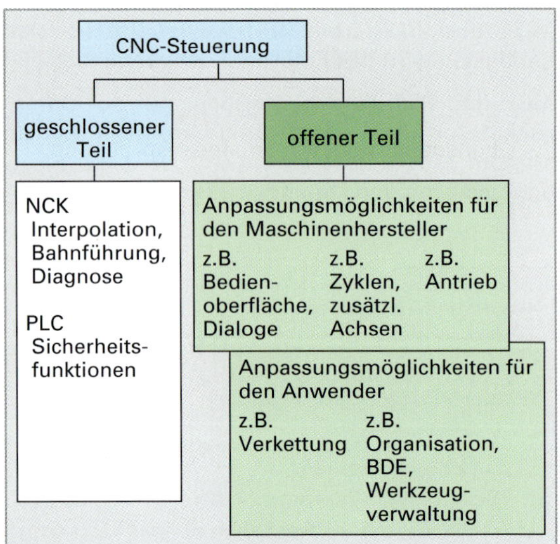

Bild 3: Offene CNC-Steuerung

---
[1] engl. interrupt = Unterbrechung

[2] OEM von engl. Original Equipment Manufacturer = Originalausstatter

5.2 Rapid Prototyping (RP)

5.2.1 Allgemeines und Anwendung

Mit Rapid Prototyping (schnelle Vormusterherstellung) bezeichnet man die Verfahren, die nahezu automatisch aus den 3D-CAD-Modellen oder aus optischen 3D-Abtastungen (3D-Scanning) *körperliche* Modellwerkstücke herstellen **(Bild 1).** Im Unterschied zur Werkstückherstellung mit üblichen CNC-Fräsmaschinen oder CNC-Erodiermaschinen wird hier nicht mit speziellen formgebenden Werkzeugen gearbeitet, sondern es werden die Werkstücke aus sehr vielen sehr dünnen Schichten oder Volumenelementen zusammengesetzt. Vorherrschend sind die Verfahren mit Schichten **(Bild 2).**

Beim Rapid Prototyping erfolgt die Werkstückherstellung durch ein Aneinanderfügen sehr vieler dünner Schichten oder sehr vieler kleiner Volumenelemente.

Hergestellt werden mit Rapid Prototyping:

- **Designmodelle.** Das sind Muster, die dem späteren Produkt sehr ähnlich sehen und zum Zweck ihrer Form- und Farbgestaltung benötigt werden oder als Anschauungsmodelle benützt werden.
- **Ergonomie-Modelle.** Das sind Modelle, die dafür benützt werden, um z. B. mithilfe von Testpersonen ihre Handhabungseigenschaften zu beurteilen. So braucht man solche Modelle z. B. bei der Gestaltung von Griffen, Programmiergeräten und Tastaturen.
- **Funktionsmodelle.** Das sind Baumuster, die die spätere Funktion bereits erfüllen, z. B. Pumpenräder, allerdings noch nicht in der Weise wie das spätere Produkt hinsichtlich der Lebensdauer oder Maximalbeanspruchung.
- **Gussmodelle.** Diese dienen, je nach Gießverfahren, als Positivmodell oder als Negativ modell der direkten Herstellung von Abgüssen, entweder von endgültigen Formen oder von Werkstücken.
- **Musterwerkstücke.** Dies sind Gebrauchswerkstücke, die nur in Einzelstücken oder in kleinen Stückzahlen gebraucht werden.

5.2.2 Verfahren des RP

Je nach Art der gewünschten Modelleigenschaften, Modellgrößen und Modellfunktionen kommen unterschiedliche Techniken zum Einsatz.

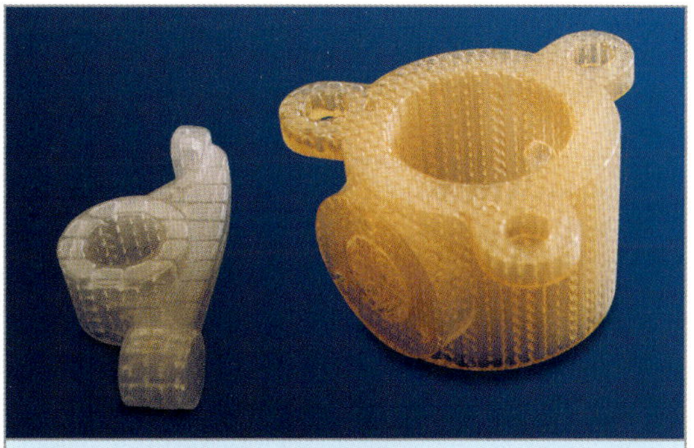

Bild 1: Beispiele für Werkstücke

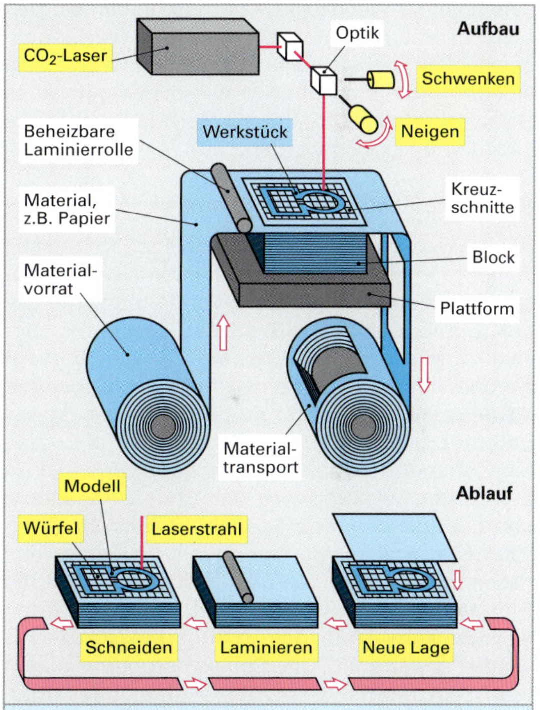

Bild 2: Schichtweise Herstellung am Beispiel des LOM-Verfahrens

LOM (Laminated Objekt Manufacturing)

Bei diesem Verfahren werden Papier oder papierähnliche Folien auf Rollen als Ausgangsmaterial verwendet. Auf eine Grundplatte wird eine Schicht nach der anderen aufgeklebt und mit einem Laser (z. B. CO_2-Laser) wird die Werkstückkontur ausgeschnitten und zwar sowohl die Innen- wie auch die Außenkontur. Der Laserstrahl ist numerisch gesteuert und zwar über Spiegel und 2 Schwenkachsen, ähnlich wie bei einer Lasershow **(Bild 1,** folgende Seite). Teile die nicht zum Werkstück gehören werden in kleine Quadrate geschnitten.

Es wird nun eine Schicht auf die andere unter Hitze mithilfe einer Walze geklebt und nach jedem Klebevorgang entsprechend die Werkstückkontur ausgeschnitten. Die Papierschichten sind z. B. 0,2 mm stark. Die Beweglichkeit des Laserstrahls liegt bei etwa 0,5 m/s.

So wie das Werkstück Schicht um Schicht wächst, so wird der Boden abgesenkt. Damit schneidet der Laserstrahl immer in derselben Ebene.

Nach Beendigung des Produktionsprozesses, welcher mehrere Stunden oder auch Tage dauert, ist ein quaderförmiger Klotz vorhanden. Durch Abstreifen der kleinen Würfel, die außerhalb oder innerhalb der Werkstückkontur geschnitten worden sind, erhält man das Modell. Die Werkstückgenauigkeit beträgt etwa 0,2 mm. Die Werkstückeigenschaften sind ähnlich wie diejenigen eines Holzwerkstückes. Es kann z. B. feingeschliffen, gebohrt und lackiert werden.

SLA (Stereo-Lithography Apparatus)

Bei diesem Verfahren wird flüssiger Kunststoff schichtweise mithilfe eines Lasers verfestigt (polymerisiert[1]). Man spricht von Fotopolymerisation. Ein Laserstrahl (z. B. NdYAG-Laser) der über zwei numerisch schwenkbare Spiegel bewegt werden kann, wandelt einen flüssigen Kunststoff (Monomer) durch Energieeintrag in ein festes Polymer um. Dadurch entsteht schichtweise ein Kunststoffmodell. So wie das Werkstück in Z-Richtung wächst, wird der Boden abgesenkt und flüssiger Kunststoff zugeführt **(Bild 2)**. Werkstückteile, die keine Berührung mit der Grundplatte haben müssen über das CAD-System zunächst mit *Stützen* hergestellt werden **(Bild 3)**. Diese Stützen werden zum Ende des Produktionsprozesses wieder abgetrennt. Die *Stützkonstruktion* macht man (automatisch) in der Weise, dass man zwischen Stütze und Modell eine Sollbruchstelle erzeugt (siehe auch Seiten 288 und 331).

Bei diesem Verfahren können auch Werkstücke umschlossen, im Innern äußerer Werkstückteile hergestellt werden. Der flüssig gebliebene Kunststoff muss lediglich abfließen können. Die Fertigung dauert je nach Komplexität der Werkstücke mehrere Stunden bis ein oder zwei Tage.

Die kleinste Schichtdicke liegt bei etwa 0,01 mm und die Genauigkeit im Bereich einiger Hundertstel Millimeter. Die Beweglichkeit des Laserstrahls beträgt bis zu 5 m/s.

[1] Die Polymerisation ist ein chemischer Vorgang, bei dem sich einfache Moleküle zu Riesenmolekülen zusammen verbinden; griech. poly = viel, meros = Teil; polymer = vielteilig.

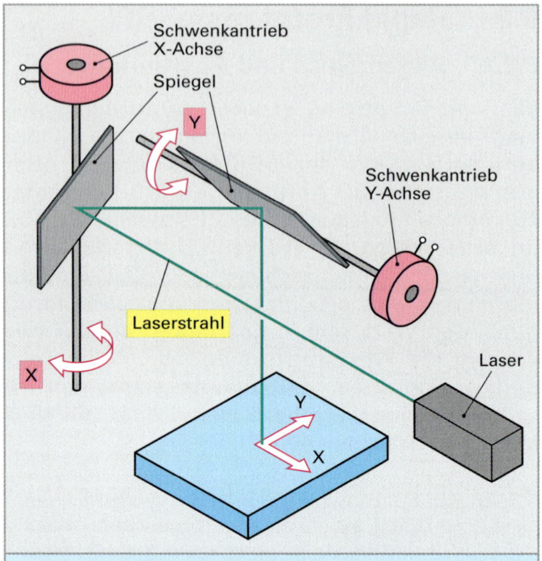

Bild 1: 2-achsige Laser-Ablenkeinheit

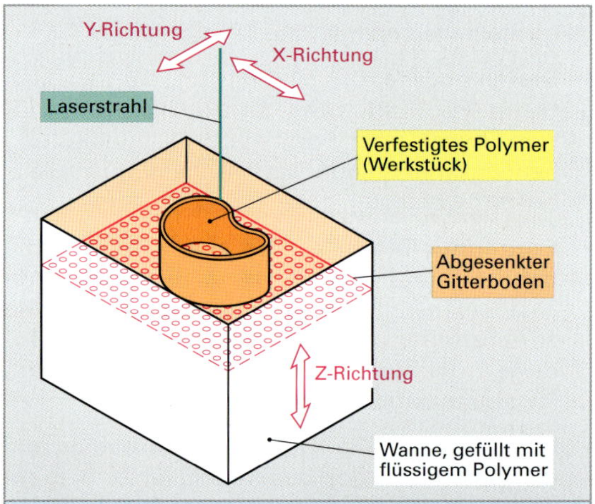

Bild 2: Absenkbare Aufbauplattform mit flüssigem Kunststoff

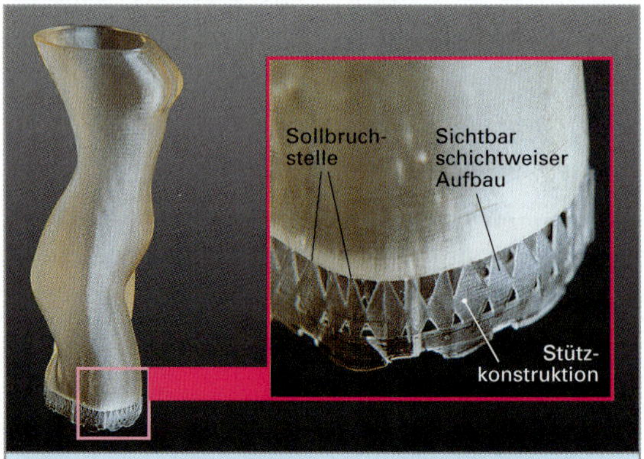

Bild 3: Stützkonstruktion der Werkstücke

Laserintern

Ausgangswerkstoff ist feines Kunststoffpulver, z. B. Nylon oder niedrig schmelzendes feines Metallpulver oder Formsande. Mithilfe eines CO_2-Lasers, der über einen Spiegel mit zwei NC-Achsen gesteuert wird, entsteht im Auftreffpunkt des Laserstrahls eine Schmelze. Die Kunststoffpulverteile oder die Metallpulverteile oder die Sandkörner verbacken miteinander und so wird das Werkstück Schicht um Schicht aufgebaut **(Bild 1)**. Entsprechend dem Zuwachs in Z-Richtung wird Pulver nachgeschüttet und der Werkstückboden abgesenkt. Von Vorteil bei diesem Verfahren ist, dass auch metallische Werkstücke hergestellt werden können sowie Formwerkstücke zum Gießen. Die Schichtdicke liegt bei etwa 0,1 mm. Die Beweglichkeit des Laserstrahls bei etwa 1 m/s.

Selektives Maskensintern (SMS)

Beim selektiven Maskensintern werden wiederholt aufgetragene Schichten aus Kunststoffpulver selektiv verschmolzen. Die verschmolzenen Schichtbereiche bilden das Bauteil. Das nicht verschmolzene Pulver stützt das Bauteil. Es kann nach dem Fertigungsprozess abgeschüttelt werden. Die Erwärmung erfolgt durch eine starke Infrarotstrahlung. Die Bauteilschichten werden nacheinander als Negativbilder, ähnlich einem Scherenschnitt, aus einem hitzebeständigen reflektierenden Tonerpulver (Aluminiumoxid) auf eine Glasplatte übertragen und dort elektrostatisch fixiert. Das geschieht ähnlich wie der Tonerauftrag auf einer Kopierwalze nach dem Prinzip der Xerographie. Nach dem Erhitzen wird die Maskenscheibe entladen und der Toner wird abgestreift. Es beginnt der Zyklus von Neuem mit der Belichtung der Glasplatte für die nächste Schicht und dem Tonerauftrag. Die Bauplattform wird um eine Schichtdicke abgesenkt und Kunststoffpulver aufgezogen.

Die Kunststoffpulver sind Thermoplaste, z. B. Polyamide, Polyethylene, Poycarbonate. Auch Wachspulver kommen in Frage. Dies führt dann zu Wachsmodellen, welche dann z. B. beim Gießen im Wachsauschmelzverfahren Verwendung finden. Zur verbesserten Wärmeabsoption können sie schwarz eingefäbrt sein, z. B. mit Rußstäben.

FDM (Fused Deposition Modeling)

Bei diesem Verfahren wird Wachs oder Nylon (Thermoplast) über eine feine 2-achsig numerisch gesteuerte Düse unter Wärme und Druck extrudiert (ausgedrückt) und zwar entlang der Werkstückkonturlinie **(Bild 3)**. Ähnlich dem Auftragsschweißen wird eine Lage über die andere gesetzt. Das frisch extrudierte Material verschmilzt dabei mit dem bereits aufgebrachten Material. Die Schichtdicken betragen etwa 0,1 mm. Die Auftragsgeschwindigkeit liegt bei ca. 250 mm/s.

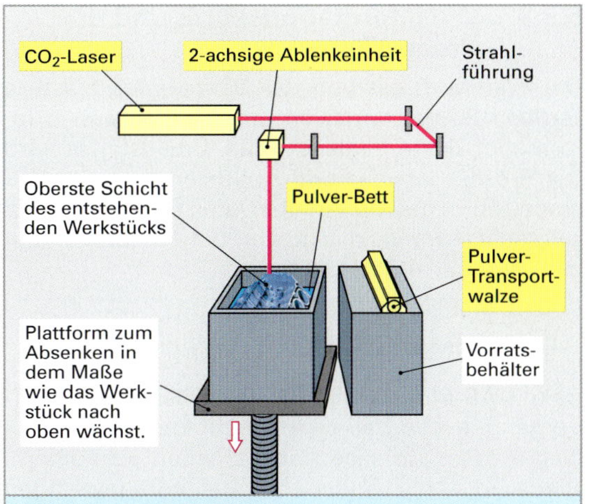

Bild 1: Laser-Sintern

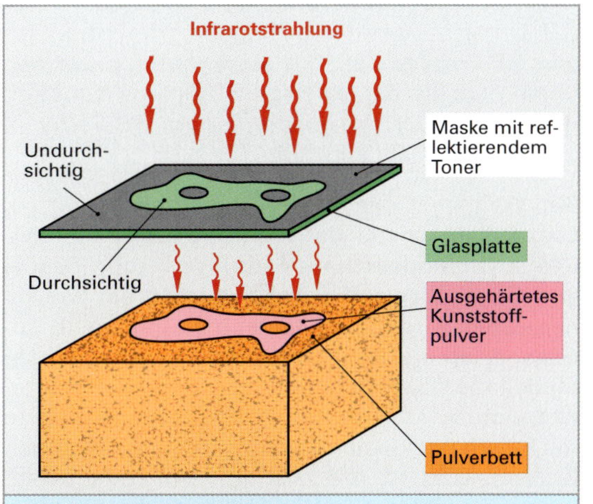

Bild 2: Selektives Maskensintern

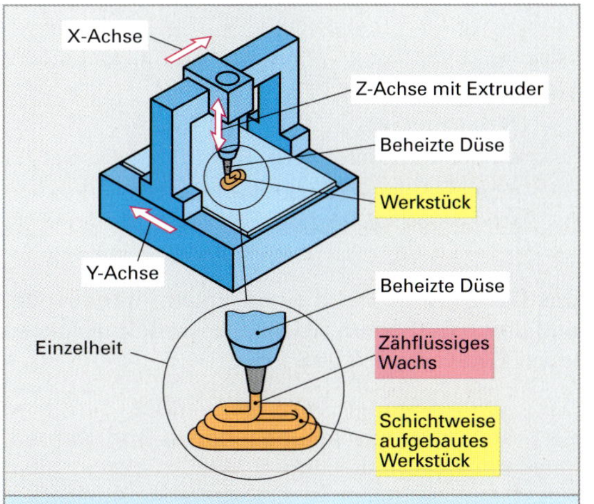

Bild 3: FDM-Verfahren

5.2.3 Die Informationskette und die Prozesskette

Der Werdeprozess von der *Bauteil-Idee* bis zum *fertigen Bauteil* wird von einer mitlaufenden Informationskette begleitet **(Bild 1)**. Gestartet wird der Prozess als Idee und stellt sich im menschlichen Gehirn dar. Die Art der Daten sind noch nicht erforscht. Nun verzweigt sich die *Prozesskette* in zwei alternative Pfade:

- CAD-Modell;
- körperliches Modell.

Beim **CAD-Modell** folgt nach mehreren Optimiervorgängen und Variantenkonstruktionen der Slicing-Prozess (to slice = in Scheiben schneiden). Hier wird das 3D-Volumenmodell vom jeweiligen CAD-System „gecliced", d. h. in Scheiben zerlegt und in STL-Daten (Stereolithographie-Language = Stereolithographiesprache) umgesetzt. Diese STL-Dateien stellen die Eingabeinformation für den RP-Prozess dar. Die *verfahrensspezifischen* Daten, wie sie die jeweilige RP-Anlage benötigt, werden mit der *firmenspezifischen RP-Software* aus den STL-Daten erzeugt.

Der Weg über das **körperliche Modell** geht so, dass entsprechend der Idee mit einfachen Mitteln z. B. Modellschaum als Werkstoff, Raspel und Säge oder z. B. mit Knetwachs ein Modell hergestellt wird. Dieses tastet man mit einem *3D-Scanner* ab und bekommt eine *Punktewolke* der Modelloberfläche (siehe Seite 281). Die Punktewolke muss nun in Flächen bzw. Flächenelemente mit einem geeigneten CAD-System umgewandelt werden. Dies ist mit z. T. großem Zeitaufwand verbunden. Man nennt diese Aufgabe Flächenrückführung. Nach -erfolgter *Flächenrückführung* kann der Slicing-Prozess beginnen.

Die Rapid-Prototyping-Anlage erzeugt je nach Verfahren ein:

- Wachsmodell;
- Modell zum Abformen;
- eine gießfähige Negativform;
- ein fertiges Werkstück.

Das *Wachsmodell* wird eingeschlämmt, besandet und durch Gießen im Wachsausschmelzverfahren in ein Endwerkstück überführt.

Das *Abform-Modell* wird verwendet, um eine Gießform, z. B. mit Teilungsebenen und Kernen, herzustellen. Damit können Werkstücke in allen Gusstechniken wie z. B. Kokillenguss, Sandguss, Druckguss hergestellt werden.

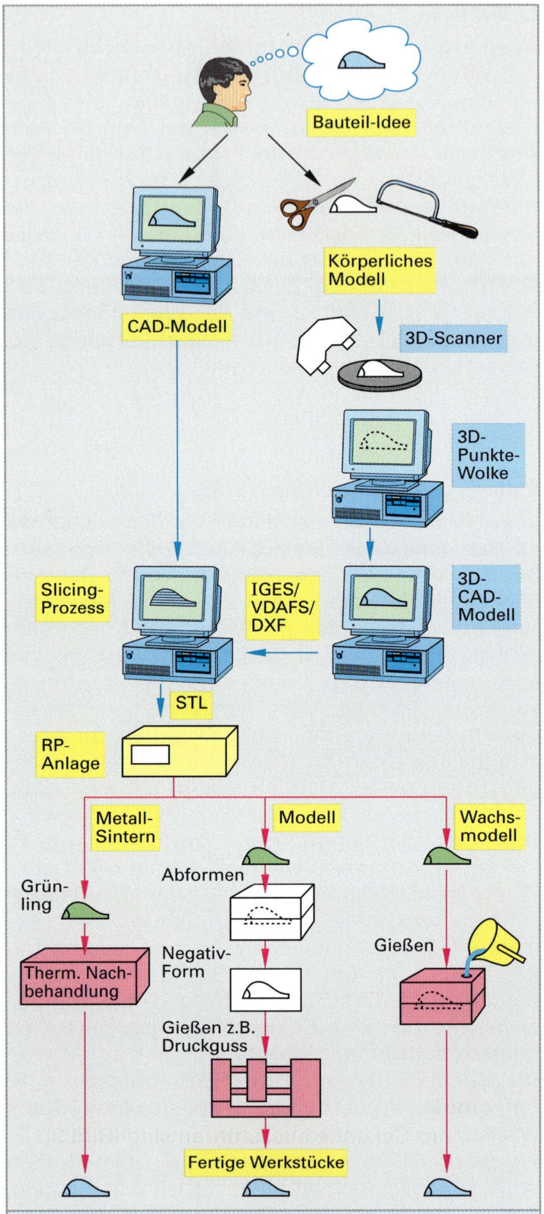

Bild 1: Informationskette und Prozesskette

Das *Negativmodell* wird als Hochtemperaturmodell erzeugt und eignet sich für Niederdruckguss und Sandguss zur Werkstückherstellung.

Die *Werkstückherstellung durch RP-Metallsintern* ermöglicht die direkte Herstellung metallischer Werkstücke. Zur Erhöhung der Festigkeitswerte wird das gesinterte Werkstück nach einem Diffusionsprozess einer Wärmebehandlung unterzogen. Die Bauteilfestigkeitswerte liegen aber unter denen der anderen Verfahrensketten.

5.3 Robotertechnik

Den Begriff „Roboter" prägte der tschechische Schriftsteller *Karel Capek*. Das war im Jahre 1920. Capek beschrieb für das Theaterstück R.U.R. (Rossums Universal Robots) als Vision einer Zukunftsgesellschaft menschenähnliche Maschinen, die er Roboter nannte (tschech. robota = Schwerarbeit leisten). Sie haben die Aufgabe, Fronarbeit, also schwere Arbeit, zu leisten.

Aus der Anschauung der Produktionsverhältnisse jener Zeit entstand die Vision der Robotergesellschaft. Die 20er-Jahre stehen für eine Zeit mit breit einsetzender Massenproduktion. Arbeitsteilige Fertigung wird bis heute in konsequenter Weise betrieben. Arbeitsinhalte reduzieren sich häufig auf flinke monotone Handlungen, welche an den Takt der Maschine oder an das Fließband gebunden sind. Kennzeichen dieser „Fließbandgesellschaft" sind die Arbeitsbelastungen durch:

- Monotonie in der Arbeit,
- Stress, Lärm, Staub, Hitze,
- physische Schwere der Arbeit.

Roboter sind überwiegend als „Gelenkroboter" mit „Schultergelenk", „Armgelenk" und „Handgelenk" aufgebaut **(Bild 1)**. Der Arbeitsraum entspricht bei Geräten mittlerer Größe etwa dem eines stehenden Werkers. Das Handhabungsgewicht liegt meist bei etwa 300 N. Es gibt aber auch Roboter für mehr als 3000 N. Die Arbeitsgeschwindigkeiten sind meist deutlich höher als bei manueller Arbeit und betragen etwa 1 m/s.

Damit das Zusammenspiel der einzelnen Gelenkbewegungen zu einer zielgerichteten, z. B. geradlinigen, Roboterhandbewegung führt, sind sehr schnell rechnende Mehrprozessorsteuerungen notwendig, wobei mehrere Millionen Rechenschritte pro Sekunde auszuführen sind **(Bild 2)**.

5.3.1 Einteilung

Handhabungsgeräte sehen sich äußerlich häufig sehr ähnlich, unterscheiden sich aber bezüglich der Steuerung, der Programmierung und der Anwendung. Man unterscheidet zwischen den **Manipulatoren**[1], den **Pick-and-Place-Geräten**[2] den **Servicerobotern** und den **Industrierobotern (Bild 3)**.

Roboter sind universell einsetzbare Bewegungsautomaten mit mehreren Achsen.

[1] lat. manus = die Hand
[2] engl. to pick = aufnehmen; engl. to place = ablegen

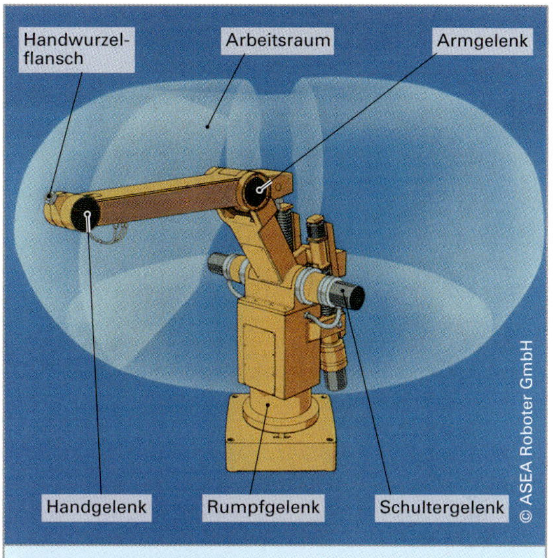

Bild 1: Industrieroboter

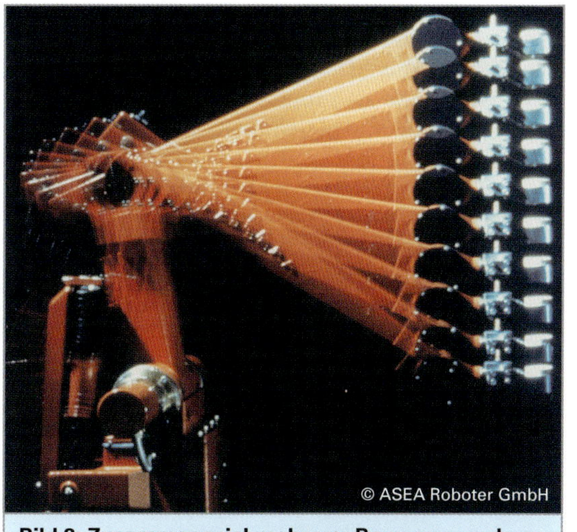

Bild 2: Zusammenspiel mehrerer Bewegungsachsen zum Erzeugen einer geraden Linie

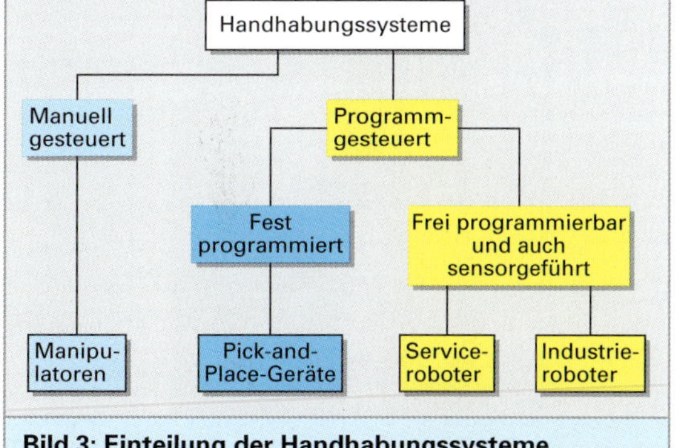

Bild 3: Einteilung der Handhabungssysteme

Die Bewegungen sind hinsichtlich der Bewegungsfolge und der Bewegungsbahnen **frei programmierbar.** Ein mechanischer Eingriff, z. B. ein Verstellen von Grenzschaltern ist nicht notwendig. Darüber hinaus können die Bewegungsbahnen und die Bewegungsfolgen über Sensoren gesteuert werden.

Serviceroboter sind meist selbstfahrende Automaten für Transportaufgaben oder Arbeitsaufgaben.

Beispiele sind fahrerlose Transportfahrzeuge in Krankenhäusern zur Essensausgabe oder Kletterroboter zur Fassadenreinigung und zur Inspektion **(Bild 1)**.

Festprogrammierte Handhabungsautomaten verwendet man für immer gleich bleibende Bewegungsvorgänge, z. B. zum Beschicken einer Presse oder zur Montage von Serienfabrikaten.

Die Geräte sind meist mit pneumatisch betriebenen Hub- und Drehzylindern ausgerüstet. Geräte dieser Art bezeichnet man auch als Pick-and-Place-Geräte, da sie zum Aufnehmen und Ablegen von Werkstücken in gleich bleibender Reihenfolge Verwendung finden.

Manipulatoren sind Bewegungsgeräte, die **von Hand unter Sichtkontrolle gesteuert** werden.

Beispiele sind Handhabungsgeräte zum Bewegen schwerer Schmiedewerkstücke an Schmiedepressen oder großer Meißel bei Abbrucharbeiten. Bei fernbedienten Manipulatoren, den **Teleoperatoren,** wird der Bewegungsvorgang über Fernsehbildschirme kontrolliert **(Bild 2)**. Teleoperatoren verwendet man z. B. in radioaktiven Räumen und bei Weltraumexperimenten. Mit **Mikromanipulatoren** können Arbeiten an kleinsten Bauelementen, z. B. an Mikroprozessoren, ausgeführt werden. Die Bewegungen werden über Mikroskope kontrolliert.

Bild 1: Kletterroboter mit Vakuum-Saugnäpfen an einer Fassade

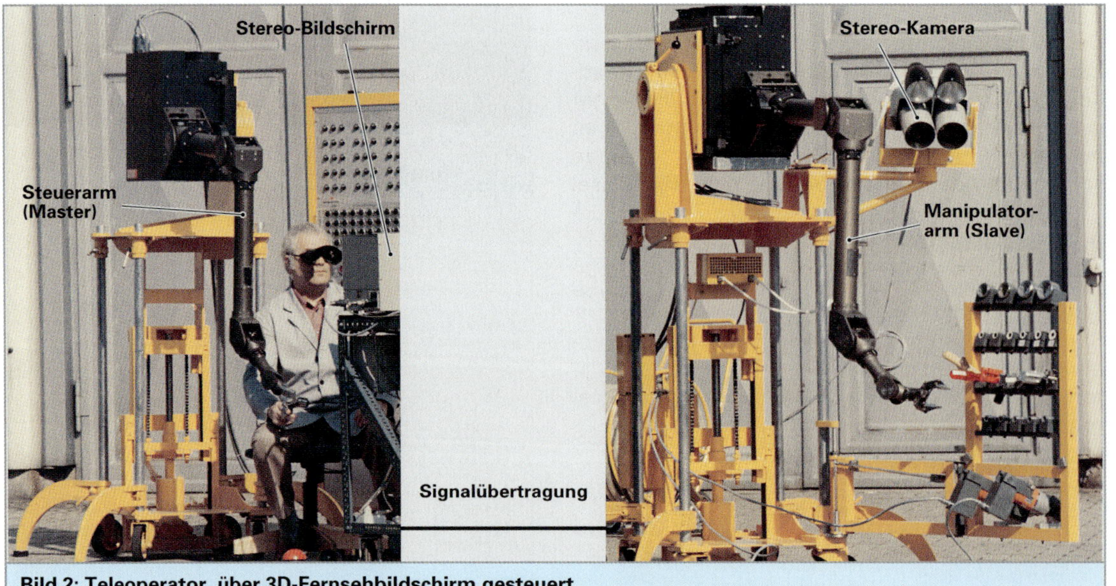

Bild 2: Teleoperator, über 3D-Fernsehbildschirm gesteuert

5.3.2 Der kinematische Aufbau

Art, Anordnung und Zahl der Bewegungseinheiten (Achsen) bestimmen bei einem Roboter die äußere Gestalt, den Arbeitsraum, die Verwendbarkeit und den steuerungstechnischen Aufwand. Die Bewegungseinheiten sind Drehgelenke (rotatorische Achsen, **R**-Achsen) oder geradlinige Führungen (translatorische Achsen, **T**-Achsen).

Um verschiedene Punkte im Raum erreichen zu können, sind drei Achsen erforderlich. Diese Achsen nennt man **Hauptachsen**. Sie bilden den **Roboterarm**. Zur Einstellung eines Greifers oder Werkzeugs in beliebiger räumlicher Richtung (Orientierung) sind weitere drei Achsen erforderlich **(Bild 1)**. Diese nennt man **Handachsen**. Handachsen sind stets rotatorische Achsen.

> Zur Einstellung des Roboters auf eine Position im Roboterarbeitsraum sind insgesamt 6 Achsen, entsprechend den 6 Freiheitsgraden der Bewegung eines Körpers im Raum, erforderlich.

Man unterscheidet 3 Freiheitsgrade für die Position, z. B. mit den Koordinaten X, Y, Z, und 3 Freiheitsgrade für die Orientierung mit den Drehachsen D für die **Rollbewegung**, E für die **Nickbewegung** und P für die **Gierbewegung (Bild 2)**.

> Die Roboter werden nach ihrer **Kinematik**[1], d. h. nach der Art ihrer Bewegungen, unterteilt.

Bei der **TTT-Kinematik** folgen, beginnend bei der Roboteraufstellfläche, drei translatorische Hauptachsen aufeinander **(Bild 3)**. Diese Art von Robotern verwendet man z. B. als **Portalgeräte** zum Beladen und Entladen von Paletten und zur Montage. Ihr Arbeitsraum ist quaderförmig; die Kantenlängen entsprechen den Längen der X-, Y- und Z-Achse. Für geradlinige Bewegungen im Arbeitsraum müssen die einzelnen Achsen mit unterschiedlichen, aber konstanten Achsengeschwindigkeiten verfahren werden. Die Steuerung ist der einer NC-Fräsmaschine ähnlich. Steuert man im Handbetrieb die Achsen einzeln an, ergeben sich geradlinige Teilbewegungen in einem **kartesischen Koordinatensystem**.

> Portalroboter ermöglichen sehr große Arbeitsräume.

[1] griech. kinema = das Bewegte, Kinematik = Beweglichkeitslehre, Bewegungsart

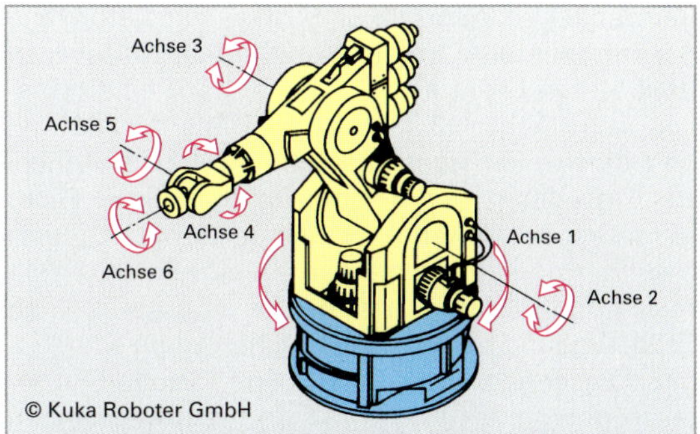

Bild 1: Die 6 Achsen eines Roboters zur Einstellung der Position und zur Orientierung

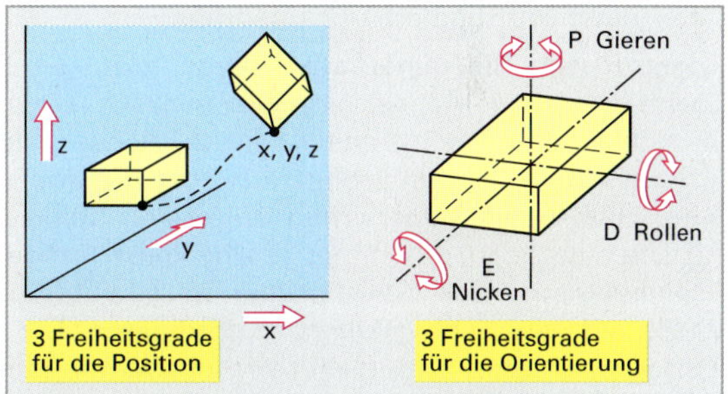

Bild 2: Die 6 Freiheitsgrade der Bewegung

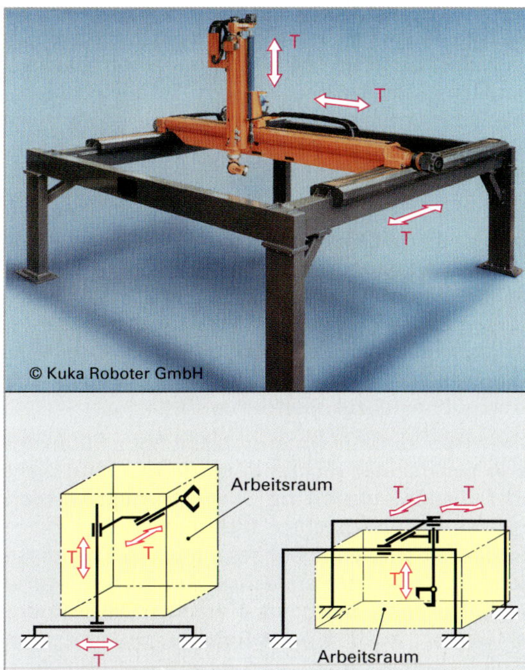

Bild 3: Roboter mit TTT-Kinematik

Bei der **RTT-Kinematik** sind zwei translatorische Achsen auf eine rotatorische Achse aufgesetzt **(Bild 1).** Ein Drehturm (1. Achse) trägt eine translatorische Achse (2. Achse) zur Höheneinstellung und diese eine translatorische Achse (3. Achse) zur Einstellung der Reichweite in radialer Richtung. Der Arbeitsraum ist zylinderförmig. Steuert man im Handbetrieb die Achsen einzeln an, erhält man für die 2. und 3. Achse je eine geradlinige Teilbewegung und für die 1. Achse einen Kreisbogen. Dieser liegt in der X/Y-Ebene. Um den Roboter in gewohnter Weise mit den rechtwinkeligen Koordinaten X, Y, Z programmieren und in diesen Achsrichtungen bewegen zu können, sind in der Robotersteuerung fortlaufend Umrechnungen von kartesischen Koordinaten in **Polarkoordinaten** (Maschinenkoordinaten) vorzunehmen.

Roboter mit **RRT-Kinematik** haben z. B. eine Drehachse als 1. Achse, eine Schwenkachse als 2. Achse und eine translatorische Achse als 3. Achse **(Bild 2).** Der Arbeitsraum hat die Form einer Halbkugel. Steuert man die ersten beiden Achsen einzeln an, erhält man je eine kreisförmige Teilbewegung. Um den Roboter in gewohnter Weise mit den rechtwinkeligen Koordinaten X, Y, Z programmieren und in diesen Achsrichtungen bewegen zu können, sind fortlaufend Umrechnungen vom kartesischen Koordinatensystem in ein **Kugelkoordinatensystem,** das Roboterkoordinatensystem, vorzunehmen.

Auch der Roboter in der Bauform nach **Bild 3** hat als translatorische Achse keine Linearführung, sondern Gelenke nach einem Parallelogramm. Der Roboter dieser Bauform erreicht große Auskraglängen mit dünnem Arm und ist besonders für das Punktschweißen von Karosserien mithilfe einer Schweißzange geeignet.

Eine häufige Achsenanordnung, insbesondere für Roboter zur Montage ist die **RRT-Kinematik mit waagrechtem Arm.** Aufbauend auf zwei rotatorischen Achsen für einen in waagrechter Richtung beweglichen Arm folgt eine translatorische Achse für eine senkrechte Hubbewegung **(Bild 4).** Der Arbeitsraum ist zylinderförmig.

Diese Roboterbauform ermöglicht hohe Fügekräfte in senkrechter Richtung, da diese Kräfte nicht über die Gelenkantriebe aufgenommen werden müssen. In waagrechter Richtung können diese Roboter aber nachgiebig sein. Meist haben diese Roboter nur eine Handachse zur Werkstückdrehung, also insgesamt nur 4 Achsen. Diese Roboter werden auch SCARA-Roboter genannt (von engl. Selective Compliance Assembly Robot Arm = Montageroboterarm mit ausgewählter Nachgiebigkeit).

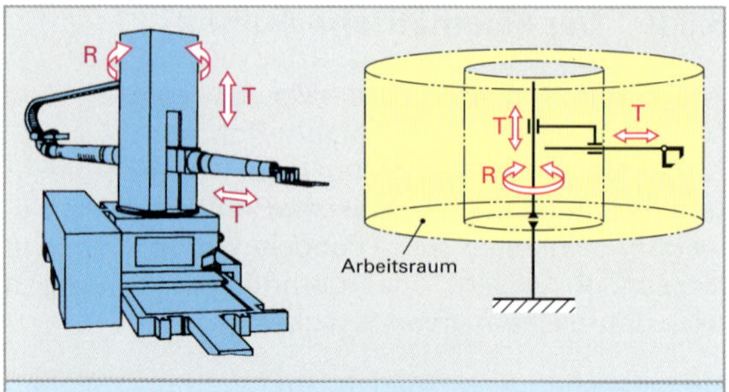

Bild 1: Roboter mit RTT-Kinematik

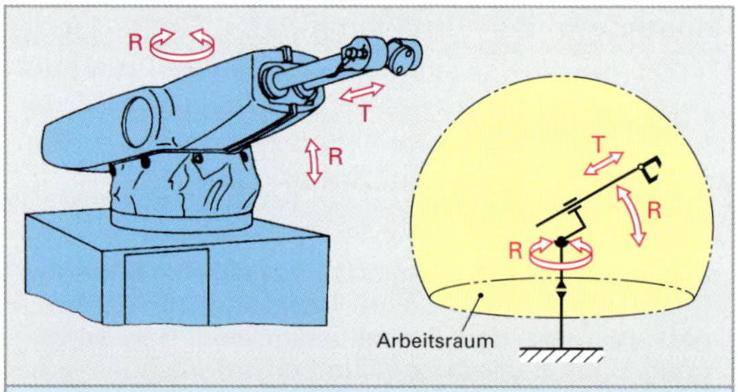

Bild 2: Roboter mit RRT-Kinematik

Bild 3: Beispiel für einen Roboter in RRT-Kinematik mit Parallelogrammgelenk

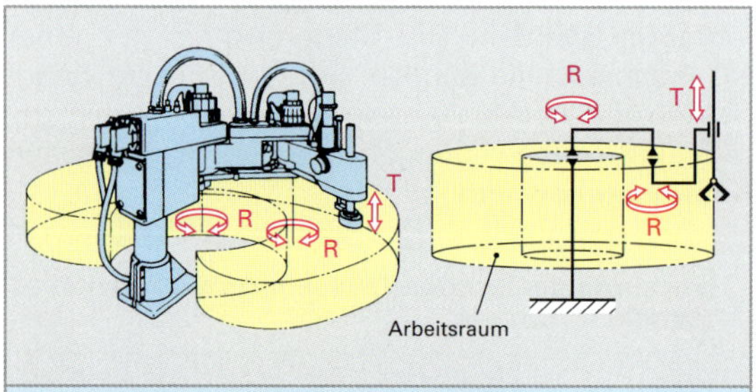

Bild 4: Roboter mit RRT-Kinematik und waagrechtem Arm (SCARA)

Bei der **RRR-Kinematik** werden alle Bewegungen über Drehgelenke ausgeführt. Man spricht hier auch von **Gelenkrobotern (Bild 1)**. Gelenkroboter haben bezüglich ihres Arbeitsraums den geringsten Platzbedarf und brauchen für schnelle Bewegungen die kleinsten Beschleunigungskräfte. Sie werden bei gleichen Beschleunigungsmassen bzw. Trägheitskräften, steifer und robuster gebaut als Roboter anderer Kinematik.

Die Mehrzahl der Roboter haben einen Aufbau entsprechend der RRR-Kinematik.

Diese Roboter gibt es in sehr unterschiedlichen Größen mit Handhabungsmassen von 1 kg bis 200 kg. Die Antriebe für die Handachsen befinden sich am „Ellenbogengelenk". Die Kraftübertragung zu den Handgelenken erfolgt meist über Gelenkwellen und Zahnriemen.

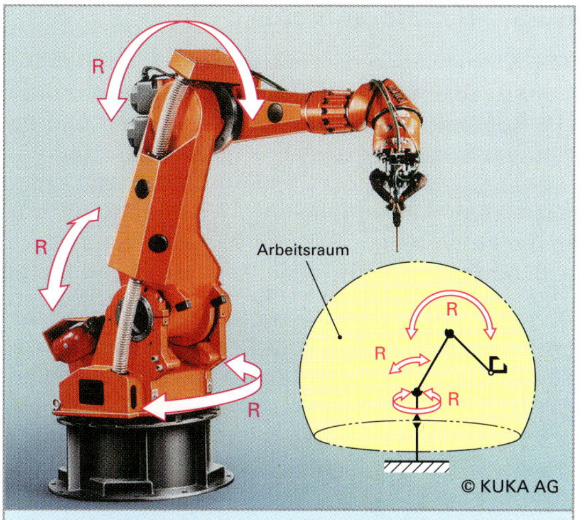

Bild 1: RRR-Kinematik des Gelenkarm-Roboters

Achserweiterungen

Häufig werden den 6 Roboterachsen noch eine **7. Achse** zur Arbeitsraumerweiterung hinzugefügt, indem man den Roboter auf eine Schiene setzt oder an eine Schiene hängt **(Bild 2)**. So können Werkstücke, z. B. für den Modellbau mit über 30 m Länge hergestellt werden.

Die Erweiterung mit einem Dreh-Kipptisch, also mit einer **7. Achse und 8. Achse (Bild 3)** ermöglicht eine besonders günstige Zuordnung vom Bearbeitungswerkstück zu dem vom Roboter bewegten Bearbeitungswerkzeug.

Bei einer solchen Achserweiterung müssen die Bewegungen der Zusatzachsen bei der Bahnerzeugung in der Steuerung mitberücksichtigt werden. Alle 7 oder 8 Achsen können gleichzeitig in Bewegung sein, z. B. in der Weise, dass beim Schweißen von räumlich gewundenen Werkstücken stets ein waagerecht liegendes Schmelzbad vorhanden ist.

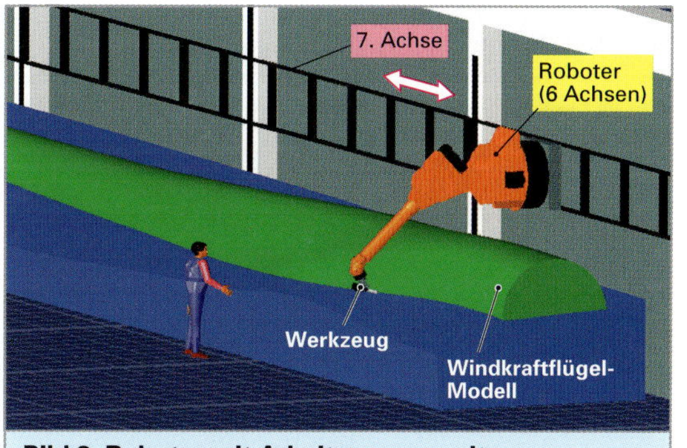

Bild 2: Roboter mit Arbeitsraumerweiterung durch eine 7. Achse

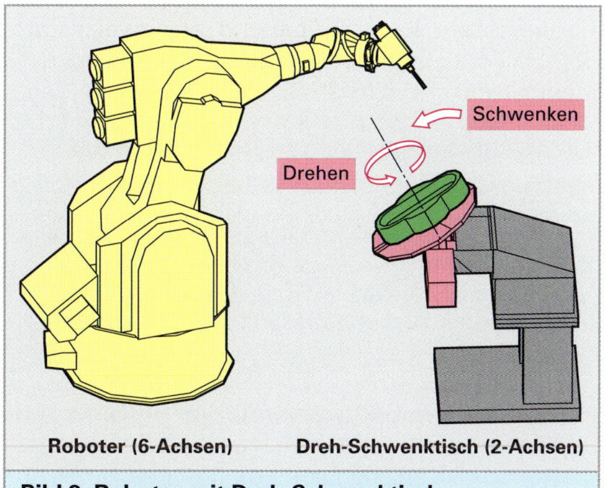

Bild 3: Roboter mit Dreh-Schwenktisch

Wiederholung und Vertiefung

1. In welche 3 Gruppen werden Handhabungssysteme eingeteilt?
2. Wie viele Freiheitsgrade der Bewegung gibt es?
3. Welchen typischen Arbeitsraum hat ein Roboter mit RTT-Kinematik?
4. Welche zwei Ausführungsformen gibt es bei der RRT-Kinematik und wie ist der jeweils typische Arbeitsraum?
5. Wodurch zeichnet sich die RRR-Kinematik aus?
6. Weshalb erweitert man die Roboterachsen um eine 7. Achse oder um eine 7. und 8. Achse?

5.3.3 Roboterantriebe

Als Antriebsaggregate verwendet man bei Robotern überwiegend Drehstrom-Servomotoren. Bei Robotern für extrem schwere Lasten und bei Robotern, die in explosionsgeschützten Räumen arbeiten, wie z. B. bei Lackierrobotern, setzt man auch Hydraulikantriebe ein. Pneumatische Antriebe kommen nur für sehr einfache Geräte, wie z. B. für Einlegegeräte oder Zuführgeräte, in Frage.

Angebaut werden die Antriebsmotoren möglichst so, dass sie im Zentrum des Roboterarbeitsraumes liegen und damit bei der Bewegung des Roboters geringe Trägheitskräfte verursachen. Die Motorgröße wird überwiegend von den Beschleunigungskräften und nicht von der Robotertragfähigkeit bestimmt.

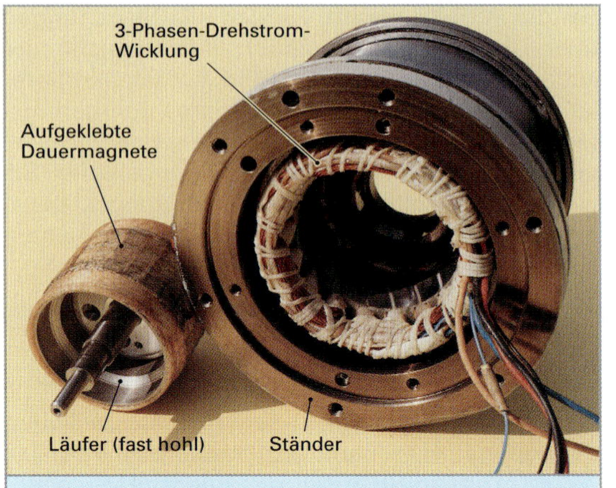

Bild 1: Drehstrom-Servoantrieb mit Hohlläufermotor

Elektrische Antriebe

Der Antrieb besteht meist aus einem drehzahlregelbaren **Drehstrommotor** in Verbindung mit einer elektromagnetischen Bremse und einem Drehmelder zur Winkelmessung **(Bild 1).**

Die Motoren zeichnen sich durch extrem kleine Trägheitsmomente (Schwungmassen) aus. Die Maximaldrehzahl der Motoren liegt bei etwa 3000 min^{-1} = 50 s^{-1}. Die maximale Umdrehungsgeschwindigkeit der Roboterarmachsen beträgt aber nur etwa 0,5 s^{-1}. Daher muss die Motordrehzahl mit einem Getriebe etwa im Verhältnis 100 : 1 untersetzt werden. Hierfür setzt man meist **Harmonic-Drive-Getriebe** ein, in seltenen Fällen auch Planetenradgetriebe.

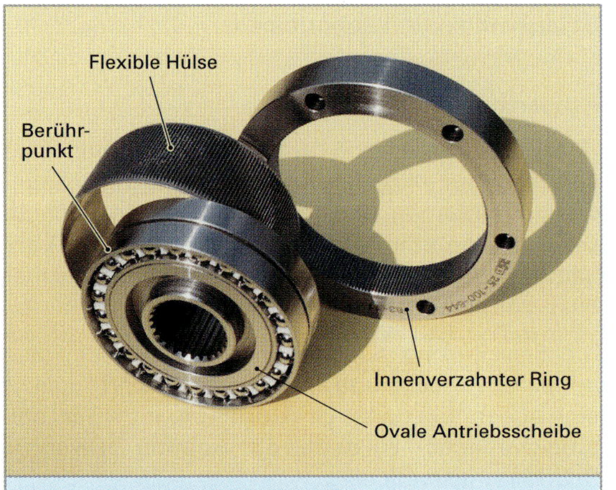

Bild 2: Harmonic-Drive-Getriebe

Das **Harmonic-Drive-Getriebe** besteht aus einer ovalen Antriebsscheibe, die, über Kugeln geführt, eine flexible außenverzahnte Hülse in einen innenverzahnten feststehenden Ring presst **(Bild 2)**. Durch die ovale Form der Antriebsscheibe berührt die flexible außenverzahnte Hülse den feststehenden innenverzahnten Ring nur an 2 gegenüberliegenden Punkten **(Bild 3)**. Die Zähnezahl der außenverzahnten Hülse ist z. B. um 2 Zähne kleiner als die Zähnezahl des innenverzahnten Außenrings.

Beträgt die Zähnezahl der außenverzahnten Hülse z. B. 200 und die des innenverzahnten Außenrings 202, dann wird beim Abwälzen der Hülse auf dem Ring bei einer Umdrehung der ovalen Antriebsscheibe die Hülse um 2 Zähne, also um 1/100 einer Umdrehung, gedreht. Das Untersetzungsverhältnis beträgt also 1 : 100.

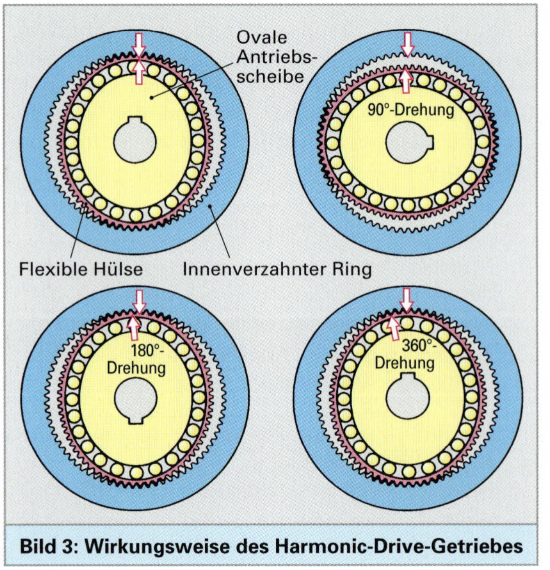

Bild 3: Wirkungsweise des Harmonic-Drive-Getriebes

Harmonic-Drive-Getriebe sind sehr einfach aufgebaut, sind leicht, haben einen guten Wirkungsgrad (besser als 80 %), sind spielfrei und beanspruchen nur einen sehr kleinen Einbauraum.

Hydraulische Antriebe

Als hydraulische Antriebe werden Zylinderantriebe in Verbindung mit Kurbeln oder Schwenkzylindern, die direkt in die Armgelenke eingebaut sind, und auch Axialkolben- oder Rollflügelmotoren verwendet.

Die Ansteuerung der Hydraulikantriebe geschieht über Servoventile. Die Vorteile der hydraulischen Antriebe sind die relativ geringen Massen, die sehr kleinen Trägheitsmomente bei gleichzeitig hohen Drehmomenten und der einfach realisierbare Explosionsschutz. Nachteilig sind der höhere Wartungsbedarf und die Schwierigkeiten der Druckölversorgung durch mehrere Armgelenke.

5.3.4 Greifer

Roboter für Handhabungsaufgaben sind mit Greifern ausgestattet.

> Die Greifer sind meist pneumatisch betätigte **Zangengreifer,** die über ein Kniehebelgetriebe große Greifkräfte aufbringen können **(Bild 1).** Zangengreifer mit Kulissenantrieb können sich besonders weit öffnen **(Bild 2).**

Die Greifbacken werden häufig im Rahmen des üblichen Werkzeugbaus der Handhabungsaufgabe speziell angepasst. Zylindrische Werkstücke werden oft auch mit 3-Fingergreifern gehandhabt.

Zur Handhabung von Textilien gibt es Greifer, die mit Nadeln ausgestattete Greifbacken haben. Für universelle Greifaufgaben gibt es, in Anlehnung an die menschliche Hand, auch Mehrfingergreifsysteme.

Zum Handhaben von glatten und ebenen Werkstücken, wie z. B. von Glasplatten und von Kunststoffteilen, verwendet man **Sauggreifer (Bild 3).** Das dazu erforderliche Vakuum wird über eine Vakuumpumpe mit Pufferspeicher erzeugt oder aber durch Druckluft mit einem Ejektor[1]. Das ist eine kleine Venturi-Düse, unmittelbar am Saugnapf.

Greifer- und Werkzeugwechselsysteme

Zum Handhaben sehr unterschiedlicher Werkstücke und Werkzeuge werden die Greifer bzw. Werkzeuge über einen **Wechselflansch** am Roboterarm befestigt. Es gibt mechanisch betätigte Wechselsysteme, aber auch solche mit pneumatischem oder elektrischem Kupplungsantrieb. Die Wechselsysteme ermöglichen die Übertragung elektrischer und pneumatischer Energie.

[1] lat. eiaculare = hinausschleudern

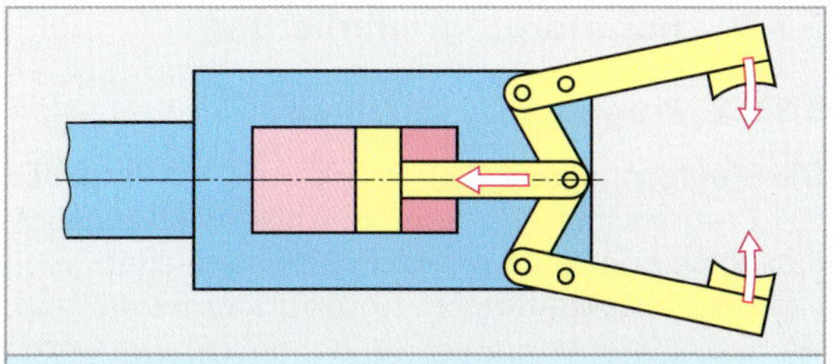

Bild 1: Kniehebelantrieb für Zangengreifer

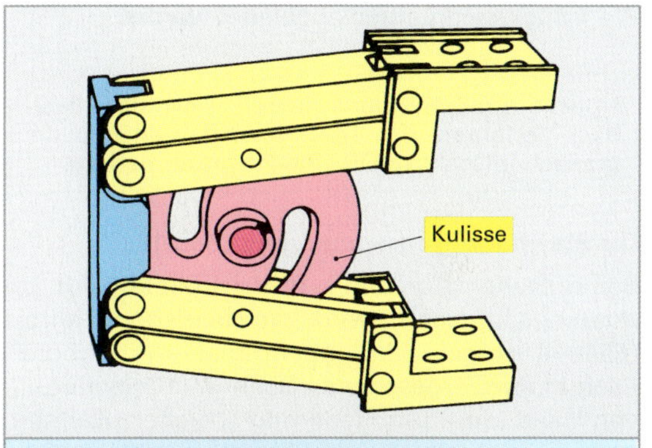

Bild 2: Kulissenantrieb für Zangengreifer

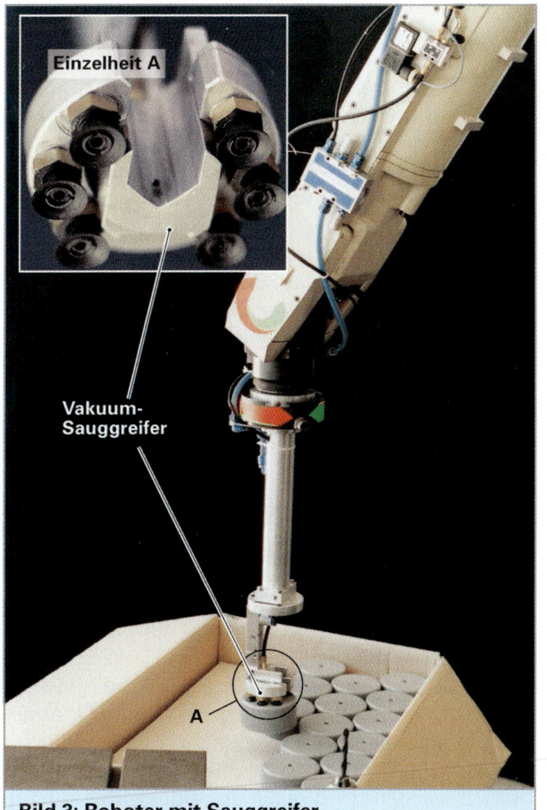

Bild 3: Roboter mit Sauggreifer

5.3.5 Roboterprogrammierung

5.3.5.1 Programmierverfahren

Die Programmierung von Robotern ist im Vergleich zur Programmierung von NC-Maschinen wesentlich schwieriger, da neben Positionspunkten auch Werkzeugorientierungen zu programmieren sind. Werkzeugorientierungen, z. B. die Orientierung eines Schweißbrenners beim Bahnschweißen gekrümmter Fahrwerksteile, können meist nicht aus Werkstückzeichnungen abgeleitet werden.

Übliche Programmierverfahren sind das **Play-back-Verfahren,** das **Teach-in-Verfahren** und die **grafisch-interaktive Off-Line-Programmierung**.

Bild 1: Play-back-Programmierung

Die Play-back-Programmierung (Bild 1)

Bei einfachen Geräten, z. B. bei Robotern für Lackierungsaufgaben, wird die Bewegung direkt manuell vorgemacht, indem man die Roboterhand in der vorgesehenen Bahn und Orientierung von Hand führt. Die Steuerung speichert während dessen etwa alle 20 ms die Positionswerte der einzelnen Roboterachsen. Im nachfolgenden Programmablauf wird die von Hand geführte Bahn wiederholt. Die gespeicherten Positionswerte dienen als Sollwerte. Man spricht von der Play-back-Programmierung (to play back = wiederabspielen). Diese Programmiertechnik ist weniger genau als die Teach-in-Programmierung, da der Roboterarm beim Programmieren durch die Handführung ganz anders belastet wird als beim automatischen Arbeitsablauf. Bei der Handführung wird z. B. der Arm durch die Handbewegung gezogen, während im automatischen Ablauf der Antrieb den Roboterarm schiebt. Ein weiterer Nachteil ist, dass sich der Programmierer gemeinsam mit dem Roboter im Roboterarbeitsraum bewegen muss. Dies ist häufig aufgrund räumlicher Enge, z. B. beim Innenbeschichten von Karosserien, schwierig und belastend.

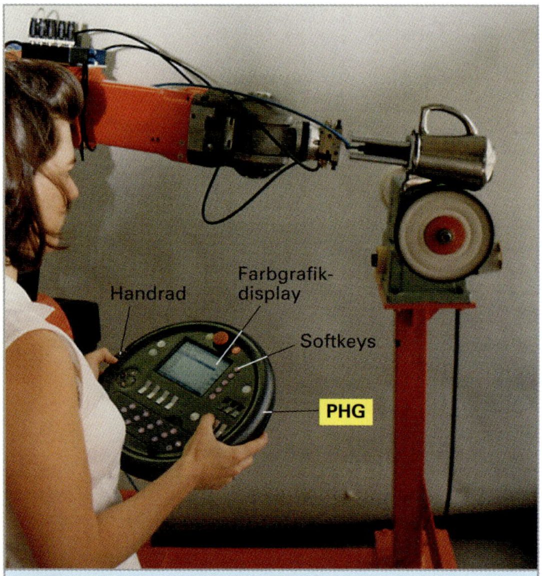

Bild 2: Teach-in-Programmierung

Die Teach-in-Programmierung (Bild 2)

Bei der Teach-in-Programmierung (to teach in = einlernen) wird der Roboter durch den Bediener mithilfe der Bedientasten oder mit einem Steuerknüppel (joy stick = Steuerknüppel) des Programmierhandgeräts (PHG) zu den Handhabungspositionen oder Bearbeitungspunkten bewegt **(Bild 3).** Dabei wird auch die gewünschte Orientierung eingestellt und abgespeichert. Sodann wird die nächste Position angefahren. Im Automatikbetrieb werden dann diese Positionen mit aufsteigender Satznummer abgefahren.

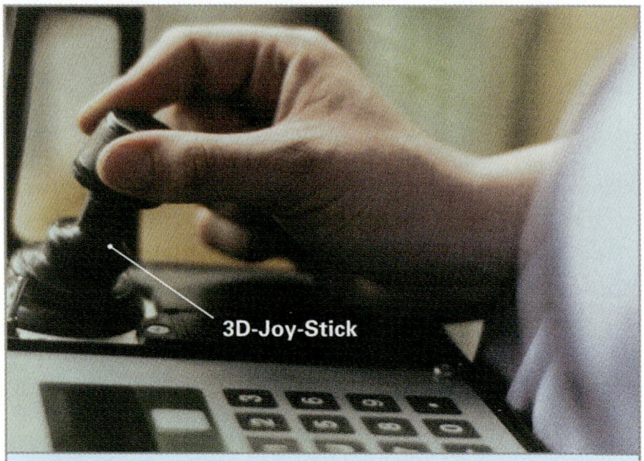

Bild 3: Programmierhandgerät mit Steuerknüppel

Positionen und Orientierungen werden durch Handsteuern Punkt für Punkt eingelernt. Die übrigen Anweisungen werden am Roboter oder mit einem PC programmiert.

Roboter können meist wahlweise in einer PASCAL-ähnlichen Hochsprache oder in einer Anwendersprache mit Makros programmiert werden. Die Makros werden vom Roboterhersteller oder dem Systemlieferanten für den Anwender passend zusammengestellt.

Programmieren mit einer Hochsprache

Die Programmierung mit einer Hochsprache ist strukturiert, d. h. gegliedert in Hauptprogramme (HP) und Unterprogramme (UP) **(Bild 1)** und erfolgt bis auf die Eingabe der Positions- und Orientierungsdaten meist an einem PC, seltener direkt über das Roboterbedienfeld. So gegliederte Programme führen zu einem übersichtlichen Programm, das abschnittsweise testbar bzw. ablauffähig ist.

Im **Hauptprogramm** werden alle allgemein gültigen Funktionen definiert, z. B. die maximale Geschwindigkeit, die maximale Beschleunigung, die Nullpunktkorrektur, das Koordinatensystem, die Startposition.

In den **Unterprogrammen** werden die einzelnen Arbeitsaufgaben mit all den vielen Positions- und Orientierungsdaten beschrieben. Die Ausgänge werden gesetzt und die Eingänge abgefragt.

Alle **Programme** sind streng gegliedert in einen **Vereinbarungsteil** und in einen **Anweisungsteil** (**Bild 2** und **Tabelle 1**). Im Vereinbarungsteil steht der Programmname und beim Hauptprogramm die Namen der globalen Unterprogramme sowie die vereinbarten Variablen. Im Anweisungsteil stehen die durchzuführenden Anweisungen. Die globalen Unterprogramme wirken während des gesamten Programmablaufs, während die lokalen Unterprogramme nur im betreffenden Arbeitsabschnitt aktiviert sind.

Im Satz 3 und 4 (Tabelle 1) werden externe Unterprogramme vereinbart und im Satz 5 eine Integervariable. Im Anweisungsteil, Satz 6 bis 16, werden über globale Unterprogramme Variable gesetzt. In Satz 12 fährt der Roboter in die Startposition. Mit den Anweisungen 13 bis 16 wird die Schweißbewegung gesteuert. Geschweißt wird im UP-Schweißen mit 4 Schweißpunkten, entsprechend der Datenliste.

Die Roboterprogrammierung erfolgt in einer Hochsprache oder in einer Anwendersprache mit Makros.

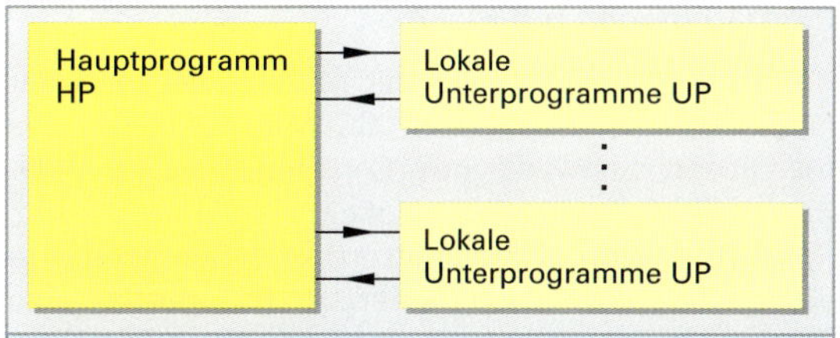

Bild 1: Programmgliederung

Vereinbarungsteil	Name Definition der Variablen
Anweisungsteil	Anweisung Anweisung ⋮

Bild 2: Programmstruktur

Tabelle 1: Programmbeispiel

```
1   DEF EUROPA BSP ()
2   ; Beispiel Schweißen
3   EXT GESALL (INT)  ; globales UP für Achsgeschw.
4   EXT BESALL (INT)  ; globales UP für Achsbeschl.
5   INT I
6   GESALL (50)       ; UP-Aufruf Geschw. 50%
7   BESALL (50)       ; UP-Aufruf Beschl. 50%
8   $ BASE = {X 0.0, Y 0.0, Z 0.0, A 0.0, B 0.0 C 0.0}
9   ; Nullpunktkorrektur
10  $ TOOL = {X0, Y0, Z100, A0, B0, C0}
11  ; Werkzeugkorrektur 100 mm in Z-Richt.
12  PTP START
13  FOR I = 1 TO 4
14    PTP PUNKT (I)
15    SCHWEISSEN ()
16  END FOR
17  PTP {X 100.0, Y 100.0, Z 100.0}; Home-Pkt
18
19  ; Lokales UP Schweißen
20  DEF SCHWEISSEN ()
21  $ OUT [13] = TRUE; Ausg. 13 setzen = Zange zu
22  WAIT FOR $ IN [31]; Eing. 31 = ? Zange zu?
23  $ OUT [14] = TRUE; Ausg. 14 setzen = Schweißen
24  WAIT FOR $ IN [41]; Eing. 41 = ? Schweißen Ende
25  $ OUT [13] = FALSE; Ausg. 13 rücksetzen = Zange auf
26  END
```

```
1   DEF DATA EUROPA BSP
2   POS PUNKT [4]; Positionswerte von 4 Schweißpunkten
3   PUNKT [1] = {X220.0, Y230.0, Z200.0, A10.1, B20.0, C30.0{
4   PUNKT [2] = {X230.0, Y240.0{
5   PUNKT [3] = {X240.0{
6   PUNKT [4] = {X250.0{
7   ENDDAT
```

```
1   DEF GESALL; globales UP Geschw.Achsen 1 bis 6
2   INT I
3   FOR I = 1 TO 6
4     $ VEL_AXIS [I] = 50%
5   END FOR
6   END
```

```
1   DEF BESALL; globales UPBeschl.Achsen 1bis6
2   INT I
3   FOR I = 1 TO 6
4     $ACC_AXIS [I] = 50
5   ENDFOR
6   END
```

Programmieren mit Makros

Bei der Programmierung mit Makros werden über einen Befehlsnamen, z. B. SCHWEISSEN S1, die für diesen Schweißtypus S1 vorgeplanten Parameter für Bahngeschwindigkeit, Pendelamplitude, Pendelfrequenz, Schweißstrom und Schweißnahtvorschub automatisch generiert. Es werden also sowohl Bewegungsanweisungen als auch Ein-/Ausgabeanweisungen für die Peripherie, nämlich die Schweißstromquelle, erzeugt.

Mit dem zugehörigen *Makrobefehl* LICHTBOGEN EIN wird die Gasvorströmzeit und die Zündzeit als Wartezeiten erzeugt sowie das Gasventil über einen Ausgabebefehl geöffnet und kurze Zeit danach der Zündvorgang über einen weiteren Ausgabebefehl eingeleitet. Ebenso werden mit dem Befehl LICHTBOGEN AUS passende Wartezeiten im Roboterprogramm erzeugt, damit der Schweißprozess richtig mit entsprechender Nachbrennzeit und Gasnachströmzeit abgeschlossen werden kann.

Mithilfe solcher Makrobefehle erhält man dann ein sehr einfaches Roboterprogramm **(Bild 1).** Diese Art der Roboterprogrammierung ist *werkstattgerecht*, da sie auf die Aufgabe zielt. Die Prozessparameter, wie Schweißstrom und Pendelamplitude, sind in einer Tabelle eingetragen und können vom Werker verändert und damit optimiert werden.

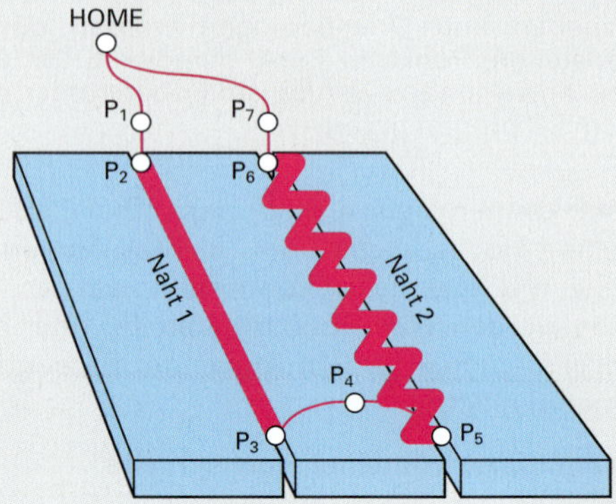


```
001 LICHTBOGEN INITIALISIEREN
023 PTP HOME
024 PTP P1 C PTP
025 LIN P2
026 LICHTBOGEN EIN (START 1,
    SCHWEISSEN S1); NAHT 1
029 LIN P3
030 LICHTBOGEN AUS (END 1); NAHT 1
033 CIRC P4, P5
034 LICHTBOGEN EIN (START 1,
    SCHWEISSEN S2); NAHT 2
039 LIN P6
040 LICHTBOGEN AUS (END 1); NAHT 2
044 LIN P7
045 PTP HOME
046 END
```

Bild 1: Programmieren mit Makros (Beispiel)

Grafisch-interaktive Programmierung

Hierbei werden grafisch-interaktiv neben den Programmablaufanweisungen und den Bewegungsanweisungen auch die Positions- und Orientierungsdaten am Programmierarbeitsplatz erzeugt **(Bild 2).** Dieser Programmierarbeitsplatz ist ein sehr komfortabler CAD-Arbeitsplatz, welcher eine farbschattierte Simulation der Roboterzelle mit beweglichem Roboter ermöglicht. Die Roboteraufgabe wird vollständig in Form einer **virtuellen Realität (VR)** durchgeführt und dabei wird das Roboterprogramm automatisch erstellt. Zur Bewegungssteuerung des „Bildschirmroboters" verwendet man entweder dieselben Befehle wie für den realen Roboter, also z. B. die Programmiersprache ACR, oder eine steuerungsneutrale Sprache, z. B. die Simulationssprache TDL des Simulationssystems.

Die grafisch-interaktive Programmierung erfolgt mit CAD-ähnlichen Systemen durch Simulation der Roboterbewegung in der simulierten Roboterarbeitszelle.

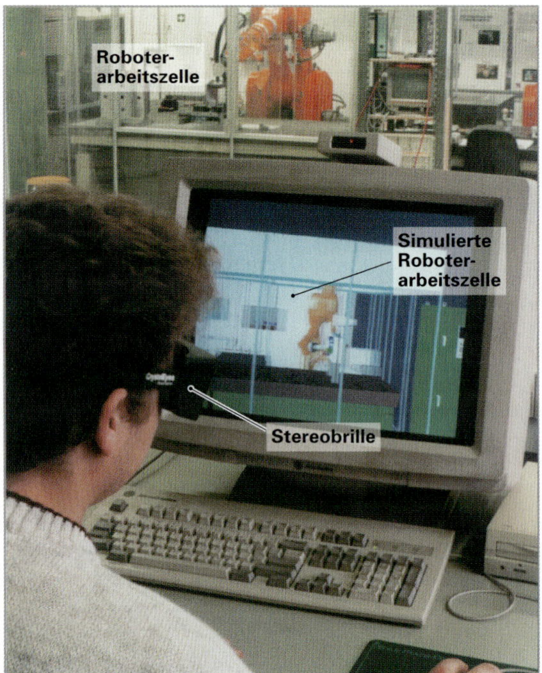

Bild 2: Grafisch-interaktive Programmierung

5.3.5.2 Koordinatensysteme

Zur Bewegungssteuerung eines Roboters ist eine exakte Beschreibung des Roboters in seinem Arbeitsraum und in Bezug zu den Werkstücken die vom Roboter bearbeitet oder gehandhabt werden erforderlich. Man beschreibt die Zuordnung des Roboters zu seiner Umgebung und zu den Werkstücken mit rechtwinkligen, d. h. kartesischen[1] Koordinatensystemen[2] **(Bild 1)**. Die Koordinatensysteme, die dem Anwender zur Bewegungssteuerung und zur Programmierung der Roboter zur Verfügung gestellt werden, nennt man **Programmierkoordinatensysteme** oder **Anwenderkoordinatensysteme**.

Das Weltkoordinatensystem

Das Weltkoordinatensystem ist das Ursprungskoordinatensystem. Es ist fest zugeordnet zum Betriebsbereich des Roboters. Bei nichtortsbeweglichen Robotern beschreibt das Weltkoordinatensystem die Roboterarbeitszelle mit den Koordinatenachsen X_{WE}, Y_{WE}, Z_{WE}. Dabei zeigt die Z-Achse senkrecht nach oben. Dieses Koordinatensystem bleibt, einmal festgelegt, unverändert.

Das Roboterbasiskoordinatensystem

Das Roboterbasiskoordinatensystem ist ein Koordinatensystem, das sich auf den Roboter bezieht und meist so definiert ist, dass die Aufstellfläche in der X_{RB}- Y_{RB}-Ebene liegt und die Z_{RB}-Achse sich in der Robotermitte befindet.

Wird der Roboter auf einer ebenen Fläche aufgestellt und waagerecht bzw. senkrecht ausgerichtet, dann besteht zwischen dem Weltkoordinatensystem und dem Roboterbasiskoordinatensystem nur eine Verschiebung und um die Z-Richtung eine Verdrehung. Das Roboterbasiskoordinatensystem ist bei manchen Robotern in allen 6 Freiheitsgraden durch Maschinendatum änderbar, sodass man auch bei schiefaufgestelltem Roboter eine lotgerechte Z_{RB}-Achse bekommen kann.

Ein besonderes Problem ist häufig die korrekte Ausrichtung des Roboterbasiskoordinatensystems, da im Unterschied zur Werkzeugmaschine oft keine Anlageflächen für das Anlegen einer Wasserwaage vorhanden sind und auch die Robotermitte mit Messmitteln nicht zugänglich ist.

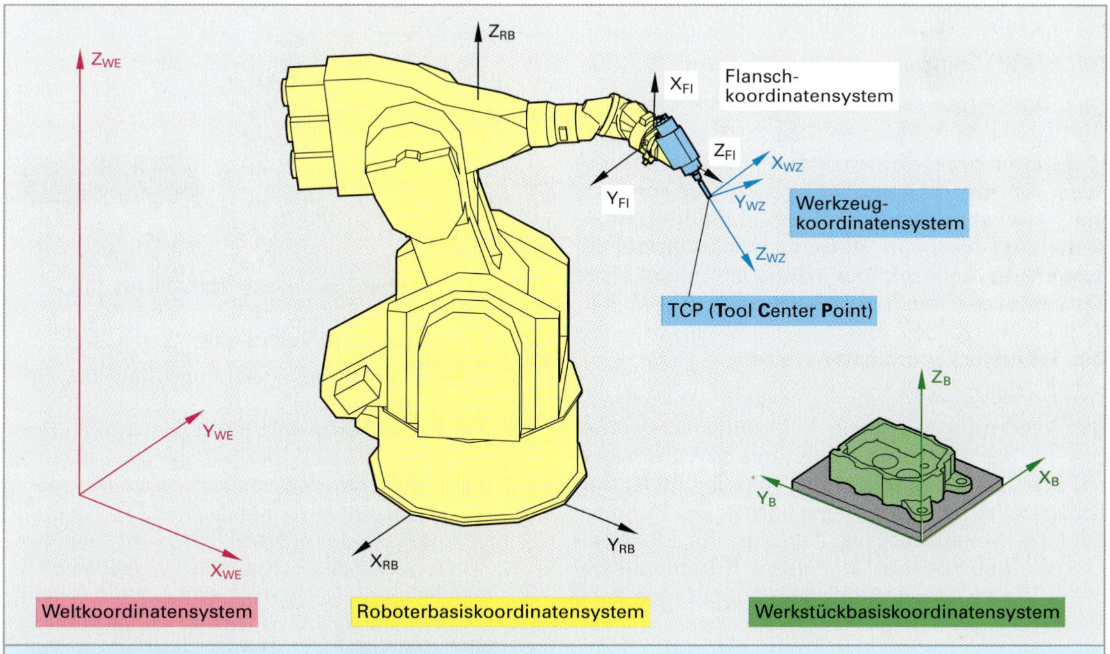

Bild 1: Koordinatensysteme in einer Roboterarbeitszelle

[1] *René Descartes* (Renatus Cartesius), franz. Philosoph (1596 bis 1650)

[2] lat. ordinare = ordnen. Mit Koordinaten werden Punkte im Raum festgelegt.

Das Flanschkoordinatensystem

Das Flanschkoordinatensystem bezieht sich auf die letzte Roboterachse mit den Koordinatenachsen X_{Fl}, Y_{Fl} und Z_{Fl}. Bezüglich dieses Koordinatensystems werden Werkzeuge und Greifer ausgerichtet. Durch das Bohrbild des Flansches ist die Lage der X_{Fl}-Achse und Y_{Fl}-Achse festgelegt. Die Z_{Fl}-Achse liegt zentrisch im Flansch und in Richtung der 6. Roboterachse. Das Flanschkoordinatensystem wird durch Maschinendaten bei der Roboterinbetriebnahme festgelegt. Dabei werden etwaige Roboterarmverlängerungen berücksichtigt.

Das Werkzeugkoordinatensystem und der TCP

Das Werkzeugkoordinatensystem kreuzt sich im Werkzeugbezugspunkt (engl. Tool Center Point ⇒ TCP). Es bezieht sich bezüglich seiner räumlichen Ausrichtung auf das Flanschkoordinatensystem **(Bild 1)**. Der Wegverlauf des TCP wird als Roboterbewegungsbahn und die räumliche Ausrichtung des Werkzeugkoordinatensystems wird als Roboterorientierung bezeichnet. Die Geschwindigkeit des TCP ist die Roboterbahngeschwindigkeit. Die Roboterkoordinatenwerte X, Y, Z mit den Orientierungswinkeln A, B, C sind die Koordinaten, bezogen auf ein Basiskoordinatensystem, z. B. des Roboterbasiskoordinatensystems oder des Werkstückbasiskoordinatensystems.

Das Werkstückbasiskoordinatensystem

Das Werkstückbasiskoordinatensystem definiert die Lage eines Werkstücks **(Bild 2)**. Es hat eine feste Beziehung gegenüber dem Weltkoordinatensystem. Bei der Roboter-Off-Line-Programmierung von Handhabungsaufgaben erfolgt die Programmerstellung meist in diesem Basiskoordinatensystem. Es kennzeichnet häufig die Lage eines Tisches oder einer Spannplatte.

Das Werkstückkoordinatensystem

Das Werkstückkoordinatensystem beschreibt das Werkstück bezüglich der Werkstückgeometrie. Es hat eine feste Beziehung zu dem Werkstückbasiskoordinatensystem und ist meist nur achsparallel zu diesem verschoben. Die Roboter-Off-Line-Programmierung erfolgt für Bearbeitungsaufgaben meist in diesem Koordinatensystem. Dieses Koordinatensystem nennt man auch Werkstückframe (engl. frame = Rahmen).

> Die Koordinatenangaben der Roboterprogramme beziehen sich günstigerweise auf das Werkstückkoordinatensystem.

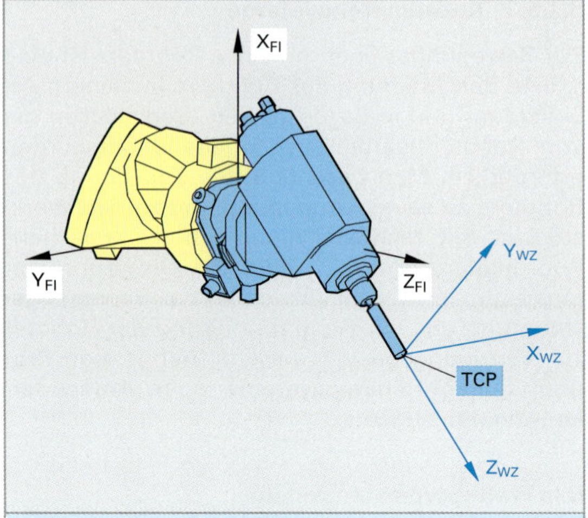

Bild 1: Werkzeugkoordinatensystem mit TCP

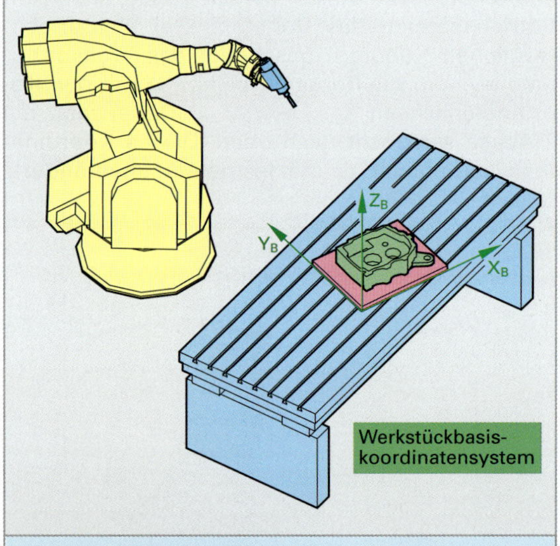

Bild 2: Werkstückbasiskoordinatensystem

Wiederholung und Vertiefung

1. Welche Programmiertechniken sind bei Robotern üblich?
2. Welche Nachteile hat die Teach-in-Programmierung?
3. Erklären Sie die Programmierung mit Makros.
4. Wie ist der Arbeitsraum bei einer TTT-Roboterkinematik und bei einer RTT-Roboterkinematik?
5. Skizzieren Sie den Achsaufbau der beiden RRT-Kinematiken.
6. Wodurch unterscheiden sich das Weltkoordinatensystem und das Roboterbasiskoordinatensystem?
7. Worauf beziehen sich die Roboterkoordinatenwerte X, Y, Z?
8. Was bedeutet TCP in der Robotertechnik?

5.3.6 Robotersteuerung

5.3.6.1 Die Bewegungserzeugung

Die Erzeugung der Roboterbewegung erfolgt wie bei einer NC-Maschine durch Interpolation zwischen einem Anfangspunkt der Bewegung und dem Endpunkt einer Bewegung. Anfangs- und Endpunkt verbinden bei der Linearinterpolation einen Geradenabschnitt im Raum. Bei der Kreisinterpolation ist ein Hilfspunkt im mittleren Bereich erforderlich. Durch die Interpolation **(Bild 2)** werden fortlaufend, etwa alle 10 ms bis 20 ms, Bahnzwischenpunkte berechnet. Im Unterschied zur NC-Maschine können diese Bahnzwischenpunkte aber noch nicht direkt als Sollwerte an die Lageregelkreise ausgegeben werden.

> Bei Robotern ist wegen der rotatorischen Achsen eine Koordinatentransformation von der rechnerischen Bewegung in einem rechtwinkligen Koordinatensystem (Weltkoordinaten) in das bewegungserzeugende Roboterkoordinatensystem notwendig.

Die Berechnung der Roboterbewegung bezieht sich auf den Tool-Center-Point (TCP) **(Bild 1).** Der TCP ist der Werkzeugbezugspunkt des Roboterwerkzeugs, z. B. die Drahtspitze des Schweißbrenners oder der Berührpunkt der Fräserschneide bei Fräsbearbeitungen mit einem Roboter. Die **Position und Orientierung** des TCP heißt **Pose**.

Diese ist abhängig von den Gelenkwinkeln α, β, γ, δ, ε, φ und den jeweiligen Roboterarmlängen sowie von der Geometrie des Werkzeugs. Will man den TCP, z. B. unter Beihaltung der Orientierung geradlinig verschieben, so sind im Allgemeinen alle 6 Roboterachsen simultan, d. h. gleichzeitig mit sich ändernden Drehgeschwindigkeiten zu bewegen.

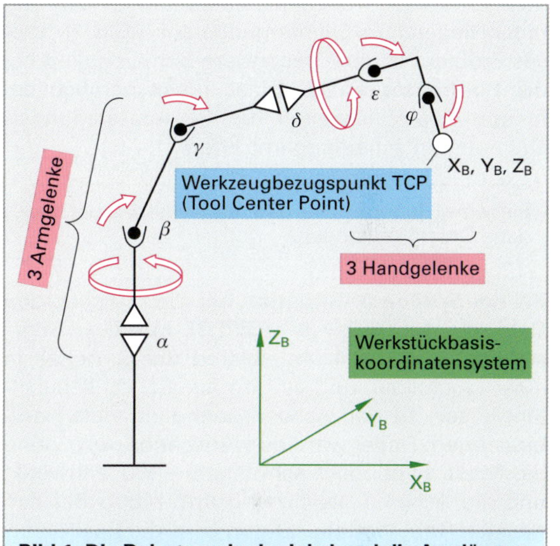

Bild 1: Die Robotergelenkwinkel und die Armlängen bestimmen die Position und die Orientierung des TCP

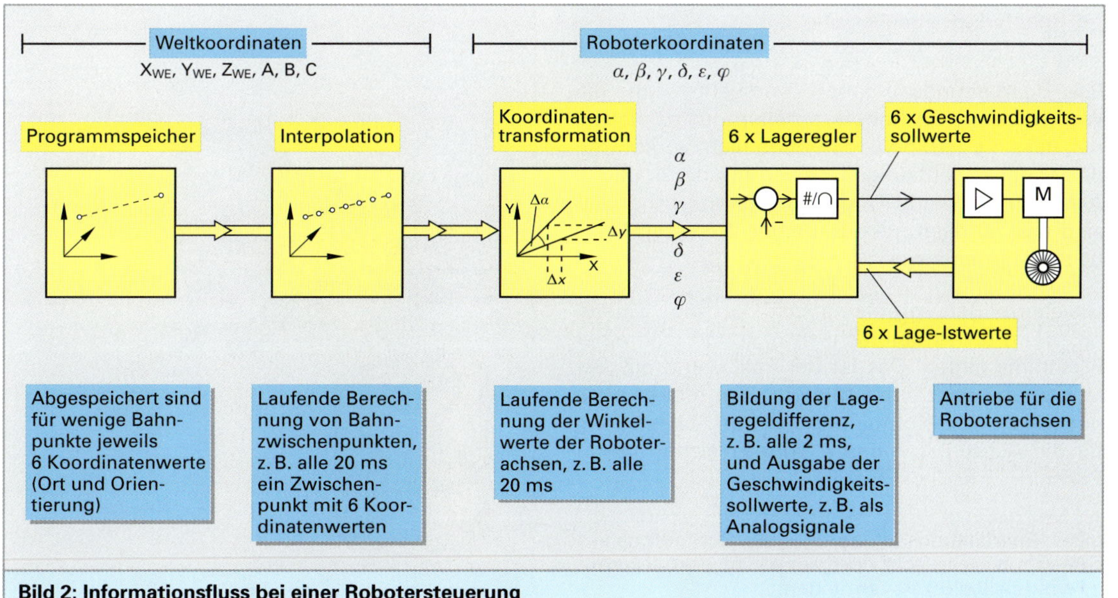

Bild 2: Informationsfluss bei einer Robotersteuerung

5.3.6.2 Achsstellungen

Das Problem der Mehrdeutigkeit

Mit der Angabe von Positionswerten und Orientierungswinkeln ist die Lage der Roboterachsen meist nicht eindeutig bestimmt. So wird z. B. die Roboterhandposition in **Bild 1** sowohl in der Achsstellung „linker Arm" als auch in der Achsstellung „rechter Arm" erreicht.

Ebenso erreicht man dieselbe Pose mit oben und unten liegendem Ellenbogengelenk **(Bild 2)**. Dieses Problem ist eine besondere Schwierigkeit bei der Robotersteuerung. Diese muss nämlich bei mehreren Möglichkeiten für die Achsstellungen eindeutig Entscheidungen treffen.

Für eine Roboterpose gibt es meist 4 verschiedene Gelenkstellungen.

Bei der **Epsilon-0°-Situation** hat die 5. Achse den Gelenkwinkel 0° ($\varepsilon = 0°$) **(Bild 3)**. In dieser Achsstellung sind die 4. Achse und die 6. Achse in einer Fluchtlinie, und es gibt für die Achseinstellung dieser beiden Achsen unendlich viele Kombinationen. Dabei wäre es wünschenswert, wenn die Achse 4 unendlich schnell um + 180° schwenkt und die Achse 6 gleichzeitig um – 180°. Bei den meisten Robotersteuerungen wird die Epsilon-0°-Situation mit stark verminderter Bahngeschwindigkeit durchlaufen.

In der Epsilon-0°-Situation rotieren die 4. und 6. Roboterachse gegenläufig.

Bei Bearbeitungsaufgaben versucht man die Werkstücke so im Roboterarbeitsraum zu platzieren, dass die Epsilon-0°-Situation nicht vorkommt, da bei der gegenläufigen Bewegung der 4. und 6. Achse meist kleine Ungenauigkeiten vorhanden sind und Markierungen bei einer Werkstückbearbeitung hinterlassen.

Gleichermaßen problematisch ist die Situation, wenn die Roboterachsen α, δ und φ in einer Fluchtlinie liegen. Das ist der Fall, wenn ein Gelenkroboter ganz aufrecht steht. Hier gibt es auch unendlich viele Kombinationen der Achsstellung für die Achsen α, δ und φ zum Erreichen dieser Position.

Bei Bearbeitungsaufgaben sind Roboterpositionen mit waagrecht oder senkrecht gestrecktem Arm (Epsilon 0°) zu vermeiden.

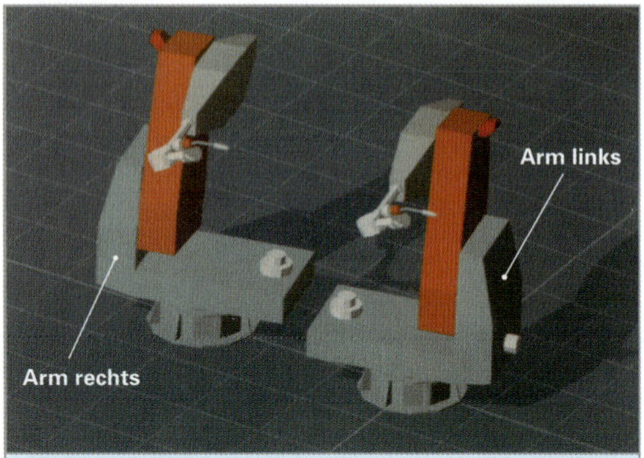

Bild 1: Roboter in der Achsstellung „rechter Arm" und „linker Arm" für dieselbe Pose

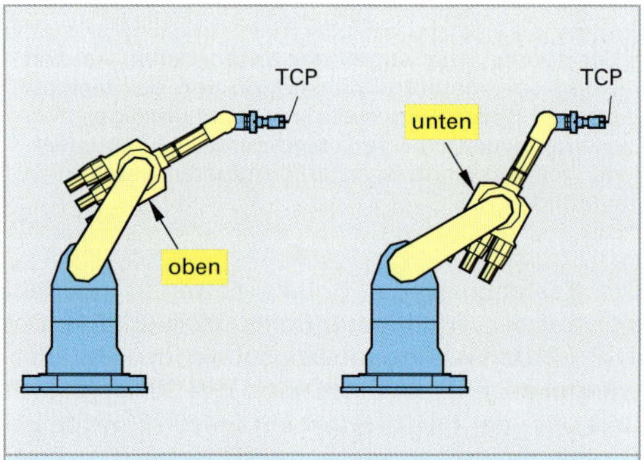

Bild 2: Roboter mit oben und mit unten liegendem Ellenbogengelenk für dieselbe Pose

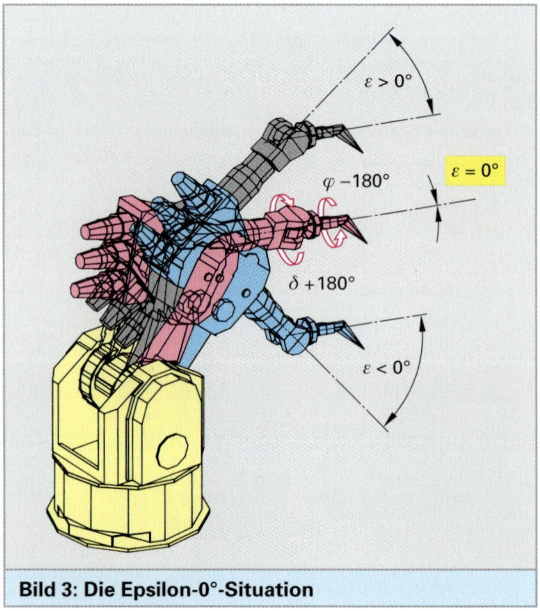

Bild 3: Die Epsilon-0°-Situation

5.3.6.3 Interpolation

Point-To-Point[1] (PTP)

Im PTP-Betrieb verfährt der Roboter zum Zielpunkt in der Weise, dass alle Achsen gleichzeitig mit der Bewegung beginnen und stoppen.

Die programmierte Geschwindigkeit bezieht sich auf die Achse mit der größten Weg- bzw. Winkeldistanz. Es findet in der Steuerung eine Linearinterpolation[2] bezogen auf die Roboterachsen statt. Im Falle einer TTT-Kinematik ergeben sich geradlinige Bewegungsbahnen, sonst komplizierte Raumkurven, da keine Koordinatentransformation für die Bahnzwischenpunkte erfolgt **(Bild 1)**. Der PTP-Betrieb ermöglicht die kürzesten Verfahrzeiten zwischen zwei programmierten Punkten.

Continuous-Path[3] (CP)

Die CP-Interpolation erfolgt in einem rechtwinkligen Koordinatensystem, meist im Weltkoordinatensystem oder im Basiskoordinatensystem.

Im CP-Betrieb werden Zwischenpunkte so berechnet, dass der TCP auf einer geraden Linie **(Linearinterpolation)** oder einer Kreisbahn **(Zirkularinterpolation[4])** liegt **(Bild 2)**.

Im Unterschied zur Interpolation bei NC-Maschinen kann der Kreisbogen auch schief im kartesischen Koordinatensystem liegen. Die Projektion auf die X/Y-Ebene ist dann ein elliptischer Kurvenabschnitt.

Die universellste Interpolationsart für ruckfreie Roboterbewegungen ist die **Spline-Interpolation[5]**. Hier werden die programmierten Bahnstützpunkte durch eine Bahn, entsprechend der Biegelinie eines Stahldrahtes, verbunden.

In die Interpolation wird nicht nur die Bahn des **Werkzeugbezugspunktes (TCP),** sondern auch die **Werkzeugorientierung** eingeschlossen. Die Werkzeugorientierung ist die räumliche Ausrichtung des Werkzeugs. Die Werkzeugorientierung kann dabei konstant gehalten oder kontinuierlich von einer Anfangsorientierung in eine Endorientierung überführt werden **(Bild 3)**.

Es gibt z. B. Roboterbewegungen, bei denen die Werkzeugposition bezüglich des TCP konstant bleibt und nur die Orientierungswinkel verändert werden. Man kann dabei z. B. nur eine **Nickbewegung** ausführen oder eine **Gierbewegung** und eine **Rollbewegung.** Diese Bewegungskombination nennt man **Quirlen.**

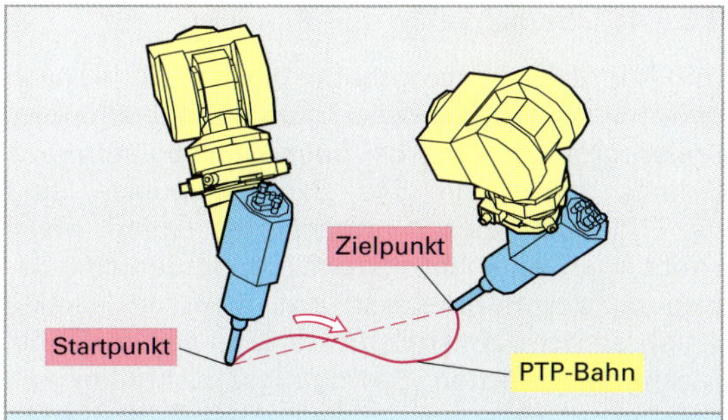

Bild 1: PTP-Bewegung

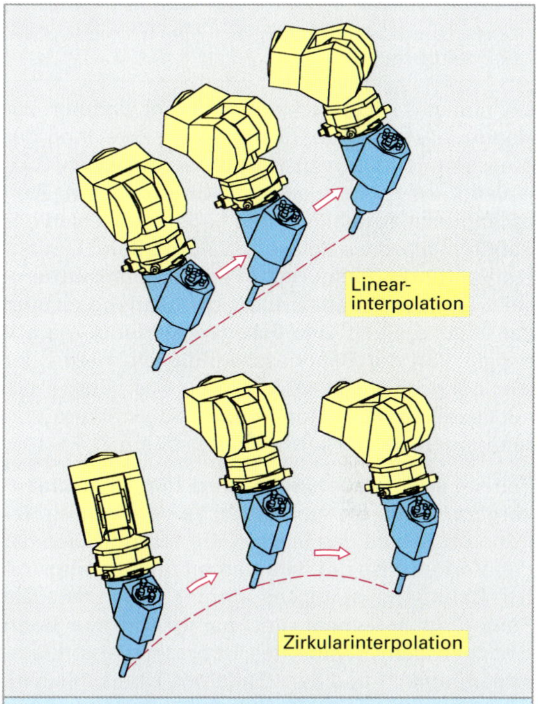

Bild 2: Linearinterpolation und Zirkularinterpolation mit konstanter Orientierung

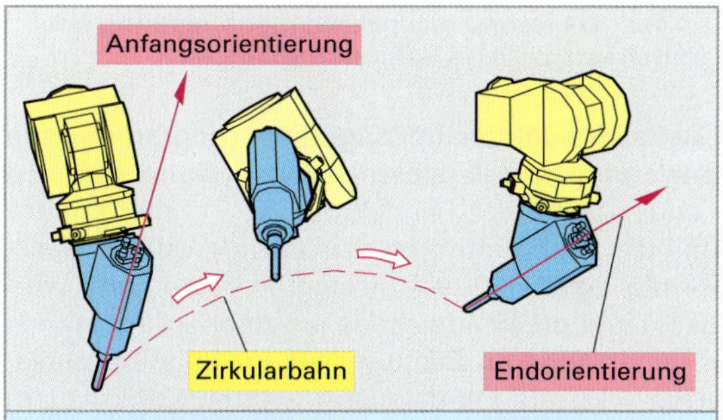

Bild 3: Zirkularinterpolation mit zusätzlicher Orientierungsinterpolation

[1] engl. point to point = Punkt zu Punkt; [2] linear = geradlinig, Interpolation = Berechnung von Zwischenwerten; [3] engl. continuous path = stetige Bahn (lat. continuus = zusammenhängend); [4] lat. circularis = kreisförmig; [5] engl. spline = Straklatte, Kurvenlineal

5.3.6.4 Überschleifen und Pendeln

Die Roboterbewegungsbahn setzt sich je nach gewählter Interpolationsart aus Geradenstücken, Kreissegmenten oder bei Spline-Interpolation aus Splines zusammen. Die Bahnstützpunkte sind die Endpunkte dieser interpolierten Linien. Meist strebt man eine harmonisch kontinuierliche Bewegung des Roboters an und nicht das exakte Anfahren der Bahnstützpunkte. Man verrundet bei zusammengesetzten Bewegungsabschnitten die Roboterbahn in den programmierten Stützpunkten und spricht vom „Überschleifen" **(Bild 1)**.

Durch Überschleifen ergibt sich eine harmonische Roboterbewegung.

Die einfachste Überschleifart kommt dadurch zustande, dass man unabhängig vom Erreichen der programmierten Bahnstützpunkte die Bahn fortlaufend interpoliert und die interpolierten Zwischenpunkte fortlaufend den Lageregelkreisen der Roboterachsen als Sollwerte zuführt. Beim Umfahren von Ecken (ohne Halt in den Eckpunkten) entsteht, unbeeinflussbar, durch den Schleppabstand der Lageregelung eine Eckenverrundung, die abhängig von der Bahngeschwindigkeit mehr oder weniger groß ausfällt **(Bild 2)**. Bei Lageregelkreisen mit kleinerem K_V-Faktor ergeben sich stärkere Verrundungen, als bei solchen mit großem K_V-Faktor.

Bei neueren Steuerungen wird der Überschleifvorgang durch eine rechnerische Verrundung der Roboterbahn an den Eckpunkten erzeugt. Dies hat den Vorteil, dass der Bahnverlauf unabhängig von der Bahngeschwindigkeit immer gleich ist. Die Steuerung berechnet eine parabelförmige Bahn zwischen dem Beginn des Überschleifens (Überschleifpunkt 1) und dem Ende des Überschleifens (Überschleifpunkt 2) **(Bild 3)**.

Das Überschleifen in den Eckpunkten erfolgt durch das Nachschleppen der Lageregelung oder durch interpolierte Bahnverrundungen.

Die **Pendelfunktion** überlagert der programmierten Bewegung eine Pendelung **(Bild 4)**. Dabei kann die Pendelebene, der Pendelhub, die Pendelfrequenz und die Pendelform, ob sinusförmig oder dreieckförmig oder rechteckförmig, programmiert werden. Liegt die Pendelebene am Bahnanfangspunkt in einer anderen Richtung als im Bahnendpunkt, dann wird die Pendelebene während des Abfahrens des Bahnabschnittes kontinuierlich gedreht.

Die Pendelfunktion ist vor allem beim Bahnschweißen vorteilhaft einsetzbar.

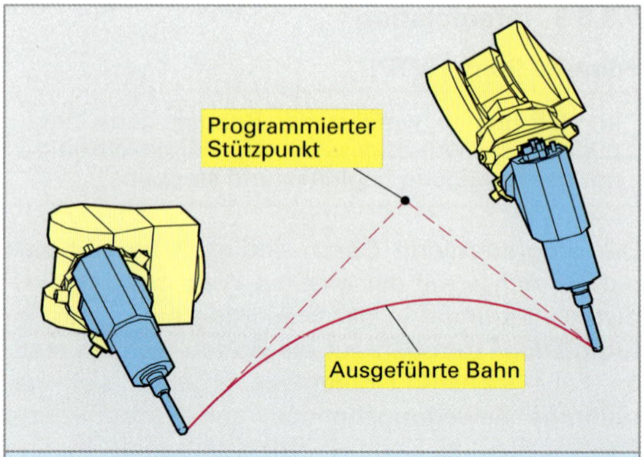

Bild 1: Bahnüberschleifen

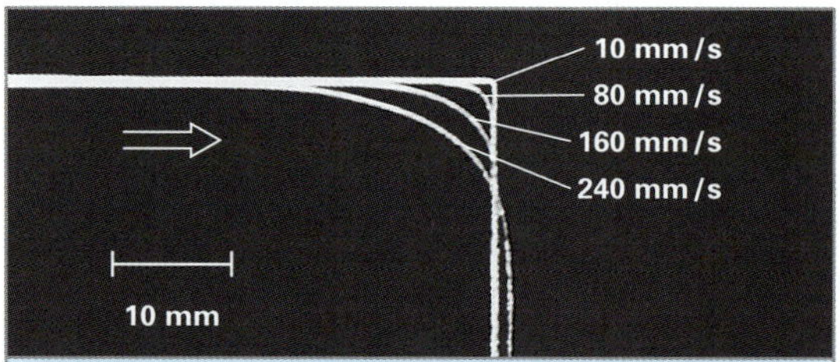

Bild 2: Eckenverrunden durch Lageregelung bei unterschiedlichen Bahngeschwindigkeiten

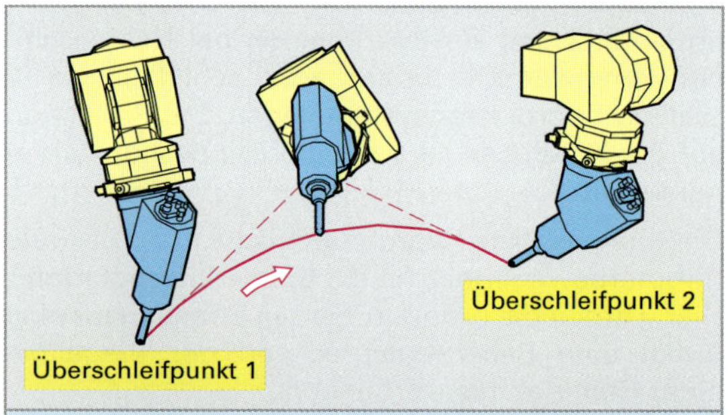

Bild 3: Die Werkzeugorientierung im Überschleifbereich

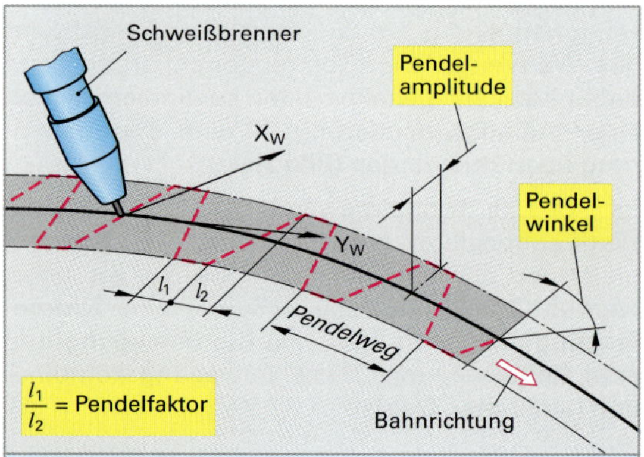

Bild 4: Pendelbewegung

5.3.6.4 Robotersensorführung

Seit Beginn der Robotertechnik besteht der Wunsch, Roboter nicht nur einen starren Bewegungsablauf ausführen zu lassen, sondern sie mit Eigenschaften auszustatten, die ein selbsttätiges Anpassen an äußere Gegebenheiten erlauben.

Mithilfe von Sensoren können äußere Gegebenheiten erfasst und der Roboter über Sensorfunktionen den Gegebenheiten angepasst geführt werden **(Tabelle 1)**.

Tabelle 1: Metallklebstoffe (Auswahl)

Bennenung	**Wirkung**
Nullpunktkorrektur über Parameter	Der Bewegungsvorgang wird räumlich verschoben und verdreht, über Parameter entsprechend der aktuellen Werkstücklage. Der Sensor ermittelt die Parameter.
Nulpunktkorrektur über robotergeführtes Messen	Der Bewegungsvorgang wird räumlich verschoben und verdreht, entsprechend der aktuellen Werkstücklage. Die Parameter werden von der Robotersteuerung aufgrund von Antastbewegungen automatisch ermittelt.
Nullpunktkorrektur über robotergeführtes Suchen	Der Bewegungsvorgang wird räumlich verschoben und gegebenenfalls verdreht, bis das Sensorsystem die Anfangslage meldet.
Punktkorrektur	Der Roboter ermittelt in hinreichend kurzem Abstand während einer Lernphase die aktuellen Bahnpunkte. Das parametriert geschriebene Roboterprogramm wird auf die aktuellen Bahnpunkte hin korrigiert.
Geschwindigkeitsorrektur, steuernd	Aufgrund eines Sensorsignals wird die Bewegungsgeschwindigkeit auf einen vorprogrammierten Wert reduziert (offene Steuerkette).
Geschwindigkeitskorrektur, regelnd	Im Sinne einer Regelung wird die Bewegungsgeschwindigkeit so verändert, dass eine für den Bearbeitungsprozess relevante Größe konstant oder optimal bleibt.
Bahnkorrektur, regelnd	Entsprechend den Sensorsignalen wird die Roboterbewegung fortlaufend an die aktuelle Bahn angepasst. Die Anpassung betrifft den Bezugspunkt der Bearbeitung oder auch die Orientierung. Der Korrekturvektor wird nach Betrag und Richtung festgelegt und zwar bezogen auf das kartesische Koordinatensystem oder auf das Handwurzelkoordinatensystem.
Bahnkorrektur, regelnd bei mitgeführtem, voreilendem Sensor: – Sensor, fest mit Werkzeug verbunden, – Sensor um Werkzeugwirkpunkt beweglich und servounterstützt bahnnadaptierend, – Bahnkorrektur regelnd mit ortsfestem Sensor. Autonomes Bahnfolgen	Die Bahn des Werkzeugwirkpunktes wird unter Berücksichtigung des Sensorvorlaufs korrigiert. Die Bahn des Werkzeugwirkpunktes wird fortlaufend, entsprechend der Abfrage der aktuellen Bahn, geregelt. Der beobachtet aus einer fixen Position die unmittelbare Szene vor dem Werkzeug und erzeugt Korrektursignale. Die Roboterbewegung folgt der Werkstückkontur, ohne dass eine Bahn vorprogrammiert ist.
Kalibrierfunktionen: – einmalig, – zyklisch.	Die Bewertung des Sensorsignals erfolgt automatisiert.
Offset-Funktionen: – einmalig, – zyklisch.	Der Driftabgleich für das Sensorsignal erfolgt automatisch.
Reglerfunktionen: – festparametriert, – parameteradaptiv.	P-, PI-, PD-, PID-Regleralgorithmen können für die sensorische Geschwindigkeitsführung und Bahnführung aufgerufen werden.

Die **Robotersensorik** dient:

- der Erhöhung der Sicherheit,
- der Qualitätssicherung,
- der Leistungssteigerung,
- dem Ausgleich von Positionierungsungenauigkeiten,
- der Erhöhung der Flexibilität,
- der Vereinfachung der Programmerstellung,
- dem Ersatz von Programmkorrekturen,
- dem teilweisen Ersatz der Programmierung.

Beispiele zur Sensoranwendung

Mit **Leistungssensoren** kann die Bearbeitungsgeschwindigkeit dem Bearbeitungswerkzeug angepasst und so eine minimale Bearbeitungszeit erreicht werden.

Hier dient also die Sensorik der Produktivitätssteigerung. Erfasst wird dabei die Leistung des Bearbeitungswerkzeugs. Die Vorteile dieses Verfahrens sind die geringe Störempfindlichkeit des Sensors und dass der Sensor relativ weit vom Bearbeitungswerkzeug entfernt installiert werden kann.

Beispiel: Entgraten

Beim Entgraten verändern sich Gratstärke, Gratbreite, Werkstoffhärte und Werkzeugzustand sehr häufig. Ein Indiz für „schwerer gehende Bearbeitung" ist das Ansteigen der **elektrischen Antriebsleistung (Bild 1)**. Bei einer elektrisch angetriebenen Schleifscheibe wird dann die elektrische Leistung durch Strom-Spannungs-Multiplikation (Leistungssensor) ermittelt und bei zunehmender Entgratleistung die Roboterbahngeschwindigkeit so reduziert, dass die aufgenommene Leistung etwa konstant bleibt **(Bild 2)**. Auf diese Weise können Teile mit geringer Gratausprägung schneller bearbeitet werden als Werkstücke mit starker Gratausprägung, und zugleich wird das Werkzeug vor Überlastung geschützt.

Beispiel:

Ausgleich von Lagetoleranzen mit induktivem Näherungssensor. Das Palettieren und auch das Entpalettieren von Werkstücken organisiert man sehr flexibel mit sensorgeführtem Suchen. Durch Einlernen einer Fahrstrecke mit Anfangspunkt und Endpunkt wird eine Suchstrecke im Roboterprogramm definiert. Mit dem Eintreffen eines Sensorsignals wird, relativ zur momentanen Position, eine neue Bewegung, z. B. eine Werkstückgreifbewegung, ausgeführt. Auf diese Weise gelingt die Aufnahme von Werkstücken, die in einer Linie aufgereiht sind, ohne dass deren Position innerhalb der Linie im Programm fixiert ist **(Bild 3)**.

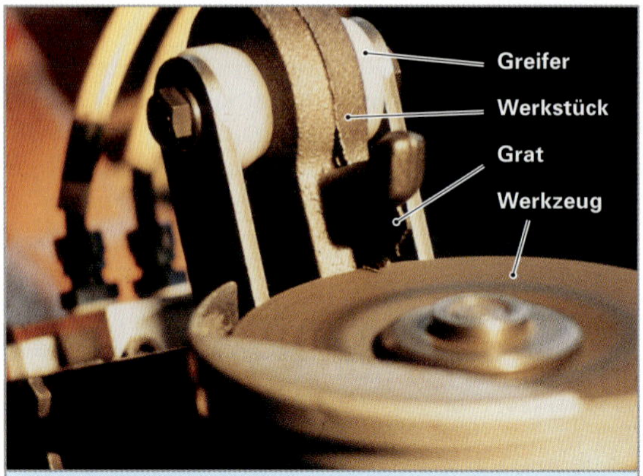

Bild 1: Entgraten mit sensorischer Beeinflussung der Bahngeschwindigkeit

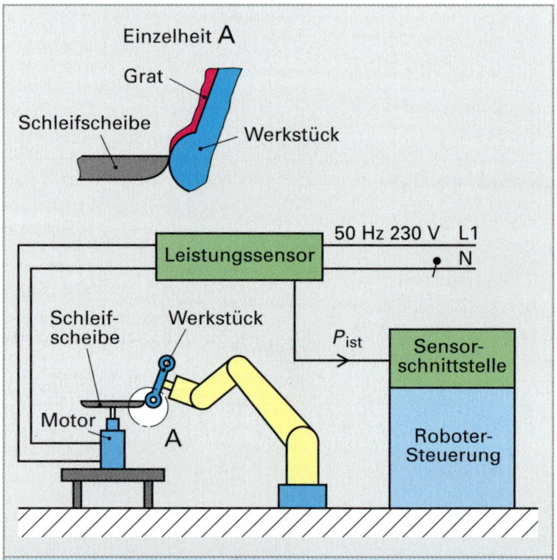

Bild 2: Anpassen der Bearbeitungsgeschwindigkeit mit Leistungssensor

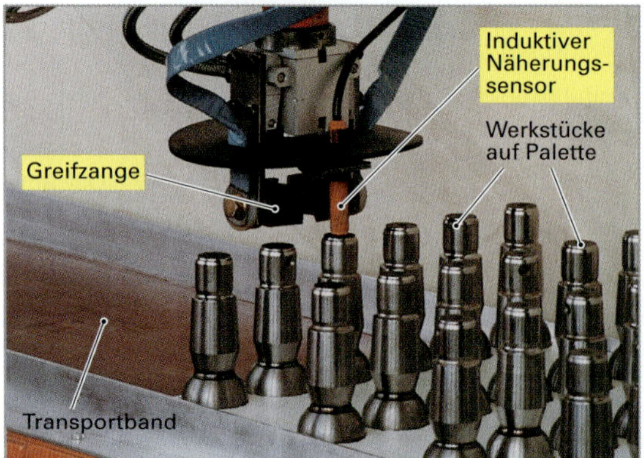

Bild 3: Ausgleich von Lagetoleranzen durch eine Suchbewegung mit induktivem Sensor

Die Roboterhand mit **Näherungssensor** wird zunächst über dem Förderband positioniert, und das Förderband dann in Bewegung gesetzt. Meldet der Sensor ein Werkstück, setzt die Steuerung des Industrieroboters den Förderbandantrieb still, und der Industrieroboter entnimmt das Werkstück aus der Palettenreihe. Die Werkstückposition innerhalb einer Reihe wird ebenfalls über den Näherungssensor erfasst. Ist die erste Palettenreihe abgeräumt, wird die Roboterhand in die Warteposition für die zweite Werkstückreihe gebracht. Dabei wird das Förderband so lange in Gang gehalten, bis die nächste Werkstückreihe vom Sensor erfasst wird. Die Zahl der Reihen und Spalten innerhalb einer Palette können beliebig variieren.

Der Vorteil dieser Sensortechnik liegt in der Vereinfachung der Programmierung und in der Anpassfähigkeit des Roboters an sich verändernde Werkstückpositionen.

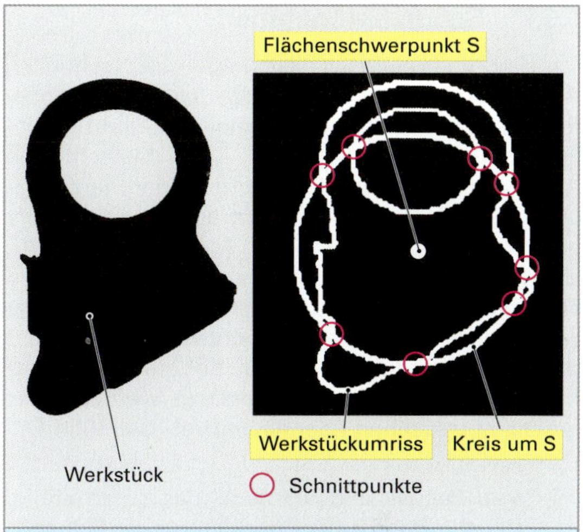

Bild 1: Bestimmung der Werkstücklage

Beispiel:

Bestimmung der Werkstücklage durch Bildverarbeitung. Eine besondere Schwierigkeit bereitet das geordnete Zuführen von Werkstücken. Das auf hellem Untergrund liegende Werkstück wird durch eine Videokamera aufgenommen und als Binärbild im Computer gespeichert. Der Computer ermittelt die Konturlinien des Werkstücks und seinen Flächenschwerpunkt **(Bild 1)**. Sodann wird um den Flächenschwerpunkt ein Kreis gelegt und die Schnittpunkte des Kreises mit der Konturlinie bestimmt. Die Drehwinkel zwischen diesen Schnittpunkten und dem Schwerpunkt charakterisieren die Drehlage des Werkstücks. Der Schwerpunkt bestimmt die Werkstückposition.

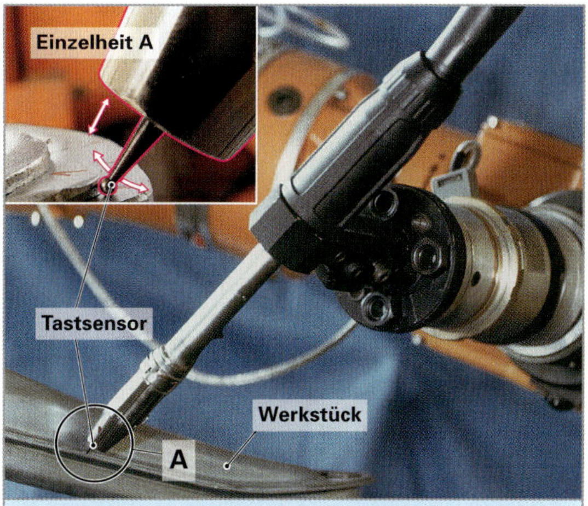

Bild 2: Tastender Schweißnahtsensor

Bei Verwendung von Bildsensoren sind das Herstellen guter Kontraste zwischen dem Werkstück und seinem Hintergrund, das Beleuchten mit konstanten Lichtverhältnissen und das Vermeiden von Schattenbildungen und von Spiegelungen auf der Werkstückoberfläche besonders schwierig.

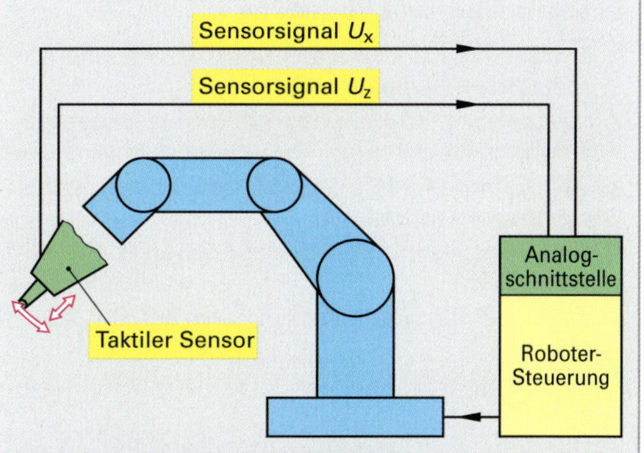

Bild 3: Nahtfolgen mit tastendem 2-dimensionalem Sensor

Beispiel:

Sensoren für Programmkorrektur beim Bahnschweißen. Anstelle der Gasdüse wird ein kleiner tastender Sensor auf den Brenner aufgesteckt und mit ihm die Schweißfuge abgefahren **(Bild 2** und **Bild 3)**. Dabei werden der Abstand und der Seitenversatz geregelt und die grob vorprogrammierten Bahnpunkte mit aktuellen Bahndaten überschrieben. Man erzielt damit eine Automatisierung der von Zeit zu Zeit erforderlichen Nachprogrammierung. Diese Sensoranwendung findet also nicht bei jedem Werkstück, sondern nur intervallweise statt, z. B. nach dem Austausch eines Roboters im Falle einer Störung.

5.3.7 Schutzmaßnahmen

Der Roboterarbeitsplatz ist wegen der schnellen Armbewegungen grundsätzlich ein Gefahrenbereich und muss vom allgemeinen innerbetrieblichen Verkehrsbereich und von menschlichen Arbeitsbereichen durch Schutzmaßnahmen gesichert werden. Die sicherste Abtrennung ermöglicht eine **Umzäunung** mit starkem Metallgitter **(Bild 1)**, so dass auch bei schneller Roboterbewegung Werkstücke, die bei Störungen im Robotergreifer weggeschleudert werden könnten, keine Gefahr darstellen. Häufig muss der Roboterarbeitsplatz manuell mit Werkstücken versorgt werden. Dies geschieht vorteilhaft über einen **Drehtisch** (Bild 1).

- Vor Beginn und während der gefahrbringenden Roboterbewegung muss die Schutzeinrichtung zwangsläufig wirksam sein.
- Beim Entfernen oder bei Störung der Schutzeinrichtung muss der Roboter zwangsweise stillgesetzt werden.

Beim Programmieren im üblichen Teach-in-Modus muss meist der Arbeitsraum des Roboters und damit der Gefahrenbereich betreten werden. Die Schutzeinrichtungen, wie z. B. die Türverriegelung oder die Schaltmatten sind in ihrer Funktion aufgehoben. In diesem Fall darf der Programmierer nur solche Standorte einnehmen, in denen er vom Roboter, auch bei dessen Fehlverhalten, nicht eingeklemmt werden kann, d. h. ein Rückwärtsausweichen muss möglich sein **(Bild 2).**

Das mitgeführte Programmierhandgerät muss einen

- **NOT-AUS-Schalter (Bild 3)** haben und sollte einen
- **Zustimmungsschalter** besitzen (Bild 3).

Wiederholung und Vertiefung

1. In welchem Koordinatensystem werden die Roboterposen gespeichert?
2. Mit welchen Koordinaten erfolgt die Lageregelung?
3. Wie kommen Mehrdeutigkeiten in den Achsstellungen zustande?
4. Was versteht man unter der Epsilon-0°-Situation?
5. Welche Interpolationsarten sind bei Robotern üblich?
6. Was geschieht durch die Orientierungsinterpolation?
7. Weshalb benötigt man bei Robotern das „Überschleifen"?
8. Wofür setzt man die Pendelfunktion ein?

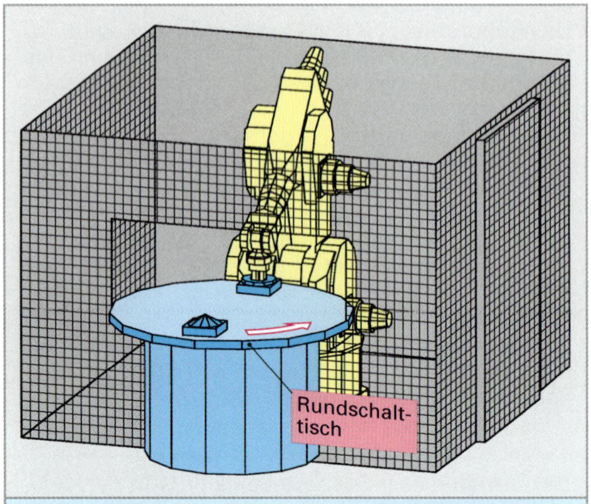

Bild 1: Abtrennung des Gefahrenbereichs durch einen Schutzraum und Werkstückübergabe mit Drehtisch

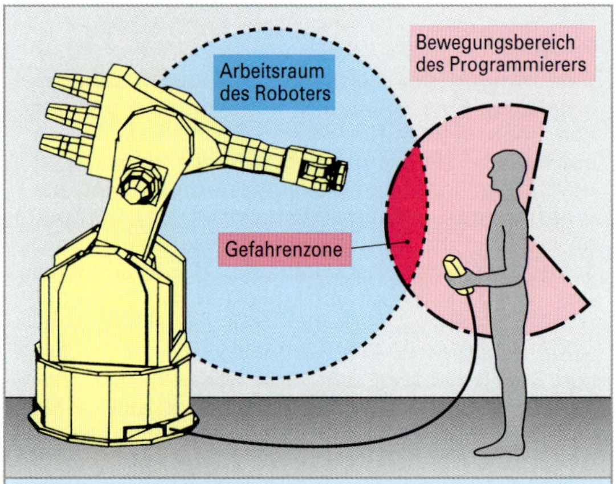

Bild 2: Standortwahl beim Programmieren

Bild 3: NOT-AUS-Schalter und Zustimmungsschalter am Programmierhandgerät

6 Montage und Demontage

6.1 Grundlagen

Die Montage[1] von Bauteilen zu Baugruppen und von Baugruppen zu fertigen Geräten, Maschinen und Anlagen erfolgt vielfach in Handarbeit. Die Serienmontage, d. h. die Montage von Serienteilen erfordert *„flinke Hände"* und ist wegen der Monotonie der Tätigkeit und der ständig gleichartigen Arbeitsbelastung eine, für den Menschen, sehr belastende Arbeit.

Diese Serienmontage erfolgt als Fließmontage und wird zunehmend mit Robotern und speziellen Montagemaschinen automatisiert ausgeführt (**Bild 1**). Sofern eine nicht automatisierbare Montagearbeit übrig bleibt, ist darauf zu achten, dass die Montage-Restarbeitsplätze nicht in den Maschinentakt der Montagelinie ohne hinreichende Teilepufferung eingeplant werden.

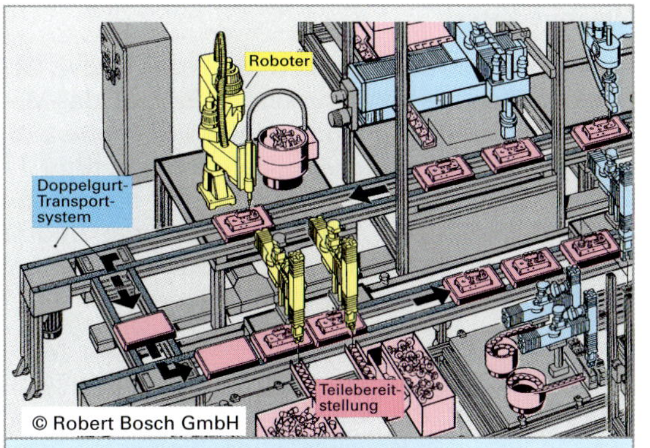

Bild 1: Serienmontage mit Robotern

Die Hauptfunktionen der Montage sind:

- Fügen;
- Justieren und Prüfen;
- Handhaben;
- Fördern und
- Sondertätigkeiten.

Montagegerechte Produkte

Der Montageaufwand und die Montagequalität, besonders bei Serienfabrikaten sind entscheidend für die Kosten und die Qualität des fertigen Fabrikats und somit entscheidend für den Erfolg eines verkaufsfähigen Produkts.

Die Kosten eines Produkts werden zu etwa 75 % im Rahmen der Konstruktion festgelegt und dabei wird auch festgelegt wie hoch der Montageaufwand ist.

Demontage

Demontageaufgaben gibt es bei Wartungs- und Reparaturarbeiten und zunehmend zum Recycling von Wertstoffen oder bei Austauschteilen.

Die Kosten der Demontage schlagen sich erst im weiteren Produktlebenszyklus nieder und werden beim Kauf eines Produkts oft nicht beachtet. Produkte mit leichter Demontage ermöglichen:

- Kostengünstigen Austausch von Bauteilen und Baugruppen,
- Wiederverwendung gebrauchter Bauteile und Baugruppen,
- Einfache Fehlersuche durch Bauteiltausch,
- Recycling wertvoller Werkstoffe,
- Trennung von Schadstoffen.

[1] franz. le montage = der Aufbau, das Zusammensetzen

Grundregeln montage- und demontagegerechter Produktgestaltung:

- Ein Produkt sollte aus möglichst wenigen Teilen zusammengesetzt werden; also je weniger Teile um so günstiger ist i. A. die Montage. Die Produktkomplexität wird meist durch die Zahl der Bauteile bestimmt.
- Komplexe Produkte, wie z. B. Fahrzeuge müssen in Baugruppen (Fahrwerk, Motor, Lenkung usw.) aufgegliedert werden und diese Baugruppen wiederum in Unterbaugruppen, die vormontiert werden können bevor sie getestet und geprüft werden.
- Jede Unterbaugruppe sollte möglichst wenige weitere Verbindungen zu anderen Unterbaugruppen haben.
- Produktvarianten sollten sich in den Unterbaugruppen unterscheiden und nicht in der produktneutralen Baugruppenmontage.
- Soweit wie möglich sollten die Unterbaugruppenmontagen der Produktvarianten etwa gleich viele Arbeitsschritte enthalten.
- Die Bauteile sollten möglichst symmetrisch sein.
- Wenn die Bauteile unsymmetrisch sind, so sollten sie sich deutlich unsymmetrisch zeigen.
- Die Zuführbarkeit der Bauteile sollte einfach automatisierbar sein. Biegeschlaffe Teile sollten vermieden werden, also möglichst keine Teile aus Textilien u. Ä.
- Die Montagerichtungen bzw. Fügerichtungen sollten möglichst einheitlich und minimal sein, z. B. nur senkrechtes Fügen.
- Verbundwerkstoffe sollten vermieden werden, damit Werkstoffe sortenrein rückgewonnen werden können.

Basiswerkstück

Mit dem Basiswerkstück wird das Produkt bzw. Gerät „geboren". Es ist häufig eine Platte, z. B. das Motherboard bei einem PC oder eine Bodenplatte, z. B. die Bodenplatte bei einem Kraftfahrzeug (**Bild 1**). Dieses Basiswerkstück erhält dann eine Fertigungskennzahl, z. B. eine Seriennummer und je nach Art des Produkts eine Zuordnung zu einem Kunden bzw. zu einer Auftragsnummer.

Das Basiswerkstück wird nun im Laufe der Montage *von einem* Montageplatz *zum nächsten* weitertransportiert. Bei Produkten mit kleinen Abmessungen wird das Basiswerkstück häufig auf einer Montageplattform fixiert und diese Montageplattform wird von einer Station zur nächsten weitertransportiert (**Bild 2**). Eine Montageplattform mit wohldefinierten und gleichbleibenden, nämlich produktunabhängigen Abmessungen kann leicht gehandhabt, fixiert und mit einem Datenspeicher zur Produkt- und Arbeitsidentifikation ausgestattet werden. Große Werkstücke, z. B. Bodenplattformen bei einem Kfz werden ohne Werkstückträger gehandhabt. Solche Basiswerkstücke müssen Kanten und Bohrungen aufweisen, welche eine leichte „Zentrierung" ermöglichen. Das Basiswerkstück muss sich möglichst durch eine einzige Spannbewegung fixieren lassen.

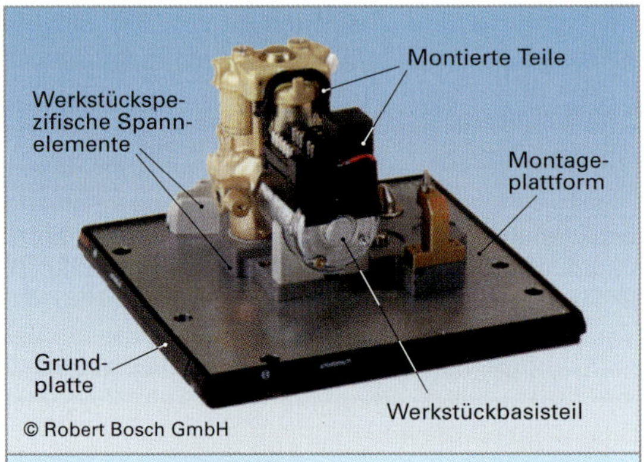

Bild 2: Montageplattform

Bild 1: Bodenplatte bei einem Kfz als Aufbauplattform

Die **Tabelle 1** zeigt die wichtigsten Montageoperationen in Symboldarstellung

Tabelle 1: Sensorfunktionen

geordnete Speicherung	Wenden	Loslassen
teilweise geordnete Speicherung	Verschieben	Prüfen
ungeordnete Speicherung	Ausrichten	Messen
Trennen	Positionieren	Verfügbarkeit prüfen
Verbinden	in Reihe bringen	Identität prüfen
Aufteilen	Führen	Form prüfen
Anordnen	Befördern	Abmessung prüfen
Verzweigen	Hängen	Farbe prüfen
Zusammenführen	Anhalten	Gewicht prüfen
Sortieren	Freigeben	Position prüfen
Drehen	Festhalten	Zählen

Beispiel:

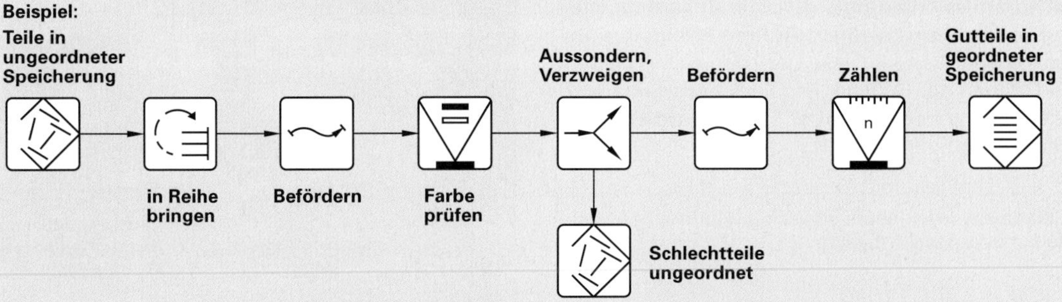

6.2 Der Materialfluss

Zur Montage von Produkten müssen die Einzelteile zu Baugruppen und diese zu den fertigen Produkten zusammengesetzt werden. Die anfallenden Aufgaben des gesamten Materialflusses, nämlich des Lagerns, Förderns, Handhabens, Fügens, Prüfens kann auf sehr unterschiedliche Weise gelöst werden. Dabei ist meist im Sinne einer flexiblen Montage zu beachten, dass Produktvarianten und auch neue Produkte auf vorhandenen Montagelinien/Montageplätzen montiert werden können.

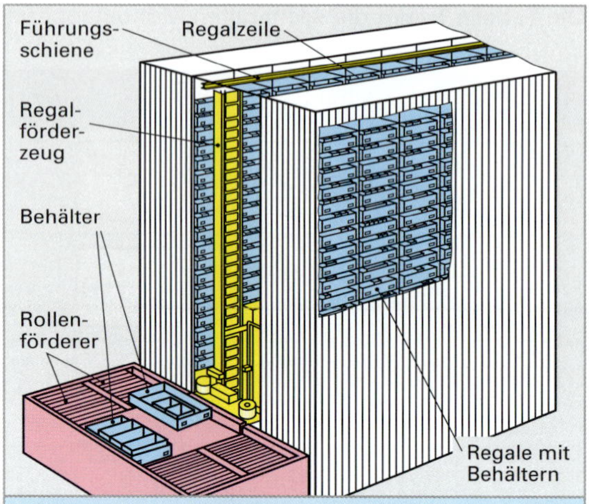

Bild 1: Automatisches Regalzeilenlager

6.2.1 Lagern

Lager haben die Aufgabe Rohstoffe, Vorprodukte, Zwischenprodukte und Fertigwaren zeitweilig aufzunehmen. Damit können Schwankungen in der Beschaffung und Lieferung ausgeglichen, durch größere Lose günstige Beschaffungs- und/oder Produktionspreise erzielt werden und Transporte kostenoptimal und/oder zeitoptimal realisiert werden.

Bei den Lagern unterscheidet man zwischen

- Zentrallager,
- dezentraler Lager und
- Umlauflager.

Zentrallager werden meist als **Regalzeilenlager** (Hochregallager) gebaut (**Bild 1**). Die Teilelagerung erfolgt bei Großteilen in den Regalfächern oder bei Kleinteilen in Behältern, in den Regalfächern.

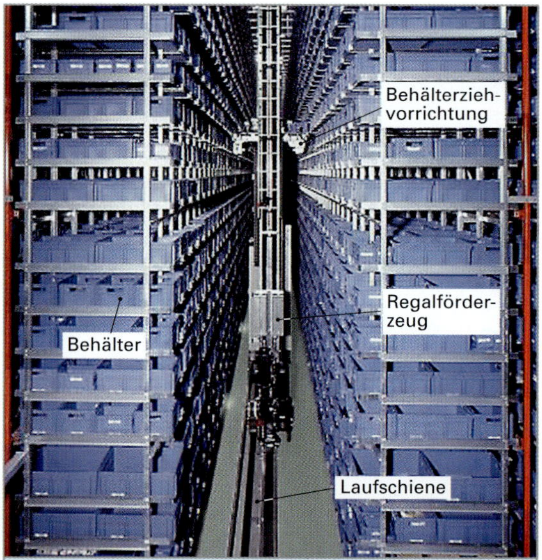

Bild 2: Blick in den Regalgang

Über manuell gesteuerte oder über automatisch arbeitende Regalförderzeuge (RFZ) werden die Lagerteile ein- und ausgelagert (**Bild 2**). Die RFZ fahren auf Schienen am Boden und stützen sich an Führungsschienen ab. Gesteuert werden die RFZ meist über eine SPS oder einen Lagerverwaltungsrechner (LVR). Auch können Regallager im direkten Zugriff mit Robotern bedient werden (**Bild 3**)

Bild 3: Regallager mit Roboterzugriff

Die Kommissionierung[1], d. h. die Zusammenstellung von Artikeln zu einem Auftrag erfolgt in Kommissionierstationen. Diese befinden sich meist vor den Gängen der Regallager. Die Kommissionierarbeitsplätze werden oft über Rollenförderer miteinander verbunden (Bild 1).

Gelagert werden sollte so wenig wie möglich und so kurzzeitig wie möglich.

[1] lat. commisso = Auftrag

Bei zentraler Lagerung werden die Güter konzentriert in einem Lagergebäude untergebracht mit dem Risiko, dass bei einer Zerstörung, z. B. durch Brand die gesamte Produktion in schwerste Mitleidenschaft gezogen wird.

Geringere Risiken, gegebenenfalls auch günstigere Transportbedingungen, z. B. geringere Transportwege liegen bei *dezentralen Lagern* vor. Bei den **Umlauflagern** erfolgt die Lagerung im Transportmittel. Man spart sich Lagerräume, hat nur geringes Risiko und hohe Lieferbereitschaft. Es gibt nur Umschlagplätze und Abnahmestellen (z. B. bei der Gemüseversorgung. Die Lager befinden sich in den LKWs auf der Straße). Im industriellen Bereich organisiert man Zentrallager häufig als Hochregallager mit selbstfahrenden Regalförderzeugen und automatisierter Einlagerung und Auslagerung. Dabei können die Waren bestimmten Lagerplätzen zugeordnet werden oder in regelloser Weise gelagert werden. Der Computer merkt sich die Einlagerposition.

6.2.2 Puffern

Pufferspeicher dienen zum Überbrücken von Störungen bei automatisierten Montageanlagen und zur Ermöglichung von Pausen bei manuellen Montagen sowie zur Vermeidung einer strengen Taktbindung. Man unterscheidet:

- Durchlaufpuffer (**Bild 1**),
- Rücklaufpuffer (**Bild 2**),
- Umlaufpuffer (**Bild 3**),
- Direktzugriffpuffer (**Bild 4**).

Als **Durchlaufpuffer** bieten sich fast alle Transporttechniken an, z. B. Gurtförderer, Hängebahnförderer, Rollenbahnen (Bild 1). Ist zwischen den Arbeitsstationen kein größerer Abstand, so verwendet man **Rücklaufpuffer** (Bild 2), die nur gefüllt werden, wenn die Teileaufnahmekapazität zeitweilig nicht ausreicht. Eine Umlaufpufferung wird vor allem bei manuellen Montagearbeitsplätzen eingerichtet, wenn mehrere Arbeitsplätze damit versorgt werden müssen und wenn dabei sehr unterschiedliche Montagezeiten anfallen sowie wenn eine hohe Fluktuation in der Platzbesetzung vorliegt (Bild 3).

Durch Puffer wird eine starre Verkettung von Arbeitsstationen vermieden. Sie führen zur *Entkopplung* von einem Maschinentakt, ermöglichen Pausen und vermindern Produktionsausfälle bei Störungen.

Mit Puffern gelingt eine Anpassung an unterschiedliche Arbeitsgeschwindigkeiten.

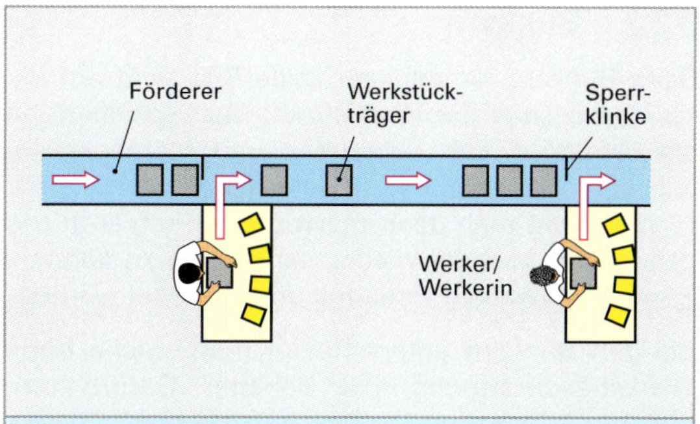

Bild 1: Durchlaufpuffer

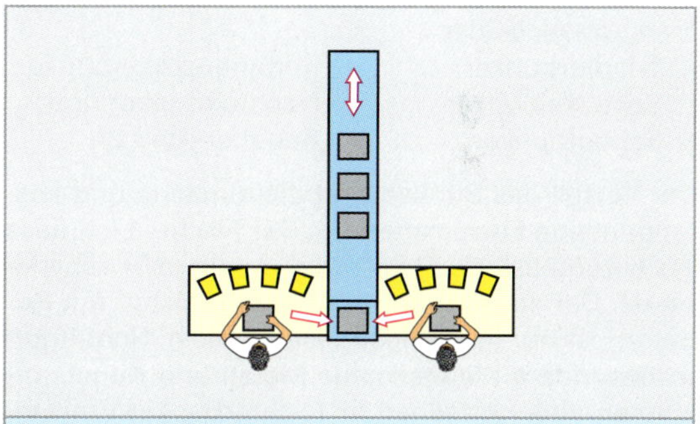
Bild 2: Rücklaufpuffer

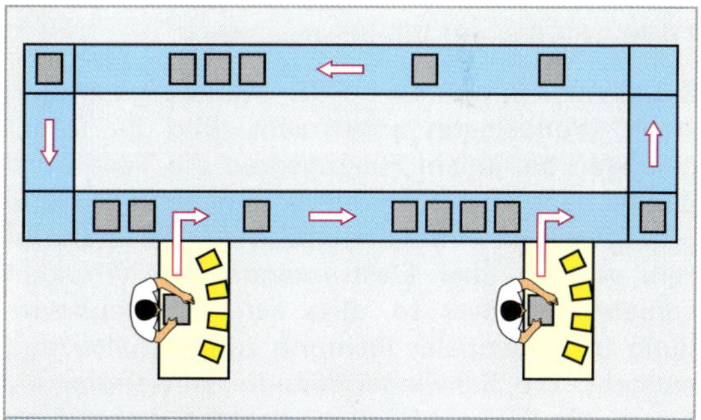
Bild 3: Umlaufpuffer

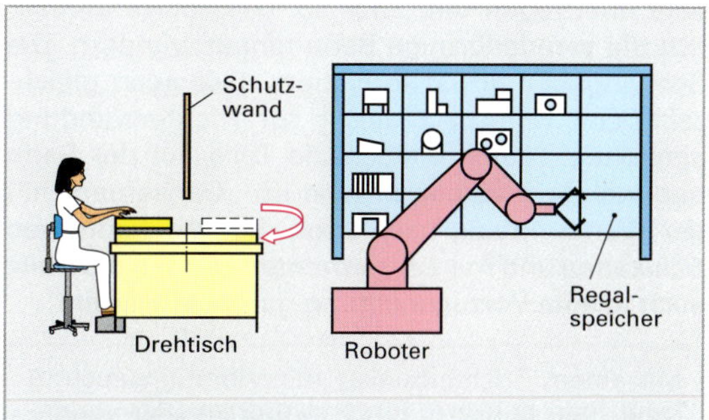

Bild 4: Direktzugriffpuffer

6.2.3 Bunkern

Beim Bunkern nimmt man keine Rücksicht auf die räumliche Lage der Werkstücke. Man speichert sie als *Schüttgut,* z. B. Schrauben und Montagekleinteile oder Gussteile (**Bild 1**). Bei einer automatisierten Montage hat man dann meist große Probleme das gebunkerte Material wieder handhaben zu können. Es muss aufwändig vereinzelt und geordnet werden.

Bei den Bunkern unterscheidet man solche *ohne Werkstückbewegung,* z. B. Behälter, Gitterboxen, (Schäfer-)Kästen und solche *mit Werkstückbewegung.* Letztere ermöglichen häufig auch das **Entwirren,** das **Vereinzeln** und das **Ordnen.**

Man unterscheidet:

- Trichterbunker,
- Schaukelbunker,
- Schöpfbunker,
- Kettenaustragsbunker,
- Nachfüllbunker und
- Behälter (**Bild 2**).

Der Vorteil des Bunkerns ist die einfache und kostengünstige Einspeicherung. Der Nachteil ist, dass die automatisierte Teileentnahme oft sehr schwierig ist. Der sogenannte „Griff in die Kiste" mit Robotern ist nur in wenigen Fällen gelöst. Schüttgut, insbesondere Kleinteile aus Metall und Kunststoff können aber vorteilhaft in Trichterbunkern mit Vibrationsaustrag gebunkert und geordnet entnommen werden.

Trichterbunker mit Vibrationsaustrag

Bei diesem Bunker ist an der Wandung eine gestufte Wendelbahn angebracht (**Bild 3**). Damit gelangen bei jedem Füllungsgrad die Teile auch auf die nach oben führende Wendelbahn. Die drei schräg gestellten Blattfederfüße des Trichterbunkers werden über Elektromagnete in Vibration versetzt und zwar so, dass eine Schwingbewegung in tangentialer Richtung zum Behälterrand entsteht. Die Schwingamplitude ist weniger als 1 mm, die Schwingfrequenz liegt bei etwa 25 Hz bis 100 Hz. Durch die Schwingbewegung werden auch Bewegungskräfte auf die gebunkerten Kleinteile übertragen und zwar so, dass diese allmählich die wendelförmige Bahn hinauf wandern. Die Schwingrichtung ist so justiert, dass auch gleichzeitig eine Kraft nach außen zur Trichterwandung entsteht. Dadurch bleiben die Teile auf der Bahn und wandern vereinzelt (wie im „Gänsemarsch") der Wand entlang nach oben. Mit mechanischen *Schikanen* und mit *Leitelementen* können die Teile auch in eine Vorzugsrichtung gebracht werden.

> Mit einem Trichterbunker mit Vibrationsaustrag kann man bunkern, fördern, ordnen und vereinzeln.

Bild 1: Bunkern von Gussteilen in einer Gitterbox

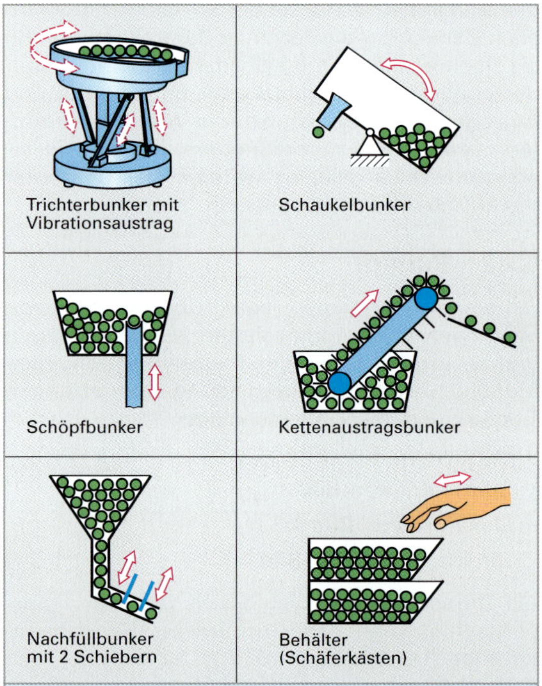

Bild 2: Bunkersysteme

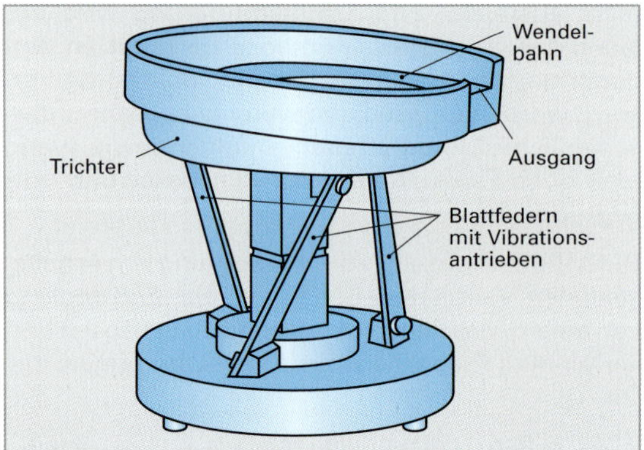

Bild 3: Trichterbunker mit Vibrationsaustrag

6.2.4 Magazinieren

Magazine sind Speicher für die *geordnete* Zwischenaufnahme von Werkstücken, z. B. auf einer Palette (**Bild 1**).

Man benötigt sie sowohl bei manueller Montage als auch bei maschineller Montage, vor allem, wenn der Montageprozess räumlich auseinandergerissen ist. Wir unterscheiden:

- Trichtermagazine,
- Schachtmagazine,
- Stufenmagazine,
- Rollbahnmagazine,
- Gleitbahnmagazine,
- Kanalmagazine,
- Förderbandmagazine,
- Hubmagazine,
- Kettenmagazine,
- Revolvermagazine,
- Trommelmagazine,
- Palettenmagazine, (**Bild 2**).

Günstig ist es, wenn sich in die Transportaufgabe bzw. in die Magazinier- bzw. Pufferaufgabe ein Teilprozess der Fertigung einbeziehen lässt, z. B. ein Trocknungsprozess oder ein Abkühlprozess. Die Pufferstrecke bzw. Pufferzeit wird dann häufig auf diesen Prozess abgestimmt, sodass dieser nach der Durchlaufzeit sicher abgeschlossen ist. Beispiele sind Montageprozesse von Gussteilen und Schmiedeteilen.

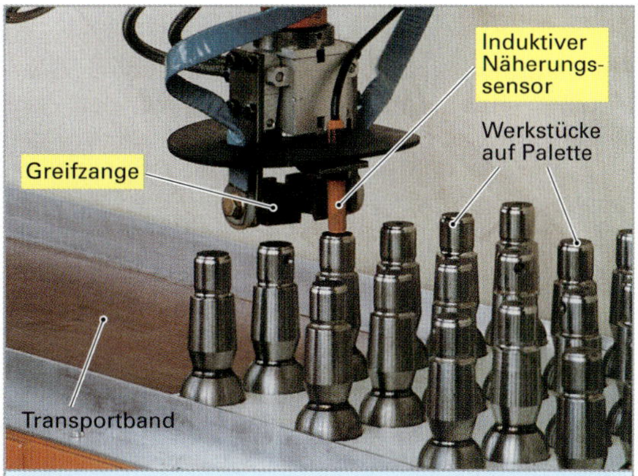

Bild 1: Palettenmagazin auf einem Förderband

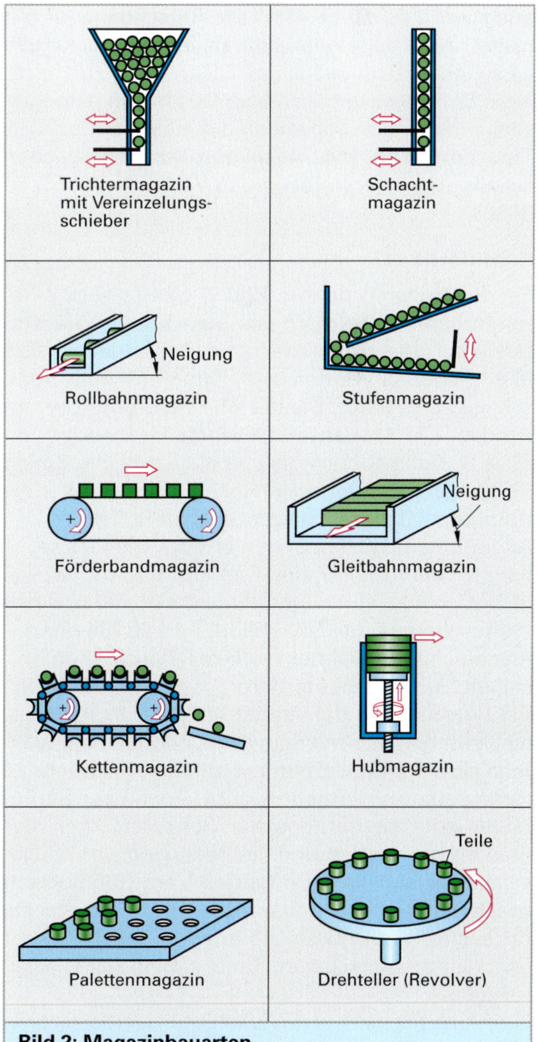

Bild 2: Magazinbauarten

Wiederholung und Vertiefung

1. Nennen Sie die Hauptfunktionen der Montage.
2. Was ist für eine montagegerechte Produktgestaltung zu beachten?
3. Welche Bedeutung hat das Basiswerkstück für die weitere Montage und wie ist es zu gestalten?
4. Nennen Sie Beispiele für Lager!
5. Welche Probleme ergeben sich beim Bunkern mit Behältern, wenn eine automatische Montage geplant ist?
6. Welche Aufgaben können mit einem Trichterbunker mit Vibrationsaustrag gelöst werden?
7. Wie erreicht man eine Ausrichtung der Teile beim Vibrationsaustrag?
8. Wodurch unterscheiden sich Magazine von Bunkern?
9. Skizzieren Sie ein Schachtmagazin und ein Hubmagazin.

6.2.5 Fördersysteme

Zur Beförderung von Werkstücken von einer Bearbeitungs- bzw. Montagestation zur nächsten oder von einem Speicher zu den Montageplätzen werden Flurfahrzeuge oder fördernde Bewegungssysteme verwendet.
Die wichtigsten Fördersysteme sind:

- Rutschen, Transporttische,
- Rollenförderer,
- Gurtförderer,
- Kettenförderer,
- Hängebahnförderer und
- Fahrerlose Transportsysteme (FTS).

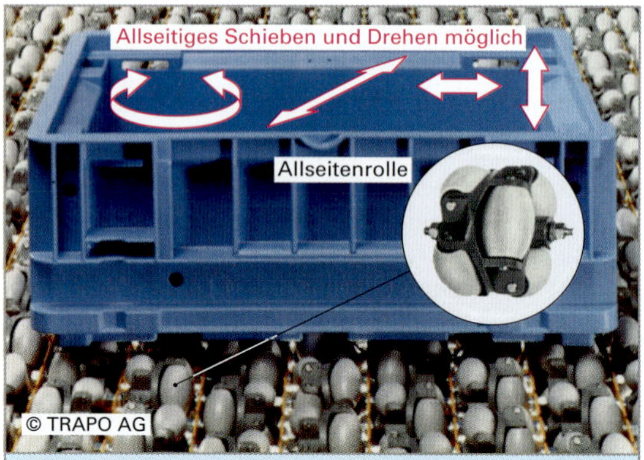

Bild 1: Transporttische mit Allseitenrollen

Rutschen und Transporttische

Die Rutschen sind die einfachsten Fördermittel. Sie haben zum selbsttätigen Gleiten der Teile eine Neigung von 2 % bis ca. 7 %. Die Rutschbahn ist mit glatter Oberfläche oder aber sie ist mit Tragkugeln versehen und in manchen Fällen wird zur leichteren Beweglichkeit auch über Düsen Luft eingeblasen, und die Teile schweben auf einem Luftpolster. Transporttische mit *Allseitenrollen* ermöglichen ein allseitiges Verschieben und Verdrehen der Teile (**Bild 1**).

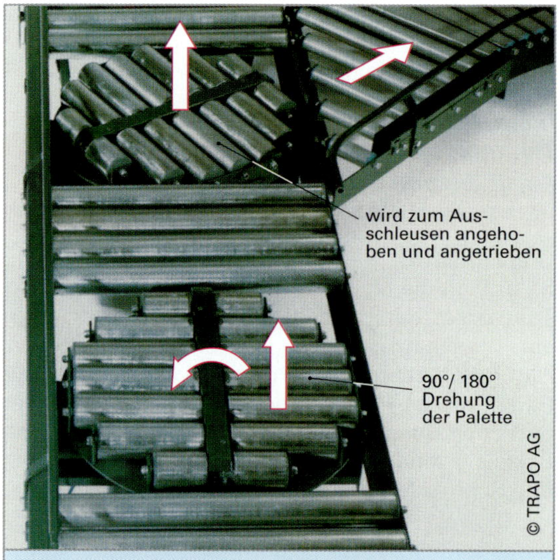

Bild 2: Rollenförderer mit Ausschleuseweiche und Palettendrehung

Rollenförderer

Bei den Rollenförderern (**Bild 2**) gibt es solche deren Rollen mit Formschluss über Ketten und Kettenräder oder Zahnräder und Zahnriemen (**Bild 3**) angetrieben werden und solche die über Reibschluss, z. B. durch Bänder und Reibräder bewegt werden. Die Antriebskräfte werden entweder von Rolle zu Rolle oder insgesamt auf sämtliche Rollen übertragen. Es gibt auch Rollenförderer mit elektromotorisch einzeln angetriebenen Rollen.
Angetriebene Rollenbahnen ermöglichen als sogenannte *Stauförderer* eine Förderung in der Weise, dass sich vor einer Entnahmestation eine kleine Warteschlange der Teile bildet und so bei diskontinuierlicher Teileabnahme keine Wartezeiten entstehen. Bei den Stauförderern werden z. B. Rollen mit Rutschnaben verwendet, d. h. der Rollenmantel bleibt bei Stau mit dem Werkstück stehen, während sich die Nabe dreht und auf den Rollenmantel ein konstantes Moment ausübt. Auch über berührende oder berührungslose Sensoren kann der Stau erfasst werden und die Rollenantriebe stillgesetzt oder auf ein verringertes Vorschubmoment geschaltet werden. Rollenförderer gibt es sowohl für leichte Werkstücke als auch in sehr robuster Form für tonnenschwere Teile, z. B. in der Giessereitechnik.
Zum Ausschleusen von Werkstücken werden schräg gestellte Rollen angehoben und angetrieben **(Bild 2)**.

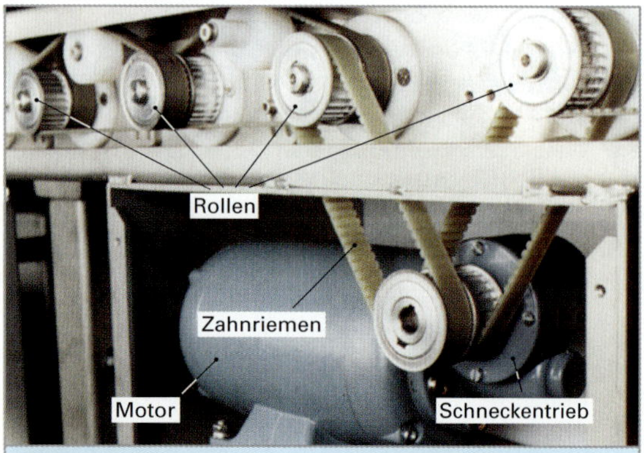

Bild 3: Rollenantrieb über Zahnriemen

Gurtförderer

Gurtförderer fördern über Gurte bzw. Bänder. Diese umschlingen zwei Rollen. Dabei wird eine Rolle elektromotorisch angetrieben. Häufig werden zum Transport von Werkstückträgern Doppelgurtförderer verwendet. Beim Doppelgurtförderer kann man durch die mittlere Freizone zusätzliche Operationen vornehmen, z. B. durch einen Hubzylinder ein Teil bzw. den Werkstückträger anheben und ausschleusen. Die Gurte gibt es in unterschiedlichen Ausführungsformen, z. B. glatt, mit Kunststoffbelag, mit Gummi oder auch mit Stollen um bei Schrägen ein Abrutschen zu verhindern. Mit Doppelgurtförderern lassen sich praktisch alle Formen von *Montagetopologien* z. B. mit Linienstruktur oder Karreestruktur in beliebigen Verschachtelungen verwirklichen (**Bild 1**). Für rechtwinklige Richtungsänderungen gibt es relativ einfache Lösungen, da beim Doppelgurt in der freien Mitte ein Querantrieb eingebracht werden kann.

Doppelstaurollenkette

Ähnlich dem Doppelgurtförderer ist der Förderer mit Doppelstaurollenkette aufgebaut. Anstelle der Gurte kommt eine Kette mit Rollen an die Kettenglieder (**Bild 2**). Diese Rollen sind drehbar gelagert und tragen den Werkstückträger. Kommt es zum Stau, dann läuft die Kette weiter, die Rollen drehen sich in den Kettengliedern, sodass nur geringe Antriebskräfte auf die Werkstückträger wirken.

Hängeförderer

Hängeförderer gibt es mit Kettenantrieben, Seilantrieben (ähnlich Skilift) und mit Laufschienen in denen bei etwa 3 % Gefälle Laufkatzen mit einer Werkstückhängevorrichtung rollen. Hängeförderer dienen in dieser Form auch als Puffer (**Bild 3**).

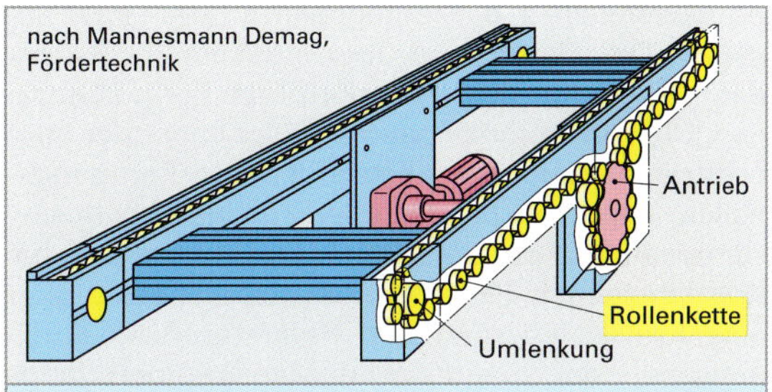

Bild 2: Doppelstaurollenkette

Bild 3: Hängebahnförderer

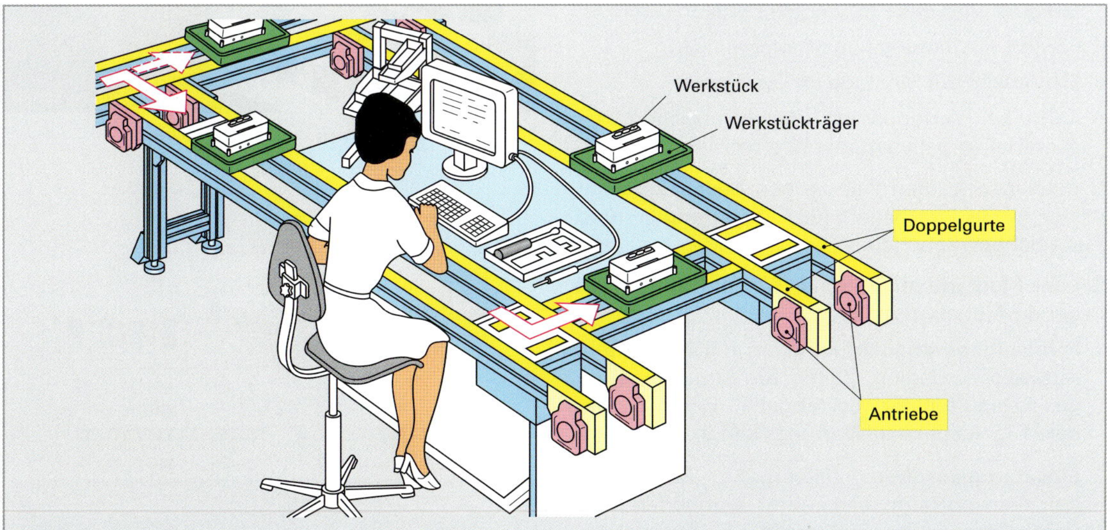

Bild 1: Prüfarbeitsplatz mit Doppelgurtförderer

Fahrerlose Transportsysteme (FTS)

Fahrerlose Transportsysteme (**Bild 1**) sind Fahrzeuge, meist mit Elektroantrieb, die Werkstücke und Werkzeuge auf Paletten oder Fahrzeugkarosserien automatisch aufnehmen und an vorbestimmte Abgabestellen, z. B. Montageplätze oder Läger abgeben. Der Zielort wird über induktive Transponder, über Infrarotsender oder durch Funk übertragen. Die Fahrzeugnavigation erfolgt entweder über Leitdrähte, welche im Flurboden der Fertigungshallen verlegt sind oder über Funknavigationssysteme, ähnlich der Satellitennavigationstechnik bei Kraftfahrzeugen (GPS) oder abschnittsweise über eine Kreiselsteuerung und Referenzierung durch optische oder magnetische Markierungen längs der Wege. Mit Ultraschallsensoren, welche rund um das Fahrzeug angebracht sind (ähnlich den PKW-Parkhilfen) erkennen die FTS etwaige Hindernisse. Schließlich sind in Fahrtrichtung vorwärts und rückwärts Stoßleisten mit Schaltkontakten angebracht, welche bei Berührung das FTS stoppen.

Die Lastaufnahme muss der Transportaufgabe angepasst werden. Häufig gibt es eine Aufnahmeplattform, die individuell höhenverstellbar (**Bild 2**) sowie drehbar ist und/oder die horizontal zu verschieben ist, z. B. quer zur Fahrtrichtung sodass das Ab- und Aufladen seitlich erfolgt.

Die Vorteile von FTS für die Montage sind:

- Größtmögliche Verkettungsflexibilität in einem Montagewerk. Alle Teile können automatisiert an jeden Standort gebracht werden.
- Kein Taktzwang. Die Abfolge der Fahrziele ist beliebig individualisierbar. Wenn die Montage fertig ist wird das FTS weggeschickt.
- Fördert die Bildung von Montageinseln.
- Ermöglicht die Montage im Typenmix.
- Kann bei Verfügbarkeit von zusätzlichen Flächen/Hallen beliebig erweitert werden.

Nachteilig sind die relativ hohen Kosten und der relativ große Platzbedarf für Fahr-, Rangier- und Ausweichbewegungen.

Bei der Montage mit FTS als Transportmittel sind folgende Aufgaben zu lösen:

1. **Fahrzeugoperationen:** Fahrkurs mit Fahrzeiten, Ausweichstrategien, Zeiten für Andockvorgänge, Lastaufnahme, Lastabgabe, Batterieaufladen, FTS-Inspektion/Wartung (**Bild 3**).
2. **Einsatzorganisation:** Zielvorgabe, Zuordnung von Transportaufgaben zu frei werdenden oder freien Fahrzeugen, Zielvorgabe für leere Fahrzeuge.

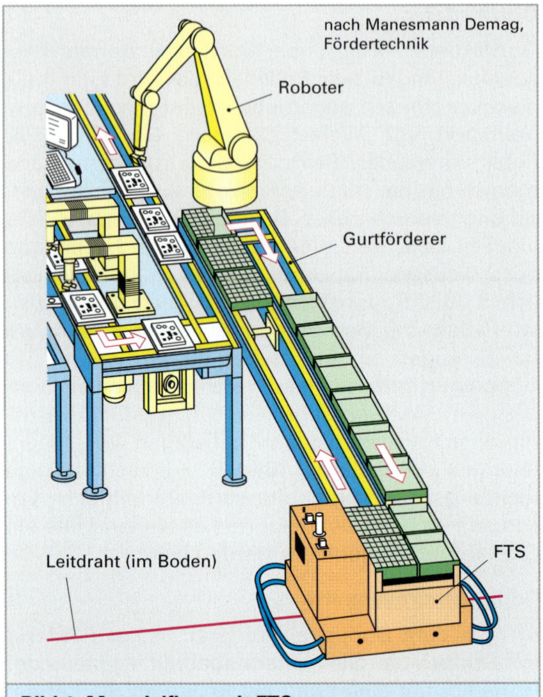

Bild 1: Materialfluss mit FTS

Bild 2: FTS mit Übergabe einer Gitterbox

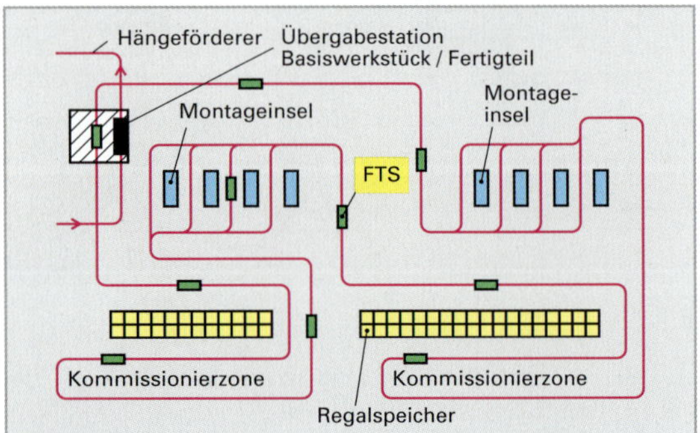

Bild 3: Flexible Montageverkettung mit FTS

6.3 Fügen in der Montage

6.3.1 Schrauben

Schraubverbindungen sind die wichtigsten lösbaren Verbindungen. Es gibt sie in einer großen Form- und Artenvielfalt bezüglich der Kopfform und des dafür erforderlichen Schraubendrehwerkzeugs (Schlitzschraube, Kreuzschlitzschraube, Innen/Außensechskantschraube) mit und ohne Verdrehsicherung. Zum Fügen von Blechen gibt es spezielle Bohrschrauben, die beim Fügevorgang die Bohroperation mit übernehmen. Eine sichere Schraubverbindung kommt dann zustande, wenn beim Anziehen der Schraube auch eine Schraubenvorspannung entsteht (**Bild 1**). Das Anziehmoment wird jedoch hauptsächlich durch das Reibmoment zwischen Schraubenkopf und Unterlage bestimmt und ist damit stark von der Oberflächenbeschaffenheit der zu fügenden Bauteile abhängig.

Zur Montage werden Schrauben mit *Drehwinkelsteuerung* und *Drehmomentsteuerung,* sowie impulsgesteuerte *Schlagschrauber* verwendet. Sensoren erfassen das Drehmoment und den Drehwinkel. Damit wird sichergestellt, dass die Schraubverbindung richtig gemacht wird. Gegebenenfalls werden diese Größen auch dokumentiert.

Achtung: Handgeführte Schrauber, insbesondere Schlagschrauber, belasten die Armgelenke durch Vibrationen und Kraftimpulse und sind bei langer Beschäftigungsdauer gesundheitsbelastend.

Zum *automatisierten* Schrauben werden die Schrauber mit Zuführungen für die Schrauben ausgestattete (**Bild 2**). Die Schraube wird seitlich zum Schraubendreher zugeführt. Sodann wird der Schraubendreher zugestellt und in Rotation versetzt.

Für ein sicheres automatisiertes Schrauben ist es notwendig, dass alle Schrauben geprüft sind (100 %-Prüfung), dass sie in kleine Verpackungseinheiten nach der Prüfung verpackt werden und dass diese Päckchen versiegelt werden. Erst am Schraubautomaten erfolgt das Entpacken. Schraubenverbindungen können einfach gelöst werden, und sind daher auch demontagefreundlich.

6.3.2 Umformen

Durch Umformen können Montageteile fest zusammengefügt werden. Die Fügeverfahren durch Umformen können meist mit relativ einfachen Werkzeugen vorgenommen werden – auch durch Hand- habung mit Robotern, wenn die Gegenkräfte vom Werkzeug aufgenommen werden, z. B. bei einer Kerbzange. Mehrmaliges Lösen dieser Fügeverbindungen ist aber meist problematisch, da sich an der Wirkstelle das Material verfestigt und beim wiederholten Fügen leicht Risse bilden. Eine gewisse Ausnahme bildet die Drehverlappung, sofern an der Wirkstelle keine Einrisse entstehen.

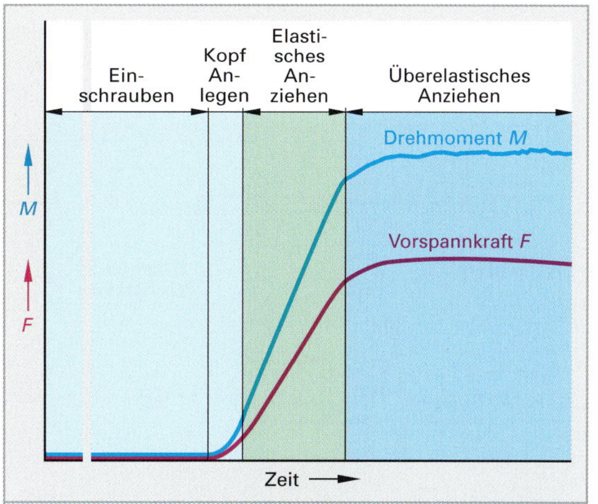

Bild 1: Phasen beim Schrauben

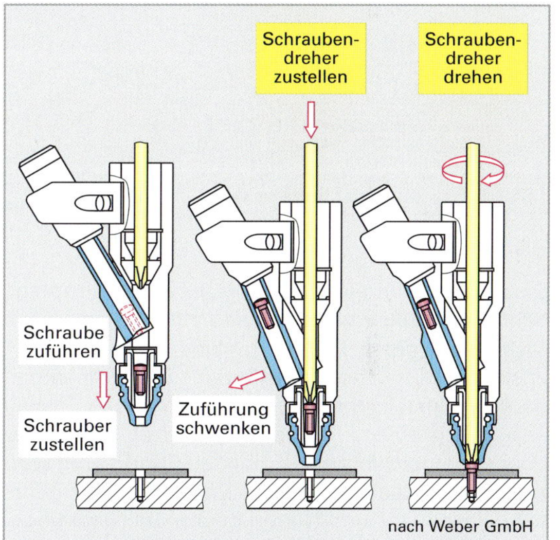

Bild 2: Automatisiertes Schrauben

Die wichtigsten umformenden Fügeverfahren sind:

- Kerben,
- Körnen,
- Aufweiten,
- Spreizen,
- Engen,
- Einhalsen,
- Bördeln,
- Falzen,
- Biegen,
- Verlappen (**Bild 1**, folgende Seite).

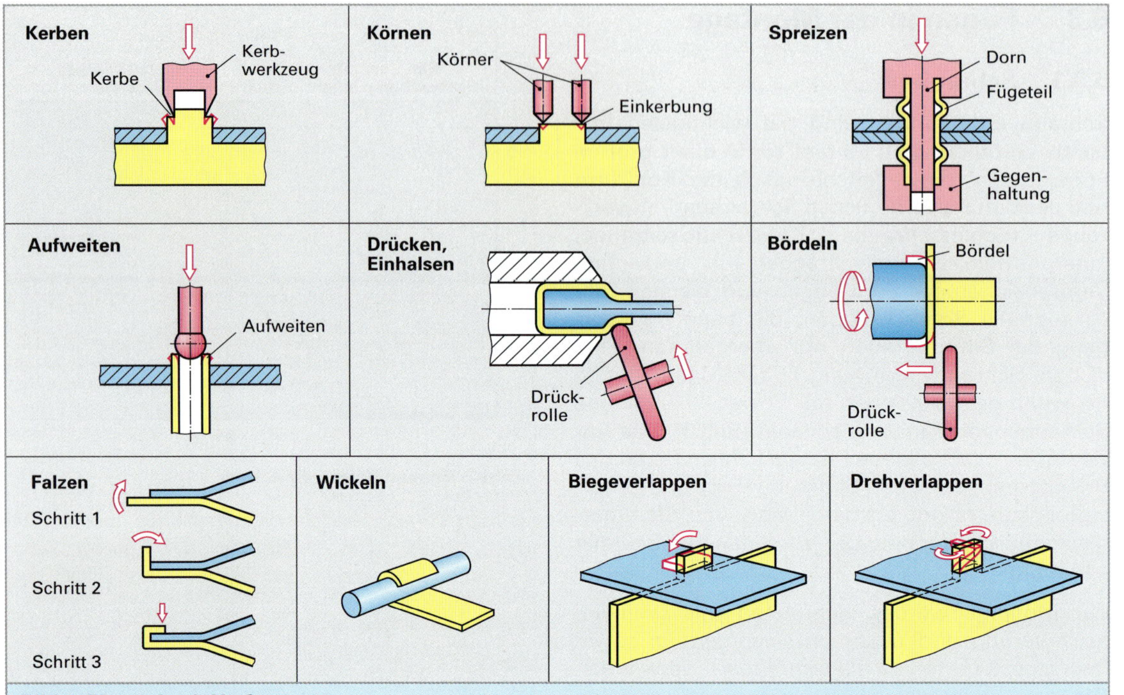

Bild 1: Fügen durch Umformen

Nieten

Durch Stauchen eines Bolzens, eines Hohlzapfens oder einer Hülse werden Teile zusammengefügt. Man nennt diese Technik „Nieten" und das verwendete Hilfsmittel „Niet" mit der Unterscheidung: Vollniet, Hohlniet oder Blindniet. Der Einbau erfolgt mit einem Niethammer, einer Nietpistole oder mit einer Nietpresse. Bei den Blindnieten wird z. B. die Niete zusammen mit einem Nietdorn geliefert. Dieser wird zum Nieten gegen die Niete abgezogen (**Bild 2**) und bricht an einer Sollbruchstelle. Damit ist die Nietung fertig. Bei Verarbeitung mit speziellem Nietmagazin und Nietwerkzeug sind Hohlvernietungen auch mit wiederverwendbaren Dornen möglich.

Neben der Aufgabe des Verbindens von Bauteilen verwendet man das Nieten mit sogenannten „Passnieten" auch zur positionsgenauen Montage und mit „Dichtnieten" zum Abdichten von Bohrungen.

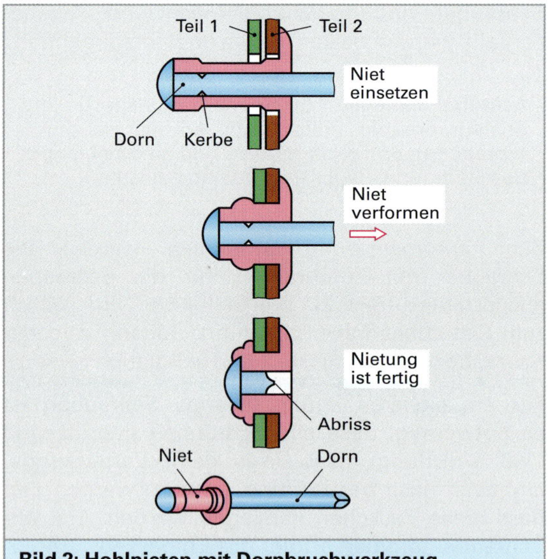

Bild 2: Hohlnieten mit Dornbruchwerkzeug

Clinchen (Durchsetzfügen)

Das Clinchen[1] ist ein Nieten ohne Hilfsbauteil. Mit der Clinchzange werden Bleche punktuell zusammengefügt (**Bild 3**). Durch den Hinterschnitt im Fügepunkt entsteht eine innige Verbindung.

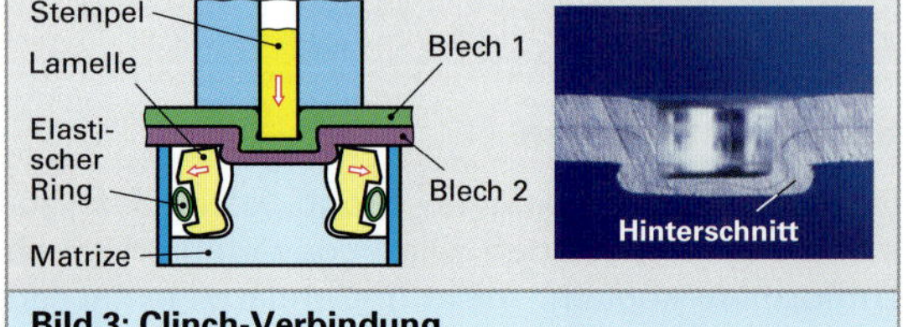

Bild 3: Clinch-Verbindung

[1] to clinch = festhalten, vernieten

6.3.3 Kleben und Abdichten (Sealen)

Klebeverbindungen dienen zum Verbinden und auch zum Abdichten von Bauteilen sowohl gleicher als auch verschiedener Werkstoffe. Im Fahrzeugbau werden z. B. die Glasscheiben auf den (lackierten) Metallrahmen geklebt. Wichtig für eine gute Klebeverbindung ist die einwandfreie Benetzung der Fügeteile durch den Kleber. Es ist das Phänomen der *Adhäsion*[1], das den Kleber über die Werkstückoberfläche, (einer gegebenenfalls vorbehandelten Werkstückoberfläche) hauchdünn überzieht. Nach einer vorbestimmten Zeit wird der zunächst dünnflüssige Kleber zäh und härtet schließlich aus. Damit sind die Fügeteile fest miteinander verbunden. Die Kleber haben hinsichtlich Aushärtetemperatur, Festigkeit, Verformbarkeit, Wärmebeständigkeit und Alterung unterschiedliche Eigenschaften (**Tabelle 1**). Der Kleberauftrag erfolgt meist durch Sprühen, Spritzen und Walzen (**Bild 1**).

Klebeverbindungen dürfen nur auf Scherung beansprucht werden.

Die Aufgabe des Abdichtens (Sealen[2]) ist dem Kleben sehr ähnlich. Beim Abdichten ist die Festigkeit der Verbindung unbedeutend. Die Verformbarkeit muss im Allgemeinen über lange Zeit gewährleistet sein. Der Abdichtwerkstoff darf nicht spröde werden. Kleben und Abdichten wird häufig mit Robotern durchgeführt (**Bild 2** und **3**). Damit man einen gleichmäßigen Materialauftrag erhält, wird über eine steuerbare Dosierpumpe die Kleberausbringung bzw. Dichtmaterialausbringung der aktuellen Roboterbahngeschwindigkeit angepasst. Denn die Roboterbahngeschwindigkeit verändert sich z. B. beim Umfahren von Ecken und beim Erreichen von Zielpositionen.

Tabelle 1: Metallklebestoffe (Auswahl)

Name	Festigkeit	Verformbarkeit	Wärmebeständigkeit
Epoxidharz (2 Komponenten)	sehr gut	gut	80 °C
Epoxidharz	sehr gut	gut	200 °C
Epoxid-Phenolharz	sehr gut	mäßig	250 °C
Phenolharz	sehr gut	mäßig	200 °C
Diacrylsäureester, schnellhärtend	gering	gut	120 °C
Heissschmelzklebestoff	gering	gut	100 °C

[1] lat. adhaesio = das Kleben; [2] to seal = versiegeln

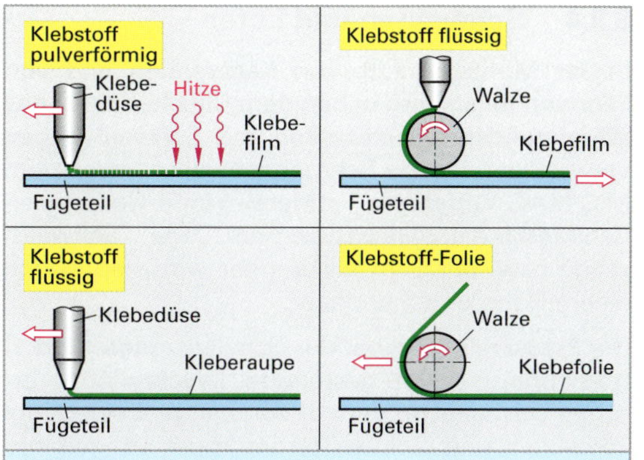

Bild 1: Kleberauftrag

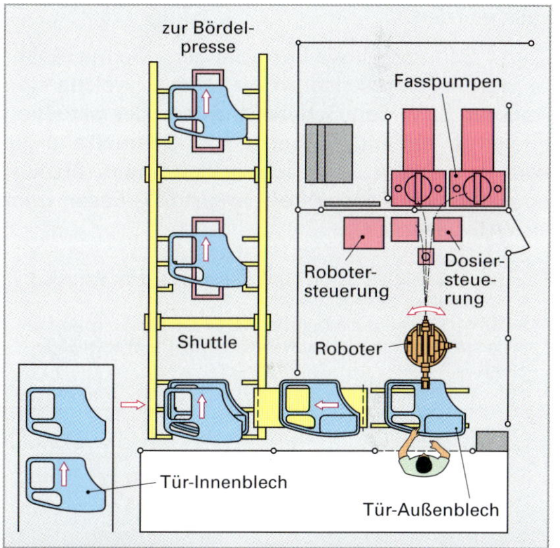

Bild 2: Roboterarbeitszelle zum Kleberauftrag und zur Türabdichtung

Bild 3: Roboter beim Kleben

6.3.4 Schweißen und Löten

In der Montage, z. B. von Karosserien und von Fahrwerkteilen wird neben dem Clinchen auch das Widerstandspressschweißen mit Schweißzangen verwendet oder das Schmelzschweißen nach dem MIG/MAG-Verfahren (Metall-Innert-Gasschweißen/Metall-Aktiv-Gasschweißen). Die Schweißzange bzw. der Schweißbrenner wird häufig von einem Roboter gehandhabt.

Die Presskraft wird bei der Schweißzange (**Bild 1**) über pneumatisch gesteuerte Druckzylinder erzeugt. Der zeitliche Verlauf von Zangenbewegung, Presskraft und Schweißstrom muss in genauer Folge gesteuert werden (**Bild 2**). Die Schweißpunkte können in schneller Folge vom Roboter gesetzt werden.

Zum Schmelzschweißen langer Schweißnähte werden Nahtsensoren eingesetzt, welche den Roboter bzw. den Schweißbrenner der aktuellen Fügelinie entlang steuern. Die Schmelzenergie wird mit einem elektrischen Lichtbogen erzeugt oder mit einem Laserstrahl (meist CO_2-Laser[1] oder NdYAG-Laser[2]).

[1] Der CO_2-Laser ist ein Gaslaser mit Kohlendioxid als Wirtsgas. Die Wellenlänge beträgt 10,6 µm.

[2] Der NdYAG-Laser ist ein Festkörperlaser mit Granat ($Y_3Al_5O_2$) als Wirtsmaterial, dotiert mit Neodym (Nd). Die Wellenlänge beträgt 1,06 µm.

Bild 1: Roboter mit Schweißzange zum Widerstands-Punktschweißen

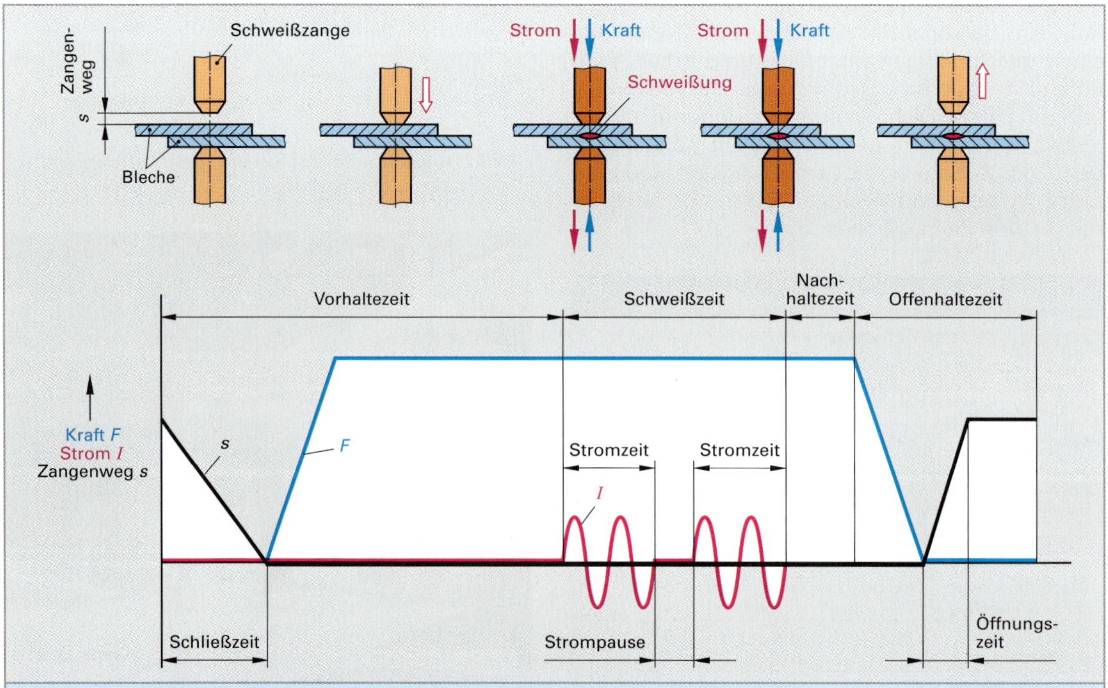

Bild 2: Zeitlicher Ablauf beim Punktschweißen

Die Roboterhandhabung von Laserstrahlwerkzeugen ist besonders einfach, wenn der Laserstrahl über eine Glasfaser geführt werden kann, wie z. B. bei dem kurzwelligen NdYAG-Laser (Wellenlänge 1,06 μm). Beim Schweißen mit CO_2-Laser (Wellenlänge 10,6 μm) muss der Laserstrahl über Spiegel bzw. Prismen an jedem Robotergelenk umgelenkt werden. Wichtig beim Laserstrahlschweißen ist, dass sich der Brennpunkt des Laserstrahls geringfügig unterhalb der Nahtoberfläche befindet. Dies erreicht man z. B. durch eine Abstandsregelung mit kapazitiver Abstandsmessung.

Löten

Das Löten mit Weichloten wird vor allem zur Montage elektronischer Bauteile eingesetzt. Die Lötverbindung dient dabei sowohl der mechanischen Verbindung als auch zur Spannungs- und Stromübertragung.

Als Weichlote werden Zinn-Bleilegierungen verwendet (**Tabelle 1**). Der Montageprozess erfolgt bei Bauelementen mit Anschlussfahnen/Anschlussdrähten indem die Anschlüsse durch die Bohrungen der Leiterplatten gesteckt werden und sodann kurzzeitig in flüssiges Lot getaucht werden (Tauchlöten).

Beim Reflow-Löten fixiert man die Oberflächen-Montierbaren-Schaltkreise (SMD, von Surface Mounted Device) mit Lötpaste (Zinnpulver mit Flussmittel) und erwärmt die Platinenoberfläche mit Heißluft bis das Lot fließt.

Beim Doppel-Wellenlöten wird mit der ersten flüssigen Lotwelle das Löten durchgeführt und mit einer zweiten Welle überschüssiges Lot entfernt (**Bild 1**). Das Verfahren ist auch für eine gemischte Bestückung SMD und bedrahtete Bauelemente geeignet (**Bild 2**).

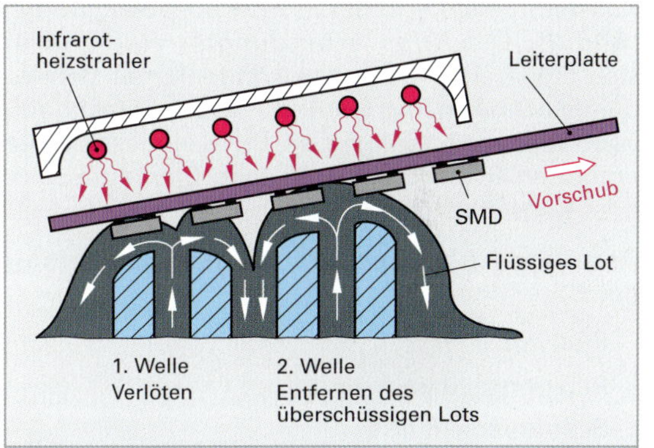

Bild 1: Doppel-Wellen-Löten

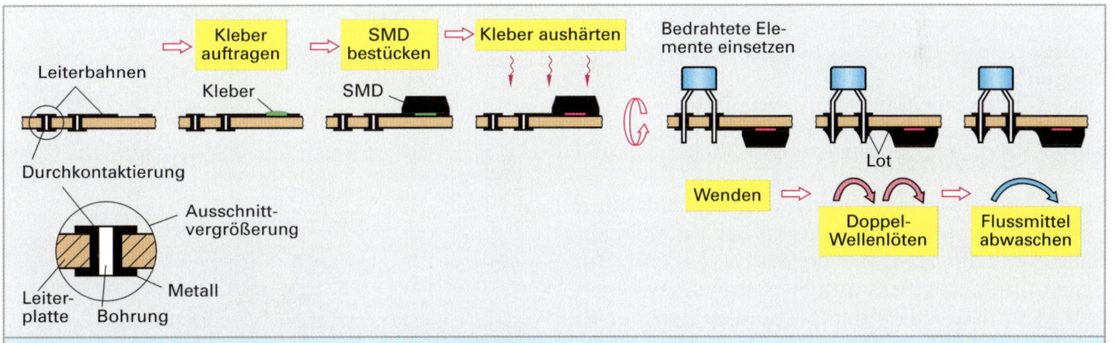

Bild 2: Lötprozess für Leiterplatten mit Mischbestückung

Tabelle 1: Weichlote und Hartlote (Auswahl)

Hartlote			Weichlote		
Lot-Legierung	**Löttemp.**	**Anwendung**	**Lot-Legierung**	**Löttemp.**	**Anwendung**
B-Ag50CDZnCu-620/640	640 °C	Stähle, Edelmetalle, Kupferlegierungen	S-Sn42Bi58	138 °C	Temperaturempf. Elektronik
B-Cu48ZnAG(Si)-800/830	830 °C	Stähle, Temperg., Kupfer, Cu-Leg., Ni-Leg.	S-Sn96Ag4	221 °C	Elektronik, Feinwerktechnik
B-Cu100(p)-1085	1100 °C	Stähle	S-Sn97Cu3	250 °C	Feinmechanik, Kältetechnik
B-Al92Si-575/615	610 °C	Aluminium, Al-Legierungen	A-Pb95Ag5	320 °C	Elektromotoren, hohe Temp.

6.3.5 Zusammenlegen

Die wichtigsten Verfahren bei formstabilen Werkstücken sind:

- Einlegen,
- Ineinanderlegen,
- Einhängen,
- Einrenken (Bajonettverschluss),
- Einspreizen (**Bild 1**).

Das Fügen elastischer Werkstücke, vor allem von Kunststoffteilen erfolgt mit *Schnappverschlüssen* (**Bild 2**). Die *Klipsverbindungen* vereinen in sich meist eine Reihe von kombinierten Verbindungstechniken und werden z. B. zur Befestigung von Innenverkleidungen an PKW eingesetzt. Sie enthalten federnde, metallische Elemente und/oder Kunststoffteile.

Das Fügen *biegeschlaffer* Werkstücke erfolgt durch:

- Klettverschlüsse,
- Reißverschlüsse,
- Schnürverschlüsse,
- Hakenverschlüsse und durch
- Vernähen.

Die Bajonettverschlüsse und die Klettverschlüsse lassen sich besonders leicht wieder lösen und zählen zu den *demontagefreundlichen* Verbindungen.

6.3.6 Schrumpfen

Eine besonders feste Verbindung erhält man durch Schrumpfen. Hierbei wird bei Metallen ein Bauteil mit Presssitz erwärmt bzw. gekühlt. Bei Erwärmung des Außenteils dehnt dieses sich und kann über das Innenteil hinweg geschoben werden (**Bild 3**).

Bei Raumtemperatur entsteht dann eine kraftschlüssige feste Verbindung. In entsprechender Weise kann ein Innenteil auch gekühlt werden. Es vermindert dabei sein Volumen und kann in das Außenteil eingelegt werden.

Mithilfe von „Kunststoff-Schrumpfschläuchen" können Teile leicht zusammengefügt werden. Durch Erwärmen, z. B. mit Heißluft ziehen sich die Schrumpfschläuche zusammen und halten die innenliegenden Teile fest. Man verwendet sie häufig bei elektrischen und elektronischen Montagearbeiten. Sie können ohne Zerstörung nicht gelöst werden.

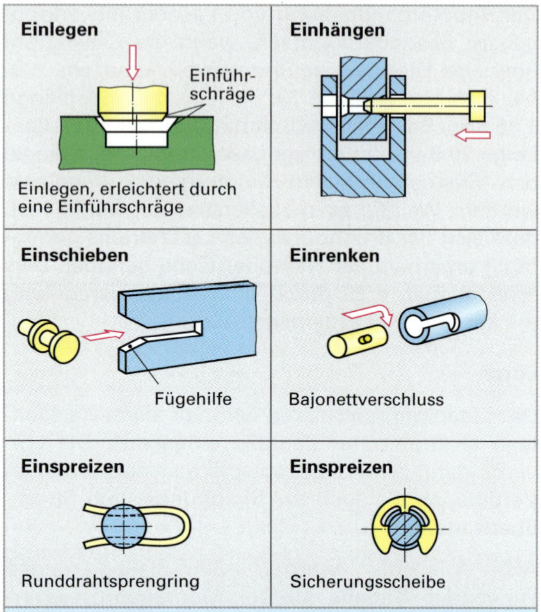

Bild 1: Fügen durch Zusammenlegen formstabiler Elemente

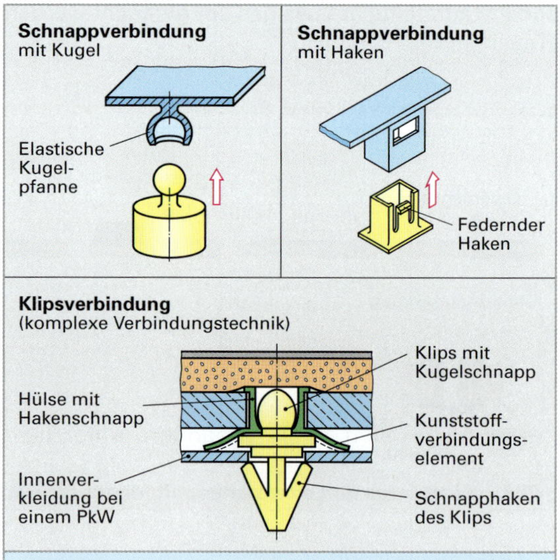

Bild 2: Fügen mit Schnapp- und Klipsverschlüssen

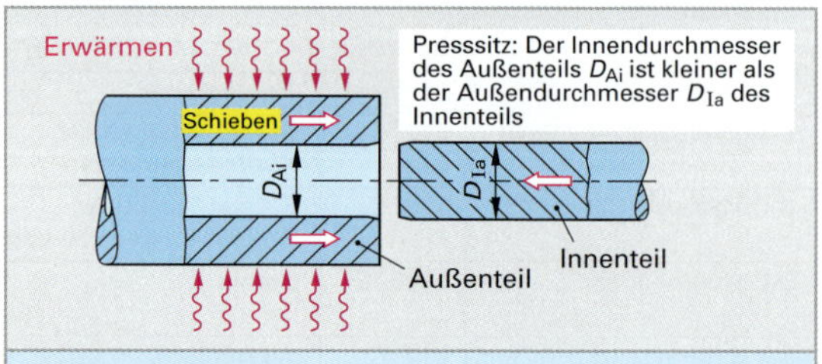

Bild 3: Schrumpfen

6.4 Montageplätze

6.4.1 Manuelle Montage

Bei der manuellen Montage sind die Montageplätze *ergonomisch*, d. h. menschengerecht zu gestalten. Der Mitarbeiter bzw. die Mitarbeiterin sollte zwischen *Sitz*arbeitsplatz und *Steh*arbeitsplatz abwechseln können.

Es ist folgendes zu beachten:

- Alle *Greifwege* sind so kurz wie möglich zu halten (**Bild 1**).
  Dies ist insbesondere in Richtung des Arbeitsablaufes zu verwirklichen und je nach Arbeitsaufgabe
  – von links nach rechts arbeiten oder besser
  – von außen nach innen (Beidhandarbeit).
- Alle Behälter sind im *optimalen Greifraum* zu platzieren (Bild 1).
  Die am häufigsten zu greifenden Behälter platziert man zentral vor den Montageort ebenso die Werkzeuge und Stellteile.
  Die Hauptmontagearbeiten PAP (Primary Assembly Process) sollten unterhalb der Herzhöhe liegen.
- Alle Möglichkeiten der *Beidhandarbeit* sind auszuschöpfen (**Bild 2**).
  – Man bevorratet die zwei zu montierenden Teile links und rechts im gleichen Winkel und arbeitet von außen nach innen.
  – Die häufigsten Teile sollten mittig sortiert sein.
  – Kleinstteile, z. B. Scheiben, Muttern, Ringe und Hilfsstoffe, z. B. Fett, Kleber, Pasten können auch zentral mittig vor dem Montageort platziert werden.
- Die Platzierung von großen Teilebehältern und schweren Teilen muss besonders untersucht werden.
  – Große Behälter sollten immer links oder rechts vom Haupt-Blickfeld positioniert werden. Die Mitarbeiter dürfen nicht „eingebaut" werden. Es sind evtl. zwei Behälter einzuplanen.
  – Schwere Teile sollten möglichst nicht *angehoben* werden, sondern auf dem Arbeitsplatz *geschoben* werden (**Bild 3**).
  – Es sind gegebenenfalls größere Teilebehälter in einem *Paternoster* zu speichern (**Bild 4**).

Alle Beschäftigte sollten zwischen einem Sitzarbeitsplatz und einem Steharbeitsplatz wechseln können.

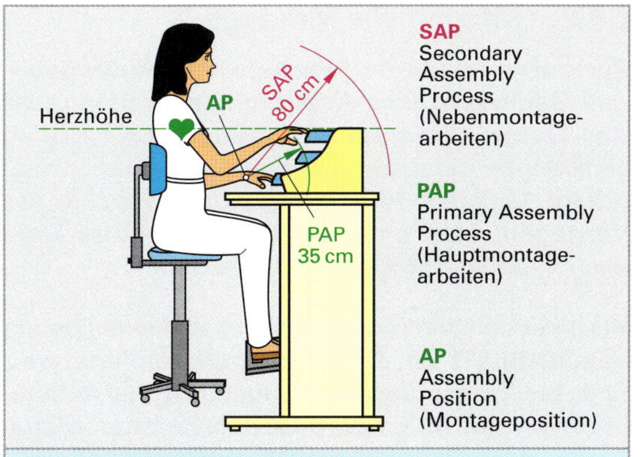

Bild 1: Der Montagearbeitsplatz

Bild 2: Beidhandarbeit

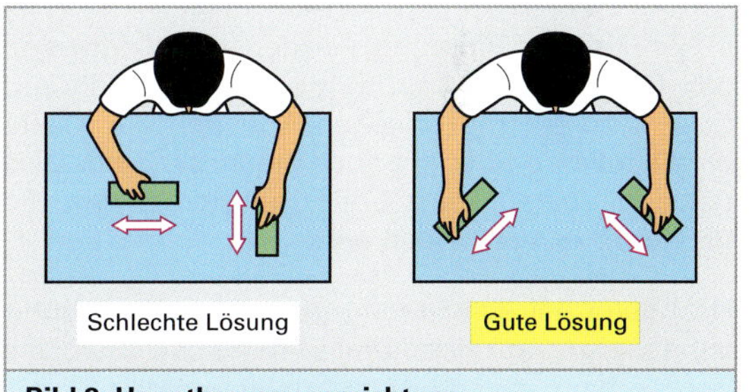

Bild 3: Hauptbewegungsrichtung

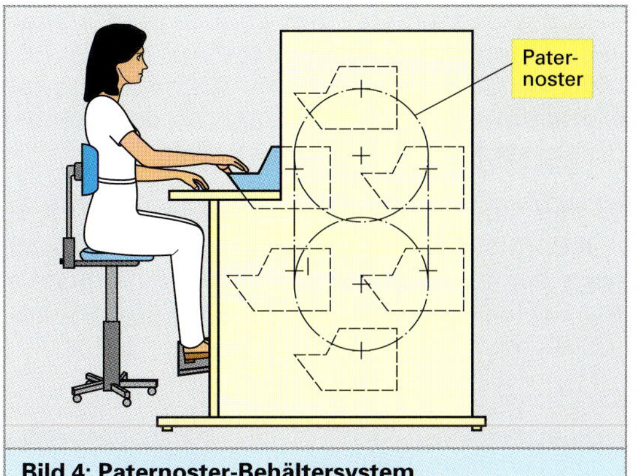

Bild 4: Paternoster-Behältersystem

6.4.2 Maschinelle Montage

Zur automatisierten Montage von Aggregaten und Geräten ist eine Anordnung zu treffen, dass der Teilezusammenbau vorzugsweise nur in senkrechter oder in waagerechter Fügerichtung erfolgt. Lediglich Hilfsbewegungen, wie z. B. das Verriegeln über einen Bajonettverschluss kann auch in anderen Richtungen geschehen.

Bei einer solchen Montage bietet sich eine Lösung gemäß **Bild 1** an. Die Montagebasisplatte wird über ein Transportsystem zugeführt. Die Aufbauteile werden in *Vibrationsbunkern* oder *Magazinen* um ein Handhabungssystem herum platziert und stehen diesem *vereinzelt, geordnet* und *lagerichtig positioniert* zur Handhabung zur Verfügung. Einfache Kleinstteile, wie Blechwinkel, Drahtfedern u. Ä. werden gegebenenfalls erst an der Montagestation vom Band hergestellt. So entfällt eine aufwändige Ordnungseinrichtung.

Bei der **Montage mit Roboter** eignen sich besonders vierachsige Waagrechtarmroboter vom Typ SCARA (von Selective Compliance Assembly Robot Arm = Montageroboter mit ausgewählter Nachgiebigkeit). Diese Geräte sind von der Konstruktion her sehr steif und genau in der senkrechten Fügerichtung und nachgiebig quer dazu.

In senkrechter Richtung werden alle Kräfte von den Gelenkscharnieren aufgenommen, während quer dazu die motorischen Antriebe die Kräfte bereitstellen und somit auch steuerbar sind. Dies hat den Vorteil, dass bei Fügeoperationen ein Verklemmen vermieden wird.

Nachteilig bei einer Montagestation mit Roboter ist, dass nur an einer Stelle, nämlich da wo die Roboterhand gerade ist, gearbeitet wird.

Rundtaktmontagemaschinen drehen mit jedem Takt das Montageteil um eine Station weiter. Jede Montagestation „arbeitet" bei jedem Takt (**Bild 2**). Entsprechend den Montagearbeiten werden die Montagewerkzeuge an den Ständer des Rundtaktdrehtellers angeflanscht.

Es sind Rundtaktmontagemaschinen mit 8, 12, 16 und 24 Stationen üblich. Das Layout richtet sich nach der Aufgabe und den Platzverhältnissen. Als Speicher verwendet man hierbei oft Vibratonstrichterspeicher (**Bild 3**).

Fügeoperationen sollten möglichst von oben nach unten erfolgen oder in waagerechter Richtung.

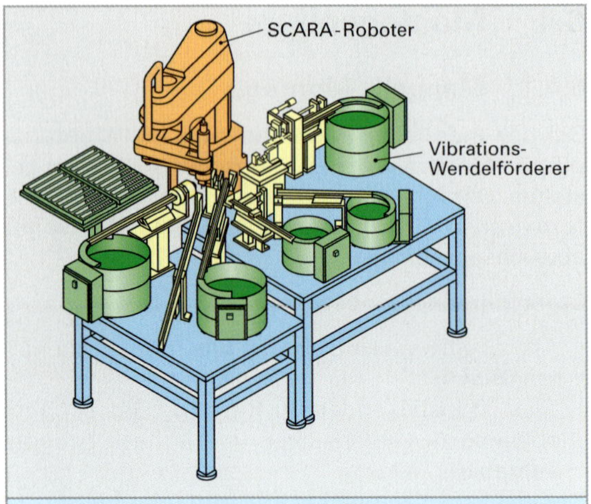

Bild 1: Flexible Montagestation mit SCARA-Roboter

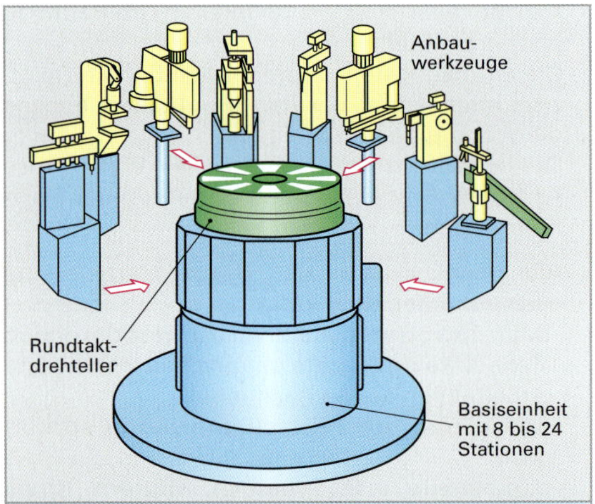

Bild 2: Rundtaktmontage, Drehteller mit Anbauflansch für 16 Stationen

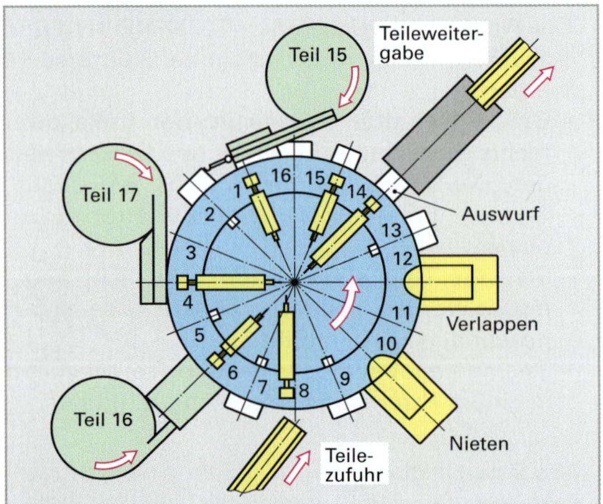

Bild 3: Layout einer Rundtaktmontage

6.5 Montageorganisation

6.5.1 Topologie

Die Montagestationen und Montagearbeitsplätze werden so zusammengestellt, dass in Fließrichtung zur Montagebasisplatte der Montagefortschritt erfolgt. Die Anordnung (Topologie[1]) der Montagestationen ist dann eine *Linie*, ein *Ring*, ein *Karree* oder ein Mix aus diesen Anordnungen. Teile die bei der Qualitätsprüfung, z. B. bei der Funktionsprüfung auffallen, werden ausgeschleust, kommen gegebenenfalls in eine (Teil-) Demontagelinie und werden nochmals in den Montageprozess eingereiht. Hierfür sind in den Transportlinien Weichen einzuplanen.

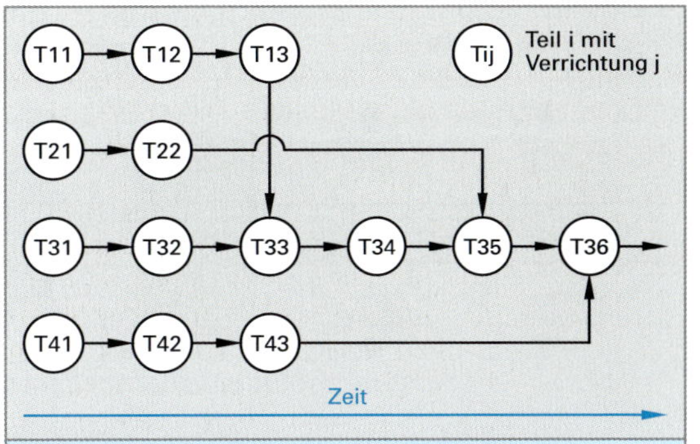

Bild 1: Vorranggraph für den Montageablauf

6.5.2 Montageablauf

Der Montageablauf wird in *Teilverrichtungen* gegliedert und diese werden nach ihrer zeitlichen Reihenfolge nummeriert (**Bild 1**). Es steht Tij für die „j-te" Teilverrichtung des Montageteils „Ti".
Beispiel: T34, bedeutet, dass das Montageteil T3 (Schraube) in der Montageoperation j = 4 verschraubt wird. So ergeben sich für die Anordnung sogenannte „Vorranggraphen" (Bild 1).

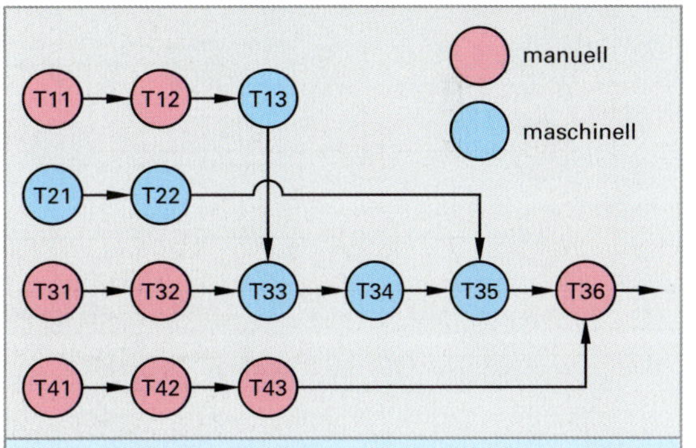

Bild 2: Maschinelle und manuelle Teilverrichtungen

Bei der Erstellung der Vorranggraphen geht man folgendermaßen vor:

- Man schreibt/skizziert die Teilverrichtungen auf Kärtchen und schätzt/ermittelt die Montagezeit.
- Die Kärtchen werden unter Berücksichtigung der vorhergehenden und der nachfolgenden Teilverrichtung an eine Steckwand geheftet. Es entstehen Zeilen mit der zeitlichen Reihenfolge der Teilverrichtungen.
- Jede Teilverrichtung wird so angeheftet wie sie zum frühesten Zeitpunkt erledigt werden kann. Man erhält die Grobstruktur des Vorranggraphen.
- Es werden nun in den Vorranggraphen die Verbindungslinien eingezeichnet (**Bild 2**).
- Die Kärtchen und Verbindungslinien werden jetzt so variiert, dass Blöcke entstehen, die zusammengehörend automatisierbar sind und solche die lohnintensiv (und nicht automatisierbar) sind (**Bild 1, folgende Seite**).
- Die nichtautomatisierbaren Teilverrichtungen sollten nicht vereinzelt in bzw. zwischen automatisierbaren Teilverrichtungen liegen, damit keine enge Taktbindung entsteht. Für die Handmontagen sind Entkopplungen vom Montagetakt durch Pufferspeicher vorzusehen.
- Die Handmontageplätze sind so anzuordnen, dass die Mitarbeiter/innen nicht isoliert sind, dass sie also im Blickkontakt stehen und miteinander kommunizieren können.
- Die manuellen Arbeitsplätze sind so zu gestalten, dass diese als Sitz-/Steharbeitsplätze eingerichtet werden.
- Die Teilverrichtungen an manuellen Arbeitsplätzen sind möglichst mit überlappenden Tätigkeiten zum Vorgängerarbeitsplatz und zum Nachfolgearbeitsplatz auszustatten. Damit ist es möglich, dass bei Problemen im Arbeitstempo der Vorgänger oder der Nachfolger Teilaufgaben mit übernehmen kann.

[1] Topologie = Lehre von der Lage im Raum, griech. topos = Ort, ...logie = Nachsilbe mit der Bedeutung „Lehre"

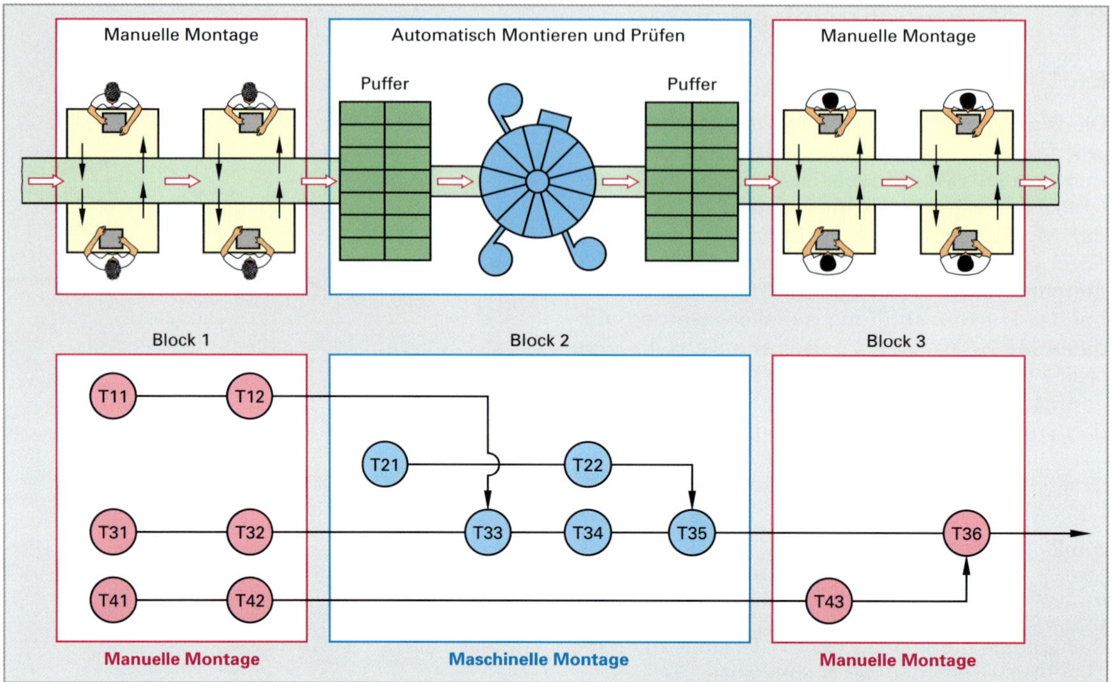

Bild 1: Vorranggraph für die Montage (Beispiel)

Zur *betriebssicheren* Montage werden die Montagestationen und Montagearbeitsplätze mit „sich ersetzender Funktionalität" *mehrfach* ausgebildet. Man erreicht eine hohe Montageflexibilität wenn diese „sich ersetzenden" Montageplätze duch *flexible* Transportsysteme (fast) beliebig verkettet werden können. So kann bei einfachen Operationen durch „Parallelschalten" die Ausbringung erhöht und durch „Reihenschalten" die Montagekomplexität vergrößert werden (**Bild 2**).

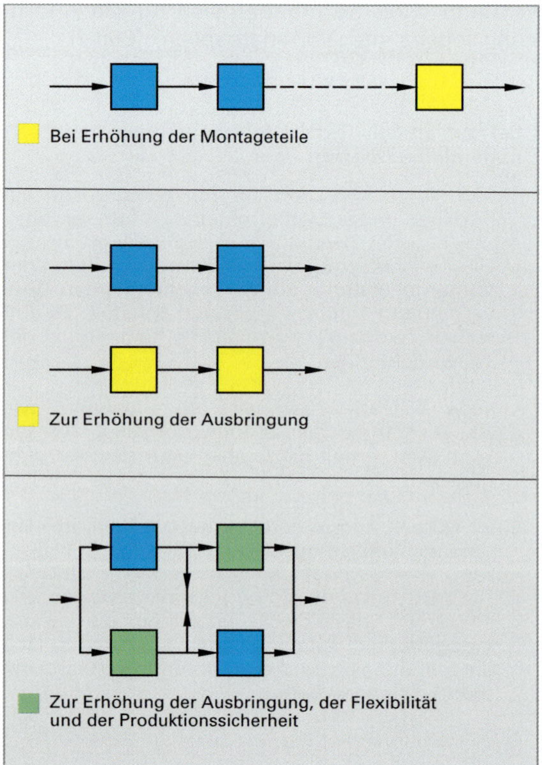

Bild 2: Montagestrukturen

Wiederholung und Vertiefung

1. Nennen Sie die wichtigsten Fördersysteme.
2. Welche Fügeverfahren eignen sich sowohl für die Montage als auch für die Demontage?
3. Beschreiben Sie den Vorgang und das Ergebnis des Clinchens!
4. Wie dürfen Klebeverbindungen nur beansprucht werden?
5. Was ist bei der Planung eines manuellen Montagearbeitsplatzes zu beachten?
6. Wodurch zeichnet sich eine Robotermontagestation und eine Montage-Rundtaktmaschine aus?
7. Wie erfolgt die Montageplanung?
8. Wieso benötigt man bei Handmontageplätzen Pufferspeicher?

7 Qualitätsmanagement

Unter Qualitätsmanagement versteht man die Gesamtheit der qualitätsbezogenen Tätigkeiten und Zielsetzungen.

Bis zum Jahr 1993 war die Benennung für diesen Oberbegriff im ganzen deutschen Sprachraum „Qualitätssicherung". Um eine Anpassung an den internationalen Sprachgebrauch zu erreichen, wurde dieser Überbegriff in der DIN 55350 in „Qualitätsmanagement" umbenannt.

Die sich verstärkende Präsenz asiatischer Unternehmen auf dem Weltmarkt, die Öffnung osteuropäischer Märkte und die Einführung des EU-BinnenmarktesführtendieeuropäischenUnternehmen in eine verschärfte Wettbewerbssituation. Neben den Preisen wird dabei die **Qualität von Produkten** und **Dienstleistungen** zu einem immer wichtiger werdenden strategischen Wettbewerbsfaktor. Die Festlegung qualitätsbezogener Tätigkeiten in sämtlichen Unternehmensbereichen sind zu einer der wichtigsten Managementaufgaben geworden.

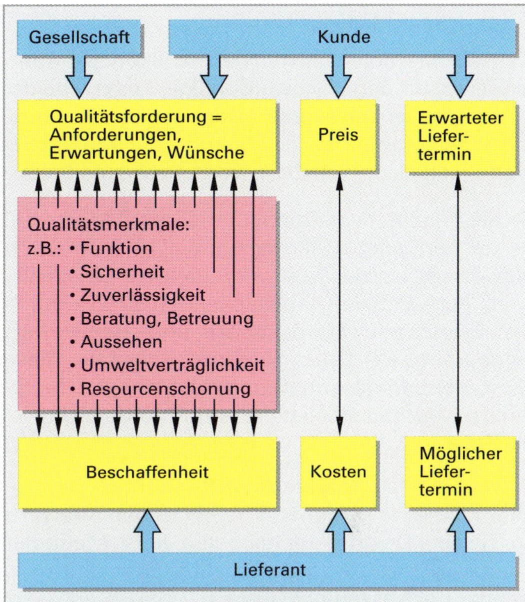

Bild 1: Zusammenhänge zwischen Qualitätsforderung und Beschaffenheit

Tabelle 1: Qualitätsmerkmale

Merkmalsart		Kennzeichen	Beispiel
quantitativ	kontinuierliches Merkmal	messbarer, stetiger Merkmalswert	Durchmesser eines Bolzens **Merkmalswert:** z. B. 20,05 mm, 20,1 mm oder 20,02 mm
	diskretes Merkmal	zählbar (0, 1, 2, ...)	Schweißpunkte: **Merkmalswert:** z. B. 23, 24 oder 20 Schweißpunkte
qualitativ	Ordinalmerkmal	Beurteilung mit Ordnungsbeziehung	Aussehen einer Oberfläche: **Merkmalswert:** z. B. sehr gut, gut, geeignet, schlecht oder sehr schlecht
	Nominalmerkmal	Beurteilung ohne Ordnungsbeziehung	Rillenrichtung einer geschliffenen Fläche **Merkmalswert:** gekreuzt, quer oder längs zum Werkstück

7.1 Qualität

Qualität[1] ist die Beschaffenheit einer Einheit bezüglich ihrer Eignung, die Qualitätsforderung zu erfüllen (DIN 55 350/ISO 8402).

Unter **Einheiten** versteht man Waren und Dienstleistungen. Die **Qualitätsanforderungen** werden vom Kunden oder der Gesellschaft in Form von Erwartungen und Wünschen an den Hersteller festgelegt.

Der Kunde erwartet zum Beispiel eine optimale Funktion, hohe Sicherheit und Zuverlässigkeit, eine gute Beratung und Betreuung und wünscht ein gutes Aussehen des Produkts. Eng damit verbunden ist auch eine **maximale Preisvorstellung** und ein akzeptabler **Liefertermin**. Auf der Seite des Lieferanten verursachen die Qualitätsanforderungen Kosten, die nicht immer mit der Preisvorstellung des Kunden in Einklang zu bringen sind.

Die **Beschaffenheit** eines Produkts wird durch die Gesamtheit aller **Qualitätsmerkmale** bestimmt **(Bild 1).**

[1] Nach EN ISO 9000: 2005 gilt folgende Definition:
Qualität. Grad, in dem ein Satz inhärenter **Merkmale Anforderungen** erfüllt.
Anmerkung 1. Die Benennung „Qualität" kann zusammen mit Adjektiven wie schlecht, gut oder ausgezeichnet verwendet werden.
Anmerkung 2. „inhärent" bedeutet im Gegensatz zu „zugeordnet" „einer Einheit innewohnend", insbesondere als ständiges Merkmal.

7.1.1 Qualitätsmerkmale

Da Merkmale unterschiedliche Charakteristiken aufweisen (z. B. Länge, Schweißpunkte), unterscheidet man verschiedene **Merkmalsarten.** Mit den Merkmalsarten werden auch die Arten der **Merkmalswerte** festgelegt **(Tabelle 1, vorhergehende Seite).**

Da die quantitativen (mengenmäßigen) Merkmale bei der Fertigung erfahrungsgemäß eine Streuung aufweisen, werden die vom idealen Merkmalswert, dem Sollwert, abweichenden Werte durch die Grenzwerte **Mindestwert** und **Höchstwert** eingegrenzt. Bei Längenmaßen nennt man diese Grenzwerte **Mindestmaß** und **Höchstmaß.** Die Differenz zwischen Höchstwert und Mindestwert ist die **Toleranz.**

Bewegt sich ein **Merkmalswert** innerhalb der Toleranz, so ist er **geeignet.** Erreicht er den **Sollwert,** so ist seine **Qualität am höchsten.** In Richtung der Toleranzgrenzen wird die Qualität zwar reduziert, ist aber noch akzeptabel **(Bild 1).**

Betrachtet man die Auswirkung bei fortschreitendem Fertigungsverlauf, so kann man feststellen, dass bei Merkmalswerten, die immer weiter vom Sollwert entfernt liegen, mehr Probleme auftauchen als bei Merkmalswerten am Sollwert. Das Fügen zweier Werkstücke kann z. B. in der Montage nur durch Nacharbeit oder Einsatz von speziellen Werkzeugen durchgeführt werden. Die Folge sind zusätzliche Kosten und damit Verluste. Dieser Zusammenhang wird durch die **Verlust-Funktion nach Taguchi**[1] **(Bild 2)** deutlich.

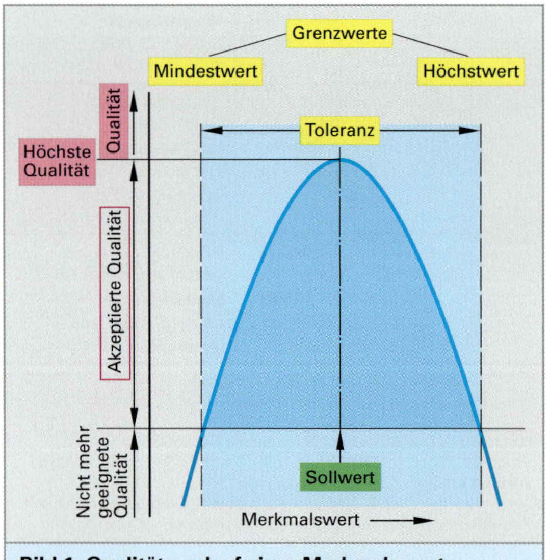

Bild 1: Qualitätsverlauf eines Merkmalswerts

[1] *Genichi Taguchi* (sprich: tagudschi), japanischer Wissenschaftler

7.1.2 Fehler

Wird eine Qualitätsforderung nicht erfüllt, so liegt ein Fehler vor. Dies kann sein, wenn ein Merkmalswert außerhalb des Toleranzbereichs liegt oder eine geforderte Eigenschaft nicht vorhanden ist.

Die genaue Abgrenzung zwischen „kritischen" Folgen, „erheblich beeinträchtigenden" Folgen und „nicht wesentlichen" Folgen müssen im speziellen Fall festgelegt werden.

Fehler werden nach ihren Folgen in Fehlerklassen eingeteilt:

1. Kritische Fehler (Fehler mit kritischen Folgen). Dieser Fehler hat eine Gefahr für die Personen, die das Produkt benutzen, instandhalten oder auf das Produkt angewiesen sind zur Folge. Ein kritischer Fehler kann auch ein Fehler sein, der zum Ausfall einer größeren wichtigen Anlage führt. Dies kann der Fall sein, wenn z. B. ein Schiffsantrieb ausfällt, eine Rechenanlage still steht oder ein Nachrichtensatellit nicht mehr funktioniert.

2. Hauptfehler (Fehler mit erheblich beeinträchtigenden Folgen). Dies ist ein nicht kritischer Fehler, der eine vollständige Beeinträchtigung der Brauchbarkeit (Ausfall oder Verlust) eines Produkts zur Folge hat (Hauptfehler A) oder die Brauchbarkeit für den vorgesehenen Verwendungszweck wesentlich herabsetzt (Hauptfehler B).

3. Nebenfehler (Fehler mit nicht wesentlichen Folgen). Dies ist ein Fehler, der die Brauchbarkeit eines Produkts für den vorgesehenen Verwendungszweck nicht wesentlich herabsetzt oder ein Fehler, der den Gebrauch oder den Betrieb der Einheit nur geringfügig beeinflusst (Nebenfehler A) oder die Brauchbarkeit nicht beeinflusst (Nebenfehler B).

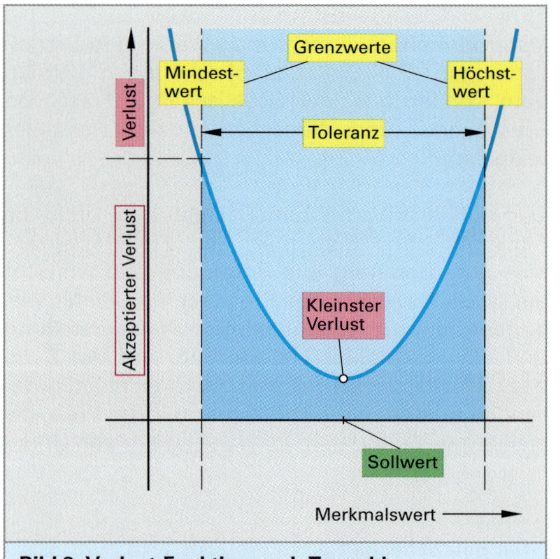

Bild 2: Verlust-Funktion nach Taguchi

7.2 Ziele des Qualitätsmanagements

Kaufen wir ein Produkt, so erwarten wir, dass es zuverlässig unsere gestellten Anforderungen erfüllt. Erfüllt es eine oder mehrere Anforderungen nicht, so sind wir verärgert. Treten Folgeschäden an Menschen oder Sachen auf, machen wir die Herstellerfirma haftbar. Wir werden das Produkt in Zukunft meiden und unsere Erfahrung anderen mitteilen. Die Folge ist ein Umsatzrückgang und Kosten für Haftung und Schadensersatz bei der Herstellerfirma. Ihre Kapazitätsauslastung und ihr Gewinn sinken, Arbeitsplätze müssen reduziert werden.

Oberstes Ziel des Qualitätsmanagements muss also sein, die Kundenanforderungen optimal zu erfüllen. Jeder Mitarbeiter des Unternehmens muss hierzu seinen Beitrag leisten.

Eine Qualitätsverbesserung des Produktes und des Herstellungsprozesses führt zu einer Produktivitätsverbesserung. Die Maßnahmen hierfür haben oft kurzfristig eine Kostensteigerung zur Folge, führen aber bei sinnvollem Einsatz langfristig zu einer Kostenreduzierung und damit zu der Möglichkeit, die Preise zu reduzieren. Der Marktanteil wird sich erhöhen, die Position des Unternehmens und die Arbeitsplätze werden gesichert **(Bild 1** und **Bild 2)**.

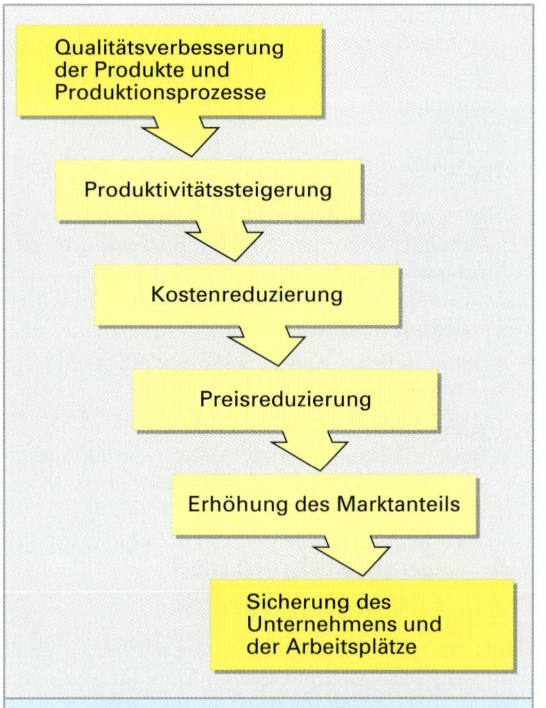

Bild 1: Die Kette von der Qualitätsverbesserung bis zum Geschäftserfolg

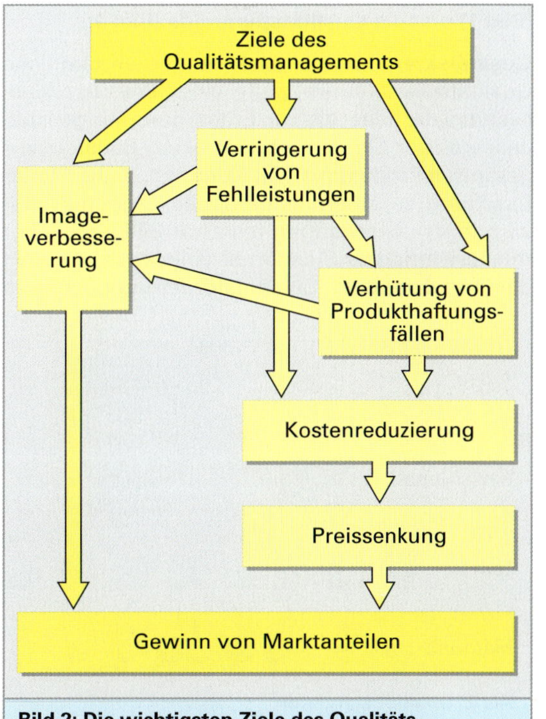

Bild 2: Die wichtigsten Ziele des Qualitätsmanagements

7.3 TQM – Total Quality Management

Mit der konsequenten Qualitätsverbesserung beschäftigt sich die TQM-Führungsmethode.

TQM ist eine Führungsmethode einer Organisation, bei welcher Qualität in den Mittelpunkt gestellt wird, welche auf der Mitwirkung aller ihrer Mitglieder beruht und welche auf langfristigen Erfolg durch Zufriedenstellung der Abnehmer und auf den Nutzen für die Mitglieder der Organisation und für die Gesellschaft zielt (DIN ISO 8402).

Die wichtigsten Bausteine eines TQM sind:

1. Zielklarheit in der Unternehmensführung
2. Kundenorientierung des gesamten Unternehmens, z. B.
   - Eingehen auf Kundenwünsche,
   - Freundlichkeit bei Telefongesprächen mit dem Kunden,
   - klare Gebrauchsanweisungen,
   - genügende und verständnisvolle Beratung.

3. Null-Fehler-Programme
   - Analyse und Vermeidung von Fehlern in der Entwicklung, Konstruktion, Fertigung usw.
4. Kontinuierliche Verbesserungen mit Messgrößen
   - Messen von Qualitätsmerkmalen statt Gut-Schlecht-Beurteilung mit Lehren,
   - Analyse von Messwerten (siehe „Statistische Qualitätslenkung) und Prozessverbesserungsmaßnahmen.
5. Einbeziehung aller Mitarbeiter in den Qualitätsverbesserungsprozess.
6. Kontinuierliche Schulung und Weiterbildung der Mitarbeiter.
7. Regelmäßige Audits[1]
   - Regelmäßige Untersuchungen der Qualitätsverbesserungsmaßnahmen auf ihre Wirksamkeit.

7.4 Qualitätskreis und Qualitätspyramide

Denkt man an die Qualität eines Autos, so stellt man fest, dass sich die Gesamtqualität aus einer Menge an Einzelelementen zusammensetzt. Eine Gliederung dieser Einzelelemente und ihre Zusammenhänge verdeutlichen zwei Denkmodelle des Qualitätsmanagements: Der **Qualitätskreis (Bild 1)** und die **Qualitätspyramide (Bild 2).**

Qualitätskreis. Im Qualitätskreis werden sämtliche Qualitätselemente im Laufe eines Produktzyklusses von der Idee bis zur Entsorgung aufgelistet. Jedes dieser Elemente bildet einen Baustein zur gesamten Produktqualität. Kommt z. B. die Marktforschung zu einem fehlerhaften Ergebnis oder wird in der Beschaffung ein zwar billigeres, aber minderwertigeres Zulieferteil eingekauft, so sinkt die Produktqualität. Qualitätsförderung muss also ein Ziel sämtlicher organisatorischer Unternehmensbereiche sein.

Durch die ständige Weiterentwicklung der Produkte beginnt der Qualitätskreis immer wieder von neuem.

Qualitätspyramide. Die Gesamtqualität einer Anlage setzt sich von der Beschaffenheit der einzelnen Baugruppen zusammen. Deren Qualitäten hängen wiederum von den Merkmalswerten der Einzelteile und deren Materialien ab. Umgekehrt kann man folgern, dass bei der Erwartung eines bestimmten Qualitätsstandards einer Anlage von den Baugruppen, deren Einzelteilen und ihrer Materialien ganz bestimmte Forderungen erfüllt sein müssen.

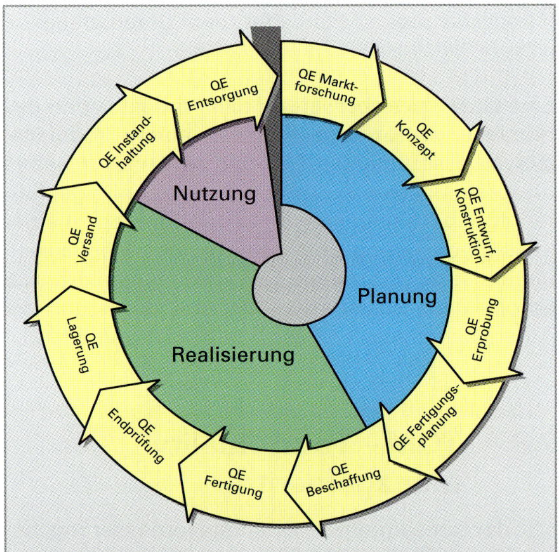

Bild 1: Qualitätskreis nach DIN 55 350

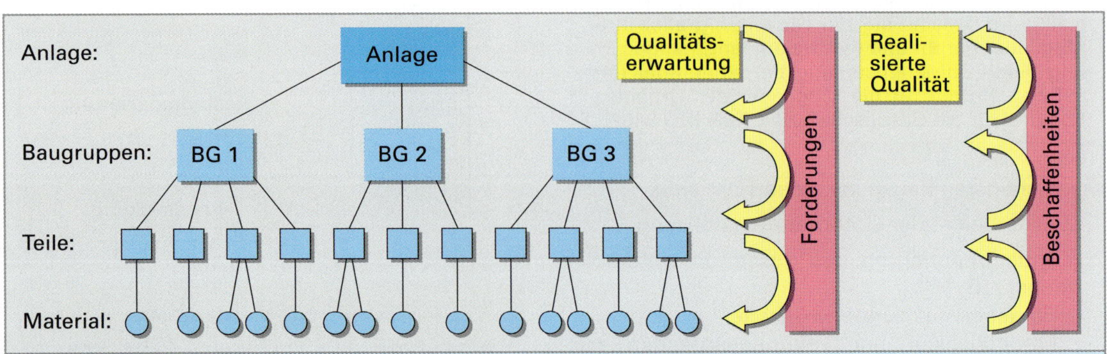

Bild 2: Qualitätspyramide

[1] Audit, *der* oder *das*, von engl. audit = (unverhofft durchgeführte) Überprüfung; lat. audire = hören

7.5 Aufbau und Elemente eines Qualitätsmanagementsystems

Wie im Qualitätskreis dargestellt, tragen eine Vielzahl von einzelnen Qualitätselementen zur Qualität eines Produkts bei. Die wichtigste Aufgabe im Unternehmen ist daher, alle qualitätsfördernden Tätigkeiten sinnvoll zu planen und zu koordinieren. Der Aufbau des Qualitätswesens (Aufbauorganisation) und der zeitliche und folgerichtige Ablauf von qualitätswirksamen Maßnahmen (Ablauforganisation) während dem Produktlebenszyklus müssen festgelegt, dokumentiert, organisiert und überwacht werden.

7.5.1 Aufbauorganisation

Das wichtigste Ziel einer Aufbauorganisation ist die Aufgliederung der Gesamtaufgabe eines Betriebes in einzelne Teilaufgaben, die in den einzelnen Abteilungen so kombiniert werden, dass eine sinnvolle arbeitsteilige Gliederung und Ordnung der Betriebsprozesse entsteht.

Da alle Abteilungen von qualitätsfördernden Maßnahmen betroffen sind, ist es wichtig, dass die Kompetenzen und Verantwortlichkeiten eindeutig und widerspruchsfrei festgelegt werden.

Es hat sich als zweckmäßig erwiesen, die Koordination und Überwachung der Maßnahmen nicht den einzelnen Betriebsabteilungen, sondern einer Abteilung „Qualitätswesen" zuzuordnen, die direkt der Unternehmensleitung bzw. der Geschäftsleitung unterstellt ist. Zielkonflikte mit den leistungserbringenden Bereichen (z. B. beim Stoppen eines Fertigungsprozesses aus Qualitätsgründen oder Forderung nach Änderung einer Konstruktion) werden so vermieden. In Organigrammen, Stellenbeschreibungen und Aufgaben-Verantwortungs-Matrizen wird die Aufbauorganisation dokumentiert (**Bild 1** und **Bild 2**).

Qualitätselement Entwurf		Betroffene Abteilungen								
Nr.	Qualitätsrelevante Tätigkeit	Geschäftsleitung	Entwicklung	Konstruktion	Fertigungsplanung	Fertigung	Vertrieb	Kundendienst	...	Qualitätswesen
1	Festlegung der Anforderungen an den Entwurf	M	Ⓥ	M	M	M	M	M	...	M
2	Schaffung notwendiger Schnittstellen zu vor- und nachgelagerten Bereichen	Z	M	M	M	M	M	M	...	Ⓥ
3	Weitergabe von Entwicklungsergebnissen	I	Ⓥ	M	I	I	I	I	...	M
4	Festlegung von Kriterien zur Prüfung der Entwicklungsschritte	Z	Ⓥ	M	I	I	I	I	...	M
5	Freigabe des Entwurf	Z	Ⓥ	M	I	I	I	I	...	M

Ⓥ = Verantwortlich für die Durchführung
M = Mitwirkung erforderlich
Z = Zustimmung erforderlich
I = muss informiert werden

Bild 1: Aufgaben-Verantwortungs-Matrix

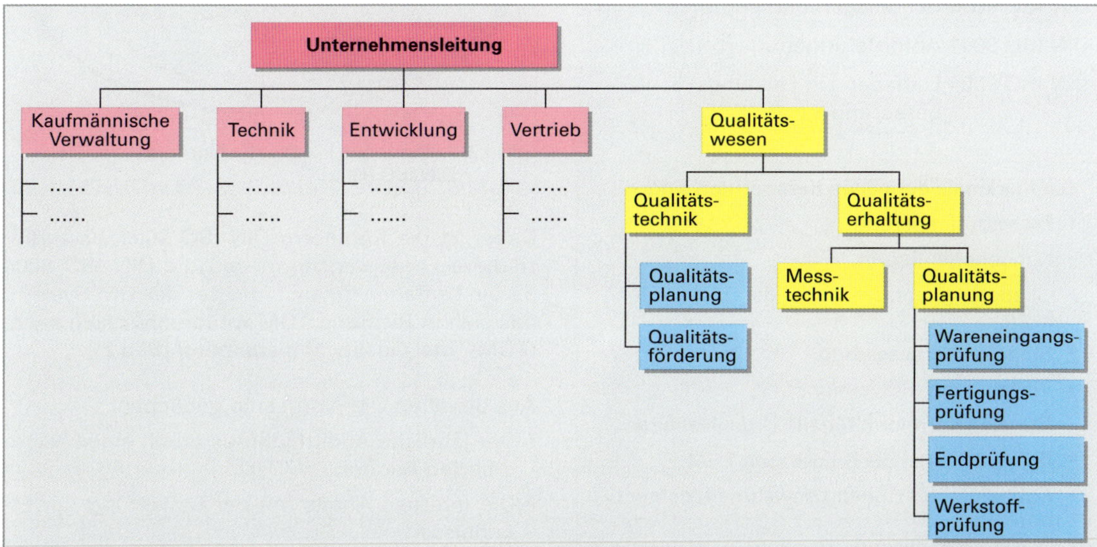

Bild 2: Aufbauorganisation eines Betriebs mit mittlerer Betriebsgröße für den Bereich „Qualitätswesen"

7.5.2 Ablauforganisation

Qualitätsfördernde Maßnahmen sind meist in eine Vielzahl von Einzelschritten aufgegliedert. Während die Aufbauorganisation vor allem Kompetenzen und Verantwortlichkeiten regelt, werden in der Ablauforganisation die einzelnen qualitätsfördernden Maßnahmen in sachlogischer Folge in die häufig schon bestehenden Betriebsabläufe sinnvoll und unter wirtschaftlichen Gesichtspunkten eingegliedert. Als Hilfsmittel zur Planung und Darstellung bieten sich Ablaufdiagramme, Phasenpläne oder ähnliche grafische Darstellungen an **(Bild 1)**.

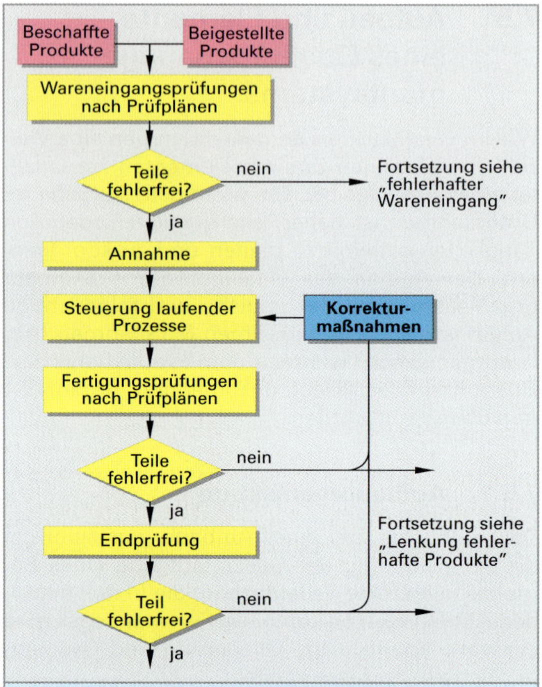

Bild 1: Ablaufplan für ein QM-Element „Prozesslenkung in Produktion und Montage"

7.5.3 DIN ISO 9000

Im Jahr 1987 wurde mit der Normenreihe DIN ISO 9000–9004 eine Norm entwickelt, in der Kriterien zum Aufbau, Nachweis und zur Dokumentation eines funktionierenden Qualitätsmanagementsystems festgelegt wurden. Diese Norm legte 20 Funktionsbereiche fest und in einem Qualitätsmanagementhandbuch hatte ein Unternehmen zu beschreiben, welche *qualitätssichernden* und *qualitätsfördernden* Maßnahmen das Unternehmen anwendet. Externe Audits, die von akkreditierten Zertifizierungsunternehmen durchgeführt wurden, führten zur Zertifizierung der Unternehmen. Meist wurde diese **Zertifizierung** von den Kunden gefordert oder das Unternehmen wollte sich mit diesem Zertifikat nach außen als sehr qualitätsbewusst darstellen. In den Jahren 2000 und 2005 wurde die Normenreihe grundlegend überarbeitet. Sie ist nun gegliedert in:

- DIN ISO 9000 Grundlagen und Begriffe
- DIN ISO 9001 Anforderungen
- DIN ISO 9004 Leitfaden zur Leistungsverbesserung

Die Merkmale der neuen Kernnormen sind:

- Prozessorientierung
- Kundenorientierung
- Gliederung entsprechend der Lieferantenkette
- Ständige Verbesserung
- Vorbeugung (Prävention)
- Nur eine Kernnorm für alle Organisationen
- ISO 9004 bildet die Brücke zum TQM
- Kompatibilität zu den Umweltmanagementnormen
- Stärkung der internen Audits und Selbstbewertung

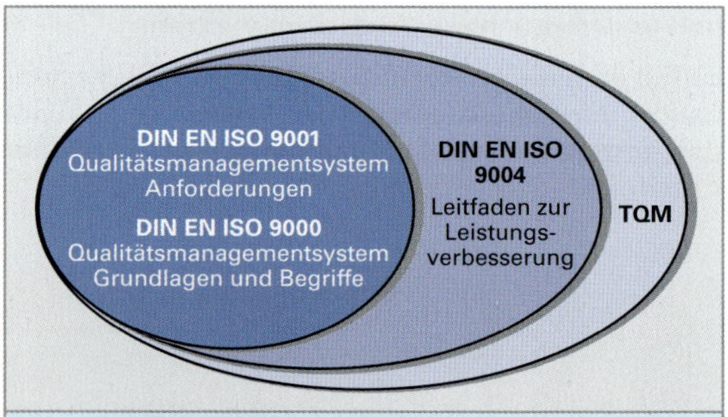

Bild 2: Aufbauende Inhalte der Normen DIN ISO 9000

Dabei ist die Kernnorm DIN ISO 9001 als zertifizierbare Forderungsnorm und die DIN ISO 9004 als ein Leitfaden für ein umfassendes QM-System, das sich in Richtung TQM weiterentwickeln kann, (TQM-Total Quality Management) **(Bild 2)**.

Aus der alten QM-Norm sind geblieben:

- Der jährliche Auditrhythmus durch einen akkreditierten Auditor.
- Die internen Audits mit der Bewertung der Ergebnisse.
- Die Messung des Erfüllungsgrades der Qualitätsziele.

Gliederung und Hauptkapitel. Schwerpunkte der Normen sind die **Kundenorientierung** und die **Prozessorientierung.** Die Prozessstruktur beginnt beim Kunden. Nach drei einleitenden Kapiteln schließen sich in der Norm fünf Hauptkapitel (Kapitel 4 bis 8) an:

1. Anwendungsbereiche,
2. Normative Verweisung,
3. Begriffe,
4. **Qualitätsmanagementsystem,**
5. **Management von Ressourcen,**
6. **Verantwortung der Leitung,**
7. **Produktrealisierung,**
8. **Messung, Analyse und Verbesserung.**

Jede Tätigkeit, die eine Eingabe in ein Ergebnis umwandelt, wird als Prozess angesehen **(Bild 1).** Es entsteht dabei ein Modell einer Organisation, das zwischen Kundenforderungen und Kundenzufriedenheit Prozesse festlegt **(Bilder 2** und **3).**

Qualitätsmanagementhandbuch

Jede Organisation muss ein Qualitätsmanagementhandbuch erstellen und aufrechterhalten. In diesem Handbuch werden die Hauptprozesse beschrieben, in Einzelprozesse aufgegliedert und deren Wechselwirkung aufgezeigt.

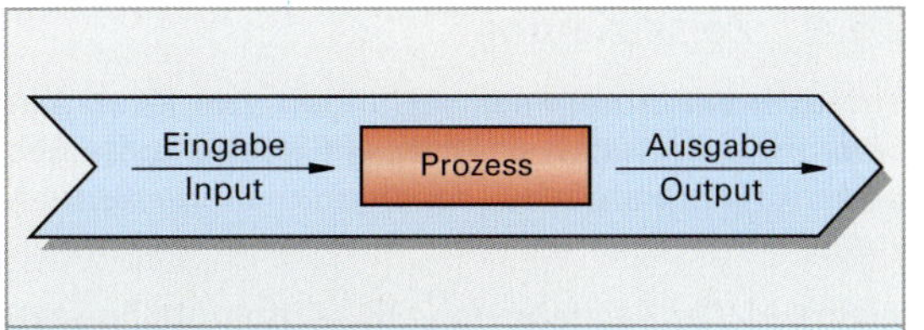

Bild 1: Prozessstruktur

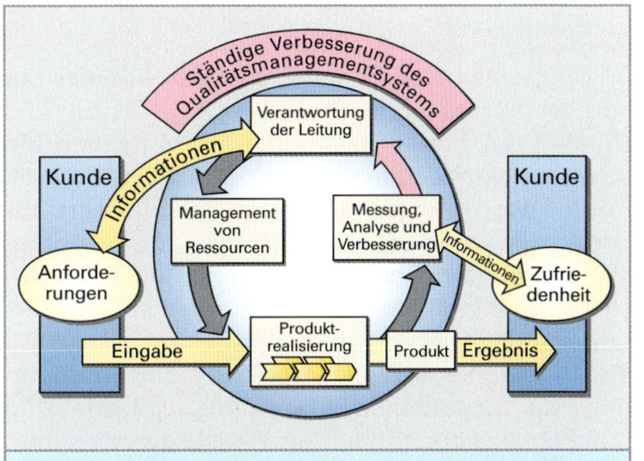

Bild 2: Modell eines professionellen Qualitätsmanagementsystems nach DIN ISO 9001

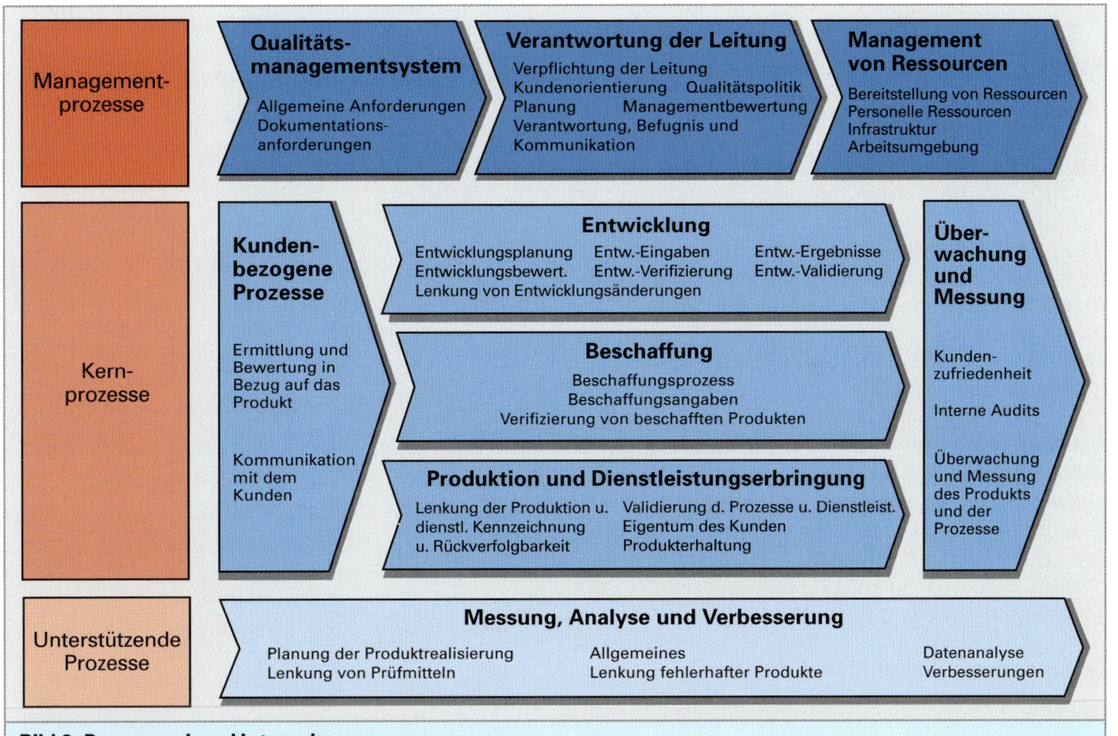

Bild 3: Prozesse eines Unternehmens

7.5.4 Zertifizierung

Immer mehr Abnehmer verlangen von ihren Zulieferern den Nachweis über ein gut aufgebautes und funktionierendes Qualitätsmanagementsystem.

Während Großabnehmer (z. B. Automobilhersteller) selbst bei Lieferern durch Audits die Qualität und Wirksamkeit von deren QM-Systemen überprüfen und beurteilen, lassen andere Lieferanten ihr QM-System durch neutrale Stellen untersuchen und zertifizieren.

In Deutschland wird diese **externe Auditierung** von verschiedenen **Institutionen** (z. B. DQS, TÜV, DEKRA) durchgeführt. Erfüllt ein QM-System die schwerpunktmäßig in der Norm DIN ISO 9001:2005 formulierten Erwartungen, so stellen diese Institutionen ein **Zertifikat** aus. **Bild 1** zeigt den Ablauf eines Zertifizierungsverfahrens und **Bild 2** ein Muster eines Zertifikats. Die Forderungen an eine Zertifizierungsinstitution sind in der Europanorm EN 45 012 festgelegt. Die Überprüfung und Anerkennung der Institutionen (Akkreditierung[1]) erfolgt in Deutschland durch die TGA (Trägergemeinschaft Akkreditierung).

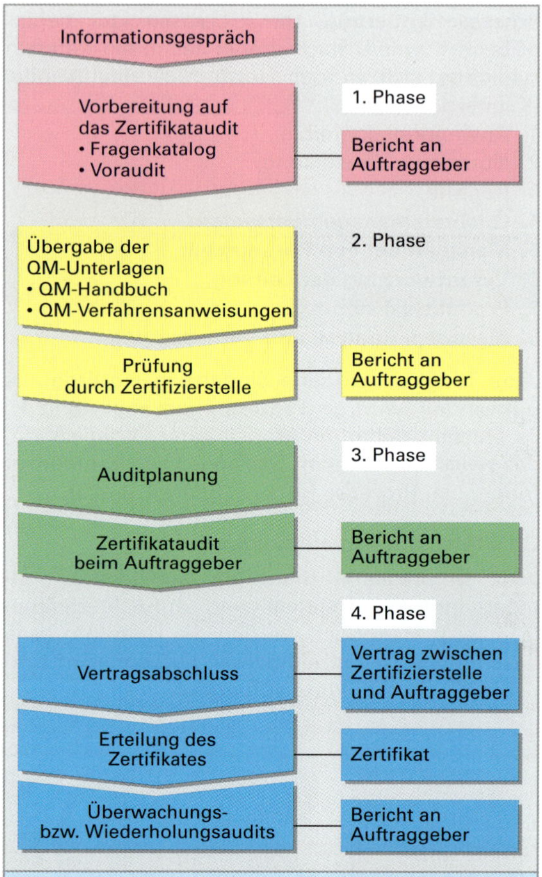

Bild 1: Ablauf eines Zertifizierungsverfahrens

Bild 2: QM-Zertifikat (Muster)

7.6 Statistische Qualitätslenkung

In der heutigen Fertigung werden zur Überwachung und Lenkung von Fertigungsprozessen meist statistische Methoden eingesetzt. Während die Prüfung mit Lehren nur eine Beurteilung der Produkte nach „gut" oder „schlecht" zulässt, geben statistische Methoden Aufschluss über die Charakteristik der Streuung der Merkmale. Eine darauf aufbauende Erforschung der Einflussfaktoren führt bei Verbesserungsmaßnahmen zu einer Einengung der Streuung und damit zur Produktverbesserung.

Mit den Elementen der Prozesslenkung wird weiterhin fortlaufend der Ist- und Sollzustand eines Prozesses überwacht, um mit großer Wahrscheinlichkeit und möglichst wenig Prüfaufwand rechtzeitig in den Prozess korrigierend einzugreifen. Große Prozessschwankungen oder der Trend in Richtung „Ausschuss" werden dabei rechtzeitig ermittelt und Korrekturmaßnahmen verhindern eine fehlerhafte Produktion.

[1] Akkreditierung = Beglaubigung

Soll ein Fertigungsprozess mit statistischen Methoden überwacht werden, so muss zunächst in einer **Prozessanalyse** erforscht werden, welche Charakteristik die Streuung der Merkmalswerte hat und ob sie sich mit einem mathematischen Modell (z. B. der Gauß'schen[1] Normalverteilung) beschreiben lässt. Über **Fähigkeitskennzahlen** kann festgestellt und dokumentiert werden, ob die Streuung der Merkmalswerte in Bezug auf die geforderte Toleranz in einem akzeptablen Bereich liegt. Lässt sich die Streuung der Merkmalswerte des Prozesses mit einem mathematischen Modell hinreichend beschreiben und ist der Prozess in Bezug auf die Toleranzgrenzen fähig, so kann dieser über **Regelkarten** überwacht und gesteuert werden.

7.6.1 Prozessanalyse

Um die Charakteristik einer Merkmalsstreuung genügend zu erfassen, wird zu Beginn des Prozesses mit einem Umfang von mindestens 125 Messwerten eine Prozessanalyse vorgenommen. In der Regel werden diese Messwerte mit 25 Stichproben vom Umfang $n = 5$ in regelmäßigen Abständen aufgenommen. Der Abstand der Stichproben und damit die aufgenommene Prozesslänge muss so gewählt werden, dass alle Einflussgrößen, die auf die Merkmalsausprägung wirken (Mensch, Maschine, Methode, Material und Umwelt), durch die Prozessaufnahme erfasst werden.

Die in eine **Urliste** (**Bild 1** zeigt ein Beispiel) aufgenommenen Messwerte werden nun in **Klassen (Bild 2)** geordnet. Im Histogramm **(Bild 3)** werden die **Häufigkeiten** in den einzelnen Klassen grafisch dargestellt. Das Histogramm in Bild 3 zeigt eine Normalverteilung. Damit kann die Streuung der Merkmalswerte auch mit der Funktion der Gauß'schen Normalverteilung mathematisch beschrieben werden.

Durch die Anwendung der Normalverteilung nach Gauß kann die Charakteristik der Verteilung mit zwei Parametern festgelegt werden:

1. Dem **Mittelwert** μ als Parameter für die Lage der Verteilung. Das Kurzzeichen μ wird verwendet, wenn der Mittelwert der Grundgesamtheit angegeben wird. Wird der Mittelwert einer Stichprobe angegeben, so wird als Kurzzeichen $\bar{x}$ (*x*-quer) verwendet.
2. Der **Standardabweichung** σ als Parameter für die Streuung des Prozesses. Auch hier wird σ nur bei der Grundgesamtheit verwendet. Bei der Stichprobe verwendet man das Kurzzeichen *s*.

[1] *Karl Friedrich Gauß*, Mathematiker und Astronom (1777 bis 1855)

Merkmal: **Länge** **26 + 0,1 mm**

Höchstwert 26,00 mm
Mindestwert 26,01 mm

1	26,04	26,06	26,05	26,06	26,05
2	26,07	26,09	26,05	26,04	26,08
3	26,07	26,05	26,07	26,07	26,06
4	26,05	26,02	26,03	26,08	26,06
5	26,08	26,05	26,08	26,10	26,07
1	26,04	26,06	26,06	26,05	26,03
2	26,06	26,08	26,04	26,07	26,04
3	26,06	26,10	26,07	26,06	26,07
4	26,05	26,06	26,06	26,08	26,05
5	26,08	26,07	26,09	26,08	26,07
1	26,04	26,06	26,06	26,05	26,03
2	26,06	26,08	26,04	26,07	26,09
3	26,06	26,06	26,09	26,06	26,07
4	26,05	26,06	26,06	26,08	26,05
5	26,08	26,07	26,09	26,08	26,07
1	26,04	26,06	26,05	26,06	26,05
2	26,07	26,09	26,05	26,04	26,08
3	26,07	26,01	26,07	26,07	26,06
4	26,05	26,02	26,03	26,08	26,06
5	26,08	26,05	26,08	26,06	26,07
1	26,05	26,06	26,06	26,08	26,05
2	26,06	26,07	26,09	26,08	26,04
3	26,04	26,06	26,06	26,05	26,03
4	26,06	26,07	26,04	26,07	26,07
5	26,06	26,10	26,09	26,06	26,07

Stichprobenumfang *n*:	125
größter Wert *x* max:	26,10
kleinster Wert *x* min:	26,01
Spannweite *R* (Range) = *x* max – *x* min:	0,09

Bild 1: Urliste

Klasse Nr.	Klassenweite von	bis	Strichliste	Häufigkeit pro Klasse
1	25,995	26,005		0
2	26,005	26,015	I	1
3	26,015	26,025	II	2
4	26,025	26,035	IIIII	5
5	26,035	26,045	IIIIIIIIIIII	12
6	26,045	26,055	IIIIIIIIIIIIIIIIIIII	20
7	26,055	26,065	IIIIIIIIIIIIIIIIIIIIIIIIIIIIIIII	32
8	26,065	26,075	IIIIIIIIIIIIIIIIIIIIIIII	24
9	26,075	26,085	IIIIIIIIIIIIIIIIII	18
10	26,085	26,095	IIIIIIII	8
11	26,095	26,105	III	3
12	26,105	26,115		0

Bild 2: Klassifizierte Messwerte mit Strichliste

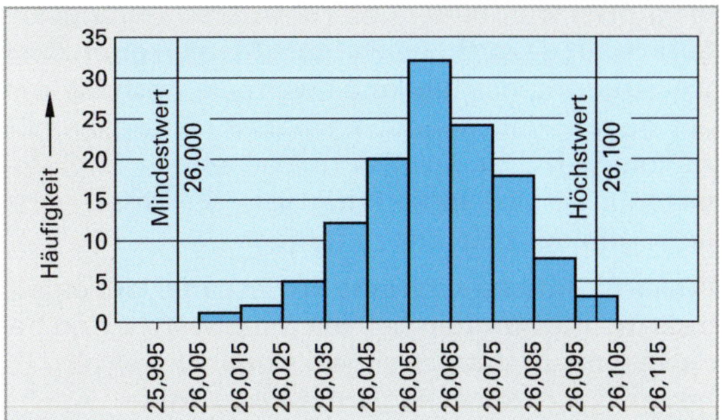

Bild 3: Histogramm

Die beiden Werte werden nach folgenden Formeln aus den Einzelmesswerten berechnet:

$$\bar{x} = \frac{\Sigma x_i}{n} = \frac{x_1 + x_2 + \dots x_n}{n}$$

$$s = \sqrt{\frac{\Sigma (x_i - \bar{x})^2}{n - 1}}$$

$x_i = x_1, x_2 \dots x_n$ (einzelne Merkmalswerte)

Mit den Messwerten ergeben sich folgende Werte für $\bar{x}$ und s:

Mittelwert $\bar{x}$:	26,06192 mm
Standardabweichung s:	0,01754 mm

Bild 1 zeigt die Funktion der Normalverteilung nach Gauß mit den errechneten Parametern $\bar{x}$ und s. Die Funktion geht zwar von $-\infty$ bis $+\infty$, der für die Prozessanalyse interessante Bereich liegt aber zwischen $\bar{x} - 3s$ und $\bar{x} + 3s$: In ihm liegen **99,73 %** der Messwerte und es kann in der Realität angenommen werden, dass außerhalb dieses Bereichs wohl kaum Werte auftauchen werden. Hierbei ist auch zu bedenken, dass man sich jetzt in einem mathematischen Modell befindet, das nicht unbedingt vollständig die realen Prozessergebnisse beschreibt.

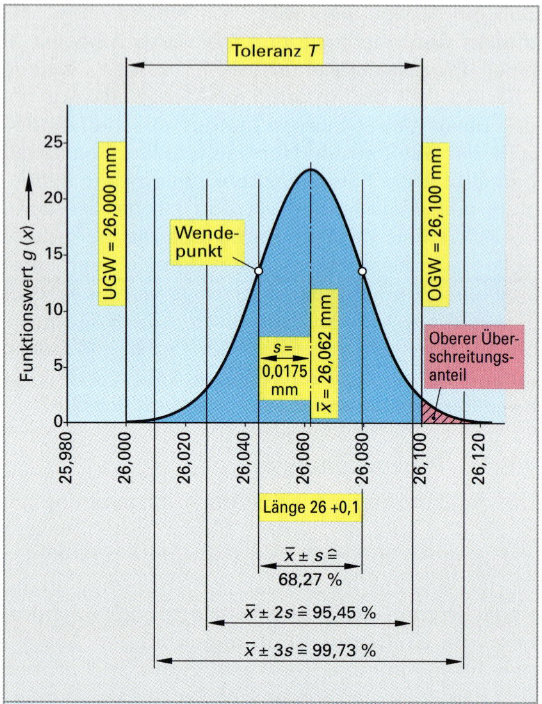

Bild 1: Normalverteilung, berechnet aus $\bar{x}$ und s

Aus dem Schaubild kann man auch erkennen, dass in dem Beispiel eine hohe Wahrscheinlichkeit für Messwerte außerhalb des oberen Grenzwerts besteht, obwohl die Werte der aufgenommenen Stichprobe alle in der Toleranz liegen. Es kann also angenommen werden, dass bei der Fertigung auch Messwerte auftauchen, die außerhalb der Toleranz liegen. Diesen Anteil nennt man den oberen **Überschreitungsanteil.** Er lässt sich in %-Anteilen genau bestimmen. Weiterhin ist aus dem Schaubild noch herauszulesen, dass der Mittelwert nicht in der Mitte der Toleranz liegt. Durch genaue Einstellung der Maschine könnte hier noch korrigiert werden. Allerdings muss bei einer Verschiebung der Verteilungskurve nach unten ein größer werdender unterer Überschreitungsanteil in Kauf genommen werden. Man erkennt, dass die Streuung der Merkmalswerte zu hoch ist, um auf gegen Null gehende Überschreitungsanteile zu kommen. Der Prozess mit all seinen Einflussfaktoren ist also **nicht fähig,** alle Merkmalswerte innerhalb der Toleranz zu fertigen.

Weiterhin könnte auch eine Prozessanalyse zeigen, dass die Stichproben bei den Mittelwerten und bei den Standardabweichungen stark schwanken. Es besteht also keine Regelmäßigkeit mehr. Solche Prozesse werden **nicht beherrschte Prozesse** genannt **(Bild 2).**

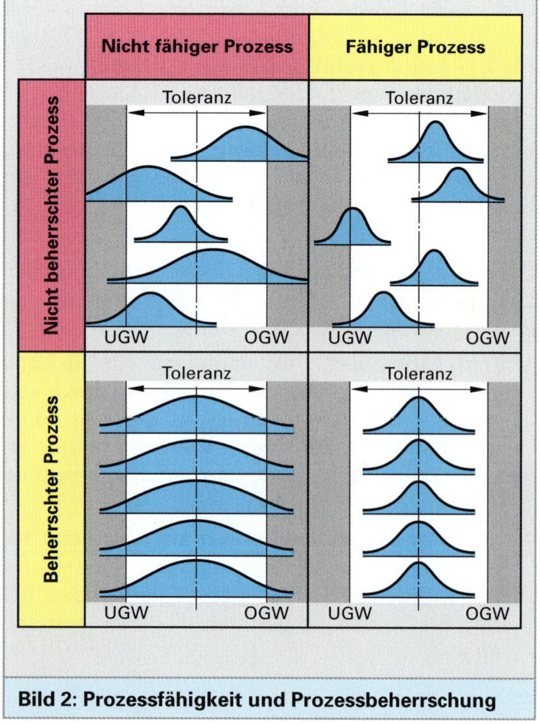

Bild 2: Prozessfähigkeit und Prozessbeherrschung

7.6.2 Qualitätsregelkarten

Mit Qualitätsregelkarten werden die Parameter für die Verteilung der Merkmalswerte laufend überwacht. Dabei werden in regelmäßigen Abständen Stichproben dem Prozess entnommen, ausgewertet und in die Qualitätsregelkarte eingetragen. **Bild 1** zeigt den Aufbau einer solchen Karte am Beispiel einer **Mittelwertkarte.**

Neben dem Mittelwert wird auch noch ein Kennwert der Streuung mit einer Regelkarte überwacht. Dies kann die Standardabweichung *s* oder die Spannweite *R* sein. Die Spannweite hat den Vorteil, dass sie sich einfach durch Differenz von größtem Messwert x_{max} und kleinstem Messwert x_{min} errechnen lässt. Das ist besonders praktikabel bei handgeführten Qualitätsregelkarten. Außerdem kann man sich die Streuung durch diesen Wert besser vorstellen.

Um frühzeitig auf Änderungen des Prozesses zu reagieren, setzt man den Prozesskennwerten Grenzen. Erreichen die Kennwerte die **Warngrenzen (OWG und UWG)**, so ist die Gefahr, dass ein Merkmalswert außerhalb der erwarteten Qualität liegt, noch sehr gering. Eine schärfere Beobachtung wird erforderlich. Wird eine **Eingriffsgrenze (OEG oder UEG)** erreicht, so muss der Prozess angehalten, die Ursachen erforscht und Korrekturen vorgenommen werden.

Mit den Regelkarten ist damit ein Regelkreis aufgebaut, der es ermöglicht, Veränderungen in der Fertigung rechtzeitig zu erkennen und vorbeugend in den Fertigungsprozess einzugreifen **(Bild 2)**.

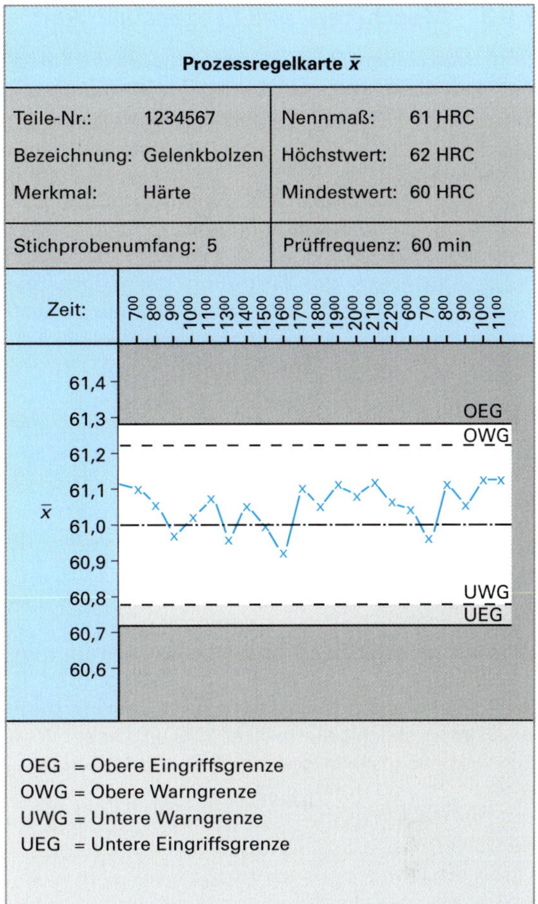

Bild 1: Mittelwertregelkarte ($\bar{x}$ Karte)

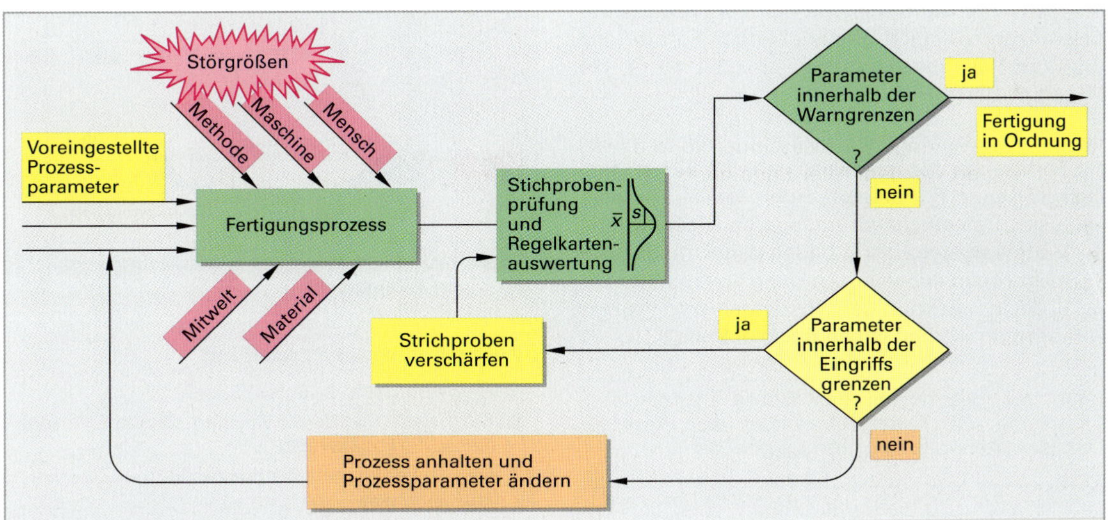

Bild 2: Qualitätsregelkreis in der Fertigung

7.6.3 Maschinen- und Prozessfähigkeit

Unter **Maschinenfähigkeit** versteht man die Fähigkeit einer Maschine, die Werte eines Merkmals mit genügender Wahrscheinlichkeit innerhalb der vorgegebenen Merkmalsgrenzwerte zu fertigen. Hierzu wird eine fortlaufende Stichprobe vom Umfang $n \geqq 50$ entnommen. Alle Einflussgrößen, z. B. Prüfmittel, Bedienungspersonal, Rohmaterial, Maschineneinstellung auf den Fertigungsprozess, bleiben während der Fertigung der Stichprobe konstant. Der Mittelwert und die Standardabweichung dieser Stichprobe charakterisieren die Fertigungsgenauigkeit der Maschine.

Aus den Kennwerten der Stichprobe werden die beiden Kennzahlen c_m und c_{mk} nach folgenden Formeln gebildet:

$$c_m = \frac{T}{6 \cdot s} \qquad c_{mk} = \frac{|\Delta_{krit}|}{3 \cdot s}$$

Die Maschine gilt als fähig, wenn die Toleranz mindestens den 8-fachen Wert von s beträgt **(Bild 1)**. Die Maschinenfähigkeitskennzahl c_m nimmt dann einen Wert gleich oder größer 1,33 an. Dieser Wert gilt für geringe Anforderungen an die Maschine.

In der Automobilproduktion geht man häufig dazu über, einen Wert für $s \leq 0{,}1$ der Toleranz zu fordern. Eine Maschine ist demzufolge fähig, wenn ein c_m-Wert von 1,67 oder größer vorliegt.

Da der c_m-Wert nichts über die Lage der Verteilung innerhalb der Toleranz aussagt, bildet man mit dem kleinsten Abstand vom Mittelwert zur Toleranzgrenze nach obenstehender Formel den c_{mk}-Wert. Ist diese Kennzahl $\geqq 1{,}33$, so ist die Maschine fähig **(Bild 2)**.

Bei der **Prozessfähigkeit** wird auf ähnliche Weise ein Fertigungsprozess mit seinen sämtlichen Einflussgrößen, z. B. Personal, Rohmaterial, Umwelteinflüsse, untersucht. Grundlage der Bestimmung der Verteilungsparameter bilden dabei mindestens 25 Stichproben mit einem Umfang von mindestens $n = 5$, die in regelmäßigen Abständen dem Prozess entnommen werden (siehe Beispiel Seite 331).

Aus den geschätzten Parametern Standardabweichung und Mittelwert werden die Prozessfähigkeitskennzahlen c_p und c_{pk} gebildet:

$$c_p = \frac{T}{6 \cdot s} \qquad c_{pk} = \frac{|\Delta_{krit}|}{3 \cdot s}$$

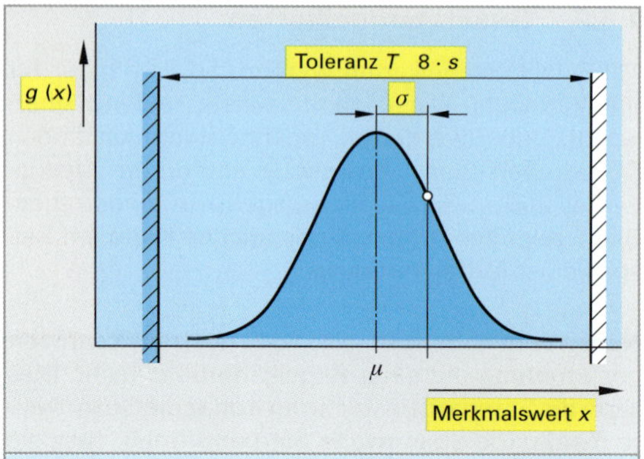

Bild 1: Normalverteilung einer Maschinenfähigkeitsuntersuchung im geforderten Toleranzfeld

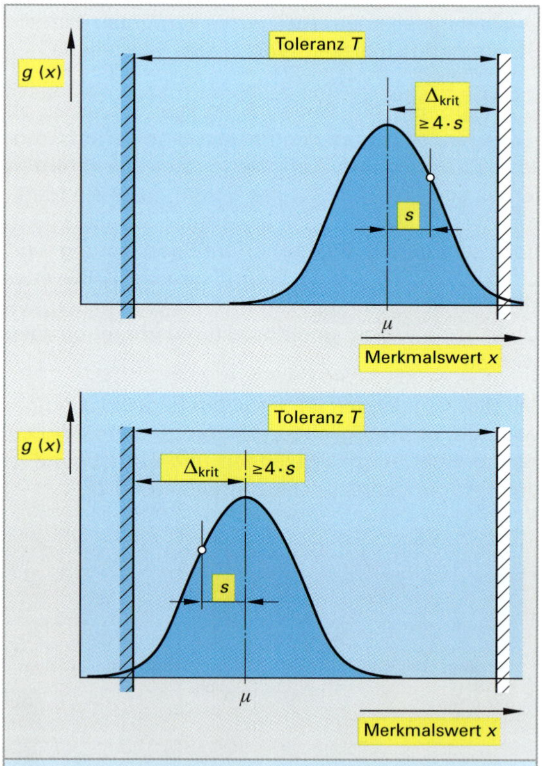

Bild 2: Normalverteilung mit außermittiger Lage im Toleranzfeld

Wiederholung und Vertiefung

1. Was versteht man unter Qualität?
2. Skizzieren Sie den typischen Qualitätsverlauf eines Merkmalswerts.
3. Welche Fehlerarten unterscheidet man?
4. Was ist TQM?
5. Erläutern Sie die Begriffe „Prozessorientierung" und „Kundenorientierung".

8 Instandhaltung und Energie-Monitoring

8.1 Begriffe zur Instandhaltung

Für die Instandhaltung gibt es Richtlinien und Empfehlungen. Jedoch zeigt die Erfahrung, dass der Betreiber von Anlagen nur soviel investieren will, wie unbedingt notwendig ist. Um sich klar verständigen zu können, wurden in der Norm DIN 31 051 „Instandhaltung – Begriffe und Maßnahmen" einige Begriffe definiert. Es wird aufgezeigt, dass Instandhaltung nicht nur eine manuelle Tätigkeit ist, sondern vorausschauend eine hohe Funktionsfähigkeit eines Systems gewährleisten soll. In DIN 31 051 wird Instandhaltung wie folgt definiert:

> Instandhaltung:
> Maßnahmen zur Bewahrung und Wiederherstellung des Sollzustands sowie zur Festlegung und Beurteilung des Istzustandes von technischen Mitteln eines Systems.

Die Maßnahmen beinhalten die *Wartung*, die *Inspektion* und die *Instandsetzung*. Sie schließen ein die Abstimmung der Instandhaltungsziele mit den Unternehmenszielen und die Festlegung entsprechender Instandhaltungsstrategien (**Bild 1**).

Die Instandhaltung wird meist nach den Herstellerangaben umgesetzt. Ein wichtiges Kriterium sind die sicherheitstechnischen Anforderungen (z. B. nach UVV bzw. nach TÜV). In der **Tabelle 1** wird die Instandhaltung am Beispiel einer hydraulischen Anlage aufgezeigt.

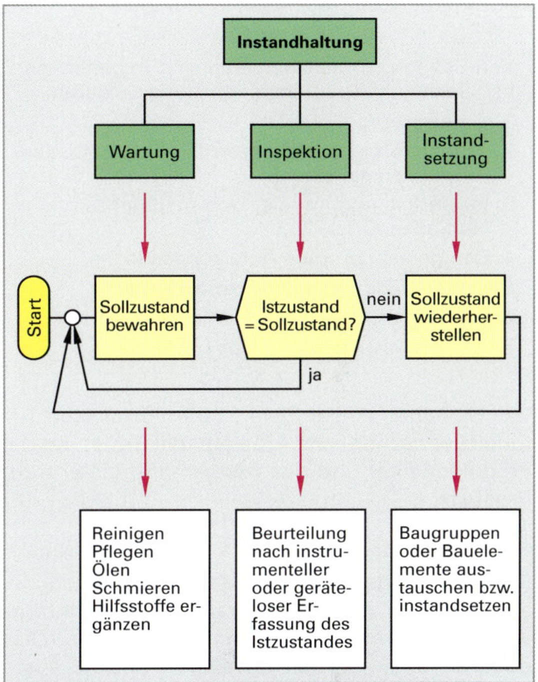

Bild 1: Aufgaben und Ablauf der Instandhaltung

Tabelle 1: Instandhaltung hydraulischer Anlagen

Betrieb	**Großbetriebe, z. B.:** • Autoindustrie • Kraftwerke • Großchemie	**Mittelständige Betriebe, z. B.:** • Maschinenbau • Möbelindustrie	**Kleinbetriebe, z. B.:** • Baubetriebe • Fuhrunternehmer • Lagerwirtschaft
Organisationsformen der Instandhaltung in diesen Betrieben	• Ein Ingenieur oder eine Abteilung ist speziell für die Instandhaltung verantwortlich. • Es bestehen eigene Vorschriften des Unternehmens für die Instandhaltung.	• Beschränkt sich meist auf die Empfehlungen des Herstellers des Systems, der Anlage oder des Elementes. • In der Regel wird durch die Geschätsleitung eine Kontrolle darüber organisiert.	Eine planmäßige Instandhaltung ist in der Regel nicht organisiert. Bei auftretenden Störungen werden entsprechende Maßnahmen eingeleitet.
Instandhaltung durch das eigene Unternehmen	Führt in der Regel alle mit der Instandhaltung in Verbindung stehende Arbeiten selbst aus. Ausnahmen: • Garantiezeitraum, • Generalreparaturen. Das Personal wird planmäßig geschult.	• Gewisse grundsätzliche Arbeiten, wie z. B. Filterwechsel- und Ölwechsel, werden in der Regel planmäßig durchgeführt. • Störungen werden möglichst selbst behoben.	• Empfehlungen des Herstellers werden nur bedingt beachtet, meist erst bei Störungen. • Das allgemeine technische Personal führt Arbeiten selbst aus.
Instandhaltung durch Personal des System- oder Anlagenherstellers	meist nur im Garantiezeitraum	• im Garantiezeitraum • wenn eine Instandsetzung selbst nicht möglich war	• im Garantiezeitraum • wenn eine Instandsetzung selbst nicht möglich war

Ziele der Instandhaltung

Die Instandhaltung hat, wie jedes Arbeitssystem ein wirtschaftliches und ein humanes Ziel (**Tabelle 1**). Das wirtschaftliche Ziel besteht in der Sicherstellung der Produktionsfähigkeit bzw. Verfügbarkeit der technischen Anlage.

Von Seiten des Managements sind folgende sieben Sachverhalte zur Instandhaltung zu klären:

1. Ziele setzen.
2. Aufgaben exakt abgrenzen (Gesetze und Verordnungen einhalten).
3. Instandhaltung in die Unternehmensstruktur einbinden.
4. Den gerechtfertigten Aufwand festlegen.
5. Selbsterledigung oder Fremdvergabe?
6. Rationelle Organisation der Instandhaltung.
7. Welche Mitarbeiter werden benötigt?

Tabelle 1: Ziele der Instandhaltung

Instandhaltungsziele

Wirtschaftliche Ziele	Humane und ökologische Ziele
Hohe Anlagenverfügbarkeit	Verhinderung von Unfallrisiken
Vermeidung von Produktionsstörungen	Erhöhung der Arbeits- und Anlagensicherheit
Verhinderung von Produktionsausfällen	Vermeidung von Umweltbelastungen oder Umweltschäden
Verlängerung der Lebensdauer der Betrachtungseinheiten	Einhaltung gesetzlicher Vorschriften
Frühes Erkennen von sich anbahnender Schäden zur Verhinderung von größeren Folgeschäden	
Schwachstellenerkennung und Beseitigung	

Das Erreichen dieser Ziele ist die Vorraussetzung für das wirtschaftliche Arbeiten, die Erhaltung der Produktqualität und das fristgemäße Liefern der Produkte.

Instandhaltungsstrategien

Mit den steigenden Anforderungen an die Instandhaltung wurden zentrale Instandhaltungswerkstätten mit Spezialisten eingerichtet. Dies bedurfte aber für den jeweiligen Einsatz einen hohen Organisation- und Abstimmungsaufwand. Neben dieser zentralen Organisationsstruktur entstanden dezentrale Strukturen, welche die Instandhaltung direkt den Abteilungen unterstellt. Häufig wird auch die Instandhaltung direkt den Fertigungsprozess integriert **(Bild 1)**. Das Fertigungsteam übernimmt die notwendige Instandhaltung ihrer Anlagen.

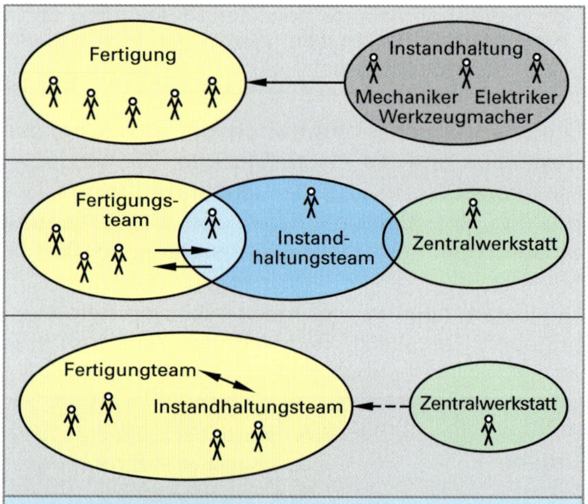

Bild 1: Instandhaltungorganisation

Die Frage zu welchem Zeitpunkt eine Instandhaltung erfolgen soll wird sehr unterschiedlich beantwortet. Während man früher eher vorbeugende Wartungsarbeiten durchführte ist dies heute eher selten. Die Instandhaltung erst im Störfall (Feuerwehrmethode, Fahren mit vollem Risiko bis zum Bruch) durchzuführen, kann nicht kalkulierbare Kosten nach sich ziehen. In **Tabelle 2** wird eine Gegenüberstellung gezeigt.

Eine besondere Bedeutung hat die *vorbeugende* Instandhaltung.
Sie dient vor allem dazu, Schäden zu vermeiden. Durch die periodische Inspektion ist die Beseitigung der direkten Ursache von Schwachstellen möglich. Fehler, die nicht technischer Natur sind, können jedoch nur mithilfe des *Null-Fehler-Managements* aufgespürt werden.

Tabelle 2: Instandhaltungs-Strategien

Strategie	Vorteile	Nachteile
Vorbeugende Instandhaltung (periodisch, vorbeugend)	– Hohe Zuverlässigkeit – Verschleißhemmung – Ersatzteilhaltung nur zu bestimmten Zeiten – Planbarkeit der Maßnahme	– Nicht optimale Nutzung der Bauelement-Lebensdauer – Instandhaltungskosten hoch – Planungsaufwand hoch
Zustandsabhängige Instandhaltung (vorbeugend)	– Hohe u. terminge-rechte Verfügbarkeit – Nutzung der Bauelement-Lebensdauer – Planbarkeit der Maßnahme	– Zusätzliches Inspektionspersonal – Erhöhter Planungsaufwand
Ausfallbedingte Instandhaltung	– Volle Nutzung d. Bauelement-Lebensdauer – Geringe Planung – Geringer Personalbedarf	– Volles Ausfallrisiko – u.U. hohe Schadenskosten u. Schadensfolgekosten – Keine Planbarkeit

Instandhaltungsmanagement

Instandhaltung dient im Wesentlichen dazu die *Funktionen* der Anlage zu erhalten. Es geht also nicht um die Erhaltung der Anlage, sondern nur darum, deren *Funktion* zu erhalten. Deshalb ist es notwendig, die genaue Funktion und Leistungsnorm der Anlage zu kennen.

Beispiel 1
Eine Pumpe hat eine Nominalkapazität von 400 l/min **(Bild 1)**. Sie pumpt Wasser in einen Tank, aus welchem max. 300 l/min entnommen werden. In diesem Fall ist die Primärfunktion der Pumpe: Wasser in den Tank zu füllen mit minimal 300 l/min.
Das Instandhaltungsprogramm muss sicherstellen, dass die Leistung nicht unter diesen Wert sinkt. Es ist also nicht notwendig, dass die Pumpe 400 l/min liefert. Wenn die Pumpe jedoch an einem anderen Tank 350 l/min liefern muss, dann muss sich auch das Instandhaltungsprogramm ändern.
Wenn das Auswechseln der Wälzlager z. B. 4 Stunden dauert, kann man vor dem Tausch den Tank füllen, dann bleiben 4 Stunden Zeit zum Tauschen.
Als zustandsbedingte Maßnahme genügt die Überwachung des Schwingverhaltens mit einem Messgerät.

Unterschiedliche Störungsfolgen erfordern unterschiedliche Instandhaltungsstrategien.

Beispiel 2
Wenn Pumpe A ausfällt, so tritt eine Störung des Betriebs auf, also sind vorbeugende Maßnahmen erforderlich **(Tabelle 1)**. Wenn Pumpe B ausfällt, dann kann sofort auf Pumpe C umgeschaltet werden. Hier kann gefahren werden, bis eine Störung auftritt. Es ist allerdings notwendig regelmäßig die Pumpe C auf Funktion zu prüfen.

Technische Geräte sind heute viel komplexer als früher. Dies führt zu veränderten Mustern von Anlagestörungen.
Die Kurven in **Bild 2** zeigen eine zustandsbedingte Wahrscheinlichkeit einer Störung, aufgetragen über der Betriebszeit für eine breite Auswahl mechanischer und elektrischer Teile.

Interessant sind die %-Zahlen der Häufigkeit:

- **A:** Dies ist die bekannte „Badewannenkurve": am Anfang viele Ausfälle und am Schluss wieder viele Ausfälle. Dieses Verhalten trat aber nur in vier Prozent der Fälle auf.
- **B:** Klassische Denkweise, mit zunehmendem Alter nehmen die Störungen zu.
- **C:** Nahezu konstantes, aber ansteigendes Störverhalten.
- **D:** Am Anfang eine hohe Zuverlässigkeit, dann eine konstante Ausfallrate.
- **E:** konstante Zuverlässigkeit.
- **F:** Die Ausfallrate sinkt mit zunehmendem Alter (68 % der Fälle).

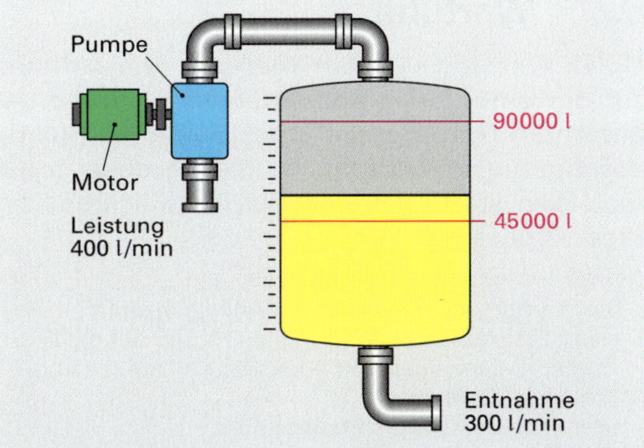

Bild 1: Tankanlage

Tabelle 1: Pumpensysteme

Stand alone Arbeitspumpe	Arbeitspumpe	Stand-by
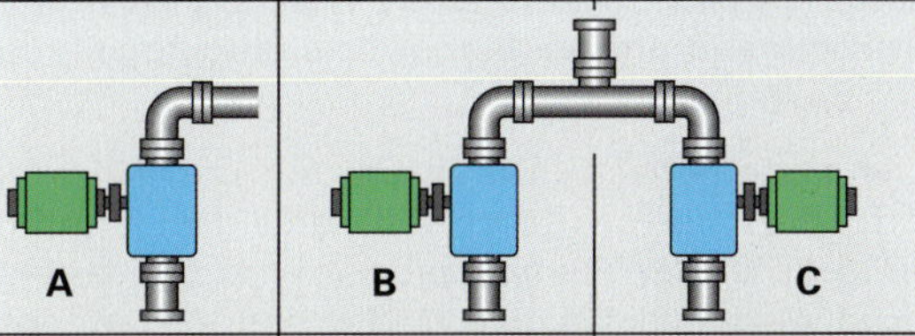 A	B	C
Störung betrifft Produktion	Wenn B ausfällt, umschalten auf C	Störung nicht offensichtlich, solange B noch arbeitet
Störung vorhersehen oder vorbeugen	Warten bis Störung auftritt	Funktionsprüfung

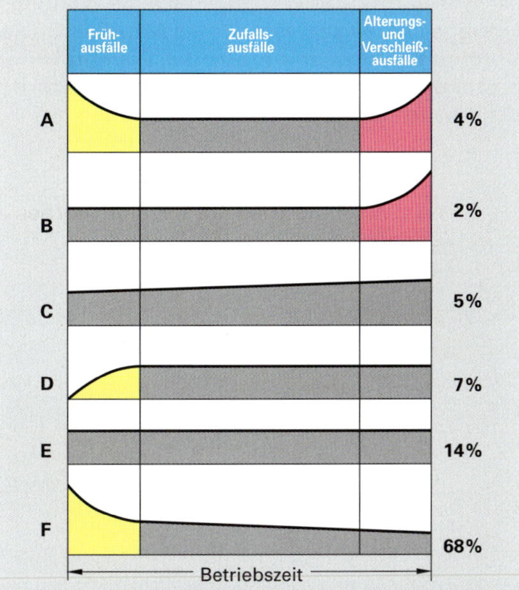

Bild 2: Muster des Ausfallverhaltens durch Störungen

8.2 Wartung

Unter Wartung versteht man die Maßnahmen zur Bewahrung des Sollzustandes während der gesamten Nutzungszeit eines Systems. Richtig durchgeführte Wartung ist die Voraussetzung für einen störungsfreien Betrieb bei gleichem Produktionsergebnis.

> Die Wartung einer technischen Anlage besteht aus:
> - dem Erstellen eines Wartungsplans, der auf die speziellen Belange des Betriebes und der Anlage abgestimmt sein muss,
> - der Vorbereitung der Maßnahmen,
> - der Durchführung und
> - der Rückmeldung.

Die Wartung wird regelmäßig oder je nach Zustand der Einrichtung durchgeführt. Bei der Erstellung des Wartungsplanes sind verschiedene Kriterien zu prüfen (**Bild 1**). Wartung ist immer *vorbeugend* und verlängert die Nutzungsdauer der Systeme.

Die systematische Durchführung der Wartung erfordert bei größeren Anlagen drei Ebenen (**Bild 2**). In der *Planungsebene* wird der eigentliche Wartungsplan erstellt. Hier werden betriebswirtschaftliche Überlegungen mit einbezogen. Außerdem werden die Empfehlungen der Anlagenhersteller berücksichtigt. Diese Generalplanung übergibt die Daten in die *Steuerungsebene*. Sie werden als Arbeitsanweisungen meist in Tabellenform erstellt. Hieraus erhält dann der Werker bzw. das Wartungsteam die Wartungsaufträge. Im Anschluss an die Arbeiten in der *Durchführungsebene* muss die Durchführung protokolliert werden. Dies ist besonders bei sicherheitsrelevanten Arbeiten notwendig.

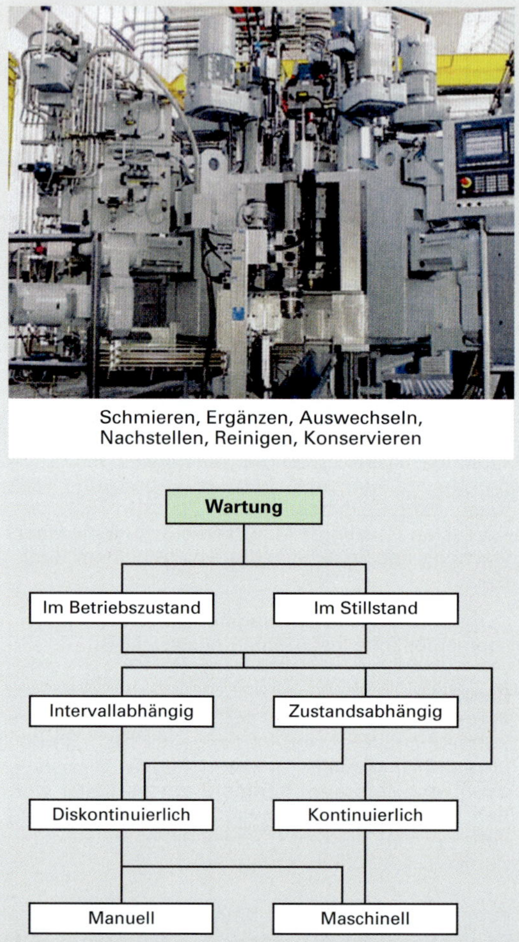

Bild 1: Wartung

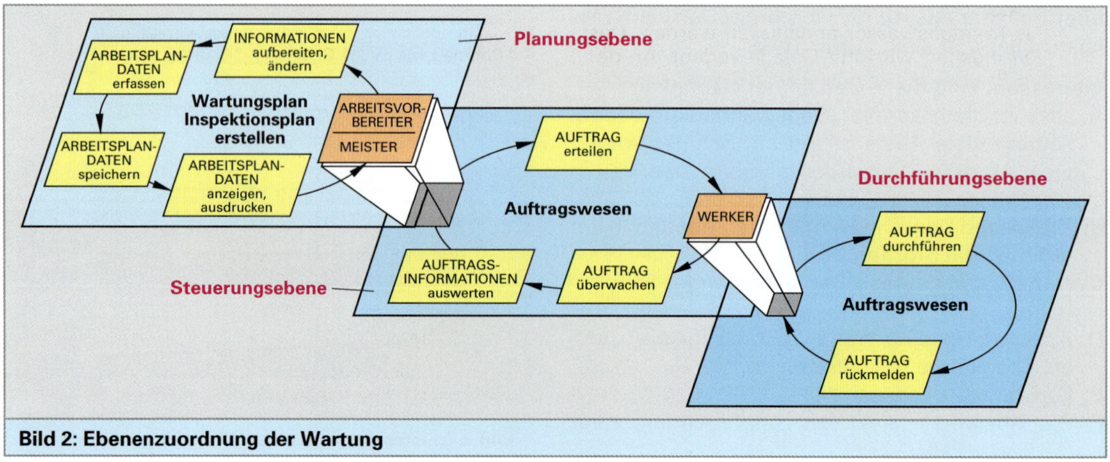

Bild 2: Ebenenzuordnung der Wartung

Für eine konsequente Wartung ist es notwendig, dass auf exakte Arbeitsanweisungen zurückgegriffen werden kann. Es spielen hier Zeitsysteme und damit folgende Fragen eine große Rolle:

- Bis wann kann mit der vollen Funktionsfähigkeit eines Elements bzw. einer Anlage gerechnet werden?
- Welche planmäßige Stillsetzung des Systems ist notwendig?
- Mit welcher zeitlichen Sicherheit können die Wartungsarbeiten durchgeführt werden?
- Welche Ausweichmöglichkeiten bei unvorhergesehenen Ereignissen bestehen?
- Wie werden die Arbeiten dokumentiert?

Beispiel 1:
Wartung einer hydraulischen Anlage (Bild 1)

Die regelmäßige Wartung ist Voraussetzung für einen störungsfreien Betrieb ohne Ausfallzeiten und mit langer Lebensdauer. Die Intervalle der Wartungsarbeiten hängen vom betrieblichen Einsatz ab.

Einsatzklasse A (gelegentliche Nutzung):	alle 2 Jahre
Einsatzklasse B (regelmäßige Nutzung):	jährlich
Einsatzklasse C (Dauerbetrieb):	max. 5000 Betriebsstunden

Die Wartungsliste eines Hydraulikaggregates (**Tabelle 1**) zeigt eine vereinfachte Darstellung. Es muss noch ein Abnahmeprotokoll festgelegt werden.

Beispiel 2:
Wartung einer pneumatischen Versorgungsstation

Bei der Erzeugung von Druckluft fällt Kondenswasser an (**Bild 2**). Dieses wird in mehreren Stufen entfernt. Nach dem *Verdichter* folgt ein *Kondensatabscheider*. Beim *Druckluftkessel* muss regelmäßig das Kondenswasser abgelassen werden. Das *Rohrleitungsnetz* wird mit Gefälle verlegt. An der tiefsten Stelle befindet sich ebenfalls ein Entwässerungsventil. Bevor die Luft zum Verbraucher gelangt wird diese durch eine Wartungseinheit geführt. Diese besteht aus einem Druckluftfilter. Dieser muss regelmäßig gereinigt werden. Es kann der Druck reguliert werden. Am Ende wird die Luft mit Öl angereichert, um die nachfolgenden Geräte zu schmieren. Hier muss der Ölstand kontrolliert werden und das passende Öl nachgefüllt werden.

Beispiel 3:
Für das Warten des Proportionalventils (**Bild 3**) ist eine entsprechende Versuchseinrichtung notwendig. Es müssen Spannungen und Ströme gemessen und die Grenzwerte eingestellt werden.

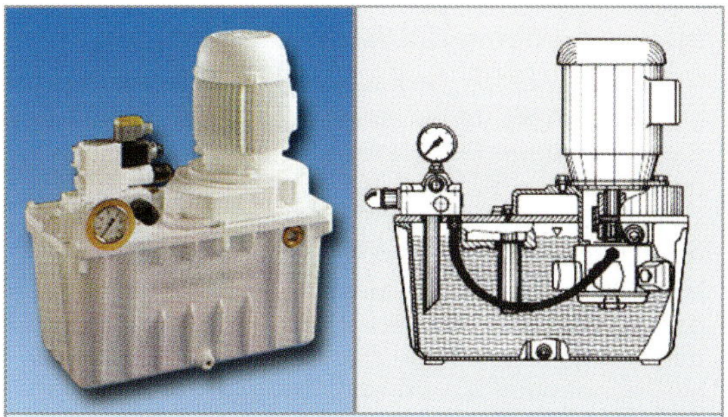

Bild 1: Hydraulische Anlage

Tabelle 1: Wartungsliste

Nr.	Arbeiten	Ergebnis
1.0	Istzustand	
1.1	äusserer Zustand	gut
1.2	Geräusche	96 dB(A)
1.3	Drücke	130 bar
1.4	Füllstände	i.O.
2.0	Arbeiten	
2.1	alle Baugruppen reinigen	erledigt
2.2	Öl prüfen / erneuern	erneuert
2.3	Ölfilterzustand prüfen / erneuern	geprüft
2.4	Luftfilterzustand prüfen / erneuern	geprüft
3.0	Wiederinbetriebnahme	
3.1	Leckölstrom	gering
3.2	Druck mit Prüfmanometer	130 bar
Maschn. Nr. 4711/03	Datum 1.7.2003	Werker: Maier Unterschrift: Maier

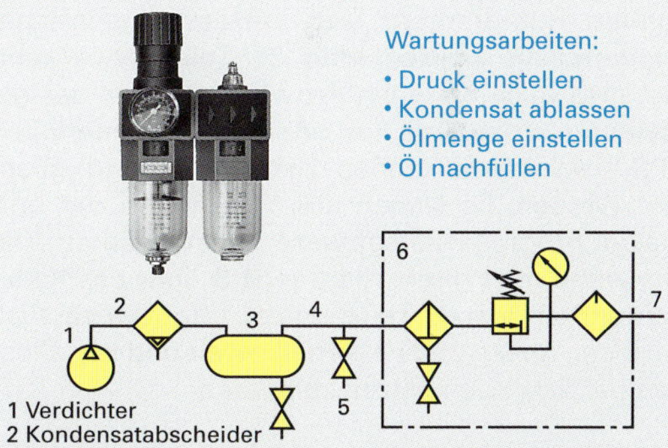

1 Verdichter
2 Kondensatabscheider
3 Kessel mit Entwässerungsventil
4 Rohrnetz mit ca. 2% Gefälle
5 Entwässerungsventil
6 Wartungseinheit
7 Leitung zum Verbraucher

Bild 2: Wartung an pneumatischen Anlagen

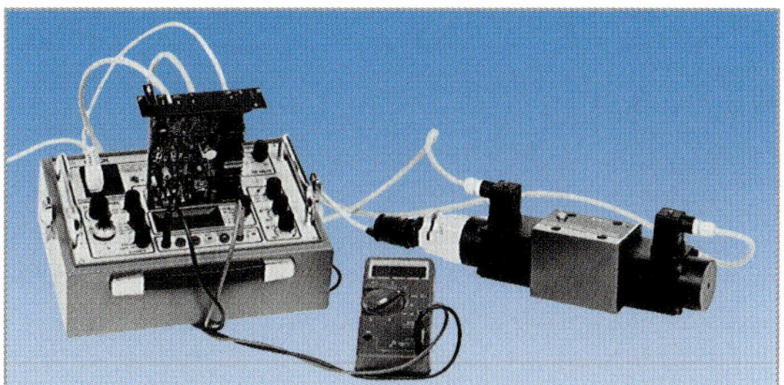

Bild 3: Wartungseinrichtung für Proportionalventil

Beispiel 4: Wartung an Werkzeugmaschinen

Die Führungen, die Kühlschmierstoffanlagen und die Hydraulikanlagen bedürfen einer regelmäßigen Wartung. Für diese Wartungsarbeiten werden in den Betriebsanleitungen Pläne angegeben. Zur leichten Verständlichkeit werden einheitliche Symbole verwendet **(Tabelle 1)**.

Intervallzeiten werden mit Uhrensymbol in Stunden angegeben. Die Positionsnummern sind in den Funktionszeichnungen angegeben, sodass eine eindeutige Zuordnung möglich ist. Zu den Tätigkeitsbeschreibungen gibt es ebenfalls festgelegte Symbole.

Ferndiagnose und Fernwartung

Immer häufiger werden Maschinen und Anlagen an Orten betrieben, die weit von der Erstellung entfernt sind. Im Fehlerfall müssen schnelle Serviceleistungen sichergestellt werden. Es gibt verschiedene Möglichkeiten, CNC-Steuerungen bzw. SPS-Steuerungen mit Ferndiagnose und Fernwartung zu betreiben. Die Steuerungen können über ein Industriemodem mit dem öffentlichen Telefonnetz verbunden werden.

Oft wird noch eine Funkstrecke dazwischen geschaltet **(Bild 1)**. Das TeleService-Gerät eignet sich zusätzlich zum Versenden von SMS (Short Message-Service). Mit Projektierungssoftware können Rufnummern und Verbindungsparameter verwaltet werden **(Bild 2)**. Teleservice kann die SMS auch an einen Provider senden, der die Meldungen dann als Fax oder E-Mail weiterleitet. SPS-Programme können beobachtet und geändert werden. Es stehen alle Funktionen der normalen Programmiersoftware zur Verfügung, so wie wenn man direkt mit der SPS über das Kabel verbunden wäre. Teleservice trägt wesentlich dazu bei, Reise- und Personalkosten und vor allem Zeit bei Serviceeinsätzen zu sparen.

Zugangsschutz

Sicherheitsvorkehrungen bieten Schutz vor unberechtigtem Zugriff auf die Produktionsanlage. Das Konzept ist mehrstufig. Zusätzlich zum Passwortschutz der ersten Stufe steht die „Call Back"-Funktion zur Verfügung. Ist diese Funktion aktiviert, ruft die Anlage eine festgelegte Nummer zurück.

Weitere Möglichkeiten ergeben sich bei einer Fernkoppelung mit dauernder Fernverbindung:

- Vom PC aus werden Daten, z. B. Parameter an eine entfernte Anlage übertragen.
- Die Anlage sendet Statusmeldungen, Prozessdaten an einen entfernten PC.
- Fernkoppelung zwischen zwei Anlagen: Diese tauschen ihre Prozessdaten aus und können so aufeinander abgestimmt arbeiten.

Tabelle 1: Qualitätsmerkmale

Zeit (Std.)	Pos	Eingriffstelle	Tätigkeit, s. Kap. 5 bzw. 9	Symbol
50	①	Kühlschmierstoffbehälter	Füllstand kontrollieren, nachfüllen (möglichst voll halten)	
250	①	Kühlschmierstoffbehälter	Bei Bedarf entleeren, reinigen, neu füllen (250 l)	
	②	Hydraulikaggregat	Füllstand kontrollieren, nachfüllen	
	③	Schmieraggregat, Öl-Luftschmierung	Füllstand kontrollieren, nachfüllen ca. 2,7 l	
500	⑤	Zentralschmieraggregat,	Füllstand kontrollieren, nachfüllen (1,8 l)	
2000	⑥	Kühlaggregat (Option)	Entleeren, reinigen, neu füllen (ca. 15 l)	
4000	②	Hydraulikaggregat	Entleeren, reinigen, neu füllen (ca. 2,5 l). Sieb reinigen	

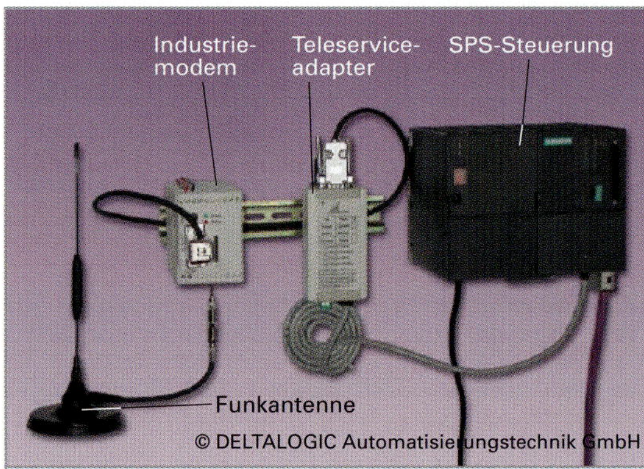

Bild 1: Technischer Aufbau einer Fernwartung

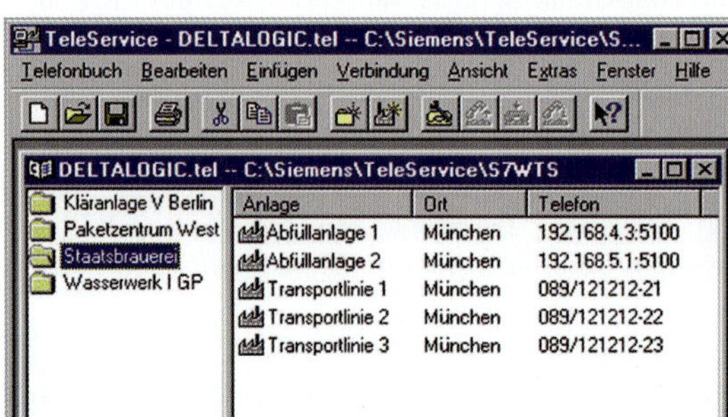

Bild 2: Bildschirmdarstellung einer Projektierungssoftware

Die Fernwartung erfolgt oft über einen Ethernet-Anschluss. Über einen zusätzlichen Dienst kann den dynamischen IP-Adressen ein fester Name vergeben werden. Da mehrere Steuerungen angesprochen werden, erfolgt eine Unterscheidung über Port-Nummern. Der auf dem PC installierte TeleService stellt nun die Verbindung über die IP-Router her **(Bild 1)**. Diese einfache Verbindung ist jedoch eine unsichere Verbindung. Eine erhöhte Sicherheit bringt ein VPN-Portal (Virtual PrivateNetwork), da hier nur autorisierte Nutzer Zugang haben.

Auf dem PC werden mit Hilfe einer Projektierungssoftware **(Bild 2)** die einzelnen Steuerungen angesprochen und die Adressen bzw. Klartextmeldungen ausgegeben. Es ist mit VPN ein Vollzugriff auf eine SPS möglich. So können von Ferne Einstellparameter geändert werden bzw. es kann auch auf den Prozess direkt zugegriffen werden.

[1] engl. watchdog = Wachhund, hier Überwachungsprogramm, welches zyklisch abgearbeitet wird.

Übung:
Zwei PCs werden mit Ethernet verbunden und mit IP-Adressen versehen. Mit der Programmiersoftware LabVIEW werden Zufallszahlen generiert. Wenn die Zahl größer als 0.5 ist, soll eine Lampe leuchten. Es wird dann eine HTML-Datei generiert und die Software als Web-Server frei geschaltet. An einem anderen PC wird mit dem Browser die HTML-Datei des ersten PC aufgerufen. Nun erscheint die Bedieneroberfläche des Programms und man kann die gesamte Kontrolle des Programms auf dem ersten PC übernehmen, genau so wie wenn man vor dem ersten PC ist.

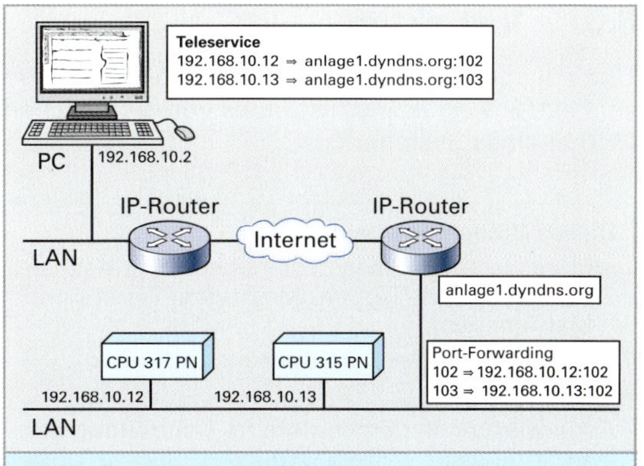

Bild 1: Fernwartung mit Internet

Nr.	Fehlertext
20	Vorklärbecken 2 Mindestpegel unterschritten
21	Vorklärbecken 2 Mindestpegel erreicht
22	Vorklärbecken 2 Maximalpegel erreicht
23	Vorklärbecken 2 Maximalpegel überschritten
31	Feststoffanteil in Vorklärbecken zu hoch
32	Vorklärbecken überlastet
33	Vorklärbecken auf manuellen Betrieb umgeschaltet
34	Vorklärbecken auf automatischen Betrieb umgeschaltet

Nr.	Operand	Vergleichsart	Fehler-Nr.	Fehlertext
1	E 1.2	gesetzt 0->1	31	Feststoffanteil in Vorklärbecken
2	E 0.2	gesetzt 0->1	33	Vorklärbecken auf manuellen B
3	E 1.3	gesetzt 0->1	22	Vorklärbecken 2 Maximalpegel
4	E 0.3	gesetzt 0->1	23	Vorklärbecken 2 Maximalpegel

Bild 2: Projektierungssoftware

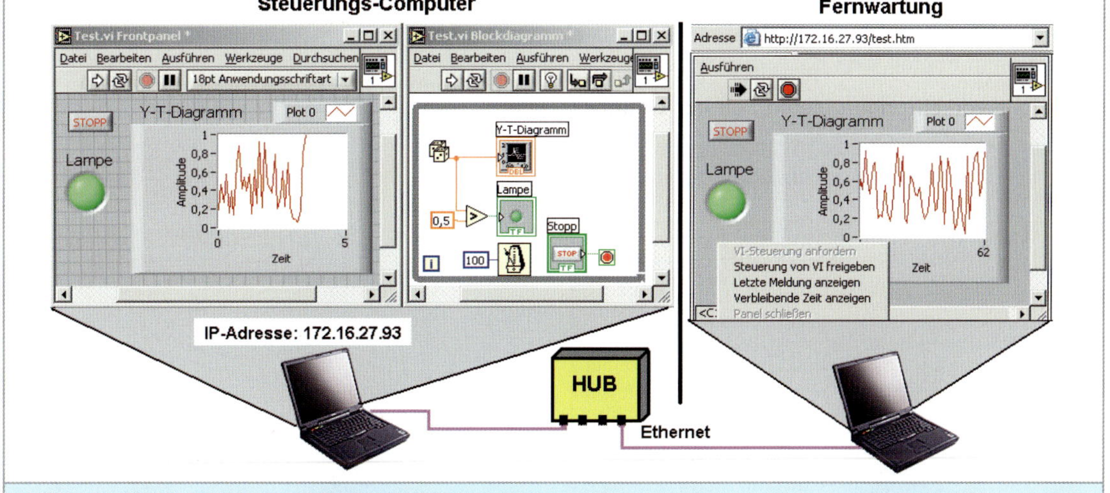

Bild 3: Beispiel für Telewartung über Internet

8.3 Inspektion

Unter Inspektion versteht man die Maßnahmen zur Feststellung des Istzustandes von technischen Mitteln eines Systems.

Diese Maßnahmen beinhalten:
- Erstellen eines Planes zur Feststellung des Istzustandes (Ort, Termin, Methoden, Geräte und Maßnahmen),
- Vorbereitung der Durchführung,
- Durchführung,
- Auswertung der Ergebnisse zur Beurteilung des Istzustandes,
- Dokumentation
- Ableitung der notwendigen Konsequenzen aufgrund der Beurteilung.

Zur Erstellung derartiger Pläne gibt es Richtlinien, mit deren Hilfe leichter eine Systematik möglich ist **(Bild 1)**. Neben den Erfahrungen im eigenen Betrieb werden hierzu vor allem die Empfehlungen der jeweiligen Maschinenhersteller mit einbezogen. Für die praktische Umsetzung und zur Dokumentation werden Karteikarten geführt oder es wird entsprechende Software eingesetzt **(Bild 2)**. Diese ermöglichen das Erstellen von Statistiken über den Lebenszyklus der Maschinen. Neben den großen Inspektionen sind vor allem tägliche Kurz-inspektionen durch den Werker wichtig. Diese sind zu Beginn und während der Maschinentätigkeit als dauernder Prozess notwendig. Sie beschränken sich im Wesentlichen auf „Sehen", „Hören" und „Fühlen" **(Tabelle 1)**.

Inspektion verursacht *Kosten*. Diese resultieren aus der Inspektion sowie den Kosten der Produktionsverluste. Es gilt diese zu minimieren. Die Inspektionen sollten sich nach dem Zustand der Anlage richten (zustandsorientierte Inspektion).

Tabelle 1: Einfache Inspektionsmöglichkeiten

Art	Fehlerart
Hören	Laufgeräusche von Motoren, bei Lagern, bei Spindeln, Abwälzgeräusche bei Zahnrädern, Kavitation bei Hydraulikanlagen, außergewöhnliche Schwingungsgeräusche.
Sehen	Flüssigkeitsstände, Anzeigen aller Art (z. B. Druck, Temperatur), Risse an Bauteilen, Riemen, Verschmutzungen, defekte elektrische Installationen, Leckverluste unter den Maschinen, Riefen in Führungen.
Fühlen	Schwingungen an Maschinenteilen z. B. bei Lagerschaden, Temperaturen, Kavitation in hydraulischen Systemen.

Die Kurven in **Bild 3** zeigen, dass eine zeitorientierte Inspektion bzw. Instandhaltung nur zufällig den optimalen wirtschaftlichen Zeitpunkt treffen kann.

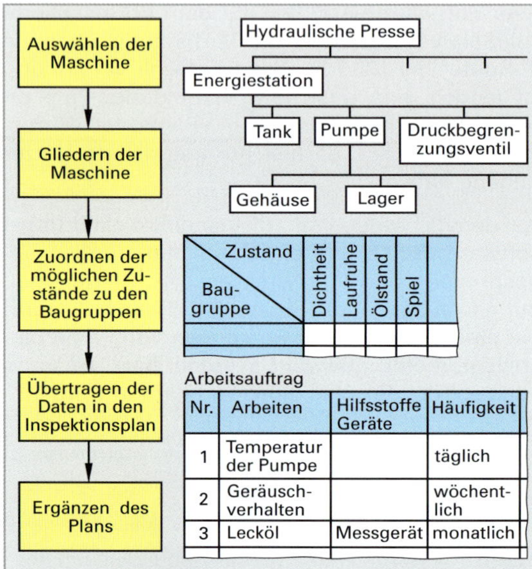

Bild 1: Erstellung eines Inspektionsplanes

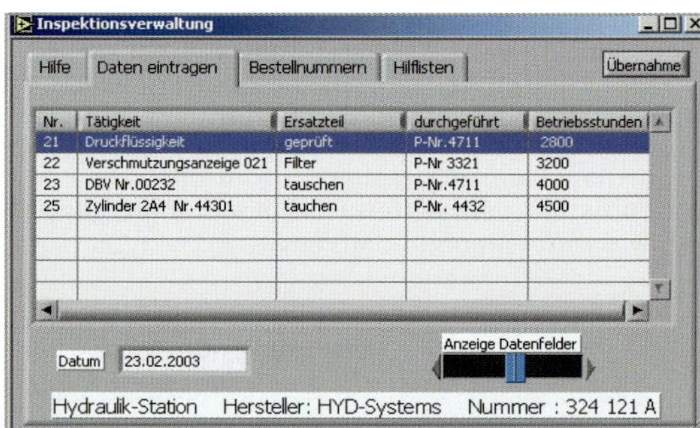

Bild 2: Software zur Inspektionsverwaltung

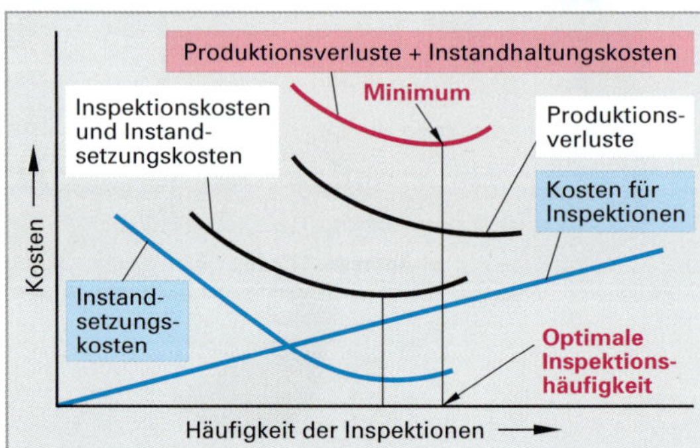

Bild 3: Kosten für Inspektionen

Zustandsorientierte Inspektion von Maschinen

Lagerschäden führen z. B. häufig zu Maschinenstillstand und unerwartetem Produktionsausfall. Mögliche Schäden können jedoch schon im Frühstadium diagnostiziert werden **(Bild 1)**. Durch regelmäßige Inspektion kann die Veränderung verfolgt werden. Notwendige Wartungsarbeiten kann man somit langfristig einplanen.

Mit Sensoren werden die Schwingungen der Maschine aufgenommen und ausgewertet. Das integrierte Diagnosesystem erkennt typische Muster von Maschinenschäden im Schwingungssignal. Schäden eines Wälzlagers, z. B. Pittings (Gefügeveränderung mit Abblätterung der Oberfläche) auf den Laufbahnen erzeugen beim Überrollen eine periodische Folge von Einzelstößen. Diese ergeben kleine Resonanzen bei den umgebenden Maschinengehäusen. Je nach Schadensort (Außenring, Innenring, Wälzkörper) ergeben sich unterschiedliche Impulsfolgefrequenzen und ermöglichen eine genaue Diagnose anhand einer Schwingungsanalyse **(Bild 2)**. Hier werden die aufgenommenen Schwingungen bzw. Körperschallgeräusche in ihre Frequenzbestandteile zerlegt und grafisch dargestellt.

Bild 1: Schadensdiagnose mit PC

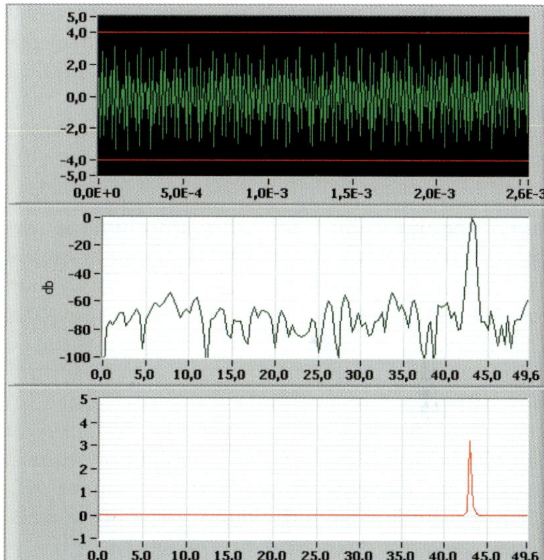

Bild 2: Signalanalyse

Fehlermöglichkeiten – Einflussanalyse (FMEA[1])

Die Maschinenstörungsliste kann als Grundlage für eine systematische Analyse dienen. Ziel der FMEA ist es, aufgrund einer Bewertung aus der Summe der Fehler diejenigen herauszufiltern, welche besonders häufig auftreten bzw. die besonders schwerwiegend sind. Die Fehler werden jeweils mit einer Kennzahl von 1...10 bewertet (10 = sehr häufig bzw. sehr schwerwiegend). Die Multiplikation der Fehler ergibt eine Risikoprioritätszahl (RPZ). Fehler mit der höchsten Zahl sollten vorrangig behandelt werden **(Tabelle 1)**.

[1] FMEA Abk. für **F**ehler-**M**öglichkeits- und **E**influss-**A**nalyse

Tabelle 1: Maschinenstörungsliste (Beispiel)

Masch. Nr.	Datum Uhrzeit	Störung	Ursache	Fehler-Index*	behoben durch	Maßnahme
17	10.12.03	Werkstück	Spanndruck fehlt		Kaiser	Hydraulikschlauch gewechselt
↓	↓	↓	↓	↓	↓	

FMEA

Lfd. Nr.	Fehler	Folge	Ursache	Vermeidung	Entdeckung	Häufigkeit	Bedeutung	Entdeckung	RPZ	Maßnahmen
1	Spanndruck fällt ab	unsichere Werkstückspannung	Qualität der Schlauchverbindung mangelhaft	bessere Kennzeichnung	Werker	2	8	9	144	bessere Qualität verwenden
2										

8.4 Instandsetzung

Die Aufgabe der Instandsetzung ist es, Maßnahmen zur Wiederherstellung des Sollzustandes von technischen Mitteln eines Systems einzuleiten und durchzuführen.

Die Ursache der Verschlechterung von Systemen können sein:
- Verschleiß,
- Korrosion,
- Materialermüdung, Alterung
- Überlastung der Bauteile.

Es hat sich hier der Begriff des *Abnutzungsvorrates* eingebürgert. Das Abnutzungsdiagramm (**Bild 1**) zeigt einen möglichen Zustand eines Bauteils oder einer Baugruppe im Laufe der Betriebszeit. Die neue Maschine hat einen Abnutzungsvorrat von 100 %. Zu den Zeitpunkten T1 und T2 werden durch Inspektionen die Ist-Zustände festgestellt. Bleibt die Maschine weiterhin im Einsatz, dann wird der gesamte Abnutzungsvorrat verbraucht und es kommt zum Ausfall der Maschine.

Durch Reparatur wird der Sollzustand wieder erreicht und der Prozes kann von Neuem beginnen. Ist das Ersatzteil technisch besser, so kann jetzt der Abnutzungsvorrat über 100 % liegen. Aus Kostengründen wird schon vor dem Ausfall eine vorbeugende Instandsetzung durchgeführt (**Bild 2**). Der optimale Zeitpunkt einer Instandsetzungsmaßnahme ist immer dann, wenn sich ein Schaden bemerkbar zu machen beginnt. So wird die *Lebenszeit der Bauteile* optimal genutzt. Bei hohen Sicherheitsanforderungen (z. B. Kernkraftwerke oder Flugzeuge) wird allerdings schon früher getauscht.

In der Instandsetzung wird zwischen *geplanter* Instandsetzung und einer Instandsetzung *nach einer Störung* unterschieden. In **Bild 3** ist der systematische Ablauf einer Instandsetzung als Regelkreis dar gestellt. Grundvoraussetzung hierfür ist die genaue Kenntis des technischen Systems. Nur dann kann eine gezielte Instandsetzung durchgeführt werden.

Ist ein Fehler gefunden, so sollte der Fehler dokumentiert werden und die mögliche Ursache gefunden werden. Die Dokumentation (Maschinenstörungsliste) gibt Aufschluss über die Stabilität der Maschine. Längerfristig ist es wertvoll über die Fehler eine FMEA (Fehler-Möglichkeiten-Einfluss-Analyse) durchzuführen (**Tabelle 1**). Ziel der FMEA ist es, aufgrund einer Bewertung aus der Summe der Fehler diejenigen herauszufinden, welche besonders häufig oder schwerwiegend sind.

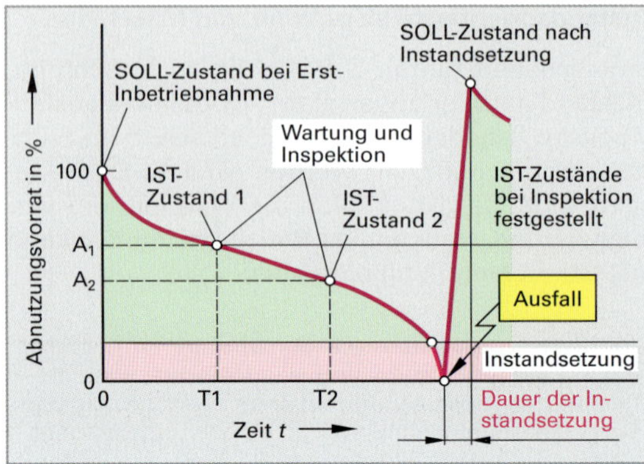

Bild 1: Abnutzungsdiagramm

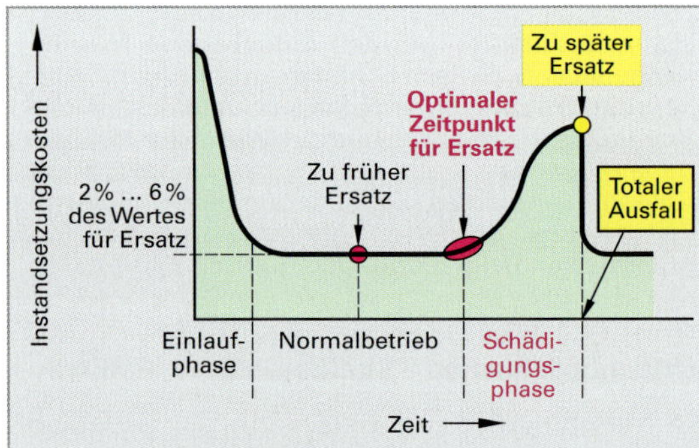

Bild 2: Instandsetzungskosten

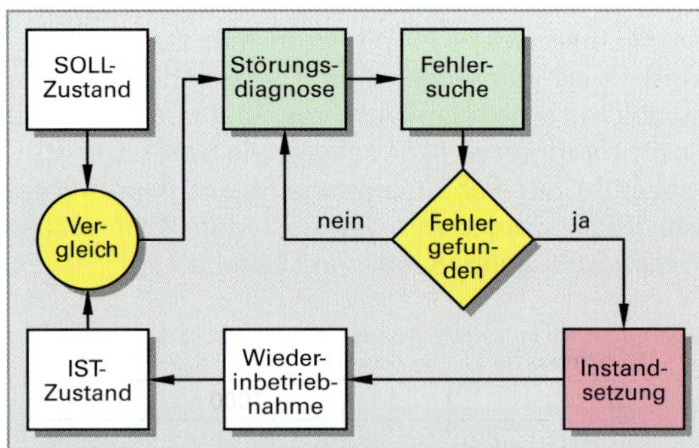

Bild 3: Systematische Instandsetzung

Tabelle 1: Fehlerdokumentation

Maschinenstörungsliste: Maschine Nr. 4711/03

Nr.	Datum	Störung	Ursache	Behoben durch	Maßnahme
1					
2					
3					

FMEA

Nr.	Fehler	Folge	Ursache	Vermeidung	Häufigkeit	Bedeutung	Bewertung
1							
2							

8.5 Inbetriebnahme

Das Ziel der Inbetriebnahme ist:

- die Funktionsfähigkeit des Systems herzustellen,
- das System so abzugleichen, dass die geforderten Kennwerte und Toleranzen erreicht werden,
- den Anwender mit dem System und der Dokumentation vertraut zu machen,
- den Anwender in die Wartung einzuweisen.

Beispiel 1:

Inbetriebnahme eines Proportionalventils

In einer Steuerkette **(Bild 1)** gibt es ein Proportionalventil. Es sind folgende Schritte durchzuführen:

1. Kontrolle der hydraulischen und elektrischen Verbindungen,
2. Vornehmen der Grundeinstellungen am Verstärker (Rampe, EIN-AUS),
3. Zuschalten der Versorgungsspannung,
4. Zuschalten der Hydraulik,
5. Einstellen von kleinen Sollwerten,
6. Zuschalten des Freigabesignals,
7. Einstellen der max. Sollwerte,
8. Abgleich der Kennlinien (Testgerät),
9. Abgleich der Rampen,
10. Feststellen und Dokumentation der Leistungsdaten, Parameter, Einstelllisten,
11. Übergabe der Anlage.

Beispiel 2:

Inbetriebnahme einer PROFIBUS-DP-Anlage

Der PROFIBUS-DP hat sich als ein zuverlässiges robustes Netzwerk erwiesen. Die hohe Zuverlässigkeit wird jedoch nur erreicht, wenn wichtige Parameter bei der Inbetriebnahme nachgemessen werden. Die Erfahrung zeigt, dass ca. 70 % aller Fehler auf unsachgemäße Inbetriebnahme zurückzuführen sind.

Verkabelung

Es soll ein PROFIBUS-Kabel vom Typ A verwendet werden. Die max. Ausdehnung des Netzes ist von der verwendeten Bitrate abhängig **(Bild 2)**.

Bitrate in kbit/s	max. Länge eines Segmentes in m
187,5	1000
1500	200
3000, 6000, 12000	100

Wenn das Netz aus mehr als 32 Teilnehmern besteht, so sind zusätzliche Repeater (Signalverstärker) erforderlich. Beim Netzaufbau sind Stichleitungen zu vermeiden, weil diese zu Reflexionen auf dem Kabel führen. Jedes PROFIBUS-Segment muss am Anfang und am Ende mit einem Abschluss versehen werden. Dieser besteht aus einer Widerstandskombination, welche in den PROFIBUS-Steckern aktiviert werden muss. Bei Wartungsarbeiten sind oft nicht alle Teilnehmer in Betrieb. Für jeden nicht in Betrieb befindlichen Teilnehmer muss man einen externen Netzabschluss vorsehen.

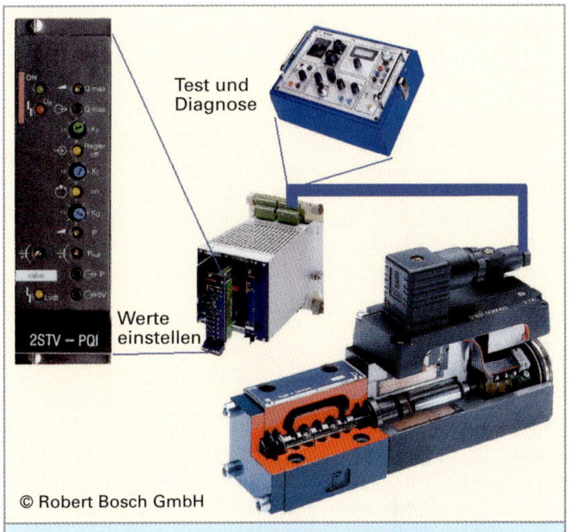

Bild 1: Inbetriebnahme eine Proportionalventils

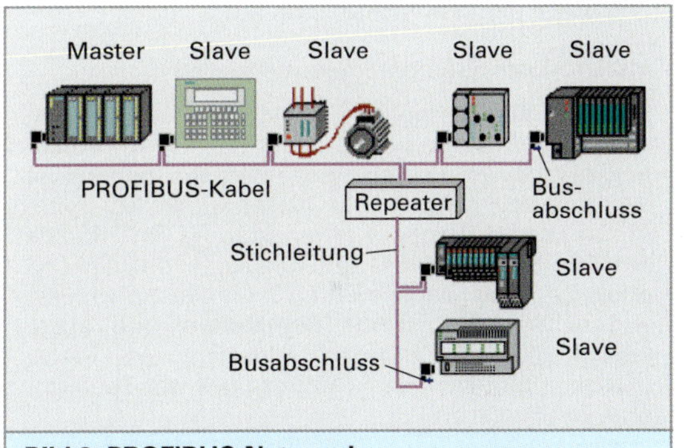

Bild 2: PROFIBUS-Netzwerk

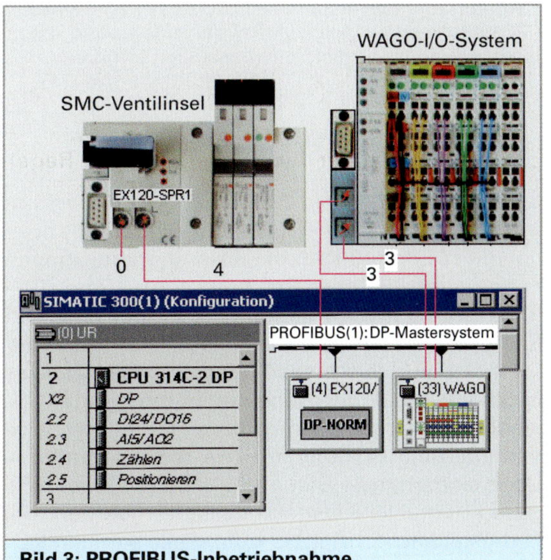

Bild 3: PROFIBUS-Inbetriebnahme

Adressierung

Bei der Inbetriebnahme müssen die PROFIBUS-Teilnehmer adressiert werden **(Bild 3,** vorhergehende Seite). Die Adressen müssen mit denen der Software auf dem Master übereinstimmen. Doppelte Adressierung bringt eine Fehlermeldung. Die neu eingestellten Adressen werden erst nach einem erneuten Aus- und Einschalten übernommen. Die Unkenntnis davon hat schon bei vielen Inbetriebnahmen zu unnötigen Verzögerungen geführt.
Manche Bustester haben eine *Lifelistenfunktion.* Mit dieser kann man sehr schnell die aktuellen Adressen lesen.

Schirmung und Erdung

Besonders bei den hohen Bitraten und dem Einsatz im industriellen Umfeld kommt es auf die richtige Ausführung der Schirmung und Erdung an **(Bild 1).**
Regel 1: Schirm an beiden Seiten des Kabels auflegen.
Regel 2: Jeden Anschlusspunkt mit einer gut leitenden Verbindung an Schutzerde anschließen.

Installation prüfen und dokumentieren

Zum Abschluss empfiehlt es sich, die Verkabelung mit einem Prüf- und Diagnosegerät zu überprüfen. In dialoggeführten Messzyklen wird die Installation systematisch geprüft. Die Messung erfolgt dynamisch, das heißt, es werden ständig Prüfsignale auf den Bus gesendet und die Güte des Echosignals beurteilt. Dabei werden fehlende Abschlusswiderstände, zu geringe Signalpegel und unzulässig hohe Reflexionen erkannt. Das Messprotokoll gibt genaue Auskunft über die Fehlerart und den Fehlerort.

Zum Erreichen einer hohen Anlagenverfügbarkeit empfiehlt es sich turnusgemäß Kontrollmessungen im PROFIBUS-Netz durchzuführen und die Protokolle zu vergleichen. Bei Veränderungen können schon im Vorfeld Schwachstellen ermittelt

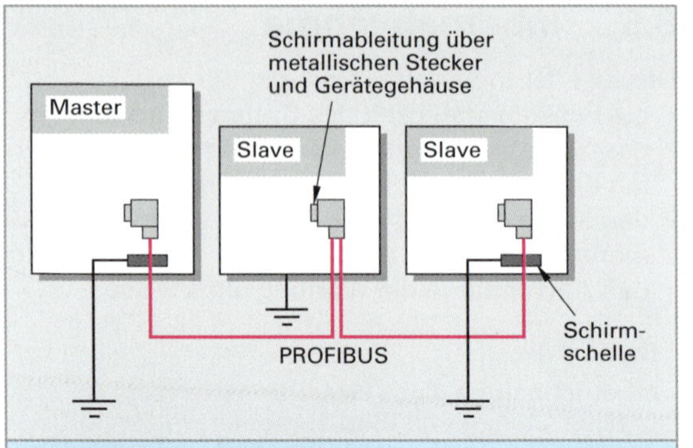

Bild 1: Erdung und Schirmung

Inbetriebnahme mit virtuellen Anlagen

Kürzere Inbetriebnahmezeiten und geringere Kosten sind wichtige Ziele. Moderne Engineeringkonzepte wie „Simulation Based Engineering" bringen diese Forderungen in Einklang. Dabei können Fertigungszellen oder Prozesse virtuell und dreidimensional am Computer entworfen, simuliert und optimiert werden. Die Ablaufsteuerung einer SPS ist z. B. dabei bereits integriert **(Bild 2).** Dies funktioniert auf der Basis einer integrierten digitalen Entwicklungsumgebung. Es erfolgt eine automatische Generierung des SPS-Programms. Über eine virtuelle Steuerung (PLCSIM) kann die gesamt virtuelle Anlage angesteuert werden. Bei Fertigstellung der Anlage kann diese somit in kürzester Zeit in Betrieb genommen werden.

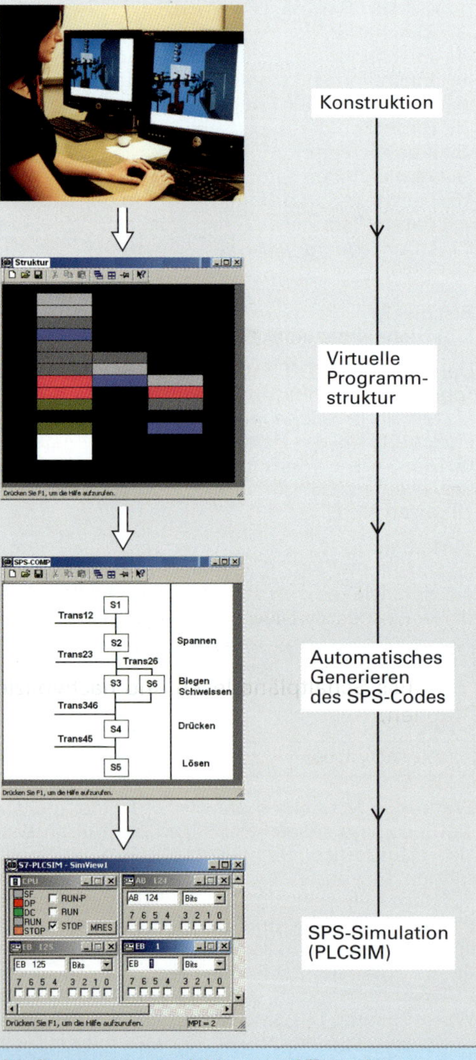

Bild 2: Programmentwicklung und Test einer virtuellen Anlage

Beispiel einer Anlagensimulation

Auf dem PC wird eine virtuelle Anlage gestartet (z. B. ProMod-Pro, Fa. DELTALOGIC). Die virtuellen Anlagen können z. B. mit der Engineeringplattform SIMIT erstellt werden. Alle Komponenten können dabei mit Parametern versehen werden, welche in ihrem Verhalten den realen Bauteilen entsprechen. Die virtuellen Anlagen verhalten sich wie reale Anlagen. Auf demselben PC wird das SPS-Programm entwickelt. Danach wird auf dem PC eine virtuelle SPS (z. B. PLCSIM) gestartet und das Programm übertragen. Diese virtuelle SPS kommuniziert nun mit der virtuellen Anlage. Das Gesamtsystem verhält sich somit wie eine reale Anlage **(Bild 1)**.
Programmfehler können beseitigt werden. Regelkreisparameter können voreingestellt werden. Es werden Zykluszeiten von 20ms erreicht.
Alternativ könnte das SPS-Programm auch auf eine reale SPS übertragen werden. Dann kommuniziert die virtuelle Anlage mit der SPS z. B. über die MPI-Schnittstelle oder über den PROFIBUS.

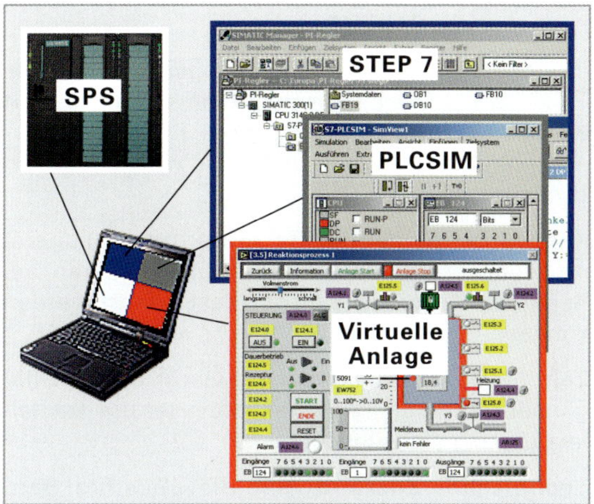

Bild 1: Test einer virtuellen Anlage

Wiederholung und Vertiefung

1. Warum ist es wichtig, die Inbetriebnahme und die verwendeten Einstellparameter zu dokumentieren?
2. Warum sind bei der Inbetriebnahme von Steuerungssystemen protokollierende Testgeräte wichtig?

8.6 Fehlersuche

Universalrezepte für das Suchen der Ursachen von Störungen und das Erkennen von Fehlern gibt es nicht. Es müssen grundsätzlich folgende Fähigkeiten des Fehlersuchenden vorhanden sein:

- Er muss den technischen Aufbau und die gesamte Funktion der Anlage kennen,
- Er muss Schaltpläne lesen und nachvollziehen können,
- Er muss logische Überlegungen anstellen können.

Hilfreich ist ein *Maschinenbuch*, in dem bisherige Fehler dokumentiert sind und eventuell Hinweise auf weitere Fehler oder Schwachstellen eingetragen sind. Für die systematische Fehlersuche kann nach dem Diagramm **Bild 2** vorgegangen werden. Ist der Fehler gefunden, so ist zu entscheiden wie weiter verfahren wird **(Bild 3)**. Liegt eine Schwachstelle vor, so ist zu prüfen, wie diese beseitigt werden kann. Ebenfalls ist zu prüfen, inwieweit eine Reparatur möglich ist oder Baugruppen komplett getauscht werden müssen.

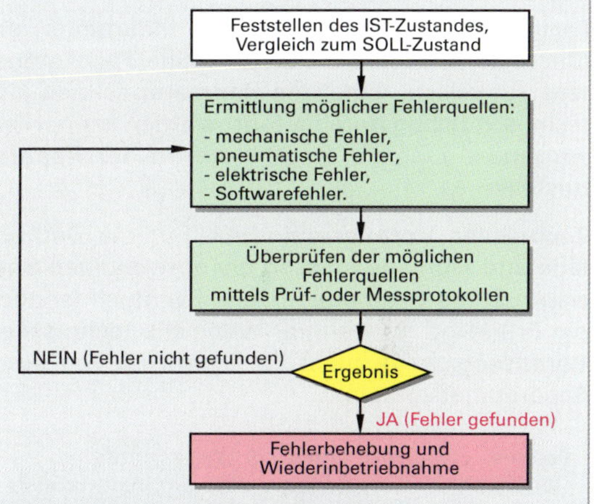

Bild 2: Systematische Fehlersuche

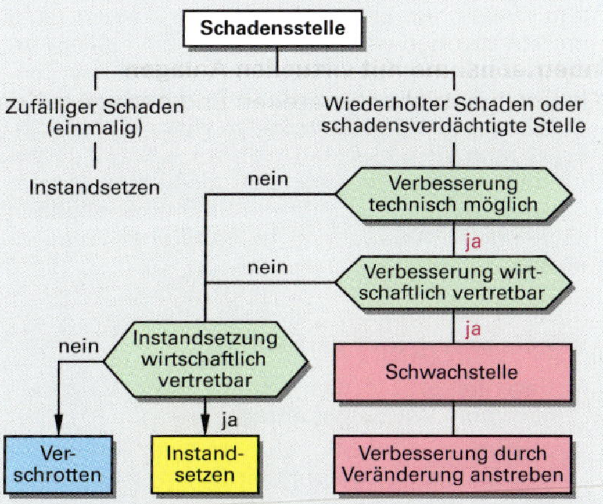

Bild 3: Schadensbeurteilung

8.7 Reparatur

In vielen Fällen sind in Baugruppen nur manche Teile defekt. Die Baugruppe kann dann repariert werden. Die Entscheidung einer Reparatur oder eines Austausches wird durch viele Faktoren bestimmt (**Bild 1**):

Kosten. Die Kosten für Reparatur oder Neugerät müssen verglichen werden. Oft entstehen bei Reparatur Kosten, die nicht direkt erfasst werden können.

Zeit. Wenn das ausgefallene Gerät einen Anlagenstillstand zur Folge hat, dann ist die schnellere Lösung die Günstigere.

Technischer Zustand. Hat die gesamte Baugruppe bereits seine konzipierte Lebensdauer erreicht, so wird nicht mehr repariert, sondern die gesamte Baugruppe getauscht.

Fachwissen und Erfahrung. Der Mitarbeiter, die Mitarbeiterin, sollte die notwendige Fachkompetenz aufweisen, damit die Reparatur schnell und technisch richtig durchgeführt werden kann. Hierzu gehört auch die Sauberkeit an der Reparaturstelle.

Technische Voraussetzungen. Für die Demontage und Montage müssen die notwendigen Spezialwerkzeuge vorhanden sein. Eventuell ist auch ein Prüfstand notwendig. Wenn die technischen Voraussetzungen nicht vorliegen, ist von einer Reparatur abzuraten.

Beispiel: Reparatur eines 4/3 Wegeventils
Der Hersteller liefert hierzu eine Explosionszeichnung aller Teile (**Bild 2**). Ergänzend hierzu gibt es eine Ersatzteilliste mit den Bestellnummern (**Tabelle 1**). Es ist üblich, dass Normteile wie z. B. O-Ringe direkt als Zubehör am Markt gekauft werden. Teile ohne Ersatzteilnummern können nicht einzeln bezogen werden. Liegt hier ein Fehler vor, dann muss das gesamte Ventil ersetzt werden. Bei den Dichtungen werden oft nur ganze Sätze geliefert und keine Einzeldichtungen (**Tabelle 2**). Ergänzend zu den Ersatzteillisten sind oft Reparaturanleitungen erhältlich, in denen z. B. Montagehinweise und Anzugsdrehmomente angegeben sind. Diesen Anleitungen ist unbedingt Folge zu leisten.

Wiederholung und Vertiefung

1. Beschreiben Sie das systematische Vorgehen bei einem Wartungsauftrag!
2. Warum ist es wichtig, dass an einer Anlage ein Maschinenbuch geführt wird?
3. Nennen Sie Probleme, welche bei einer Reparatur auftreten können.

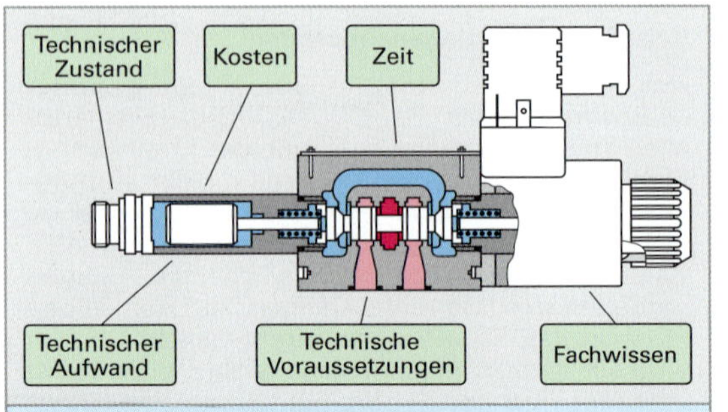

Bild 1: Randbedingungen bei Reparaturen

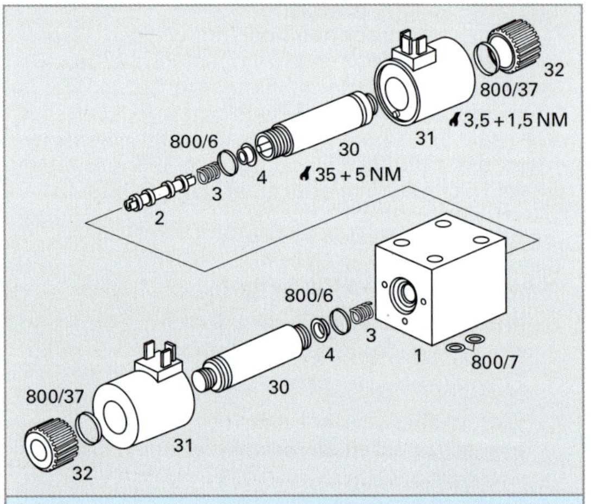

Bild 2: Explosionszeichnung mit Ersatzteilnummern

Tabelle 1: Ersatzteilliste

Erzeugnis: 0 810 091 203 Wegeventil

Position	Bestellnr.	Stück	Benennung	Bemerkung
1		1	Ventilgehäuse	
2		1	Steuerschieber	
3	1 814 617 075	2	Druckfeder	
4		2	Federteller	
30		2	Druckrohr	
31	1 837 001 227	2	Magnetspule	
32	1 833 343 009	2	Überwurfmutter	
800	1 817 010 310	1	Dichtungssatz	
800/6		2	O-Ring	16,56 x 1,78
800/7		4	O-Ring	9,25 x 1,78
800/37		2	O-Ring	22 x 2

Tabelle 2: Zuordnung der Einzelteile

Pos.	Benennung	Fertigungsteil	Normteil	Spezialteil	Teilenummer mit Lieferung	Teilenummer ohne Lieferung nicht möglich
1	Ventilgehäuse	x			x	x
2	Steuerschieber	x				
3	Druckfeder			x	x	
4	Federteller	x				
30	Druckrohr	x				
31	Magnetspule			x	x	
32	Überwurfmutter			x	x	
800	Dichtungssatz		x		x	
800/6	O-Ring 16,56 x 1,78		x		*) Lieferung	
800/7	O-Ring 9,25 x 1,78		x		*) über	
800/37	O-Ring 22 x 2		x		*) Fachandel	

8.8 Condition-Monitoring (Zustandsbedingte Instandhaltung)

Das Konzept des **Condition-Monitoring** basiert auf einer regelmäßigen Erfassung des Maschinenzustandes durch Messung aussagefähiger Größen. Dies wird auch als Zustandsüberwachung bezeichnet. Das Laufzeitende von Bauteilen wird durch eine ausgeklügelte Sensorik so rechtzeitig erfasst, sodass Maschinenstillsetzungen im Voraus geplant werden können. Hierzu sind zuverlässige, sichere und leistungsfähige Messsysteme und Sensoren Voraussetzung. Dieses Konzept bietet ein großes Potenzial an Kosteneinsparungen, weil die Lebensdauer kritischer Maschinenteile voll ausgenutzt werden kann. Die Herausforderung der Zustandsüberwachung sind zu sehen in:

- der Suche nach geeigneten Messstellen und Sensoren,
- dem Finden aussagefähiger Parameter,
- der gezielten Anwendung von Signalanalyse,
- sowie dem Verarbeiten der enormen Datenflut.

Das Condition-Monitoring verfolgt zwei Ziele:

1. Sicherheit der Anlage und der Prozesse
Hierzu müssen mithilfe von Sensoren permanent die Maschinendaten erfasst werden. In der Regel handelt es sich um intelligente, d. h. erkennende Sensoren. Diese sind so eingestellt, dass bei Überschreiten von Grenzwerten z. B. eine Notabschaltung erfolgt.

Beispiel 1: Luftverbrauchdiagnose (Bild 1).
Es wird der aktuelle Luftverbrauch einer Anlage überwacht. Hierzu wird ein Durchflusssensor in die Zuleitung eingebaut. Dieser misst sowohl den aktuellen Verbrauch wie auch die gesamte bisher verbrauchte Luftmenge.

Beispiel 2: Pumpendiagnose (Bild 2).
Eine Pumpe wird mit einem Sensor überwacht. Die Fördercharakteristik der Pumpe wird über Teach-In gelernt, so z. B. der Lufteintrag (ausgasende Flüssigkeiten) im Saugbereich. Eine deutliche Veränderung wird erkannt und an den übergeordneten Steuerungsrechner gemeldet bzw. die Anlage wird abgeschaltet.

2. Maschineneffizienz und Lebensdauerverlängerung.
Mit Sensoren wird der Neuzustand von Anlagen bzw. es werden die Kenngrößen eines Prozesses ermittelt und dokumentiert. In festen Zeitabständen wird die Anlage wieder ausgemessen und die Daten mit dem Neuzustand bzw. dem letzten Ausmessen verglichen. Die Veränderung wird bewertet. Es kann dadurch eine Aussage über den Zustand der Anlage und die Restlaufzeit gemacht werden.

Bild 1: Überwachung des Luftverbrauchs

Bild 2: Drucküberwachung einer Pumpe

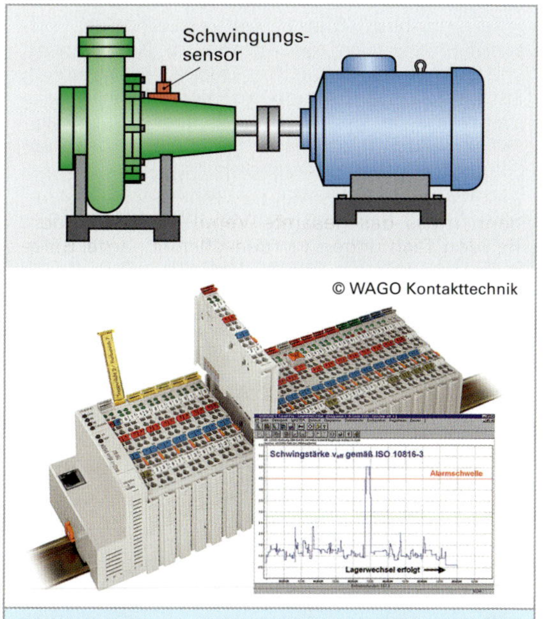

Bild 3: Schwingungsüberwachung im Feldbusknoten

Beispiel 1: Schwingungsüberwachung an einer Pumpe (Bild 3, vorherige Seite)

Die Messinstrumente liefern im einfachsten Fall einen Zahlenwert, welcher mit einem Tabellenwert verglichen wird und signalisieren dann „gut“ – „geht noch“ oder „schlecht“.
Ein Bewertungsstandard für Maschinenschwingungen ist z. B. in ISO 10816-3 festgelegt. Als Bewertung für den Maschinenzustand wird der Effektivwert verwendet.
Das Schwingungsverhalten eines Bauteils wird z. B. von dem Sensor mithilfe einer Piezomembran erfasst und direkt in einer WAGO Busklemme ausgewertet. Im ersten Schritt sind zwei Verfahren vorgesehen: Zum Einen die Messung der effektiven Schwingstärke (VRMS) als Maß der Laufruhe. Dies ist eine integrale, breitbandige Messung der Maschinenschwingung. Diese Methode beobachtet beliebige Änderungen in der Schwingstärke einer Maschine, unabhängig von der Ursache.
Die Auswertung ist durch die ISO 10816-3 definiert. Die andere Methode nennt sich Schock-Puls-Messung (SPM) und wertet die schockimpulsförmige Anregung der Maschinenstruktur aus. Mit dieser Methode können auch sehr kleine Amplituden gemessen werden. Sie eignet sich daher besonders, um schon sehr früh Lagerschäden zu erkennen. Dies hat sich in sehr vielen Fällen als „Quasi-Standard“ etabliert.

Beispiel 2: Testanlage zur Messung in einem Pneumatiksystem

Über die Druckverhältnisse und den Druckluftverbrauch wird der Zustand einer Zylindereinheit überwacht. Hierzu werden die Drucksensoren P1, P2, P3 und ein Durchflusssensor in die Anlage eingebaut **(Bild 1)**. Mithilfe eines Ablaufprogramms wird die Anlage im Neuzustand und nach einer definierten Laufzeit im aktuellen Zustand aufgenommen und jeweils in einem Diagramm dargestellt **(Bild 2)**. Der Durchflusssensor (**Bild 3**) ermittelt die durchströmende Luftmenge auf den Normdruck um.
Damit die Auswirkung von Undichtheiten am Kolben simuliert werden kann, wird in der Testanlage die Drossel 1V5 eingebaut. Mit den Drosseln 1V4 und 1V6 können Undichtheiten in den Leitungen simuliert werden.
Im Beispiel wird im 1. Versuch der Neuzustand aufgenommen und im 2. Versuch ein simulierter undichter Kolben.
Ziffern 1 bis 4 im Bild 3 zeigen den Ventilablauf.

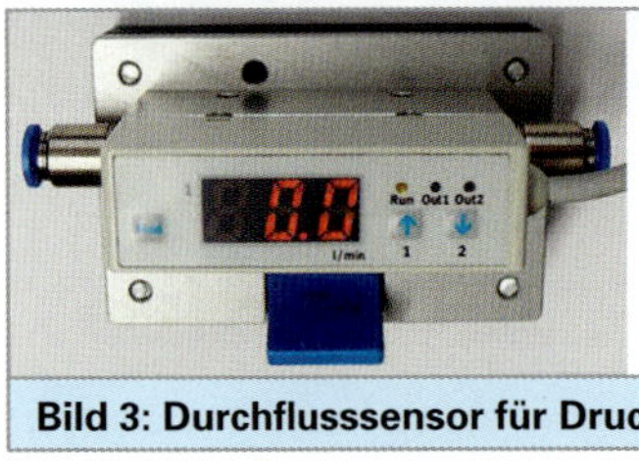

Daten:
Versorgung: 24V DC
Signal: 2 ... 5 V entspricht 0 ... 50 l/min

Bild 3: Durchflusssensor für Druckluft

Ziffer 5, 6 und 7 zeigen den Verlauf beim Neuzustand und die Ziffern 8, 9 und 10 zeigen den Verlauf bei einem undichten Kolben. Man kann deutlich erkennen, dass während des Schrittes 2 (Kolben in Mittelstellung) der Druck $p2$ abnimmt und der Druck $p3$ zunimmt.

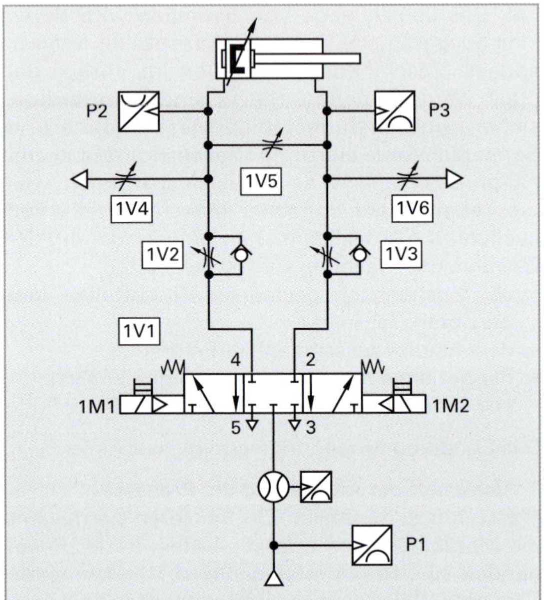

Bild 1: Pneumatikplan einer Testschaltung

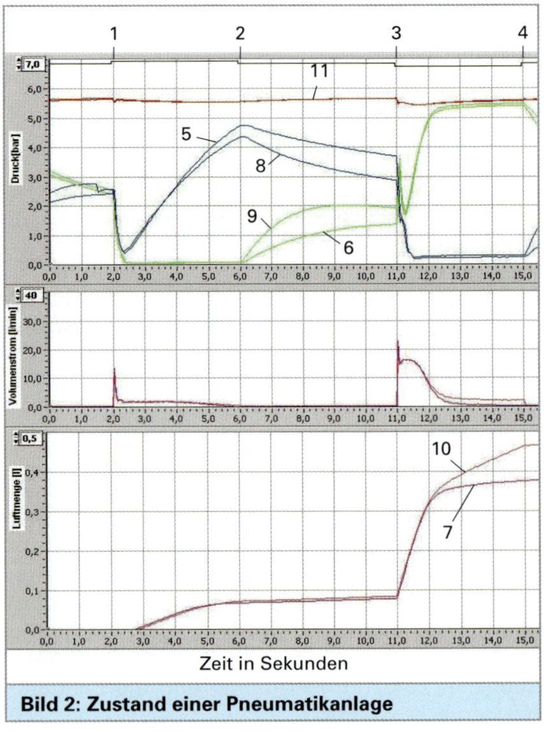

Bild 2: Zustand einer Pneumatikanlage

Beispiel 3: Überwachung eines Wasserspeichers
Ein Wasserspeicher wird über eine Pumpe befüllt. In Zeitabständen erfolgt die Entnahme mit einem Ablassventil. Die Pumpenleistung wird mit einem Durchflusssensor gemessen. Die Bestimmung des Füllstandes erfolgt mit einem Ultraschallsensor. Während des Prozesses werden die Daten aufgezeichnet.
Prozessablauf: Die Pumpe füllt den Behälter mit 2,5 Liter, nach 20 Sekunden wird die Flüssigkeit wieder abgelassen.
Daten des Neuzustandes der Anlage: Kurve A (gün), Förderleistung der Pumpe = 4 l/min, Kurve A (rot), zeigt Füllstand Füllzeit = 40 Sekunden, Ablassventil geschlossen = keine Änderung, Anlage dicht
Daten nach einer Betriebszeit: Kurve B (hellgrün), Förderleistung der Pumpe = 3,5 l/min, Kurve B (violett) zeigt Füllstand Füllzeit = 55 Sekunden, Ablassventil geschlossen = Anlage nicht dicht
Ergebnis: Die Pumpenleistung ist gefallen, die Anlage ist nicht mehr dicht.

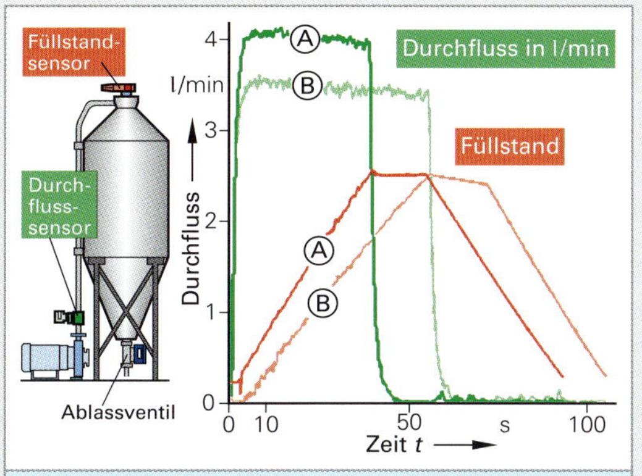

Bild 1: Datenaufzeichnung an einer Füllstation

Kostenanalyse

Der Kostendruck zwingt zur genauen Feststellung der gesamten Kosten des Betriebes (**Bild 2**). Die Analyse zeigt, dass für Wartung und Instandhaltung ein beträchtlicher Aufwand notwendig ist. Durch eine strategisch orientierte Diagnose und durch Condition-Monitoring können diese Kosten beträchtlich gesenkt werden.
Maschinenstillstandszeiten, Qualitätsmängel, Lieferungsunfähigkeit bis hin zum Imageverlust kommen als Nachteil hinzu.

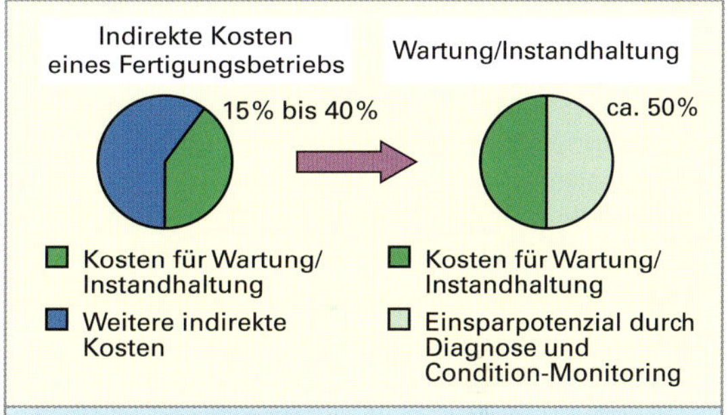

Bild 2: Kostenanalyse

Gesamtkosten

Die Anschaffungskosten (**Bild 3**) steigen zunächst durch die Investition eines Condition-Monitoringsystems und Servicepakete zur strategischen Optimierung von Diagnose, Wartung und Instandhaltung. Neuere Untersuchungen zeigen, dass ca. 35 % aller Schäden im Vorfeld erkannt werden können. Die erweiterten Diagnosesysteme helfen auch bei den restlichen 65 % den Schaden schneller einzugrenzen und Ursachen exakter festzulegen. Mit zunehmender Laufzeit einer Anlage wirkt sich dies als Einsparpotenzial immer mehr aus. Auf die Laufzeit gesehen hat sich der vermehrte Aufwand für Condition-Monitoring nach kurzer Zeit amortisiert.

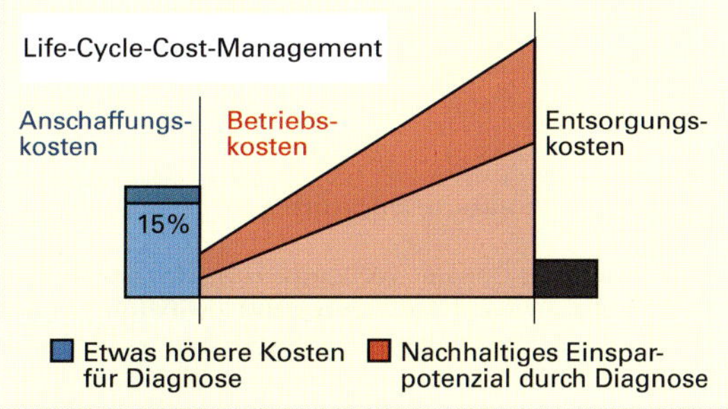

Bild 3: Gesamtkosten einer Anlage

Die Forderung des Marktes und die technischen Weiterentwicklungen bedingen sich gegenseitig (**Bild 4**). Weil die Fertigungsanlagen immer komplexer werden, verlagern die Betreiber vermehrt die Wartung auf die Maschinenhersteller oder mit Wartungsverträgen auch an Dritte. Dies bedingt wartungsarme, intelligente Systeme, welche möglichst exakt Fehler und Wartungsbedarf melden.

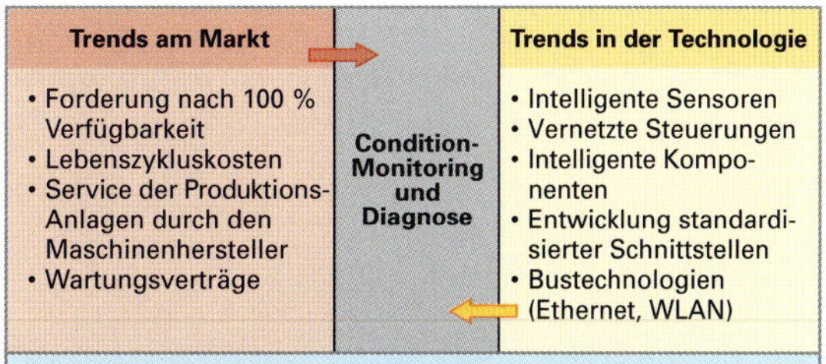

Bild 4: Condition-Monitoring und Diagnose

EPS-Systeme (Electronic Production Services)

Komplexe Fertigungsanlagen werden oft von mehreren Maschinen- und Steuerungsherstellern erstellt. Somit muss im Servicefall mit allen Beteiligten kommuniziert werden.
Ein integratives Instandhaltungs- und Servicekonzept leistet diese Kommunikation **(Bild 1)**. Hier sind drei Unternehmen beteiligt: Das *produzierende Unternehmen*, mit der lokalen Instandhaltung. Dieses ist über das Internet mit einem unabhängigen *Serviceanbieter* (Provider) vernetzt. Dieser ist wiederum vernetzt mit den einzelnen *Maschinenherstellern*. So ist der Betreiber mit allen Anlagenlieferanten verbunden. Somit können Störmeldungen über den Service-Provider direkt zum Maschinenhersteller durchgeleitet werden. Andererseits kann der Maschinenhersteller die Parameter der Produktionsanlagen lesen und wenn notwendig verändern, oder z. B. neue Software- Updates in die Maschinen laden.

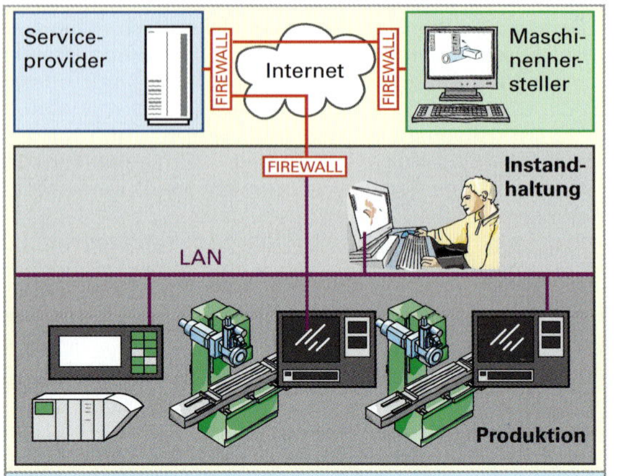

Bild 1: Plattform für firmenübergreifende Zusammenarbeit

Folgende Voraussetzungen für die Funktion müssen vorhanden sein:
- alle Hersteller müssen ihre Serviceleistungen, Diagnosesysteme, Schaltpläne, Ersatzteillisten internetfähig aufarbeiten,
- Serviceleistungen müssen klar beschrieben und mit Preis und Leistung versehen sein,
- die Kooperation zwischen allen Partnern muss klar geregelt sein.

Durch diese Strategie lassen sich die Kosten für den Service beträchtlich senken (**Bild 2**).
Eine große Einsparung für den Anlagenbetreiber bringt bereits ein gut ausgebaute Teleservice. Wenn durch Condition-Monitoring genügend Daten vorliegen, können im Teleservice bis zu 70 % der Fälle duch Ferndiagnose gelöst werden.

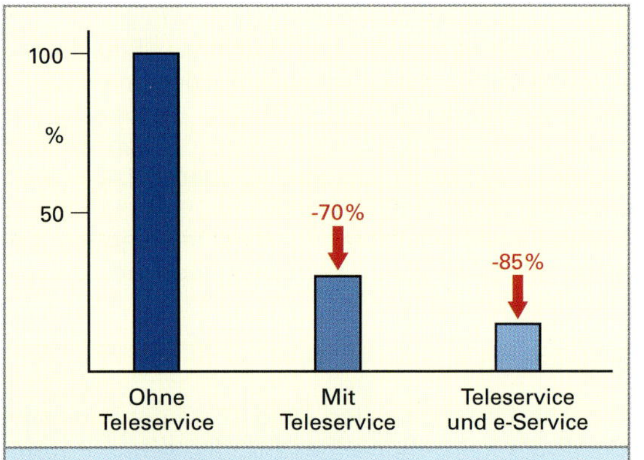

Bild 2: Kosten für Service

Beispiel 1: Condition-Monitoring am Triebwerk (EMC[1]),
Das Flugzeug sendet während des Fluges in regelmäßigen Abständen die Triebwerksdaten (ca. 30 Daten, z. B. Drehzahl, Stellung der Schaufeln, Drücke, Temperaturen, Geschwindigkeit) an die Rechenzentrale in Frankfurt. Immer wenn der Pilot Unregelmäßigkeiten registriert, kann er per Knopfdruck ebenfalls einen Datensatz zur Überprüfung nach Frankfurt schicken. Außerdem haben die Experten die Möglichkeit von Frankfurt aus von jedem Flugzeug einen Datensatz anzufordern (**Bild 3**).

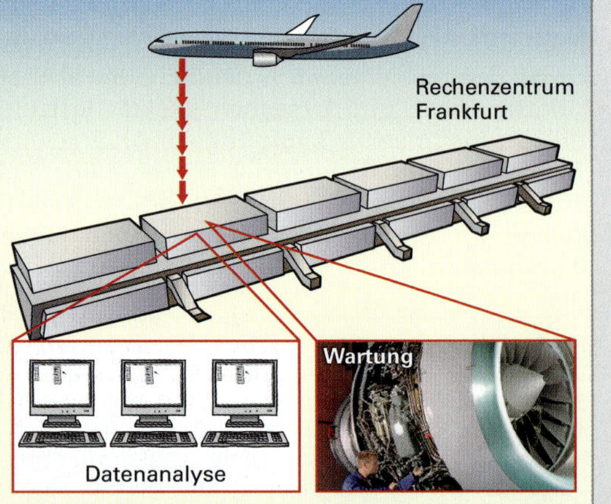

Bild 3: Condition-Monitoring bei einem Flugzeug

[1] EMC = Engine Condition Monitoring

8.9 Energie-Monitoring und Energieeffizienz

Produktion und Verwaltung beinhalten eine Vielzahl von Energieverbrauchern. Dabei ist meist nicht bekannt, welche Prozesse zu welcher Zeit wie viel an Energie, insbesondere an Strom, benötigen. Es wird nur der gesamte Verbrauch abgerechnet. Es besteht keine Möglichkeit den Verbrauch den jeweiligen Verursachern zuzuordnen. Eine Lösung für dieses Defizit ist der Einsatz von Energie-Monitoring-Systemen. Es müssen an den jeweiligen Stellen Energie-Messgeräte, z. B. Wattmeter (**Bild 1**), eingebaut werden und die Daten mitprotokolliert werden. Unter Energieeffizienz wird verstanden, dass ein gewünschter Nutzen mit möglichst wenig Energieeinsatz erreicht wird. Im volkswirtschaftlichen Maßstab können Effizienzsteigerungen durch den *Rebound-Effekt*[1] neutralisiert werden. Die Minimierung des Energieverbrauchs setzt bei unverändertem Produktionsumfang eine Steigerung der Energieeffizienz voraus. Hierzu ist es notwendig alle Teileprozesse und Energien zu untersuchen und zu bewerten.

Die **Energiewertstrom-Methode** umfasst die Phasen *Energiewertstrom-Analyse*, *Energiewertstrom-Design* und *Energie-Management* (**Bild 2**).
Folgende Ziele sollen erreicht werden:

- Feststellung aller Energieverbraucher,
- Schaffung von Transparenz bzgl. des Energieverbrauchs,
- Erfassung und Darstellung des Prozesses,
- Bewertung der Daten und Optimierung,
- Ableitung von Maßnahmen zur Steigerung der Energieeffizienz,
- Kostenersparnis bei gleichzeitigem Erreichen der ökologischen Vorgaben.

Die notwendigen Arbeiten sind in **Bild 3** dargestellt.

[1] vgl. rebound = Abprall, hier: Effizienzsteigerungen führen zu einem höheren Verbrauch, je billiger ein Produkt, desto mehr wird es nachgefragt.

Bild 1: Blathy-Wattmeter, um 1889

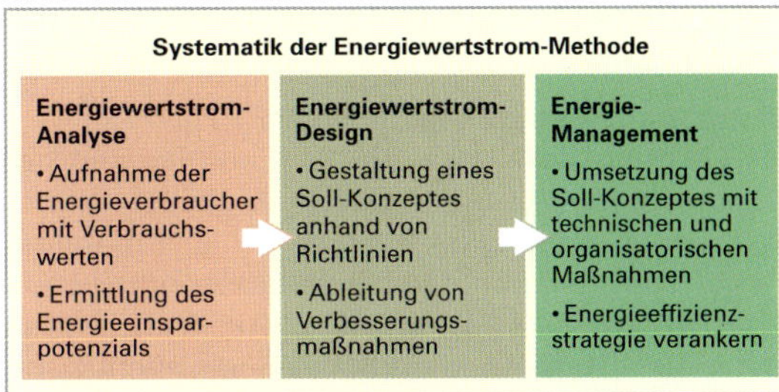

Bild 2: Energiewertstrom-Methode

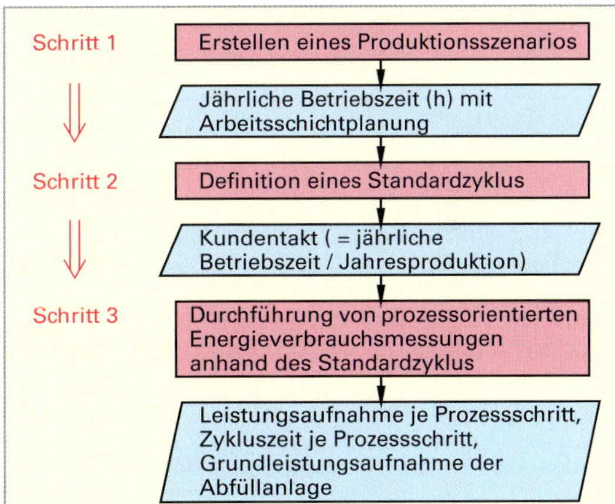

Bild 3: Planung der Arbeitsschritte

Beispiel 1: Datenerfassung bei einem Abfüllprozess (Bild 4)
Mit einer Pumpe wird Wasser in den oberen Behälter gepumpt. Über ein Ventil wird das Wasser in kleine Gläser abgefüllt und mit einem Transportband weitertransportiert. Nach dem Netzgerät wird ein Wattmeter eingebaut. Im Diagramm wird der gesamte Prozess mit dem PC aufgezeichnet. Die Kurven zeigen den elektrischen Energiebedarf der Anlage.
1 = Grundenergieverbrauch (Steuerung, Sensoren ...), ca. 8 W; 2 = Leistung bei Pumpe, nach Einschaltstrom ca. 14 W; 3 = Leistung Ventil, ca. 8 W; 4 = Leistung Förderband, ca. 9 W; 5 = Gesamtenergie in Ws;
Da immer die Gesamtleistung gemessen wird dürfen bei Überlagerungen nur die Differenzen verwendet werden.

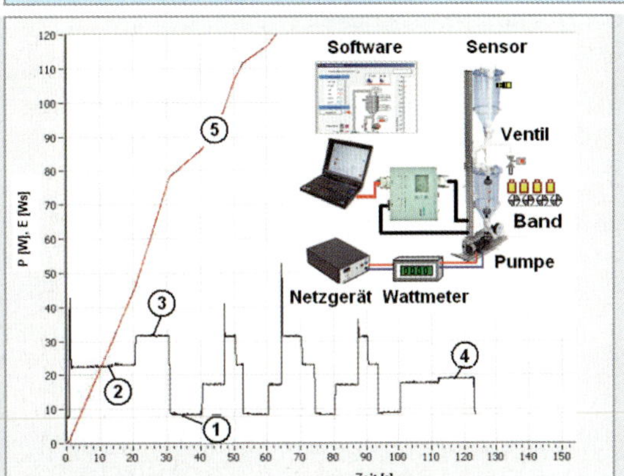

Bild 4: Datenerfassung des Abfüllprozesses

Zur übersichtlichen Darstellung des Energieverbrauchs wird der Prozess in Prozessschritte zerlegt und grafisch dargestellt (**Bild 1**). Aus dem Diagramm wird dann derjenige Teilprozess ermittelt, welcher am meisten Energie verbraucht (Energietreiber). An diesem ist häufig das größte Einsparpotenzial gegeben.

Eine andere Möglichkeit ist die Darstellung als %-Diagramm (**Bild 2**). Auch hier zeigen sich die größten Verbrauchsanteile. In diesem Fall ist es am lohnendsten bei den Kompressorverlusten und bei der Kühlung Veränderungen vorzunehmen. So z. B. kann die Verlustleistung bei der Kühlung durch Wärmerückgewinnung kompensiert werden.

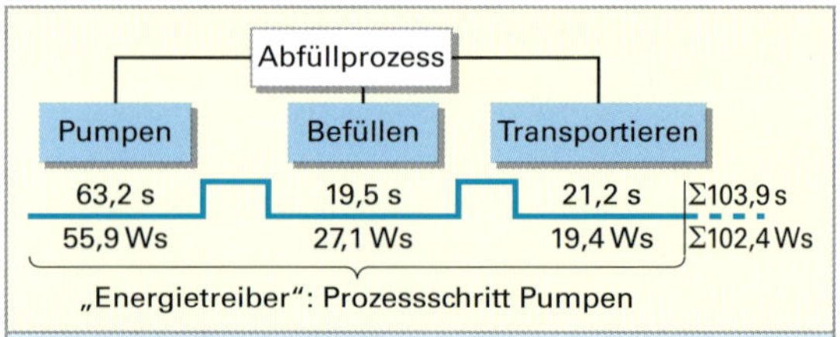

Bild 1: Zeitlinie des Standardzyklus

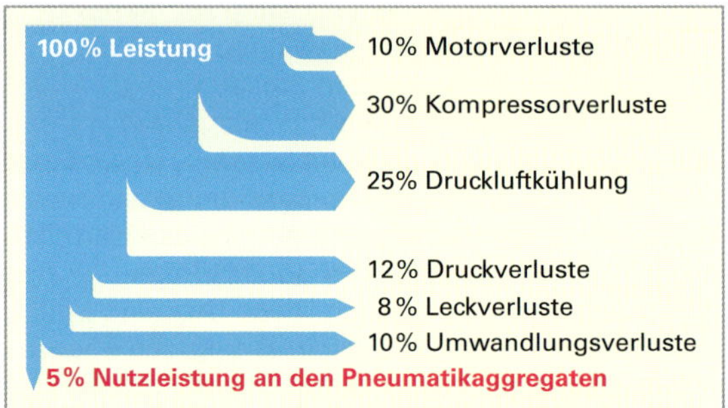

Bild 2: Energiefluss durch eine Druckluftanlage

Lastmanagementsystem (Bild 3)

Die Leistungsbereitstellung der Energieversorger und die interne Auslegung der Anlagen ist von der Spitzenlast abhängig. Intelligente Lastmanagementsysteme haben den Strombezug unter ständiger Kontrolle. Es kann auf Lastspitzen präzise reagieren. Ohne nennenswerte Beeinträchtigung des Betriebsablaufs werden einzelne Betriebsmittel vorübergehend abgeschaltet, oder Eigenstromerzeuger werden zugeschaltet, sodass die teure Spitzenlast deutlich reduziert werden kann.

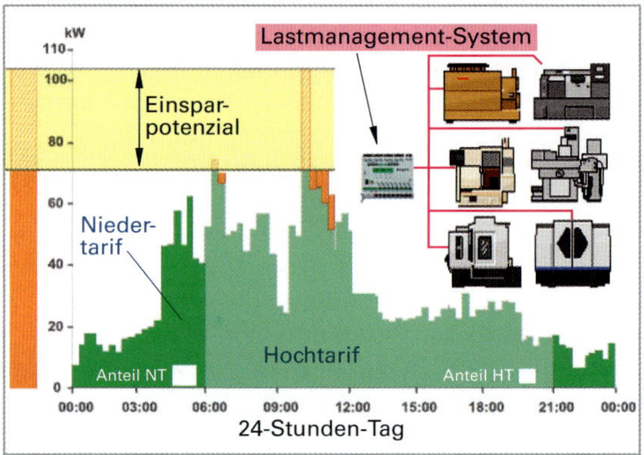

Bild 3: Lastmanagementsystem

> **Beispiel 1:**
> Eine Druckluftstation bekommt einen doppelt so großen Vorratsbehälter. Damit genügt es, wenn in den Fertigungspausen Druckluft erzeugt wird. Der Kompressor wird vom Managementsystem so geführt, dass er in der Hochverbrauchsphase nicht eingeschaltet werden muss.

> **Beispiel 2: Werkstücke schieben (Bild 4)**
> Werkstücke (m = 14 kg) müssen 10 000-mal täglich auf ein Transportband geschoben werden (Zylinder: D = 40 mm, Hub = 200 mm, 1 m³ Luft kostet 10 Cent). Zum Erfassen des Luftverbrauchs wird ein Durchflusssensor installiert.
>
> Bisher wird die linke Schaltung (Bild 4) verwendet (Luftverbrauch/Tag= 10 000 · 6 l = 60 m³/Tag, Kosten = 6,0 Euro). Nach Überprüfung auf Energieeffizienz werden die Drosselventile durch Druckminderventile ersetzt: Ausfahrdruck $p = F/A$, F = 140N · 0,2 = 28 N, p = 28 N/25 cm² = 0,1 bar
> Aus Sicherheitsgründen wird das Druckminderventil auf 1 bar eingestellt. Beim Einfahren wirken keine äußeren Kräfte, deshalb wird dieses Ventil auf 0,5 bar eingestellt.
> Neue Situation: Luftverbrauch/Tag = 10 000 · 0,75 l = 7,2 m³/Tag, Kosten = 0,72 Euro. Zusätzliche Einsparungen sind gegeben durch kleinere Leitungen, und eventuell durch eine kleinere Drucklufterzeugerstation. Das bisher verwendete federrückgestellte Ventil, welches während des Ausschiebens Strom verbraucht, wird durch ein Impulsventil ersetzt, welches jeweils nur einen kurzen Stromimpuls zum Umschalten benötigt.

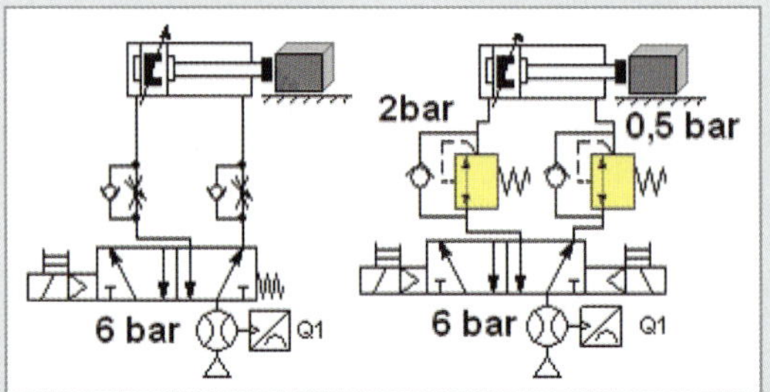

Bild 4: Energieeffizienz in der Pneumatik

9 Geschäftsprozesse

9.1 Managementaufgaben

Aufgabe des Managements ist es, die Ziele eines Unternehmens zu formulieren und für deren Umsetzung zu sorgen. Als oberstes Ziel wird oft der Satz genannt:

> Unser Unternehmen muss in unserem Marktsegment Marktführer werden.

Das gesamte unternehmerische Streben wird unter dieses Ziel gestellt. Die Managementtätigkeit ist immer mit Risiken behaftet, da der geplante Erfolg von vielen sich dauernd verändernden Bedingungen beeinflusst wird **(Bild 1)**.

Dem Management obliegt der gesamte Leistungsprozess eines Unternehmens. Hierzu gehören die *Planungsaufgaben,* die *Organisation,* die *Durchführung* und die *Kontrolle* des gesamten Prozesses. Dies geschieht mit unterschiedlichem Grad an Risiko, Planungssicherheit sowie unterschiedlichem Zeitrahmen **(Tabelle 1)**.

Die sich ständig ändernden Einflüsse verlangen ein dynamisches, unternehmerisches Handeln an den äußeren Bedingungen der Unternehmensumwelt. Das strategische Management (Top-Management) hat stets dafür zu sorgen, dass diese Einflüsse schnell erkannt werden und durch entsprechende Planungen die Wettbewerbsfähigkeit des Unternehmens garantiert wird. Ausgehend von diesen Oberzielen müssen *Investitionspläne, Produktionspläne* sowie *Beschaffungspläne* und *Absatzpläne* erstellt werden. Diese müssen dann schnellstens in der operativen[1] Ebene umgesetzt werden. Hierbei sind kürzeste Umsetzungszeiten anzustreben. Es gilt folgender Satz:

> Nicht die Großen werden die Kleinen am Markt verdrängen, sondern die Schnellen die Langsamen.

Wenn sich Fehler einschleichen, so entstehen oft sehr hohe Kosten, welche den Betriebserfolg wesentlich beeinträchtigen können. In **Bild 2** wird die *Zehnerregel* der Fehlerkosten dargestellt.

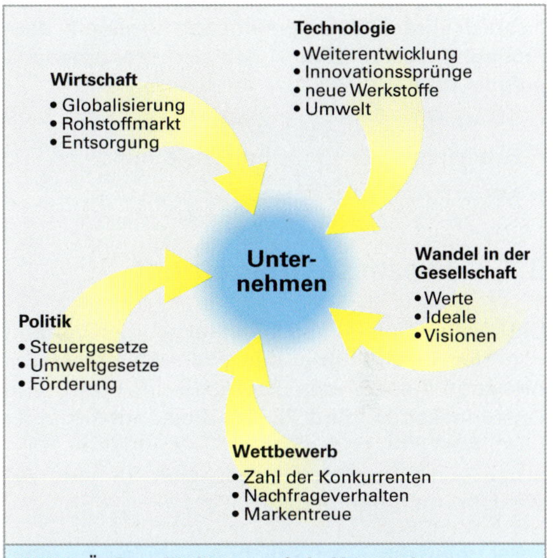

Bild 1: Äußere Einflüsse auf ein Unternehmen

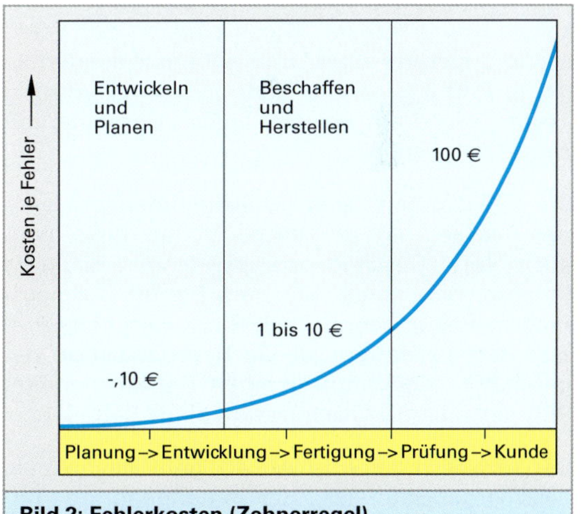

Bild 2: Fehlerkosten (Zehnerregel)

Tabelle 1: Managementebenen

Managementebene	Top-Management Geschäftsführung	Middle-Management Abteilungsleitung	Lower-Management Gruppenleitung
Zielplanung	strategisch	taktisch	operativ
Risikograd	hoch	mittel	niedrig
Detailisierungsgrad	grob	mittel	genau
Zeitrahmen	langfristig	mittelfristig	kurzfristig

[1] lat. operari = arbeiten, operative Ebene = ausführende Ebene

Wenn Änderungen am Markt erkannt werden, so müssen diese hinsichtlich ihrer Auswirkung schnellstmöglich korrigiert werden.

Die Arbeit eines Unternehmens vollzieht sich hinsichtlich ihrer Führungsaufgaben in einem dauernden Kreislauf **(Bild 1)** mit den Managementaufgaben:

- Planung,
- Realisierung,
- Kontrolle,
- Zielsetzung,
- Entscheidung.

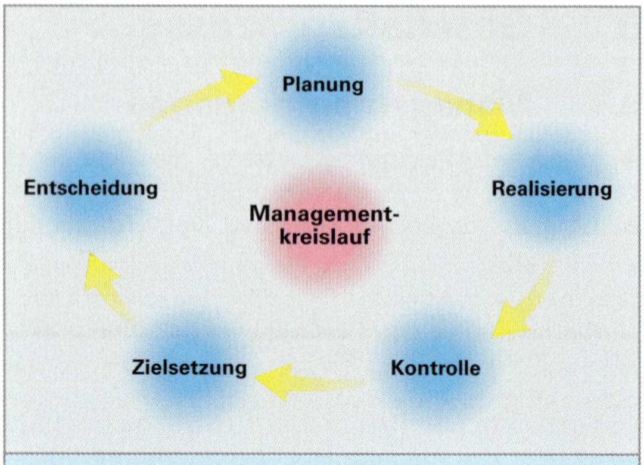

Bild 1: Managementkreislauf

9.2 Prozessmanagement

Die Leistungserstellung im Unternehmen verläuft von der Beschaffung der *Produktionsfaktoren* bis zum Absatz der *Produkte* in Form von Leistungsketten **(Bild 2)**. Die Bestandteile einer Leistungskette sind einzelne Teilaufgaben. Derartige Leistungsketten lassen sich für jede Art von Unternehmen bilden.

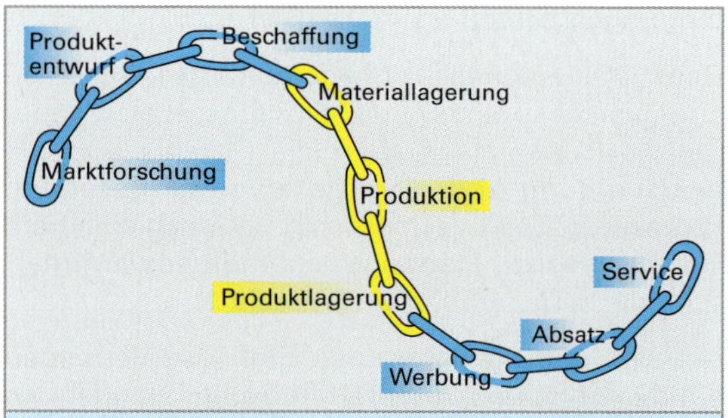

Bild 2: Leistungsketten in einem Unternehmen

Fasst man die erforderlichen Tätigkeiten einer Leistungskette vollständig und in der richtigen Reihenfolge zusammen, so entstehen Prozessketten bzw. Prozesse. Diese sind an der Wertschöpfungskette eines Unternehmens ausgerichtet. In **Bild 3** wird eine Auftragsabwicklung mit Teilprozessen am Beispiel eines *„Computerverkaufs"* dargestellt.

Die Gesamtheit aller Unternehmensprozesse zur Realisierung der strategischen Ziele wird auch mit *Geschäftsprozess* (engl. Business Process) bezeichnet. Mit dem Begriff Business-Process-Reengineering (BPR = Geschäfts-Prozess-Reorganisation) ist die Reorganisation der geschäftlichen Abläufe in einem Betrieb gemeint. BPR gestaltet die Organisation eines Betriebes.

Der prozessorientierte Ansatz geht davon aus, dass organisatorisch zusammengehörige Teilaufgaben zu einem Prozess zusammengefasst werden. Die Bearbeitung eines Prozesses erfolgt abteilungsübergreifend. Der Prozess stellt eine ganzheitliche Betrachtungsweise der Abläufe in den Vordergrund. Für die erfolgreiche Durchführung eines Prozesses ist der eingesetzte Mitarbeiter bzw. das Prozessteam verantwortlich. Es entstehen hiermit wirtschaftliche und flexible Unternehmen.

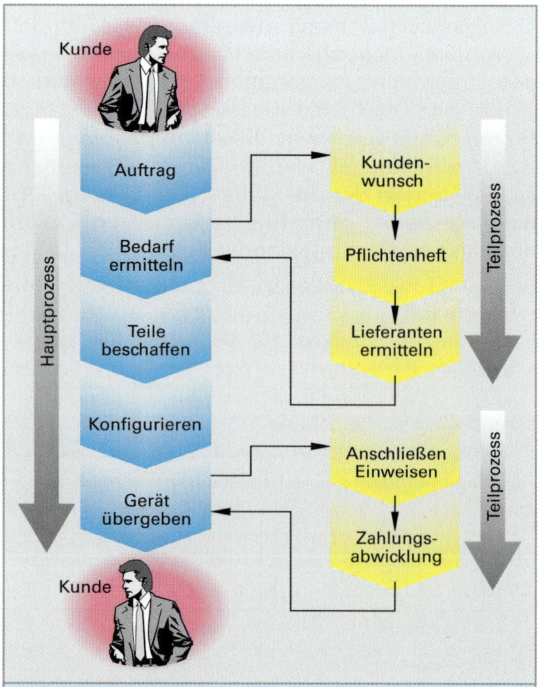

Bild 3: Prozesskette mit Teilprozessen

Zusammenhängende betriebliche Ablaufschritte werden in einer Prozesskette zusammengefasst.

Informationstechnische Strukturen

Bei den traditionellen Softwarestrukturen stehen die abteilungsbezogene Programmlösungen im Vordergrund. Eine durchgehende Datenhaltung ist hiermit trotz Vernetzung schwer möglich.

Die Umstellung auf eine *prozessorientierte Ablauforganisation* macht neue IT-Strukturen notwendig. In **Bild 1** wird die Lieferung und Installation eines Computersystems dargestellt. Zur Prozessorientierung ist eine genaue Analyse des Geschäftsprozesses notwendig.

Hierbei sind vor allem folgende Fragen zu stellen:

- An welcher Stelle beginnt der Prozess?
- An welcher Stelle endet der Prozess?
- Welche Schnittstellen müssen definiert werden?
- Wer darf welche Daten eingeben/lesen?
- Auf welche Daten muss wer zugreifen können?
- Wie erfolgt die Gesamtdokumentation des Geschäftsprozesses?
- Wie erfolgt die Datensicherung und die Langzeitarchivierung?
- Wie und in welchen Zeitabständen erfolgt eine Aktualisierung?

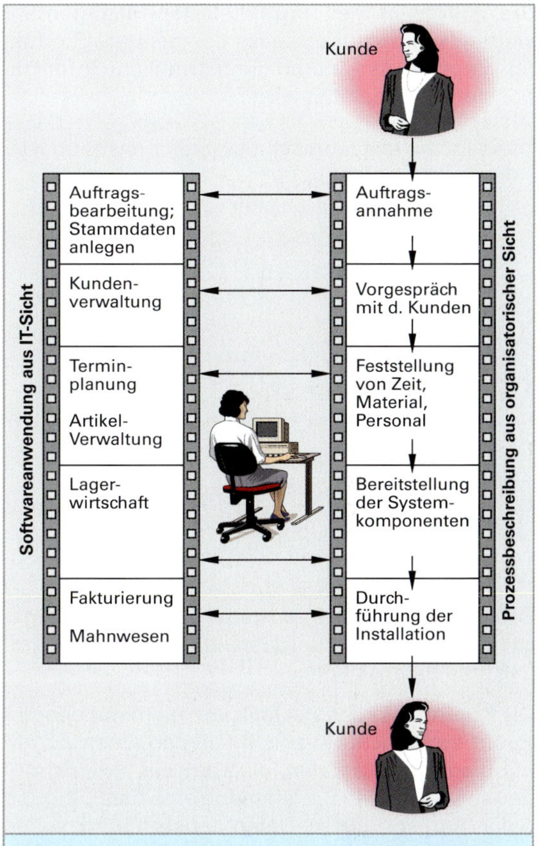

Bild 1: Prozessbeschreibung und Softwarestruktur

9.3 Produkt-Daten-Management

Die einzelnen Phasen eines Produkts, von der Produktidee bis zur Produktentsorgung bzw. dem Produktrecycling müssen gründlich bedacht und gemanagt werden. Der Computer ist hierfür eine wichtige Hilfe.

Durch **Virtualisierung** mit dem Computer können reale, also wirkliche Geschehnisse vorweggenommen werden. So können Produkte in allen Phasen, von der Entstehung über die Produktion bis hin zur Nutzung und Verschrottung getestet werden, bevor sie wirklich in Produktion gehen. Notwendig ist eine datentechnische Aufbereitung eines solchen Produktlebenszyklusses. Man spricht von **Produkt-Daten-Management** (PDM).

> Die Lebenszeit eines Produktes wird von seiner Entstehung bis zu seiner Entsorgung durch das PDM begleitet **(Bild 2)**.

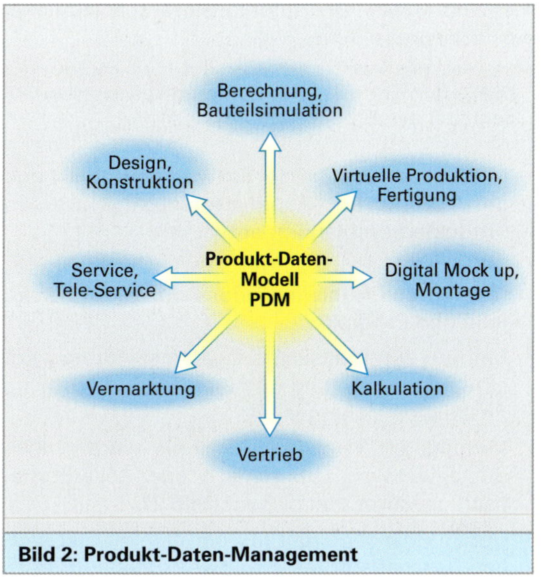

Bild 2: Produkt-Daten-Management

Die Aufgaben des Produkt-Daten-Management werden so strukturiert, dass der gesamte Produktionslebenszyklus durch die betriebliche Informationstechnik begleitet wird.

Das Produktdatenmodell beschreibt das Produkt durch Dateien für:

- die Geometrie insgesamt und die der Einzelteile **(Bild 1)**,
- die Stücklisten,
- die Fertigungsvorgänge mit NC-Daten und Roboterprogramme,
- die Werkstoffe und Prüfprogramme,
- die Montagevorgänge,
- die Produktpräsentation gegenüber Kunden,
- die Kostenrechnung,
- die Vertriebs- und Marketingvorgänge,
- die Wartung und den Service,
- das Recycling.

Das Produkt-Daten-Management (PDM) ermöglicht eine ganzheitliche Darstellung aller produktrelevanten Eigenschaften.

Die **Kommunikationstechnik** vor allem mit dem **Internet** ermöglicht für alle Beteiligten einen *Zugriff* auf diese *Produktdaten,* also auf das Produktmodell sofern für den Betreffenden eine Berechtigung dafür vorliegt. Diese Daten müssen und sollen nicht an einem einzigen Ort gespeichert sein. Über das Internet können sich weltweit *verteilte* Computer-Systeme und damit auch weltweit verteilte Produktionsstätten als ein Unternehmen darstellen. Man spricht von der *Globalisierung* der Unternehmen und Märkte. Die Automatisierung spielt dabei eine sehr große Rolle.

Die Informations- und Kommunikationstechnik begleitet den Produktlebenszyklus.

- Mithilfe automatisierter Entwurfsverfahren und der Technik des Rapid Prototypings werden Produkte beschleunigt entwickelt.
- Mithilfe automatisierter Fertigungsprozesse werden aus Rohteilen oder Rohstoffen Fertigteile und Produkte.
- Mithilfe automatisierter Qualitätsprüfung wird eine fehlerarme und damit eine wirtschaftliche Produktion sichergestellt.
- Mithilfe der Teleservice-Technik werden Produkte weltweit automatisch oder teilautomatisch gewartet und betreut **(Bild 2)**.
- Durch Videokonferenzen über das Internet werden Geschäftsprozesse weltweit getätigt **(Bild 3)**.

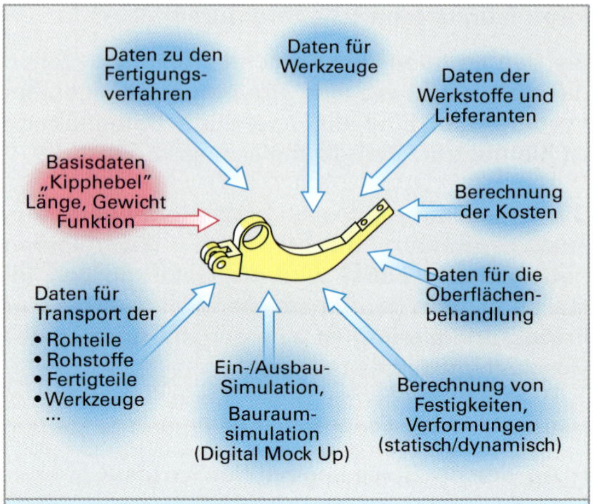

Bild 1: Produktdatenmodell

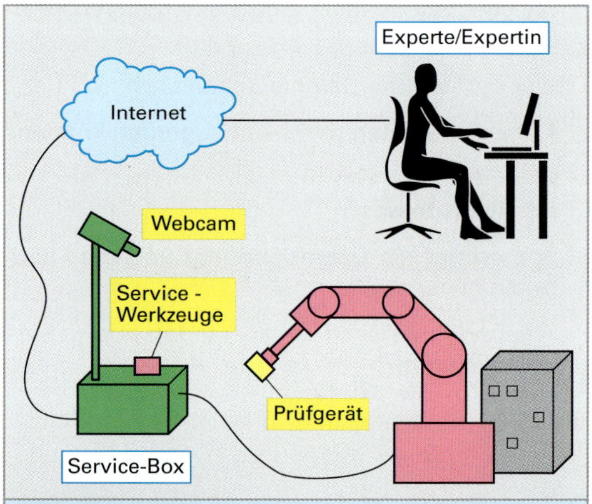

Bild 2: Teleservice

Bild 3: Videokonferenz

9.4 Gestaltungsmethoden für Prozessketten

Als Gestaltungs- oder Beschreibungsmethode für Prozesse wird häufig die Methode der *Ereignisgesteuerten Prozesskette* (EPK) angewandt. Hier lösen Ereignisse Funktionen (Prozesse oder Tätigkeiten) aus und diese wiederum erzeugen Ereignisse. Die Verbindungen zwischen den Elementen **(Bild 1)** symbolisieren den sachlogischen und zeitlichen Ablauf. Ereignisgesteuerte Prozessketten beginnen und enden stets mit Ereignissen. Als Beispiel wird in **Bild 2** eine Prozesskette zur Auftragsabwicklung dargestellt.
Dieses Modell kann auch um die Zuordnung ganzer Organisationseinheiten und Informationsobjekte erweitert werden und wird dann zur *erweiterten ereignisgesteuerten Prozesskette* (eEPK).

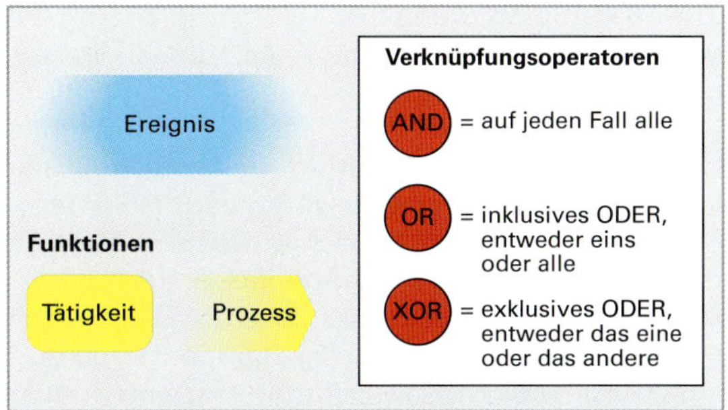

Bild 1: Elemente der ereignisgesteuerten Prozesskette

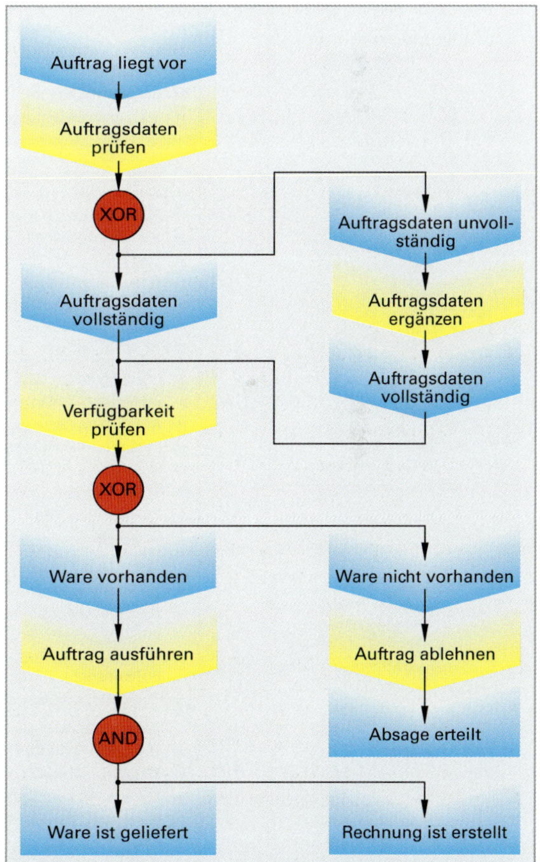

Bild 2: Auftragsabwicklung mit ereignisgesteuerter Prozesskette

Kontrolle von Geschäftsprozessen

Die Kontrolle von Geschäftsprozessen dient der ständigen Verbesserung und Optimierung um den wirtschaftlichen Erfolg des Unternehmens zu sichern. Wir unterscheiden:

- **Ablaufkontrolle**
  - Übereinstimmung der Prozessergebnisse bezüglich der Vorgaben (Soll-Ist-Vergleich),
  - Auslastungsgrad, der in den Prozess eingebundenen Mitarbeiter und technische Einrichtungen,
  - Analyse der Arbeitsschritte mit gleichem Inhalt in verschiedenen Teilprozessen,
  - Test auf Engpässe und Ausnutzungsgrad.
- **Ergebniskontrolle**
  - Qualität des Produktes oder der Dienstleistung,
  - Kosten für das Produkt oder die Dienstleistung,
  - Lieferzeit, Liefertreue,
  - Mehr- und Zusatzleistungen,
  - Zuverlässigkeit und Service.

Um diese Kontrollen zu erreichen und zu bewerten, sind Kontrollverfahren und Messgrößen notwendig. Hierzu zählen unter anderem:

- Ermittlung der Kundenzufriedenheit über Fragebögen oder durch Auswertung von Telefonaten, Erfassen der Kundentreue,
- Nutzwertanalyse,
- Ermittlung der Ausschuss- oder Fehlerquoten,
- Erfassen der Störfälle im Betriebsablauf, z. B. durch Fehlplanungen oder Maschinenausfall,
- Abweichungen von geforderten Qualitätsstandards,
- Erfassen der Durchlaufzeiten für Kundenaufträge,
- Erfassen der Prozesskosten, Arbeiten mit betrieblichen Kennzahlen,
- Benchmarking (Bewertung von Ergebnissen vergleichbarer Prozesse innerhalb des Unternehmens oder mit vergleichbaren Unternehmen).

Zur Ablaufoptimierung und zur ständigen Verbesserung des Geschäftsprozesses sind auch weitergehende Überlegungen notwendig. So gilt es zu untersuchen, inwieweit Prozesse entfernt werden können, welche keinen Beitrag zur Wertschöpfung leisten weil ihre Ergebnisse kaum oder nicht nachgefragt werden. Bei kritischer Durchsicht kann man oft Teilprozesse zusammenfassen um so Kosten zu sparen. Es ist weiter zu prüfen, inwieweit Prozesse ausgelagert werden können (Outsourcing) um die Prozessleistung effizienter[1] oder kostengünstiger zu machen. So kann oft z. B. das Mahnwesen eines Unternehmens ausgelagert werden. Viele Unternehmen lagern, z. B. den Telefonservice an Gesellschaften aus.

Die systematische Analyse der Prozesse liefert auch Daten als Entscheidungsgrundlage für eine eventuelle Automatisierung von Prozessen. Die wesentlichen Vorgänge und Phasen der Prozessoptimierung sind im untenstehenden Schaubild dargestellt **(Bild 1).**

[1] lat. efficere = hervorbringen, besonders wirtschaftlich zustande bringen

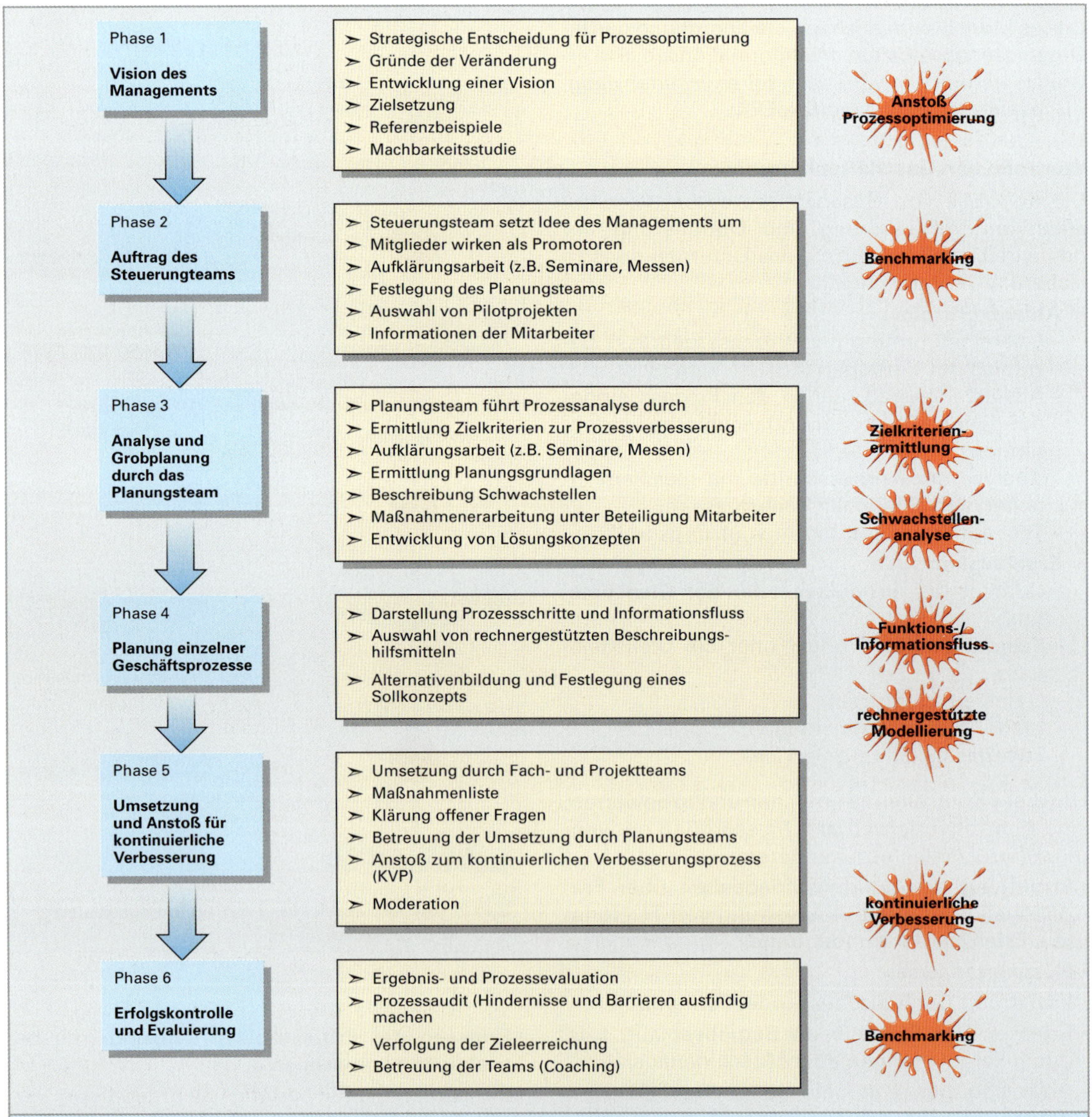

Bild 1: Übersicht zur Prozessoptimierung

9.5 Projektmanagement

Für betriebliche Aktivitäten und Vorhaben, welche relativ neuartig, komplex, bzw. vielschichtig sind, wird häufig das Projektmanagement eingesetzt. Beispiele hierfür sind:

- Platzierung eines neuen Produkts auf dem Absatzmarkt,
- Entwicklung einer neuen Produktlinie,
- Einführung eines Qualitätsmanagements nach DIN ISO 9000,
- Umstellung einer Produktion auf vollautomatische Fertigung.

Projektmanagement ist eine Methode der Unternehmensführung. Sie ist immer prozessorientiert und aus methodischer Sicht eine Problemlösungsstrategie. Die Projektteams erhalten in der Regel von der Unternehmensführung einen Projektauftrag. Dieser wird zielorientiert selbstständig abgewickelt. Ein Projektteam ist in dieser Zeit wie ein Unternehmen im Unternehmen. Im Team sollte jeder Unternehmensbereich vertreten sein. Zusätzlich sind Spezialisten aus den betroffenen Wissensgebieten erforderlich. Es können auch betriebsexterne Experten/Expertinnen dazugeholt werden. Für ein funktionsfähiges Team sind entsprechende Auswahlkriterien zu berücksichtigen **(Bild 1)**.

Bild 1: Kriterien zur Bildung einer Projektgruppe

Projektplanung

Die Projektplanung ist die gedankliche Vorausschau auf das zukünftige Handeln im Projekt. Die Planung orientiert sich an den Leistungszielen sowie an den Terminen und vorgegebenen Sachmittel. So kann folgender Fragenkomplex zugrunde gelegt werden:

- wer erledigt,
- welche Aufgaben,
- in welchem Zeitraum,
- mit welchen Methoden und Techniken,
- mit welchen Ressourcen (Kapital, Sachmittel, Software)?

Die Ergebnisse der Projektplanung stellen die Rahmenbedingungen für das Projekt dar. Die Realisierung des Projekts hängt im Wesentlichen von den Faktoren *Qualität, Termin* und *Kosten* ab. Diese Faktoren bilden das Zieldreieck **(Bild 2)**.

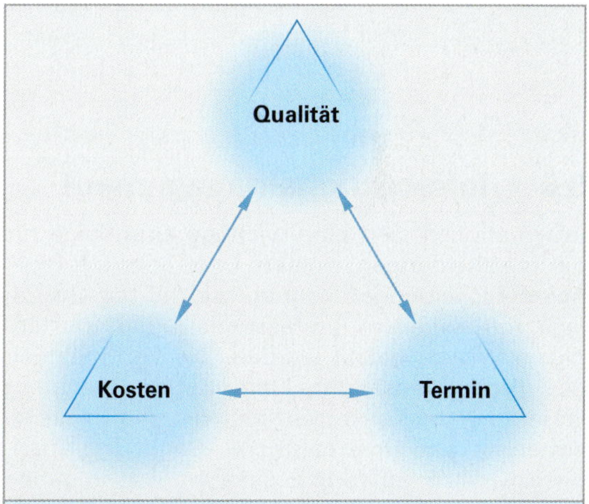

Bild 2: Zieldreieck

> Ein Projekt gilt dann als erfolgreich, wenn die festgelegten Ziele in der geforderten Qualität termingerecht realisiert und der vorgesehene Kostenaufwand eingehalten wurde.

Projektphasen

Jedes Projekt weist eine Struktur auf und ist in einzelne Phasen gegliedert. Hierbei ist die Zeitplanung sehr wichtig. In **Tabelle 1, folgende Seite,** werden beispielhaft die einzelnen Phasen dargestellt. Der Projektverlauf erfolgt nicht unbedingt bis zu einem Abschluss. Ein Abbruch kann bei entsprechenden Erkenntnissen sinnvoll und notwendig sein. Während des Projekts werden dauernd Kontrollfunktionen eingebaut. Damit kann die Weiterführung gesteuert werden.

Tabelle 1: Projektphasen

Nr.	Phasen	Phaseninhalt (Erläuterung)
1	Anstoß	Projektauftrag, Beschreibung der Situation welche geändert werden soll.
2	Zielsetzung	Projektdefinition, Exakte Beschreibung des Problems, Skizzieren einer Vorstruktur.
3	Planung	Stufe 1: Voruntersuchung in Form einer Ist-Analyse, Beschreibung des aktuellen Zustandes, Zieldefinition, soweit möglich Festlegung der Kriterien. Stufe 2: Anforderungsanalyse mit Zeitumfang und Kostenvolumen. Stufe 3: Projektstruktur (Teilaufgaben, Schwerpunkte) sachlogische Ablaufplanung, Ressourcenplanung (Personal, Finanzen) Stufe 4: Besetzung des Projektteams.
4	Entscheidung	Die Unternehmensleitung legt fest ob das Projekt durchgeführt wird, bzw. ob Änderungen der Planung notwendig sind.
5	Durchführung	Feinplanung, detailliertes Pflichtenheft, Aufgabenverteilung an das bzw. die Teams mit Zeitplanung, Umsetzung der Pläne, Darstellung der Ergebnisse, Präsentation.
6	Kontrolle	Testen des Projektergebnisses auf Funktionsfähigkeit, Zuverlässigkeit Fehlerfreiheit, Qualitätsprüfung hinsichtlich der Übereinstimmung mit den Vorgaben.
7	Dokumentation	Dokumentation umfasst alle Pläne, Darstellung der Arbeitsphasen, Erstellen eines Handbuches, Arbeits- und Wartungsanweisungen.

9.6 Informationsmanagement

Informationen sind eine wichtige Grundlage für die Entscheidungen in einem Unternehmen. Richtige Entscheidungen können nur auf der Grundlage von aktuellem, umfassendem und vollständigem Wissen gefällt werden. Die Verfügbarkeit des **Produktionsfaktors Information** bestimmt wesentlich die Konkurrenzfähigkeit und Existenzsicherung des Unternehmens. Damit Informationen wirklich verwertbar sind, werden folgende Anforderungen an diese gestellt:

- Aktualität (Informationen sind auf dem neusten Stand),
- Quantität (Informationen liegen komplett vor),
- Terminierung (Informationen stehen rechtzeitig bereit),
- Validität (Informationen sind gültig und schlüssig).

Alle betrieblichen Prozesse sind durch Informationsaufnahme, Informationsverarbeitung und Informationsabgabe gekennzeichnet.

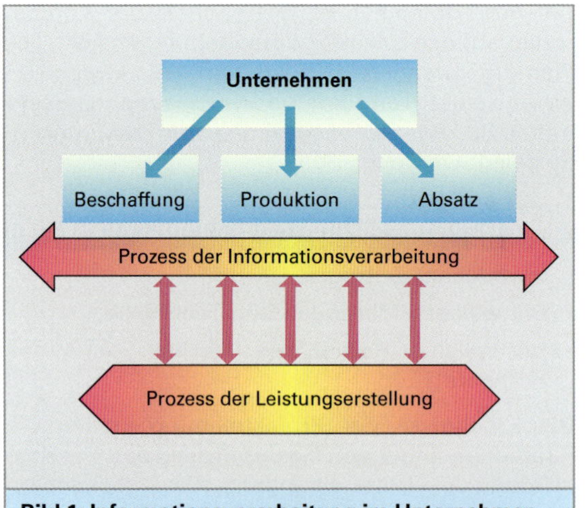

Bild 1: Informationsverarbeitung im Unternehmen

Informationsverarbeitung ist ein immer wichtiger Teil entlang der Leistungserstellung eines Betriebes. Deshalb muss sie integraler Bestandteil im Fertigungsprozess sein **(Bild 1)**.

Die Hauptaufgabe des Informationsmanagements ist die Planung und effiziente Gestaltung des Informationssystems.

Je nach Anforderungsgrad der Tätigkeiten werden Spezialisten benötigt, welche das System betreuen. Unabhängig davon fungieren alle Nutzer (Aktions- und Entscheidungsträger) eines Unternehmens als Informationsmanager.

Die Informatiker richten z. B. eine zentrale Datenbank im Unternehmen ein. Die Sachbearbeiter greifen mit ihren Programmen, z. B. Tabellenkalkulationsprogramme, auf diese Datenbank zu und nutzen sie. Das gesamte Informationssystem besteht aus fünf Komponenten **(Tabelle 1)**.

Um die Informationen aktuell und vollständig zu halten, müssen interne und externe Datenquellen genutzt werden, so z. B.:

- betriebseigene Datenbanken,
- eigene Erhebungen,
- gezielte Fragen an eine bestimmte Zielgruppe, z. B. Lieferer, Kunden (Fragebogen),
- Fachzeitschriften, Literatur, Bibliotheken,
- Messebesuche,
- Recherchieren in Online-Datenbanken,
- Suchen im Internet mit Suchmaschinen.

Man benötigt z. B. Informationen zum Begriff „Werkzeugmaschinen". Durch Aufruf einer Suchmaschine, z. B. http://www:google.de kann dort der Begriff „Werkzeugmaschine" eingegeben werden **(Bild 1)**. Als Antwort erhält man insgesamt weit mehr als 100 Adressen bzw. Erklärungen zu diesem Begriff **(Bild 2)**.

Bild 1: Suchmaschine

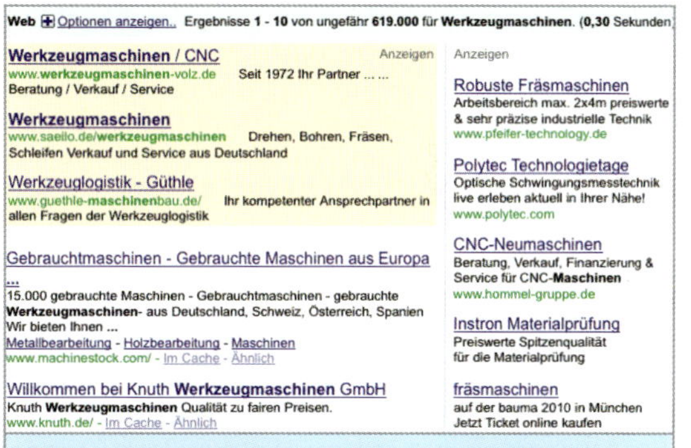

Bild 2: Suchergebnis für „Werkzeugmaschine"

Wiederholung und Vertiefung

1. Nennen Sie die Hauptaufgabe des Managements.
2. Welche Bedeutung hat die Zehnerregel bei den Fehlerkosten?
3. Erläutern Sie die Prozesskette bei der Auftragsabwicklung.
4. Welche Dateien gehören zum Produkt-Daten-Modell?
5. Welche Faktoren bilden das Zieldreieck der Projektplanung.

Tabelle 1: Komponenten eines Informationssystems

Komponenten	Erläuterung	Beispiele
Brainware	Gesamtheit aller Kenntnisse und Fähigkeiten der Mitarbeiter in einem System	Bedienen der Computersysteme, Einstell- und Anpassungsarbeiten, Beheben von Störungen.
Hardware	Alle Geräte des Systems	PC, Monitor, Drucker, Netzwerk, Massenspeicher.
Software	Alle Betriebssysteme, Programmierumgebungen und Anwenderprogramme	Windows, C++, LabVIEW, Visual Basic, Textverarbeitungssoftware, Tabellenkalkulationssoftware, Datenbanksoftware.
Orgware	Alle organisatorischen Maßnahmen zum Betrieb des Systems	Regelungen zur Aufbewahrung, der Datenträger, Maßnahmen, zur Datensicherung.
Kommunikation	Alle zur Umsetzung der Informationsbeziehungen	Anschlagtafeln, Sitzungsräume, Fax, e-Mail, Videokonferenzen, Internet.

9.7 Planungsinstrumente

Für die effiziente Bearbeitung von Arbeitsaufträgen bzw. von Projekten gibt es mehrere Planungsinstrumente. Diese helfen für eine systematische Durchführung der Projekte und eine übersichtliche Darstellung.

Balkendiagramm

Bild 1 verdeutlicht, wie die einzelnen Vorgänge als Balken in einem logischen Zeitraster dargestellt werden. Termine, Dauer der Vorgänge sowie deren Abhängigkeit sind sofort erkennbar. Das Balkendiagramm dient somit als grundlegendes Übersichtsinstrument. Je nach Bedarf können die Spalten mit ergänzenden Angaben erweitert werden, so z. B. die Namen der Teammitglieder, der Kostenrahmen und markante Zwischenstopps.

Netzplantechnik

Die Netzplantechnik (NPT) ist ein Verfahren, Arbeitsabläufe in Projekten zu planen, zu steuern und zu überwachen. In Anlehnung an DIN 69 900 erfolgt eine grafische Darstellung von Ablaufstrukturen in zeitlicher und logischer Abfolge **(Bild 2)**. Neben der *Strukturanalyse* können im Rahmen der *Zeitanalyse* auch kritische Vorgänge, deren Verzögerung zugleich eine Verschiebung des Endtermins herbeiführen, ermittelt werden. Die Vorgangsknoten (Bild 2) und die Pfeilbeziehungen sind in **Bild 3** fett eingezeichnet. Die nicht auf diesem Weg liegenden Vorgänge weisen Zeitreserven auf, sogenannte Puffer. Puffer geben die Zeit an, um die sich ein Vorgang verlängern kann, ohne den Endtermin zu verschieben. Zur Kontrolle des Projektablaufs werden *Meilensteine* gesetzt. Diese werden als kleine Kästchen mit entsprechendem Text dargestellt. Meilensteine stellen jeweils einen wichtigen *Zwischenschritt* bzw. ein wichtiges Zwischenergebnis einer Projektphase dar. Sie dienen dazu, die angestrebten Ergebnisse zu einem bestimmten Zeitpunkt zu prüfen.

Nr.	Vorgang	Dauer	Anfang	Ende	Vorgänger
1	Besprechung	1 Tag	1.2.01	1.2.01	-
2	Antrag	2 Tage	2.2.01	5.2.01	1
3	Ablaufanalyse	4 Tage	6.2.01	12.2.01	2
4	Datensammlung	2 Tage	8.2.01	9.2.01	3
5	Entscheidung	1 Tag	13.2.01	13.2.01	4
...	...	...	...	...	...

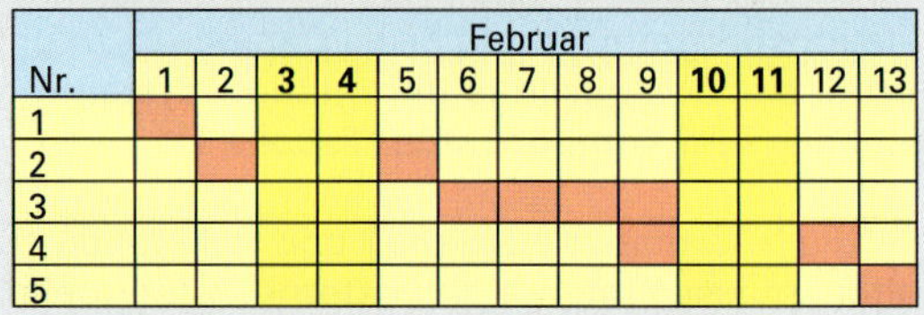

Bild 1: Vorgangsliste und Balkendiagramm

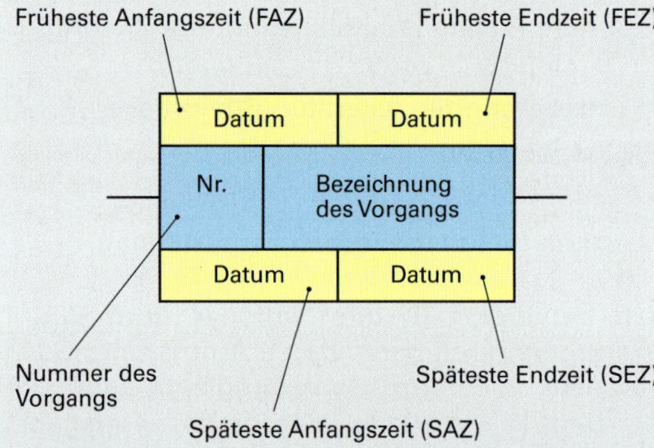

Bild 2: Ausführlicher Aufbau eines Vorgangsknoten

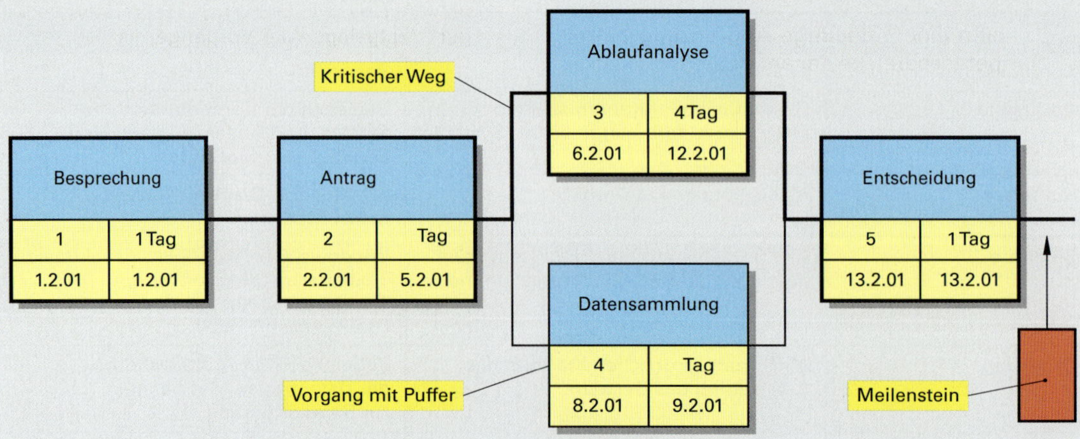

Bild 3: Aufbau eines Netzplans

Zeitrechnung

Bei der Zeitrechnung geht es darum, neben der Dauer der einzelnen Vorgänge und des gesamten Projektes die früheste und späteste zeitliche Lage der einzelnen Vorgänge und die Zeitreserven, die für die einzelnen Vorgänge verfügbar sind zu ermitteln. Dies ermöglicht die Vorwärtsrechnung und Rückwärtsrechnung **(Bild 1)**.

Vorwärtsrechnung. Ausgehend vom vorgegebenen (frühesten) Projektstarttermin wird durch Addition der Vorgangsdauer der früheste Projektabschlusstermin errechnet. Bei einem Vorgang, an dem mehrere Wege zusammenlaufen, wird mit dem jeweils größten Wert weitergerechnet.

Rückwärtsrechnung. Ausgehend vom vorgegebenen Projektabschlusstermin wird durch Subtraktion der Vorgangsdauer der spätest zulässige Projektstartzeitpunkt errechnet. Treffen bei einem Vorgang mehrere Pfeile zusammen, dann wird mit dem jeweils kleinsten Wert weitergerechnet.

Puffer

Die Differenz zwischen dem spätesten Wert der Rückwärtsrechnung und dem frühesten Wert der Vorwärtsrechnung ergibt, bezogen auf den einzelnen Vorgang, die Pufferzeit. Sie gibt die Zeitreserve an, mit der ein Einzelvorgang spätestens eingeleitet werden muss.

Eigenschaften der Netzplantechnik

Das System der Netzplantechnik wird zu gründlichem Durchdenken des Projekts und des Projektablaufs.

Durch die eingehende Analyse des Projekts und die damit verbundene Aufteilung in einzelne Vorgänge, kann eine eindeutige Abgrenzung einzelner Kompetenzbereiche der am Projekt beteiligten Stellen erreicht und gleichzeitig deren Überwachung erleichtert werden. Die Folge aller Vorgänge ohne zeitlichen Puffer heißt *kritischer Pfad*. Jede Störung in einer solchen Ablauffolge verlängert die Gesamtdurchlaufzeit.

Durch Angabe des kritischen Pfades sind die Wirkungen von Störungen und Verzögerungen frühzeitig zu erkennen und leicht in den Griff zu bekommen, da ihre Auswirkungen auf den ganzen Plan jederzeit durchgespielt werden können.

Der kritische Pfad lässt die Wirkung von Störungen frühzeitig erkennen.

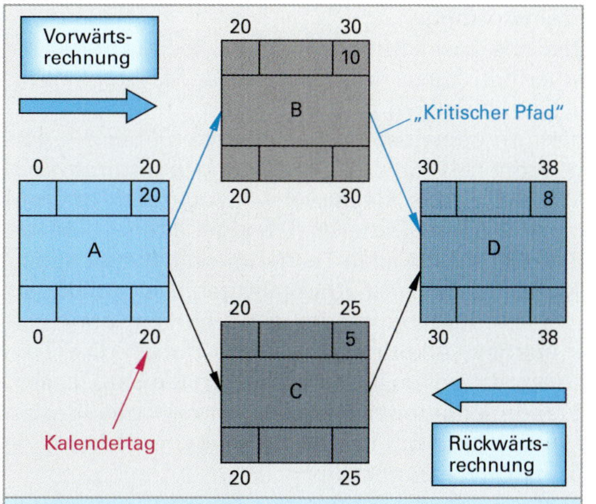

Bild 1: Zeitrechnung

Terminliche, sachliche und personelle Engpässe werden sichtbar und können aufgrund der Transparenz schnell gelöst werden.

Wiederkehrende, vergleichbare Projekte können mit der einmal erstellten Lösung in kurzer Zeit neu geplant werden.

Systematik der Netzplantechnik

1. **Projektbeschreibung**
   Es werden alle zu erfüllenden Teilaufgaben exakt aufgelistet.

2. **Vorgangsliste**
   Alle Vorgänge werden in zeitliche Reihenfolge gebracht, sowie „Vorgänger" und „Nachfolger" festgelegt. Alle Vorgänge werden nummeriert.

3. **Strukturplan**
   Alle Vorgänge werden mit Pfeilen verknüpft. Es wird geprüft, ob zeitparallel gearbeitet werden kann.

4. **Netzplan**
   Es erfolgt die Ergänzung mit den Bearbeitungszeiten und Eintrag des kritischen Pfades **(Bild 1)**.

5. **Projektplan**
   Wird der Netzplan um die Daten der beteiligten Gruppe und Verfahren erweitert, so entsteht der Projektplan.

Brainstorming

Ziel des Brainstorming[1] (Gedankensturm) ist es, innerhalb kurzer Zeit (20 bis 40 Minuten) möglichst viele Ideen zu produzieren. Es handelt sich hier um gemeinsames Nachdenken über ein vorgegebenes Problem. Die Leitung übernimmt ein Moderator. Die Ideen werden zugerufen und auf der Flip-Chart (Blättertafel) festgehalten. Folgende Regeln müssen allen Teilnehmern bekannt sein:

1. Spontaner Zuruf von Beiträgen. Der Inhalt darf nicht auf Logik oder Machbarkeit überprüft werden. Alle Einfälle werden notiert. Die Teilnehmer sollen ihrer Fantasie freien Lauf lassen.
2. Jede Kritik oder Wertung an den geäußerten Ideen wird auf eine gesonderte, nachfolgende Phase verschoben.
3. Ideen anderer Teilnehmer können weiterentwickelt werden („weiterspinnen").
4. Es sollen möglichst viele Ideen in kurzer Zeit produziert werden.

In der Auswertephase werden dann die Ideen untersucht, sortiert und gewichtet. In einer Entscheidungsphase wird festgelegt, welche Idee weiter verfolgt wird.

Brainwriting

Hier handelt es sich ebenfalls um eine Methode der Ideenfindung. Nach Bekanntgabe der Zielsetzung erhält jeder Teilnehmer ein leeres Blatt auf dem er seinen Beitrag notiert. Anschließend wird dieses auf die Mitte des Tisches gelegt. Danach nimmt jeder Teilnehmer das Blatt eines andern und ergänzt es mit seinen Bemerkungen.

Dies kann mehrfach wiederholt werden. Eine besondere Variante ist die *6.3.5-Methode*. Entsprechend der Bezeichnung schreiben sechs Personen jeweils drei Vorschläge nieder. Nach fünf Minuten werden diese Vorschläge an die anderen Personen weitergeleitet, solange bis jeder Vorschlag fünfmal ergänzt wurde. Auf diese Weise entstehen in 30 Minuten 108 Lösungsansätze.

Mind-Mapping[2]

Bei dieser Methode werden die assoziativen[3] Strukturen unseres Denkens genutzt, um die Vernetzung und Komplexität von Informationen sichtbar zu machen **(Bild 1)**. Das Verfahren wird eingesetzt zur Visualisierung von Projekten.

Die Mindestzeit beträgt 30 Minuten. Mind-Maps sind aber nie fertig, man kann immer weiter strukturieren. Bei der Durchführung wird das Problem in den Mittelpunkt gestellt. Von ihm gehen als Gliederungen die Hauptäste ab, die wiederum in Zweige und Nebenzweige verästelt sind. Jeder Ast und Zweig ist mit einem Schlüsselwort gekennzeichnet. Hier sind auch Symbole erlaubt.

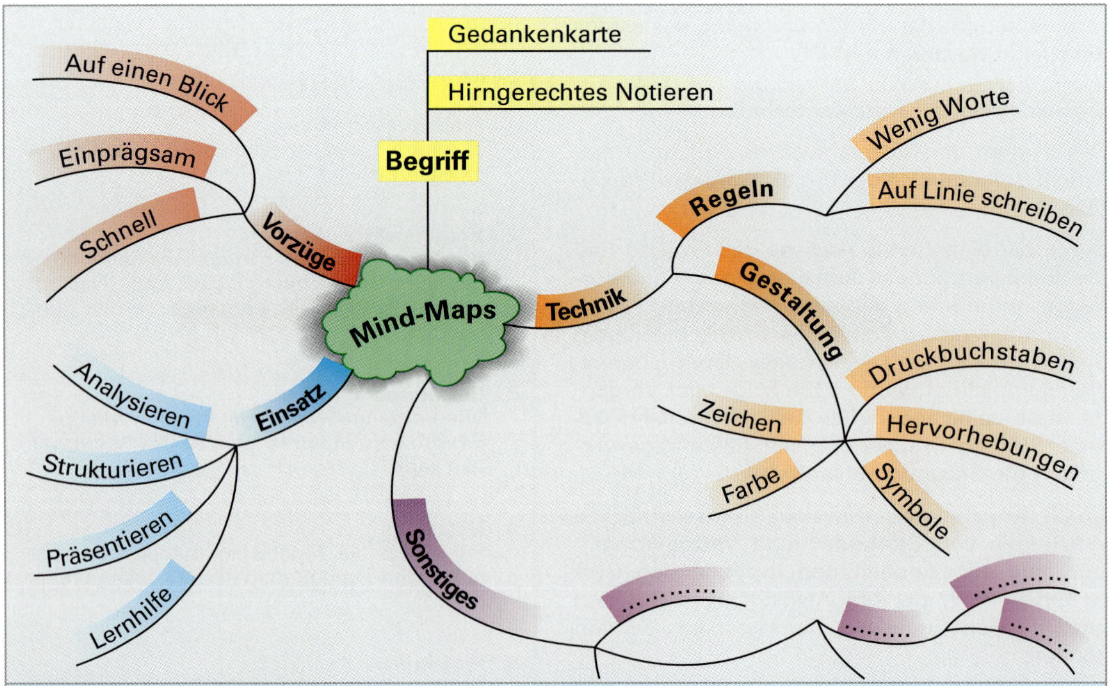

Bild 1: Aufbau eines Mind-Mapping

[1] engl. brain = Gehirn; [2] engl. mind = Sinn, Meinung, engl. map = Karte; [3] lat. associare = hinzugesellen, vereinigen, verbinden

Aufgabe:
Für eine Automatisierungseinheit **(Bild 1)** soll ein Mind-Map erstellt werden.

Lösung: **(Bild 2)**

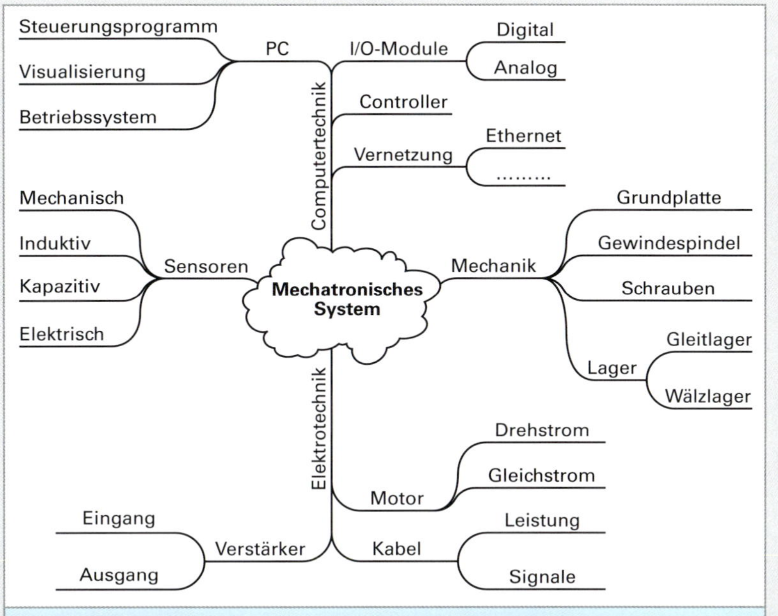

Bild 2: Automatisierungseinheit, mechatronisches System

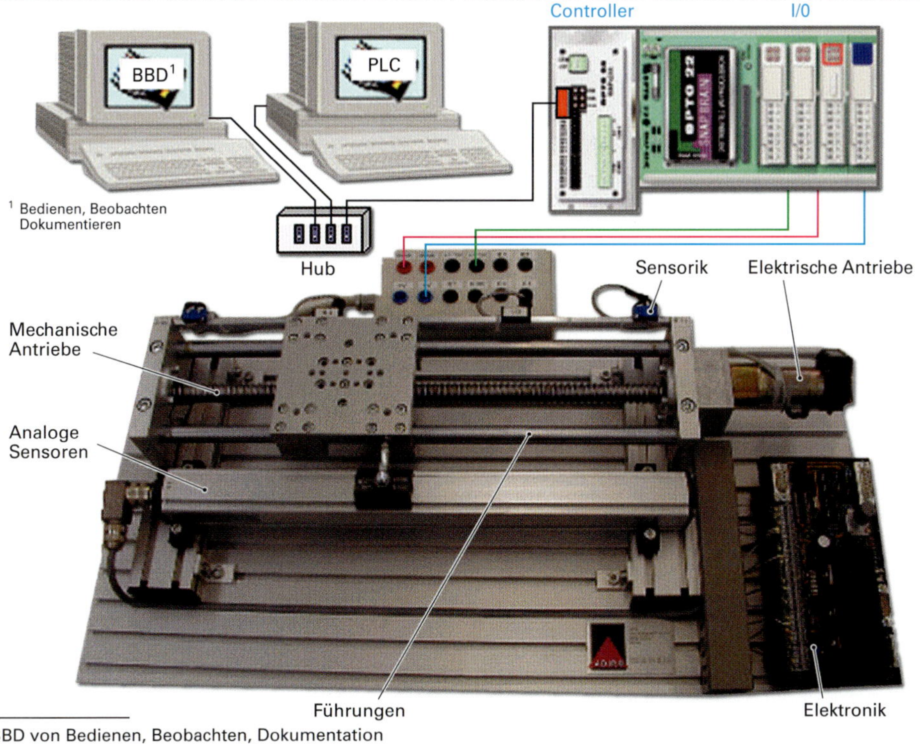

[1] BBD von Bedienen, Beobachten, Dokumentation

Bild 1: Lösung für eine Automatisierungseinheit

Ursache-Wirkungs-Diagramm

Dieses Diagramm wird auch nach dem Erfinder als Ishikawa-Diagramm[1] oder Fischgräten-Diagramm bezeichnet **(Bild 1)**.

Es wird benutzt, um mögliche Einflüsse (Ursachen) auf ein zu bearbeitendes Projekt zu ermitteln. Meist sind die „7-M-Störgrößen" vorgegeben (Mensch, Maschine, Methode, Material, Messbarkeit, Mitwelt).

Vorgehensweise:

1. Beschreiben Sie detailiert das zu bearbeitende Kriterium.
2. Finden Sie Einflüsse, z. B. mittels Brainstorming oder anhand von Strichlisten.
3. Geben Sie das Kriterium auf der rechten Seite (Wirkung) an und schreiben Sie die ermittelten Einflüsse unter die jeweilig vordefinierten Überbegriffe auf die linke Seite (Ursachen).

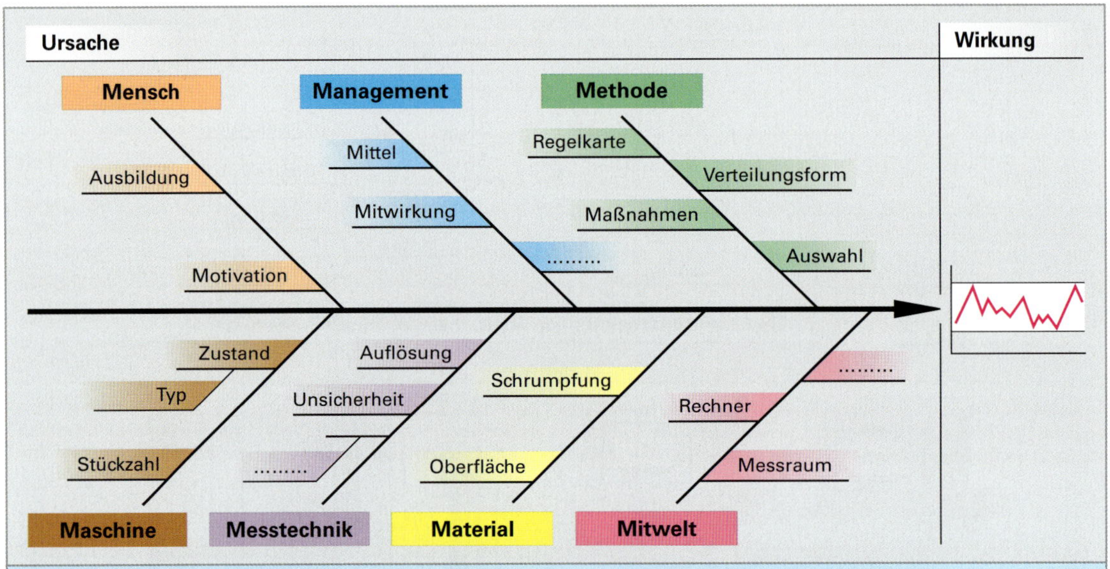

Bild 1: Ursache Wirkungsdiagramm für eine Prozessregelung

Fehlerbaumanalyse

Die Fehlerbaumanalyse kann sowohl für Produkte als auch für Fertigungsvorgänge verwendet werden. Hier kann eine Aussage über das Verhalten eines Systems hinsichtlich eines Fehlers gemacht werden. Der Kern der Methode ist die Aufstellung eines Fehlerbaumes auf der Basis einer Systemanalyse. Es werden alle Störungsmöglichkeiten bzw. Ausfallmöglichkeiten eingetragen. Die Kombinationen werden mit der booleschen Logik verknüpft. Man verwendet ähnliche Symbole wie bei Funktionsplänen **(Bild 2)**.

Zu beachten ist:

- Aufzählung aller Kombinationen, welche einen Ausfall zur Folge haben,
- Bewertung der Eintrittshäufigkeit des unerwünschten Ereignisses,
- Ermittlung der kleinsten Ausfallkombinationen.

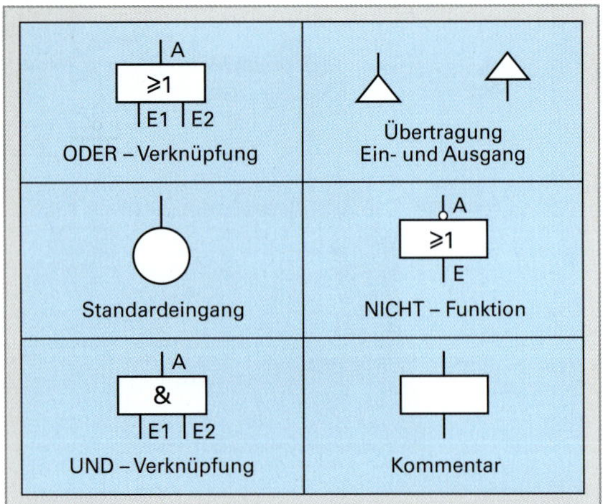

Bild 2: Bildzeichen für die Fehlerbaumanalyse (Auszug)

[1] *Kaoru Ishikawa*, jap. Wirtschaftswissenschaftler, geb. 1915 entwickelte um 1980 diese Darstellung

Aufgabe: Drucklufterzeugung

Für eine Anlage zur Drucklufterzeugung soll ein Fehlerbaum erstellt werden **(Bild 1).** Es soll das Kriterium „Bersten des Druckbehälters" untersucht werden. Funktion: Mit Taster S2 wird die Anlage eingeschaltet. Die Selbsthaltung erzeugt ein Dauersignal. Wird der max. Druck erreicht, wird die Anlage über den Druckschalter P stillgesetzt.

Lösung: **Bild 2**

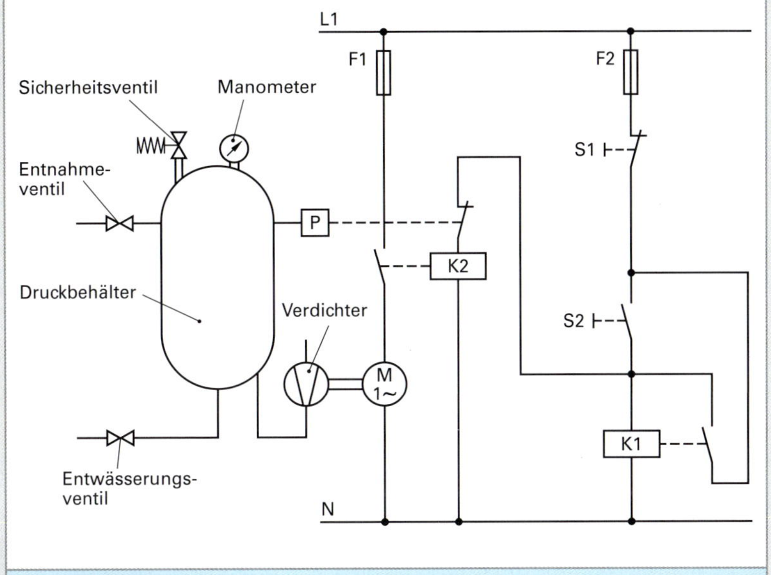

Bild 1: Druckluftanlage

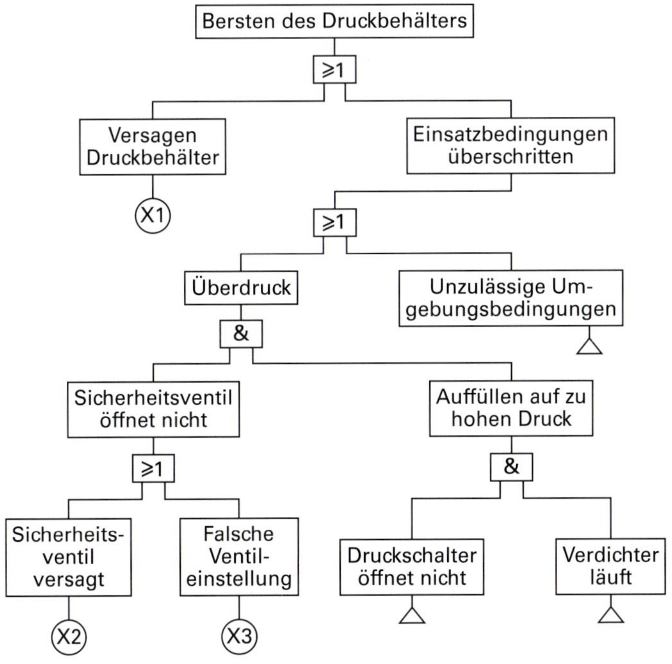

Bild 2: Fehlerbaum

9.8 Moderation

Die Moderation[1] hat die Aufgabe den Gruppenprozess zu steuern und zu begleiten **(Bild 1)**. Der Moderator sorgt dafür, dass die Gruppe arbeitsfähig ist und bleibt. Er koordiniert die Arbeitsverteilung innerhalb der Gruppe. Der Moderator ist nicht für die inhaltliche und fachliche Qualität der einzelnen Beiträge verantwortlich.

Die Verantwortung liegt bei jedem Mitarbeiter. Die Moderatoren leiten die Arbeitsschritte durch präzis formulierte und visualisierte Fragen ein. Sie behalten die Gesamtzielsetzung im Auge. Teilnehmerbeiträge werden von den Moderatoren weder kommentiert noch bewertet. Es wird jedoch auf teamfördernde Verhaltensweisen geachtet, so z. B.:

- jede Meinung wird akzeptiert und diskutiert,
- jedem wird zugehört,
- alle Prozesse und Ergebnisse werden visualisiert,
- Kompromissbereitschaft ist selbstverständlich,
- Hilfsbereitschaft ist geltendes Prinzip.

Als wichtige Hilfsmittel werden meist Moderationswände zur Darstellung der Ergebnisse benutzt **(Bild 2)**.

Phases der Moderation:

1. Orientierung: Einstieg, Leitfragen, Arbeitsaufträge.
2. Arbeitsphase: Aufträge in Einzel-, Partner- oder Teamarbeit ausführen.
3. Abschluss: Dokumentation, Präsentation, Archivierung.

Bild 1: Gruppe mit Moderatorin

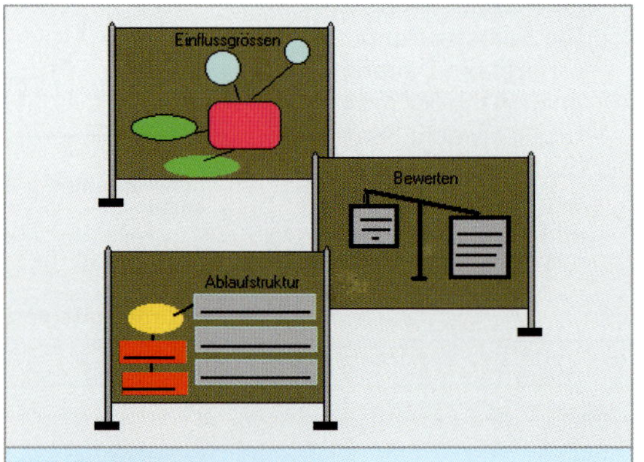

Bild 2: Moderationswände

9.9 Präsentation

Produkte, Arbeitsergebnisse, Projekte, Ideen müssen überzeugend präsentiert[2], d. h. anderen vorgestellt werden. Dabei kommt es darauf an die Aufmerksamkeit der Zuhörer zu gewinnen und die *Kernbotschaft* verständlich und einprägsam zu vermitteln. Eine Präsentation kann man in vier Punkte gliedern:

1. Ziel und Zielgruppe definieren, 2. Inhalt und visuelle Darstellung **(Bild 3)**, 3. Ablauf, 4. Organisation.

Ziel und Thema werden oft verwechselt. Ein richtig formuliertes Ziel erkennt man daran, dass das was erreicht werden soll auch messbar und beobachtbar ist. Hinsichtlich der Zielgruppe müssen folgende Fragen geklärt werden:

- Was erwarten die Teilnehmer?
- Welche Vorkenntnisse haben die Teilnehmer?
- Wie groß ist der Personenkreis?

Bild 3: Visualisierungsmedien

[1] lat. moderatio = das Mäßigen, die Leitung
[2] franz. présenter = darbieten

9.9.1 Inhalt und visuelle Darstellung

Die für die Präsentation wichtigen Inhalte müssen ausgewählt werden. Dabei gilt es die Inhalte aussagekräftig darzustellen und sich gleichzeitig auf das Wesentliche zu beschränken. Je nach Art der Information gibt es verschiedene Möglichkeiten der visuellen Darstellung.

1. Textdarstellung

- Druckschrift, Groß- und Kleinbuchstaben verwenden,
- Schriftgröße so wählen, dass der Text von allen Beteiligten gut lesbar ist,
- kurze prägnante Überschriften und Sätze bilden.

2. Grafikelemente und Symbole

Diese Gestaltungsmittel dienen dazu, Informationen hervorzuheben und zu strukturieren. Wir unterscheiden Grafikelemente und Symbole **(Bild 1)**.

3. Diagramme

Diagramme dienen dazu Entwicklungsabläufe, Größenverhältnisse oder technische Zusammenhänge anschaulich aufzuzeigen. Für die Aufzeichnung von zeitlichen Abläufen eignet sich besonders das *y-t*-Diagramm. Hierbei wird die Zeit *(t)* in der horizontalen Achse (Abszisse) und die abhängige Größe *y* in der senkrechten Achse (Ordinate) dargestellt **(Bild 2)**.

Mit dem Balkendiagramm lassen sich vor allem vergleichende Zahlen aus Tabellen gut visualisieren **(Bild 3)**. Das Diagramm darf aber nicht zu viele Balken enthalten, sonst verliert es an Übersichtlichkeit. Farbunterschiede dienen der besseren Lesbarkeit. Häufig ist auch eine Darstellung als Kreis- oder Tortendiagramm sinnvoll. Für die Verarbeitung von Daten und deren grafischer Darstellung gibt es Software, z. B. Excel.

Tipps für die Durchführung der Präsentation:

- Sorgen Sie für eine ansprechende Gestaltung des Raumes.
- Achten Sie auf ein gepflegtes Äußeres.
- Stellen Sie zu den Teilnehmern Blickkontakt her.
- Bilden Sie kurze Sätze „Sprechen Sie in Bildern".
- Lassen Sie beim Einsatz von grafischen Hilfsmitteln genügend Zeit zur Verinnerlichung.
- Unterstützen Sie ihre Aussagen durch Mimik und Gestik.
- Fassen Sie am Ende kurz zusammen.
- Bedanken Sie sich bei den Teilnehmern.

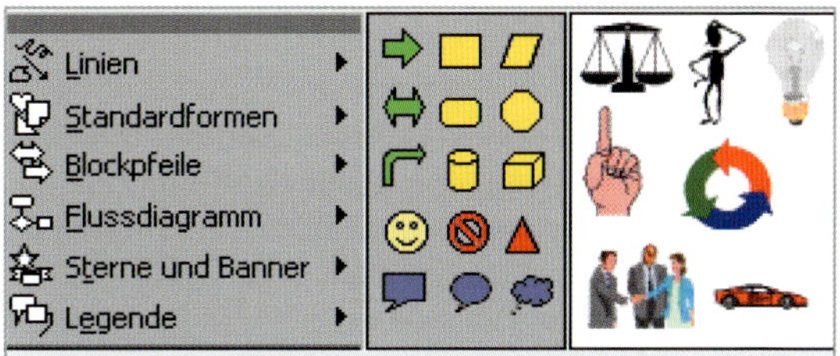

Bild 1: Grafikelemente und Symbole

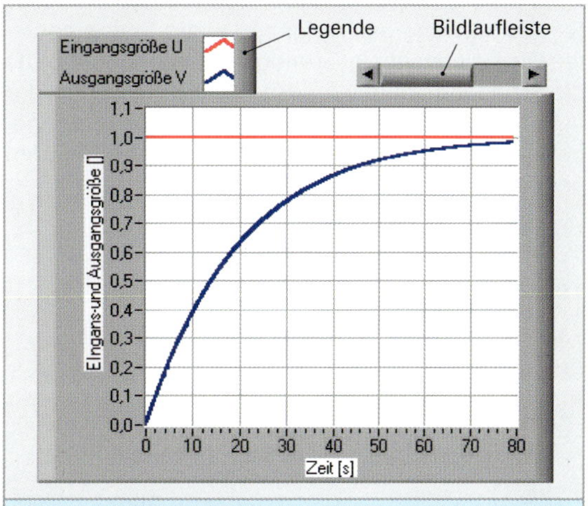

Bild 2: y-t-Diagramm

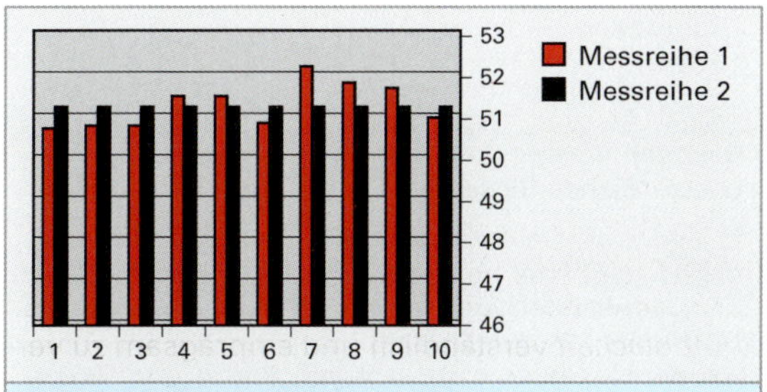

Bild 3: Balkendiagramm

Tipps bei Störungen Ihrer Präsentation:

- Wenn jemand zu spät kommt genügt ein kurzes Nicken mit dem Kopf zur Begrüßung.
- Wenn Sie sich versprechen genügt eine Korrektur ohne große Entschuldigung.
- Wenn Ihnen ein Begriff nicht einfällt umschreiben Sie was Sie sagen wollen.
- Bei einer technischen Panne: auf das Hilfsmittel verzichten oder eine kleine Pause zum Beheben einlegen. Eventuell Grafiken als Kopie verteilen.

9.9.2 Präsentationsgrafik mit PowerPoint

PowerPoint bietet zahlreiche komfortable Funktionen zur Erstellung von Business-Grafiken und von Folien. Neben einfachen statischen Grafiken können auch bewegte Grafiken und Texte erstellt werden. Außerdem können in einfacher Weise Filmsequenzen eingebunden werden.

Zur leichten Erstellung einer Präsentationsgrafik wird ein AutoInhalt-Assistent angeboten, welcher für alle notwendigen Aufgaben einen Dialog anbietet. Dieser erstellt ein Grundgerüst mit dessen Hilfe die Struktur erzeugt wird **(Bild 1)**. Nach Eingabe der notwendigen Daten wird das Weiterschalten angeboten. Für den Aufbau der einzelnen Folien werden bereits Grundmuster angeboten **(Bild 2)**.

Für die Erstellung einer Präsentation gelten folgende Regeln:

- Immer gleiches Hintergrundbild verwenden,
- Grundaufbau der Folien immer gleich,
- Firmenlogo immer an der gleichen Stelle,
- Steigerungen immer von links unten nach rechts oben,
- Schriftart und Textgröße gut leserlich gestalten und möglichst nicht wechseln,
- mit grafischen Elementen auf das Wesentliche hinweisen.

Beispiel: Vortragsfolie über den Aufbau eines mechatronischen Systems.

In **Bild 3** wird eine Musterfolie gezeigt. Der Hintergrund zeigt eine gewisse Dynamik. Es wird wenig Text verwendet. Die verwendeten Farben sollten Harmonie ausstrahlen und einen technischen Sinn haben. Nur bunt wirkt störend. Bilder und Zeichnungen sind selbsterklärend. Die Textzeilen können nacheinander eingeblendet werden und haben Nummern. So kann bei einer Diskussion schnell darauf zugegriffen werden.

Bildschirmpräsentation

Mit animierten Objekten erhöht man die Aufmerksamkeit. Dies sollte jedoch sparsam erfolgen, weil sonst dem eigentlichen Inhalt zu wenig Aufmerksamkeit geschenkt wird. Sinnvoll kann es sein, wenn der Text stufenweise in die Folie geschoben wird, sodass analog dem Vortrag sich die Folie aufbaut. Hierzu kann jedes Objekt mit entsprechenden Eigenschaften versehen werden **(Bild 4)**.

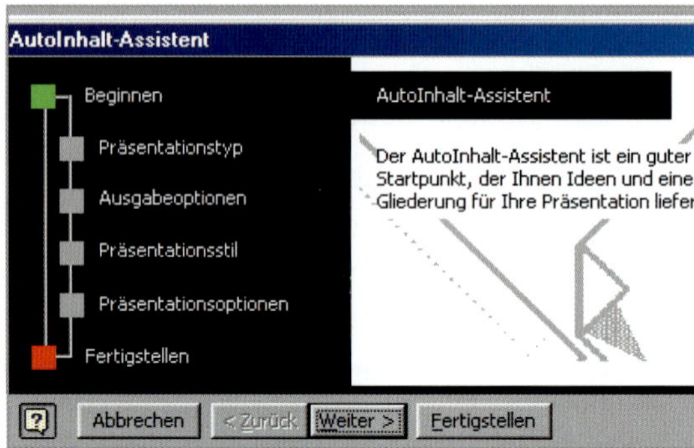

Bild 1: Assistent für die Entwicklung einer Seite

Bild 2: Grundstruktur einer Seite

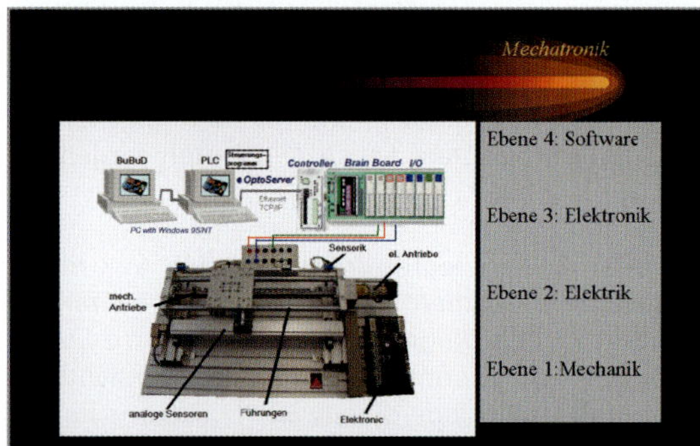

Bild 3: Muster für den Aufbau einer Seite

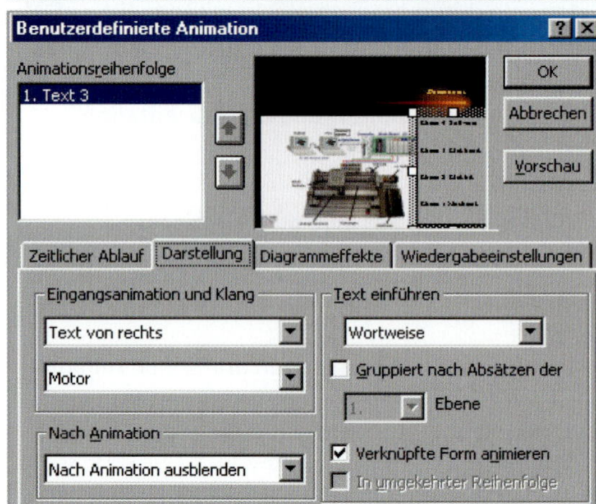

Bild 4: Animation eines Textobjekts

10 Arbeitsgestaltung und Arbeitsschutz

10.1 Der Mensch ist das Maß

Arbeit muss menschengerecht gestaltet werden, d. h. der Mensch mit seinen Fähigkeiten und Bedürfnissen soll das Maß für die Arbeitsgestaltung sein, nämlich so, dass sie
- ausführbar ist,
- erträglich ist,
- zumutbar ist und
- zur Zufriedenheit führt.

Ein zufriedener Mitarbeiter wird immer auch ein motivierter Mitarbeiter sein und im Unterschied zum nicht motivierten Mitarbeiter in seinem Aufgabenbereich weit mehr leisten.

Die Gestaltung der Arbeit betrifft die Arbeitsplätze in Form der Ergonomie und in der Art der Arbeitshandlungen sowie die Arbeitsorganisation.

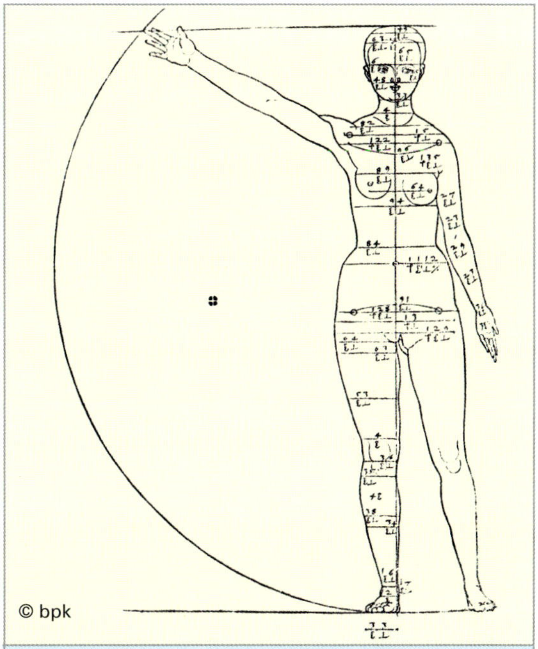

Bild 1: Der Mensch ist das Maß, Skizze von Albrecht Dürer[1]

Ergonomie

Unter Ergonomie versteht man die Bestanpassung der Arbeitsmittel und der Arbeitsumgebung an den Menschen. Am Menschen wird daher schon seit langem Maß genommen um seine Umgebung an ihn anzupassen **(Bild 1)**. Die Wissenschaft der „Menschenmesskunde" heißt Anthropometrie[2].

> Der Mensch ist das Maß für die Gestaltung der Arbeitsplätze.

Die Konstruktion von Maschinen, Geräten und Arbeitsumgebungen soll also so sein, dass sie dem Menschen gerecht wird und nicht dass der Mensch sich der Maschine anpassen muss.

Wichtige Kriterien für einen ergonomisch gestalteten Arbeitsplatz sind:
- dass der Mensch nicht überfordert oder unterfordert wird,
- dass die Betriebsmittel unfallfrei und ohne Gefährdung genutzt werden können,
- dass die Arbeit bei natürlicher Körperhaltung ausgeführt werden kann **(Bild 2)** und
- dass die Arbeitsumgebung hinsichtlich Belüftung, Lärm, Hitze, Kälte, Beleuchtung dem Menschen nicht abträglich ist.

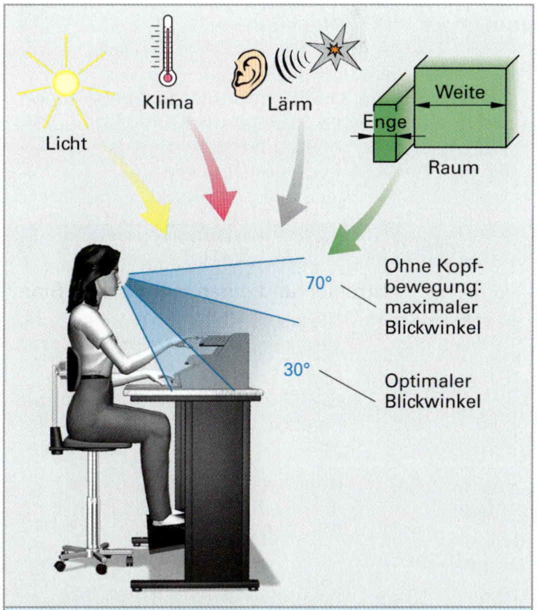

Bild 2: Arbeitsumgebung und Körperhaltung

Werden diese Kriterien beachtet, so ist dies sowohl für die Beschäftigten, wie auch für die Arbeitgeber als auch für die staatliche Gemeinschaft von Vorteil, da dadurch die Gesundheit und die Leistungsfähigkeit gefördert wird.

[1] *Albrecht Dürer,* dt. Künstler (1471–1528)
[2] griech. anthropos = Mensch und metron = Maß

10.2 Arbeitsplatzgestaltung

Der Arbeitsplatz sollte stets so gestaltet sein, dass er in hinreichender Weise der individuellen Größe des Menschen angepasst werden kann. Dabei ist zu beachten, dass Frauen durchschnittlich etwas kleiner sind als Männer **(Bild 1)** und dementsprechend die Arbeitsflächen, Sitzhöhen und Greifräume unterschiedlich dimensioniert werden müssen **(Tabelle 1)**. Man orientiert sich meist am 95. Perzentil und am 5. Perzentil (Bild 1). So sind die Arbeitsplätze für 90 % der Beschäftigten angepasst bzw. anpassbar.

Die Körperhaltung soll bei der Arbeit gewechselt werden können durch verschiedene Sitzpositionen oder durch ein Wechseln zwischen sitzen, stehen und gehen **(Bild 2)**. Das verbessert die Durchblutung.

Durch das dynamische Sitzen wird eine Verringerung der Belastung der Rückenmuskulatur und des Stützapparates erreicht. Damit steigt die Arbeitsleistung der Mitarbeiter und Mitarbeiterinnen. Sie können konzentriert und motiviert, ohne Verspannungen durcharbeiten. Zudem werden langfristig auch die Krankmeldungen wegen Migräne durch Rücken- oder Nackenverspannungen deutlich zurückgehen.

Die Leistung der Mitarbeiter und Mitarbeiterinnen darf durch schlechte Arbeitsmittel nicht vergeudet werden, sondern sollte über den ganzen Arbeitstag zur Produktion voll genutzt werden.

Tabelle 1: Abmessungen am Arbeitsplatz

Höhe der Arbeitsfläche		
Nur sitzende Tätigkeit	Nur stehende Tätigkeit	Sitzende u. stehende Tätigkeit
Mann: ca. 72 cm Frau: ca. 69 cm	Mann: ca. 105 cm Frau: ca. 95 cm	Gewichtsverteilung 60% auf Sitzfläche 40% auf die Füße
Höhe der Fußauflage bei überhohen Maschinen	Höhe des Arbeitsstuhls (DIN 4552)	Größe der Greifräume
Höhe ca. 30 cm Fläche ca. 40 · 40 cm Winkel: 20°	Sitzhöhe: 420 bis 500 mm Sitztiefe: 380 bis 440 mm Sitzbreite: 400 bis 480 mm	Besondere Beachtung der Wirk- und Greifräume des 5. Perzentil – kleine Personen

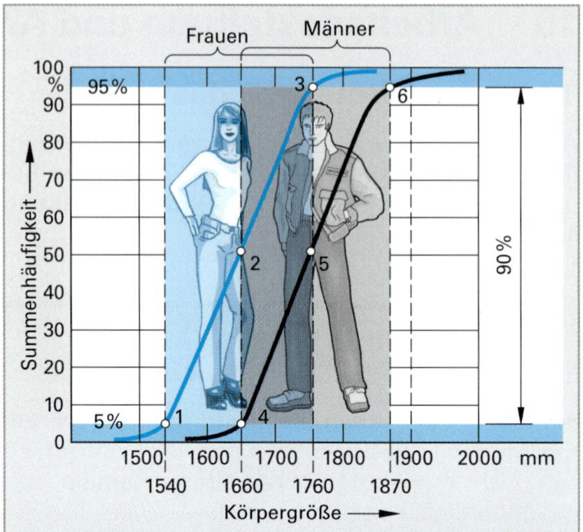

- **1** 1540 mm **kleine Frauen** 5% sind kleiner
- **2** 1660 mm **mittelgroße Frauen**; 50% sind kleiner bzw. größer
- **3** 1760 mm **große Frauen** 5% sind größer
- **4** 1660 mm **kleiner Mann** 5% sind kleiner
- **5** 1760 mm **mittelgroßer Mann**; 50% sind kleiner bzw. größer
- **6** 1870 mm **großer Mann** 5% sind größer

Bild 1: Die Summenhäufigkeit der Körpergrößen

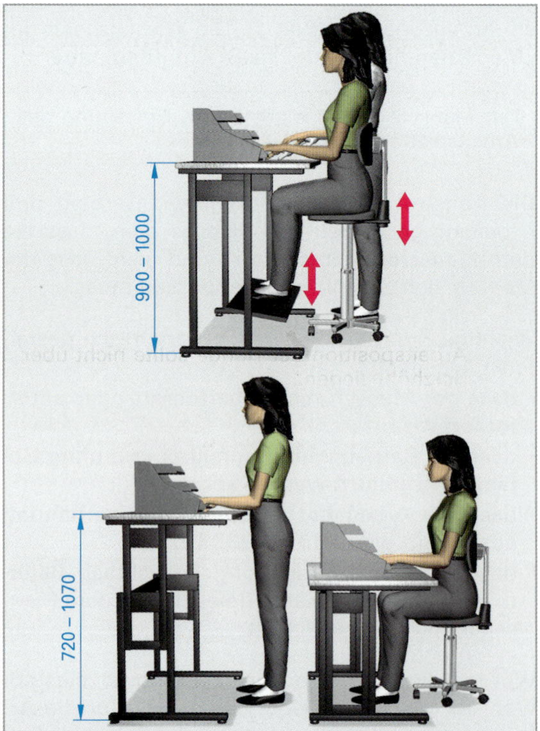

Bild 2: Das Sitz-Stehkonzept für den individuellen Belastungswechsel

Die Abmessung des Wirk- oder Greifraumes ist durch die Länge und Beweglichkeit des Arms gegeben; aber nicht alle Zonen im Raum lassen einen harmonischen Bewegungsfluss zu. Günstige oder weniger günstige Gelenkstellungen schränken den Bewegungsraum ein **(Bild 1)**.

Bei der Gestaltung des Arbeitsplatzes sollen alle Stellteile, Werkzeuge und Werkstücke innerhalb des maximalen Greifraumes angeordnet sein. Ist dies nicht möglich, sollten die selten benötigten Teile oder Stellteile so angeordnet sein, dass sie durch eine einfache Rumpfbewegung erreichbar sind. Bei stehender Arbeitsweise wird der Wirkraum deutlich erweitert **(Bild 2)**.

Greifräume, somit die **Reichweiten** von Händen, Armen und Beinen müssen sicherheitstechnisch überprüft werden. Die Vorschriften über **Sicherheitsabstände** sind nach **DIN EN 294** sehr streng und ausführlichst geregelt.

Die Abstände der Schutzeinrichtung (Gitter, Zaun) von der zu schützenden Konstruktion, z. B. Pressen, drehende Wellen, sind in Form von Tabellen vorgegeben. Dabei sind je nach Risikoabschätzung kleine oder kleinere Abstände anzuwenden. Es ist die Eintrittswahrscheinlichkeit und die voraussichtliche Schwere einer Verletzung zu berücksichtigen. Ein geringes Risiko besteht z. B. bei einer Gefährdung durch Reibung oder Abrieb, ein hohes Risiko z. B. bei einer Gefährdung durch Aufwickeln.

Grundsätze:

- Die Arbeitsposition der Hände sollte nicht über der Herzhöhe liegen.
- Statische Haltearbeit, d. h. dauernde Haltearbeit sollte unbedingt vermieden werden.
- Überkopfarbeit sollte nur selten und nur für kurze Zeit erforderlich sein.
- Körperlich schwere Arbeit sollte durch Arbeitshilfen, z. B. Hebehilfen, Kran vermieden werden.
- Die Arbeit sollte abwechslungsreich und nicht monoton sein.
- Der Arbeitsgegenstand sollte im richtigen Blickwinkel und in der richtigen Sehentfernung liegen.
- Die Beleuchtung muss stimmen **(Tabelle 1)**.

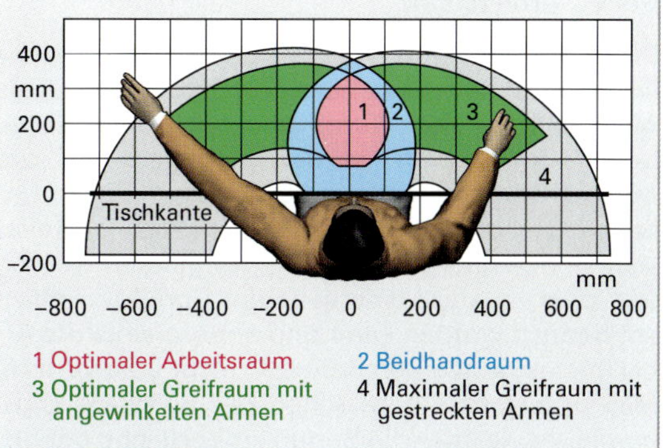

Bild 1: Greifräume

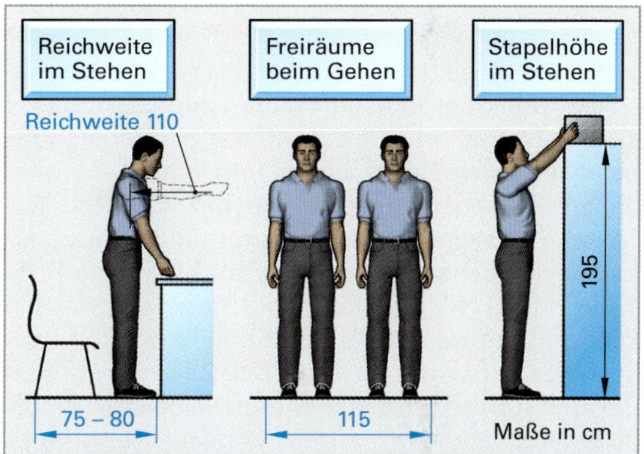

Bild 2: Bewegungsräume des Menschen

Tabelle 1: Beleuchtungsstärken

lx[1]	Art der Arbeit	typische Berufe
250	Arbeiten mit leichten Sehaufgaben, einfache Montagearbeiten	Bäcker Fleischer Buchbinder
500	Laboratorien, Montagearbeiten, Bildschirmarbeitsplätze	Tischler Modellschreiner
750	Kontrollarbeiten mit Farbprüfung, Feinmontage,	Metallwerker
1000	Zeichenräume, feinmechanische Arbeiten	Arbeitsplaner Konstrukteur
1500	Montage feinster elektronischer Bauteile, sehr feine Arbeiten der Feinmechanik und Optik,	Elektroniker Optiker Mechatroniker
2000	feinste Arbeiten	Uhrmacher, Goldschmied

[1] Lux, Maßeinheit lx (lat. lux = Licht) = Lichtstrom in lm/Fläche in m^2

Der PC-Arbeitsplatz

Die Kommunikation zwischen dem Benutzer eines Computers und dem Computer selbst wird als *Mensch-Maschinen-Kommunikation* bezeichnet. Der PC-Arbeitsplatz ist der wichtigste Teil der *Mensch-Maschinen-Kommunikation.* Er muss nach ergonomischen Gesichtspunkten gestaltet sein, d. h., er muss dem Benutzer gerecht werden und zwar so, dass einerseits der Computer effizient benutzt werden kann und andererseits die Arbeitsbelastungen den Benutzer nicht überfordern. Man unterscheidet zwischen der Software-Ergonomie, zu welcher die Benutzeroberfläche gehört, und der Hardware-Ergonomie.

Zur **Hardware-Ergonomie** gehört die körperliche Gestaltung der Arbeitsmittel, z. B. die Tastatur und der Bildschirm, aber auch die Anordnung dieser Arbeitsmittel am Arbeitsplatz und der Arbeitsplatz selbst im Arbeitsraum **(Bild 1)**. Die Bildschirme sollen quer zum Fenster ausgerichtet sein, damit sich die Augen des Benutzers auf die Bildschirmhelligkeit einstellen können und nicht von dem hellen Fensterhintergrund gestört werden. Die Fenster müssen mit Lamellenvorhängen oder Jalousien versehen sein, damit der Lichteinfall der Tageshelligkeit entsprechend geregelt werden kann und damit direkte Sonneneinstrahlung ausgeschlossen wird. So sind bei Raumplanungen Computerarbeitsplätze vorzugsweise auf Nordseiten vorzusehen. Die Deckenbeleuchtung muss mit Blendlamellen versehen und so angeordnet sein, dass Spiegelungen im Bildschirm ausgeschlossen sind. Die Bildschirmarbeitsplatz-Leuchten, auch BAP-Leuchten genannt, ermöglichen durch spiegelnde und parabolisch geformte Lamellen sowie parabolisch geformte Reflektoren die richtige Arbeitsraumbeleuchtung **(Bild 2)**.

Der Bildschirm sollte in der Höhe verstellbar sein, sodass entsprechend der Körpergröße des Benutzers der obere Bildschirmrand etwa in Augenhöhe liegt und bei Betätigung der Tastatur der Ellenbogen einen Winkel von 90° bildet **(Bild 3)**. Vor der Tastatur sollte noch eine Handauflagefläche von etwa 5 cm Breite zur abgerundeten Tischkante sein. Der Stuhl ist so einzustellen, dass zur Tischunterkante eine hinreichend große Beinfreiheit gegeben ist und die Sitzlehne für eine aufrechte Sitzhaltung sorgt.

Beim PC-Arbeitsplatz ist auf eine blendfreie Bildschirmaufstellung zu achten, wobei der Bildschirm rechtwinklig zur Fensterfront angeordnet sein soll.

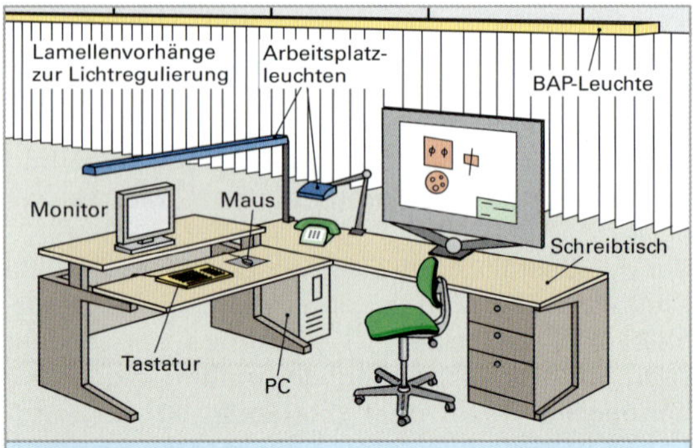

Bild 1: PC-Arbeitsplatz

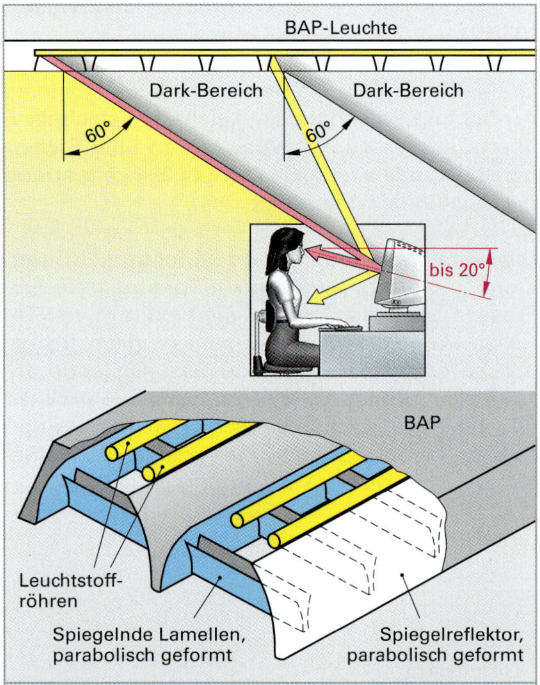

Bild 2: Beleuchtung mit BAP-Leuchten

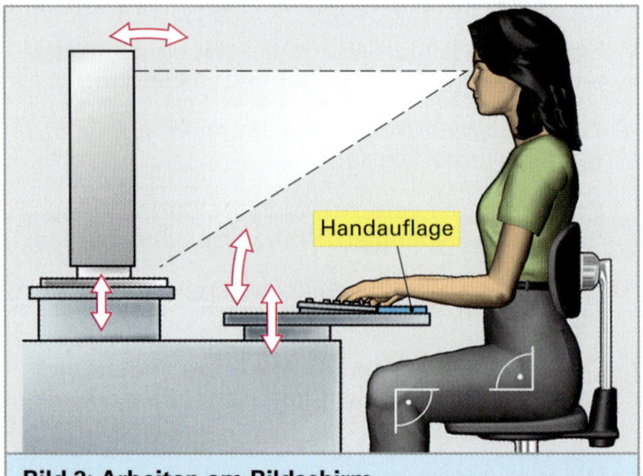

Bild 3: Arbeiten am Bildschirm

Checkliste für einen PC-Arbeitsplatz

Arbeitsflächen. Mindestbreite 1600 mm, Mindesttiefe 800 mm, besser 900 mm/1000 mm. Sehentfernung zum Bildschirm 450–800 mm.

Bewegungsraum. Freie Bewegungsfläche mind. 1,5 m^2, mind. 1 m Freiraum hinter dem Arbeitstisch.

Verkehrsraum. Freier Zugang zu Fenstern, Heizkörperthermostat, Außenjalousie-Schalter u. dergl. Verkehrswegebreite mind. 800 mm, bei mehr als 5 Nutzern mind. 1000 mm.

Stauraum. Stauräume für Arbeitsmittel und Lagermöglichkeiten müssen verfügbar sein.

Anordnung zum Fenster. Fensterflächen dürfen sich nicht auf dem Bildschirm spiegeln.

Anordnung zu anderen Arbeitsplätzen. Die Beschäftigten sollten selbst entscheiden können, ob sie mit oder ohne Blickkontakt zum Nachbarn sitzen wollen.

Ergonomie. Die PC- und CAD-Arbeitsplätze müssen nach ergonomischen Gesichtspunkten hergestellt sein und z. B. unterschiedliche Sitzhaltungen (dynamisches Sitzen) und Arbeiten im Stehen ermöglichen.

Durch die Verstellung der Arbeitstische und Stühle sollte es möglich sein, dass
- die Füße mit der ganzen Fußfläche auf dem Boden aufgesetzt werden;
- die Ober- und Unterschenkel einen Winkel von 90° bilden können;
- die Ober- und Unterarme einen Winkel von 90° bilden können;
- die oberste Bildschirmzeile nicht über der Augenhöhe liegt;
- **die Beinraumhöhe** mind. 650 mm, die Beinraumbreite mind. 580 mm und die Beinraumtiefe mind. 600 mm beträgt.
- **der Arbeitsstuhl,** ein Büroarbeitsstuhl ist (5 Abstützpunkte bzw. 5 Rollen, höhenverstellbar gepolstert, mit Armauflage und gekrümmter Rückenlehne);
- **der Tisch** möglichst höhenverstellbar ist, sonst 720 mm hoch.

Tastatur. Die Tastatur muss getrennt vom Bildschirm sein.

Bildschirm. Er muss neigbar (5° nach vorne, 20° nach hinten) sein.

Beleuchtung. Die Beleuchtungsstärke sollte 500 Lux betragen und ggf. absenkbar sein, bei Leitständen und Warten. Die Beleuchtung darf nicht blenden, spiegeln oder reflektierend sein. Eine Allgemeinbeleuchtung ist erforderlich, d. h. eine ausschließliche Einzelplatzbeleuchtung darf nicht sein.

Tageslicht. Der Tageslichteinfall muss regulierbar sein, z. B. durch Lamellenstores, Außenjalousien.

Blendung. Leuchten und helle Flächen dürfen durch Wände, Decken, Fußböden oder Möbel nicht direkt oder durch Reflexion blenden.

Bildschirmarbeit. Sie ist so zu organisieren, dass sie nicht eine ausschließliche Tätigkeit ist, sondern mit anderen Arbeiten sich abwechselt.

Akustik. Für Bildschirmarbeiten sollte der Geräuschpegel unter 40 dB(A) liegen, höchstens jedoch bei 55 dB(A).

Geräuschemission und Geräuschminderung. Es sollten nur die leisesten Geräte beschafft werden, Kopierer, Drucker und nicht ständig benötigte Bürogeräte (z. B. Aktenvernichter) sollten in Nebenräumen aufgestellt werden.

Klima. Mindestluftraum pro Beschäftigten: 15 m^3, Temperatur 21 °C bis 22 °C (höchstens 26 °C), Luftfeuchtigkeit 40 % bis 65 %. Luftgeschwindigkeit kleiner 0,15 m/s am Arbeitsplatz.

Bildschirmdialog. Der Bildschirmdialog muss sein:
- **aufgabenangemessen,** d. h., er darf den Nutzer nicht unnötig mit nicht wichtigen Fragen belasten,
- **selbstbeschreibungsfähig,** d. h., er muss dem Nutzer Klarheit bei jedem Dialogschritt geben,
- **steuerbar,** d. h., der Nutzer muss auf den Ablauf Einfluss nehmen können und damit unnötige Schritte umgehen können,
- **erwartungskonform,** d. h., folgerichtig und übliche Dialogerfahrungen unterstützen,
- **fehlerrobust,** d. h. auch bei fehlerhaften Eingaben mit wenig Aufwand korrigierbar,
- **individualisierbar,** d. h. anpassbar an den Nutzer, z. B. mit Abkürzungen für den Experten und mit Zusätzen für den Anfänger,
- **lernförderlich,** d. h. den Nutzer im Hinzulernen unterstützen.

10.3 Arbeitsbelastungen

10.3.1 Arbeitsbelastung durch die Art der Arbeit

Bei der Arbeitsbelastung unterscheidet man zwischen der physischen (körperlichen) Belastung und der psychischen (seelischen) Belastung.

Die physische Belastung beansprucht vor allem die Muskeln und das Knochengerüst. Mit Arbeitshilfen vermeidet man die Überbeanspruchung. Dabei ist zu beachten, dass man diese Arbeitshilfen auch in Anspruch nimmt. Das Heben von Lasten muss z. B. gesundheitsschonend erfolgen **(Bild 1)**.

Die psychischen Belastungen werden nach emotionalen (gefühlsmäßigen) und mentalen (verstandesmäßigen) Belastungen eingeteilt. So sind Arbeitsvorgänge mit hoher Verantwortung, mit Zeitdruck und Ärger emotional, d. h. das Gemüt betreffend, stark belastend. Mentale Belastung bedeutet, dass eine geistige Arbeitsleitung, z. B. Vorgänge richtig erfassen und beurteilen, besonders gefordert wird. Überforderungen wirken sich als „Stress" aus und können zu vielfältigen Krankheiten bis hin zum Herzinfarkt führen. Andererseits führt mittlerer Stress ohne Überforderungen zu Spitzenleistungen und zu Wohlbefinden.

Stress wird über das vegetative Nervensystem durch die Hormone Andrenalin[2] und Noradrenalin[3] ausgelöst. Ursache ist eine emotionale (gefühlsmäßige) Erregung oder eine besondere psychische Belastung. Die Hormone verursachen eine nervöse Unruhe, einen erhöhten Blutdruck, und eine erhöhte Pulsfrequenz. Das Herz schlägt schneller und die Atmung wird heftiger **(Bild 2)**. Die Muskeln sind angespannt. Der Mensch ist in erhöhter Leistungsbereitschaft und besonders leistungsfähig, solange keine Überforderung vorliegt. Überforderungen durch dauernden oder zu häufig vorkommenden Stress oder durch zu starke psychosoziale Belastungen (z. B. Streit) führen zu Erschöpfung und zu vielfältigen Erkrankungen **(Bild 3)**.

Zur Stressbewältigung muss man
- Probleme mit Gelassenheit angehen,
- Mut aufbringen um veränderbare Dinge und Situationen zu verändern,
- Wichtiges von weniger Wichtigem unterscheiden können.

[1] engl. stress = Druck, Belastung, Anspannung
[2] Hormon, das im Nebennierenmark gebildet wird, lat. renes = Nieren. Adrenalin steigert Pulsfrequenz und Blutdruck.
[3] Hormon, das im Nebennierenmark und im Nervengewebe gebildet wird. Es wirkt gefäßverengend und krampflösend.

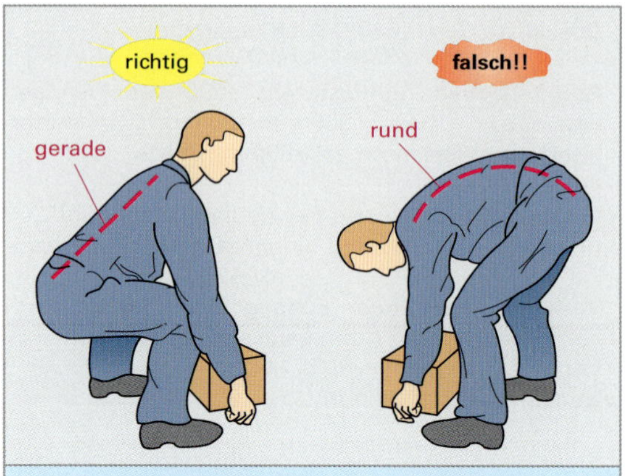

Bild 1: Richtiges und falsches Heben von Lasten

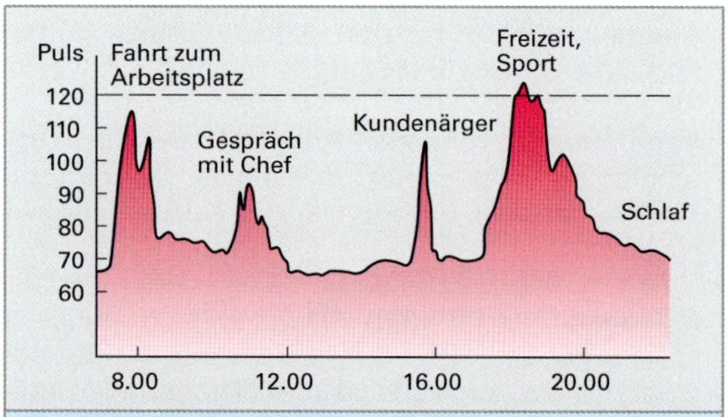

Bild 2: Pulsschlag im Tagesverlauf

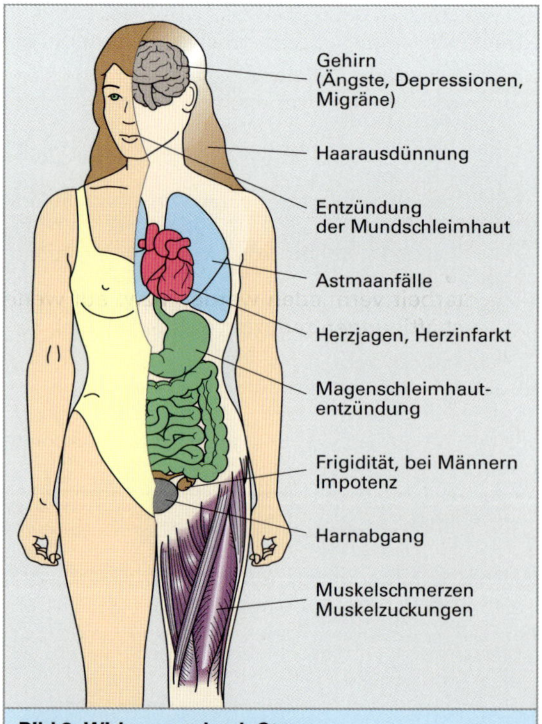

Bild 3: Wirkungen durch Stress

10.3.2 Belastungen durch die Arbeitsorganisation

Besonders belastend ist die Schichtarbeit. Schichtarbeiter/innen müssen nämlich gegen den Verlauf ihrer physiologischen[1] Leistungsbereitschaft arbeiten **(Bild 1)**. Die besonders herauszuhebenden Störungen für die Mitarbeiter/innen sind, dass der Tagschlaf nach der Nachtarbeit meist durch Lärm gestört wird. Es kommt zu Schlafzeitmangel. Dies bewirkt wiederum z. B. eine verminderte Konzentrationsfähigkeit, Minderleistungen und erhöhte Unfallgefahr.

Aber auch die Körperfunktionen des Menschen haben einen periodischen Verlauf mit einer Periodendauer von etwa einem Tag, der durch den Hell-Dunkel-Wechsel von Tag und Nacht gesteuert wird.

Des Weiteren werden die sozialen Kontakte, je nach Schichtplan mehr oder weniger stark eingeschränkt. Die auftretenden Erkrankungen wie Appetitstörungen, Kreislaufbeschwerden und andere Störungen treten verstärkt bei älteren Mitarbeitern/innen auf.

In vielen Berufen, vor allem im Dienstleistungsbereich, z. B. in Krankenhäusern ist die Schichtarbeit unumgänglich. Aber auch im produzierenden Gewerbe wird zur Verlängerung der Maschinenlaufzeiten in zwei Schichten oder in drei Schichten gearbeitet. Es gibt aber auch Arbeiten die systembedingt „rund um die Uhr“ verrichtet werden müssen. So können z. B. Hochöfen, Zementwerke und Kraftwerke nicht „über Nacht“ abgeschaltet werden und es muss Bedienpersonal und Wartungspersonal immer vorhanden sein. Die Auswirkungen der Schichtarbeit sind vielfältig **(Tabelle 1)**. Soweit wie möglich sollte Schichtarbeit vermieden werden bzw. auf wenige Beschäftigungen reduziert werden. Durch Automatisierung können viele Produktionsvorgänge ohne Aufsicht erfolgen.

Unternehmen mit global verteilten Büros können in Verbindung mit der heutigen Kommunikationstechnik die Arbeit so organisieren, dass der Erddrehung folgend die Büros „besetzt“ sind. So beginnt, wenn bei uns Arbeitsschluss ist, in San Francisco in USA, der Tag und wird fortgesetzt als 3. Tag in Tokio in Japan. Damit wird ein Arbeiten rund um die Uhr fast immer zu Tageszeiten möglich **(Bild 2)**.

[1] von griech. physis = natürliche Beschaffenheit, Physiologie = Naturkunde, Lehre von den normalen Lebensvorgängen, physiologisch = die Lebensvorgänge betreffend

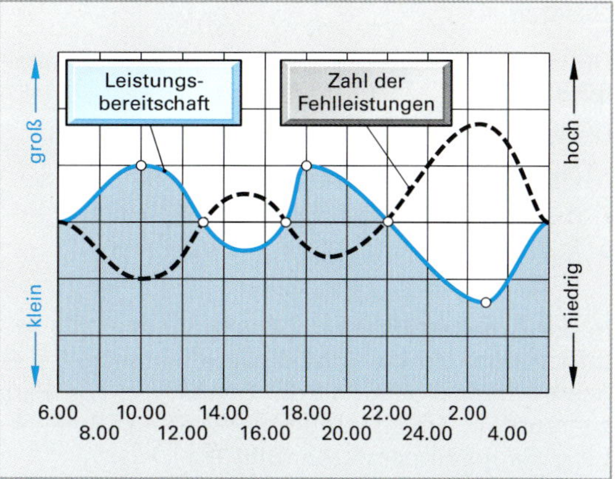

Bild 1: Die Leistungsbereitschaft und die Zahl der Fehlleistungen über den Tagesverlauf

Tabelle 1: Auswirkungen der Schichtarbeit

gesundheitlich	psychosozial
• Schlafstörungen • Appetitstörungen • Magenbeschwerden • Kreislaufbeschwerden • geringere Leistungsfähigkeit • Konzentrationsschwierigkeit	• kein regelmäßiger Sport • Abbruch von Freundschaften • Partnerprobleme • Kulturveranstaltungen werden nicht besucht

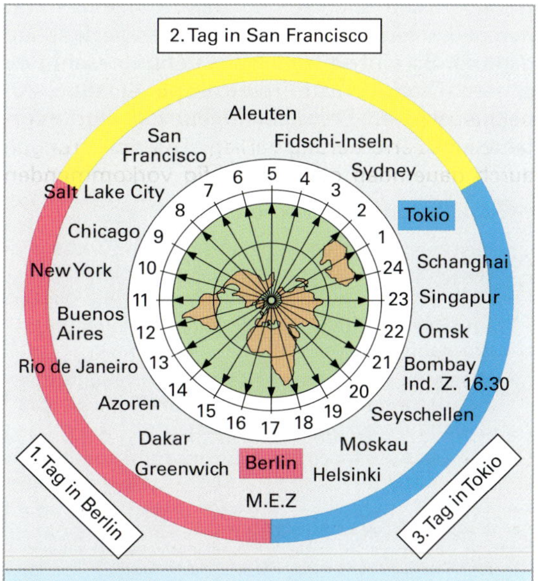

Bild 2: Die Arbeit am Tage rund um die Uhr

Gesetze

Die wichtigsten Regelwerke zur Arbeitsgestaltung sind:

- die Arbeitsstättenverordnung (Arb. Stätt V),
- das Betriebsverfassungsgesetz (Betr.VG),
- das Arbeitssicherheitsgesetz (ArbSichG),
- die Unfallverhütungsvorschriften (UVV).

In der **Arbeitsstättenverordnung** werden die Anforderungen an die Arbeitsstätte festgelegt, z. B. das Vorhandensein und die Gestaltung von Pausenräumen, Toilettenräumen, Lüftung, Beleuchtung, Raumtemperaturen **(Bild 1)**.

Im **Betriebsverfassungsgesetz** wird z. B. die rechtzeitige Information und die Mitwirkungsmöglichkeit der Beschäftigten bei Arbeitsplatzänderungen geregelt. Ferner sind die Rechte und Pflichten des Betriebsrates darin festgelegt.

Das **Arbeitssicherheitsgesetz** regelt die Gestaltung der Arbeitsabläufe hinsichtlich der Arbeitssicherheit und definiert die Aufgaben des Betriebsarztes und der Fachkräfte für die Arbeitssicherheit, z. B. des Strahlenschutzbeauftragten.

Die **Unfallverhütungsvorschriften** geben detailliert Hinweise für die Maßnahmen zur sicheren Gestaltung von Arbeitsplätzen und von Schutzausrüstungen. Diese Vorschriften werden von den Berufsgenossenschaften erarbeitet. Sie sind also fachspezifisch und werden dem Fortschritt und den neu entstehenden Arbeitsformen laufend angepasst. So gibt es Unfallverhütungsvorschriften zu den Themen: Lärm, elektrische Anlagen, Arbeitsmaschinen, Pressen und Stanzen, Flurförderfahrzeuge.

Wiederholung und Vertiefung

1. Nennen Sie die wichtigsten Kriterien für die ergonomische Gestaltung von Arbeitsplätzen.
2. Was versteht man unter dynamischem Sitzen und wie erreicht man individuellen Belastungswechsel?
3. Weshalb stattet man Computerarbeitsräume mit besonderen Leuchten aus und was ist das Besondere bei diesen Leuchten?
4. Wie ist der Bildschirm in Bezug zur Augenhöhe anzuordnen?
5. Welche negativen Auswirkungen hat die Schichtarbeit?
6. Welches sind die wichtigsten Gesetze bzw. Regelwerke die für das Arbeiten zu beachten sind?

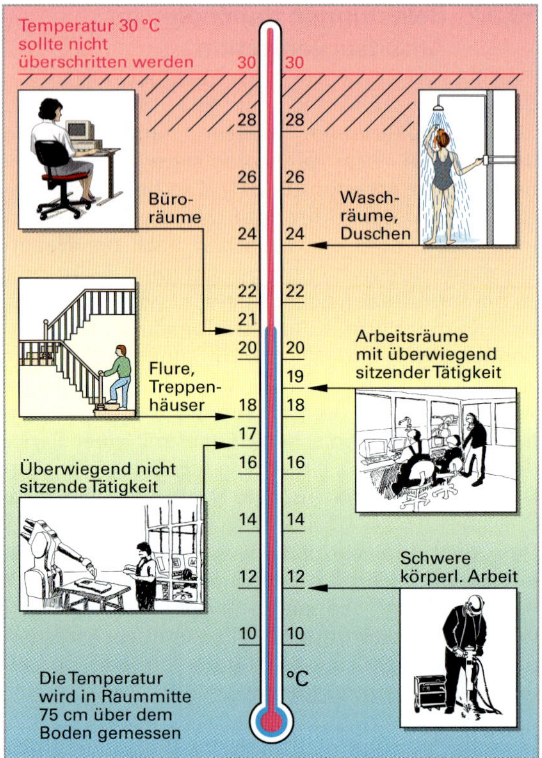

Bild 1: Raumtemperaturen

Tabelle 1: Schalldruckpegel

Art des Schalles	Schalldruckpegel in dB(A)		
Hörschwelle	0		Sicherer Bereich
Blätterrauschen	20		
Flüstern, Lärmpegel in ruhigen Wohnungen	30		
Normale Unterhaltung	40		
Zimmerlautstärke	50	55	
Bürolärm	60		Belästigungsbereich
Mittlerer Verkehrslärm	70		
Lauter Fabriklärm	80	85	
Großes Sinfonieorchester	100		Schädigungsbereich
Presslufthammer	125	130	
Niethammer	135		Schmerzbereich
Düsentriebwerk	140		

Schalldruck p ist der Effektivwert des durch Schallschwingungen hervorgerufenen Wechseldrucks. Einheit: Pa (1 Pa = 1 N/m²).

L_p Schalldruckpegel in dB

p Schalldruck

p_0 Bezugsschalldruck $p_0 = 20\ \mu Pa$

$$L_p = 20 \lg \frac{p}{p_0}$$

10.4 EU-Maschinenrichtlinie

Die Maschinenrichtlinie[1] der Europäischen Union (2006/42/EG, vom 17. Mai 2006) gilt für alle ihre Mitgliedsstaaten und wurde in Deutschland als Verordnung zum Gerätesicherheitsgesetz erlassen. Sie gilt für alle Maschinen und Maschinenanlagen. Zu den Maschinen zählen auch Sicherheitsbauteile und auswechselbare Ausrüstungen.

Unter einer Maschine versteht man die Gesamtheit von miteinander verbundenen Teilen oder Vorrichtungen, von denen mindestens eines beweglich ist.

Die Maschinenrichtlinie umfasst 29 Artikel und hat zwölf Anhänge (**Tabelle 1**). Die Vorgaben der Maschinenrichtlinie sind vom Maschinenhersteller, dem Maschinenbetreiber und dem Maschinenbenutzer zwingend einzuhalten. Im Anhang I der Maschinenrichtlinie sind die grundlegenden Sicherheits- und Gesundheitsanforderungen formuliert.

Es gilt:

1. Das Risiko für Gefährdungen zu beseitigen oder zu minimieren.
2. Schutzmaßnahmen gegen nicht zu beseitigende Gefahren zu ergreifen.
3. Den Benutzer der Maschine über Restgefahren zu unterrichten.

Man muss also möglichst eine gefahrlose Maschine bauen und wenn das nicht geht, den Benutzer vor der Gefahr schützen, z. B. durch Kapselung und wenn das nicht alle Gefahren ausschließt ihn davon in Kenntnis setzen (**Bild 1**).

10.4.1 Gesichtspunkte zur Sicherheit und zum Gesundheitsschutz

Materialien. Die verwendeten Materialien einer Maschine dürfen nicht zur Gefärdung der Sicherheit und der Gesundheit führen. Sie dürfen also z. B. nicht giftig sein und nicht brüchig werden und dabei eine Gefahr bilden. Man muss also Materialermüdung, Korrosion, Alterung und Verschleiß berücksichtigen und entsprechende Wartung bzw. Instandsetzung vorsehen.

[1] Eine ausführliche Abhandlung zur Maschinenrichtlinie findet man in „Qualitätsmanagement, Arbeitsschutz und Umweltmanagement" (4. Aufl.), Verlag Europa-Lehrmittel, Haan.

Tabelle 1: Aufbau der Maschinenrichtlinie

Richtlinie 2006/42/EG, vom 17. Mai 2006	
Artikel 1	Anwendungsbereich
Artikel 2	Begriffsbestimmungen
Artikel 3	Spezielle Richtlinien
Artikel 4	Marktaufsicht
Artikel 5	Iniverkehrbringen und Inbetriebnahme
Artikel 6	Freier Warenverkehr
Artikel 7	Konformitätsvermutung und harmonisierte Normen (Ist eine Maschine nach einer Norm EN ... hergestellt, so wird unterstellt, dass sie die Sicherheits- und Gesundheitsanforderungen der Maschinenrichtlinie erfüllt.)
Artikel 8	Spezifische Maßnahmen
Artikel 9	Maschinen mit besonderem Gefahrenpotenzial
Artikel 10	Anfechtung einer harmonisierten Norm
Artikel 11	Schutzklauseln
Artikel 12	Konformitätsbewertungsverfahren
Artikel 13	Unvollständige Maschinen
Artikel 14	Stellen für die Konformitätsverfahren
Artikel 15	Installation und Verwendung der Maschinen
Artikel 16	CE-Kennzeichnung
Artikel 17 bis 29	Administrative Vorgaben
Anhang I	Grundlegende Sicherheits- und Gesundheitsanforderungen für Konstruktion und Bau von Maschinen
Anhang II	Erklärung zur EG-Konformität und zur unvollständigen Maschine
Anhang III	CE-Kennzeichnung
Anhang IV	Liste der erfassten Maschinen
Anhang V	Liste der erfassten Sicherheitsbauteile
Anhang VI	Montageanleitung für unvollständige Maschinen
Anhang VII	Technische Unterlagen
Anhang VIII	Interne Fertigungskontrolle
Anhang IX	EG Baumusterprüfung
Anhang X	Konformität bei umfassender Qualitätssicherung
Anhang XI	Mindestkriterien für Prüfungsstellen zur Konformität
Anahng XII	Querverweisliste zur alten EU-Richtlinie

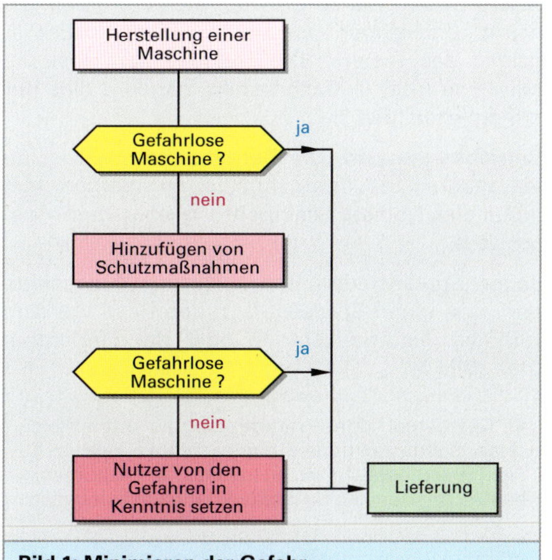

Bild 1: Minimieren der Gefahr

Beleuchtung. Ergänzend zur normalen Raumbeleuchtung sind erforderlichenfalls zusätzlich Lichtquellen einzusetzen.

Handhabung. Eine Maschine muss man gefahrlos handhaben können. Das bedeutet auch, dass sie gefahrlos transportiert und aufgestellt werden kann. Es sind z. B. entsprechende Lastaufnahmeösen anzubringen oder beizustellen (**Bild 1**).

Steuerungen und Befehlseinrichtungen. Steuerungen und Befehlseinrichtungen müssen sicher und zuverlässig funktionieren. Ein Fehler in der Steuerungslogik darf zu keiner gefährlichen Situation führen.

Stellteile. Bei Stellteilen (z. B. Hebeln, Handrädern und Tastaturen) müssen die Steuerwirkungen unmissverständlich erkennbar sein, z. B. durch Bildzeichen bzw. Anzeigen oder durch eine Kohärenz[1] zwischen Stellbewegung und Wirkung. Eine Kohärenz liegt vor, wenn die Stellbewegung nach links auch die Vorrichtung nach links lenkt. Stellteile sollten möglichst außerhalb des Gefahrenbereichs liegen.

Ingangsetzen. Das Ingangsetzen einer Maschine darf nur durch eine absichtliche Betätigung der dafür vorgesehenen Stelleinrichtungen erfolgen, also z. B. durch Einschalten einer gewählten Betriebsart.

Eine Maschine darf sich keinesfalls selbst Ingangsetzen, nachdem zuvor ein Stillstand eingetreten ist.

Stillsetzen. Jede Maschine muss zum sicheren Stillsetzen mit einer Befehlseinrichtung, z. B. einem NOT-AUS-Taster ausgerüstet sein. Der NOT-AUS-Befehl muss solange erhalten bleiben, bis er bewusst zurückgenommen wird (z. B. durch Entriegelung des Tasters). Die Freigabe darf aber die Maschine nicht in Gang setzen, sondern dies nur ermöglichen (**Bild 2**).

Betriebsartenwahl. Die Betriebsartenwahl ist allen anderen Steuerungsfunktionen übergeordnet außer der Notbefehlseinrichtung bzw. dem Ausschalten.

Jeder Stellung des Betriebsartenwahlschalters darf nur einer Betriebsart zugeordnet werden, z. B. der Automatikbetrieb oder der Einrichtbetrieb (**Bild 3**).

Im Rüstbetrieb oder Wartungsbetrieb können einzelne Schutzfunktionen eingeschränkt sein, z. B. die Türverriegelung ist ausgesetzt. Im Automatikbetrieb müssen alle Schutzfunktionen aktiviert sein.

[1] Kohärenz = Zusammenhang, von lat. cohaerere = zusammenhängen

Bild 1: Lastösen zur Handhabung eines Roboters

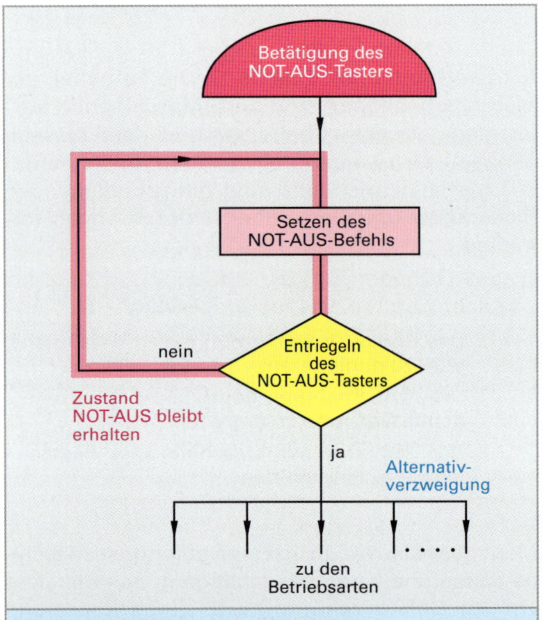

Bild 2: Stillsetzen durch NOT-AUS

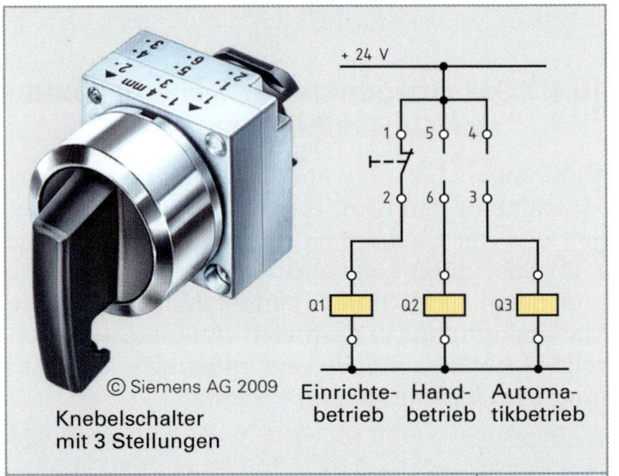

Bild 3: Lastösen zur Handhabung eines Roboters

Störung der Energieversorgung. Eine Unterbrechung der Energieversorgung (z. B. elektrische, hydraulische, pneumatische, mechanische Energie) darf nicht zu einer gefährlichen Situation führen. Auch die Energiewiederkehr darf keine Gefahr bergen. So sind z. B. Vorkehrungen zu treffen, dass bei Ausbleiben des Hydraulikdruckes bei einem hydraulischen Spannmittel das Werkstück nicht herausgeschleudert wird. Es ist gegebenenfalls ein genügend stabiles Absperrgitter anzubringen.

Stabilität. Maschinen müssen so stabil sein und aufgestellt werden können, dass sie bei bestimmungsgemäßer Nutzung nicht brechen, umstürzen, herabfallen oder sonst wie zur Gefahr werden können.

Schutzmaßnahmen gegen sonstige Gefahren

Zu den sonstigen Gefahren zählen:

- Gefahren durch elektrische Spannung,
- Gefahren durch elektrische Aufladung,
- Gefahren durch nichtelektrische Energie, z. B. Bersten eines Behälters,
- Gefahren durch Montagefehler, z. B. Fehlen eines Sicherungsringes,
- Gefahr durch extreme Temperatur, z. B. durch hohe Oberflächentemperatur eines Motors,
- Brandgefahr, z. B. Auslaufen einer Flüssigkeit,
- Explosionsgefahr, z. B. bei mangelnder Absaugung von Stäuben,
- Gefahren durch Lärm,
- Gefahren durch Stäube,
- Gefahren durch Vibrationen,
- Gefahren durch Strahlung,
- Gefahren durch Laserlicht oder andere Lichtquellen,
- Gefahren in eine Maschine eingeschlossen oder eingeklemmt zu werden,
- Sturzgefahr, z. B. durch Ausrutschen oder Stolpern.

10.4.2 Kennzeichnung und Betriebsanleitung

An jede Maschine muss deutlich lesbar und unverwischbar mindestens folgende Kennzeichnung angebracht sein:

- Name und Anschrift des Herstellers,
- CE-Kennzeichnung[1] (**Bild 1**)
- Bezeichnung der Serie oder des Typs,
- Baujahr (**Bild 2**).

Darüberhinaus sind sicherheitsrelevante Hinweise anzubringen, wie z. B. Maximalgewichte und dgl.

[1] CE von franz. Controlé Européen = europäisch geprüft

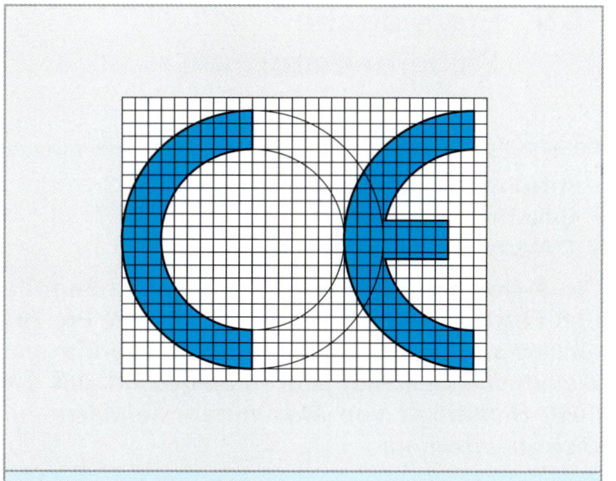

Bild 1: CE-Symbol

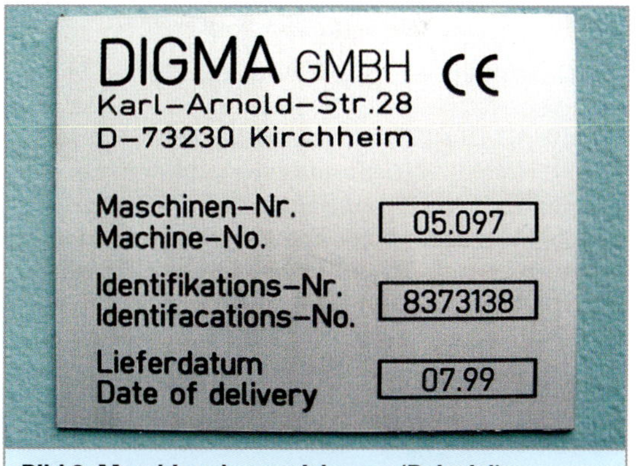

Bild 2: Maschinenkennzeichnung (Beispiel)

Jede Maschine muss mit einer Betriebsanleitung versehen werden. Diese enthält neben der Maschinenkennzeichnung

- die bestimmungsgemäße Verwendung,
- Angaben zur Inbetriebnahme, Wartung, Montage, Störungsbeseitigung,
- Angaben für geeignete Werkzeuge oder Werkstoffe.

Auf sachwidrige Verwendungsmöglichkeiten ist auch hinzuweisen. Zur Betriebsanleitung gehören auch Planungsunterlagen für die Wartung oder Repartur sowie erforderlichenfalls Angaben für einen sicheren Betrieb.

Die Betriebsanleitung muss enthalten:

- den Dauerdruckschallpegel, gemessen in dB(A), sofern dieser über 70 dB(A) liegt,
- den Höchstwert des Schalldrucks; sofern dieser 63 Pa übersteigt,
- den Schallleistungspegel, sofern dieser an den Arbeitsplätzen über 80 dB(A) liegt.

10.5 Europäische Sicherheitsnormen

Die Europäischen Sicherheitsnormen sind gegliedert nach:

- A-Normen (Grundnormen),
- B-Normen (Gruppennormen),
- C-Normen (Produktnormen).

Die **A-Normen** enthalten grundlegende Begriffe und Festlegungen. Hierzu gehören: DIN EN 292 *Sicherheit von Maschinen – Grundbegriffe und allgemeine Gestaltungsgrundsätze* und DIN EN 1050 *Sicherheit von Maschinen, Leitsätze zur Risikobeurteilung*.

B-Normen leiten sich aus den A-Normen für verschiedenen Aufgabenbereiche ab. Zu den B-Normen gehört z. B. DIN EN 60204-1 *Elektrische Ausrüstung von Maschinen*.

Die **C-Normen** enthalten Aussagen über Sicherheitsaspekte, z. B. zu Werkzeugmaschinen und Robotern. Die C-Normen sind vielfach noch in Arbeit. Hersteller, Lieferanten und Nutzer von Maschinen müssen daher häufig einstweilen anhand der A-Normen und der B-Normen die geforderte Maschinensicherheit garantieren. Etwa 650 C-Normen sind für Maschinen vorhanden oder vorgesehen.

Risikoanalyse. Maschinen bergen aufgrund ihres Aufbaus und ihrer Aufgaben Risiken (**Bild 1**). Die EU Maschinenrichtlinie verlangt daher eine Risikobeurteilung. Die A-Normen sind Hilfen für die Risikobewertung. Dabei beschreibt DIN EN 292 die zu betrachtenden Risiken und die Gestaltungsgrundsätze zur Risikominderung. DIN EN 1050 beschreibt die Vorgehensweise zur Risikobeurteilung und zur Risikominderung zum Erreichen der Sicherheit. Diese Vorgehenswise ist ein iterativer[1] Prozess mit gegebenenfalls mehreren Schleifen der Wiederholung des Verfahrens (**Bild 2**).

Die Risikoanalyse umfasst:

1. Bestimmung der Grenzen der Maschine,
2. Identifizierung der Gefährdungen,
3. Verfahren der Risikoeinschätzung (Bild 2).

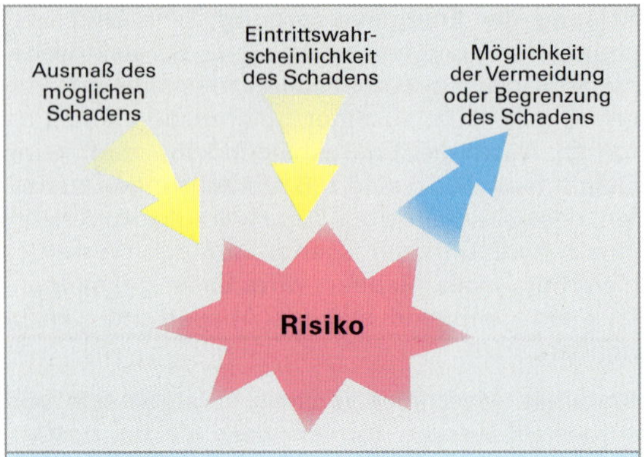

Bild 1: Risiko

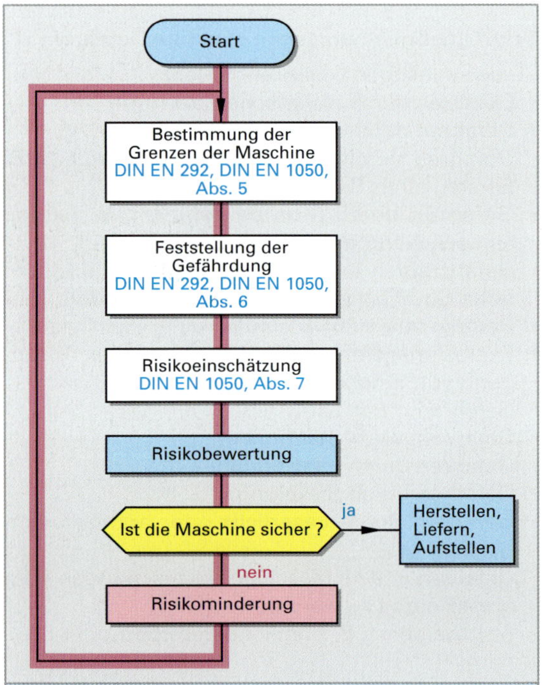

Bild 2: Risikoanalyse

[1] lat. iteratio = Wiederholung, schrittweise Annäherung an die ideale Lösung

Wiederholung und Vertiefung

1. Wie ist eine Maschine definiert?
2. Wie ist die Europäische Maschinenrichtlinie gegliedert?
3. Nach welchen Grundsätzen muss eine Maschine gebaut werden?
4. Welches sind die wichtigsten Gesichtspunkte bei der Herstellung einer Maschine bezüglich der Sicherheit und des Gesundheitsschutzes?
5. Nennen Sie ein Beispiel für eine Maßnahme, damit schwere Maschinen sicher handhabbar sind.
6. Durch welchen Vorgang darf eine Maschine nur in Gang gesetzt werden?
7. Welche Angaben sind mindestens auf dem Kennzeichnungsschild einer Maschine anzugeben?

11 Informations- und Kommunikationstechnik (IuK-Technik)

11.1 Computertechnik

11.1.1 Der PC

Grundsätzlich gehören zum PC folgende Komponenten **(Bild 1)**:

- Rechner mit Gehäuse. An der Rückwand sind Anschlussbuchsen für die Peripheriegeräte angebracht, vom Gehäuse herausgeführt das Diskettenlaufwerk und das CD-ROM-Laufwerk,
- Bildschirm,
- Maus,
- Tastatur
- Lautsprecher.

Schnittstellen

Für den Einsatz zum Messen, Steuern oder Regeln und zur Kommunikation mit anderen Geräten benötigt der PC Schnittstellen (Bild 1).

Serielle Schnittstelle

Standardmäßig sind meist zwei serielle Schnittstellen eingebaut. Diese werden als V.24 oder RS-232C bezeichnet. Die Schnittstellen werden als 9-polige oder 25-polige Buchsen ausgeführt. Die Bezeichnung zum Ansprechen mit Software ist dann COM1, COM2... (COM bedeutet Kommunikation).

Serielle Schnittstellen müssen voreingestellt werden. Es sind folgende Parameter einzustellen:

Nummer der Schnittstelle	= 0 = COM1, 1 = COM2
Baudrate	= 300, 600, 1200, 2400, 4800, 9600, 19200
Anzahl der Datenbits	= 7 oder 8
Anzahl der Stoppbits	= 1 oder 2
Parität	= N = keine, E = gerade, O = ungerade

Diese Einstellung geschieht in der Regel über Software oder über die Systemsteuerung des Betriebs-systems.

Parallele Schnittstelle

An einem PC ist oft eine parallele Schnittstelle. Man bezeichnet sie auch als Centronics-Schnittstelle. Sie ist 36-polig. In der Software wird sie mit LPT1 bis LPT4 angesprochen. Mit dieser Schnittstelle werden in der Regel Drucker betrieben. Diese Schnittstelle ist jedoch auch zum Ansteuern von Geräten geeignet. Am Markt gibt es passende Interfacekarten (für den Fall dass der PC noch nicht damit ausgestattet ist).

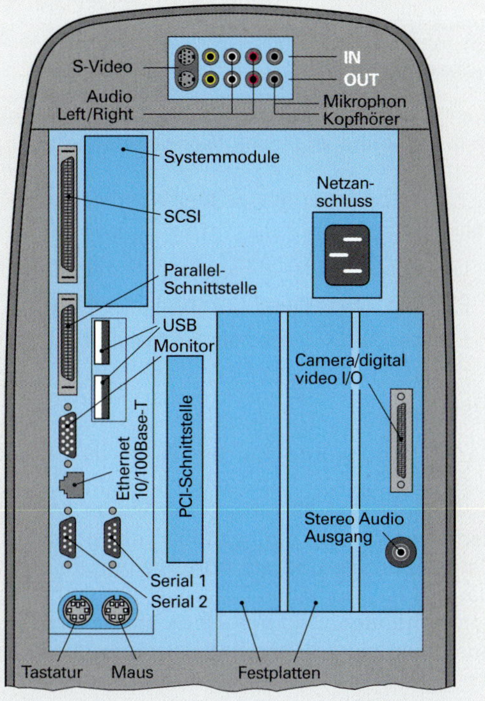

Bild 1: Schnittstellen beim PC

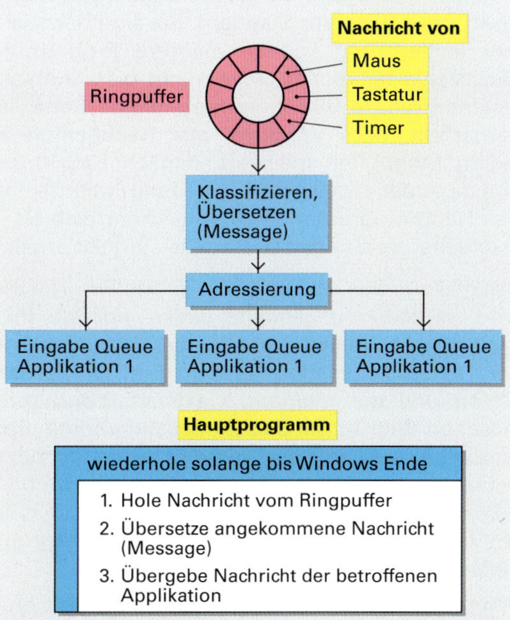

Bild 2: Arbeitsweise von Windows

USB-Schnittstelle

Bei der USB-Schnittstelle handelt es sich um einen seriellen Bus, an welchen bis zu 128 Geräte angeschlossen werden können.

Freie Steckplätze

Der PC verfügt über freie Steckplätze, an welche weitere Geräte angeschlossen werden können.

Je nach Computer gibt es hier verschiedene Möglichkeiten:

- ISA-Bus = Industrial Standard Architecture,
- PCI-Bus = Peripheral Component Interface,
- ExpressCard = Steckplatz bei Notebooks.

PCI-Bus

Der PCI-Bus wurde von der Firma INTEL entwickelt. Die Standardbusbreite ist 64 Bit. Die Maximalfrequenz ist 33 MHz. Nach einem Multiplexverfahren werden die Leitungen abwechselnd als Datenleitungen und als Adressleitungen genutzt. Der Bus ist über einen Controller mit dem Prozessor verbunden. Dadurch ist es möglich, dass der Bus Daten mit der Peripherie austauscht, während der Prozessor schon weiterarbeitet.

Betriebssysteme im PC-Bereich

Meist ist im PC-Bereich das Betriebssystem Windows bzw. Vista der Standard. Sie sind nachrichtenorientiert und können mehrere Programme gleichzeitig bearbeiten. Man nennt dies Multitaskingfähigkeit. In **Bild 2, vorhergehende Seite**, ist dargestellt, dass Windows alle Nachrichten in einem Ringpuffer speichert, danach klassifiziert und dann der jeweiligen Anwendung weiterreicht. Das Hauptprogramm ist eigentlich nur eine Dauerschleife, welche diesen Prozess aufrecht erhält.

Das gleichzeitige Abarbeiten mehrerer Programme wird *Multitasking* genannt. Jedes einzelne Programm nennt man Task (Aufgabe). Man kann mit der Tastenkombination Alt+Strg+Entf ein Fenster öffnen und die momentan aktiven Programme einsehen **(Bild 1).** Mit diesem Fenster könnte man einzelne Tasks beenden. Dies wird besonders dann gemacht, wenn z. B. ein Task nicht mehr ordnungsgemäß arbeitet. Im praktischen Einsatz wird häufig ein Virenschutzprogramm als Task im Hintergrund laufen. In Bild 1 lautet dieser Task „Vshwin32".

In **Bild 2** sieht man die Aufzeichnung der CPU-Auslastung. Durch Anwahl des Registers „Systemleistung" erreicht man diese Darstellung.

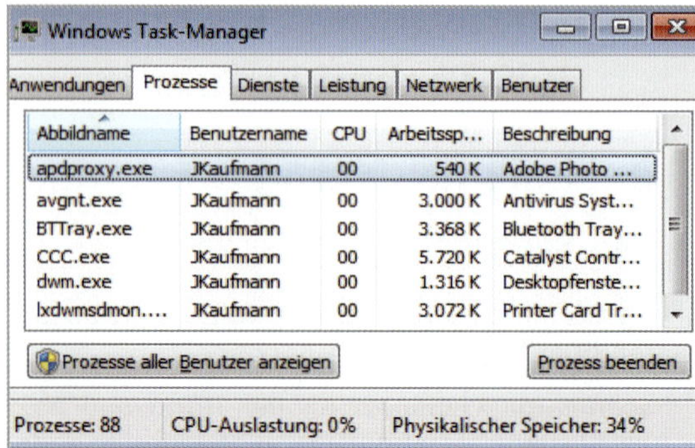

Bild 1: Aktuelle Task eines Windows-Systems

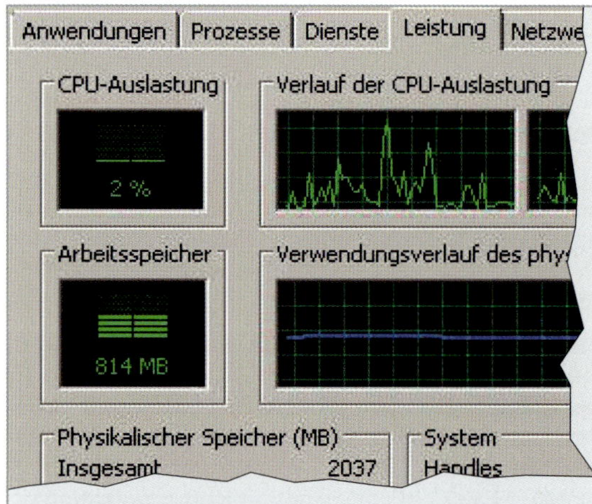

Bild 2: Auslastung der CPU

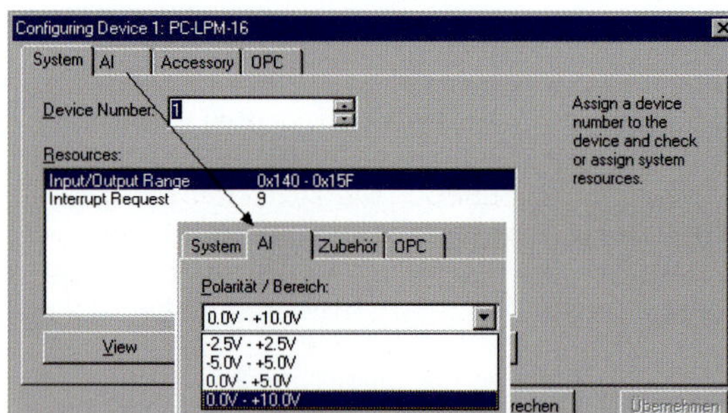

Bild 3: Konfiguration der Multifunktionskarte

Installation von Interfacekarten

Wenn auf den freien Steckplätzen eine weitere Karte eingebaut wird, so erkennt das Betriebssystem das Vorhandensein dieser Karte. Ist diese vom Typ „Plug and Play" (von engl. Einstecken und Spielen), so erfolgt die Installation selbsttätig, Adressen und Interruptnummer werden vergeben. Die Programme hierzu werden von den Herstellern der Interfacekarten mitgeliefert. Meist erfolgt nun die Konfiguration der Interfacekarte. Hierbei kann z. B. der gewünschte Spannungsbereich eingestellt werden **(Bild 3).**

Benutzerschnittstellen-Objekte

In Windows ist die Unterstützung verschiedener Objekte eingebaut: Fenster, Piktogramme, Dialogboxen, Menüs usw.:

- **Fenster:** Jedes Programm, welches mit dem Benutzer kommuniziert, muss über ein Fenster verfügen, da nur dieses Maus- und Tastatureingaben empfängt oder Programmausgaben anzeigt. Alle anderen Objekte unterstützen die Funktion des Fensters. Das Fenster stellt also eine Sicht auf ein Daten- bzw. Programmobjekt im Computer dar. Ist ein Fenster offen, dann ist das Programm (der Task) gestartet und aktiv. Wird das Fenster geschlossen, dann ist diese Anwendung (Task) beendet. **Bild 1** zeigt den grundsätzlichen Aufbau eines Fensters. Der Rahmen mit Menüleiste, Titelleiste, Symbolfeld, Bildlaufleisten, wird immer von Windows direkt verwaltet. Also auch das Vergrößern und Verkleinern des Bildes. Vom Programmierer wird immer nur der Inhalt des Fensters bestimmt. Das Fenster beinhaltet also die Oberfläche und die Funktionalität eines Programms.
- **Piktogramme:** Ein Piktogramm ist ein Symbol, das eine Erinnerungshilfe für den Benutzer darstellt. Mithilfe eines Piktogramms können Anwenderprogramme aufgerufen werden **(Bild 2)**. Piktogramme können in der Größe durch Umschalten in 2 Größen verändert werden. Jedes Anwenderprogramm erhält ein Piktogramm. Dieses wird mit einem Bildeditor gezeichnet und fest mit der Anwendung verbunden.
- **Dialogboxen:** Dialogboxen stellen eine standardisierte Empfangsmöglichkeit und Eingabemöglichkeit für den Nutzer bereit. In **Bild 3** sind einige Möglichkeiten dargestellt. Man unterscheidet z. B.: Schaltflächen (Button), Möglichkeiten zur Testeingabe bzw. Textausgabe (Memofelder), Auswahlmöglichkeiten (Radio button) oder Auswahlboxen (ComboBox). Viele Dialogboxen haben häufig wiederkehrende Aufgaben. Dazu gehört z. B. das Laden oder Speichern von Dateien oder das Aufrufen eines Druckers (Bild 3). Diese Dialogboxen sind als Standarddialogboxen Bestandteil der Windows SDK (Software Development Kit) und werden von allen Anwenderprogrammen benützt.

Die Dialogfelder und Meldungsfelder **(Bild 4)** können in zwei unterschiedlichen Arten vorkommen. Zum einen in der modalen oder in der nicht modalen Form. Bei der modalen Form muss das Fenster zuerst abgeschlossen werden, dann können erst weitere Eingaben erfolgen, bei der nicht modalen Form kann z. B. ein Meldefenster offen bleiben und man kann trotzdem weiter machen. In der Regel sind alle Warnmeldungen modal.

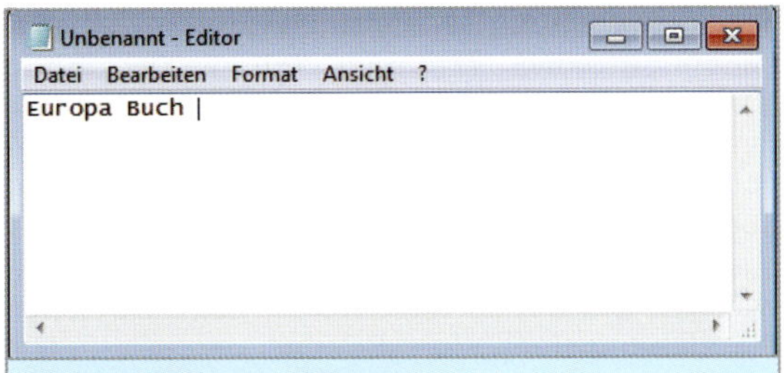

Bild 1: Aufbau eines Fensters

Bild 2: Piktogramme in Fenster „Systemsteuerung"

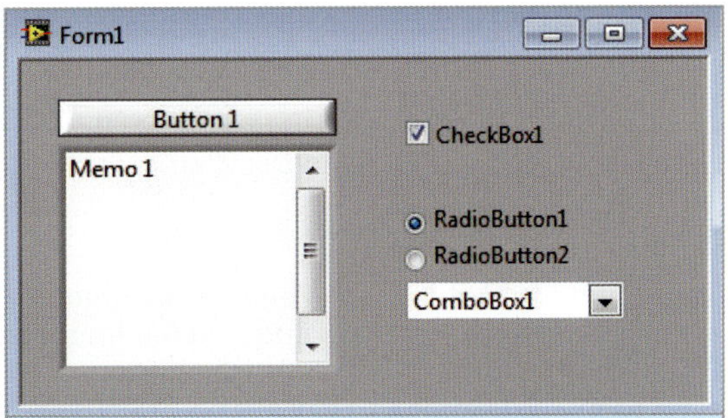

Bild 3: Beispiele für Dialogfelder

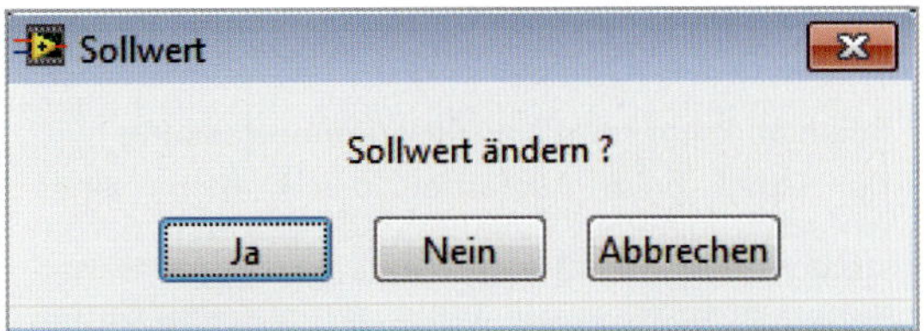

Bild 4: Meldungsfeld

11.1.2 Objektorientierte Software

Datenverarbeitung ist meist objektorientiert. Die Zerlegung eines Prozesses erfolgt dergestalt, dass in jedem Strukturblock, auch Objekt genannt, die Daten und die Funktionalität komplett vorhanden sind. Die einzelnen Objekte verkehren über Nachrichten miteinander. Jedes Objekt ist autonom und beinhaltet die Kompetenz des jeweiligen Sachverhaltes. In **Bild 1** wird als Beispiel die Klimaregelung eines Raumes dargestellt. Die Zentrale kann Daten von der Klimaerfassung abrufen, aber nicht die Daten ändern. Ebenso kann die Zentrale zwar Sollwerte an den Regler senden, aber nicht bestimmen wie geregelt wird. Die Regelung arbeitet aufgrund ihrer eigenen Logik. In der Programmierung werden in einer Klasse die Daten und die Funktionalität festgelegt. In diesem Beispiel ist es die Klasse PID-Regler.

Von dieser Klasse wird eine Instanz erzeugt, welche den Teil PI-Regler erbt und dann selbstständig arbeitet. Dieses wird dann Objekt genannt. Man kann von einer Klasse beliebig viele Objekte erzeugen. In der gesamten Windowsprogrammierung wird dieses Prinzip verwendet. Bei den Programmierumgebungen unterscheiden wir teilgrafische und vollgrafische Verfahren. Bei den teilgrafischen Verfahren wird die Anwenderoberfläche grafisch erstellt, d. h., es werden von Bibliotheken einzelne Objekte abgeholt und in einem Fenster platziert. Die Verknüpfung der Objekte und die Funktionalität werden in Textform mit einem Editor erstellt. Teilgrafische Verfahren sind beispielsweise DELPHI, C-BUILDER, VISUAL C, VISUAL BASIC. Bei den vollgrafischen Systemen wird auch die Funktionalität grafisch erzeugt. Dies erfolgt durch Ziehen von Verbindungsleitungen. Hier gibt es z. B. Softwarepakete wie LabVIEW und DasyLab.

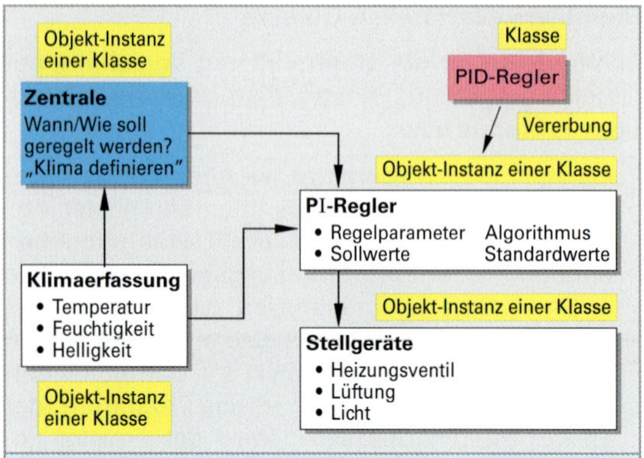

Bild 1: Prinzip der objektorientierten Zerlegung

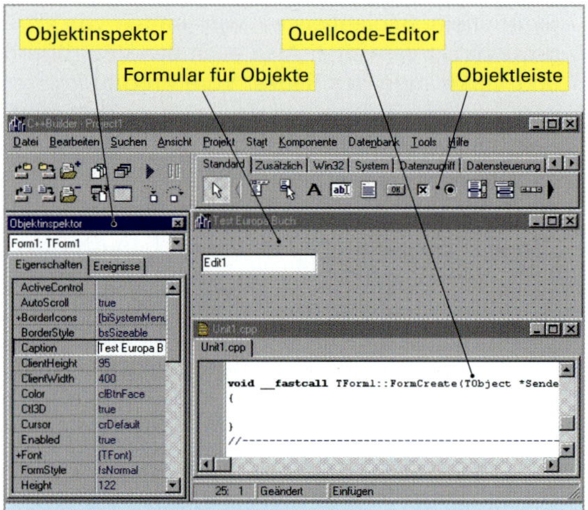

Bild 2: Entwicklungsumgebung C-BUILDER

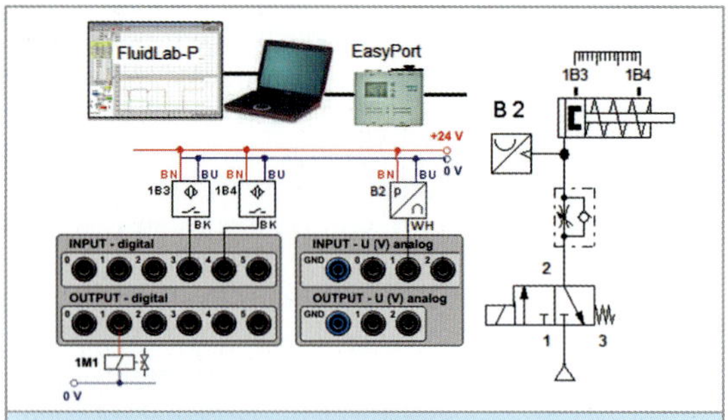

Bild 3: Zuordnungsbeschaltung

Programmentwicklung mit C-BUILDER:

Nach dem Erzeugen eines Fensters werden die einzelnen Objekte grafisch angeordnet und die Eigenschaften auf die Erfordernisse angepasst. In einer Menüleiste können alle Objekte grafisch abgerufen werden. Es erscheint zu jedem Objekt ein Objektinspektor, mit dessen Hilfe die Eigenschaften und Ereignisse des Objekts eingestellt werden können **(Bild 2)**.

Beispiel: Programm zur Messdatenerfassung

Der Druck beim Ausfahren des Kolbens eines einfach wirkenden Zylinders soll grafisch dargestellt werden. **Bild 3** zeigt die Zuordnungsbeschaltung. Der Drucksensor bringt ein lineares Signal von 0...10 V bei einem Druck von 0...10 bar. Die Spannung wird im Interface in ein 12-Bit-Signal (0...4096) umgewandelt. Mit fertigen Funktionen des Herstellers kann diese 12-Bit-Zahl als Spannung, direkt in Voltzahlen umgerechnet, ausgelesen werden **(Tabelle 1, folgende Seite)**.

Tabelle 1: Auslesefunktionen

Software	Funktion
C-BUILDER (einfaches Interface)	Kanal Nr. **DRUCK = ADCWert (1);**
LabVIEW (einfaches Interface)	Kanal Nr. 1 AD-12Bit K ±10 3.0 Druck DBL
LabVIEW (Plug&Play-Interface)	Device-Nr. 0 Kanal Nr. 0 max. Wert 10,00 AI ONE PT Druck DBL

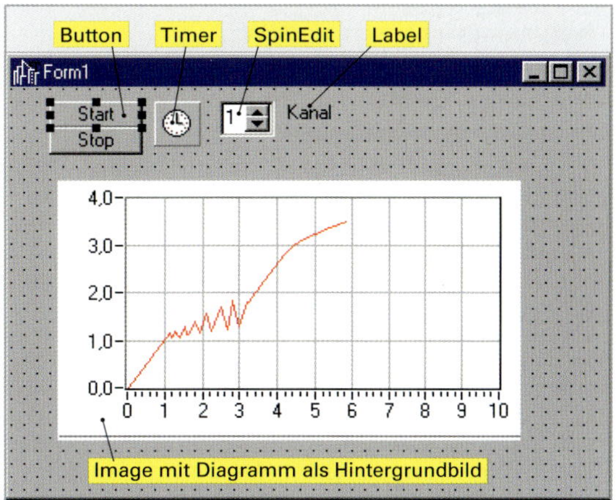

Bild 1: Grafische Programmoberfläche

Programmierung mit C-BUILDER

Zuerst werden die einzelnen Objekte in der grafischen Oberfläche platziert und die Eigenschaften voreingestellt, so z. B. der Timer auf eine Zykluszeit von 10 ms. Für die Grafik wird in das Objekt Image ein Hintergrundbild mit den Skalierungen geladen. Jedes Objekt erzeugt sofort einen Quellcoderumpf. Dieser wird nun mit den eigentlichen Programmteilen ergänzt. Jedes Objekt wird mit entsprechendem Code angesprochen. In der **Tabelle 2** wird der Quellcode mit Erläuterungen gezeigt.

Die Programmoberfläche wird mit grafischen Objekten erstellt. Die Funktionalität wird als Programmtext geschrieben.
Der Timer taktet mit der eingestellten Zeit. Mit **Start** bzw. **Stopp** wird das Bearbeiten gesteuert.

Tabelle 2: Quellcode mit Erläuterungen

Erläuterungen derjenigen Zeilen, welche vom Programmierer eingefügt werden müssen	Quellcode
	#include<vcl.h>
	#pragma hdrstop
	#include<Unit1.h>
	#include<math.h>
Laden der Treiber für Interface	#include"c:\Treiber\io_port\NT.win"
	//--
	#pragma package(smart_init)
	#pragm link"cspin"
	#pragma resource "*.dfm"
	Tform1 *Form1;
Variable deklarieren Ganzzahl	int Messen=0, Kanal, i=46;
Gleitkommazahl	float yalt=0;
	//--
	void __fastcall TForm1::Timer1Timer(Tobjekt *Sender)
lokale Variable deklarieren	{float Wert;
wenn Messen>0 dann bearbeiten	if (Messen)
i um 1 erhöhen	{i++;
Wert von Kanal einlesen, Nummer=SpinEdit	Wert=ADCWert(CSpinEdit1->Value);
Zeichenstift wird rot	Zeichnen->Canvas->Pen->Color=clRed;
Startpunkt der Linie festlegen	Zeichnen->Canvas->MoveTo(i,159-yalt*30);
Linie zeichnen	Zeichnen->Canvas->LineTo(i+1,159-int(Wert*30));
alten Messwert merken	yalt=Wert;
	}
	}
	//--
	void __fastcall TForm1::Button1Click(TObjekt *Sender)
Bei betätigen von Start-Button Messen=1	{Messen=1;}
	void __fastcall TForm1::Button2Click(TObjekt *Sender)
Bei betätigen von Stop-Button Messen=0	{Messen=0;}
	//--

Programmierung mit LabVIEW:

Beim Start der Entwicklungsumgebung werden zwei Fenster geöffnet.

Aufbau der Anwenderoberfläche:

In der Anwenderoberfläche, Panel genannt, werden die Objekte platziert **(Bild 1)**. Das Objekt 1 ist eine Boolesche Variable. Beim Platzieren wird im Diagramm (Quellcode) ein TF-Symbol erzeugt. Mit dem Objekt 2 soll die Nummer des Einlesekanals eingestellt werden. Das Objekt muss deshalb ein numerischer Typ sein. Über die Voreinstellung wird ein ganzzahliger Typ vorgewählt. Im Quellcode entsteht ein blaues Symbol mit der Beschriftung „U16“, das bedeutet eine positive 16-Bit-Ganzzahl. Das 3. Objekt ist ein Ausgabeobjekt. Hier wird ein Y-Zeit-Diagramm verwendet. An diesem Diagramm werden einige Eigenschaften verändert. So z. B. Farben, aber vor allem die Skalierungen. Die Y-Skala wird auf max. 5 eingestellt. Bei der X-Skala muss der Abstand der Messpunkte auf die Zykluszeit abgestimmt werden. Bei einer Zykluszeit von 10 ms ist der Abstand $dx = 0.01$. In **Bild 2** wird das Fenster zum Einstellen dieser Eigenschaft dargestellt.

Erstellung des Quellcodes:

Alle Objekte aus der Anwenderoberfläche erzeugen ein Symbol auf der Diagrammseite. Das Objekt 1 kann zwei Zustände einnehmen. An dieses Symbol wird eine Case-Struktur angefügt und in die „True“-Seite werden alle anderen Symbole eingetragen. Aus der Funktionsbibliothek wird die Funktion zum Lesen des Interface geladen. An diese Funktion wird nun die Device-Nr. angefügt und danach die Kanalnummer. Da die Funktion hier einen String und keine Zahl erwartet, muss die Zahl zuerst in einen String umgewandelt werden. Des Weiteren wird der max. zu erwartende Wert, hier 10, eingetragen. Das Ergebnis der Einlesefunktion wird nun mit dem Symbol des Y-Zeit-Diagramms verbunden. Da das Programm eine bestimmte Zykluszeit haben soll, wird aus der Bibliothek die Funktion für Zykluszeit geladen und mit der Konstanten 10 versehen. Das bedeutet, dass der Programmzyklus alle 10 ms gestartet wird.

Starten des Programms:

In der Kopfleiste von LabVIEW sind Buttons zur Benutzung der Software angebracht **(Bild 3)**. Wenn der Button für Dauerzyklus eingeschaltet wird, ist das Programm aktiv. Es wird folgende Abarbeitung erfolgen:

1. Abfrage des Button 1 auf „True“, wenn „False“ dann Rücksprung auf 1.
2. Wenn „True“ dann einlesen Kanal, wandeln der Nummer in String, einlesen Device-Nummer, einlesen max. Wert. Funktion holt von Peripherie den Analogwert, Analogwert wird an Y-Zeit-Diagramm gesendet und dort als Linie dargestellt. Taktgeber wartet bis 10 s seit dem Start vergangen sind.
3. Rücksprung zu 1.

Programm wird beendet, wenn das Stopp-Symbol angeklickt wird.

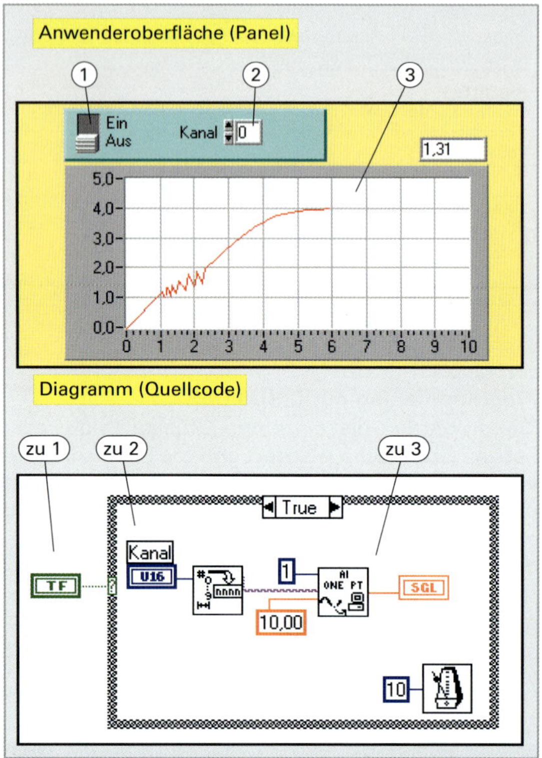

Bild 1: Programmentwicklung mit LabVIEW

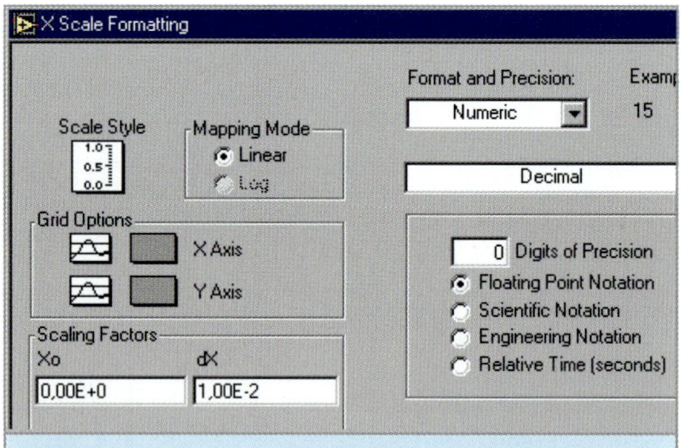

Bild 2: Einstellungen des Objekts: Y-Zeit-Diagramm

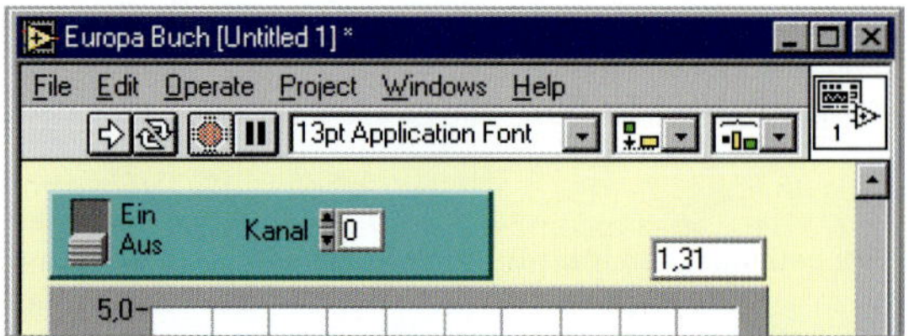

Bild 3: Benutzerelemente bei LabVIEW

11.1.3 Steuern mit PC

Digitale Eingänge und Ausgänge

Der PC benötigt zum Steuern ein Interface. **Bild 1** zeigt in Interface, welches über das Ethernet angesprochen wird. Bei der Programmierung muss die IP-Adresse und die Port-Adresse angegeben werden **(Bild 2)**. Damit das Programm zyklisch läuft, wird es als Timer-Objekt geschrieben. Dort kann die Zykluszeit (z. B. 10 ms) eingetragen werden. Die Datenkommunikation erfolgt über Steuerstrings. Zum Einlesen des Eingangsbytes wird der String „DI" gesendet. Das Interface antwortet mit dem String „DIxxx". In xxx steht der Wert des Eingangsbytes. Um die Ausgänge anzusprechen, wird der String „DOxxx" gesendet. Hierbei ist xxx der Wert des Ausgangsbytes.

Ausmaskieren der Eingangsbits

Mit dem AND-Operator kann der Zustand einzelner Bits ermittelt werden.

Beispiel: Der Wert es 2. Bits soll ermittelt werden.

E2 = Eingangsbyte & 4;

Wenn das Bit = 1 ist, ist das Ergebnis = 4, sonst ist das Ergebnis = 1.

Erstellen des Ausgangsbytes

Zum Erstellen des Ausgangsbytes werden die Zustände der Ausgänge addiert.

Beispiel: A0 = 1, A2 = 1 und A7 = 1

Ausgangsbyte = 1*A0 + 4*A2 + 128*A7

Programmierung mit C-BUILDER

Aufgabe:
Es sollen E0 bis E2 eingelesen werden. Wenn E0 = 1 und E2 = 1, dann soll nach A0 = 1 ausgegeben werden.
Lösung:
Für die Programmierung werden die Objekte Client Socket zum Einstellen der Adressen und Timer zum Einstellen der Zykluszeit aufgerufen (Bild 2). Bild 3 stellt das Programm dar. In Zeile 1 wird ein Hintergrundprogramm gestartet, welches Nachrichten vom Netz einliest. Zeile 2 und 3 schalten den Timer. Zeile 5 sendet den Anforderungsstring an das Interface. Zeile 6 liest den zurückgesendeten String ein. Der String wird in eine Zahl (PAE) umgewandelt (Zeile 7). Zeile 9 maskiert die einzelnen Eingänge aus. Zeile 13 berechnet den Ausgabewert. In Zeile 14 wird dieser in den Sendestring formatiert und ausgegeben.

Wiederholung und Vertiefung

1. Was versteht man unter objektorientierter Software?
2. Nennen Sie mögliche Programmierverfahren.
3. Welche Vorteile haben vollgrafische Programmierverfahren?
4. Erläutern Sie das Ausmaskieren einzelner Bits aus einem Byte.

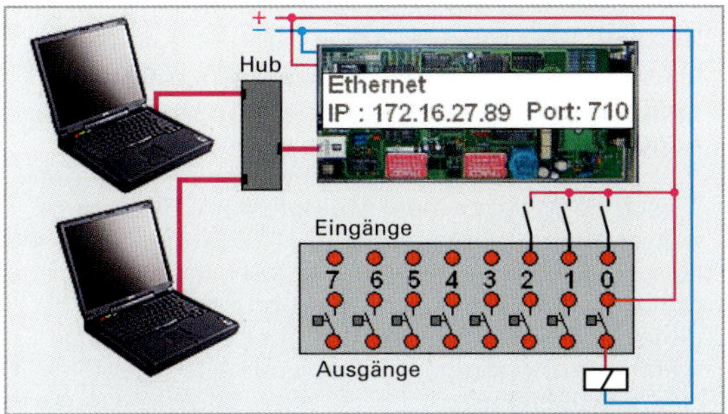

Bild 1: PC mit Interface

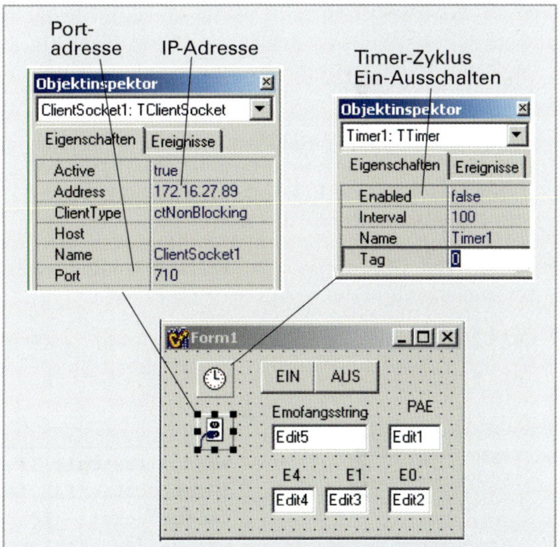

Bild 2: C⁺⁺–Oberfläche mit Objekten

```
       char Empfang[100],Sendestring[50];
       void __fastcall TForm1::ClientSocket1Read(TObject *Sender,
        TCustomWinSocket *Socket)
/*1*/  { strcpy(Empfang,Socket->ReceiveText().c_str());}
       //------------------------------------------------------
       void __fastcall TForm1::Button1Click(TObject *Sender)
/*2*/  {Timer1->Enabled=true;}
       //------------------------------------------------------
       void __fastcall TForm1::Button2Click(TObject *Sender)
/*3*/  {Timer1->Enabled=false; }
       //------------------------------------------------------
       void __fastcall TForm1::Timer1Timer(TObject *Sender)
/*4*/  { int PAE,PAA,E0,E1,E2;
/*5*/  ClientSocket1->Socket->SendText("DI");
/*6*/  Edit5->Text=Empfang;
/*7*/  PAE=atoi(Empfang+2);
/*8*/  Edit1->Text=PAE;
/*9*/  E0=PAE & 1; E1=PAE & 2; E2=PAE & 4;
/*10*/  Edit2->Text=E0;
/*11*/  Edit3->Text=E1;
/*12*/  Edit4->Text=E2;
/*13*/  PAA=E0 && !E1 && E2;
/*14*/  sprintf(Sendestring,"DO%3d",PAA);
/*15*/  ClientSocket1->Socket->SendText(Sendestring);
       }
```

Bild 3: Einlesen und Ausgeben mit C-BUILDER

Beispiel: Ablaufsteuerung

In der industriellen Praxis werden häufig Steuerungen mit Hochsprachen programmiert. Im folgenden Beispiel sollen aus einem Fallmagazin Teile herausgeschoben werden. Der Zustand der Maschine soll mit einem Meldetext am Bildschirm dokumentiert werden **(Bild 1)**. Alle Eingänge und Ausgänge werden mit dem digitalen Interface verdrahtet **(Bild 2)**. Bei der Verdrahtung wurde eine einfache Notausbeschaltung über ein Schütz gewählt. Alle Eingänge, mit Ausnahme des Halt-Tasters, sind Schließer.

Die Programmierung mit C-BUILDER erfolgt entsprechend der Arbeitsweise einer SPS. Der SPS-Zyklus wird mit dem Objekt Timer realisiert. Dieses wird z. B. auf eine Zykluszeit von 10 ms gesetzt, d. h. Windows erhält alle 10 ms die Nachricht, den Inhalt der abgeleiteten Funktion Timer 1 zu bearbeiten. Die Variablen S und E0...E7 werden global deklariert, weil lokale Variable bei jedem Aufruf neu initialisiert werden, und deshalb falsche Ergebnisse liefern würden. Das Programm wird in drei Ebenen unterteilt. Im 1. Teil wird die Ablaufstruktur programmiert, im 2. Teil werden den Schritten die Ausgänge zugewiesen. Der 3. Teil übernimmt die Zusammenstellung und die Ausgabe der Meldetexte **(Bild 3)**.

Nach der Programmentwicklung wird eine *.EXE erzeugt. Diese ist auf dem PC direkt ablauffähig.

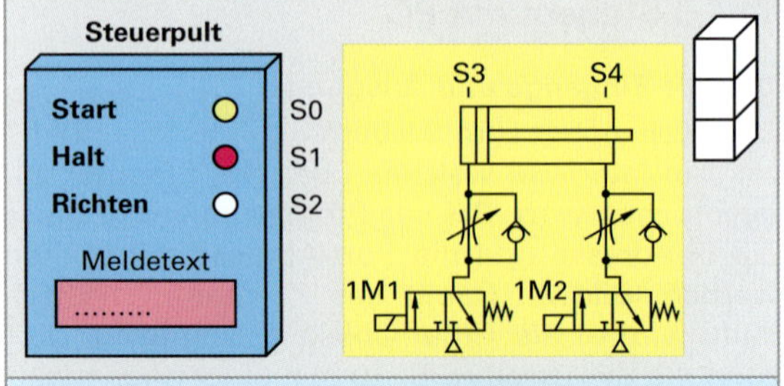

Bild 1: Bedienpult und Pneumatikplan

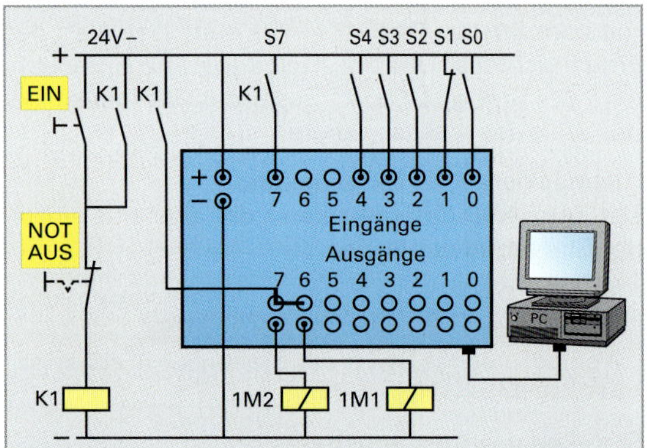

Bild 2: Zuordnungsbeschaltung

Objekt *Timer*: Zykluszeit auf 10 ms eingestellt,
Lokale Variable als **static** deklarieren.
Kommunikation für das Lesen des Eingangsbytes
Ausmaskieren der Eingänge

Grundstellung(GS) ermitteln, Ablaufstruktur bearbeiten

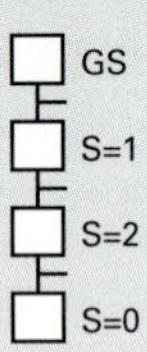

Zum Schritt passend das Ausgangsbyte (PAA) zuweisen.
Ausgabestring erstellen und senden.

Meldetexte zuweisen und Meldung an Objekt *Edit* senden.

```
void __fastcall TForm1::Timer1Timer(TObject *Sender)
{ int static PAE,PAA,E0,E1,E2,E3,E4,E7,GS,S;
ClientSocket1->Socket->SendText("DI");
Edit5->Text=Empfang; PAE=atoi(Empfang+2); Edit1->Text=PAE;
E0=PAE & 1;  E1=PAE & 2; E2=PAE & 4; E3=PAE & 8;
E4=PAE & 16; E7=PAE & 128;
//Teil 1 Ablaufebene
GS = E3 &&  ! E4;
 if ( GS &&  E0 && (S==0) ) S=1;
 if ( E4 && !E3 && (S==1) ) S=2;
 if ( GS && !E3 && (S==2) ) S=0;
 if ( !E1                 ) S=0;
 if ( !E7                 ) S=0;
 //Teil 2 Ausgabeebene
 if(S==0)      PAA=0;
 if(S==1)      PAA=64;  //Kolben ausfahren
 if(S==2)      PAA=128; //Kolben einfahren
 if(E2 && E1 && !S) PAA=128; //Richten
 sprintf(Sendestring,"D0%3d",PAA);
 ClientSocket1->Socket->SendText(Sendestring);
 //Teil 3 Meldeebene
 if ( E3 && E4 )        strcpy(Meldung,"Alarm, Sensor defekt");
 if ( !E3 && !E4 && !S) strcpy(Meldung,"Kolben nicht in Endlage");
 Edit6->Text=Meldung;
}
```

Bild 3: Lösung mit C-BUILDER

Kommunikation mit SPS

SPS übernehmen primär das Steuern und Regeln von Anlagen **(Bild 1)**. Wenn über grafische Oberflächen die Bedienung und Beobachtung sowie die Dokumentation des Fertigungsprozesses laufen soll, gibt es verschiedene Möglichkeiten, mit der Steuerung zu kommunizieren.

Als Schnittstelle eignet sich die Programmierschnittstelle über V.24 oder durch Zwischenschalten einer Baugruppe, das Ethernet. Es werden auch noch andere Kommunikationswege verwendet, so z. B. der PROFIBUS.

Softwareseitig wird häufig ein OPC-Server eingesetzt. Immer liegt aber in der unteren Kommunikationsschicht eine Treibersoftware. Jeder Überbau macht die Kommunikation langsamer. Eine direkte Kommunikationsmöglichkeit bietet z. B. die AGLINK.DLL der Fa. Deltalogic.

Diese bereitet die Daten so auf, dass mit den gelieferten Funktionen auf alle Eingänge, Ausgänge, Merker, Timer, Zähler der SPS lesend und schreibend zugegriffen werden kann. Da die AGLINK.DLL von allen gängigen Programmiersprachen aus bedient werden kann, entsteht ein offenes System, mit welchen man eine vollständige Kommunikation zwischen PC und SPS herstellen kann. Diese Kommunikation beeinflusst weder die Sicherheit noch die Zykluszeit der SPS.

Beispiel:

Es soll von einer S7-314IFM-SPS-Steuerung das Eingangsbyte 124 gelesen werden. Außerdem sollen mit Schiebeelementen die Ausgänge beliebig betätigt werden können. Ein Analogwert soll von PEW752 eingelesen werden. Die Kommunikation erfolgt über Ethernet und dem Verbindungsbaustein NetLink.

In der Konfiguration **(Bild 2)** wird der Gerätetreiber „Netlink-IP“ angewählt und die IP-Adresse eingegeben. In der Software wird damit *Device = 0* eingestellt.

Es wird mit LabVIEW die im **Bild 3** entworfene Bildschirmoberfläche aufgebaut. Für alle Kommunikationsbefehle liegen fertige Funktionen vor. Es gibt *Makros* zum Auf- und Abbauen der Kommunikation. Das eigentliche Programm ist in **Bild 4** dargestellt. Mit einer *Funktion* werden die Eingangsbytes der SPS gelesen (1), danach wird das Byte in eine 8 Bit-Array umgewandelt und als Lampen angezeigt (2). An der Stelle (3) wird das Ausgangsbyte an die SPS gesendet. Die Analogwerte werden in (4) von einem Merkerwort (MW) übernommen. Danach wird das Low-Byte und High-Byte zusammengefasst, normiert, und danach als Y-t-Diagramm ausgegeben.

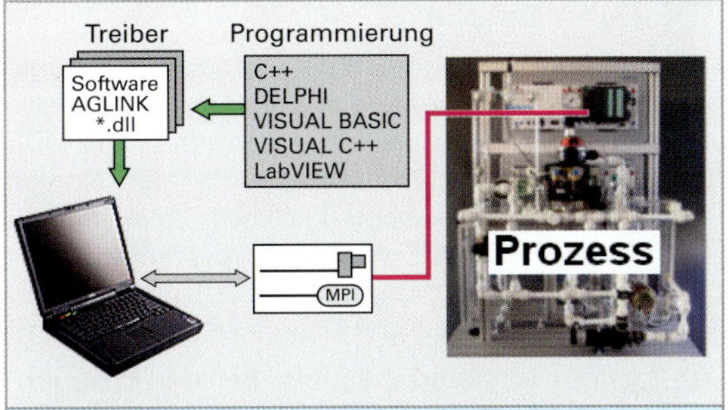

Bild 1: Struktur einer Kommunikation

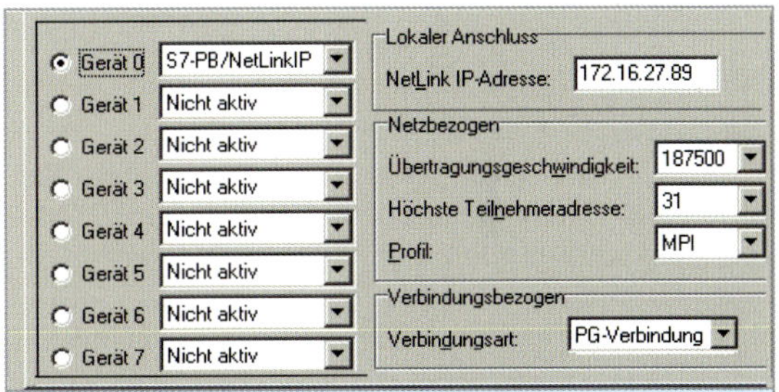

Bild 2: Konfiguration der Schnittstelle

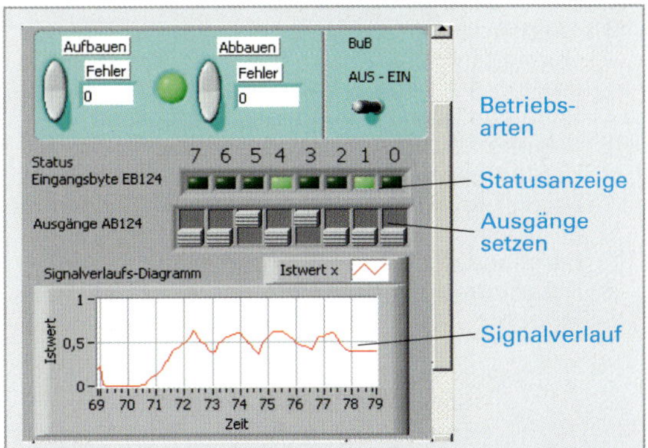

Bild 3: Bildschirmoberfläche

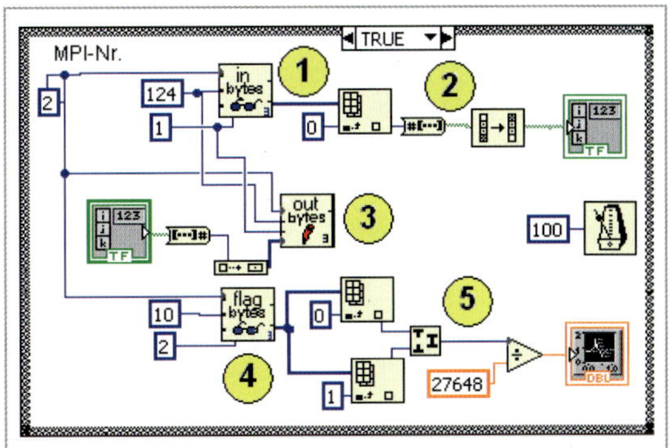

Bild 4: Quellcode

DDE-Schnittstelle

DynamicDataExchange(DDE)isteinKommunikationsprotokoll, mit dem mehrere Anwendungen auf demselben Computer kommunizieren können. Mit DDE werden gegenseitig Nachrichten unter den aktiven Programmen ausgetauscht. Alle Nachrichten sind im String-Format. EineDDE-VerbindungbestehtausDDE-Clients. Der Server bildet kontinuierlich Daten im DDE-Speicher ab. Der Client holt sich diese Daten (**Bild 1**).

Das System ist datenorientiert. Bei der Programmierung werden folgende Daten angegeben:

DDE-Service: Name des Servers, z. B. „Excel"
DDE-Topic : Name der Datei mit welcher kommuniziert wird, z. B. „Mappe1.xlsx"
DDE-Item : Name der Variable, z. B. in Excel der Zellenname.

In der Automatisierungstechnik gibt es weitere Verfahren des Datenaustausches, z. B. das „Objekt-Verknüpfung und -Einbettung). Hier werden ganze Objekte übertragen. Ebenso bei COM bzw. DCOM Schnittstellen (Distributed Component Object Model).

Beispiel für DDE Kommunikation: Eine Behältersystem **(Bild 2)** wird mit einer Pumpe (3. Bit) angesteuert. In Zelle B6 wird 0 oder 8 eingetragen. Der Füllstand wird mit einem Ultraschallsensor gemessen (Analog INP 0, 0...10 V). Das EasyPort setzt die Signale um. Mit LabVIEW wird die Kommunikation zwischen dem EasyPort und Excel hergestellt.
Programmstruktur:
1. Kommunikation mit Excel und EasyPort öffnen
2. Daten von Easyport zu Excel Zelle B1 senden und Daten von Zelle B6 lesen und zum EasyPort senden
3. Kommuniktion schließen.

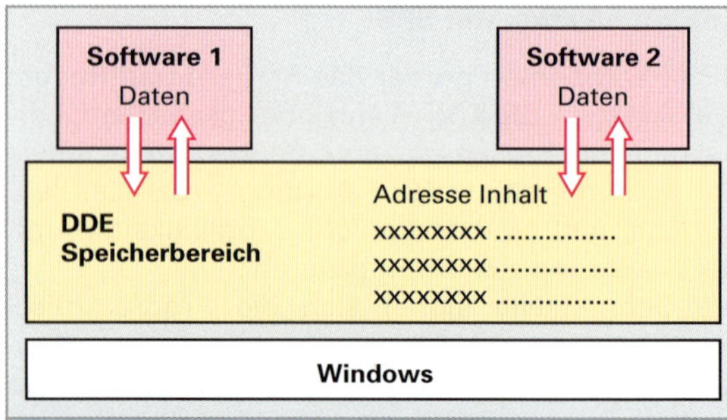

Bild 1: Prinzip der Datenkommunikation

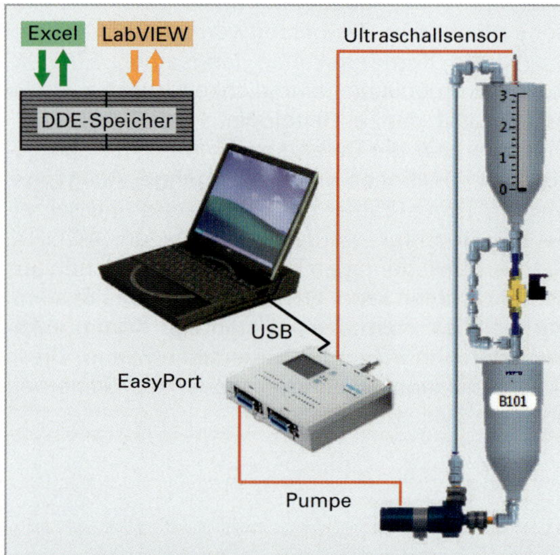

Bild 2: Messen und Steuern über DDE-Kommunikation

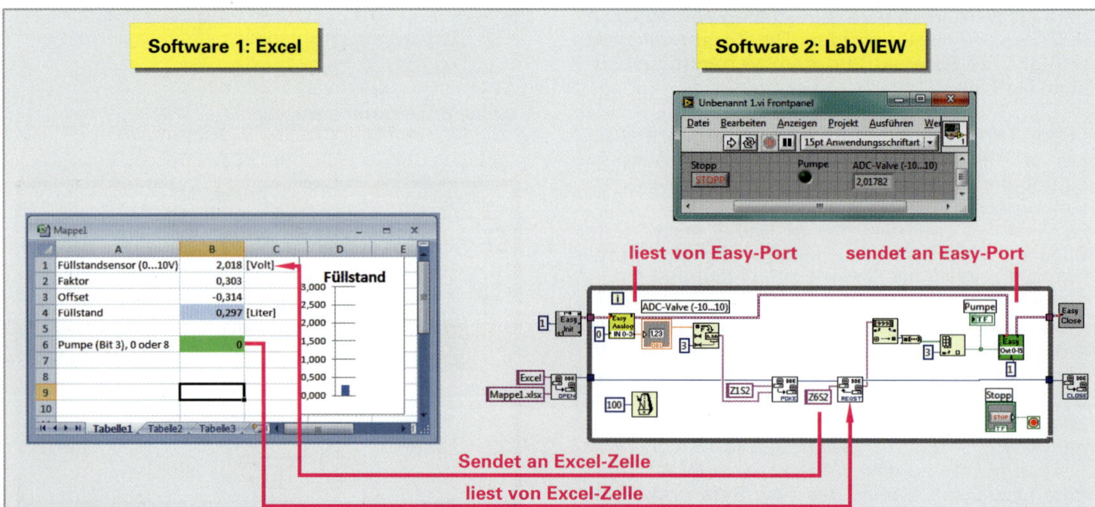

Bild 3: DDE-Kommunikation Excel und LabVIEW

OPC – Schnittstelle

OLE for Process Control (OPC) ist der Name für standardisierte Software-Schnittstellen, die den Datenaustausch zwischen Anwendungen unterschiedlicher Hersteller in der Automatisierungstechnik ermöglichen (**Bild 1**).

Intern wir hierfür die COM/DCOM (Component Object Model/Distributed COM)-Technologie verwendet. Die in der OPC-Foundation™ organisierten Firmen haben festgelegt, wie Daten von einem OPC-Server durch einen OPC-Client gelesen oder geschrieben werden können. Damit ist es möglich, Fertigungsdaten (z. B. Stückzahlen, Messwerte, Betriebsstunden,...) aufzunehmen und z. B. in Microsoft Office Anwendungen oder anderen OPC-Client-Applikationen einzubinden.

Für eine OPC Client-Server Applikation am Feldbus müssen zunächst die Feldbuskomponenten mittels eines Konfigurators initialisiert werden. **Bild 2** zeigt die auf einem PC vorhandenen OPC-Server. Es werden die Variablen auf welche zugegriffen werden kann angezeigt. Wird der OPC-Server sodann in den Betriebszustand gebracht, kann ein Client auf die Daten (Tags) des OPC Servers zugreifen. Es ist immer möglich, dass mehrere Clients z. B. via Netzwerk auf das Prozessabbild eines OPC-Server zugreifen können

Beispiel: Es wird mit dem Festo-EasyPort eine Steuerung aufgebaut. Dieses ist über USB mit dem PC verbunden. Nach der Installation des Festo-OPC-Servers zeigt dieser die Variablen und die Aufruf-URL der jeweiligen Variablen an (Bild 2). Nun wird der OPC-Server gestartet. Das LabVIEW-Programm kann nun Daten lesen und schreiben, also visualiseren und steuern (**Bild 3**). Die Abtastrate in diesem Fall liegt bei 80 ms.

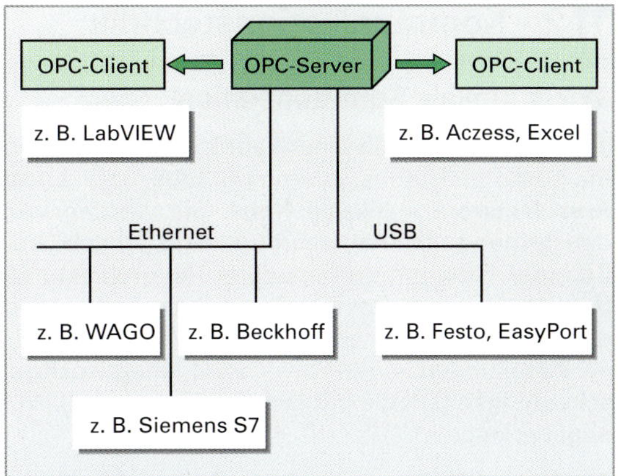

Bild 1: Struktur OPC

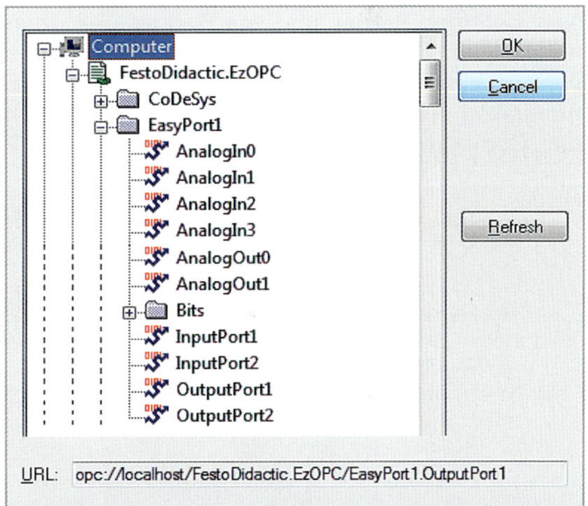

Bild 2: Anzeigen der OPC Server mit Variablen

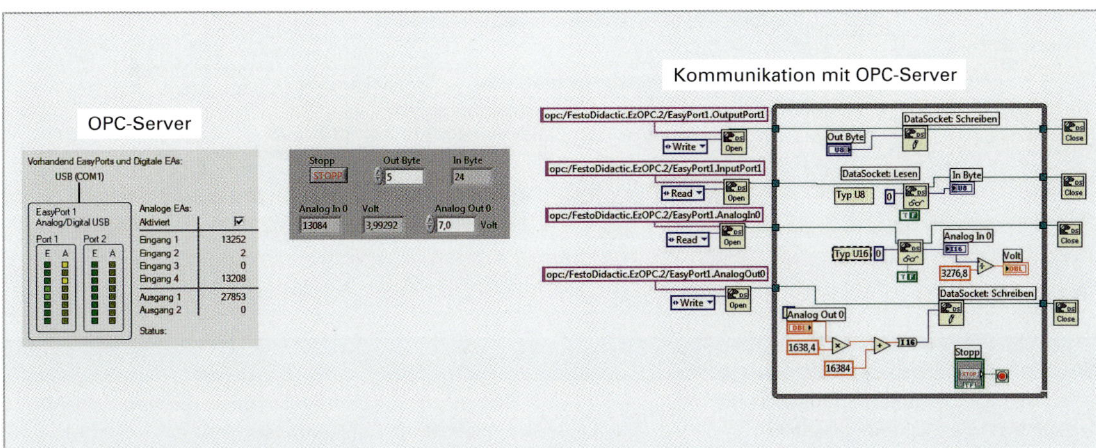

Bild 3: Beispiel Festo-OPC-Server kommuniziert mit LabVIEW

11.2 Kommunikationstechnik

11.2.1 Lokale Kommunikation

Im Bereich innerhalb einer Fabrik bezeichnet man die Kommunikationssysteme mit **LAN** (engl. **Local Area Network** = lokales Netz). Sie werden von den Firmen selbst betrieben und sind je nach Größe einer Fabrik in verschiedene Hierarchiestufen **(Bild 1)** eingeteilt. Der Datenverkehr zwischen den einzelnen Fabriken einer Firma oder den großen Abteilungen einer Firma wird über **Hochgeschwindigkeitsnetze mit Lichtwellenleitern (LWL)** abgewickelt.

Artgleiche LANs werden über **Bridges** (Brücken) oder Router (Wegefinder) aneinandergekoppelt. Bridges übertragen Nachrichten nur, wenn der adressierte Teilnehmer sich nicht im eigenen Netz befindet. **Router** sind wie Bridges. Sie übernehmen aber zusätzlich die Aufgabe, in einem vermaschten Netz den günstigsten Übertragungsweg auszusuchen. **Switches** sind Schalter, die Computer über Leitungsverbindungen zusammenschalten. Bridges, Switches und Router übertragen Nachrichten nur, wenn diese ungestört, also frei von Übertragungsfehlern sind. Dadurch belasten defekte Stationen oder Netze andere Netze nicht. LANs die sich in ihrer Art unterscheiden, tauschen über **Gateway-Computer** (engl. Gateway = Torweg) Nachrichten aus. Zur Verlängerung der Netzreichweite verwendet man **Repeater** (Wiederholer). Diese lesen die Nachricht und senden sie verstärkt weiter.

Die Beschreibung der Art, wie die Datenübertragung in Kommunikationssystemen erfolgt, heißt **Protokoll.** Kommunikationsprotokolle haben nach ISO (engl. International Standardization Organization = internationale Standardisierungsorganisation) eine Einteilung in 7 Teilbereiche. Jeder Teilbereich wird als **Schicht** (engl. layer) bezeichnet. Protokolle, die offen sind, d. h. für jedermann einsehbar, und die somit auch gemeinsam benutzbar sind für eigene Entwicklungen, werden in Form des **ISO-OSI-7-Schichtmodells (Tabelle 1)** beschrieben (OSI von engl. Open System Interconnection = offene Systemverbindung).

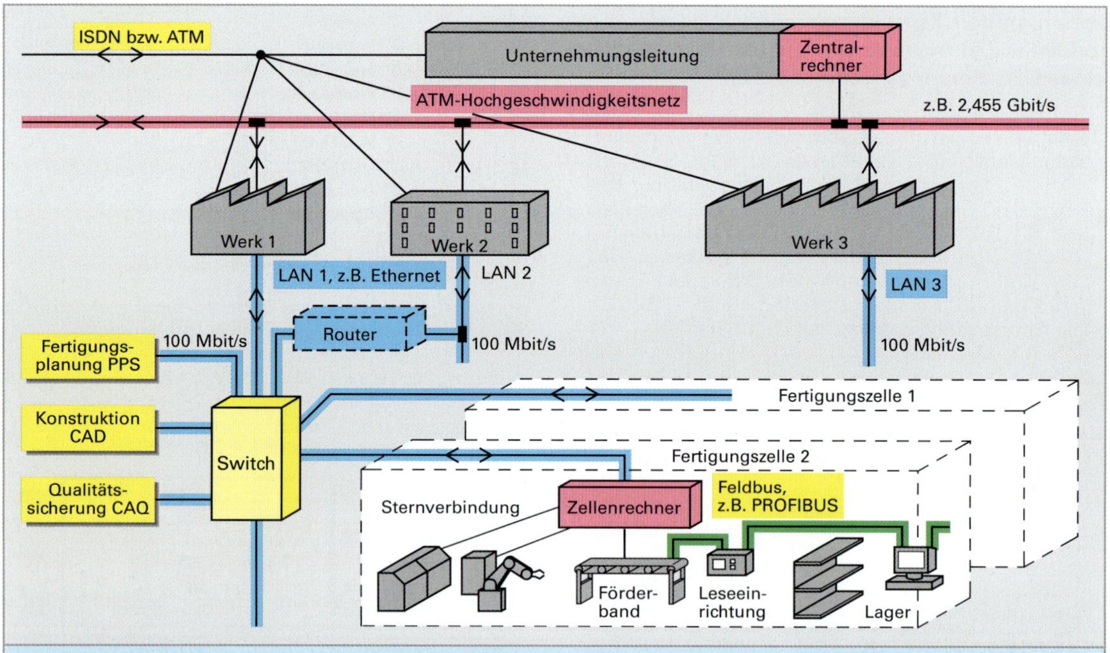

Bild 1: Datennetze

Tabelle 1: ISO-OSI-7-Schichtenmodell

- Schicht Nr. 1: Bitübertragungsschicht
- Schicht Nr. 2: Sicherungsschicht
- Schicht Nr. 3: Vermittlungsschicht
- Schicht Nr. 4: Transportschicht
- Schicht Nr. 5: Kommunikationssteuerungsschicht
- Schicht Nr. 6: Darstellungsschicht
- Schicht Nr. 7: Verarbeitungsschicht

11.2.2 Internet und Intranet

Das Internet ist neben dem Telefon zum wichtigsten Tele-Kommunikationsmittel geworden und die Zahl der Benutzer nimmt schneller zu als dies jemals beim Telefon oder Telefax der Fall war. Das Internet hatte seinen Ursprung im Bereich der Computervernetzung beim amerikanischen Militär und den Universitäten. Heute sind an das Internet fast alle Unternehmen, Schulen und Verwaltungen angeschlossen. Aber auch viele Privatpersonen sind mit ihrem PC über sogenannte Service Provider (Netzanbieter) am Internet **(Bild 1)**.

Das Internet ermöglicht den einfachen Datenaustausch zwischen weltweit verteilten Computern.

Mit der einfachen Handhabung des Internet-Datenaustausches, z. B. über WWW-Browser (WWW von engl. World Wide Web = weltweites Netz, to browse, abgrasen, suchen, schmökern), können Dateien, z. B. Produktbeschreibungen, Veranstaltungen und beliebige textliche und bildliche Darstellungen, in weltweit verteilten Computern gesucht, übertragen und beim Nutzer angesehen und ausgedruckt werden. Da dies weltweit relativ einfach und effizient möglich ist, wird diese Technik auch innerhalb der Betriebe zur Vernetzung der Computer verwendet. Hier nennt man diese Technik **Intranet (Bild 2)**.

Das Intranet dient dem Datenaustausch zwischen Computern innerhalb von Unternehmen.

Dienste im Internet

Um die Internetdienste nutzen zu können, muss der Computer an ein Netz mit weltweiten Verbindungen angeschlossen sein. Dies geschieht über einen Online-Dienst, z. B. T-Online (Telekom-Online), AOL (American Online), CompuServe oder über ein Wissenschaftsnetz (WIN) der Universitäten.

Die wichtigsten Dienste sind:

- **WWW** (von engl. World Wide Web = weltweites Netz) ist ein multimediales Informationssystem.
- **E-Mail** (engl. Electronic Mail = elektronische Post) ermöglicht einen weltweiten Austausch individueller Nachrichten.
- **FTP** (engl. File Transfer Protocol = Datenübertragungsprotokoll) zur Dateiübertragung von Rechner zu Rechner.
- **Telnet** ermöglicht das Rechnen auf anderen Rechnern.
- **News** ist ein Diskussions- und Informationsdienst.

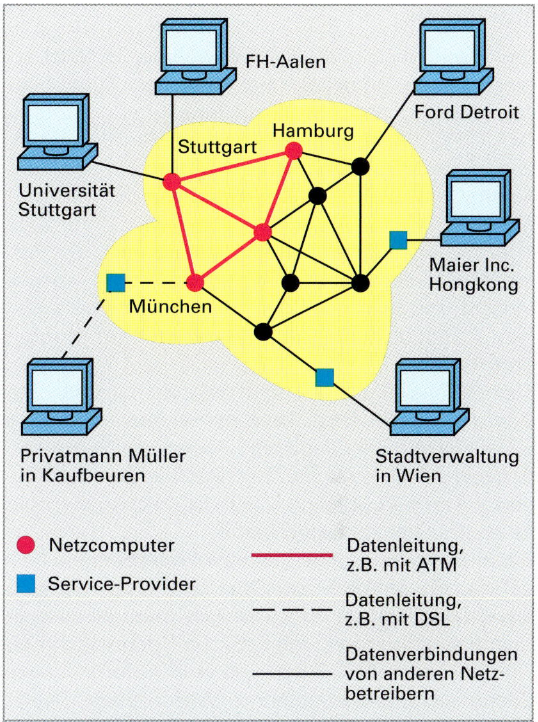

Bild 1: Das Internet

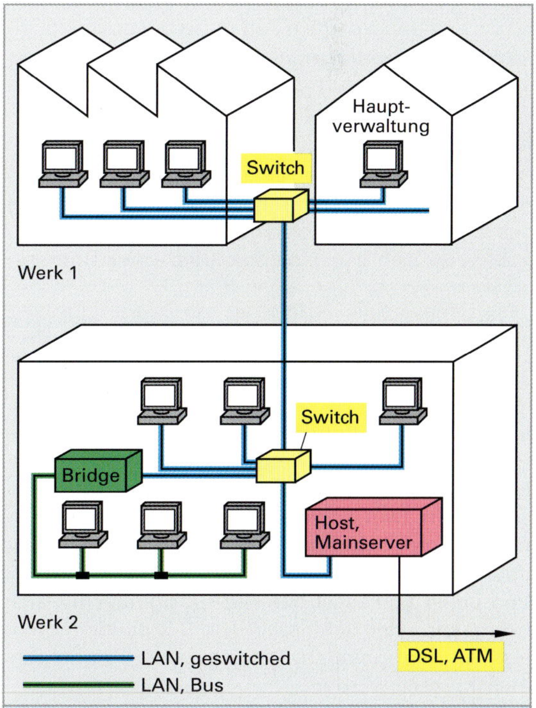

Bild 2: Intranet

http://www

Das World Wide Web (WWW, weltweites Netz) ermöglicht ein schnelles und einfaches Aufstöbern von Informationen in weltweit verteilten Computern. Das WWW basiert auf Hypertext-Verbindungen, den Hyperlinks[1]. Damit die Kommunikation von einem Computer als Client (Benutzer, der Informationen will) mit einem Computer als Server (der Informationen gibt) einfach funktioniert, werden im WWW sogenannte Hyperdokumente ausgetauscht und zwar nach dem Hyper Text Transmission Protocol (**HTTP,** dt. Hypertextübertragungsprotokoll).

Zur gewünschten Information gelangt man über eine Adresse, die **URL** (engl. Uniform Resource Locator = einheitliche Quellenangabe), z. B. mit http://www.fbt.fh-aalen.de. Dies ist der Servername des Fachbereichs Fertigungstechnik (fbt) der Fachhochschule Aalen (fh-aalen) in Deutschland.

Zur Informationssuche gibt es im Internet eine Reihe von *Suchmaschinen*. Dies sind Datenbanken, die entweder mehr oder weniger manuell zusammengestellt werden, wie z. B. die Suchmaschinen Google oder YAHOO oder es sind automatisierte Suchmaschinen, sogenannte Web-Crawler (Netzwanderer). Diese sammeln Informationen, indem sie den URLs folgen. Bei den Suchmaschinen kann man Suchworte eingeben, auch mehrere und diese z. B. mit einem „+"-Zeichen in Art einer Konjunktion verbinden. In diesem Fall muss die gesuchte Information sowohl zum *einen* Stichwort passen als auch gleichzeitig zum *anderen* Stichwort.

E-Mail

Die E-Mail ermöglicht die Übertragung von Nachrichten zu einem anderen Nutzer mit einem, an das Internet angeschlossenen, Computer. Es funktioniert ähnlich wie das Versenden eines Briefes.

> Die E-Mails sind im Internet oft unverschlüsselt und es ist nicht gesichert, dass die E-Mail nicht von Unbefugten gelesen oder auch verändert werden.

Eine Verschlüsselungsmöglichkeit bietet z. B. die *PGP-Software* (engl. Pretty Good Privacy = saubere, gute Privatsphäre). Hierbei gibt es zum Entschlüsseln zwei Schlüssel (Verschlüsselungssoftware). Einen Schlüssel den der Empfänger zuvor dem Sender übermittelt (öffentlicher Schlüssel) und einen Schlüssel den der Empfänger für sich besitzt (privater Schlüssel). Die E-Mail kann dann nur mit dem privaten Schlüssel des Empfängers entschlüsselt werden.

[1] griech. hyper = über – hinaus, engl. to link = verbinden

Computer-Viren

Computer-Viren sind ungewollte Programme, meist mit Schadensfunktionen, gelegentlich auch mit Schabernack als Funktionsziel. Die Schadensfunktion zielt häufig auf den Verlust oder die Verfälschung von Daten oder Programmen hin.

> Ein Computer-Virus ist eine Programmroutine, die sich selbst reproduziert und dadurch vom Anwender nicht kontrollierbare Manipulationen in Systembereichen, an anderen Programmen oder deren Umgebung vornimmt.

Meist werden durch das Virus-Programm andere Programme und Bereiche des Betriebssystems verändert.

Es gibt zehntausende Viren mit entsprechend vielen unterschiedlichen Wirkungen. Die Verbreitung erfolgt hauptsächlich über das Internet, beim Surfen oder über E-Mails.

Man unterscheidet:

Selbstverschlüsselnder Virus, Virus der seinen Code selbst verschlüsselt.

Tarnkappen-Virus. Virus, der seine Anwesenheit im infizierten System durch Manipulation des Betriebssystems zu verbergen versucht.

Trojanisches Pferd[1]. Selbständiges Programm mit einer verdeckten Schadensfunktion ohne Selbstreproduktion, versendet z. B. selbsttätig E-Mails oder spioniert Passwörter aus.

Wurm. Selbstständiges, selbstreproduzierendes Programm, das sich in Netzen ausbreitet.

Die **Viren-Schutzsoftware** (Scanner-Software) ist ein Programm, das meist im Hintergrund abläuft und Datenträger, Systembereiche, Unterverzeichnisse oder Dateigruppen und einzelne Dateien nach bekannten Viren durchsucht, diese anzeigt, löscht oder in ihrer Wirkung aufhebt

> **Maßnahmen zum Schutz:**
> 1. Stets aktuelle Viren-Schutzsoftware verwenden.
> 2. Regelmäßig Datensicherung durchführen.
> 3. Sicherheitskopien sicher aufbewahren.

[1] Das **Trojanische Pferd** ist nach der griechischen Mythologie ein hölzernes Pferd, in dessen Bauch sich Soldaten versteckten. Das Pferd wurde in die Stadt Troja eingelassen und so gelangten auch die Soldaten nach Troja.

TCP/IP

Mit TCP/IP (sprich: tisipiaipi) werden im Internet die Daten verschickt. IP (von engl. Internet Protocol = Internet Protokoll) sorgt dafür, dass die Daten in „handliche" Datenpakete eingeteilt werden und zu dem richtigen Empfänger gelangen. TCP (engl. Transmission Control Protocol = Transportsteuerungs-Protokoll) sorgt für den sicheren Transport der Daten.

Eigenschaften des TCP/IP:

- TCP organisiert eine bidirektionale Datenverbindung, vom Sender zum Empfänger und zurück.
- Die Datenübertragung erscheint für den Benutzer wie ein kontinuierlicher Datenstrom – auch wenn die Datenpakete auf unterschiedlichen Wegen verschickt werden.
- Die Datenübertragung ist gesichert durch eine Sequenznummer (Folgenummer), Prüfsumme, Quittung mit Zeitüberwachung und Wiederholung von fehlerhaften Segmenten.

Für den Datenaustausch werden Portnummern (engl. port = Hafen) als Adressen verwendet. Während die IP-Adresse den Empfänger-Computer adressiert, wird mit der Portnummer, die aus 16 Bits besteht, ein Kommunikationsendpunkt, ein sogenannter Socket (Stecker) definiert. Dies ist gewissermaßen die Zieladresse der Computeranwendung oder des Netzwerkdienstes. Über diese Portnummer adressiert der Client-Computer den Server-Computer. TCP organisiert den Verbindungsaufbau mit einem „3-Wege-Handshake" **(Bild 1)**. Der Sender „fragt" den Empfänger, ob dieser bereit ist einen Datenstrom „anzunehmen". Der Empfänger „quittiert" dies. Der Sender „bestätigt" die Quittung. Sodann erfolgt der Nachrichtenaustausch. Dabei quittiert der Empfänger gegenüber dem Sender die Anzahl der empfangenen Datenbytes.

IP-Adressen

Die Internetadressen haben stets die Länge von 32 Bits, dabei gibt es die Klassen A, B, C. Je nach Klasse haben die Netze und die Hauptrechner (Host) unterschiedlich lange Identifikationsnummern (ID von engl. Identification). Die 32 Bits werden meist, mit Punkten getrennt, als 4 Bytes aufgeschrieben. Dabei hat jedes Byte einen Wertebereich von 0...255.

Statt der numerischen Adresse verwendet man alternativ symbolische Adressen **(Tabelle 1)**. Diese kann man sich leichter merken. Für die einzelnen Länder gibt es Hauptdomainadressen und speziell für die USA noch Adressen aus der Internetanfangszeit, die den Hauptnutzern zugeordnet sind.

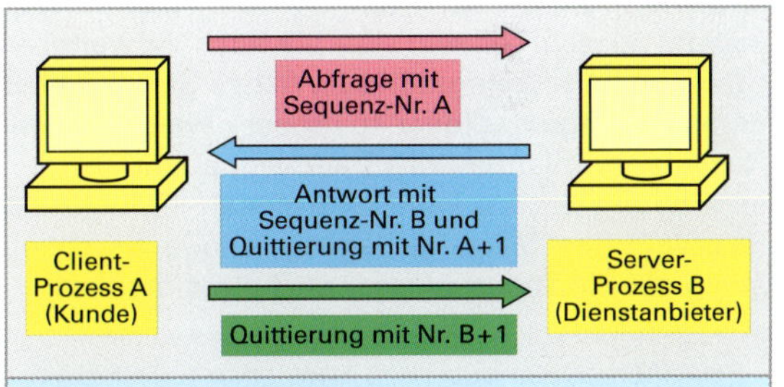

Bild 1: 3-Wege-Handshake

Tabelle 1: IP-Adressen (Beispiel)

Numerisch[1]	Symbolisch	Bedeutung
141.18		Adressbereich der Hochschule Aalen
141.18.16		Adressbereich des Studiengangs Mechatronik
141.18.16.1 bis 141.18.16.254		Computer im Adressbereich 141.18.16
Beispiel: 141.18.16.10	cimweb.htw-aalen.de	CIM-Webserver der Hochschule Aalen

[1] Anmerkung: Die IP-Adressen werden in Kürze generell auf mehr Stellen erweitert.

Wiederholung und Vertiefung

1. Welche Aufgaben haben LANs?
2. Wie heißen die Baugruppen, mit denen man artgleiche LANs verbindet?
3. Wie viele Schichten hat das allgemeine Modell der Datenübertragung?
4. Welcher Unterschied besteht zwischen dem Internet und einem Intranet?
5. Beschreiben Sie die wichtigsten Dienste des Internets.
6. Was versteht man unter Hyperlinks?
7. Wofür benötigt man URLs?
8. Erläutern Sie den Begriff TCP/IP.
9. Wie viele Bits haben die IP-Adressen?
10. Welche Aufgaben erfüllt das TCP?
11. Erklären Sie den 3-Wege-Handshake.
12. Welche Arten von Computer-Viren unterscheidet man?
13. Welche Schutzmaßnahmen sind gegen Computer-Viren notwendig?

11.2.3 Lokale Netze (LAN)

Die Anordnung der Netzverbindungen und Netzverzweigungen nennt man Netztopologie. Die wichtigsten Netztopologien sind die Busstruktur und die Sternstruktur.

Busstruktur und Sternstruktur

Der Bus ist eine Datensammelleitung, die gemeinsam von allen Teilnehmern benutzt wird **(Bild 1).** Die Datenübertragung erfolgt direkt vom sendenden Teilnehmer zum Empfänger. Während dieser Datenübertragung können die anderen Teilnehmer keine Daten austauschen. Die Busleitung wird entweder zu allen Teilnehmern durchgeschleift oder bei Verwendung von **Sternkopplern** (**Hub,** engl. hub = Speichenrad) sternförmig sowohl zu den Teilnehmern als auch zu weiteren Sternkopplern verlegt **(Bild 2).** Aktive Sternkoppler enthalten **Repeater** (engl. to repeat = wiederholen). Repeater empfangen das Datensignal und senden es erneuert an die angeschlossenen Teilnehmer. Passive Hubs teilen die ankommende Signalleistung auf die angeschlossenen Teilnehmer auf.

Bei einem Datenbus kann zum selben Zeitpunkt nur ein Teilnehmer senden.

Mit einem **Switch** (engl. to switch = schalten) wird ähnlich wie bei der Telefonvermittlung die Datenleitung zum jeweiligen Empfänger durchgeschaltet. Über einen Switch können daher gleichzeitig mehrere Teilnehmer Daten austauschen. Am Switch sind die Teilnehmer sowohl mit einer Sendeleitung als auch einer Empfangsleitung angeschlossen.

Bei einer Vernetzung über einen Switch können gleichzeitig mehrere Teilnehmer Daten austauschen.

Der **Netzzugriff,** d. h. der Zugang zur gemeinsamen Datenleitung, muss nach vereinbarten Regeln (Protokoll) erfolgen, damit es im Datenverkehr keine Kollisionen (Störungen) gibt. Die wichtigsten Verfahren sind das Tokenverfahren und CSMA/CD.

Beim **Tokenverfahren** gibt es im Netz ein Sendefreizeichen (eine Bitfolge), nämlich den Token. Dieser wird von Station zu Station weitergereicht, und wer den Token hat, darf senden.

CSMA/CD ist aus dem engl. Carrier Sense Multiple Access with Collision Detection abgeleitet und heißt übersetzt: ein Verfahren mit Abfrage des Signalträgers bei mehrfachem Zugriff mit Kollisionserkennung.

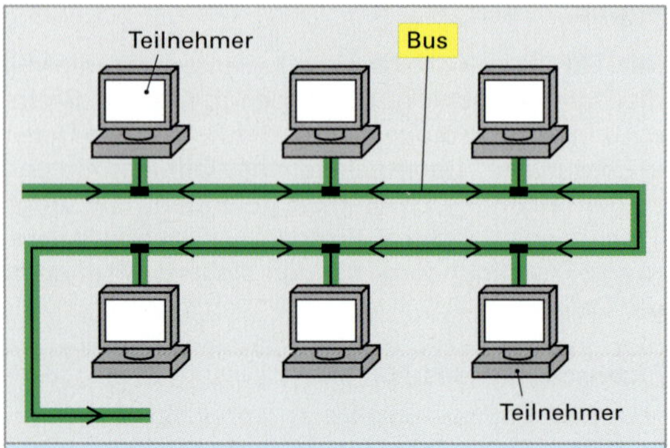

Bild 1: Busstruktur

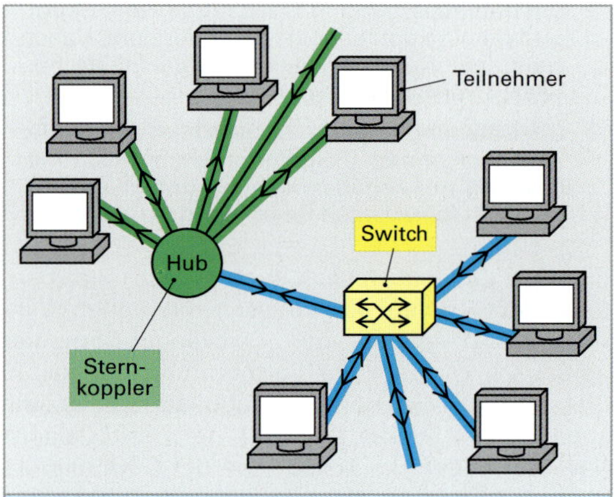

Bild 2: Sternstruktur mit Hub und mit Switch

Das CSMA/CD-Verfahren arbeitet wie folgt:

- Ein sendewilliger **Teilnehmer hört** in das Datennetz hinein, ob gerade ein anderer Teilnehmer sendet, also das Netz belegt ist (engl. Carrier Sense = Abfrage der Leitung).
- Ist das Netz frei, so sendet der Teilnehmer für eine kurze Zeit (einige Mikrosekunden) und überträgt dabei ein Datenpaket an einen vorbestimmten anderen Teilnehmer.
- Ist das **Netz belegt,** so **wird abgewartet** und ständig mitgehört, bis das Netz frei wird und sodann sofort gesendet. Da dies auch andere Teilnehmer tun, ist die Wahrscheinlichkeit groß, dass mehrere Teilnehmer gleichzeitig mit Senden beginnen.
- **Greifen mehrere Teilnehmer** gleichzeitig auf das Netz zu, dann führt dies zu einer **Kollision.** Diese Kollision wird von jeder Station bewertet. Jede Station stoppt das Senden und beginnt mit einem erneuten Sendeversuch nach Ablauf einer, von einem **Zufallsgenerator** bestimmten, Zeit.

Ethernet-LAN

Ethernet[1] ist das meist verbreitete LAN. Es arbeitet mit dem Zugriffsverfahren CSMA/CD. Die Datenübertragungsrate beträgt 10 Mbit/s oder 100 Mbit/s (Fast Ethernet) oder 1 Gbit/s (Giga Ethernet). Das Ethernet-LAN besteht aus einem oder mehreren Leitungssegmenten **(Bild 1)**.

Mehrere Leitungssegmente werden über *Repeater, Hubs* oder *Switches* **(Bild 2)** miteinander verbunden. Der Repeater liest das Datensignal ein und erzeugt ein neues Datensignal gleichen Inhalts. Meistens haben die Repeater auch die Fähigkeit, fehlerhafte Datenpakete zu erkennen. Fehlerhafte Datenpakete werden dann nicht auf das nächste Segment weitergegeben.

Bei einem PC als Teilnehmer befindet sich meist der Transceiver (engl. Transmitter-Receiver = Sender/Empfänger) mit Controller auf einer Steckkarte und wird auf den PC-internen Bus gesteckt **(Bild 2)**. Der Controller erzeugt das zu sendende Datenpaket. Bei großen Datenmengen werden die Pakete in eine maximal zulässige Sendelänge von 1500 Bytes (Oktetts[2]) aufgeteilt.

Bei Kollision wird das fehlerhafte Datenpaket vom Controller nicht angenommen. Die zum wiederholten Senden zu bestimmenden Zufallszahlen werden im Controller berechnet. Die ankommenden Daten werden auf formale Richtigkeit geprüft.

Das Ethernet-Frame (engl. Frame = Rahmen, Block) setzt sich aus Kopfdaten (engl. Header), Nutzdaten und Abschlussdaten (engl. Trailer) zusammen **(Bild 3)**.

Der Trailer besteht aus dem Prüfzeichenfeld FCS (engl. Frame Check Sequence Field). Dieses Feld enthält 4 Oktetts mit Prüfzeichen, die nach dem CRC-Verfahren (engl. Cyclic Redundancy Check = zyklische Blockprüfung) berechnet werden. Auch beim Empfänger werden die Prüfzeichen berechnet. Stimmen gesendete und berechnete Prüfzeichen nicht überein, so wird die Nachricht verworfen, ebenso wenn die angegebene Nachrichtenlänge und die empfangene Nachrichtenlänge nicht übereinstimmen. Der Sender wird sodann aufgefordert, die Daten wiederholt zu senden.

[1] Ethernet von engl. ether = Himmel und engl. net = Netz, hier Firmenbezeichnung

[2] 1 Oktett = 8 bit, von lat. octo = acht

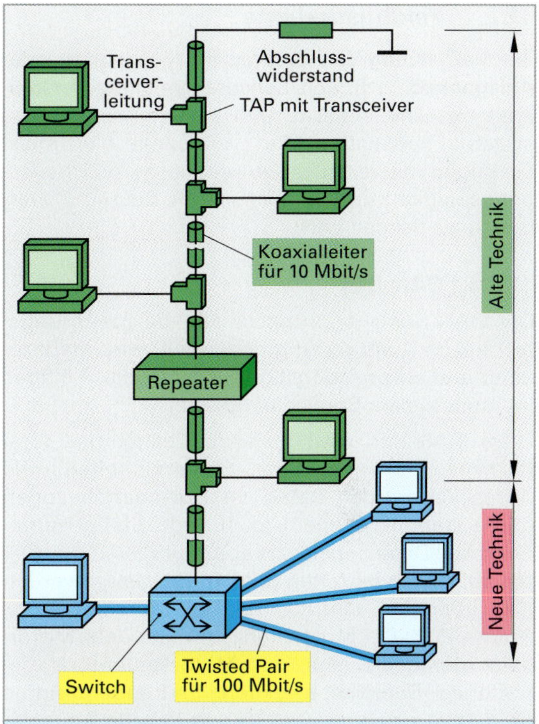

Bild 1: Ethernet-Netz

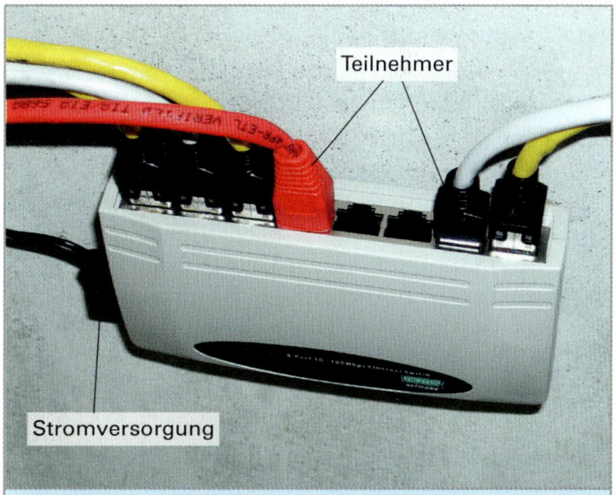

Bild 2: Ethernet-Switch

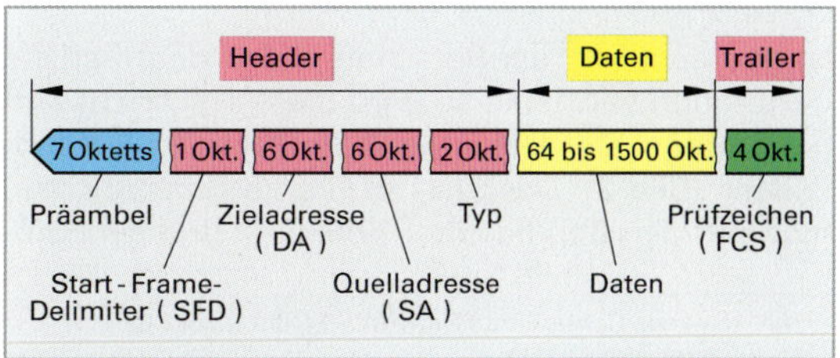

Bild 3: Ethernet-Frame

11.2.4 Feldbussysteme

Zur **Vernetzung** von Geräten im Maschinen- oder **Anlagenfeld,** z. B. von Sensoren mit Robotersteuerungen, sind einfache und kostengünstige Bussysteme notwendig. Man verwendet hier meist Leitungen mit verdrillten Adernpaaren als Übertragungsmedium und ein einfacheres Buszugriffsverfahren als bei den LAN.

11.2.4.1 CAN-Bus

Der CAN-Bus[1], ursprünglich für die Steuerungstechnik im Kraftfahrzeug entwickelt, wird stark zunehmend als preisgünstiger und robuster Feldbus im industriellen Bereich eingesetzt.

Beim CAN-Bus sind mehrere Teilnehmer (Stationen) gleichberechtigte Steuereinheiten. Die Adressierung der Daten ist **botschaftsbezogen** (nicht stationsbezogen), d. h. jede Station empfängt alle Daten, speichert aber nur diejenigen Daten ab, die sie betreffen **(Bild 1).** Die Daten werden also über den kennzeichnenden Identifier (engl. Ausweis), z. B. „Motordrehzahl" von dem Motorsteuergerät, als eine, das Motorsteuergerät betreffende, Botschaft selektiert[2] und angenommen (Bild 1). Die Kenngrößen sind in **Tabelle 1** zusammengestellt.

Bussteuerung

Wenn der Bus frei ist, kann jede Station senden. Beginnen mehrere Stationen gleichzeitig zu senden, dann wird zur Behebung des Buszugriffskonflikts ein „Wired-AND-Verfahren", d. h. eine physikalische Beherrschung des Busses mit der Botschaft der höchsten Priorität durchgesetzt, ohne dass ein Zeitverlust bzw. Bitverlust eintritt. Jeder Sender mit niederwertigerer Botschaft beendet das Senden und wird zum Empfänger. Sobald der Bus frei ist, kann diese Station einen neuen Sendeversuch starten. Das CAN-Protokoll besitzt zur Busvergabe zwei Bitzustände. Der Bitzustand ist entweder „rezessiv", d. h. zurückweichend oder „dominant", d. h. beherrschend. Wird ein dominantes Bit gesendet, dann werden rezessive Bits, die andere Stationen senden, überschrieben.

Akzeptanzprüfung und Datenframe

Ist der Identifier[3] der Botschaft in der Identifierliste der Station vermerkt, so wird diese Nachricht aufgenommen. Der Datenframe besteht aus 7 Kennfeldern **(Bild 2).** Der Start of Frame (Startzeichen) markiert den Beginn einer Botschaft und synchronisiert alle Stationen. Das Arbitration Field[4] (Buszuteilung) besteht aus dem Identifier der Botschaft.

Der CAN-Bus arbeitet botschaftsbezogen und nicht mit Adressen.

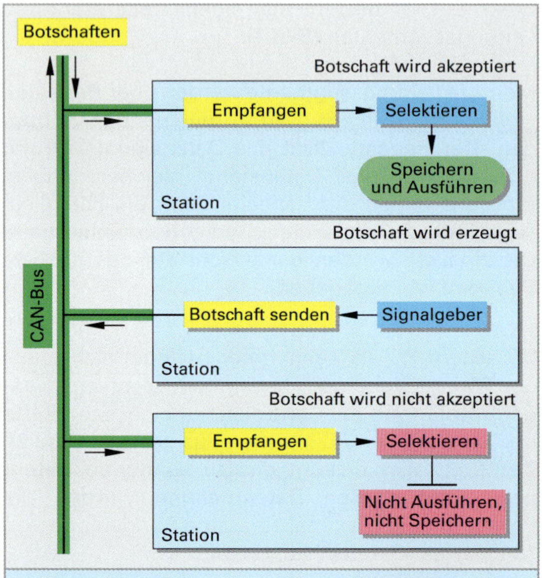

Bild 1: CAN-Bus

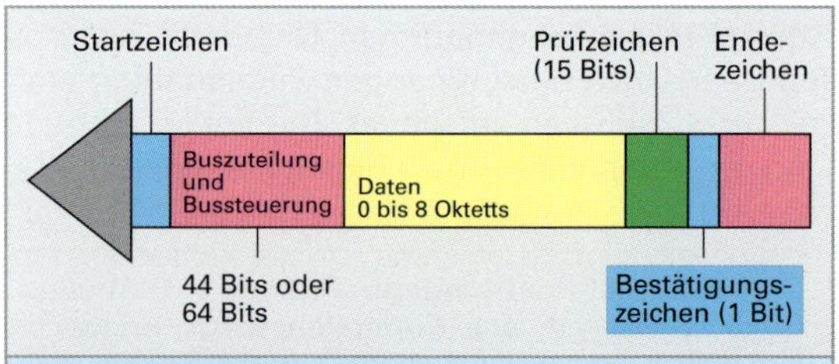

Bild 2: Nachrichtenformat

Tabelle 1: CAN-Bus

Benennung	Größe
max. Ausdrehnung	40 m (1 Mbit/s) 1000 m (50 kbit/s)
Übertragungsrate	1 Mbit/s (40 m) 50 kbit/s (1000 m)
Adressierung	botschaftsbezogen, nicht stationsbezogen 2032 Botschaften
Buszuteilung	durch Prioritäten festgelegt 2031 Prioritäten
Anzahl der Stationen	unbegrenzt
Übertragungssicherheit	sehr hoch; Hamming Distanz 6
Übertragungsmedium	Zweidrahtverbindung oder Lichtwellenleiter

[1] CAN von engl. Control Area Network = Feldnetz zur Steuerung
[2] lat. seligere = auswählen
[3] engl. to identify = ausweisen, identifizieren
[4] engl. arbitration = Schiedsspruch, Entscheidung, engl. field = Feld

11.2.4.2 PROFIBUS, PROFIBUS-DP

Der **PROFIBUS**[1] (von engl. Process Field Bus = Prozess-Feld-Bus) ist in DIN 19 245 genormt. Man unterscheidet hier zwischen aktiven und passiven Teilnehmern **(Bild 1)**. Ein aktiver Teilnehmer kann von sich aus, also ohne Aufforderung, Nachrichten senden. Die Sendeberechtigung wird über einen umlaufenden **Token** zyklisch erteilt. Passive Teilnehmer dürfen empfangene Nachrichten nur quittieren oder auf Anforderung Daten senden. Häufig ist in einem PROFIBUS nur ein aktiver Teilnehmer, z. B. der Leitrechner, dann entfällt der Token.

Die Netzwerktopologie ist als Linie oder als Baum möglich. Damit ist eine **flächendeckende Vernetzung** möglich.

Das Übertragungsmedium ist eine abgeschirmte 2-adrige Leitung. Die maximale Zahl der aktiven Teilnehmer beträgt 32, die Übertragungsrate liegt zwischen 9,6 kbit/s und 500 kbit/s. Die größte Leitungslänge ist ohne Repeater (Wiederholer) 1200 m. Mit jeweils einem Repeater verlängert sich das Bussegment um weitere 1200 m.

Das System erkennt folgende Störungen und Betriebszustände:

- mehrere Token sind im Umlauf,
- kein Token ist vorhanden,
- fehlerhafte Tokenweitergabe,
- mehrere gleiche Teilnehmeradressen,
- defekter Empfänger,
- Zuschalten und Abschalten eines Teilnehmers.

Die Betriebsarten sind:

- Tokenverwaltung,
- zyklischer Sende- und Anforderungsbetrieb,
- Teilnehmerverwaltung.

Die Nachrichten setzen sich aus **UC-Zeichen** zusammen, den so genannten **U**ART-**C**harakters (UART von engl. Universal Asynchronous Receiver/Transmitter = Universeller asynchroner Empfänger/Übertrager, Character = Zeichen). Ein UC-Zeichen besteht aus 11 Bits **(Bild 2)**.

Es gibt mehrere Frameformate, die der Nachrichtenart angepasst sind. So besteht eine Kurzquittung nur aus einem einzigen UC-Zeichen, während ein Nachrichtenpaket bis zu 261 UC-Zeichen umfassen kann **(Bild 3)**.

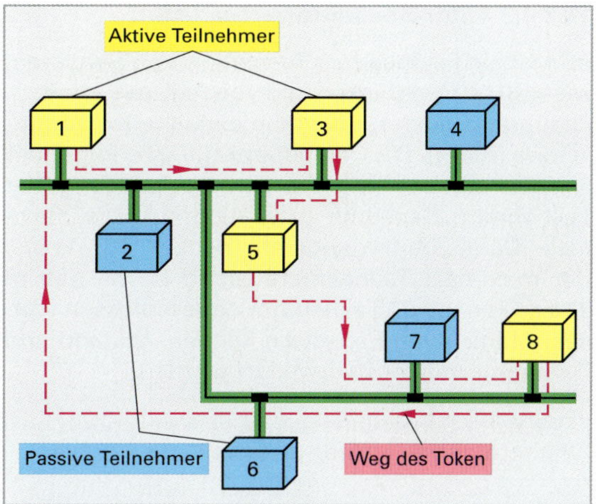

Bild 1: Struktur des PROFIBUS

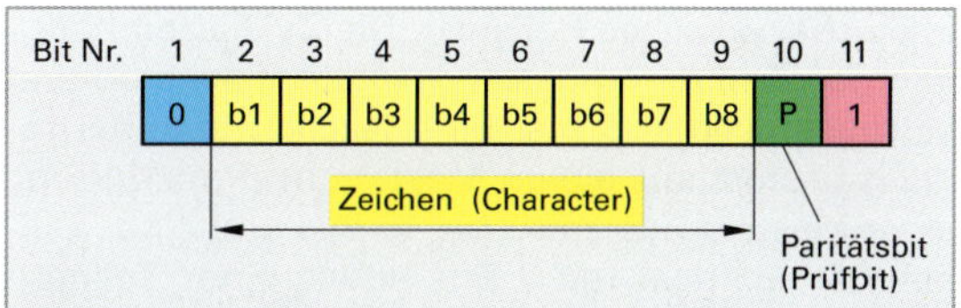

Bild 2: UC-Zeichen

Antworttelegramm:

SYN | SD2 | LE | LEr | SD2 | DA | SA | FC

Daten 4 … 249UC | FCS | ED

SD2	Startbyte 2 (Start Delimiter) ⇒ 01101000
LE	Datenlänge (4...249)
LEr	Wiederholung von LE
DA	Zieladresse (Destination Address)
SA	Quelladresse (Source Address)
FC	Kontrollbyte (Frame Control)
FCS	Prüfbyte (Frame Cheque Sequence)
ED	Endbyte (End Delimiter) ⇒ 00010110
SYN	Synchronisierzeichen (mind. 33-mal das Zeichen 0)

Kurzquittung

SC | Einzelzeichen (Single Character) ⇒ 11100101

Bild 3: Frameformat

[1] Andere Bezeichnungen sind Firmennamen, wie z. B. Sinec L 2. Daneben gibt es den PROFIBUS-DP (Dezentrale Peripherie) mit Übertragungsraten bis zu 12 Mbit/s bei etwas eingeschränktem Funktionsumfang. Das Einsatzgebiet ist der schnelle Datenaustausch mit Sensoren und Aktoren.

11.2.4.3 Aktor-Sensor-Interface (AS-i)

AS-i ist ein Feldbus zum Anschluss von Sensoren, wie z. B. Lichtschranken und von Aktoren, wie z. B. Pneumatikzylinder, über eine einfache Zweidrahtleitung **(Bild 1)**. Die Datenübertragung erfolgt über dieselbe Leitung wie die Stromversorgung der Teilnehmer (Sensoren bzw. Aktoren). Die maximale Datenübertragungsrate beträgt 167 kbit/s. Der maximale Teilnehmerabstand ist ca. 100 m und es können 31 Teilnehmer angeschlossen werden. Mithilfe von Repeatern können Abstand und Teilnehmerzahl noch erweitert werden.

Das Aktor-Sensor-Interface ist eine preisgünstige Vernetzung von binären Sensoren und Aktoren.

Die Bussteuerung erfolgt durch einen Master[1]. Er steuert die Teilnehmer, d. h. er fragt die Sensoren der Reihe nach ab bzw. er überträgt an die Aktoren der Reihe nach Signale und wiederholt dies zyklisch (zyklisches Polling[2]). Die Zykluszeit hängt von der Zahl der angeschlossenen Slaves ab und beträgt maximal 5 ms. Eine Nachrichtenübertragung besteht aus einem Masteraufruf mit 14 Bits, einer Masterpause mit 3 bis 10 Bits und einer Teilnehmernachricht mit 7 Bits sowie einer Teilnehmerpause mit einem Bit **(Bild 2)**. Die Synchronisation erfolgt über ein Startbit und ein Stoppbit. Die Nachrichtenübertragung des Masters enthält entweder Daten, Parameter, Kommandos oder Adressen. In den 14 Bits der Masternachricht gibt es 5 Bits für die Adressierung der 31 Teilnehmer (Slaves[3]) und 5 Bits für Informationen an den Teilnehmer. Der Teilnehmer überträgt an den Master 4 Datenbits, z. B. den Schaltzustand des Sensors oder auch eine Fehlermeldung.

Über Kommandos kann der Master einen Teilnehmer in den Grundzustand bringen (Reset), seine Adresse löschen, eine neue Adresse eintragen sowie einen Status lesen oder löschen. Bei der Installation eines AS-i-Feldbusses muss ein Teilnehmer nach dem anderen adressiert werden. Es gibt Mastermodule die diese Initialisierungsmaßnahme weitgehend automatisch vornehmen. Über den Master, der meist als PC-Karte oder als SPS-Modul realisiert ist, wird auch eine Nachrichtenübertragung zu übergeordneten Systemen, z. B. zu einem Ethernet-LAN, möglich.

Die AS-i-Anschaltung besteht aus einem hochintegrierten Schaltkreis im Sensor bzw. Aktor. Zur Ankopplung sonstiger Teilnehmer gibt es Anwendermodule mit IC, in die die Busleitung nur eingelegt werden muss **(Bild 3)**. Über Kontaktspitzen wird ohne Leitungsunterbrechung der Kontakt hergestellt (Vampir-Kontakte).

[1] engl. master = Meister; [2] engl. to poll = wählen; [3] engl. slave = Sklave

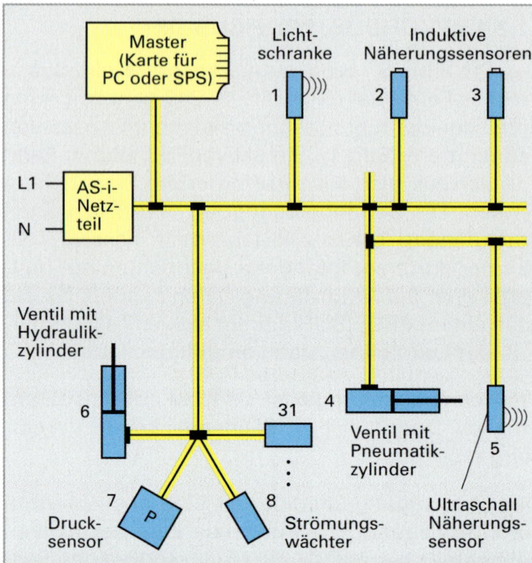

Bild 1: AS-i-Feldbus mit Beispielen von Sensoren und Aktoren

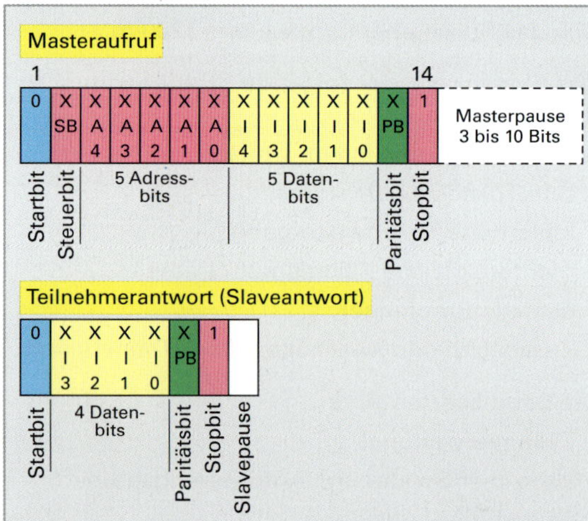

Bild 2: AS-i-Nachrichtenframe

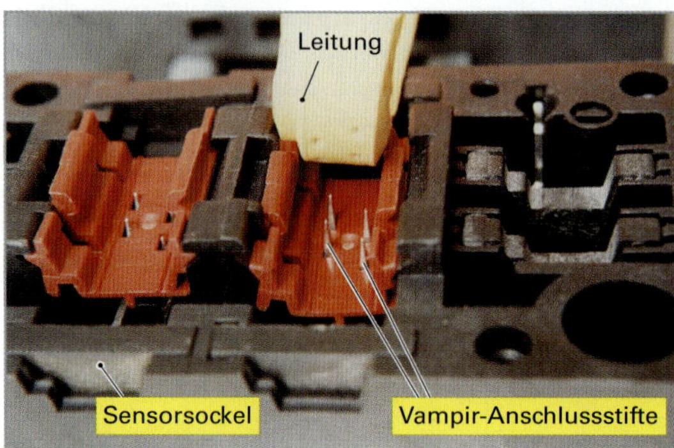

Bild 3: AS-i-Anschluss

11.2.5 Serielle Schnittstelle (V.24)

Eine oft verwendete Schnittstelle ist die **V.24-Schnittstelle** (DIN 66 020). In den USA hat diese Schnittstelle die Bezeichnung **RS-232C**. Das Zustandekommen einer Datenverbindung, der Verbindungsaufbau, die Blockung und die Quittierung werden oft sehr unterschiedlich gehandhabt.

Datendarstellung. Die Datenübertragung erfolgt bei zeichenweiser Übertragung mit dem **7-Bit-Code (Tabelle 1).** Ein Zeichen besteht dabei aus einem Startbit, 7 oder 9 Datenbits, einem Paritybit für eine geradzahlige Quersumme und wahlweise aus ein oder zwei Stoppbits **(Bild 1).**

Die **Übertragungsgeschwindigkeit** ist meist auf die Bitraten 2400, 4800, 9600 und 19 200 bit/s einstellbar. Die Übertragungsgeschwindigkeit wird auch häufig in der Einheit Baud (Bd) angegeben (1 Bd ≙ 1 bit/s, 1 kBd ≙ 1 kbit/s).

Ablauf eines Datenaustausches. Für den Ablauf einer Datenübertragung gibt es sehr unterschiedliche Verfahren. Ein häufig angewandtes Verfahren ist die **LSV-2-Prozedur** (LSV, Abk. für Langsame Störsichere Verbindung).

Beispiel: Der Datenaustausch erfolgt in 3 Phasen **(Bild 2).** Er beginnt mit der Aufforderungsphase, es folgt die Datenübermittlungsphase, und er endet mit der Abschlussphase (Bild 2). Die sendewillige Station sendet das ASCII-Zeichen **ENQ** (Enquiry = Nachfrage). Die Gegenstation quittiert dies mit den 2 Zeichen **DLE 0** (Data Link Escape = Datenverbindung flüchtig). Kommt dieses Quittungssignal nicht oder gestört an, wird nach Ablauf einer Wartezeit erneut das Zeichen ENQ gesendet. Ist die Empfangsstation nicht in der Lage, Daten zu empfangen, sendet sie das Zeichen **NAK** (Negative Acknowledge = Annahme negativ). Die sendewillige Station beendet dann den Übertragungsversuch mit dem Zeichen **EOT** (End of Transmission = Ende der Übertragung) und bringt dadurch die nicht empfangsbereite Station in den Grundzustand. War die Empfangsstation bereit, Daten zu empfangen, leitet die Sendestation mit dem Zeichen **STX** (Start of Text = Beginn des Textes) die Übergangsphase ein. Das Ende des Textes wird mit dem Zeichen **ETX** der Empfangsstation übermittelt. Danach erfolgt die Übertragung eines Blockprüfzeichens (**BCC** Block Check Character = Blockprüfzeichen). Dieses wird beim Sender und Empfänger auf gleiche Weise errechnet, z. B. durch Längsparität über alle Bits einer Stelle **(Bild 3).**

Stimmt das von der Sendestation übertragene Blockprüfzeichen mit dem vom Empfänger errechneten Zeichen überein, quittiert der Empfänger mit dem Zeichen **DLE 1.** Danach zeigt die Sendestation die Abschlussphase mit dem Zeichen EOT an. Bei einer fehlerhaften Übertragung sendet der Empfänger das Zeichen NAK und fordert damit den Sender zu einer nochmaligen Übertragung auf.

Werden die Nutzzeichen in einem anderen Code als dem DIN 7-Bit-Code übertragen, gibt es nach der Aufforderungsphase weitere Vorschriften für die Zeichenfolge.

Tabelle 1: 7-Bit-Code (ASCII-Code)

Bit-Nr.			7								
			7	0	0	0	1	1	1	1	
			6	0	0	1	1	0	0	1	1
			5	0	1	0	1	0	1	0	1
4	3	2	1	Steuerzeichen		Ziffern, Buchstaben, Sonderzeichen					
0	0	0	0	NUL	DEL	SP	0	@	P	`	p
0	0	0	1	SOH	DC1	!	1	A	Q	a	q
0	0	1	0	STX	DC2	"	2	B	R	b	r
0	0	1	1	ETX	DC3	#	3	C	S	c	s
0	1	0	0	EOT	DC4	$	4	D	T	d	t
0	1	0	1	ENQ	NAK	%	5	E	U	e	u
0	1	1	0	ACK	SYN	&	6	F	V	f	v
0	1	1	1	BEL	ETB	'	7	G	W	g	w
1	0	0	0	BS	CAN	(	8	H	X	h	x
1	0	0	1	HT	EM	)	9	I	Y	i	y
1	0	1	0	LF	SUB	*	:	J	Z	j	z
1	0	1	1	VT	ESC	+	;	K	[	k	{
1	1	0	0	FF	FS	,	<	L	↗	l	|
1	1	0	1	CR	GS	-	=	M	]	m	}
1	1	1	0	SO	RS	.	>	N	^	n	—
1	1	1	1	SI	US	/	?	O	_	o	DEL

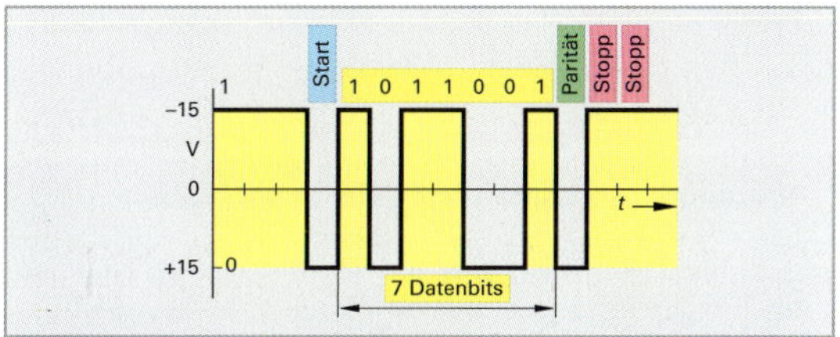

Bild 1: Übertragungssignal für das Zeichen M

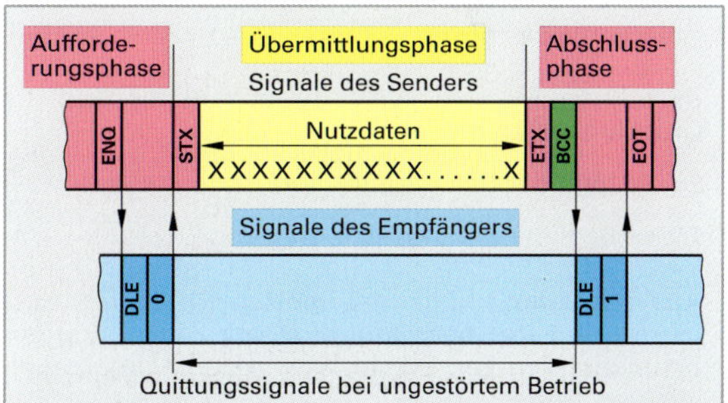

Bild 2: Ablauf des Datenaustausches

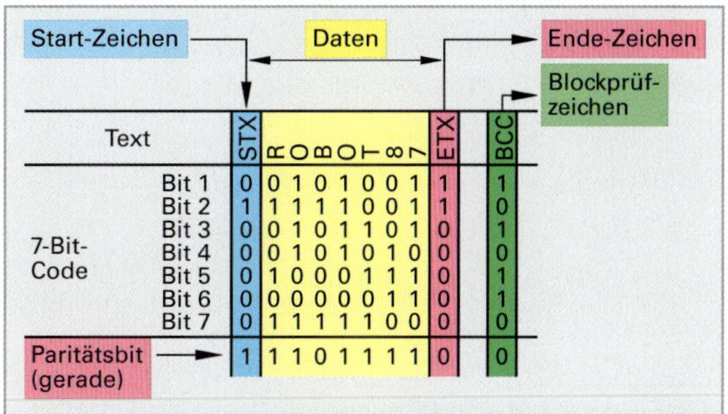

Bild 3: Paritäts- und Blockprüfung

12 Aufgaben und Übungen

12.1 Aufgaben und Übungen zur Pneumatik[1]

Aufgabe 1: Spannzylinder

Ein pneumatischer Spannzylinder wird, wie im Bild gezeigt, angesteuert.

1.1 Welche Aufgabe hat der Druckdifferenzschalter?

1.2 Entwerfen Sie hierfür einen elektrischen Schaltplan. Wenn der Kolben in Position 1B2 ist und die Druckdifferenz P1-P2 größer 5 bar ist, dann soll eine Lampe dies anzeigen.

1.3 Zur Einsparung elektrischer Energie soll das Ventil durch ein elektrisches Impulsventil ersetzt werden. Ändern Sie den Elektroplan und den Pneumatikplan entsprechend ab.

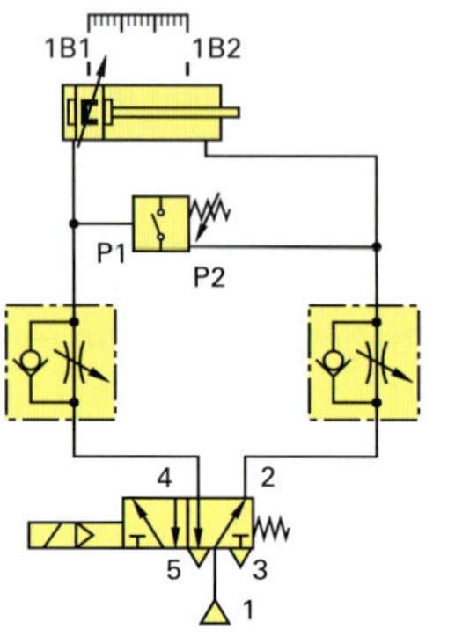

Aufgabe 2: Wirtschaftlich Teile ausschieben

In einer Taktstraße werden je Minute 10 Teile auf ein Förderband geschoben (Masse 14 kg, Reibung $\mu = 0{,}2$, je Tag 20 Std. Arbeitszeit, 340 Tage im Jahr).
Kosten: 0,1 €/m³
Zylinder: 40/16/160
Anlagendruck = 7 bar

Berechnen Sie den Luftverbrauch in m³ und die Druckluftkosten im Jahr.

2.1 Es liegt der Schaltplan 1 zugrunde.

2.2 Es liegt der Schaltplan 2 zugrunde.

Aus den Daten soll der notwendige Druck zum Ausfahren und der notwendige Druck zum Einfahren berechnet werden. Dieser wird an den Druckregelventilen eingestellt.

Berechnen Sie in diesem Fall die Druckluftkosten im Jahr.

Schaltplan 1:

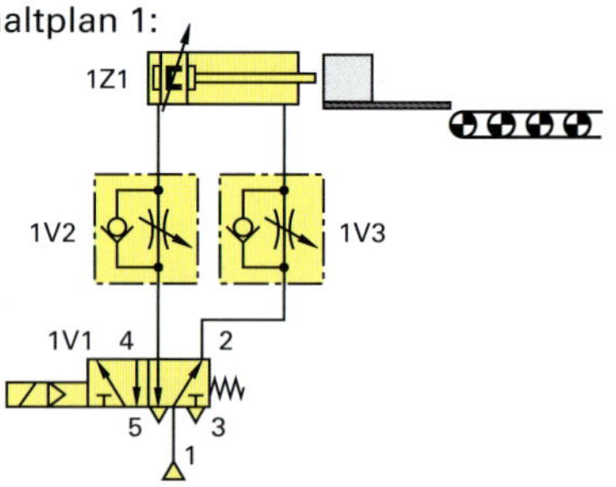

Schaltplan 2:

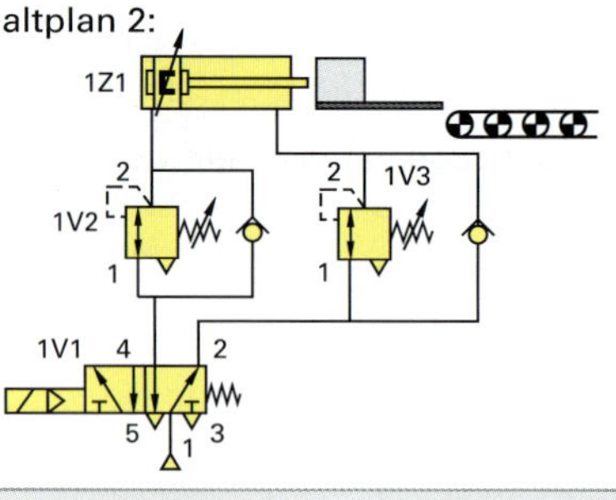

[1] Ein Teil der Aufgaben zur Pneumatik, Hydraulik und GRAFCET kann vorteilhaft auch mithilfe der Software FluidSIM, ab Version 4.2 (www.festo-didactic.com) dargestellt und getestet werden. Lösungen bzw. Vorschläge für Lösungen finden Sie auf der, dem Buch beiliegenden, CD.

Aufgabe 3: Teile ausschieben mit einfachwirkendem Zylinder (40/16/50)

3.1 Berechnen Sie die Kraft, welche der Kolben beim Ausfahren ab einem Hub von 20 mm aufbringt (2, im Bild).
3.2 Warum steigt während des Ausfahrens der Druck noch etwas an?
3.3 Welche max. Kraft wäre während des Ausfahrens möglich?
3.4 Warum gibt es beim Start einen kurzen Druckanstieg (1, im Bild)?
3.5 Welcher ca. Druck ist notwendig, um die Federkraft zu überwinden?

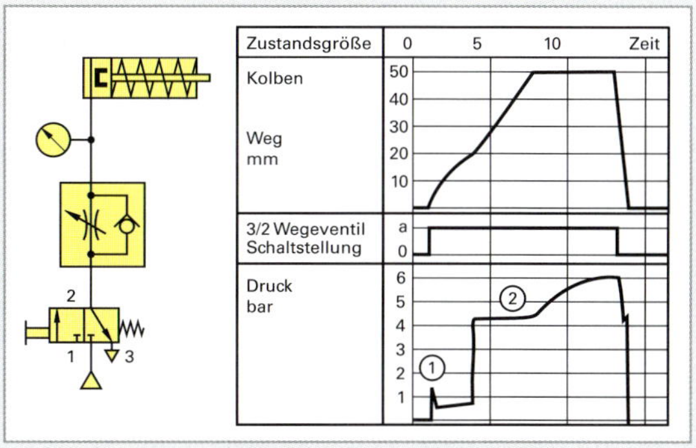

Aufgabe 4: Pneumatische Presse

Eine Presse ist mit einem Schutzgitter ausgestattet (Bild).
Wenn das Schutzgitter geschlossen wird (1B1, Schließer), dann wird die Presse mit Druckluft versorgt. Nun kann mit einem Taster der Prägevorgang ausgelöst werden. Der Kolben fährt aus, nach einem Prägedruck von 5,5 bar (Druckschalter) soll der Kolben wieder einfahren.
Während des Prozesses soll ein einfachwirkender Zylinder das Schutzgitter verriegeln.

Erstellen Sie den Pneumatikplan und den elektrischen Schaltplan. Ergänzen Sie die notwendigen Grenztaster

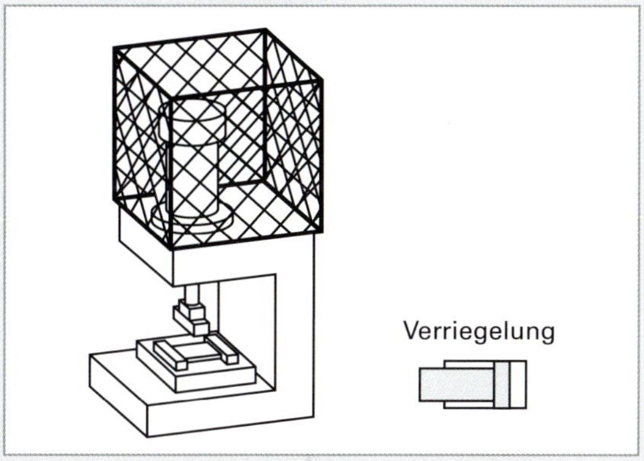

Aufgabe 5: Druck und Kraftverhältnisse am Spann-Zylinder, Zuluftdrosselung

Die Daten für einen Spannvorgang wurden mit dem PC aufgezeichnet.
Die Drücke beim Aus- und Einfahren eines unbelasteten Kolbens wurden aufgezeichnet (unteres Diagramm). Der Kolben läuft nach 90 % Hub auf einen Kraftsensor. Es wird die Kolbenkraft gemessen. Bei der Situation (1) wird der Magnet 1M1 erregt, und bei der Situation (2) wird er wieder stromlos geschaltet.

Ermitteln Sie Werte aus dem Diagramm:

5.1 Bestimmen Sie die Ausfahrzeit und die Zeit bis die volle Spannkraft erreicht ist.

5.2 Ermitteln Sie die Einfahrzeit.

5.3 Begründen Sie den Verlauf der Druckkurven.

5.4 Bestimmen Sie den Kolbendurchmesser.

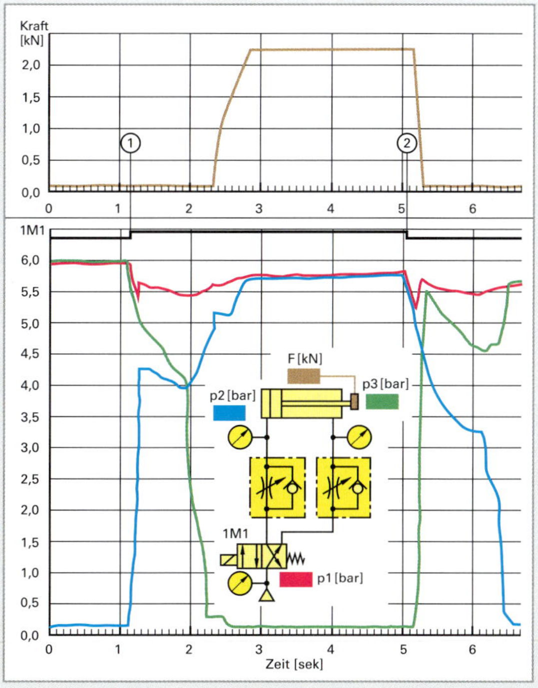

Aufgabe 6: Einfache Zweihandsteuerung

Analysieren Sie die nebenstehende Anlage. In der Grundstellung des Kolbens wird ein Rollenhebelventil (1S1) betätigt.

Funktion	Zustand der Ventile
1V1	
1S1	
1S3	
1S4	

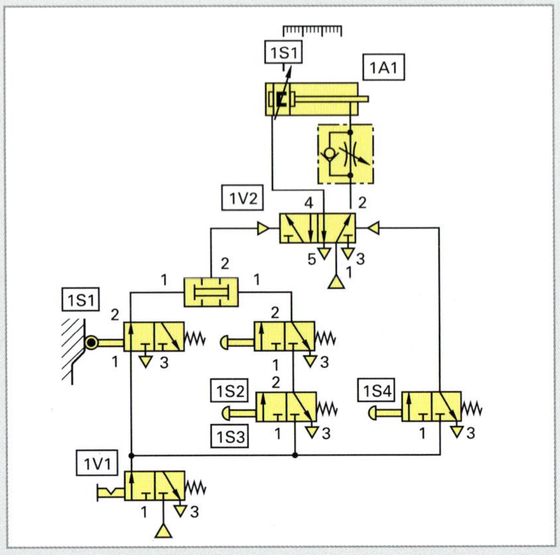

Aufgabe 7: Selbsthaltung

Die elektrische Selbsthaltung kann auf zwei Varianten geschehen (Bild). Welcher wesentlicher Unterschied besteht bei den beiden Varianten?

Variante 1	Variante 2

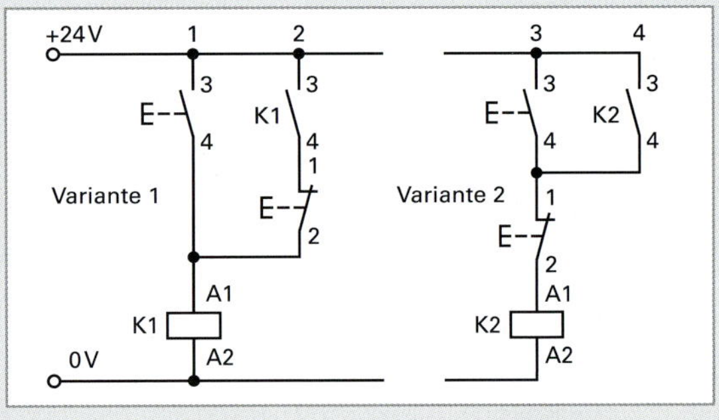

Aufgabe 8: Pneumatische Steuerung einer Bohrstation

Für die Anlage (Bild) ist eine elektrische Steuerung zu entwerfen. 1A1 ist der Spannzylinder, 2A1 ist der Bohrzylinder. Nach dem Betätigen eines Starttasters soll der Prozess selbsttätig ablaufen. Der Prozess ist im Ablaufdiagramm dargestellt.

Ergänzende Fragen:

8.1 Warum wird zum Spannen ein Impulsventil vorzugsweise ein Impulsventil verwendet?

8.2 Wie könnte verhindert werden, dass bei Ausfall der Druckluft die Spannung abfällt? Ergänzen Sie den Schaltplan.

8.3 Erweitern Sie den Schaltplan so, dass der Bohrvorgang erst gestartet wird, wenn die Druckdifferenz an 1A1 min. 5 bar beträgt.

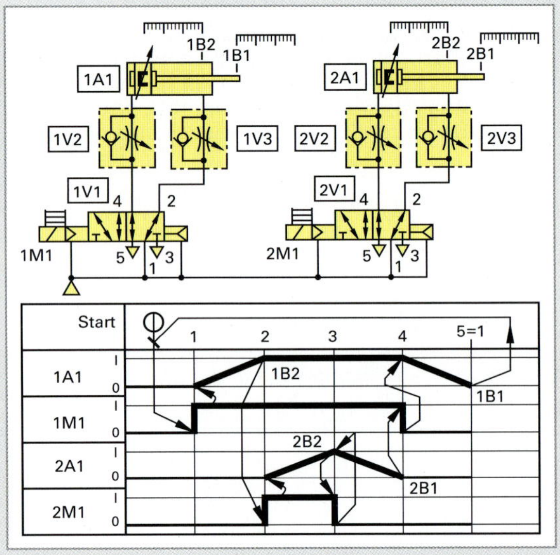

Aufgabe 9: Pneumatische Verknüpfungssteuerung

Analysieren Sie die Steuerung im Bild:

9.1 Welche Aufgabe hat die Einheit 0Z?

9.2 Beschreiben Sie die Funktion der Steuerung.

9.3 Wie müsste die Steuerung abgeändert werden, damit der Kolben erst ausfährt, wenn 1S1 und 1S2 betätigt sind.

9.4 Der Kolben soll ein Teil ausschieben, hierzu ist eine Kraft von 400 N erforderlich. Der nutzbare pneumatische Druck beträgt 6 bar. Berechnen Sie die Größe des Zylinders.

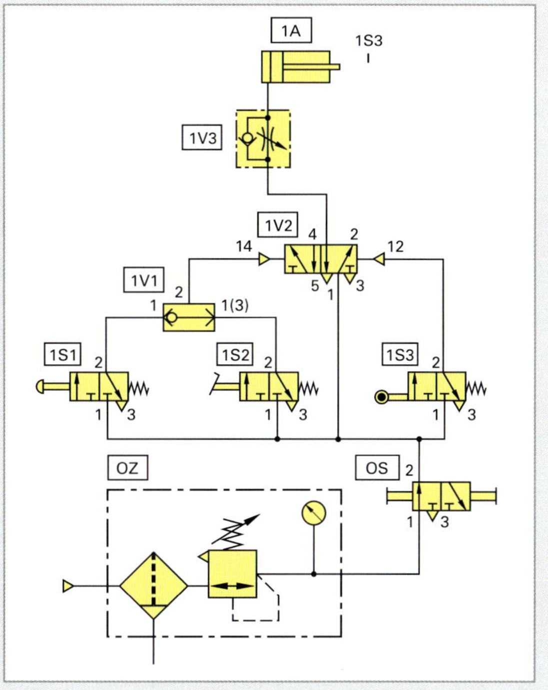

Aufgabe 10: Verknüpfungssteuerung mit pneumatischem Speicher

Analysieren Sie die gezeichnete Steuerung.

10.1 Welche Auswirkung hat ein kurzes Betätigen von 1S1?

10.2 Welche Aufgabe erfüllt das Ventil 1V3?

10.3 Welche Aufgabe erfüllt das Ventil 1V4?

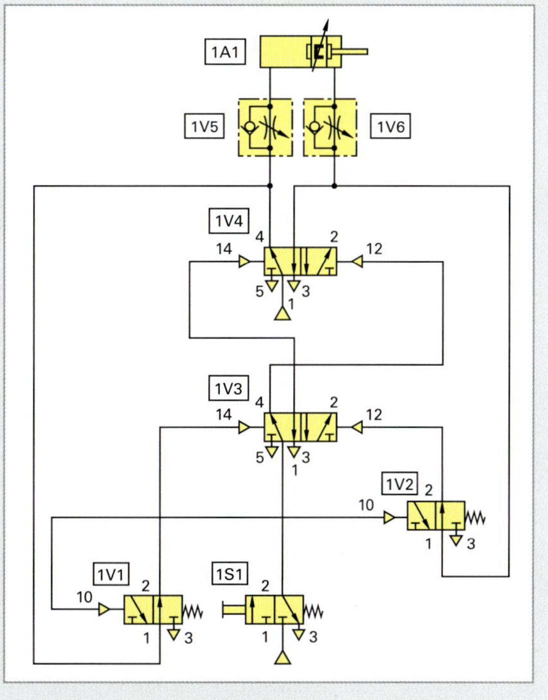

Aufgabe 11: Stanzvorrichtung

Der Pneumatikplan zeigt eine Stanzvorrichtung. Der doppeltwirkende Zylinder ist der Spannzylinder, der einfachwirkende Zylinder ist der Stanzzylinder. Es ist die elektrische Schaltung für folgenden Ablauf zu entwerfen:
Der Spannzylinder wird mit je einem Taster gespannt und gelöst. Der Stanzzylinder darf ausfahren, wenn der Spannzylinder in Position 1B5 ist und der Druck 1B3 mindestens 5 bar beträgt, und ein Starttaster betätigt wird.
Wenn der Stanzkolben 1B2 erreicht hat, dann soll der Stanzzylinder wieder einfahren.

Sicherheitshinweis: Der Spannzylinder darf nur gelöst werden, wenn der Stanzkolben in Position 1B1 ist.

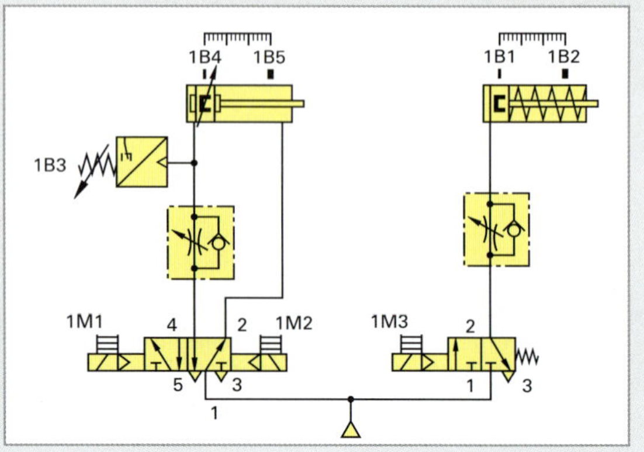

Aufgabe 12: Begrenzungszylinder

Analysieren Sie die Schaltung im Bild.
Das Ventil 0Z1 soll durch ein elektrisch angesteuertes Ventil ersetzt werden. Das Ventil 1V1 darf nur schalten, wenn 0Z1 eingeschaltet ist und ein Druck von min. 6 bar am System anliegt. Aus Sicherheitsgründen muss der Schalter S durch eine Selbsthaltung ersetzt werden.

Erstellen Sie hierzu einen Pneumatikplan und den Elektroplan

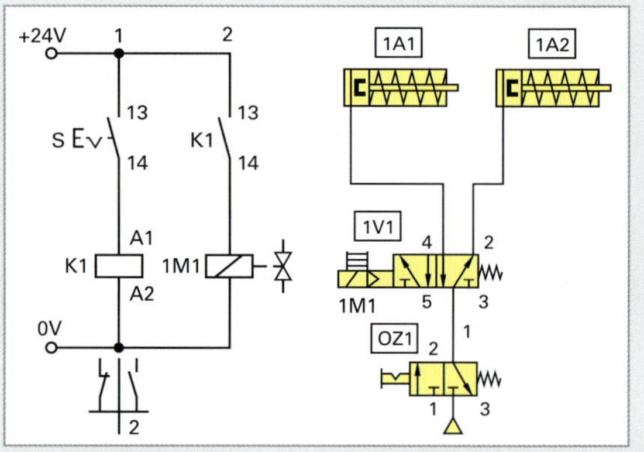

Aufgabe 13: Spannzylinder mit Abluftdrosselung

Die Drücke und die Kolbenkraft wurden während eines Spannvorganges mit dem PC aufgezeichnet. Hierzu wurden Drucksensoren und ein Kraftsensor eingebaut.
Das Wegeventil schaltet zum Zeitpunkt (1) zum Ausfahren und zum Zeitpunkt (2) schaltet es wieder um zurückzufahren.

Analysieren Sie das aufgenommene Diagramm.

13.1 Warum ist der Druck p_2 während des Ausfahrens größer als der Druck p_1?
13.2 Warum fällt während des Ausfahrens der Druck p_1 auf ca. 5,6 bar ab?
13.3 Warum ist während des Ausfahrens der Druck p_2 kleiner als der Druck p_1?
13.4 Wie lange dauert es bis nach erreichter Kolbenposition die Spannkraft aufgebaut ist?
13.5 Durch welche Maßnahme könnte die Zeit von der Spannposition des Kolbens bis zum Kraftaufbau verringert werden?
13.6 Berechnen Sie den Kolbendurchmesser des Zylinders!

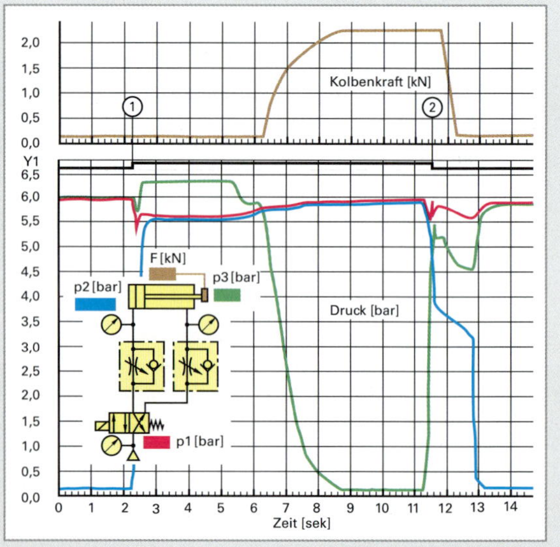

12.2 Aufgaben und Übungen zur Hydraulik

Aufgabe 1: Winde mit Hydraulikmotor

Eine hydraulische Winde kann mit 3 Geschwindigkeiten fahren. Diese werden über Stromregelventile erzeugt und über die 2/2 Wegeventile 1V1 und 1V2 angesteuert. Im Bild wird die Kennlinie des Druckbegrenzungsventils 0V1 und der Schaltplan der Anlage gezeigt.
Bestimmen Sie die zur Verfügung stehenden hydraulischen Drücke anhand der Kennlinie des Druckbegrenzungsventils. Die Stromregelventile benötigen eine Druckdifferenz von min. 12 bar.

Daten:

Pumpe	OP1	q = 10 l/min
Stromregelventil	1V3	q = 3 l/min
	1V4	q = 5 l/min

Tabelle für Lösung:

Zustand der Ventile		Druck	max. Druck
1V1	1V2	0V1	an 1M3
0	0	0	
0	1		
1	0		
1	1		

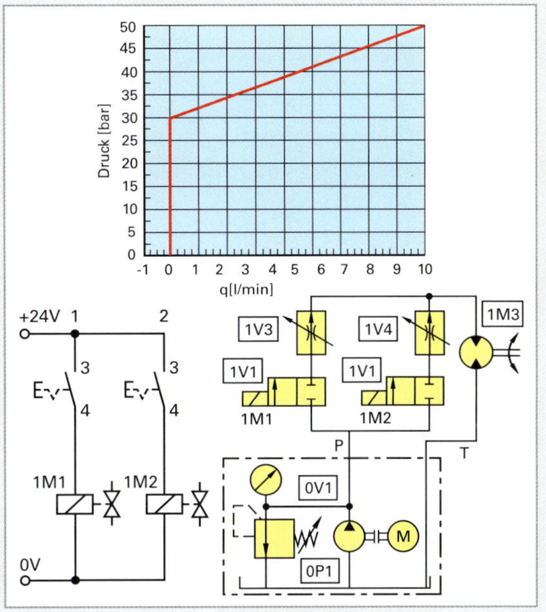

Aufgabe 2: Steuerung für eine Flächenschleifmaschine

Zylinder 50/36/500
Konstantpumpe : Volumenstrom 8 l/min
Druckbegrenzungsventil: eingestellt auf 60 bar,
(Berücksichtigen Sie die Kennlinie als Schätzung)
Berechnen Sie die Volumenströme und die Kolbengeschwindigkeiten:

	1B2 in l/min	1B3 in l/min	v in mm/min
Ausfahren			
Einfahren			

Berechnen Sie die maximalen Kolbenkräfte:

Ausfahren	
Einfahren	

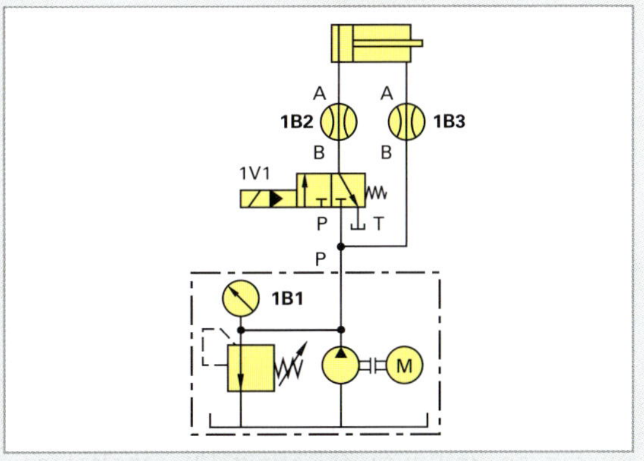

Aufgabe 3: Analyse der Kennlinie eines hydraulische Proportional Wegeventils

a) Position (1) Stellt die Steuerspannung dar.

b) Welcher Linienteil ist bei steigender Spannung entstanden?

c) Welcher Linienteil ist bei fallender Spannung entstanden?

d) Bei welcher Spannung beginnt der Volumenstrom?

e) Wie kann die Hysterese verkleinert werden?

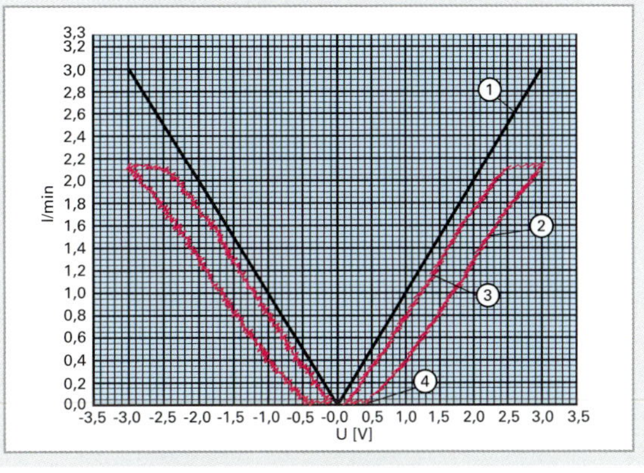

Aufgabe 4: Vorschubsteuerung

In einer Transferstraße wird eine hydraulische Bohreinheit eingesetzt mit Zylinder : 50/36/200.

Bestimmen Sie folgende Daten:

1: Grundstellung, Pumpe EIN

2: Ausfahren ohne Gegenkraft

3: Ausfahren mit max. Gegenkraft

	1	2	3
Druck 1B1			
Druck 1B2			
Druck 1B3			
Volumenstrom 1B4			
hyd. Pumpenleistung			

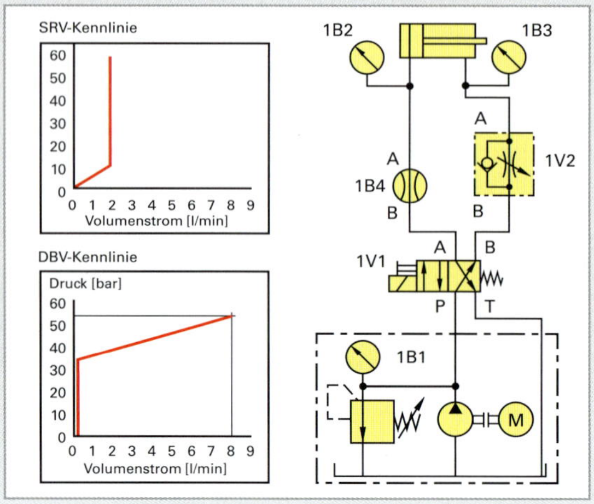

Aufgabe 5: Vorschubsteuerung mit Proportional-Wegeventil

Eine Ellgang-Vorschubsteuerung wird mit einem Proportional-Wegeventil ausgeführt. Die Steuerspannung und die Kolbenbewegung wird aufgezeichnet.

Bestimmen bzw. berechnen Sie auf Grund der Diagramme die Steuerspannung, den Hub und die Kolbengeschwindigkeit.

Daten:

	Steuer-spannung	Hub in l/min	Zeit in s	v in m/min
Eingang vorwärts				
Vorschub				
Eingang-rückwärts				

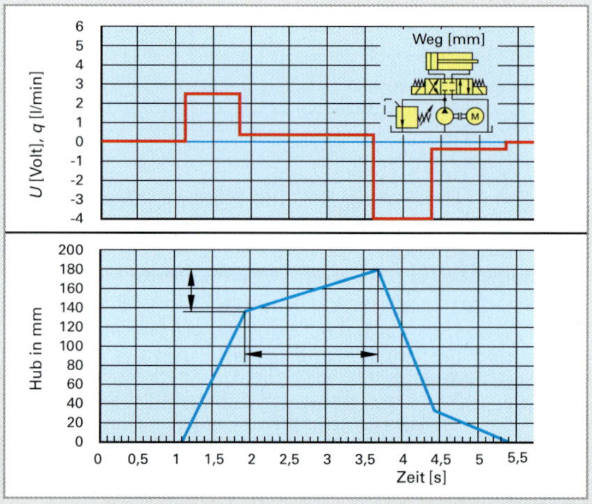

Aufgabe 6: Druckstufen einer Prägeeinheit mit Proportionaldruckventil

Ein Proportionaldruckventil hat nebenstehende Kennlinie. Bei der gezeichneten Testschaltung wird mit dem Stromventil 1V2 der Verbraucher simuliert. Es sollen nacheinander die Prägedrücke 12 bar, 24 bar und 36 bar aufgebaut werden können. Bestimmen Sie aus der Kennlinie die notwendigen Steuerspannungen.

Druck in bar	Spannung in V	Hinweis
12		Steigende Flanke
24		
36		

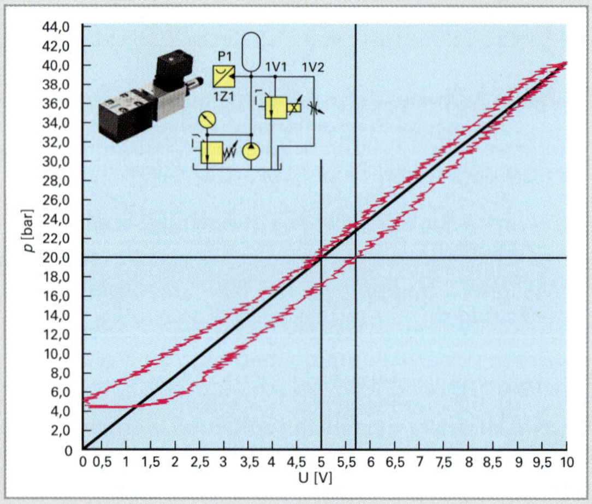

12.3 Aufgaben und Übungen zu GRAFCET

Aufgabe 1: Prägen von Teilen

Ein einfachwirkender Pneumatikzylinder soll nach kurzem Betätigen eines Start-Tasters ausfahren.
In der vorderen Endposition soll er 8 s warten, danach wieder einfahren.
Während er in der vorderen Endposition ist, soll eine Lampe mit 0,5 Hz blinken.

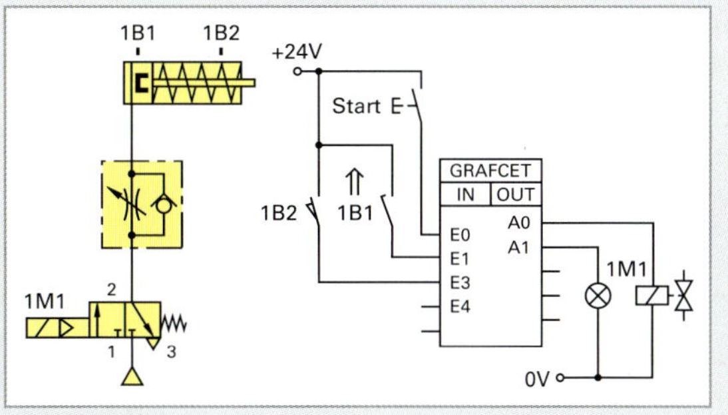

Aufgabe 2: Poliereinheit

Eine Poliereinheit soll nach kurzem Startimpuls 5 Hübe ausführen. Der Motor wird über 2 Relais angesteuert. Vor jeder Umkehrung der Drehrichtung muss 2 s lang gewartet werden. Die Grenztaster sind Schließer.

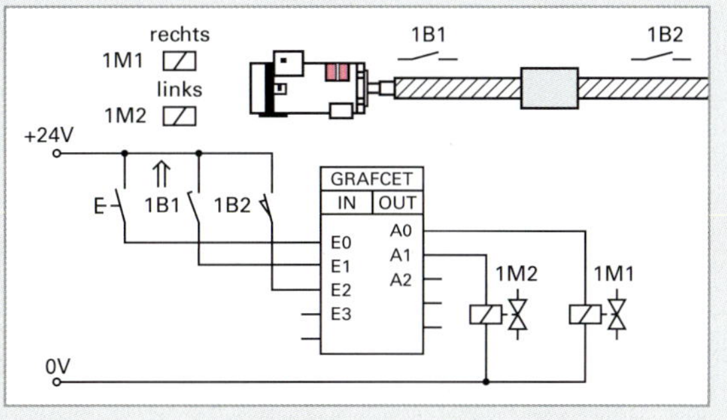

Aufgabe 3: Härteofentüre

Die Bewegung der Türe eines Härteofens wird mit einem Pneumatikzylinder durchgeführt. Nach kurzem Betätigen des „Auf"-Tasters öffnet die Türe,
bzw. beim „Zu"-Taster schließt die Türe.
Vor der Bewegung soll für 5 s eine Lampe blinken. Diese soll auch während der Bewegung blinken.
Bei Betätigen des „Halt-Schalters" (Öffner) soll die Anlage sofort stehen bleiben.

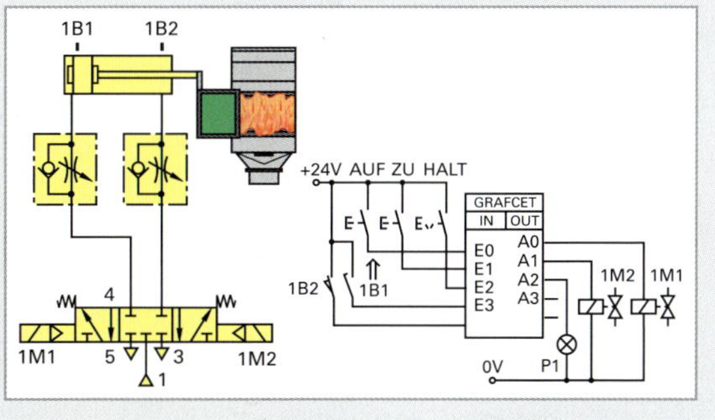

Aufgabe 4: Spannen und Bohren

Eine pneumatische Bohrstation wird mit einer SPS angesteuert. Nach dem kurzen „Start"-Taster soll der Spannkolben ausfahren, danach der Bohrkolben. Nach dem Bohrvorgang soll der Bohrkolben einfahren und anschließend der Spannkolben. Der Ablauf soll nur erfolgen, wenn die Schutztüre geschlossen ist. Beim Start muss ein pneumatischer Druck von 6 bar anliegen (Druckschalter, bei 6 bar ist E7=1).
Wenn „Start" gedrückt wird, obwohl die Schutztüre offen ist, soll die Störungslampe A7 aufleuchten.
Die Eingänge und Ausgänge werden entsprechend der Nummern beschaltet.

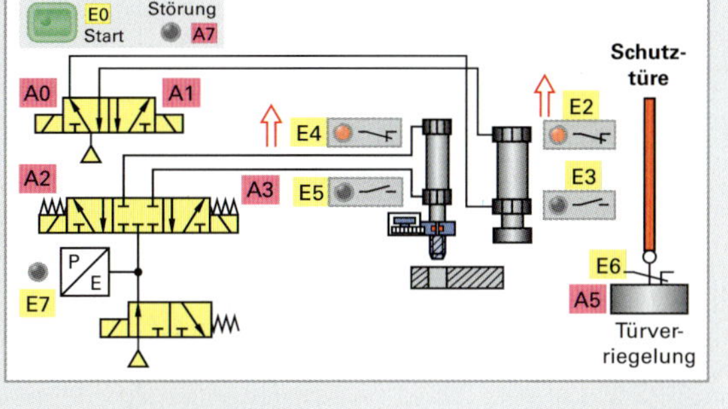

12.4 Aufgaben und Übungen zur SPS

Aufgaben und Übungen zur SPS

Hinweis. Zum Bearbeiten der Aufgaben und zum Nachvollziehen auf dem PC kann folgendermaßen verfahren werden:

Die Programme können z. B. mit **Step7** erstellt werden. Danach werden diese nach **PLCSIM** geladen und dort laufen diese ab. PLCSIM verhält sich wie eine reale SPS. Um die Bedienung zu vereinfachen und zur besseren Veranschaulichung können an die PLCSIM Softwaremodelle angeschlossen werden (www.deltalogic.de).

Diese verhalten sich wie die realen Anlagen. Die Lösungen finden Sie auf der dem Buch beiliegenden CD. Sie sind damit erstellt worden.

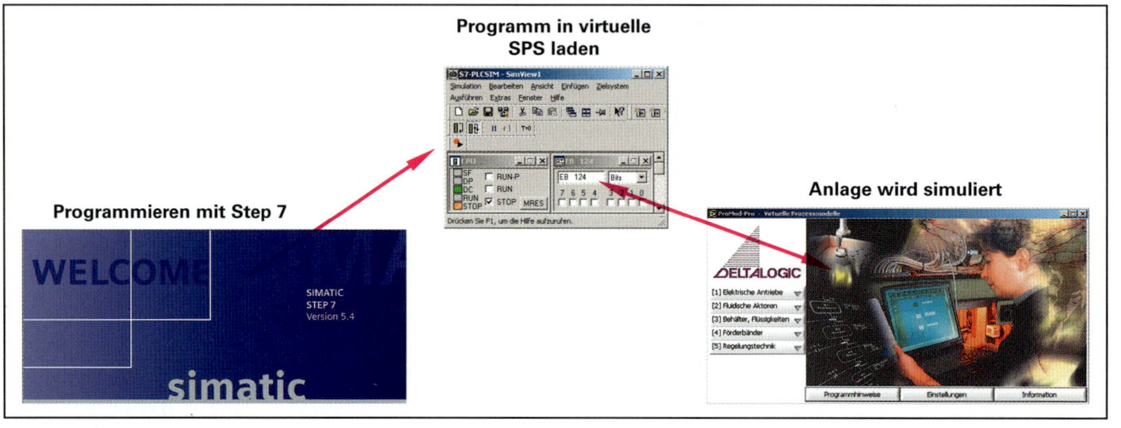

Aufgabe 1: Prägestempel

Teilaufgabe 1.1

Ein Prägestempel (**Bild 1**) soll ein Werkstück prägen, solange der Starttaster gedrückt wird. Es muss ein Werkstück vorhanden sein (1B4).

„Start„ ist ein Taster. Das Werkstück wird mit einem optischen Sensor abgefragt (Schließer) Funktionstabelle.

E124.4	*E124.2*	*A124.1*
0	*0*	*0*
0	*1*	
1	*0*	
1	*1*	

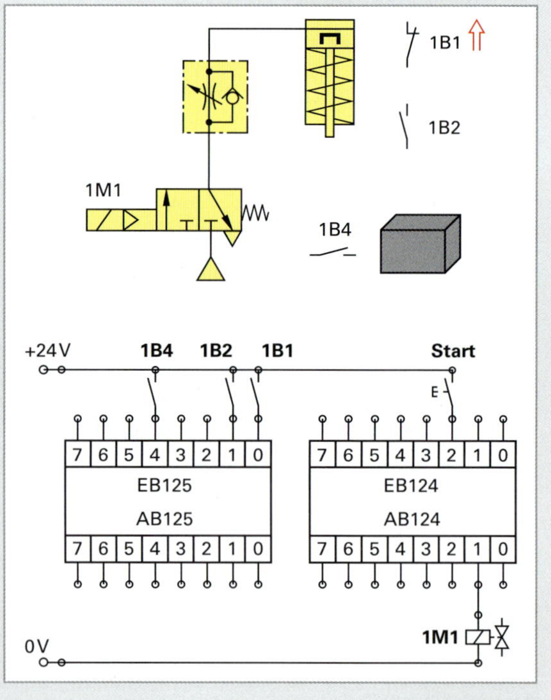

Teilaufgabe 1.2

Nach kurzem Betätigen des Start-Tasters und für den Fall, dass ein Werkstück vorhanden ist, soll der Kolben ausfahren. Sobald er ausgefahren ist (Grenztaster E125.1) soll der Kolben wieder einfahren.

Der Kolben soll ausfahren und ausgefahren bleiben, wenn...............................
...

Der Kolben soll einfahren, wenn ....

Teilaufgabe 1.3

Der Kolben soll ausfahren, wenn

a) Der Start-Taster kurz betätigt ist,
b) Der Kolben eingefahren ist
c) Ein Werkstück vorhanden ist.

Der Kolben soll wieder einfahren, wenn er ausgefahren ist.

Der Kolben soll ausfahren und ausgefahren bleiben, wenn...............................
...

Der Kolben soll einfahren wenn
...

Aufgabe 2: Behälter

Die SPS soll folgendes Verhalten zeigen: Wenn der Behälter leer ist (E125.1=1), dann soll das Ventil 1M1 öffnen. Wenn der Behälter voll ist (E125.0=1), dann soll das Ventil schließen. Das Ablassventil wird von Hand betätigt.
Dies soll nur der Fall sein, wenn die Anlage eingeschaltet ist (Taster „EIN"). Es soll dann außerdem die Lampe A124.0 leuchten. Mit dem Taster „AUS" (Öffner) wird die Anlage ausgeschaltet.

Die Anlage soll „EIN" sein, also die Lampe soll dauernd leuchten, wenn
....
.....

Die Anlage soll „Aus" sein, wenn
....
.....

Ventil 1M1 einschalten, wenn ....

Ventil 1.1 ausschalten, wenn...

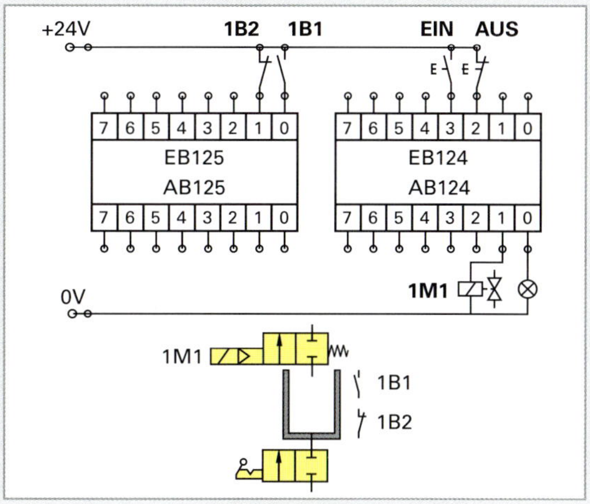

Aufgabe 3: Spannzylinder

Mit den Tastern „Spannen" und "Lösen" soll ein Werkstück pneumatisch gespannt bzw. gelöst werden. Der Differenzdrucksensor P2 gibt 1-Signal, wenn die Druckdifferenz größer als 4 bar ist. Es soll dann die Lampe P1 dies anzeigen. Wenn beide Taster gedrückt werden soll kein Stellsignal durchgehen.

Spannen, wenn
....
....

Lösen, wenn
....
....

Freigabelampe, wenn ....

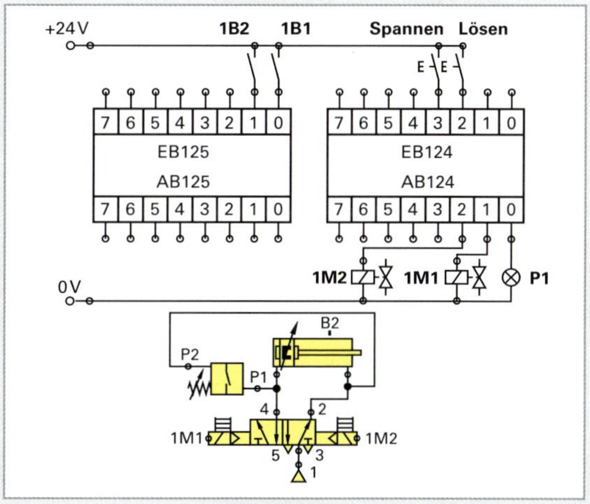

Aufgabe 4: Prägen

Nach kurzem Betätigen des „Start"-Tasters soll ein Werkstück geprägt werden. Die Prägezeit beträgt 5 Sekunden und beginnt, sobald der Kolben in der Prägeposition ist. Es muss sichergestellt sein, dass bei Dauerbetätigung des „Start"-Tasters der Vorgang nicht wiederholt stattfindet.
Bei Betätigen des Stopp-Schalters soll der Kolben sofort einfahren.

Das Startsignal muss in einen Impuls umgewandelt werden. Hierzu steht ein Baustein in Step7 bereit.

Erweiterung:
Die Prägezeit soll in einem Datenbaustein abgelegt werden, so dass Änderungen der Zeit vorgenommen werden können ohne direkt in die Programmlogik einzugreifen.

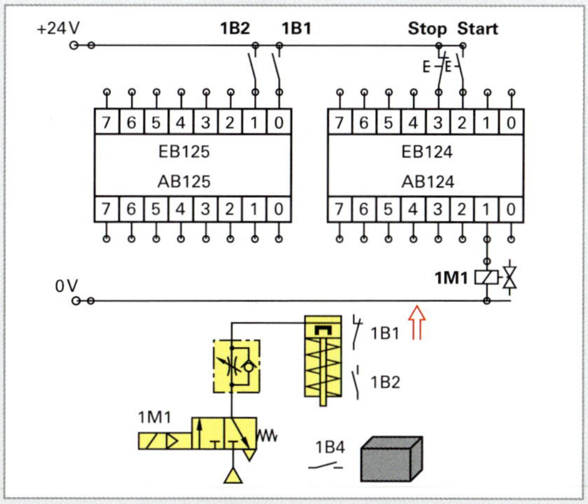

Aufgabe 5: Teile prägen

Weiterführung der Aufgabe 4
Nach kurzem Betätigen des „Start"-Tasters soll ein Werkstück geprägt werden. Die Prägezeit beträgt bei Nichtmetall 4 Sekunden und bei Metall 8 Sekunden

Erweiterung:
Es ist sinnvoll, die Grenzdrücke in einen Datenbaustein zu schreiben, weil dann bei Änderungen nicht die Programmierlogik aufgerufen werden muss.

Mithilfe der Verschiebefunktion „Move" wird die jeweilige Zeit in ein Merker Word geschrieben.

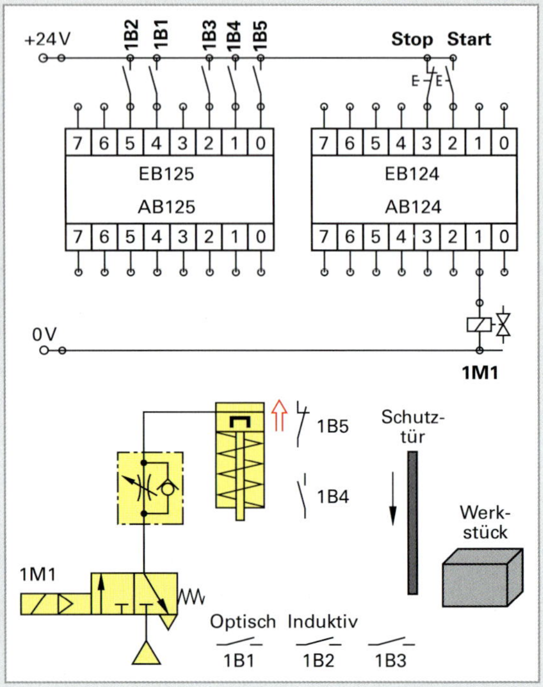

Aufgabe 6: Behälter füllen

Nach kurzem Betätigen des „Start"-Tasters soll die Pumpe den oberen Behälter füllen.
Wenn B2=1 meldet, dann soll die Pumpe stehen bleiben.
Wenn 5 Sekunden nach dem Einschalten der B1 noch nicht 1-Signal meldet, soll die Pumpe abschalten und eine Alarmlampe P1 leuchten. Mit dem erneuten Betätigen des „Start"-Tasters wird die Lampe gelöscht.

Erweiterung:
Wenn 1B2=1 ist und 1B1=0, dann muss der Sensor 1B1 defekt sein.
In diesem Fall soll die Anlage auch stehen bleiben und der Alarm soll ausgelöst werden.

Die Steuerung soll verhindern, dass die Pumpe trocken läuft.

Das Überwachen von Sensoren ist stets sehr wichtig.
In diesem Fall kann die Steuerung dahingehend ergänzt werden, dass nach einer bestimmten Zeit die Pumpe ausschaltet, auch wenn 1B2 noch 0-Signal hat.

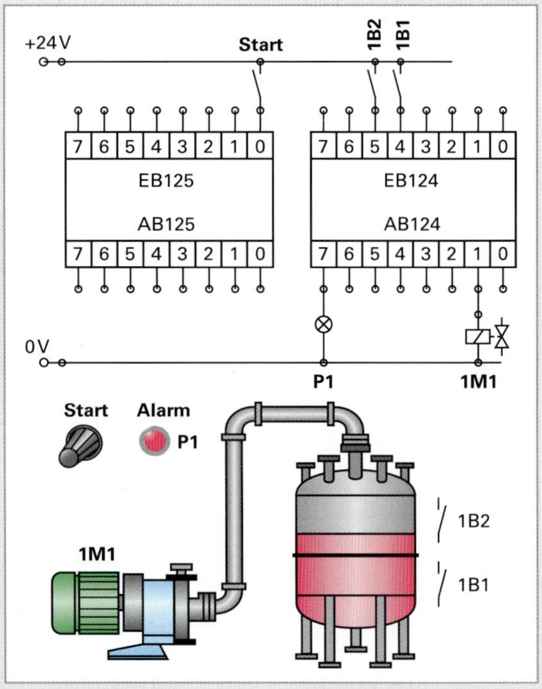

Aufgabe 7: Förderbänder

Nach kurzem Betätigen des „Start“-Tasters soll das rechte Förderband (M2) anlaufen. Nach 4 Sekunden soll das linke Förderband (M1) anlaufen. Nach 2 Sekunden soll das Ventil (M3) am Silo öffnen. Nach dem Betätigen des „Ende“-Tasters soll das Siloventil schließen, nach 3 Sekunden das linke Förderband abschalten, nach weiteren 3 Sekunden soll das rechte Band abschalten. Wenn eine der Überlastsicherungen anspricht sollen beide Bänder stehen bleiben.

Der Anlauf der Motoren muss wegen der Stromaufnahme nacheinander erfolgen. Beim Abschalten müssen die Bänder nacheinander leerlaufen.

Erstellen Sie hierzu eine Schrittkette für das Hochfahren und für das Stilllegen

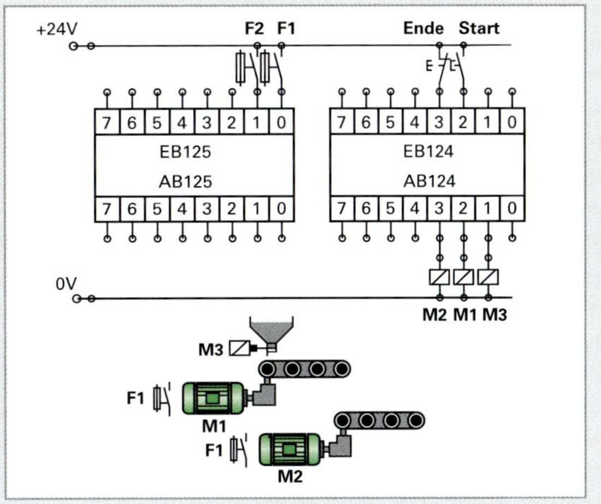

Aufgabe 8: Elektromotor

Anlauf eines Elektromotors über eine Stern-Dreieck-Schaltung.
Nach kurzem Betätigen des Start-Tasters soll der Motor 5s im „Stern“ hochlaufen, dann in „Dreieck“ umschalten. Ein wiederholtes Einschalten darf keine Wirkung haben.
Durch eine Softwareverriegelung muss sichergestellt sein, dass M2 und M3 nicht gleichzeitig 1-Signal haben.

Dieses Programm kann als Verknüpfungssteuerung mit Verriegelungen oder als einfache Schrittkette programmiert werden.

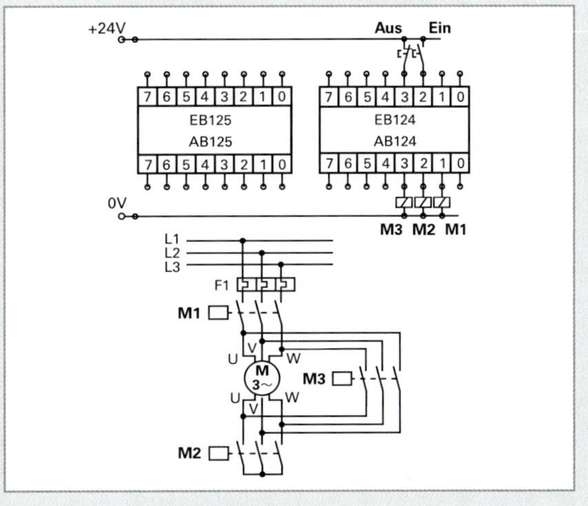

Aufgabe 9: Förderband

Über ein Förderband werden Teile in einen Behälter transportiert. Jedes Teil wird mit einer Lichtschranke gezählt (E124.7). Die maximale Anzahl der Teile kann mit einem BCD-Steller vorgewählt werden (EB126). Mit dem Taster "Nullen" (E124.2) wird der Zähler zurückgesetzt, sobald die Anlage stillsteht.

Es wird ein Vorwärtszähler verwendet. Der Zählerstand wird mit der maximalen Teilezahl verglichen.

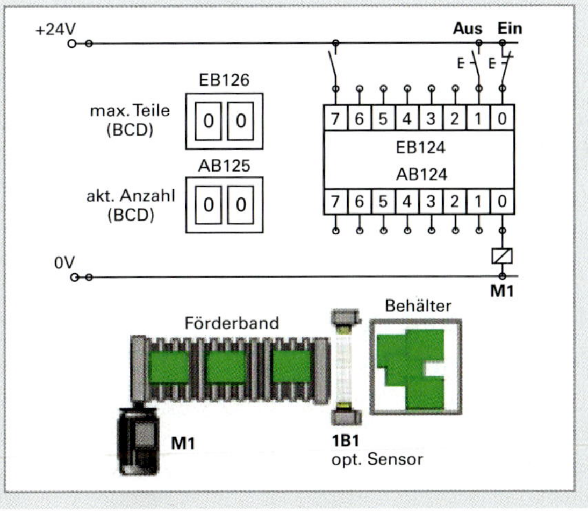

Aufgabe 10: Drehfrequenzmessung

Bei einer Walzstraße soll die Drehfrequenz des Motors angezeigt werden. Je Umdrehung wird von einem Sensor ein Impuls erzeugt. Die Anzeige soll alle 15 Sekunden aktualisiert werden. Es genügt die Anzeige einer ganzen Zahl.

Mit einem Zähler werden die Impulse gezählt. Alle 15 Sekunden wird der Zählerstand ausgelesen und der Zähler wieder auf 0 gesetzt. Das Ergebnis wird mit 4 multipliziert, damit ist die Anzeige in der Einheit 1 /min.

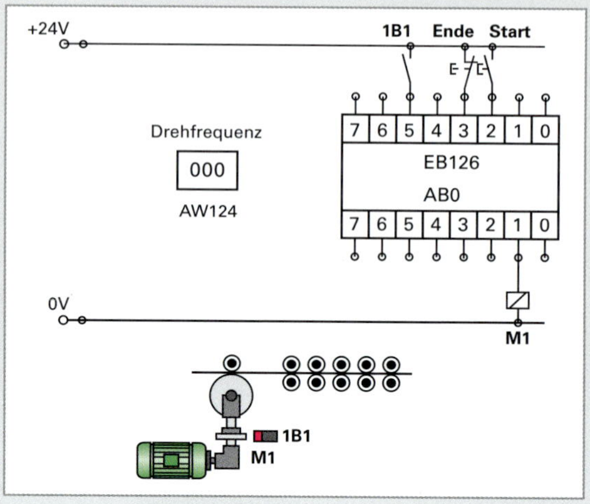

Aufgabe 11: Abfüllen von Flüssigkeiten

Mit einer Pumpe werden Flüssigkeiten dosiert. Die Sollmenge wird mit einem BCD-Steller vorgewählt. Die Menge wird mit dem Sensor 1B1 gemessen.1 Impuls entspricht 0,1 Liter Flüssigkeit. Nach Betätigen des Start-Tasters wir die voreingestellte Menge (Einheit Liter) in den Behälter gepumpt.

Die rechte Stelle beim BCD-Code ist als Nachkomma-Stelle zu werten. Da der Sensor je 0,1 Liter einen Impuls liefert, ist zum Vergleich der Sollwert mit 10 zu multiplizieren.

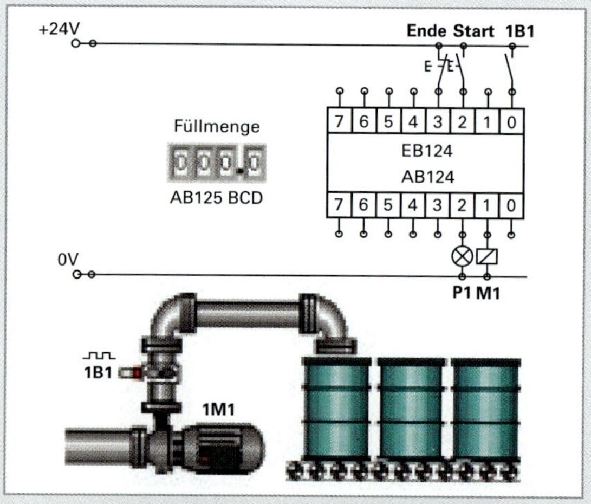

Aufgabe 12: Reaktor

Es sollen 2 Medien in den Reaktor gefüllt werden. Während des Füllens und 10 s lang danach soll gerührt werden. Danach soll das Gemisch abgelassen werden. Es sollen 2 Rezepturen (A bzw. B) möglich sein. Bei A hat E124.6 0-Signal, bei B1-Signal. Die jeweiligen Mengen werden mit Impuls-Durchflussmessern (1B2,1B3) erfasst. Rezeptur A = linkes Ventil, 10 Impulse, Rechtes Ventil 15 Impulse, Rezeptur B = Linkes Ventil 6 Impulse, rechtes Ventil 12 Impulse.

Dieses Programm sollte als Ablaufsteuerung ausgeführt werden.
Struktur:
FC1 = Betriebsart,
FC2 = Ablaufkette,
FC3 = Ausgabe.

Die Daten für die Rezepturen stehen im Datenstein DB5.

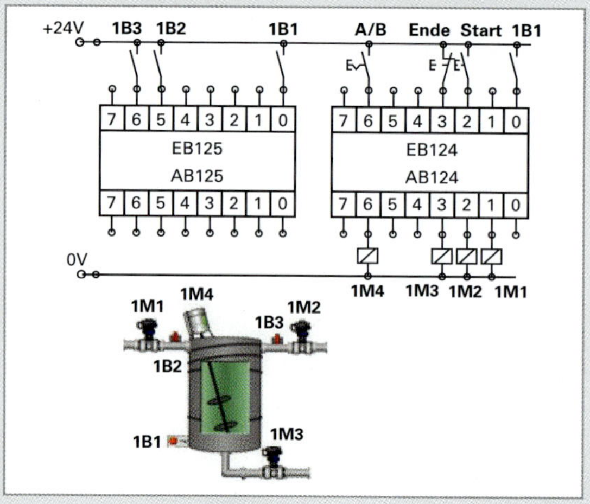

Aufgabe 13: Durchflussmenge messen

Die Durchflussmenge durch Rohre wird mithilfe von Impulsen gemessen.
Mit den Tastern werden die Pumpen eingeschaltet.
Mit „Aus" werden beide Pumpen stillgesetzt.
Im MW 1 wird die Menge der Pumpe A gemessen, im MW 3 die Menge von Pumpe B, Gesamtmenge wird im MW 5 angegeben.
Mit dem Taster „Nullen" werden alle Zähler genullt. Dies soll nur erfolgen können, wenn keine Pumpe läuft. Wenn Die Gesamtmenge 30 Liter übersteigt, soll eine Lampe dies anzeigen.

Mit dem Taster „Nullen" werden alle Zähler genullt.

Die Systemzähler von Step 7 können nur bis 999 zählen.
Entwickeln Sie einen Funktionsbaustein, mit welchem bis 64 000 gezählt werden kann.

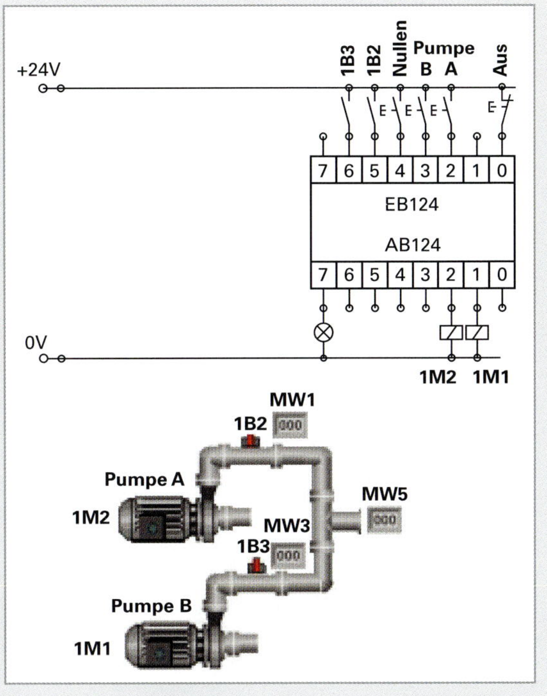

Aufgabe 14: PKW-Zählen

Die PKW in einer Tiefgarage sollen gezählt werden und die freien Plätze sollen angezeigt werden.
Zwei Sensoren ermitteln, wenn ein Fahrzeug einfährt bzw. ausfährt.
Mit dem Taster „Zähler setzen" wird der Zähler auf 24 gesetzt (Garage leer).
Eine Lampe P1 soll rot leuchten, wenn nur noch zwei Plätze frei sind, ansonsten soll eine Lampe P2 grün leuchten.

Einfahren: Zuerst E124.5, dann zusätzlich E124.4

Ausfahren: Umgekehrte Reihenfolge.

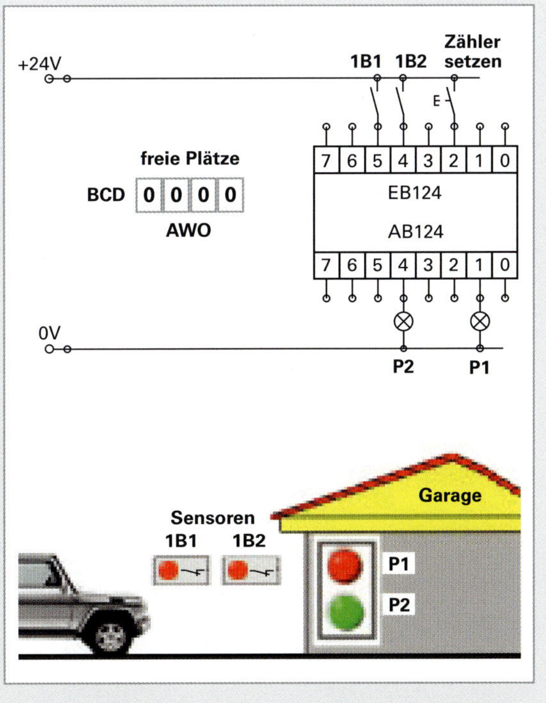

Aufgabe 15: Teile sortieren

Auf einer Bandanlage sollen Teile sortiert werden. Die kurzen Teile in den grünen Behälter, die langen Teile in den braunen Behälter.
Wenn 12 lange Teile im Behälter sind, soll die Anlage anhalten.
Bei Neustart wird der Zähler genullt.
Am Sensor 1B7 wird das Ventil 1M2 gegebenenfalls angesteuert.

Bei kurzen Teilen bringt nur jeweils ein Sensor von der 3-er Gruppe 1-Signal, bei langen Teilen alle 3 Sensoren der 3er-Gruppe.

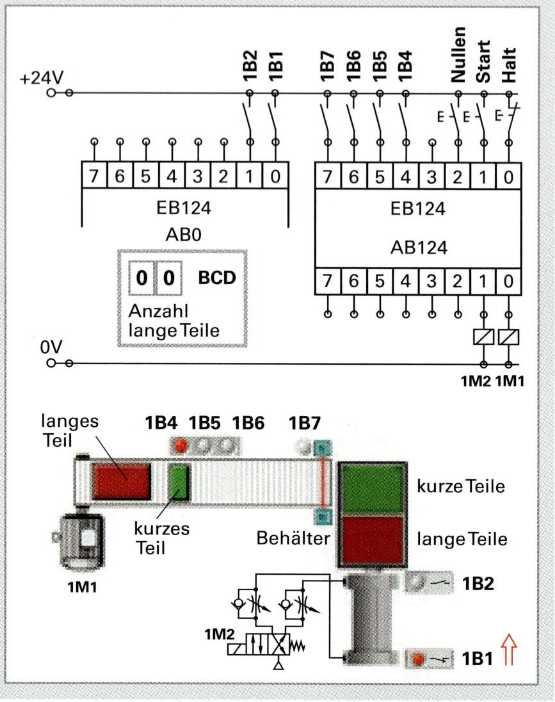

Aufgabe 16: Störungsanzeige

Die Funktion der Grenztaster soll überwacht werden. Wenn am Kolben mehr als 1 Grenztaster 1-Signal hat, muss eine Störung vorliegen. Der Melder P1 zeigt dies an.

Es soll die Laufzeit des Kolbens überwacht werden. Wenn der Kolben länger als 3 s zwischen 1B1 und 1B3 unterwegs ist, dann soll eine Fehlermeldung P2 erscheinen.

Die Fehlermeldungen werden mit dem Reset-Taster wieder zurückgesetzt.

Es ist ein Funktionsbaustein zu entwickeln, welcher die 3 Sensorsignale übernimmt und die Fehlermeldung speichernd zurückliefert.

Mit „Reset“ soll der Fehler gelöscht werden.

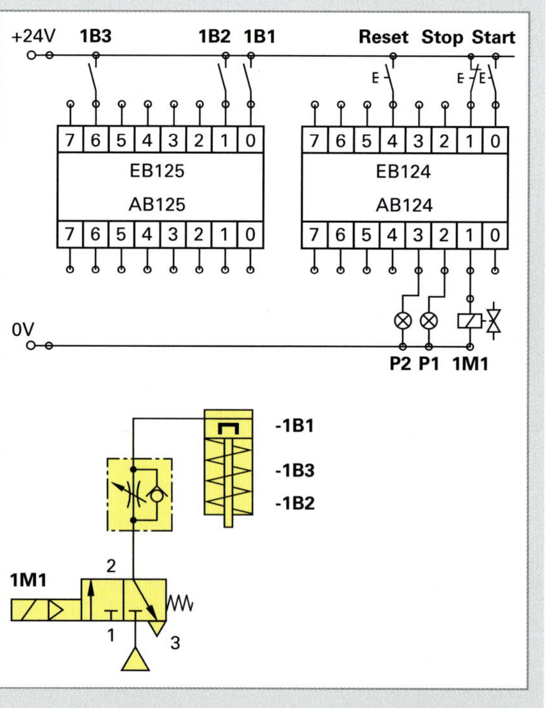

Aufgabe 17: Drucküberwachung

Ein Drucksensor liefert für einen Druckbereich von 0…100 bar eine Spannung von 0..10 V. Diese Spannung wird in der Analogbaugruppe in einen Zahlenwert von 0…32768 umgewandelt und als PEW752 in die SPS geliefert.
Entwickeln Sie eine Funktion, welche den Druck als „Realzahl" mit dem physikalischen Druckwert zurückliefert.

Berechnung:
Druck [bar] = PEWxxx/32768 · 100;

Hinweis:
Der Wert des PEWxxx muss zuerst in DINT und dann in eine „Realzahl" umgewandelt werden.

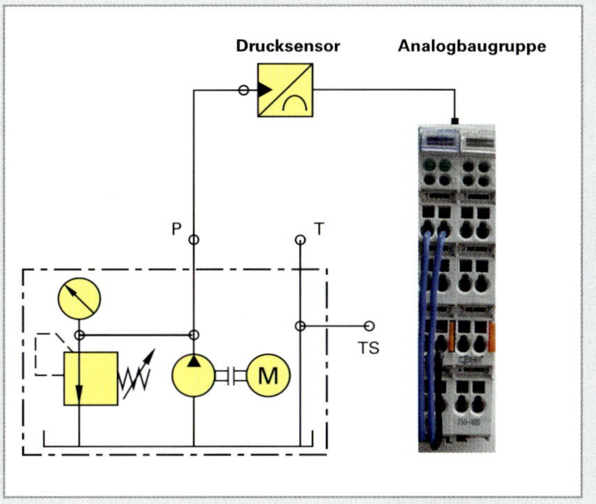

Aufgabe Aufgabe 18: Garagentorsteuerung (Funktionsbaustein)

Ein Garagentor wird mit einem Schlüsselschalter geöffnet und geschlossen.
Erweiterung: Wird während der Torbewegung der Schlüsselschalter wieder betätigt, soll das Tor stehen bleiben. Beim Wiedereinschalten soll es sich in die Gegenrichtung bewegen.
Die Grenztaster sind Öffner.

Es ist sinnvoll diese Logik in der SL Sprache zu schreiben.
Es ist nur ein FB notwendig. Dieser kann durch zweimaliges Aufrufen beide Tore bedienen.

Ergänzung:
Während sich das Tor bewegt, soll die Lampe mit 1 Hz blinken.

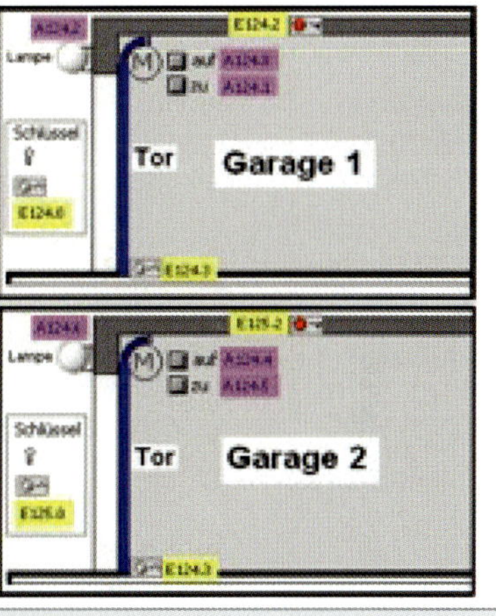

Aufgabe19: Füllstandberechnung

Bei einem annähernd zylindrischen Behälter wird der Füllstand mit einem Ultraschallsensor gemessen.
0 V = 0 mm Höhe,
9 V = 180 mm Höhe
Behälterdurchmesser = 12 cm.
Mit einer Funktion soll der Inhalt des Behälters als REAL-Zahl in Liter (3 Nachkommastellen) angegeben werden. Wenn mehr als 9 V gemessen werden, soll ein Alarmbit dies anzeigen.

Zur Vereinfachung wird der Behälter als Zylinder angenommen.

Formel:
Füllhöhe = Sensorspannung · 180/9;
Volumen = d · d · π/4 · Füllhöhe;

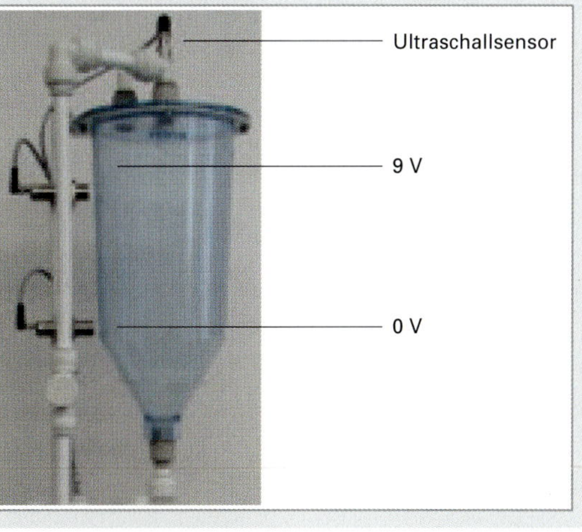

Aufgabe 20: Teile ausschieben

Nach Betätigen des „Start"-Tasters sollen 5 Teile aus einem Stapelmagazin ausgeschoben werden. Die Teilezahl soll im DB10 stehen. Die Anlage soll bei „Stop" bzw. wenn das Magazin leer ist stehen bleiben. „Magazin leer" wird durch eine Lampe angezeigt.

Erstellen Sie einen elektrischen Beschaltungsplan.

Erweiterung der Aufgabe: Wenn die Laufzeit des Kolbens länger als z. B. 8 s ist, soll die Anlage stoppen und eine weitere Lampe soll dies Anzeigen. Beim erneuten „Start" soll die Lampe ausgehen.

Der Button „Ende" ist ein Öffner
Der Grenztaster für „Magazin leer" ist ein Schließer.

Die Lösung kann als Schrittkette mit zwei Schritten verwirklicht werden.
Als Zähler wird ein Rückwärtszähler verwendet.
Wenn während des Betriebs nochmals „Start" gedrückt wird, darf das keine Auswirkung haben.

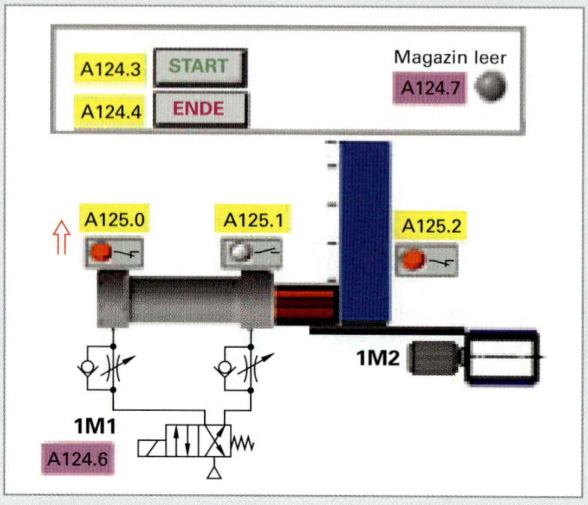

Aufgabe 21: Blinkalarm

Je nach Füllstand eines Behälters soll eine Alarmlampe(A124.1) blinken:
Ab 80 % Füllung (E124.6, Schließer) mit 1 Hz und ab 90 % Füllung (E124.7, Schließer) mit 2 Hz.

Für das Blinken kann der Taktmerker des Systems verwendet werden. Hierzu muss das entsprechende Merkerbyte im SPS-Hardwaresystem eintragen werden. Z. B. MB 100, bei diesem schaltet Bit 5 mit 1 Hz und Bit 7 mit 2 Hz.

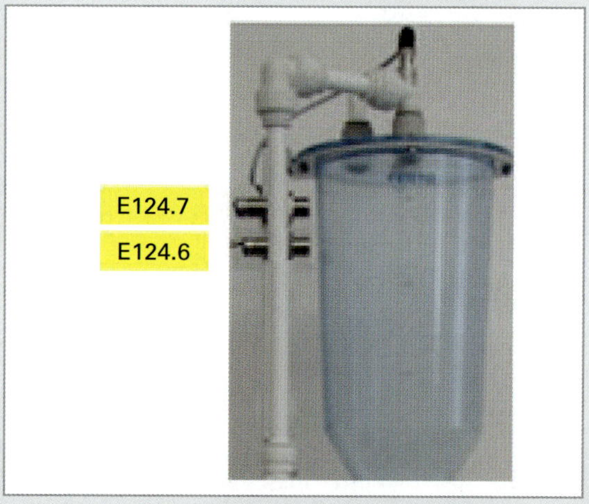

Aufgabe 22: Spannkraftüberwachung

Die Spannkraft eines Kolbens soll mit Drucksensoren überwacht werden. Wenn die Spannkraft erreicht ist, soll eine Freigabelampe dies anzeigen.
Zum Spannen muss ein Werkstück eingelegt sein. Wenn 5 Sekunden nach dem „Spannen" die Spannkraft nicht da ist, soll die Störung „Zeitüberlauf" dies melden.

Die Spannkraft ist dann erreicht, wenn die Druckdifferenz P1-P2 größer ist als 5 bar.

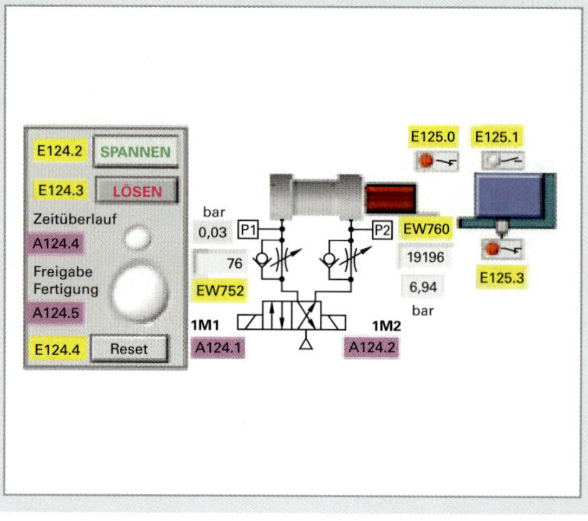

Aufgabe 23: Druckluftverbrauch

Mit einem Volumenstromsensor wird der Druckluftverbrauch gemessen.
Bei einer Spannstation soll der gesamte Druckluftverbrauch gemessen werden. Wenn während des Spannvorgangs mehr als 0,1 Liter/min fließen, soll eine Störmeldung dies anzeigen.

Volumenstrom = Sensorspannung · Faktor + Offset.
Für den gezeigten Sensor gilt:
Faktor = 12,5
Offset = –12,5

Der Druckluftverbrauch wird berechnet durch Addition der strömenden Luft (l/min) alle 100 ms. Dieser Wert wird aufaddiert. Beim Startsignal wird der Wert jeweils genullt.

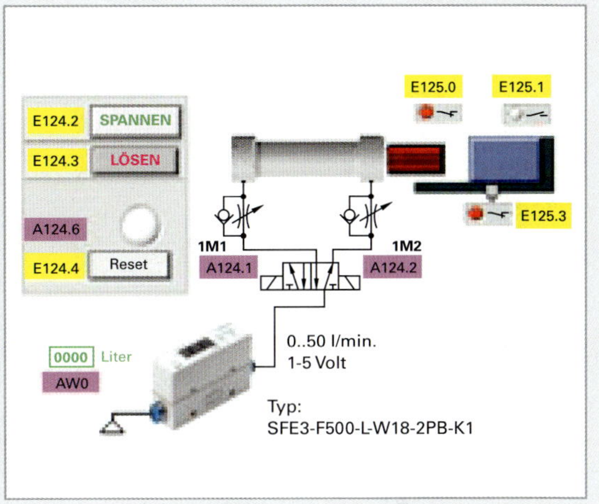

Aufgabe 24: Schlauchprüfanlage

Ein Druckschlauch soll dynamisch mit einem sinusförmigen Druck geprüft werden. Hierzu wird ein Proportional-Druckventil verwendet.
min. Druck = 20 bar,
max. Druck = 40 bar,
Frequenz = 2 Hz.

Versuchsdauer = 60 s
Daten des Prop-Ventils:
0..10 V entsprechen 0…60 bar.

Amplitude = (40 –20)/2
Druck =

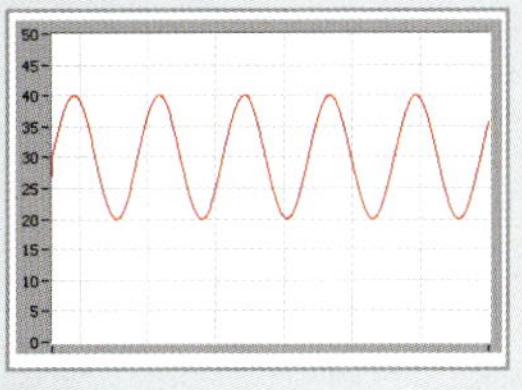

sin (Winkel) x 10 + 30
deltaWinkel =
2 x π x TA [s] x f [1/s]
Stellgröße[V] = Druck · 10/60

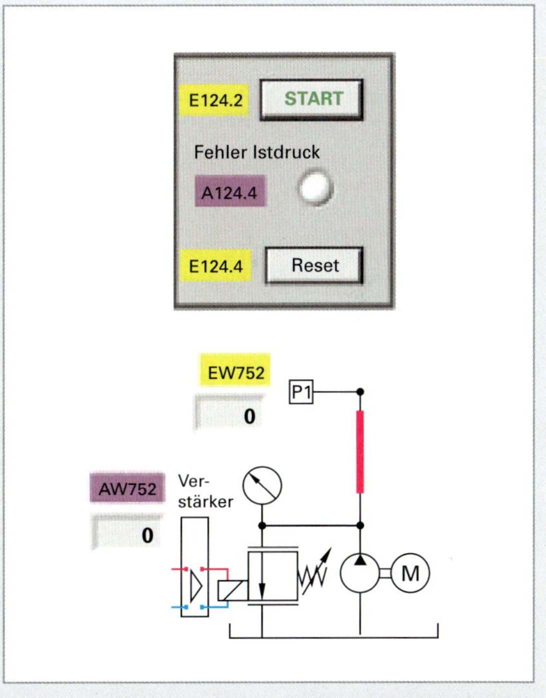

Aufgabe 25: Zweipunktregler

Der Sollwertbereich ist von 0 bis 1. Der Istwert wird mit einem Ultraschallsensor erfasst. 0...10 V = 0...1 Füllstand.
Wenn der Regler 4 s außerhalb der Regeldifferenz ist, dann soll eine Lampe dies speichernd melden.

Es ist ein Funktionsbaustein (FB) in SCL für den Regler zu entwerfen.
Pumpe = A124.3
Füllstand = PW752

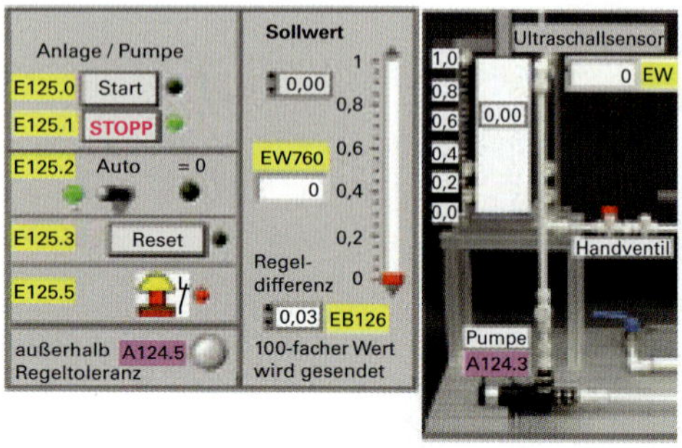

Aufgabe 26: Füllstandregelung

Füllstand soll mit einem Schrittregler geregelt werden.
Ein Stellmotor bedient hierbei das Ventil über eine Gewindespindel (I-Glied). Somit braucht man bei e = 0 keine Stellenergie.
Über die Ablassventile kann Wasser entnommen werden.

Es kann ein P-Regler verwendet werden.
Wenn y > 0.1 = Öffnen
y < –0.1 = Schließen
Der Regler ist als FB zu schreiben.

INPUT
Istwert: INT
Sollwert: INT
Kp: INT
OUTPUT
MotorOeffnen: BOOL
MotorSchliessen: BOOL

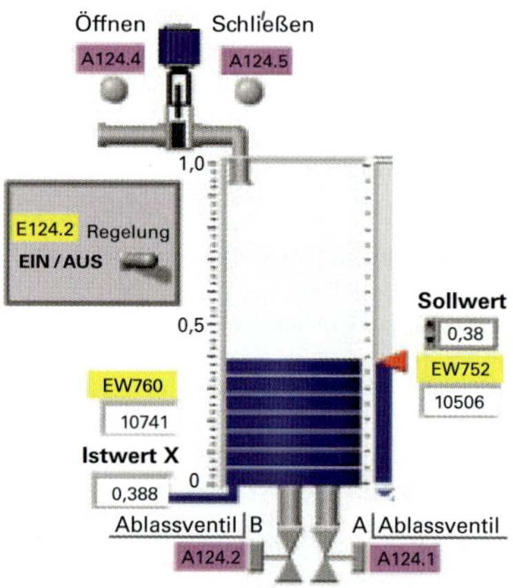

Aufgabe 27: Füllstandregelung über Ablauf

Der Füllstand eines Behälters soll über das Abflussventil konstant gehalten werden. Der Zufluss mit Ventil 1 erfolgt über den Button „Füllen". Den Abfluss (Ventil 2) schaltet der Regler.

Hinweis: Der Regler muss als inverser Regler arbeiten.

Der Zweipunktregler ist als FB 10 zu entwerfen.
Der Füllstandsensor meldet:
Leer = 0 V,
100 Liter = 10 Volt.

Wenn der Regler aktiv ist, soll dies die Lampe anzeigen.

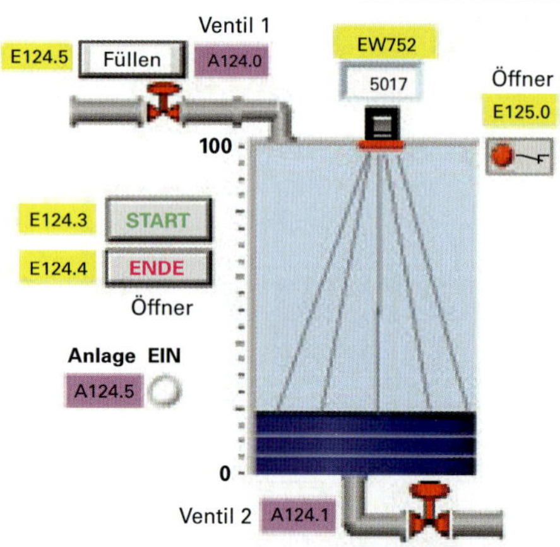

Aufgabe 28: Hydraulische Eilgang-Vorschub-Steuerung

Nach dem Betätigen des „Start"-Button, soll der Kolben im Eilgang, dann im Vorschub ausfahren. Zum Freischneiden soll vorne 3 s gewartet, danach im Eilgang wieder eingefahren werden.
Während des Vorschubs und des Rückhubs soll der Fräsmotor laufen.

Es wird eine einfache Schrittkette programmiert. Das Programm kann wie folgt gegliedert werden:

FB2 = Ablauf,
FB3 = Ausgabe
FB4 = Meldungen

Die Schutztüre muss während des Ablaufs verriegelt werden.

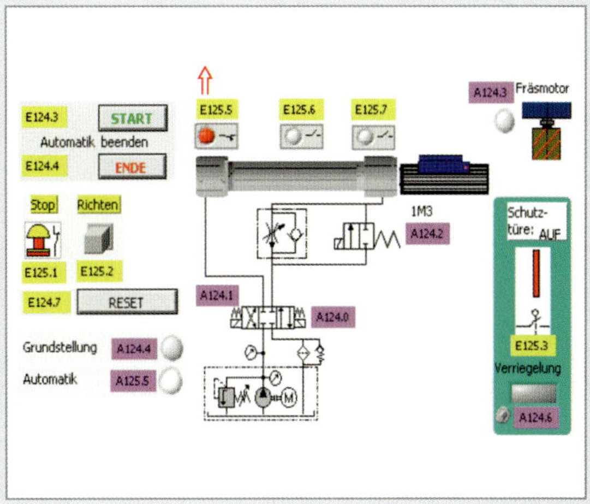

Aufgabe 29: Ketten stempeln

Es soll jedes stehende Kettenglied gestempelt werden. Im Einrichtebetrieb soll der Prozess einmal ablaufen, bei „Automatik" solange, bis „Automatik-Aus" betätigt wird bzw. keine Kette mehr da (Sensor E0.1).
Die Anzahl der Stempelungen sollen gezählt werden und im BCD-Code ausgegeben werden.

Vorschlag für eine Programmstruktur:

FB1: Betriebsart,
FB2: Ablaufkette
FB3: Ausgabe,
FB4: Meldungen

Prozesssablauf:
Hubkolben vor, Prägekolben senken, 2 s Prägen, Prägekolben heben, Hubkolben zurück.

Für das Zählen ist ein Zähler zu entwerfen, welcher bis 9999 zählt.

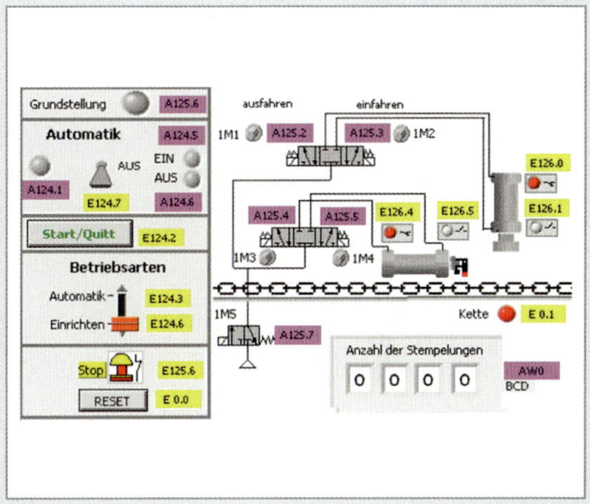

Aufgabe 30: Pneumatische Presse

Es sollen Werkstücke geprägt werden.
Für den Druck wird ein pneumatisches Druckregelventil verwendet.
Der Kolben soll mit einem Solldruck von 2 bar ausfahren. 3 s nach Start soll die Druckstufe 1 geschaltet werden. Nach der Zeit 1 die Druckstufe 2. Nach der Zeit 2 soll der Kolben wieder mit einem Solldruck von 2 bar einfahren bis die Grundstellung erreicht ist.
Die Daten sind aus einem Datenbaustein auszulesen.

Die Drücke und Zeiten stehen in Datenbausteinen.
Prozess1 : DB10
Druck 1 = 3 bar, Zeit 1 = 4 s
Druck 2 = 4 bar, Zeit 2 = 2 s

Prozess2 : DB11
Druck 1 = 4 bar, Zeit 1 = 3 s
Druck 2 = 5 bar, Zeit 2 = 4 s

Für den Ablauf ist eine Schrittkette zu entwerfen.

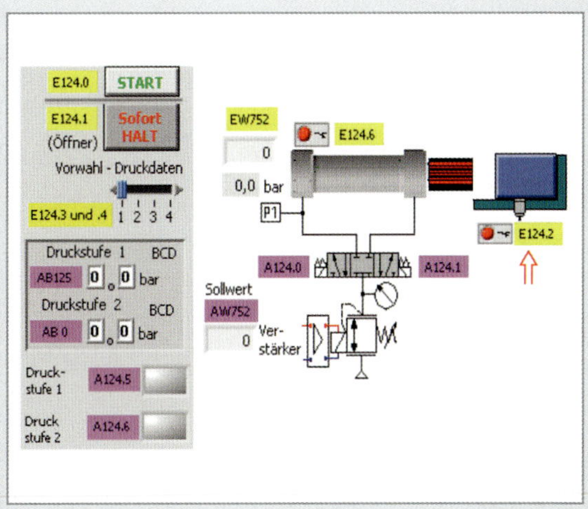

Aufgabe 31: Füllstandregelung

Ein Vorratsbehälters soll mit einem PI-Regler stoßfrei geregelt werden. Es ist der Geschwindigkeitsalgorithmus zu verwenden.

Vorgang bei stoßfreier Regelung:
1. Regler „AUS“
2. Sollwert einstellen
3. y von Hand so einstellen, dass Regeldifferenz = 0
4. Umschalten auf Regelung „EIN“

Prinzip:
Regelung wird nur eingeschaltet, wenn keine Regeldifferenz vorliegt.

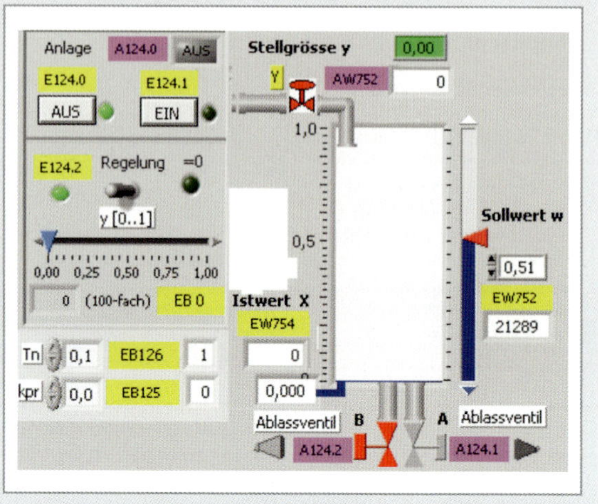

Aufgabe 32: Simulation P-Regler mit I-Strecke

Mit der Software LabVIEW soll ein Simulationsprogramm entworfen werden, bei welchem ein P-Regler eine I-Strecke ansteuert. Die I-Strecke stellt eine NC-Achse dar, welche einen Weg von 0...1000 mm hat (T_i = 10 s). Der P-Regler soll normiert als Festwertregler im Bereich −1...+1 arbeiten.

Die Abtastzeit des Systems soll 100 ms sein. In der Software muss der Regler auf −1...+1 begrenzt werden. Ebenso die Strecke auf 0...1000.

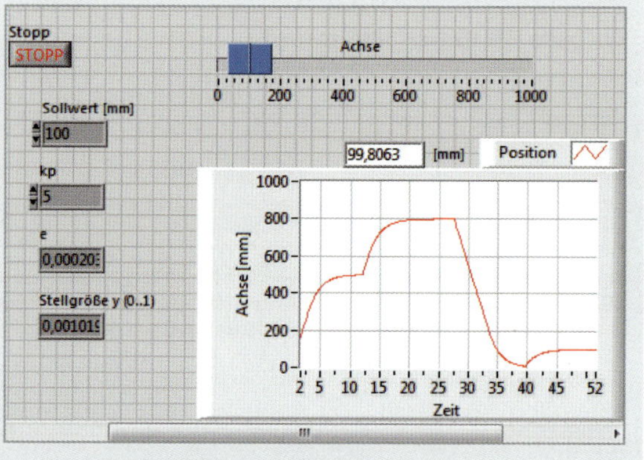

Aufgabe 33: Analyse eines Regelkreises

Das Diagramm zeigt das Verhalten eines Regelkreises. Es handelt sich um eine P-T-3-Strecke. Es wurde ein Sollwertsprung aufgeschaltet.

Bestimmen Sie folgende Größen:

33.1 Sollwert

33.2 Anregelzeit

33.3 Ausregelzeit

33.4 max. Überschwingweite

33.5 Wie groß ist der P-Anteil im ausgeregelten Zustand

Bestimmen Sie die Werte durch Ausmessen des Diagramms.

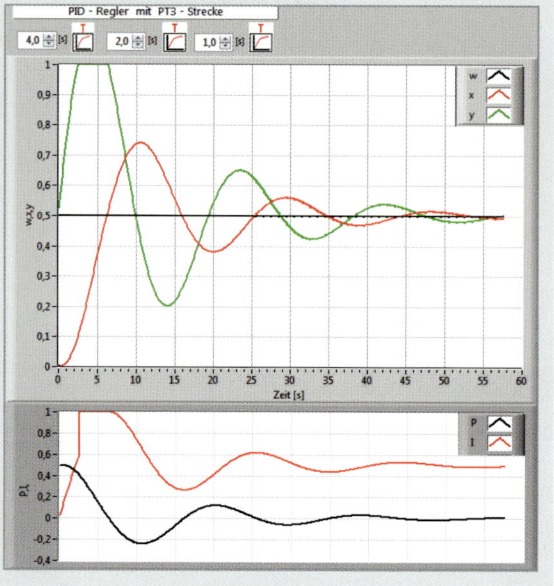

12.5 Aufgaben und Übungen zur Regelungstechnik

Aufgabe 1: Druckluftanlage

Durch Umschalten des Ventils (Bild) ist die Druckkurve entstanden.
Um welche Art von Regelstrecke handelt es sich?
Wie groß ist der eingestellte Systemdruck?

1.3 Bestimmen Sie die Zeitkonstante der Strecke (Werte entnehmen Sie aus dem Diagramm)

1.4 Zeichnen Sie die vermutete Kurve, wenn das Ventil wieder zurückschaltet.

1.5 Wie würde sich die Zeitkonstante ändern, wenn der Speicher doppelt so groß gemacht würde?

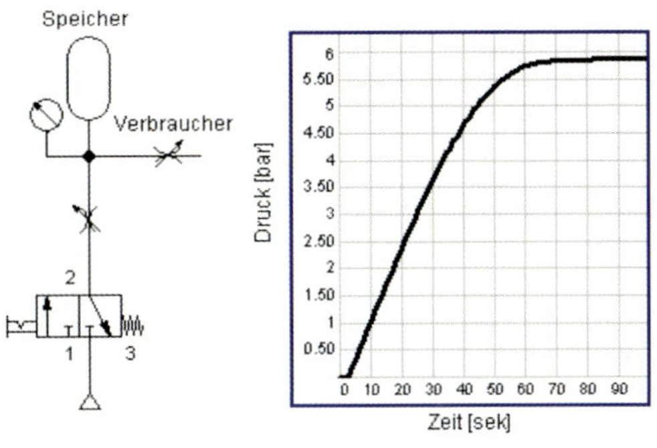

Aufgabe 2: Hydraulikstation

Bei einer Hydraulikstation wird der Druck mit einem Proportional-Druckventil geregelt. Der Sollwert beträgt 4 MPa. Der max. Druck (100 % bzw. 1.0) auf welchen die Anlage abgestimmt ist, beträgt 6 MPa.

2.1 Um welche Art von Regelstrecke handelt es sich hier?

2.2 Welcher Regler wurde hier verwendet?

2.3 Bestimmen Sie folgende Werte aus dem Diagramm:

	physikalisch	normiert
Sollwert		
Istwert		
Stellgröße		

2.4 Berechnen Sie aus den Werten die Verstärkung kp!

2.5 Wie verändert sich die bleibende Regeldifferenz, wenn der Sollwert verkleinert wird?

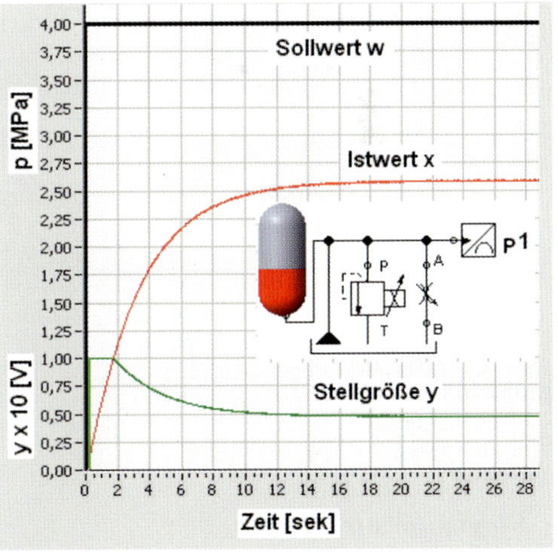

Aufgabe 3: Führungsgrößenregelung

Mit einer Gewindespindel mit Wegmesssystem und einem Gleichstrommotor wird eine Achse gebaut. Das Verhalten wird im Diagramm dargestellt.

3.1 Bestimmen Sie folgende Werte aus dem Diagramm:

Sollwert in mm	
Sollwert Bewegungszeit in s	
Einregelzeit in s	
Schleppabstand in mm	

3.2 Berechnen Sie die Geschwindigkeit der Achse in mm/min.

3.3 Bestimmen Sie die Kreisverstärkung k_V.

3.4 Wie verändert die der Schleppabstand, wenn die Achsgeschwindigkeit verdoppelt wird?

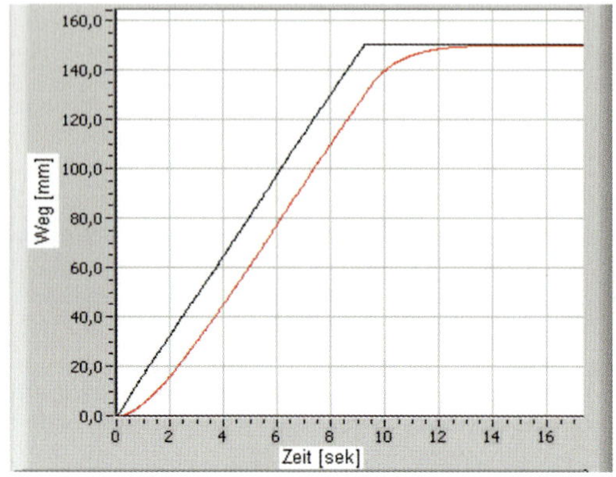

Aufgabe 4: Step 7, Quellcode

Im Bild wird ein Funktionsbaustein dargestellt. Erläuterungen: y_Hand = Stellgröße bei Handeinstellung, TA = Abtastzeit(s), e_1 = vorherige Regeldifferenz, dy = delta y, Auto = Regelbetrieb, Freigabe = Regler EIN, AUS.

4.1 Um welche Art von Regler handelt es sich hier?

4.2 Erläutern Sie die Bedeutung der Zeilen 7 bis 13.

4.3 Warum muss der Inhalt der Zeile 9 unbedingt nach Zeile 7 und Zeile 8 stehen?

```
(* 1*)FUNCTION_BLOCK FB10
(* 2*)VAR_INPUT
(* 3*)w,x,kp,Tn,TA,yHand:REAL;
(* 4*)Auto,Freigabe:BOOL;     END_VAR
(* 5*)VAR       e,e_1:REAL;     END_VAR
(* 6*)VAR_OUTPUT   y,dy:REAL;  END_VAR
(* 7*)e:=w-x;
(* 8*)dy:=kp*((e-e_1)+TA/Tn*e);
(* 9*)e_1:=e;
(*10*)IF AUTO=TRUE THEN y:=y+dy;ELSE y:=yHand;END_IF;
(*11*)IF y>1 THEN y:=1.0;END_IF;
(*12*)IF y<0 THEN y:=0.0;END_IF;
(*13*)IF NOT Freigabe THEN y:=0.0;END_IF;
(*14*)END_FUNCTION_BLOCK
```

Aufgabe 5: P-T-2-Strecke

Im Bild wird eine P-T-2-Strecke dargestellt. Ermitteln Sie:

5.1 Eingangsgröße u

5.2 Verzugzeit T_e

5.3 Ausgleichszeit T_b

5.4 Ist dieser Prozess noch gut regelbar?

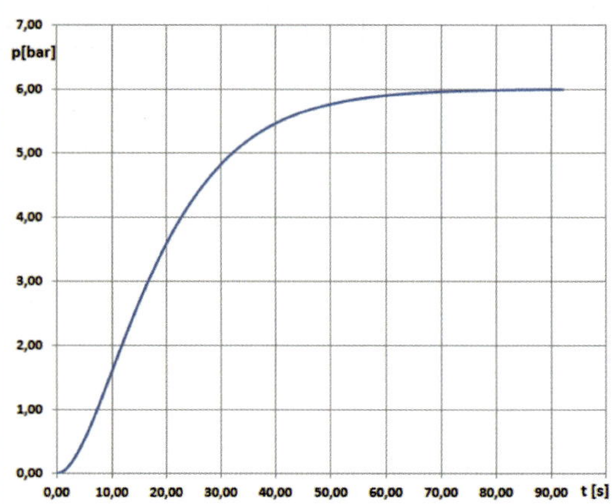

12.6 Aufgaben und Übungen zur CNC-Technik

Aufgabe 1: Drehen
Für das Werkstück (Bild) soll ein CNC Programm für das Bearbeiten der Außenkontur geschrieben werden. Das Werkstück ist bereits auf beiden Seiten plangedreht und die Kontur vorgedreht. Der Abstand vom Flansch Maschine-Backenfutter zur Werkzeugaufnahme beträgt 100 mm (Bild). Hinweis: Fahren zum Werkzeugwechselpunkt mit G26: zuerst in X-Richtung, dann in Z-Richtung.

Werkzeugmaschine: Schrägbettmaschine, Werkzeuge hinter der Drehachse
Werkstückwerkstoff: 16MnCr5
Werkzeug: Schlichtdrehmeißel r_ε = 0,4 mm HM beschichtet; Schnittgeschwindigkeit v_c = 200 m/min; Vorschub f = 0,1 mm

1.1 Tragen Sie an geeigneter Stelle den Werkstücknullpunkt ein.

1.2 Die Kontur soll bis einschließlich der Fase 2 x 45° am Durchmesser 80 mm geschlichtet werden, wobei der Drehmeißel am Ende 1 mm über das Werkstück positioniert werden soll.

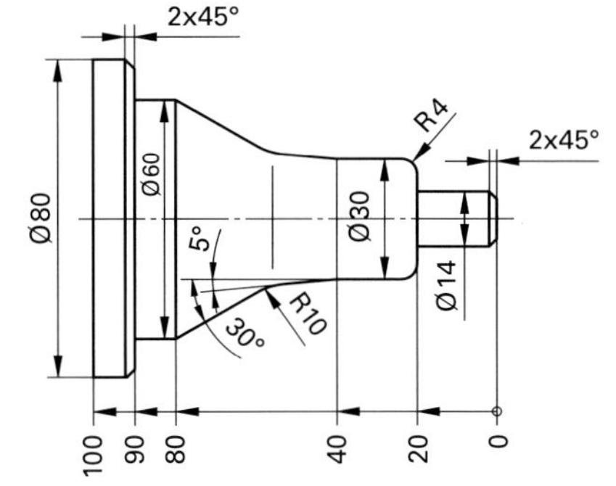

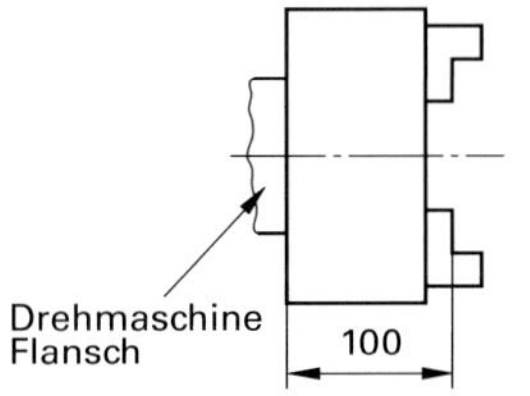

Aufgabe 2: Fräsen
Für das Werkstück (Bild) soll ein CNC Programm für das Bearbeiten der Außenkontur und das Herstellen der Bohrungen Ø 6 mm geschrieben werden.

Werkstückwerkstoff: E295
Werkzeuge: Fräser Ø 16 mm HM beschichtet; Drehzahl n = 2900 1/min; Vorschubgeschwindigkeit v_f = 700 mm/min
Bohrer Ø 6 mm HM (Spitzenwinkel σ = 118°); Drehzahl n = 3200 1/min; Vorschubgeschwindigkeit v_f = 320 mm/min

2.1 Tragen Sie an geeigneter Stelle den Werkstücknullpunkt ein.

2.2 Die Kontur soll im Uhrzeigersinn (Gleichlauf) geschlichtet werden.

2.3 Erstellen Sie einen vereinfachten Programmteil für die vier Durchgangsbohrungen. Verwenden Sie für immer wieder kehrende Programmteile ein Unterprogramm.

2.4 Ersetzen Sie das Unterprogramm zum Bohren durch einen parametrierten Bohrzyklus G81.

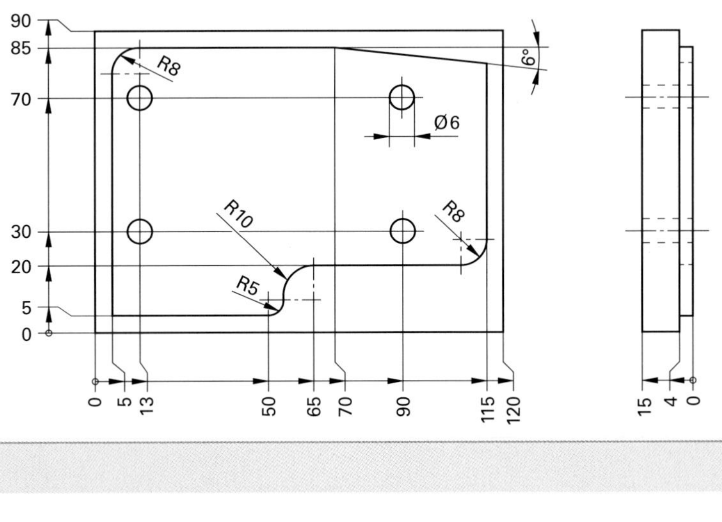

Fachwörterbuch Deutsch–Englisch[1], Sachwortverzeichnis

[1] Die Englischübersetzung ist kontextabhängig und darf nicht allgemeingültig verstanden werden. Sie gilt im Zusammenhang mit der angegebenen Seite.

Professional-Dictionary English – German, Index

Quellenverzeichnis

Die meisten Bilder und Tabellen entstanden auf der Basis von Entwürfen der Autoren bzw. entstammen ihrem Arbeitsumfeld. Nachfolgend genannte Firmen und Institutionen haben den Arbeitskreis aber im Besonderen mit Druckschriften, Zeichnungen und Fotos (Seite/Bild-Nr. in Klammern) unterstützt; dafür bedankt sich der Arbeitskreis.

ASEA- Industrieroboter GmbH, Friedberg, 283-1, 283-2

Bildarchiv Preußischer Kulturbesitz, bpk, Berlin, 47-3, 373-1

3S-Smart Software Solutions GmbH, Kempten, 173-1-2-3-4

Comau S.p.A., I-Grugliasco, 304-1

Daimler AG, Stuttgart, 306-3

DELTALOGIC Automatisierungstechnik GmbH, Schwäb. - Gmünd, 340-1-2

Dr. Johannes Heidenhain GmbH, Traunreut, 228-2, 229-4, 230-1

Festo AG, Esslingen, 67-2, 78-1, 92-1-4, 136-1

Hübner Elektromaschinen AG, Berlin, 219-1

ifm electronic gmbh, Essen, 349-1-2

KUKA AG, Augsburg, 287-1

Kuka- Roboter GmbH, Augsburg, 285-3, 286-3, 315-3, 316-1

Mannesmann Demag Fördertechnik AG, Offenbach, 312-1

Mattke AG, Freiburg, 62-2

MIAG Fahrzeugbau GmbH, Braunschweig, 312-2

Parker Hannifin, Cleveland, USA, 114-1

Robert Bosch GmbH, Stuttgart, 62-3, 138-1-2, 303-1, 304-2

Siemens AG, Nürnberg, 25-3, 27-3, 51-4, 52-4, 57-1, 61-1, 168-2, 169-2-3, 253-1, 258-2, 382-3

SONOTEC Ultraschallsensorik Halle GmbH, Halle, 73-2

TRAPO AG, Gescher Hochmoor, 310-3

WAGO Kontakttechnik GmbH, Minden, 349-3